深入理解Android Java虚拟机ART

邓凡平（中国民生银行信息科技部） 著

图书在版编目（CIP）数据

深入理解 Android：Java 虚拟机 ART/ 邓凡平著．—北京：机械工业出版社，2019.4（2023.1 重印）
（移动开发）

ISBN 978-7-111-62122-5

I. 深…　II. 邓…　III. 移动终端－应用程序－程序设计　IV. TN929.53

中国版本图书馆 CIP 数据核字（2019）第 036089 号

深入理解 Android：Java 虚拟机 ART

出版发行：机械工业出版社（北京市西城区百万庄大街 22 号　邮政编码：100037）
责任编辑：张锡鹏　　责任校对：李秋荣
印　　刷：北京建宏印刷有限公司　　版　　次：2023 年 1 月第 1 版第 5 次印刷
开　　本：186mm×240mm　1/16　　印　　张：59
书　　号：ISBN 978-7-111-62122-5　　定　　价：169.00 元

客服电话：（010）88361066　68326294

Foreword 推荐序

重塑科技引领动能，打造科技金融银行

近几年，随着移动互联、云计算、大数据及人工智能等新兴技术的广泛应用，全社会已经进入了一个由移动互联网构成的高度数字化时代，而数字化浪潮则将金融机构带入到了由线上支付商、互联网巨头以及其他金融科技创新企业共同竞争的新金融生态圈。

从支撑到伙伴，再到引领，科技角色重新定位。一直以来，科技在银行中扮演更多的是支撑者的角色，在确保系统安全稳定运行的基础上配合业务进行需求开发。面对时下金融科技蓬勃发展的大潮以及互联网企业给传统银行业带来的冲击，银行业科技唯有主动出击，驱动业务转型，才能在冲击中乘风破浪，重塑商业银行在新时代的竞争优势。

面对数字化发展趋势带来的冲击和挑战，民生银行信息科技部积极践行科技引领理念，建设智慧银行。一方面在人工智能、云计算、物联网、区块链等新兴技术领域深入研究，大胆创新业务模式，实现重点领域突破。另一方面积极营造创新机制，推动“轻组织”改革，鼓励员工创新，并成立了专门的创新研发组织，推动科技创新。

本书作者来自民生银行信息科技部的创新技术研究院物联网团队。该团队主要研究物联网技术并积极探索其在金融领域中的应用。众所周知，物联网离不开数以亿计的各色终端设备，而基于安卓系统的智能设备又属于其中功能最为强大和完善的一种。对安卓系统的了解将有助于我们更好地将这种类型的设备应用于物联网或相关领域。

本书聚焦于安卓智能设备上 Java 虚拟机这一核心的底层技术实现。通过扎实和细致的源代码分析，对 JVM 进行了较为全面和深入的剖析，其详尽程度以及深厚的理论功底使得本书在理论研究和实践应用方面都颇具特色，相信本书可以有效提升读者在相关领域的开发能力。

牛新庄　博士。现任中国民生银行总行信息科技部总经理，民生科技有限公司执行董事、总经理。国务院互联网+行动专家咨询委员会专家，也是国内顶尖数据架构与科技治理专家。同时担任浙江大学等高校的兼职教授和客座教授。曾获“IBM 杰出软件专家奖”“中国杰出数据库工程师奖”“IT168 技术卓越奖”。拥有 OCP、AIX 等 20 多项国际认证。著有《DB2 性能调整和优化》等书。

Preface 前　言

本书主要内容及特色

本书是笔者“深入理解 Android”系列的第四本。本书将关注 Android 系统中至关重要的部分——Java 虚拟机 ART。市面上介绍 Java 虚拟机的书籍非常多，但鲜少有书籍能从虚拟机源代码出发对其进行详细分析。随着 Android 设备的大规模普及，ART 虚拟机已经成为当今使用最为广泛的 JVM 之一。所以，对 ART 虚拟机进行研究有着非同寻常的意义。本书的出现在一定程度上填补了这方面的空白。

本书的主要内容概述如下：

- 第 1 章介绍 ART 虚拟机学习前需要准备好的工具、环境等。
- 第 2 章介绍 Class 文件的格式及内容。
- 第 3 章介绍 Android 中 Dex 文件的格式。
- 第 4 章介绍 ELF 文件格式。
- 第 5 章介绍 C++11 相关的、能帮助读者阅读 ART 源码的必备知识。
- 第 6 章以编译原理为基础，介绍 ART 虚拟机编译相关的知识。
- 第 7 章以 ART Runtime 对象的创建为主线，介绍主要的模块及一些关键类、数据结构等知识。
- 第 8 章以 ART Runtime 的 Start 为主线进行分析，覆盖的内容包括相关模块的启动、类的解析、加载、链接、初始化等。
- 第 9 章介绍 dex 字节码转机器码的核心进程 dex2oat 以及 .oat 和 .art 文件格式。
- 第 10 章介绍虚拟机的解释执行和 JIT 部分以及异常的投递和处理的过程。
- 第 11 章介绍 JNI 在 ART 虚拟机的实现。
- 第 12 章介绍虚拟机 Java 线程执行相关的知识，包括线程暂停和恢复运行、synchronized、Object wait/notify 的实现、volatile 变量的读写处理等。
- 第 13 章介绍内存分配和释放相关的知识。包括 ART 虚拟机中的各种 Space 类型、new 指令的实现以及 ART 虚拟机中 Heap 模块的部分内容。

- 第 14 章介绍和垃圾回收有关的基础知识以及相关垃圾回收器，还有 Java Reference 的处理以及 Heap 模块的部分内容。

本书通过理论和代码相结合的方式进行讲解，旨在引领读者一步步了解 Android 系统中 JVM 的工作原理。

读者对象

- Android 系统开发工程师

系统开发工程师常常需要深入理解 Android 平台上各个系统的运转过程。本书所涉及的 Java 虚拟机是从事相关工作的读者在工作和学习中最想了解的。

- Android 应用开发工程师

Android 应用开发工程师所开发的程序是运行在 JVM 中的。如果能更深入地了解 JVM 的实现将极大帮助开发工程师写出更高质量的程序。

- 对 JVM 感兴趣的在校高年级本科生、研究生等研究人员

JVM 的理论书籍非常多，但很少有从分析源代码的角度来介绍其工作原理的。这本理论与代码实现深度结合的书籍一定可在该领域助相关研究人员一臂之力。

如何阅读本书

本书是一本有一定深度的书籍，所以读者在阅读时：

请务必首先阅读第 1 章。后续如果碰到阅读上的困难，可能还需时常回顾第 1 章。

本书的内容是经过笔者精心编排的，如果读者不是很有把握的话，建议严格按照顺序阅读。

本书的某些章节涉及了笔者在撰写它们时所参考的资料。这些资料较多，读者可根据它们开展进一步的研究工作。

另外，和笔者之前出版的《深入理解 Android》卷 I 以及卷 II 类似的是：本书在每章开头都把本章涉及的源码路径全部列出，而在具体分析源码时，则只列出该源码的文件名及所分析的函数或相关数据结构名。例如：

```
[AndroidRuntime.cpp->AndroidRuntime::start]
//这里是源码分析和一些注释
```

最后，本书在描述类之间的关系及函数调用流程上，使用了 UML 的静态类图及序列图。UML 是一个强大的工具，但它的建模规范过于繁琐，为更简单清晰地描述事情的本质，本书并未完全遵循 UML 的建模规范。这里仅举两例，如图 1 和图 2 所示。

在图 1 中：

- 外部类内部的方框用于表示内部类。另外，外部类 A、内部类 B 也用于表示内部类。
- 接口和普通类用同一种框图表示。

图 2 所示为本书描述数据结构时使用的 UML 图。

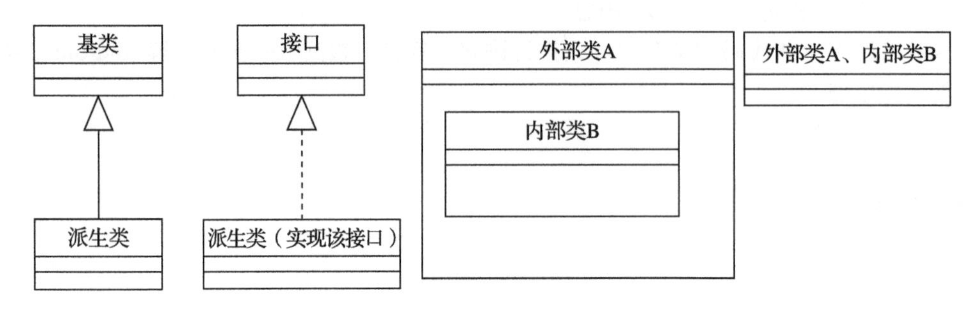

图 1　UML 示例图之一

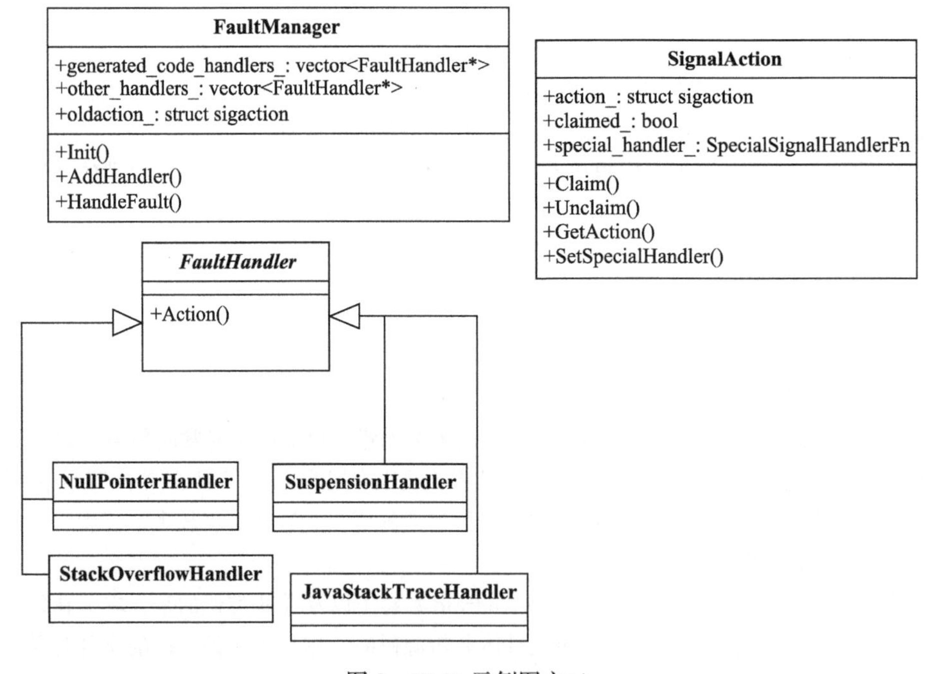

图 2　UML 示例图之二

图 2 为本书描述数据结构及成员时使用的 UML 图例。

特别注意　本书使用的 UML 图都比较简单，读者不必花费大量时间专门学习 UML。另外，出于方便考虑，本书所绘制的 UML 图没有严格遵守 UML 规范。这一点敬请读者谅解。

本书涉及的 Android 源码及一些开发工具的下载可通过笔者的博客 blog.csdn.net/innost 首页置顶文章“深入理解 Android 系列书籍资源分享更新”查看。关于它们的使用详情，请读者阅读本书第 1 章了解。

勘误和支持

由于作者的水平有限，加之编写时间仓促，书中难免会出现一些错误或不准确的地方，恳请读者不吝赐教。若有问题，可通过邮件或在博客上留言与笔者共同商讨。笔者的联系方式如下：

- 邮箱 fanping.deng@gmail.com
- 博客 blog.csdn.net/innost

致谢

本书的顺利出版首先要感谢杨福川编辑的大力支持。另外，要感谢张锡鹏编辑在审稿期间严谨负责的工作。

另外，笔者需要特别感谢现就职的民生银行总行信息科技部。这是笔者第一次供职于一家金融企业。在此工作的这段时间里，我深刻体会到了民生科技人勇于开拓、锐意创新的精神气质，同时也感受到“金融科技为银行创造价值”的深远意义和重大责任。在此，笔者借助本书对相关领导和同事表示衷心的感谢。他们是牛新庄、毛斌、李建兵、林冠峰、李彧、娄丽明、侯佳腾、常薇、王连诚、张梦涵、侯超、金西银、孙升芸、孟凡娇、文静、赖穆彬等。正是你们的鼓励、支持和信任才使我的业余研究成果得以成书。

当然，本书能快速出版，还需要感谢几位功力深厚并热心参与技术审稿的专家。他们是滴滴出行资深研发工程师孙鹏飞和赵旭阳、高通无线半导体技术有限公司资深工程师钟长庚。几位专家在各自领域所体现出来的专业素养和技术水平之高时刻提醒笔者应牢记“路漫漫其修远兮，吾将上下而求索”。另外，其他几位小伙伴罗迪、段启智、高建武、陈永志也对本书的编写提供了不小的帮助。在此一并感谢他们。

最后，一如既往地感谢家人和妻子。另外，特别感谢索菲娅小朋友，正是她不厌其烦地问“爸爸，你为什么看电脑呀”，才使得笔者不得不加快编写速度。最后，感谢所有花费宝贵时间和精力关注本书的读者以及所有在人生和职业道路上曾给予我指导的诸位师长。

邓凡平
北京

Contents 目　　录

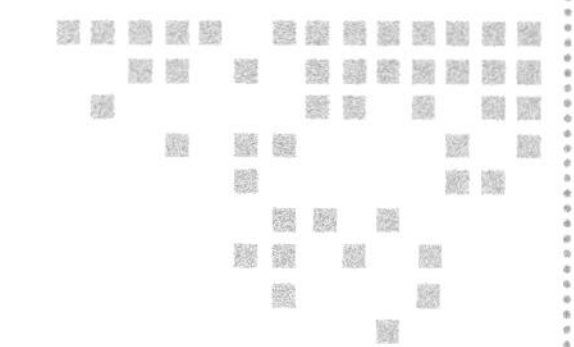

第1章 Chapter 1 本书必读

1.1 概述

笔者写书向来是最后才写第一章。此时，全书的主体内容已完全确定，笔者在学习 ART 虚拟机以及编撰本书的过程中所遇到的问题、总结的经验和教训等才可以完整地汇总并分享给各位读者。所以，本章是全书的点睛之笔，为必读章节。并且，我相信随着读者阅读的深入，还会时常回顾本章。

总体来说，本书**并不简单**。其实，从本书的目标——Java 虚拟机也可以想得到，对 Java 应用程序来说，虚拟机就算是操作系统了。哪一本讲操作系统的书会简单呢？

具体到 Android ART 虚拟机来说⊖，本书以 Android 7.0 为参考，绝大部分待分析的源代码位于 art 目录中。

- 包含 C++ 代码 1071 个文件。其中，.cc 文件中包含 236 744 有效代码行（即不算注释及空行），.h 文件中包含 74 710 有效代码行。
- 包含汇编文件 1704 个文件，覆盖 x86、arm、mips 的 32 位和 64 位 6 个 CPU 平台，有效代码共 19 955 行。

也就是说，我们的 ART 虚拟机是一个有着 30 多万行代码的庞然大物。针对这样一个复杂的系统，要想从一个对它略知一二的初学者成长为一个能品头论足甚至指点江山的熟练者，这一路的学习历程必然不会轻松。

接下来，笔者将介绍阅读本书时必须准备的工具。磨刀不误砍柴工，建议读者先把这些工具准备好之后再开始后面的学习。

⊖ 此处的统计以笔者下载的 Android 7.0 源码为目标。

1.2 准备环境和工具

为了更好学习 ART，读者要准备好如下的环境或工具。

1.2.1 准备源代码

首先，我们需要一份 Android 7.0 的源代码。笔者在百度云盘上提供了本书所需的资料下载。读者也可以到清华大学开源软件镜像站按照网页里的说明下载。其官网地址为 https://mirrors.tuna.tsinghua.edu.cn/help/AOSP/。笔者总结其下载步骤如下。

[AOSP 源码下载步骤]

```
#本书以Ubuntu 14.04为开发环境，读者可通过VMWare安装它
mkdir android-7.0
cd android-7.0
#下载repo脚本，保存到~/bin目录下
curl https://storage.googleapis.com/git-repo-downloads/repo > ~/bin/repo
#下载nougat-release分支的代码
repo init -u https://aosp.tuna.tsinghua.edu.cn/platform/manifest \
    -b nougat-release
#同步代码
repo sync
```

源代码的量很大，读者需要有一个浏览它的工具，Source Insight 是不二之选。下面我们来看看如何配置它。

1.2.2 准备 Source Insight

Source Insight 是阅读源码的必备工具，它是一个 Windows 软件，在 Linux 平台上可通过 wine 进行安装。

提示 Source Insight 推出 3.5 版本之后，很长一段时间都没有更新。最近推出了全新的 4.0 版本。但经过笔者测试，4.0 版本的 Source Insight 在 Linux 上表现不稳定，建议读者在 Linux 上使用 3.5 版本的 Source Insight。下面的讲解也以 3.5 版本的 Source Insight 为主。

首先，打开 Source Insight，通过菜单项 Project → New Project 新建一个源码工程。工程可建立在 Android 7.0 源码根目录。笔者存放的位置是 ~/workspace/aosp/android-7.0，工程名为 android-7.0。

接下来我们要先设置源码文件的后缀名。在 ART 中，C++ 的实现文件以 .cc 为文件后缀名。而汇编源码存储在以 .S 为后缀的文件里。Source Insight 默认的配置不识别 .cc 和 .S 为后缀的源码文件，所以我们需要修改它。

单击菜单项 Options → Document Options，弹出图 1-1 所示的文件类型对话框。

图 1-1 用于为 C++ 源码添加 .cc 结尾的文件类型。接着还要为汇编源码做类似的处理，来看图 1-2。

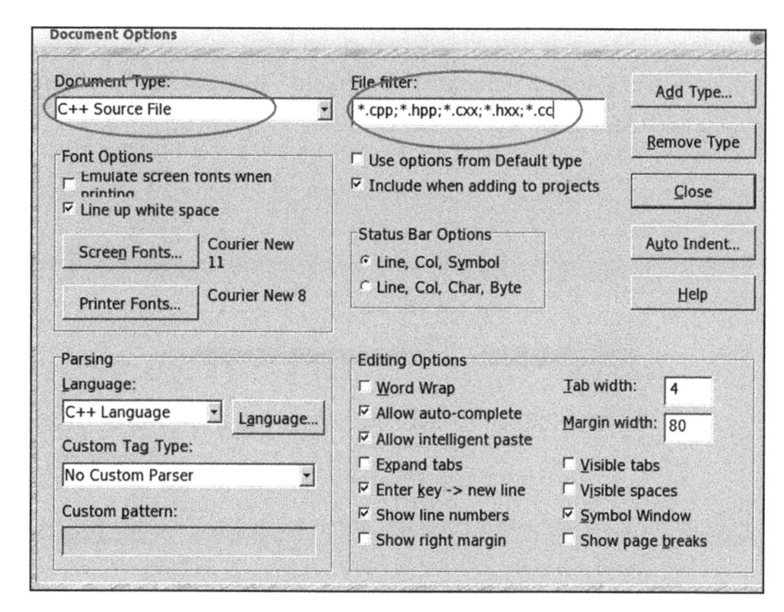

图 1-1　为 C++ 源码类型增加 .cc 结尾的文件

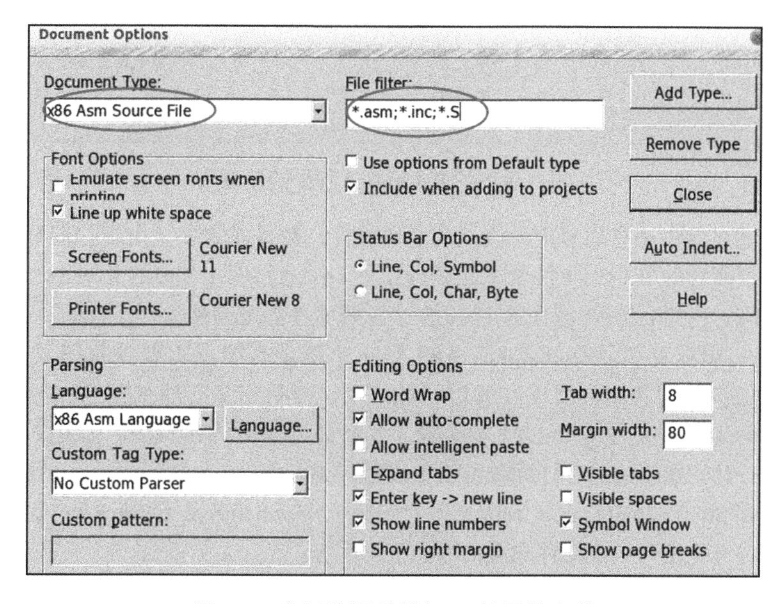

图 1-2　为汇编源码增加 .S 结尾的文件

接下来我们为 android-7.0 工程添加具体的源码文件。单击菜单项 Project → Add and Remove Project Files，弹出工程文件选择对话框，如图 1-3 所示。

请读者添加如下目录到 android-7.0 工程中。

- art 目录（通过图中的 Add Tree 按钮可添加整个目录）：ART 虚拟机源码文件。
- libcore 目录：包含 JDK 相关源码文件。

- libnativehelper 目录：包含 JNI 相关源码，如 jni.h 等。
- frameworks/base/cmds/am、frameworks/base/core、frameworks/base/include 三个目录：包含 Zygote 相关源码文件。

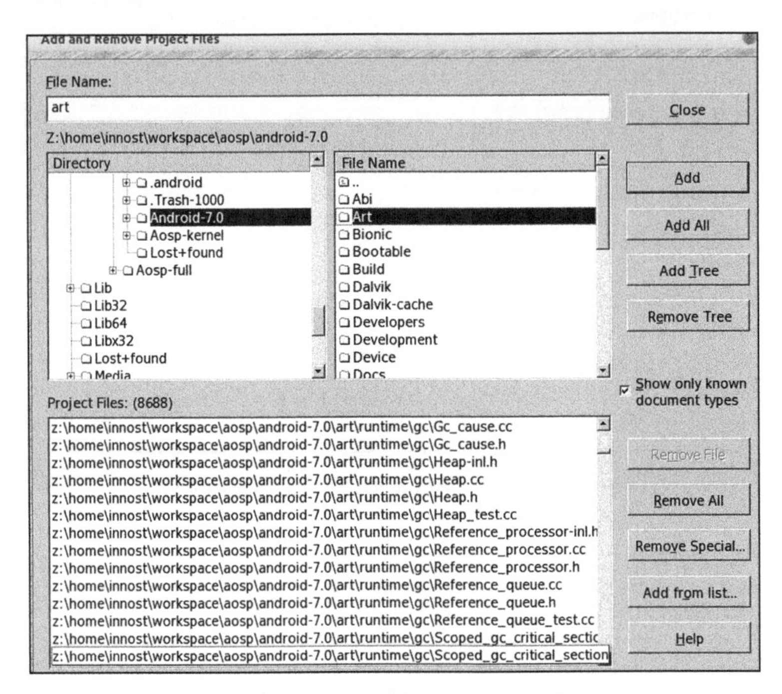

图 1-3 添加或删除工程中的目录

另外，上述目录中还有很多用于测试的源码文件，数量非常多。由于它们对本书的学习并无影响，建议读者移除其中 test 目录下的源码文件——通过图 1-2 中的 Remove Tree 可移除指定目录中的源码。比如 art/test 包含的 1800 多个源码文件都可以移除。

接着要进一步配置 Source Insight。ART 是一个复杂系统，所以谷歌用了一些工具来辅助编写正确的源码。这些工具要求在源码函数声明、变量定义等地方使用一些特殊的宏，而 Source Insight 不认识这些宏，所以很多函数、变量都无法解析和识别。为此，我们需要配置 Source Insight，让它忽略这些宏。配置方法下面将详细介绍。

首先，找到 Source Insight 的 C.tom 文件，它位于 ~/.wine/drive_c/Program Files (x86)/Source Insight 3/ 下。打开该文件，在**文件末尾**添加如下的内容。

[C.tom 文件]

```
;C.tom是C Token Macros的意思，用于重定义C/C++文件中的宏
;下面的条目都是ART源码中出现的宏，我们将它们定义为空，这样，Source Insight碰到这些宏
;时就会忽略它们
SHARED_TRYLOCK_FUNCTION(...)
ACQUIRE_SHARED()
EXCLUSIVE_TRYLOCK_FUNCTION(...)
SCOPED_CAPABILITY
SHARED_REQUIRES(...)
```

```
REQUIRES(...)
UNLOCK_FUNCTION(...)
ASSERT_SHARED_CAPABILITY(...)
ASSERT_CAPABILITY(...)
__noreturn
__mallocfunc
EXCLUSIVE_LOCKS_REQUIRED(...)
LOCKS_EXCLUDED(...)
SHARED_LOCKS_REQUIRED(...)
SHARED_LOCK_FUNCTION(...)
DEFAULT_MUTEX_ACQUIRED_AFTER
ACQUIRE(...)
ACQUIRE()
RELEASE()
RELEASE_SHARED()
ACQUIRED_AFTER(...)
GUARDED_BY(...)
PACKED(...)
__nonnull(...)
OVERRIDE
SHARED_LOCKABLE
ATTRIBUTE_UNUSED
NO_THREAD_SAFETY_ANALYSIS
ALWAYS_INLINE
```

配置好 C.tom 后，关闭并重新打开 Source Insight，单击 Project→Rebuild Project，弹出图 1-4 所示的对话框。

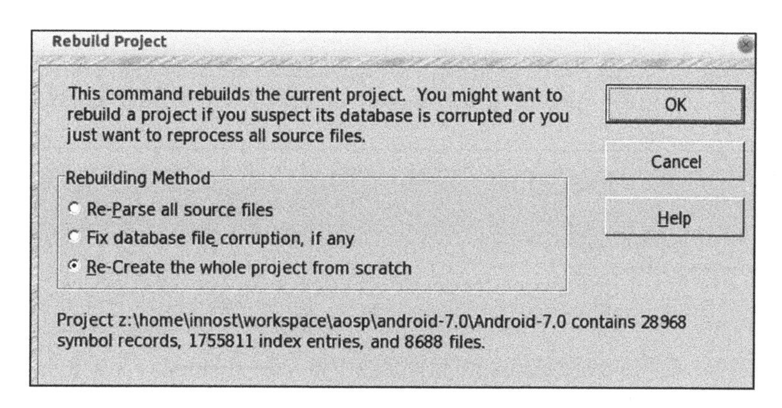

图 1-4 Rebuild Project 对话框

图 1-4 中，选择 Re-Create the whole project from scratch 即可。

提示 图 1-4 所示对话框的下方展示了源码文件个数，笔者设置的工程包含源码文件 8688 个。

1.2.3 准备模拟器和自制系统镜像

阅读源码是学习虚拟机的主要方法。但在某些关键地方，有时候很难确定代码逻辑的走向，这时就需要在源码中加一些日志来辅助我们观察虚拟机的行为。在此，笔者推荐使用模拟器和自制系统镜像来帮助我们达到这个目标。

> **提示** 自制系统镜像是由上文下载的 Android 源码文件编译而来。我们可以随心所欲地通过修改源码文件来定制 Android 系统。当然，这个由我们自己编译而来的系统只能跑在模拟器中。即便如此，这对我们学习 ART 虚拟机来说也是莫大的帮助。

1.2.3.1 准备好模拟器

读者需首先安装 Android Studio。然后随便打开一个 Android 应用工程。单击菜单栏右边的 avd manager 图标，启动 AVD 界面，如图 1-5 所示。

Android Virtual Device Manager

Your Virtual Devices

Android Studio

Type	Name	Play Store	Resolution	API	Target	CPU/ABI	Size on Disk	Actions
	innost-7.0		1440 × 2880: 560dpi	24	Android 7.0	x86	1.6 GB	
	innost-9.0		1440 × 2880: 560dpi	28	Android 9.0	x86...	969 MB	

+ Create Virtual Device...

图 1-5　AVD 界面

图 1-5 中，笔者创建了两个虚拟设备，一个是运行 Android 7.0 系统的 innost-7.0 设备，一个是运行 Android 9.0 系统的 innost-9.0 设备。

单击图 1-6 中左下角的“Create Virtual Device”，出现图 1-6 所示的设备硬件配置界面。

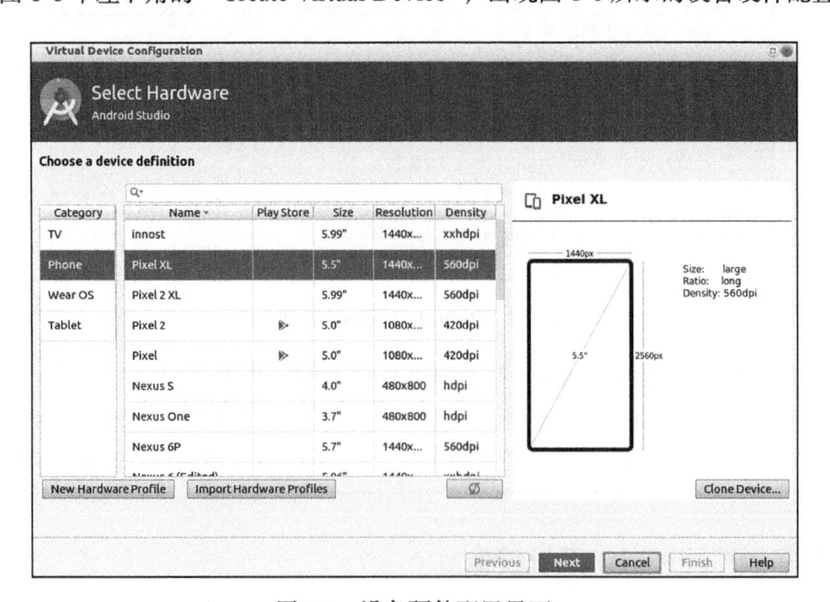

图 1-6　设备硬件配置界面

读者可自定义硬件配置或者从谷歌相关手机产品中选一个手机型号。比如 Pixel XL。然后单击图 1-6 右下角的 Next。出现图 1-7 所示的系统镜像选择界面。

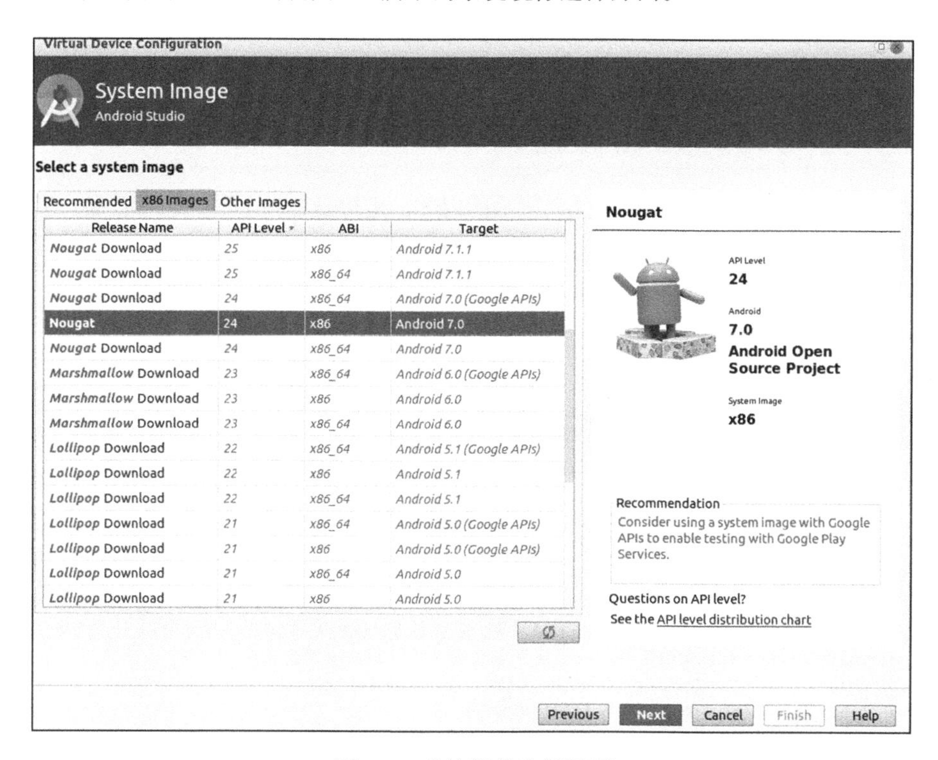

图 1-7 系统镜像选择界面

建议读者选择 Nougat x86 系统镜像。也就是说，我们后面要分析的 ART 虚拟机将以 x86 CPU 为平台。

为什么选择 x86 平台？

工作用的台式机或笔记本主要是 x86 平台。所以，模拟器运行 x86 系统镜像的速度非常快。笔者之前尝试过使用 arm 平台，但模拟器运行的速度较慢。另外，根据上一节笔者统计的代码量可知，6 个 CPU 平台总汇编代码的有效代码行数 / 总有效代码行数大概为 6.02%，平均每个 CPU 平台的汇编代码行数才占总代码行数的 1% 左右。从这一点可以看出，汇编代码虽然重要，但它不会影响虚拟机学习。值得注意的是，Android SDK 从 8.0 开始就不再提供 ARM 平台的模拟器镜像文件。

虚拟设备准备就绪后，读者可以启动它。这时，这个虚拟设备运行的是官方提供的镜像。

1.2.3.2 自制系统镜像

现在，我们有了 Android 源码、虚拟设备和官方下载的镜像文件。接下来需要编译 Android 源码以生成一个系统镜像文件，然后用这个系统镜像文件来启动虚拟设备。如此，就达到了让虚拟设备运行我们定制的系统镜像的目标。

编译系统的步骤如下。

[自制系统镜像]

```
cd android-7.0  #进入源码目录
. build/envsetup.sh #初始化AOSP编译环境
lunch  #选择编译目标，执行后的结果如图 1-8 所示
```

执行 lunch 命令后，会显示如图 1-8 所示的内容，里边是各种不同的目标设备。请读者选择第 8 项（下面将介绍第 8 项的来历）。它表示要编译设备类型为 "innost" 的设备，该设备使用的 CPU 为 x86，编译类型为 userdebug。接着看下一步。

[自制系统镜像]

```
#执行下面的命令
make systemimage #编译系统镜像
#最终生成的系统镜像文件路径为
#out/target/product/innost_x86/system.img  # 这就是我们编译得到的系统镜像
```

最后，让模拟器使用我们编译得到的系统镜像文件，方法如下。

```
#当前在android-7.0目录下。假设android sdk位于
#~/workspace/android/android-aosp-sdk中，下面的命令将启动emulator，其中:
#-avd参数用于指明虚拟设备名，参考图1-4，我们选择的是innost-7.0这个虚拟设备
#-system参数指明系统镜像的路径，我们使用自己编译得到的系统镜像文件
~/workspace/android/android-aosp-sdk/tools/emulator \
-avd innost-7.0 -nojni -writable-system \
 -system `pwd`/out/target/product/innost_x86/system.img
```

由于本书的目标是研究 ART 虚拟机，所以，我们自己编译的系统镜像并不需要包含太多的应用程序，只要保证系统启动必需的几个核心应用程序即可。为此，笔者在源码根目录 /device 下新增了一个名为 innost 的设备类型。图 1-9 展示了该目录下的文件。

图 1-9 展示了 innost 设备类型下包含的文件。当把这些准备好后，我们执行如下命令时才能出现图 1-8 中的第 7 和第 8 项。

```
. build/envsetup.sh
lunch  #将出现图1-7中的innost设备
```

读者可从笔者分享的链接中下载如图 1-9 所示的 innost 设备目录文件。本书所有资源的下载说明见 1.4 节的内容。

```
Lunch menu... pick a combo:
     1. aosp_arm-eng
     2. aosp_arm64-eng
     3. aosp_mips-eng
     4. aosp_mips64-eng
     5. aosp_x86-eng
     6. aosp_x86_64-eng
     7. innost_arm64-userdebug
     8. innost_x86-userdebug

Which would you like? [aosp_arm-eng]
```

图 1-8 lunch 命令执行的结果

提示 如果读者下载了笔者分享的 Android 7.0 源码的话，device 目录下已经包含了 innost 设备目录的文件。

1.2.4 小结

读者阅读到这个地方时，请检查下面的工作是否完成。

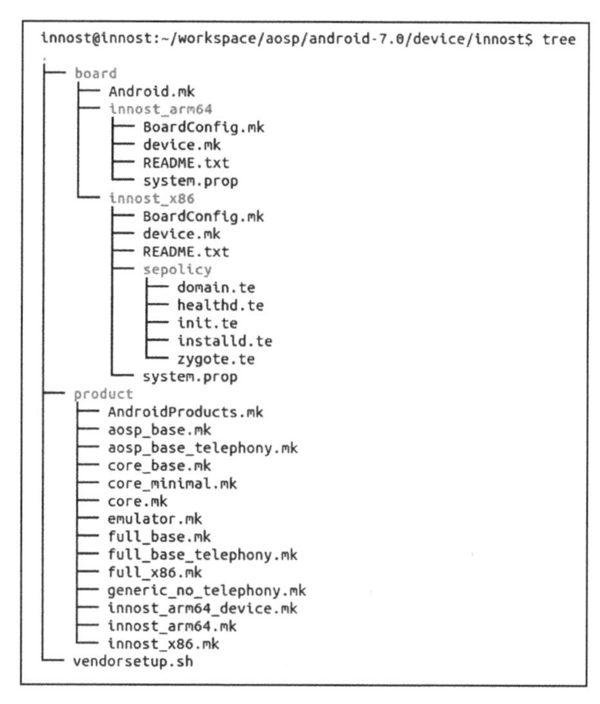

图 1-9 innost 设备目录文件列表

- 有一份完整的 Android 7.0 的源码。读者可以从笔者提供的资源链接中下载，或者从清华大学开源镜像站下载（下载步骤见 1.2.1 节）。
- 配置好 Source Insight，包括添加 .cc 和 .S 为后缀的文件类型、修改 C.tom 文件。然后，导入 ART 虚拟机学习所需的源码目录（art、libnativehelper、libcore、frameworks/base/cmds/am、frameworks/base/core、frameworks/base/include，可以把 test 相关的源码去除）。
- 下载 Nougat x86 系统镜像，创建好对应的模拟器，并启动它。
- 编译 7.0 的源码。如果读者是自行下载的源码，请从笔者提供的资料链接中下载自制系统镜像所需的设备配置文件（存放在源码根目录 /device 下）。
- 通过 emulator 命令使用自己编译出来的系统镜像文件启动模拟器。

1.3 本书的内容

本书大体上可以分为五个部分，笔者用表 1-1 来描述各个部分对应章节的内容和说明。请读者务必认真阅读（后续如果需要，也请经常回顾）。

> 提示 表 1-1 最后一列是笔者给各章节难度的一个主观评分。评分的目的在于提醒读者阅读各章时可能会感受到的难度。除了第 6 章有着超高难度之外，其他章节只要肯花时间，相信对大部分读者总能学会。另外，笔者自己在研究 ART 源码的时候会碰到这样一种情况，有些代码前几次阅读感觉难度比较大，但只要多读几次，总会有茅塞顿开的时候。或许这就是所谓的量变到质变吧。

表 1-1 本书内容划分

划分	章节名	内容描述	说明	难度评分
必读	第 1 章 本书必读	介绍 ART 虚拟机学习前需要准备好的工具、环境等。同时，本书各章的主要内容及难度评分也是读者需要了解的	读者应先按照本章的要求准备好学习 ART 虚拟机的环境和工具。另外，阅读本书的过程中，读者可时常回顾本章的全书内容介绍部分了解各章节的难度	60 分
基础知识	第 2 章 深入理解 Class 文件格式	介绍 Class 文件的格式及内容	本章难度较低，但是属于基础部分。后续章节可能会时常回顾这部分内容	70 分
	第 3 章 深入理解 Dex 文件格式	介绍 Android 中的 dex 文件的格式	有了第 2 章的基础，这一部分知识的难度也不大。后续章节可能会时常回顾这部分内容	70 分
	第 4 章 深入理解 ELF 文件格式	介绍 ELF 文件格式。ELF 内容非常多，本章仅介绍和全书有关的主要知识	本章难度稍大，一般情况下 Java 程序员都不太会接触 ELF 文件格式。但由于 ART 虚拟机会将 Java 字节码编译成本地机器码，所以会涉及 ELF 有关的内容，尤其在阅读 dex2oat 源码时会经常碰到它。本章可以先选读，等后续章节碰到时再来学习	80 分
	第 5 章 认识 C++11	介绍 C++11 相关的，能帮助读者阅读 ART 源码的必备知识	ART 源码 C++ 部分由 C++11 编写。C++11 本身的内容非常多，难度也很大。但本书的读者只要做到能看懂 ART 的源码即可。从这个角度看，本章并不难。对 C++11 不了解的读者必读。另外，由于 C++11 和 C++98/03 差别很大，只熟悉 C++98/03 的读者最好也阅读本章	75 分
编译部分	第 6 章 编译 dex 字节码为机器码	以编译原理为基础，介绍 ART 虚拟机编译相关的知识	本章是全书难度最大的章节。主要还是难在编译原理。建议读者先做了解，如果工作有需要再认真阅读	95 分
ART 虚拟机基础	第 7 章 虚拟机的创建	以 ART Runtime 对象的创建为主线，介绍主要的模块及一些关键类、数据结构等知识	ART 虚拟机是一个复杂系统，我们没有办法通过一次性学习就掌握它的全部知识，只能采用剥洋葱式的学习法来多角度、逐步地认识它。笔者在每一章中尽量介绍本章需要掌握的知识。读者阅读源码的时候，请注意跟随本书的顺序来学习	80 分
	第 8 章 虚拟机的启动	以 ART Runtime 的 Start 为主线进行分析，覆盖的内容包括相关模块的启动、类的解析、加载、链接、初始化等	本章比较关键。读者需要先掌握第 7 章的内容才能阅读本章	85 分

	第9章深入理解 dex2oat	介绍 dex 字节码转机器码的核心进程 dex2oat 以及 .oat 和 .art 文件格式。另外，本章还介绍了 Java native 函数编译为机器码的详细过程	dex2oat 其实是一个很复杂的模块，它更像是 ART 虚拟机的使用者，其内部会创建并启动 Runtime、编译 dex 字节码为机器码、垃圾回收、生成 .oat 和 .art 文件等。可以这么说，真正要搞懂 dex2oat 恐怕得把全书看完才能做到	90分
虚拟机的执行	第10章解释执行和 JIT	介绍虚拟机的解释执行和 JIT 部分。本章的最后还介绍了异常的投递和处理的过程	本章相对容易理解，只有异常投递这部分稍难	80分
	第11章 ART 中的 JNI	介绍 JNI 在 ART 虚拟机的实现	本章比较简单	75分
	第12章 CheckPoints、线程同步及信号处理	介绍虚拟机 Java 线程执行相关的知识，包括线程暂停和恢复运行、synchronized、Object wait/notify 的实现、volatile 变量的读写处理等	本章难度中等	80分
虚拟机的内存管理	第13章内存分配与释放	介绍内存分配和释放相关的知识。包括 ART 虚拟机中的各种 Space 类型、new 指令的实现以及 ART 虚拟机中 Heap 模块的部分内容	内存分配与释放只是内存管理的一部分内容，这部分内容的难度不大。注意，Heap 是 ART 虚拟机中难度相对较大的一个模块，它和内存管理有关，涉及的知识点非常多，全书一共分三次介绍 Heap	80分
	第14章 ART 中的 GC	介绍和垃圾回收有关的基础知识以及相关垃圾回收器，还有 Java Reference 的处理以及 Heap 模块的部分内容	在前面章节的基础上，本章其实并不难。如果读者想跳过前面章节直接阅读本章的话，请务必先掌握笔者在书中提到的前序章节的相关知识	85分

笔者再次和读者强调两点：

- ART 虚拟机是复杂系统，模块之间有非常强的耦合关系。读者需采用剥洋葱式的学习方法，逐步、多角度来学习它。比如，Heap 模块本书有三处地方介绍了它。每一次介绍都只关注 Heap 模块一部分的知识。初学者切莫盯着一个知识点一头扎入，否则很难走下去。
- 如果读者不是特别了解 ART 的话，建议严格按照本书的顺序来阅读相关章节。

1.4 本书资源下载说明

读者可通过笔者的博客 blog.csdn.net/innost 首页置顶文章“深入理解 Android 系列书籍资源分享更新”以查看本书的资源下载地址。目前本书提供的下载资料如表 1-2 所示。

表 1-2 本书提供的资源说明

资 源 名	作 用
device-innost.tar.gz	放在 Android 7.0 源码根目录 /device 目录下，用于为 lunch 命令添加 innost_arm64-userdebug 和 innost_x86-userdebug 两种设备
C.tom	用于 Source Insight，请替换 Program Files (x86)/Source Insight 3/ 目录下的源文件
android-7.0.tar.gz	笔者使用的 Android 7.0 源码，已经包含了 device-innost.tar.gz 的内容

如果说 ART 虚拟机是一座坚固的城堡的话，本书相当于在这个城堡上为读者们打开了好几个关键突破口。希望读者在此基础上继续研究 ART 虚拟机中其他有意思、有价值的领域。

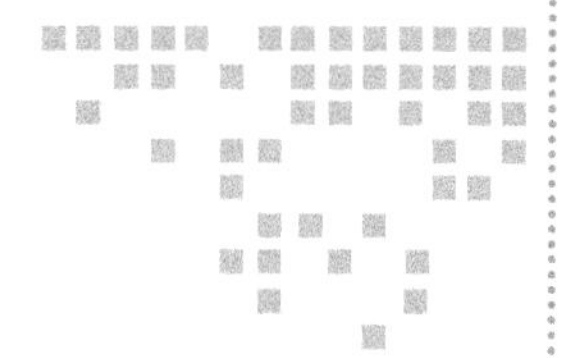

第 2 章 Chapter 2

深入理解 Class 文件格式

Class 文件是 Java 源代码文件经 Java 编译器编译后得到的 **Java 字节码**文件。对比 Linux、Windows 上的可执行文件而言，Class 文件可以看作是 Java 虚拟机的可执行文件。所以，学习 Class 文件是整个 Java 虚拟机学习征程的第一步。

2.1 Class 文件格式总览

在 Java 虚拟机规范 [1] 中，Class 文件有着严格的格式。图 2-1 为 Java 虚拟机规范第四章“Class 文件格式”中对 Class 文件格式的描述。

```
ClassFile {
    u4             magic;
    u2             minor_version;
    u2             major_version;
    u2             constant_pool_count;
    cp_info        constant_pool[constant_pool_count-1];
    u2             access_flags;
    u2             this_class;
    u2             super_class;
    u2             interfaces_count;
    u2             interfaces[interfaces_count];
    u2             fields_count;
    field_info     fields[fields_count];
    u2             methods_count;
    method_info    methods[methods_count];
    u2             attributes_count;
    attribute_info attributes[attributes_count];
}
```

图 2-1　Class 文件格式全貌

图 2-1 所示为 Class 文件格式的全貌，下面我们分类来介绍各个字段。

- 根据规范，Class 文件前 8 个字节依次是 magic（4 个字节长，取值必须是 0xCAFEBABE）、minor_version（2 个字节长，表示该 class 文件版本的小版本信息）和 major_verion（2 个字节长，表示该 class 文件版本的大版本信息）。
- constant_pool_count 表示常量池数组中元素的个数，而 constant_pool 是一个存储 cp_info 信息（cp 为 constant pool 缩写，译为常量池）的数组。每一个 Class 文件都包含一个常量池。常量池在代码中对应为一个数组，其元素的类型就是 cp_info。注意，cp 数组的索引从 1 开始。
- access_flags：标明该类的访问权限，比如 public、private 之类的信息。
- this_class 和 super_class：存储的是指向常量池数组元素的索引。通过这两个索引和常量池对应元素的内容，我们可以知道本类和父类的类名（只是类名，不包含包名。类名最终用字符串描述）。
- interfaces_count 和 interfaces：这两个成员表示该类实现了多少个接口以及接口类的类名。和 this_class 一样，这两个成员也只是常量池数组里的索引号。真正的信息需要通过解析常量池的内容才能得到。
- fields_count 和 fields：该类包含了成员变量的数量和它们的信息。成员变量信息由 field_info 结构体表示。
- methods_count 和 methods：该类包含了成员函数的数量和它们的信息。成员函数信息由 method_info 结构体表示。
- attributes_count 和 attributes：该类包含的属性信息。属性信息由 attributes_info 结构体表示。属性包含哪些信息呢？比如：**调试信息**就记录了某句代码对应源文件哪一行、函数对应的 Java 字节码也属于属性信息的一种。另外，源文件中的注解也属于属性。

提示 u4: 表示这个域长度为 4 个字节，内容为无符号整数
u2: 表示这个域长度为 2 个字节，内容为无符号整数

有了图 2-1 所示的 class 文件格式，我们可以很轻松地解析一个 Class 文件。在此之前，图 2-1 中还有一些重要知识需要先介绍。

- 常量池包括常量项的类型和几种主要常量项和它们之间的关系。
- 用于描述成员变量的 field_info 和成员函数的 method_info。
- 访问标志（access_flag）。
- 属性信息。

2.2 常量池及相关内容

2.2.1 常量项的类型和关系

Java 虚拟机规范中，常量池的英文叫 Constant Pool，对应的数据结构伪代码就是一个类

型为 cp_info 的数组。每一个 cp_info 对象存储了一个常量项。cp_info 对应数据结构的伪代码如下所示。

[cp_info 伪代码]

```
cp_info {//u1表示该域对应一个字节长度，u表示unsigned
    u1 tag;//每一个cp_info的第一个字节表明该常量项的类型
    u1 info[];//常量项的具体内容
}
```

由伪代码可知，每一个常量项的**第一个字节**用于表明常量项的类型，紧接其后的才是具体的常量项内容了。那么，常量项会有哪些类型呢？

表 2-1　常量项的类型和 tag 取值

常量项类型	tag 取值	含　义
CONSTANT_Class	7	代表类或接口的信息
CONSTANT_Fieldref	9	这三种常量项有相似的内容，分别存储成员变量、成员函数和接口函数的信息。这些信息包括所属类的类名、变量和函数名、函数参数、返回值类型等
CONSTANT_Methodref	10	
CONSTANT_InterfaceMethodref	11	
CONSTANT_String	8	代表一个字符串（String）。**注意，该常量项本身不存储字符串的内容，它只存储了一个索引值**
CONSTANT_Integer	3	Java 中，int 和 float 型数据的长度都是 4 个字节。这两种常量项分别代表 int 和 float 型数据的信息
CONSTANT_Float	4	
CONSTANT_Long	5	Java 中，long 和 double 型数据的长度是 8 个字节。这两种常量项分别代表 long 以及 double 型数据的信息
CONSTANT_Double	6	
CONSTANT_NameAndType	12	这种类型的常量项用于描述类的成员域或成员函数相关的信息
CONSTANT_Utf8	1	用于存储字符串的常量项。注意，该项真正包含了字符串的内容。而 CONSTANT_String 常量项只存储了一个指向 CONSTANT_Utf8 项的索引
CONSTANT_MethodHandle	15	用于描述 MethodHandle 信息。MethodHandle 和反射有关系。Java 类库中对应的类为 java.lang.invoke.MethodHandle
CONSTANT_MethodType	16	用于描述一个成员函数的信息，只包括函数的参数类型和返回值类型，不包括函数名和所属类的类名
CONSTANT_InvokeDynamic	18	用于 invokeDynamic 指令。invokeDynamic 和 Java 平台上实现了一些动态语言（如 Python、Ruby）相类似的有关功能[2]，由 Java 7 引入。本书不拟讨论它

表 2-1 列出了规范中所定义的 Class 文件常量项类型以及对应的 tag 取值。此处有两个常量项特别容易混淆。

CONSTANT_String 和 CONSTANT_Utf8 的区别

CONSTANT_Utf8：该常量项真正存储了字符串的内容。以后我们将看到此类型常量项对应的数据结构中有一个字节数组，字符串就存储在这个字节数组中。

CONSTANT_String：代表了一个字符串，但是它本身不包含字符串的内容，而仅仅包含一个指向类型为 CONSTANT_Utf8 常量项的索引。

接下来我们来看看几种常见常量项的内容，如图 2-2 和图 2-3 所示。

```
CONSTANT_Utf8_info {
    u1 tag;
    u2 length;
    u1 bytes[length];
}

CONSTANT_Class_info {
    u1 tag;
    u2 name_index;
}

CONSTANT_Fieldref_info {
    u1 tag;
    u2 class_index;
    u2 name_and_type_index;
}

CONSTANT_String_info {
    u1 tag;
    u2 string_index;
}

CONSTANT_MethodType_info {
    u1 tag;
    u2 descriptor_index;
}

CONSTANT_Methodref_info {
    u1 tag;
    u2 class_index;
    u2 name_and_type_index;
}

CONSTANT_NameAndType_info {
    u1 tag;
    u2 name_index;
    u2 descriptor_index;
}

CONSTANT_InterfaceMethodref_info {
    u1 tag;
    u2 class_index;
    u2 name_and_type_index;
}
```

图 2-2 常量项 Utf8、Class 等对应的数据结构

```
CONSTANT_Long_info {
    u1 tag;
    u4 high_bytes;
    u4 low_bytes;
}

CONSTANT_Integer_info {
    u1 tag;
    u4 bytes;
}

CONSTANT_Float_info {
    u1 tag;
    u4 bytes;
}

CONSTANT_Double_info {
    u1 tag;
    u4 high_bytes;
    u4 low_bytes;
}
```

图 2-3 常量项 Long、Integer 等对应的数据结构

图 2-2 和图 2-3 展示了几种常见的常量项对应的数据结构。

我们先看图 2-2。左上角的 CONSTANT_Utf8_info，其 length 表示 bytes 数组的长度，而 bytes 成员则真正存储了字符串的内容。了解这一点信息很重要，因为图 2-2 中其他凡是需要表示字符串的地方实际上都是指向常量池中一个类型为 CONSTANT_Utf8_info 元素的索引。比如：

- CONSTANT_String_info（代表一个字符串）的 string_index，它是一个索引，指向常量池中一个元素类型为 Utf8_info（为行文简单，略去前面的 CONSTANT_ 前缀）的项。所以，该字符串的真正内容通过 string_index 索引到一个 Utf8_info 元素即可获取。
- 和 String_info 一样，Class_info 里的 name_index、MethodType_info 里的 descriptor_index、NameAndType_info 里的 name_index 和 descriptor_index 都代表一个指向类型为

Utf8_info 元素的索引。

- 类似这种间接引用关系在图 2-2 中 Fieldref_info、Methodref_info、InterfaceMethodref_info 里也有体现，只不过它们的 class_index 指向代表 Class_info 元素的索引，name_and_type_index 指向代表 NameAndType_info 元素的索引。

提示 仔细揣摩，读者会发现图 2-2 中这个几个 info 最终包含的内容都是字符串。这也是它们之间能通过 info 来互相引用以减少空间占用的原因。

而图 2-3 的情况和图 2-2 完全不同。图 2-3 中的 Double_info、Float_info、Integer_info 和 Long_info 结构体内直接就能存储数据，这几个 info 之间没有引用关系。

对图 2-2 里的 info 而言，为什么不在每个常量项里直接包含字符串信息。而是采用这种间接引用元素索引的方式呢？**原因很简单，就是为了节省 Class 文件的空间**[⊖]。来看一个简单的例子。

[Sample.java]

```
public class Sample{
    public String  m1; //声明两个String类型的成员变量m1和m2
    public String  m2;
}
```

上面这个 Sample.java 对应的 Sample.class 文件将包含两个 CONSTANT_Fieldref_info 常量项。如果每个常量项都直接包含字符串内容的话，会出现什么结果呢？

- class_index 不再是索引，而应该存储字符串 "Sample"。
- name_and_type_index 也不再是索引，而将是 m1 对应的内容，它将包含 "m1" 和 "Ljava/lang/String;" 字符串，m2 对应的内容将包含 "m2" 和 "Ljava/lang/String;" 字符串。其中，"m1" 和 "m2" 是成员变量的名字，Ljava/lang/String 是成员变量数据类型的字符串表示。

显然，上面的做法将出现冗余信息，比如 "Ljava/lang/String;" 和 "Sample" 字符串就各多了一份。而如果采用间接引用元素的方式就能节省空间了，如图 2-4 所示。

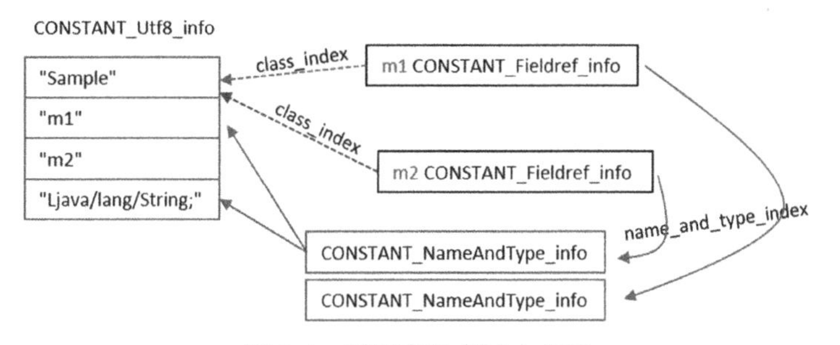

图 2-4 利用索引来减少空间

图 2-4 中：

⊖ Android 的 dex 文件在 Class 文件基础上做了进一步的优化以节省空间，我们到后续章节再介绍 dex 文件格式。

- m1 和 m2 为 Fieldref_info，它们的 class_index 指向左边 Utf8_info 里的 "Sample"，而 name_and_type_index 指向对应的 NameAndType_info 常量元素。
- NameAndType_info 本身的 name_index 和 descriptor_index 又指向 Utf8_info 常量元素。所以，图中代表数据类型的 "Ljava/lang/String;" 可以复用一份内容，从而减少了空间占用。

除了采用引用索引的方式以节省空间外，规范对用于描述**成员变量**、**成员函数**相关的字符串的格式也有要求。

2.2.2 信息描述规则

根据 Java 虚拟机规范，如何用字符串来描述成员变量、成员函数是有讲究的，这些规则主要集中在数据类型，成员变量和成员函数的描述三个方面，包括：

- 数据类型（比如原始数据类型，引用类型）的描述规则。
- 成员变量的描述规则，规范里称作 Field Descriptor
- 成员函数的描述规则，规范里称作 Method Descriptor。

2.2.2.1 数据类型描述规则

先来看数据类型描述规则，它讲述的是数据类型如何用对应的字符串来描述：

- 原始数据类型对应的字符串描述为 "B""C""D""F""I""J""S""Z"，它们分别对应的 Java 类型为 byte、char、double、float、int、long、short、boolean。
- 引用数据类型的格式为 "LClassName;"。此处的 ClassName 为对应类的全路径名，比如上例中的 "Ljava/lang/String;"。全路径名的“.”号由“/”替代，并且最后必须带分号。
- 数组也是一种引用类型，数组用 "[其他类型的描述名 " 来表示，比如一个 int 数组的描述为 "[I"，一个字符串数组的描述为 "[Ljava/lang/String;"，一个二维 int 数组的描述为 "[[I"。

了解完数据类型描述规则后，我们接着看类的成员变量描述规则，也就是 Field Descriptor。

2.2.2.2 成员变量描述规则

相当容易的事情是，成员变量（Field Descriptor）的类型就是前面所说的数据类型。为了方便读者以后自行阅读规范，笔者此处照搬规范里对 Field Descriptor 的定义，它采用了一种特殊的语法来描述。

[Field Descriptor 描述规则]

```
#号后是笔者加的注释内容。注意，为了节省篇幅，此处和规范略有不同
FieldDescriptor:      #定义FieldDescriptor的描述规则
FieldType             #FieldDescriptor只包含FieldType一种信息
FieldType:            #FieldType又包含什么信息呢？可由下面三种信息组成。“|”表示或
BaseType | ObjectType | ArrayType
BaseType:             #原始数据类型，我们在上一节已经见过了，它包括：
B | C| D| F| I | J | S | Z
ObjectType:           #引用类型
L ClassName ;
ArrayType:            #数组类型，由"["加ComponentTpe构成。
```

```
[ ComponentType:        # ComponentType是一个新东西
ComponentType           :#定义ComponentType，它又是由上面定义的FieldType构成
FieldType
```

规范中使用的这种语法非常简洁易懂，以后我们尽可能使用它。接下来是成员函数类型的描述规则了。

2.2.2.3　成员函数描述规则

和成员变量略有不同的是，一个成员函数（Method Descriptor）的描述需要包含返回值及参数的数据类型。

[成员函数类型描述规则]

```
#函数描述包括两个部分，括号内的是参数的数据类型描述。括号内的*号表示可有0到多个
MethodDescriptor:       # ParamterDescriptor。紧接右括号的是返回值类型描述
( ParameterDescriptor* ) ReturnDescriptor
ParameterDescriptor:    #参数类型描述就是前面介绍过的FieldType
FieldType
ReturnDescriptor:       #返回值数据类型描述。如果返回值为void，则用VoidDescriptor描述
FieldType | VoidDescriptor
VoidDescriptor:         #"v"代表void
V
```

举个例子，比如 System.out.print(String str) 函数，它的 Method Descriptor 将是：

`(Ljava/lang/String;)V`。

> **注意**　Method Descriptor 不包括函数名。这么做的目的其实也是为了节省空间。因为很多函数可能名字不同，但是它们的 MethodDescriptor 却一样。

2.2.3　常量池实例剖析

下面我们通过一个实际的 Class 文件来看看常量池的内容，方法如下。

- 任意准备一个 Class 文件。可以自己编写一个类，然后编译成 Class 文件即可。
- 利用 "javap -verbose class **文件名** " 来解析这个 Class 文件。

我们实际上是利用了 javap 命令来解析 Class 文件的内容。当然，读者学习完本章后也可以自己写一个 class 文件解析器。图 2-5 为笔者测试得到的数据。

笔者仅仅是编写了一个代码不超过 50 行的 Java 文件，转换成 Class 文件后所包含的字符串却不少。请读者结合本节关于常量池的知识介绍，然后对图 2-5 进行解析以加深对常量池的认识。

2.3　field_info 和 method_info

本节来看看 Class 文件格式里的 field_info 和 method_info，图 2-6 所示为它们的数据结构伪代码，相当简单。

```
Constant pool:
   #1 = Class              #2             // com/test/TestMain
   #2 = Utf8               com/test/TestMain
   #3 = Class              #4             // java/lang/Object
   #4 = Utf8               java/lang/Object
   #5 = Utf8               mX
   #6 = Utf8               I
   #7 = Utf8               another
   #8 = Utf8               Lcom/test/TestAnother;
   #9 = Utf8               <clinit>
  #10 = Utf8               ()V
  #11 = Utf8               Code
  #12 = Fieldref           #1.#13         // com/test/TestMain.another:Lcom/test/TestAnother;
  #13 = NameAndType        #7:#8          // another:Lcom/test/TestAnother;
  #14 = Utf8               LineNumberTable
  #15 = Utf8               LocalVariableTable
  #16 = Utf8               <init>
  #17 = Methodref          #3.#18         // java/lang/Object."<init>":()V
  #18 = NameAndType        #16:#10        // "<init>":()V
  #19 = Fieldref           #1.#20         // com/test/TestMain.mX:I
  #20 = NameAndType        #5:#6          // mX:I
  #21 = Utf8               this
  #22 = Utf8               Lcom/test/TestMain;
  #23 = Utf8               main
  #24 = Utf8               ([Ljava/lang/String;)V
  #25 = Fieldref           #26.#28        // java/lang/System.out:Ljava/io/PrintStream;
  #26 = Class              #27            // java/lang/System
  #27 = Utf8               java/lang/System
  #28 = NameAndType        #29:#30        // out:Ljava/io/PrintStream;
  #29 = Utf8               out
  #30 = Utf8               Ljava/io/PrintStream;
  #31 = String             #32            // 00000
  #32 = Utf8               00000
  #33 = Methodref          #34.#36        // java/io/PrintStream.println:(Ljava/lang/String;)V
  #34 = Class              #35            // java/io/PrintStream
  #35 = Utf8               java/io/PrintStream
  #36 = NameAndType        #37:#38        // println:(Ljava/lang/String;)V
  #37 = Utf8               println
  #38 = Utf8               (Ljava/lang/String;)V
  #39 = Class              #40            // com/test/TestAnother
  #40 = Utf8               com/test/TestAnother
  #41 = Methodref          #39.#18        // com/test/TestAnother."<init>":()V
  #42 = Utf8               args
  #43 = Utf8               [Ljava/lang/String;
```

图 2-5 常量池实例

```
field_info {
    u2              access_flags;
    u2              name_index;
    u2              descriptor_index;
    u2              attributes_count;
    attribute_info attributes[attributes_count];
}
method_info {
    u2              access_flags;
    u2              name_index;
    u2              descriptor_index;
    u2              attributes_count;
    attribute_info attributes[attributes_count];
}
```

图 2-6 field_info 和 method_info 数据结构伪代码

图 2-6 所示为 field_info 和 method_info 对应的数据结构，二者有完全一样的成员变量。

- access_flags 为访问标志，成员变量和成员函数的访问标志略有不同。
- name_index 为指向成员变量或成员函数名字的 Utf8_info 常量项。
- descriptor_index 也指向 Utf8_info 常量项，其内容分别是描述成员变量的 FieldDescriptor 和描述成员函数的 MethodDescriptor。
- attributes 为属性信息，成员域和成员函数都包含若干属性。

思考 不过读者不知道有没有想过这样一个问题，既然 method_info 描述的是一个成员函数，那么这个函数对应的代码经过编译后得到的 Java 字节码存储在什么地方？能提出这个问题，说明读者在阅读本文的时候是有思考的。此问题的答案其实很简单：函数的内容经编译得到的 Java 字节码存储在属性中。本章后续内容将重点介绍它。

下面我们再来简单了解下访问标志。

2.4 access_flags 介绍

在 Java 中，类、类的成员变量、类的成员函数都有访问控制的设置，比如一个类是 public 还是 private。这些在代码中设定的访问控制信息都会转换成对应的 access_flags。本节介绍各种访问控制的取值情况。

先来看类的访问控制标签的取值情况，如表 2-2 所示。

表 2-2 Class 的 access_flags 取值

标志名	取值	说明
ACC_PUBLIC	0x0001	public 类型
ACC_FINAL	0x0010	final 类型
ACC_SUPER	0x0020	用于 invokespecial 指令
ACC_INTERFACE	0x0200	表明这个类是一个 Interface
ACC_ABSTRACT	0x0400	abstract 类型
ACC_SYNTHETIC	0x1000	表明该类由编译器根据情况生成的，源码里无法显示定义这样的类
ACC_ANNOTATION	0x2000	注解类型
ACC_ENUM	0x4000	枚举类型

接着来了解成员变量的访问控制。表 2-3 所示为成员变量的访问控制标签取值情况。

表 2-3 Field 的 access_flag 取值

标志名	取值	说明
ACC_PUBLIC	0x0001	public 类型
ACC_PRIVATE	0x0002	private 类型

（续）

标 志 名	取 值	说 明
ACC_PROTECTED	0x0004	protected类型
ACC_STATIC	0x0008	static类型
ACC_FINAL	0x0010	final类型
ACC_VOLATILE	0x0040	volatile类型
ACC_TRANSIENT	0x0080	transient类型，说明该成员不能被串行化
ACC_SYNTHETIC	0x1000	表明该成员由编译器根据情况生成的，源码里无法显示定义这样的成员
ACC_ENUM	0x4000	枚举类型

最后，我们来了解下成员函数的访问控制。表2-4为成员变量的访问控制标签取值情况。

表2-4 Method的access_flag取值

标 志 名	取 值	说 明
ACC_PUBLIC	0x0001	public类型
ACC_PRIVATE	0x0002	private类型
ACC_PROTECTED	0x0004	protected类型
ACC_STATIC	0x0008	static类型
ACC_FINAL	0x0010	final类型
ACC_SYNCHRONIZED	0x0020	synchronized函数
ACC_BRIDGE	0x0040	桥接方法，由编译器根据情况生成
ACC_VARARGS	0x0080	可变参数个数的函数
ACC_NATIVE	0x0100	native函数
ACC_ABSTRACT	0x0400	抽象函数
ACC_STRICT	0x0800	strictfp类型（strict float point，精确浮点）
ACC_SYNTHETIC	0x1000	表明该成员由编译器根据情况生成的，源码里无法直接定义这样的成员（通常称之为合成函数。另外，内部类访问外部类的私有成员时，在class文件中也会生成一个ACC_SYNTHETIC修饰的函数）[⊖]

2.5 属性介绍

2.5.1 属性概貌

属性是Class文件的重要组成部分。和常量池类似，属性也分很多类型。在Java虚拟机规范中，属性可用attribute_info数据结构伪代码表示。

⊖ 感谢审稿专家段启智和罗迪的指正。

[attribute_info]

```
attribute_info {
    u2 attribute_name_index;    // 属性名称，指向常量池中Utf8常量项的索引
    u4 attribute_length;        // 该属性具体内容的长度，即下面info数组的长度
    u1 info[attribute_length]; // 属性具体内容
}
```

和常量池类型不一样的是，属性是由其**名称**来区别的，即 attribute_info 中的 attribute_name_index 所指向的 Utf8 字符串。表 2-5 列出了一些重要属性的名称和它们的作用。

表 2-5　属性名称和作用

名　称	说　明
"ConstantValue"	该属性只出现于 field_info 中，用于描述一个常量成员域（long、float、double、int、short、char、byte、boolean、String 等）的值
"Code"	该属性只出现于 method_info 中，用于描述一个函数（非 native 和 abstract 的函数）的内容：即源码中该函数内容编译后得到的虚拟机指令，try/catch 语句对应的异常处理表等
"Exceptions"	当一个函数抛出异常（Exception）或错误（Error）时，这个函数的 method_info 将保存此属性
"SourceFile"	此属性位于图 2-1 中 ClassFile 的属性集合中，它包含一个指向 Utf8 常量项的索引，包含此 Class 对应的源码文件名
"LocalVariableTable"	属性还可以包含属性。比如 "LocalVariableTable" 属性就是包含在 "Code" 属性中的，用来描述一个函数的本地变量相关的信息。比如这个变量的名字，这个变量在源码哪一行定义的

以上介绍了几种常见的属性，可知：

- **属性的类型由其名字来描述**。比如 "Code" "SourceFile" 等。
- 不同类型的属性可能出现在 ClassFile 中不同的成员里，比如 "Code" 属性只能出现在 method_info 中。读者不要小瞧了这个规则，因为虚拟机在解析 Class 文件的时候是需要校验很多内容的，比如 abstract 的函数或 native 的函数就不能携带 "Code" 属性。以后我们会单独介绍 Class 文件校验相关的知识。
- 属性也可以包含子属性，比如 "Code" 属性能包含 "LocalVariableTable" 属性。

2.5.2　Code 属性

在众多属性中，笔者将重点介绍和 Code 相关的属性。因为一个函数的内容（也就是这个函数的源码转换后得到的 Java 字节码）就存储在 Code 属性中。图 2-7 所示为 Code 属性的数据结构伪代码。

图 2-7 中 Code_attribute 各成员变量的说明如下。

- attribute_name_index 指向内容为 "Code" 的 Utf8_info 常量项。attribute_length 表示接下来内容的长度。
- max_stack：JVM 执行一个指令的时候，该指令的操作数存储在一个名叫“操作数栈

(operand stack)”的地方，每一个操作数占用一个或两个（long、double 类型的操作数）栈项。stack 就是一块只能进行先入后出的内存。max_stack 用于说明这个函数在执行过程中，需要最深多少栈空间（也就是多少栈项）。max_locals 表示该函数包括最多几个局部变量。注意，max_stack 和 max_locals 都和 JVM 如何执行一个函数有关。根据 JVM 官方规范，每一个函数执行的时候都会分配一个操作数栈和局部变量数组。所以 Code_attribute 需要包含这些内容，这样 JVM 在执行函数前就可以分配相应的空间。

- code_length 和 code：函数对应的指令内容也就是这个函数的源码经过编译器转换后得到的 Java 指令码存储在 code 数组中，其长度由 code_length 表明。
- exception_table_length 和 exception_table：一个函数可以包含多个 try/catch 语句，一个 try/catch 语句对应 exception_table 数组中的一项。

```
Code_attribute {
    u2 attribute_name_index;
    u4 attribute_length;
    u2 max_stack;
    u2 max_locals;
    u4 code_length;
    u1 code[code_length];
    u2 exception_table_length;
    {   u2 start_pc;
        u2 end_pc;
        u2 handler_pc;
        u2 catch_type;
    } exception_table[exception_table_length];
    u2 attributes_count;
    attribute_info attributes[attributes_count];
}
```

图 2-7　Code_attribute 数据结构

介绍 exception_table 之前需要先了解 pc（program counter）的概念。JVM 执行的时候，会维护一个变量来指向当前要执行的指令，这个变量就叫 pc。有了 pc 的概念，exception_table 中各成员变量的含义就比较容易理解了。其中：

- start_pc 描述 try/cath 语句从哪条指令开始。注意，这个 table 中的各个 pc 变量的取值必须位于代表整个函数内容的 Java 字节码 code[code_length] 数组中。
- end_pc 表示这个 try 语句到哪条指令结束。注意，只包括 try 语句，不包括 catch。
- handler_pc 表示 catch 语句的内容从哪条指令开始。
- catch_type 表示 catch 中截获的 Exception 或 Error 的名字，指向 Utf8_info 常量项。如果 catch_type 取值为 0，则表示它是 final{} 语句块。

另外，图 2-7 中表明 Code_atrribute 还能包含其他属性，Code_attribute 里常见的属性有：

- LineNumberTable 用于调试，比如指明哪条指令。对应于源码哪一行。

- LocalVariableTable 用于调试，调试时可以用于计算本地变量的值。
- LocalVariableTypeTable，功能和 LocalVariableTable 类似。
- StackMapTable 为 Java 1.6 以上才支持的属性。JVM 加载 Class 文件的时候，将利用该属性的内容对函数进行类型校验（Type Checking）。

关于 Code_attribute 携带的属性，本章将简单介绍 "LineNumberTable" 和 "LocalVariableTable"。

2.5.3 LineNumberTable 属性

2.5.2 节介绍 Code 属性时曾简单介绍过 LineNumberTable 属性，它用于 Java 的调试，可指明某条指令对应于源码哪一行。图 2-8 是该属性的数据结构。

```
LineNumberTable_attribute {
    u2 attribute_name_index;
    u4 attribute_length;
    u2 line_number_table_length;
    {   u2 start_pc;
        u2 line_number;
    } line_number_table[line_number_table_length];
}
```

图 2-8　LineNumberTable_attribute 数据结构

图 2-9 为该属性的一个简单示例。

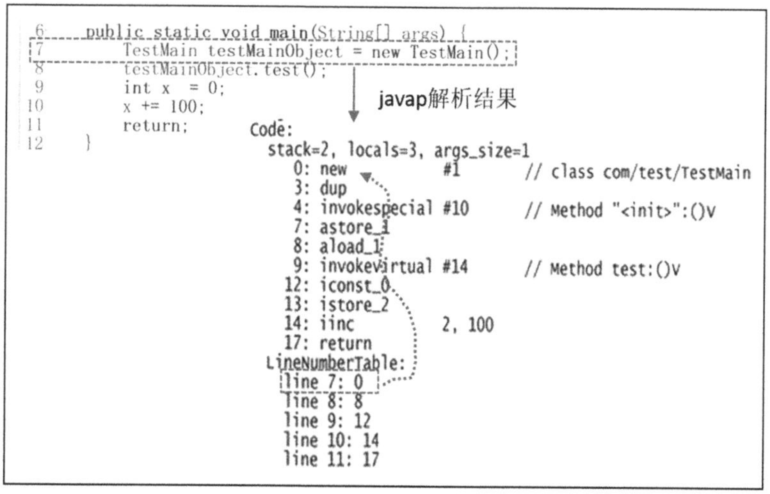

```
6      public static void main(String[] args) {
7          TestMain testMainObject = new TestMain();
8          testMainObject.test();
9          int x  = 0;
10         x += 100;
11         return;
12     }
```

javap解析结果

```
Code:
  stack=2, locals=3, args_size=1
     0: new           #1        // class com/test/TestMain
     3: dup
     4: invokespecial #10       // Method "<init>":()V
     7: astore_1
     8: aload_1
     9: invokevirtual #14       // Method test:()V
    12: iconst_0
    13: istore_2
    14: iinc          2, 100
    17: return
  LineNumberTable:
    line 7: 0
    line 8: 8
    line 9: 12
    line 10: 14
    line 11: 17
```

图 2-9　LineNumberTable_attribute 示例

图 2-8 是 LineNumberTable_attribute 的数据结构，其中最重要的是它所包含的 line_number_table 数组，该数组元素包含如下成员变量。

- start_pc：指向 Code_attribute 中 code 数组某处指令。
- line_number：说明 start_pc 位于源码的哪一行。注意，多个 line_number_table 元素可以指向同一行代码。因为一行 Java 代码很可能编译成多条指令。

LineNumberTable 只能被 Code_attribute 属性包含。

接着看图 2-9 中的 main 函数示例，用 javap 解析后得到了 LineNumberTable 属性，根据图中的红色虚框可知：

- LineNumberTable 的 line 7:0 表示 code 数组里第 1 个指令码（即 code[0]）来自源码的第 7 行。
- code[0] 解析后得到是 new 指令。
- 查看左边的源代码可知，第 7 行确实对应的是一个 new 操作。

2.5.4 LocalVariableTable 属性

LocalVariableTable 属性用于描述一个函数具备变量相关的信息。图 2-10 和图 2-11 分别展示了该属性对应的数据结构和一个示例。

```
LocalVariableTable_attribute {
    u2 attribute_name_index;
    u4 attribute_length;
    u2 local_variable_table_length;
    {   u2 start_pc;
        u2 length;
        u2 name_index;
        u2 descriptor_index;
        u2 index;
    } local_variable_table[local_variable_table_length];
}
```

图 2-10　LocalVariableTable 数据结构

图 2-11 为 LocalVariableTable 的示例。

```
public void test(){
    try{
        int x = 0;
        x++;
    }catch(IllegalAccessError exception){
        exception.printStackTrace();
        return ;
    }finally {
        int y = 0;
        return;
    }
}
LocalVariableTable:
  Start  Length  Slot  Name   Signature
    0      20      0   this    Lcom/test/TestMain;
    2       3      1      x    I
    9       7      1 exception    Ljava/lang/IllegalAccessError;
   19       1      3      y    I
```

图 2-11　LocalVariableTable 示例

由图 2-10 可知，LocalVariableTable_attribute 里最重要的元素其实是 local_variable_table 数组，其元素的成员变量含义如下。

- start_pc 和 length 这两个参数决定了一个局部变量在 code 数组中的有效范围。
- name_index：此局部变量的名字，指向 Utf8_info 常量项。
- descriptor_index：此局部变量的类型，也指向 Utf8_info 常量项，其内容是 Field Descriptor 字符串描述。

接着来看图 2-11 中的示例。首先是源码，其中包含 x、exception 和 y 三个局部变量（隐含还包含了一个 this 变量）。源码下面是用 javap 反解析 class 文件得到的结果，解释如下。

- 每个非 static 函数都会自动创建一个叫作 this 的本地变量，代表当前是在哪个对象上调用此函数。注意，this 对象位于局部变量数组第 1 个位置（Slot=0）。this 作用范围贯穿整个函数，所以从 Start=0 开始，作用范围为 Length=20。
- x 变量的 Signature=I，表明其为 int 型变量，作用范围为 code[2,2+3)。
- exception 变量为 java.lang.IllegalAccessError 类型，作用范围为 code[9,9+7)。
- y 变量类型为整型，作用范围为 code[19,19+1)。

关于 LocalVariableTable 属性，笔者还需要再强调几点：

- LocalVariableTable 属性只能附属于某个 Code_attribute。
- LocalVariableTable 属性描述了一个函数中所有的局部变量的信息，这个信息由 LocalVariableTable_attribute 里的 local_variable_table 项表示。注意，对于非静态函数，每一个函数的第一个局部变量都会设置成代表调用对象的 this 变量。
- local_variable_table 可描述一个局部变量在一个函数中的作用域。作用域的概念映射到 Code_attribute 的 code 数组上就是该变量从 code 数组哪个位置开始，到哪个位置结束。
- local_variable_table 数据结构中有一个 slot 变量。根据规范，JVM 在调用一个函数的时候，会创建一个局部变量数组，slot 表示这个变量在该数组中的位置。注意，JVM 虽然对函数调用的规则有要求，但是具体实现却并不强制。所以，各位读者只需了解有这么一回事就行了。

作用域的表示

作用域的表示有全包和半包两种：

全包的格式是 [begin,end]，即作用范围从 begin 开始，到 end 结束，并且包括 end。

半包的格式是 [begin,end)（从 begin 开始，到 end 结束，但不包括 end）或者 (begin,end]（从 begin 开始，不包括 begin，到 end 结束，并且包括 end。这种情况用得很少）。

2.6 Java 指令码介绍

2.6.1 指令码和助记符

上文介绍了关于 Class 文件的一些内容，比如常量池、属性、field_info、method_info 等。从笔者角度来看，这些内容还只是**对源码文件组成结构的一种描述，而这种组成结构是一种**

静态内容。比如源码中一个类的每一个成员变量和成员函数都会相应在 Class 文件里存在一个 field_info 和 method_info。JVM 解析这个 Class 文件后无非是在内存里多创建了一个 field_info 和 method_info 对象。不过有了这些信息，JVM 好像也无法做什么动作，因为这些信息并不能驱使 JVM 执行我们在源码中编写的函数。

根据前述知识，我们知道 Code_attribute 中的 code 数组存储了一个函数源码经过编译后得到的 Java 字节码。根据 Java 虚拟机规范，code 数组只能包括下面两种类型的信息。

- 首先是 Java 指令码，即指示 JVM 该做什么动作，比如是进行加操作还是减操作，或者是 new 一个对象。在 JVM 规范中，**指令码的长度是 1 个字节**。所以 JVM 规范中定义的 Java 指令码的个数不会超过 255 个（255 的 16 进制表示为 0xFF）。
- 紧接指令码之后的是 0 个或多个操作数。JVM 在执行某条 Java 指令码的时候，往往还需要其他一些参数。参数可以直接存储在 code 数组里，也可以存储在操作栈（Operand stack）中。由于不同指令码可能需要不同个数的参数，所以指令码后面的内容可以是参数（如果这条指令码需要参数）也可以是下一条指令（如果这条指令码无需参数）。

根据上文所述内容，图 2-12 绘制了 code 数组里指令和参数的组织格式。

1字节指令码	0或多个参数（N字节，N>=0）

图 2-12　code 数组中指令和参数的组织格式

图 2-12 可知 Java 指令码长度为一个字节。指令码后面跟 0 或多个参数（占 N 个字节大小，N>=0）。如何支持一条指令码对应多少个参数呢？不用担心，规范里都定义好了。表 2-6 所示的表格列出了非常简单的几个指令码。表中第一列为指令码的值（采用 16 进制表示），表的第二列为这些指令码对应的助记符。第三列是该指令对应所需参数的长度。

表 2-6　指令码、助记符和参数个数示例

指令码取值	助　记　符	参数个数（字节）	含　　义
0x00	nop	0	空指令，什么都不干。一般做指令数组对齐之用
0x99	ifeq	2	比较指令
0xb6	invokevirtual	2	调用某个对象的函数
0xb8	invokestatic	2	调用某个类的静态函数
0xbb	new	2	创建新对象
0xbf	athrow	0	抛异常
0xb1	return	0	函数返回

2.6.2　如何阅读规范

指令码是 Java 虚拟机规范中很重要的一部分，为了帮助读者以后更容易读懂规范，本节将介绍如何阅读其中和指令码相关的内容，首先我们要知道：

- ❑ 规范第 6 章（The Java Virtual Machine Instruction Set）详细介绍了每个指令码的格式、所带参数、功能及使用场景。
- ❑ 规范第 7 章（Opcode Mnemonics by Opcode）列出了指令码的取值和对应的助记符。

如果要了解具体指令的含义和用法，就必须钻研规范第 6 章。下面将以两个具体例子来看看规范是如何说明一个指令的格式和用法的。

2.6.2.1　invokevirtual 指令

在规范中，该指令的格式用法如图 2-13 所示。

inokevirtual的格式为：
指令码（0xb6）+参数
invokevirtual
indexbyte1
indexbyte2

操作数栈（operand stack）
..., *objectref*, [*arg1*, [*arg2* ...]] →
...

图 2-13　invokevirtual 指令的解释

图 2-13 里关于指令格式的介绍可分为左右两个部分。

- ❑ 左边是指令格式，描述了该指令的字节码值以及紧跟其后的参数（如果该指令有参数的话）。对 invokevirtual 来说，该指令后面需要两个字节的参数。在规范中，每条指令的“**描述（Description）**”一节对这些参数的作用都有详细介绍。比如图中的 indexbyte1<<8|indexbyte2 共同组成一个指向常量池的索引，该索引对应的常量项是 Methodref。Methodref 描述了这个函数的信息（属于哪个类，以及该函数的 Method Descriptor 等），解析这个信息可得到函数调用时需要多少个参数。如此，JVM 才能决定右边的操作数栈中有多少项（参数的个数由 Methodref 决定）需要在这次 invokevirtual 时用到。
- ❑ 右边是操作数栈的变化情况。规范中，“操作数栈”这一部分描述的就是该指令执行前后操作数栈的变化情况。大多数指令执行的时候，JVM 需要预先准备好操作数栈，里边存储了该指令需要的信息。invokevirtul 对应的操作数栈内容为图 2-13 的右图所示。其中，第一行表示该指令执行前，操作数栈里应该放什么内容，"objectref,[arg1,[arg2...]] → " 中的箭头符号表示栈顶的增长方向，也就是栈顶在最右边，栈底在最左边。arg2(如果有)位于栈顶，objectref 位于 arg1 之下。第二行表示该指令执行后对操作数栈的影响。如果是 "..." 号，则表明该指令执行完后对栈没有影响。

提示　指令码除了可以表示在 code 数组里紧随其后的内容是参数外，大部分情况下还需要结合操作数栈里的内容。也就是说，指令码的参数来源有两种：

（1）紧跟其后的内容可以是参数。

（2）操作数栈里的内容也是参数。

我们再来看一个指令。

2.6.2.2　dup_x1 指令

dup_x1 指令针对的是操作数栈，其功能是：

- ❑ 复制一份复制栈顶元素。
- ❑ 将新复制的值插入操作数栈，但是位置不在栈顶，而是离当前栈顶元素之后的两个位置。

图 2-14 展示了 dup_x1 的指令解释：

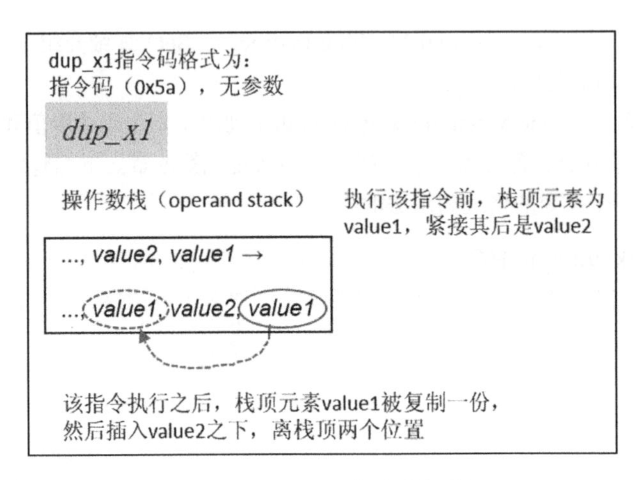

图 2-14　dup_x1 指令的解释

2.7 学习路线推荐

本章对 Class 文件进行了介绍。从笔者自己的学习经历来看：

- 关于 Class 文件格式的内容主要集中在规范的第 4 章。
- Java 指令码的内容集中在规范的第 6 章和第 7 章。

虽然规范将知识点介绍得非常详细，但初学者一上来就贸然扎入规范的繁枝细节之中，即使壮志冲天，效果也未必好。在此，笔者推荐一条比较稳妥高效的学习路线：即请读者在看完本章的基础上，自行用 Java 编写一个 Class 文件解析程序。不用太复杂，只要能涵盖到如下几个点就行。

- 图 2-1 中 Class 文件的所有格式能正确识别。
- 常量池内容能全部解析。
- 属性只需解析本章介绍的这几种。
- 能解析 Code 属性中 code 数组里的指令码和参数。

请读者根据笔者的建议先自行尝试。笔者在本篇结束后将提供一个自行开发的 Class 文件解析、Dex 文件解析以及 oat 文件解析的 Java 开源小程序供读者参考。

2.8 参考资料

[1] JAVA VM 官方规范
https://docs.oracle.com/javase/specs/jvms/se7/html/index.html
JAVA VM 官方规范

[2] invokedynamic 指令的简单介绍
http://www.javaworld.com/article/2860079/scripting-jvm-languages/invokedynamic-101.html
invokedynamic 的简单介绍。在英美国家，101 一般是入门课程的标识。

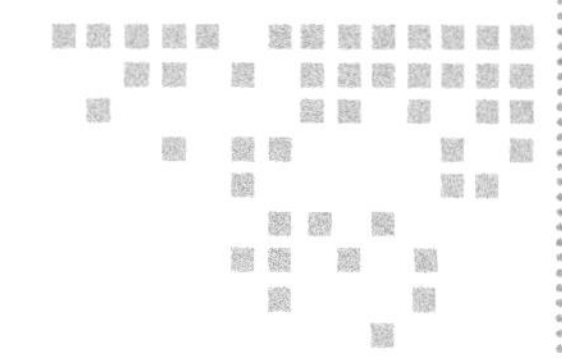

第3章 Chapter 3

深入理解 Dex 文件格式

Dex 文件是 Android 平台上和传统 Class 文件对应的 Java 字节码文件。Dex 文件的核心内容其实与传统 Class 文件类似，只不过针对移动设备做了一些定制化处理。在一些工具的帮助下，Dex 文件和 Class 文件可以相互转换。由于 Android 虚拟机会读取和解析 Dex 文件，所以开发者需要了解 Dex 文件格式。

3.1 Dex 文件格式总览

Dex 文件是 Android 平台上 Java 源码文件经编译和处理后得到的字节码文件。读者可能会有疑问，为什么 Android 平台不直接使用 Class 文件，而是另起炉灶重新实现一种新的文件格式呢？此问题的答案有很多，笔者仅举一例。

Android 系统主要针对移动设备，而移动设备的内存、存储空间相对 PC 平台而言较小，并且主要使用 ARM 的 CPU。这种 CPU 有一个显著特点，就是通用寄存器比较多。在这种情况下，Class 格式的文件在移动设备上不能扬长避短。比如，2.6.2 节介绍 invokevirtual 指令的时候，我们看到 Class 文件中指令码执行的时候需要存取**操作数栈**（operand stack）。而在移动设备上，由于 ARM 的 CPU 有很多通用寄存器，Dex 中的指令码可以利用它们来存取参数。显然，寄存器的存取速度比位于内存中的操作数栈的存取速度要快得多。

正式介绍 Dex 文件格式之前，我们先来了解 Dex 和 Class 文件格式之间的区别。

3.1.1 Dex 和 Class 文件格式的区别

Dex 文件和 Class 文件的区别有很多，本文先来看如下几点区别。

3.1.1.1 字节码文件的创建

一个 Class 文件对应一个 Java 源码文件，而一个 Dex 文件可对应多个 Java 源码文件。开发者开发一个 Java 模块（不管是 Jar 包还是 Apk）时：

- 在 PC 平台上，该模块包含的每一个 Java 源码文件都会对应生成一个同文件名（不包含后缀）的 .class 文件。这些文件最终打包到一个压缩包（即 Jar 包）中。
- 而在 Android 平台上，这些 Java 源码文件的内容最终会编译、合并到一个名为 classes.dex 的文件中。不过，从编译过程来看，Java 源文件其实会先编译成多个 .class 文件，然后再由相关工具将它们合并到 Jar 包或 Apk 包中的 classes.dex 文件中。

读者可以推测一下 Dex 文件的这种做法有什么好处。笔者至少能想出如下两个优点：

- 虽然 Class 文件通过索引方式能减少字符串等信息的冗余度，但是多个 Class 文件之间可能还是有重复字符串等信息。而 classes.dex 由于包含了多个 Class 文件的内容，所以可以进一步去除其中的重复信息。
- 如果一个 Class 文件依赖另外一个 Class 文件，则虚拟机在处理的时候需要读取另外一个 Class 文件的内容，这可能会导致 CPU 和存储设备进行更多的 I/O 操作。而 classes.dex 由于一个文件就包含了所有的信息，相对而言会减少 I/O 操作的次数。

3.1.1.2 字节序

Java 平台上，字节序采用的是 Big Endian。所以，Class 文件的内容也采用 Big Endian 字节序来组织其内容。而 Android 平台上的 Dex 文件默认的字节序是 Little Endian（这可能是因为 ARM CPU（也包括 X86 CPU）采用的也是 Little endian 字节序的原因吧）。那么，这两种字节序有什么区别呢？来看一个示例，如图 3-1 所示为一个内容只有 4 个字节长度的文件。

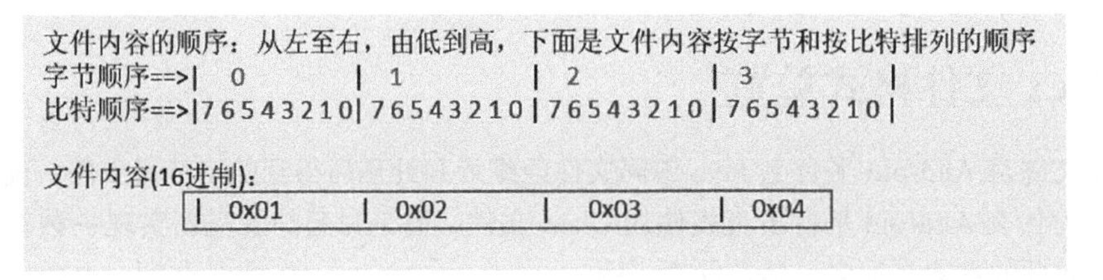

图 3-1 Big Endian 和 Little Endian 的区别

结合图 3-1，我们以如何解析从文件中读到的 4 个字节的内容为例来解释两种字节序的区别。

- 首先，文件的内容按从左至右，由低到高排布，第一个字节的内容是 0x01，第二个字节的内容是 0x02，第三个字节的内容是 0x03，第四个字节的内容是 0x04。
- 字节序只涉及字节和字节之间的顺序，不涉及字节内部各比特位的高低顺序。
- 假设外界把这四个字节当作 int 型来处理，当以 Big Endian 格式来处理它们时，由于 Big Endian 是高地址存储低字节内容，低地址存储高字节内容，所以这个整数的值是 (0x01<<24)|(0x02<<16)|(0x03<<8)|(0x04<<0)。
- 当以 Little Endian 来处理这四个字节的时候，由于 Little Endian 是高地址存储高字节内容，低地址存储低字节内容，则这个整数的值是 (0x04<<24)|(0x03<<16)|(0x02<<8)|(0x01<<0)。

字节序貌似处理起来麻烦，不过 Java ByteBuffer 类提供了一个非常简单 API，它可以很方便处理不同字节序的问题。下面是笔者针对上述示例写的一段代码。

[testEndian 代码]

```
public static void testEndian(){
    byte[] content = new byte[]{0x01,0x02,0x03,0x04};//内容
    //按LittleEndian方式解析得到的期望值
    int littleEndianExpectedValue =
        (0x04<<24)|(0x03<<16)|(0x02<<8)|(0x01<<0);
    //按BigEndian方式解析得到的期望值
    int bigEndianExpectedValue =
        (0x01<<24)|(0x02<<16)|(0x03<<8)|(0x04<<0);
    //创建一个ByteBuffer(java.nio包中)，并设置字节序为BigEndian
    ByteBuffer byteBuffer = ByteBuffer.wrap(content);
    byteBuffer.order(ByteOrder.BIG_ENDIAN);
    int readValue = byteBuffer.getInt();
    //比较readValue和bigEndianExpectedValue
    assert(readValue==bigEndianExpectedValue);
    //ByteBuffer回滚到第一个字节以重新读取其内容。
    byteBuffer.rewind();
    //这次设置字节序为Little Endian,
    byteBuffer.order(ByteOrder.LITTLE_ENDIAN);
    readValue = byteBuffer.getInt();
    //比较readValue和littleEndianExpectedValue
    assert(readValue==bigEndianExpectedValue);
}
```

3.1.1.3 新增 LEB128 数据类型

为了进一步减少文件空间，Dex 文件定义了一种名为 LEB128 的数据类型。LEB128 是 Little Endian Based 128 的缩写，其唯一功能就是用于表示 32 比特位长度的数据。它的好处是什么呢？

我们知道传统的 int 型数据是 32 位长，比如 0 这个 int 型数据需要 4 个字节。但是如果使用 LEB128 格式的话，0 这个数只要 1 个字节就可以表示了。

由于在实际应用中，我们很少接触较大的 32 位整数，所以 LEB128 数据类型能减少空间占用。那么，LEB128 的格式具体是怎样的呢？来看图 3-2。

图 3-2 为 LEB128 的格式，每个字节的第 7 位数据用于表示这个 LEB128 数据是否结束，

- 第 7 位取值为 1 时表示此字节后面还有数据，也叫非结尾字节。
- 第 7 位取值为 0 时表示此字节为最后一个字节，也叫结尾字节。

然后，每个字节的前 7 位数据再按顺序组合为一个 32 位数据：

- 第一个字节的前 7 位排在最终 32 位数据的 0 到 6。

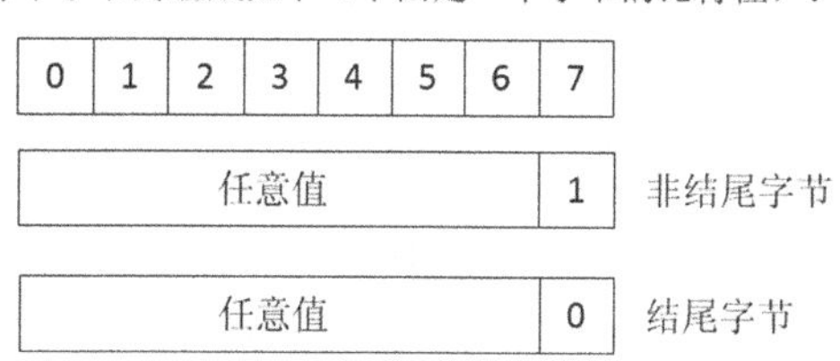

图 3-2 LEB128 格式说明

- 第二个字节的前 7 位排在 7 到 13，以此类推。

提示 LEB128 还需要区分无符号和有符号两种情况。

SLEB128：Signed LEB128，有符号的整数。结尾字节的第 6 位用于表示是否为负数。正负整数先转换为补码，然后按位存储在 SLEB128 各个字节中。SLEB128 中有效数据的内容采用补码来表示。

ULEB128：Unsigned LEB128，无符号的整数。将所有字节的 7 位数据经过移位等组合成一个无符号 32 位数据。

除了 ULEB128 和 SLEB128 之外，还有一个 ULEB128p1 格式。其中，p 是 plus 的意思，表示 ULEB128p1 需要加上 1 才等于 ULEB128，所以这种格式的数据取值为 ULEB128-1。ULEB128p1 的存在使得 -1 这个负数只要一个字节就可以表示。

关于 LEB128 更详细的内容，读者可阅读参考资料 [1]。

提示 **大小写提示**

在 Android 文档中（参考资料 [2]），这几种数据类型都用小写表示，比如 uleb128、sleb128、uleb128p1。

本文及后续文章也将遵守此形式。

3.1.1.4 信息描述规则

和 Class 文件类似，Dex 文件格式对如何使用字符串来描述成员变量和成员函数等也有要求。总体来说，Dex 的使用信息描述规则和 Class 的使用规则大体类似，只在某些具体细节上略有不同。

提示 我们将参考官方描述 [2] 中使用的格式来介绍字符串使用规则。

3.1.1.4.1 数据类型描述（Type Descriptor）

数据类型描述说的是用字符串表示不同的数据类型。在这方面，Dex 和 Class 文件格式没有区别。

[数据类型描述]

(1) 原始数据类型对应的字符串描述为"B","C","D","F","I","J","S","Z"，它们分别对应的 Java类型为**b**yte,**c**har,**d**ouble,**f**loat,**i**nt,**l**ong,**s**hort,**b**oolean。
(2) **"V"**：表示void，不过只能用于表示函数的返回值类型。
(3) 引用数据类型的格式为"**LClassName;**"。此处的ClassName为对应类的全路径名。
(4) 数组用 "[其他类型的描述名 " 来表示。Dex 文件最多支持 255 维数组。

3.1.1.4.2 简短描述

在 Dex 文件格式中，Shorty Descriptor（简短描述）用来描述函数的参数和返回值信息，类似 Class 文件格式的 MethodDescriptor。不过，Shorty Descriptor 比 MethodDescriptor 要抠，省略了好些个字符。

[Shorty Descriptor]

```
#在Dex官方文档中，描述规则的定义和Class文件略有不同，如下：
#下面是定义ShortyDescriptor的描述规则，箭头后面是规则的组成
#注意，“()”在规则中表示一个Group，“*”号表示这个Group可以有0或多个
ShortyDescriptor → ShortyReturnType (ShortyFieldType)*
#定义ShortyReturnType的描述规则
ShortyReturnType →  'V' | ShortyFieldType
#定义ShortyFieldType的描述规则，注意，引用类型统一用"L"表示即可
ShortyFieldType → 'Z' | 'B' | 'S' |'C' | 'I' | 'J' | 'F' |     'D' |'L'
```

和 Class 文件的 MethodDescriptor 比较会发现：

- MethodDescriptor 描述函数和返回值是 "(**参数类型**) **返回值类型** "，参数放在括号里。而 ShortyDescriptor 则是 " **返回值类型** "+" **参数类型** "，如果有参数就会带参数类型，没有参数就只有返回值类型。
- 在 ShortyDescriptor 的 ShortyFieldType 中，引用类型只需要用 "L" 表示，而不需要像 MethodDescriptor 那样填写 "L **全路径类名** ;"。

提示　显然，ShortyDescriptor 对于那些参数或返回值类型为引用类型的函数将无法区分。不过没关系，Dex 中还会提供其他数据来指明参数或返回值的具体类型。这种做法的原因其实还是为了减少字符串的使用。

Dex 文件和 Class 文件的区别还有很多，我们先介绍到这。下面直接来学习 Dex 文件格式。

3.1.2　Dex 文件格式的概貌

图 3-3 所示为 Dex 文件格式的概貌。

其各个成员解释如下。

- 首先是 Dex 文件头，很重要，类型为 header_item。
- string_ids：数组，元素类型为 string_id_item，它存储和字符串相关的信息。
- type_ids：数组，元素类型为 type_id_item。存储类型相关的信息（由 TypeDescriptor 描述）。
- field_ids：数组，元素类型为 field_id_item，存储成员变量信息，包括变量名、类型等。
- method_ids：数组，元素类型为 method_id_item，存储成员函数信息包括函数名、参数和返回值类型等。
- class_defs：数组，元素类型为 class_def_item，存储类的信息。
- data：Dex 文件重要的数据内容都存在 data 区域里。一些数据结构会通过如 xx_off 这样的成员变量指向文件的某个位置，从该位置开始，存储了对应数据结构的内容，而 xx_off 的位置一般落在 data 区域里。

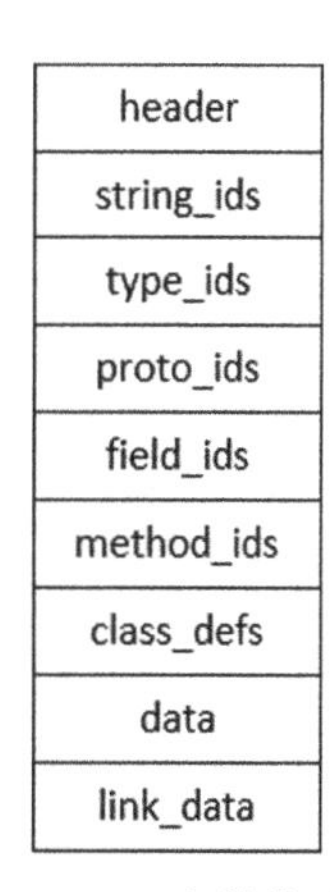

图 3-3　Dex 文件格式概貌

- link_data：理论上是预留区域，没有特别的作用。

和 Class 文件格式比起来，Dex 文件格式的特点如下。

- 有一个文件头，这个文件头对正确解析整个 Dex 文件至关重要。
- 有几个 xxx_ids 数组，包括 string_ids（字符串相关）、type_ids（数据类型相关）、proto_ids（主要功能就是用于描述成员函数的参数、返回值类型，同时包含 ShortyDescriptor 信息）、field_ids（成员域相关）和 method_ids（成员函数相关）。
- data 区域存储了绝大部分的内容，而 data 区域的解析又依赖于 header 和相关的数据项。

下面单独用一节来介绍 Dex 文件各数据项的内容。

3.2 认识 Dex 文件

文件头是 Dex 文件的重要部分，必须先解析它。

3.2.1 header_item

header_item 是 Dex 文件头结构的类型（其实文件只是二进制数据的集合，这里只不过借用了编程语言的格式来描述它）。图 3-4 所示为 header_item 的数据结构伪代码。

```
struct header_item {
    public ubyte[] magic = new ubyte[8];
    public uint checksum;
    public ubyte[] signature = new ubyte[20];
    public uint file_size;
    public uint header_size;
    public uint endian_tag;

    public uint link_size;  public uint link_off;
    public uint map_off;

    public uint string_ids_size; public uint string_ids_off;

    public uint type_ids_size; public uint type_ids_off;

    public uint proto_ids_size; public uint proto_ids_off;

    public uint field_ids_size; public uint field_ids_off;

    public uint method_ids_size;  public uint method_ids_off

    public uint class_defs_size; public uint class_defs_off;

    public uint data_size; public uint data_off;
}
```

图 3-4 header_item 数据结构伪代码

图 3-4 中 head_item 各个字段的解释如下。

- magic，取值必须是字符串“dex\n035\0”，或者 byte 数组 {0x64 0x65 0x78 0x0a 0x30 0x33 0x35 0x00}。

- checksum，文件内容的校验和。不包括 magic 和 checksum 自己。该字段的内容用于检查文件是否损坏。
- signature，签名信息，不包括 magic、checksum 和 signature。该字段的内容用于检查文件是否被篡改。
- file_size，整个文件的长度，单位为字节，包括所有内容。
- header_size，默认是 0x70 个字节。
- endian_tag，表示文件内容应该按什么字节序来处理。默认取值为 0x12345678，Little Endian 格式。如果为 Big Endian 时，该字段取值为 0x78563412。

提示　以后我们会看到，Dex 文件和第 4 章要介绍的 Elf 文件格式类似，都使用偏移这种方式来告诉解析者数据在文件的什么位置。其实，偏移量也是一种形式的索引。

3.2.2 string_id_item 等

xxx_id_item 包括 string_id_item、type_id_item、proto_id_item、field_id_item 和 method_id_item 这五种数据结构，它们对应为 string_ids、type_ids、proto_ids、field_ids 和 method_ids 数组元素的数据类型，图 3-5 所示为它们的数据结构表示。

```
struct string_data_item{
    uleb128 utf16_size;
    ubyte[]   data;
}

struct string_id_item{
    uint   string_data_off;
}

struct type_id_item {
    uint descriptor_idx;
}

struct field_id_item{
    ushort class_idx;
    ushort type_idx;
    uint   name_idx;
}

struct method_id_item{
    ushort class_idx;
    ushort proto_idx;
    uint   name_idx;
}

struct proto_id_item {
    uint shorty_idx;
    uint return_type_idx;
    uint parameters_off;
}

struct type_list  {
    uint        size;
    type_item[] list;
}

struct type_item {
    ushort type_idx;
}
```

图 3-5　xxx_id_item 的数据结构

图 3-5 中展示了 dex 文件中 xxx_id_item 的数据结构，下面是它们各字段的含义。

- string_data_item：utf16_size 是字符串中字符的个数。Dex 文件的字符串采用了变种的 UTF8 格式，对于英文字符和数字字符而言，都只占一个字节。data 是字符串对应的内容。
- string_id_item：类似 Class 文件的 CONSTANT_String 类型，它只有一个成员 string_data_off：用于指明 string_data_item 位于文件的位置，也就是索引。

- type_id_item：descriptor_idx 是指向 string_ids 的索引。
- field_id_item：class_idx 和 type_idx 是指向 type_ids 的索引，而 name_idx 是指向 string_ids 的索引。
- method_id_item：class_idx 是指向 type_ids 的索引，proto_idx 是指向 proto_ids 的索引，name_idx 是指向 string_ids 的索引。
- proto_id_item：shorty_idx 是指向 string_ids 的索引，return_type_idx 是指向 type_ids 的索引，如果 parameters_off 不为 0，则文件对应的地方存储类型为 type_list 的结构，用于描述函数参数的类型。
- type_item：type_idx 是指向 type_ids 的索引。
- type_list：size 表示 list 数组的个数，而 list 数组元素类型为 type_item。函数的每一个参数都对应一个 type_item 元素。

此外还有几点内容请读者注意：

- string_ids、type_ids、proto_ids 等都是图 3-4 中 Dex 文件结构的一部分，在代码中可通过数组来描述它们。
- 对于 proto_id_item，首先，它的成员域 shorty_idx（也就是 ShortyDescriptor 字符串）已经描述了参数和返回值的类型，但这只是简单描述，比如所有引用类型都用 "L" 统一表示，所以 ShortyDescriptor 肯定无法完整描述那种参数或者返回值类型为引用类型的函数。为解决此问题，proto_id_item 中的 return_type_idx 用来描述返回值的数据类型，而参数的类型则通过 parameters_off 域（如果取值不为 0，则表示该函数有参数）指向一个 type_list。这个 type_list 为每个参数都存储了对应的数据类型（通过 type_item 中的 type_idx 来索引 type_ids 中的元素）。

3.2.3 class_def

本节会介绍代表类信息的 class_def。图 3-6 为它的数据结构。

图 3-6 中 class_def 的几个主要成员变量的解释如下。

- class_idx：指向 type_ids，代表本类的类型。
- access_flags：访问标志，比如 private、public 等。
- superclass_idx：指向 type_ids，代表基类类型，如果没有基类则取值为 NO_INDEX（值为 -1）。
- interfaces_off：如果本类实现了某些接口，则 interfaces_off 指向文件对应位置，那里存储了一个 type_list。该 type_list 的 list 数组存储了每一个接口类的 type_idx 索引（参考图 3-5 和对应的解释）。
- source_file_idx：指向 string_ids，该类对应的源文件名。
- annotations_off：存储和注解有关的信息。
- class_data_off：指向文件对应位置，那里将存储更细节的信息，由 class_data_item 类型来描述。

```
struct class_def {
    uint class_idx;
    uint access_flags;
    uint superclass_idx;
    uint interfaces_off;
    uint source_file_idx;
    uint annotations_off;
    uint class_data_off;
    uint static_values_off;
}
```

图 3-6　class_def 数据结构伪代码

- static_values_off：存储用来初始化类的静态变量的值，静态变量如果没有显示设置初值的话，默认是0或者null。如果有初值的话，初值信息就存储在文件static_values_off的地方，对应的数据结构名为encoded_array_item。本章不拟讨论它，读者可自行阅读参考资料[2]。

而一个类的成员变量、成员函数等信息则是通过图3-6中class_data_off域指向一个名为class_data_item结构体来描述的。图3-7为与class_data_item相关的数据结构。

图3-7中最上面为class_data_item的数据结构。其中，static_fields_size、instance_fields_size、direct_methods_size和virtual_methods_size这四个成员变量分别决定了下述数组的长度。

- static_fields：类的静态成员信息，元素类型为encoded_field。
- instance_fields：类的非静态成员信息，元素类型为encoded_field。
- direct_methods：非虚函数信息，元素类型为encoded_method。
- virtual_methods：虚函数信息，元素类型为encoded_method。

而encoded_field和encoded_method用于描述类的成员变量和成员函数的信息。

- encoded_field：field_idx_diff指向field_ids。注意这里是field_idx_diff，它表示除数组里第一个元素的field_idx_diff取值为索引值，该数组后续元素field_idx_diff取值为和前一个索引值的差。access_flags表示成员域的访问标志。
- encoded_method：method_idx_diff指向method_ids。diff的含义与field_idx_diff一样。access_flags表示该函数的访问标志，code_off指向文件对应位置处，那里有一个类型为code_item的结构体，code_item类似于Class文件的Code属性。

```
struct class_data_item{
    uleb128 static_fields_size;
    uleb128 instance_fields_size;
    uleb128 direct_methods_size;
    uleb128 virtual_methods_size;
    encoded_field[]  static_fields;
    encoded_field[]  instance_fields;
    encoded_method[]  direct_methods;
    encoded_method[]  virtual_methods;
}
struct encoded_field {
    uleb128 field_idx_diff;
    uleb128 access_flags;
}
struct encoded_method {
    uleb128 method_idx_diff;
    uleb128 access_flags;
    uleb128 code_off;
}
```

图3-7　class_data_item及相关数据结构

注意　这里要特别提醒的是encoded_field和encoded_method中的field_idx_diff以及method_idx_diff域，和之前的xxx_idx不同的是，这里的域名后缀是diff，这代表什么呢？以field_idx_diff为例，**为了节省文件空间，field_idx_diff并不直接存储指向field_ids数组的索引，而存储的是encoded_field数组（比如图3-7中的static_fields数组）中当前元素的真正索引值和上一个元素真正索引值的差。那么，第一个元素的field_idx_diff又是和哪个元素相减得到的呢？答案很简单，encoded_field数组第一个元素的field_idx_diff直接存储了索引值。**

表3-1展示了access_flags的部分取值情况。

表3-1　access_flags取值情况说明

标　志　名	取　值	说　明
ACC_PUBLIC	0x0001	public类型

（续）

标 志 名	取 值	说 明
ACC_PRIVATE	0x0002	private 类型
ACC_FINAL	0x0010	final 类型
ACC_SYNCHRONIZED	0x0020	该标志只对 native 函数有效，即此函数必须是声明 synchronized 标记的 native 函数
ACC_INTERFACE	0x0200	表明这个类是一个 Interface
ACC_ABSTRACT	0x0400	abstract 类型
ACC_SYNTHETIC	0x1000	表明该类由编译器根据情况生成的，源码里无法显示定义这样的类
ACC_ANNOTATION	0x2000	注解类型
ACC_ENUM	0x4000	枚举类型
ACC_DECLARED_SYNCHRONIZED	0x20000	除 ACC_SYNCHRONIZED 标记外，其他声明了 synchronized 标记的函数

3.2.4 code_item

和 code_item 相关的数据结构如图 3-8 所示。

```
struct code_item {
    ushort      registers_size;
    ushort      ins_size;
    ushort      outs_size;
    ushort      tries_size;
    uint        debug_info_off;
    uint        insns_size;
    ushort[]     insns;
    ushort      padding;
    try_item[] tries;
    encoded_catch_handler_list handlers;
}

struct try_item{
    uint start_addr;
    ushort insn_count;
    ushort handler_off;
}

struct encoded_catch_handler_list{
    uleb128 handlers_size;
    encoded_catch_handler[] list;
}

struct encoded_catch_handler{
    sleb128 size;
    encoded_type_addr_pair[] handlers;
    uleb128  catch_all_addr;
}

struct encoded_type_addr_pair{
    uleb128 type_idx;
    uleb128 addr;
}
```

图 3-8 code_item 及相关数据结构

图 3-8 中为 code_item 及和它相关的数据结构，先来看 code_item 里的各个成员。

- registers_size：此函数需要用到的寄存器个数。

- ins_size：输入参数所占空间，以双字节为单位。
- outs_size：该函数表示内部调用其他函数时，所需参数占用的空间。同样以双字节为单位。
- insns_size 和 insns 数组：指令码数组的长度和指令码的内容。Dex 文件格式中 JVM 指令码长度为 2 个字节，而 Class 文件中 JVM 指令码长度为 1 个字节。
- tries_size 和 tries 数组：如果该函数内部有 try 语句块，则 tries_size 和 tries 数组用于描述 try 语句块相关的信息。注意，tries 数组是可选项，如果 tries_size 为 0，则此 code_item 不包含 tries 数组。
- padding：用于将 tries 数组（如果有，并且 insns_size 是奇数长度的话）进行 4 字节对齐。
- handlers：catch 语句对应的内容，也是可选项。如果 tries_size 不为零才有 handlers 域。
- code_item 和 Class 文件中的 Code 属性类似。注意，code_item 里的 padding、tries 和 handlers 成员都是可选项。也就是只有在代码中确实有 try 语句块的时候，这几个成员才存在（padding 则是需要对齐的时候才存在）。

---

registers_size 和 ins_size 进一步说明

（1）registers_size：指的是虚拟寄存器的个数。在 art 中，dex 字节码会被编译成本机机器码，此处的寄存器并非物理寄存器。

（2）ins_size：Dex 官方文档的解释是 the number of words of incoming arguments to the method that this code is for，而在 art 优化器相关代码中，ins_size 即是函数输入参数个数，同时也是输入参数占据虚拟寄存器的个数。registers_size-ins_size 即为函数内部创建变量的个数。

到此，Dex 文件格式就介绍差不多了，其余未介绍的内容请读者自行阅读参考资料 [2]。下面来看 Dex 文件中的指令码。

3.3 Dex 指令码介绍

Dex 指令码的条数和 Class 指令码差不多，都不超过 255 条，但是 Dex 文件中存储函数内容的 insns 数组（位于 code_item 结构体里，见图 3-8）却比 Class 文件中存储函数内容的 code 数组（位于 Code 属性中，见第 2 章图 2-7）解析起来要有难度。其中一个原因是 Android 虚拟机在执行指令码的时候不需要操作数栈，所有参数要么和 Class 指令码一样直接跟在指令码后面，要么就存储在寄存器中。对于参数位于寄存器中的指令，指令码就需要携带一些信息来表示该指令执行时需要操作哪些寄存器。此外，虽然官方文档 [3] 详细介绍了所有 Dex 指令码的格式和含义，但是它采用了一种特别的语法来描述它们，所以初学者读官方文档时会感觉比较难懂。

鉴于开发者碰到具体指令码的时候一定会求助于官方文档，所以本节将把重点放在帮助读者如何阅读理解官方文档上。先来看 insns 数组里数据的组织形式。

3.3.1 insns 的组织形式

由图 3-8 所示的 code_item 数据结构可知，函数的内容存储在 insns 数组里，该数组元素的类型是 ushort，而 ushort 为两个字节长[1]。那么这两个字节所包含的内容是如何组织的呢？来看图 3-9。

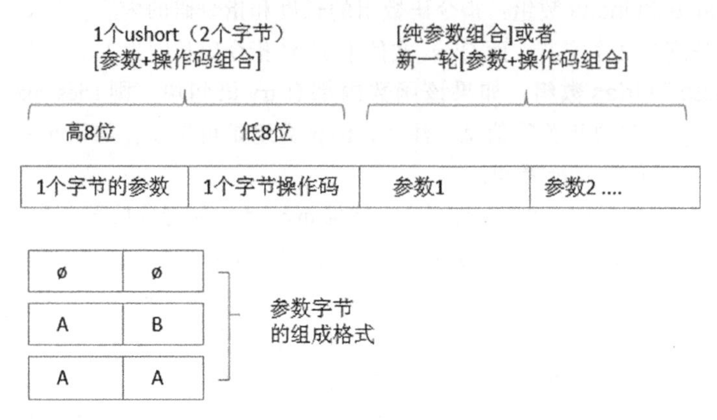

图 3-9 insns 的组织形式

由图 3-9 可知：

- Dex 指令码[2]的长度还是 1 个字节，所以指令码的个数不会超过 255 条。但是和 Class 指令码不同的是，Dex 指令码与第一个参数混在一起构成了一个双字节元素存储在 insns 内。在这个双字节中，低 8 位才是指令码，高 8 位是参数。笔者称这种双字节元素为 [**参数 + 操作码组合**]。
- [**参数 + 操作码组合**] 后的下一个 ushort 双字节元素可以是新一组的 [**参数 + 操作码组合**]，也可以是 [纯参数组合]。
- 参数组合的格式也有要求，不同的字符代表不同的参数，参数的比特位长度又是由字符的个数决定。比如 AA 表示一个参数，这个参数占 8 位，而其中每一个 A 都代表 4 位比特长。

提示 关于图 3-9 中的参数格式，根据官方文档，下面几点内容需要读者了解。

（1）不同的字符代表不同的参数，比如 A、B、C 代表三个不同的参数。

（2）参数的长度由对应字符的个数决定，1 个字符占据 4 个比特。比如：A 表示一个占 4 比特的参数，AA 代表一个占 8 比特的参数，AAAA 代表一个 16 比特长的参数。

（3）代表一个特殊的参数，该参数取值为 0。比如 ØØ 表示这样一个参数，这个参数长度。为 8 位，每位的取值都是 0。

3.3.2 指令码描述规则

我们直接通过几个例子来学习官方提供的指令码描述规则，先看图 3-10。

[1] 这一点有别于 Class 文件中的 code 数组。在 Class 文件中，code 数组内容是以 byte 为单位的。

[2] 指令码也叫操作码。

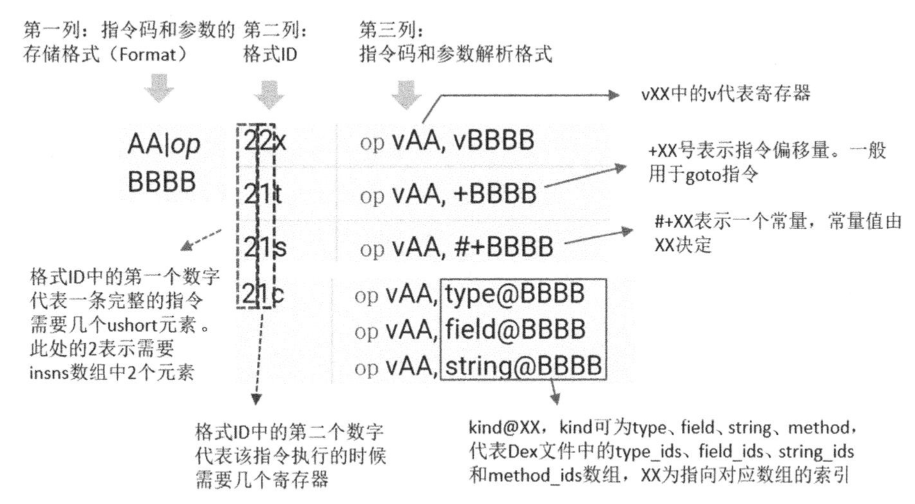

图 3-10　指令码描述规则示例

图3-10是官方文档中对指令的描述，它是一个表，从左至右前三列内容的含义如下。

- 第一列叫Format，指明指令码和参数的存储格式，也就是我们在图3-9中介绍的insns内容的组织形式。
- 第二列叫Format ID，简称ID，其内容包含两个数字和一到多个后缀字符。其中，第一个数字表示一条完整的指令（即执行该指令需要的指令码和参数）包含几个ushort元素，第二个数字表示这条指令将用到几个寄存器。另外，数字后面的后缀字符也有含义，不过其含义比较琐碎，本文不拟介绍。
- 第三列则具体展示了各个参数的用法。读者尤其要注意其中特殊字符的含义，比如“v”“+”“#+”和诸如“kind@”这样的字符串的含义。

了解上述规则后，我们再来看一条稍复杂的规则示例，如图3-11所示。

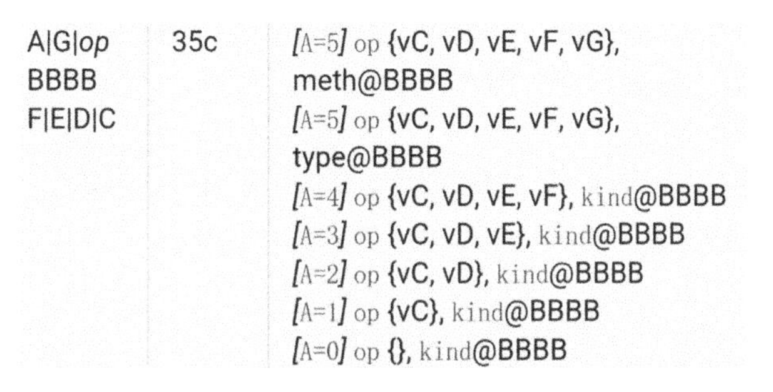

图 3-11　指令码描述规则示例

图3-11中：

- 由第一列Format可知一共有A、BBBB、C、D、E、F、G7个参数。每个参数的位长由代表该参数的字符的个数决定。即，除了BBBB是16位长之外，其他6个参数都是4位。Format同时还指明了这7个参数位于ushort元素中的位置。

- 由第二列 ID 的“35c”可知，这种类型的指令需要 3 个 ushort 元素，并且需要 5 个寄存器。
- 第三列给出符合第二列 ID 格式的指令的具体表现形式。其中，[A=x] 表示 A 参数取值为 x。“vC”表示某个寄存器，其编号是 C 的值，“kind@BBBB”表示 BBBB 为指向 xxx_ids 的索引。另外，“{}”花括号表示该指令执行时候需要操作的一组寄存器。

有了这些信息就可以解析 insns 的内容了。Android SDK 提供了一个 dexdump⊖工具用于解析 dex 文件，我们看看用它解析 dex 文件中的函数会得到什么结果，如图 3-12 所示。

```
  Direct methods    -
    #0              : (in Lcom/test/TestMain;)
      name          : '<init>'
      type          : '()V'
      access        : 0x10001 (PUBLIC CONSTRUCTOR)
      code          -
      registers     : 2
      ins           : 1
      outs          : 1
      insns size    : 7 16-bit code units
000208:                                        |[000208] com.test.TestMain.<init>:()V
000218: 7010 0600 0100                         |0000: invoke-direct {v1}, Ljava/lang/Object;.<init>:()V // method@0006
00021e: 1200                                   |0003: const/4 v0, #int 0 // #0
000220: 5910 0100                              |0004: iput v0, v1, Lcom/test/TestMain;.mX:I // field@0001
000224: 0e00                                   |0006: return-void
      catches       : (none)
```

图 3-12　dexdump 解析函数的结果

dexdump 使用的方法为“dexdump -d dex 文件”，它能把 insns 数组的内容翻译成对应的助记符，并解析其中的参数。笔者此处简单介绍 00021e 处指令码 "1200" 该如何解析。

- "1200" 是指令码的内容。它是 16 进制，分为 "12" 和 "00"，分别构成两个字节。因为该 dex 文件是 Little Endian 字节序。所以 "12" 是低 8 位，"00" 是高八位。
- 我们介绍过，操作码 + 参数组合的话，操作码位于低 8 位，所以此处可知操作码为 "12"。通过查询 [3] 可知，该指令的标准格式为 "12 11n"，对应的助记符为 "const/4 vA, #+B"。
- 接下来需要解析这个参数。这需要利用解析格式（Format）"11n"。查询官方文档，11n 对应的指令码 + 参数组合的格式为 "B|A|op"。所以，"1200" 中，"B|A" 取值为 "0|0"，即 B 为 0，A 也为 0。
- 有了这些信息，"const/4 vA, #+B" 就可解析为 "const/4 v0, #+0"。

至此，Dex 指令码解析的内容就全部介绍完毕，读者现在可以放心去阅读官方文档 [3] 了。

3.4　学习路线推荐

本章对 Dex 文件格式进行了介绍，读者注意要和 Class 文件格式进行对比学习。另外，Dex 官方文档的内容并不多，读者在学完本章的基础上可以轻松读懂它。最后，和 Class 文件

⊖ 该工具全路径为 Android-SDK 目录 /build-tools/ 版本号 /dexdump。

解析一样，笔者也推荐读者自己动手编写一个 Dex 文件格式的解析程序。3.3 节展示了笔者编写的一些示例代码，希望读者能再接再厉以更好地完成它。

3.5 参考资料

[1] LEB128 格式介绍
https://en.wikipedia.org/wiki/LEB128
wiki 中对 LEB128 的介绍，包括编码和解码的伪代码。

[2] Dex 文件格式 Android 官方介绍
https://source.android.com/devices/tech/dalvik/dex-format
Dex 文件格式的官方介绍。

[3] Dex 指令码格式 Android 官方介绍
https://source.android.com/devices/tech/dalvik/dalvik-bytecode
Dex 指令码格式的官方介绍，同时介绍了所有指令码的信息。
https://source.android.com/devices/tech/dalvik/instruction-formats
关于 Dex 指令码格式所采用的描述规则的说明。上一篇文档在介绍 Dex 指令码时使用了一些特殊的描述语法，本文档就是介绍这些描述语法的。

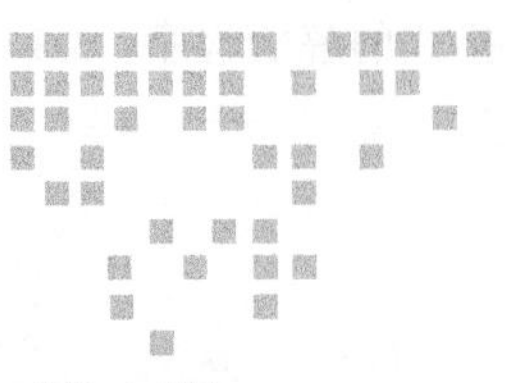

Chapter 4 第4章

深入理解 ELF 文件格式

和 .class 及 .dex 文件对应，.oat 文件是 Android ART 虚拟机上的“可执行文件”⊖。虽然 Android 官方没有明确解释 oat 表示什么意思，但通过相关源码和一些工具我们发现它其实是一种经 Android 定制的 ELF 文件。ELF 文件是 oat 文件的基础，其难度较大，本章先来学习 ELF。

4.1 概述

ELF 是 Executable and Linkable Format 的缩写，它是 Unix（包括 Linux 这样的类 Unix）平台上最通用的二进制文件格式。那些使用 Native 语言比如 C/C++ 开发的程序员几乎每天都会和 ELF 文件打交道，比如：

- .c/.c++ 文件编译后得到的 .o（或 .obj）文件就是 ELF 文件。
- 动态库 .so 文件是 ELF 文件。
- .o 文件和 .so 文件链接后得到的二进制可执行文件也是 ELF 文件。

.oat 是一种定制化的 ELF 文件，所以 EFL 文件是 oat 文件的基础，但是 oat 文件包含的内容和 art 虚拟机密切相关。所以本章先介绍作为基础的 ELF 文件格式，而 oat 文件相关的知识留待后续章节再来介绍。

4.2 ELF 文件格式介绍

如前述内容可知，ELF 是 Executable and Linkable Format 的缩写。其名称中的“Executable”

⊖ 传统 Java 虚拟机的可执行文件是 .class 文件，Dalvik 虚拟机的可执行文件是 .dex 文件，而 ART 虚拟机的可执行文件是 .oat 文件。

和“Linkable”表明 ELF 文件有两种重要的特性。

- Executable：可执行。ELF 文件将参与程序的执行（Execution）工作。包括二进制程序的运行以及动态库 .so 文件的加载。
- Linkable：可链接。ELF 文件是编译链接工作的重要参与者。

下面来看 ELF 文件格式的内容，如图 4-1 所示。

Linking View	Execution View
ELF header	ELF header
Program header table *optional*	Program header table
Section 1	Segment 1
. . .	
Section *n*	Segment 2
. . .	
. . .	. . .
Section header table	Section header table *optional*

图 4-1 ELF 文件格式

图 4-1 表明，我们从不同角度（View）来观察 ELF 的话，将会看到不同的信息。

- Linking View：链接视图，它是从编译链接的角度来观察一个 ELF 文件应该包含什么内容。
- Execution View：执行视图，它是从执行的角度（可执行文件或动态库文件）来观察一个 ELF 文件应该包含什么信息。

不过，不论从哪个角度看，ELF 文件都包含一个 ELF 文件头结构，先来介绍它。

4.2.1 ELF 文件头结构介绍

ELF 文件支持 64 位和 32 位平台，规范为此定义了不同的 ELF 文件头结构，它们对应的数据结构如图 4-2 所示。

```
public class Elf64FileHeader{
    final static int EI_NIDENT = 16;
    byte[] e_ident = new byte[EI_NIDENT];
    Elf64_Half       e_type;
    Elf64_Half       e_machine;
    Elf64_Word       e_version;
    Elf64_Addr       e_entry;
    Elf64_Off        e_phoff;
    Elf64_Off        e_shoff;
    Elf64_Word       e_flags;
    Elf64_Half       e_ehsize;
    Elf64_Half       e_phentsize;
    Elf64_Half       e_phnum;
    Elf64_Half       e_shentsize;
    Elf64_Half       e_shnum;
    Elf64_Half       e_shstrndx;
}
```

```
public class Elf32FileHeader {
    final static int EI_NIDENT = 16;
    byte[] e_ident = new byte[EI_NIDENT];
    Elf32_Half e_type;
    Elf32_Half e_machine;
    Elf32_Word e_version;
    Elf32_Addr e_entry;
    Elf32_Off e_phoff;
    Elf32_Off e_shoff;
    Elf32_Word e_flags;
    Elf32_Half e_ehsize;
    Elf32_Half e_phentsize;
    Elf32_Half e_phnum;
    Elf32_Half e_shentsize;
    Elf32_Half e_shnum;
    Elf32_Half e_shstrndx;
}
```

图 4-2 ELF 文件头结构介绍

由图 4-2 可知，64 位和 32 位 ELF 文件头结构包含了同名的成员域，只是某些成员域的长度不同罢了。下面以 64 位 ELF 文件头结构为例来介绍它的各个成员域。

首先，ELF 文件头结构前 16 个字节由 e_ident 数组描述。

- e_ident[0-3]：前 4 个元素构成魔幻数（Magic Number），取值分别为 '0x7f'、'E'、'L'、'F'。
- e_ident[EL_CLASS=4]：该元素表示 ELF 文件是 32 位 ELF 文件（取值为 1）还是 64 位 ELF 文件（取值为 2）。
- e_ident[EL_DATA=5]：该元素表示 ELF 文件的数据的字节序是小端（Little Endian，取值为 1）还是大端（Big Endian，取值为 2）。
- e_ident[EL_VERSION=6]：ELF 文件版本，正常情况下该元素取值为 1。
- e_ident 其余元素为字节对齐用。

紧接 e_ident 的成员信息如下。

- e_type：该成员域的长度为 2 个字节（类型为 Elf64_Half），指明 ELF 文件的类型。
- e_machine：该成员域长度也为 2 个字节，指明该 ELF 文件对应哪种 CPU 架构。
- e_version：该成员取值同 e_ident[EL_VERSION]。
- e_entry：如果 ELF 文件是一个可执行程序的话，操作系统加载它后将跳转到 e_entry 的位置去执行该程序的代码。简单点说，对可执行程序而言，e_entry 是这个程序的入口地址。这里要特别指出的是，e_entry 是虚拟内存地址，不是实际内存地址。
- e_phoff：ph 是 program header 的缩写。由图 4-1 可知，program header table 是执行视图中必须要包含的信息。e_phoff 指明 ph table 在该 ELF 文件的起始位置（从文件头开始算起的偏移量）。
- e_shoff：sh 是 section header 的缩写。同 e_phoff 类似，如果该 ELF 文件包含 sh table 的话，该成员域指明 sh table 在文件的起始位置。
- e_flags：和处理器相关的标识。
- e_ehsize：eh 是 elf header 的缩写。该成员域表示 ELF 文件头结构的长度，64 位 ELF 文件头结构长度为 64。
- e_phentsize 和 e_phnum：这两个成员域指明 ph table 中每个元素的长度和该 table 中包含多少个元素。注意，ph 表元素的长度是固定的，由此可计算 ph table 的大小是 e_phentsize(ph entry size，每个元素的长度) × e_phnum（entry number，元素个数）。
- e_shentsize 和 e_shum：说明 sh table 中每个元素的长度以及 sh table 中包含多少个元素。
- e_shstrndx：根据 ELF 规范，每个 section 都会有一个名字（用字符串表示）。这些字符串存储在一个类型为 String 的 section 里。这个 section 在 sh table 中的索引号就是 e_shstrndx。

另外，图 4-2 中的成员域并没有使用 int、long 这样的常见数据类型，而是使用 Elfxx_Half、Elfxx_Word、Elfxx_Addr 和 Elfxx_Off 来表示，它们的含义如下。

- Elf64_Addr（作用为 Unsigned program address，表示程序内的地址，无符号）为 8 字节长，ELF32_Addr 为 4 字节，等同于 64 或 32 位平台的指针类型。
- Elf64_Off（作用为 Unsigned file offset，表示文件偏移量，无符号）为 8 字节长（等同于 64 位平台的 long），Elf32_Off 为 4 字节（等同于 32 位平台的 int）。

- Elf64_Half（作用为 Unsigned medium integer，表示中等大小的整数，无符号）和 Elf32_Half 都是 2 字节，等同于 short。
- Elf64_Word（作用为 Unsigned integer，无符号整型）和 Elf32_Word 都是 4 字节，等同于 int。

现在来看 e_type，e_machine，e_entry 的含义。

4.2.1.1　e_type 介绍

根据规范，ELF 文件分好几种类型，它们通过 e_type 来区别。表 4-1 列出了常见的 e_type 取值和对应的说明。

表 4-1　e_type 取值说明

取　值	标记符名称	含　　义
0	ET_NONE	没有类型
1	ET_REL	REL：re-locatable，代表可重定位文件，如 .obj 或 .o 文件
2	ET_EXEC	EXEC：executable，表示可执行的文件
3	ET_DYN	DYN：shared object 文件，比如 .so 文件
4	ET_CORE	CORE File，规范并没有规定这种文件类型应该包含什么数据，但 gdb 里的 core dump 文件就属于此类型
0xFF00	ET_LOPROC	ELF 不是一个纯软件层面的定义，它和具体的处理器（processor）有关。不同处理器定义的 e_type 取值须位于 ET_LOPROC 和 ET_HIPROC 之间
0xFFFF	ET_HIPROC	

4.2.1.2　e_machine 介绍

ELF 文件是 Unix 平台上一种比较通用的文件格式。要想做到平台通用，不仅仅是数据结构要定义好，还得综合考虑不同平台、处理器之间的差异。e_machine 字段表示该 ELF 文件适应于哪种 CPU 平台。图 4-3 所示为笔者收集的 e_machine 取值情况和对应说明。

```
EM_MIPS_X    51  Stanford MIPS-X
EM_COLDFIRE  52  Motorola ColdFire
EM_68HC12    53  Motorola M68HC12
EM_MMA   54  Fujitsu MMA Multimedia Accelerator
EM_PCP   55  Siemens PCP
EM_NCPU  56  Sony nCPU embedded RISC processor
EM_NDR1  57  Denso NDR1 microprocessor
EM_STARCORE  58  Motorola Star*Core processor
EM_ME16  59  Toyota ME16 processor
EM_ST100     60  STMicroelectronics ST100 processor
EM_TINYJ     61  Advanced Logic Corp. TinyJ embedded processor family
EM_X86_64    62  AMD x86-64 architecture
EM_PDSP  63  Sony DSP Processor
EM_PDP10     64  Digital Equipment Corp. PDP-10
EM_PDP11     65  Digital Equipment Corp. PDP-11
EM_FX66  66  Siemens FX66 microcontroller
EM_ST9PLUS   67  STMicroelectronics ST9+ 8/16 bit microcontroller
EM_ST7   68  STMicroelectronics ST7 8-bit microcontroller
EM_68HC16    69  Motorola MC68HC16 Microcontroller
EM_68HC11    70  Motorola MC68HC11 Microcontroller
EM_68HC08    71  Motorola MC68HC08 Microcontroller
```

图 4-3　e_machine 取值和说明

图 4-3 中，第一列 EM_XXX 为标识符，第二列的数字为 e_machine 的取值，第三列为该标识符的说明。以图中深色标记的一行为例。

- EM_X86_64：标记符，取值为 62。
- AMD x86-64 architecture：该标记符的解释，表示为 AMD x86 64 位平台。

4.2.1.3 e_flags 介绍

同 e_machine 一样，e_flags 也跟因平台不同而有差异，其取值和解释依赖 e_machine。笔者此处以 ARM 平台为例，介绍它的取值情况。

- 在 ARM32 位平台（e_machine 被定义为标记符 EM_ARM，值为 40）上，e_flags 取值为 0x02（标记符为 EF_ARM_HASENTY），表示该 ELF 文件包含有效 e_entry 值。为什么头结构中已经定义了 e_entry，而 ARM 平台上还需要这个参数呢？原来，在 ARM 平台上，e_entry 取值可以为 0。而这和 ELF 规范中 ELF 文件头结构的 e_entry 为 0 表示没有 e_entry 的含义相冲突。所以在 ARM 平台上，e_entry 为 0 的真正含义就由 e_flags 来决定。
- 在 ARM64 位平台（e_machine 取值为 183，标记符为 EM_AARCH64）上，e_flags 就没有特殊的取值。

4.2.1.4 ELF 的重要性

本节只是初步介绍了 ELF 文件的头结构。相信很多读者可能和笔者刚接触 ELF 一样，觉得它没有什么特别之处。实际不然，ELF 文件非常重要，它涉及了程序[⊖]的编译链接及运行的方方面面，但同时它又太基础，以至于我们编程的时候几乎每天都接触它，但从来没有细致打量过它。那么，ELF 到底有什么重要作用呢？

- ELF 文件参与了源代码的编译和链接。比如一个 C 源文件，先被编译成 Relocatable 的 .o 文件。然后编译器处理这些 .o 文件。由于 .o 文件是可重定位的，所以里边的函数、变量、符号表等都可以调整到合适的位置。最终，这些 .o 文件会组成 .so 动态库文件或可执行文件。
- 可执行程序的运行依赖 ELF 文件里的信息。比如，ELF 文件头结构的 e_entry 就指明了可执行程序的入口地址。后面还将看到，ELF 文件里还可以包含程序的代码段和数据段。这些内容都会按 ELF 文件对应成员字段所指定的位置加载到内存中去。当然，动态库文件的加载就更复杂了。
- ELF 文件还可以包括丰富的调试信息以帮助我们调试程序。

再来看一个更深层次的问题。假设用 C++ 源代码编译出一个 ELF 可执行程序，绝大部分情况下这个程序运行时：

- 将调用操作系统提供的某些动态库中的函数。这些动态库可以是用 C 编写的，也可以是 C++ 编写的。
- 将借助 system call 调用操作系统提供的功能。

⊖ 这里的程序指用 C 或 C++ 编写的 native 程序。

读者有没有想过，系统的动态库不是我们编写的，编写动态库的语言可以是 C（而我们的程序是 C++ 编写），OS 更是早就存在了。为什么这个由我们后来创建的“物种”可以与那些早就存在的“物种”们完美合作？

原来，参与这项合作的模块以及 OS 之间还需要遵循一种标准。这就是专门用于二进制模块之间以及模块和操作系统之间交互的 ABI 标准。ABI 是 Application Binary Interface（应用程序二进制接口）的缩写，它实际上是 ELF 相关规范在不同硬件平台上的进一步拓展和补充。比如，ABI 会规定应用程序调用动态库的函数时，栈帧该如何创建，参数该如何传递。ABI 和 ELF 是紧密相关的，它需要利用 ELF 中的某些信息。

综上，ELF 不仅仅是一种文件格式，和它紧密相关的还有编译、链接、运行、ABI、调试等诸多内容。由此可见 ELF 的重要性真是非同一般。

在继续介绍 ELF 文件格式前，笔者先介绍下与 ELF 相关的规范。关于这些规范的详细说明，请读者阅读参考资料 [3]。

ELF 和 ABI 相关的文档大体分为如下三块。

- 通用 ELF 和 ABI 文档：ELF 自身的文档叫 Tool Interface Standard(TIS) Portable Formats Specificatoin。另外，通用的 ABI 标准名叫 System V ABI，也被称为 generic ABI（简写为 gABI）。
- 特定处理器（Processor specific，简写为 ps）相关 ELF 和 ABI 文档：例如 PA-RISC（HP 公司的 RISC 芯片）平台的 ELF 补充文档、ARM 平台的 ABI 文档、x86-64 平台的 ABI 文档。
- 特定平台 / 语言相关的 ABI 文档，比如 Intel Itanium ABI 文档、C++ ABI For Intel Itanium 平台。

接下来笔者将结合一个非常简单的示例程序来进一步介绍 ELF，该示例程序如图 4-4 所示。

```
#include <unistd.h>
#include <stdio.h>

int main(int argc,char* argv[]){

 printf("this is elf test");
 return 0;

}
```

```
#使用方法
all:
	$(error "usage: make [obj|so|exe|clean]")
#编译Relocatable的obj文件
obj:main.c
	gcc -c main.c -o main.o

#编译exe可执行程序
exe:main.c
	gcc main.c -o main.out

#编译动态库so文件
so:main.c
	gcc -fPIC -shared main.c -o main.so

clean:
	rm -rf *.o *.so *.out
```

图 4-4　示例代码

图 4-4 中左边为示例代码，右边是编译用的 Makefile 文件。示例代码本身非常简单，就是一个 main 函数，里边调用 libc 库提供的 printf 函数，然后返回。本示例中，先用 "make exe" 命令生成一个可执行程序 main.out。

Linux 系统中有一个工具叫 readelf，它可以非常方便地查看 ELF 文件内容。图 4-5 所示为使用 readelf 查看 main.out 可执行程序 ELF 文件头结构的结果。

```
ELF Header:
  Magic:   7f 45 4c 46 02 01 01 00 00 00 00 00 00 00 00 00
  Class:                             ELF64
  Data:                              2's complement, little endian
  Version:                           1 (current)
  OS/ABI:                            UNIX - System V
  ABI Version:                       0
  Type:                              EXEC (Executable file)
  Machine:                           Advanced Micro Devices X86-64
  Version:                           0x1
  Entry point address:               0x400440
  Start of program headers:          64 (bytes into file)
  Start of section headers:          4504 (bytes into file)
  Flags:                             0x0
  Size of this header:               64 (bytes)
  Size of program headers:           56 (bytes)
  Number of program headers:         9
  Size of section headers:           64 (bytes)
  Number of section headers:         30
  Section header string table index: 27
```

图 4-5　readelf -h main.out

文件头结构比较简单，笔者不拟赘述。请读者结合本节对 ELF 文件头结构的介绍来分析图 4-5 所示的结果。

提示　readelf 有很多选项，其中“-h”专门用来查看 ELF 文件头结构的信息。

4.2.2　Linking View 下的 ELF

由图 4-1 可知，从 Linking View 角度来观察，一个 ELF 文件会包含若干个 Section，并且还有一个 Section Header Table 来集中描述该文件中所有 Section 的头信息。请读者注意，Section Header Table 描述的是 Section 的 Header 信息，并不是 Section 本身的内容。

ELF 这个 Section Header Table 就是本节要介绍的知识。图 4-6 所示为 Section Header Table 中各元素对应的数据结构。

```
typedef struct {
        Elf64_Word      sh_name;
        Elf64_Word      sh_type;
        Elf64_Xword     sh_flags;
        Elf64_Addr      sh_addr;
        Elf64_Off       sh_offset;
        Elf64_Xword     sh_size;
        Elf64_Word      sh_link;
        Elf64_Word      sh_info;
        Elf64_Xword     sh_addralign;
        Elf64_Xword     sh_entsize;
} Elf64_Shdr;
```

图 4-6　Section Header Table 元素的数据结构示意图

图 4-6 为是 Section Header Table 表元素对应的数据结构。

- sh_name：每个 section 都有一个名字。ELF 有一个专门存储 Section 名字的 Section（Section Header String Table Section，简写为 shstrtab）。这里的 sh_name 指向 shstrtab 的某个位置，该位置存储了本 Section 名字的字符串。
- sh_type：section 的类型，不同类型的 Section 存储不同的内容。比如 .shstrtab 的类型就是 SHT_STRTAB，它存储字符串。
- sh_flags：Section 的属性。下文将详细介绍 sh_type 和 sh_flags。
- sh_addr：如果该 Section 被加载到内存的话（可执行程序或动态库），sh_addr 指明应该加载到内存什么位置（进程的虚拟地址空间）。
- sh_offset：表明该 Section 真正的内容在文件什么位置。
- sh_size：section 本身的大小。不同类型的 Section 分别对应不同的数据结构。

下面将以 main.o（通过图 4-4 示例中的 "make obj" 命令得到一个 Obj 文件。Obj 文件将参与链接，所以它是 Linking View 研究的绝好试验品）为例来看看它的 Section Header Table 包含什么内容，如图 4-7 所示。

```
There are 13 section headers, starting at offset 0x148:

[Nr] Name              Type      Address          Offset   Size             EntSize          Flags Link Info Align
[ 0]                   NULL      0000000000000000 00000000 0000000000000000 0000000000000000       0    0    0
[ 1] .text             PROGBITS  0000000000000000 00000040 0000000000000025 0000000000000000 AX    0    0    1
[ 2] .rela.text        RELA      0000000000000000 000005a8 0000000000000030 0000000000000018       11   1    8
[ 3] .data             PROGBITS  0000000000000000 00000065 0000000000000000 0000000000000000 WA    0    0    1
[ 4] .bss              NOBITS    0000000000000000 00000065 0000000000000000 0000000000000000 WA    0    0    1
[ 5] .rodata           PROGBITS  0000000000000000 00000065 0000000000000011 0000000000000000 A     0    0    1
[ 6] .comment          PROGBITS  0000000000000000 00000076 000000000000002c 0000000000000001 MS    0    0    1
[ 7] .note.GNU-stack   PROGBITS  0000000000000000 000000a2 0000000000000000 0000000000000000       0    0    1
[ 8] .eh_frame         PROGBITS  0000000000000000 000000a8 0000000000000038 0000000000000000 A     0    0    8
[ 9] .rela.eh_frame    RELA      0000000000000000 000005d8 0000000000000018 0000000000000018       11   8    8
[10] .shstrtab         STRTAB    0000000000000000 000000e0 0000000000000061 0000000000000000       0    0    1
[11] .symtab           SYMTAB    0000000000000000 00000488 0000000000000108 0000000000000018       12   9    8
[12] .strtab           STRTAB    0000000000000000 00000590 0000000000000014 0000000000000000       0    0    1

Key to Flags:
  W (write), A (alloc), X (execute), M (merge), S (strings), l (large)
  I (info), L (link order), G (group), T (TLS), E (exclude), x (unknown)
  O (extra OS processing required) o (OS specific), p (processor specific)
```

图 4-7　readelf --sections main.o 结果

在图 4-7 中：

- 第一行内容说明 main.o 文件的 Section Header Table 包含 13 项，而 Table 的起始位置在文件的 0x148（十进制为 328）字节处（读者可利用 readelf 工具同时查看 main.o 的 ELF 文件头结构的 e_shoff，这两个值必须严格相等）。
- 接下来的内容为 Table 中各表项的内容，一共 13 项。根据 ELF 规范，sh table 表第 0 项是占位用的，所以其值全为 0。图 4-7 展示了每项的内容，包括名字、类型等。

Section 命名规则提示：

图 4-7 中 Name 列展示了 Section 的名字。理论上 Section 的名字可以随意取，但实际上 Section 的命名是有一些“潜规则”的。比如，系统定义的名字一般以“.xxxx”为名。另外，像“.text”“.bss”这样的名字（包括这些 Section 的类型等）也由系统预定义的。所以，自定义的 Section 尽量不要和它们重名。

下面来认识几个比较重要的 Section。

4.2.2.1 .shstrtab section

图 4-6 中曾提到，Section 的名字是字符串，这些字符串信息存储在 Section Header String Table 中，而 Section Header String Table 自身也是一个 Section：

- ❑ 它的名字叫“.shstrtab”，是 Section Header String Table 的简写。
- ❑ 其类型（sh_type）为 SHT_STRTAB（取值为 3）。注意，ELF 中大部分标记符的命名都有一定含义，比如 SHT_STRTAB 中的 SHT 是 Section Header Type 的缩写，STRTAB 则为 String Tab 的缩写。

.shstrtab section 是如何存储字符串的呢？来看图 4-8。

Indes	+0	+1	+2	+3	+4	+5	+6	+7	+8	+9
0	\0	n	a	m	e	.	\0	V	a	r
10	i	a	b	l	e	\0	a	b	l	e
20	\0	\0	x	x	\0					

Indes	String
0	*none*
1	name.
7	Variable
11	able
16	able
24	*null string*

图 4-8 .shstrtab 内容介绍

图 4-8 中首先展示了一个 .shstrtab section 的内容示例。它其实就是一块存储区域，里边包含所有 section 名字的字符。根据规范，该存储区域第一个元素为“\0”。那么，其他 Section 该如何使用 .shstrtab 中的字符串呢？答案是通过索引来找到自己想要的字符串，来看图 4-8 中最下方的图。

- ❑ 如果 index 为 1，表示从索引 1 开始，到其后的”\0”结束，如此可得到字符串 "name."。
- ❑ 如果 index 为 11，表示从 11 开始，到其后的”\0”结束，如此可得到字符串 "able"。

ELF 中，类型为 SHT_STRTAB 的 Section 都是按图 4-8 所示的结构来组织的。图 4-9 所示为 main.o 文件中两个同为 SHT_STRTAB 类型的 section 的内容。

"readelf -p [section 名 |section 索引] main.o" 可将指定名字或索引的 section 的内容转换成字符信息打印出来。

```
String dump of section '.shstrtab':
  [     1]  .symtab
  [     9]  .strtab
  [    11]  .shstrtab
  [    1b]  .rela.text
  [    26]  .data
  [    2c]  .bss
  [    31]  .rodata
  [    39]  .comment
  [    42]  .note.GNU-stack
  [    52]  .rela.eh_frame

String dump of section '.strtab':
  [     1]  main.c
  [     8]  main
  [     d]  printf
```

图 4-9 .shtrtab 和 .strtab 节的内容

4.2.2.2 .text 和 .bss 等 section

本节接着介绍几个关键的 section。

- ❑ .text section：用于存储程序的指令。简单点说，程序的机器指令就放在这个 section 中。根据规范，.text section 的 sh_type 为 SHT_PROGBITS（取值为 1），

意为 Program Bits，即完全由应用程序自己决定（程序的机器指令当然是由程序自己决定的），sh_flags 为 SHF_ALLOC（当 ELF 文件加载到内存时，表示该 Section 会分配内存）和 SHF_EXECINSTR（表示该 Section 包含可执行的机器指令）。

- .bss section：bss 是 block storage segment 的缩写（bss 一词很有些历史，感兴趣的读者可自行了解）。ELF 规范中，.bss section 包含了一块内存区域，这块区域在 ELF 文件被加载到进程空间时会由系统创建并设置这块内存的内容为 0。注意，.bss section 在 ELF 文件里不占据任何文件的空间，所以其 sh_type 为 SHF_NOBITS（取值为 8），它只是在 ELF 加载到内存的时候会分配一块由 sh_size 指定大小的内存。.bss 的 sh_flags 取值必须为 SHF_ALLOC 和 SHF_WRITE（表示该区域的内存是可写的。同时，因为该区域要初始化为 0，所以要求该区域内存可写）。什么样的数据应该属于 .bss section 呢？本例的 main.o 中并没有 .bss 数据（图 4-7 中 .bss section 的 Size 为 0），但如果读者在 main.c 中定义一个全局的 "int a = 0" 之后，生成的 main.o 就包含有效的 .bss section（Size 将变成 4）了。读者不妨一试。
- .data section：.data 和 .bss 类似，但是它包含的数据不会初始化为 0。这种情况下就需要在文件中包含对应的信息了。所以 .data 的 sh_type 为 SHF_PROGBITS，但 sh_flags 和 .bss 一样。读者可以尝试在 main.c 中定义一个比如 "char c ='f' " 这样的变量就能看到 .data section 的变化了。
- .rodata section：包含只读数据的信息，比如 main.c 中 printf 里的字符串就属于这一类。它的 sh_flags 只能为 SHF_ALLOC。

假设我们为 main.c 添加 "int a = 0" 和 "char c='f' " 这两个全局变量，然后利用工具来打印上述各 section 的内容，则结果如图 4-10。

图 4-10 中上图为 .text 内容的示例，下图为 .bss、.data、.rodata 的内容。其中：

- 通过命令 "objdump -S -d main.o" 可反编译 .text 的内容。"-S" 参数表示结合源码进行反汇编。这要求编译 main.o 的时候使用 gcc -g 参数。
- "readelf -x section 名 main.o" 打印指定 section 的内容。.bss 由于在文件中没有数据，所以无法显示。.data 有一个值为 'f' 的字符，而 .rodata 包含 "this is elf test" 字符串。

4.2.2.3　.symtab section

.symtab section 是 ELF 中非常重要的一个 section，里边存储的是符号表（Symbol Table）。.symtab section 的类型为 SHT_SYMTAB。一般而言，符号表主要用于编译链接，也可以参与动态库的加载。

.dynsymtab section

.symtab section 往往包含了全部的符号表信息，但不是其中所有符号信息都会参与动态链接，所以 ELF 还专门定义一个 .dynsym section（类型为 SHT_DYNSYM），这个 section 存储的仅是动态链接需要的符号信息。

.symtab section 存储的是符号表，其元素的数据结构如图 4-11 所示。

```
main.o:     file format elf64-x86-64


Disassembly of section .text:

0000000000000000 <main>:
#include <unistd.h>
#include <stdio.h>

int a = 0;
char c = 'f';
int main(int argc,char* argv[]){
   0:   55                      push   %rbp
   1:   48 89 e5                mov    %rsp,%rbp
   4:   48 83 ec 10             sub    $0x10,%rsp
   8:   89 7d fc                mov    %edi,-0x4(%rbp)
   b:   48 89 75 f0             mov    %rsi,-0x10(%rbp)

 printf("this is elf test");
   f:   bf 00 00 00 00          mov    $0x0,%edi
  14:   b8 00 00 00 00          mov    $0x0,%eax
  19:   e8 00 00 00 00          callq  1e <main+0x1e>
 return 0;
  1e:   b8 00 00 00 00          mov    $0x0,%eax

}
  23:   c9                      leaveq
  24:   c3                      retq
```

```
innost@innost:~$ readelf -x .bss main.o

Section '.bss' has no data to dump.
innost@innost:~$ readelf -x .data main.o

Hex dump of section '.data':
  0x00000000 66                                  f

innost@innost:$ readelf -x .rodata main.o

Hex dump of section '.rodata':
  0x00000000 74686973 20697320 656c6620 74657374 this is elf test
  0x00000010 00                                  .
```

图 4-10 .text 等 section 内容示例

```
typedef struct {
        Elf64_Word      st_name;
        unsigned char   st_info;
        unsigned char   st_other;
        Elf64_Half      st_shndx;
        Elf64_Addr      st_value;
        Elf64_Xword     st_size;
} Elf64_Sym;

#define ELF64_ST_BIND(info)          ((info) >> 4)
#define ELF64_ST_TYPE(info)          ((info) & 0xf)
#define ELF64_ST_INFO(bind, type)    (((bind)<<4)+((type)&0xf))
```

图 4-11 symbol table 表元素数据结构

图 4-11 所示的 Elf64_Sym 为 Symbol Table 表元素对应的数据结构。

- st_name：该符号的名称，指向 .strtab section 某个索引位置。注意，ELF 文件可能包含多个 String Table Section，常见的有：.shstrtab section（专门存储 section 名）、.strtab section（存储 .symtab 符号表用到的字符串）、.dynstr section（存储 .dynsym 符号表用到的字符串）。
- st_info：说明该符号的类型和绑定属性（binding attributes）。

- st_other：说明该符号的可见性（Visibility）。它往往和 st_info 配合使用，用法见图 4-11 中所示的三个宏。
- st_shndx：symbol table 中每一项元素都和其他 section 有关系。st_shndx 就是这个相关 section 的索引号
- st_value：符号的值，不同类型的 ELF 文件该变量的含义不同。比如：对于 relocatable 类型，st_value 表示该符号位于相关 section（索引号为 st_shndx）的具体位置。而对于 shared 和 executable 类型，st_value 为该符号的虚拟内存地址。
- st_size：和这个符号相关联的数据的长度。

提示 由图 4-11 可知，st_name 代表位于某个 string table section 里的字符串，但是它并没有说明到底是哪个 string table section（请读者注意，ELF 文件可包含多个 string table section）。根据规范，这是由 Section Header 数据结构中 sh_link 决定的。图 4-7 中 .symtab 的 Link 列取值为 12，这表明它的符号表里的字符串应该使用索引号为 12 的 String Table Section，这恰好就是 .strtab section。

图 4-12 所示为用 readelf 查看 main.o 得到的 symbol table 信息。

```
Symbol table '.symtab' contains 17 entries:
   Num:    Value          Size Type    Bind   Vis      Ndx Name
     0: 0000000000000000     0 NOTYPE  LOCAL  DEFAULT  UND
     1: 0000000000000000     0 FILE    LOCAL  DEFAULT  ABS main.c
     2: 0000000000000000     0 SECTION LOCAL  DEFAULT    1
     3: 0000000000000000     0 SECTION LOCAL  DEFAULT    3
     4: 0000000000000000     0 SECTION LOCAL  DEFAULT    4
     5: 0000000000000000     0 SECTION LOCAL  DEFAULT    5
     6: 0000000000000000     0 SECTION LOCAL  DEFAULT    6
     7: 0000000000000000     0 SECTION LOCAL  DEFAULT    8
     8: 0000000000000000     0 SECTION LOCAL  DEFAULT    9
     9: 0000000000000000     0 SECTION LOCAL  DEFAULT   11
    10: 0000000000000000     0 SECTION LOCAL  DEFAULT   13
    11: 0000000000000000     0 SECTION LOCAL  DEFAULT   15
    12: 0000000000000000     0 SECTION LOCAL  DEFAULT   16
    13: 0000000000000000     0 SECTION LOCAL  DEFAULT   14
    14: 0000000000000000     4 OBJECT  GLOBAL DEFAULT    4 a
    15: 0000000000000000    37 FUNC    GLOBAL DEFAULT    1 main
    16: 0000000000000000     0 NOTYPE  GLOBAL DEFAULT  UND printf
```

图 4-12　readelf -s main.o 结果示意

要真正看懂图 4-12，需要先对 Type 和 Bind 有所了解，它们的解释如表 4-2 和表 4-3 所示。

表 4-2　符号表项 Type 介绍

标记符名	取　值	含　义
STT_NOTYPE	0	类型未指明。此类型表项的解释依赖于索引编号，一般用于具有特殊索引编号的情况
STT_OBJECT	1	表示该符号和某个数据有关，比如一个变量
STT_FUNC	2	表示该符号和某个函数有关
STT_SECTION	3	表示该符号和 Section 有关，主要用于重定位
STT_FILE	4	存储源文件名。这种类型的符号需要同时设置 STB_LOCAL 绑定属性，同时设置 st_shndx 为 SHN_ABS（特殊索引编号，详情见下文）

表 4-3 符号表 Bind 属性介绍

标记符名	取 值	含 义
STB_LOCAL	0	只在该 ELF 文件里可见的符号。如果把 int a = 0 换成 static int a = 0，则 a 这个符号就是 LOCAL 的
STB_GLOBAL	1	可在多个 ELF 文件里可见的符号，比如非 static 的全局定义变量
STB_WEAK	2	和 STB_GLOBAL 一样，但是在链接或加载的时候，该符号项优先级比 STB_GLOBAL 低。比如有两个同名的符号，一个是 GLOBAL 绑定，一个是 WEAK 绑定，那么在链接的时候会优先使用 GLOBAL 的符号

图 4-12 中索引编号列出现了 ABS（Num=1 的行）和 UNDEF（Num=16 的行），它们代表 ELF 定义的一些特殊的索引编号。

- SHN_ABS：取值为 0xFFF1，ABS 是 Absolute 之意，表示这个符号的值是固定不变的。
- SHN_UNDEF：取值为 0。UNDEF 是 Undefine 的意思，表示该符号的定义在别的 ELF 文件中，此处只是引用它，程序在链接时会处理 UNDEF 符号项。图 4-12 最后一行的 printf，其对应的索引编号就是 UNDEF。显然，printf 不是在 main.c 中定义的。

最后，图 4-12 中所有符号的可见性（Vis 列）都是 DEFAULT，这意味着该符号的可见性将由 Bind 属性来决定。

4.2.2.4 .rel 和 .rela section

本节介绍和重定位有关的 Section。重定位最主要的作用就是将符号的使用之处和符号的定义之处关联起来。比如前面示例代码里的 printf，这个函数符号是在别的 ELF 文件中定义的。如何将符号的使用之处和它的定义之处关联起来呢，方法有两种，

- 编译链接过程中，最终生成可执行文件或动态库文件时，编译链接器将根据 ELF 文件中的重定位表计算最终的符号的位置。
- 加载动态库时，加载器也会根据重定位信息修改对应的符号使用之处，使得动态库能正常工作。

根据 ELF 规范，重定位信息包含在重定位表中，而重定位表则由特定 Section 描述。根据重定位表项所用数据结构的不同，重定位表 Section 的命名略有不同。

- section 名字形如“.relname”：这种类型的重定位表 Section 以“.rel”开头，后跟其他常见的 section 名，比如 .rel.text、.rel.data 等。
- section 名字形如“.relaname”：这种类型的重定位表 Section 以“.rela”开始，后面也跟其他常见的 section 名，比如 .rela.text、.rela.data 等。

之所以命名方式不同，源于这两种重定位表中元素内容的细微差别，如图 4-13 所示。

图 4-13 中定义了 Elf64_Rel 和 Elf64_Rela 两个数据结构及三个宏。

- r_offset：是一个偏移量，具体用法和 ELF 类型有关。
- r_info：r_info 由两个信息组成（组成方式参考图 4-13 中的宏），分别是，该重定位项针对符号表哪一项（即目标项的索引号，sym）和重定位的类型（type，不同处理器有不同的类型）。

- Elf64_Rela 还多了一个成员域 r_addend，它代表一个常量值，用于计算最终的重定位信息的位置。

```
typedef struct {
        Elf64_Addr      r_offset;
        Elf64_Xword     r_info;
} Elf64_Rel;

typedef struct {
        Elf64_Addr      r_offset;
        Elf64_Xword     r_info;
        Elf64_Sxword    r_addend;
} Elf64_Rela;

#define ELF64_R_SYM(info)            ((info)>>32)
#define ELF64_R_TYPE(info)           ((Elf64_Word)(info))
#define ELF64_R_INFO(sym, type)      (((Elf64_Xword)(sym)<<32)+ \
                                       (Elf64_Xword)(type))
```

图 4-13　Elf64_Rel 和 Elf64_Rela 数据结构

接下来我们通过一个例子来研究重定位数据结构中各成员的作用。先来看示例代码，如图 4-14 所示。

```
#include <unistd.h>
#include "test.h"

int main(int argc,char* argv[]){
 test();
 return 0;
}

void test();          obj:main.c test.c
                          gcc -c test.c -o test.o
#include "test.h"         gcc -c main.c -o main.o
void test(){
 return;
}
```

图 4-14　示例代码

示例代码依然很简单：

- 包含一个 main.c 和一个 test.c 文件。
- test.c 中定义了 test 函数，而 main.c 调用了这个函数。
- 编译完之后得到 test.o 和 main.o。

我们重点研究 main.o，如图 4-15 所示。

图 4-15 解释了 .rela.text 各参数的含义。不过还留了一个小尾巴，即 "offset=000000000015" 的作用。这需要通过反汇编 main.o 来解释，如图 4-16 所示。

请读者留意图 4-16 中左边标记 "14" 对应的指令码 "e8 00 00 00 00"。

- "e8"：intel 汇编指令，表示 call（代表函数调用）。e8 位于 .text section 第 0x14 个字节。
- "00 00 00 00"：接下来的 4 个值为 0 的字节为 call 的参数，即目标函数离下一条指令的偏移量。注意，这里的偏移量是相对于 call 指令的下一条指令（即 mov $0x0,%eax）的偏移量。由于偏移量是 0，所以，反编译后得到 call 的参数是 19<main+0x19>。0x19 就是下一条指令的起始地址。但我们知道 call 的真正目标应该是 test 函数，绝对不可能是这里的 0x19！

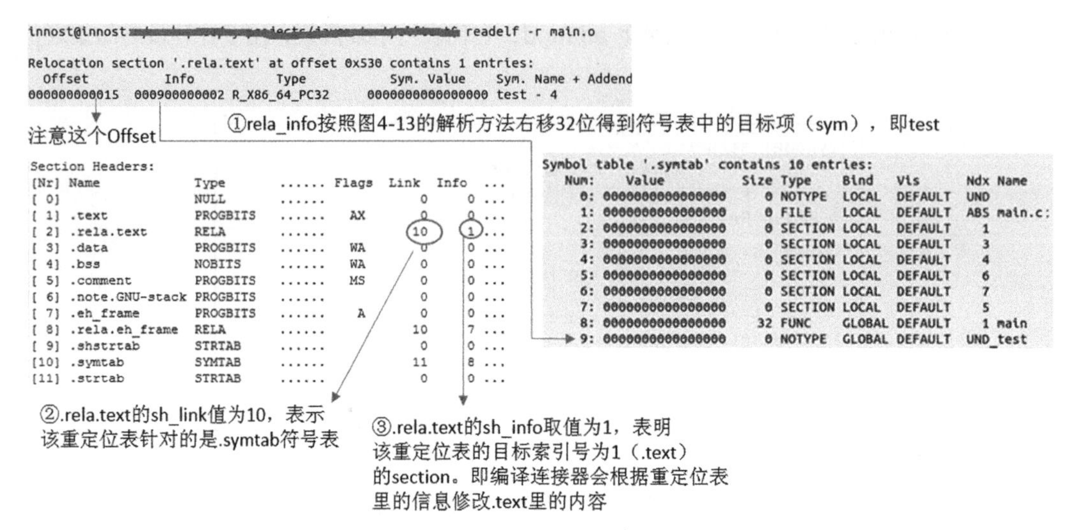

图 4-15 main.o 解析

```
Disassembly of section .text:

0000000000000000 <main>:
   0:   55                      push   %rbp
   1:   48 89 e5                mov    %rsp,%rbp
   4:   48 83 ec 10             sub    $0x10,%rsp
   8:   89 7d fc                mov    %edi,-0x4(%rbp)
   b:   48 89 75 f0             mov    %rsi,-0x10(%rbp)
   f:   b8 00 00 00 00          mov    $0x0,%eax
  14:   e8 00 00 00 00          callq  19 <main+0x19>
                        15: R_X86_64_PC32       test-0x4
  19:   b8 00 00 00 00          mov    $0x0,%eax
  1e:   c9                      leaveq
  1f:   c3                      retq
```

图 4-16 objdump -r -d main.o 结果

由上述内容可知，图 4-16 反编译得到的调用 test 函数居然将 call 指令的目标函数地址设置为全 0。显然这是有问题的。不过这个问题的解决也正是体现重定位作用的地方。

- 读者还记得图 4-15 中 offset=000000000015 以及 .rela.text 的 sh_info=1（图 4-15 中右边的小圈）这两处地方吗？这个 offset=0x15 表明重定位表中 test 那一项将修改 .text section（索引号为 1，与 sh_info=1 对应）中 0x15 字节之处！恰恰就是 call 指令后面参数对应的地址。

objdump 也意识到这一点，它正确得在 call 指令的下一行展示了该指令对应的重定位信息，即图 4-16 中的 "15：R_X86_64_PC32 test-0x4"。

- 15 是 offset 的对应值。注意，这里讨论的都是 16 进制。
- R_X86_64_PC32：是重定位的类型，和目标机器有关，主要作用是告诉编译器如何计算真正的地址值。
- test-0x4 是重定位对应的符号信息和 r_addend 的值。

最终，编译器会根据重定位表里的信息进行处理，使得 call 指令能调用到正确的目标函数。不过，很多情况下在编译期间是无法得到符号的最终目标地址的，只能在运行时处理。这部分内容我们留待下文再来介绍。

> 提示　关于 ELF Section 的内容就先介绍到这。从笔者个人经验来看，了解 section 的组成、各种 section 对应数据结构的含义以及它们的作用是非常关键的。

接下来，我们将从执行的角度再一次观察 ELF 文件。

4.2.3　Execution View 下的 ELF

Execution View 中 ELF 必须包含 Program Header Table（以后简称 PH Table）。和 Section Header Table 相对应，PH Table 描述的是 segment 的信息。图 4-17 所示为它的数据结构。

```
typedef struct {
        Elf64_Word      p_type;
        Elf64_Word      p_flags;
        Elf64_Off       p_offset;
        Elf64_Addr      p_vaddr;
        Elf64_Addr      p_paddr;
        Elf64_Xword     p_filesz;
        Elf64_Xword     p_memsz;
        Elf64_Xword     p_align;
} Elf64_Phdr;
```

图 4-17　Program Header Table 数据结构

图 4-17 中 Elf64_Phdr 各个字段的介绍如下。

- p_type：segment 的类型。
- p_flags：segment 标记符。
- p_offset：该 segment 位于文件的起始位置。
- p_vaddr：该 segment 加载到进程虚拟内存空间时指定的内存地址。
- p_paddr：该 segment 对应的物理地址。对于可执行文件和动态库文件而言，这个值并没有意义，因为系统用的是虚拟地址，不会使用物理地址。
- p_filesz：该 segment 在文件中占据的大小，其值可以为 0。因为 segment 是由 section 组成的，有些 section 在文件中不占据空间，比如前文提到的 .bss section。
- p_memsz：该 segment 在内存中占据的空间，其值可以为 0。
- p_align：segment 加载到内存后其首地址需要按 p_align 的要求进行对齐。

下面通过一个例子来分析 PH Table，示例依然使用图 4-4 所示的代码。通过 "make exe" 命令得到 main.out 可执行文件，接着使用 "readelf -l" 查看 ELF 文件中的 PH Table，结果如图 4-18 所示。

图 4-18 中：

- 首先显示的是 PH Table 的内容，该 Table 中每项元素描述了一个 Segment。
- 然后显示的是 Section 到 Segment 的映射关系。ELF 文件物理上并不包含所谓的 Segment，Segment 其实是一个或多个 Section 按一定映射关系组合而来的。

接下来介绍一些更详细的和 Segment 有关的知识，首先是 Elf64_Phdr 中的 p_type 和 p_flags。

4.2.3.1　p_type 与 p_flags 介绍

p_type 说明 Segment 的类型，其取值如表 4-4 所示。

```
Program Headers:
  Type           Offset             VirtAddr           PhysAddr           FileSiz            MemSiz             Flags  Align
[0]  PHDR        0x0000000000000040 0x0000000000400040 0x0000000000400040 0x00000000000001f8 0x00000000000001f8  R E    8
[1]  INTERP      0x0000000000000238 0x0000000000400238 0x0000000000400238 0x000000000000001c 0x000000000000001c  R      1
      [Requesting program interpreter: /lib64/ld-linux-x86-64.so.2]
[2]  LOAD        0x0000000000000000 0x0000000000400000 0x0000000000400000 0x0000000000000724 0x0000000000000724  R E    200000
[3]  LOAD        0x0000000000000e10 0x0000000000600e10 0x0000000000600e10 0x0000000000000230 0x0000000000000238  RW     200000
[4]  DYNAMIC     0x0000000000000e28 0x0000000000600e28 0x0000000000600e28 0x00000000000001d0 0x00000000000001d0  RW     8
[5]  NOTE        0x0000000000000254 0x0000000000400254 0x0000000000400254 0x0000000000000044 0x0000000000000044  R      4
[6]  GNU_EH_FRAME 0x00000000000005f8 0x00000000004005f8 0x00000000004005f8 0x0000000000000034 0x0000000000000034  R      4
[7]  GNU_STACK   0x0000000000000000 0x0000000000000000 0x0000000000000000 0x0000000000000000 0x0000000000000000  RW     10
[8]  GNU_RELRO   0x0000000000000e10 0x0000000000600e10 0x0000000000600e10 0x00000000000001f0 0x00000000000001f0  R      1

 Section to Segment mapping:
  Segment Sections...
   00
   01     .interp
   02     .interp .note.ABI-tag .note.gnu.build-id .gnu.hash .dynsym .dynstr .gnu.version .gnu.version_r .rela.dyn .rela.plt
          .init .plt .text .fini .rodata .eh_frame_hdr .eh_frame
   03     .init_array .fini_array .jcr .dynamic .got .got.plt .data .bss
   04     .dynamic
   05     .note.ABI-tag .note.gnu.build-id
   06     .eh_frame_hdr
   07
   08     .init_array .fini_array .jcr .dynamic .got
```

图 4-18 readelf -l main.out

表 4-4 p_type 取值和含义

标记符名	取 值	含 义
PT_LOAD	1	可加载到内存的 Segment，加载方式由该 ELF 文件指定位置（由 p_offset 决定），指定文件大小（由 p_filesz 决定）映射到内存的指定位置（由 p_vaddr 决定），指定内存大小（由 p_memsz 决定）。注意，p_filesz 可以比 p_memsz 小，多余的部分填 0。一个 ELF 文件可以包含多个 PT_LOAD 的 segment，在 PH Table 中，PT_LOAD segment 按 p_vaddr 排序
PT_DYNAMIC	2	和动态链接（Dynamic Linking）有关
PT_INTERP	3	可执行程序使用动态库的时候，动态库的加载工作是由程序解释器来完成的，程序解释器其实就是链接器（ld）。该 Segment 用于说明此程序使用的链接器在系统中的绝对路径
PT_NOTE	4	和 Note Section 有关，本文不拟介绍
PT_PHDR	6	代表 Program Head Table 本身的信息，当文件加载到内存的时候，系统根据该项找到 PH Table 的位置
PT_LOPROC	0x70000000	Processor Specific 的定义，例如 GNU_EH_FRAME 的取值为 0x6474e550
PT_HIPROC	0x7FFFFFFF	

下面来看 pt_flags 的取值。它和 Segment 在内存中的访问权限有关，如图 4-19 所示。

Flags	Value	Exact	Allowable
None	0	All access denied	All access denied
PF_X	1	Execute only	Read, execute
PF_W	2	Write only	Read, write, execute
PF_W + PF_X	3	Write, execute	Read, write, execute
PF_R	4	Read only	Read, execute
PF_R + PF_X	5	Read, execute	Read, execute
PF_R + PF_W	6	Read, write	Read, write, execute
PF_R + PF_W + PF_X	7	Read, write, execute	Read, write, execute

图 4-19 pt_flags 的取值说明

结合图 4-18，我们看看其中的索引 2 号和 3 号 Segment 的读写权限，

- 索引号为 2 的 Segment：先观察它的映射关系，其 Section 组成包括 .text，而 .text section 包含了程序的机器码。也就是说，该 Segment 是用于执行的，所以它的访问权限为只读和可执行。
- 索引号为 3 的 Segment：其 Section 组成包含 .bss section，我们可以大胆猜测这个 Segment 应该是包含程序数据的。所以，它的访问权限为可读写，但是不能为可执行。

接下来重点看看 Section 到 Segment 的映射。

4.2.3.2　Section 到 Segment 映射

Section 到 Segment 的映射关系其实非常简单，区间落在 [p_offset，p_offset+p_filesz] 范围内的 Section 属于同一个 Segment。本节将挑选几个代表性的 Segment 来看看 Segment 和 Section 的映射关系。

先来看 PH Table 的第一项，它描述的是 PH Table 自己的信息。以本例而言，其 p_offest=0x40，大小是 p_filesz=0x1F8，没有对应的映射 section。这和 ELF 文件头结构里用来描述 PH Table 信息的几个成员取值完全一样，读者可对比图 4-20。

```
ELF Header:
  Magic:   7f 45 4c 46 02 01 01 00 00 00 00 00 00 00 00 00
  Class:                             ELF64
  Data:                              2's complement, little endian
  Version:                           1 (current)
  OS/ABI:                            UNIX - System V
  ABI Version:                       0
  Type:                              EXEC (Executable file)
  Machine:                           Advanced Micro Devices X86-64
  Version:                           0x1
  Entry point address:               0x400440
  Start of program headers:          64 (bytes into file)
  Start of section headers:          4504 (bytes into file)
  Flags:                             0x0
  Size of this header:               64 (bytes)
  Size of program headers:           56 (bytes)
  Number of program headers:         9
  Size of section headers:           64 (bytes)
  Number of section headers:         30
  Section header string table index: 27
```

图 4-20　readelf -h main.out

在图 4-20 中：

- Start of program headers 为 64，它表示 PH Table 位于文件 64（0x40）字节处。
- PH Table 每项元素长 56 字节，一共 9 个元素（总长度为 56 × 9=504，即 0x1F8）。

再来观察有着最为复杂映射关系的索引号为 2 的 Segment，它的映射关系可由图 4-21 来解释。

图 4-21 左边的内容来自于 ELF 文件的 section 信息，可通过 "readelf --sections main.out" 得到。图中箭头上的数字代表各模块在文件中的偏移量。图 4-21 右边浅色部分为 PH Table[2] 的值。通过比较可发现，二者在文件映射位置上是完全匹配的。

提示　注意，图 4-21 中 .eh_frame 和 .eh_frame_hdr 之间有空白区域，那是因为 Section 有字节对齐要求，空白区域用作对齐。映射到内存之后，这些空白区域在内存中都填 0。

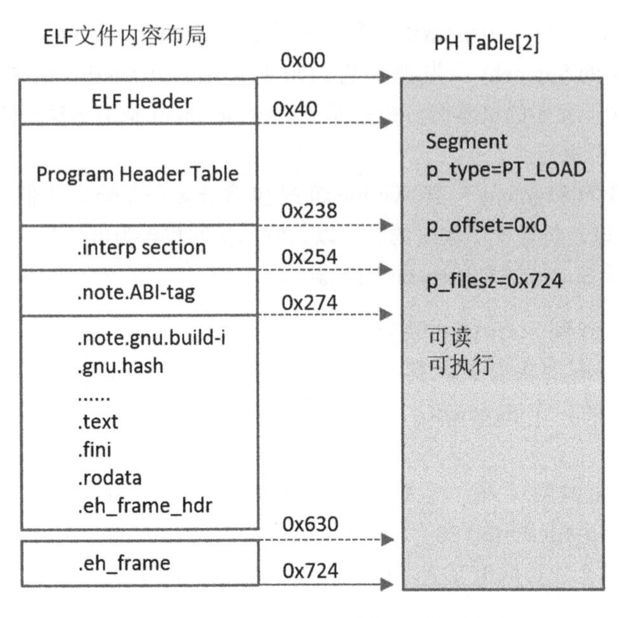

图 4-21　PH Table[2] 元素的映射关系

4.2.3.3　Execution View 小结

在系统研究 ELF 文件之前，笔者也是经常接触它们，尤其是可执行文件和动态库文件。那时对 ELF 文件内部结构的了解也仅限于诸如 .text section 存储了指令，.bss section 包含初值为 0 的数据之类的事情上。并且，最重要的问题是，笔者都是从 Execution View 的角度来看待 ELF，并没有深入去了解 Section 的类型和作用。而通过本节的学习，读者会深刻感受到：

- ELF 文件真正核心的内容其实是包含在一个个的 Section 中。了解 Section 的类型、内部对应的数据结构及功能对于掌握 ELF 有着至关重要的作用。
- 当 ELF 文件加载到内存中时，ELF 文件不同的 Section 会根据 PH Table 的映射关系映射到进程的虚拟内存空间中去。这时的 Section 就会以 Segment 的样子呈现出来。

另外，结合 Linking View 和本节的内容可知，要实现一个 ELF 文件的解析有两种方式。

- 基于 Linking View 的方式：即根据 Section Header Table 解析 Section。这时只要按基于文件的偏移量来读取不同 Section 的内容，再根据 Section 对应的数据结构来解析它就可以。这种方式适用于类似 readelf 这样的工具。
- 基于 Execution View 的方式：即先打开文件，然后逐个将 PH Table（Program Header Table）中的 Segment 映射到（利用 mmap 系统调用）对应的虚拟内存地址（p_vaddr）上去。然后就可以遍历 Segment 的内容。不过，由于 Segment 可由多个 Section 组成，在解析这样的 Segment 之时，不免还是需要借助 Section Header Table。这种方法比基于 Linking View 的方式麻烦一些，但 Android 里的 oatdump 工具就是用这种方法解析 oat 文件的。

俗话说学以致用，现在我们将利用所学知识来研究现实世界中一个常见的案例。

4.2.4　实例分析：调用动态库中的函数

本案例很简单，就是可执行程序如何调用一个动态库所提供的函数。在分析这个案例前，先来了解下面一个问题和它的解决办法。

源码编译成 ELF 文件后，代码就被翻译成了机器指令。而函数调用对应的指令就是指示 CPU 先跳到该函数所在的内存地址，然后执行后面的指令。所以，对于函数调用而言，最关键之处莫过于确定该函数的入口在内存中的地址了。那么，如何确定这个函数的地址[⊖]呢？

一种很直观的方法是编译时确定。如果编译时就能计算出某个函数的地址，这个问题就非常简单了。比如 main 函数调用 test 函数，如果 test 函数在编译时得到其入口地址为 0x00009000（虚拟地址）的话。那么，对应的调用指令可能就是 "call 0x00009000"。但现实中这种做法很不实用，原因有很多，比如：

- 如果一个程序使用多个动态库，编译器很难为所有函数都确定一个绝对地址。
- 出于安全考虑，操作系统加载动态库到内存的时候并不会使用固定的位置，而是会基于一个**随机数**来计算最终的加载位置。如此，0x00009000 这个地址不太可能是 test 函数在内存后的真正地址。并且，test 的真实地址每次随着动态库加载都可能不一样。

那么该如何解决此问题呢？不用担心，ELF 规范早就设计好了。解决方法也不算复杂，只不过需要借助一些辅助手段。先来认识第一个辅助手段，GOT。

4.2.4.1　Global Offset Table

GOT 是 Global Offset Table 的缩写，它是一个表，其格式非常简单，如图 4-22 所示。

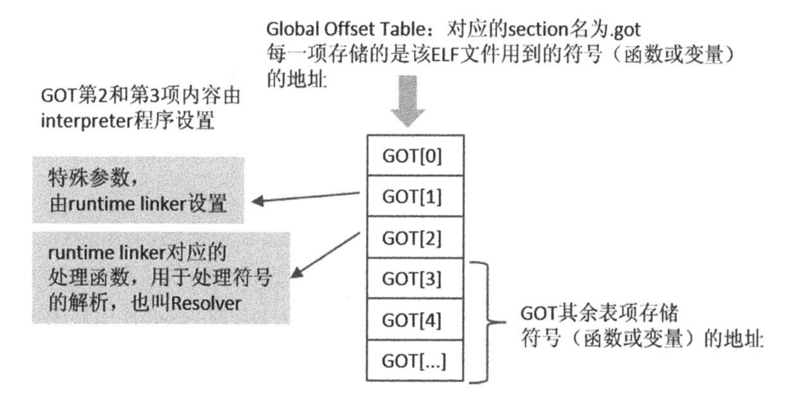

图 4-22　Global Offset Table

图 4-22 所示为 Global Offset Table（简写为 GOT），其中：

- GOT 对应的 section 名为 .got，每一项存储的是该 ELF 文件用到的符号（函数或变量）的地址。
- GOT 第 2 项和第 3 项内容由 interpreter 程序设置，即 GOT[1] 由 runtime linker 设置，GOT[2] 为 runtime linker 对应的处理函数用于处理符号的解析，一般称之为 Resolver。

⊖ 此处的地址指该函数入口在内存中的虚拟地址。

- GOT 其余表项存储符号（函数或变量）的地址。特别注意：其余表项中的值将由 Resolver 动态填写。即，当调用者第一次访问这些符号的时候，将触发 Interpreter 的 Resolver 函数被调用，该函数将计算符号的最终地址，然后填写到 GOT 对应项中。而符号地址的计算方法依赖于 ELF 文件中重定位和符号表中的一些信息。

由上述内容可知，GOT 是一个表，存储的是符号的绝对地址。但绝对地址不可能由编译器决定，那么这些符号地址是怎么计算而来的呢？

- 首先，GOT[1] 和 GOT[2] 这两项内容存储的是解释器的信息和符号解析处理函数的入口地址。何为解释器？请读者回顾图 4-18 所述的 Program Header 中索引号为 1 的元素，其类型为 PT_INTERP，值为 /linux64/ld-linux-x86-64.so.2。这个东西其实就是链接器 ld。当可执行程序使用动态库的时候，编译器会将 ld 的信息放到 ELF 对应位置上。
- 当可执行程序被操作系统加载和准备执行之时，操作系统发现该程序有 PT_INTERP 类型的 segment，就会先跳转到 ld 的 entry point 执行（注意，ld 也是一个 ELF 文件）。也就是说，**对于使用动态库的可执行程序，操作系统首先执行的是 ld，而不是可执行程序本身**。当然，操作系统还会把和待执行的目标程序信息一起告诉 ld。
- ld 在整个过程中起什么作用呢？很简单，就是加载那些执行时需要的动态库（是根据可执行程序 ELF 文件里的 .dynsym 表等信息来处理），设置好 GOT 等对应项。最后，系统的控制权将交还给可执行程序。这时，我们的程序才真正运行起来。

4.2.4.2 符号地址什么时候计算？

回到本案例中来，此时我们知道 GOT 表会存储符号的绝对地址。并且，这个绝对地址的计算将由 ld 来完成。那么，是否 call 指令写成 "call *(symbol_index@got)"（symbol_index@got 表示目标符号在 GOT 中的索引，* 号表示取该索引对应元素的值）就解决问题了呢？

确实，如果 GOT 表中已经有符号的最终地址，那么该问题就解决了。但是我们无法绕开最基础的一个问题，那就是该**符号的地址**是在什么时候计算出来？一般而言，符号地址计算有两个时机：

- ld 将控制权交给可执行程序之前。此时，ld 已经加载了依赖的动态库，而且也知道这些动态库加载到内存的虚拟地址，这样就可以计算出所有需要的符号的地址。如果要使用这种方法的话，需要设置环境变量 LD_BIND_NOW（export LD_BIND_NOW=1）。对于运行中调用 dlopen 来加载 so 文件的程序而言，就需设置 dlopen 的 flag 参数为 RTLOAD_NOW。这种做法的一个主要缺点在于它使得那些大量依赖动态库的程序的加载时间变长[⊖]。
- 用的时候再计算。相比上面一种方式而言，这种方式可以让 ld 尽快把控制权交给可执行程序本身，从而提升程序启动速度。如果要使用这种方式，需要设置环境变量 LD_BIND_NOT（ld 默认采用这种策略）。而对于 dlopen 来说，设置 flag 为 RTLOAD_LAZY 即可。

⊖ 笔者以前在 windows 上做影视行业非线编程序（类似会声会影这样的程序）时，一个应用程序依赖几十甚至上百个 dll 文件，启动速度花 1～2 分钟都很常见。

程序本身是不知道 ld 到底会使用哪种方法的，所以编译器生成的二进制文件必须同时支持这两种方法。这是如何做到的呢？现在请出第二个辅助手段，PLT。

4.2.4.3　Procedure Linkage Table

Procedure Linkage Table 简称 PLT，也是一种表结构，不过其表项存储的是一段小小的代码，这段代码能帮助我们触发符号地址的计算以及跳转到正确的符号地址上。类似这种具有辅助功能的代码，在软件界有一个很形象的比喻，叫 Trampoline Code。Trampoline 一词的含义是杂技表演项目中的“蹦床”。表演者要跳到目标位置去，由于距离太远，所以得先跳到蹦床上，然后再借助蹦床的力量跳到目标位置，这就是蹦床的作用。

马上来看 ELF 中的 PLT，如图 4-23 所示。

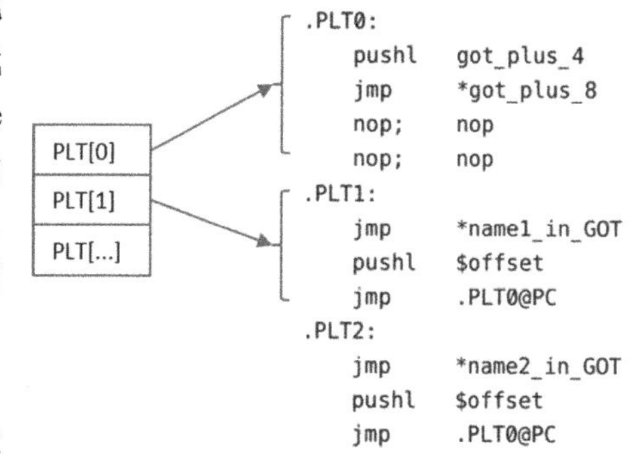

图 4-23　Procedure Linkage Table 的内容

图 4-23 中左边是 PLT 表，每一个表项都指向一段代码，这些代码就是所谓的 Trampoline Code，其中：

- ❑ PLT[0] 存储的是跳转到 GOT 表 Resolver 的指令。"pushl got_plus_4" 是 GOT[1] 的元素压栈，"jmp *got_plus_8" 则是跳转到 GOT[2] 所存储的地址上去执行，也就是前面说的 Resolver。
- ❑ 再看 PLT[1]，*name1_in_GOT 表示符号 name1 在 GOT 对应项的内容，我们以 GOT[name1] 表示。如果该符号的地址还没有计算的话，GOT[name1] 存储的是其后一条指令（此处是 "pushl $offset"）的地址。"pushl $offset" 的目的是将计算这个符号地址所需的参数压栈（offset 的含义我们后面再介绍）。然后，Trampoline Code 接着执行到 "jmp .PLT0@PC"，即跳转到 PLT[0] 的代码处执行（其结果就是跳到 Resolver 里了）。
- ❑ 如果这个**符号地址已经计算过**，则 GOT[name1] 存储的就是正确的地址。"jmp *name1_in_GOT" 也就直接跳转到目标地址上了。

我们马上通过一个实例来验证上述内容。

4.2.4.4　实例分析

笔者将通过一个示例来验证上述内容。在此，笔者将以 x86_64 平台为例，介绍 32 位程序的处理情况。图 4-24 为示例的源码。

```
#include <unistd.h>
#include <stdio.h>
#include "test.h"


int main(int argc,char* argv[]){
  test();        // 调用动态库里的函数
 return 0;

}
```

```
#include "test.h"
#include <unistd.h>
#include <stdio.h>

void test2(){
  printf("I am in test2");
}
void test(){
 printf("I am in test");
 test2();
 return;
}
```

```
so:main.c clean
    gcc -fPIC  -m32 -g -shared test.c -o libtest.so
    gcc -g -m32 main.c -o main -L`pwd` -ltest
```

图 4-24　示例代码

图 4-24 所示代码包含以下内容。

- 一个动态库文件：libtest.so，输出 test 和 test2 两个函数。其中，test 内部将调用 test2。
- 一个可执行文件：main。它依赖于 libtest.so，运行时它将调用 libtest.so 中的 test 函数。
- Makefile 文件：为了在 x86_64 位平台上编译 32 位的 ELF 文件，这里使用了 "-m32" 参数。"-fPIC" 参数中，PIC 为 Position Indepent Code（位置无关代码）的缩写，详情见下文介绍。

为什么选择 x86_64 平台

其实没有特殊原因，只是因为 x86_64 平台（笔者用的是 Ubuntu 14.04 64 位系统）上的工具使用起来相对方便，读者要亲自实践也很容易。另外，从原理上说，其他平台的处理与之类似。这就是所谓的举一反三吧。

另外，为什么要编译 32 位 ELF 文件呢？因为 x86 64 位系统有另外一套解决办法，原理差不多。读者阅读完本节后可深入研读参考资料 [4]。

先来反编译 main.out，结果如图 4-25 所示。

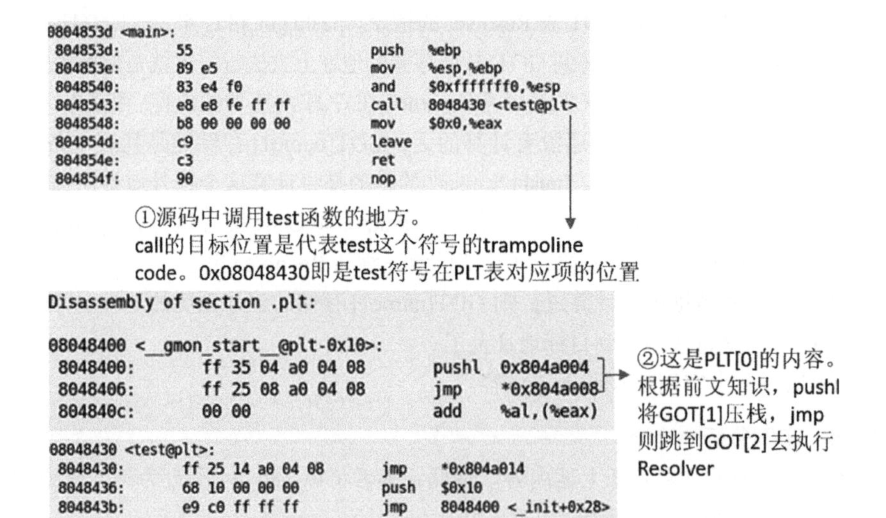

图 4-25　main 程序反编译结果

图 4-25 中只显示了 main 函数和 .plt 两项的内容。

- 在 main 函数中，调用 test 的地方对应的指令为 "call 0x8048430"。由上文可知，这个地址应该是 test 符号在 PLT 表中对应的 trampoline code。
- 接着查看 .plt 反编译结果。0x08048430 地址处包含三条指令。最后一条的 jmp 0x8048400 应该是跳转到 PLT[0] 处。
- 果然，0x8048400 地址处为 PLT[0]。其第一条指令 pushl 将 GOT[1]（地址是 0x804a004）压栈，第二条指令 jmp 应该是跳转到 GOT[2] 对应的地址上。

现在，我们需要确认下面几点：

❑ GOT[1] 的位置是 0x804a004，那么 GOT[0] 的位置就应该是 0x804a000。

❑ PLT[test] 第一条 jmp 指令和随后的 push 指令的参数分别是什么意思？

马上来看图 4-26。

GOT对应的位置为0x0804a00 _GLOBAL_OFFSET_TABLE_就是GOT

```
48: 08049f00     0 NOTYPE  LOCAL  DEFAULT   18 __init_array_start
49: 0804a000     0 OBJECT  LOCAL  DEFAULT   23 _GLOBAL_OFFSET_TABLE_
```

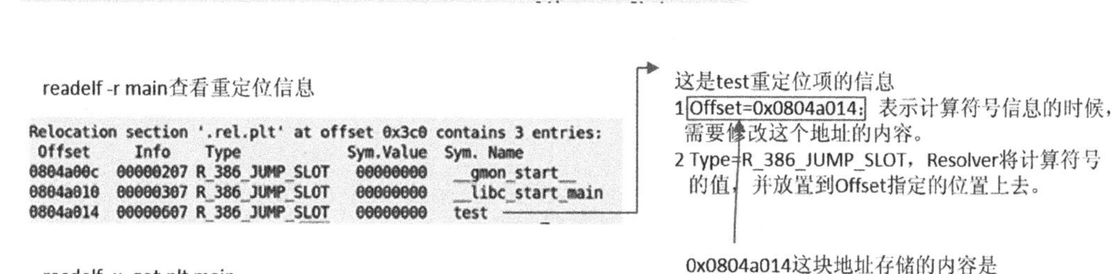

readelf -x .got.plt main
.got.plt存储的是和PLT相对应的信息，但它不是trampoline code
只是类似GOT那样的表项

```
Hex dump of section '.got.plt':
 0x0804a000 0c9f0408 00000000 00000000 16840408 ................
 0x0804a010 26840408 36840408                   &...6...
```

第一列是地址信息，其后是各地址所存储的内容

图 4-26　一些值的解释

结合图 4-25 和图 4-26 可知：

❑ GOT 表位于 0x0804a000 处，由图 4-26 上方小图所示的 _GLOBAL_OFFSET_TABLE_ 表示。所以，图 4-25 中 PLT[0] 前两条指令的参数确实对应为 GOT[1]（位置为 0x0804a000+4）和 GOT[2]（未知为 0x0804a000+8）。

❑ 在 test 的 trampoline code 中，第一条指令 "jmp 0x0804a014" 的目标地址 0x0804a014 是 test 在 GOT 表对应的项。不过请读者务必小心，此处的 GOT 的名称是 .got.plt。ELF 将 GOT 表分为 .got 和 .got.plt 两个表，其内容没什么区别，存储的都是符号的地址，只不过是 .got.plt 专门存储函数符号的地址罢了。

❑ "readelf -x .got.plt main" 命令查看 .got.plt 的值。在 0x0804a014 地址中存储的值是 0x08048436。

接着来看图 4-27。

由图 4-27 可知：

❑（*0x804a014）最开始存储的内容就是 "push 0x10" 这条指令的地址（0x08048436）。回顾上文，因为第一次调用 test 的时候，我们需要触发 Resolver 计算 test 的绝对地址。

❑ push $0x10 将 0x10 压栈。0x10 刚好是 .rel.plt section 中对应的偏移量。因为 Resolver 需要知道自己该计算哪个符号的地址。

❑ 当 Resolver 计算出 test 函数符号的地址后，它会把它回写到地址 0x804a014 处。如此，下一次再 jmp 到这个地址时，将直接跳转到目标函数 test。

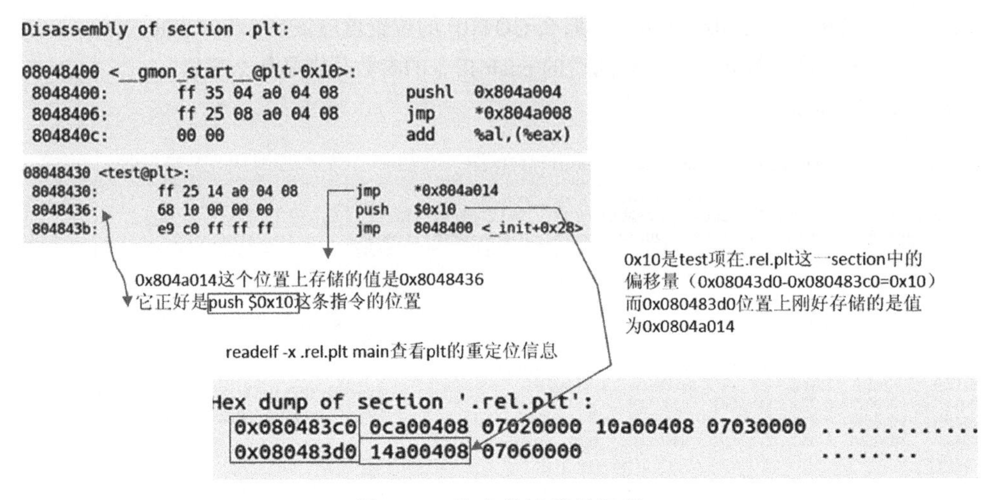

图 4-27　几个关键值的解释

以上是我们反编译 ELF 文件得到的信息，GOT 和 PLT 相关表项的信息都已经准备好。现在我们将实际执行 main 程序，来看看 GOT[test] 到底有没有被修改。

> **提示**　符号地址的计算依赖于重定位信息。笔者简单介绍了几个关键值的来历。说实话，这已经算是符号重定位计算中最简单的一种类型了，还有比这复杂得多的重定位类型。不过，除非有特殊需要，笔者建议读者无须死抠这些细节，只要知道它们是用来计算最终的符号地址就可以了。

笔者使用 gdb 来调试 main 程序，重点观察内存地址 0x804a014 处内容的变化，操作过程自上而下，如图 4-28 所示。

```
Type "apropos word" to search for commands related to "word".
Reading symbols from main...done.
(gdb) b test
Breakpoint 1 at 0x8048430
(gdb) b main
Breakpoint 2 at 0x8048543: file main.c, line 13.
(gdb) r
Starting program: ...ja

Breakpoint 2, main (argc=1, argv=0xffffc8f4) at main.c:13
13          test();
(gdb) x 0x0804a014
0x804a014 <test@got.plt>:       0x08048436
(gdb) c
Continuing.

Breakpoint 1, test () at test.c:7
7          return;
(gdb) x 0x0804a014
0x804a014 <test@got.plt>:       0xf7fd64eb
(gdb)
0x804a018:      0x00000000
(gdb) p &test
$1 = (void (*)()) 0xf7fd64eb <test>
```

图 4-28　gdb 调试 main

在图 4-28 中：

- 首先在 test 和 main 处加上断点，这是通过 "b test" 和 "b main" 这两条命令来完成的。
- 通过 "r" 命令启动整个程序，调试器将在 main 的断点处停止。
- 利用 "x 0x0804a014" 查看该地址内存存储的内容，得到 0x08048436。
- 输入 "c" 命令继续执行，将进入 test 断点，此时 test 函数已经被调用了，所以我们相信 ld 的 Resolver 已经将 GOT[test] 设置好了。果然，再次查看 0x0804a014 地址的内容将得到 0xf7fd64eb，而这恰好是 test 函数的地址（通过 "p &test" 命令得到）。

gdb 调试的结果证实了前面所述内容。

心得体会

说实话，这一大段章节能顺利读下来是一个非常有挑战性的工作。笔者自己每次读规范这部分内容，也觉得很困难，总感觉没有全盘掌握它们。那么，它到底难在什么地方呢？笔者个人觉得主要还是难在理解那些参数的含义上。比如 push $0x10，这个 0x10 是什么意思？ R386_JUMP_SLOT 又是什么含义？还有那些重定位表，以及如何计算符号位置等。

不过，知识的学习和掌握是一个循序渐进的过程，从这个角度考虑，读者完全不用在刚学习的时候就给自己施加一定要一次性读懂的压力。

回到本节内容，笔者认为读者在这一阶段掌握了 GOT、PLT 和 Trampoline Code 的原理就可以了。那些参数、类型、重定位表只不过是用于计算符号地址的。而 GOT 和 PLT 才是整个流程得以顺利进行的关键。

4.2.4.5 Position Independent Code

回顾图 4-24 所示的案例，笔者其实设计了两处调用。

- main 调用 libtest.so 的 test 函数。在这种情况下，PLT[test] 对应项的第一条指令是 "jmp *0x804a014"。注意，这个值对应 main elf 文件 GOT 表的某一项。而 main 的 GOT 表加载到内存的位置就是 0x804a000。
- libtest.so 中的 test 调用 test2 函数。在这种情况下，PLT[test2] 第一条指令能否和上面的情况一样，为 "jmp *0xabcdefg" 这样的固定值吗？显然不行，因为 libtest.so 连自己被加载到什么位置都无法知道。这个问题该如何解决？

在解决这个问题前，我们要先明确下面几点：

- 每一个 ELF 可执行程序或动态库文件都有自己的 GOT 和 PLT。符号处理和计算都是基于各自的 GOT 和 PLT。
- ELF 可执行文件加载到内存后，其各 Segment 的位置基本都是按照 ELF 文件里定义的值来处理的。所以，对于 main 而言，它的 GOT 地址就是编译时决定的，所以可以使用绝对地址。
- 对 libtest.so 而言，它的 GOT 地址会随着 so 文件本身加载位置不同而不同。所以它的 PLT 表项内容应该是 "jmp *(目标符号索引 @ 自己的 got 地址)"。在这条指令中，只有 index 是固定的，而 GOT 地址是变化的。这就是所谓的位置无关代码，即 Position Independent Code（简写为 PIC）。根据 ELF 规范，x86 平台上，GOT 地址需要保存到 ebx 寄存器里。

ELF 规范对第一种和第二种情况都有明确说明，来看图 4-29。

```
Absolute PLT：PLT里的参数都是绝对地址

.PLT0:
    pushl   got_plus_4
    jmp     *got_plus_8
    nop;    nop
    nop;    nop
.PLT1:
    jmp     *name1_in_GOT
    pushl   $offset
    jmp     .PLT0@PC
.PLT2:
    jmp     *name2_in_GOT
    pushl   $offset
    jmp     .PLT0@PC
```

```
PIC PLT：PLT里的参数都是基于GOT的偏移量，
对x86平台而言，规范要求GOT的地址放在ebx寄存器里

.PLT0:
    pushl   4(%ebx)
    jmp     *8(%ebx)
    nop;    nop
    nop;    nop
.PLT1:
    jmp     *name1@GOT(%ebx)
    pushl   $offset
    jmp     .PLT0@PC
.PLT2:
    jmp     *name2@GOT(%ebx)
    pushl   $offset
    jmp     .PLT0@PC
```

图 4-29　Absolute PLT 和 PIC PLT 在 trampline code 上的区别

图 4-29 为 Absolute PLT 和 PIC PLT 在 trampline code 上的区别。Trampoline 的功能完全一样，差别就在于 GOT 地址，Absolute PLT 是编译时就决定的绝对地址，而 PIC PLT 则是运行时计算得到并保存在 ebx 寄存器中。

下面，我们反编译 libtest.so 的 test 函数来确认上面所述是否属实。

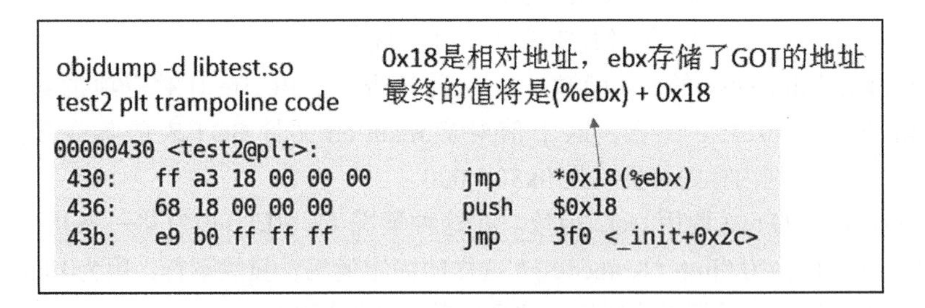

图 4-30　libtest.so test2 函数对应的 PLT

在图 4-30 中，0x18 只是相对于 GOT 的偏移量，而 GOT 的真正地址则保存在 ebx 寄存器里。通过这种方式，我们就实现了 PIC。即不管 libtest.so 加载到什么位置，偏移量都是固定的，而 GOT 的值则是运行过程中计算出来的并保存到 ebx 寄存器里。

提示　动态库加载到内存空间后，其 GOT 地址该如何得到呢？请读者阅读参考资料 [4]。

4.2.5 ELF 总结

到此，本章关于 ELF 的讲解就告一段落。回顾学习历程，总结相关心得如下。

- ELF 本身的格式解析还是比较简单的，只要老老实实按照规范里定义的数据结构来解析它即可。笔者自己用 Java 写过类似 readelf 这样的 ELF 文件格式解析程序，难度不大。
- 关于 ELF 文件使用的知识则难度较大。比如 ELF 文件的加载、符号的计算等。因为它需要对 ELF 文件各相关 section 的内容和作用有非常充分的了解。不仅如此，它还需对目标平台的处理方式也非常清楚。本文是以 x86 平台为实例，如果以 ARM 平台为目标的话，还需要研究 ARM 平台上 ELF 文件的不同之处，也就是研究 ps ELF 和 ABI 文档。好在它们的实现原理大多类似。毕竟，ELF 文档最开始只有 x86 平台的，后续新出的平台参考和吸收了 x86 平台上一些通用做法。相信读者可以触类旁通，举一反三。

最后，笔者希望读者：

- 阅读参考资料 [4]，进一步加深对 ELF 动态库加载的理解。
- 自己能实际动手操作几次。比如，利用 gdb 测试 LD_BIND_NOW 这样的环境变量对符号计算的影响。

4.3　学习路线推荐

了解一种文件格式的首要工作就是尝试去解析它。在此，希望读者也能自己编写一个简单的 ELF 文件解析器。ELF 学习的另外一个难点就是它的用法，尤其是重定位、符号解析等。笔者在本章中就是通过一个实例来讲解的，请读者也自己动手写一个这样的实例来加深对相关知识点的理解。

4.4　参考资料

[1]　1993 版 TLS 1.1 版

https://refspecs.linuxfoundation.org/elf/TIS1.1.pdf

该文档是 ELF 相关规范拆分前的一份总规范，包括 ELF、x86 ABI 3.0 规范、DWARF 2.0 草案等信息。

[2]　et_type 介绍

http://www.thegeekstuff.com/2012/07/elf-object-file-format/

本文介绍如何利用 gcc 编译器生成 E_REL、E_EXEC 和 E_DYN 类型的文件。

[3]　Linux 基金会列出的规范集

https://refspecs.linuxfoundation.org/

[4]　符号地址的计算

下面三篇文章是一个系列，主要解释 4.2.4 节所述的知识，内容非常详细。请读者依次阅读。

http://eli.thegreenplace.net/2011/08/25/load-time-relocation-of-shared-libraries/

http://eli.thegreenplace.net/2011/11/03/position-independent-code-pic-in-shared-libraries

http://eli.thegreenplace.net/2011/11/11/position-independent-code-pic-in-shared-libraries-on-x64

Chapter 5 第5章

认识C++11

当Android用ART虚拟机替代Dalvik的时候，为了表示和Dalvik彻底划清界限的决心，Google连ART虚拟机的实现代码都切换到了C++11。C++11的标准规范于2011年2月正式落稿，而此前十余年间，C++正式标准一直是C++98/03[一]。相比C++98/03，C++11有了非常多的变化，甚至一度让笔者大呼不认识C++了[二]。不过，作为科技行业的从业者，我们铭记在心的一个铁规就是要拥抱变化。既然我们不认识C++11，那就把它当作一门全新的语言来学习吧。

从2007年到2010年，在笔者参加工作的头三年中一直使用C++作为唯一的开发语言，写过十几万行的代码。从2010年转向Android开发后，笔者才正式接触Java。此后很多年里，笔者曾经多次比较过两种语言，有了一些很直观，很感性的看法。此处和各位读者分享，大家不妨一看。

对于业务系统[三]的开发而言，Java相比C++而言，开发确实方便太多。比如：

- Java天生就是跨平台的。开发者无须考虑操作系统与硬件平台的差异。而C++开发则高度依赖于操作系统以及硬件平台。比如Windows的C++程序到Linux平台上几乎无法直接使用。这其中的问题倒也不能全赖在C++语言本身上。只是选择一门开发语言不仅仅是选择语言本身，其背后的生态系统（OS、硬件平台、公共类库、开发资源、文档等）随之也被选择。

[一] C++98规范是于1998年落地的关于C++语言的第一个国际标准（ISO/IEC 15882:1998）。而C++03则是于2003年定稿的第二个C++语言国际标准（ISO/IEC 15882:2003）。由于C++03只是在C++98上增加了一些内容（主要是新增了技术勘误表，Technical Corrigendum 1，简称TC1），所以之后很长一段时间内，人们把C++规范通称为C++98/03。

[二] 无独有偶，C++之父Bjarne Stroustrup也曾说过“C++11看起来像一门新的语言”[3]。

[三] 什么样的系统算业务系统呢？笔者也没有很好的划分标准。不过以Android为例，Linux Kernel、视音频底层（Audio，Surface，编解码）、OpenGL ES等这些对性能要求非常高，和硬件平台相关的系统可能都不算是业务系统。

- 开发者无须考虑内存管理。虽然 Java 也有内存泄漏之说，但至少在开发过程中，开发者不用斤斤计较于 C++ 编程中必须要时刻考虑的“内存是否会泄露”，“对象被 delete 后是否会导致其他使用者操作无效内存地址”等问题。
- 最后也是最重要的一点，Java 有非常丰富的类库，诸如网络操作类、容器类、并发类、XML 解析类等。正是有了这些丰富的类库，才使得业务系统开发者能聚焦在如何利用这些现成的工具、类库来开发自己的业务系统，而不是从头到脚得重复制造车轮。比如，当年笔者在 Windows 上搞了一套 C++ 封装的多线程工具类，之后移植到 Linux 上又得搞一套，而且还要花很多精力去维护它们。

个人感受

笔者个人对 C++ 是没有任何偏好的。之所以用 C++，很大程度上是因为上级领导的选择。作为一个工作多年的老员工，在他印象里，那个年代的 Java 性能很差，比不得 C++ 的灵巧和高效。另外，由于我们做的是高性能视音频数据网络传输（在局域网 / 广域网中几个 GB 的视音频文件类似 FTP 这样的上传下载），C++ 貌似是当时唯一能同时和“面向对象”“性能不错”挂上钩的语言了。

在研究 ART 虚拟机的时候，笔者发现其源码是用一种和以前熟悉的 C++ 差别很大的 C++ 语言编写的，这种差别甚至一度让我感叹“不太认识 C++ 语言了”。后来，我才了解到这种“全新的” C++ 就是 C++11。那么，本书的读者们，包括笔者自己要不要学习它呢？思来覆去，我觉得还是有这个必要。

- 从 Android 7.0 源码来看，native 模块改用 C++11 来编写已成趋势。所以我们需要尽快了解 C++11，为将来的学习和工作做准备。
- 既然 C++ 之父都说“ C++11 看起来像一门新的语言 [6]”，那么我们完全可以把它当作一门新的语言来学习，而不用考虑是否有 C++ 基础的问题。这给了我们一个很好的学习机会。

既然下定决心，那么就马上开始学习。正式介绍 C++11 前，笔者要特别强调以下几点注意事项。

- 编程语言学习，以实用为主。所以本章所介绍的 C++11 内容，一切以看懂 ART 源码为最高目标。源码中没有涉及的 C++11 知识，本章尽量不予介绍。一些细枝末节，或者高深精尖的用法，笔者也不拟详述。如果读者想深入研究，不妨阅读本章参考资料所列出的 6 本 C++ 专著。
- 学习是一个循序渐进的过程。对于初学者而言，应首先以看懂 C++11 代码为主，然后才能尝试模仿着写，直到完全自己写。用 C++ 写程序，会碰到很多“坑”，只有亲历并吃过亏之后，才能深刻掌握这门语言。所以，如果读者想真正学好 C++，那么一定要多写代码，不能只停留在看懂代码的水平上。

注意　最后，本章不是专门来讨论 C++ 语法的，它更大的作用在于帮助读者更快地了解 C++。故笔者会尝试采用一些通俗的语言来介绍它。因此，本章在关于 C++ 语法描述

的精准性上必然会有所不足。在此，笔者一方面请读者谅解，另一方面请读者及时反馈所发现的问题。

下面，笔者将正式介绍 C++11，本章拟讲解如下内容：

- 数据类型
- C++ 源码构成及编译
- Class
- 操作符重载
- 函数模板与类模板
- lambda 表达式
- STL 介绍
- 其他一些常用知识点

5.1 数据类型

学习一门语言，首先从它定义的数据类型开始。本节先介绍 C++ 基本内置的数据类型。

5.1.1 基本内置数据类型介绍

示例代码 5-1 所示为 C++ 中的基本内置数据类型（注意，没有包含所有的内置数据类型）。

示例代码 5-1　数据类型

```
/*C++基础数据类型包括：
(1) int, short, long, long long, bool, char, float和double
(2) 规范只对每种基础数据类型在内存中占据的最小字节数有要求。
    比如，一个int类型至少有2个字节，一个long long类型至少有8个字节
    通过sizeof(类型)可得到类型的字节数
*/
 //整型, sizeof(int): 至少2个字节
 int i = 0,j={1},k{123};  //三种赋值方式
 cout << "整型,长度=" << sizeof(int) << endl;
 cout << "i= " << i << " j= " << j << " k= " << k << endl;
 //短整型, sizeof(short)至少2个字节
 short ashort = 0xab;
 cout << "短整型,长度=" << sizeof(short) << " " << ashort << endl;
 //长整型, sizeof(long): 至少4个字节
 long along = 1234;
 cout << "长整型,长度=" << sizeof(long) << " " << along << endl;
 //长整型, sizeof(long long): 至少8个字节
 long long alonglong = 0xffffffff00000000;
 cout << "长整型,长度=" << sizeof(long long) << " " << alonglong << endl;
 //布尔型, sizeof(bool): 规范未定义
 bool abool = false; //true
 cout << "布尔型,长度=" << sizeof(bool) << " " << abool << endl;
 //字符型, sizeof(char): 至少1个字节
 char achar = 'x';
 cout << "字符型,长度=" << sizeof(char) << " " << achar << endl;
```

```
//单精度浮点。对于浮点数，规范只定义了浮点数最少支持多少个有效数字
float afloat = 1.2345678910;
cout << "单精度浮点,长度=" << sizeof(float) << " " << afloat << endl;
//双精度浮点。规范定义float是6个有效数字，double至少有10个有效数字
double adouble = 1.23456789;
cout<<std::setprecision(10)<<"双精度浮点,长度=" <<
                sizeof(double) << " "<<adouble << endl;
```

示例代码5-1展示了C++语言中几种常用的基本数据类型。有几点请读者注意。

- 由于C++和硬件平台关联较大，规范没办法像Java那样严格规定每种数据类型所需的字节数，所以它只定义了每种数据类型最少需要多少字节。比如，规范要求一个int型整数至少占据2个字节（不过，绝大部分情况下一个int整数将占据4个字节）。
- C++定义了sizeof操作符，通过这个操作符可以得到每种数据类型（或某个变量）占据的字节个数。
- 对于浮点数，规范只要求最小的有效数字个数。对于单精度浮点数float而言，要求最少支持6个有效数字。对于双精度浮点数double类型而言，要求最少支持10个有效数字。

注意　本章中，笔者可能会经常拿Java语言做对比。因为了解语言之间的差异更有助于快速掌握一门新的语言。

和Java不同的是，C++中的数据类型分无符号和有符号两种，来看示例代码5-2。

示例代码5-2　无符号和有符号数据类型

```
//C++中除bool和浮点数之外，其他基本数据类型还可细分为符号和有符号两种，
//无符号类型由unsigned xxx来修饰，比如:
unsigned int aunint = 0xffffffff;
unsigned short aunshort = 0x1fff;
unsigned char aunchar = 0xff;
```

注意，无符号类型的关键词为unsigned。

5.1.2　指针、引用和void类型

现在来看C++里另外三种常用的数据类型：指针、引用和void，如示例代码5-3所示。

示例代码5-3　指针、引用和void类型

```
//指针,引用
int *pint = &i;  //指针,由"类型 *" 定义。&i表示取某个变量的地址，由&取地址符号表达
int &aliasOfJ = j; //引用,由"类型 &"定义
cout<<"i的内存地址为"<<pint<<" 内存地址存储的内容为:" << (*pint)<<endl;
cout<<"j= "<<j<<" anotherInt= "<<aliasOfJ<<endl;
/*void:空类型，注意:
 (1) void作为类型，只能修饰指针，比如此处的void*
 (2) C++11中，空指针由nullptr表示，取代了以前常用的NULL
*/
void* px = nullptr;
cout<<"px 的值为 "<<px<<endl;
```

由示例代码 5-3 可知：

- 指针类型的书写格式为 T *，其中 T 为某种数据类型。
- 引用类型的书写格式为 T &，其中 T 为某种数据类型。
- void 代表空类型，也就是无类型。这种类型只能用于定义指针变量，比如 void*。当我们确实不关注内存中存储的数据到底是什么类型的话，就可以定义一个 void* 类型的指针来指向这块内存。
- C++11 开始，空指针由新关键字 nullptr[⊖]表示，类似于 Java 中的 null。

下面我们着重介绍一下指针和引用。先来看指针。

5.1.2.1 指针

关于指针，读者只需要掌握三个基本知识点就可以了。

- 指针的类型。
- 指针的赋值。
- 指针的解引用。

5.1.2.1.1 指针的类型

指针本质上代表了虚拟内存的地址。简单点说，指针就是内存地址。比如，在 32 位系统上，一个进程的虚拟地址空间为 4G，虚拟内存地址从 0x0 到 0xFFFFFFFF，这个段中的任何一个值都是内存地址。

一个程序运行时，其虚拟内存中会有什么呢？肯定有数据和代码。假设某个指针指向一块内存，该内存存储的是数据，C++ 中数据都得有数据类型。所以，指向这块内存的指针也应该有类型。比如：

- int* p，变量 p 是一个指针，它指向的内存存储了一个（对于数组而言，就是一组）int 型数据。
- short* p，变量 p 指向的内存存储了一个（或一组）short 型数据。

如果指针对应的内存中存储的是代码的话，那么指向这块代码入口地址（代码往往是封装在函数里的，代码的入口就是函数的入口）的指针就叫函数指针。函数指针的定义看起来有些古怪，来看示例代码 5-4。

示例代码 5-4 函数指针定义

```
int mymain(int argc,char*argv[]){
    //pmain是一个函数指针变量。注意它的格式，它和目标函数（mymain）的参数和返回值类型
    //完全匹配
    int (*pmain)(int argc,char* argv[]);
    pmain = mymain;//pmain指向了mymain函数
    pmain = &mymain;//取mymain函数的地址给pmain变量，效果和上面一种方法一样
    pmain(0,nullptr);//调用pmain函数，其实就是调用mymain函数
}
```

⊖ 没有 nullptr 之前，系统或程序员往往会定义一个 NULL 宏，比如 #define NULL (0)，不过这种方式存在一些问题，所以 C++11 推出了 nullptr 关键词。

函数指针的定义语法看起来比较奇特，笔者也是实践了很多次才了解的。

5.1.2.1.2 指针的赋值

定义指针变量后，下一个要考虑的问题就是给它赋什么值。来看示例代码 5-5。

示例代码 5-5 指针的赋值

```
//指针型变量的赋值
int* px = (int*)0x123456;//给px任意设置一个值
int* py = new int;//从堆上分配一块内存，内存地址存储在py中
long z = 100;
long* pz = &z;//通过取地址符号&，将z的地址赋值给pz
//函数指针变量的赋值
int (*pmain)(int argc,char* argv[]);
pmain = mymain;//效果和下条语句一样,将mymain函数地址赋值给pmain变量
pmain = &mymain;
```

结合示例代码 5-5 可知，指针变量的赋值有以下几种形式。

- 直接将一个固定的值（比如 0x123456）作为地址赋给指针变量。这种做法很危险，除非明确知道这块内存的作用以及存储的内容，否则不能使用这种方法。
- 通过 new 操作符在堆上分配一块内存，该内存的地址存储在对应的指针变量中。
- 通过取地址符 & 对获取某个变量或者函数的地址。

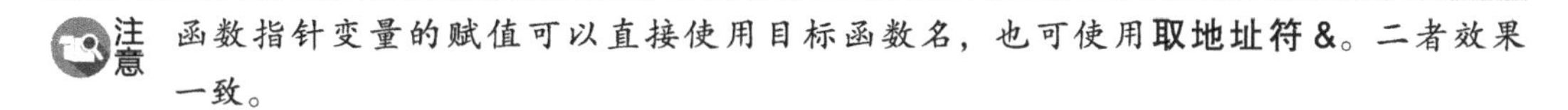

注意 函数指针变量的赋值可以直接使用目标函数名，也可使用**取地址符 &**。二者效果一致。

5.1.2.1.3 指针的解引用

指针只是代表内存的某个地址，如何获取该地址对应内存中的内容呢？ C++ 提供了**解指针引用符号 *** 来帮助大家，来看示例代码 5-6。

示例代码 5-6 指针解引用

```
//指针解引用，获取对应内存地址中的值
(*py)=1000;
long zz = (*py) + 123;
//函数指针解引用，意味着要调用对应的函数
pmain(100,nullptr);
(*pmain)( 100,nullptr);
```

示例代码 5-6 中：

- 对于数据类型的指针，**解引用**意味着获取对应地址中内存的内容。
- 对于函数指针，**解引用**意味着调用这个函数。

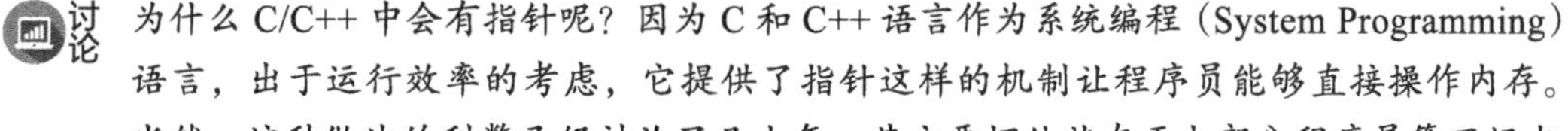

讨论 为什么 C/C++ 中会有指针呢？因为 C 和 C++ 语言作为系统编程（System Programming）语言，出于运行效率的考虑，它提供了指针这样的机制让程序员能够直接操作内存。当然，这种做法的利弊已经讨论了几十年，其主要坏处就在于大部分程序员管不好内存，导致经常出现内存泄漏、访问异常内存地址等各种问题。

5.1.2.2 引用

相比 C，引用是 C++ 特有的一个概念。来看示例代码 5-7，它展示了指针和引用的区别。

示例代码 5-7　指针和引用的区别

```
void testPointersAndReference(){
    /*下面4条语句为指针的操作
      (1) px开始指向x的地址，
      (2) 然后我们使它指向y的地址指针的取值很随意，可以任意赋地址值，只要类型匹配。
    */
    int x = 12345;
    int *px = &x; //px指针指向x的地址
    int y = 2222;
    px = &y; //修改px指针，使它指向y的地址
    /*下面是引用操作，引用和指针有很大不同：
      (1) 引用在定义的时候就必须和某个变量绑定。通俗点说，引用是一个变量的别名。
      (2) 如果定义时不绑定某个变量，编译报错。
      (3) 绑定后，引用和原变量实际是一个东西。就好像鲁迅其实是周树人的笔名一样，周树人是鲁迅，鲁
          迅就是周树人。鲁迅身上发生的任何事情，就是周树人身上发生的事情
    */
    int &aliasX = x;//定义引用aliasX,这个引用和x关联.
    //设置aliasX的值为54321.那么,x的值也变成54321.
    //x就是aliasX,aliasX就是x.
    aliasX = 54321;
    changeRef(aliasX);//该函数返回后,x值变成9999
    //int &aliasY; //编译错误,引用定义时必须和一个变量绑定
}
/*引用的作用之一体现在函数调用上。函数形参如果定义为引用，则函数内部修改了形参的值，实参也会相
  应发生修改。比如下面代码中的三个函数的区别：
  (1) changeRef：由于alias为引用，不是指针，所以可直接操作alias
  (2) changeNoRef：x不是引用。函数内部修改其值为9999，函数返回后不影响实参
  (3) changePointers：通过指针来修改实参的值为9999，但是每次操作指针类型的数据都得用*号。不
      如1方便
*/
void changeRef(int & alias){
    //修改形参的值为9999,该函数返回后,实参的值就变成了9999
    alias = 9999;
}
void changeNoRef(int x){
    //修改形参的值为9999,但该函数返回后,实参并不受任何影响
    x = 9999;
}
void changePointers(int* pInt){
    //也能通过修改形参的值来修改实参的值为9999，但是,操作形参时,必须使用解指针引用符号*
    *pInt = 9999;
}
```

由示例代码 5-7 可知：

- 引用只是变量的别名。由于是别名，所以 C++ 要求在定义引用型变量时就必须将它和实际变量绑定。
- 引用型变量绑定实际变量之后，这两个变量（原变量和它的引用变量）其实就代表同一个东西了。代码注释中以鲁迅为例，“鲁迅”和“周树人”都是同一个人。

C语言中没有引用，一样工作得很好。那么C++引入引用的目的是什么呢[⊖]？

- 既然是别名，那么给原变量换一个更动听的名字可能是其中一个作用。
- 比较示例代码中的changeRef和changeNoRef可知，当函数的形参为引用时，函数内部对该形参的修改就是对实参的修改。再次强调，对于引用类型的形参而言，函数调用时，形参就变成了实参的别名。
- 比较示例代码中的changeRef和changePointers可知，指针型变量书写起来需要使用解地址引用*符号，不太方便。
- 引用和原变量是一对一的强关系，而指针则可以任意赋值，甚至还可以通过类型转换变成别的类型的指针。在实际编码过程中，一对一的强关系能减少一些错误的发生。

和Java比较

和Java语言比起来，如果Java中函数的形参是基础类型（如int、long之类的），则这个形参是传值的，与示例代码5-7中的changeNoRef类似。如果这个函数的形参是类类型，则该形参类似于示例代码5-7的changeRef。在函数内部修改形参的数据，实参的数据相应会被修改。

5.1.3 字符和字符串

示例代码5-8所示为C++11中字符和字符串的操作。

示例代码5-8 字符和字符串

```
char iamchar = 'c';//字符常量
cout<<"iamchar="<<iamchar<<endl;
iamchar = 0x12; //字符常量
cout<<"iamchar="<<iamchar<<endl;
/*下面是字符串常量，中间的\n为换行符。输出结果为：
  hello
  world
*/
const char* strings = "hello\n world";
cout <<strings<<endl;
/*下面这两个strings的输出都是：hello \n world
  字符串中的"\n"等属于特殊符号，如果就是要输出"\n"这两个字符的话，有两种方法：
  （1）通过转义字符\来处理，比如"\\n"。这样的话，C++就不会将\n当作特殊符号处理
  （2）通过R"()"定义所谓的Raw string（原始字符串），字符串里边的内容都不会被转义
*/
strings = "hello \\n world";
cout <<strings<<endl;
strings = R"**123(hello \n world")")**123";
cout <<strings<<endl;
```

⊖ 虽然代码中使用的是引用，但很多编译器其实是将引用变成了对应的指针操作。

请读者注意示例代码中的 Raw 字符串定义的格式，它的标准格式为 R**“附加界定符（字符串）附加界定符”**。附加界定符可以没有。而笔者设置示例中的附加界定符为 "**123"。

Raw 字符串是由 C++11 引入的，它是为了解决正则表达式里那些烦人的**转义字符** \ 而提供的解决方法。来看看 C++ 之父给出的一个例子，有这样一个正则表达式 ('(?:[?\\']|\\.)*'|"(?:[?\\"]|\\.)*")|。那么：

- 在 C++ 中，如果使用转义字符串来表达，则变成 ('(?:[?\\\\']|\\\\.)*'|\"(?:[?\\\\\"]|\\\\.)*\")|。使用转义字符后，整个字符串变得很难看懂了。
- 如果使用 Raw 字符串，改成 R"dfp(('(?:[?\\']|\\.)*'|"(?:[?\\"]|\\.)*")|)dfp" 即可。此处使用的界定字符为 "dfp"。

很显然，使用 Raw 字符串使得代码看起来更清爽，出错的可能性也降低很多。

5.1.4 数组

直接来看关于数组的一个示例，如示例代码 5-9 所示。

示例代码 5-9　数组

```
//定义数组，数组的长度由初值个数决定
int intarray[] = {1,2,3,4,5};
cout<<"array size = " << sizeof(intarray)/sizeof(intarray[0]) <<endl;
//指定数组长度. 由于shortarray是在栈上分配的数组，其长度
//必须在编译期就确定. 所以，代表数组长度的size必须是常量
const int size = 10;
short shortarray[size];
//动态数组,其长度可以在运行时决定
int dynamic_size = 4;
int *pintArray = new int[dynamic_size]/*{10}*/;
/*下面的for循环中，pintArray是一个int型的指针，它指向一块内存。不过，这块内存只包含一个int
  型数据还是包含一组int型数据？这个问题的答案只有开发者自己才知道。另外，pintArray+i指向数组
  第i个元素的地址，然后通过*解引用得到元素i的内容*/
for(int i = 0; i < dynamic_size; i++){
    cout<<pintArray[i]<<endl;
    cout<<*(pintArray+i)<<endl; //c和c++中，指针和数组有着天然的联系
}
```

由示例代码 5-9 可知：

- 定义数组的语法格式为 T name[**数组大小**]。**数组大小**可以在编译时由初值列表的个数决定，也可以是一个常量。总之，这种类型的数组，其数组大小必须在编译时决定。
- 动态数组由 new 的方式在运行时创建。动态数组在定义的时候就可以通过 {} 来赋初值。程序中，代表动态数组的是一个对应类型的指针变量。所以，动态数组和指针变量有着天然的关系。

和 Java 比较

Java 中，数组的定义方式是 T[] name。笔者觉得这种书写方式比 C++ 的书写方式要形象一些。

另外，Java 中的数组都是动态数组。

了解完数据类型后，我们来看看 C++ 中源码构成及编译相关的知识。

5.2　C++ 源码构成及编译

源码构成是指如何组织、管理和编译源码文件。作为对比，我们先来看 Java 是怎么处理的。

- Java 中，代码只能书写在以 .java 为后缀的源文件中。
- Java 中，每一个 Java 源文件必须包含一个和文件同名的 class。比如 A.java 必须定义公开的 class A（或者是 interface A）。
- 绝大部分情况下，class A 隶属于一个 package。所以 class A 的全路径名为 xx.yy.zz.A。其中，xx.yy.zz 是包名。
- 同一个 package 下的 class B 如果要使用 class A 的话，可以直接使用类 A。如果 class B 位于别的 package 下的话，那么必须使用 A 的全路径名 xx.yy.zz.A。当然，为了减少书写 A 所属包名的工作量，class B 会通过 import xx.yy.zz.A 引入全路径名。然后，B 也能直接使用类 A 了。

综其所述，源码构成主要讨论如下两个问题：

- 代码写在什么地方？ Java 是放入 .java 为后缀的文件中。
- 如何解决不同源码文件中的代码之间相互引用的问题？在 Java 中，同 package 下，源文件 A 的代码可以直接使用源文件 B 的内容。不同 package 下，则必须通过全路径名访问另外一个 Package 下的源文件 A 的内容（通过 import 可以减少书写包名的工作量）。

现在来看 C++ 的做法。

- 在 C++ 中，承载代码的文件有头文件和源文件的区别。头文件的后缀名一般为 .h。也可以 .hpp 和 .hxx 为结尾。源文件以 .cpp、.cxx 和 .cc 结尾。只要开发者之间约定好，采用什么形式的后缀都可以。笔者个人喜欢使用 .h 和 .cpp 做后缀名，而 art 源码则以 .h 和 .cc 为后缀名。
- 一般而言，头文件里声明需要**公开**的变量、函数或者类。源文件则定义（或者说实现）这些变量、函数或者类。那些需要使用这些公开内容的代码可以通过 #include 方式将其包含进来。注意，由于 C++ 中头文件和源文件都可以承载代码，所以头文件和源文件都可以使用 #include 指令。比如，源文件 a.cpp 可以 #include "b.h"，从而使用 b.h 里声明的函数、变量或者类。头文件 c.h 也可以 #include "b.h"。

下面我们分别通过头文件和源文件的几个示例来强化对它们的认识。

5.2.1　头文件示例

示例代码 5-10 所示为一个非常简单的头文件。

示例代码 5-10　头文件 Type.h

```
#ifndef _TYPE_H_  //ifndef是if not define的缩写
 #define _TYPE_H_ //define：定义一个宏
/*Type.h：头文件的内容为：
  (1)定义一个名为my_type的命名空间，命名空间和Java的包名类似。
  (2)该命名空间中有一个void test()函数*/
namespace my_type{
    void test();
};
#endif  //endif：结束if
```

下面来分析示例代码 5-10 中的 Type.h。

首先，C++ 中，头文件的写法有一定规则需要遵循。

- #ifndef _TYPE_H_：ifndef 是 if not define 之意。_TYPE_H_ 是宏的名称。
- #define _TYPE_H_：表示定义一个名为 _TYPE_H_ 的宏。
- #endif：和前面的 #ifndef 对应。

这三个宏合起来的意思是，如果没有定义 _TYPE_H_，则定义它。宏的名字可以任意取，但一般是和头文件的文件名相关，并且该宏不要和其他宏重名。为什么要定义一个这样的宏呢？其目的是为了防止头文件的重复包含。

探讨：如何防止头文件重复包含

编译器处理 #include 命令的方式就是将被包含的头文件的内容全部读取进来。一般而言，这种包含关系非常复杂。比如，a.h 可以直接包含 b.h 和 c.h，而 b.h 也可以直接包含 c.h。如此，a.h 相当于直接包含 c.h 一次，并间接包含 c.h（通过 b. 包含 c.h 的方式）一次。假设 c.h 采用和示例代码一样的做法，则编译器在第一次包含 c.h（因为 a.h 直接 #include "c.h"）的时候将定义 _C_H_ 宏，当编译器第二次尝试包含 c.h 的时候（因为在处理 #include "b.h" 的时候，会将 b.h 所 include 的文件依次包含进来）会发现这个宏已经定义了。由于头文件中所有有价值的内容都是写在 #ifndef 和 #endif 之间的，也就是只有在**没有定义** _C_H_ 宏的时候，这个头文件的内容才会真正被包含进去。通过这种方式，c.h 虽然被 include 两次，但是只有第一次包含会加载其内容，后续 include 等于没有真正加载其内容。

当然，现在的编译器比较高级，或许可以处理这种重复包含头文件的问题，但是建议读者自己写头文件的时候还是要定义这样的宏。

除了宏定义之外，示例代码中还定义了一个命名空间，名字为 my_type。并且在命名空间里还**声明**了一个 test 函数。

- C++ 中的命名空间和 Java 中的 package 类似，但是要求上要简单很多。命名空间是一个范围（Scope），可以出现在任意头文件和源文件里。凡是放在某个命名空间里的函数、类、变量等就属于这个命名空间。
- Type.h 只是声明（declare）了 test 函数，但没有这个函数的实现。**声明**仅是告诉编译器，我们有一个名叫 test 的函数。但是这个函数在什么地方呢？这时就需要有一个源文件来定义 test 函数，也就是实现 test 函数。

下面我们来看一个源文件示例。

5.2.2 源文件示例

源文件的示例代码如下所示。

示例代码 5-11　源文件 Test.cpp

```
//Test.cpp没有对应的头文件，但是它包含其他头文件
#include "Type.h"  //通过#include指令将头文件包含进来
#include "TypeClass.h"

int main(void){
    //my_type：是命名空间（namespace）,test是该命名空间中的函数
    //my_type以及test都是由”Type.h”头文件声明的
    my_type::test();
    type_class::test();
}
```

示例代码 5-11 是一个名为 Test.cpp 的代码。在这个示例中：

- 包含 Type.h 和 TypeClass.h。
- 调用两个函数，其中一个函数是 Type.h 里声明的 test。由于 test 位于 my_type 命名空间里，所以需要通过 my_type::test 方式来调用它。

接着来看示例代码 5-12 Type.cpp 的内容。

示例代码 5-12　Type.cpp

```
//Type.cpp定义Type.h里的内容
#include "Type.h"//包含Type.h，因为Type.cpp是Type.h的实现文件
/*注意下面4行代码：
  （1）#include <xxx>：往往用于包含系统或标准C库提供的头文件，注意，文件名不需要以.h结尾，
  （2）using  std::cout;使用别的命名空间里定义的符号。std是命名空间的名字，cout是std命名空间输
      出的符号*/
#include <iostream>
#include<iomanip>
using std::cout;
using std::endl;

/* 注意：
   （1）在Type.h中，test函数是位于my_type命名空间里的，所以在实现它的时候，也必须将其放在my_type
       命名空间中。
   （2）changeRef是my_type里的一个函数，但是由于Type.h里没有公开它的信息，所以其他源文件没有
       办法使用它  */
namespace my_type {
    void test(){  cout<<"this is a test"<<endl;   }
    void changeRef (int & alias){   alias = 9999;   }
}//结束name_space my_type
//changeNoRef：因为该函数的定义位于my_type命名空间之外，所以它不属于my_type命名空间
void changeNoRef(int x){ x = 999; }
```

示例代码 5-12 展示了 Type.cpp 的内容。

- 从文件名上看，Type.cpp 和 Type.h 可能会有些关系。确实如此。正如前文所说，头文

件一般做声明用，而真正的实现往往放在源文件中。出于文件管理方便性的考虑，头文件和对应的源文件有着相同的文件名。

- Type.cpp 还包含了 iostream 和 iomanip 两个头文件。需要特别注意的是，这两个 include 使用的是**尖括号 <>**，而不是 ""。根据约定俗成的习惯，尖括号中的头文件往往是操作系统和 C++ 标准库提供的头文件。包含这些头文件时不用携带 .h 的后缀。比如，#include <iostream> 这条语句无须写成 #include <iostream.h>。这是因为 C++ 标准库的实现是由不同厂商来完成的。具体实现的时候可能头文件没有后缀名，或者后缀名不是 .h。所以，C++ 规范将这个问题交给编译器来处理，它会根据情况找到正确的文件。
- C++ 标准库里的内容都定义在一个独立的命名空间里，这个命名空间叫 std。如果需要使用某个命名空间里的东西，比如代码中的代表标准输出对象的 cout，可以通过 std::cout 来访问它，或者像示例代码一样，通过 using std::cout 的方式来避免每次都书写 "std::"。当然，也可以一次性将某个命名空间里的所有内容全部包含进来，方法就是 using namespace std。这种做法和 java 的 import 非常类似。
- my_type 命名空间里包含 test 和 changeRef 两个函数。其中，test 函数实现了 Type.h 中声明的那个 test 函数。而由于 changeRef 完全是在 Type.cpp 中定义的，所以只有 Type.cpp 内部才知道这个函数，而外界（其他源文件，头文件）不知道这个世界上还有一个 changeRef 函数。在此请读者注意，一般而言，include 指令用于包含头文件，极少用于包含源文件。
- Type.cpp 还定义了一个 changeNoRef 函数，此函数是在 my_type 命名空间之外定义的，所以它不属于 my_type 命名空间。

到此，我们通过几个示例向读者展示了 C++ 中头文件和源文件的构成和一些常用的代码写法。现在来看看如何编译它们。

5.2.3 编译

C/C++ 程序一般是通过编写 Makefile 来编译的。Makefile 其实就是一个命令的组合，它会根据情况执行不同的命令，包括编译、链接等。Makefile 不是 C++ 学习的必备知识点，笔者不拟讨论太多，读者通过图 5-1 做简单了解。

图 5-1 中真正的编译工作还是由编译器来完成的。图中还展示了编译器的工作步骤以及对应的参数。此处笔者仅强调三点。

- Makefile 是一个文件的文件名，该文件由 make 命令解析并处理。所以，我们可认为 Makefile 是专门供 make 命令使用的脚本文件。其内容的书写规则遵守 make 命令的要求。
- C++ 中，编译单元是源文件（即 .cpp 文件）。如图 5-1 中①所示的内容，编译命令的输入都是 xxx.cpp 源文件，极少有单独编译 .h 头文件的。
- 笔者习惯先编译单个源文件以得到对应的 obj 文件，然后再链接这些 obj 文件得到最终的目标文件。链接的步骤也是由编译器来完成，只不过其输入文件从源文件变成了 obj 文件。

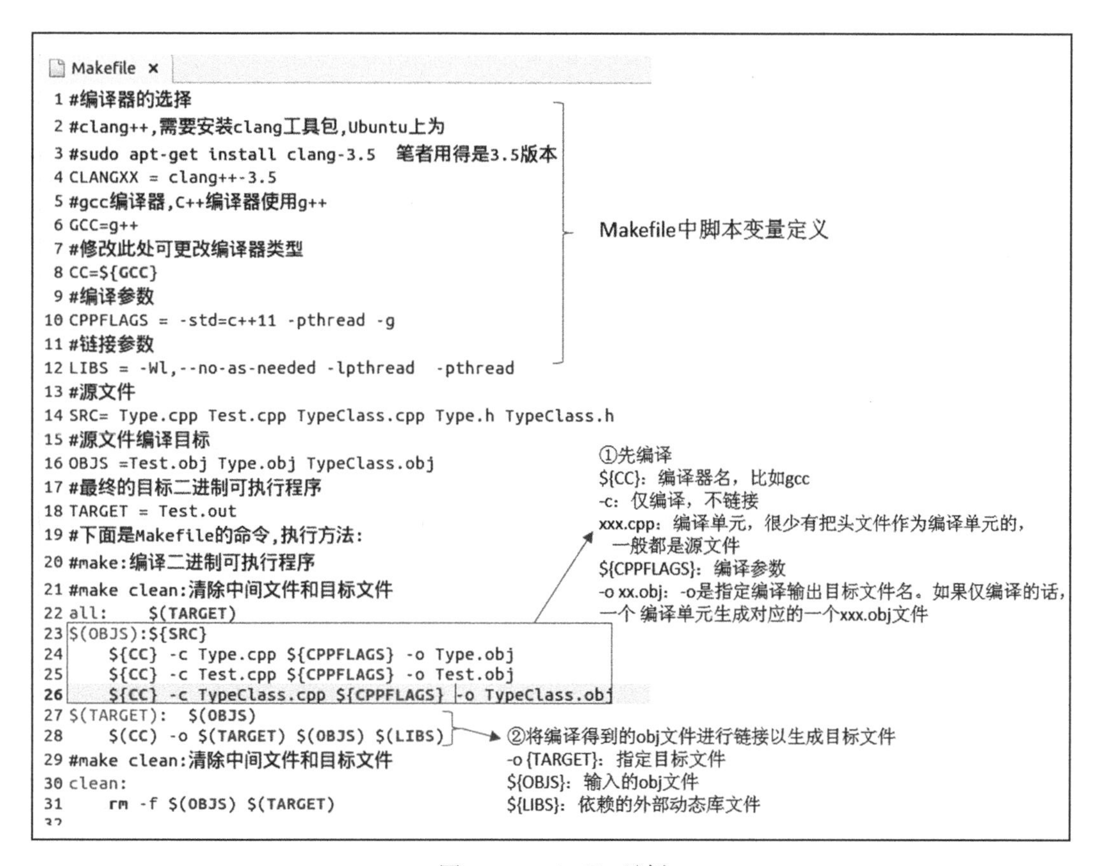

图 5-1 Makefile 示例

make 命令如何执行呢？很简单。

- ❑ 进入到包含 Makfile 文件的目录下，执行 make。如果没有指明 Makefile 文件名的话，它会以当前目录下的 Makefile 文件为输入。make 将解析 Makefile 文件里定义的任务以及它们的依赖关系，然后对任务进行处理。如果没有指明任务名的话，则执行 Makefile 中定义的第一个任务。
- ❑ 可以通过 **make 任务名**来执行 Makefile 中的指定任务。比如，图中最后两行定义了 clean 任务。通过 make clean 可执行它。clean 任务的目标就是删除临时文件（比如 obj 文件）和上一次编译得到的目标文件。

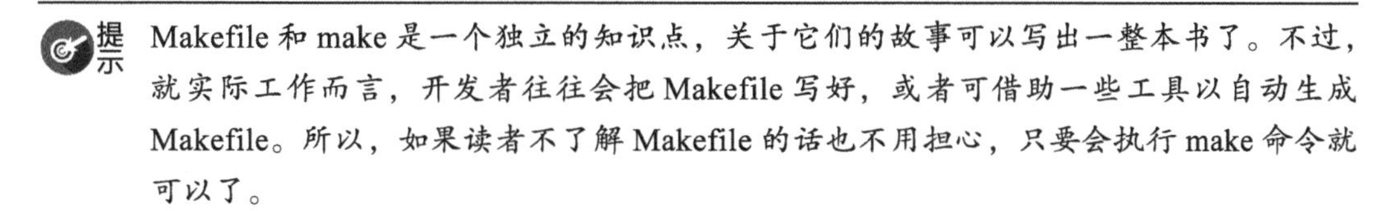

提示 Makefile 和 make 是一个独立的知识点，关于它们的故事可以写出一整本书了。不过，就实际工作而言，开发者往往会把 Makefile 写好，或者可借助一些工具以自动生成 Makefile。所以，如果读者不了解 Makefile 的话也不用担心，只要会执行 make 命令就可以了。

5.3 Class 介绍

本节介绍 C++ 中面向对象的核心知识点——类（Class）。笔者对类有如下三点认识。

- Class 是 C++ 构造面向对象世界的核心单元。面向对象在编码中的直观体现就是程序员可以用 Class 封装成员变量和成员函数。以前用 C 写程序的时候，是面向过程的思维方法，考虑的是函数和函数之间的调用和跳转关系。C++ 出现后，我们看待问题和解决问题的思路发生了很大的变化，更多考虑的是设计合适的类并处理对象和对象之间的关系。当然，面向对象并不是说程序就没有过程了。程序总还是有顺序和流程的。但是在这个流程里，开发者更多关注的是对象以及对象之间的交互，而不是孤零零的函数。
- 另外，Class 还支持抽象、继承和多态。这些概念完全就是围绕面向对象来设计和考虑的，它关注的是类和类之间的关系。
- 最后，从类型的角度来看，和 C++ 基础内置数据类型一样，类也是一种数据类型，只不过它是一种可由开发者自定义的数据类型罢了。

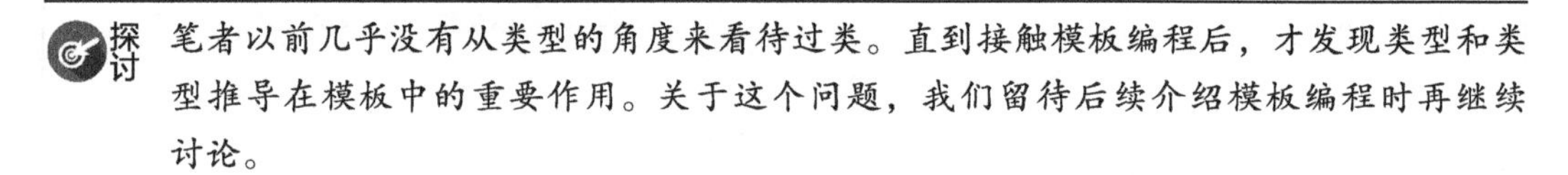

探讨 笔者以前几乎没有从类型的角度来看待过类。直到接触模板编程后，才发现类型和类型推导在模板中的重要作用。关于这个问题，我们留待后续介绍模板编程时再继续讨论。

下面我们来看看 C++ 中的 Class 该怎么实现。先来看示例代码 5-13 所示的 TypeClass.h，它声明了一个名为 Base 的类。请读者重点关注它的语法。

示例代码 5-13 Base 类

```
#ifndef _TYPE_CLASS_H_
#define _TYPE_CLASS_H_
namespace type_class {//命名空间
    void test(); //笔者用来测试的函数
    class Base {
public: //访问权限：和Java一样，分为public、private和protected三种
    //①构造函数，析构函数，赋值函数，非常重要
    Base(); //默认构造函数
    Base(int a); //普通构造函数
    Base(const Base& other); //拷贝构造函数
    Base& operator =(const Base& other); //赋值函数
    Base(Base&& other); //移动构造函数
    Base& operator =(Base&& other); //移动赋值函数
    ~Base(); //析构函数
    Base operator+(const Base& a1);
protected:
    //②成员函数：可以在头文件里直接实现，比如getMemberB。也可以只声明不实现，比如deleteC
    int getMemberB() { //成员函数:在头文件里实现
        return memberB;
    }
    //成员函数:在头文件里声明,在源文件里实现
    int deleteC(int a, int b = 100, bool test = true);
private: //下面是成员变量的声明
```

```
    int memberA; //成员变量
    int memberB;
    static const int size = 512; //静态成员变量
    int* pMemberC;
};
}
```

来看示例代码 5-13 的内容。

- 首先，笔者用 class 关键字声明了一个名为 Base 的类。Base 类位于 type_class 命名空间里。
- C++ 类有和 Java 一样的访问权限控制，关键词也是 public、private 和 protected 三种。不过其使用方法和 Java 略有区别。在 Java 中，每个成员（包含函数和变量）都需要单独声明访问权限，而 C++ 则是分组控制的。例如，位于 "public:" 之后的成员都有相同的 public 访问权限。如果没有指明访问权限，则默认使用 private 访问权限。
- 在类成员的构成上，C++ 除了有**构造函数**、**赋值函数**、**析构函数**等三大类特殊成员函数外，还可以定义其他成员函数和成员变量。成员变量如示例代码中的 size 变量可以像 Java 那样在声明时就赋初值，但笔者感觉 C++ 的习惯做法还是只声明成员变量，然后到构造函数中去赋初值。

C++ 中，函数声明时可以指明参数的默认值，比如 deleteC 函数，它有三个参数，后面两个参数均有默认值（参数 b 的默认值是 100，参数 test 的默认值是 true）。

接下来介绍 C++ 的三大类特殊函数。

注意 这三类特殊函数并不是都需要定义。笔者此处列举它们仅为学习用。

5.3.1 构造、赋值和析构函数

C++ 类的三种特殊成员函数分别是构造、赋值和析构。

- 构造函数：当创建类的实例对象时，这个对象的构造函数将被调用。一般在构造函数中做该对象的初始化工作。Java 中的类也有构造函数，和 C++ 中的构造函数类似。
- 赋值函数：赋值函数其实就是指 "=" 号操作符，用于将变量 A 赋值给同类型（不考虑类型转换等情况）的变量 B。比如，可以将整型变量（假设变量名为 aInt）的值赋给另一个整型变量 bInt。在此基础上，我们也可以将类 A 的某个实例（假设变量名为 aA）赋值给类 A 的另外一个实例 bA。请读者注意，5.3 节一开始就强调过，类只不过是一种自定义的数据类型罢了。如果整型变量（或者其他基础内置数据类型）可以赋值的话，类也应该支持赋值操作。
- 析构函数：当对象的生命走向终结时，它的析构函数将被调用。一般而言，该函数内部会释放这个对象占据的各种资源。在 Java 中，和析构函数类似的是 finalize 方法。不过，由于 Java 实现了内存自动回收机制，所以 Java 程序员几乎不需要考虑 finalize 的事情。

下面，我们分别来讨论这三种特殊函数。

5.3.1.1 构造函数

来看类Base的构造函数，如示例代码5-14所示。

示例代码5-14 Base的构造函数

```
//①默认构造函数，指那些没有参数或者所有参数都有默认值的构造函数
Base::Base() : //:和{号之间的是构造函数的初始值列表
        memberA(0), memberB(100), pMemberC(new int[size]) {
    cout << "In Base constructor" << endl;
}
//②普通构造函数：携带参数。也使用初始化列表来初始化成员变量，注意此处初始化列表里各个成员
//初始化用的是{}括号
Base::Base(int a) :
        memberA{a}, memberB{100}, pMemberC{new int[size]} {
    cout << "In Base constructor 2" << endl;
}
/*③拷贝构造函数，用法如下：
  Base y;    //先创建y对象
  Base x(y);//用y对象直接构造x
  Base z = y;//y拷贝给正创建的对象z
*/
Base::Base(const Base& other) :
        memberA{other.memberA},memberB {other.memberB},pMemberC{nullptr}{
    cout << "In copy constructor" << endl;
    if (other.pMemberC != nullptr) {
        pMemberC = new int[Base::size];
        memcpy(pMemberC, other.pMemberC, size);
    }
}
```

示例代码5-14实现于TypeClass.cpp中。

- 在类声明之外实现类的成员函数时，需要通过"**类名::函数名**"的方式告诉编译器这是一个类的成员函数，比如代码中的Base::Base(int a)。
- 默认构造函数：默认构造函数是指不带参数或所有参数全部有默认值的构造函数。注意，C++的函数是支持参数带默认值的，比如代码中Base类的deleteC函数。
- 普通构造函数：带参数的构造函数。
- 拷贝构造函数：用法如示例代码5-14中的③所示。

下面来介绍示例代码5-14中几个值得注意的知识点。

5.3.1.1.1 构造函数初始值列表

构造函数主要的功能是完成类实例的初始化，也就是对象的成员变量的初始化。C++中，成员变量的初始化推荐使用初始值列表（constructor initialize list）的方法（使用方法如示例代码5-14所示），其语法格式为：

```
构造函数(...):
    成员变量A(A的初值),成员变量B(B的初值){
    ...//也可以使用花括号，比如成员变量A{A的初值},成员变量B{B的初值}
}
```

当然，成员变量的**初值设置**也可以通过赋值方式来完成。

```
构造函数(...){
     成员变量A=A的初值;
     成员变量B=B的初值;
     ....
}
```

对于C++来说，在构造函数中使用初值列表和成员变量赋初值是有区别的，此处不拟详细讨论二者的差异。但推荐使用初值列表的方式，原因大致有二：

- 使用初值列表可能运行效率上会有提升。
- 有些场合必须使用初值列表，比如子类构造函数中初始化基类的成员变量时。后文中将看到这样的例子。

提示 构造函数中请使用初值列表的方式来完成变量初始化。

5.3.1.1.2 拷贝构造函数

拷贝构造，即从一个已有的对象中拷贝其内容，然后构造出一个新的对象。拷贝构造函数的写法必须是：

```
构造函数(const类& other)
注意，const是C++中的常量修饰符，与Java的final类似。
```

拷贝过程中有一个问题需要程序员特别注意，即成员变量的拷贝方式是值拷贝还是内容拷贝。以Base类的拷贝构造为例，假设新创建的对象名为B，它会用已有的对象A进行拷贝构造。

- memberA和memberB是值拷贝。所以，A对象的memberA和memberB将赋给B的memberA和memberB。此后，A、B对象的memberA和memberB值分别相同。
- 而对pMemberC来说，情况就不一样了。B.pMemberC和A.pMemberC将指向同一块内存。如果A对这块内存进行了操作，B知道吗？更有甚者，如果A删除了这块内存，而B还继续操作它的话，岂不是会崩溃？所以，对于这种情况，拷贝构造函数中使用了所谓的深拷贝（deep copy)，也就是将A.pMemberC的内容拷贝到B对象中（B先创建一个大小相同的数组，然后通过memcpy进行内存的内容拷贝)，而不是简单地进行赋值（这种方式叫浅拷贝，shallow copy)。

值拷贝、内容拷贝和浅拷贝、深拷贝

由上述内容可知，浅拷贝对应于值拷贝，而深拷贝对应于内容拷贝。对于非指针变量类型而言，值拷贝和内容拷贝没有区别，但对于指针型变量而言，值拷贝和内容拷贝差别就很大了。

图5-2解释了深拷贝和浅拷贝的区别。

图5-2中，浅拷贝用点箭头表示，深拷贝用虚线箭头表示。其中：

- 浅拷贝最明显的问题就是A和B的pMemberC将指向同一块内存。绝大多数情况下，浅拷贝的结果绝不是程序员想要的。

- 采用深拷贝的话，A 和 B 将具有相同的内容，但彼此之间不再有任何纠葛。
- 对于非指针型变量而言，深拷贝和浅拷贝没有什么区别，其实就是值的拷贝。

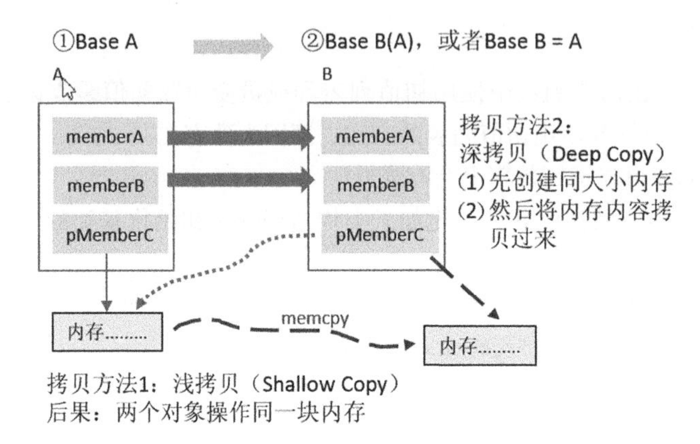

图 5-2 浅拷贝和深拷贝的区别

最后，笔者还要特别说明拷贝构造函数被触发的场合。参见下述代码。

```
Base A; //构造A对象
Base B(A);// ①直接用A对象来构造B对象，这种情况叫“直接初始化”
Base C = A;// ②定义C的时候即赋值，这是真正意义上的拷贝构造。二者的区别见下文介绍。
```

除了上述两种情况外，还有一些场合也会导致拷贝构造函数被调用，比如：

- 当函数的参数为非引用的类类型时，调用这个函数并传递实参时，实参的拷贝构造函数被调用。
- 函数的返回类型为一个非引用的对象时，该对象的拷贝构造函数被调用。

直接初始化和拷贝初始化的细微区别

Base B(A) 只是导致拷贝构造函数被调用，但并不是严格意义上的拷贝构造，因为：

（1）Base 确实定义了一个形参为 const B& 的构造函数。而 B(A) 的语法恰好满足这个函数，所以这个构造函数被调用是理所当然的。这样的构造是很直接的，没有任何疑义，所以被称为直接初始化。

（2）而对于 Base C = A 的理解却是将 A 的内容拷贝到正在创建的 C 对象中，这里包含了拷贝和构造两个概念，即拷贝 A 的内容来构造 C。所以被称为拷贝构造。

惭愧地说，笔者也很难描述上述内容在语法上的精确含义。不过，从使用角度来看，读者只需记住这两种情况均会导致拷贝构造函数被调用即可。

5.3.1.2 拷贝赋值函数

拷贝赋值函数是**赋值函数的一种**，我们先来思考下赋值函数能解决什么问题。请读者思考下面这段代码。

```
int a = 0;
int b = a;//将a赋值给b
```

所有读者应该对上述代码都不会有任何疑问。因为对于基本内置数据类型而言，赋值操作似乎是天经地义的合理，但对于类的类型呢？比如下面的代码。

```
Base A;//构造一个对象A
Base B; //构造一个对象B
B = A; //可以赋值给B吗？
```

从类型的角度来看，没有理由不允许类这种自定义数据类型进行赋值操作。但是从面向对象角度来看，把一个对象赋值给另外一个对象会得到什么？现实生活中似乎也难以到类似的场景来比拟它。

不管怎样，C++ 是支持一个对象赋值给另一个对象的。现在把注意力回归到拷贝赋值上来，来看示例代码 5-15。

示例代码 5-15　拷贝赋值函数

```
//拷贝赋值函数，Base类重载赋值操作符=
Base& Base::operator =(const Base& other) {
    this->memberA = other.memberA;
    (*this).memberB = other.memberB;
    //下面if语句表明：既然要接受另外一个对象的内容，就先掏空自己和过去说再见
    if (pMemberC != nullptr) {
        delete[] pMemberC;
        pMemberC = nullptr;
    }

    if (other.pMemberC != nullptr) {//深拷贝other对象的pMemberC
        pMemberC = new int[Base::size];
        memcpy(pMemberC, other.pMemberC, size);
    }
    return *this; //把自己返回，赋值函数返回的是Base&类型
}
```

赋值函数本身没有什么难度，无非就是在准备接受另外一个对象的内容前，先把自己清理干净。另外，赋值函数的关键知识点是利用了 C++ 中的操作符重载（Java 不支持操作符重载）。关于操作符重载的知识请读者阅读本书后续章节。

5.3.1.3 移动构造和移动赋值函数

前两节介绍了**拷贝**构造和**拷贝**赋值函数，还分析了深拷贝和浅拷贝的区别。但关于构造和赋值的故事并没有结束。因为在 C++11 中，除了**拷贝**构造和**拷贝**赋值之外，还有**移动**构造和**移动**赋值。

> 注意　这几个名词中：构造和赋值并没有变，变化的是构造和赋值的方法。前 2 节介绍的是拷贝之法，本节来看移动之法。

5.3.1.3.1 移动之法的解释

图 5-3 展示了移动的含义。

对比图 5-2 和图 5-3，读者会发现移动的含义其实非常简单，就是把 A 对象的内容移动到 B 对象中去。

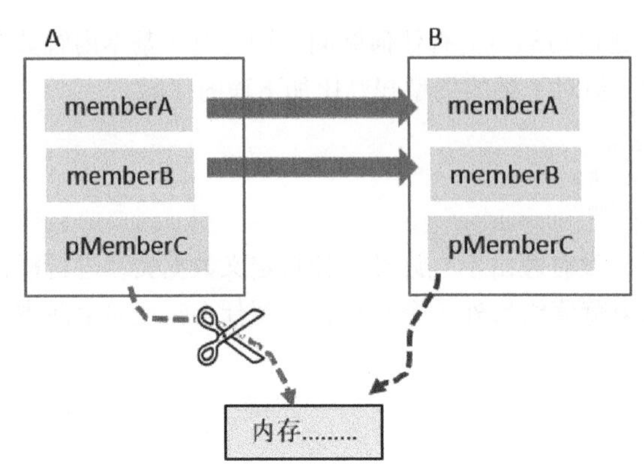

图 5-3　Move 的示意

- 对于 memberA 和 memberB 而言，由于它们是非指针类型的变量，移动和拷贝没有不同。
- 但对于 pMemberC 而言，差别就很大了。如果使用拷贝之法，A 和 B 对象将各自有一块内存。如果使用移动之法，A 对象将不再拥有这块内存，反而是 B 对象拥有 A 对象之前拥有的那块内存。

移动的含义好像不是很难。不过，让我们更进一步思考一个问题：移动之后，A、B 对象的命运会发生怎样的改变？

- 很简单，B 自然是得到 A 的全部内容。
- A 则掏空自己，成为无用之物。注意，A 对象还存在，但是你最好不要碰它，因为它的内容早已经移交给了 B。

移动之后，A 居然无用了。什么场合会需要如此“残忍”的做法？还是让我们用示例来阐述 C++11 推出移动之法的目的吧。

```
Base getTemporyBase() {//getTemporyBase函数：构造一个Base对象tmp并返回它
    Base tmp;
    return tmp;
}
// test函数：将getTemporyBase函数的返回值赋给一个名为a的Base实例
void test(){  Base a = getTemporyBase(); }
```

图 5-4 所示为 test 函数的执行结果。

图 5-4 中，①是 Base 没有定义移动构造函数时的执行结果，其函数调用输出顺序如下所示。

- 创建 tmp 对象，第一个默认构造函数被调用。
- return tmp：一个临时对象被创建，根据上文内容可知，该临时对象的拷贝构造函数将被调用。
- tmp 对象析构。
- 将这个临时对象再次拷贝构造到对象 a。
- 临时对象析构。

- a对象析构。

在这个调用里，tmp最终变成了a，并且tmp以后也不再需要使用，但整个过程经历了这两次拷贝，实在有点浪费。

而②是Base类定义了移动构造函数时的执行结果，其函数调用输出顺序如下所示。

- 创建tmp对象，默认构造函数被调用。
- return tmp：将tmp对象移动构造到临时对象，不再需要拷贝。
- tmp析构。
- 临时对象再次将自己的内容移动到对象a中。
- 临时对象析构。
- a析构。同样是从tmp变成a，却省了两次拷贝，运行效率提升非常明显。

以上展示了没有定义移动构造函数和定义了移动构造函数时该程序运行后打印的日志。同时图中还解释了执行的过程。结合前文所述内容，我们发现tmp确实是一种转移出去（不管是采用移动还是拷贝）后就不需要再使用的对象了。对于这种情况，移动构造所带来的好处是显而易见的。

```
①如果没有定义移动构造函数
In default constructor
In copy constructor
in destructor
In copy constructor
in destructor
in destructor

②如果定义了移动构造函数
In default constructor
in move constructor
in destructor
in move constructor
in destructor
in destructor
```

图5-4　test函数执行结果

> **注意**　对于图5-4中的测试函数，现在的编译器已经能做到高度优化，以至于图中列出的移动或拷贝调用都不需要了。所以，为了达到图5-4中的输出结果，编译时必须加上-fno-elide-constructors标志以禁止这种优化。读者不妨一试。

下面，我们来看看代码中是如何体现**移动**的。

5.3.1.3.2　移动之法的代码实现和左右值介绍

来看示例代码5-16。

示例代码5-16　移动构造和移动赋值函数

```
//移动构造函数，注意它们的参数中包含&&，是两个&符号
Base::Base(Base&& other) :
        memberA(other.memberA), memberB(other.memberB),
    pMemberC(other.pMemberC) {
    cout << "in move copy constructor" << endl;
    other.pMemberC = nullptr;
}
//移动赋值函数。
Base& Base::operator =(Base&& other) {
    memberA = other.memberA;
    memberB = other.memberB;
    if (pMemberC != nullptr) {//清理this->pMemberC，因为它要得到新的内容
        delete[] pMemberC;
        pMemberC = nullptr;
    }
    pMemberC = other.pMemberC; //将other.pMemberC赋值给this的pMemberC
```

```
    other.pMemberC = nullptr; //将other.pMemberC置为nullptr
    cout << "in move assign constructor" << endl;
}
```

示例代码 5-16 中，请读者特别注意 Base 类移动构造和移动赋值函数的参数的类型，它是 Base&&。没错，是两个 && 符号。

- 如果是 Base&&（两个 && 符号），则表示是 Base 的**右值引用**类型。
- 如果是 Base&（一个 & 符号），则表示是 Base 的**引用**类型。和右值引用相比，这种引用也叫左值引用。

那么什么是左值和右值呢？笔者不拟讨论它们详细的语法和语义。不过，根据参考资料 [5] 所述，读者掌握如下识即可。

- 左值是有名字的，并且可以取地址。
- 右值是无名的，不能取地址。比如上文示例中 getTemporyBase 返回的那个临时对象就是无名的，它就是右值。

我们通过几行代码来加深对左右值的认识。

```
int a,b,c;                        //a,b,c都是左值
c = a+b;                          //c是左值，但是(a+b)却是右值，因为&(a+b)取地址不合法
getTemporyBase();                 //返回的是一个无名的临时对象，所以是右值
Base && x = getTemoryBase();      //通过定义一个右值引用类型x，getTemporyBase函数返回
              //的这个临时无名对象从此有了x这个名字。不过，x还是右值吗？答案为否：
Base y = x;   //此处不会调用移动构造函数，而是拷贝构造函数。因为x是有名的，所以它不再是右值。
```

如果读者想了解更多关于左右值的区别，请阅读本章所列的参考书籍。此处笔者再强调一下移动构造和赋值函数在什么场合下使用的问题，请读者注意把握两个关键点。

- 第一，如果确定被转移的对象（比如示例中的 tmp 对象）不再使用，就可以使用**移动**构造 / 赋值函数来提升运行效率。
- 第二，我们要保证**移动**构造 / 赋值函数被调用，而不是**拷贝**构造 / 赋值函数被调用。例如，上述代码中 Base y = x 这段代码实际上触发了拷贝构造函数，这不是我们想要的。为此，我们需要强制使用移动构造函数，方法为 Base y = std::move(x)。move 是 std 标准库提供的函数，用于将参数类型强制转换为对应的右值类型。通过 move 函数，我们表达了强制使用移动函数的想法。

如果没有定义移动函数怎么办？

如果类没有定义移动构造或移动赋值函数，编译器会调用对应的拷贝构造或拷贝赋值函数。所以，使用 std::move 不会带来什么副作用，它只是表达了要使用移动之法的愿望。

5.3.1.4 析构函数

最后，来看类中最后一类特殊函数，即析构函数。当类的实例达到生命终点时，析构函数将被调用，其主要目的是为了清理该实例占据的资源。示例代码 5-17 所示为 Base 类的析构函数。

示例代码 5-17 析构函数

```
Base::~Base() {//注意类的析构函数名，前面有一个~号
    if (pMemberC != nullptr) {//释放所占据的内存资源
        delete[] pMemberC;
        pMemberC = nullptr;
    }
    cout << "in Base destructor" << endl;
}
```

Java 中与析构函数类似的是 finalize 函数。但在绝大多数情况下，Java 程序员不用关心它。而在 C++ 中，我们需要知道析构函数什么时候会被调用。

- 栈上创建的类实例，在退出作用域（比如函数返回，或者离开花括号包围起来的某个作用域）之前，该实例会被析构。
- 动态创建的实例（通过 new 操作符），当 delete 该对象时，其析构函数会被调用。

5.3.1.5 总结

5.3.1 节介绍了 C++ 中一个普通类的大致组成元素和其中一些特殊的成员函数，比如：

- 构造函数，分为默认构造、普通构造、拷贝构造和移动构造。
- 赋值函数，分为拷贝赋值和移动赋值。请读者先从原理上理解拷贝和移动的区别和它们的目的。
- 析构函数。

5.3.2 类的派生和继承

C++ 中与类的派生、继承相关的知识比较复杂，相对琐碎。本节中，笔者拟将精力放在一些相对基础的内容上。先来看一个派生和继承的例子，如示例代码 5-18 所示。

示例代码 5-18 派生和继承

```
class Base{....}//①内容与示例代码5-13一样
//②定义一个VirtualBase类
class VirtualBase {
public:
    VirtualBase()  = default;//构造函数
    //虚析构函数
    virtual ~VirtualBase() { cout << "in virtualBase:~VirtualBase" << endl; }
    //虚函数
    virtual void test1(bool test){cout<<"in virtualBase:testBase1"<<endl;}
    virtual void test2(int x, int y) = 0;//纯虚函数
    //普通函数
    void test3() {cout << "in virtualBase:test3" << endl; }
    int vbx;
    int vby;
};
//③从Base和VirtualBase派生属于多重继承。:号后边是派生列表，也就是基类列表
class Derived: private Base, public VirtualBase {
public:
    //派生类构造函数
    Derived(int x, int y):Base(x),VirtualBase(),mY(y){};
```

```
    //派生类虚析构函数
    virtual ~Derived() {cout << "in Derived:~Derived" << endl; }
public:
    //重写（override）虚函数test1
    void test1(bool test) override {cout << "in Derived::test1" << endl;}
    //实现纯虚函数test2
    void test2(int x, int y) override {cout << "in Derived::test2" << endl;}
    //重定义（redefine）test3
    void test3() { cout << "in Derived::test3" << endl; }
private:
    int mY;
};
```

在示例代码 5-18 中：

- ①定义了一个 Base 类，它和示例代码 5-13 中的内容一样。
- ②定义了一个 VirtualBase 类，它包含构造函数、虚析构函数、虚函数 test1、纯虚函数 test2 和一个普通函数 test3。
- ③定义了一个 Derived 类，它同时从 Base 和 VirtualBase 类派生，属于多重继承。

和 Java 比较

Java 中虽然没有类的多重继承，但一个类可以实现多个接口（Interface），这其实也算是多重继承了。相比 Java 的这种设计，笔者觉得 C++ 中类的多重继承太过灵活，使用时需要特别小心，否则菱形继承的问题很难避免。

现在，先来看一下 C++ 中派生类的写法，Derived 类继承关系的语法如下：

```
class  Derived:private Base,public VirtualBase{...}
```

其中：

- class Derived 之后的冒号是派生列表，也就是基类列表，基类之间用逗号隔开。
- 派生有 public、private 和 protected 三种方式。其意义和 Java 中的类派生方式差不多，大抵都是用于控制派生类有何种权限来访问继承得到的基类成员变量和成员函数。注意，如果没有指定派生方式的话，默认为 private 方式。

了解 C++ 中如何编写派生类后，下一步要关注面向对象中两个重要特性——多态和抽象是如何在 C++ 中体现的。

注意 笔者此处所说的抽象是狭义的，和语言相关的，比如 Java 中的抽象类。

5.3.2.1 虚函数、纯虚函数和虚析构函数

Java 语言里，多态是借助派生类重写（override）基类的函数来表达，而抽象则是借助抽象类（包括抽象方法）或者接口来实现。而在 C++ 中，**虚函数**和**纯虚函数**就是用于描述多态和抽象的利器。

- **虚函数**：基类定义虚函数，派生类可以重写（override）它。当我们拥有一个派生类对象，但却是通过**基类引用类型**或者**基类指针类型**的变量来调用该对象的虚函数时，被调用的虚函数是派生类重写过的虚函数（如果该虚函数被派生类重写了的话）。

- **纯虚函数**：拥有纯虚函数的类不能实例化。从这一点看，它和 Java 的抽象类和接口非常类似。

在 C++ 中，虚函数和纯虚函数需要明确标示出来，以 VirtualBase 为例，相关语法如下：

```
virtual void test1(bool test); //虚函数由virtual标示
virtual void test2(int x, int y) = 0;//纯虚函数由"virtual"和"=0"同时标示
```

派生类如何 override 这些虚函数呢？来看 Derived 类的写法：

```
/*
基类里定义的虚函数在派生类中也是虚函数，所以，下面语句中的virtual关键词不是必须要写的，
override关键词是C++11新引入的标识，和Java中的@Override类似。
override也不是必须要写的关键词。但加上它后，编译器将做一些有用的检查，所以建议开发者
在派生类中重写基类虚函数时都加上这个关键词
*/
virtual void test1(bool test)  override//可以加virtual关键词，也可以不加
void test2(int x, int y)  override;//如上，建议加上override标识
```

注意，virtual 和 override 标示只在类中声明函数时需要。如果在类外实现该函数，则并不需要这些关键词，比如：

```
TypeClass.h
class Derived ....{
    .......
    void test2(int x, int y) override;//可以不加virtual关键字
}
TypeClass.cpp
void Derived::test2(int x, int y){//类外定义这个函数，不能加virtual等关键词
        cout<<"in Derived::test2"<<endl;
}
```

提示　注意，在 art 代码中，派生类 override 基类虚函数时，大都会添加 virtual 关键词，有时候也会加上 override 关键词。根据参考资料 [1] 的建议，派生类重写虚函数时候最好添加 override 标识，这样编译器能做一些额外检查而能提前发现一些错误。

除了上述两类虚函数外，C++ 中还有虚析构函数。虚析构函数其实就是虚函数，不过它稍微有一点特殊，需要开发者注意。

- 虚函数被 override 的时候，基类和派生类声明的虚函数在**函数名**、参数等信息上需保持一致。但对析构函数而言，由于析构函数的函数名必须是 "**~ 类名** "，所以派生类和基类的析构函数名肯定是不同的。
- 但是，我们又希望多态对于析构函数（注意，析构函数也是函数，和普通函数没什么区别）也是可行的。比如，当通过基类指针来删除派生类对象时，是派生类对象的析构函数被调用。所以，当基类中如果有虚函数时候，一定要记得将其析构函数变成虚析构函数。

阻止虚函数被 override

在 C++ 中，也可以阻止某个虚函数被 override，方法和 Java 类似，就是在函数声明后添加 final 关键词，比如：

virtual void test1(boolean test) final; // 如此，test1 将不能被派生类 override 了。

最后，我们通过示例代码 5-19 来加深对虚函数的认识。

示例代码 5-19 虚函数测试

```
    {   cout<<"reference test =========="<<endl;
        Derived d(1,1);
        VirtualBase& vb = d;//基类引用
        vb.test1(true); //Derived test1被调用
        vb.test2(0,-1); //Derived test2被调用
        vb.test3();//test3是普通函数，所以此处调用的是VirtualBase的test3
        d.test3();
    }
    {   cout<<"pointer test ==="<<endl;
        VirtualBase* pvb = new Derived(1,2);//基类指针，指向派生类对象
        pvb->test1(false);
        pvb->test2(-1,0);
        pvb->test3();//VirtualBase类的test3被调用
        //删除pvb对象，由于VirtualBase析构函数为虚函数，所以Derived的构造函数将会被调用
        delete pvb;
    }
```

上述示例执行结果如图 5-5 所示。

```
<terminated> (exit value: 0) Test Default [C/C++ Application]
reference test ============
in Derived::test1
in Derived::test2
in virtualBase:test3
in Derived::test3
in Derived:~Derived
in virtualBase:~VirtualBase
pointer test ===========
in Derived::test1
in Derived::test2
in virtualBase:test3
in Derived:~Derived
in virtualBase:~VirtualBase
```

图 5-5 虚函数测试示例

图 5-5 所示为示例代码 5-19 的执行结果，注意图中花括号包含的输出日志，它表明派生类对象被析构时，基类定义的析构函数也会被调用。简而言之：

- 如果想实现多态，就在基类中为需要多态的函数增加 virtual 关键词。
- 如果基类中有虚函数，也请同时为基类的析构函数添加 virtual 关键词。只有这样，指向派生类对象的基类指针变量被 delete 时，派生类的析构函数才能被调用。

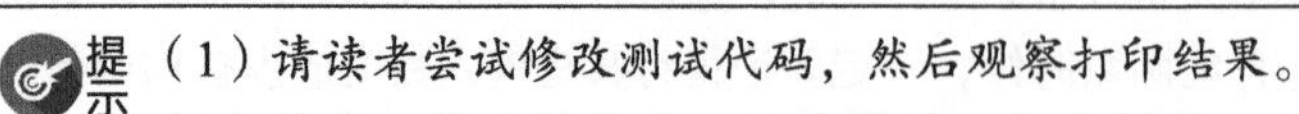

提示 （1）请读者尝试修改测试代码，然后观察打印结果。

（2）读者可将示例代码 5-19 中最后一行改写成 pvb->~VirtualBase()，即直接调用基类的析构函数，但由于它是虚析构函数，所以运行时，~Derived() 将先被调用。

5.3.2.2 构造和析构函数的调用次序

类的构造函数在类实例被创建时调用，而析构函数在该实例被销毁时调用。如果该类有派

生关系的话，其基类的构造函数和析构函数也将被**依次**调用到。那么，这个**依次**的顺序是什么？

- 对构造函数而言，基类的构造函数先于派生类构造函数被调用。如果派生类有多个基类，则基类按照它们在派生列表里的顺序调用各自的构造函数。比如Derived派生列表中基类的顺序是：先Base，然后是VirtualBase。所以Base的构造函数先于VirtualBase调用，最后才是Derived的构造函数。
- 析构函数则是相反的过程，即派生类析构函数先被调用，然后再调用基类的析构函数。如果是多重继承的话，基类按照它们在派生列表里出现的相反次序调用各自的析构函数。比如Derived类实例析构时，Derived析构函数先调用，然后VirtualBase析构，最后才是Base的析构。

补充内容

如果派生类含有类类型的成员变量时，调用次序将变成下列顺序。

构造函数：**基类**构造→派生类中**类类型成员变量**构造→**派生类**构造。

析构函数：**派生类**析构→派生类中**类类型成员变量**析构→**基类**析构。

多重派生的话，基类按照**派生列表**的顺序/反序构造或析构。

5.3.2.3 编译器合成的函数

在Java中，如果程序员没有为类编写构造函数函数，则编译器会为类隐式创建一个不带任何参数的构造函数。这种编译器隐式创建一些函数的行为在C++中也存在，只不过C++中的类有构造函数、赋值函数、析构函数之分，所以情况会复杂一些，图5-6描述了编译器合成特殊函数的规则。

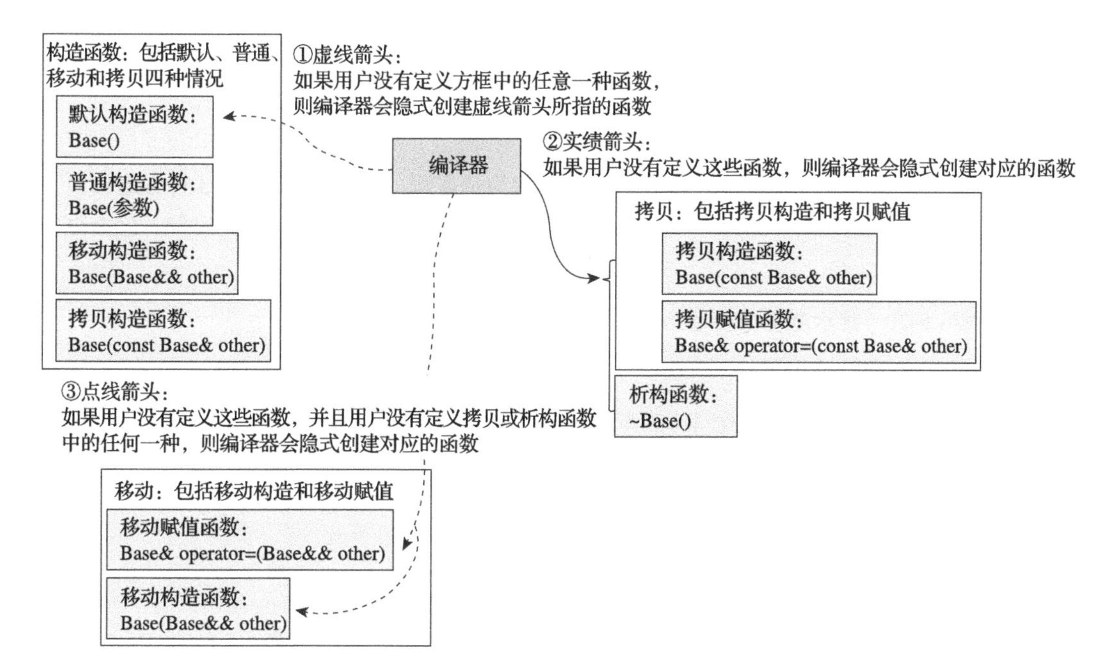

图5-6 编译器合成特殊函数的规则

图5-6描述的规矩可简单总结如下。

- 如果程序员定义了任何一种类型的构造函数（拷贝构造、移动构造、默认构造、普通构造），则编译器将不再隐式创建**默认构造函数**。
- 如果程序没有定义拷贝（拷贝赋值或拷贝构造）函数或析构函数，则编译器将隐式合成对应的函数。
- 如果程序**没有定义**移动（移动赋值或移动构造）函数，**并且**程序**没有定义**析构函数或拷贝函数（拷贝构造和拷贝赋值），则编译器将合成对应的移动函数。

从上面的描述可知，C++中编译器合成特殊函数的规则是比较复杂的。即使如此，图5-6中展示的规则还仅是冰山一角。以移动函数的合成而言，即使图中的条件满足，编译器也未必能合成移动函数，比如类中有无法移动的成员变量时。

关于编译器合成规则，笔者个人感觉开发者应该以实际需求为出发点，如果确实需要移动函数，则在类声明中定义就行。

5.3.2.3.1 =default 和 =delete

有些时候我们需要一种方法来控制编译器这种自动合成的行为，控制的目的无外乎两个：

- 让编译器必须合成某些函数。
- 禁止编译器合成某些函数。

借助=default和=delete标识，这两个目的便很容易达到了，来看如下代码。

```
//定义了一个普通的构造函数，但同时也想让编译器合成默认的构造函数，则可以使用=default标识
Base(int x); //定义一个普通构造函数后，编译器将停止自动合成默认的构造函数
//=default后，强制编译器合成默认的构造函数。注意，开发者不需要实现该函数
Base() = default;//通知编译器来合成这个默认的构造函数
//如果不想让编译器合成某些函数，则使用= delete标识
Base& operator=(const Base& other) = delete;//阻止编译合成拷贝赋值函数
```

注意，这种控制行为只针对构造、赋值和析构等三类特殊的函数。

5.3.2.3.2 “继承”基类的构造函数

一般而言，派生类可能希望有着和基类类似的构造方法。比如Base类有3种普通构造方法。现在我们希望派生类Derived也能支持通过这三种方式来创建Derived类实例。怎么办？来看示例代码5-20。

示例代码5-20　继承基类的构造函数

```
class Base {
public:
    Base();             // 默认构造函数
    Base(int a);        // 普通构造函数
    Base(int x, int y);// 普通构造函数
    Base(bool z) ;      // 普通构造函数
  /*Base对象的构造可以调用上述三个普通构造函数来完成，比如
    Base b1(1);
    Base b2(2,3);
    Base b3(flase);
*/
}
```

```
  /*Derived类派生自Base类，现在想让Derived也支持这三种构造函数:
    Derived d1(1);
    Derived d2(2,3);
    Derived d3(flase);
    一种实现方法是在Derived里也定义这三个普通构造函数   */
class Derived: private Base, public VirtualBase {
public:
  /*也可以使用using的方式，直接“继承”基类的构造函数。这样的话，编译器会自动合成下面这3个函数
    (1) Derived(int a);
    (2) Derived(int x, int y);
    (3) Derived(bool z);
    */
    using Base::Base;
    ....
}
```

由示例代码 5-20 可知：

- 第一种方法就是在 Derived 派生类中手动编写三个构造函数，这三个构造函数和 Base 类里的一样。
- 另外一种方法就是通过使用 using 关键词“继承”基类的那三个构造函数。继承之后，编译器会自动合成对应的构造函数。

注意，这种“继承”其实是一种编译器自动合成的规则，它仅支持合成普通的构造函数。而默认构造函数、移动构造函数、拷贝构造函数等遵循正常的规则来合成。

探讨　在前述内容中，我们向读者展示了 C++ 中编译器合成一些特殊函数的做法和规则。实际上，编译器合成的规则比本节所述内容要复杂得多，建议感兴趣的读者阅读参考资料来开展进一步的学习。

另外，在实际使用过程中，开发者不能完全依赖于编译器的自动合成，有些细节问题必须由开发者自己先回答。比如，拷贝构造时，我们需要深拷贝还是浅拷贝？需不需要支持移动操作？在获得这些问题答案的基础上，读者再结合编译器合成的规则，然后才选择由编译器来合成这些函数还是由开发者自己来编写它们。

5.3.3　友元和类的前向声明

前面我们提到过，C++ 中的类访问其实例的成员变量或成员函数的权限控制上有着和 Java 类似的关键词，如 public、private 和 protected。严格遵守“信息该公开的要公开，不该公开的一定不公开”这一封装的最高原则无疑是一件好事，但现实生活中的情况是如此变化多端，有时候我们也需要破个例。比如，熟人之间是否可以公开一些信息以避开如果按“公事公办”走流程所带来的过高的沟通成本的问题？

C++ 中，借助**友元**，我们可以做到小范围的公开信息以减少沟通成本。从编程角度来看，友元的作用无非是：**提供一种方式，使得类外某些函数或者某些类能够访问一个类的私有成员变量或成员函数。对被访问的类而言，这些类外函数或类，就是被访问的类的朋友。**

来看友元的示例代码 5-21。

示例代码 5-21 友元

```
class Obj; //类的前向声明，见下文解释

//accessObj是一个函数，我们希望它能访问Obj的私有成员
void accessObj(Obj &);

//BestFriend是一个类，我们希望它能访问Obj的私有成员
class BestFriend {
public:
    void test(Obj& obj);
};
//NormalFriend是一个类，我们希望该类中的某个函数能访问Obj的非公有成员
class NormalFriend {
public:
    void test(Obj& obj);              //不允许访问Obj的私有成员
    void accessObj(Obj& obj);         //只允许accessObj访问Obj的私有成员
};

/*类Obj的“好朋友”（友元）声明：
  (1)关键词为friend
  (2)如果是函数，必须写明完整的函数原型(包括返回值、参数。如果是类的成员，则必须加上类的限定符)
  (3)如果是类，则加上class关键词  */
class Obj {
public:
    friend void accessObj(Obj&);      //声明accessObj为Obj的友元函数
    friend class BestFriend;          //声明BestFriend为Obj的友元类
    //NormalFriend中，只有它的accessObj才可以访问Obj的私有成员
    friend void NormalFriend:accessObj(Obj&);
        void getSomethingPublic() {cout << "getSomethingPublic" << endl; }
private:                              //下面是private成员
    int getSomethingPrivate(){cout<<"getSomethingPrivate"<<endl;}
    int mPrivate;
};
```

上述示例展示了如何为某个类指定它的“朋友们”，在 C++ 中，类的友元可以是：

- 一个类外的函数或者一个类中的某些成员函数。如果友元是函数，则必须指定该函数的完整信息，包括返回值、参数、属于哪个类等。
- 一个类。

基类的友元会变成从该基类派生得来的派生类的友元吗？

在 C++ 中，友元关系不能继承，也就是说：

（1）基类的友元可以访问基类非公开成员，也能访问派生类中属于基类的非公开成员。

（2）但是不能访问派生类自己定义的非公开成员。

友元比较简单，此处就不拟多说。现在我们介绍下示例代码 5-21 中提到的类的前向声明，先来回顾下代码。

```
class Obj;//类的前向声明
void accessObj(Obj& obj);
```

C++ 中，数据类型应该先声明，然后再使用。但这会带来一个“先有鸡还是先有蛋”的问题：

- accessObj函数的参数中用到了Obj。但是类Obj的声明却放在示例代码5-21的最后。
- 如果把Obj的声明放在accessObj函数的前面，这又无法把accessObj指定为Obj的友元。因为友元必须要指定完整的函数。

怎么破解这个问题？这就用到了类的前向声明，示例点中Obj前向声明的目的就是告诉类型系统，Obj是一个class，不要把它当作别的什么东西。一般而言，类的前向声明的用法如下：

- 假设头文件b.h中需要引入a.h头文件中定义的类A。但是我们不想在b.h里包含a.h，因为a.h可能太复杂了。如果b.h里包含a.h，那么所有包含b.h的地方都间接包含了a.h。此时，通过引入A的前向声明，b.h中可以使用类A。
- 注意，类的前向声明一种声明，真正使用的时候还得包含类A所在的头文件a.h。比如，b.cpp（b.h相对应的源文件）是真正使用该前向声明类的地方，那么只要在b.cpp里包含a.h即可。

这就是类的前向声明的用法，即在头文件里进行类的前向声明，在源文件里去包含该类的头文件。

类的前向声明的局限

前向声明好处很多，但同时也有限制。以Obj为例，在看到Obj完整定义之前，不能声明Obj类型的变量（包括类的成员变量），但是可以定义Obj引用类型或Obj指针类型的变量。比如，你无法在示例代码5-21中class Obj类代码之前定义Obj aObj这样的变量。只能定义Obj& refObj或Obj* pObj。之所以有这个限制，是因为定义Obj类型变量的时候，编译器必须确定该变量的大小以分配内存，由于没有见到Obj的完整定义，所以编译器无法确定其大小，但引用或者指针则不存在此问题。读者不妨一试。

5.3.4 explicit构造函数

explicit构造函数和类型的隐式转换有关。什么是类型的隐式转换呢？来看下面的代码。

```
int a, b = 0;
short c = 10;
//c是short型变量，但是在此处会先将c转成int型变量，然后再和b进行加操作
a = b + c;
```

对类而言，也有这样的隐式类型转换，比如示例代码5-22。

示例代码5-22 explicit构造函数

```
class TypeCastObj {
public:
    TypeCastObj() : mX(0) { cout << "in default constructor" << endl; }
    //先注释关键词explicit
    /*explicit*/  TypeCastObj(int x) : mX(x) {
                  cout << "in ordinay constructor" << endl;}
    TypeCastObj(const TypeCastObj& other){ cout <<"in copy constructor"<<endl; }
    ~TypeCastObj() { cout << "in destructor" << endl; }
private:
    int mX;
};
```

```
//测试代码:
void testTypeCast() {
    TypeCastObj obj1;
    /*下面这行代码的执行需要特别小心，它会导致隐式类型转换:
      (1)编译器调用TestCastObj第二个构造函数，构造一个临时对象
      (2)然后将该临时对象拷贝构造给obj2
    */
    TypeCastObj obj2 = 2;
}
```

在示例代码 5-22 的测试函数 testTypeCast 中，编译器进行了隐式类型转换，即先用常量 2 构造出一个临时的 TypeCastObj 对象，然后再拷贝构造为 obj2 对象。注意，支持这种隐式类型转换的类的构造函数需要满足一个条件——类的构造函数必须只能有一个参数。如果构造函数有多个参数，则不能隐式转换。

注意 TypeCastObj obj3(3) ;// 这样的调用是直接初始化，不是隐式类型转换。

如果程序员**不希望**发生这种隐式类型转换该怎么办？只需要在类声明中构造函数前添加 explicit 关键词即可，比如：

```
explicit TypeCastObj(int x) :mX(x){
    cout<<"in ordinay constructor"<<endl;
}
```

5.3.5 C++ 中的 struct

struct 是 C 语言中的古老成员了，在 C 中它叫**结构体**。不过到了 C++ 世界，struct 不再是 C 语言中结构体了，它升级成了 class。即 C++ 中的 struct 就是一种 class，它拥有类的全部特征。不过，struct 和普通 class 也有一点区别，那就是 struct 的成员（包含函数和变量）默认都有 public 的访问权限。

5.4 操作符重载

对 Java 程序员而言，操作符重载是一个陌生的话题，因为 Java 语言并不支持它[⊖]。相反，C++ 则灵活很多，它支持很多操作符的重载。为什么两种语言会有如此大相径庭的做法呢？关于这个问题，前文也曾从面向对象和面向数据类型的角度探讨过：

- ❑ 从面向对象的角度看，两个对象进行加减乘除等操作会得到什么？不太好回答，而且现实生活中好像也没有可以类比的案例。
- ❑ 但如果从数据类型的角度看，既然普通的数据类型可以支持加减乘除，类这种自定义类型又为什么不可以呢？

上述“从面向对象的角度和从数据类型的角度看待是否应该支持操作符重载”的观点只是

⊖ 在 Java 中，String 对象是支持 + 操作的，这或许是 Java 中唯一的“操作符重载”的案例。

笔者的一些看法。至于两种语言的设计者为何做出这样的选择，想必其背后都有充足的理由。

言归正传，先来看看C++中哪些操作符支持重载，哪些不支持重载。

```
/* 此处内容为笔者添加的解释 */
可以被重载的操作符：
+        -         *         /         %         ^
&/*取地址操作符*/ | ~ ! , /*逗号运算符*/ =/*赋值运算符*/
<    >     <      =      >=      ++      --
<</*输出操作符*/   >>/*输入操作符*/    ==     !=     &&      ||
+=   -=      /=     %=     ^=     &=
|=    *=     <<=     >>=   []/*下标运算符*/   ()/*函数调用运算符*/
->/*类成员访问运算符，pointer->member  */
->*/*也是类成员访问运算符，但是方法为pointer->*pointer-to-member  */
/*下面是内存创建和释放运算符。其中new[]和delete[]用于数组的内存创建和释放*/
 new      new[]      delete      delete[]
不能被重载的操作符：
::(作用域运算符) ?:(条件运算符)
. /*类成员访问运算符，object.member  */
.* /*类成员访问运算符，object.*pointer-to-member  */
```

除了上面列出的操作符外，C++还可以重载**类型转换操作符**。

```
class Obj{//Obj类声明
    ...
    operator bool();//重载bool类型转换操作符。注意，没有返回值的类型
    bool mRealValue;
}
Obj::operator bool(){ //bool类型转换操作符函数的实现，没有返回值的类型
    return  mRealValue;
}
Obj obj;
bool value = (bool)obj;//将obj转换成bool型变量
```

C++操作符重载机制非常灵活，绝大部分运算符都支持重载。这是好事，但同时也会因灵活过度造成理解和使用上的困难。

提示 实际工作中只有小部分操作符会被重载。关于C++中所有操作符的知识和示例，请读者参考http://en.cppreference.com/w/cpp/language/operators。

接着来看C++中操作符重载的实现方式。

5.4.1 操作符重载的实现方式

操作符重载说白了就是将操作符当成函数来对待。当执行某个操作符运算时，对应的操作符函数被调用。和普通函数比起来，操作符对应的函数名由“operator 操作符的符号”来标示。

既然是函数，那么就有类的成员函数和非类的成员函数之分，在C++中：

- 有一些操作符重载必须实现为类的成员函数，比如->，*操作符。
- 有一些操作符重载必须实现为非类的成员函数，比如<<和>>操作符[⊖]。

⊖ 此处描述并不完全准确。对于STL标准库中某些类而言，<<和>>是可以实现为类的成员函数的。但对于其他类，则不能实现为类的成员函数。

- 有一些操作符既可以实现为类的成员函数，也可以实现为非类的成员函数，比如加减乘除运算符。具体采用哪种方式，视习惯做法或者方便程度而定。

本节先来看一个可以采用两种方式来重载的加操作符的示例，如示例代码5-23所示。

示例代码5-23 加操作符重载

```
class Obj {//Obj的类声明，位于TypeClass.h中
public:
    /*下面两个函数是Obj的成员函数，它们对+号进行了操作符重载，其中：
      (1) 实现两个Obj对象相加，返回为一个Obj对象的引用
      (2) 实现Obj对象和一个整型变量相加，返回为整型
    */
    Obj& operator+(Obj & other);
    int operator+(int x);
}
//TypeClass.cpp
Obj& Obj::operator+(Obj & other) {
    cout << "operator+(Obj & other)" << endl;
    return *this;
}
int Obj::operator+(int x) {
    cout << "operator+(int x=" << x << ")" << endl;
    return 0;
}
//下面这个函数不是类的成员，但它也实现了一个Obj对象和一个bool型变量相加，返回值为一个整型
int operator+(Obj& o1, bool z) {
    cout << "operator+(Obj& o1,bool z=" << z << ")" << endl;
    return 0;
}
```

在示例代码5-23中，Obj类定义了两个+号重载函数，分别实现一个Obj类型的变量和另外一个Obj类型变量或一个int型变量相加的操作。同时，我们还定义了一个针对Obj类型和布尔类型的+号重载函数。+号重载为类成员函数或非类成员函数均可，程序员应该根据实际需求来决定采用哪种重载方式。下面是一段测试代码。

```
Obj obj1, obj2;
obj1 = obj1+obj2;//调用Obj类第一个operator+函数
int x = obj1+100;//调用Obj类第二个operator+函数
x = obj1.operator +(1000); //显示调用Obj类第二个operator+成员函数
int z = obj1+true;//调用非类的operator+函数
```

强调

在实际编程中，加操作符一般会重载为类的成员函数。并且，输入参数和返回值的类型最好都是对应的类类型。因为从"两个整型操作数相加的结果也是整型"到"两个Obj类型操作数相加的结果也是Obj类型"的推导是非常自然的。上述示例中，笔者有意展示了操作符重载的灵活性，故而重载了三个+操作符函数。

5.4.2 输出和输入操作符重载

本章很多示例代码都用到了C++的标准输出对象cout。和标准输出对象相对应的是标准

输入对象cin和标准错误输出对象cerr。其中，cout和cerr的类型是ostream，而cin的类型是istream。ostream和istream都是类名，它们和Java中的OutputStream和InputStream有些类似。

cout和cin如何使用呢？来看示例代码5-24。

示例代码5-24 cout和cin的使用

```
using std::cout;//cout,endl,cin都位于std命名空间中。endl代表换行符
using std::endl;
using std:cin;
int x = 0, y = 1;//定义x和y两个整型变量
cout <<" x = "  << x <<"  y = "  << y << endl;
/*
  上面这行代码表示：
  (1)将"x = "字符串写到cout中
  (2)将整型变量x的值写到cout中
  (3)将"y = "字符串写到cout中
  (4)将整型变量y的值写到cout中
  (5)写入换行符。最终，标准输出设备（一般是屏幕）中将显示：
  x = 0 y = 1
*/
```

上面的语句看起来比较神奇，<< 操作符居然可以连起来用。这是怎么做到的呢？来看示例代码5-25。

示例代码5-25 << 操作符

```
int x = 0,y = 1;
ostream& os0 = cout <<"x = ";//这行代码与下面一行代码等价
//ostream& os0 = operator <<(cout,"x = ");
ostream& os1 = os0 << x;      //接着执行，返回值分别为os2、os3和os4
ostream& os2 = os1 <<" y = ";
ostream& os3 = os2 << y;
ostream& os4 = os3 << endl;
/*如果os0就是cout本身的话，那么os1,os2,os3,os4也
是cout本身，如此，上面几行代码就可浓缩成下面一行代码 */
cout << "x = " << x <<" y = " << y << endl;
/*上面这行代码执行顺序为：
  (1)先执行cout<<"x = ",返回值为cout，
  (2)然后cout << x，返回值还是cout。
  (3)以此类推。所以上面os1、os2等几行代码用最后一行代码即可简洁得书写出来
*/
```

如示例代码5-25可知，只要做到operator << 函数的返回值就是第一个输入参数本身，我们就可以进行代码“浓缩”。那么，operator << 函数该怎么定义呢？非常简单。

```
ostream& operator<<(ostream& os,某种数据类型 参数名){
    ....//输出内容
    return os;//第一个输入参数又作为返回值返回了
}
istream& operator>>(istream& is, 某种数据类型 参数名){
    ....//输入内容
    return is;
}
```

通过上述函数定义，"cout<<....<<..." 和 "cin>>...>>.." 这样的代码得以成功实现。

C++ 的 >> 和 << 操作符已经实现了内置数据类型和某些类类型（比如 STL 标准类库中的某些类）的输出和输入。如果想实现用户自定义类的输入和输出则必须重载这两个操作符。来看示例代码 5-26。

示例代码 5-26 为自定义类重载 >> 和 << 操作符

```
//假设Obj类定义了一个公有整型成员变量mX，初值为0
//注意，<<和>>不能定义为类的成员函数
ostream& operator <<(ostream& os, Obj& obj) {
    os << "obj.mX=" << obj.mX;
    return os;
}
istream & operator >>(istream& is, Obj& obj) {
    is >> obj.mX;
    return is;
}
//测试代码
Obj obj;
cout <<obj<<endl;//执行测试代码，首先输出为"obj.mX=0"
cin>>obj;        //测试时，随意输入一个整数，比如25，
cout <<obj<<endl;// 再次输出，结果为 "obj.mX=25"
```

通过上述示例代码的重载，我们可以通过标准输入输出来操作 Obj 类型的对象了。

比较

<< 输出操作符重载有点类似于我们在 Java 中为某个类重载 toString 函数。toString 的目的是将类实例的内容转换成字符串以方便打印或者别的用途。

5.4.3 -> 和 * 操作符重载

-> 和 * 操作符重载一般用于所谓的智能指针类，它们必须实现为类的成员函数。在介绍相关示例代码前，笔者要特别说明一点：这两个操作符如果操作的是指针类型的对象，则并不是重载，比如下面的代码。

```
//假设Object类重载了->和*操作符
Object *pObject = new Object();//new一个Object对象
//下面的->操作符并非重载。因为pObject是指针类型，所以->只是按照标准语义访问它的成员
pObject->getSomethingPublic();
//同理，pObject是指针类型，故*pObject就是对该地址的解引用，不会调用重载的*操作符函数
(*pObject).getSomethingPublic();
```

按照上述代码所说，对于指针类型的对象而言，-> 和 * 并不能被重载，那这两个操作符的重载有什么作用？来看示例代码 5-27。

示例代码 5-27 * 和 -> 操作符重载

```
class SmartPointerOfObj {// SmartPointerOfObj是一个简单的智能指针类
public:
    SmartPointerOfObj(Obj* pObj) : mpObj(pObj) { };
```

```
        ~SmartPointerOfObj() {//析构函数,
            if (mpObj != nullptr) {
                delete mpObj;// 释放占用的内存资源
                mpObj = nullptr;
            }
        }
        Obj* operator ->() {//重载->操作符
            cout << "check obj in ->()" << endl;
            return mpObj;
        }
        Obj& operator *() {//重载*操作符
            cout << "check obj in *()" << endl;
            return *mpObj;
        }
    private:
        Obj* mpObj;
    };
    //测试代码:
    void testSmartPointer() {
        /*先new一个Obj对象，然后用该对象的地址作为参数构造一个SmartPointerOfObj对象，Obj对象的
          地址存储在mpObj成员变量中。*/
        SmartPointerOfObj spObj(new Obj());
        /*SmartPointerOfObj重载了->和*操作符。spObj本身不是一个指针类型的变量，但是却可以把
          它当作指针型变量，即利用->和*来获取它的mpObj变量。比如下面这两行代码*/
        spObj->getSomethingPublic();
        (*spObj).getSomethingPublic();
    }
```

上述示例中笔者实现了一个用于保护某个 new 出来的 Obj 对象的 SmartPointerOfObj 类，通过重载 SmartPointerOfObj 的 -> 和 * 操作符，我们就好像直接在操作指针型变量一样。在重载的 -> 和 * 函数中，程序员可以做一些检查和管理，以确保 mpObj 指向正确的地址，目的是避免操作无效内存。这就是一个很简单的智能指针类的实现。

提示　STL 标准库也提供了智能指针类。ART 中大量使用了它们。本章后续将介绍 STL 中的智能指针类。使用智能指针还有一个好处。由于智能指针对象往往不需要用 new 来创建，所以智能指针对象本身的内存管理是比较简单的，不需要考虑 delete 它的问题。另外，智能指针的目标是更智能地管理它所保护的对象。借助它，C++ 也能做到一定程度的自动内存回收管理了。比如示例代码中的 spObj 对象，它不是 new 出来的，所以当函数返回时它会自动被析构。而当它析构的时候，new 出来的 Obj 对象又将被 delete。所以这两个对象（new 出来的 Obj 对象和在栈上创建的 spObj 对象）所占据的资源都可以完美回收。

5.4.4 new 和 delete 操作符重载

new 和 delete 操作符的重载与其他操作符的重载略有不同。平常我们所说的 new 和 delete 实际上是指 new 表达式（expression）以及 delete 表达式，比如：

```
Object* pObject = new Object; //new表达式，对于数组而言就是new Object[n];
delete pObject;//delete表达式，对于数组而言就是delete[] pObject
```

上面这两行代码分别是 new 表达式和 delete 表达式，这两个表达式是**不能自定义**的，但是。

- new 表达式执行过程中将首先调用 operator new 函数。而 C++ 允许程序员自定义 operator new 函数。
- delete 表达式执行过程的最后将调用 operator delete 函数，而程序员也可以自定义 operator delete 函数。

所以，所谓 new 和 delete 的重载实际上是指 operator new 和 operator delete 函数的重载。下面我们来看一下 operator new 和 operator delete 函数如何重载。

提示 为行文方便，下文所指的 new 操作符就是指 operator new 函数，delete 操作符就是指 operator delete 函数。

5.4.4.1 new 和 delete 操作符语法

我们先来看 new 操作符的语法，如图 5-7 所示。

replaceable allocation functions	
void* operator new (std::size_t count);	(1)
void* operator new[](std::size_t count);	(2)
void* operator new (std::size_t count, const std::nothrow_t& tag);	(3)
void* operator new[](std::size_t count, const std::nothrow_t& tag);	(4)
placement allocation functions	
void* operator new (std::size_t count, void* ptr);	(5)
void* operator new[](std::size_t count, void* ptr);	(6)
void* operator new (std::size_t count, user-defined-args...);	(7)
void* operator new[](std::size_t count, user-defined-args...);	(8)
class-specific allocation functions	
void* T::operator new (std::size_t count);	(9)
void* T::operator new[](std::size_t count);	(10)
void* T::operator new (std::size_t count, user-defined-args...);	(11)
void* T::operator new[](std::size_t count, user-defined-args...);	(12)

图 5-7 new 的语法

图 5-7 所示为 new 操作符 12 种形式，用法相当灵活。

- std::size_t：是标准库定义的一种数据类型，根据平台等不同其真实类型可能是 unsigned int。
- 程序员可以重载（1）到（4）这四个函数。这四个函数是全局的，即它们不属于类的成员函数。使用（1）和（2）时，内存如果分配失败，会抛异常。而（3）和（4）则不会。不过笔者接触的程序中都没有使用过 C++ 中的异常，所以本书不拟讨论它们。
- （5）到（8）为 placement new 系列函数。placement new 其实就是给 new 操作符提供除内存大小之外（即 count 参数）的别的参数。比如“new(2,f) T”这样的表达式将对应调用 operator new(sizeof(T), 2, f) 函数。注意，这几个函数也是系统全局定义的。另外，C++ 规定（5）和（6）这两个函数不允许全局重载。

- (9)到(12)定义为类的成员函数。注意，虽然上边的(5)和(6)不能进行全局重载，但是在类中却可以重载它们。

请读者务必注意，如果我们在类中重载了任意一种new操作符，那么系统的new操作符函数将被隐藏。隐藏的含义是指编译器如果在类X中找不到匹配的new函数时，它也不会去搜索系统定义的匹配的new函数，这将导致编译错误。

注意：何谓“隐藏”？

http://en.cppreference.com/w/cpp/memory/new/operator_new 提到了只要类重载任意一个new函数，都将导致系统定义的new函数全部被隐藏。关于“隐藏”的含义，经过笔者测试，应该是指编译器如果在类中没有搜索到合适的new函数后，将不会主动去搜索系统定义的new函数，如此将导致编译错误。

如果不想使用类重载的new操作符的话，则必须通过::new的方式来强制使用全局new操作符。其中，::是作用域操作符，作用域可以是类（比如Obj::）、命名空间（比如stl::）或者全局（::前不带名称）。

综上所述，new操作符重载很灵活，也很容易出错。所以建议程序员尽量不要重载全局的new操作符，而是尽可能重载特定类的new操作符（图5-7中的(9)到(12)）。

接着来看delete操作符的语法，如图5-8所示。

replaceable deallocation functions		
`void operator delete  ( void* ptr );`	(1)	
`void operator delete[]( void* ptr );`	(2)	
`void operator delete  ( void* ptr, const std::nothrow_t& tag );`	(3)	
`void operator delete[]( void* ptr, const std::nothrow_t& tag );`	(4)	
`void operator delete  ( void* ptr, std::size_t sz );`	(5)	(since C++14)
`void operator delete[]( void* ptr, std::size_t sz );`	(6)	(since C++14)
placement deallocation functions		
`void operator delete  ( void* ptr, void* place );`	(7)	
`void operator delete[]( void* ptr, void* place );`	(8)	
`void operator delete  ( void* ptr, user-defined-args... );`	(9)	
`void operator delete[]( void* ptr, user-defined-args... );`	(10)	
class-specific deallocation functions		
`void T::operator delete  ( void* ptr );`	(11)	
`void T::operator delete[]( void* ptr );`	(12)	
`void T::operator delete  ( void* ptr, std::size_t sz );`	(13)	
`void T::operator delete[]( void* ptr, std::size_t sz );`	(14)	
`void T::operator delete  ( void* ptr, user-defined-args... );`	(15)	
`void T::operator delete[]( void* ptr, user-defined-args... );`	(16)	

图5-8 delete操作符的语法

图5-8为delete操作符的语法，其用法比new还要复杂。其中：

- (7)到(10)为placement delete操作符的用法。注意，它不能像placement new表达式那样传递参数。当使用placement new构造一个或一组对象时，如果其中有一个对象的构造函数抛出异常，则对应形式的operator delete函数被调用。

- delete重载函数存在优先级的问题。比如，如果（11）和（13）都重载的话，（11）会被优先调用。

> 提示 相比new表达式可以带参数，比如new(2,f) T，delete表达式不能传递参数。所以像图5-8中带参数的delete操作符函数，比如（7）到（10）、（15）、（16）这几个函数将如何调用呢？C++规范里说，当使用对应形式的new操作符构造一个或一组类实例时，如果其中有一个实例的构造函数抛出异常，那么对应形式的delete操作符函数将被调用。

上面的描述不太直观，我们通过一个例子进一步来解释它，如示例代码5-28所示。

示例代码5-28　delete操作符示例

```
#include <stdexcept>
#include <iostream>
struct X{
    X(){throw std::runtime_error("");}
    //重载placement new
    static void* operator new (std::size_t sz,bool b){
        std::cout<<"custom placement new called, b= " << b <<'\n';
        return ::operator new(sz);
    }
    //重载delete操作符。注意，new和delete操作符重载时，写不写static都可以，
    //这两个操作符默认就是static的
    static void operator delete(void* ptr,bool b){
        std::cout<<"custom placement delete called, b= " << b <<'\n';
        return ::operator delete(sz);
    }
}
int main(){
    try{
    /*
      （1）类X重载了new操作符和delete操作符
      （2）X构造函数中抛出异常
      （3）导致对应的delete操作符函数被调用    */
    X* p1 = new (true) X;
    /*
      如果构造函数中不抛异常，则需要主动delete p1，但下面这行代码会编译报错，因为X类定义了delete
      函数，它导致系统的delete函数被隐藏，也就是编译器不会搜索系统定义的delete函数
    */
    delete p1; //这行代码报编译错误!
    ::delete p1;//所以只能直接使用系统的delete函数
    }catch(const std::exception&){}
}
```

在示例代码5-28中：

- 类X的构造函数抛出一个异常。
- 类X重载了一个new操作符和一个delete操作符。这两个操作符函数最后一个参数都是bool型。
- main函数中，使用placement new表达式触发了类X的new操作符被调用。

- 由于X构造函数抛出异常，所以系统会调用X重载的delete函数，也就是最后一个参数是bool的那个delete函数。

示例代码5-28中还特别指出代码中不能直接使用delete p1这样的表达式，这会导致编译错误，提示没有匹配的delete函数，这是因为：

- 类重载的delete函数有参数，这个函数只能在类实例构造抛出异常时调用。而类X没有定义如图5-8中（11）或（13）所示的delete函数。
- 并且，类只要重定义任意一个delete函数，都将导致系统的delete函数被隐藏。

提示　关于全局delete函数被隐藏的问题，读者不妨动手一试。

5.4.4.2　new和delete操作符重载示例

现在我们来看new和delete操作符重载的一个简单示例，如示例代码5-29所示。

强调

考虑到new和delete的高度灵活性以及它们和内存分配释放紧密相关的重要性，程序员最好只针对特定类进行new和delete操作符的重载。

示例代码5-29　new/delete操作符重载

```
class Obj {//Obj重载了两个new操作符和两个delete函数
public:
    void* operator new(size_t count){//第一个new操作符重载
        cout<<"new ++"<<endl;
        //::operator new全局的new,如果程序员没有重载它们的话，这些函数将由系统提供
        return ::operator new(count);
    }
    void* operator new(size_t count, int x) {//第二个new操作符重载
        cout << "new " << x << endl;
        return ::operator new(count);
    }
    void operator delete(void* obj) {//第一个delete操作符重载函数
        cout << "delete --" << endl;
        //::operator delete是全局的delete，如果程序员没有重载它的话，将由系统提供
        return ::operator delete(obj);
    }
    //如果没有重载上面的delete函数，则下面这个函数将被调用
    void operator delete(void* obj,size_t t){//第二个操作符重载函数
        cout<<"delete "<<t<<endl;
        return ::operator delete(obj);
    }
};
//测试代码
void test() {
    Obj* pObj0 = new Obj();//触发Obj的第一个new操作符重载函数被调用
    Obj* pObj = new(1) Obj();//触发Obj的第二个new操作符重载函数被调用
    //注意delete函数的优先级：如果注释第一个delete函数，则第二个函数将被调用
    delete pObj0;
    delete pObj;
}
```

上述示例代码中，笔者为 Obj 重载了两个 new 操作符和两个 delete 操作符。

- 当像测试代码中那样创建 Obj 实例时，这两个 new 操作符重载函数分别会被调用。
- delete 函数略特殊，它存在优先级的问题。第一个 delete 函数优先级高于第二个 delete 函数。如果第一个 delete 函数被注释，那么第二个 delete 函数将被调用。

讨论：重载 new 和 delete 操作符的好处

通过重载 new 和 delete 操作符，我们有机会在对象创建和释放的时候做一些内存管理的工作。比如，每次 new 一个 Obj 对象，我们递增 new 被调用的次数。delete 的时候再递减。当程序退出时，我们检查该次数是否归 0。如果不为 0，则表示有 Obj 对象没有被 delete，这很可能就是内存泄漏的潜在原因。

5.4.4.3　如何在指定内存中构造对象

我们用 new 表达式创建一个对象的时候，系统将在堆上分配一块内存，然后这个对象在这块内存上被构造。由于这块内存分配在堆上，程序员一般无法指定其地址。这一点和 Java 中的 new 类似。但有时候我们希望在指定内存上创建对象，可以做到吗？对于 C++ 这种灵活度很高的语言而言，这个小小的要求自然可以轻松满足，只要使用特殊的 new——void* operator new(size_t count, void* ptr) 即可，它是 placement new 中的一种。该函数第二个参数是一个代表内存地址的指针。该函数的默认实现就是直接将 ptr 作为返回的内存地址，也就是将传入的内存地址作为 new 的结果返回给调用者。

使用这种方式的 new 操作符时，由于返回的内存地址就是传进来的 ptr，这就达到了在指定内存上构造对象的功能。马上来看一个示例，如示例代码 5-30 所示。

示例代码 5-30　placement new

```
void testPlacmentNew() {
    //下面这两行代码在栈上构建一个128字节的buffer，pData指向这块存储
    char data[128] = { 'x' };
    void*pData = (void*) data;
    /*下面这两行代码，首先调用::new(size_t,void*)操作符：
      (1)::是范围限定符，范围可以是类(比如Obj::)、命名空间(比如stl::)或者系统(::前不带
         名称)
      (2)由于Obj重载了new操作符，导致系统提供的new操作符被隐藏(即编译器不会去搜索系统提供的new
         操作符)，所以这里只能强制调用系统的new操作符接着输出pObj和pData的地址，二者的值肯定
         是相等的
    */
    Obj* pObj1 = ::new (pData) Obj();
    cout << "pObj1=" << pObj1 << " pData=" << pData << endl;

    /*
      (1)如果想在pData区域上重新创建一个Obj对象，那么我们需要先析构pObj1对象。
         注意，不能调用系统的delete pObj1。因为系统定义的delete函数会释放内存。
         但此处的内存是在栈上分配的，不需要主动释放
      (2)testPlacementNew函数返回后，pData在栈上占据的128字节空间将自动释放
    */
    pObj1->~Obj();//不能delete，而应该主动调用析构函数
    Obj* pObj2 = ::new (pData) Obj();
    cout << "pObj2=" << pObj2 << endl;
```

```
    pObj2->~Obj();//析构pObj2对象，但内存不用释放
    data[120] = 't';//继续操作这块栈空间
}
```

示例5-30展示了placement new的用法，即在指定内存中构造对象。这个指定内存是在栈上创建的。另外，对于这种方式创建的对象，如果要delete的话必须小心，因为系统提供的delete函数将回收内存。在本例中，对象是构造在栈上的，其占据的内存随testPlacementNew函数返回后就自动回收了，所以代码中没有使用delete。**不过请读者务必注意**，在这种情况下内存不需要主动回收，但是对象是需要析构的。

显然，这种只有new没有delete的使用方法和平常用法不太匹配，有点别扭。如何改进呢？方法很简单，我们只要按如下方式重载delete操作符，就可以在上述代码中使用delete了。

```
//Class Obj重载delete操作符
void operator delete(void* obj){
    cout<<"delete --"<<endl;
    //return ::operator delete(obj);屏蔽内存释放，因为本例中内存在栈上分配的
}//读者可以自行修改测试案例以加深对new和delete的体会。
```

如果Obj类按如上方式重载了delete函数，我们在示例代码5-30中就可以“delete pObj1”了。

探讨：重载new和delete的好处

一般情况下，我们重载new和delete的目的是将内存创建和对象构造分隔开来。这样有什么好处呢？比如我们可以先创建一个大的内存，然后通过重载new函数将对象构造在这块内存中。当程序退出后，我们只要释放这个大内存即可。

另外，由于内存创建和释放与对象构造和析构分离开了，对象构造完之后切记要析构，delete表达式只是帮助我们调用了对象的析构函数。如果像本例那样根本不调用delete的话，就需要程序员主动析构对象。

在ART中，有些基础性的类重载了new和delete操作符，它们的实例就是用类似方式来创建的。以后我们会见到它们。

最后，new和delete是C++中比较复杂的一个知识点。关于这一部分的内容，笔者觉得参考资料里列的几本书都没有说太清楚和全面。请意犹未尽的读者阅读如下两个链接的内容：

- http://en.cppreference.com/w/cpp/memory/new/operator_new。
- http://en.cppreference.com/w/cpp/memory/new/operator_delete。

5.4.5 函数调用运算符重载

函数调用运算符使得对象能像函数一样被调用，这是什么意思呢？我们知道C++和Java一样，函数调用的写法是“**函数名**(参数)”。如果我们把函数名换成某个类的对象，即“**对象**(参数)”，就达到了对象像函数一样被调用的目的。这个过程得以顺利实施的原因是C++支持函数调用运算符的重载，函数调用运算符就是“()”。

来看示例代码 5-31。

示例代码 5-31　重载 () 操作符

```
class Obj {//Obj类,重载()操作符
public:
    Obj() = default;
    Obj(int x) : mX(x) { }
    ~Obj() = default;
    //重载operator()操作符，它对参数和返回值类型都无要求，就好像定义一个普通函数一样
    int operator ()(int a, int b, int c) {
        cout << "mx+a+b+c" << endl;
        return mX + a + b + c;
    }
private:
    int mX;
}
/*测试代码:
  (1) obj和obj1不是函数名，而是对象名
  (2) 但它们又不是普通的函数，因为函数是没有状态的。但obj和obj1是对象，对象和对象不同，比如
      obj的mX为1，而obj1的mX为-1。这导致外界传入同样的参数，得到的结果却不同。
*/
Obj obj(1);
int x = obj(1,2,3);
cout<<"x="<<x<<endl;
Obj obj1(-1);
int y = obj1(1,2,3);
cout<<"y="<<y<<endl;
```

示例代码 5-31 展示了 operator() 重载的用法。

- 此操作符的重载比较简单，就和定义函数一样可以根据需要定义参数和返回值。
- 函数调用操作符重载后，Obj 类的实例对象就可以像函数一样被调用了。我们一般将这种能像函数一样被调用的对象叫作**函数对象**。示例代码 5-31 中也提到，普通函数是没有状态的，但是函数对象却不一样。**函数对象**首先是**对象**，然后才是可以像函数一样被调用。而对象是有所谓的“状态”的，比如测试代码里的 obj 和 obj1，两个对象的 mX 取值不同，这将导致外界传入一样的参数却得到不同的调用结果。

5.5　函数模板与类模板

模板是 C++ 语言中比较高级的一个话题。惭愧得讲，笔者使用 C++、Java 这么多年，极少自己定义模板，最多就是在使用容器类的时候会接触它们。因为日常工作中用得很少，所以对它的认识并不深刻。这一次由于 ART 代码中大量使用了模板，所以笔者也算是被逼上梁山，从头到尾仔细研究了 C++ 中的模板。介绍模板的具体知识之前，笔者先分享几点关于模板的**非常重要**的学习心得。

- C++ 是面向对象的语言。面向对象最重要的一个特点就是**抽象**，即将公共的属性、公共的行为抽象到基类中去。这种抽象非常好理解，现实生活中也无处不在。反观模板，它其实也是一种抽象，只不过这种抽象的关注点不是属性和行为，而是数据类型。比

如，有一个返回两个操作数相加之和的函数，它既可以处理int型操作数，又可以处理long型操作数。那么，**从数据类型的角度进行抽象**的话，我们可以用一个代表通用数据类型的T作为该函数的参数类型，该函数内部只对T类型的变量进行相加。至于T具体是什么，此时不用考虑。而使用这个函数的时候，当传入int型变量时，T就变成int。当传入long型变量时，T就变成long。所以，**模板的重点在于将它所操作的数据的类型抽象出来！**

- C++是强类型的语言，即所有变量（包括函数参数、返回值）都需要有一个明确的类型。这个要求对于模板这种基于数据类型的抽象方式有重大和直接的影响。对于模板而言，定义函数模板或类模板时所用的数据类型只是一个标示，比如前面提到的T。而真正的数据类型只有等使用者用具体的数据类型来使用模板时才能确定。相比非模板编程，模板编程多了一个非常关键的步骤，即**模板实例化**（instantiation）。**模板实例化**是编译器发现使用者用具体的数据类型来使用模板时，它就会将模板里的通用数据类型替换成具体的数据类型，从而生成实际的函数或类。比如前面提到的两个操作数相加的模板函数，当传入int型变量时，模板会实例化出一个参数为int型的函数，当传入long型变量时，模板又会实例化出一个参数为long型的函数。当然，如果没有地方用具体数据类型来使用这个模板，则编译器不会生成任何函数。注意，模板的实例化是由编译器来做的，但触发实例化的原因是因为使用者用具体数据类型来使用了某个模板。

简而言之，对于模板而言，程序员需要重点关注两件事，一个是对数据类型进行抽象，另一个是利用具体数据类型来绑定某个模板以将其实例化。

好了，让我们正式进入模板的世界，先从简单的函数模板开始讲起。

提示　模板编程是C++中非常难的部分，参考资料[4]用了6章来介绍与之相关的知识点。不管怎样，模板的核心依然是笔者前面提到的两点，一个是数据类型抽象，一个是实例化。

5.5.1　函数模板

5.5.1.1　函数模板的定义

先来看函数模板的定义方法，如示例代码5-32所示。

示例代码5-32　函数模板

```
//template_test.h，函数模板一般定义在头文件中，即头文件中会包括函数模板的全部内容
//template是关键词，紧跟其后的是模板参数列表，<>中的是一个或多个模板参数
template<typename T>
T add(const T& a, const T& b) {
    cout << "sizeof(T)=" << sizeof(T) << endl;
    return a + b;
}

template<typename T1, typename T2, typename T3 = long>
```

```
T3 add123(T1 a1, T2 a2) {
    cout << "sizeof(T1,T2,T3)=(" << sizeof(T1) << "," << sizeof(T2) << ","
         << sizeof(T3) << ")" << endl;
    return (T3) (a1 + a2);
}
```

示例代码5-32为两个函数模板的定义，其中有几点需要读者注意。

- 函数模板一般在头文件中定义，这和普通函数不太一样。普通函数一般在头文件中声明，在源文件中定义。对函数模板而言，因为编译器在实例化一个模板的时候需要知道函数模板的全部内容（再次强调，实例化就是编译器用具体数据类型套用到模板上去，然后生成具体函数的过程），所以实例化过程中只知道函数模板的声明是不够的。更进一步地说，其实函数模板并不是真正的函数，只有编译器用具体数据类型套用到函数模板时才会生成实际的函数。
- 模板的关键词是template，其后通过<>符号包含一个或多个模板参数。模板参数列表不能为空。模板参数和函数参数有些类似，可以定义默认值。比如示例代码5-32中add123最后一个模板参数T3，其默认值是long。

提示 示例代码5-32的函数模板定义中，template可以和其后的代码位于同一行，比如：

```
template<typename T> T add(const T& a1,const T& a2);
```

建议开发者将其分成两行，因为这样的代码阅读起来会更容易一些。

下面继续讨论template和模板参数。

首先，可以定义任意多个模板参数，模板参数也可以像函数参数那样有默认值。

其次，函数的参数都有数据类型。类似的，模板参数（如上面的T）也有如下类型之分。

- **代表数据类型的模板参数**：用typename关键词标示，表示该参数代表数据类型，实例化时应传入具体的数据类型。比如typename T是一个代表数据类型的模板参数，实例化的时候必须用数据类型来替代T（或者说，T的取值为数据类型，比如int、long之类的）。另外，typename关键词也可以用class关键词替代，所以"template<class T>"和"template<typename T>"等价。建议读者尽量使用typename作为关键词。
- **非数据类型参数**：非数据类型的参数支持整型、指针（包括函数指针）、引用。但是这些参数的值必须在实例化期间（也就是编译期）就能确定。

关于非类型参数，此处先展示一个简单的示例，后续介绍类模板时会碰到具体用法。

```
//在下面这段代码中，T是代表数据类型的模板参数，N是整型，compare则是函数指针
//它们都是模板参数。
template<typename T,int N,bool (*compare)(const T & a1,const T &a2)>
void comparetest(const T& a1,const T& a2){
    cout<<"N="<<N<<endl;
    compare(a1,a2);//调用传入的compare函数
}
```

5.5.1.2 函数模板的实例化

下面是示例代码5-33所定义的两个函数模板的实例化。

示例代码 5-33 函数模板的实例化

```
void test() {
    /* ①隐式实例化，编译器根据传入的函数实参推导出类型T为int。最终编译器将生成
       int add(const int&a, const int&b)函数
    */
    int x = add(10, 20);
    //②下面三行代码对应为显示实例化，使用者指定模板参数的类型
    int y = add123<int,int,int>(1,2);//T1,T2,T3均为int
    y = add123<short,short>(1,2);//T1,T2为short,T3为默认类型long
    //T1指定为int,T2通过函数的实参（第二个参数5）推导出类型为int, T3为默认类型long
    add123<int>(4,5);

    add123(0,0);//③隐式实例化，T1、T2为int,T3为默认类型long
}
```

示例代码 5-33 所示的为 add 和 add123 这两个函数模板的实例化示意。结合前文反复强调的内容，函数模板的实例化就是当程序用具体数据类型来使用函数模板时，编译器将生成具体的函数。

- 比如①，编译器根据传入的函数实参推导出数据类型为 T，从而会生成一个 "int add(const int &b,const int &b)" 函数，最终调用的也是这个生成的函数。这是编译器根据函数实参自动推导出来的，叫**模板实参推导**。推导过程有一些规则，属于比较高级的话题，笔者此处不拟讨论。不过，不论推导规则有多复杂，其目的就是为了确定模板参数的具体取值情况，这一点请读者牢记。
- 使用者也可以显示实例化，即显示指明模板参数的类型。比如②中所示的三个函数。编译器将生成三个不同的 add123 函数。
- add123 函数模板也可以隐式实例化，比如③所示。但请读者注意，模板实参的推导只能根据传入的函数参数来确定，不能根据函数的返回值来确定。如果在 add123 函数模板中没有为 T3 设置默认类型的话，编译将出错。

5.5.1.3 函数模板的特例化

上文介绍了函数模板的实例化，实例化就是指编译器进行类型推导，然后得到具体的函数。实例化得到的这些函数除了数据类型不一样之外，函数内部的功能是**完全一样**的。有没有可能为某些特定的数据类型提供不一样的函数功能？

显然，C++ 是支持这种做法的，这也被称为模板的特例化（英文简称 specialization）。特例化就是当函数模板不太适合某些特定数据类型时，我们单独为它指定一套代码实现。

读者可能会觉得很奇怪，为什么会有这种需求？以示例代码 5-33 中的 add123 为例，如果程序员传入的参数类型是指针的话，显然我们不能直接使用 add123 原函数模板的内容（那样就变成了两个指针值的相加），而应该单独实现一个针对指针类型的函数实现。要达到这个目的就需要用到特例化了。来看示例代码 5-34 中具体的做法。

示例代码 5-34 函数模板的特例化

```
// template_test.h
template<typename T1, typename T2, typename T3 = long>
```

```
T3 add123(T1 a1, T2 a2) {
    cout << "sizeof(T1,T2,T3)=(" << sizeof(T1) << "," << sizeof(T2) << ","
         << sizeof(T3) << ")" << endl;
    return (T3) (a1 + a2);
}
/*头文件中声明特例化函数。特例化函数不是函数模板，而是实际的函数，所以头文件声明，源文件里定
  义。注意特例化函数的格式，以template<>开头，然后使用具体的数据类型替换原函数模板中的模板
  参数*/
template<>
long add123(int* a1, int*a2);
//template_test.cpp
//特例化函数模板的实现和原模板函数内容完全不同
template<>
long add123(int* a1, int*a2) {
    return (*a1) + (*a2);//解引用指针，然后再相加
}
//测试代码，value值为300
int a1 = 100;
int b1 = 200;
long value = add123(&a1,&b1);// 调用特例化模板函数
```

5.5.2 类模板

5.5.2.1 类模板定义和特例化

类模板的规则比函数模板要复杂，我们来看示例代码 5-35。

示例代码 5-35 类模板

```
//template_test.h
//定义类模板，模板参数有两个，一个是类型模板参数T，另外一个是非类型模板参数N
template<typename T, unsigned int N>
class TObj {
public:
    //类模板中的普通成员函数
    void accessObj(){
        cout<<"TObj<typename T, unsigned int N> N="<<N<<endl;
    }
    //类模板中的函数模板，一般称之为成员模板，其模板参数可以和类模板的参数不相同
    template<typename T1>
    bool compare(const T1& a,const T& b){return a < b; }
public:
    //模板参数中的非类型参数在编译期就需要决定，所以这里声明的实际上是固定大小的数组
    T obj[N];
};
```

示例代码 5-35 中定义一个类模板，其语法格式和函数模板类型、class 关键字前需要由 **template< 模板参数 >** 来修饰。另外，类模板中可以包含普通的成员函数，也可以有成员模板。这导致类模板的复杂度（包括程序员阅读代码的难度）大大增加。

注意 普通类也能包含成员模板，这和函数模板类似，此处不拟详述。

接着来看示例代码5-36所示的类模板的特例化，它分为全特化和偏特化两种情况。

示例代码5-36 类模板的特例化

```
//template_test.h
//全特化，T和N指定，同时accessObj,compare内容不同。全特化得到一个实例化的TObj类
template<>
class TObj<int*,5>{
public:
    void accessObj(){ cout<<"Full specialization TObj<int*,5>"<<endl; }
    template<typename T1>
    bool compare(const T1& a,const int* & b){ return a<*b;}
public:
    int* obj[5];
};
//偏特化：偏特化并不确定所有的模板参数，所以偏特化得到的依然是一个类模板
//偏特化时候确定的模板参数不需要在template<模板参数>中列出来
template<unsigned int N>
class TObj<int*,N>{
public:
    void accessObj() {
        cout<<"Partial specialization TObj<int*,N> N="<<N<<endl; }
    template<typename T1>
    bool compare(const T1& a,const int* & b){return a < (*b);}
public:
    int* obj[N];
};
```

上述示例代码展示了类模板的全特化和偏特化。其中：

- 全特化和前文介绍的函数模板的特例化类似，即所有模板参数都指定具体类型或值。全特化类模板得到的是一个实例化的类。
- 偏特化就是为模板参数中的几个参数指定具体类型或值，剩下的模板参数依然由使用者来指定。注意，偏特化一个类模板得到的依然是类模板。

偏特化也叫部分特例化（partial specialization）。但笔者觉得“部分特例化”有些言不尽意，因为偏特化不仅仅包括“为部分模板参数指定具体类型”这一种情况，它还可以为模板参数指定某些特殊类型，比如：

```
template<typename T> class Test{}//定义类模板Test，包含一个模板参数
//偏特化Test类模板，模板参数类型变成了T*。这就是偏特化的第二种表现形式
template<typename T> class<T*> Test{}
```

5.5.2.2 类模板的使用

类模板的使用如示例代码5-37所示。

示例代码5-37 类模板的使用

```
//template_test.cpp
/*通过using关键词，我们定义了一个模板类型别名TObj10，这个类型别名指定了模板参数N为10。使用者
  以后只需为这个模板类型单独设置模板参数T即可。使用类型别名的主要好处在于可少写一些代码，另外能
  增加代码的可读性*/
template<typename T>
using TObj10 = TObj<T,10>;
```

```
void testTemplateClass() {
    //和函数模板不同，类模板必须显示实例化，即明确指明模板参数的取值
    TObj<int, 3> intObj_3;
    intObj_3.accessObj();

    TObj10<long> longObj_10;//TObj10为利用using定义的模板类型别名
    longObj_10.accessObj();

    TObj<int*, 5> intpObj_5;//使用全特化的TObj
    intpObj_5.accessObj();

    TObj<int*, 100> intpObj_100;//使用偏特化的版本并实例化它
    int x = 100;
    const int*p = &x;
    /*实例化成员模板compare函数，得到如下两个函数：
      compare(int,const int*&)和compare(long,const int*&) */
    intpObj_5.compare(10, p);
    intpObj_5.compare<long>(1000, p);
}
```

示例代码5-37展示了类模板的使用方法。其中，值得关注的是C++11中程序员可通过using关键词定义类模板的别名。并且，使用类模板别名的时候可以指定一个或多个模板参数。

最后，类模板的成员函数也可以在类外（即源文件）中定义，不过这会导致代码有些难阅读，示例代码5-38展示了如何在类外定义accessObj和compare函数。

示例代码5-38 类外如何定义成员函数

```
//①注意语法格式
template<typename T,unsigned int N>
void TObj<T,N>::accessObj(){
    cout<<"TObj<T,N>::accessObj()"<<endl;
}
//②全特化得到具体的类，所以前面无需用template修饰
void TObj<int*,5>::accessObj(){
    cout<<"TObj<int*,5>::accessObj()"<<endl;
}
//③偏特化的版本。注意，成员函数内部使用TObj即可表示对应的类类型，不用写成TObj<int*,N>
template<unsigned N>
void TObj<int*,N>::accessObj(){
    TObj* p = this; //不用写成TObj<int*,N>
    p->obj[0] = nullptr;
    cout<<"TObj<int*,N>::accessObj()"<<endl;
}
//④第一个template是类模板的模板信息，第二个template是成员模板的模板信息
template<typename T,unsigned int N>
template<typename T1>
bool TObj<T, N>::compare(const T1& a, const T & b) {
    cout<<"TObj<T, N>::compare"<<endl;
    return false;
}

template<unsigned int N>
template<typename T1>
bool TObj<int*, N>::compare(const T1& a, const int* & b) {
    cout<<"TObj<int*, N>::compare"<<endl;
```

```
    return true;
}
```

在示例代码5-38中：

- 源文件中定义类模板的成员函数时需要携带类模板的模板参数信息。如果成员函数又是函数模板的话，还得加上函数模板的模板参数信息。这些模板信息放在一起很容易让代码阅读者头晕。
- 类模板全特化后得到是具体的类，所以它的成员函数前不需要template关键词来修饰。
- 类模板成员函数内部如果需要定义该类模板类型的变量时，只需使用类名，而不需要再携带模板信息了。

最后，关于类模板还有很多知识，比如友元、继承等在类模板中的使用。本书对于这些内容就不拟一一道来，读者以后可在碰到它们的时候再去了解。

5.6 lambda表达式

C++11引入了lambda表达式（lambda expression），这比Java直到Java 8才正式在规范层面推出lambda表达式要早三年左右。lambda表达式和另一个耳熟能详的概念closure（闭包）密切相关，而closure最早被提出来的目的也是为了解决数学中的lambda演算（λ calculus）问题[⊖]。从严格语义上来说，closure和lambda表达式并不完全相同，不过一般我们可以认为二者描述的是同一个东西。

提示

closure和lambda的区别

关于二者的区别，读者可参考Effective C++作者Scott Meyers的一篇博文，地址如下：http://scottmeyers.blogspot.com/2013/05/lambdas-vs-closures.html。

我们在5.4节中曾介绍过函数对象，函数对象是那些**重载了函数调用操作符的类**的实例，和普通函数比起来：

- 函数对象首先是一个对象，所以它可以通过成员变量来记录状态、保存信息。
- 函数对象可以被执行。

通过上面的描述，我们知道函数对象的两个特点，一个是可以保存状态，另外一个是可以执行。不过，和函数一样，程序员要使用函数对象的话，首先要**定义对应的类**，然后才能创建该类的实例并使用它们。

现在我们来思考这样一个问题，可不可以**不定义类**，而是直接创建某种东西，然后可以执行它们?

- Java中有匿名内部类可以做到类似的效果。但Java中的类无法重载函数调用操作符，所以匿名内部类不能像函数调用那样执行。
- Java的匿名内部类给了C++一个很好的启示，由于C++是支持重载函数调用操作符的，如果我们能在C++中定义匿名函数对象，就能达到所要求的目标了。

⊖ 关于closure的历史，请阅读https://en.wikipedia.org/wiki/Closure_(computer_programming)。

以上问题的讨论就引出了C++中的lambda表达式，规范中没有明确说明lambda表达式是什么，但实际上它就是匿名函数对象。下面的代码展示了创建一个lambda表达式的语法结构：

```
auto f = [ 捕获列表，英文叫capture list ] ( 函数参数 ) -> 返回值类型 { 函数体 }
```

其中，

- =号右边是lambda表达式，左边是变量定义，变量名为f。lambda表达式创建之后将得到一个匿名函数对象，规范中并没有明确说明这个对象的具体数据类型是什么，所以一般用auto来表示它的类型。注意，**auto并不是类型名**，它仅表示把具体类型的推导交给编译器来做。简而言之，lambda表达式得到的这个匿名对象是有类型的，但是类型叫什么不知道，所以程序员只好用auto来表示它的类型，反正它的具体类型会由编译器在编译时推导出来[⊖]。
- 捕获列表：lambda表达式一般在函数内部创建。它要捕获的东西也就是函数内能访问的变量（比如函数的参数，在lambda表达式创建之前所定义的变量，全局变量等）。之所以要捕获它们是因为这些变量代表了lambda创建时所对应的上下文信息，而lambda表达式执行的时候很可能要利用这些信息。所以，捕获这个词的使用是非常传神的。
- 函数参数、返回值类型以及函数体：这和普通函数的定义一样。不过，lambda表达式必须使用**尾置形式**的函数返回声明。**尾置形式的函数返回声明**即是把原来位于函数参数左侧的返回值类型放到函数参数的右侧。比如，"int func(int a){...} "的尾置声明形式为"auto func(int a) -> int {...}"。其中，auto是关键词，用在此处表明该函数将采用尾置形式的函数返回声明。

下面我们通过示例代码5-39进一步来认识lambda表达式。

示例代码5-39　lambda表达式

```
/*创建lambda表达式后将得到一个闭包，闭包就是匿名的函数对象。规范中并没有明确说明闭包的数据类型
  到底是什么，所以我们利用auto关键词来表示它的类型。
  auto关键词是C++11引入的，代表一种数据类型。这个数据类型由编译器根据=号右边的表达式推导出来。*/
auto f1 = [] {
     cout <<"this is f1,no return"<<endl;       };
auto f2 = [] {
     cout <<"this is f2, return int"<<endl;
     return 0;};
f1();//执行lambda表达式f1
f2();//执行lambda表达式f2
int x = 0;
string info = "hello world";
bool a = false;
//创建lambda表达式f3。该表达式执行的时候需要传入两个参数
auto f3 = [](int x, bool &a) -> bool {
     cout <<"this is f3"<<endl;
     return false;    };
f3(1, a);
```

⊖ 编译器可能会将lambda表达式转换为一个重载了函数调用操作符的类。如此，变量f就是该类的实例，其数据类型随之确定。

```
/*[]为捕获列表，x、info和a这三个变量将传给f4，其实就是用这三个变量来构造一个匿名函数对象。这
  个函数对象有三个成员变量，名字可能也叫x、info和a。其中，x和a为值传递，info为引用传递。所
  以，f4执行的时候可以修改info的值 */
auto f4 = [x,&info,a]() {
     cout<<"x="<<x <<" info="<<info  <<" a="<<a<<endl;
     info = "hello world in f4"; };
//f4还未执行，所以info输出为”hello world”
cout << info << endl;
  f4();//执行f4
//f4执行完后，info被修改，所以info输出为"hello world in f4"
cout << info << endl;
```

示例代码5-39展示了lambda表达式的用法。

- lambda表达式实际上就是匿名函数对象，但是一般不知道它到底是什么类型，所以通过auto关键词把这个问题答案交给编译器来回答。
- 捕获列表可以**按值**和**按引用**两种方式来捕获信息。按引用方式进行捕获时需要考虑该变量生命周期的问题。因为lambda表达式作为一个对象是可以当作函数返回值跳出创建它的函数的范围。如果它通过引用方式捕获了一个函数内部的局部变量时，这个变量在跳出函数范围后将变得毫无意义，并且其占据的内存都可能不复存在了。

示例代码5-39中的捕获列表显示指定了要捕获的变量。如果变量比较多的话，要一个个写上变量名会变得很麻烦，所以lambda表达式还有更简单的方法来捕获所有变量，如下所示。

```
此处仅关注捕获列表中的内容
[=,&变量a,&变量b]  = 号表示按值的方式捕获该lambda创建时所能看到的全部变量。如果有些变量需要通
  过引用方式来捕获的话就把它们单独列出来（变量前带上&符号）
[&,变量a,变量b]  &号表示按引用方式捕获该lambda创建时所能看到的全部变量。如果有些变量需要通过
  按值方式来捕获的话就把它们单独列出来（变量前不用带上=号）
```

5.7 STL介绍

STL是Standard Template Library的缩写，英文原意是标准模板库。由于STL把自己的类和函数等都定义在一个名为std（std即standard之意）的命名空间里，所以一般也称其为标准库。标准库的重要意义在于它提供了一套代码实现非常高效，内容涵盖许多基础功能的类和函数，比如字符串类、容器类、输入输出类、多线程并发类、常用算法函数等。虽然和Java比起来，C++标准库涵盖的功能并不算多，但是用法却非常灵活，学习起来有一定难度。

熟练掌握和使用C++标准库是一个合格C++程序员的重要标志。对于标准库，笔者感觉是越了解其内部的实现机制越能帮助程序员更好地使用它。所以，参考资料[2]几乎是C++程序员入门后的必读书了。

STL的内容非常多，本节仅从API使用的角度来介绍其中一些常用的类和函数，包括：

- string类，和Java中的String类似。
- 容器类，包括动态数组vector、链表list、map类、set类和对应的迭代器。
- 算法和函数、比如搜索、遍历算法、STL中的函数对象、绑定等。
- 智能指针类。

5.7.1 string类

STL string类和Java String类很像。不过，STL的string类其实只是模板类basic_string的一个实例化产物，STL为该模板类一共定义了四种实例化类，如图5-9所示。

Defined in header <string>

Type	Definition
std::string	std::basic_string<char>
std::wstring	std::basic_string<wchar_t>
std::u16string	std::basic_string<char16_t>
std::u32string	std::basic_string<char32_t>

图5-9 string的家族

图5-9中，

- 如果要使用其中任何一种类的话，需要包含头文件<string>。
- string对应的模板参数类型为char，也就是单字节字符。而如果要处理像UTF-8/UTF-16这样的多字节字符，程序员可酌情选用其他的实例化类。

string类的完整API可参考http://www.cplusplus.com/reference/string/string/?kw=string。其使用和Java String有些类似，所以上手难度并不大。示例代码5-40展示了string类的使用。

示例代码5-40 string的使用

```
void string_test(){
    //定义三个string对象，string支持+操作符
    string s1("this is s1");
    string s2="this is s2";
    string s3 = s1 + ", " + s2;
    cout<<"s3="<<s1<<endl;// string也支持<<操作符
    /*
      (1)size()：返回字符串所占的字节个数。注意，返回的不是字符串中字符的个数。对于多字节字符
          而言，一个字符可能占据不止一个字节。
      (2)empty()：判断字符串是否为空
    */
    string::size_type size = s3.size();
    bool isEmpty = s1.empty();
    /*
      (1)string可支持索引方式访问其中的单个字符，其实它就是重载了[]操作符
      (2)C++ 11支持for-each循环，访问S2中的每一个字符
      (3)clear()：清理string中的字符
  */
    char b = s2[3];
    for(auto item:s2){cout<<item<<endl;}
    s2.clear();
    /*
      (1)为s2重新赋值新的内容
      (2)find()：查找字符串中的指定内容，返回为找到的匹配字符的索引位置。如果没有找到的话，
          返回值为string类的静态变量npos
    */
    s2 = "a new s2";
    string::size_type pos = s2.find("new");
```

```
    if(pos != string:npos) cout <<"fine new"<<endl;
    //c_str()函数获取string中的字符串，其类型为const char*，可用于C库中的printf等
    //需要字符串的地方
    const char* c_string = s3.c_str();
    cout<<c_string<<endl;
}
```

5.7.2 容器类

好在 Java 中也有容器类，所以 C++ 的容器类不会让大家感到陌生，表 5-1 对比了两种语言中常见的容器类。

表 5-1 容器类对比

容器类型	STL 类名	Java 类（仅用于参考）	说明
动态数组	vector	ArrayList	动态大小的数组，随机访问速度快
链表	list	LinkedList	一般实现为双向链表
集合	set，multiset	SortedSet	有序集合，一般用红黑树来实现。set 中没有值相同的多个元素，而 multiset 允许存储值相同的多个元素
映射表	map、multimap	SortedMap	按 Key 排序，一般用红黑树来实现。map 中不允许有 Key 相同的多个元素，而 multimap 允许存储 Key 相同的多个元素
哈希表	unordered_map	HashedMap	映射表中的一种，对 Key 不排序

本节主要介绍表 5-1 中 vector、map 这两种容器类的用法以及 Allocator 的知识。关于 list、set 和 unordered_map 的详细用法，读者可阅读参考资料 [2]。

提示 list、set 和 unordered_map 的在线 API 查询链接：

- list 的 API：http://en.cppreference.com/w/cpp/container/list。
- set 的 API：http://en.cppreference.com/w/cpp/container/set。
- unordered_map 的 API：http://en.cppreference.com/w/cpp/container/unordered_map。

5.7.2.1 vector 类

vector 是模板类，使用它之前需要包含 <vector> 头文件。示例代码 5-41 展示了 vector 的一些常见用法。

示例代码 5-41 vector 的使用

```
void vector_test(){
    /*（1）创建一个以int整型为模板参数的数组，其初始元素为1,2,3,4,5,6
      （2）vector<int>是一个实例化的类，类名就是vector<int>。这个类名写起来不方便，所以可
         通过using为其取个别名IntVector
    */
    vector<int> intvector = {1,2,3,4,5,6};
    using IntVector = vector<int>;
```

```
    //（1）大部分容器类都有size和empty函数
    //（2）vector可通过[]访问
    //（3）push_back往数组尾部添加新元素
    IntVector::size_type size = intvector.size();
    bool isempty = intvector.empty();
    intvector[2] = 0;
    intvector.push_back(8);

    /*
     （1）每一个容器类都定义了各自的迭代器类型，所以需要通过容器类名::iterator来访问它们
     （2）begin返回元素的第一个位置，end返回结尾元素+1的位置
     （3）对iterator使用*取值符号可得到对应位置的元素
    */
    IntVector::iterator it;
    int i = 0;
    for(it = intvector.begin(); it != intvector.end();++it){
        int value = *it;
        cout<<"vector["<<i++<<"]="<< value<<endl;
    }
    /*
     （1）容器类名::iterator的写法太麻烦，所以可以用auto关键词来定义iterator变量。编译器
         会自动推导出正确的数据类型
     （2）rbegin和rend函数用于逆序遍历容器
    */
    i = intvector.size() - 1;
    for(auto newIt = intvector.rbegin();newIt != intvector.rend();++newIt){
         cout<<"vector["<<i--<<"]="<< *newIt<<endl;
    }
    //clear函数清空数组的内容
    intvector.clear();
}
```

示例代码5-41中有三个知识点需要读者注意。

- vector是模板类，本例用int作为模板参数实例化后得到一个名为vector<int>的类。这个类的名字写起来比较麻烦，所以我们通过using关键词为它定义了一个类型别名IntVector。IntVector是vector<int>的别名，凡是出现IntVector的地方其实都是vector<int>。
- 大部分STL容器类中都定义了相对应的迭代器，其类型名为Iterator。C++中没有通用的Iterator类（Java有Iterator接口类），而是需要通过**容器类**::Iterator的方式定义该容器类对应的迭代器变量。迭代器用于访问容器的元素，其作用和Java中的迭代器类似。
- 再次展示了auto的用法。auto关键词的出现使得程序员不用再写冗长的类型名了，一切交由编译器来完成。

关于vector的知识我们就介绍到此。

注意 再次提醒读者，STL容器类的学习绝非知道几个API就可以的，其内部有相当多的知识点需要注意才能真正用好它们。强烈建议有进一步学习欲望的读者研读参考资料[2]。

5.7.2.2 map类

map也叫关联数组。图5-10展示了map类的情况。

```
std::map
  Defined in header <map>
 template<
     class Key,
     class T,
     class Compare = std::less<Key>,
     class Allocator = std::allocator<std::pair<const Key, T> >
 > class map;
std::pair
  Defined in header <utility>
 template<
     class T1,
     class T2
 > struct pair;
```

图5-10 map类

在图5-10中：

- map是模板类，使用它之前需要包含<map>头文件。map模板类包含四个模板参数，第一个模板参数Key代表键值对中**键的类型**；第二个模板参数T代表键值对中**值的类型**；第三个模板参数Compare用于比较Key的大小，因为map是一种按key进行排序的容器；第四个参数Allocator用于分配存储键值对的内存。在STL中，键值对用pair类来描述。
- 使用map的时候离不开pair。pair定义在头文件<utility>中。pair也是模板类，有两个模板参数T1和T2。

讨论 **Compare和Allocator**

在map类的声明中，Compare和Allocator虽然都是模板参数，但很明显不能随便给它们设置数据类型，比如Compare和Allocator都取int类型可以吗？当然不行。实际上，Compare应该被设置成这样一种类型，这个类型的变量是一个函数对象，该对象被执行时将比较两个Key的大小。map为Compare设置的默认类型为std::less<Key>。less将按以小到大的顺序对Key进行排序。除了std::less外，还有std::greater、std::less_equal、std::greater_equal等。

同理，Allocator模板参数也不能随便设置成一种类型。后文将继续介绍Allocator。

示例代码5-42展示了map类的用法。

示例代码5-42 map的使用

```
/*
 (1) 创建一个map、key和value的类型都是string
 (2) 可通过索引 "[key]" 方式访问或添加元素
*/
```

```
map<string,string> stringMap = {
    {"1","one"}, {"2","two"},{"3","three"}, };
stringMap["4"] = "four";

/*
  (1) pair包含first和second两个元素。用它做键值对的载体再合适不过了
  (2) insert: 添加一个键值对元素
*/
pair<string,string> kv6 = {"6","six"};
cout<<"first="<<kv6.first <<" second="<<kv6.second<<endl;
stringMap.insert(kv6);
/*
  (1) 利用iterator遍历map
  (2) iterator有两个变量, first和second, 分别是键值对元素的key和元素的value
*/
auto iter = stringMap.begin();
for(iter;iter != stringMap.end();++iter){
   cout<<"key="<<iter->first <<" value="<<iter->second<<endl; }

/*
  (1) make_pair是一个辅助函数, 用于构造一个pair对象。C++11之前用得非常多
  (2) C++11支持用花括号来隐式构造一个pair对象了, 用法比make_pair更简单
*/
stringMap.insert(make_pair("7","seven"));
stringMap.insert({"8","eight"});
/*
  (1) 使用using定义一个类型别名
  (2) find用于搜索指定key值的元素, 返回的是一个迭代器。如果没找到, 则迭代器的值等于end()的返
      回值
  (3) erase删除指定Key的元素
*/
using StringMap = map<string,string>;
StringMap::iterator foundIt = stringMap.find("6");
if(foundIt != stringMap.end()){ cout<<"find value with key="<<endl;}
stringMap.erase("4");
```

示例代码5-42定义了一个key和value类型都是string的map对象，有如下两种方法为map添加元素。

- 通过索引Key的方式可添加或访问元素。比如stringMap["4"]="four"，如果stringMap["4"]所在的元素已经存在，则对它重新设置新的值，否则是添加一个新的键值对元素。该元素的键为"4"，值为"four"。
- 通过insert添加一个元素。再次强调，map中元素的类型是pair，所以必须构造一个pair对象传递给insert。在出现C++11之前可利用辅助函数make_pair来构造一个pair对象，在出现C++11之后可以利用{}花括号来隐式构造一个pair对象了。

map默认的Compare模板参数是std::less，它将按从小到大的顺序对key进行排序，如何为map指定其他的比较方式呢？来看示例代码5-43。

示例代码5-43　为map指定Compare模板参数

```
// mycompare是一个函数
bool mycompare(int a,int b){ return a<b ; }
```

```
// using定义了一个类型别名，其中第一个和第二个模板参数是int
template<typename Compare>
using MyMap = map<int,int,Compare>;
// MyCompare是一个重载了函数操作符的类
class MyCompare{
public:
    bool operator() (int x,int y){ return x < y;  }
};
//测试代码
void map_test(){
// f是一个lambda表达式，用于比较两个int变量的大小
auto f = [](int a,int b) -> bool{ return a>b; };
/*为map指定前面三个模板参数。第三个模板参数的类型由decltype关键词得到。decltype用于推导括号
  中表达式的类型，和auto一样，这是在编译期由编译器推导出来的。f是匿名函数对象，其类型应该是一
  个重载了函数调用操作符的类。然后创建一个map对象a，其构造函数中传入了Compare的实例对象f */
map<int,int,decltype(f)> a(f);
a[1] = 1;

/*
  (1) std::function是模板类，它可以将函数封装成重载了函数操作符的类类型。使用时需要包含
      <functional>头文件。function的模板参数是函数的信息（返回值和参数类型）。这个模板信息
      最终会变成函数操作符的信息。
  (2) b对象构造时传入mycompare 函数
*/
map<int,int,std::function<bool(int,int)>> b(mycompare);
b[1] = 1;

MyMap<MyCompare> c;// MyCompare为上面定义的类，用它做Compare模板参数的值
c[1] = 1;
```

示例代码 5-43 展示了 map 中和 Compare 模板参数有关的用法，其中，

- decltype（表达式）：用于推导表达式的数据类型。比如 decltype(5) 得到的是 int，decltype(true) 得到的是 bool。decltype 和 auto 都是 C++11 中的关键词，它们的真实类型在编译期间由编译器推导得到。
- std::function 是一个模板类，它可以将一个函数（或 lambda 表达式）封装成一个重载了函数操作符的类。这个类的函数操作符的信息（也就是函数返回值和参数的信息）和 function 的模板信息一样。比如代码中 "function<bool (int,int)>" 将得到一个类，该类重载的函数操作符为 "bool operator() (int,int)"。

5.7.2.3 allocator 介绍

Java 程序员在使用容器类的时候从来不会考虑容器内元素的内存分配问题。因为在 Java 中，所有元素（除 int 等基本类型外）都是 new 出来的，容器内部无非是保存一个类似指针这样的变量，这个变量指向了真实的元素位置。

这个问题在 C++ 中的容器类就没有这么简单了。比如，我们在栈上构造一个 string 对象，然后把它加到一个 vector 中去。vector 内部是保存这个 string 变量的地址，还是在内部构造一个新的存储区域，然后将 string 对象的内容保存起来呢？显然，我们应该选择在内部构造一个区域，这个区域存储 string 对象的内容。

STL所有容器类的模板参数中都有一个Allocator（译为分配器），它的作用包括分配内存、构造对应的对象、析构对象以及释放内存。STL为容器类提供了一个默认的类，即std::allocator。其用法如示例代码5-44所示。

示例代码5-44 allocator用法

```
class Item{//Item类，用于测试
public:
    Item(int x):mx{x}{ cout<<"in Item(x="<<mx<<")"<<endl; }
    ~Item(){ cout<<"in ~Item()"<<endl;  }
private:
    int mx = 0;
};
void allocator_test(){
    //创建一个allocator对象，模板参数为Item
    allocator<Item> itemAllocator;
    //调用allocate函数分配可容纳5个Item对象的内存。注意，allocate函数只是分配内存
    Item* pItems = itemAllocator.allocate(5);
    /*construct函数用于构造Item对象。该函数第一个参数为内存的位置，第二个参数将作为
      Item构造函数的参数，其实这就是在指定内存上构造对象*/
    for(int i = 0; i < 5; i++){
        itemAllocator.construct(pItems+i,i*i);
    }
    //destroy用于析构对象
    for(int i = 0; i < 5; i++){ itemAllocator.destroy(pItems+i); }
    //deallocate用于回收内存
    itemAllocator.deallocate(pItems,5);
}
```

示例代码5-44展示了allocator模板类的用法，我们可以为容器类指定自己的分配器，它只要定义allocate、construct、destory和deallocate函数即可。当然，自定义的分配器要设计好如何处理内存分配、释放等问题也是一件很考验程序员功力的事情。

提示 ART中也定义了类似的分配器，以后我们会碰到它们。

5.7.3 算法和函数对象介绍

STL还为C++程序员提供了诸如搜索、排序、拷贝、最大值、最小值等算法操作函数以及一些诸如less、great这样的函数对象。本节先介绍算法操作函数，然后介绍STL中的函数对象。

5.7.3.1 算法

在STL中想要使用算法相关的API的话需要包含头文件<algorithm>，如果要使用一些专门的数值处理函数的话则需额外包含<numeric>头文件。参考资料[2]在第11章中对STL算法函数进行了细致的分类。不过本节不打算从这个角度、大而全地介绍它们，而是将ART中常用的算法函数挑选出来介绍，如表5-2所示。

表 5-2　ART 源码中常用的算法函数

函数名	作用
fill fill_n	fill：为容器中指定范围的元素赋值 fill_n：为容器内指定的 n 个元素赋值
min/max	返回容器某范围内的最小值或最大值
copy	拷贝容器指定范围的元素到另外一个容器
accumulate	定义于 <numerics>，计算指定范围内元素之和
sort	对容器类的元素进行排序
binary_search	对已排序的容器进行二分查找
lexicographical_compare	按字典序对两个容器内指定范围的元素进行比较
equal	判断两个容器是否相同（元素个数是否相等，以及元素内容是否相同）
remove_if	从容器中删除满足条件的元素
count	统计容器类满足条件的元素的个数
replace	替换容器类旧元素的值为指定的新元素
swap	交换两个元素的内容

示例代码 5-45 展示了表 5-22 中一些函数的用法。

示例代码 5-45　fill、copy 和 accumulate 算法函数示例

```
vector<int> aIntVector = {1,2,3,4,5,6};
/* fill:第一个参数为元素的起始位置，第二个为目标的终点，前开后闭。aIntVector所有元素将赋值为
  -1  */
fill(aIntVector.begin(),aIntVector.end(),-1);
//使用了rbegin，即逆序操作，后面三个元素将赋值为-2
fill_n(aIntVector.rbegin(),3,-2);

vector<int> bIntVector;//定义一个新的vector
bIntVector.reserve(3);
/*copy将把源容器指定范围的元素拷贝到目标容器中。注意，程序员必须要保证目标容器有足够的空间能容
  纳待拷贝的元素。关于copy中的back_inserter，见正文介绍 */
copy(aIntVector.begin(),aIntVector.end(),back_inserter(bIntVector));
//accumulate将累加指定范围的元素。同时指定了一个初值100。最终sum100的值是91
auto sum100 = accumulate(aIntVector.begin(),aIntVector.end(),100);
// accumulate指定了一个特殊的操作函数。在这个函数里我们累加两个元素的和，然后再加上1000。
//最终，sum1000的值是5991
auto sum1000 = accumulate(aIntVector.begin(),
    aIntVector.end(),0,[](int a, int b){
    return a + b + 1000;   });
```

示例代码 5-45 中包含一些需要读者了解的知识点。

- 对于操作容器的算法函数而言，它并不会直接操作具体的容器类，而是借助 Iterator 来遍历一个范围（一般是前开后闭）内的元素。这种方式将算法和容器进行了最大程度的解耦，从此，算法无须关心容器，而是只通过迭代器来获取、操作元素。
- 对初学者而言，算法函数并不像它的名字一样看起来那么容易使用。以 copy 为例，它将源容器指定范围的元素拷贝到目标容器中去。不过，目标容器必须要保证有足够的

空间能够容纳待拷贝的源元素。比如代码中aIntVector有6个元素，但是bIntVector只有0个元素，aIntVector这6个元素能拷贝到bIntVector里吗？copy函数不能回答这个问题，只能由程序员来保证目标容器有足够的空间。这导致程序员使用copy的时候就很头疼了。为此，STL提供了一些辅助性的迭代器封装类，比如back_inserter函数将返回这样一种迭代器，它会往容器尾部添加元素以自动扩充容器的大小。如此，使用copy的时候我们就不用担心目标容器容量不够的问题了。

- 有些算法函数很灵活，它可以让程序员指定一些判断、操作规则。比如第二个accumulate函数的最后一个参数，我们为其指定了一个lambda表达式用于计算两个元素之和。

STL的迭代器也是非常重要的知识点，由于本书不拟介绍它。请读者阅读相关参考资料。

接着来看示例代码5-46，它继续展示了算法函数的使用方法。

示例代码5-46　sort、binary_search算法函数示例

```
//sort用于对元素进行排序，less指定排序规则为从小到大排序
sort(bIntVector.begin(),bIntVector.end(), std::less<int>());
//binary_search：二分查找法
bool find4 = binary_search(bIntVector.begin(),bIntVector.end(),4);
/*remove_if：遍历范围内的元素，然后将它传给一个lambda表达式以判断是否需要删除某个元素。注意
  remove_if的返回值。详情见正文解释*/
auto newEnd = remove_if(aIntVector.begin(),
    aIntVector.end(),[](int value)->bool{
        if(value == -1) return true;//如果值是-1，则返回true，表示要删除该元素
        return false; });
//replace将容器内值为-2的元素更新其值为-3
replace(aIntVector.begin(),aIntVector.end(),-2,-3);
/*打印移除-1元素和替换-2为-3的aIntVector的内容，
  (1)第一行打印为-3 -3 -3
  (2)第二行打印为-3 -3 -3  -3 -3 -3
  为什么会这样？
*/
for(auto it = aIntVector.begin();it!=newEnd; ++it){cout << *it << " ";}
cout<<endl;
for(auto item:aIntVector){ cout << item << " "; }
cout<<endl;
```

示例代码5-46里的remove_if函数向读者生动展示了要了解STL细节的重要性。

- remove_if将vector中值为-1的元素remove。但是这个元素会被remove到哪去？该元素所占的内存会不会被释放？在STL中，remove_if函数只是将符合remove条件的元素挪到容器的后面去，而将不符合条件的元素往前挪。所以，vector最终的元素布局为前面是无须移动的元素，后面是被remove的元素。**但是请注意，vector的元素个数并不会发生改变**。所以，remove_if将返回一个迭代器位置，这个迭代器的位置指向被移动的元素的起始位置。即vector中真正有效的元素存储在begin()和newEnd之间，newEnd和end()之间是逻辑上被remove的元素。

- 如果初学者不知道 remove_if 并不会改变 vector 元素个数的话，就会出现示例代码 5-46 中最后一个 for 循环的结果，vector 的元素还是有 6 个，就好像没有被 remove 一样。

是不是有种迷茫的感觉？这个问题该怎么破解呢？当使用者 remove_if 调用完毕后，务必要通过 erase 来移除容器中逻辑上不再需要的元素，代码如下。

```
//newEnd和end()之间是逻辑上被remove的元素，我们需要把它从容器里真正移除！
aIntVector.erase(newEnd,aIntVector.end());
```

最后，关于 <algorithm> 的全部内容请读者参考：http://en.cppreference.com/w/cpp/header/algorithm。

5.7.3.2　函数对象

STL 中要使用函数对象相关的 API 的话需要包含头文件 <functional>，ART 中常用的函数对象如表 5-3 所示。

表 5-3　ART 源码中常用的算法函数

类或函数名	作　用
bind	对可调用对象进行参数绑定以得到一个新的可调用对象
function	模板类，示例代码 5-43 中介绍过它，用于得到一个重载了函数调用对象的类
hash	模板类，用于计算哈希值
plus/minus/multiplies	模板类，用于计算两个变量的和、差与乘积
equal_to/greater/less	模板类，用于比较两个数的大小或是否相等

函数对象的使用相对比较简单，如示例代码 5-47 所示。

示例代码 5-47　bind 函数示例

```
//fnotbind是一个lambda表达式，调用它时需要传入x、y、z三个参数
auto fnotbind = [](int x,int y, int z){
        cout<<"x="<<x<<" y="<<y<<" z="<<z<<endl;
        return x+y+z;
};
fnotbind(1,2,3);// fnotbind执行结果"x=1 y=2 z=3"
/*bind是一个作用尤为奇特的函数，它能为原可调用对象（本例是fnotbind lambda表达式）绑定一些参
  数，从而得到一个新的可调用对象。这个新的可调用对象：
  （1）可以不用传入那么多参数。
  （2）新可调用对象的参数位置和原可调用对象的参数位置可以不同。 */
auto fbind_12 = bind(fnotbind,1,2,placeholders::_1);//第一个bind
fbind_12(3);// fbind_12执行结果"x=1 y=2 z=3"
auto fbind_321 = bind(fnotbind,placeholders::_3, placeholders::_2,
                     placeholders::_1);//第二个bind
fbind_321(1,2,3);// fbind_321执行结果"x=3 y=2 z=1"
/*对上述两个bind的输出结果的解释：
bind的第一个参数是原可调用对象，它是函数指针、函数对象或lambda表达式，其后的参数就
是传递给原可调用对象的参数，其核心难点在于新可调用对象的参数与原可调用对象的参数的绑定规则：
  （1）参数按顺序绑定。以第一个bind为例，1、2先出现。这相当于fnotbind的第一个和第二个参数将
       是1和2，第三个参数是placeholders::_1。_1是占位符，它是留给新可调用对象用的，代表新对
       象的输入参数
```

```
（2）占位符用_X表示，X是一个数字，其最大值由不同的C++实现给出。bind时，最大的那个X表示新可
    调用对象的参数的个数。比如第一个bind中只用了_1，它表示得到的fbind_12只有一个参数。第
    二个bind用到了_1，_2，_3，则表示新得到的fbind_321将会有三个参数。
（3）_X 的位置和 X 的取值决定了新参数和原参数的绑定关系。以第二个 bind 为例，_3 在 bind 原可调
    用对象的参数中排第一个，但是 X 取值为 3。这表明新可调用对象的第一个参数将和原可调用对象的
    第三个参数绑定。 */
```

示例代码 5-47 重点介绍了 bind 函数的用法。如示例代码 5-47 中所说，bind 是一个很奇特的函数，其主要作用就是对原可调用对象进行参数绑定从而得到一个新的可调用对象。bind 的参数绑定规则需要了解。另外，**占位符 _X** 定义在 std 下的 placeholders 命名空间中，所以一般要用 placeholders::_X 来访问占位符。

接下来的示例代码 5-48 展示了有关函数对象其他的一些简单示例。

示例代码 5-48　函数对象示例

```
/*multiplies是一个模板类，也是一个重载了函数调用操作符的类。它的函数调用操作符用于计算输入
  的两个参数（类型由模板参数决定）的乘积。通过bind，我们得到一个计算平方的新的函数调用对象
  squareBind */
auto squareBind = bind(multiplies<int>(),placeholders::_1,placeholders::_1);
int result = squareBind(10);
cout<<"result="<<result<<endl;
/*和multipies类似，less也是一个重载了函数调用操作符的模板类。它的实例对象可以比较输入参数的大小。
  StringLessCompare是less<string>的别名，它定义了一个对象trLessCompare对strLessCompare执
  行()即可比较输入参数（类型为string，由模板参数实例化时决定）的大小 */
using StringLessCompare = less<string>;
StringLessCompare strLessCompare;
bool isless = strLessCompare("abcdef","abCDEf");//函数对象，执行它
cout<<"isless = " << isless<<endl;
```

示例代码 5-48 展示了下列内容。

- mutiplies 模板类：它是一个重载了函数操作符的模板类，用于计算两个输入参数的乘积。输入参数的类型就是模板参数的类型。
- less 模板类：和 mutiplies 类似，它用于比较两个输入参数的大小。

最后，关于 <algorithm> 的全部内容，请读者参考：http://en.cppreference.com/w/cpp/header/functional。

提示　从容器类和算法以及函数对象来看，STL 的全称标准模板库是非常名副其实的，它充分利用了和发挥了模板的威力。

5.7.4 智能指针类

我们在 5.3.3 节中曾介绍过智能指针类。C++11 此次在 STL 中推出了两个比较常用的智能指针类。

- shared_ptr：共享式指针管理类。内部有一个引用计数，每当有新的 shared_ptr 对象指向同一个被管理的内存资源时，其引用计数会递增。该内存资源直到引用计数变成 0 时才会被释放。

- unique_ptr：独占式指针管理类。被保护的内存资源只能赋给一个unique_ptr对象。当unique_ptr对象销毁、重置时，该内存资源被释放。一个unique_ptr源对象赋值给一个unique_ptr目标对象时，内存资源的管理从源对象转移到目标对象。

shared_ptr和unique_ptr的思想其实都很简单，就是借助引用计数的概念来控制内存资源的生命周期。相比shared_ptr的共享式指针管理，unique_ptr的引用计数最多只能为1罢了。

> **注意 环式引用问题**
>
> 虽然有shared_ptr和unique_ptr，但是C++的智能指针依然不能做到Java那样的内存自动回收。并且，shared_ptr的使用也必须非常小心，因为单纯的借助引用计数无法解决环式引用的问题，即A指向B，B指向A，但是没有别的其他对象指向A和B。这时，由于引用计数不为0，A和B都不能被释放。

下面分别来看shared_ptr和unique_ptr的用法。

5.7.4.1 shared_ptr介绍

示例代码5-49为shared_ptr的用法示例，难度并不大。

示例代码5-49 shared_ptr用法

```
class SPItem{//测试类
public:
        SPItem(int x):mx{x}{cout<<"in SPItem mx="<<mx<<endl;}
        ~SPItem(){ cout<<"in ~SPItem mx="<<mx<<endl; }
        int mx;
};
//测试代码
/*make_shared是很常用的辅助函数模板
 (1) new一个SPItem对象。make_shared的参数为SPItem构造函数的参数
 (2) 并返回一个shared_ptr对象,shared_ptr重载了->和*操作符*/
shared_ptr<SPItem> item0 = make_shared<SPItem>(1);
cout<<"item0->mx="<<item0->mx<<endl;
/*(1) 将item0赋值给一个新的shared_ptr对象，这将递增内部的引用计数
  (2) get: 返回所保护的内存资源地址。两个对象返回的值必然相同*/
shared_ptr<SPItem> item1 = item0;
if(item0.get() == item1.get()){
    cout<<"item0 and item1 contains same pointer"<<endl;
}
//use_count返回引用计数的值，此时有两个shared_ptr指向同一块内存，所以输出为2
cout<<"use count = "<<item1.use_count()<<endl;

/*(1) reset函数：释放之前占用的对象并指向新的对象释放将导致引用计数递减。如果引用计数变成0，则内
        存被释放
  (2) item1指向新的SPItem
  (3) use_count变成1    */
item1.reset(new SPItem(2));
cout<<"(*item1).mx="<<(*item1).mx<<endl;
cout<<"use count = "<<item1.use_count()<<endl;
```

在示例代码5-49中：

- STL提供一个帮助函数**make_shared**来构造被保护的内存对象以及一个的shared_ptr对象。
- 当item0赋值给item1时，引用计数（通过**use_count**函数返回）递增。
- **reset**函数可以递减原被保护对象的引用计数，并重新设置新的被保护对象。

关于shared_ptr更多的信息，请参考：http://en.cppreference.com/w/cpp/memory/shared_ptr。

5.7.4.2 unique_ptr介绍

ART中使用unique_ptr远比shared_ptr多，它的用法比shared_ptr更简单，如示例代码5-50所示。

示例代码5-50 unique_ptr用法

```
/* （1）直接new一个被保护的对象，然后传给unique_ptr的构造函数
   （2）release将获取被保护的对象，注意，从此以后unique_ptr的内存管理权也将丢失。
       所以，使用者需要自己delete内存对象  */
unique_ptr<SPItem> unique0(new SPItem(3));
SPItem*pUnique0 = unique0.release();//release后，unique0将抛弃被保护对象
delete pUnique0;

/* （1）unique_ptr重载了bool类型转换操作符，用于判断被保护的指针是否为nullptr
   （2）get函数可以返回被保护的指针
   （3）reset将重置被保护的内存资源，原内存资源将被释放。*/
unique_ptr<SPItem> unique1(new SPItem(4));
unique_ptr<SPItem> unique2 = std::move(unique1);
if(unique1 == false){
    cout<<"after move,the pointer is "<<unique1.get()<<endl;
}
unique2.reset();//
```

关于unique_ptr完整的API列表，请参考http://en.cppreference.com/w/cpp/memory/unique_ptr。

5.7.5 探讨STL的学习

本章对STL进行了一些非常粗浅的介绍。结合笔者个人的学习和使用经验，STL初看起来是比较容易学的。因为它更多关注的是如何使用STL定义好的类或者函数。从“**使用现成的API**”这个角度来看，有Java经验的读者应该毫不陌生。因为Java平台从诞生之初就提供了大量的功能类，熟练的Java程序员使用它们时早已能做到信手拈来。同理，C++程序员初学STL时，最开始只要做到会查阅API文档、了解API的用法即可。

但是，正如前面介绍copy、remove_if函数时提到的那样，STL的使用远比掌握API的用法要复杂得多。如果要真正学好、用好STL，了解其内部大概的实现是非常重要的。并且，这个重要性不仅停留在“**可以写出更高效的代码**”这个层面上，它更可能涉及“**避免程序出错，内存崩溃等各种莫名其妙的问题**”上。这也是笔者反复强调要学习参考资料[2]的重要原因。另外，C++之父编写的参考资料[3]在第IV部分也对STL进行了大量深入的介绍，读者也可以仔细阅读。

要研究STL的源码吗?

对绝大部分开发者而言，笔者觉得研究STL的源码必要性不大。http://en.cppreference.com网站中会给出有些API的可能实现，读者查找API时不妨了解下它们。

5.8 其他常用知识

本节介绍ART代码中一些其他的常见知识。

5.8.1 initializer_list

initializer_list与C++11中的一种名为“列表初始化”的技术有关。什么是列表初始化呢？来看一段代码：

```
vector<int> intvec = {1,2,3,4,5};
vector<string> strvec{" one"," two"," three" };"
```

在上面代码中，intvect和strvect的初值由两个花括号{}和其中的元素来指定。在C++11中，花括号和其中的内容就构成一个列表对象，其类型是initializer_list，也属于STL标准库。

initializer_list是一个模板类，花括号中的元素的类型就是模板类型。并且，列表中的元素的数据类型必须相同。

另外，如果类创建的对象实例构造时想支持列表方式的话，需要单独定义一个构造函数。我们来看示例代码5-51。

示例代码5-51 initializer_list

```
class Test{
public:
    //①定义一个参数为initializer_list的构造函数
    Test(initializer_list<int> a_list){
        //②遍历initializer_list，它也是一种容器
        for(auto item:a_list)
            cout<<" item=" <<item<<endl;
        }
    }
}
Test a = {1,2,3,4};//只有Test类定义了①，才能使用列表初始化构造对象
initializer_list<string> strlist = {" 1"," 2"," 3" };
using ILIter = initializer_list<string>::iterator;
//③通过iterator遍历initializer_list
for(ILIter iter = strlist.begin();iter != strlist.end();++iter){
    cout<<" item = "  << *iter << endl;
}
```

5.8.2 带作用域的enum

enum应该是广大程序员的老相识了，它是一个非常古老、使用广泛的关键词。不过，C++11中的enum有了新的变化，我们通过两段代码来了解它。

```
//在C++11之前的传统enum，C++11继续支持
enum Color{red,yellow,green};
//在C++11之后，enum有一个新的形式：enum class或者enum struct
enum class ColorWithScope{red,yellow,green}
```

由上述代码可知，C++11为古老的enum添加了一种新的形式，叫enum class（或enum struct）。enum class和Java中的enum类似，它是有作用域的，比如下列代码所示。

```
//对传统enum而言：
int a_red = red; //传统enum定义的color仅仅是把一组整型值放在一起罢了
//对enum class而言，必须按下面的方式定义和使用枚举变量。
//注意，green是属于ColorWithScope范围内的
ColorWithScope a_green = ColorWithScope::green;//::是作用域符号
//还可以定义另外一个NewColor，这里的green则是属于AnotherColorWithScope范围内
enum class AnotherColorWithScope{green,red,yellow};
//同样的做法对传统enum就不行，比如下面的enum定义将导致编译错误，
//因为green等已经在enum Color中定义过了
enum AnotherColor{green,red,yellow};
```

5.8.3 constexpr

const一般翻译为常量，它和Java中的final含义一样，表示该变量定义后不能被修改。但C++11在const之外又提出了一个新的关键词——constexpr，它是const expression（常量表达式）的意思。constexpr有什么用呢？很简单，就是定义一个**常量**。

读者一定会觉得奇怪，const不就是用于定义常量的吗，为什么要再来一个constexpr呢？关于这个问题的答案，让我们通过例子来回答。先看下面两行代码。

```
const int x = 0;//定义一个整型常量x，值为0
constexpr int y = 1; //定义一个整型常量y，值为1
```

在上面代码中，x和y都是整型常量，但是这种常量的初值是由字面常量（0和1就是字面常量）直接指定的。在这种情况下，const和constexpr没有什么区别（注意，const和constexpr的变量在指向指针或引用型变量时，二者还是有差别，此处不表）。

不过，对于下面一段代码，二者的区别立即显现了：

```
int expr(int x){//测试函数
    if(x == 1) return 0;
    if(x == 2) return 1;
    return -1;
}
const int x = expr(9);
x = 8;//编译错误，不能对只读变量进行修改
constexpr int y = expr(1);//编译错误，因为expr函数不是常量表达式
```

在上面代码中：

- x定义为一个const整型变量，但因为expr函数会根据输入参数的不同而返回不同的值，所以x其实只是一个**不能被修改的量**，而不是严格意义上的**常量**。**常量**的含义不仅仅是它的值不能被改变，并且它的值必须是固定的。
- 对于这种情况，我们可以使用constexpr来定义一个货真价实的常量。constexpr将告知编译器对expr函数进行推导，判断它到底是不是一个常量表达式。很显然，编译器

判断 expr 不是常量表达式，因为它的返回值受输入参数的影响。所以上述 y 变量定义的那行代码将无法通过编译。

所以，constexpr 关键词定义的变量一定是一个常量。如果等号右边的表达式不是常量，那么编译器会报错。

常量表达式的推导工作是在编译期决定的。

5.8.4 static_assert

assert，也叫断言。程序员一般在代码中一些关键地方加上 assert 语句用以检查参数等信息是否满足一定的要求。如果要求达不到，程序会输出一些警告语（或者直接异常退出）。总之，assert 是一种程序**运行时**进行检查的方法。

有没有一种方法可以让程序员在代码的**编译期也能做一些检查**呢？为此，C++11 推出了 static_assert，它的语法如下。

```
static_assert ( bool_constexpr , message )
```

当 bool_constexpr 返回为 false 的时候，编译器将报错，报错的内容就是 message。注意，这都是在编译期间做的检查。

读者可能会好奇，什么场合需要做编译期检查呢？举个最简单的例子。假设我们编写了一段代码，并且希望它只能在 32 位的机器上才能编译。这时就可以利用 static_assert 了，方法如下：

```
static_assert(sizeof(void*) == 4,
              "can only be compiled in 32bit machine");
```

包含上述语句的源码文件在 64 位机器上进行编译将出错，因为 64 位机器上指针的字节数是 8，而不是 4。

5.9 参考资料

本章对 C++ 语言（以 C++11 的名义）进行了简略地介绍，因为本章的目的在于帮助 Java 程序员和不熟悉 C++11 但是接触过 C++98/03 的程序员对 C++11 有一个直观的认识和了解，这样我们在将来带领读者分析 ART 代码时才不会觉得陌生。对于那些有志于更进一步学习 C++ 的读者们，下面列出的 5 本必不可少的参考书。

[1] C++ Primer 中文版第 5 版

作者是 Stanley B.Lippman 等人，译者为王刚，杨巨峰等，由电子工业出版社出版。如果对 C++ 完全不熟悉，建议从这本书入门。

[2] C++ 标准库第二版

作者是 Nicolai M.Josuttis，此书中文版译者是台湾著名的 IT 作家侯捷。C++ 标准库即是 TL（Standard Template Library，标准模板库）。相比 Java 这样的语言，C++ 其实也提供了诸如容器、字符串、多线程操作（C++11 才正式提供）等这样的标准库。

[3] The C++ Programming Language 4th Edition

作者是 C++ 之父 Bjarne Stroustrup，目前只有英文版。这本书写得很细，由于是英文版，所以读起来也相对费事。另外，书里的示例代码有些小错误。

[4] C++ Concurrency In Action

作者是 Anthony Williams。C++11 标准库增加了对多线程编程的支持，如果打算用 C++11 标准库里的线程库，请读者务必阅读此书。这本书目前只有英文版。说实话，笔者看完这本书前 5 章后就不打算继续看下去了。因为 C++11 标准库对多线程操作进行了高度抽象的封装，这导致用户在使用它的时候还要额外去记住 C++11 引入的特性，非常麻烦。所以，我们在 ART 源码中发现谷歌并未使用 C++11 多线程标准库，而是直接基于操作系统提供的多线程 API 进行了简单的、面向对象的类封装。

[5] 深入理解 C++11:C++11 新特性解析与应用

作者是 Mical Wang 和 IBM XL 编译器中国开发团队，机械工业出版社出版。

[6] 深入应用 C++11 代码优化与工程级应用

作者是祁宇，机械工业出版社出版。

[5] [6] 这两本书都是由国人原创，语言和行文逻辑更符合国人习惯。相比前几本而言，这两本书主要集中在 C++11 的新特性和应用上，读者最好先有 C++11 基础再来看这两本书。

建议读者先阅读 [5]。注意，[5] 还贴心地指出每一个 C++11 的新特性适用于哪种类别的开发者，比如所有人、部分人、类开发者等。所以，读者应该根据自己的需要，选择学习相关的新特性，而不是尝试一股脑把所有东西都学会。

第 6 章 Chapter 6

编译 dex 字节码为机器码

Android 在 Dalvik 时代采用的是 Java 虚拟机技术中较为成熟的 Just-In-Time(即时编译，简写为 JIT) 编译方案，JIT 会将热点 Java 函数的字节码转换成机器码，这样可提升虚拟机的运行速度。而 Android 虚拟机换为 ART 后，Google 最初却非常激进地抛弃了 JIT，转而采用了 Ahead-Of-Time（预编译，简写为 AOT）编译方案。AOT 导致系统在安装应用程序之时就会尝试将 APK 中大部分 Java 函数的字节码转换为机器码，其尽一切可能提升虚拟机运行速度的努力用心良苦。但 AOT 却带来了应用程序安装时间过长，编译生成的 oat 文件过大等一系列较为影响用户体验的副作用。为此，Android 在 7.0（Nougat）中对 ART 虚拟机进行了改造，综合使用了 JIT、AOT 编译方案，解决了纯 AOT 的弊端，同时还达到了预期目标。本章就来介绍 ART 中将 dex 字节码编译成本地机器码方面的知识。

本章所涉及的源代码文件名及位置

- block_builder.cc:art/compiler/optimizing/
- nodes.cc,nodes.h:art/compiler/optimizing/
- instruction_builder.cc:art/compiler/optimizing/
- ssa_builder.cc:art/compiler/optimizing/
- optimizing_compiler.cc:art/compiler/optimizing/
- dex_file_method_inliner.cc:art/compiler/dex/quick/
- intrinsics.cc:art/compiler/optimizing/
- constant_folding.cc:art/compiler/optimizing/
- side_effects_analysis.cc:art/compiler/optimizing/
- gvn.cc:art/compiler/optimizing/

- licm.cc:art/compiler/optimizing/
- induction_var_analysis.cc:art/compiler/optimizing/
- load_store_elimination.cc:art/compiler/optimizing/
- ssa_liveness_analysis.cc:art/compiler/optimizing/
- code_generator.cc:art/compiler/optimizing/
- locations.h:art/compiler/optimizing/
- register_allocator.cc:art/compiler/optimizing/
- registers_x86.h:art/runtime/arch/x86/
- constants_x86.h:art/compiler/utils/x86/
- managed_register_x86.h:art/compiler/utils/x86/

编译是计算机科学中一门非常基础、重要的专业技术领域。几乎从编程语言诞生起，编译技术就随之出现。虽然最近这些年新编程语言推出的速度有所下降，但编译技术和相关的编译工具链却并没有停止发展的脚步。比如已开源的，拥有较强拓展性的LLVM（Low Level Virtual Machine）编译器框架和相关编译工具大有取代传统老牌GCC编译工具之势。并且，未来新出现的编程语言、现有编程语言的新特性以及更高端硬件的推出都会对当下的编译技术提出较大的挑战。所以，编译技术相关的领域在将来很长一段时间内都会保持较高的活跃程度。

从知识角度来看，编译和与之有关的理论组成了一门公认的、难度非常大的学科。国内外绝大部分大学的计算机系在本科、研究生阶段都将编译原理列为必修课程，而且授课的学时都不短。这足以体现其难度和受重视的程度。而笔者在撰写本章过程中也碰到了巨大的挑战。

- 作为一本以实用为主的书籍，该如何安排本章内容，使得读者既能了解编译技术的全貌，又不会束缚在复杂的理论细节之中呢？
- 该如何针对本书的主角ART虚拟机做到有的放矢呢？

经过反复考虑和尝试，笔者拟按如下顺序介绍编译技术。

- 首先介绍主流的三段式编译器的架构。
- 接着介绍三段式编译器的第一段——前端（Frontend）。前端的工作集中在词法分析、语法分析、语义分析以及中间表示生成这几个主要部分。因为词法分析和语法分析在日常编程中有比较重要的作用，所以笔者拟通过lex和yacc这两个工具来介绍它们。而语义分析和中间表示由于难度较大，专业性过强，笔者不拟详细讨论它们。
- 然后介绍三段式编译器的第二段——优化器。优化器是一个非常复杂的课题，同时它也是ART编译器中最重要的一部分。在此，笔者仅介绍ART中用到的优化手段。这部分以原理讲解为主，不涉及太多的理论实现和算法细节。
- 最后介绍三段式编译器中最后一段——后端（Backend）。后端的工作主要是机器码生成。笔者拟结合ART中的相关代码来介绍它。

现在先来认识一下编译器的全貌。

6.1 编译器全貌介绍

经过多年的探索和发展，业界普遍认为编译器在功能划分上最好是三段式[1]的，如图 6-1 所示。

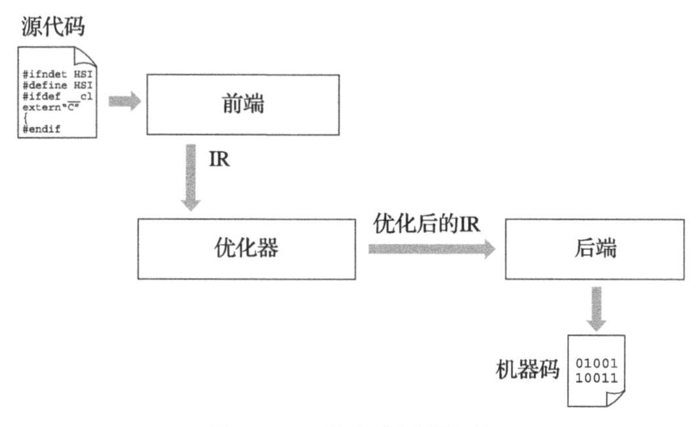

图 6-1　三段式编译器架构

图 6-1 为三段式编译器的主要模块。

- 第一段叫前端（Frontend）：其输入为源代码，输出为中间表示（Intermediate Representation，简写为 IR，IR 也被称作中间代码、中间语言）。IR 没有标准语法。各编译器都可以自定义 IR。比如 LLVM 就有 LLVM IR，而 Java 字节码也是一种 IR。前端的工作主要是解析输入的源码，并对其进行词法分析、语法分析、语义分析、生成对应的 IR 等。
- 第二段叫优化器（Optimizer）。优化器的输入是未优化的 IR，输出是优化后的 IR。常用的优化手段有循环优化、常量传播和折叠、无用代码消除、方法内联优化等。另外，优化器在优化阶段的最后还要执行一项非常重要的工作，即考虑如何分配物理寄存器。比如，IR 中往往使用不限个数的虚拟寄存器，而目标机器的物理寄存器的个数却是有限的。所以优化器需要有一种方法来合理分配物理寄存器。而对那些不能保存在物理寄存器中的值，优化器还需要生成将这些值存储到内存、从内存中读取它们的指令。
- 最后一段叫后端（Backend）。其输入为优化后的 IR，输出为目标机器的机器码。后端的主要功能是将 IR 翻译成机器码。

Backend 和 Code Generator

从功能上来看的话，称上述的 Backend 为 Code Generator（代码生成器）会更为准确。在两段式编译器架构中，Backend 就包括优化器和代码生成器这两个部分。而在三段式编译器架构中，优化器和代码生成器被分离开来，所以 Backend 就只有代码生成的功能了。

为什么三段式编译器的架构设计会得到业界的普通认可呢？因为这种结构具有较强的可拓展性。来看图 6-2。

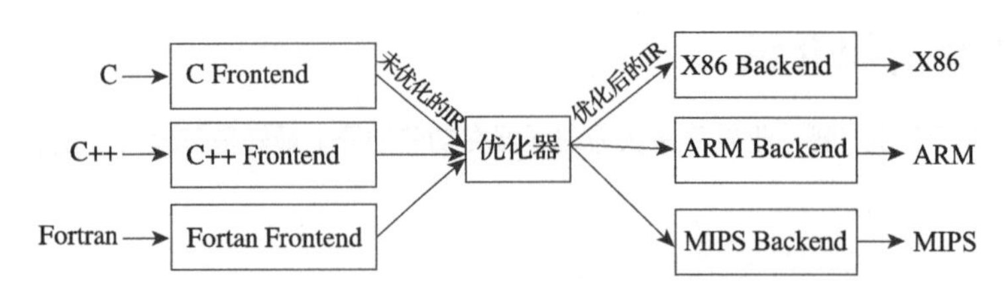

图 6-2　三段式编译器的可扩展性

在图 6-2 中：

- ❑ 不同语言的开发者可以开发针对特定语言的前端模块，比如 C、C++、Fortran。这些前端模块只要将对应语言的源代码转换成 IR 即可。
- ❑ 优化器模块的输入是 IR，输出也是 IR。这种设计的好处是擅长优化的开发者可以将精力集中在如何优化 IR 上，而不会被输入的编程语言以及目标机器的特性所束缚。
- ❑ 同理，开发者可为不同目标机器开发对应的后端模块。如图 6-2 中针对 X86、ARM 和 MIPS 机器的后端模块。

总体而言，三段式编译器架构的设计充分体现了“术业有专攻”的重要性和必要性。因为对难度如此之大的编译器开发而言，很少有开发者能同时精通这三个模块。通过将编译器拆分成三个较为独立的模块，开发者就能集中精力于他们所擅长的部分，不断去发展和完善它们。

LLVM 和 GCC

LLVM 只是一个编译器基础架构和编译器开发库，而不是一个完整的编译器（LLVM 不包括 Frontend）。不过，LLVM 从设计之初就高瞻远瞩地定义了 LLVM IR，并且其内部采用高度独立的模块化设计。在 LLVM 架构上，搭配针对不同编程语言的前端就可以构造相应语言的编译器。比如 Clang 搭配 LLVM 就构成了 C/C++ 编译器。另外，LLVM 内部模块也可以单独提炼出来以库（动态库或静态库都支持）的方式供其他程序使用。这些因素都使得 LLVM 展现出了强大的可扩展性和生命力。相比而言，GCC 也有自定义的 IR。不过由于历史原因，其三段之间的耦合非常大，开发者很难优化其中某些部分或者单独使用某个模块。参考资料 [1] 对 LLVM 的架构、GCC 的问题等有更详细的介绍，读者不妨一看。另外，LLVM 可以搭配 GCC 使用，只要将 GCC 的前端模块和 LLVM 组合，就能得到一个性能比 GCC 还强大的编译器 [2]。

对 ART 虚拟机而言，其编译模块没有包含 Frontend，因为从 Java 源代码到 Dex 字节码的前端工作是在 APP 开发过程中由 Java 编译器、dex 工具完成的。图 6-3 为 ART 虚拟机中编译模块的情况。

图 6-3 所示为 ART 虚拟机中 dex 字节码到目标机器码的编译流程。

- ❑ ART 虚拟机中的编译器只包括优化器和后端，优化器的输入是 dex 字节码，其输出是 ART 定义的 HInstruction。
- ❑ ART 虚拟机的后端支持 X86、ARM、MIPS 架构的 32 位和 64 位平台。

图 6-3 还展示了 ART 编译优化器的一些情况。

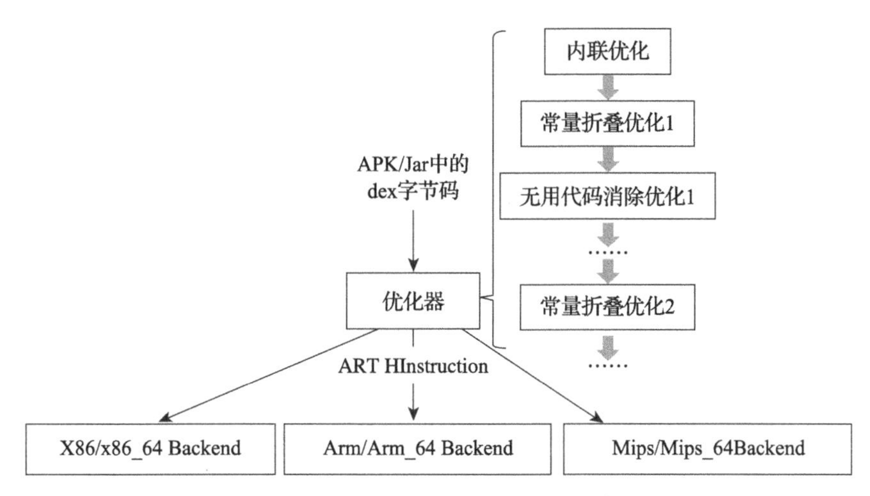

图 6-3　ART 虚拟机中 dex 字节码的编译流程

- 编译优化有很多方法，分别针对不同的优化目标，比如图 6-3 中的方法内联优化，以及无用代码消除优化、常量折叠优化等。
- 优化工作不是一蹴而就的，而是需要“一趟一趟”(或者说“一遍一遍”) 地开展。每一趟（英文称作一个 Pass）的执行都针对一个特定的优化目标。优化任务的**执行顺序**很有讲究。比如，死代码消除优化一般在常量折叠优化之后执行。因为常量折叠优化可能会使原来一些代码变得无效。另外，同一个优化任务可能会在整个优化过程中执行多次。

为了加深读者对优化器“一趟一趟”执行优化任务的认识，图 6-4 展示了 ART 编译优化的部分代码。

```
HOptimization* optimizations1[] = {
  intrinsics,
  sharpening,
  fold1,
  simplify1,
  dce1,
};
RunOptimizations(optimizations1, arraysize(optimizations1), pass_observer);

static void RunOptimizations(HOptimization* optimizations[],
                             size_t length,
                             PassObserver* pass_observer) {
  for (size_t i = 0; i < length; ++i) {
    PassScope scope(optimizations[i]->GetPassName(), pass_observer);
    optimizations[i]->Run();
  }
}
```

多个优化目标

“一趟一趟”地执行各个优化目标

图 6-4　ART 编译优化的执行过程示例

在图 6-4 中，ART 将多个优化目标组织成一个数组，然后 RunOptimizations 用一个 for 循环来依次执行每一个优化任务。

6.2 编译器前端介绍

简单来说，编译器前端[3][4]依次包括词法分析、语法分析、语义分析、IR生成等几个主要步骤。它们不光是编译程序的时候才使用，每一个尝试阅读源代码的人都会不自觉地使用它们。来看一个例子。

- 当我们阅读一段代码时，首先会用眼睛去看它。看的过程实际上就是在扫描。扫描过程中，代码是以单个字符的方式被识别出来的。比如，"int a = 0;"这一行代码，它们实际是以一个个字符的方式被眼睛扫描出来，然后存入大脑某个区域。
- 接下来我们要对这行代码进行处理。首先是词法分析（Lexical Analysis），它将识别字符串中的单词，单词被称作Token，也叫标记。什么是Token呢？以编程语言为例，它包括**关键字**（比如if、for、int、long等）、**标识符**（变量名、函数名等）、**运算符**（+、-、*、/等）、**常量**（字符串常量、数值常量等）、**界定符**（Demiliter，如空格、分号、括号等有特殊含义的符号）等。显然，Token的定义和具体编程语言密切相关。另外，词法分析用到的技术说出来一点也不神秘，就是正则表达式。
- 词法分析输出的是Token Stream（单词流，就是一连串的Token）。懂英语的朋友可能每个Token都认识（Token毕竟只是一些英文、数字等字符的组合罢了），但不懂编程的人却一定不知道这些Token组合起来是什么意思。所以，词法分析之后登场的就是语法分析（Syntax Analysis）。它将根据特定编程语言的文法规则对输入的Token流进行分析。文法规则也叫语法规则。比如，有着“主语谓语宾语”结构的句子是一个语法正确的句子，这就是一条语法规则。
- 语法正确的句子并不代表其语义也正确。比如，“人是植物”这句话符合“主语谓语宾语”的语法规则，但语义却不正确。所以编译器前端需要使用语义分析对源码进行检查，比如类型检查、语句相关性检查（比如case只能出现在switch语句里）、一致性检查（相同作用域内是否有重名变量）等。语义分析要综合代码的上下文信息，所以它也叫上下文相关分析（Context Sensitive Analysis）。
- 最后，编译器前端将生成源代码对应的IR。IR有单地址代码、二地址代码和三地址代码等几种常用组织形式。另外，从IR与源代码、目标机器码接近程度来看，IR还可分为高级IR（High IR，尽可能保持了源语言程序的结构，从而保留较多的源程序的原始语义信息。HIR在实际编译器中用得比较少），中级形式IR（Middle IR，兼顾源语言和目标机器的特性，但并不被它们所束缚，同时还能适用于大多数优化方法。MIR用得比较普遍，比如LLVM IR）和低级形式IR（Low IR，接近于目标机器码的一种IR形式，用得也比较少）。

类比

当程序员的大脑分析代码到这个阶段时，代码含义也被解释了出来。比如“int a = 0;”这行代码在大脑中很可能被翻译成“定义一个整型变量a，其初值为0”这样的内容。如果同一作用域内还有一个变量也取名为a的话，程序员一定会怀疑是不是代码写错了。

上文介绍了编译器前端的几个主要构成部分，从它们的实现方式来看：

- 词法和语法分析可以手工编码（即编译器的实现者自己编写代码）或者用一些自动生成工具来生成相关代码，如下文要介绍的 lex 和 yacc。
- 语义分析和 IR 难度较大，没有成熟通用的算法和自动生成工具，所以常常需要手工编码来实现。

接下来我们将通过 lex 和 yacc 这两个工具介绍词法分析和语法分析。最后将简单介绍语义分析和 IR。

6.2.1　词法分析和 lex

词法分析的目标是识别输入字符流中的特定单词，其用到的基础技术就是正则表达式。在此，笔者拟直接介绍词法分析中的重要工具 lex。

6.2.1.1　lex 工具介绍

lex 是 Unix 平台（包括 Linux）上的一个工具程序，它能将输入的 lex 规则文件转换成对应的 C 代码。编译这个 C 代码就可得到一个能对输入的字符串按照指定规则（在输入的 lex 规则文件中指定）进行词法分析的可执行程序了。图 6-5 为 lex 的使用流程。

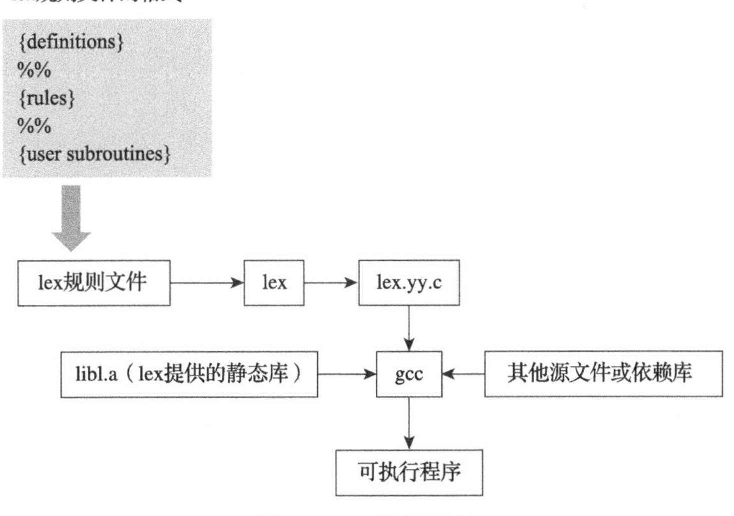

图 6-5　lex 使用示意

在图 6-5 中：

- 开发者首先要根据 lex 规则文件的格式编写 lex 规则文件，然后使用 lex 工具生成对应的 C 源码文件（也可以生成 C++ 源文件）。默认生成的源码文件名为 lex.yy.c（也可以指定其他文件名）。
- 接着使用编译工具（gcc、g++、clang 等）编译 lex.yy.c。其间将用到 libl.a（lex 提供的静态库）和其他一些依赖的源文件和依赖库等。编译链接后将得到一个可执行程序。该可执行程序就能够进行词法分析了。当然，词法分析所依赖的规则由 lex 规则文件所指定。

通过图 6-5 所示的 lex 规则文件可知，lex 规则文件包含三个部分。

- 定义段（definition section），定义段可以为复杂的正则表达式定义一个别名（类似 C/C++ 中的宏定义）。定义段之后的**规则段**中可以使用这些别名来简化复杂正则表达式的书写。另外，定义段还可以包含一些需要原封不动的输出到源码文件中的内容（这些内容必须包含在 %{ 和 %} 中）。注意，lex 规则文件中可以没有定义段。
- 规则段（rules section）：定义段和规则段之间通过 **%% 符号**隔开。不管有没有定义段，%% 符号必须存在。规则段是 lex 规则文件的核心，它描述的是输入字符串匹配某个正则表达式时什么样的 action 将被执行。action 可以是一段 C/C++ 代码，也可以是 lex 定义的某个动作（其实就是 lex 定义的几个宏）。
- 用户子程序段（user subroutines section）：lex 在生成源码时，会原封不动地将该段中的内容拷贝到输出的源码文件中。此段内容一般是 C 代码。和定义段类似，该段也不是必须存在的。如果没有这部分内容，最后一个 %% 符号也不需要。

马上通过一个简单的 lex 示例来加强对上述知识点的理解。图 6-6 为该示例定义的 lex 规则文件。

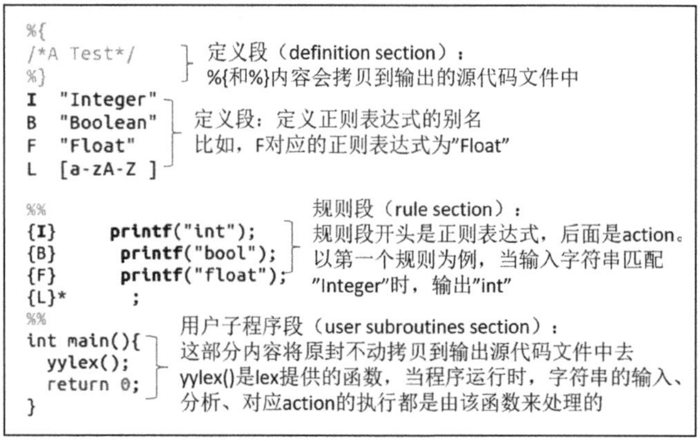

```
%{
/*A Test*/
%}
I  "Integer"
B  "Boolean"
F  "Float"
L  [a-zA-Z ]

%%
{I}      printf("int");
{B}       printf("bool");
{F}       printf("float");
{L}*       ;
%%
int main(){
  yylex();
  return 0;
}
```

定义段（definition section）：
%{和%}内容会拷贝到输出的源代码文件中

定义段：定义正则表达式的别名
比如，F对应的正则表达式为"Float"

规则段（rule section）：
规则段开头是正则表达式，后面是action。
以第一个规则为例，当输入字符串匹配
"Integer"时，输出"int"

用户子程序段（user subroutines section）：
这部分内容将原封不动拷贝到输出源代码文件中去
yylex()是lex提供的函数，当程序运行时，字符串的输入、分析、对应action的执行都是由该函数来处理的

图 6-6 simple.lex 示例

Ubuntu 下执行 "lex simple.lex" 命令后可为图 6-6 的 lex 规则文件生成一个 lex.yy.c 的 C 源码文件。图 6-7 展示了它的部分代码。

最后还需要将这个 lex.yy.c 编译成一个可执行程序。笔者使用的方法是 "g++ lex.yy.c -o simple -ll"。其中：

- "-ll" 指明编译时需要链接 lex 工具提供的 libl.a 库。
- "-o" 指定生成的可执行程序文件名为 simple。

图 6-8 展示了执行 simple 程序并输入一些字符串得到的处理结果。

图 6-8 中，笔者对 simple 进行了测试。

- 输入为 "Integer" 时，simple 打印 "int"。这符合我们在 simple.lex 中设定的规则。
- 输入为 "Floaty" 时，simple 只是简单地换行，没有其他任何输出。不过，为什么不输出 "floaty" 呢？

❑ 输入为"Float"时，simple打印"float"。

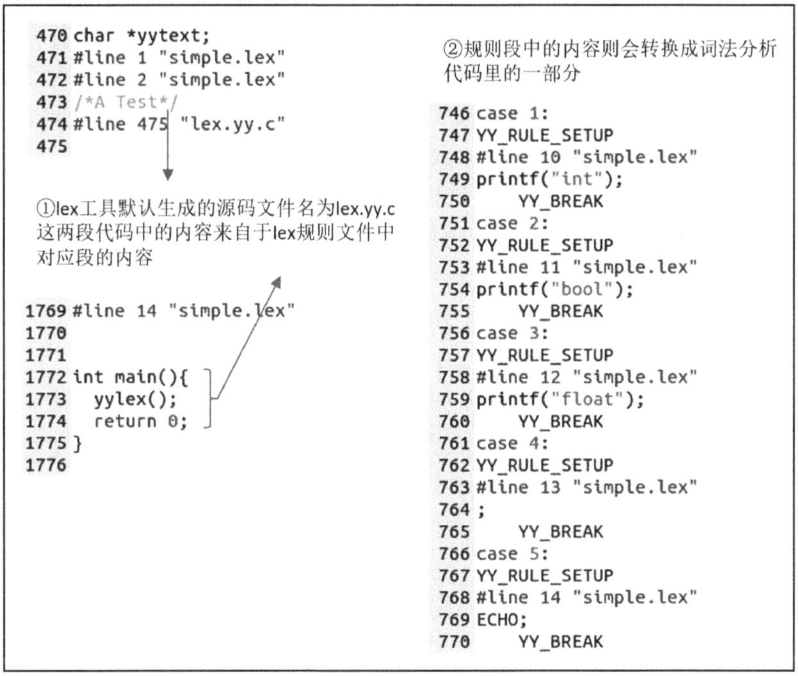

```
470 char *yytext;
471 #line 1 "simple.lex"
472 #line 2 "simple.lex"
473 /*A Test*/
474 #line 475 "lex.yy.c"
475
```

①lex工具默认生成的源码文件名为lex.yy.c
这两段代码中的内容来自于lex规则文件中对应段的内容

```
1769 #line 14 "simple.lex"
1770
1771
1772 int main(){
1773   yylex();
1774   return 0;
1775 }
1776
```

②规则段中的内容则会转换成词法分析代码里的一部分

```
746 case 1:
747 YY_RULE_SETUP
748 #line 10 "simple.lex"
749 printf("int");
750       YY_BREAK
751 case 2:
752 YY_RULE_SETUP
753 #line 11 "simple.lex"
754 printf("bool");
755       YY_BREAK
756 case 3:
757 YY_RULE_SETUP
758 #line 12 "simple.lex"
759 printf("float");
760       YY_BREAK
761 case 4:
762 YY_RULE_SETUP
763 #line 13 "simple.lex"
764 ;
765       YY_BREAK
766 case 5:
767 YY_RULE_SETUP
768 #line 14 "simple.lex"
769 ECHO;
770       YY_BREAK
```

图6-7　yy.lex.c部分内容展示

最长字符串匹配原则

图6-8第二个测试案例中，输入为"Floaty"，但simple却没有打印出"floaty"，即使"Floaty"的前5个字符匹配"Float"规则。这是因为词法分析采用的是最长字符串匹配规则。虽然"Floaty"前5个字符匹配”Float“，但是"Floaty"整体这6个字符却匹配图6-6中最后一个规则{L}*。所以对"Floaty"而言，lex认为最后一个规则才是匹配的。这就是最长字符串匹配原则。由于该规则的动作是什么也不干（其action部分只有一个分号），所以simple只输出了换行。

编写lex规则文件是使用lex过程中最重要的一步，下面来介绍与lex规则相关的知识。

6.2.1.2　lex规则

lex中的一条规则包含左右两部分：

❑ 位于规则左部的是该规则对应的正则表达式。

❑ 位于规则右部的是该正则表达式对应的动作（action）。action可以是C/C++的代码，也可以使用lex定义的一些宏。左右两部分之间通过空格或Tab制表符隔开。

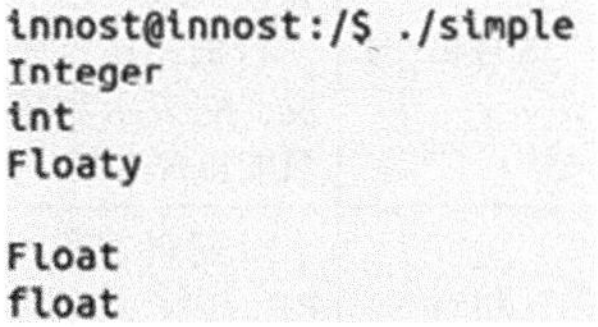

先来看规则中的正则表达式。

```
innost@innost:/$ ./simple
Integer
int
Floaty

Float
float
```

图6-8　simple执行结果示意

6.2.1.2.1 正则表达式和 action

正则表达式（Regular Expression）是一种用于描述字符串匹配模式的方法。一条正则表达式本身是由普通字符（例如字符 a 到字符 z，数字字符 0 到 9）或一些特殊字符（比如 []，*，？等有特殊含义的字符，也叫**元字符**）组成，比如图 6-6 中的两个 RE，

- "Integer"：此条 RE 描述的规则用于匹配任何一个包含 "Integer"（区分大小写）的字符串，比如 "Integer X""This is a Integer A" 等都满足这条 RE。
- "[a-zA-Z]*"：这条 RE 匹配的是这样一种字符串，它包含任意数量的小写字符 a 到 z，大写字符 A 到 Z 或空格的组合。比如 "aaa bb AA ZZ"，"You are God　ahahani" 这样的字符串都能匹配这条 RE。

RE 并不复杂，表 6-1 总结了 lex 中常用的 RE 语法。

表 6-1　RE 的语法

字符组合	含　义	说明或示例
"" 双引号	双引号内部的字符（包括元字符）必须逐一匹配（区分大小写）	比如 "Integer""Float" 这样的 RE，只有输入的字符串包含双引号中字符且大小写也完全一样时，才能匹配成功。再比如 "abc+" 可用于匹配包含 "abc+" 这样的字符串。+ 号本来是 RE 中的元字符，但是在双引号中不再按元字符解释
. 号	. 号匹配任意字符（除了 \n 换行符）	除换行符 \n 外，. 号可代表任意字符。如果要表达 . 号本身，则需要使用转移字符 \. 或者 "."
[] 方括号（可配合使用连字符 - 和取反符 ^）	方括号表示可匹配字符的取值范围。取反符 ^ 号则表示不使用方括号中列出的字符。方括号中还可使用连字符 - 表示一个连续的字符取值范围。注意，连字符 - 只能出现在方括号中。另外，如果方括号中有取反符的话，^ 只能作为方括号中的第一个字符	比如 [aXnD] 表示匹配 a、X、n、D 中的任意一个字符。而 [^aXnD] 表示字符串中不能有 a、X、n、D 中的任意一个字符。再来看连字符 - 的使用，比如 [a-z]，它表示从 a 到 z 中的任意一个字符，[a-zA-Z0-9] 则表示从 a 到 z，A 到 Z，0 到 9 中的任意一个字符。而 [^a-zA-Z0-9] 表示不属于 a 到 z，A 到 Z 或 0 到 9 中的任意字符
? 号、+ 号、* 号	这三个元字符描述对应字符（或字符串）匹配的重复次数。? 号表示 0 或 1 个重复，+ 号表示 1 个及以上的重复，* 号表示 0 个或 1 个以上的重复	比如 ab? 对应的匹配字符串可以是 a,ab，即字符 b 可以有 0 或 1 个重复。而 ab+ 中，b 字符必须出现至少一次。比如 ab、abbb 等。* 号是 + 号的拓展，它支持 0 个重复。比如 ab* 中，b 可以出现 0 或 1 个以上的重复，即 a、ab、abbb 都匹配 ab*
{}	花括号有两种用途，如果其中包含的不是数字，则是对 RE 别名的引用。如果包含数字，则表示对应字符（字符串）匹配的精确重复次数	比如图 6-6 规则段中的 {I}、{F} 等，是对 "Integer" 和 "Float" 的引用，Lex 会将其拓展成对应的正则表达式（类似宏的展开）。如果是数字，比如 A{1,3} 则表示 A（重复一次）或者 AAA（重复 3 次）这两种字符串
$ 号和 ^ 号	$ 号出现在 RE 规则的最后，表示和该 RE 匹配的字符串应该位于某一行的结尾，而 ^ 号的意思与 $ 相反，它表示和该 RE 匹配的字符串只能出现在某一行的开头	比如 abc$，表示 abc 只能出现在一行字符串的最后，比如 "nihao abc\n" 匹配这条 RE，而 "nihao ab cd\n" 则不匹配。^ 号和 $ 号相反，以 ^abc 为例，匹配的字符串有 "abc nihao\n"，而 "d abc nihao\n" 则不匹配
| 和 ()	|（逻辑或符号）用于组合多个 RE，表示匹配其中的一个 RE 即可。而 () 用于将 RE 进行分组。	比如 RE1|RE2，表示要么匹配 RE1，要么匹配 RE2。而 (RE1|RE2)RE3 表示要么匹配 RE1RE3，要么匹配 RE2RE3。() 将 RE1|RE2 与 RE3 进行了分组。

（续）

字符组合	含 义	说明或示例
\	转义字符	用于对元字符进行转义
/	前向匹配符	前向匹配的表达式是RE1/RE2。它表示RE1后面跟着RE2的时候，RE1的匹配才能成功。特别注意，匹配成功返回的是匹配RE1的字符串。比如ab/[cd]这条RE，它表示ab后面必须跟着c或者d才能匹配。如果输入为abc或者abd话，输出的结果是/符号前的ab

由上文可知，一条lex规则里的RE部分和action部分通过空格或Tab制表符隔开。为了书写方便，多个RE可以共用一个action。下面的示例展示了lex规则的常见写法（<=及后面的内容为笔者添加的注释）。

```
RE1    action1   <=RE1对应action1，两者共同构成一条规则。
                 <=action可以是C/C++代码，或者lex定义的宏
RE2    action2   <=RE2对应action2
RE3  |   <=  使用|号连接多个RE
RE4  |
RE5    action3   <=RE3,RE4和RE5同时对应action3
RE6 {花括号中的内容也是action。
     如果不使用花括号的话，action的内容不能跨行}
```

6.2.1.2.2 lex常用变量和函数

lex还提供了一些变量和函数供开发者在代码中使用。这些变量和函数能帮助开发者与lex词法分析核心库做更多的交互。常用的lex变量、函数和宏见下表6-2。

表6-2 lex提供的变量，函数或者宏

变量、函数或宏名	含 义	说明或示例
yytext	类型为char*，取值为和某条RE所匹配的字符串的内容	假设某条规则为 "abc" printf("%s",yytext); 如果输入为abcdef，则yytext为abc
yyleng	代表yytext的长度	yyleng是匹配某个RE的yytext的长度
yyin、yyout	类型均为FILE*，代表输入和输出流	yyin和yyout默认指向标准输入和输出，我们可以修改它，比如使yyin指向一个文件
yylex函数	词法分析的核心函数	yylex从yyin读入数据，然后进行词法分析，结果输出到yyout
yywrap函数	该函数返回1则表示输入的数据读取完毕，如果返回0，则整个词法分析任务结束	开发者可在用户子程度段中重定义这个函数。该函数在当前输入文件（或输入流）的末尾调用。如果函数的返回值是1，则整个词法分析结束。通过修改yywrap函数我们可以用它来分析多个文件。方法是当yywrap被调用时，关闭当前被分析的文件，同时修改yyin使得它指向另外一个文件
REJECT、ECHO	开发人员可以在action中拒绝某个RE的匹配，这时就需要使用REJECT指示lex继续搜索其余的匹配项。而ECHO用于输出匹配的字符串	ECHO是lex的默认动作，即输出匹配的字符串。在代码(lex.yy.c)里，ECHO是一个宏，代码是 #define ECHO do { if (fwrite(yytext, yyleng, 1, yyout)) {} } while (0)

下文的lex示例分析中，读者可看到这些变量或函数的使用。

提示 读者可在生成的lex.yy.c源码中搜索extern。上述变量、函数均通过extern输出。关于lex工具更详细的介绍，请阅读参考资料[5]。

6.2.1.3 lex示例分析

现在来看一个关于lex的示例cparser.l，该示例有如下功能。

- **能对输入的C源码文件进行词法分析。它能识别输入的C源文件里的各种关键字，比如数据类型（int、float等），运算符（+=、=等）、注释符号（/**/、//等）。同时它还能识别常量（字符串常量、数字常量等）、函数名、变量名等信息。在该示例中，函数名、变量名、函数形参名等非C语言的关键字统一用identifier表示。**
- **能够识别源码中用struct定义的数据结构，并把这种数据结构当作一种新的数据类型来对待。**

提示 该例来自http://www.quut.com/c/ANSI-C-grammar-l-1998.html，可对C代码进行语法分析。此处笔者对其做了修改。

先来看cparser.l的定义段。

[cparser.l的定义段]

```
%{
//笔者使用C++来编写代码
#include <unistd.h>
#include <iostream>
#include <string>
#include <stdio.h>
#include <errno.h>
#include <string.h>
#include <set>
#include <string>
#include "c.tab.h" //定义了一些枚举变量

using namespace std;
//使用STL set容器，用于存储通过struct定义的数据结构的名称
typedef set<string>  TypeSet;
TypeSet myTypeSets;
int check_type(void);//检查是否为数据类型，还是identifier
//添加通过struct定义的数据类型的名称，如果之前定义过，则程序报错
int add_type(char* type_name);
void comment(void);//处理/**/格式的注释
//定义一个宏，用于打印匹配的字符串的类型
#define MYECHO(A) cout<<yytext<<" is a type of "<<#A<<endl;
%}
%s STRUCTURE_DEFINE
D     [0-9]
L     [a-zA-Z_]
H     [a-fA-F0-9]
E     ([Ee][+-]?{D}+)
P     ([Pp][+-]?{D}+)
```

```
FS    (f|F|l|L)
IS    ((u|U)|(u|U)?(l|L|ll|LL)|(l|L|ll|LL)(u|U))
%%
```

上述代码中值得读者注意的是"%s STRUCTURE_DEFINE"这一行代码。它是lex里一种比较高级的用法，用于定义一个名为STRUCTURE_DEFINE的状态，该状态可以在后续的规则段中使用。先来看本示例的规则段。

[cparser.l的规则段]

```
"/*"            { comment();//处理/**/注释符 }
"//"[^\n]*      { //略过以//开始的单行注释 }
"break"         {/*输入字符串为"break"的话，就输出"break is a type of BREAK"。BREAK
                   是笔者定义的枚举值，其作用等下文语法分析时就明白了。下面其他规则里的
                   MYECHO的处理与此类似 */
              MYECHO(BREAK);
                }
"case"          {  MYECHO(CASE); }
"char"          {  MYECHO(CHAR); }
"const"         {  MYECHO(CONST); }
"continue"      {  MYECHO(CONTINUE); }
......//略过部分规则
"if"            {  MYECHO(IF); }
"int"           {  MYECHO(INT); }
"long"          {  MYECHO(LONG); }
"return"        {  MYECHO(RETURN); }
......
"struct"        {
                   MYECHO(STRUCT);
                   /*当输入为"struct"时，lex进入STRUCTURE_DEFINE状态。BEGIN是lex中的
                     关键词，表示进入某种状态。如果要恢复为无状态的情况，则使用BEGIN 0即可
                     退出状态控制*/
                   BEGIN STRUCTURE_DEFINE;
}
<STRUCTURE_DEFINE>{L}({L}|{D})* {
/*注意此规则，它在RE前使用了<STRUCTURE_DEFINE>，它表示只有lex进入STRUCTURE_DEFINE状态
  时，此规则才能参与匹配。该规则的RE用于匹配任何以字母开头，其后跟着其他字母或数字的字符串。比
  如a、myName1等这种可用于变量名、函数名的字符串。由于该规则仅在STRUCTURE_DEFINE状态下使
  用，如果进入此规则，表明前面一定跟着struct关键词，比如struct MyName {...}，那么MyName
  就是新定义的这个结构体的名称了，我们需要通过add_type函数将其加入数据类型集合里去注意，本
  例假设代码中定义MyName类型的变量时无须添加struct关键词做前缀。例如MyName a;即是定义一个
  MyName类型的变量，而不需写成struct MyName a;*/
    add_type(yytext);
    BEGIN 0;//BEGIN 0表示退出lex的状态控制
}

{L}({L}|{D})*           {
/*请读者注意，此规则里的RE和上面STRUCTURE_DEFINE规则里的RE完全一样，但是本规则没有使用状态
  控制。在lex中，不带状态控制的规则的匹配优先级高于带状态的规则，而lex在搜索规则时又是按规则定
  义的先后顺序来处理的。所以，如果本规则写在带STRUCTURE_DEFINE状态的规则的前面，则lex搜索规
  则时将不会选择带STRUCTURE_DEFINE状态控制的那条规则。简单点说，不带状态控制的规则相当于无条
  件的状态控制。读者如果使用状态控制的规则的话，注意它们和不带状态控制的规则之间的优先级问题，
  否则很容易导致lex选择了错误的规则 */
//check_type用于检查identifier。不过，如果该identifier是结构体的名称，则会输出
//相应的语句。
  check_type();
```

```
}
...../下面是匹配常量的规则
0[xX]{H}+{IS}?          {  MYECHO(CONSTANT); }
0[0-7]*{IS}?            {  MYECHO(CONSTANT); }
[1-9]{D}*{IS}?          {  MYECHO(CONSTANT); }
L?'(\\.|[^\\'\n])+'     {  MYECHO(CONSTANT); }
L?\"(\\.|[^\\"\n])*\"   {  MYECHO(STRING_LITERAL); }
.....//下面是匹配操作符的规则
"-"            { MYECHO ('-'); }
"+"            { MYECHO ('+'); }
"*"            { MYECHO ('*'); }
"/"            { MYECHO ('/'); }
"?"            { MYECHO ('?'); }
.....//略过部分规则
[ \t\v\n\f]    {//略过空格、tab、换行符等}
.              {//其他所有字符都为非法字符
    cout<<"ilegal token:"<<yytext<<endl;}
%%
```

最后来看看用户子程序段的内容。

[cparser.l 的用户子程序段]

```
int yywrap(void)
{
    cout<<"parse finished "<<endl;
    return 1;//解析完就返回1。在此函数中可以打开别的文件，重新设置yyin，然后返回0
}

int main(int argc,char* argv[]){
    if(argc < 2){//本程序的输入必须为文件
        cout<<"Usage:cparser filename"<<endl;
        exit(0);
    }
    FILE* srcFile = fopen(argv[1],"r");
    if(srcFile == 0){
        cout<<"open "<< argv[1] << " error:" << strerror(errno)<<endl;
        exit(0);
    }
    yyin = srcFile;//使用文件作为lex词法分析的输入
    yylex();//开始词法分析
    fclose(srcFile);
    return 0;
}

//添加struct定义的数据类型，如果有重复定义，则程序报错退出
int add_type(char* type_name){
    string type(type_name);
    if(myTypeSets.find(type) != myTypeSets.end()){
        cout<<"Already defined structure type:" << type << endl;
        cout<<"Parse error" << endl;
        exit(-1);
    }
    myTypeSets.insert(type);//将新的数据类型添加到myTypeSets中
    cout<<"Define a new structure type:"<<type<<endl;

}
//检查以/*开头的注释
void comment(void)
```

```
{
    char c, prev = 0;
    /*yyinput读入下一个输入字符，如果找到字符是*/，则/**/注释处理完毕。注意，该函数仅在"/*"
      规则里调用，直到输入中碰到"*/"才算处理完毕。*/
    while ((c = yyinput()) != EOF)  {
        if (c == '/' && prev == '*') return;//如果碰到"*/"则表明注释处理的结束
        prev = c;
    }
    //如果输入的字符串都读完了，依然没有碰到"*/"，则提示错误
    cout<<"unterminated comment"<<endl;
}
int check_type(void)
{
    //如果输入的字符串是struct定义的数据类型，则输出对应提示，否则它就是identifier
    string type(yytext);
    if(myTypeSets.find(type) != myTypeSets.end()){
        cout<<"structure type "<<type<<endl;//打印struct数据类型的名称
        return STRUCTURE_TYPE;
    }
    //打印identifier的值
    cout<<"identifier = "<<yytext<<endl;
    return IDENTIFIER;
}
```

lex 规则文件编写完毕，输入如下命令得到一个可执行程序 lexcparser。

```
lex cparser.l   默认生成lex.yy.c
g++ lex.yy.c -o lexcparser -ll
```

接着输入如下的测试代码并保存为 c-test.c。

[c-test.c]

```
//lex规则文件没有处理#include这样的宏，所以此测试文件没有包含它们
struct Mydata{
    int a;
    int b;
};//Mydata是一个数据结构的名字
int main(int argc,char*argv[]){
    int a = 0;
    const char* data = "hello world";
    Mydata mydata; //定义一个Mydata类型的变量
    printf("%s\n",data);
    return 0;
}
```

执行 lexcparser c-test.c 对该文件进行词法分析，输出结果如图 6-9 所示。

本示例能识别 C 语言里的各种关键词、常量等信息。同时，通过使用带状态控制的 lex 规则，它还能识别通过 struct DataTypeName 方式定义的数据类型。

提示　本例中大部分规则里的动作都由 MYECHO 宏完成，它会将对应 C 语言的关键词转换成笔者定义的（在 c.tab.h 里）对应的枚举变量的取值名称。比如 return 对应的枚举变量取值为 RETURN，则 return 规则输出 "return is a type of RETURN"。使用枚举变量的原因和下文的语法分析有关。请读者继续阅读。

①struct Mydata的处理。Mydata被作为一种新的数据类型被识别出来。而a、b等被识别成identifier。identifier可以是变量名、函数名等（只要不是C语言定义的关键词即可）

```
struct is a type of STRUCT
Define a new structure type:Mydata
{ is a type of '{'
int is a type of INT
identifier = a
; is a type of ';'
int is a type of INT
identifier = b
; is a type of ';'
} is a type of '}'
; is a type of ';'
```

②识别main函数

```
int is a type of INT
identifier = main
( is a type of '('
int is a type of INT
identifier = argc
, is a type of ','
char is a type of CHAR
* is a type of '*'
identifier = argv
[ is a type of '['
] is a type of ']'
) is a type of ')'
```

③识别main函数的内容。注意对Mydata mydata的处理：
a) Mydata是一种结构体
b) mydata是一个identifier

```
{ is a type of '{'
int is a type of INT
identifier = a
= is a type of '='
0 is a type of CONSTANT
; is a type of ';'
const is a type of CONST
char is a type of CHAR
* is a type of '*'
identifier = data
= is a type of '='
"hello world" is a type of STRING_LITERAL
; is a type of ';'
structure type Mydata
identifier = mydata
; is a type of ';'
identifier = printf
( is a type of '('
"%s\n" is a type of STRING_LITERAL
, is a type of ','
identifier = data
) is a type of ')'
; is a type of ';'
return is a type of RETURN
0 is a type of CONSTANT
; is a type of ';'
} is a type of '}'
parse finished
```

图6-9 lex示例执行的结果

6.2.2 语法分析和yacc

yacc是yet another compiler compiler的首字母缩写，它也是Unix平台上的一个工具程序。和lex类似，yacc可将语法规则文件转换成C源码文件，编译此源文件可得到一个用于语法分析的程序。由于语法分析要使用词法分析的结果，所以yacc经常会搭配lex一起工作。图6-10所示为yacc的使用流程示意。

对比图6-5中lex的使用示意图。

- 构造语法分析程序的第一步工作是编写语法分析规则文件，其格式和lex的词法分析规则文件类似。
- 然后使用yacc处理此语法规则文件，其输出为两个C源码文件，默认文件名为y.tab.c和y.tab.h（如果要使用lex做词法分析的话，一般需要生成此头文件，否则yacc只生成y.tab.c即可）。
- 由于语法分析是构建在词法分析基础之上的，所以yacc可搭配使用lex。不过，词法分析工作不一定非得用lex，所以笔者用虚线框将lex词法分析模块圈了起来。lex的输出为lex.yy.c。
- 最后，利用gcc或其他编译工具编译这些源文件，并在链接阶段加上yacc提供的静态库liby.a（如果使用lex的话还需链接lex提供的静态库libl.a）以得到最终的可执行语法分析的程序。

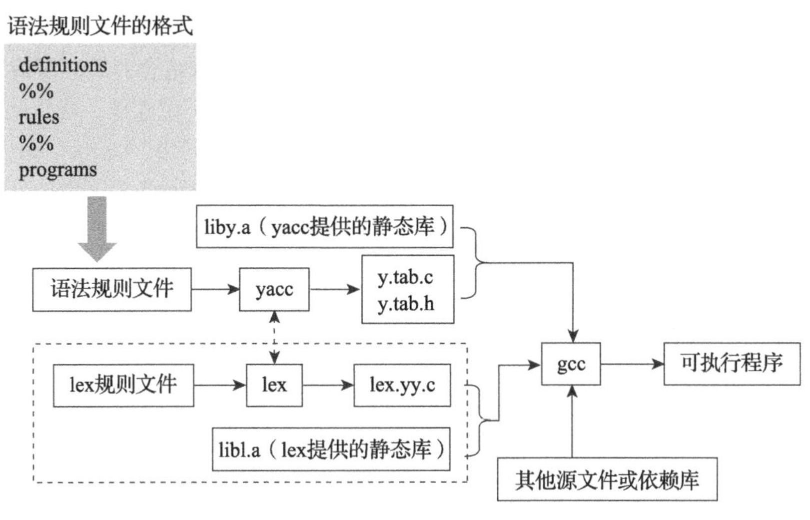

图 6-10　yacc 的使用示意图

语法分析的难度比词法分析要大，它所基于的文法规则也很有讲究。下文先简单介绍和语法分析有关的一些理论知识。

6.2.2.1　语法分析的理论基础

6.2.2.1.1　文法介绍

语法分析的目的是判断语句是否符合语言所规定的语法要求。所以，语法分析的首要任务是制订相应的语法规则。语法规则是通过文法来描述的。文法（Grammar）是一种用于描述语言的语法结构的形式规则。任何一种语言（计算机编程语言、自然语言等）都有对应的文法。文法有很多描述方法，最常用的一种方法是 BNF 范式（Backus-Naur Form）。下面是一个基于中文语法、利用 BNF 范式来描述的文法示例。

```
句子   -> 子句子 宾语
子句子 -> 主语 谓语
主语   -> 你|我|他
谓语   -> 吃|喝
宾语   -> 饭|水
```

现在，我们通过它来介绍 BNF 范式和文法中的一些概念。

- 每一行（包含箭头号、箭头号左边的内容、箭头号右边的内容这三个部分。箭头号也可由 **::=** 号替代）是一个产生式（英文叫 production）。它表示箭头号左边的内容由右边的内容组成。比如第一行的产生式表示**句子**由**子句子**和**宾语**两部分组成。并且，这两部分在**句子**中出现的顺序必须是**子句子**在前，**宾语**在后。第二行的产生式表示**子句子**由**主语**和**谓语**组成，主语在前，谓语在后。
- 笔者为示例中的**句子**、**子句子**、**主语**、**谓语**、**宾语**使用了加粗字体，这表示它们是**非终结符**（nonterminal）。示例中其他非加粗字体的单词，比如你、我、他、吃、喝等则是**终结符**（terminal）。非终结符有些像编程语言里的变量，它可以被赋值成其他终结

符或其他非终结符的组合，而终结符是语言的最基本符号，不能再对其进行分割。比如，**句子**是非终结符，它由**子句子**和**宾语**这两个非终结符组合而成。而**谓语**这个非终结符可以由吃、喝这两个终结符组成。注意，在**谓语**的产生式里，吃、喝通过 | 号连接，这表明**谓语**要么取值为吃，要么取值为喝。

- 一个完整的文法中一定会有一个唯一的文法开始符（start symbol）。语法分析从文法开始符出发，然后通过推导或者归约等方法逐步展开。注意，文法开始符必须为非终结符。本例中的**句子**就是文法开始符。

如何使用上例中的文法进行语法分析呢？假设输入语句为“他吃饭”，下面列出对它进行语法分析的步骤。

```
（1）语法分析器读入“他”，根据产生式“主语->你|我|他”，将“他”替换成主语，得到“主语吃饭”
（2）读入“吃”，根据产生式“谓语 -> 吃|喝”，将“吃”替换成谓语，得到“主语谓语饭”
（3）根据产生式“子句子 -> 主语谓语”，得到“子句子饭”
（4）读入“饭”，根据产生式“宾语  -> 饭|水”，将“饭”替换成宾语，得到“子句子宾语”
（5）根据产生式“句子  -> 子句子宾语”，最终得到句子。
```

“他吃饭”按照文法规则进行多次迭代，替换非终结符，最终得到**句子**，所以它符合示例的语法规范，其语法是正确的。读者可尝试按照上述步骤分析“你水”“吃饭”这样的句子。在分析过程中，读者会发现因为文法中没有定义对应的产生式，所以这些句子的语法错误。

句型和句子

语法分析的过程中会产生一些包含非终结符的字符串，比如“**主语**吃饭”“**子句子**饭”等。这些包含非终结符的字符串叫句型（sentential form），而不包含非终结符的字符串叫句子（sentence）。任何句型都可以由文法开始符经过零次或多次推导得到。而从任何句型出发，经过不断推导，都可以得到一个有效的句子。

由上述示例可知，语法分析的大体过程就是不断对输入语句按照文法进行分析，替换其中的非终结符，直到处理完毕。

语法分析有两种主要的分析方法。

- 一种是自顶向下的推导（英文为 derivation）法。以“他吃饭”为例，推导法首先从文法开始符句子的产生式开始：**句子**被替换成**子句子**和**宾语**，**子句子**被替换成**主语**和**谓语**。接着，**主语**被替换成“他”，**谓语**被替换成“吃”，**宾语**被替换成“饭”。最终得到的结果和输入的语句一样，所以输入语句的语法正确。推导法适合手工编码实现。
- 另一种是自底向上的归约（英文为 derivation）法。其分析步骤就是上文提到的（1）到（5）。该方法往往被诸如 yacc 这样的工具程序使用来生成语法分析器。

提示 经过多年的钻研，相关学者和研究者在文法推导或归约等方面开发了一些技术，这部分内容涉及的知识比较复杂，感兴趣的读者可阅读参考资料 [4]。

接下来我们对语法树、推导、归约等内容做一些基础性的介绍。已经了解相关知识的读者可以略过。

6.2.2.1.2　语法树和推导

先来看一个可对算术表达式进行语法分析的文法[⊖]，每一行开头的 1#、2# 是笔者添加的规则编号，粗体字是非终结符。

```
1#    E -> E OP1 T
2#         |  T
3#    T -> T OP2 F
4#         |  F
5#    F -> ( E )
6#         |  -F
7#         |  I
8#    I ->  var
9#         | const
10#  OP1 -> +
11#        |  -
12#  OP2 -> *
13#        |     /
```

在语法分析过程中，人们发现使用树形结构来描述整个推导过程会比较直观和方便，该树也被称为语法树（syntax tree，或语法分析树 parse tree），其构造过程如下。

- 语法树的根结点是文法开始符。
- 随着推导的展开，语法分析器找到一个合适的产生式，然后将产生式左边的非终结符替换成右边的终结符或非终结符。产生式右边的终结符或非终结符将作为子结点添加到语法树中。
- 推导完成后，整个语法树就构建完毕。按从左至右的顺序遍历该树的所有叶结点就得到最后推导出来的句子。

图 6-11 中的三个图展示了通过构造语法树来推导“3*5+(1-i)”的步骤，顺序为从左至右。

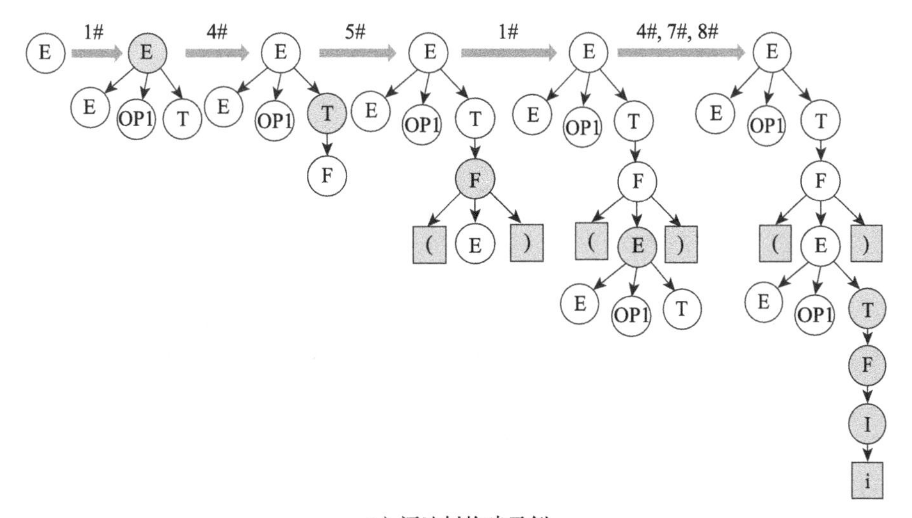

1）语法树构建示例

图 6-11　语法树构造示例

⊖ 此例来源于参考资料 [3]，原图疑似有错误，此处有修改。

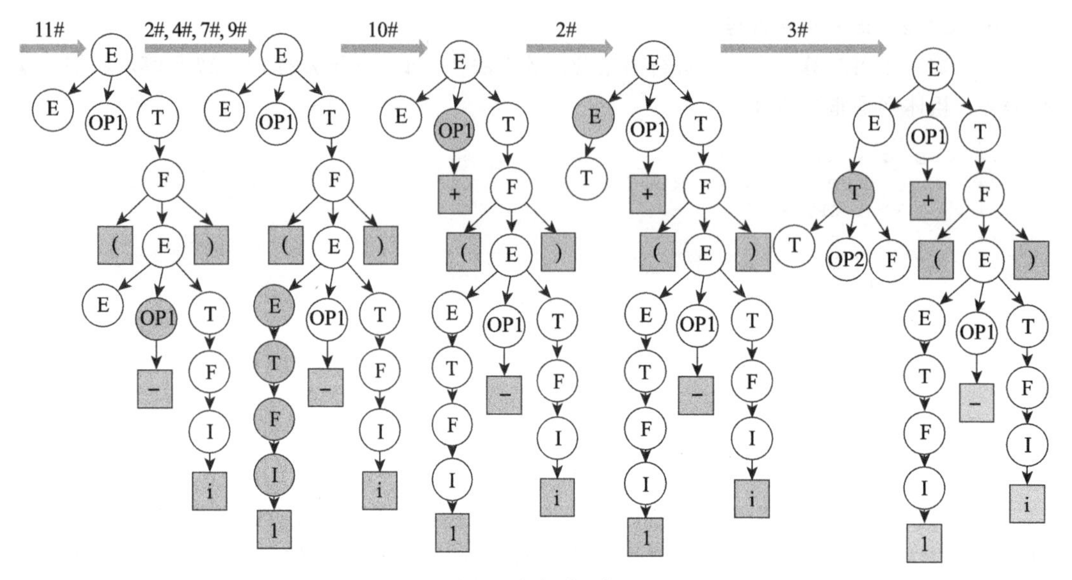

2）语法树构建示例

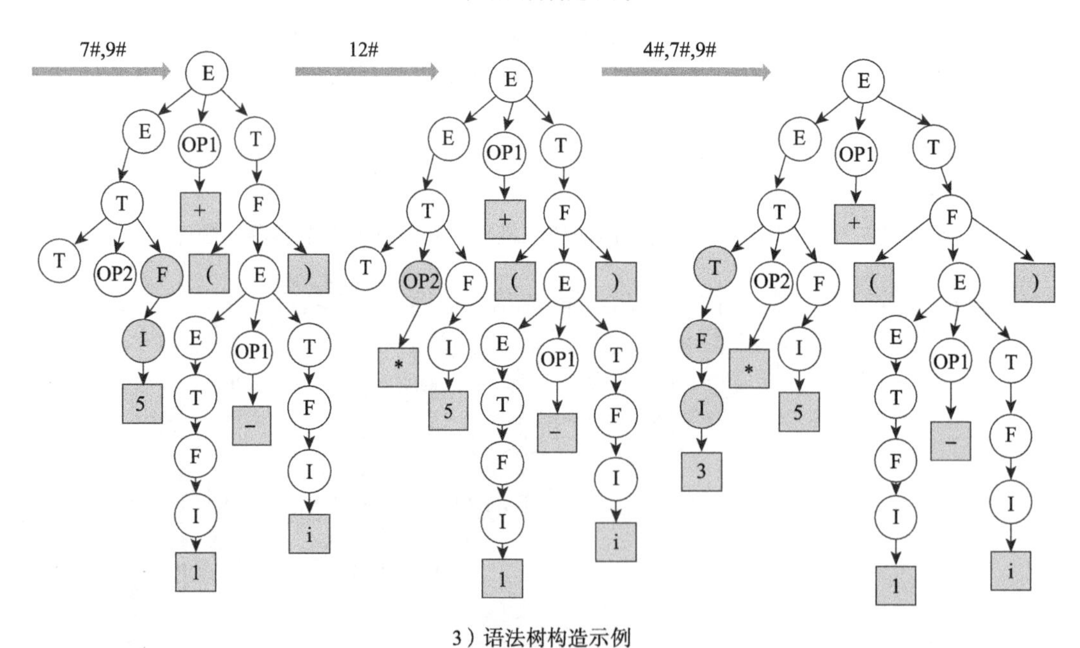

3）语法树构造示例

图 6-11 （续）

图 6-11 列出了为“3*5+(1-i)”构造语法分析树的过程。其中：

- 非终结符为圆框，终结符为灰色方框。推导过程从文法开始符出发，直到所有的非终结符被终结符替代。箭头上边的编号为推导过程中语法分析器选择的规则编号。
- 黄色非终结符代表这次推导过程中哪一个非终结符被替换了。

- 将所有终结符（此时它们已经变成语法树的叶子结点）按从左至右遍历，将得到 3*5+(1-i)。与输入字符串一样，所以输入语句符合文法规则。

读者如果尝试跟着图 6-11 做推导，会发现该过程中需要注意两个非常重要的问题。

- 该选择哪一个产生式？在开发语法分析器时，如何高效解决此问题至关重要。一种简单的解决方法就是在每一步的推导过程中尝试文法中的所有规则。如果发现语法不匹配，则可能在前面的推导步骤中选择了错误的规则，这时就需要回溯到之前的推导结点，重新选择新的规则，然后再次尝试。显然，这种方法相当低效。不过，研究者早已想出了很好的办法来解决此问题，比如递归下降法和 LL(1) 法。
- 图 6-11 的 1）所示最左边的两个推导过程中，1# 产生式在根结点 E 下构造了 E、OP1、T 三个叶结点，顺序为从左至右。那么，下一次推导该选择从哪个非终结符开始呢？备选的有 E、OP1 和 T。图 6-11 选择的是最右边的叶结点 T。当然也可以选择最左边的叶结点 E。该问题引出了最右推导和最左推导两个概念。最右推导即每次选择产生式里最右边的非终结符进行推导，最左推导即每次选择产生式里最左边的非终结符进行推导。读者可以尝试对示例进行最左推导，最终得到的语法树和图 6-11 按最右推导得到的语法树一样。

递归下降法和 LL(1) 法

推导技术的实现里有两种比较重要方法，一种是递归下降（recursive descent）法，另一种是 LL(1) 法。这两种方法都避开了低效率的回溯法，但它们都对文法规则有一定要求。另外，在 LL(1) 中，第一个 L 代表从左至右扫描输入字符串，第二个 L 代表最左推导，括号中的 1 代表使用一个前瞻符号。例如，分析“3*5+(1-i)”时，假设当前读入的符号是 3，在选择使用哪一个产生式进行推导时，LL(1) 法通过提前读入下一个符号（此处是 * 号）就能准确知道该使用哪一个产生式。更多关于推导的知识，请读者阅读参考资料 [4] 第 3 节。

6.2.2.1.3　归约

语法分析中，归约是推导的逆过程，二者的分析过程截然相反。

- 推导从文法开始符出发得到最后的句子（全由终结符构成）。在语法树中，文法开始符为根结点，每次推导后将产生式的右边部分作为叶结点添加到语法树中。从根结点向叶结点进行拓展。推导其实就是将产生式左边的部分替换成产生式的右边部分。
- 而归约则是从输入的句子开始，直到能得到文法开始符为止。输入的句子包含的是终结符。归约法先构造叶结点，然后找到匹配的产生式，将产生式右边的部分替换成左边的非终结符，直到达到文法开始符（或者归约失败）。简单点说，归约就是将产生式右边的部分替换成产生式左边的部分。

归约的过程虽然本质上是在构造语法树，但想按图 6-11 那样采用树形结构来描述其过程却不是一件容易的事情。根据参考资料 [3] 等资料的介绍，语法树只不过是编译器设计中一种比较常用的描述形式罢了。实际编写语法分析器时，可以显示构造语法树，也可以使用别的更合适的数据结构。归约法中最常用的数据结构是栈，用它来对“3*5+(1-i)”进行语法分析的过程如图 6-12 所示。

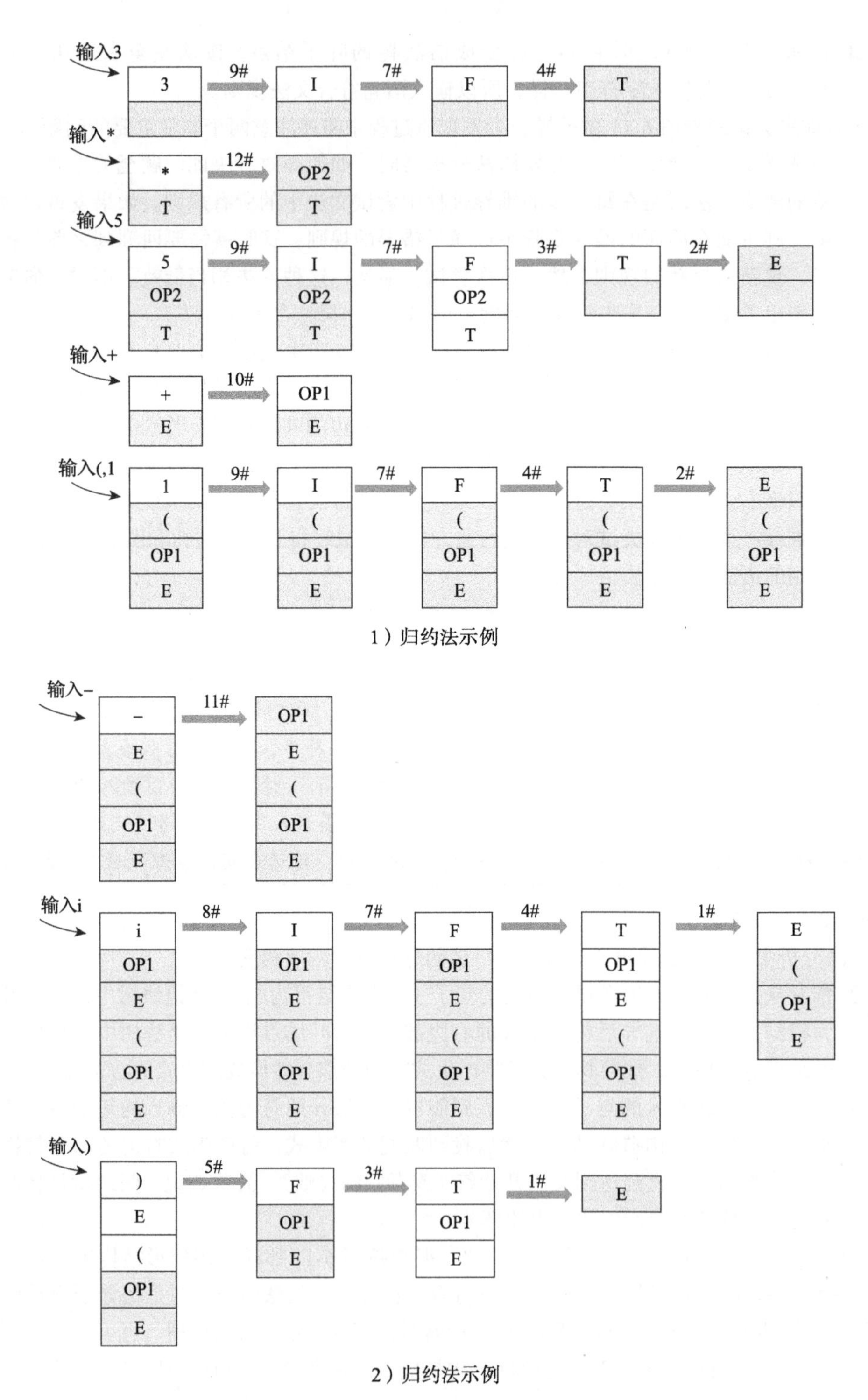

2）归约法示例

图 6-12　归约法示例

图 6-12 展示了归约法利用栈来做语法分析的过程。

- 语法分析器从上至下依次读取输入字符，然后将其压入栈中。接着按从左至右的顺序对栈中元素进行归约处理。
- 如果栈中的元素（从栈顶开始计算）能够按照某条产生式归约成对应的非终结符，则依次将符合要求的元素弹出，然后将归约后得到的非终结符压入栈中。图 6-12 中，能进行归约的栈元素用白色背景表示。归约时选择的产生式也相应标记了其规则编号。另外，这些可归约的元素有一个专门的术语叫句柄（handle）。
- 如果栈中元素不能进行归约，则继续读取输入字符，并将其压入栈中。
- 同推导法一样，归约法最大的难题也在于选择哪个产生式进行归约。类似推导中的 LL(1) 法，归约中也有一个无须回溯且较为高效的 LR(1) 法。
- L 代表 Left，表示从左至右输入字符串。
- R 代表 Reverse，反向推导之意，即是归约。
- 括号中的 1 代表提前读入一个前瞻字符即能知道使用哪条产生式。不过，LR(1) 法对文法也有一定要求。

关于语法分析的一点学习心得

就笔者自己学习语法分析的经历来看，那些重量级、大部头的关于编译原理的书在这一块都不吝笔墨，其内容比较多，难度比较大。初学者在学习它们的时候很容易被细节内容搞晕。从更高层的角度来看，语法分析首先要了解文法，然后学习用推导和归约实现基于文法规则的语法分析。本节对推导和归约的目的和大致过程都进行了介绍，笔者感觉就和学生时代做数学题时进行的公式替换、迭代一样。虽然语法分析的目标和原理短短几页纸就能说清楚，但诸如编译原理等书籍则在如何改进文法（二义性等问题的处理）、提升推导、归约的效率上进行了更深入和细致的讨论，有的还给出了相关实现的伪代码。初学者切莫一上来就扎入细节当中，而应先了解其目的和原理。在这一方面，国内专家编撰的参考资料 [3] 就做得非常好。

6.2.2.2　yacc 示例分析

本节来看一个利用 yacc 编写能对 C 源码进行语法分析的程序。该示例来自 http://www.quut.com/c/ANSI-C-grammar-y-1998.html，它需要搭配前文 lex 示例的规则文件（http://www.quut.com/c/ANSI-C-grammar-l-1998.html）一起使用。为了减少书写篇幅，笔者此处仅展示其部分关键内容。

注意　该示例网站给出的 lex 和 yacc 规则文件在编译时可能会有一些问题，请读者根据提示的错误稍作修改便能解决。

我们直接来看本例的规则文件，文件名为 cparser.y（笔者自己取的文件名），首先是规则文件的定义段（注意，yacc 规则文件中可通过 /**/ 包含注释）。

[cparser.y 定义段]

```
/*%token用于定义终结符，yacc习惯用大写表示终结符，而非终结符习惯用小写cparser.y将C语言的关
  键词都定义成非终结符。注意，规则文件在此处并没有指出终结符到底是什么。比如IDENTIFIER具体取
  值是什么？这个问题最终交给词法分析器lex来回答。请读者接着看示例，*/
%token IDENTIFIER CONSTANT STRING_LITERAL SIZEOF
%token CHAR SHORT INT LONG SIGNED UNSIGNED FLOAT DOUBLE CONST VOLATILE VOID
.../*略过*/
/* %start定义文法开始符。一个语法规则文件必须有一个文法开始符 */
%start translation_unit
%{
/*同lex规则文件一样，%{%}中的内容会原封不动得拷贝到输出的源码文件中。yyerror是yacc中必需的
  函数，当语法分析错误时会被调用*/
void yyerror(char const *s);
extern int yylex (void);//yylex是lex提供的函数
%}
%%
```

在cparser.y的定义段中：

- 通过%token定义终结符。根据习惯，yacc的终结符用大写表示，而非终结符用小写表示。另外，yacc规则文件中除了%token定义终结符外，单引号内的字符也属于终结符。除此之外的其他符号都是非终结符。
- %start用于定义文法开始符。

yacc提供了yyerror函数，当语法分析错误时将被调用。其他部分和lex规则文件一样。

关于%token

%token只是表明诸如IDENTIFIER、CONSTANT这样的符号在接下来的文法中扮演终结符的角色，但它并未说明到底IDENTIFIER、CONSTANT是什么。有些读者一定想到了可以利用lex为IDENTIFIER、CONSTANT等设定词法规则。马上来验证这个猜测。

接着看规则段。yacc规则段其实就是文法，文法中产生式常见的书写格式为：

```
/*BNF范式里的->箭头号被更易书写的:号替代
花括号中的为action，可以不为产生式设置动作
下面的产生式为A:BC|D。yacc支持为某条产生式里的某个非终结符设置动作。比如：
*/
A :   B {action for B} /*使用A:BC这条产生式的时候，B和C均可以设置动作*/
      C {action for C}
    | D {action for D}
    ; /*分号代表一个产生式的结束*/
```

来看cparser.y的规则段。

[cparser.y 规则段]

```
/*很难想象C语言复杂的语法居然都可以从translation_unit推导出来*/
translation_unit
    : external_declaration
    | translation_unit external_declaration
    ; /*这是语法分析的动作，cparser.y没有为任何产生式设置动作*/
```

```
external_declaration  /*声明包括函数声明和变量声明*/
    : function_definition
    | declaration
    ;
declaration /*变量声明*/
    : declaration_specifiers ';'
    | declaration_specifiers init_declarator_list ';'
    ;
/*注意，单引号里的字符也是终结符，下面是if和switch语句对应的产生式*/
selection_statement
    : IF '(' expression ')' statement
    | IF '(' expression ')' statement ELSE statement
    | SWITCH '(' expression ')' statement
    ;
..../*略过*/
statement /*statment（C语言中的语句）对应的产生式*/
    : labeled_statement
    | compound_statement
    | expression_statement
    | selection_statement
    | iteration_statement
    | jump_statement
    ;
expression /* expression（C语言中的表达式）对应的产生式*/
    : assignment_expression
    | expression ',' assignment_expression
    ;
..../* 其他产生式 */
```

对C语言有一些了解的读者对上述的产生式一定不会觉得陌生。正如示例中笔者添加的注释所言，很难想象C语言如此复杂的语法居然都可以从translation_unit文法开始符推导出来。

接着来看cparser.y最后一部分的内容，即用户子程序段。

[cparser.y 用户子程序段]

```
%%
#include <stdio.h>
extern char yytext[]; //yytext是lex定义的变量
extern int column;//这个变量是该例对应的lex示例里的内容，
/*当语法分析出错时，yyerror会打印出具体出错的代码及之前的内容，column用于定位具体在哪一列
  出错*/
void yyerror(char const *s)
{
    fflush(stdout);
    printf("\n%*s\n%*s\n",column, "^", column, s);
}
```

cparser.y编写完毕后，执行"yacc -d cparser.y"后可得到y.tab.c和y.tab.h（该头文件由-d选项生成）文件。我们重点看看y.tab.h，其内容如图6-13所示。

在图6-13中，我们在cparser.y中定义的token被转换成了枚举变量。那么，y.tab.h到底怎么用呢？现在回到前文中关于lex的示例，我们需要对它做一些修改以配合语法分析。修改内容如图6-14所示。

```
/* Token type.  */
#ifndef YYTOKENTYPE
# define YYTOKENTYPE
  enum yytokentype
  {
    IDENTIFIER = 258,  CONSTANT = 259,
    STRING_LITERAL = 260, SIZEOF = 261,
    PTR_OP = 262, INC_OP = 263,DEC_OP = 264,
    LEFT_OP = 265,RIGHT_OP = 266,LE_OP = 267,
    GE_OP = 268, EQ_OP = 269,NE_OP = 270,
    AND_OP = 271, OR_OP = 272, MUL_ASSIGN = 273,
    DIV_ASSIGN = 274, MOD_ASSIGN = 275,
    ADD_ASSIGN = 276, SUB_ASSIGN = 277,
    LEFT_ASSIGN = 278,
    RIGHT_ASSIGN = 279,
```

图 6-13　y.tab.h 内容示意

```
%{
#include <unistd.h>
#include <stdio.h>
#include <iostream>
#include <errno.h>

#include "y.tab.h"     ①包含y.tab.h

using namespace std;

void count(void);
int check_type(void);
void comment(void);
%}

%%
"/*"            { comment(); }
"//"[^\n]*              { /* consume //-comment */ }


"auto"          { count(); return(AUTO); }
"_Bool"         { count(); return(BOOL); }
"break"         { count(); return(BREAK); }
"case"          { count(); return(CASE); }
"char"          { count(); return(CHAR); }
"_Complex"      { count(); return(COMPLEX); }
"const"         { count(); return(CONST); }
"continue"      { count(); return(CONTINUE); }
"default"       { count(); return(DEFAULT); }
"do"            { count(); return(DO); }
"double"        { count(); return(DOUBLE); }

        ②根据词法规则返回对应的token给yacc

③调用yyaprse做语法分析

int main(int argc,char* argv[]){
  if(argc < 2){
    cout<<"Usage:cparser filename"<<endl;
    exit(0);
  }
  FILE* srcFile = fopen(argv[1],"r");
  if(srcFile == 0){
    cout<<"open "<< argv[1] << " error:" << strerror(errno)<<endl;
    exit(0);
  }
  yyin = srcFile;
  yyparse();//调用yacc提供的函数进行语法分析
  fclose(srcFile);
  return 0;
}
```

图 6-14　cparser.y 对应的 cparser.l 词法规则文件

在图 6-14 中：

- 需要包含 yacc 根据语法规则文件生成的 y.tab.h。
- 在 lex 词法规则文件中识别 token 对应哪些具体的内容。比如当输入为 "auto" 的时候返回 AUTO。
- main 函数中调用 yyparse 进行语法分析。
- yacc 的语法分析是基于归约技术的，其工作由 yyaprse 函数来完成，过程如下。
- 调用 yylex 读取输入字符。yylex 先依据词法规则进行词法分析。它会根据词法规则返回 token 定义的终结符标示或返回其他单引号终结符。
- 实际上，yylex 返回的信息是产生式的右边部分（对语法分析来说，yylex 返回的是终结符），yyparse 再根据文法里的产生式进行归约处理。

编译语法分析程序

（1）对 cparser.y 执行 yacc -d cparser.y 命令，得到 y.tab.h 和 y.tab.c 文件。

（2）对 cparser.l 执行 lex cparser.l 命令，得到 lex.yy.c 文件。

（3）执行 g++ y.tab.c lex.yy.c -ll -ly -o cparser 得到最后的语法分析程序 cparser。

图 6-15 展示了 cparser 对一段输入 C 源码的语法分析结果。

图 6-15 所示的代码中有错误的地方其实有两处。

- data 这个变量被重复定义。但重复定义并不属于语法分析的范畴，而是需要语义分析来识别。
- for 循环中，i<100 和 i 之间没有 ; 分号进行分隔，属于语法错误。该错误被 cparser 成功识别了出来。

借助 lex 和 yacc，开发者只需要编写 lex 词法规则文件和 yacc 语法规则文件即可开发一个功能强大的词法或语法分析程序。关于 yacc 更高级的用法，读者可阅读参考资料 [6]。

```
int main(int argc,char*argv[]){
 const char* data = 5;
 int data = 5;
 printf("%s\n",data);
 for(int i = 0;i < 100 i
                       ^
            syntax error
```

图 6-15　cparser 执行结果展示

6.2.3　语义分析和 IR 生成介绍

6.2.3.1　语义分析

通过上文的介绍读者会发现语法分析中只要定义好了文法，后续无论是通过手动编码或是工具自动生成语法分析器都不是问题。在文法的启发下，人们很自然地想到语义分析是否也能有这么一个类似文法的语义规则呢？很可惜，虽然研究者们在这方面努力多年，相关成果也很丰富，但至今还未能提出一套可以帮助我们高效精准实现语义分析的语义规则。

那么，语义分析到底该怎么分析呢？从笔者自己总结的经验来看，对初学者而言，语义分析首先要注意两个关键问题。

- 什么时候做语义分析？读者可回顾前文对 lex 和 yacc 的介绍，会发现语法分析的过程中连带着词法分析也做了。语义分析实际上也可在语法分析的时候来实施。该方法就是目前比较常用的语法制导转换（syntax directed translation，或称之为语法制导翻译）。其基本思想就是在文法产生式中设置一些动作，当语法分析器进行语法分析时，这些动作相应被执行。在这些动作里可以开展语义分析或采集信息为后续某个产生式里的动作对应的语义分析做准备。当然，词法分析里某些规则的动作里也可以加上相关操作。
- 语义分析也叫上下文相关分析。上下文相关的意思简单来说就是当前这行代码的分析需要结合前面某行代码的信息。这些信息可统一存储在一个集中的地方。在编译器中，这个地方被称作符号表（Symbol Table）。符号表是一个统称，它可能包含多张表，每张表用于存储不同的信息。比如变量符号表（可存储变量名、数据类型、作用域等）、常量符号表（可存储常量名、数据类型、作用域、值等）、函数符号表（函数名、形参列表、返回值类型等）。

有了语法制导和符号表，语义分析的大致实现方法就比较清晰了。在此，笔者将展示一个改进后的 cparser（在上文 yacc 示例的基础上进行修改），它可识别变量名、变量类型以及函数原型信息⊖。笔者在原 cparser 示例上做了如下改进。

- 将符号表和相关操作定义在 symbol.h 和 symbol.cpp 中。symbol 对应的函数、变量都放在 symbol 命名空间里。
- 修改 cparser.l，当词法分析中碰到数据类型、id 的时候将数据类型及 id 加入到符号表对应的存储容器中。
- 修改 cparser.y，在函数定义、变量定义的产生式里加上动作。每碰见一个变量定义、函数定义时则调用 symbol 的 resolveSymbol 来解析一个符号。注意，yacc 语法分析采用的是自底而上的归约法。在归约过程中，我们需要在底层非终结符对应的产生式里保存信息（笔者通过 list 链表作为信息存储容器），然后到 resolveSymbol 时再从链表里逐个取出来使用。

先来看 Symbol.h 的内容。

[Symbol.h]

```
#ifndef __SYMBOL_H__
#define __SYMBOL_H__
#include <unistd.h>
....//笔者使用了C++的STL，此处略过相关的头文件
//该头文件包含了语法规则文件中通过%token定义的终结符，这些终结符包括数据类型，它们
//在代码中被转换成了枚举值，类型为int
#include "y.tab.h"
using namespace std;
namespace symbol{//笔者将符号表相关的内容放在单独的symbol命名空间中
    enum SYMBOL_TYPE{//符号表里元素的类型，笔者仅设计了函数、普通变量、指针变量三种
        FUNCTION_TYPE = 0,VALUE_TYPE = 1,POINTER_TYPE = 2,
    };
    //解析符号表，当一个产生式分析完毕后调用此函数来解析期间碰到的符号
    void resolveSymbol();
    //添加代表数据类型的值（在y.tab.h里定义）和它的字符串表示
    void addToType(int type,string name);/
    void addToId(string id);//添加identifier
    string getTypeName(int type);//获取type对应的数据类型字符串描述
    void setLastTypeIsPointer();//设置当前分析的数据类型为指针类型
    /***符号表中元素的类型为Symbol结构体：
    （1）当该符号为函数时，id为函数名，type变量存储返回值的数据类型，args存储了该函数的参数
        信息。每一个参数单独用一个Symbol变量表示。
    （2）当该符号为非函数时，id存储变量名，type变量存储数据类型。***/
    struct Symbol{
        SYMBOL_TYPE symType;string id;int  type ; list<Symbol*> args;
        string getSymbolName(){
            //打印本符号的信息，它是数据类型、id以及参数（如果是函数类型的符号）信息的组合
        }
    };

    typedef set<Symbol*> SymbolSet;
    extern SymbolSet symbolSet ;//符号信息存储在SymbolSet集合里
```

⊖ 此示例仅用于展示语法制导转换和符号表，其实现比较粗糙，仅做演示用。

```
    //ListType和ListId用于在语法分析过程中保存信息，比如在归约中发现一个代表
    //数据类型或identifier 的终结符，则将其加入到listType或listId里
    typedef  list<int>  ListType;
    extern ListType listType;
    typedef list<string> ListId;
    extern ListId listId;

    typedef map<int,string> MapTypes;
    extern MapTypes types;//数据类型枚举值和它对应的字符串描述保存在一个映射表中
    extern bool isFunctionParse;// 用来判断当前产生式是否为函数定义
    extern bool isPointer;// 用来判断当前产生式是否为指针类型的变量定义
}
#endif
```

接下来看对词法规则文件以及语法规则文件的修改，首先是 cparser.l。

[cparser.l]

```
.....规则段的内容。将类型的字符串描述和对应的枚举整型值添加到symbol的types变量中
"char"          { count();symbol::addToType(CHAR,string("char"));
                  return(CHAR); }
"int"           { count();
                  symbol::addToType(INT,string("int"));
                  return(INT); }
"void"          { count();
                  symbol::addToType(VOID,string("void"));
                  return(VOID); }
int check_type(void){
    symbol::addToId(string(yytext));//将id添加到listId变量中去
    return IDENTIFIER;
}
```

再来看 cparser.y。

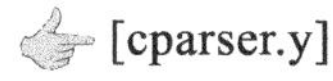
[cparser.y]

```
pointer   /*指针类型，笔者仅处理了其中一种情况*/
    : '*' {symbol::setLastTypeIsPointer();}
    | '*' type_qualifier_list
    | '*' pointer
    | '*' type_qualifier_list pointer
    ;
declaration /*变量定义对应的语法规则，如果归约到此，表示一个变量已经定义完毕*/
    : declaration_specifiers ';'  {symbol::resolveSymbol();}
    | declaration_specifiers init_declarator_list ';'  {
                symbol::resolveSymbol();}
    ;
function_definition /*函数定义对应的产生式*/
    : declaration_specifiers declarator declaration_list {
                symbol::isFunctionParse = true;//表示此symbol是一个函数定义
                symbol::resolveSymbol();
                symbol::isFunctionParse = false;}
                compound_statement /*compound_statement 是函数体对应的非终结符*/
    | declaration_specifiers declarator {
                symbol::isFunctionParse = true;
                symbol::resolveSymbol();
```

```
                symbol::isFunctionParse = false;
    } compound_statement
   ;
```

图 6-16 展示了该示例运行的结果。

在图 6-16 中：

- 变量对应的 symbol 信息打印输出的格式为 @ 类型 _ 变量名。如果该类型为指针变量，则输出格式为 @ 类型 *_ 变量名。
- 函数对应的 symbol 信息打印输出为 FUNC@ 返回值类型 _ 函数名 _ 每个参数对应的 symbol 信息。

由于篇幅原因，此处并未列出 symbol.cpp 的代码，不过读者也可以先尝试自己实现它。另外，读者也可通过本书的资源下载清单中找到对应的示例及源码。

```
int* c;
==>Find a new symbol,function:0
@int*_c

int fix(int c,char* v){
==>Find a new symbol,function:1
FUNC@int_fix_@int_c_@char*_v

  int a = 0;
==>Find a new symbol,function:0
@int_a

  b->func();
}
```

图 6-16　改进后的 cparser 的执行结果

关于语义分析的更多内容

（1）除了目前应用最广泛的语法制导外，人们也尝试了定义类似文法这样的语义规则来帮助实现语义分析，这就是所谓的属性文法（attribute grammar）。

（2）本节所示的语义分析主要是指静态语义检查（static semantic check），即编译过程中针对输入源码的语义检查。与静态语义检查相对应的是动态语义检查（dynamic semantic check），比如检查数组操作是否越界之类的。它是在程序运行过程中的检查。C/C++ 语言没有动态语义检查，而 Java 等语言支持动态语义检查。动态语义检查需要编译器在目标程序中插入额外的检查代码。

（3）语义分析中还有一个比较复杂的知识点，即类型系统。

关于语义分析更多的知识点请读者阅读本书后面列出的参考资料。

6.2.3.2　IR 生成

本节仅讨论和 IR 相关的几个需要注意的问题。

- 选择什么逻辑形式的 IR：常用的有单地址、二地址以及三地址形式。Java 字节码就是一种单地址的 IR。单地址 IR 中，指令的操作数和操作结果都存在栈中[⊖]。二地址 IR 中，指令的操作结果会存储到操作数的存储空间里。二地址形式的 IR 和 Intel X86 汇编指令的格式非常类似。而三地址形式是指操作数、操作结果有自己的存储空间。显然，三地址形式的 IR 灵活性更高。
- 什么时候生成 IR：语义分析一节中我们提到了语法制导的翻译。这个翻译其实也包括了 IR 生成。也就是说，IR 生成也是在语法分析中设置对应的 action 来完成的。
- 代码如何翻译成 IR：大体来说，源代码翻译成 IR 包括对语句（statement）和表达式（expression）的翻译。其中还涉及类型系统、对函数调用的抽象（比如翻译函数调用

⊖ 对于 ARM 这种寄存器较多的 CPU 而言，如果 Android 里的 Java 应用程序还使用单地址 IR 的话明显是一种浪费。

时，需要考虑在调用者和被调用者之间如何传递参数和返回值）等内容。这一部分的内容是IR中难度比较大的部分。

更多关于IR的知识点，笔者建议读者先从参考资料[3]开始研究，该书由国内专家编写，理论和实际代码结合紧密，更容易被初学者掌握。

ART里的中间码

ART在做编译优化时并不是直接针对dex字节码来实施的，而是使用了自定义的中间表达式，详见6.4节。

6.3 优化器介绍

优化是编译技术中非常重要的一个课题，研究者们在这个领域中提出了很多理论知识并积累了丰富的实践经验。优化是在翻译过程中对原程序进行**有条件**的改进。有条件是指优化必须是**安全**的，优化绝对不能改变原程序的语义。如果不能做到安全，则优化就毫无意义。

编译器在做优化时需要尽可能多地了解目标程序，考虑到程序的本质其实就是数据和控制，所以下面这两类信息对优化而言就尤其有价值了。

- 控制流（control flow）：控制流描述程序结构的相关信息。针对控制流，优化器的工作包括建立控制流图（Control Flow Graph，缩写为CFG ㊀）、循环结构分析等。其中，控制流图包含的信息非常有价值，很多优化手段就利用了它。比如下面的数据流分析。在ART中，优化器也是首先创建控制流图。
- 数据流（data flow）：数据流描述程序数据的相关信息，比如一个变量在哪里被定义，在哪里被使用。ART编译优化器也针对数据流信息进行了优化。如前所述，数据流分析时将依赖CFG。

优化器在做编译优化时会先进行控制流和数据流分析。在分析过程中，优化器会构造相关的数据结构，收集必要的信息，甚至对IR做一些变换和调整以方便后续的优化处理。关于优化更具体的内容，笔者拟结合art中的代码和调用流程来做更有针对性的介绍。如果该部分内容有相关的理论知识，则先简单讲解理论，随后再分析art中的代码。如此，读者可理论联系代码实现以加深对它们的理解。

ART编译优化器的输入和输出

如本章开头所述（读者可回顾图6-3），就ART虚拟机而言，它的编译优化器的输入是APK中的dex字节码，输出是优化后的HInstruction。而且，优化工作包含多个优化任务，优化器逐个执行优化任务（读者可回顾图6-4）。

㊀ 请读者注意，控制流图的英文缩写为CFG，与上下文无关文法（Contex Free Grammar）的缩写一样。不过结合本章的上下文信息，读者不难分辨出CFG具体是指什么。另外，有些书籍也称之为流图（Flow Graph）。

6.3.1 构造 CFG

art 中优化器的第一步工作是构造**控制流图**（Control Flow Graph，简写为 CFG）。先来认识它。

6.3.1.1 控制流图介绍

控制流分析需要先构造**控制流图**（CFG）。控制流图利用了数据结构中的图来表达相关信息，它包含如下两个组成部分。

- 基本块（Basic Block）：基本块包含一行或多行代码，这些代码里没有分支或跳转语句。也就是说，基本块内的代码是按从上到下的顺序执行的。而分支或跳转前后的代码则分别放在不同的基本块中。从数据结构来说，基本块相当于图的结点（node）。
- 边（edge）：虽然基本块内部没有分支或跳转代码，但程序里基本块之间是有跳转关系的。跳转关系由边表示。边是有方向的，代表执行过程从一个基本块跳转到另外一个基本块。

CFG 里基本块中的代码可以是高层次的源码，也可以是低层次的 IR，它用于表达控制信息的流动，所以并不拘泥于代码的具体形式。图 6-17 展示了两段代码以及由它们构造出来的 CFG。

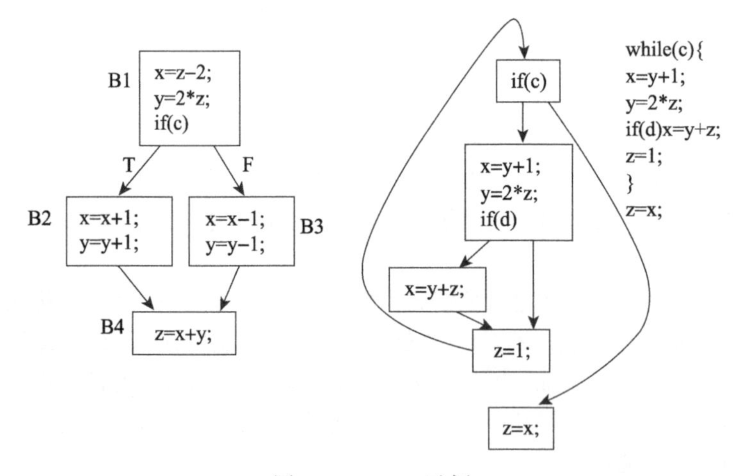

图 6-17　CFG 示例

图 6-17 展示了两段代码对应的 CFG 示例。

- 左边的 CFG 比较简单，它展示了 if/else 语句的 CFG。
- 右边的 CFG 比较复杂，它包含了 while 循环以及 while 循环内部的 if 语句。

入度和出度

CFG 中的每一个基本块可以有 N（N ≥ 0）个边指向它，也可以有多个边从该基本块出来。在图论里，入边和出边的个数叫入度和出度。

除此之外：

- ❑ CFG 是针对某个函数来构造的。一个函数最开始的语句构成一个入口基本块（Entry Basic Block）。也可以构造一个空的基本块（也叫拓展基本块，Extended Basic Block）作为入口基本块。注意，入口基本块的入度为 0。
- ❑ 和入口基本块相对应，我们希望一个 CFG 只有一个出口基本块（Entry Basci Block）。但一个函数可能有多个 return 语句，相当于有多个出口基本块。为此，我们需要构造一个空的基本块，让那些 return 的基本块先指向这个空基本块，然后将该空基本块设置为出口基本块。注意，出口基本块的出度为 1。

入度为 0 的基本块

入度为 0 的基本块只可能有两种情况，一种是上文所说的入口基本块。另一种是永远不会被执行的基本块（因为没有任何一个基本块会指向它）。对于第二种情况，该基本块对应的代码显然可以去掉。

下面我们来看 art 中 CFG 是如何构造的。

6.3.1.2　CFG 构造相关代码介绍

art 里和 CFG 相关的类比较多，笔者先展示其中的三个，如图 6-18 所示。

HGraph
+blocks_:ArenaVector<HBasicBlock*> +entry_block_:HBasicBlock* +exit_block_:HBasicBlock*
+AddBlock()

HBasicBlock
+predecessors_:ArenaVector<HBasicBlock*> +successors_:ArenaVector<HBasicBlock*> +dominator_:HBasicBlock* +dex_pc_:uint32_t +graph_:HGraph* +block_id_:uint32_t
+GetPredecessors() +GetSuccessors() +AddSuccessor() +AddPredecessor()

HBasicBlockBuilder
+arena_:ArenaAllocator* +graph_:HGraph* +dex_file_:DexFile* +code_item:CodeItem& +branch_targets_:ArenaVector<HBasicBlock*> +throwing_blocks_:ArenaVector<HBasicBlock*> +number_of_branches_:size_t
+Build() +MaybeCreateBlockAt() +GetBlockAt()

图 6-18　art 中和 CFG 构造相关的三个类

图 6-18 展示了 art 里和 CFG 相关的三个类。

- ❑ HBasicBlock：代表基本块。每个基本块有一个编号，由 block_id_ 成员变量表示。该基本块的前驱基本块（即哪些基本块指向本基本块）由 predecessors_ 数组表示，该基本块指向的后继基本块由 successors_ 数组表示。HBasickBlock 通过 graph_ 变量指向一个 CFG 对象。另外，基本块包含了代码，所以 HBasicBlock 用 dex_pc_ 表示该基本块起始的 dex 字节码，也就是该基本块对应的起始代码。dex pc 这个概念在后文会经常碰到，请读者注意。

- HGraph：代表 CFG。其 blocks_ 数组包含了由代码分析出来的所有基本块（分析过程见下文介绍）。而 CFG 的入口基本块（由 entry_block_ 表示）和出口基本块（由 exit_block_ 表示）是特意构造出来的，和代码无关（即不包含代码，它们的 dex_pc_ 取值为 -1。）
- HBasicBlockBuilder：该类是构造 CFG 的辅助类。其 dex_file_ 成员变量指向输入的 dex 文件，code_item 指向要构造 CFG 的函数的对应字节码[⊖]。branch_targets_ 和 throwing_targest_ 成员变量为 ART 自定义的数组容器 ArenaVector。这两个变量的作用下文碰到时再解释。

ART 中的容器

ART 中大量使用了自定义的容器类，比如图 6-18 中的 ArenaVector。其主要功能和 STL 的 vector 没有太多差别，只不过 ART 做了特殊优化（比如在元素的内存分配上）。纵观 ART 的源码，谷歌基于 C++ 开发了大量自己的容器类和迭代器类，虽然功能和 STL 提供的相关类差不多，但其目的显然不是用来替换 STL 的，而更多是出于虚拟机运行效率和内存管理方面等考虑。如果读者不熟悉 C++，请回头学习本书第 5 章关于 C++11 的内容。

下面来看 art 中 cfg 构造的相关代码，入口是 Build 函数，如下所示。

[block_builder.cc->HBasicBlockBuilder::Build()]

```
bool HBasicBlockBuilder::Build() {
    //构造入口和出口基本块。这两个基本块对应的dex字节码为-1（kNoDexPc的值），即
    //它们不包含实际代码。
    graph_->SetEntryBlock(new (arena_) HBasicBlock(graph_, kNoDexPc));
    graph_->SetExitBlock(new (arena_) HBasicBlock(graph_, kNoDexPc));
    //CreateBranchTargets：分析函数所包含的字节码数组并构造基本块
    if (!CreateBranchTargets()) return false;
    ConnectBasicBlocks();//连接各个基本块，即构造CFG
    //对Try、Catch基本块的处理。它和CFG本身并无多大关系，本章不拟讨论它
    InsertTryBoundaryBlocks();
    return true;
}
```

在 Build 中，

- 先为 CFG 主动构造入口和出口基本块对象。
- 调用 CreateBranchTargets 对函数的内容进行分析，然后构造基本块。
- 调用 ConnectBasicBlock 连接基本块。连接基本块就是构造 CFG。
- 调用 InsertTryBoundaryBlocks：对 Try/Catch 基本块进行一些处理。它们和 CFG 本身关系不大，此处不拟讨论。

⊖ 关于 code item 的内容，请读者回顾 3.2.4 节的内容。

构造基本块的流程比较简单，我们接下来看CreateBranchTargest的代码。

6.3.1.2.1　CreateBranchTargets

CreateBranchTargest的代码如下所示。

[block_builder.cc->HBasicBlockBuilder::CreateBranchTargets]

```
bool HBasicBlockBuilder::CreateBranchTargets() {
    /*在指定位置（位置由参数指定，实际使用时传的是dex pc）创建一个HBasicBlock对象，该对象保
      存在branch_targets_[入参]处。函数名中的Maybe的意思是如果branch_targest_[入参]处
      已经有一个基本块对象的话，则该函数将不会再创建基本块。*/
    MaybeCreateBlockAt(0u);

    if (code_item_.tries_size_ != 0) {
        ....//对code_item里的try/catch进行处理。需要读者对dex指令码格式有相当的了解。
        ....//读者可阅读3.5节。
    }
    /*code_item包含了一个函数对应的dex指令码。指令码包括指令和参数。CodeItemIterator为
      dex指令码迭代器。它可以解析指令码中的指令，Advance将指向下一条指令*/
    for (CodeItemIterator it(code_item_); !it.Done(); it.Advance()) {
    uint32_t dex_pc = it.CurrentDexPc();//获取dex pc的值
    //获取该dex pc对应的指令
    const Instruction& instruction = it.CurrentInstruction();
    //判断该指令是否为分支指令。
    if (instruction.IsBranch()) {
        number_of_branches_++;
        //获取该分支指令对应的目标位置，由于分支指令中跳转的目标位置是相对该指令的偏移
        //量，所以目标指令的dex_pc=当前指令dex_pc+跳转偏移量。然后再目标指令位置创建
        //一个基本块对象
        MaybeCreateBlockAt(dex_pc + instruction.GetTargetOffset());
    } else if (instruction.IsSwitch()) {
            ......//处理switch语句。
    } else if (instruction.Opcode() == Instruction::MOVE_EXCEPTION) {
    } else { continue;}

    if (instruction.CanFlowThrough()) {
        if (it.IsLast()) {......
    } else {//如果该指令的标志为kContinue，那么会将在其后面一个指令处创建一个基本块
        MaybeCreateBlockAt(dex_pc +
                it.CurrentInstruction().SizeInCodeUnits());
    }
}//for循环结束
return true;
}
```

哪些指令码属于分支指令呢？art中所有的dex指令码及性质全部定义在dex_instruction_list.h中。图6-19展示了具有KBranch（即属于分支指令）性质的dex指令。

观察图6-19，读者会发现if比较指令同时具有kBranch和kContinue标志。

6.3.1.2.2　ConnectBasicBlocks

基本块构造完后，下一步要将它们连接起来，该处理由ConnectBasicBlock函数完成，其主要代码如下所示。

```
#define DEX_INSTRUCTION_LIST(V) \
  ......
  V(0x28, GOTO, "goto", k10t, false, kIndexNone, kBranch | kUnconditional, kVerifyBran
  V(0x29, GOTO_16, "goto/16", k20t, false, kIndexNone, kBranch | kUnconditional, kVeri
  V(0x2A, GOTO_32, "goto/32", k30t, false, kIndexNone, kBranch | kUnconditional, kVeri
  ......
  V(0x32, IF_EQ, "if-eq", k22t, false, kIndexNone, kContinue | kBranch, kVerifyRegA |
  V(0x33, IF_NE, "if-ne", k22t, false, kIndexNone, kContinue | kBranch, kVerifyRegA |
  V(0x34, IF_LT, "if-lt", k22t, false, kIndexNone, kContinue | kBranch, kVerifyRegA |
  V(0x35, IF_GE, "if-ge", k22t, false, kIndexNone, kContinue | kBranch, kVerifyRegA |
  V(0x36, IF_GT, "if-gt", k22t, false, kIndexNone, kContinue | kBranch, kVerifyRegA |
  V(0x37, IF_LE, "if-le", k22t, false, kIndexNone, kContinue | kBranch, kVerifyRegA |
  V(0x38, IF_EQZ, "if-eqz", k21t, false, kIndexNone, kContinue | kBranch, kVerifyRegA
  V(0x39, IF_NEZ, "if-nez", k21t, false, kIndexNone, kContinue | kBranch, kVerifyRegA
  V(0x3A, IF_LTZ, "if-ltz", k21t, false, kIndexNone, kContinue | kBranch, kVerifyRegA
  V(0x3B, IF_GEZ, "if-gez", k21t, false, kIndexNone, kContinue | kBranch, kVerifyRegA
  V(0x3C, IF_GTZ, "if-gtz", k21t, false, kIndexNone, kContinue | kBranch, kVerifyRegA
  V(0x3D, IF_LEZ, "if-lez", k21t, false, kIndexNone, kContinue | kBranch, kVerifyRegA
```

图 6-19 dex 中的分支指令

[block_builder.cc->HBasicBlockBuilder::ConnectBasicBlocks]

```
void HBasicBlockBuilder::ConnectBasicBlocks() {
    /*将入口基本块加入到CFG里。HGraph的AddBlock需要做两件事情：
     (1) 为传进来的基本块设置id（即HBasicBlock的block_id_成员变量），值为HGraph里
         blocks_数组当前的元素个数
     (2) 将传入的基本块对象加入blocks_数组
    */
    HBasicBlock* block = graph_->GetEntryBlock();
    graph_->AddBlock(block);

    bool is_throwing_block = false;
    //再次遍历code_item
    for (CodeItemIterator it(code_item_); !it.Done(); it.Advance()) {
        uint32_t dex_pc = it.CurrentDexPc();
            /*以dex_pc为索引从HBasicBlockBuilder的branch_targest_数组里取基本块对象。
              前面代码中我们知道branch_targest_以基本块的起始dex pc为索引保存了对应的基
              本块对象*/
        HBasicBlock* next_block = GetBlockAt(dex_pc);
        if (next_block != nullptr) {
            if (block != nullptr) {
                //调用HBasicBlock的AddSuccessor，把next_block作为block的后继基本块，
                //该函数同时会设置next_block的前驱基本块为block
                block->AddSuccessor(next_block);
            }
            block = next_block;//当前block修改为next_block
            is_throwing_block = false;
            graph_->AddBlock(block);//将block加入到CFG对象
        }
        if (block == nullptr) continue;//如果该dex pc并非基本块的起始地址，则略过处理

        const Instruction& instruction = it.CurrentInstruction();
        //IsThrowingDexInstruction：判断指令是否会抛出异常，会抛出异常的指令不
        //仅仅是throw，包括new-instance(new一个对象),invoke-xxx(调用函数)等均属于
        //会抛出异常的指令。对异常的基本块有一些特殊处理，他们和CFG的构造关系不大，此处略过
        if (!is_throwing_block && IsThrowingDexInstruction(instruction)) {
            is_throwing_block = true;
```

```
            throwing_blocks_.push_back(block);
        }
        if (instruction.IsBranch()) {
        //对分支指令的处理，将分支指令对应的跳转目标基本块和当前基本块建立前驱-后继关系
        uint32_t target_dex_pc = dex_pc + instruction.GetTargetOffset();
        block->AddSuccessor(GetBlockAt(target_dex_pc));
    } else if (instruction.IsReturn() || (instruction.Opcode() ==
            Instruction::THROW)) {
        //对返回语句的处理，将其和出口基本块建立前驱-后继关系
        block->AddSuccessor(graph_->GetExitBlock());
    } else if (instruction.IsSwitch()) {
        ....../处理Switch指令
    } else  continue;
    .......
  }
  graph_->AddBlock(graph_->GetExitBlock());//将基本出口块加入HGraph
}
```

到此，一个 Java 函数对应的 dex 字节码全部分析完毕。

- 对应的基本块对象被建立好，它们全部保存在 HGraph 的 blocks_ 数组中。
- 借助 HBasicBlock 的 successors_ 和 predecessors_ 成员变量，基本块之间的前驱 - 后继关系建立完毕。

到此，CFG 构造完毕。接着来看控制流分析的下一步工作。

6.3.2 分析和处理 CFG

CFG 构造完之后，基本块之间的前驱 - 后继关系就弄清楚了。不过这些信息对优化而言的价值还比较有限，所以我们需要进一步发掘蕴藏在 CFG 里的更有价值的信息。

6.3.2.1 进一步认识 CFG[7]

6.3.2.1.1 Dominator Tree

本节先来介绍分析 CFG 时需要用到的一个非常重要的数据结构——支配树（Dominator Tree，简称 DT）。什么是支配树，它和 CFG 有什么关系呢？来看图 6-20。

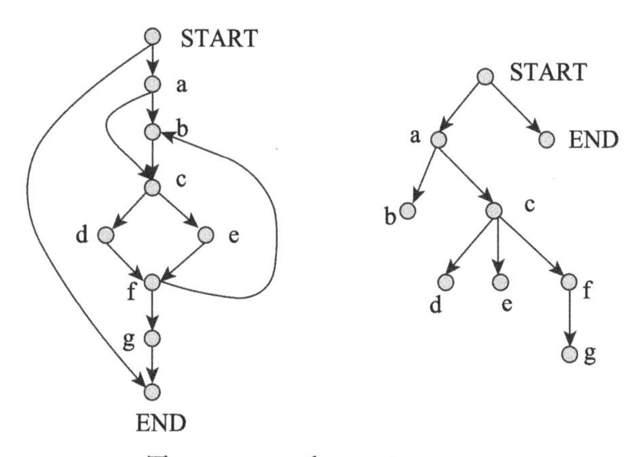

图 6-20　CFG 和 Dominator Tree

图 6-20 中左边所示为一段代码对应的 CFG，右边是由此 CFG 构造而来的 DT。这其中有如下几个重要概念。

- 结点（node）x 支配（dominate）结点 y ⊖：在 CFG 中，如果从 START 出发，到达结点 y 的每条路径如果都经过结点 x，则称 x dominates y（可简写为 x dom y）。以图 6-20 中 DT 的 c 结点为例，从 START 开始到达 c 有两条路径，分别是 START→a→b→c、START→a→c。这两条路径中都包含 START 和 a，所以 START 和 a 都 dom c。按照此方法即可构造出 CFG 对应的 DT。另外，一个结点也 dom 自已。所以引出了严格 dom 的概念，即如果 x domy，但 x≠y，则 x strictly dom y，可简写为 x sdom y。
- 直接支配结点（immediate dominator）：以 c 为例，START 和 a 都 dom c。但 a 是离 c 最近的支配结点，所以 a 被称作 c 的直接支配结点。二者的关系可书写为 a idom c。
- 后序支配结点（post dominator）：前面所说的支配结点均是从 START 出发。如果我们从 END 结点出发并掉转 CFG 各结点的指向关系就得到了 Post DT。在 PDT 中，c post-dominate a（可书写为 c pdom a）。注意，x dom y 并不一定意味着 y pdom x。

支配边界（Dominator Frontier）

对于结点 x，其支配边界 DF(x) 包含满足如下条件的结点，即 x 是 y 的直接前驱结点的支配结点，并且 x 不是 y 的严格支配结点。以数学里集合来描述的话则是 DF(x)={y|x dom pred(y) 并且 x !sdom y}。其中，pred(y) 表示 y 的直接前驱结点。

学习完 DT 后，我们再来进一步认识 CFG。

6.3.2.1.2 back edge 和 natural loop

代码中经常会使用循环，而循环是优化的一个重要目标。CFG 里是否能体现代码里的循环关系呢？答案是肯定的，来看图 6-21。

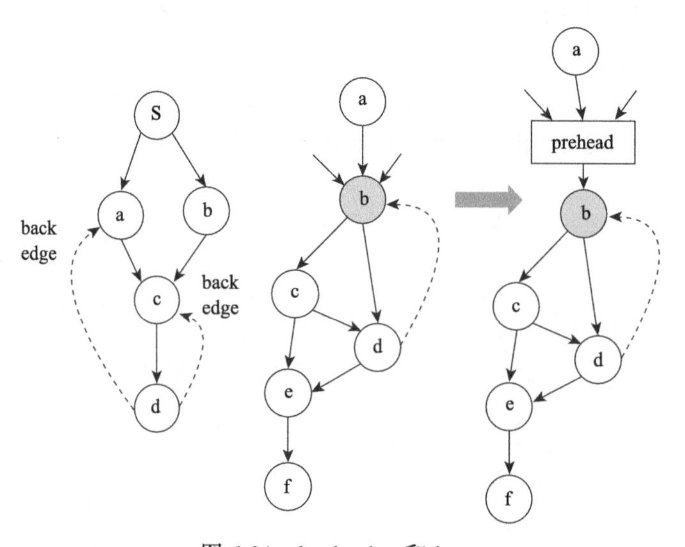

图 6-21 back edge 和 loop

⊖ 有些书籍将 x dom y 表述为 x 是 y 的必经结点。dominator 被翻译为必经结点。

图 6-21 有三个 CFG。

- 先来看左边的 CFG。它有两条从后继结点指向前驱结点的边，分别是 d→a 和 d→c。这两条边被称作 back edge（注意图中的最左边的虚线边，见下文的讨论）。而 back edge 存在就表示该 CFG 里有 loop。以 d→c 的边为例，其对应的 loop 包含结点 c 和 d。
- 再来看中间的 CFG，它也有一个 back edge（d→b），所以对应存在一个 loop，该 loop 包含结点 b、c 和 d。一般而言一个循环有一个入口结点，即 loop 外的结点只能通过这个入口结点进入此 loop。该入口结点被称作为 loop 的头（header），本例中，loop header 是 b。不过，作为 loop header 的 b 结点有多条入边（即多个基本块指向 b），这种情况不利于后续对循环的优化。
- 因此，右图中我们构造了一个 preheader，将原来指向 loop header 的结点指向这个 preheader，从而 loop header 只有一条入边。preheader 对优化的意义在于可以将一些循环不变量对应的计算放到 preheader 基本块中，如此可消除某些冗余操作。

再论 back edge

关于 back edge 的定义有两种。一种是在遍历 CFG 时（使用深度优先搜索 Depth First Search 方法，下文将介绍 CFG 的遍历）找到的由后继结点指向前驱结点的边叫 back edge。根据参考资料 [8] 中文版的说法，其中文翻译为后向边。图 6-21 中的虚线边都属于 back edge。ART 代码里的 back edge 也是这么定义的。另外还有一种更为严格的 back edge 定义。即在第一种定义的 back edge 里，比如 x→y 是第一种定义下的 back edge，当且仅当 y dom x 关系成立时，x→y 边才是第二种定义里的 back edge。根据参考资料 [8] 中文版的说法，此边翻译为回边。在这种定义下，左图中 d→c 的虚线边才是 back edge，而 d→a 的虚线边不是 back edge。本书采用第一种 back edge 的定义。

在 CFG 中有一种被称作 Natural Loop（译为自然循环）的循环是优化器的重点考察对象。natural loop 的定义就与 back edge 有关。我们先来看其示意，如图 6-22 所示。

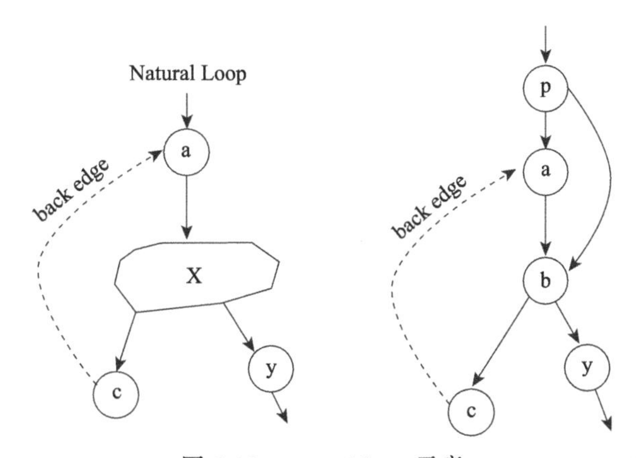

图 6-22 natural loop 示意

在图 6-22 中，左边为 natural loop，右边为非 natural loop。二者的区别是：

- 如果按第一种方式定义back edge，左右图中的c→a均为back edge。不过左图中a dom c（说明该back edge同时满足第二种back edge的定义），所以a、c以及X（X代表一个或多个结点）共同构成一个natural loop。
- 而如果按照第二种back edge的定义，因为右图中的a并不dom c，c→a不是back edge，所以该loop不是natural loop。

---

natural loop和reducible CFG

natural loop表示外界只能通过loop header进入该loop。而非natural loop表示外界除了可通过loop header进入循环体，还有其他入口进入循环体，比如外界通过goto语句直接跳到循环体内部。nature loop对优化而言是比较有价值的，因为外界只能通过loop header进入循环，循环体内部信息相对集中，做优化时的顾虑较少。

如果CFG里的loop全部是natural loop的话，我们称这个CFG是reducible CFG。根据参考资料[8]的介绍，reducible CFG表示该CFG可以通过一系列的变换归约为一个结点。所以，reducible CFG也可称之为well-structured CFG（结构良好的CFG）。reducible CFG有助于优化分析。而通过某些手段，比如拆分结点（node split）可将irreducible（不可归约）CFG转换成reducible CFG。

6.3.2.1.3 critical edge

除了back edge外，CFG里还有一种名为critical edge的边也需要重视。图6-23为critical edge的示意。

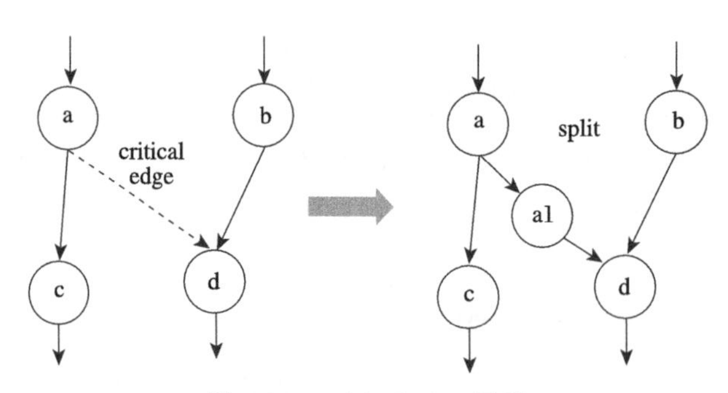

图6-23 critical edge示意

来看图6-23中左右两个CFG。

- 先看左边的CFG，它有一条这样的边，该边的源结点有多个后继结点，同时该边的目标结点有多个前驱结点。比如图中的a→d边，其源结点a有c和d两个后继结点，目标结点d有a和b两个前驱结点，所以a→d为critical edge。
- CFG中如果有critial edge，则优化器会认为此处存在潜在的优化空间。为此，CFG往往先会拆分（split）critical edge。critical edge拆分后得到右边的CFG。

6.3.2.1.4 CFG的遍历

优化过程中对CFG进行遍历是必不可少的操作。从数据结构角度看，CFG就是图（有向图)。图的遍历有两种方法，分别是广度优先搜索法（或叫宽度优先搜索法，英文为 Breadth First Search，BFS）和深度优先搜索法（Depth First Search，DFS）。CFG 遍历中使用得是 DFS。具体而言，DFS 有三种遍历方式，如下所示。

- 前序遍历（pre-order）：在 DFS 中，先访问某结点，然后再访问该结点的后继结点。
- 后序遍历（post-order）：在 DFS 中，先访问某结点的后继结点，然后再访问该结点。
- 逆后序遍历（Reverse Post-Order，RPO）：逆后序遍历的过程与后序遍历一样，只不过 RPO 访问结点的顺序和后续遍历时访问结点的顺序是反着的。比如说，后序遍历访问结点的顺序是 a、b、c、d 的话，逆后序遍历访问结点的顺序就是 d、c、b、a。显然，逆后序遍历的一种实现方式是将后序遍历时要访问的结点入栈，等所有结点都遍历完后（意味着这些结点都被压入栈了），再按出栈顺序访问结点，从而实现逆向访问。

对 DFS 而言，选择何种访问顺序是一个关键问题，来看示意图 6-24。

图 6-24 是一个 CFG，下面是分别按前序、后序、逆后序遍历该 CFG 得到的结点访问情况。

- 前序遍历：a、c、b、d、e、f。本例中，访问完 a 结点后，我们选择 c 结点作为 a 的第一个后继结点进行遍历。后继结点的选择顺序不影响此处讨论。
- 后序遍历：d、b、e、c、f、a。此处后续结点选择顺序和前序遍历一样。
- 逆后序遍历：a、f、c、e、b、d。结点访问顺序和后序遍历相反。

三种访问顺序作为算法而言对图的遍历来说并没有太大区别，但优化器在遍历 CFG 时却希望某个结点的前驱结点能在该结点之前被访问。此想法是非常自然的，因为结点（也就是基本块）内包含了程序的信息。而开发者在编写代码时，信息也是由前向后传递的。所以优化器要对某个结点进行考察时，最好能把该结点的前驱结点也全部考察完才行。从这个角度考虑，上述三种遍历顺序中唯有逆后序遍历（英文简写为 RPO）能满足此要求。

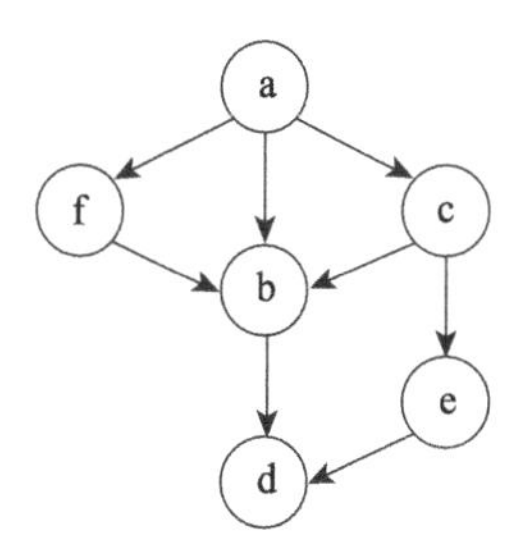

图 6-24　CFG 遍历示意图

6.3.2.2　CFG 处理相关代码介绍

CFG 处理相关代码的入口在 BuildDominatorTree 函数里，其代码如下所示。

 [nodes.cc->HGraph::BuildDominatorTree]

```
GraphAnalysisResult HGraph::BuildDominatorTree() {
    //ArenaBitVector是一个比特位图数组，用来标记哪些基本块被访问。如果该数组第N号元素的
    //值为1，则代表CFG里编号为N的基本块被访问过。使用比特位图数组可节省内存，因为一个int
    //整型占用4个字节，但它有32个比特位，可表示32（编号0-31）个基本块
    ArenaBitVector visited(arena_, blocks_.size(), false,
                          kArenaAllocGraphBuilder);
    //①深度搜索CFG对象，找到back edge，建立基本块之间的循环关系
    FindBackEdges(&visited);

    //下面这行调用在此时还没有作用，先略过不表
    RemoveInstructionsAsUsersFromDeadBlocks(visited);
    //②移除Dead基本块，即CFG中入度为0的基本块。这些基本块永远不会被执行到
    RemoveDeadBlocks(visited);
    //③简化CFG
    SimplifyCFG();
```

```
    //④构造该CFG对应的DT
    ComputeDominanceInformation();
    //⑤分析CFG中的循环
    GraphAnalysisResult result = AnalyzeLoops();
    ......
    ComputeTryBlockInformation();//try/catch的处理，本文不拟讨论
    return kAnalysisSuccess;
}
```

下面来具体分析这些函数，首先是FindBackEdge。

6.3.2.2.1 FindBackEdge

前文已经提到过，在ART中，back edge采用的是第一种定义方式。

[nodes.cc->HGraph::FindBackEdges]

```
void HGraph::FindBackEdges(ArenaBitVector* visited) {
    //比特位图数组，用来表示当前访问了哪些基本块
    ArenaBitVector visiting(arena_, blocks_.size(), false,
            kArenaAllocGraphBuilder);
    /*下面这个变量对于理解整个算法比较关键。在本算法中，它是一个数组，其第N个元素代表第N号基本
      块后继节点的访问次数。如果第N号基本块后继节点访问次数与后继节点个数相同，则算法认为该基
      本块的所有后继节点都访问过了。显然，该算法中节点不能重复访问，否则访问次数就不能与节点个
      数进行比较。避免节点重复访问的关键在于本函数的参数visited数组*/
    ArenaVector<size_t> successors_visited(blocks_.size(), 0u,
        arena_->Adapter(kArenaAllocGraphBuilder));
    //工作变量
    ArenaVector<HBasicBlock*> worklist(
                            arena_->Adapter(kArenaAllocGraphBuilder));
    constexpr size_t kDefaultWorklistSize = 8;
    worklist.reserve(kDefaultWorklistSize);
    //更新visited和visiting的入口基本块
    visited->SetBit(entry_block_->GetBlockId());
    visiting.SetBit(entry_block_->GetBlockId());
    //将入口基本块加入worklist
    worklist.push_back(entry_block_);
    //下面这个算法是本函数的核心，worklist是一个数组，但工作方式为栈，即从往数组后面追加
    //元素，从该数组里取出最后一个元素
    while (!worklist.empty()) {
        //①见下文解释
        HBasicBlock* current = worklist.back();
        uint32_t current_id = current->GetBlockId();
        //如果该基本块的后续节点全部被访问过，则清除visiting里该基本块的信息，并从
        //worklist弹出该元素
        if (successors_visited[current_id] ==
            current->GetSuccessors().size()) {
        visiting.ClearBit(current_id);
        worklist.pop_back();
    } else { /*获取该基本块的后继基本块。注意，HBasicBlock的successors_是一个数组，它可
              通过successors_[index]索引方式来访问。在本算法中，index就是successors_
              visited[current_id]的值，访问完某个索引后，对该索引进行++。这样即记录了访
              问次数，又能用它作为下一次访问的索引，一举两得。*/
        HBasicBlock* successor =
            current->GetSuccessors()[successors_visited[current_id]++];
        uint32_t successor_id = successor->GetBlockId();
        if (visiting.IsBitSet(successor_id)) {
```

```
            successor->AddBackEdge(current);//添加back edge
        } else if (!visited->IsBitSet(successor_id)) {
            //②如果该基本块没有访问，则将其添加到对应的数组里
            visited->SetBit(successor_id);
            visiting.SetBit(successor_id);
            worklist.push_back(successor);
        } } }
}
```

要理解 FindBackEdges 的关键是要知道该算法核心。

- 先做 DFS。DFS 会将各个基本块加入 worklist 里，并在 visited 和 visiting 数组里设置对应的标志位。这个步骤体现在上述代码里标记为②的部分。这个部分虽然写在循环的最后，但却是最先执行的。
- 然后从 work_list 数组尾部开始处理各个基本块。这个步骤体现在上述代码里标记为①的部分。

模拟运行

读者可在大脑中用这个算法对图 6-21 左边的 CFG 进行模拟运行。

back edge 代表 CFG 中存在循环关系，该关系需要特别标示出来，来看 AddBackEdge 函数。

[nodes.h->HBasicBlock::AddBackEdge]

```
void AddBackEdge(HBasicBlock* back_edge) {
    if (loop_information_ == nullptr) {
        //构造一个代表循环的HLoopInformation对象
        loop_information_ = new (graph_->GetArena())
            HLoopInformation(this, graph_); }
    loop_information_->AddBackEdge(back_edge);
}
```

HLoopInformation 和 HBasicBlock 的关系如图 6-25 所示。

在图 6-25 中：

- HBasicBlock 有一个 loop_information 成员变量，其类型为 HLoopInformation。在 loop header 基本块里，该成员变量不为空。
- HLoopInformation 的 header 指向代表 Loop Header 的基本块。back_edges_ 为数组，存储了该 back edge 对应的源结点。注意，对 back edge 而言，目标结点才是 loop header。

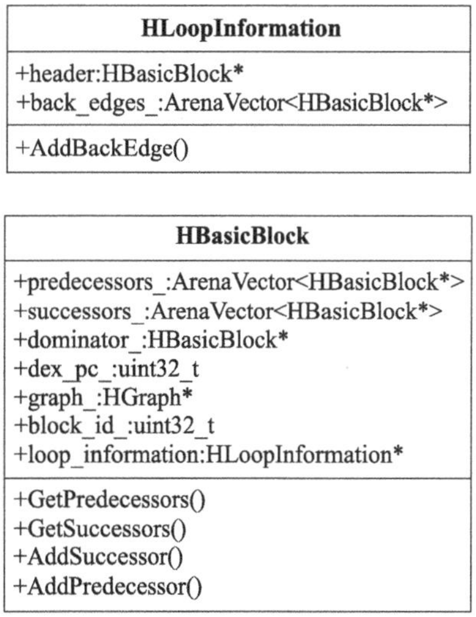

HLoopInformation
+header:HBasicBlock* +back_edges_:ArenaVector<HBasicBlock*>
+AddBackEdge()

HBasicBlock
+predecessors_:ArenaVector<HBasicBlock*> +successors_:ArenaVector<HBasicBlock*> +dominator_:HBasicBlock* +dex_pc_:uint32_t +graph_:HGraph* +block_id_:uint32_t +loop_information:HLoopInformation*
+GetPredecessors() +GetSuccessors() +AddSuccessor() +AddPredecessor()

图 6-25　HLoopInformation 和 HBasicBlock 的类图

6.3.2.2.2　RemoveDeadBlocks

FindBackEdges 在执行时对 CFG 进行了一

次 DFS 遍历，遍历过程中被访问的基本块信息相应更新到了 visited 数组里，即如果 visited[N] 取值为 1，则 block id 为 N 的基本块是被访问过的。没有被访问的基本块属于无用代码，可以被清理掉。清理工作由 RemoveDeadBlocks 完成，代码如下所示。

[nodes.cc->HGraph::RemoveDeadBlocks]

```
void HGraph::RemoveDeadBlocks(const ArenaBitVector& visited) {
    for (size_t i = 0; i < blocks_.size(); ++i) {
        if (!visited.IsBitSet(i)) {
            HBasicBlock* block = blocks_[i];//该基本块没有被访问过
            if (block == nullptr) continue;
            //将该基本块从其后继基本块的predecessor_数组里移除
            for (HBasicBlock* successor : block->GetSuccessors()) {
                successor->RemovePredecessor(block);
            }
            blocks_[i] = nullptr;
            if (block->IsExitBlock())  SetExitBlock(nullptr);
            block->SetGraph(nullptr);
        }
    }
}
```

RemoveDeadBlocks 比较简单，接着来看 SimplifyCFG 函数。

6.3.2.2.3 SimplifyCFG

SimplifyCFG 用于简化 CFG，具体简化内容包括：

- 拆分 critical edge。
- 为 Loop 添加 preheader 基本块。

[nodes.cc->HGraph::SimplifyCFG]

```
void HGraph::SimplifyCFG() {
    for (size_t block_id = 0u, end = blocks_.size();
         block_id != end; ++block_id) {
        HBasicBlock* block = blocks_[block_id];
        if (block == nullptr) continue;
        if (block->GetSuccessors().size() > 1) {//该block有多个后继基本块
            /*如果不考虑try/catch情况的话，GetNormalSuccessors返回的就是该基本块对象中
              的successors_数组。本节不对try/catch做单独讨论。 */
            //①拆分critical edge
            ArrayRef<HBasicBlock* const> normal_successors =
                block->GetNormalSuccessors();
        for (size_t j = 0, e = normal_successors.size(); j < e; ++j) {
             HBasicBlock* successor = normal_successors[j];
            if (successor == exit_block_) {/*不处理出口基本块*/ }
            else if (successor->GetPredecessors().size() > 1) {
                    //拆分critical edge
                    SplitCriticalEdge(block, successor);
                    normal_successors = block->GetNormalSuccessors();
                } } }
            if (block->IsLoopHeader()) {//②处理loop
                SimplifyLoop(block);
            } else if { ......//略过}
            } }
```

分别来看 SplitCriticalEdge 和 SimplifyLoop 函数。

 [nodes.cc->HGraph::SplitCriticalEdge]

```
void HGraph::SplitCriticalEdge(HBasicBlock* block, HBasicBlock* successor){
    //创建一个新基本块对象，将其插入到block和successor之间
    HBasicBlock* new_block = SplitEdge(block, successor);
    //这个新基本块没有包含任何代码，所以要主动加一条Goto语句。
    new_block->AddInstruction(new (arena_) HGoto(successor->GetDexPc()));
    //如果successor和block之间是一个back edge，则此back edge也需要对应修改
    if (successor->IsLoopHeader()) {
        HLoopInformation* info = successor->GetLoopInformation();
        if (info->IsBackEdge(*block)) {
            info->RemoveBackEdge(block);
            info->AddBackEdge(new_block);
        }
    }
}
```

再来看 SimplyLoop 的代码。

 [nodes.cc->HGraph::SimplifyLoop]

```
void HGraph::SimplifyLoop(HBasicBlock* header) {
    HLoopInformation* info = header->GetLoopInformation();
    //①判断loop header是否有多个除back edge之外的入边
    size_t number_of_incomings = header->GetPredecessors().size() -
        info->NumberOfBackEdges();
    if (number_of_incomings != 1 ||
        (GetEntryBlock()->GetSingleSuccessor() == header)) {
        //对入口基本块也需要考虑，即入口基本块不能作为loop的preheader，这是为了后续优化的方便
        HBasicBlock* pre_header = new (arena_) HBasicBlock(this,
            header->GetDexPc());
        AddBlock(pre_header);
        pre_header->AddInstruction(new (arena_) HGoto(header->GetDexPc()));
        //②更新header的前驱基本块，将它们指向新创建的这个preheader基本块
        for (size_t pred = 0; pred < header->GetPredecessors().size(); ++pred) {
            HBasicBlock* predecessor = header->GetPredecessors()[pred];
            if (!info->IsBackEdge(*predecessor)) {
                predecessor->ReplaceSuccessor(header, pre_header);
                pred--;}
        }
        pre_header->AddSuccessor(header);
    }
    //preheader和back edge的源均指向header，为了后续优化方便，将preheader基本块放在
      header的predecessors_数组的第一个位置。
    if (info->IsBackEdge(*header->GetPredecessors()[0])) {
        HBasicBlock* to_swap = header->GetPredecessors()[0];
        for (size_t pred = 1, e = header->GetPredecessors().size();
             pred < e; ++pred) {
            HBasicBlock* predecessor = header->GetPredecessors()[pred];
            if (!info->IsBackEdge(*predecessor)) {
                header->predecessors_[pred] = to_swap;
                header->predecessors_[0] = predecessor;
                break;
            }
        }
    }
        ......//其他处理，暂时略过
}
```

6.3.2.2.4 ComputeDominanceInformation

ComputeDominanceInformation 用于构造支配树，代码如下所示。

 [nodes.cc->HGraph::ComputeDominanceInformation]

```
void HGraph::ComputeDominanceInformation() {
    //下面这个成员变量是HGrpah中用来保存按逆后序遍历顺序访问得到的基本块对象
    reverse_post_order_.reserve(blocks_.size());
    reverse_post_order_.push_back(entry_block_);
    ArenaVector<size_t> visits(blocks_.size(), 0u,
        arena_->Adapter(kArenaAllocGraphBuilder));
    ArenaVector<size_t> successors_visited(blocks_.size(),
        0u,arena_->Adapter(kArenaAllocGraphBuilder));
    ArenaVector<HBasicBlock*>
        worklist(arena_->Adapter(kArenaAllocGraphBuilder));
    constexpr size_t kDefaultWorklistSize = 8;
    worklist.reserve(kDefaultWorklistSize);
    worklist.push_back(entry_block_);
    //下面这个循环的算法和FindBackEdge类似，读者可以以图6-24中的CFG为例来模拟运行它
    while (!worklist.empty()) {
        HBasicBlock* current = worklist.back();
        uint32_t current_id = current->GetBlockId();
        if (successors_visited[current_id] == current->GetSuccessors().size()) {
            worklist.pop_back();
        } else {
            HBasicBlock* successor =
                current->GetSuccessors()[successors_visited[current_id]++];
            //为successor设置其dominator为current。本文不拟讨论该函数的具体实现。
            UpdateDominatorOfSuccessor(current, successor);
            if (++visits[successor->GetBlockId()] ==
                successor->GetPredecessors().size() -
                           successor->NumberOfBackEdges()) {
                reverse_post_order_.push_back(successor);//保存到rpo数组
                worklist.push_back(successor);
            }
        }
    }
        ......//一些特殊处理，此处略过不表
    //HReversePostOrderIterator是逆后序访问迭代子，其内部就是对reverse_post_order_进
      //行操作。这段代码的作用是为某个基本块设置被它所直接支配的基本块
    for (HReversePostOrderIterator it(*this); !it.Done(); it.Advance()) {
         HBasicBlock* block = it.Current();
         if (!block->IsEntryBlock()) {
             block->GetDominator()->AddDominatedBlock(block);
         }
    }
}
```

现在来看看最后一个函数 AnayalzeLoops。

6.3.2.2.5 AnalyzeLoops

前述代码我们只是根据 back edge 确立了 loop 的头和尾，但是一个 loop 到底包含哪些结点呢？这是由 AnalyzeLoops 函数来处理的。根据代码中的注释，该函数基于参考资料 [8] 第 192 页的算法而来。

[nodes.cc->HGraph::AnalyzeLoops()]

```
GraphAnalysisResult HGraph::AnalyzeLoops() const {
```

```
    for (HPostOrderIterator it(*this); !it.Done(); it.Advance()) {
        HBasicBlock* block = it.Current();
        if (block->IsLoopHeader()) {
            ......
            //Populate用到了参考资料[8]中描述的算法。该函数的目的是找到一个循环包含的所有结点
            block->GetLoopInformation()->Populate();
        }
    }
    return kAnalysisSuccess;
}
```

6.3.3 数据流分析与SSA

数据流分析（data flow analysis）并不是编译领域中的专有名词，不同学科有各自的数据流分析的方法或手段。在编译技术中，数据流分析的是数据在程序里沿着程序执行路径流动及变化的情况。数据流分析得到的信息对优化器后续开展诸如常量传播（Constant Propagation）、公共子表达式消除（Common subexpression elimination）、死代码消除（Dead code elimination）等优化工作非常有价值。

数据流分析有一些经典方法，比如迭代数据流分析、基于控制树的数据流分析等。而ART优化器使用的将IR转换成静态单赋值形式（Static Single Assignment Form）则是一种相对较新的方法，它通过对IR进行一些处理使得数据流分析工作得以大大简化，同时它还能有效改善后续优化工作的执行效率。

本节先介绍数据流分析，然后介绍SSA以及ART中与SSA相关的代码。

6.3.3.1 数据流分析介绍[3][8]

程序中与数据相关的信息有很多种，所以数据流分析往往包含不止一种分析手段。本节将介绍其中比较重要的两种分析——到达定值分析和活跃变量分析。

6.3.3.1.1 到达定值分析

到达定值分析的英文为Reaching Definition Analysis，它尝试回答这样的一个问题：代码中的某处使用了一个变量，这个变量的值来自于之前何处的定义？

对程序员而言，用代码来描述这个问题就更直观了，如下代码所示。

```
//下面的y=3是一个赋值语句，我们给这行代码设置一个标记（label），名为L1。
//对y而言，它是一个定值（definition）点，其详细定义见下文
L1: y = 3
//下面的代码使用了y。显然，y的值来源于L1这行代码。所以对L2中的y而言，它的到达定值为L1
L2:  x = y
//再来看一段代码：
L1: y = 3 //L1为定值点
L2: y = 4 //L2也为定值点，但是L2修改了y的值，我们称L2杀死（kill）了L1
L3:  x = y  //在这三行代码中，L3中y的到达定值变成了L2
```

现在来看上述代码中和到达定值相关的几个概念。

- 定值点（Definition）：变量x的定值点是一句IR，执行该IR会影响变量x的值。最常见的定值点就是对x进行赋值的代码了。
- 引用点（Use）：变量x的引用点也是一句IR，该IR会使用变量x的值。

- 引用 – 定值链（ud chain）：假设程序中某点 u 引用了变量 x 的值，则把能达到 u 的 x 的所有定值点的集合称为变量 x 能达到 u 引用点的引用 – 定值链。ud 链关注的是在 x 的某个引用点中，x 的值可能会来自于哪些定值点。
- 定值 – 引用链（du 链）：假设在程序中某点 d 是变量 x 的定值点，则把该定值能达到的对 x 的所有引用点的集合称为变量 x 的 d 定值点的定值 – 引用链。du 链关注的是某次对 x 的修改可能会影响哪些使用 x 的地方。
- 如果定值点 d 对应的变量 x 在某条路径上某个位置被赋值或修改，则称定值点 d 被杀死（killed）。

定值点、引用点到底是什么？

此处定值点、引用点等的定义采用了参考资料 [3] 的描述。该描述中，定值点、引用点均是指程序中的 IR。

图 6-26 进一步展示了上述定义。

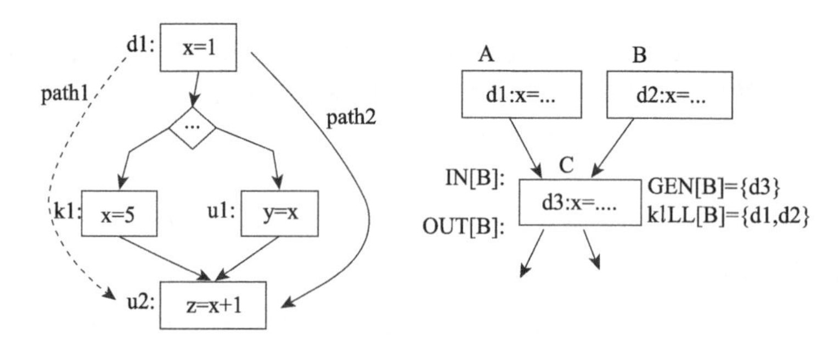

图 6-26　定值点等概念示意

在图 6-26 中：

- 左图中的 d1 为定值点（对变量 x 而言），u1 和 u2 为 x 的引用点。在 path1 路径上，k1 杀死了 d1。在 path2 路径上，d1 没有被杀死，所以 d1 能够到达（reaches）u2。而在 path1 路径上，d1 被 k1 杀死。对 d1 而言，其 du 链为 {u1,u2}。对 u1 而言，其 ud 链为 {d1}。
- 右图中的 IN[B] 表示能够达到一个基本块入口的定值点集合，而 OUT[B] 则是能够达到一个基本块出口的定值点集合。基本块内部的定值点用 GEN[B] 表示，而被它杀死的定值点用 KILL[B] 表示。比如，基本块 C 的 GEN={d3}，KILL={d1,d2}。

在数据流分析中，以基本块为单位的到达定值问题可以用数学公式⊖来描述。先来看什么形式的 IR 属于 GEN 或 KILL，公式如下：

$$\mathrm{GEN}[\mathrm{d{:}y} \leftarrow \mathrm{f}(x_1, x_2, \cdots, x_n)]=\{d\}$$

$$\mathrm{KILL}[\mathrm{d{:}y} \leftarrow \mathrm{f}(x_1, x_2, \cdots, x_n)]=DEFS[y]-\{d\}$$

上面这两个公式用于定义什么形式的 IR 属于 GEN 或 KILL 集合。其中：

- GEN 存储了定值点。哪些 IR 属于定值语句呢？ GEN 中的 $\mathrm{y} \leftarrow \mathrm{f}(x_1, x_2, \cdots, x_n)$ 给出了答

⊖ 数据流分析中将用到数学集合的公式。A、B 是集合，A+B 为 A 和 B 的并集，而 A-B 表示从 A 中减去属于 B 的元素。

案。f 是某种形式的操作（括号中是该操作的输入参数），该操作的结果返回给 y。对于这种修改了 y 的值的 IR 就可以放到 GEN 集合里。再次请读者注意，GEN 集合存储的是这些定值语句的编号（由冒号前的 d 表示）。

- KILL 公式中的 DEFS[y] 表示所有 y 的定值点，KILL 将它们都杀死，唯独保留自己的 IR 编号。比如图 6-26 中的 KILL[B]={d1,d2,d3}–{d3}={d1,d2}。

那么基本块的 IN 和 OUT 集合该怎么计算呢？再来看另外两个公式：

$$IN[B]=\cup_{p\in pred[B]} OUT[p]$$

$$OUT[B]=GEN[B]\cup(IN[B]-KILL[B])$$

上面的数学公式表明：

- 基本块 B 的 IN 是其所有前驱基本块 OUT 集合的并集。
- 基本块 B 的 OUT 是 GEN[B] 和 IN[B]-kill[B] 结果的并集。

有了这些公式我们就可以计算 CFG 中各个基本块的 IN 和 OUT 集合了。

如何用代码实现 IN 和 OUT 的计算

IN 和 OUT 的解法与一种被称为向前迭代位向量（iterative forward bit-vector）问题的解法类似。迭代是指该方法先设置初始状态中各基本块的 IN 和 OUT 集合为空，然后迭代计算它们的 IN 和 OUT，直到所有基本块 IN 和 OUT 的内容不再发生变化为止。向前是因为信息流是沿着 CFG 控制流执行的方向流动的。位向量是为了加速算法执行速度而设置的，其每一位代表一个定值点，值为 1 表示它可达到定点，值为 0 表示它被杀死。参考资料 [8] 对该算法有一个比较详尽的例子，请读者阅读。

到达定值分析对程序优化有什么帮助呢？来看它在常量传播（constant propagation）优化中的使用。

```
d1: a = 1;
    ....
/*假设d1可以到达u1，那么while循环判断里的a可以直接用1来替换。如果x也可以被替换成常量的话，
  while循环甚至整个能被消除掉（如果常量传播后x的值小于1）*/
u1: while(x > a){.....;}
....
```

6.3.3.1.2 活跃变量分析

活跃变量分析（live variable analysis）也叫活性分析（liveness analysis）。简单来说，活跃变量分析回答的是这样一个问题，即程序中有一个变量 x，变量 x 在后续代码里会不会被用到？

活跃变量与到达定值

注意，活跃变量分析考察的是变量，而不是到达定值分析中的点。

同到达定值分析一样，活跃变量分析也可以由一组公式来表达。首先是 GEN 和 KILL 的定义：

$$GEN[d:y\leftarrow f(x_1, x_2, \cdots, x_n)]=\{x_1, x_2, \cdots, x_n\}$$

$$KILL[d:y\leftarrow f(x_1, x_2, \cdots, x_n)]=\{y\}$$

在活跃变量分析里，GEN 集合描述的是某行代码里引用的变量。显然，对于 $y\leftarrow f(x_1, x_2, \cdots, x_n)$ 而言，变量 $x_1, x_2, \cdots, x_n$ 被引用了，所以 $x_1, x_2, \cdots, x_n$ 属于 GEN 集合。而 KILL 集合描述的是被

修改的变量。

注意：达到定值分析与活跃变量分析里的集合符号

如前所述，活跃变量分析考察的是变量，而不是 IR。所以，虽然它使用了和达到定值分析里同名的 GEN 和 KILL 集合，但它们的内容并不是 IR 编号，而是变量名。下面的 IN 和 OUT 集合也是如此，请读者务必注意。

以基本块为单位的活跃变量分析也可通过一组数学公式来表达：

$$OUT[B]=\cup_{s\in succ[B]} IN[s]$$

$$OUT[final]=\{\}$$

$$IN[B]=GEN[B]\cup(OUT[B]-KILL[B])$$

上述公式表明：

- 从基本块 B 出来的活跃变量（由 OUT[B] 表示）是其后继基本块进去的活跃变量的并集。CFG 中最后一个基本块（注意，不是 exit 基本块）的 OUT 为空。
- 进入基本块 B 的活跃变量（由 IN[B] 表示）由两部分组成，一部分是该基本块内部引用的变量集合（由 GEN[B] 表示），另外一部分是在该基本块出口处活跃并且在基本块内部没有被 KILL 的变量。此处请读者特别注意，GEN[B] **不包含**那些先在该基本块内部被修改然后才被引用的变量。

对于 CFG 中的基本块来说，我们依然可以通过迭代不动点算法来计算所有基本块的活跃变量 IN 和 OUT 集合。但其计算过程与前述到达定值分析略有不同，活跃变量的算法是反方向的，即与 CFG 中控制流程流动的方向相反。来看图 6-27 展示的一个 CFG 中各基本块活跃变量 IN 和 OUT 集合计算的示例。

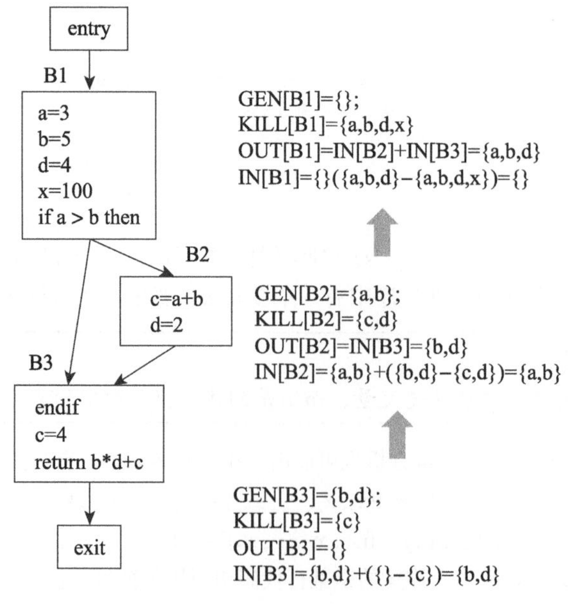

图 6-27　活跃变量分析示例

在图 6-27 中：

- 计算从 B3 开始，根据公式，B3 是 final 基本块，所以 OUT[B3]={}。注意，GEN[B3] 不包含 c，因为 c 虽然在 return b*d+c 处被引用了，但在此引用之前，B3 却重新定义了 c。计算完毕后，IN[B3]={b,d}，OUT[B3]={}。
- 接着计算 B2，根据公式，计算结果为 IN[B2]={a,b}，OUT[B2]={b,d}。
- 同理，IN[B1]={}，OUT[B1]={a,b,d}。

活跃变量分析对程序优化有什么意义呢？比如我们在 B1 中要为 a、b、d、x 分配四个寄存器，然而 B1 的后继基本块 B2 和 B3 的 IN 集合都不包含 x，所以 x 占用的寄存器在 B2 和 B3 中可以被回收。

再来看一个活跃变量分析用于优化的例子。

```
//假设基本块只能包含一条语句
B1: b := 3;
B2: c := 5;
//变量a对B1、B2而言是非活跃的，所以下边代码中的f调用语句左边的赋值操作肯定可以被消除，但f函数
  调用能否被消除却不能确定。
B3: a := f(b * c);
goto B1;
```

到此，我们介绍了数据流分析里比较典型的到达定值分析与活跃变量分析。除了这两种分析外，其他比较经典的分析还有**可用表达式分析**（Available Expressions）、**到达表达式分析**（Reaching Expression）。这几种数据流分析都可以使用类似 IN、OUT 等数学公式来描述和求解。

数据流分析的更多探讨

（1）读者在阅读数据流分析的相关资料时，一定要注意相关数学公式中的集合符号。不同的分析很可能使用相同的集合符号来描述，比如 IN、OUT、GEN、KILL 等。但这些集合的内容却因不同的问题而不同。

（2）相关研究人员已经证明基于这些数学公式的问题都是有解的，所以求解这些问题所使用的迭代算法一定会收敛。

（3）数据流分析的策略必须保守又激进。保守是因为我们要保证优化的安全，而激进则是要收集尽量多的信息以提升优化的效果。

6.3.3.2　SSA 介绍 [10]

SSA 是 Static Single Assignment 的缩写，中文译为静态单赋值。SSA 具体是什么呢？我们先来看两个例子[⊖]，如图 6-28 所示。

图 6-28 包含 1）和 2）两个图。1）描述了如何构造 SSA，它包含上下两个示例，其中：

- 第一个示例中左边是一段 IR，右边是经改造得到的 SSA 形式（SSA Form）的 IR。SSA 形式 IR 和原 IR 最大的区别在于对变量的处理。SSA Form 中每个变量只能被赋值一次，并且每个变量要先定义然后才能使用。为满足此要求，SSA Form IR 中对变量的命名

⊖ 示例来自参考资料 [10]。

规则进行了一些修改，即原 IR 中的变量名保持不变，但为其添加了一个数字下标。变量每修改一次，其下标加 1，而使用变量的话不会增加其下标。我们可以将带下标的变量看作是变量的不同版本。SSA Form IR 有什么好处呢？显然，对到达定值等问题来说，基于 SSA Form 的 IR 很容易分析和处理，因为每个变量都是唯一的。比如右图中看到代码 $x_1=y_2$，我们就知道 y_1 被 kill 了，x_1 的 ud 链（use-define chain）={y_2}。注意，变量加下标只是 SSA 的一种表现形式，并不是非得将原 IR 中的变量名改成这种样子。

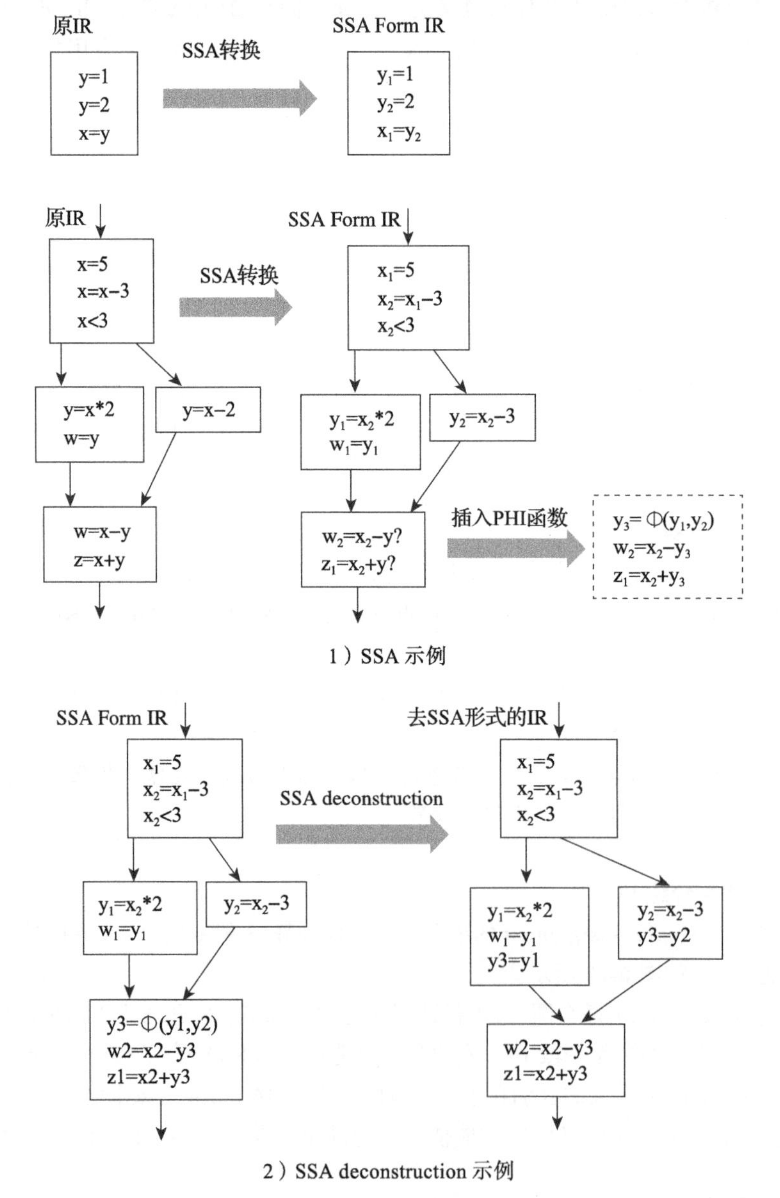

1）SSA 示例

2）SSA deconstruction 示例

图 6-28　SSA deconstruction 示例

- 按照上面的思路，在第二个示例中我们也对原 IR 进行了 SSA 改造，但到最后一个基本块时却碰到一个新问题，即最后一个基本块中 y 变量到底用哪个版本？是 y_1 还是 y_2？对于此问题，SSA 的处理办法是构造 y 变量的一个新版本 y_3，其值来自于 Φ（希腊字母，读作 Phi。为了书写方便，本文以后也会用 Phi 或 PHI 来代替 Φ）函数。

特别注意，Phi 函数并不是一个通常意义的函数，它更像一种特殊的 IR。当代码优化完毕后，我们需要去除 PHI 函数，也就是所谓的 SSA deconstruction，其结果如图 6-28 2）所示：

- 对 y3=Φ(y1,y2) 而言，y3 取值要么为 y1，要么为 y2。
- 所以去 SSA 后的代码中，其 PHI 函数输入参数对应的两个基本块最后添加了 "y3=y1" 和 "y3=y2" 两条 IR。

SSA Deconstruction

从原理上说，去除 PHI 函数的方法就是添加对应的变量拷贝处理命令（如上例中 "y3=y1" 这样的处理）。但实际情况远比这复杂，有时候这种简单的拷贝处理很可能会生成错误的代码。本书不拟对 SSA Desconstruction 做详细讨论，请读者自行阅读相关参考资料。

回顾上文可知，将 IR 转换成 SSA 形式包含两个主要工作：

- 为必要的**变量**添加 PHI 函数。
- 修改变量的定值和使用，为变量增加版本信息。

注意上面的措辞，是为**必要**的变量添加 PHI 函数。为什么呢？原来，SSA 中可以为任意一个可以从多个前驱基本块到达本基本块的变量添加一个 PHI 函数，比如我们可以为图 6-28 中最后一个基本块里的 x_2 变量也增加一个 PHI 函数（x_3=Φ（x_2））。但是，PHI 函数的使用并非没有副作用，太多 PHI 函数将极大增加运算负担。为此，研究人员提出来了如下几种有效的 SSA 形式。

- 最小 SSA 形式（Minimal SSA Form）：该方法利用了前文所述的 CFG 支配边界的信息，从而能准确知道为哪个变量添加 PHI 函数。
- 修剪的 SSA 形式（Pruned SSA Form）：此法用到了前面提到的活跃变量分析，即只有那些在 PHI 函数之后还活跃的变量才有必要为其设置 PHI 函数。比如图 6-28 第二个示例中的 y_3 之后没有地方使用它，那么计算 y3 就没有什么意义。
- 半修剪的 SSA 形式（Semi-pruned SSA Form）：计算活跃变量也是一项耗时的操作，所以半修剪的 SSA 把目光放在基本块内。其核心思想是如果变量出不了基本块，那么也没有必要为其设置 PHI 函数。

下面我们来看 ART 中和 SSA 相关的代码，它分为两部分：

- PHI 函数的添加。
- 整个 CFG 的 SSA 处理。

更多关于 SSA 的讨论

参考资料 [10] 对 SSA 的讨论是比较集中和清晰的，初学者不妨先阅读它。另外，更多关于三种 SSA 形式的计算可在参考资料 [8] 中找到。

6.3.3.3 SSA 相关代码之添加 PHI 函数

本节将介绍 ART 中和 SSA 相关的代码。在看具体代码之前，我们先了解以下事情。

- SSA 需要改造原 IR。在 ART 中，SSA 的改造是在优化器将基本块中的 dex 指令转换为 HInstruction（也就是 ART 里的 IR）时实施的。更明确地说，ART 中 SSA 改造的第一步就是添加代表 PHI 函数的 HPhi（HPhi 是 HInstruction 的一种）。至于在什么地方添加 HPhi，我们到具体代码中再来看。
- 前述 SSA 示例中我们都借助了变量这个载体来表达对其值的修改和引用，而在 dex 指令中，变量的实际载体却是寄存器，比如我们在 Java 源文件中使用的变量 x，在 dex 指令中可能会通过寄存器 v0（dump dex 字节码时，寄存器编号采用 v0、v1、v2 这种表示方法）来代表它。

ART 中的 IR

ART 的 IR 统称为 HInstruction。HInstruction 被定义成一个类，不同的 IR 对应不同的 HInstrutcion 子类。甚至常量在 HInstruction 体系中也可以由专门的 HConstant 类来表示。更多关于 HInstruction 的知识留待 6.4 节来介绍。

6.3.3.3.1 从 dex 到 HInstruction

构造和整理完 CFG 之后，ART 优化器下一步工作就是以 RPO（Reverse Post-Order，逆后序）遍历基本块，然后将其所包含的 dex 字节码转换成对应的 HInstruction（它就是 ART 优化器输出的 IR）。

[instruction_builder.cc->HInstructionBuilder::Build]

```
bool HInstructionBuilder::Build() {
    /*
      locals_for_的类型是ArenaVector<ArenaVector<HInstruction*>>，其作用如下：
      locals_for_先用block id为索引得到一个ArenaVector<HInstruction*>数组，该数组的
      存储是此基本块里使用的变量信息，它通过寄存器编号来对应。所以，locals_for_[block id]
      [register_index]代表一个变量。*/
    locals_for_.resize(graph_->GetBlocks().size(),
        ArenaVector<HInstruction*>(
        arena_->Adapter(kArenaAllocGraphBuilder)));
    ......//处理native可调试相关内容
    //RPO遍历迭代器
    for (HReversePostOrderIterator block_it(*graph_); !block_it.Done();
         block_it.Advance()) {
        current_block_ = block_it.Current();
        uint32_t block_dex_pc = current_block_->GetDexPc();
        InitializeBlockLocals();//初始化基本块内的变量

        if (current_block_->IsEntryBlock()) {
            InitializeParameters();//如果基本块是入口基本块，则初始化该函数的参数
            AppendInstruction(new (arena_) HSuspendCheck(0u));
            AppendInstruction(new (arena_) HGoto(0u));
            continue;
        } else if (current_block_->IsExitBlock()) {
            AppendInstruction(new (arena_) HExit());
            continue;
        } else if (current_block_->IsLoopHeader()) {..//略过对loop的处理
```

```
        }
        ......
        for (CodeItemIterator it(code_item_, block_dex_pc); !it.Done();
             it.Advance()) {//遍历基本块里的dex指令
             ......
             //将dex指令翻译成ART IR
             if (!ProcessDexInstruction(it.CurrentInstruction(), dex_pc)) {
                 return false; }
             ......
             }
    SetLoopHeaderPhiInputs();//对loop的HPhi的处理
    return true;
}
```

注意，AppendInstruction内部将把该HInstruction对象添加到HBasickBlock的instructions_链表中。

6.3.3.3.2 ProcessDexInstruction

HInstructionBuilder::Build是ART优化器中dex指令转换成HInstruction的核心函数。我们先来看其中的ProcessDexInstruction，它负责将具体的dex指令对应翻译成HInstruction。该函数内容比较多，笔者此处先展示3个dex指令的翻译。

- “const/4 v0, #int 5”：该指令对应的Java代码可能是int i = 5。变量i在dex中用寄存器v0表示，常量5用#int 5表示。
- “iget v0, v2, Lcom/test/OatTest;.x:I”：该指令用伪代码表示就是v0 = v2.x。其中，v2代表一个对象，其类型是com.test.OatTest。它有一个成员变量名为x，类型是Int（I表示）。
- “add-int/2addr v0, v1”：将v0和v1的值进行相加，结果存储在v0中。

以上这三种指令都会修改寄存器v0的值，所以它们就是变量的定值语句。

现在先来看ProcessDexInstruction函数。

[instruction_builder.cc->HInstructionBuilder:: ProcessDexInstruction]

```
bool HInstructionBuilder::ProcessDexInstruction(
    const Instruction& instruction, uint32_t dex_pc) {
    switch (instruction.Opcode()) {
        case Instruction::CONST_4: {// const/4指令的处理
            //取出目标寄存器的编号，以笔者上面给出的示例而言，此处的register_index为0
            int32_t register_index = instruction.VRegA();
            /*HInstruction中，所有常量的基类类型都是HConstant，而Int型常量的类型为
              HIntConstant。前面说过，一个dex指令会翻译成对应的HInstruction对象。显然，如
              果每一个常量都构造一个HInstruction对象将极大浪费内存，所以ART优化器将常量对象
              进行了缓存。GetIntConstant用于从常量缓冲池中取出对应值的HIntConstant对象*/
            HIntConstant* constant =
                graph_->GetIntConstant(instruction.VRegB_11n(), dex_pc);
            UpdateLocal(register_index, constant);//UpdateLocal是关键
            break;
        }
        ......
        case Instruction::ADD_INT_2ADDR: {// add-int/2addr指令的处理
```

```
            Binop_12x<HAdd>(instruction, Primitive::kPrimInt, dex_pc);
            break;
            }
        ......
        case Instruction::IGET://iget指令的处理
        .....: {
            if (!BuildInstanceFieldAccess(instruction, dex_pc, false)) {
                return false;
            }
            break;
        }
        ......
        }
        return true;
}
```

上述代码在对 const/4 dex 指令处理的最后调用了 UpdateLocal 函数。对 SSA 而言，这个函数比较关键，因为它存储了变量和值的信息，来看它的代码。

[instruction_builder.cc->HInstructionBuilder::UpdateLocal]

```
void HInstructionBuilder::UpdateLocal(uint32_t reg_number,
    HInstruction* stored_value) {
    /*Primitive::Type是一个枚举变量，包含kPrimNot(代表引用)， kPrimBoolean,
      kPrimByte,kPrimChar, kPrimShort, kPrimInt,kPrimLong,kPrimFloat,kPrimDoubl
      e,kPrimVoid。不同的HInstruction子类在GetType函数中返回不同信息。以const/4指令处理
      为例，stored_value真实类型为HIntConstant，其GetType返回kPrimInt。*/
    Primitive::Type stored_type = stored_value->GetType();
    ......//对64位值的处理，略过不表
    //current_locals_为当前基本块的变量存储数组，它等于locals_for[block id]，
    //注意，在该索引位置存储的值实际是一个HInstruction对象，比如一个代表常量值为5的
    //HIntConstant对象
    (*current_locals_)[reg_number] = stored_value;
    .....
}
```

在 ART 中，变量和其值等信息储在 locals_for[block id][register index] 索引处，添加这些信息的函数是 UpdateLocal 函数。

接下来我们再看看如何处理 add-int/2addr 指令。

[instruction_builder.cc->HInstructionBuilder::Binop_12x]

```
//Binop_12x是一个模板函数，在ProcessDexInstruction中，add-int/2addr对应的
//模板参数类型为HAdd
template<typename T>
void HInstructionBuilder::Binop_12x(const Instruction& instruction,
    Primitive::Type type, uint32_t dex_pc) {
    //LoadLocal和UpdateLocal相对应，它从locals_for[block id][register index]
    //取出value
    HInstruction* first = LoadLocal(instruction.VRegA(), type);
    HInstruction* second = LoadLocal(instruction.VRegB(), type);
    //在本例中，模板参数T的值为HAdd
    AppendInstruction(new (arena_) T(type, first, second, dex_pc));
    //更新变量的值
    UpdateLocal(instruction.VRegA(), current_block_->GetLastInstruction());
}
```

而 iget 指令对应的处理函数为 BuildInstanceFieldAccess，它将存储一个 HInstanceFieldGet 类型的对象在 locals_for 的指定位置。

现在总结一下上面这些代码所展示的知识。

- HInstructionBuilder 的 Build 函数是 CFG 中各个基本块里字节码转换成 HInstruction 的入口函数。而 ProcessDexInstruction 用于将 dex 指令一一对应地翻译成 HInstruction。这部分内容的详情将留在 6.4 节来介绍。
- 上述代码重点展示了对变量定值语句。ART 中，变量的载体是寄存器，而变量的值则是由 HInstruction 不同的子类来表示，比如代表 Int 常量值的 HIntConstant 类，代表两个 Int 变量相加之和的 HAdd 类，以及代表来自类成员变量的 HInstanceFieldGet 类。
- **最后，变量的值存储在 locals_for_[block id][register index] 索引处。**

6.3.3.3.3　InitializeBlockLocals

现在来看看 PHI 函数的添加，该处理是在 InitializeBlockLocals 中完成的。

[instruction_builder.cc->HInstructionBuilder::InitializeBlockLocals]

```
void HInstructionBuilder::InitializeBlockLocals() {
    //得到locals_for_[block id]对应的数组ArenaVector<HInstruction*>*
    current_locals_ = GetLocalsFor(current_block_);
    if (current_block_->IsCatchBlock()) {
        ....//对catch基本块的处理
    } else if (current_block_->IsLoopHeader()) {
        .....对loop header的处理，本章不拟讨论。
        loop_headers_.push_back(current_block_);
    } else if (current_block_->GetPredecessors().size() > 0) {
        /*CFG是按RPO方式遍历的，所以访问当前基本块之前，该基本块的前驱基本块都保证被访问过。
          读者还记得PHI函数的构造吗？对某个变量而言，从前驱基本块传递过来该变量不同版本，则我
          们需要构造一个PHI函数。下面这个循环用于判断对某个变量而言，前驱基本块是否传来变量的
          不同版本。遍历过程以变量为循环条件  */
        for (size_t local = 0; local < current_locals_->size(); ++local) {
            bool one_predecessor_has_no_value = false;
            bool is_different = false;
            //ValueOfLocalAt返回locals_for[block id][register index]处的变量值信息
            //下面的代码行返回第local个变量在第一个前驱基本块里的值
            HInstruction* value =
                ValueOfLocalAt(current_block_->GetPredecessors()[0],local);
            for (HBasicBlock* predecessor : current_block_->GetPredecessors()) {
                //从其他前驱基本块里取出同一个变量的值信息
                HInstruction* current = ValueOfLocalAt(predecessor, local);
                if (current == nullptr) {
                    //如果该变量在前驱基本块中没有值，则无须添加PHI函数
                    one_predecessor_has_no_value = true;
                    break;
                } else if (current != value) {//比较value和current，如果不一样，则表明
                    is_different = true;//需要添加PHI函数
                }
            }
            if (one_predecessor_has_no_value)  continue;
            if (is_different) {//构造PHI函数
                HInstruction* first_input =
                    ValueOfLocalAt(current_block_->GetPredecessors()[0], local);
                //ART IR中，一个PHI函数对应一个HPhi对象。注意，PHI函数需要保存对应变量
                //不同的版本信息。
```

```
                HPhi* phi = new (arena_) HPhi(
                    arena_,local,current_block_->GetPredecessors().size(),
                    first_input->GetType());
                //遍历前驱基本块，得到指定变量在不同基本块里的值
                for (size_t i = 0; i < current_block_->GetPredecessors().size();
                     i++) {//
                    HInstruction* pred_value =
                    ValueOfLocalAt(current_block_->GetPredecessors()[i], local);
                    phi->SetRawInputAt(i, pred_value);//保存该变量在不同前驱基
                        本块中的值
                }
                current_block_->AddPhi(phi);//HPhi需要单独保存起来以便后续处理
                value = phi; //将HPhi对象作为变量在该基本块中的值
            }
            (*current_locals_)[local] = value; //存储变量在该基本块里的值
    }  } }
```

上述代码中展示了ART里PHI函数的添加（略过对catch和loop的处理），即：

- 如果变量在前驱基本块中的值有不同，则需要在本基本块中构造一个HPhi对象。
- 然后将HPhi对象作为该变量在本基本块中的值存储起来。

另外，AddPhi将把HPhi对象存储在HBasicBlock的phis_链表中。

注意 和phis_专门存储HPhi对象相对应，HBasicBlock的instructions_链表用于存储其他类型的HInstruction对象。

最后，我们再来认识一下HPhi类。

6.3.3.3.4 HPhi介绍

HPhi的类声明如下所示。

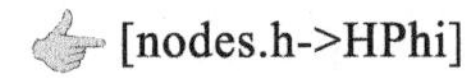

[nodes.h->HPhi]

```
class HPhi : public HInstruction {
    public:
        HPhi(ArenaAllocator* arena, uint32_t reg_number, size_t number_of_inputs,
             Primitive::Type type,uint32_t dex_pc = kNoDexPc)
             : HInstruction(SideEffects::None(), dex_pc),
               inputs_(number_of_inputs, arena->Adapter(kArenaAllocPhiInputs)),
               reg_number_(reg_number) {
        /*读者可结合上面HPhi构造的代码以加深对HPhi构造函数的认识reg_number代表是哪个变量，
          number_of_inputs代表该变量有多少个输入版本type表示该变量的类型，inputs_是一个
          数组，存储变量不同版本的值的信息。*/
        //对HPhi而言，kPrimBoolean、kPrimByte、kPrimShort、kPrimChar同样
        //被认为是kPrimInt类型。另外，HPhi有一些信息是以位的形式存放一个32位整型
        //成员变量中的packed_fields_
        SetPackedField<TypeField>(ToPhiType(type));
        //设置HPhi对象的Live标志。后续优化将消除Dead的HPhi对象。
        SetPackedFlag<kFlagIsLive>(true);
        SetPackedFlag<kFlagCanBeNull>(true);
        }
        ......
.private:
    //inputs_是一个存储HUserRecord对象的数组。HUserRecord封装了值的信息
```

```
    ArenaVector<HUserRecord<HInstruction*> > inputs_;
    ....
    protected:
    ......
    //上述InitializeBlcokLocals最后调用的SetRawInputAt内部将调用下面这个函数
    //注意，SetRawInputAt的输入是HInstruction对象，而保存的是一个
    //HUserRecord对象。注意，该函数我们后面还会再碰到。
    void SetRawInputRecordAt(size_t index,
        const HUserRecord<HInstruction*>& input) OVERRIDE {
        inputs_[index] = input;
    }
```

6.3.3.4 SSA相关代码之构造SSA形式的CFG

ART IR构造完毕后，SSA的PHI函数也相应得到添加。但对SSA而言，这个处理是比较简单和粗糙的，所以ART优化器在优化之前的最后一步是调用SsaBuilder的Build函数以对SSA进行更进一步的处理，然后将CFG设置其SSA标志以表示CFG的SSA改造完成。

提示　BuildSsa涉及ART SSA中一些非常细节的内容，而出于篇幅和精力的考虑，笔者不打算深入细致的讨论它们。读者以后有兴趣的话，可在本节基础上开展进一步的研究。

```
[ssa_builder.cc->SsaBuilder::BuildSsa()]
GraphAnalysisResult SsaBuilder::BuildSsa() {
    /*
      下面这个函数的处理如下（略过对循环的处理）：
      （1）遍历基本块，然后处理每个基本块中的HPhi对象
      （2）HPhi创建时给它指定了一种类型（由kPrimitive枚举表示），然后比较它的输入参数所代
          表的值的类型。如果这些类型有冲突，则设置该HPhi为dead。如果类型没有冲突，则设置该
          HPhi对象的类型为选择出来的类型。
    */
    RunPrimitiveTypePropagation();
    /*
      下面这个函数用于消除CFG中冗余的HPhi。怎么定义冗余HPhi呢？一种简单的情况是两个HPhi对象
      的输入是完全相同的，这样的话第二个HPhi对象就可以用第一个HPhi对象来替代。
    */
    SsaRedundantPhiElimination(graph_).Run();
    /*
      下面这个函数用于处理obj != null或obj == null这样的语句，因它们编译得到的dex指令是
      if-eqz或if-nez，即和0进行比较。在ProcessDexInstruction中，0会用HIntConstant表
      示，但实际上引用是否为空的判断应该和null做比较。所以下面这个函数将处理引用的空指针判
      断，即将HIntConstant（代表数字常量0）换成HNullConstant（代表null）。
    */
    FixNullConstantType();
    /*
      有一些指令的参数是引用类型，ProcessDexInstruction在翻译时先会用
      kPrimitive::kPrimNot作为通用的引用类型，而下面这个函数将会设置这些指令
      真正的类型（由一个ReferenceTypeInfo对象表示）
    */
    ReferenceTypePropagation(graph_, dex_cache_, handles_,  true).Run();
    /*
      下面这个函数和ART对数组创、存取等指令的处理有关。此处略过对它的讨论，感兴趣的读者可以从
      ProcessDexInstruction对FILL_ARRAY_DATA以及ARRAY_XX等指令处理之处着手研究
    */
    if (!FixAmbiguousArrayOps()) {
        return kAnalysisFailAmbiguousArrayOp;
```

```
    }
    //标记基本块中已经dead的HPhi对象
    SsaDeadPhiElimination dead_phi_elimimation(graph_);
    dead_phi_elimimation.MarkDeadPhis();
    /*
      在HInstruction中，有一些指令需要当前基本块中所有寄存器里的值的信息，即locals_for_
      [block id]的内容。这些信息在ART IR中由HEnvironment表示。注意，locals_for[block
      id]得到的是一个HInstruction数组，其中有一些HInstruction可能是HPhi。而前面的处理中有
      一些HPhi会被标记为dead。下面这个函数就是将被标记为dead HPhi用和它对等（equivalent）
      的HPhi对象进行替换，两个HPhi对等条件是二者在同一个基本块中，并且针对同一个变量（即针对
      同一个寄存器）
    */
    FixEnvironmentPhis();
    dead_phi_elimimation.EliminateDeadPhis();//从CFG中去除dead的HPhi对象
    //下面这个函数和字符串的初始化有关，此处暂时略过对它的讨论
    RemoveRedundantUninitializedStrings();

    graph_->SetInSsaForm();//设置CFG，将其置为SSA形式
    return kAnalysisSuccess;
}
```

到此，CFG的SSA改造就算完毕，下面将进入优化阶段。

如何进一步研究ART里的SSA？

为了方便读者进一步深入研究SSA，笔者在此分享一下自己在学习SSA过程中用到的一些方法。为了研究它，笔者自己会先编写一些不同的Java代码，然后利用dex2oat工具将它们编译成oat文件。同时，笔者还会修改dex2oat的源码并加上一些日志。这样，当笔者执行dex2oat时，就能观察SSA详细的处理过程了。读者不妨一试。

6.3.4 IR优化

在6.1节介绍编译器时曾说过，优化不是一蹴而就的，而是将优化分为多种针对不同优化目标的优化方法，然后采用“趟”的方式一遍遍地来执行它们。其中，有一些优化方法可能会执行很多遍。笔者统计了一下，不算针对特定CPU架构的优化方法，ART为SSA形式化后的CFG一共设计了13种不同的优化方法，它们总共执行了17次（如果HInliner也被执行的话，则一共有18次）。显然，这17次优化中，一些优化方法被执行了不止一次。

注意 这13种优化方法中并不包括寄存器分配。

下面我们将介绍ART里的优化，它包含很多内容，笔者拟采用如下方法来介绍它们。

- 先介绍优化的入口函数RunOptimizations。
- 在ART代码里，不同优化方法被设计成不同的类，这些类有一个共同的基类HOptimization。此外，优化时往往需要遍历CFG，所以ART中还提供了HGrpahVisitor等用于遍历CFG的辅助类。了解HOptimization和HGrpahVisitor这些类能帮助我们掌握优化方法的执行过程。
- 介绍一些比较重要的优化方法。如果这些方法背后有相关的原理，则会一并予以介绍。

6.3.4.1　RunOptimizations

ART中，优化的入口函数为RunOptimizations，我们先看它的代码。

 [optimizing_compiler.cc->RunOptimizations]

```
static void RunOptimizations(HGraph* graph, CodeGenerator* codegen,
        CompilerDriver* driver,OptimizingCompilerStats* stats,
            const DexCompilationUnit& dex_compilation_unit,
            PassObserver* pass_observer, StackHandleScopeCollection* handles) {
    ArenaAllocator* arena = graph->GetArena();
    //下面是ART定义的各种优化方法，这些方法在代码中由不同的类表示
    HDeadCodeElimination* dce1 = new (arena) HDeadCodeElimination(...);
    HDeadCodeElimination* dce2 = new (arena) HDeadCodeElimination(...);
    HConstantFolding* fold1 = new (arena) HConstantFolding(graph);
    InstructionSimplifier* simplify1 = new (arena) InstructionSimplifier(...);
    HSelectGenerator* select_generator = new (arena) HSelectGenerator(...);
    HConstantFolding* fold2 = new (arena) HConstantFolding(...);
    HConstantFolding* fold3 = new (arena) HConstantFolding(...);
    SideEffectsAnalysis* side_effects = new (arena) SideEffectsAnalysis(graph);
    GVNOptimization* gvn = new (arena) GVNOptimization(graph, *side_effects);
    LICM* licm = new (arena) LICM(graph, *side_effects, stats);
    LoadStoreElimination* lse = new (arena) LoadStoreElimination(...);
    HInductionVarAnalysis* induction = new (arena) HInductionVarAnalysis(...);
    BoundsCheckElimination* bce = new (arena) BoundsCheckElimination(...);
    HSharpening* sharpening = new (arena) HSharpening(...);
    InstructionSimplifier* simplify2 = new (arena) InstructionSimplifier(...);
    InstructionSimplifier* simplify3 = new (arena) InstructionSimplifier(...);
    IntrinsicsRecognizer* intrinsics = new (arena) IntrinsicsRecognizer(...);
    //HOptimization是各种优化方法类的基类
    HOptimization* optimizations1[] = {//第一轮优化，共5遍
        intrinsics,sharpening, fold1,simplify1,dce1,};
    //RunOptimizations的执行过程可参考图6-4
    RunOptimizations(optimizations1, arraysize(optimizations1), pass_observer);
    //创建HInliner优化，根据编译时的配置条件可能会执行
    MaybeRunInliner(graph, codegen, driver, stats, dex_compilation_unit,
              pass_observer, handles);

    HOptimization* optimizations2[] = {//第二轮优化，共12遍
        select_generator,fold2, side_effects,gvn,licm,induction,
        bce, fold3, simplify2,lse,dce2, simplify3,
    };
    RunOptimizations(optimizations2, arraysize(optimizations2), pass_observer);
    //针对特定CPU架构的优化
    RunArchOptimizations(driver->GetInstructionSet(), graph, codegen,
            stats, pass_observer);
    //分配寄存器，留待6.5节再讨论
    AllocateRegisters(graph, codegen, pass_observer);
}
```

6.3.4.2　HOptimization和HGraphVisitor

如前文所述，不同的优化方法在程序中表现为不同的类，这些类有着共同的基类HOptimiztion。并且，优化时往往需要遍历CFG，所以与HGraphVisitor相关的辅助类也很重要。来看与之相关的类结构图6-29。

在图6-29中：

- HOptimization 为所有优化方法的基类，它定义了一个名为 Run 的虚函数。所有优化方法对应的子类必须实现此函数。
- HGraphVisitor 为 CFG 遍历辅助类的基类。该类的一些重要成员函数有 VisitBasicBlock、VisitInstruction 和 VisitXXX。其中，XXX 代表指令名，比如 VisitAdd、VisitCondition 等。注意，由于 Dex 有很多指令，所以 VisitXXX 函数的定义由宏来完成（下面将介绍这部分相关的代码）。另外，有一些优化方法对 CFG 以及相关指令有不同的处理方法，所以它们单独设计了 Visitor 类，比如 HConstantFoldingVisitor 等。

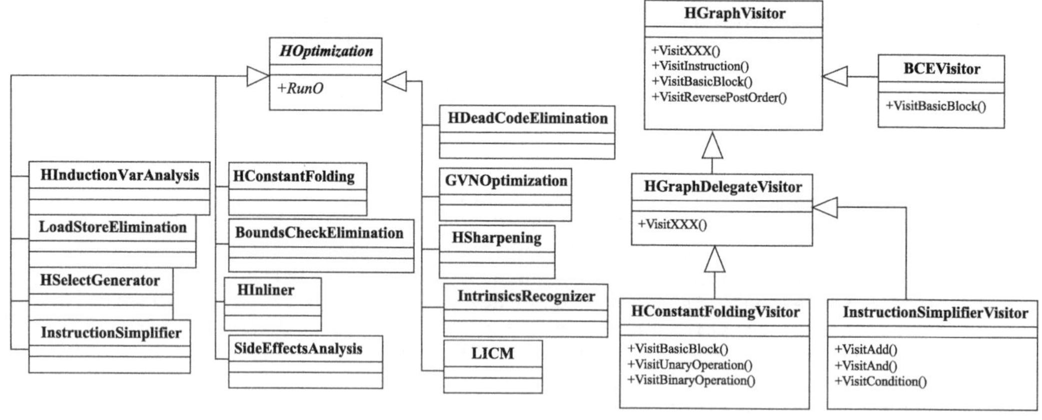

图 6-29　HOptimization 和 HGraphVisitor 类图

在 HGraphVisitor 和 HGraphDelegateVisitor 的代码中大量使用了宏，所以阅读起来会比较困难。在此，笔者将其中一些关键之处列出来以帮助读者。

[nodes.h-->HGraphVisitor 定义]

```
class HGraphVisitor : public ValueObject {
public:
    explicit HGraphVisitor(HGraph* graph) : graph_(graph) {}
    virtual ~HGraphVisitor() {}
    //VisitInstruction默认实现为空，即什么也不做
    virtual void VisitInstruction(HInstruction* instruction) {}
    virtual void VisitBasicBlock(HBasicBlock* block);
    virtual void VisitReversePostOrder();//按RPO方式遍历基本块
    //图6-29中VisitXXX的定义，注意下面的两个宏
#define DECLARE_VISIT_INSTRUCTION(name, super)      \
    virtual void Visit##name(H##name* instr) { VisitInstruction(instr); }
    FOR_EACH_INSTRUCTION(DECLARE_VISIT_INSTRUCTION)
#undef DECLARE_VISIT_INSTRUCTION
```

在上面的代码中：

- VisitInstruction 默认实现成什么都不做。VisitBasicBlock 代码见下文，而 VisitReversePostOrder 则是按照 RPO 方式调用 VisitBasicBlock。
- DECLARE_VISIT_INSTRUCTION 定义了一个 VisitXXX 这样的函数。该函数内部调用 VisitInstruction。
- FOR_EACH_INSTRUCTION 也是一个宏，该宏比较关键，来看下面的代码。

[nodes.h-->FOR_EACH_INSTRUCTION 即相关宏]

```
/*nodes.h里大量使用了宏，导致代码阅读有一定难度。FOR_EACH_INSTRUCTION的定义如下，
  其含义是对所有ART IR指令执行参数M。M本身可以是一个宏，比如上面所述的DECLARE_VISIT_
  INSTRUCTION。FOR_EACH_INSTRUCTION包含下面两个宏（为了描述方便，此处宏的代码位置有
  所调整）它表示ART IR分为Concrete和Abstract两大类。抽象类的IR包括BinaryOperation、
  UnaryOperation等，它们是一些指令的统称，而非具体的操作。比如，BinaryOperation下包含
  concrete IR有Add、Sub等。*/
#define FOR_EACH_INSTRUCTION(M)                                    \
    FOR_EACH_CONCRETE_INSTRUCTION(M)                               \
    FOR_EACH_ABSTRACT_INSTRUCTION(M)

/*FOR_EACH_CONCRETE_INSTRUCTION：针对所有Concrete类的IR指令，它又包含非常多的宏，进一
  步将ART IR分为好几种类型，比如Common类型、Shared类型以及和特定CPU相关的类型。我们来看
  Common类型的Concrete IR*/
#define FOR_EACH_CONCRETE_INSTRUCTION(M)                           \
    FOR_EACH_CONCRETE_INSTRUCTION_COMMON(M)                        \
    FOR_EACH_CONCRETE_INSTRUCTION_SHARED(M)                        \
    FOR_EACH_CONCRETE_INSTRUCTION_ARM(M)                           \
    ...//其他CPU相关宏
    //
/*Common类的Concrete IR，以M(Above,Condition)为例，如果M为DECLARE_VISIT_
  INSTRUCTION，则宏进行替换后得到下面这个函数：virtual void VisitAbove(HAbove *
  instr){VisitInstruction(instr); }*/
#define FOR_EACH_CONCRETE_INSTRUCTION_COMMON(M)                    \
    M(Above, Condition)                                            \
    M(AboveOrEqual, Condition)                                     \
    .....//M中各个参数的解释同上。
/*FOR_EACH_ABSTRACT_INSTRUCTION：针对Abstract类的IR，同理，如果M取值为DECLARE_VISIT_
  INSTRUCTION，则宏替换后得到下面这个函数：
  virtual void VisitCondition(HCondition * instr) { VisitInstruction(instr); }*/
#define FOR_EACH_ABSTRACT_INSTRUCTION(M)                           \
    M(Condition, BinaryOperation)                                  \
    M(Constant, Instruction)                                       \
    ...//
```

接着来看HGraphDelegateVisitor的定义。

[nodes.h-->HGraphDelegateVisitor 定义]

```
class HGraphDelegateVisitor : public HGraphVisitor {
    public:
        explicit HGraphDelegateVisitor(HGraph* graph) : HGraphVisitor(graph) {}
        virtual ~HGraphDelegateVisitor() {}
        /*HGraphDelegateVisitor也定义了一个类似的宏，这个宏重载了基类HGraphVisitor中的
          VisitXXX函数，但其实现却不同。比如M(Condition, BinaryOperation)，在此将生成
          的函数为：
          void VisitCondition(HCondition * instr) OVERRIDE {
          VisitBinaryOperation(instr);//HBinaryOperation是HCondition的基类}
        */
#define DECLARE_VISIT_INSTRUCTION(name, super)          \
        void Visit##name(H##name* instr) OVERRIDE { Visit##super(instr); }
        FOR_EACH_INSTRUCTION(DECLARE_VISIT_INSTRUCTION)
#undef DECLARE_VISIT_INSTRUCTION
        ......
};
```

最后再来看 HGraphVisitor 的 VisitBasicBlock。

[nodes.cc->HGraphVisitor::VisitBasicBlock]

```
void HGraphVisitor::VisitBasicBlock(HBasicBlock* block) {
    //先针对基本块中的HPhi进行处理，处理方式是调用其Accept函数
    for (HInstructionIterator it(block->GetPhis()); !it.Done(); it.Advance()) {
        it.Current()->Accept(this);/
    }
    for (HInstructionIterator it(block->GetInstructions()); !it.Done();
         it.Advance()) {//再对基本块中的所有HInstruction对象调用其Accept函数
    it.Current()->Accept(this);//注意，Accept函数也是用宏来定义的
    }
}
//HInstruction各个类的Accept函数也是用宏来定义的，代码如下：
#define DEFINE_ACCEPT(name, super)                                          \
void H##name::Accept(HGraphVisitor* visitor) {                              \
    visitor->Visit##name(this);  \ //调用HGraphVisitor的VisitXXX函数
}
FOR_EACH_CONCRETE_INSTRUCTION(DEFINE_ACCEPT)
#undef DEFINE_ACCEPT
```

现在来看 ART 里的各种优化方法。我们按照它们的执行顺序来一一介绍。

6.3.4.3 IntrinsicsRecognizer[12]

InstrinsicsReconizer 用于识别 Instrinsics 方法（Instrinsics Methods），什么是 Instrinsic 方法呢？

- Intrinsics Method 本身也是方法（也就是函数），对使用者而言，它们和其他函数一样没有区别。只不过，编译器对这些 Instrinsics 方法有足够的了解，所以编译器可以对它们做一些优化实现。这里的了解有两层意思：一层意思是指编译器知道这些函数的具体功能，比如 Java Math 包中的很多数学函数，比如 abs、log 等，它们的功能大家都知道；另外一层意思是指编译器知道在某些特定平台或环境中有更好的方法来实现这些函数。比如，有些架构的 CPU 能直接提供某些数学操作的指令。所以，针对 Instrinsics 方法，编译器会提供它认为更优的实现以提升这些函数的执行速度。
- Intrinsics 方法和我们常说的 inline 方法有些类似，但二者也不完全相同。二者相同之处在于，调用 Intrinsics 或 Inline 方法的代码会被编译器直接用 Intrinsics 或 Inline 的实现做替换。不过，Inline 方法在源码中有代码实现，而 Intrinsics 可能有代码也可能没有代码。比如 Math 的 log 函数，它在 Java 代码中有实现（其实现是通过 Jni 调用 C 库的 log 函数），但是编译器在 X86 平台上可用 flog 指令直接实现该函数的功能。

提示 ART 优化器支持的 Intrinsics 函数列表也可参考 intrinsics_list.h。注意 Intrinsics 方法不仅在 Java 中有，在 C/C++ 上也有，它更像 builtin 方法（内置方法）。Intel 甚至在 https://software.intel.com/sites/landingpage/IntrinsicsGuide/ 还提供了一个列表用以说明哪些功能可以直接使用 intel 平台上的指令来实现。

那么，ART 中哪些方法被编译器认为是 Intrinsics 呢？来看代码。

[dex_file_method_inliner.cc->DexFileMethodInliner::kIntrinsicMethods 数组与相关类定义]

```
struct IntrinsicDef {//结构体IntrinsicDef，暂时不用考虑其内部成员的含义
```

```
    MethodDef method_def;
    InlineMethod intrinsic;
};
const DexFileMethodInliner::IntrinsicDef
    DexFileMethodInliner::kIntrinsicMethods[] = {
//Intrinsic宏定义
#define INTRINSIC(c, n, p, o, d) \
    { { kClassCache ## c, kNameCache ## n, kProtoCache ## p }, { o,\
                                        kInlineIntrinsic, { d } } }
    INTRINSIC(JavaLangDouble, DoubleToRawLongBits, D_J,
        kIntrinsicDoubleCvt, 0),
    INTRINSIC(JavaLangDouble, LongBitsToDouble, J_D, kIntrinsicDoubleCvt,
        kIntrinsicFlagToFloatingPoint),
    ......
    INTRINSIC(JavaLangStrictMath, Round, F_I, kIntrinsicRoundFloat, 0),
    INTRINSIC(JavaLangMath,       Round, D_J, kIntrinsicRoundDouble, 0),
    INTRINSIC(JavaLangStrictMath, Round, D_J, kIntrinsicRoundDouble, 0),
    ......
    //UNSAFE_GET_PUT宏使用了上面的INTRINSIC宏，此处略过该宏的定义
    #define UNSAFE_GET_PUT(type, code, type_flags) \
    .....
        UNSAFE_GET_PUT(Int, I, kIntrinsicFlagNone),
        UNSAFE_GET_PUT(Long, J, kIntrinsicFlagIsLong),
    ......
    #undef UNSAFE_GET_PUT
#undef INTRINSIC
//SPECIAL宏用于定义Inline函数
#define SPECIAL(c, n, p, o, d) \
    { { kClassCache ## c, kNameCache ## n, kProtoCache ## p }, { o,\
        kInlineSpecial, { d } } }
    SPECIAL(JavaLangString, Init, _V, kInlineStringInit, 0),
    SPECIAL(JavaLangString, Init, ByteArray_V, kInlineStringInit, 1),
    SPECIAL(JavaLangString, Init, ByteArrayI_V, kInlineStringInit, 2),
    SPECIAL(JavaLangString, Init, ByteArrayII_V, kInlineStringInit, 3),
    SPECIAL(JavaLangString, Init, ByteArrayIII_V, kInlineStringInit, 4),
    ......
#undef SPECIAL
};
```

DexFileMethodInliner::kIntrinsicMethods数组定义了ART里所支持的Intrinsics方法和Inline方法。其中，

- java.lang包中的Float、Double、Integer、Math等类的许多函数被设置为Intrinsics方法。
- sun.misc.unSafe类中的一些函数被设置为Intrinsics方法。
- java.lang.String的构造函数被认为是内联函数，并且被标记为kInlineSpecial，表明它们是一种特殊的内联函数。

识别用户定义的方法为Inline方法

除了这些系统函数之外，用户实现的函数在某些情况下也会被视为Inline方法，比如void myFunc(){return;}这样的函数就可以被inline优化。相关处理可参考inline_method_analyser.cc的AnalyseMethodCode函数。

现在来看InstrinsicsReconizer的Run函数。

 [intrinsics.cc->IntrinsicsRecognizer::Run]

```
void IntrinsicsRecognizer::Run() {
    //RPO遍历CFG
    for (HReversePostOrderIterator it(*graph_); !it.Done(); it.Advance()) {
        HBasicBlock* block = it.Current();
        //遍历基本块中的指令
        for (HInstructionIterator inst_it(block->GetInstructions());
             !inst_it.Done();inst_it.Advance()) {
            HInstruction* inst = inst_it.Current();
            if (inst->IsInvoke()) {//必须是函数调用指令才可以优化
                HInvoke* invoke = inst->AsInvoke();
                InlineMethod method;
                const DexFile& dex_file = invoke->GetDexFile();
                DexFileMethodInliner* inliner =
                    driver_->GetMethodInlinerMap()->GetMethodInliner(&dex_file);
            //上下这些代码用于判断被调用的函数是否可被视作Intrinsic方法
            if (inliner->IsIntrinsic(invoke->GetDexMethodIndex(), &method)) {
                Intrinsics intrinsic = GetIntrinsic(method);
                if (intrinsic != Intrinsics::kNone) {
                    //检查调用函数类型（诸如基类、接口、虚函数等信息）
                    if (!CheckInvokeType(intrinsic, invoke, dex_file)) {
                        ......
                    } else {//保存intrinsic等信息
                        invoke->SetIntrinsic(intrinsic,......);
                    {
                }//if(intrinsic不为kNone判断)
            }//if(inliner->isIntrinsic判断)
          }//if(inst->IsInvoke判断)
        }//遍历基本块中的指令for循环结束
    }//RPO遍历CFG for循环结束
}
```

IntrinsicsRecognizer识别基本块中那些函数调用指令可以被instrinsic化，然后将instrinsic信息设置到该指令中。后续将它翻译成机器指令时就可以用到这些信息以实现instrinsic优化。

6.3.4.4 HConstantFolding和InstructionSimplifier

HConstantFolding是ART中处理常量折叠的优化类。在编译优化领域，常量折叠（constant folding）和常量传播（constant propagation）经常一起出现，它们的概念倒是非常简单，来看一个示例。

[常量折叠和传播示例]

```
/*常量折叠：对于下面这些语句，编译器在做优化时会直接计算变量的最终值，而不是死板地按照源码的样
  子生成乘法或加法操作指令*/
int i = 100*200;//直接给i赋值为20000，而不是生成一条100*200的乘法计算指令
int y = i*0;//编译器直接给y赋值为0，也不会生成乘法计算的指令
String f = "abc"+"def";//同理，编译器直接赋值f为"abcdef"
/*
常量传播：我们之前在“到达定值分析”一节时曾见过它，比如下面代码所示：
*/
int x = 10;//x被赋值为10，此处为x的定值点
....//假设x没有被杀死
if(y < x){...} //此处if判断中的x就可以被常量10替代。
else{...}
```

现在来看HConstantFolding的代码。

[constant_folding.cc-->HConstantFolding::Run]

```
void HConstantFolding::Run() {
    HConstantFoldingVisitor visitor(graph_);
    //主要工作在HConstantFoldingVisitor遍历CFG时完成
    visitor.VisitReversePostOrder();
}
```

HConstantFoldingVisitor 的代码也在 constant_folding.cc 中，先看它能处理哪些指令。

[constant_folding.cc-->HConstantFoldingVisitor 类声明]

```
class HConstantFoldingVisitor : public HGraphDelegateVisitor {
    public:
        explicit HConstantFoldingVisitor(HGraph* graph)
            : HGraphDelegateVisitor(graph) {}
    private:
        //重载父类的VisitBasicBlock。读者可回顾HGraphVisitor的VisitBasicBlock，里边
        //的处理是先访问基本块中的HPhi指令，然后再遍历基本块中的所有指令。此处的重载实现
        //去掉了对HPhi的单独遍历，只一次性遍历基本块中的所有指令。
        void VisitBasicBlock(HBasicBlock* block) OVERRIDE;
        //HUnaryOperation、HBinaryOperation为抽象类指令。由于HConstantFoldingVisitor
        //派生自HGraphDelegateVisitor，而HGraphDelegateVisitor对VisitXXX的处理是
        //调用XXX指令的基类（假设是XXXSuper）的VisitXXXSuper函数（参6.3.4.2节）
        void VisitUnaryOperation(HUnaryOperation* inst) OVERRIDE;
        void VisitBinaryOperation(HBinaryOperation* inst) OVERRIDE;
        void VisitTypeConversion(HTypeConversion* inst) OVERRIDE;
        void VisitDivZeroCheck(HDivZeroCheck* inst) OVERRIDE;
        DISALLOW_COPY_AND_ASSIGN(HConstantFoldingVisitor);
};
```

我们重点考察 VisitBinaryOperation 的处理。

[constant_folding.cc-->HConstantFoldingVisitor::VisitBinaryOperation]

```
void HConstantFoldingVisitor::VisitBinaryOperation(HBinaryOperation* inst) {
    /*TryStaticEvaluationbion函数比较简单，它判断二元操作的左右操作数是否为HConstant，如
      果是的话，则直接执行二元计算，然后将结果作为HConstant对象返回。/
    HConstant* constant = inst->TryStaticEvaluation();
    if (constant != nullptr) {//对应HAdd、HSub这样的IR处理
        inst->ReplaceWith(constant);//将inst替换成HConstant
        inst->GetBlock()->RemoveInstruction(inst);
    } else {
        /*InstructionWithAbsorbingInputSimplifier从HGraphVisitor派生，它用于优化如
          下这样的代码：AND dst, src, 0这样的指令将直接用CONSTANT 0替代这和我们在常量折
          叠与常量传播示例里见到的int y = i*0被 int y = 0替代是一样的。
    */
        InstructionWithAbsorbingInputSimplifier simplifier(GetGraph());
        inst->Accept(&simplifier);
    }
}
```

InstructionSimplifier 优化方法和上述 InstructionWithAbsorbingInputSimplifier 有些类似，其代码中的相关注释能很好地说明该优化的目标。比如，

- MUL dst, src, 1 会被替换成 src。
- 负负得正，即 NOT tmp, src 和 NOT dst, tmp 两条语句会被替换成 src。

InstructionSimplifier的代码位于instruction_simpilifier.cc中，其处理相对比较简单，此处略过不表。

6.3.4.5 HDeadCodeElimination

HDeadCodeElimination用于消除CFG中无效的基本块以及基本块中无用的HInstruction，其代码如下所示。

[dead_code_elimination.cc-->HDeadCodeElimination::Run]

```
void HDeadCodeElimination::Run() {
    /*从CFG中移除无效的基本块，其工作步骤如下：
      （1）如果CFG包含非自然循环（即CFG为irreducible CFG），则直接返回。注释中对此的解释是
           因为处理irreducible CFG费力且不讨好。
      （2）如果为非irreducible CFG，则先标记可达的基本块。由于前面已经做了常量折叠等优化，所
           以有一些if判断等此时就能明确知道走true还是false流程。显然，false流程对应的基本块
           就不是可达基本块了
      （3）检查dead block是否位于循环中。如果循环中检查到dead block，则需要重新计算支配树
           （BuildDominatorTree）
      （4）最后一步工作是连接dead block的前驱和后继基本块。
    */
    RemoveDeadBlocks();
    SsaRedundantPhiElimination(graph_).Run();
    /*消除基本块中的dead HInstruction。其工作流程如下：
      （1）RPO遍历CFG中的基本块
      （2）反向遍历基本块中的HInstruction数组，同时满足如下条件的instruction为dead：没
           有SideEffect（下文将介绍它）、不能抛异常、非SuspendCheck、非MemoryBarrier、
           非NativeDebugInfo、非函数参数以及没有其他Instruction用它满足上述条件的
           Instruction将从基本块中被移除。
    */
    RemoveDeadInstructions();
}
```

6.3.4.6 HSelectGenerator

光看代码是比较难以理解HSelectGenerator的。为此，笔者设计了一段代码示例以帮助读者了解它。代码示例如图6-30所示。

```
public class OatTest {
   int x = 0, y = 0,z = 0,w = 0;
   public void test(){
      int ret = 123;
      if(x<0){
        ret = -ret; //1 true branch
      }else{
        ret +=567;  //2 false branch
      }
      x = ret;//3 phi
   }
}
```

HSelectGenerator优化 ➡

```
public class OatTest {
   int x = 0, y = 0,z = 0,w = 0;
   public void test(){
      int ret = 123;
      ret1 = -123;  //1 true branch
      ret2 = 690;//2 false branch 123+567=690
      x = select(ret1,ret2,x<0?) //3
   }
}
```

图6-30　HSelectGenerator优化示例代码

图6-30包含左右两段代码：

- 左边的test函数符合HSelectGenerator优化条件。笔者在代码中添加了3处注释。第1处注释对应代码的if条件为true的处理，第2处注释对应if条件为false的处理，而第3处注释对应代码将产生一个针对ret变量的PHI函数。

- 右图是经 HSelectGenerator 优化后的**伪代码**（仅为示范用）。ret1 和 ret2 分别是 if 条件为 true 和 false 分支的代码执行结果。而 x 的取值由 select 最后一个参数 x<0 来决定。x 如果小于 0，则 select 返回 ret1，否则返回 ret2。注意，此处的 select 代表 ART IR 中的 HSelect 指令，它是由 HSelectGenerator 优化后创建的。

HSelectGenerator 优化到底有什么好处呢？我们直接来看 test 函数经它优化后得到的目标机器指令码（此处以 x86 平台为例），结果如图 6-31 所示。

```
0x00001054:  mov eax, [ecx + 12]
0x00001057:  test eax, eax
0x00001059:  jnl/ge +10 (0x00001069)
0x0000105f:  mov eax, -123
0x00001064:  jmp +5 (0x0000106e)
0x00001069:  mov eax, 690    eax
0x0000106e:  mov [ecx + 12], eax
0x00001071:  ret
```

1）不使用 HSelect 优化

```
0x00001054:  mov edx, 690
0x00001059:  mov eax, -123
0x0000105e:  mov ebx, [ecx + 12]
0x00001061:  test ebx, ebx
0x00001063:  cmovnl/ge eax, edx
0x00001066:  mov [ecx + 12], eax
0x00001069:  ret
```

2）HSelect 优化，使用 cmov 指令

```
0x00001054:  mov eax, -123
0x00001059:  mov edx, [ecx + 12]
0x0000105c:  test edx, edx
0x0000105e:  jl/nge +5 (0x00001065)
0x00001060:  mov eax, 690
0x00001065:  mov [ecx + 12], eax
0x00001068:  ret
```

3）HSelect 优化，不使用 cmov 指令

图 6-31　test 函数通过各种处理得到的机器码

图 6-31 展示了笔者测试使用的三种情况。

- 图 1）为不使用 HSelectGenerator 优化得到的机器码。其中，汇编语句 "test eax,eax" 和 "jnl/ge +10" 为 "if(x<0)" 的判断，ge 表示 greater or equal than。即，如果 x>0，则跳转到 0x00001069 处（跳转到 if 判断为 false 的处理）。"mov eax,-123" 对应图 6-30 左边 true branch 的代码。"mov eax,690" 为 false branch 对应的代码。"mov eax,-123" 后的 "jmp +5" 则是跳转到 "x=ret" 代码处。
- 图 2）为使用 HSelect 优化的情况。"mov edx,690" 为图 6-30 右边第 2 处注释对应的代码。"mov eax,-123" 为图 6-30 右边第 1 处注释对应的代码。test ebx,ebx 为图 6-30 右边第 3 处 select 里的 x<0。**特别需要注意的是**，x86 平台有一个条件 mov 指令（cmov，意为 conditional move）。所以，"cmovnl/ge eax,edx" 表示如果 x>0，则 eax 取值为 edx（edx 取值为 690），否则 eax 保持不变（eax 取值 -123）。显然，借助 cmov 指令，jnl、jmp 跳转都不再需要。不过，相比图 1），此处多用了一个 edx 寄存器。
- 如果 x86 不支持 cmov 指令的话，则对应的编译结果为图 3）。它和图 1）差不多，唯一区别是借助 edx 存储 false 分支的值。所以，图 3）相比图 1）少了 "jmp +5" 一条指令，但是也多用了 edx 这个寄存器。

讨论　图 6-30 右边的 test 伪代码可以解释为什么 HSelect 优化会多用一个寄存器。按伪代码所示，true 和 false 分支处理的结果实际上都提前计算了出来。所以一个寄存器存储 true 分支的结果，另一个寄存器存储 false 分支的处理结果。而不使用 HSelect 优化的话，只要使用一个寄存器即可，它根据 x<0 的判断，要么存储 true 分支的处理结果，要么存储 false 分支的结果。

现在我们再来看HSelectGenerator的代码。

[select_generator.cc->HSelectGenerator::Run]

```
void HSelectGenerator::Run() {
    for (HPostOrderIterator it(*graph_); !it.Done(); it.Advance()) {
        HBasicBlock* block = it.Current();
        //该block最后一个HInstruction必须是If判断。注意，HSelectGenerator优化的条件
        //比较苛刻
        if (!block->EndsWithIf()) continue;
        HIf* if_instruction = block->GetLastInstruction()->AsIf();
        //取出true和false分支对应的block
        HBasicBlock* true_block = if_instruction->IfTrueSuccessor();
        HBasicBlock* false_block = if_instruction->IfFalseSuccessor();
        /*
          IsSimpleBlock: true和false分支的block必须满足一定条件，比如只能有最多1个前驱基本块等。
          BlocksMergeTogether: 要求true和false分支对应的block必须要连接同一个后继基本块*/
        if (!IsSimpleBlock(true_block) || !IsSimpleBlock(false_block) ||
            !BlocksMergeTogether(true_block, false_block))
            continue;
        .......//和图6-30右边伪代码处理类似
        HPhi* phi = GetSingleChangedPhi(merge_block, predecessor_index_true,
                    predecessor_index_false);
        if (phi == nullptr) continue;
        HInstruction* true_value = phi->InputAt(predecessor_index_true);
        HInstruction* false_value = phi->InputAt(predecessor_index_false);
        //构造一个HSelect对象
        HSelect* select = new (graph_->GetArena())
        HSelect(if_instruction->InputAt(0),
            true_value,false_value,if_instruction->GetDexPc());
        ......//插入HSelect IR，并做一些基本块替换或合并工作
    }
}
```

6.3.4.7 SideEffectsAnalysis

SideEffectsAnalysis事实上并不是一种优化手段，它只是收集与合并CFG中各基本块所包含指令的SideEffects信息。SideEffects是一个类，用于描述ART IR指令（即HInstruction）的副作用（SideEffects）。比如，HNewInstance（用来new一个对象）就有Trigger GC的副作用，即HNewInstance指令的执行可能会触发垃圾回收。

ART中为SideEffects一共定义了多达38种副作用，代码中有一个示意图，笔者直接来展示它，如图6-32所示。

```
|Depends on GC|ARRAY-R  |FIELD-R  |Can trigger GC|ARRAY-W  |FIELD-W  |
+-------------+---------+---------+--------------+---------+---------+
|             |DFJISCBZL|DFJISCBZL|              |DFJISCBZL|DFJISCBZL|
|      3      |333333322|222222221|       1      |111111110|000000000|
|      7      |654321098|765432109|       8      |765432109|876543210|
```

图6-32　SideEffects支持的副作用类型

在图6-32中：

- 第一行为副作用类型说明，ARRAY-R表示数组的读，FIELD-R表示类成员的读，ARRAY-W和FILED-W表示数组的写与类成员的写。Can trigger GC表示会触发GC，Depends on GC表示依赖GC。
- 第二行为数据读写（包括数组和类成员）的数据类型。DFJISCBZL分别对应double、float、long、int、short、char、byte、boolean、L"classname"（和dex文件格式中对数据类型的描述一一对应，读者可回顾3.1.1.4节）。即针对每一种数据类型的读或写都有对应的副作用描述。
- SideEffects使用了位图来描述各个副作用，而图中的第三行和第四行表示各个副作用对应的位。比如Denpens on GC为第37位，Can trigger GC为第18位。

那么，ART不同的IR都对应有什么SideEffects呢？笔者提取了一些代码，如下所示。

[nodes.h->HInstruction和对应的SideEffects]

```
//SideEffects是HInstruciton构造函数的一个参数，笔者将列出一些有副作用的IR类和它们对应的副
  作用信息
class HInstruction {
    public: HInstruction(SideEffects side_effects, uint32_t dex_pc)
        : .....,side_effects_(side_effects),.... {....}
}
class HReturnVoid  {//HReturnVoid没有副作用
    public: explicit HReturnVoid(uint32_t dex_pc = kNoDexPc)
        : HTemplateInstruction(SideEffects::None(), dex_pc) {}
}//同属于Return指令的还有HReturn，也没有副作用
....
class HNewInstance  {
    public: HNewInstance(.....)
        : HExpression(...., SideEffects::CanTriggerGC(), dex_pc),....
}
...
class HInvoke {
private: HInvoke(....)
        : HInstruction(SideEffects::AllExceptGCDependency())
}
//根据数据类型设置相应的FIELD-R副作用，如果变量为volatile，则同时要设置FILED-W副作用
class HInstanceFieldGet : {
    public:  HInstanceFieldGet(...,Primitive::Type field_type,....)
        :HExpression(...,SideEffects::FieldReadOfType(field_type, is_volatile)
}
//唯一一个具有DependsOnGc的IR，和ARM平台有关
class HArm64IntermediateAddress  {
    public:HArm64IntermediateAddress(......)
        :HExpression(Primitive::kPrimNot, SideEffects::DependsOnGC(), dex_pc) {
        ....  }
}
```

最后我们来看一下SideEffectsAnalysis的代码。

[side_effects_analysis.cc-->SideEffectsAnalysis::Run]

```
void SideEffectsAnalysis::Run() {
    //block_effects_和loop_effects_用于保存SideEffects对象
    block_effects_.resize(graph_->GetBlocks().size());
```

```
    loop_effects_.resize(graph_->GetBlocks().size());

    for (HPostOrderIterator it(*graph_); !it.Done(); it.Advance()) {
        HBasicBlock* block = it.Current();//RPO遍历基本块
        SideEffects effects = SideEffects::None();
        //遍历基本块中的HInstruciton
        for (HInstructionIterator inst_it(block->GetInstructions());
        !inst_it.Done();inst_it.Advance()) {
            HInstruction* instruction = inst_it.Current();
            //合并各IR对应的SideEffects，其实就是设置各个副作用对应的位
            effects = effects.Union(instruction->GetSideEffects());
            //如果该block对应的effects已经包含所有副作用，就可以提前跳出指令遍历的循环
            if (effects.DoesAll()) break;
        }
        //将基本块各指令副作用合并后得到的信息存起来
        block_effects_[block->GetBlockId()] = effects;
        //下面的代码用于合并和循环有关系的基本块的副作用。合并后的副作用存储在
        // loop_effects_中
        if (block->IsLoopHeader()) { .....}
        } else if (block->IsInLoop())
            UpdateLoopEffects(block->GetLoopInformation(), effects);
    }//结束CFG遍历
    has_run_ = true;
}
```

6.3.4.8 GVNOptimization[13]

GVNOptimization是Global Value Numbering（全局值编号）优化的缩写。值编号（Value Numbering，简写为VN）是一种历史比较悠久的优化手段，它有所谓全局（Global）和局部（Local）两种区别。其中：

- 局部VN是指针对单个基本块内的值编号。
- 全局VN可以跨基本块（即针对CFG里所有基本块），但要求CFG先SSA形式化。对ART而言，CFG在优化前已经SSA形式化了，所以此处使用的是GVN。

那么，什么是VN呢？来看一段示例代码。

[VN示例代码]

```
/*下面有4条语句，值编号的含义是:
  (1) 给表达式Ex设计一个编号
  (2) 如果代码中有其他表达式比如Ey能计算出和Ex相等值的话，则Ey的值可以用Ex替代
*/
w = 3; //这是一个表达式，值编号系统里还没有这个表达式，所以将它添加到值编号系统里。
x = 3; //这也是一个表达式，但它计算出来的值与上一句相同，所以它可改写为x = w
//同理，下面这个表达式的x壳替换成w，得到 y = w + 4;这是一个新的表达式。
y = x + 4;
//此表达式得到的值与上一表达式(经改造后得到的y=w+4)得到的值一样，所以z = y
z = w + 4;
```

上述代码经过值编号后，我们发现x=3和z=w+4可以被其他代码替换，所以这两个表达式将被当作冗余代码，从而可以被消除。

通过上面介绍，读者会发现实现值编号方法时需要考虑如下两个关键问题。

- 如何为表达式进行编号？对ART而言，其处理方法是用ART IR（即对HInstruction对象）的Hash Code作为该IR的编号。

❑ 如何比较两个表达式是等价的？在ART中，两个HInstruction对象是否相等可通过HInstruction的Equal函数来判断。其具体实现我们待会通过代码展示。

现在来看ART里的GVN，由于GVNOptimization的Run函数将调用GlobalValueNumber的Run函数，所以此处直接来看GlobalValueNumber的实现。

[gvn.cc->GlobalValueNumberer::Run]

```
void GlobalValueNumberer::Run() {
    //sets_的类型是ArenaVector<ValueSet*>，每个基本块有一个ValueSet。ValueSet是
    //存储值编号信息的容器
    sets_[graph_->GetEntryBlock()->GetBlockId()] = new (allocator_)
        ValueSet(allocator_);
    //RPO遍历CFG，注意，GlobalValueNumber类不是HGraphVisitor的子类
    for (HReversePostOrderIterator it(*graph_); !it.Done(); it.Advance()) {
        VisitBasicBlock(it.Current());
    }
}
```

[gvn.cc->GlobalValueNumberer::VisitBasicBlock]

```
void GlobalValueNumberer::VisitBasicBlock(HBasicBlock* block) {
    ValueSet* set = nullptr;
    const ArenaVector<HBasicBlock*>& predecessors = block->GetPredecessors();
    /*值编号本身的思路并不复杂，但是要支持CFG的全局值编号则需要对基本块及之间的关系有一定了
      解。下面省略的代码为正在遍历的基本块block创建或找到一个合适的ValueSet容器。这块代码略
      过，感兴趣的读者请自行研究。*/
    sets_[block->GetBlockId()] = set;//和block对应的ValueSet容器

    HInstruction* current = block->GetFirstInstruction();
    while (current != nullptr) {//遍历基本块中的IR
        HInstruction* next = current->GetNext();
    //在HInstruction中，CanBeMoved的含义是判断哪些指令可以调整其顺序，即把A指令调整到B指
      令之前执行，其默认实现为返回false，但对于HUnaryOpeation、HBinaryOperation它们属于
      可被Moved。
    if (current->CanBeMoved()) {
        //对于二元操作指令，判断其参数是否可交换，比如对加法而言，x+y与y+x等价
            if (current->IsBinaryOperation() &&
                current->AsBinaryOperation()->IsCommutative()) {
                //对二元操作指令的两个参数（也是HInstruction对象，比如HIntConstant）交换顺
                  序，使得后续分析更加容易
            current->AsBinaryOperation()->OrderInputs();
    }
    //从ValueSet容器中找到是否与本指令等价的指令
        HInstruction* existing = set->Lookup(current);
        if (existing != nullptr) {
            //如果找到了，则将本指令替换成找到的那条指令。其实就是更新current指令的使用者将
              它们作为existing指令的使用者即可。
            current->ReplaceWith(existing);
            //然后从基本块中移除本指令
            current->GetBlock()->RemoveInstruction(current);
        } else {
            //如果ValueSet容器中没有这条指令，则将其添加到ValueSet中。在添加之前，需要先
              从ValueSet中去掉受该指令副作用影响的值。比如current指令是对变量的写操作，那
              么受其影响的读指令就需要从ValueSet中去掉
              set->Kill(current->GetSideEffects());
                set->Add(current);
```

```
            }
        } else //对于不能被Moved的指令，则从ValueSet中消除那些受它副作用影响的值
            set->Kill(current->GetSideEffects());
        current = next;
    }
    visited_blocks_.SetBit(block->GetBlockId());
}
```

另外，前面提到关于VN实现的两个关键问题，ValueSet的Lookup函数中有直观的体现。

 [gvn.cc->ValueSet::Lookup]

```
HInstruction* Lookup(HInstruction* instruction) const {
    //计算IR的HashCode。注意，HInstruction有一个成员函数叫ComputeHashCode，它由
    //HInstruction类型以及该指令输入参数id（即HInstruction的id）的组合
    size_t hash_code = HashCode(instruction);
    size_t index = BucketIndex(hash_code);
    //buckets_[index]是一个链表，保存了所有hash_code值相同的HInstruciton
    for (Node* node = buckets_[index]; node != nullptr;
         node = node->GetNext()) {
        if (node->GetHashCode() == hash_code) {
            HInstruction* existing = node->GetInstruction();
            if (existing->Equals(instruction)) {
                return existing;
            }
        }
    }
    return nullptr;
}
```

最后来看一下HInstruction的Equals函数。

[nodes.cc->HInstruction::Equals]

```
bool HInstruction::Equals(HInstruction* other) const {
    //指令类型要一样，比如双方都是HIntConstant
    if (!InstructionTypeEquals(other)) return false;
    //指令的值（如果有的话）要一样，比如HIntConstant中有一个代表常量的值
    if (!InstructionDataEquals(other)) return false;
    //指令执行的结果的数据类型要一样，GetType的返回值是Primitive::Type枚举
    //比如HTypeConversion指令将一个int整数转成float浮点数，则该指令的GetType返回
    //Primitive::kPrimFloat
    if (GetType() != other->GetType()) return false;
    //输入参数的个数要一样
    if (InputCount() != other->InputCount()) return false;
    //再比较各个输入参数
    for (size_t i = 0, e = InputCount(); i < e; ++i) {
        if (InputAt(i) != other->InputAt(i)) return false;
    }
    return true;
}
```

6.3.4.9 LICM

LICM是Loop Invariant Code Motion的缩写，中译为循环不变量外提。LICM的含义不言自明，笔者不拟赘述，我们直接来看代码。

[licm.cc->LICM::Run]

```
void LICM::Run() {
    ArenaBitVector* visited = nullptr;
    //后续遍历访问CFG
    for (HPostOrderIterator it(*graph_); !it.Done(); it.Advance()) {
        HBasicBlock* block = it.Current();
        if (!block->IsLoopHeader()) continue; //先找到loop header

        HLoopInformation* loop_info = block->GetLoopInformation();
        /*前面在做SideEffects分析时，有一个对循环里的基本块统计其副作用的loop_effects_
          GetLoopEffects就是获取该基本块所在循环的副作用*/
        SideEffects loop_effects = side_effects_.GetLoopEffects(block);
        //找到该循环的PreHeader基本块。循环不变量对应的IR要移到PreHeader基本块中
        HBasicBlock* pre_header = loop_info->GetPreHeader();
        //遍历循环里的基本块
        for (HBlocksInLoopIterator it_loop(*loop_info);
             !it_loop.Done(); it_loop.Advance()) {
            HBasicBlock* inner = it_loop.Current();
            if (inner->GetLoopInformation() != loop_info) continue;
            //不处理不可归约循环（irreducible loop）
            if (loop_info->ContainsIrreducibleLoop()) continue;

            bool found_first_non_hoisted_throwing_instruction_in_loop
                = !inner->IsLoopHeader();
            //遍历基本块中的指令
            for (HInstructionIterator inst_it(inner->GetInstructions());
                    !inst_it.Done();  inst_it.Advance()) {
                HInstruction* instruction = inst_it.Current();
                /*
                满足下面条件的指令被认为是循环不变量:
                 （1）指令可以被移动
                 （2）指令执行时不会抛异常（比如HNewArray表示new一个数组，显然，该指令执行
                     的时候可能会抛出异常）。注意，非loop header基本块中只有第一条抛异常的
                     指令可以被移到pre header中。该基本块中其他抛异常的指令则不能被移动。
                     found_first_non_hoisted_throwing_instruction_in_loop变量用于
                     表示是否为基本块中第一个抛异常的指令。这部分属于对异常语句的处理，本章
                     不拟详述。
                （3）指令的副作用不依赖于该循环统计的整体副作用。比如该指令会读取一个成员变
                    量，但是循环整体副作用表明该循环会写这个成员变量。
                （4）该指令的输入参数在循环前就定义好（由InputsAreDefinedBeforeLoop判
                    断）满足这样条件的指令，我们可以将它们移到PreHeader中
                */
                if (instruction->CanBeMoved() && (!instruction->CanThrow()
                        || !found_first_non_hoisted_throwing_instruction_in_loop)
                    && !instruction->GetSideEffects().MayDependOn(loop_effects)
                    && InputsAreDefinedBeforeLoop(instruction)) {
                if (instruction->NeedsEnvironment()) {//对HPhi的处理，此处略过不表
                        UpdateLoopPhisIn(instruction->GetEnvironment(), loop_info);
                }
                //将指令移到Loop PreHeader基本块中
                    instruction->MoveBefore(pre_header->GetLastInstruction());
                } else if (instruction->CanThrow()){后续可抛出异常的指令
                    found_first_non_hoisted_throwing_instruction_in_loop = true;
                }
            }
        }
    }
}
```

6.3.4.10 HInductionVarAnalysis[11][14]

HInductionVarAnalysis是指Induction Variable Analysis，中译为归纳变量分析，它也是编译优化领域里一种历史非常悠久的优化手段了。在ART中，Induction Variable Anaylsis的实现算法基于一篇发表时间为1995年的论文——《Beyond Induction Variables: Detecting and Classifying Sequences Using a Demand-driven SSA Form》[⊖]。

注意 IVA分析比较复杂，笔者在此仅简单介绍其原理。对细节感兴趣的读者可以先阅读上述提到的论文，然后再研究ART里HInductionVarAnalysis的代码（源码文件为induction_var_analysis.cc）。

归纳变量分析中首先要识别归纳变量，而归纳变量又可细分为基本归纳变量和派生归纳变量两种类型。我们通过一段示例代码来看这两种类型的归纳变量。

[induction variable analysis 示例]

```
    i = 0
L1: if i > n goto L2
    j = i + 4
    k = j + a
    i = i + 1
    goto L1
L2:.....
```

上述代码中有i、j、k三个变量，我们观察它们的取值情况。其中：

- i取值符合i = i + c这样的公式。公式中的c是循环不变量（或者表达式，即c的值不受循环的影响）。对本例而言，c为1。这样的变量称为基本归纳变量。基本归纳变量可由三元组i =<i,1,0>表达，意为i = i*1 + 0。
- 围绕一个基本归纳变量可得到若干与该基本归纳变量相关的派生归纳变量。比如j取值符合j= a*i+b（a、b也是循环不变量）公式，而k则符合k=j+c这样的公式。注意，j直接依赖于i，而k通过j间接依赖于i。所以，j，k都属于由i派生的派生归纳变量。派生归纳变量可由三元组x =<i,a,b>表达，意为x=a*i + b。

提示 IV的识别远比笔者上文描述的要严格，参考资料[11]对如何识别循环中哪些变量为基本归纳变量和派生归纳变量有较为详细的描述，此处不拟赘述。

归纳变量识别后，它至少在两种情况下能帮助我们优化代码。

- 一种是所谓的强度削减优化。比如，用计算更“轻快”的加法代替计算更费劲的乘法。
- 强度削减优化后，循环中一些归纳变量就没有必要存在，所以它们可以被消除掉。

图6-33展示了一个基于IVA的优化示例。

在图6-33中：

- 左上图的循环代码中，j为i的派生归纳变量。通过强度削减，我们可将它优化为右上图所示的代码。其中，原来的乘法计算变成了加法运算。

⊖ 该论文下载地址：http://citeseerx.ist.psu.edu/viewdoc/download?doi=10.1.1.47.1476&rep=rep1&type=pdf。

- 强度削减后，我们发现变量 j 和 i 在循环体中都可以被去掉，经过冗余归纳变量消除后，我们得到图下部的代码。该循环内只需要一个 s 变量即可。

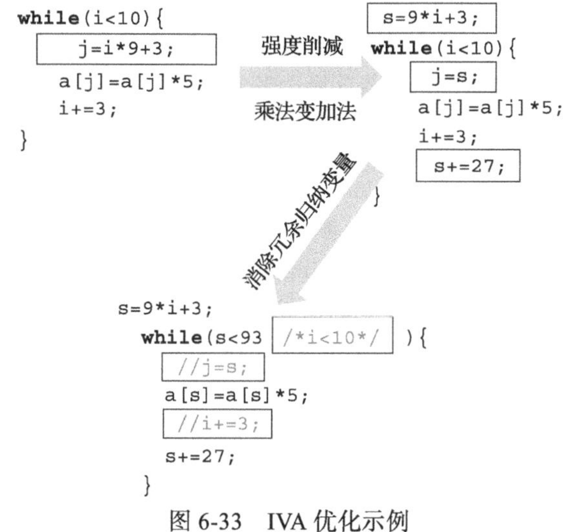

图 6-33 IVA 优化示例

强度削减算法的具体过程是怎么实施的呢？它包括如下几个重要步骤。

- 对循环中的每一个归纳变量 j，找到它对应的三元组 <i,a,b>。在本例中，a=9，b=3。
- 然后创建一个新变量 s，并替换 j 的定义为 j = s。
- 在 i = i + c 后，插入 s = s + a*c，本例中，c=3，所以得到代码 s += 27。
- 将 s = a*i+b 代码插入循环之前，此处将 s = 9*i+3 代码插在 while 循环前。如果是基本块的话，就可以将其插在循环的 preheader 基本块中。

这就是利用 IVA 做强度削减算法的过程。

6.3.4.11 其他优化方法介绍

到此，13 种 IR 优化方法中还有 HSharpening、HInliner、HBoundsCheckElimination 和 LoadStoreElimination 没有介绍，此处一并对它们做简单讲解。

- HSharpening：用于优化 Java 函数调用的分发方式（Dispatch）。比如，当我们调用基类或接口类对象的虚函数时，如果能提前解析出该对象的实际类型，那么经 HSharpening 优化后，该函数调用分发方式变为直接跳转到实际类所实现的函数代码处，而无须借助更耗时的虚拟函数表（vtable）。
- HInliner：HInliner 比较好理解，就是尝试将函数调用内联化。
- HBoundsCheckElimination：根据 Java 的语言规范要求，每次操作数组元素时要检查索引是否越界，如果越界的话要抛出 ArrayIndexOutOfBounds 异常。ART 编译器在翻译诸如 aget、aput（数组元素的读和取对应的 dex 指令）dex 指令为 ART IR 中的 HArrayGet 或 HArraySet 时，还同时会生成一条 HBoundsCheck IR。HBoundsCheck 表示对索引越界的检查。可想而知，如果我们在代码里通过循环来遍历数组的话（在实际编程中这是非常常见的情况），HBoundsCheck 也将被执行很多遍，这对程序运行效率是一个很大的浪费。HBoundsCheckElimination就是用于消除不必要的HBoundsCheck IR。比如，如果知道循环中最大的索引值不可能超过数组元素个数的话，就完全可以去掉HBoundsCheck。

- LoadStoreElimination：LSE用于消除代码中不必要的数据存取指令。比如，某处通过HInstanceFieldGet IR获取了一个类成员变量的值，后续再次通过HInstanceFieldGet IR获取同一个类成员变量的值可能就属于多余操作了。LSE用于消除类似这种情况的数据存取指令。LSE实现比较简单，读者可尝试自行研究。

注意 （1）HSharpening和HInliner优化方法涉及大量到目前为止还未讲解的知识。等后续相关知识学习完成，如果有需要我们再做深入讲解。

（2）读者如果研究HBoundsCheckElimination代码时会碰到一个比较有意思的知识点。一般而言，我们希望Java字节码能全部编译成机器码，这样能最大限度提高代码运行速度。但对BoundsCheck消除而言，我们有时候不得不放弃机器码，而退回到interpreter方式来执行。这是因为Java语言规范中对ArrayIndexOutOfBounds（简写为AIOOB）异常抛出有明确要求，只能在运行到索引越界处才抛出。例如，一个数组长度为10，而循环次数为20，索引从0开始每次循环递增1，那么在这20次循环中，前10次都不能触发AIOOB异常，只有第11次才能触发。即使明确知道该循环最大索引值超过数组长度，我们也不能在循环开始前就抛出它，而必须等到第11次才行。出现这种情况的话，将代码退回到使用interpreter方式来执行是比较合适的办法[15]。与之相应，ART IR的设计也考虑了这种反优化的情况，它专门提供一个名为HDeoptimize指令，用于反优化相关操作。更多关于HDeoptimize的处理详情见本书第10章的内容。

6.4 ART中的IR—HInstruction

关于IR的设计，很多参考资料都说它更像是一门艺术，而不是技术。好在ART IR已经设计完毕，所以大可不必纠结它是否为艺术。对本书读者而言，我们需要关注如下3个问题。

- ART包含哪些IR？
- ART IR之间的关系是什么?
- 如何从dex指令转换得到ART IR？由于我们在6.3.3.3节提前介绍过和ART IR的创建，所以本节将重点关注之前未介绍的ART IR对象初始化相关的内容。

提示 ART IR的定义（包括CFG、基本块相关操作）都很体贴地定义在nodes.h和nodes.cc中。

6.4.1 ART中的IR

ART IR的实现借助了面向对象（OO）的思想，所有IR指令被设计成一个以HInstruction为顶层基类的类家族。在这个类家族中：

- IR大体上可分为具体和抽象两大类。所有IR类的命名都采用HXyz这样的方式，Xyz是具体指令的名称或代表抽象操作的名称。

- 何谓具体 IR 呢？具体之意包含两层含义，第一层的意思是在代码实现中，具体 IR 对应的类不是抽象类，没有虚函数。第二层的意思是该 IR 代表明确的操作。比如 HAdd、HSub 中的 Add、Sub 分别表示加、减操作。另外，特定 CPU 平台也会定义该平台特有的具体 IR。
- 使用 OOP 来实现的 ART IR 还从某些有着共性的具体 IR 中进一步提炼出了抽象类的 IR 类型，比如代表二元操作的 HBinaryOperation 类、代表一元操作的 HUnaryOperation 类、代表函数调用的 HInovke 类。
- 除此之外，HInstruction 类家族中还有一些纯用于信息抽象的类，比如 HTemplate Instruction、HExpression 等。或者一些辅助类，比如 HLoopInformation 等。

下面的代码展示了 HInstruction 类家族的成员及之间的派生关系。

[nodes.h 中的 HInstruction 类家族]

```
//辅助类
class HLoopInformation {...}
class HUseListNode  {...}
class HUserRecord  {...}
class HEnvironment  {...}

//用于纯抽象目的的类。注意，HExpression从HTemplateInstruction派生
class HInstruction {...}
class HTemplateInstruction: public HInstruction {...}
class HTemplateInstruction<0>: public HInstruction {...}
class HExpression : public HTemplateInstruction<N> {...}

//抽象IR对应的类，只有下面五个
class HConstant : public HExpression<0> {...}
class HUnaryOperation : public HExpression<1> {...}
class HBinaryOperation : public HExpression<2> {...}
class HCondition : public HBinaryOperation {...}
class HInvoke : public HInstruction {...}

//下面是所有具体IR对应的类，一共79个
class HPhi : public HInstruction {...}

//派生自HConstant，代表常量，一共5个
class HNullConstant : public HConstant {...}
class HIntConstant : public HConstant {...}
class HLongConstant : public HConstant {...}
class HFloatConstant : public HConstant {...}
class HDoubleConstant : public HConstant {...}

//派生自HCondition，代表条件类指令，一共10个
class HEqual : public HCondition {...}
class HNotEqual : public HCondition {...}
class HLessThan : public HCondition {...}
class HLessThanOrEqual : public HCondition {...}
class HGreaterThan : public HCondition {...}
class HGreaterThanOrEqual : public HCondition {...}
class HBelow : public HCondition {...}
class HBelowOrEqual : public HCondition {...}
class HAbove : public HCondition {...}
```

```
class HAboveOrEqual : public HCondition {...}
//二元操作指令，一共13个
class HCompare : public HBinaryOperation {...}
class HAdd : public HBinaryOperation {...}
class HSub : public HBinaryOperation {...}
class HMul : public HBinaryOperation {...}
class HDiv : public HBinaryOperation {...}
class HRem : public HBinaryOperation {...}
class HShl : public HBinaryOperation {...}
class HShr : public HBinaryOperation {...}
class HUShr : public HBinaryOperation {...}
class HAnd : public HBinaryOperation {...}
class HOr : public HBinaryOperation {...}
class HXor : public HBinaryOperation {...}
class HRor : public HBinaryOperation {...}

//代表一元操作的指令，一共3个
class HNeg : public HUnaryOperation {...}
class HNot : public HUnaryOperation {...}
class HBooleanNot : public HUnaryOperation {...}

//代表函数调用的指令，一共4个
class HInvokeStaticOrDirect : public HInvoke {...}
class HInvokeVirtual : public HInvoke {...}
class HInvokeInterface : public HInvoke {...}
class HInvokeUnresolved : public HInvoke {...}

//HExpression代表表达式，下面为直接派生自HExpression的具体IR类，一共22个
class HCurrentMethod : public HExpression<0> {...}
class HClassTableGet : public HExpression<1> {...}
class HNewInstance : public HExpression<2> {...}
class HNewArray : public HExpression<2> {...}
class HDivZeroCheck : public HExpression<1> {...}
class HParameterValue : public HExpression<0> {...}
class HTypeConversion : public HExpression<1> {...}
class HNullCheck : public HExpression<1> {...}
class HInstanceFieldGet : public HExpression<1> {...}
class HArrayGet : public HExpression<2> {...}
class HArrayLength : public HExpression<1> {...}
class HBoundsCheck : public HExpression<2> {...}
class HLoadClass : public HExpression<1> {...}
class HLoadString : public HExpression<1> {...}
class HClinitCheck : public HExpression<1> {...}
class HStaticFieldGet : public HExpression<1> {...}
class HUnresolvedInstanceFieldGet : public HExpression<1> {...}
class HUnresolvedStaticFieldGet : public HExpression<0> {...}
class HLoadException : public HExpression<0> {...}
class HInstanceOf : public HExpression<2> {...}
class HBoundType : public HExpression<1> {...}
class HSelect : public HExpression<3> {...}

//直接派生自HTemplateInstruction的具体IR类，一共21个
class HIf : public HTemplateInstruction<1> {...}
class HTryBoundary : public HTemplateInstruction<0> {...}
class HDeoptimize : public HTemplateInstruction<1> {...}
class HPackedSwitch : public HTemplateInstruction<1> {...}
```

```
class HExit : public HTemplateInstruction<0> {...}
class HGoto : public HTemplateInstruction<0> {...}
class HReturnVoid : public HTemplateInstruction<0> {...}
class HReturn : public HTemplateInstruction<1> {...}
class HInstanceFieldSet : public HTemplateInstruction<2> {...}
class HArraySet : public HTemplateInstruction<3> {...}
class HSuspendCheck : public HTemplateInstruction<0> {...}
class HNativeDebugInfo : public HTemplateInstruction<0> {...}
class HStaticFieldSet : public HTemplateInstruction<2> {...}
class HUnresolvedInstanceFieldSet : public HTemplateInstruction<2> {...}
class HUnresolvedStaticFieldSet : public HTemplateInstruction<1> {...}
class HClearException : public HTemplateInstruction<0> {...}
class HThrow : public HTemplateInstruction<1> {...}
class HCheckCast : public HTemplateInstruction<2> {...}
class HMemoryBarrier : public HTemplateInstruction<0> {...}
class HMonitorOperation : public HTemplateInstruction<1> {...}
class HParallelMove : public HTemplateInstruction<0> {...}
```

6.3.4 节也曾提到过，ART 里提供了几个宏用于集中处理 HInstruction 类家族。这些宏的命名体现了 ART IR 的分类状况。

[nodes.h->FOR_EACH_XXX_INSTRUCTION 宏]

```
//IR指令，包括具体和抽象两大类（不包括纯抽象用的IR和辅助类）
#define FOR_EACH_INSTRUCTION(M)                                          \
    FOR_EACH_CONCRETE_INSTRUCTION(M)                                     \
    FOR_EACH_ABSTRACT_INSTRUCTION(M)

/*具体IR还包含几个子分类:
  INSTRUCTION_COMMON: 通用IR，和具体CPU架构无关。前面提到的具体IR全属于此类别
  INSTRUCTION_SHARED: 某些CPU架构上可能会有包含一些相同的IR
  INSTRUCTION_CPU架构:不同CPU架构上独特的IR
*/
#define FOR_EACH_CONCRETE_INSTRUCTION(M)                                 \
    FOR_EACH_CONCRETE_INSTRUCTION_COMMON(M)                              \
    FOR_EACH_CONCRETE_INSTRUCTION_SHARED(M)                              \
    FOR_EACH_CONCRETE_INSTRUCTION_ARM(M)                                 \
    FOR_EACH_CONCRETE_INSTRUCTION_ARM64(M)                               \
    FOR_EACH_CONCRETE_INSTRUCTION_MIPS(M)                                \
    FOR_EACH_CONCRETE_INSTRUCTION_MIPS64(M)                              \
    FOR_EACH_CONCRETE_INSTRUCTION_X86(M)                                 \
    FOR_EACH_CONCRETE_INSTRUCTION_X86_64(M)

//抽象类IR宏不再包含子分类
#define FOR_EACH_ABSTRACT_INSTRUCTION(M)    .....
```

6.4.2　IR 之间的关系

前文介绍 dex 文件格式可知，一个 Java 函数所包含的 dex 指令是放在一个数组中的，通过相关的迭代器我们可以从第一条指令开始，顺序遍历它们，直到最后一条指令。所以，dex 指令之间是一种简单的、线性链接关系。而对 HInstruction 而言，它们之间除了这种线性关系外，还有一些更复杂的关系，比如前面我们介绍的 HPhi，它内部包含一个 inputs_ 数组，用于存储变量不同版本所对应的 HInstruction 对象。了解 ART IR 之间的关系对理解编译优化的执行有非常重要的作用。

6.4.2.1 线性关系

一个基本块中的所有 HInstruction 也存在线性链接关系，来看图 6-34。

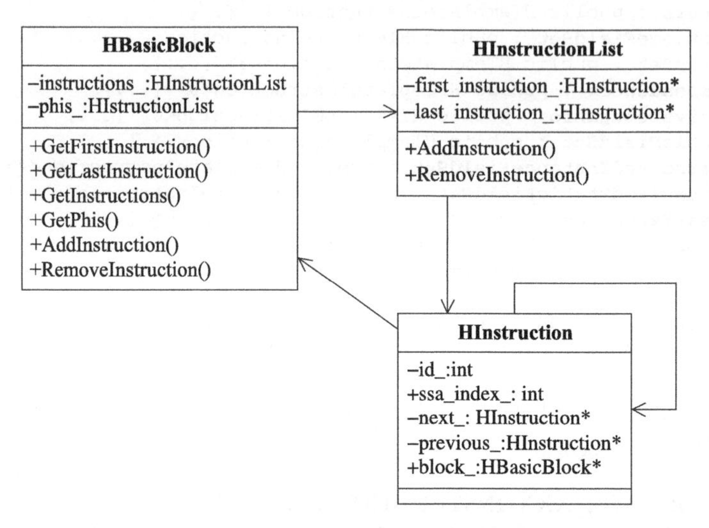

图 6-34　HInstruction 的线性关系

在图 6-34 中：

- 基本块 HBasicBlock 内部通过 HInstructionList 类型的对象保存该基本块中的所有 HInstruction。前文曾介绍过，phis_ 专门用于存储 HPhi 对象，而 instructions_ 存储其他类型的 HInstruction 对象。
- 如其名所示，HInstructionList 是一个链表。不过从其内部结构上看，它更像是一个链表管理结构，其成员变量 first_instruction_ 和 last_instruction_ 用于保存 IR 链表的头和尾元素。
- 每一个 HInstruction 有一个 id，而链表结构的前驱后继关系则通过成员变量 next_ 和 previous_ 来表达。

线性关系的建立的代码在 HBasickBlock 的 AddInstruction 等相关函数中，来看它们。

[nodes.cc->HBasicBlock::AddInstruction 相关函数]

```
void HBasicBlock::AddInstruction(HInstruction* instruction) {
    Add(&instructions_, this, instruction);//instructions_是HInstructionList
}
//Add函数
static void Add(HInstructionList* instruction_list, HBasicBlock* block,
                HInstruction* instruction) {
    instruction->SetBlock(block);//设置IR所附属的基本块ID
    //IR的id是相对整个CFG而言的，默认从0开始，每添加一个IR，其id值加1
    instruction->SetId(block->GetGraph()->GetNextInstructionId());
    UpdateInputsUsers(instruction);//下文再解释它的作用
    instruction_list->AddInstruction(instruction);
}
//HInstructionList的AddInstruction
void HInstructionList::AddInstruction(HInstruction* instruction) {
```

```
    if (first_instruction_ == nullptr) {
        first_instruction_ = last_instruction_ = instruction;
    } else {//建立链表关系，非常简单
        last_instruction_->next_ = instruction;
        instruction->previous_ = last_instruction_;
        last_instruction_ = instruction;
    }
}
```

6.4.2.2　使用和被使用关系

6.4.2.2.1　相关类和成员变量

除了线性关系外，有一些 IR 类之间还存在使用和被使用的关系。

- 使用关系：有一些 IR 需要使用别的 IR，比如前面提到的 HPhi，它需要保存代表变量不同版本的 HInstruction 对象，所以 HPhi 使用了这些 IR 对象。一个 IR 对象可以使用一个或多个其他 IR 对象。
- 被使用关系：和使用关系相反，那些被使用的 IR 需要记住自己被谁使用了。一个 IR 对象可以被一个或多个其他 IR 对象使用。

使用和被使用关系是 ART IR 之间的第二种关系，图 6-35 展示了用于建立这种关系的类结构和成员变量。

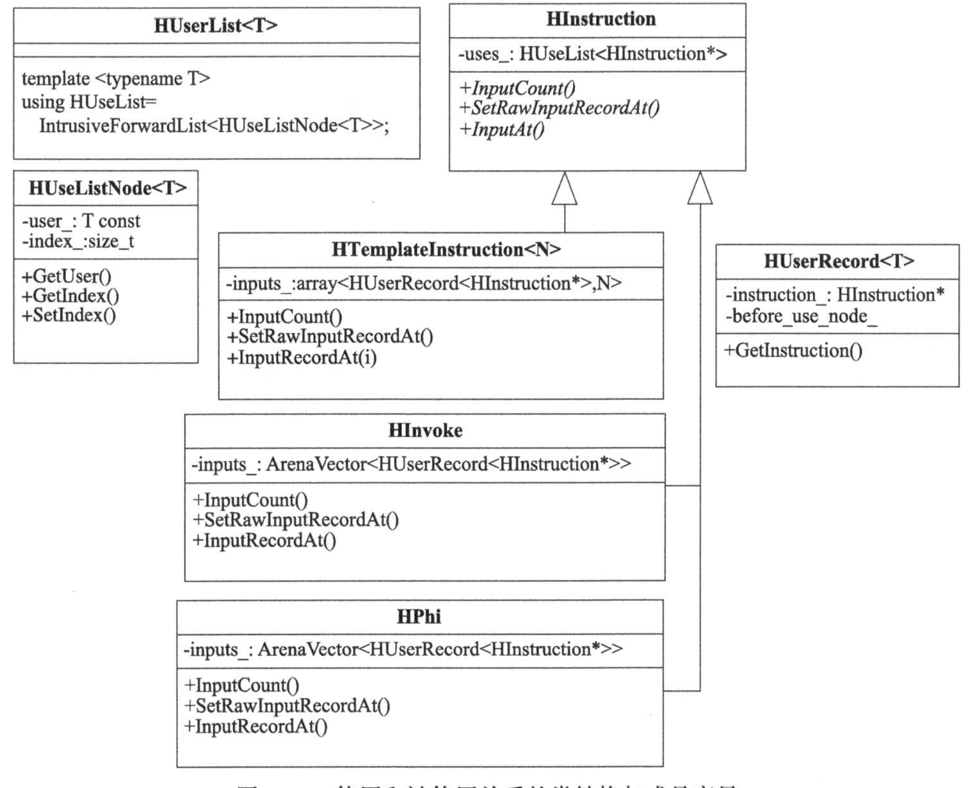

图 6-35　使用和被使用关系的类结构与成员变量

在图6-35中：

- HPhi、HTemplateInstruction（模板类，模板参数N代表所使用IR对象的个数）和HInvoke这三种类型的IR都有一个成员变量为inputs_用于保存所使用的IR对象。注意，inputs_在这三个类中的类型虽然都是数组，但由于HTemplateInstruction采用了模板类（模板参数N用于指明数组元素的个数），所以它使用了std的array作为数组容器（**array是固定长度数组，N用于指明该数组的长度**），而HPhi和HInvoke则使用了ArenaVector作为数组容器（**数组长度不固定**）。另外，HInstruction在基类中提供了统一的用于操作inputs_的虚函数，比如InputCount（用于返回inputs_的个数）、SetRawInputRecordAt（在inputs_指定索引处加入元素）以及InputRecordAt（获取inputs_指定索引处的元素）等。
- 仔细观察inputs_，会发现该数组的元素是HUserRecord<HInstruction*>。HUserRercord也是一个模板类，它用于记录IR之间的**使用和被使用关系**。我们先来看**使用关系**的体现，如果A使用了B，那么A将会创建一个HUserRecord<HInstruction*>元素来保存B。具体来说，A创建一个HUserRecord<HInstruction*>对象，该对象的instruction_成员指向B。所以，HUserRecord的instruction_用于表达使用关系。
- 再来看被**使用关系**的体现。HInstruction的uses_成员变量就是用于记录自己被哪些IR对象使用了。由于一个IR可以被多个IR使用，所以uses_自然会是一个容器类。在ART中，uses_使用HUserList<HInstruction>为容器。HUserList是模板类的别名，其真实类型为IntrusiveForwardList<HUserListNode<T>>。InstrusiveForwardList是一个链表，为ART自定义的容器类（读者不用关心其具体实现。据笔者查证，其主要优势在于减少内存使用）。该链表的元素类型为HUserListNode。所以，如果B被A使用的话，B的uses_链表中将有一个HUserListNode<HInstruction>元素，该元素的user_指向A。
- 再次来看HUserRecord，除了instruction_成员外，它还有一个before_use_node_，其类型是HUseList<T>::iterator[⊖]。iterator是迭代子的意思，我们姑且把它看作索引，它指向HInstruction中uses_的某个位置（具体什么位置，见下文解释）。所以，HUserRecord的before_use_node_用于表达**被使用关系**。结合上文所述，通过HUserRecord的instruction_和before_use_node_这两个成员变量，一个IR对象的使用和被使用关系得以确立。

上述关系用文字描述实在是让人头疼，笔者将其用图形来表达后就非常容易理解了，来看图6-36。

在图6-36中。

- HPhi A和HPhi B是两个HPhi对象。HInstruction H0、H1和H2是三个HInstruction对象（HInstruction是抽象基类，此处可以不考虑其具体的类型）。
- HPhi A和HPhi B用到这三个HInstruction对象。所以，HPhi A和HPhi B的inputs_数组包含三个元素，元素类型是HUserRecord。它们的instruction_成员分别指向H0、H1和H2，用**虚线箭头**表示使用关系。

⊖ 由于staruml不支持成员名中包含双冒号，所以图6-35中HUserRecord类图中没有画出before_use_node_的数据类型。

- HInstruction 的 uses_ 成员是一个元素类型为 HUseListNode 链表。该链表中的每一个元素代表该 HInstruction 的每一个使用者，使用者由 HUseListNode 的 users_ 指明，图中用**点划线箭头**表示被使用关系。
- HUserRecord 还有一个 before_use_node_ 成员，它的指向由**点线箭头**标明。请读者注意，以 HPhi B 为例，HUserRecord B0 的 instruction_ 指向 HInstruction H0。HUserRecord B0 的 before_use_node_ 指向①处的 HUseListNode，但实际上②处的 HUserListNode 才指向正确的使用者 HPhi B。由于①元素在②元素之前，所以这个成员变量取名为 before_use_node_。before 就是前一个的意思。所以，HUserRecord A0 的 before_use_node_ 则指向 before_begin 处。before_begin 指向链表真正头部元素前的位置。

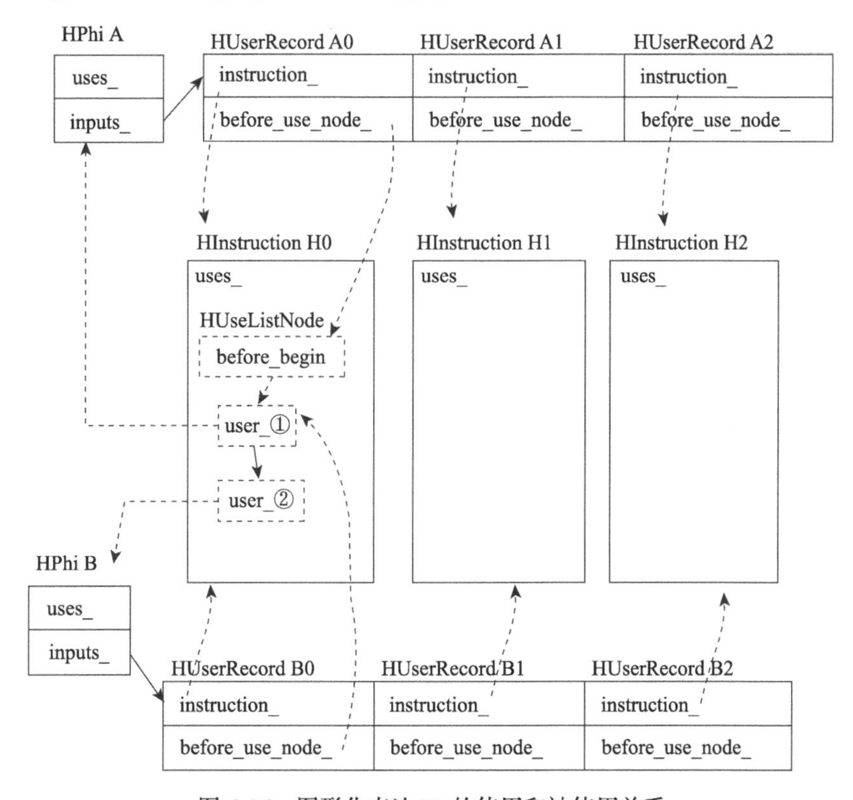

图 6-36　图形化表达 IR 的使用和被使用关系

讨论

（1）InstrusiveForwardList 的功能和 std 的 forward_list（单向链表）类似。

（2）before_use_node_ 的指向关系比较奇怪，笔者推测这或许是为了提升运行效率而设计的。

HUserRecord 的代码更是鲜明展示了 before 的含义。

 [nodes.h->HUserRecord]

```
template <typename T> class HUserRecord : public ValueObject {
public:
```

```
    HUserRecord() : instruction_(nullptr), before_use_node_() {}
    explicit HUserRecord(HInstruction* instruction) :
        instruction_(instruction), before_use_node_() {}
    //返回instruction_成员变量
    HInstruction* GetInstruction() const { return instruction_; }
    //返回before_use_node_成员变量
    typename HUseList<T>::iterator GetBeforeUseNode() const {
        return before_use_node_; }
    //返回真实的使用者，注意看代码实现，它对迭代器做了++操作！
    typename HUseList<T>::iterator GetUseNode() const {
        return ++GetBeforeUseNode(); }
private:
    HInstruction* instruction_;
    typename HUseList<T>::iterator before_use_node_;
};
```

6.4.2.2.2 相关代码展示

现在我们来看代码，首先是使用关系的建立，以 HPhi 为例，下面是代码片段。

[instruction_builder.cc->HInstructionBuilder::InitializeBlockLocals]

```
.....
HInstruction* first_input =
ValueOfLocalAt(current_block_->GetPredecessors()[0], local);
HPhi* phi = new (arena_) HPhi( arena_,local,
            current_block_->GetPredecessors().size(),first_input->GetType());
for (size_t i = 0; i < current_block_->GetPredecessors().size(); i++) {
    HInstruction* pred_value =
        ValueOfLocalAt(current_block_->GetPredecessors()[i], local);
    //将代表变量不同版本的IR对象加入HPhi对象。
    phi->SetRawInputAt(i, pred_value);
}
.....
```

[nodes.h->HInstruction::SetRawInputAt]

```
void SetRawInputAt(size_t index, HInstruction* input) {
    //构造一个HUserRecord对象，input作为参数，HUserRecord的instruction_指向input
    SetRawInputRecordAt(index, HUserRecord<HInstruction*>(input));
}
```

[nodes.h->HPhi::SetRawInputRecordAt]

```
void SetRawInputRecordAt(size_t index, const HUserRecord<HInstruction*>&
    input) OVERRIDE {
    inputs_[index] = input;//使用关系建立，HUserRecord对象存储到inputs_对应索引处
    }
```

注意，这时候的 HUserRecord 只是建立了使用关系（即它的 instruction_ 成员变量被赋值），被使用关系还没有确立（即 before_use_node_ 还没有设置）。

使用关系建立后，被使用关系则是在 IR 加入到基本块时建立的。上一节介绍的 AddInstruction 中有一个 UpdateInputsUsers，该函数内部将建立被使用关系，来看代码。

[nodes.cc->UpdateInputsUsers]

```
static void UpdateInputsUsers(HInstruction* instruction) {
```

```
        //输入的instruction为使用者，假设为A
        for (size_t i = 0, e = instruction->InputCount(); i < e; ++i) {
        //InputAt返回inputs_[i]所包含的HInstruction对象，即HUserRecord的
        //instruction_成员。然后调用它的AddUseAt函数。
        instruction->InputAt(i)->AddUseAt(instruction, i);
    }
}
```

[nodes.h->HInstruction::AddUseAt]

```
void AddUseAt(HInstruction* user, size_t index) {
    //如果uses_链表为空，则fixup_end指向uses_的begin位置，否则为begin的后一个位置
    auto fixup_end = uses_.empty() ? uses_.begin() : ++uses_.begin();
    //构造一个HUseListNode对象，使用者user和对应的索引index作为参数
    //即HUseListNode的user_指向user，index_等于index
    HUseListNode<HInstruction*>* new_node = new (...)
        HUseListNode<HInstruction*>(user, index);
    uses_.push_front(*new_node);//uses_每次都是在链表头部添加元素
    //调用下面这个函数，更新user的HUserRecord信息以设置before_node_use_成员
    FixUpUserRecordsAfterUseInsertion(fixup_end);
}
```

[nodes.h->HInstruction::FixUpUserRecordsAfterUseInsertion]

```
void FixUpUserRecordsAfterUseInsertion(
                    HUseList<HInstruction*>::iterator fixup_end) {
    auto before_use_node = uses_.before_begin();
    for (auto use_node = uses_.begin(); use_node != fixup_end; ++use_node) {
        HInstruction* user = use_node->GetUser();
        size_t input_index = use_node->GetIndex();
    //再次调用SetRawInputRecordAt，重新设置一个HUserRecord对象，此时，
    //这个HUserRecord对象的instruction_和before_use_node_参数都将被赋予对应的值
    user->SetRawInputRecordAt(input_index,
              HUserRecord<HInstruction*>(this, before_use_node));
    before_use_node = use_node;
}
```

上述代码非常绕，而且 IntrusiveForwardList 又是 ART 自己开发的容器类，所以阅读起来难度不小。建议读者以搞清楚图 6-36 的关系为目标，至于具体是怎么实现的，可以先不考虑。

> **注意** 读者可发现，FixUpUserRecordsAfterUseInsertion 中包含一个循环，它遍历 uses_ 链表，直至 fixup_end 处。而 fixup_end 取值为 ++uses_.begin()（假设不考虑 uses_ 不为空），由于 uses_ 链表元素的插入顺序是从链表头部插入的，所以采用这种方法（同时要结合 HUseList 的），AddUseAt 里最多更新两个 HUserRecord 的 before_use_node_ 即可。

6.4.3 ART IR 对象的初始化

在本节中，我们关注 ART IR 对象的初始化。代码如下。

> **提示** ART IR 的创建工作由 InstructionBuilder 类的 Build 函数完成，我们曾在 6.3.3.3 节中介绍过它。读者可先回顾那一节所展示的代码。

[instruction_builder.cc->HInstructionBuilder::AppendInstruction]

```
void HInstructionBuilder::AppendInstruction(HInstruction* instruction) {
    //新创建的HInstruction对象都要通过本函数加入到基本块中
    current_block_->AddInstruction(instruction);
    InitializeInstruction(instruction);//初始化这条新加入的ART IR对象
}
```

接着来看初始化 IR 对象的 InitiliazeInstruction 函数，在此之前，我们需要复习一下 HInstruction Builder 中代表变量信息的 locals_for_ 和 current_locals_ 的作用。

- locals_for_ 的类型是 ArenaVector<ArenaVector<HInstruction*>>，其作用如下：locals_for_ 先用 block id 为索引得到一个 ArenaVector<HInstruction*> 数组，该数组的存储是此基本块里使用的变量信息，它通过寄存器编号来对应。所以 locals_for_[block id][register_index] 代表一个变量。
- current_locals_ 为当前基本块的变量存储数组，它等于 locals_for[block id]，注意，在该索引位置存储的值实际是一个 HInstruction 对象，比如一个代表常量值为 5 的 HIntConstant 对象。

现在来看 InitializeInstruction 函数。

[instruction_builder.cc->HInstructionBuilder::InitializeInstruction]

```
void HInstructionBuilder::InitializeInstruction(HInstruction* instruction) {
    /*有些IR对象需要所谓的环境信息(Environment)。在ART IR中，HEnvironment是一个辅
      助类，它用来保存环境信息。环境信息到底是什么呢？就是current_locals_当前的内容。请
      读者注意，current_locals_此时存储的是该instruction对象创建之前获得的信息。至于在该
      instruction创建之后得到的信息并未加入。另外，并非所有IR都需要环境信息，所以HInstruction
      中有一个NeedsEnvironment函数，只有需要环境信息的IR对象，我们才会为它设置*/
    if (instruction->NeedsEnvironment()) {
        HEnvironment* environment = new (arena_) HEnvironment(
            arena_, current_locals_->size(), graph_->GetDexFile(),
            graph_->GetMethodIdx(),instruction->GetDexPc(),
            graph_->GetInvokeType(),instruction);
        environment->CopyFrom(*current_locals_);//复制current_locals内容
        instruction->SetRawEnvironment(environment);
    }
}
```

[nodes.cc->HEnvironment::CopyFrom]

```
void HEnvironment::CopyFrom(const ArenaVector<HInstruction*>& locals) {
    for (size_t i = 0; i < locals.size(); i++) {
        HInstruction* instruction = locals[i];
        SetRawEnvAt(i, instruction);
        if (instruction != nullptr) {
        //在IR的使用和被使用关系中我们介绍过AddUseAt，对环境信息而言，它也使用了HUserList
          instruction->AddEnvUseAt(this, i);
        }
    }
}
```

图 6-37 展示了 HEnvironment 类相关的结构图以及它和 HInstruction 之间的关系。

在图 6-37 中：

- HInstruction 类中有 env_uses_ 和 environment_ 两个成员变量。environment_ 指向该 IR 对象使用的环境信息，而 env_uses_ 则表示哪些 HEnvironment 用到自己（读者可对比 IR 使用和被使用关系，它们使用了相同的数据结构 HUserList 以及类似的操作方法）。
- HEnvironment 的 vregs_ 指向一个 HInstruction 数组，每一个元素代表一个变量。HEnvironment 的 holder_ 指向使用它的 IR 对象。最后，HEnvironment 有一个 parent_ 成员，它指向父 HEnvironment 对象⊖。

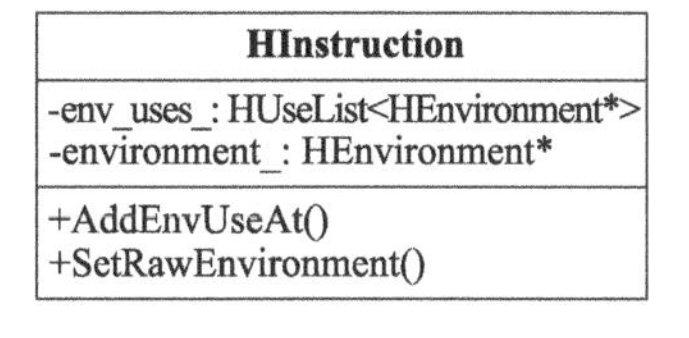

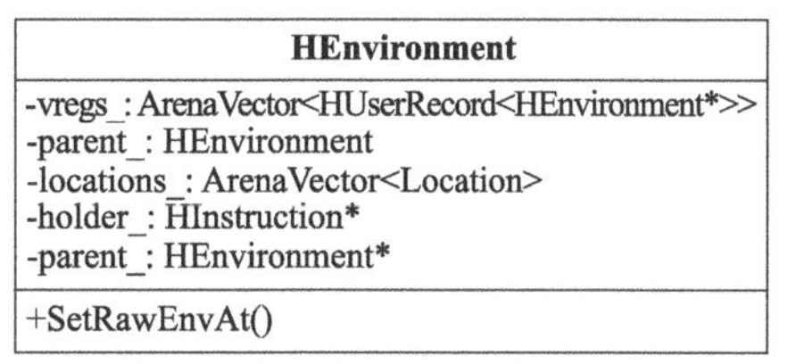

1）HEnvironment类和关系

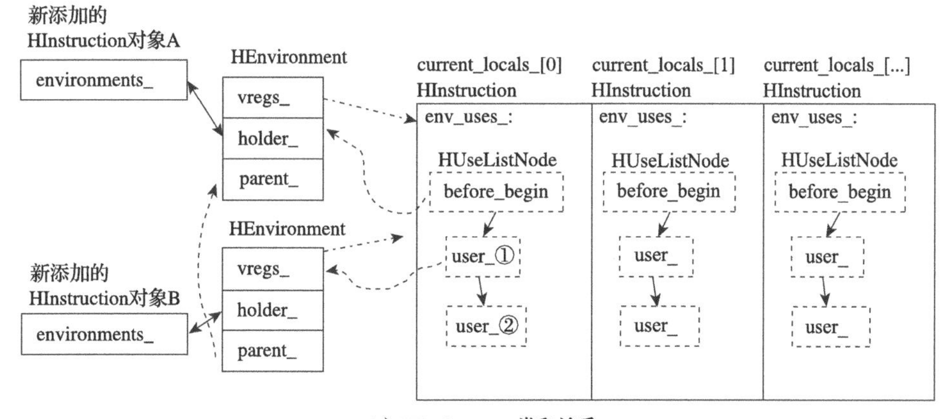

2）HEnvironment类和关系

图 6-37　HEnvironment 类和关系图

IR 对象的初始化并不复杂，只是它引入了与 HEnvironment 有关的内容。

> **注意** 不是所有 IR 类都需要 HEnvironment，这可通过 NeedsEnvironment 的返回值来判断，HInstruction 中该函数默认返回 false，即不需要环境信息。读者可用 grep NeedsEnvironment < nodes.h 来搜索哪些 IR 类需要环境信息。

6.5 寄存器分配

ART IR 经过前面多轮优化后，下一步的工作就要考虑寄存器的分配（Register Allocation）

⊖ HEnvironment 的 parent 关系在 SetAndCopyParentChain 中完成，但笔者却未找到明确需要建立 parent 关系的地方。

和指派（Register Assignment）问题。

- 不论是 dex 指令码还是 HInstruction，它操作的是虚拟寄存器，虚拟寄存器没有个数限制，但真实 CPU 却不可能提供无限个数的寄存器。所以，寄存器分配要解决 IR 里使用的无限个数的虚拟寄存器和物理上却只有有限个数寄存器之间的矛盾。
- 当物理寄存器不够用时，优化器需要生成额外的代码，将物理寄存器里原来的数据先保存到内存（此操作有一个专用术语，叫溢出，英文为 spilling），从而给别的指令腾出该寄存器。用完之后，又可能需要将内存里保存的数据重新加载到物理寄存器中（与溢出相对应，该操作的专用术语叫填充，英文为 filling）。显然，数据在内存和寄存器之间倒腾的次数越多，越影响程序的运行效率。所以，一个良好的寄存器分配方案应尽可能减少这种情况的发生。
- 某些 CPU 平台上的寄存器可分为不同类型并且有不同的用途，比如 x86 中有专门的浮点寄存器。还有些 CPU 平台要求函数调用的参数必须放在指定寄存器中。寄存器指派是指为那些已经确定需要放在寄存器中的变量选择合适的寄存器。

提示 寄存器分配属于优化工作的一部分，它往往在优化的最后阶段来执行。

寄存器分配非常有讲究，一个好的寄存器分配方案既要考虑分配算法的执行时间，又要考虑分配后得到的代码的执行效率（比如，spilling 的次数越少，代码运行效率越高）。经过多年研究，人们提出了很多寄存器分配算法（可阅读参考资料 [16]），笔者此处先简单介绍其中的两种。

- 图着色法（Graph Coloring）：该方法非常经典，是各编译器书籍重点介绍的内容。此法需要先构造冲突图（Interference Graph）。冲突图的结点是变量，如果两个变量在某一时刻都生存，则这两个结点之间有一条边（叫 Interference Edge）。得到冲突图后，寄存器分配的问题就变成了图的 k 着色（k-coloring）问题。k 是总物理寄存器个数，对应 k 种颜色。冲突图里冲突边的两个结点不能设置成同一种颜色，即不能分配相同的寄存器。图着色法的缺点是该算法比较耗时，优点是分配效果较好。
- 对 JIT 或其他支持动态编译的语言来说，图着色算法的缺点影响很大，所以人们又研究出算法执行更为快速的线性扫描寄存器分配法（Linear Scan Register Allocation，以后简写为 LSRA）。该法首先由论文 [17] 提出。相比图着色法，LSRA 能极大降低算法的复杂度（根据 [16] 的资料，LSRA 算法执行速度提升 2.5～20 倍），同时其分配效果在可接受范围内（以最终代码的运行效率来考察，LSRA 法比图着色法平均低约 12% ⊖）。LSRA 算法提出后很受欢迎，LLVM 和 Java HotSpot JIT 编译都使用了它。
- SSA 引入后，LSRA 又发展出了基于 SSA 形式 IR 的线性扫描分配法（Linear Scan Register Allocation on SSA Form，论文见参考资料 [19]），而 ART 优化器就使用了这种方法。

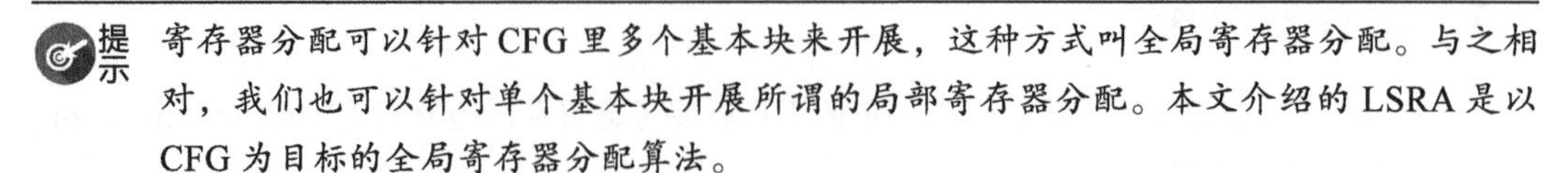

提示 寄存器分配可以针对 CFG 里多个基本块来开展，这种方式叫全局寄存器分配。与之相对，我们也可以针对单个基本块开展所谓的局部寄存器分配。本文介绍的 LSRA 是以 CFG 为目标的全局寄存器分配算法。

⊖ 数据来源：https://en.wikipedia.org/wiki/Register_allocation。

下文我们将先介绍 LSRA 算法的一些基础知识，然后再展示 ART 里的相关代码。

6.5.1　LSRA 介绍

如前所述，ART 使用了基于 SSA 形式的线性扫描寄存器分配法，该法最早由参考资料 [19] 提出。而 [19] 的内容又和 [17] 和 [18] 这两篇论文密切相关。本节将结合这三篇参考资料介绍 LSRA 算法的理论知识。

马上来看 LSRA 算法的执行步骤，首先是 IR 编号。

6.5.1.1　IR 编号

在 LSRA 法中，CFG 中每一条 IR 都有一个编号（编号的过程叫 IR Numbering），如图 6-38 所示。

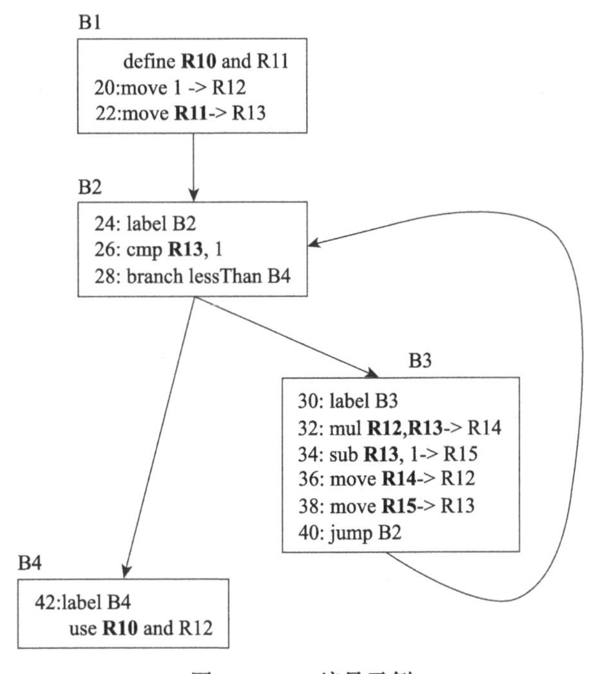

图 6-38　IR 编号示例

在图 6-38 中：

- ❑ 一共有四个基本块，分别是 B1、B2、B3 和 B4。
- ❑ 基本块中的 IR 都进行了编号，比如 B1 中 20 是“move 1 -> R12”的编号。**需要特别注意的是**，编号顺序每次递增 2。这是因为寄存器分配过程中可能需要在两条 IR 之间插入一条处理语句。比如去除 SSA 中的 PHI 函数时会添加一条拷贝指令（参考图 6-28 2））像这种由编译器自动插入的 IR，它的编号为其前面那条 IR 的编号加 1。如此，自动插入的 IR 编号将为奇数，而原 IR 编号都是偶数，两者不会产生冲突。

图 6-38 中还有一个细节请读者注意，即图中的 IR 编号是按先 B1，然后 B2、B3，最后是 B4 的顺序开展的。也就是说，对 IR 进行编号前，我们需要先确定 CFG 中基本块的访问顺序。

LSRA 算法本身对基本块访问顺序并无特殊要求，但不同的基本块访问顺序对算法执行时间以及生成代码的质量有较大影响。[17] 中使用的访问顺序为深度优先法，而 [19] 里的访问顺序需要满足下述条件。

- 总体上以 RPO 顺序访问基本块，如此可保证一个变量在被使用前一定会先定义。
- 一个循环中的基本块连续排列。如此，不属于该循环的基本块将不能插入属于该循环的基本块之间。
- 循环中带回边的基本块需位于该循环中所有基本块的最后。例如图 6-38 中的 B2、B3 构成一个循环，B3 带回边，那么 B3 必须放在属于该循环的基本块中的最后。

图 6-38 中基本块的访问顺序满足上述条件，这也是 ART 中采用的方法。

6.5.1.2 计算 Lifetime Interval

有了 IR 编号，我们可以很直观地描述一个虚拟寄存器的生存区间（Lifetime Interval，有些文献也叫 Live Interval）。Lifetime Interval 是 LSRA 的关键要素。对一个虚拟寄存器 Rv 而言，它的 Lifetime Interval 是 [i,j]，其中 i 和 j 是 IR 编号，该信息表明：

- 没有编号大于 j 的 IR 使用（包含定义、读取操作）Rv。
- 没有编号小于 i 的 IR 使用 Rv。

实际上，对任何虚拟寄存器，我们都可以设置它的 Live Interval 为 [1,N]，其中 N 为最后一条 IR 的编号。不过这种 Live Interval 信息非常不精确，没有太大的价值。

图 6-38 所示的代码中，各虚拟寄存器的 Lifetime Interval 如图 6-39 所示。

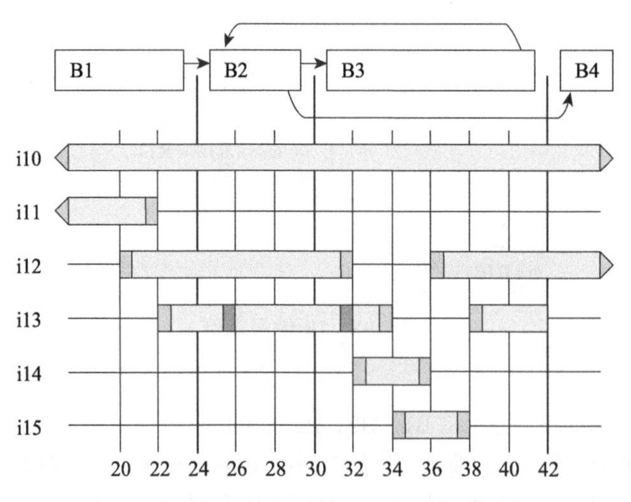

图 6-39 虚拟寄存器的 Live Interval 示意

图 6-39 展示了图 6-38 代码中各虚拟寄存器的 Live Interval 信息，我们重点看一下 R10、R13 的 Live Interval，其中红色部分表示该寄存器被修改，绿色部分表示该寄存器被读取。

- i10 为 R10 的 Interval 信息。根据图 6-38，它的 Lifetime Interval 从 20 号 IR 之前就被定义（标红色），到 42 号之后还有地方被读取（所以标绿色）。20 到 42 之间没有读取或修改的地方。

- i13为R13的Inteval信息，它在22号IR里被写入，在26号、32号、34号IR中被读取，在38号IR中再次被写入。在整个interval期间它有两次被定义（也就是被写），所以它的Interval包含两个Lifetime Range。Lifetime Range起点是该寄存器被写处的IR编号，结束位置为下次被写前的最后一次读取的IR编号。以R13为例，它的两个Lifetime Range为[22,34]和[38,42]。两个Range之间的空白处构成一个Lifetime holes。

说明 [17]中是没有Lifetime Range和Lifetime holes的。不过有了这两个信息，寄存器分配效果会更好。比如以图6-39的i13为例，在其Lifetime holes之间（从34到38），R13所占据的物理寄存器可以被释放出来给其他地方使用。

6.5.1.3 SSA形式IR的Lifetime interval分析

以上两节内容是对非SSA形式IR所做的编号和Lifetime Interval分析，而SSA形式的IR在IR Numbering和Lifetime Interval分析上略有不同。

针对图6-38所示的代码，我们来看一下SSA形式的IR以及Lifetime Interval的分析算法，如图6-40所示。

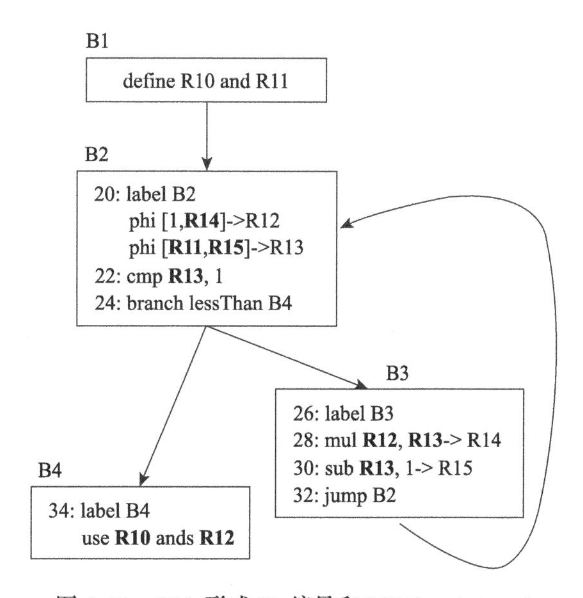

图6-40 SSA形式IR编号和Lifetime interval

图6-40中是SSA形式的IR，它与图6-38中的IR相对应。SSA形式IR的编号方法略有不同，最主要就是PHI对应的IR编号，它和所在基本块的起始编号一样。比如图中6-40中的B2基本块有两个PHI IR语句，它们的编号都为20。

图6-41展示了对SSA形式IR开展Lifetime interval分析的算法伪代码（算法名为Build-Intervals）以及图6-40中各虚拟寄存器使用该算法进行分析得到的Lifetime Interval信息。

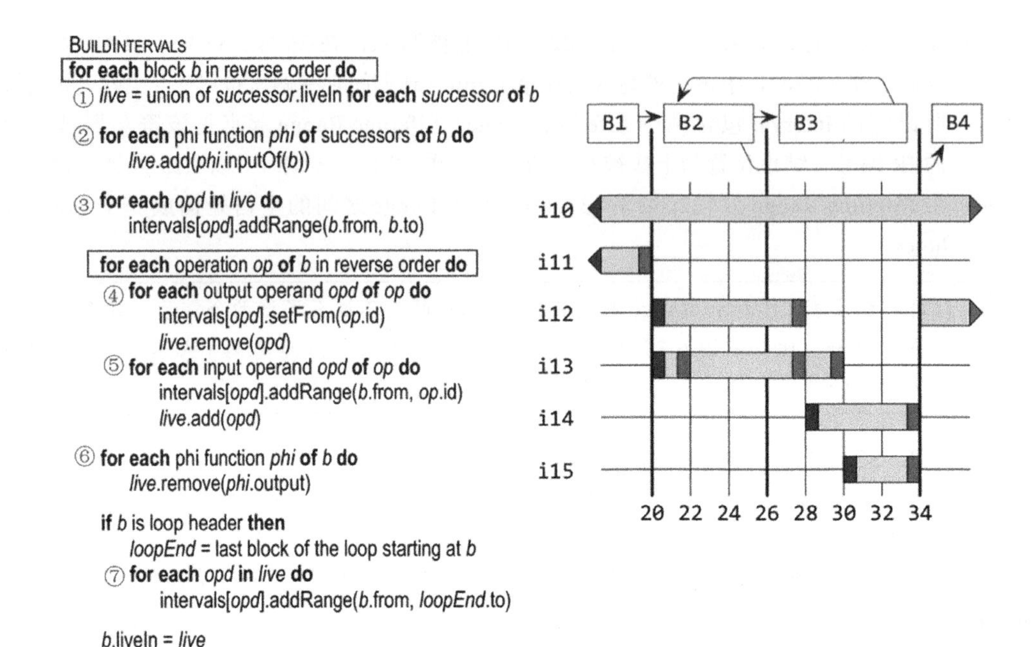

图 6-41　BuildIntervals 算法伪代码及分析结果

图 6-41 中左图为算法 BuildIntervals（由左上角的单词标示）的伪代码，右图为利用该算法对图 6-40 所示代码进行分析后得到的结果。注意，计算过程需要遍历基本块及基本块中的 IR，其中：

- 图 6-40 里对 IR 进行编号时已先确定基本块的访问顺序为 B1、B2、B3 和 B4。而 BuildIntervals 将逆向遍历它们，即按 B4、B3、B2 和 B1 的顺序计算 Interval，如左图中第一个方框内容所示。
- 基本块中的 IR 也采用逆向遍历的方法。请读者注意左图中第二个方框里的内容。

笔者将算法细分为 7 个步骤，表 6-3 列出了每个基本块每一步的计算过程和结果。

综上，图 6-40 中所有基本块 liveIn 集合以及各虚拟寄存器 Live Interval 的信息为：

- liveIn[B1] 为空，liveIn[B2]={R10}，liveIn[B3]={R12,R13}，liveIn[B4]={R10,R12}。
- interval[R10]={(B1 修改 R10 之处 ,B4 使用 R10 之处)}，interval[R11]={(B1 修改 R10 之处 ,20)}，interval[R12]={(20,28),(34,B4 使用 R12 之处)},interval[R13]={(20,30)}，intervals[R14]={(28,34)}，intervals[R15]={(30,34)}。

计算结果和图 6-41 中右边的结果完全一致。

6.5.1.4　Linear Scan 和寄存器分配算法

有了 lifetime interval 信息，下一步就是进行线性扫描和寄存器分配了。

6.5.1.4.1　Linear Scan 算法

我们先来看线性扫描的过程，图 6-42 展示了它的算法伪代码。

表 6-3 BuildIntervals 计算步骤介绍

步骤 / 基本块	B4	B3	B2	B1
①	B4 没有后继基本块，所以 live 为空	B3 的后继基本块为 B2，但 B2 此时还未计算，所以 B3 的 live 为空	B2 后继基本块为 B3 和 B4，所以 live={R10,R12,R13}	B1 的后继基本块为 B2 live={R10}
②	B4 无后继基本块	B2 包含两个 PHI 函数。第一个 PHI 函数来自 B3 的输入（即 phi.inputOf(B3)）为 R14，第二个 PHI 函数来自 B3 的输入为 R15，所以 live={R14,R15}	B2 后继基本块中没有 PHI 函数，故无须执行	B1 后继基本块 B2 中有两个 PHI 函数，其中来自 B1 的输入参数为 R11，所以 live={R10,R11}
③	live 为空，无须执行	B3.from=26,B3.to=34 intervals[R14]={(26,34)} intervals[R15]={(26,34)} 注意，B3.to 和 B4.from 相等	B2.from=20,B2.to=26 合并前述计算结果，intervals[R10]={(20,26),(34,B4 使用 R10 之处)} intervals[R12]={(20,26),(26,28),(34,B4 使用 R12 之处)}，合并后为 {(20,28),(34,B4 使用 R12 之处)} intervals[R13]={(20,26),(26,30)}，合并后为 {(20,30)}	B1.from 未知，B1.to=20 [R10]={(B1.from,20),(20,B4 使用 R10 之处)} interval[R11]={(B1.from,20)}
④	B4 只使用 R10 和 R12，所以基本块中 IR 的 output opd 不存在（opd 表示 IR 的参数，output 表示该 IR 的输出参数，input 表示 IR 的输入参数）	R15 在 30 处被修改，所以 intervals[R15]={(30,34)} R14 在 28 处被修改，所以 intervals[R14]={(28,34)} live 去除 R14 和 R15，所以 live 为空	B2 中没有写寄存器的语句。注意，PHI 函数在⑥中处理	修改 R10 和 R11 的 range，并从 live 中移除它们，所以 interval[R10]={(B1 修改 R10 之处 ,B4 使用 R10 之处)} interval[R11]={(B1 修改 R11 之处 ,20)} live 为空

（续）

步骤 / 基本块	B4	B3	B2	B1
⑤	结果如下，其中 intervals 可包含多个 range，每个 range 用（from,to）表示。 B4.from=34 intervals[R10]={(34,B4 使用 R10 之处)} intervals[R12]={(34,B4 使用 R12 之处)} live={R10,R12}	R12 和 R13 在 B3 中被使用，所以 intervals[R13]={(26,30),(26,28)}，合并后为 {(26,30)} intervals[R12]={(26,28),(34,B4 使用 R12 之处)} live={R12,R13}	处理第 22 条语句，R13 被读取。所以，intervals[R13]={(20,22),(20,30)}，合并后还是 {(20,30)} live 原本就包含 R13，所以此处没有变化	信息不全，无需考虑
⑥	B4 没有 PHI 函数	无须执行	R12 和 R13 是 PHI 函数的结果，将被移除，所以 live={R10}。	B1 不含 PHI 函数，无须执行
⑦	B4 不是 looper header	无须执行	B2 是循环头，所以 live 中所有寄存器的 interval 要覆盖循环最后一个基本块（loop End=B3，而 B3.to=34），所以 interval[R10]={(20,34),(20,26),(34,B4 使用 R10 之处)}	B1 不是循环头，无须执行
结果	intervals[R10]={(34,B4 使用 R10 之处)} intervals[R12]={(34,B4 使用 R12 之处)} liveIn[B4]={R10,R12} 注意，live 只是临时变量，算出来的结果保存到基本块的 liveIn 集合。本文用 liveIn[基本块] 表示	intervals[R13]={(26,30)} intervals[R12]={(26,28),(34,B4 使用 R12 之处)} intervals[R14]={(28,34)} intervals[R15]={(30,34)} liveIn[B3]={R12,R13}	合并后为 {(20,B4 使用 R10 之处)} liveIn[B2]={R10}	liveIn[B1] 为空 interval[R10]={(B1 修改 R10 之处 ,B4 使用 R10 之处)} interval[R11]={(B1 修改 R10 之处 ,20)}

```
LINEARSCAN
① unhandled = list of intervals sorted by increasing start positions
  active = { }; inactive = { }; handled = { }

  while unhandled ≠ { } do
  ② current = pick and remove first interval from unhandled
     position = start position of current

     // check for intervals in active that are handled or inactive
  ③ for each interval it in active do
       if it ends before position then
         move it from active to handled
       else if it does not cover position then
         move it from active to inactive

     // check for intervals in inactive that are handled or active
  ④ for each interval it in inactive do
       if it ends before position then
         move it from inactive to handled
       else if it covers position then
         move it from inactive to active

     // find a register for current
  ⑤ TRYALLOCATEFREEREG
  ⑥ if allocation failed then ALLOCATEBLOCKEDREG

  ⑦ if current has a register assigned then add current to active
```

图 6-42　线性扫描算法伪代码

图 6-42 为线性扫描算法伪代码。笔者先介绍其中一些变量的含义。

- 首先，该算法先按 interval 的起点位置（start position）对 interval 集合里的元素进行排序。
- 然后逐个处理 interval 集合里的元素。其中，当前正在处理的 interval 叫 current，而 current 的 start position 叫 position。

根据 position 以及寄存器分配情况，我们可将 interval 划归到四个不同的集合中，如下所示。

- Unhandled：当某个 interval 的起始位置大于 position 时，它将划归到 unhandled 集合。这说明该 interval 还未被处理。
- Active：该集合里的 interval 满足两个条件，首先是 interval 的 range 包含 position（即 position 位于该 interval 起始位置之内，而且没有落在 holes 里）。另外一个条件是已经为该 interval 分配了物理寄存器。active 集合里的 interval 和当前待处理的 current interval 在 range 上有重合，这表明 current interval 分配寄存器时需要和 active 里的 interval 竞争。
- Inactive：interval 的起始位置包含 position，但是 position 位于该 interval 的 holes 之间。请读者注意，此处只考察 position（注意，它是 current interval 的起始位置）是否落在 holes 里，而 current interval 的结束位置却很有可能落在某个 range 里。所以，inactive 里的元素也会参与到寄存器分配里来的。
- Handled：某个 interval 位于 position 之前，或者已经确定被 spill 到内存里。显然，Handled 里的 interval 不影响 current interval 的寄存器分配。

在图 6-42 中，步骤①、②、③、④、⑦均和处理上述四个集合有关，其算法规则简单明了，无须笔者赘述。而具体的寄存器分配方法则在步骤⑤、⑥中：

- 步骤⑤对应的寄存器分配算法名为 TryAllocateFreeReg。
- 如果上一步分配寄存器失败（表示没有多余的寄存器可用），则转向⑥，该步骤对应的算法名为 AllocateBlockedReg。

下面来看这两个算法。

6.5.1.4.2 TryAllocateFreeReg 算法

图 6-43 为该算法的伪代码。

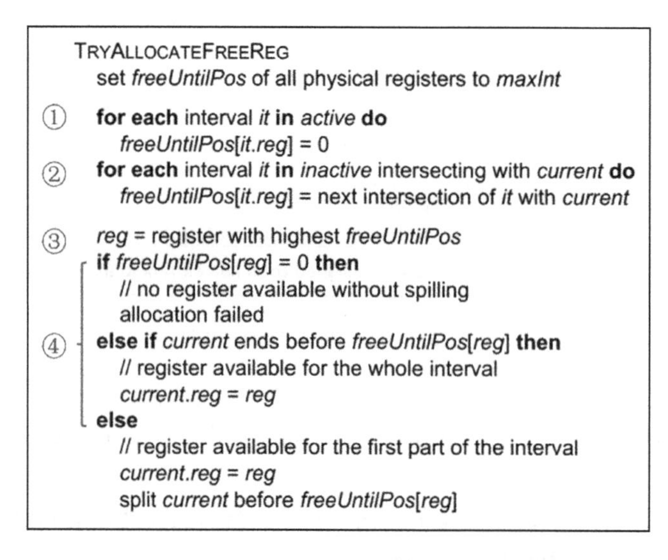

图 6-43　TryAllocateFreeReg 算法伪代码及示例

图 6-43 为 TryAllocateFreeReg 的算法伪代码。请读者注意该算法中的关键变量 freeUntilPos。它是一个数组，记录了寄存器使用情况。比如 freeUntilPos[r1]=108，表示 r1 寄存器在 108 号 IR 之前都是可分配的（即 r1 是 free 的）。所以，TryAllocateFreeReg 一进来就将 freeUntilPos 各元素的值设置为最大（maxInt）。该算法有 4 个主要步骤。

①首先遍历 active 集合里的 interval，然后将 freeUntilPos[该 interval 分配的对应寄存器] 设置为 0。因为 Active 集合了的元素已经分配了寄存器，所以这些寄存器不能参与新的分配。it.reg 表示为该 interval 分配的物理寄存器。

②遍历 inactive 集合里的 interval。如前所述，虽然 current 的 start position 落在 inactive 元素中的 holes 里，但是二者很可能有交集。另外，inactive interval 在 current position 之前肯定是分配过寄存器的（注意 LinearScan 算法，inactive 集合里的元素来自于 active 集合）。所以这一步将 freeUntilPos[it.reg] 设置为该 interval 和 current 相交的位置。

③从 freeUntilPos 数组里选择值最大的那个元素的索引（假设为 reg）作为备选寄存器。注意，freeUntilPos[reg] 值为 maxInt，表示 reg 寄存器是 free 的。

④如果freeUntilPos[reg]值为0，则表明当前没有可用寄存器，TryAllocateFreeReg返回识别。如果current结束位置位于freeUntilPos[reg]之前，则表示current这个interval可以使用此reg。所以设置current.reg为备选寄存器。如果current结束位置大于freeUntilPos[reg]，那么current将被拆分成（current.start,freeUntilPos[reg]）以及(freeUntilPos[reg],current.end)两个range，其中第一个range将分配reg寄存器。剩下的range将加入unhandled集合。

算法比较枯燥，我们来看三个示例，如图6-44所示。

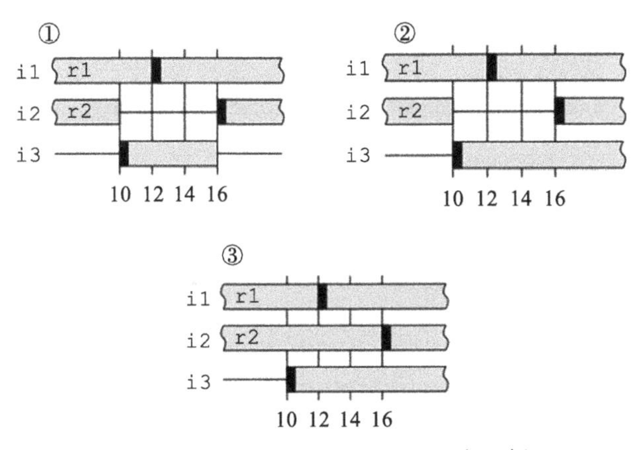

图6-44　TryAllocateFreeReg三个示例

图6-44中有i1、i2和i3三个interval，假设系统只有r1和r2两个物理寄存器，而当前要处理的interval为i3（即current为i3），在这三个示例中，i1属于active集合，i2属于inactive集合，并且freeUntilPos[r1]=0。

先看示例①。freeUntilPos[r2]=maxInt。这是因为在TryAllocateFreeReg第②步中，只有i2和i3相交时才需要修改freeUntilPos[r2]的位置。所以，选择freeUntilPos数组中最大值的那个元素，我们得到备选寄存器就是r2。由于current.end小于freeUntilPos[r2]，所以current.reg=r2。

再来看示例②。i2和i3有交集，所以freeUntilPos[r2]=16。最终current的range划分为(10,16)和(16,current.end)，第一个range这个range得到寄存器r2。第二个range加到unhandle集合等待下次处理。

最后看示例③。本例中freeUntilPos[r2]=0，所以TryAllocateFreeReg分配寄存器失败。

由LinearScan算法可知，当TryAllocateFreeReg失败后，将转向AllocateBlockedReg。马上来看它。

6.5.1.4.3　AllocateBlockedReg算法

AllocateBlockedReg算法伪代码如图6-45所示。

图6-45展示了AllocateBlockedReg的算法伪代码。

其中，lifetime interval是一个IR范围，但这个范围内并非所有IR都会使用虚拟寄存器。为了记录虚拟寄存器被使用的情况（不管是读还是写），LSRA算法设计了一个叫Use Position的概念来记录虚拟寄存器具体被使用之处的IR编号。如图6-44里的那些黑色块就是use position。AllocateBlockedReg 算法中最关键的信息是 nextUsePos 数组，它记录了每一个虚拟寄存器下一次（从当前 current.start 之后算起）被使用的地方。

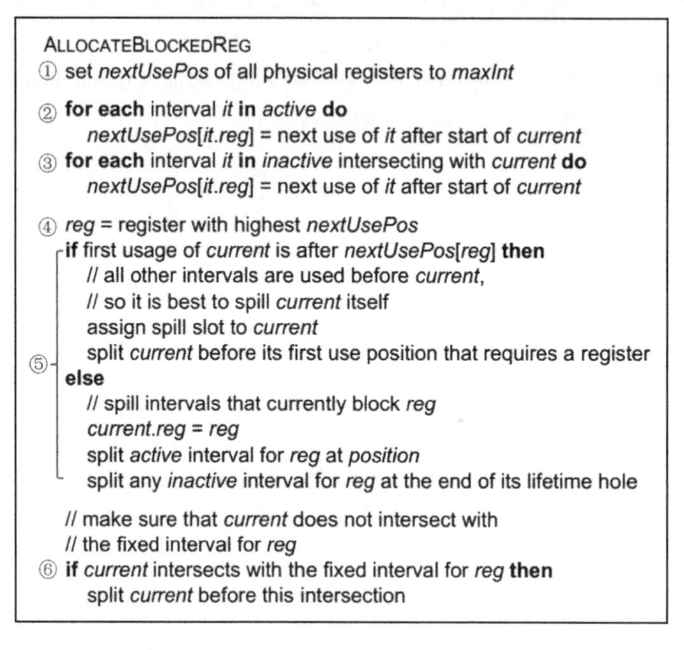

图 6-45　AllocateBlockedReg 算法伪代码

①中 nextUsePos 都设置为 maxInt，表示离下一次该寄存器被使用的地方还很远。

②和③处理 active 和 inactive 集合，根据情况设置 nextUsePos 对应元素的值。

④：从 nextUsePos 里挑选最大值的那个元素作为备选寄存器，假设为 reg。

⑤：根据 current 中的第一处 use position 和 nextUsePos[reg] 关系来选择合适的 interval 进行拆分。该步骤的细节可通过下文的示例来展示。

⑥：前文曾提到过，在某些 CPU 架构上，一些操作必须使用特定的物理寄存器（比如浮点操作时使用浮点寄存器）。如果 current 和必须使用某个指定物理寄存器的 interval 有交集（这种指定使用某个固定物理寄存器的 interval 叫 fixed interval），则 current 无论如何都要被处理。

马上来看一个例子，如图 6-46 所示。

图 6-46 中有①②两个示例，其中 i1 和 i2 都属于 active 集合并且分别分配了物理寄存器 r1 和 r2，假设一共只有这两个物理寄存器，而当前要处理的 interval 为 i3。

①：nextUsePos[r1]=12，nextUsePos[r2]=14，所以 r2 是备选寄存器。再来看 i3，其第一处 use position 为 10，小于 14，所以 i3.reg=r2。然后算法对 i2 在第 10 处进行拆分，

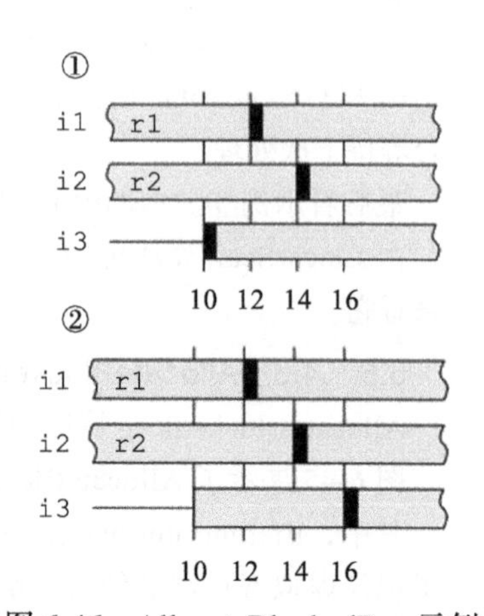

图 6-46　AllocateBlockedReg 示例

i2 拆分后将得到一个新的 interval（编号从 10 到 i2.end）将在下一轮操作中被处理。

②：在本例中，i3 第一个 use position 为 16，大于 14，所以这种情况下要拆分的是 i3。根据算法，它将在第 16 处被拆分，所以 (10,16) 范围被赋予一个 spill slot（见后文讨论），16 到 i3.end 作为一个新的 interval 将在后续的操作中被处理。

注意，Interval 拆分后将建立父子和兄弟关系。

- 如果原 Interval 是第一次拆分，那么它和新拆分得到的 Interval 属于父子关系。即原 Interval 是父，拆分得到的 Interval 是子。
- 该子 Interval 继续拆分将得到兄弟 Interval。

Interval 这种父子和兄弟关系是为了方便处理 move 指令。比如，父 Interval 得到物理寄存器，而子 Interval 必须放在内存栈中，那么我们需要生成将操作数从物理寄存器 move 到内存栈的指令。

寄存器分配

在线性扫描算法中，TryAllocateFreeReg 和 AllocateBlockedReg 并未真正将目标设备的物理寄存器分配给各个 Interval。实际上，该算法只是分析出来了每个 interval（或者是其中的 range）可以分配一个物理寄存器，还是分配一个内存位置（该值由 spill slot 表示）。

6.5.1.5　Resolve 和 SSA Deconstruction

由前文可知，LSRA 算法首先会线性化排列 CFG 中的基本块，然后线性扫描这些基本块中的 IR，计算 lifetime interval 并分配寄存器。这个算法的执行速度很快，但是基于该法得到的寄存器分配会有一些冲突。来看一个示例，如图 6-47[20] 所示。

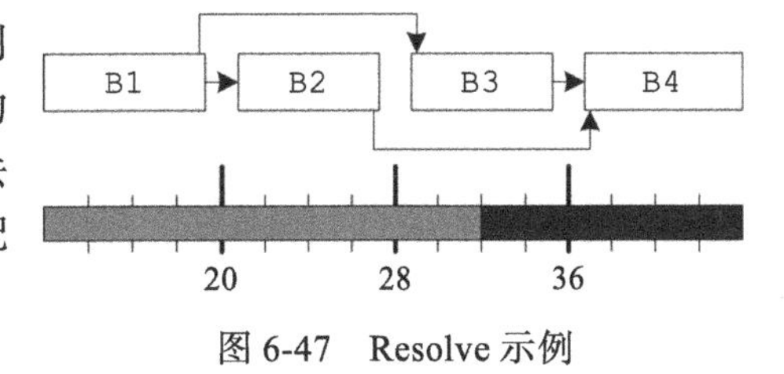

图 6-47　Resolve 示例

在图 6-47 中：

- LSRA 是按 B1、B2、B3 和 B4 的顺序来线性扫描分配寄存器的。假设图中的 interval 在 32 处 IR 被 split，32 之前分配的是寄存器（由浅灰色标示），而 32 之后分配的是内存（深灰色标示）。
- 但程序实际执行的时候却不是线性的，而是 B1、B3、B4 或者 B1、B2、B4。如果按 B1、B3、B4 来执行，由于 interval 在 32 处被拆分时会生成一个 move 指令（即将数据从 32 之前的寄存器挪到 32 之后的内存中），所以执行过程不会有任何问题。
- 但如果按 B1、B2 和 B4 的顺序来执行的话，B1 和 B2 中，信息还在寄存器里，而一旦进入 B4，信息却需要放在内存中。显然，对比上面的执行流程，本执行流程里还缺一个 move 指令（即将数据从 B2 的寄存器挪到 B4 的内存中）。该 move 指令理论上应该插在从 B2 指向 B4 的那条边上，但实际上插在 B2 基本块的最后。

上述问题产生的原因上是我们线性化了 CFG 中基本块的关系，而实际上基本块之间的关系并不全是线性。所以，在线性扫描后，LSRA 还有一个所谓的 Resolve 阶段来解决这些问题。

当然，如果是基于SSA IR的LSRA，Resolve阶段同时还要去SSA化。图6-48是Resolve的算法伪代码。

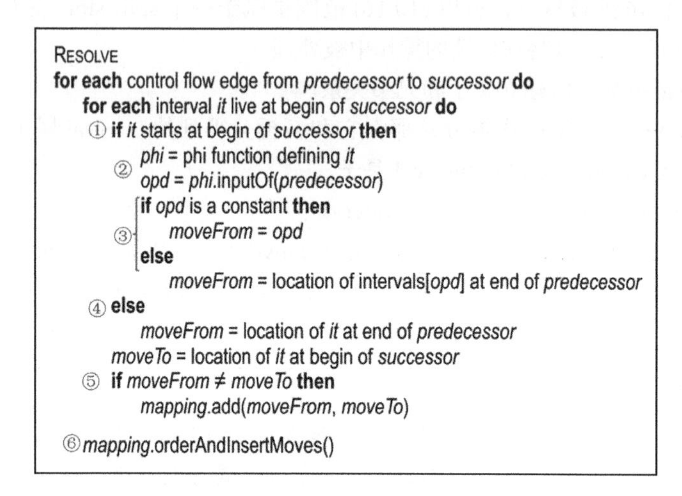

图6-48 Resolve算法伪代码

上述伪代码的核心是找到move指令的from和to位置，所以该算法将：

针对CFG中每一条边（control flow edge），找到该边的predecessor和successor。然后对那些在successor基本块开始处就存活（live）的interval进行遍历。

①：如果该interval就是从successor基本块开始的，则它一定和SSA中的PHI有关。第②和③步就是确定move指令的from位置。from有可能是一个常数，也有可能是输入参数在predecessor中的位置。在这几个步骤中，SSA IR就被deconstruction了。读者可回顾图6-28所介绍的SSA deconstruction示例。

④：如果该interval和PHI无关，则move指令的from将设置该interval在predecessor基本块的尾部位置。

⑤：如果moveFrom不等于moveTo，则需要往一个名为mapping的集合里加上对应的move指令。

⑥：最后对mapping集合里的move指令进行排序与合并。

马上来看一个示例，如图6-49所示。

在图6-49中的示例中，i10、i12、i13和i14分别对应R10、R12、R13和R14的interval。每个interval对应的寄存器信息已经确定。例如，i10在B1和B2中对应寄存器eax、B3中对应spill slot 1（即图中的s1）、B4中又分配了寄存器eax。先来看i10和B4，其中B4有B2和B3两个前继基本块。

- 先来看从B2到B4这条边：i10在B4之前就已经定义，i10在B4开始处赋予了寄存器eax，而在B2的末尾也是使用寄存器eax，所以从B2到B4无须添加move指令。
- 再来看B3到B4这条边：i10在B3中被赋予了s1，而B4中又是eax，所以在B3的最后需要添加一个move指令，从s1到eax。该步对应图6-48中的④。

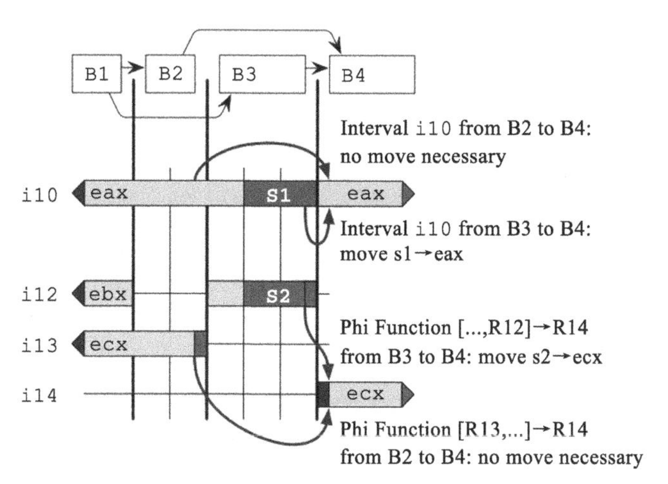

图 6-49　Resolve 示例

接着来看 i14。根据 SSA 的特性，从基本块开始的 interval 都对应着 PHI 函数，该 PHI 函数的两个参数分别来自 B2 的 R12 和 B3 的 R13。

- 先来看从 B2 到 B4 这条边：来自 B2 的参数为 R13，它对应的 i13 被分配了寄存器 ecx，而 i14 在 B4 里也使用 ecx，二者一样，所以无须插入 move 指令。
- 再来看 B3 到 B4 这条边：R12 对应的 i12 在 B3 末尾使用的是 s2，这和 i14 在 B4 里使用的 ecx 不同，所以需要插入一条 move 指令，从 s2 到 ecx。

 建议读者尝试用 Resolve 算法来分析图 6-46 中的示例。

到此，LSRA 算法的核心就介绍完毕，其主要步骤简单来看就是如下几条。

- 线性化 CFG，然后对基本块中的 IR 进行编号。
- 计算虚拟寄存器的 Lifetime interval。
- 进行线性扫描，与此同时，各 interval 的寄存器分配信息将确定。
- Resolve 解决冲突，同时去 SSA 化。

寄存器分配是 IR 优化中非常重要和关键的一个环节，其难度很大。研究者在这方面投入了大量精力，研究成果非常丰富。本节仅把 LSRA 的大体流程和主要算法介绍了一番，下面将通过 ART 里的实际代码和 LSRA 再来一次亲密接触。

6.5.2　LSRA 相关代码介绍

寄存器分配是 IR 优化的最后一步，代码入口为 AllocateRegisters（它在 6.3.4.1 节介绍的 RunOptimizations 函数的最后被调用）。

 [optimizing_compiler.cc->AllocateRegisters]

```
static void AllocateRegisters(HGraph* graph, CodeGenerator* codegen,
            PassObserver* pass_observer) {
    {
```

```
        //遍历CFG并对其中的IR做一些处理。比如调整null check、bounds check等IR,
        //如此可避免为这些check IR创建lifetime range。相关代码在
        //PrepareForRegisterAllocation类中，本节略过相关内容。
    }
    SsaLivenessAnalysis liveness(graph, codegen);
    {
        PassScope scope(SsaLivenessAnalysis::kLivenessPassName, pass_observer);
        liveness.Analyze();//关键函数：包括线性化CFG、IR编号、计算lifetime interval等
    }
    {
        PassScope scope(
            RegisterAllocator::kRegisterAllocatorPassName, pass_observer);
        //创建一个RegisterAllocator对象并调用它的AllocateRegisters函数
        RegisterAllocator(graph->GetArena(),
          codegen,liveness).AllocateRegisters();//关键函数
    }
}
```

上述代码中有两个关键类和函数，它们分别是，

- SsaLivenessAnalysis 类和它的 Analyze 函数：其功能包括线性化 CFG、给 IR 编号以及计算 lifetime interval（ART 中叫 live interval）。
- RegisterAllocator 类和它的 AllocateRegisters 函数：其功能包括 LinearScan 和 Resolve。

ART 里 LSRA 相关代码从本质上来说就是基于前述的 LSRA 理论知识来实现的，但其代码细节非常丰富，难度比较大。出于学习难度、篇幅和精力的考虑，笔者不打算纠结于代码细节，而是将注意力放在 LSRA 代码涉及的关键类、函数和调用流程上。有兴趣的读者在此基础上可以自行开展更深入的研究。

下面我们分别介绍这两个关键类和函数，首先是 SsaLivenessAnalysis 的 Analyze 函数。

6.5.2.1 SsaLivenessAnalysis Analyze

SsaLivenessAnalysis Analyze 函数的代码如下所示。

[ssa_liveness_analysis.cc->Analyze]

```
void SsaLivenessAnalysis::Analyze() {
    //有了前文关于LSRA算法理论知识的介绍，想必读者对下面这几个函数的功能不会陌生
    LinearizeGraph();//比较简单，请读者自行阅读
    //对CFG里的IR进行编号，难度不大，但涉及一些关键类，详情见下文代码分析
    NumberInstructions();
    //计算Interval信息，基于LSRA理论中的BuildIntervals算法。但细节非常丰富，
    //笔者仅展示其中体现BuildIntervals算法步骤的相关代码
    ComputeLiveness();
}
```

上述三个函数中，笔者仅介绍其中的 NumberInstructions 和 ComputeLiveness。

6.5.2.1.1 NumberInstructions

NumberInstructions 的主要功能是给 IR 进行编号，同时也会给 CFG 中的各个基本块设置起始位置，代码如下所示。

 [ssa_liveness_analysis.cc->NumberInstructions]

```
void SsaLivenessAnalysis::NumberInstructions() {
    int ssa_index = 0;
    size_t lifetime_position = 0;//该变量用于控制IR编号和基本块起始位置，规则如下:
    /*编号规则如下:
      (1)每个基本块设置开始和结束两个位置。
      (2)PHI IR编号与所在基本块的开始编号一样。
      (3)普通 IR有独一无二的编号。
      (4)编号每次递增2，即lifetime_position总是偶数(包括0)
    */
    for (HLinearOrderIterator it(*graph_); !it.Done(); it.Advance()) {
        HBasicBlock* block = it.Current();
        //设置基本块开始位置
        block->SetLifetimeStart(lifetime_position);
        //下面这个函数处理该基本块中的PHI IR
        for (HInstructionIterator inst_it(block->GetPhis());
             !inst_it.Done(); inst_it.Advance()) {
            HInstruction* current = inst_it.Current();
    /*下面这段代码包含几个重要类和函数，下文将详细介绍它们，此处先简单了解:
      (1)codegen_代表机器码生成对象，类型为CodeGenerator。不同CPU平台有不同的
         CodeGenerator子类实现。详情见下文介绍。
      (2)AllocateLocations: 一个IR对象的输入、输出操作数到底是来自寄存器还是内存栈?
         这不仅仅是一个有限资源（即物理寄存器作为一种资源是有限的）合理分配的问题，还和该
         IR对象本身以及目标机器CPU有关，比如它是一个函数调用指令（HInvoke相关），是否
         需要从机器码执行退回到Interpreter模式执行（HDeoptimize）? 目标机器是x86还是
         x86_64? 在ART中，这些信息被封装在一个名为LocationSummary的类里来集中处理。除了
         LocationSummary，ART还将和寄存器分配相关的位置信息（比如操作数是放在寄存器里，还
         是放在内存栈的某个位置）又被封装在一个名为Location的类中。LocationSummary包含
         一组代表该IR输入操作数的Location对象。如果该IR有输出，则同时包含代表输出操作数的
         Location对象。关于LocationSummary和Location，笔者以iget指令举一个例子。iget
         的指令格式如下: iget  vA,  vB,  field@CCCC  //vA、vB和@CCCC都是虚拟寄存器输入操
         作数: vB代表this对象，@CCCC为成员域的索引编号。这两个操作数的位置可以是寄存器也
         可以是内存栈。输出操作数: vA代表目标变量。其位置可以是寄存器也可以是内存栈该iget对
         应的IR对象将分配一个LocationSummary对象，这个对象包含: 两个代表输入操作数位置的
         Location对象，一个代表输出操作数位置的Location对象。输入和输出操作数到底来自内存
         还是寄存器则是由各自的Location对象来表达。
      (3)LiveInterval: 是LSRA算法中Lifetime Interval信息的表示。
    */
    codegen_->AllocateLocations(current);
    LocationSummary* locations = current->GetLocations();
    /*Out函数用于取出LocationSummary输出操作数对应的位置，如果它有效（isValid的返回
      true），则为current设置一个SSA Index值。*/
    if (locations != nullptr && locations->Out().IsValid()) {
        //下面这个数组变量存储所有IR，后续计算live in/out和kill集合时会用到
        instructions_from_ssa_index_.push_back(current);
        current->SetSsaIndex(ssa_index++);
        //为IR对象创建一个LiveInterval对象。
        current->SetLiveInterval(
            LiveInterval::MakeInterval(graph_->GetArena(),
                current->GetType(), current));
    }
            //current代表一个PHI IR，该IR的编号和基本块的起始编号一样
            current->SetLifetimePosition(lifetime_position);
```

```
        }
        //编号递增2。ART中，基本块中第一条普通IR的编号与基本块起始位置不同
        lifetime_position += 2;
        /*下面这个数组变量存储所有的普通IR对象，它在后续resolve阶段会用到。注意，每次新处理
          一个基本块之前，都会往该数组中加入一个空指针对象。当我们遍历这个数组时，如果碰到一
          个nullptr，就知道这是一个新的基本块*/
        instructions_from_lifetime_position_.push_back(nullptr);
        //处理所有普通IR对象
        for (HInstructionIterator inst_it(block->GetInstructions());
                 !inst_it.Done();inst_it.Advance()) {
        HInstruction* current = inst_it.Current();
        //与上述和PHI IR对象的处理类似
        codegen_->AllocateLocations(current);
        LocationSummary* locations = current->GetLocations();
        if (locations != nullptr && locations->Out().IsValid()) {
            //加入到instructions_from_ssa_index_数组中
            instructions_from_ssa_index_.push_back(current);
            current->SetSsaIndex(ssa_index++);
            current->SetLiveInterval(
                LiveInterval::MakeInterval(graph_->GetArena(),
                    current->GetType(), current));
        }
            instructions_from_lifetime_position_.push_back(current);
            current->SetLifetimePosition(lifetime_position);
            lifetime_position += 2;//IR编号加2
        }
        //设置基本块结束位置，它比该基本块中最后一条IR编号大2。
        block->SetLifetimeEnd(lifetime_position);
    }
    number_of_ssa_values_ = ssa_index;
}
```

上述代码中有三个比较重要的知识点。

- 代表机器码生成器的CodeGenerator。下文单独用一节来介绍它。
- 关于LocationSummary和Location的作用，笔者在注释中已做过简单说明，下文将介绍相关的代码。

LiveInterval：这是Lifetime Interval概念在ART里的代码实现。

上述代码中 locations->Out().IsValid() 的含义

上述代码中，locations的类型为LocationSummary，其out()函数返回的是代表输出操作数位置的Location对象。Location类的IsValid用于判断该操作数的位置是否有效（是否为寄存器、常量或是内存栈）。如果这个位置无效，则说明这条指令没有输出操作数。

IsValid返回true后，代码将为IR对象设置一个SSA Index索引。反过来说，如果一个IR对象没有SSA Index，则说明该IR没有有效的输出操作数位置，也就是没有输出操作数。后续计算live interval时要判断（参考算法伪代码图6-41中的④）一个IR是否有输出操作数时即用到了这个SSA Index。

6.5.2.1.2　CodeGenerator 及相关知识

在上述代码中，codegen_ 变量指向一个机器码生成器对象，其类型为 CodeGenerator。图 6-50 展示了与之相关的类家族。

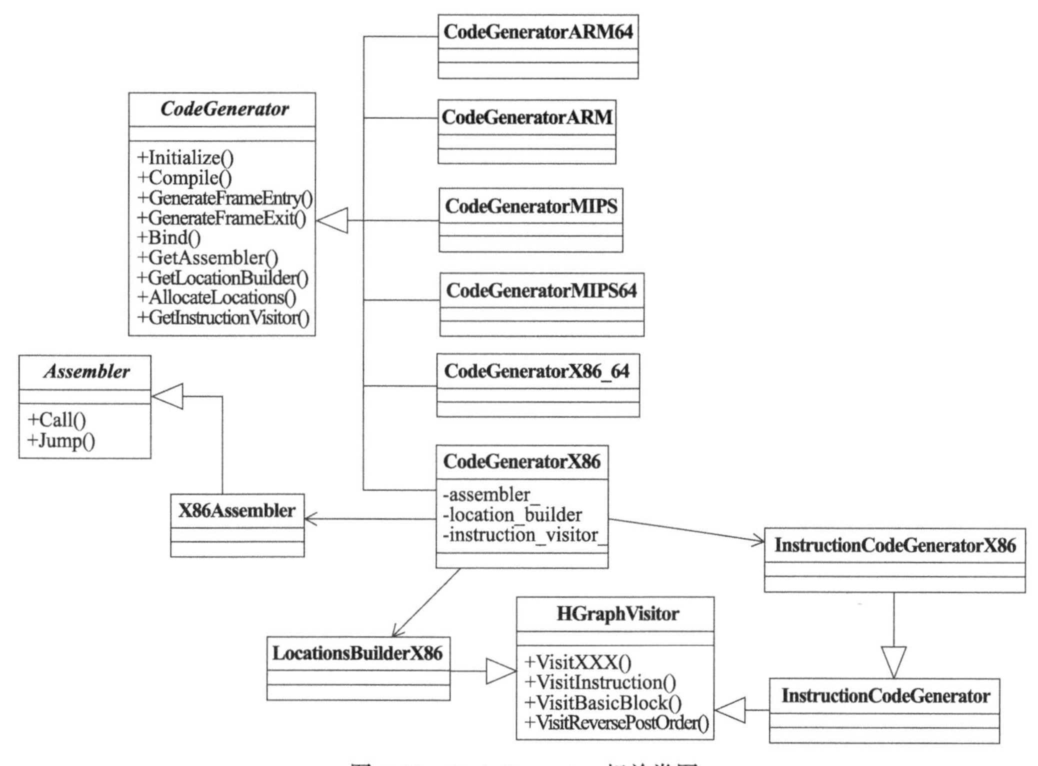

图 6-50　CodeGenerator 相关类图

在图 6-50 中：

- CodeGenerator 是一个抽象类，不同 CPU 平台上分别有对应的子类。比如 x86 平台对应的子类为 CodeGeneratorX86。
- CodeGenerator 封装了和机器码生成相关的所有功能，使用者只需调用它的 Compile 函数即可生成机器码。但在具体功能上，CodeGenerator 内部还有更细致的分工。仔细观察 CodeGenerator 定义的函数，其中有三个虚函数 GetLocationBuilder、GetInstructionVisitor 和 GetAssembler。它们分别返回 LocationBuilder（用于遍历 CFG 中的 IR 并为它们生成合适的 LocationSummary 对象，类型为 HGraphVisitor）、InstructionVisitor（用于遍历 CFG 中的 IR 并调用 Assembler 的相关函数生成机器码，类型为 HGraphVisitor）以及 Assembler（虚基类，设置了一些各平台都需要的虚函数，比如 Copy、Move、Call 等）。这三个功能模块是 CodeGenerator 的重要组成部分。
- 以 CodeGeneratorX86 为例，其 LocationBuilder 真实子类为 LocationsBuilderX86、InstructionVisitor 真实子类为 InstructionCodeGeneratorX86、Assembler 的真实子类为 X86Assembler。

Assembler 提示

Assembler 类自身提供的虚函数非常少，但各平台特有的 Assembler 子类则提供了大量与平台相关的用于生成具体汇编指令的函数，比如，X86Assembler 类定义了 pushl、popl、movl 等与 X86 平台上对应汇编指令同名的函数。显然，X86Assembler 的 pushl 函数就是用于生成 pushl 的汇编指令。

6.5.2.1.3 LocationSummary 相关代码

接着来看 CodeGenerator 的 AllocateLocations 函数，它会为 IR 对象创建一个 LocationSummary 对象，代码如下所示。

[code_generator.cc->CodeGenerator::AllocateLocations]

```
void CodeGenerator::AllocateLocations(HInstruction* instruction) {
    /*以X86平台为例，GetLocationBuilder函数返回一个类型为LocationsBuilderX86的对象我们
      在6.3.4.2节中介绍过HGraphVisitor，HInstruction的Accept内部将调用这个Visitor的
      VisitXXX函数（XXX为具体指令名）LocationsBuilderX86支持Concrete  HInstruction和
      X86平台特有的HInstruction。读者可回顾6.4.1节了解Concrete IR具体包含哪些指令。*/
    instruction->Accept(GetLocationBuilder());
    //一个HInstruction对象（严格来说，应该是Concret和平台特有的HInstruction）
    //都有一个LocationSummary对象
    LocationSummary* locations = instruction->GetLocations();
    ....//其他一些处理
}
```

我们在 NumberInstructions 的代码注释中特别介绍过 LocationSummary 的功能。此处再强调一点，根据代码中的注释，LocationSummary 的目的是为了让 Code Generator 和 Register Allocation 隔开，从而让寄存器分配时只需设置好 LocationSummary，CodeGenerator 将根据 LocationSummary 里所包含的信息来生成机器码。

图 6-51 展示了 LocationSummary 和相关类的关系。

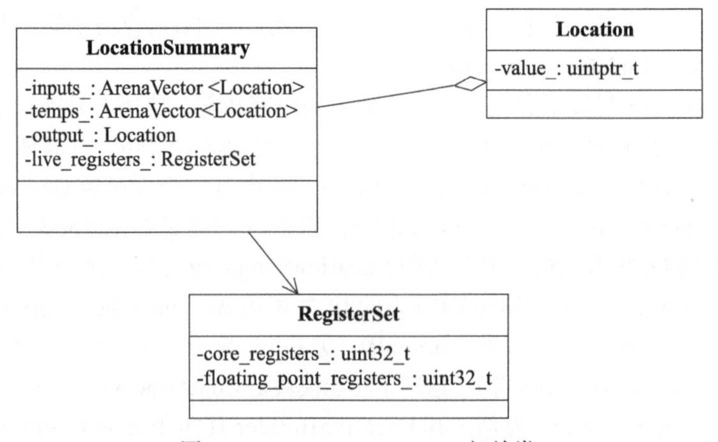

图 6-51　LocationSummary 相关类

在图 6-51 中：

- Location的作用我们前文介绍过。它描述了指令中使用的操作数到底应该对应什么位置（寄存器还是栈）。Location包含至少三种信息，即具体位置（内存栈、寄存器、浮点寄存器），如果没有分配具体位置的话则期望的位置、输出操作数是否复用输入操作数的位置等。为了节省存储空间，这些信息存储在成员变量value_的不同位上。下文的Location代码将见到这些内容。
- RegisterSet：LocationSummary中有一个RegisterSet类型的成员。RegisterSet只是一个辅助类，用于记录LocationSummary使用了哪些核心寄存器（ART里叫Core Register。比如x86平台上的EAX、EBX等）和浮点寄存器（Floating Pointer Register）。RegisterSet的内部也是通过两个32位成员变量的不同位来存储信息。
- LocationSummary包含一个inputs数组（元素类型为Location）、一个output_成员（元素类型为Location）。前文曾说过，一个HInstruction对象会绑定一个LocationSummary对象，那么inputs_数组就是这个HInstruction对象的输入操作数对应的Location信息，而output_是该HInstruction输出操作数对应的Location。稍后我们通过例子来认识它们。

LocationSummary和Location类中有几个比较重要的枚举定义，此处先介绍如下。

[locations.h->LocationSummary中的CallKind枚举定义]

```
class LocationSummary : public ArenaObject<kArenaAllocLocationSummary> {
    public:
        /*CallKind描述了一个HInstruction是否涉及函数调用：
          kNoCall：该HInstruction对象不涉及函数调用，即它不是HInvoke相关的IR
          kCall：该HInstruction是一个函数调用相关的IR
          kCallOnSlowPath：dex字节码编译成目标机器码是为了获得更快的执行速度，不过有些代码
          只能以解释方式执行的话（比如HDeoptimize），有可能需要抛异常的处理或者会触发GC等
          耗时操作，我们会设置这种IR对应的LocationSummary为kCallOnSlowPath类型。
          CallOnSlowPath以后我们在Java代码执行相关章节再来详细介绍*/
        enum CallKind {
            kNoCall, kCallOnSlowPath, kCall  };
        ....
}
```

[locations.h->Location中的三个枚举定义]

```
class Location : public ValueObject {
    //Kind枚举用于描述具体的位置信息
    enum Kind {
            //无效位置，如果一个Location对象的位置信息为它，则IsValid返回为false
            kInvalid = 0,
            kConstant = 1,//代表该Location对应为一个常量。
            kStackSlot = 2,  // 32bit stack slot.
            kDoubleStackSlot = 3,  // 64bit stack slot.
            kRegister = 4,  // Core register.
            kDoNotUse5 = 5,
            kFpuRegister = 6,  // Float register.
            //Long register.两个32比特的寄存器一起使用的话可以存储一个64位的操作数
            kRegisterPair = 7,
            kFpuRegisterPair = 8,  // Double register.
            kDoNotUse9 = 9,
            //位置不确定，可以是寄存器，也可以是栈。可通过下边的Policy指示期望的位置类型
            kUnallocated = 10,
        };
```

```
        //如果一个Location的Kind为kUnallocated的话，该Location将设置期望位置
    enum Policy {
            kAny,//任意位置，寄存器或栈
            kRequiresRegister,//需要非浮点寄存器
            kRequiresFpuRegister,//需要浮点寄存器
            kSameAsFirstInput,//和HInstruction的第一个参数的位置一样
        };
        //下面这个枚举用于说明输出操作数的位置是否可以复用输入操作数位置
        enum OutputOverlap {
            kOutputOverlap,
            kNoOutputOverlap
        };
}
```

如果读者对LocationSummary和Location的含义还不够明确的话，下面将通过两个例子来进一步认识它们。

注意 前述理论知识中并未涉及LocationSummary和Location，但它们在ART LSRA和Code Generator中的作用非常重要。

第一个例子是HAdd IR对象的处理，代码在LocationsBuilderX86的VisitAdd函数中，如下所示。

[code_generator_x86.cc->LocationsBuilderX86::VisitAdd]

```
void LocationsBuilderX86::VisitAdd(HAdd* add) {
    /*创建一个LocationSummary对象。由于HAdd和函数调用无关，所以CallKind使用kNoCall */
    LocationSummary* locations = new (GetGraph()->GetArena())
        LocationSummary(add, LocationSummary::kNoCall);
    //获取HAdd执输出操作数的数据类型，假设其类型为int:
    switch (add->GetResultType()) {
    case Primitive::kPrimInt: {
    /*设置LocationSummary的第一个输入操作数对应的Location，但具体位置不确定，不过希望它是
      寄存器。RequiresRegister是Location类的静态函数，它返回的位置信息为kUnallocated,
      并且Policy为kRequiresRegister*/
      locations->SetInAt(0, Location::RequiresRegister());
    /*HAdd第二个输入操作数可以来自寄存器也可以是常量，RegisterOrConstant将根据这个操作
      数的情况来构造Location对象，如果InputAt(1)是一个常数，则Location对象将设置Kind为
      kConstant。如果不是常数，则和上面的RequiresRegister一样*/
      locations->SetInAt(1, Location::RegisterOrConstant(add->InputAt(1)));
      //HAdd的输出操作数期望放在寄存器里，并且要求它和输入操作数的位置不能重合
      locations->SetOut(Location::RequiresRegister(),
          Location::kNoOutputOverlap);
      break;
    }
    ......//其他处理
    }
}
```

简单看一下Location的RegisterOrConstant函数，代码如下所示。

[locations.h->RegisterOrConstant 等函数]

```
Location Location::RegisterOrConstant(HInstruction* instruction) {
    //如果instruction是一个常量，则返回kind为KConstant的Location对象，否则
    //返回kind为kUnallocated，并且Policy为kRequiresRegister的Location对象
```

```
    return instruction->IsConstant() ? Location::ConstantLocation(
            instruction->AsConstant()): Location::RequiresRegister();
}
//未分配具体位置，并且希望能分配到寄存器的Location对象
static Location RequiresRegister() {
        return UnallocatedLocation(kRequiresRegister);
}
static Location UnallocatedLocation(Policy policy) {
        return Location(kUnallocated, PolicyField::Encode(policy));
}
```

再来看iget指令（ART IR对应类为HInstanceFieldGet）的例子，代码如下所示。

[code_generator_x86.cc->LocationsBuilderX86::VisitInstanceFieldGet]

```
void LocationsBuilderX86::VisitInstanceFieldGet(
           HInstanceFieldGet* instruction) {
    HandleFieldGet(instruction, instruction->GetFieldInfo());
}
```

[code_generator_x86.cc->LocationsBuilderX86::HandleFieldGet]

```
void LocationsBuilderX86::HandleFieldGet(HInstruction* instruction,
                    const FieldInfo& field_info) {
    //本例假设是iget指令，所以GetType返回为Primitive::kPrimInt
    //下面这个bool变量的值为false。关于kEmitCompilerReaderBarrier，见下文说明。
    bool object_field_get_with_read_barrier =
        kEmitCompilerReadBarrier && (instruction->GetType() ==
            Primitive::kPrimNot);
    //如果使用kEmitCompilerReadBarrier，则LocationSummary的CallKind设置为
    // kCallOnSlowPath，否则为kNoCall
    LocationSummary* locations =
        new (GetGraph()->GetArena()) LocationSummary(instruction,
             kEmitCompilerReadBarrier ?
             LocationSummary::kCallOnSlowPath :LocationSummary::kNoCall);
    //设置第一个输入参数的location，期望使用寄存器
    locations->SetInAt(0, Location::RequiresRegister());

    if (Primitive::IsFloatingPointType(instruction->GetType())) {
        //如果输出操作数为浮点型，则期望使用浮点寄存器
        locations->SetOut(Location::RequiresFpuRegister());
    } else {
        //设置输出Location，如果类型为long或使用read barrier，则使用
        //kOutputOverlap，否则使用kNoOutputOverlap。
        locations->SetOut(Location::RequiresRegister(),
            (object_field_get_with_read_barrier ||
                 instruction->GetType() == Primitive::kPrimLong) ?
                 Location::kOutputOverlap :Location::kNoOutputOverlap);
    }
    .....
}
```

关于LocationSummary和Location我们就介绍到此。下面看LiveInterval。

kEmitCompilerReadBarrier介绍

表示是否生成Read Barrier。Java VM中有write和read两种Barrier，它和GC有关。

更多关于 Barrier 的介绍，读者可先了解参考资料 [21]。如果使用 ReadBarrier 的话，就会设置 LocationSummary 为 kCallOnSlowPath。最终，代码生成器会针对 ReadBarrier 对应的 kCallOnSlowPath 情况生成调用 GC 相关模块的机器码。

6.5.2.1.4 LiveInterval 介绍

LiveInterval 类是 Lifetime Interval 概念的代码实现，本节仅展示 LiveInterval 和相关类的关系图，如图 6-52 所示。

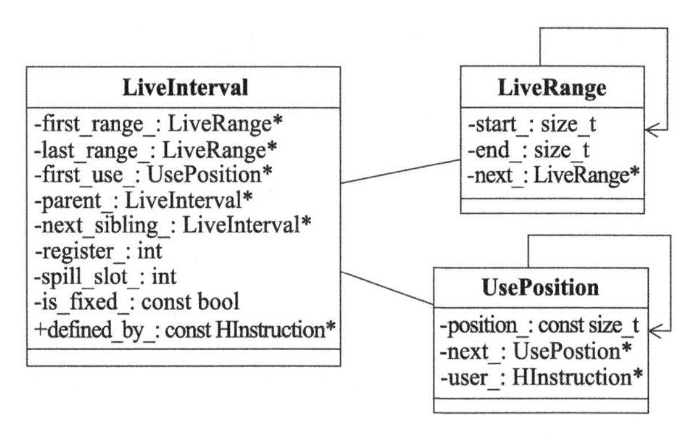

图 6-52　LiveInterval 和相关的类图

在图 6-52 中：

- LiveInterval 包含多个 LiveRange。另外，LiveInterval 拆分后还会存在 parent 和 child 的关系，所以其 parent_ 成员指向父 LiveInterval，而 next_sibling_ 指向自己的兄弟 LiveInterval。关于父子 LiveInterval，读者可回顾图 6-45 AllocateBlockedReg 示例和笔者对它做的解释。
- LiveRange 通过 next_ 成员域构成一个单向链表。
- UsePosition 类也是对 Use Position 概念的代码描述，其内部通过 next_ 指向下一个 UsePosition。

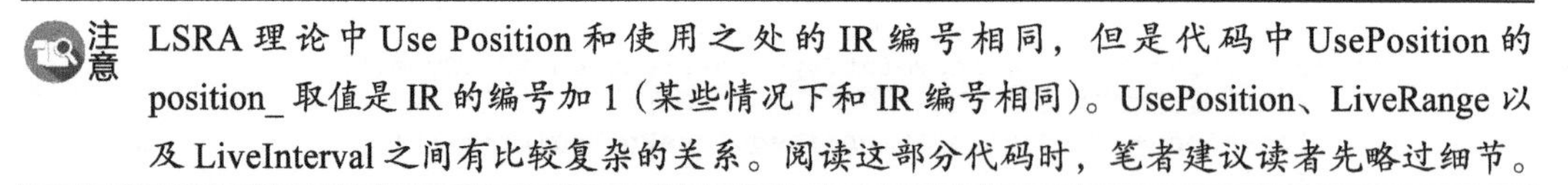
注意　LSRA 理论中 Use Position 和使用之处的 IR 编号相同，但是代码中 UsePosition 的 position_ 取值是 IR 的编号加 1（某些情况下和 IR 编号相同）。UsePosition、LiveRange 以及 LiveInterval 之间有比较复杂的关系。阅读这部分代码时，笔者建议读者先略过细节。

6.5.2.1.5 ComputeLiveness

接着来看 Analyze 里最后一个函数 ComputeLiveness，代码如下所示。

[ssa_liveness_analysis.cc->SsaLivenessAnalysis::ComputeLiveness]

```
void SsaLivenessAnalysis::ComputeLiveness() {
  for (HLinearOrderIterator it(*graph_); !it.Done(); it.Advance()) {
  HBasicBlock* block = it.Current();
  block_infos_[block->GetBlockId()] =
      new (graph_->GetArena()) BlockInfo(graph_->GetArena(), *block,
            number_of_ssa_values_); }

  ComputeLiveRanges();//依赖图6-41中的BuildIntervals算法
  ComputeLiveInAndLiveOutSets();// 更新各个基本块的 live_in、live_out 和 kill 集合
```

ComputeLiveRanges 函数就是图 6-41 BuildIntervals 算法伪代码在 ART 中的实现。正如笔者上文所言，代码细节远比算法伪代码复杂。不过，本节中笔者只关注它和算法伪代码各步骤对应的情况。

[ssa_liveness_analysis.cc->SsaLivenessAnalysis::ComputeLiveRanges]

```
void SsaLivenessAnalysis::ComputeLiveRanges() {
    //逆向遍历线性化后的CFG
    for (HLinearPostOrderIterator it(*graph_); !it.Done(); it.Advance()) {
        HBasicBlock* block = it.Current();
        BitVector* kill = GetKillSet(*block);
        BitVector* live_in = GetLiveInSet(*block);

        for (HBasicBlock* successor : block->GetSuccessors()) {
            //下面这行代码对应图6-41中BuildIntervals算法中的①
            live_in->Union(GetLiveInSet(*successor));
            if (successor->IsCatchBlock()) {
            ....
            } else {//下面这段代码对应图6-41中BuildIntervals算法中的②
                size_t phi_input_index = successor->GetPredecessorIndexOf(block);
                for (HInstructionIterator phi_it(successor->GetPhis());
                     !phi_it.Done(); phi_it.Advance()) {
                HInstruction* phi = phi_it.Current();
                HInstruction* input = phi->InputAt(phi_input_index);
                input->GetLiveInterval()->AddPhiUse(phi, phi_input_index, block);
                live_in->SetBit(input->GetSsaIndex());
                }
            }
        }
        //下面的for循环对应图6-41中BuildIntervals算法中的③
        for (uint32_t idx : live_in->Indexes()) {
            HInstruction* current = GetInstructionFromSsaIndex(idx);
            current->GetLiveInterval()->AddRange(block->GetLifetimeStart(),
                block->GetLifetimeEnd());
        }
        //逆向遍历基本块中的IR，对应图6-41中BuildIntervals算法的④和⑤
        for (HBackwardInstructionIterator back_it(block->GetInstructions());
             !back_it.Done();back_it.Advance()) {
            HInstruction* current = back_it.Current();
            //下面的if对应BuildIntervals算法④
            if (current->HasSsaIndex()) {//如果有设置ssa index的话，表明该IR有输出
                kill->SetBit(current->GetSsaIndex());
                live_in->ClearBit(current->GetSsaIndex());
                current->GetLiveInterval()->SetFrom(current->GetLifetimePosition());
            }
            //下面这段代码处理输入操作数，比较复杂。对应BuildIntervals算法⑤
                ......
            if (current->IsEmittedAtUseSite()){
                ......
            } else {
                RecursivelyProcessInputs(current, current, live_in);
            }
        }

        //处理本基本块中的PHI，对应BuildIntervals算法的⑥
        for (HInstructionIterator inst_it(block->GetPhis()); !inst_it.Done();
             inst_it.Advance()) {
            HInstruction* current = inst_it.Current();
            if (current->HasSsaIndex()) {//HasSsaIndex表明该IR有输出
```

```
                kill->SetBit(current->GetSsaIndex());
                live_in->ClearBit(current->GetSsaIndex());
                LiveInterval* interval = current->GetLiveInterval();
                interval->SetFrom(current->GetLifetimePosition());
            }
        }
            //处理循环头，对应BuildIntervals算法的⑦
            if (block->IsLoopHeader()) {
                size_t last_position = block->GetLoopInformation()->GetLifetimeEnd();
                for (uint32_t idx : live_in->Indexes()) {
                    HInstruction* current = GetInstructionFromSsaIndex(idx);
                    current->GetLiveInterval()->AddLoopRange(block->GetLifetimeStart(),
                    last_position);
                }
            }
        }
    }
```

我们对 SsaLivenessAnalysis 的 Analyze 函数介绍到此为止，Anaylze 函数主要实现了下面三个功能。

- 首先线性化 CFG 里的基本块。
- 给 IR 进行编号。
- 计算 Lifetime Interval 等信息。

6.5.2.2 RegisterAllocator AllocateRegisters

接着来看 LSRA 算法中最后两个步骤，即 LinearScan（包括 TryAllocateFreeReg 和 AllocateBlockedReg）和 Resolve。这两个步骤在 RegisterAllocator 的 AllocateRegisters 函数里得以实施。围绕这两个步骤，笔者拟重点关注下面几个问题。

- 以 x86 平台为例，其物理寄存器分配有什么细节知识点？这部分内容涉及 ART 对物理寄存器的分类以及 x86 定义了哪些物理寄存器等知识。
- LocationSummary 和 Location 的作用体现在哪？
- 如果有空闲寄存器，寄存器分配到底得到什么？
- 如果没有空闲寄存器，而必须 spill 到内存，该怎么处理？介绍 Spill 相关处理代码之前，我们先将介绍函数调用栈帧方面的知识。
- Resolve 的处理。

6.5.2.2.1 RegisterAllocator 构造函数

先来看 RegisterAllocator 的构造函数，代码如下所示。

[register_allocator.cc->RegisterAllocator::RegisterAllocator]

```
RegisterAllocator::RegisterAllocator(ArenaAllocator* allocator,
    CodeGenerator* codegen, const SsaLivenessAnalysis& liveness)
    : allocator_(allocator), codegen_(codegen), liveness_(liveness),
    ....//下面这几个成员变量对应图6-42 LinearScan算法伪代码里提到的几个集合
    unhandled_(nullptr),handled_(...), active_(...),inactive_(...),
        ..., number_of_registers_(-1),//该变量代表可参与分配的物理寄存器个数
    ...,
    //下面两个成员为bool数组，代表哪些物理寄存器不允许使用（针对通用和浮点寄存器）
    //下文将介绍物理寄存器相关的知识
        blocked_core_registers_(codegen->GetBlockedCoreRegisters()),
```

```
        blocked_fp_registers_(codegen->GetBlockedFloatingPointRegisters()),
        .... {
    ...
    //调用具体的代码生成器对象以更新不能使用的物理寄存器信息。
    codegen->SetupBlockedRegisters();
    ....
}
```

ART里对物理寄存器进行了分类，大致有三类。

- 核心寄存器：代码中叫Core Register，其实就是我们常说的除浮点寄存器等特殊寄存器之外的寄存器。x86平台上的EAX、EBX、ESP以及ARM平台上的R0、R1都属于这一类。
- 浮点寄存器：用于浮点计算的寄存器，比如x86平台上的XMM0、XMM1等，ARM平台上的S0、S1等寄存器。
- 寄存器对：寄存器对是指两个寄存器合起来构成一个能支持更多比特位操作数的寄存器。比如两个32位的寄存器合起来可存储一个64位的操作数。一般是两个核心寄存器合起来构成一个寄存器对。注意，某些平台上并非任意两个核心寄存器都可以组合成一个寄存器对，下文将看到x86平台中定义的寄存器对。

现在来认识x86平台上这三种类型的物理寄存器和它们的定义。先看CodeGeneratorX86的构造函数。

[code_generator_x86.cc->CodeGeneratorX86::CodeGeneratorX86]

```
CodeGeneratorX86::CodeGeneratorX86(....)
    : CodeGenerator(graph,
                    kNumberOfCpuRegisters, // 核心寄存器个数
                    kNumberOfXmmRegisters, // 浮点寄存器个数
                    kNumberOfRegisterPairs,// 寄存器对个数
                    ...),...),
```

上述代码中的kNumberOfCpuRegisters、kNumberOfXmmRegisters和kNumberOfRegisterPairs分别由下面的代码定义。

[registers_x86.h->Register]

```
enum Register {//核心寄存器有8个
    EAX = 0, ECX = 1, EDX = 2, EBX = 3, ESP = 4, EBP = 5, ESI = 6,
    EDI = 7, kNumberOfCpuRegisters = 8,
    kFirstByteUnsafeRegister = 4, kNoRegister = -1
};
```

[constants_x86.h->XmmRegister]

```
enum XmmRegister {//浮点寄存器也有8个
    XMM0 = 0, XMM1 = 1, XMM2 = 2, XMM3 = 3, XMM4 = 4, XMM5 = 5, XMM6 = 6,
    XMM7 = 7, kNumberOfXmmRegisters = 8, kNoXmmRegister = -1
};// 注意，XMM寄存器来自SSE指令集，它替代了x86平台早期使用的x87浮点寄存器
```

[managed_register_x86.h->RegisterPair]

```
enum RegisterPair {//寄存器对有11个
    EAX_EDX = 0, EAX_ECX = 1, EAX_EBX = 2, EAX_EDI = 3, EDX_ECX = 4,
```

```
    EDX_EBX = 5, EDX_EDI = 6, ECX_EBX = 7, ECX_EDI = 8, EBX_EDI = 9,
    ECX_EDX = 10, kNumberOfRegisterPairs = 11, kNoRegisterPair = -1,
};
```

注意，这些寄存器并不是都可以参与寄存器分配的。

- 某些操作只能使用固定寄存器（即Fixed Interval的情况），则这些固定寄存器不能参与分配。
- 如果某个寄存器只能用于特殊目的，则它不能参与寄存器分配。比如代表栈顶位置的ESP寄存器就不能用于分配寄存器。比如下面将要介绍的SetupBlockedRegisters函数。

SetupBlockedRegisters代码如下。

[code_generator_x86.cc->CodeGeneratorX86::SetupBlockedRegisters]

```
void CodeGeneratorX86::SetupBlockedRegisters() const {
    //分配物理寄存器时不允许使用ECX_EDX组合
    blocked_register_pairs_[ECX_EDX] = true;
    //ESP用于指示栈顶位置，所以分配寄存器时不允许使用它
    blocked_core_registers_[ESP] = true;
    //如果两个核心寄存器不能使用，而这两个核心寄存器又恰好组成一个寄存器对，那么这个寄存器对
    //也不能使用
    UpdateBlockedPairRegisters();
}
```

6.5.2.2.2 AllocateRegisters

接着来看AllocateRegisters函数，其代码如下所示。

[register_allocator.cc->RegisterAllocator::AllocateRegisters]

```
void RegisterAllocator::AllocateRegisters() {
    AllocateRegistersInternal();//重点看这个函数，LinearScan在其内部被调用
    Resolve();//Resolve算法对应的代码实现
```

[register_allocator.cc->AllocateRegistersInternal]

```
void RegisterAllocator::AllocateRegistersInternal() {
    //对interval进行排序等处理，包括设置Fix Interval等信息
    for (HLinearPostOrderIterator it(*codegen_->GetGraph());
                    !it.Done(); it.Advance()) {
        HBasicBlock* block = it.Current();
        for (HBackwardInstructionIterator back_it(block->GetInstructions());
                !back_it.Done();back_it.Advance()) {
            ProcessInstruction(back_it.Current());//①重点看此函数
        }
        ......
    }
    //ART中，寄存器分配将进行两次LinearScan，首先是对核心寄存器进行分配
    number_of_registers_ = codegen_->GetNumberOfCoreRegisters();
    processing_core_registers_ = true;
    unhandled_ = &unhandled_core_intervals_;
    //②线性扫描算法，内部会调用TryAllocateFreeReg或者AllocateBlockedReg函数
    LinearScan();
    ...//接着对浮点寄存器进行线性扫描和分配
    number_of_registers_ = codegen_->GetNumberOfFloatingPointRegisters();
    ...
```

```
    unhandled_ = &unhandled_fp_intervals_;
    ....
    LinearScan();
}
```

AllocateRegistersInternal 代码中有三处地方值得读者注意。

- ProcessInstruction：对每条 IR 进行处理，其中会使用该 IR 对象的 LocationSummary 和 Location 信息。下文将通过它的代码来一窥 LocationSummary 和 Location 的作用。
- LinearScan：LinearScan 算法的代码实现。我们单独用一节介绍它。
- 针对核心寄存器和浮点寄存器，AllocateRegistersInternal 分别做了一次 LinearScan。

来看 ProcessInstruction 函数，读者可看到 LocationSummary 和 Location 的作用。

 [register_allocator.cc->ProcessInstruction]

```
void RegisterAllocator::ProcessInstruction(HInstruction* instruction) {
    //获取该IR的LocationSummary对象
    LocationSummary* locations = instruction->GetLocations();
    size_t position = instruction->GetLifetimePosition();
    ......//略去部分代码
    //来看Location的作用
    for (size_t i = 0; i < instruction->InputCount(); ++i) {
        Location input = locations->InAt(i);
        //如果输入操作数的位置已经确定，则BlockRegister函数将创建一个Fixed Interval
        if (input.IsRegister() || input.IsFpuRegister()) {
            BlockRegister(input, position, position + 1);
        }
    ......  }
    LiveInterval* current = instruction->GetLiveInterval();
    .....
    Location output = locations->Out();//对输出操作数的Location处理
    //如果输出操作数的期望位置与第一个输入操作数位置一样
    if (output.IsUnallocated() && output.GetPolicy() ==
                    Location::kSameAsFirstInput) {
        Location first = locations->InAt(0);
        if (first.IsRegister() || first.IsFpuRegister()) {
            current->SetFrom(position + 1);
            current->SetRegister(first.reg());
        } else if (first.IsPair()) {....}
    } //下面的else if表示输出操作数确定是寄存器
    else if (output.IsRegister() || output.IsFpuRegister()) {
        current->SetFrom(position + 1);
        current->SetRegister(output.reg());
        BlockRegister(output, position, position + 1);
    }
.... }
```

LocationSummary 和 Location 的作用在 ProcessInstruction 中体现得非常明了。即它们描述了 IR 对象的输入操作数和输出操作数对寄存器分配的述求，这些诉求最终会通过设置 LiveInterval 里的信息在后续 LinearScan 过程中被用上。

6.5.2.2.3 LinearScan

LinearScan 函数的代码实现基于图 6-42 中的 LinearScan 算法，我们简单看一下。

[register_allocator.cc->RegisterAllocator::LinearScan]

```
void RegisterAllocator::LinearScan() {
    while (!unhandled_->empty()) {//unhandled_集合里的元素已经按要求排好序
        LiveInterval* current = unhandled_->back();
        unhandled_->pop_back();
        ...
        size_t position = current->GetStart();
        ...
        // TryAllocateFreeReg函数名和算法函数名一样
        bool success = TryAllocateFreeReg(current);
        //注意，下面这个函数对应伪
        if (!success)       success = AllocateBlockedReg(current);
        //下面if代码段为寄存器分配成功的处理
        if (success) {
            /*为代码生成器添加已经分配好物理寄存器的Location。这时，该Location对象的kind
              为kRegister或kFpuRegister。其物理寄存器编号来自于GetRegister，也就是前面
              提到的Register或XmmRegister等枚举变量的值，比如EAX或XMM0等。*/
            codegen_->AddAllocatedRegister(processing_core_registers_
                ? Location::RegisterLocation(current->GetRegister())
                : Location::FpuRegisterLocation(current->GetRegister()));
            active_.push_back(current);//处理完毕的LiveInterval对象添加到active_集合
    ....}
    }
```

如代码中注释所言，如果寄存器分配算法执行成功的话，它将得到一个代表物理寄存器编号的值，也就是 Register 或 XmmRegister 等枚举变量中的某一个寄存器编号。我们通过其中被调用的 FindAvailabeRegister 函数来看看物理寄存器被选中的过程，代码如下所示。

[register_allocator.cc-> RegisterAllocator::FindAvailableRegister]

```
int RegisterAllocator::FindAvailableRegister(size_t* next_use,
                    LiveInterval* current) const {
    ....
    int reg = kNoRegister;
    //以x86平台为例，物理寄存器被定义为Register等枚举变量。所以，所谓的物理寄存器分配
    //就简化为遍历一个整型数组，找到其中没有被block的那个值即可。
    for (size_t i = 0; i < number_of_registers_; ++i) {
        if (IsBlocked(i))  continue;//i就是物理寄存器的编号
        if (next_use[i] == kMaxLifetimePosition) {
            if (prefers_caller_save && !IsCallerSaveRegister(i)) {
                ....//其他处理。
            } else {
                reg = i;//找到一个空闲的物理寄存器，然后返回
                break;
            }
        }
    return reg; }
    ... }
```

FindAvailableRegister 返回的代表物理寄存器编号的值将设置到对应的 LiveInterval 中去（调用 LiveInterval 的 SetRegister 函数）。

接着我们来看没有足够物理寄存器的情况。在此之前，我们将以 x86 平台为例介绍栈帧（Stack Frame，也叫 Active Record，活动记录）相关的知识。

6.5.2.2.4　栈帧相关知识介绍

先介绍 x86 平台下面这些和栈帧相关的物理寄存器以及汇编指令。

- 寄存器 EIP：又叫 Program Counter，它指向 CPU 要执行的下一条指令。EIP 的用途非常关键，它不属于 x86 的核心寄存器（x86 平台上 EIP **不是**通用寄存器），所以不能参与寄存器分配。
- 寄存器 ESP：SP 为 Stack Pointer 的缩写。顾名思义，它指向内存栈。ESP 虽然划归为 x86 核心寄存器（x86 平台上 ESP 同时也是通用寄存器），但是其用途实际上已经确定（即专用于指示栈顶位置），所以寄存器分配时也不能使用它。
- PUSH 和 POP 指令：这两个指令用于入栈（即内存栈）和出栈操作数。
- CALL 和 RET 指令：CALL 代表函数调用指令，RET 代表函数返回指令。

函数调用的代码相信所有程序员都编写过，但函数调用的实现机制却远比表面上写的代码要复杂。而且，这部分内容往往由编译器默默处理了（除非自己写汇编指令），所以它不为开发者所关注。那么函数调用的实现机制包括什么内容呢？

- 最核心的一点，函数调用首先要实现指令执行流程的跳转。比如 x86 平台上通过 CALL、JMP 等指令即可修改 EIP，使 CPU 执行目标位置的指令，从而实现了指令执行流程的跳转。
- 函数调用机制还包括参数如何从调用者传递给被调用者？被调用函数创建的临时变量存储在什么位置？函数调用的返回值如何传递给调用者？这些机制是通过**栈帧**（Stack Frame）得以实现的。**栈帧**包含两层意思。**栈**，是指内存栈，它在内存中，以栈这种数据结构来控制输入和输出。数据只能从栈顶进入或退出栈。帧，是数据的集合，占据栈中多个连续的项。帧中包含一些固定内容。每一个函数调用都会对应有一个栈帧。在函数调用前，我们要创建一个栈帧，函数返回后该栈帧被回收。

下面我们通过 x86 平台上一个示例来加强对它的认识。先来看示例代码和汇编指令，如图 6-53 所示。

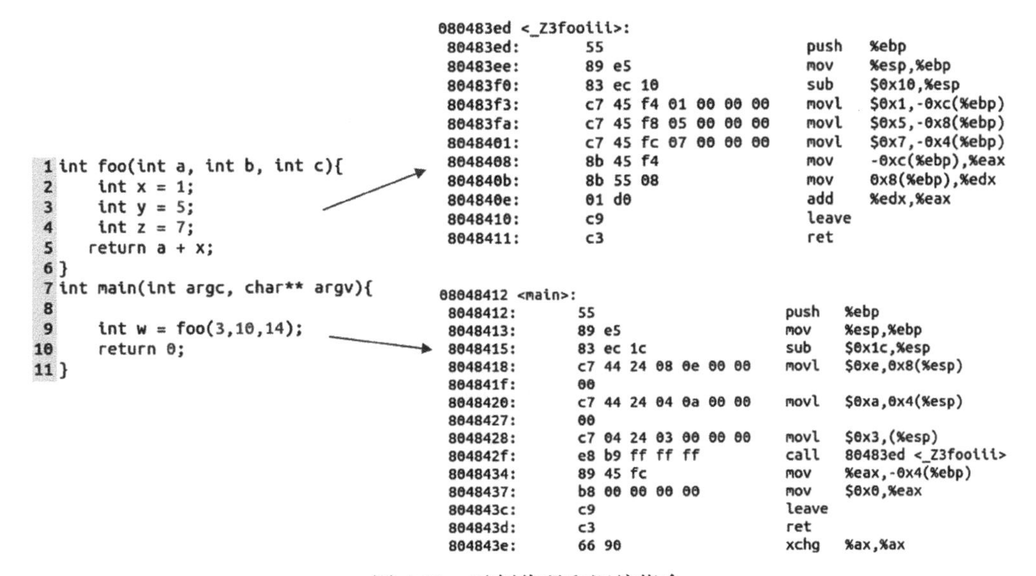

图 6-53　示例代码和汇编指令

在图 6-53 中：

- ❑ 左边为 main 和 foo 函数的代码，非常简单。右边为两个函数对应的汇编指令（通过 objdump -d 查看）。
- ❑ 汇编指令的风格是 AT&T 的。左边的操作数是源，右边的操作数是目标。比如 "mov %esp,%ebp" 表示将 ESP 寄存器的值存储到 EBP 寄存器中。再比如 "movl $0x1,-0xc(%ebp)" 表示将常量 0x1 拷贝到内存位置 [%EBP-0xc] 处。

现在来看 main 和 foo 的栈帧，如图 6-54 所示。

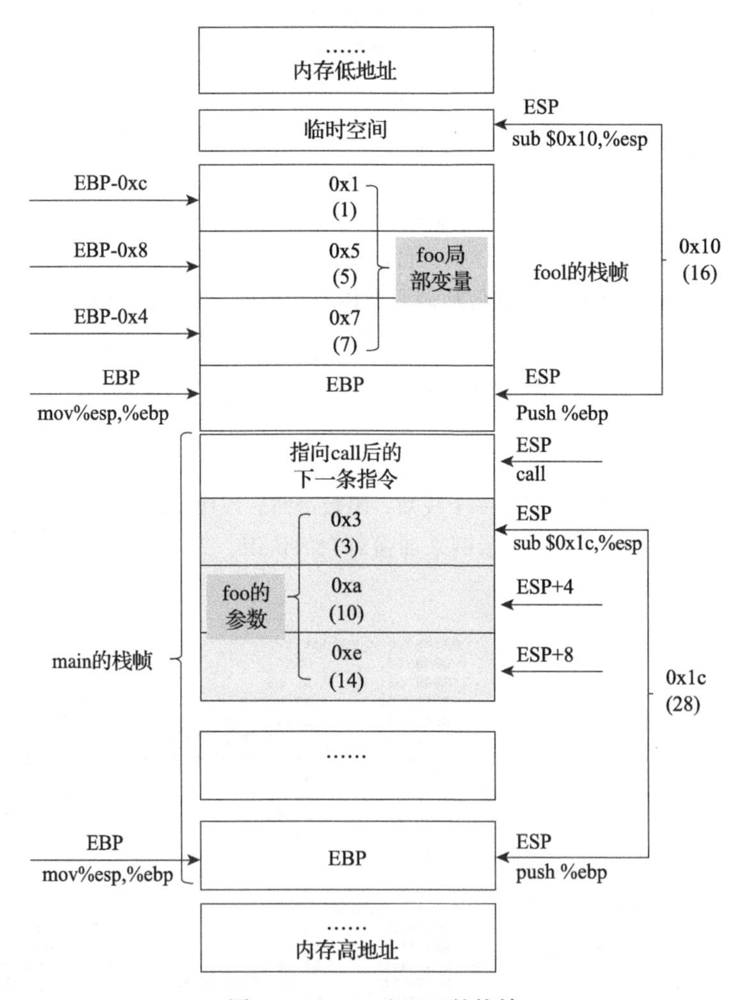

图 6-54 main 和 foo 的栈帧

在图 6-54 中，内存栈由底到顶，地址由高到低，栈顶由 ESP 指示。先来看 main 的栈帧。

- ❑ 最下边的蓝色部分构成 main 函数的栈帧。按图 6-54 中 main 的指令由下到上更新栈帧的内容。例如，main 函数第一条指令为 "push %ebp"，那么 EBP 的值在最下边的蓝色框中。ESP 永远指向栈顶位置，所以该框右边有一个代表 ESP 位置的箭头。main 的

第二条指令为"mov %esp,%ebp"，所以该框左边有一个代表EBP位置的箭头。注意，"%ebp"表示获取寄存器EBP中的值。

- main的第三条指令为sub $0x1c,%esp，这将ESP位置往上调整了0x1c。**调整位置很重要，下文将介绍它的含义**。接着，main开始为foo准备参数。参数是从后往前开始准备的，即先准备foo的最后一个参数，最后才准备foo的第一个参数。参数存储在main的栈帧里，从上到下。比如，第二个参数存储的位置是%ESP+4，对应指令为"movl $0xa,0x04(%esp)"。最后，main调用call指令，call将下一条指令的位置存入main的栈帧。所以，main栈帧的栈顶为call的下一条指令。注意，ESP位置随之往上调整。

---

calling convention（调用约定）

为什么main为foo准备参数的时候先准备foo的第三个参数呢？这么做并非技术上有什么特别要求，而是遵循所谓的calling convention。calling convertion译为函数调用约定，顾名思义，它描述的是调用方和被调用方应该遵守的某些规则。比如，此处main和foo约好参数入栈的顺序。calling convention包含在4.2.1.4节中介绍的ABI（Application Binary Interface）所制订的各种规则中。另外，除了参数传递外，调用约定还包含哪些寄存器应该由调用者保存（caller-saved register，详情见下文）、哪些寄存器应该由被调用者保存（callee-saved register，详情见下文）、函数返回值如何返回给调用者等规则。

接着来看foo的栈帧，由红色框构成。

- foo的前三条指令和main的前三条指令一样，保存EBP、设置EBP的值为ESP的位置，然后将ESP往上调整0x10个位置。同理，调整位置很重要，下文将介绍它的含义。
- 后续三条指令就是foo往自己的栈帧中存入局部变量x、y、z的值。这是通过EBP减去偏移量得到各变量的存储地址。
- foo中需要获取参数a的值，这是通过"mov 0x8(%ebp),%edx"来实现的。观察图6-54，[%EBP+0x8]恰好就是main栈帧中存储参数a的地方。

以上是main调用foo时栈帧建立的情况。当foo函数返回时：

- 首先执行leave指令，这相当于先执行"movl %ebp %esp"，然后执行"pop %ebp"。根据图6-54可知，leave执行完后，ESP指向main栈帧的栈顶（即存储call下一条指令的那个蓝色框）。
- 接着执行ret指令。该指令将call的下一条指令从main栈帧中pop出来并赋值给EIP。

上文描述了x86 C语言程序的函数调用栈帧建立的过程，它实际上就是所谓的calling convention。当main调用foo时，foo内首先将：

- 先保存EBP到栈上，即push %ebp。然后将ESP赋值给EBP，即mov %esp,%ebp。这两步操作完成后。EBP往上（往内存低地址）是foo的栈帧，而EBP往下（往内存高地址）是调用者的栈帧。
- ESP减去一段空间（foo中的sub $0x10,%esp）。这段空间是foo函数为那些需要分配在栈上变量而准备的。注意，这段空间的大小在编译时是能计算出来的。比如，假设foo里所有变量都可以通过寄存器来操作，那么就无须在栈上分配空间。

讨论 foo 函数虽然有三个 int 型局部变量 x、y 和 z，但是它分配的空间却是 16（0x10，能容纳 4 个 int 型变量），这是因为栈帧的大小需要按 16 字节对齐。另外，经笔者研究，GCC 编译时的优化对最终结果影响非常大，读者可尝试做如下的测试。

对上述示例使用 -O 优化编译后，foo 的指令中就不再申请栈空间。实际上，foo 的三个局部变量会被彻底优化掉（因为 foo 的返回值在编译期是可以计算得到的），甚至连 main 调用 foo 的 call 指令都会被优化掉（因为 foo 函数的返回值对 main 来说毫无意义）。

一个平台可以支持多种 calling convention，只要调用双方约定好就行。本例所述的 calling convention 也叫 cdecl，是 C 和 C++ 程序默认的调用约定。在 cdecl 中，假设调用栈帧已经确定，那么 [%EBP+ 偏移量] 可获取调用者栈帧中实参参数，而 [%EBP- 偏移量] 可得到被调用者的局部变量。

最后，x86 平台上除了 cdecl，还有 stdcall、fastcall 等多种 calling convention。

以上示例解释了栈帧的大致概念，现在来看图 6-55，一个完整栈帧可能包含哪些内容。

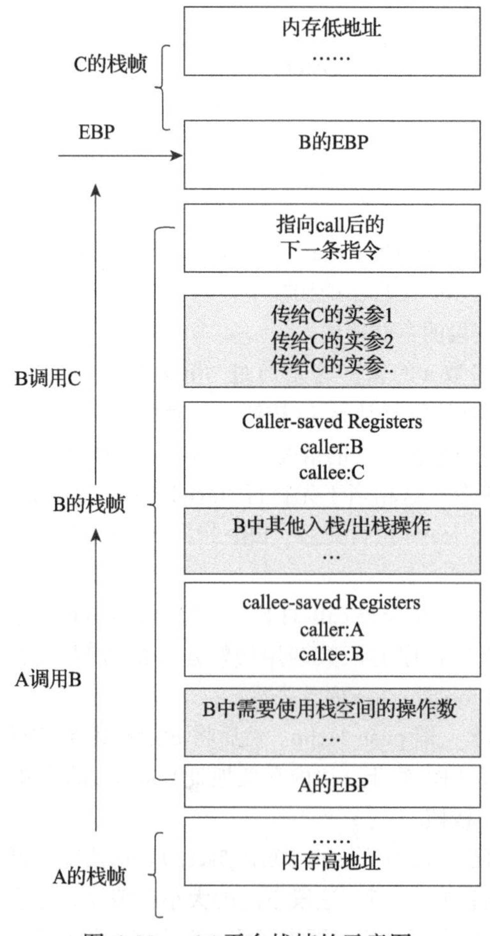

图 6-55　x86 平台栈帧的示意图

图6-55展示了的调用场景是A调用B，B调用C。并且，当前正在执行的函数是C，我们观察调用者B的栈帧建立情况，由下到上。

- 建立B的栈帧时，先保存A的EBP，被调用者B在栈上分配一定大小的空间。该空间的大小在编译期的寄存器分配阶段可以确定，因为B中哪些操作数需要split到栈上是可以确定的。
- B可能会将一些寄存器的值压入栈中。这类寄存器叫callee-saved Registers（被调用者保存的寄存器）。与之相对的一类寄存器叫caller-saved Registers（调用者保存的寄存器）。这两类寄存器的划分并非是什么技术上要求，而是同属于calling convention中的规则。它想解决的问题是，谁来保护某个寄存器中的数据在函数调用前和函数调用后是一致的。这项任务的划分比较简单，即，约定好有些寄存器由调用者来保护，有些寄存器由被调用者来保护。以x86平台为例，约定好EBP、ESI和EDI由被调用者来保护。比如，B栈帧将保存EBP、ESI和EDI到栈里。当B返回时，这几个寄存器的值又从栈里恢复。另外，B只有其内部用到这三个寄存器时才需要保存它们。如果B根本不使用这三个寄存器的话，也不需要保存它们了。而对A而言，它认为B调用前和调用后这三个寄存器的值没有变化，所以这三个寄存器也被称为non-volatile Registers。
- 然后是B内部其他出栈或入栈操作。
- 接着，B准备调用C。首先，B需要保存caller-saved Register。x86平台上约定EAX、ECX和EDX由调用者来保存。所以，对C而言，它可以尽情使用这三个寄存器。对B来说，这三个寄存器在C调用前后可能会发生变化（如果要保持数据一致性，B需要自己来恢复它们），所以它们也叫volatile Registers。
- B为调用C而准备参数。
- B调用C。进入C的栈帧处理。

接下来，我们看一看LSRA中Spill的处理。当然，这个场景的入口非AllocateBlockedRegister不可。

6.5.2.2.5　Spill的处理

来看RegisterAllocator AllocateBlockedRegister函数。

[register_allocator.cc->RegisterAllocator::AllocateBlockedRegister]

```
bool RegisterAllocator::AllocateBlockedReg(LiveInterval* current) {
    //找到该Interval第一次使用的Use Position
    size_t first_register_use = current->FirstRegisterUse();
    if (current->HasRegister()) {......}
    else if (first_register_use == kNoLifetime) {
    //没有空闲寄存器，调用AllocateSpillSlotFor函数来分配栈帧中的位置
        AllocateSpillSlotFor(current);
        return false;
    }
    //下面的代码就和图6-45 AllocateBlockedReg算法里的步骤对应了
    size_t* next_use = registers_array_;
    for (size_t i = 0; i < number_of_registers_; ++i) {
        next_use[i] = kMaxLifetimePosition;
    }
    ....//此处略去的代码对应图6-45里的②③④
```

```
        int reg = kNoRegister;
        bool should_spill = false;//该变量是指current是否需要spill
        if (current->HasRegister()) {....
        } else if (current->IsLowInterval()) {.....
        } else {
            reg = FindAvailableRegister(next_use, current);
            //对应图6-45里⑤中的if的判断。读者也可参考图6-46中的示例②
            should_spill = (first_register_use >= next_use[reg]);
        }
        if (should_spill) {
            bool is_allocation_at_use_site = (current->GetStart() >=
                                        (first_register_use - 1));
            if (is_allocation_at_use_site) {
            ....
            } else {//拆分自己。对应图6-44里⑤中的if处理
                AllocateSpillSlotFor(current);
                LiveInterval* split = SplitBetween(current, current->GetStart(),
                    first_register_use - 1);
                AddSorted(unhandled_, split);
            }
            return false;
        } else {//current分配到寄存器，对应图6-44里⑤中的else处理
            current->SetRegister(reg);
            ....//拆分另外一个interval，并做相关处理
            return true;
        }
    }
```

不论AllocateBlockedRegister中哪个interval被拆分，为操作数分配栈上某个位置的功能是由AllocateSpillSlotFor来处理的，其代码如下。

[register_allocator.cc->RegisterAllocator::AllocateSpillSlotFor]

```
void RegisterAllocator::AllocateSpillSlotFor(LiveInterval* interval) {
    //还记得LiveInterval一节中描述的父子关系吗？如果一个LiveInterval从来没有被拆分过，
    //则GetParent返回的就是它自己，否则返回父LiveInterval
    LiveInterval* parent = interval->GetParent();
    if (parent->HasSpillSlot()) {  return; }//如果父interval有spill信息，则略过
    //找到这个Interval是哪个IR创建的
    HInstruction* defined_by = parent->GetDefinedBy();
    //如果该IR对应函数参数，则设置
    if (defined_by->IsParameterValue()) {
         //设置stack slot为和参数存储对应的位置。细节内容留待后面再来介绍
         parent->SetSpillSlot(codegen_->GetStackSlotOfParameter(
             defined_by->AsParameterValue()));
        return;
    }
    ....
    /*相比图6-55所示的x86的栈帧，ART对栈帧做了比较好的规划，不同数据类型的操作数存储在栈帧的
      不同位置，下面是ART里栈帧的布局
      [parameter slots         ]  //存储参数
      [catch phi spill slots ]  //和catch处理有关
      [double spill slots      ]  //存储Java里的double类型数据，64位
      [long spill slots        ]  //存储Java里的long类型数据，64位
      [float spill slots       ]  //存储Java里的float类型数据，32位
      [int/ref values          ]  //存储Java里的int和引用类型数据，32位
      [maximum out values      ]  //该函数内部为调用其他函数所准备的参数
```

```
      [art method              ]  //art method对象
    */
  /*ART为不同数据类型的spill slot定义了对应的数组，比如：
    ArenaVector<size_t> int_spill_slots_;//ArenaVector类似c++11里的vector
    ArenaVector<size_t> long_spill_slots_;还有针对其他类型的数组
    size_t的字长为32位。所以对long_spill_slots_和double_spill_slots_而言，需要用两个元
    素来存储一个64位的操作数
    下面的代码就是先确定使用哪个数据类型的数组，然后从该数组里找到一个空闲位置。如果没有空闲位
    置，则往该数组后追加一个元素。所以，此处所分配得到的spill  slot实际上是操作数在对应数组里
    的索引，不是它在内存栈里的位置。注意，该操作数最终是需要通过它在内存栈中的位置来访问的。后
    续我们将看到，从数组里的索引转换到它在内存栈里的位置是在Resolve函数里完成的。*/
    ArenaVector<size_t>* spill_slots = nullptr;
    switch (interval->GetType()) {
        case Primitive::kPrimDouble:
            spill_slots = &double_spill_slots_;
            break;
        ......
        case Primitive::kPrimBoolean:
        case Primitive::kPrimShort:
            spill_slots = &int_spill_slots_;
            break;
        ....
    }
    size_t slot = 0;
    ....//从spill_slots中找一个空闲的位置。
    size_t end = interval->GetLastSibling()->GetEnd();
    if (parent->NeedsTwoSpillSlots()) {//对64位数据的处理
        if (slot + 2u > spill_slots->size())
            spill_slots->resize(slot + 2u, end);
        (*spill_slots)[slot] = end;//一个64位的操作数将占据两个32位的元素
        (*spill_slots)[slot + 1] = end;
    } else {//对32位数据的处理
        //如果没有空闲元素，则往数组尾部添加一个元素
        if (slot == spill_slots->size()) {spill_slots->push_back(end);}
       else { (*spill_slots)[slot] = end; }
    }
    parent->SetSpillSlot(slot);//设置索引
}
```

由上述AllocateSpillSlotFor可知：

- 此时为Interval分配的spill slot索引是它在不同数据类型数组里的索引，不是内存栈的索引。所有后续在Resolve时还需要做对应处理。
- 因为代码里定义的数组元素类型为size_t（字长为32位），所以一个long或double的操作数在数组中占据两个连续的位置。

现在来看LSRA最后一个步骤——Resolve。

6.5.2.3 Resolve

关于Resolve函数的代码实现基础，读者可回顾图6-48所示的Resolve算法伪代码。本节拟重点考察栈帧的处理。代码如下所示。

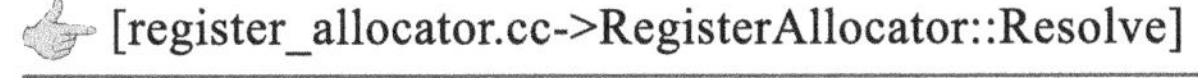
[register_allocator.cc->RegisterAllocator::Resolve]

```
void RegisterAllocator::Resolve() {
    /*InitializeCodeGeneration将确定栈帧的大小：
```

```
    (1) GetNumberOfSpillSlots返回如下spill slot数组的大小:
        int_spill_slots_、long_spill_slots_、float_spill_slots_、
        double_spill_slots_、catch_phi_spill_slots_
    (2) maximum_number_of_live_core_registers_、
        maximum_number_of_live_fp_registers_和safepoint有关，而safepoint和GC
        关系较大，留待后续章节再介绍
    (3) reserved_out_slots_: 代表maxium out values。在dex函数信息(code_item)里的
        outs_size就是指它。这个值在Java编译成dex时就已经确定，所以此处无须使用数组另外，
        注意InitializeCodeGeneration最后一个参数，其取值为CFG中按线性化排列的基本块
    */
    codegen_->InitializeCodeGeneration(GetNumberOfSpillSlots(),
             maximum_number_of_live_core_registers_,
             maximum_number_of_live_fp_registers_,reserved_out_slots_,
             codegen_->GetGraph()->GetLinearOrder());
    /*前面我们介绍过，spill slot是数组里的索引，不是内存栈里的位置，所以下面这个循环就是将索
      引位置从数组变成内存栈里位置。原理很简单，因为ART里栈帧的布局规划比较清晰。比如，一个操
      作数被分配在int类型数组里第N项，那么它在栈帧里的位置就是排在int数组前其他数组的长度+该
      操作数在int类型里的索引。*/
    for (size_t i = 0, e = liveness_.GetNumberOfSsaValues(); i < e; ++i) {
        HInstruction* instruction = liveness_.GetInstructionFromSsaIndex(i);
        LiveInterval* current = instruction->GetLiveInterval();
        LocationSummary* locations = instruction->GetLocations();
        Location location = locations->Out();
        //对HParameter的处理，它代表函数的调用参数
        if (instruction->IsParameterValue()) {
        if (location.IsStackSlot()) {
                location = Location::StackSlot(location.GetStackIndex() +
                               codegen_->GetFrameSize());
                current->SetSpillSlot(location.GetStackIndex());
                locations->UpdateOut(location);
            } ...
    } else if (instruction->IsPhi() && instruction->AsPhi()->IsCatchPhi()) {
        ....//对catch里的PHI进行处理
    } else if (current->HasSpillSlot()) {//我们重点看下面这段代码
        size_t slot = current->GetSpillSlot();//返回在数组里的索引
        switch (current->GetType()) {
        case Primitive::kPrimDouble:
            slot += long_spill_slots_.size();
            FALLTHROUGH_INTENDED;//不用break，接着往下执行
        case Primitive::kPrimLong:
            slot += float_spill_slots_.size();
            FALLTHROUGH_INTENDED;
        case Primitive::kPrimFloat:
            slot += int_spill_slots_.size();
            FALLTHROUGH_INTENDED;
        .....
        case Primitive::kPrimBoolean:
        case Primitive::kPrimShort:
            slot += reserved_out_slots_;
            break;
        }
        current->SetSpillSlot(slot * kVRegSize);//kVRegSize为4。
        }
        ....
    }
}
    /*连接父子和兄弟LiveInterval，如果父Interval分配了寄存器，而子Interval分配的是内存
      栈，那么我们需要在指定位置添加一条从寄存器到内存栈的move指令。ConnectSiblings函数内
      部将完成这些工作。请读者自行阅读其代码*/
```

```
    for (size_t i = 0, e = liveness_.GetNumberOfSsaValues(); i < e; ++i) {
        HInstruction* instruction = liveness_.GetInstructionFromSsaIndex(i);
        ConnectSiblings(instruction->GetLiveInterval());
    }
    .....//其他处理，参考图6-47所示的Resolve算法
}
```

Resolve中，InitializeCodeGeneration将确定本函数对应栈帧的大小，其代码如下所示。

 [code_generator.cc->CodeGenerator::InitializeCodeGeneration]

```
void CodeGenerator::InitializeCodeGeneration(
         size_t number_of_spill_slots,
         size_t maximum_number_of_live_core_registers,
         size_t maximum_number_of_live_fpu_registers,
         size_t number_of_out_slots,
         const ArenaVector<HBasicBlock*>& block_order) {
    block_order_ = &block_order;
    //计算哪些寄存器需要callee saved。比如本函数用到EBI，那么该寄存器就需要保存到栈上
    ComputeSpillMask();
    ....
    if (....){;
    } else {
        /*设置栈帧大小，其中kVegSize为4个字节，kStackAlignment为16。栈帧的大小由下面这些
          内容构成：
          (1) number_of_spill_slots：需要存储在栈中的操作数所占据的大小
          (2) number_of_out_slots：调用其他函数所需要传递的参数个数(取最大值)
          (3) 和Safepoint有关的通用及浮点寄存器个数
          (4) FrameEntrySpillSize：callee saved register的个数乘以kVegSize。包括核
              心寄存器和浮点寄存器(x86平台上对浮点寄存器没有这方面要求)。注意，在x86平台
              上，ART里callee saved register除了EBP、ESI和EDI之外，还额外留了4字节的空
              间给一种特殊用途的返回值，代码里叫kFakeReturnRegister(其实就是Registers::
              kNumberOfCpuRegisters,值为8)
        */
        SetFrameSize(RoundUp(
            number_of_spill_slots * kVRegSize
            + number_of_out_slots * kVRegSize
            + maximum_number_of_live_core_registers * GetWordSize()
            + maximum_number_of_live_fpu_registers *
                           GetFloatingPointSpillSlotSize()
            + FrameEntrySpillSize(),
            kStackAlignment));// kStackAlignment取值为16，栈帧需要按16字节对齐
    }
}
```

到此，寄存器分配相关内容的介绍将告一段落，接着来看编译优化的最后一步。

6.6 机器码生成相关代码介绍

ART里机器码生成是通过调用代码生成器的Compile函数来完成的。这个函数在基类CodeGenerator里定义，其内部会调用实际子类（本节以x86平台为例，其实际子类为CodeGeneratorX86）实现的虚函数。马上来看代码。

[code_generator.cc->CodeGenerator::Compile]

```
void CodeGenerator::Compile(CodeAllocator* allocator) {
    //调用CodeGeneratorX86的Initialize函数，该函数比较简单，见下文介绍
    Initialize();
    // CodeGeneratorX86返回的是InstructionCodeGeneratorX86
    HGraphVisitor* instruction_visitor = GetInstructionVisitor();
    //GetAssembler返回X86Assembler
    size_t frame_start = GetAssembler()->CodeSize();
    GenerateFrameEntry();//①创建栈帧，见下文介绍
    ...
    //遍历基本块。block_order是按LSRA中线性化要求排列的基本块
    for (size_t e = block_order_->size(); current_block_index_ < e;
                ++current_block_index_) {
        HBasicBlock* block = (*block_order_)[current_block_index_];
        if (block->IsSingleJump()) continue;
        //内部调用X86Assembler的Bind函数，其目的是给基本块对应的Label对象设置一个
        //代表该基本块在机器指令流中的位置。这块代码比较简单，请读者自行阅读。
        Bind(block);
        for (HInstructionIterator it(block->GetInstructions());
             !it.Done();it.Advance()) {
            HInstruction* current = it.Current();
            .......
            DisassemblyScope disassembly_scope(current, *this);
            //②instruction_visitor的VisitXXX函数将被调用，下文将介绍几个例子
            current->Accept(instruction_visitor);
        }
    }
    GenerateSlowPaths();//③针对Slow path的处理，见下文处理
    if (graph_->HasTryCatch()) { RecordCatchBlockInfo();}//处理catch
    //将生成的机器码拷贝到指定的内存块。其中有些地方需要做数据对齐处理。这部分代码比较简单，
    //读者可自行阅读
    Finalize(allocator);
}
```

笔者在 Compile 代码中有几处关键调用需要介绍，我们分别来看它。首先是 Initialize，它由 CodeGeneratorX86 实现，代码如下所示。

[code_generator_x86.cc->CodeGeneratorX86::Initialize]

```
void Initialize() OVERRIDE {
    //block_labels_数据类型为Label*，它是一个数组. CommonInitializeLabels
    //是一个模板函数，它将创建一个Label数组，元素个数为基本块的个数
    block_labels_ = CommonInitializeLabels<Label>();
}
```

上述代码中，Label 是一个类，它就是编程语言中所谓“标签”的代码表示。Label 中有一个代表该标签位置的 position 变量。

笔者不拟讨论 Label 的用法，其实也能猜到它和代码中的 label 有相同的作用。

6.6.1 GenerateFrameEntry

GenerateFrameEntry 的代码如下所示。

[code_generator_x86.cc->CodeGeneratorX86::GenerateFrameEntry]

```
void CodeGeneratorX86::GenerateFrameEntry() {
    /*__是一个宏，其定义如下：
      #define __ down_cast<X86Assembler*>(codegen->GetAssembler())->
      也就是说，__是一个对象，其类型为X86Assembler（读者可回顾6.5.2中对"CodeGenerator及相关
      知识"介绍一节）。为什么会使用__这个字符呢？笔者一时半会也没有想到好的解释，读者不妨猜测一
      番。CFI是Call Frame Information的缩写，用于调试器等工具获取堆栈信息。本文不拟介绍它*/
    __ cfi().SetCurrentCFAOffset(kX86WordSize);
    // frame_entry_label_类型为Label，代表函数入口处的位置。请读者自行阅读此函数
    __ Bind(&frame_entry_label_);
    /*堆栈溢出检查（stack overflow check），如果栈帧小于2KB并且是叶子函数，则无须检查。
      注意，叶子函数的定义为其内部没有显示或隐式调用其他函数的method才是Leaf Method。只有
      CFG中所有IR的LocationSummary的CallKind都不是kCall或kCallOnSlowPath，该函数才是
      Leaf Method*/
    if (!skip_overflow_check) {
        //x86平台上，GetStackOverflowReservedBytes返回为8KB。如果ESP-8KB的位置位于栈
          溢出保护区域（这段内存不能访问），则会触发SIGSEGV信号。该信号的处理请阅读第12章的
          StackOverflowHandler的内容。
        __ testl(EAX, Address(ESP,
                 -static_cast<int32_t>(GetStackOverflowReservedBytes(kX86))));
        RecordPcInfo(nullptr, 0);
    }
    /*将本函数使用到的，并且属于调用约定中callee saved寄存器进行压栈
      kCoreCalleeSaves: x86平台定义的被调用者保存的寄存器，为EBP、ESI和EDI。
      allocated_registers_: LSRA中被分配的物理寄存器存储在其中*/
    for (int i = arraysize(kCoreCalleeSaves) - 1; i >= 0; --i) {
            Register reg = kCoreCalleeSaves[i];
        if (allocated_registers_.ContainsCoreRegister(reg)) {
            __ pushl(reg);//生成比如"push %esi"这样的x86指令码
        ...
    }
    //计算ESP调整大小。GetFrameSize为LSRA Resolve阶段计算出来的栈帧总大小，而FrameEntry-
      SpillSize为callee saved registers在栈帧里占据的大小。由于上边已经压栈了这些寄存器，
      所以调整大小时需要去掉这些寄存器占据的空间
    int adjust = GetFrameSize() - FrameEntrySpillSize();
    __ subl(ESP, Immediate(adjust));
    /*kCurrentMethodStackOffset值为0, kMethodRegisterArgument值为EAX下面这个函数将
      生成 move %eax, $0(ESP),即保存eax的值到栈顶*/
    __ movl(Address(ESP, kCurrentMethodStackOffset), kMethodRegisterArgument);
}
```

此处我们简单看一下X86Assembler的pushl函数，代码如下所示。

[assembler_x86.cc->AssemblerX86::pushl]

```
void X86Assembler::pushl(Register reg) {
    //buffer_是一个存储机器指令的buffer，类型为AssemblerBuffer
    AssemblerBuffer::EnsureCapacity ensured(&buffer_);
    EmitUint8(0x50 + reg);//在AssemblerBuffer中生成"push reg"对应的机器指令
}
```

6.6.2　VisitAdd和VisitInstanceFieldGet

现在我们具体看看HAdd和HInstanceFieldGet这两个IR是如何转换成机器指令的。

6.6.2.1 VisitAdd

首先是 VisitAdd，代码如下所示。

[code_generator_x86.cc->InstructionCodeGeneratorX86::VisitAdd]

```
void InstructionCodeGeneratorX86::VisitAdd(HAdd* add) {
    //到这个阶段，机器指令生成其实就比较简单了，只要找到操作数的源和目标位置，
    //使用对应的机器指令就可以了
    LocationSummary* locations = add->GetLocations();
    Location first = locations->InAt(0);
    Location second = locations->InAt(1);
    Location out = locations->Out();

    switch (add->GetResultType()) {
        case Primitive::kPrimInt: {
            if (second.IsRegister()) {//第二个源操作数来自寄存器
                if (out.AsRegister<Register>() == first.AsRegister<Register>()) {
                    __ addl(out.AsRegister<Register>(), second.AsRegister<Register>());
                } else if (out.AsRegister<Register>() ==
                     second.AsRegister<Register>()) {
                    __ addl(out.AsRegister<Register>(), first.AsRegister<Register>());
                } else {//addl和leal都是x86平台上的指令
                    __ leal(out.AsRegister<Register>(), Address(
                      first.AsRegister<Register>(),
                          second.AsRegister<Register>(), TIMES_1, 0));
                }
            } else if (second.IsConstant()) {//第二个源操作数为常量
                int32_t value = second.GetConstant()->AsIntConstant()->GetValue();
                if (out.AsRegister<Register>() == first.AsRegister<Register>()) {
                    __ addl(out.AsRegister<Register>(), Immediate(value));
                } else {
                    __ leal(out.AsRegister<Register>(),
                      Address(first.AsRegister<Register>(), value));
                }
            } else {//使用栈上的地址
                    __ addl(first.AsRegister<Register>(),
                      Address(ESP, second.GetStackIndex()));
            }
            break;
        } .....//其他数据类型的处理
        } ...  } }
```

6.6.2.2 VisitInstanceFieldGet

接着来看 VisitInstanceFieldGet，代码如下所示。

[code_generator_x86.cc->InstructionCodeGeneratorX86::VisitInstanceFieldGet]

```
void InstructionCodeGeneratorX86::VisitInstanceFieldGet(
                 HInstanceFieldGet* instruction) {
    HandleFieldGet(instruction, instruction->GetFieldInfo());
}
```

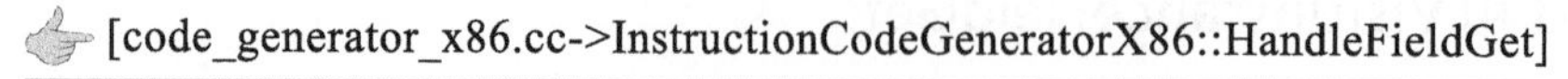

[code_generator_x86.cc->InstructionCodeGeneratorX86::HandleFieldGet]

```
void InstructionCodeGeneratorX86::HandleFieldGet(HInstruction* instruction,
```

```
    const FieldInfo& field_info) {
    LocationSummary* locations = instruction->GetLocations();
    Location base_loc = locations->InAt(0);
    Register base = base_loc.AsRegister<Register>();
    Location out = locations->Out();
    bool is_volatile = field_info.IsVolatile();//该成员域的信息由field_info表示
    Primitive::Type field_type = field_info.GetFieldType();
    uint32_t offset = field_info.GetFieldOffset().Uint32Value();

    switch (field_type) {
            ....//其他数据类型的处理
        case Primitive::kPrimInt://获取一个int型成员变量的值
            //Address: 代表源操作数的位置，由寄存器+偏移量共同组成
            __ movl(out.AsRegister<Register>(), Address(base, offset));
            break;
        case Primitive::kPrimNot: {
            //如果成员变量是一个对象，则处理就比较复杂了，下面是源操作数和目标操作数的含义和关系
            // /* HeapReference<Object> */ out = *(base + offset)
            // out存储的是一个指针。这部分内容我们留待后文的示例再来加深认识
            if (kEmitCompilerReadBarrier && kUseBakerReadBarrier) {
                ......// 前文曾提过Read Barrier，此处需要做对应处理
            } else {
                __ movl(out.AsRegister<Register>(), Address(base, offset));
                codegen_->MaybeRecordImplicitNullCheck(instruction);
                if (is_volatile) {
                    codegen_->GenerateMemoryBarrier(MemBarrierKind::kLoadAny);
                }
                codegen_->MaybeGenerateReadBarrierSlow(instruction, out, out,
                      base_loc, offset);
            }
            break;
        }
        .... }
..... }
```

6.6.3 GenerateSlowPaths

针对前文提到的 kCallOnSlowPath，ART 设计了一个类家族来描述各种可能的情况，来看图 6-56。

在图 6-56 中：

- SlowPathCode 是基类，它包含一个 instruction_ 成员变量，该变量指向创建这个 SlowPathCode 对象的 IR。每一种不同的 SlowPathCode 会生成不同的机器码，这是由子类实现虚函数 EmitNativeCode 来完成的。
- 其他类都是 SlowPathCode 的子类。x86 平台一共定义了 13 个 SlowPathCode 子类。读者可仔细观察，这些子类要么会导致异常被抛出（比如 DivZeroCheckSlowPathX86、BoudsCheckSlowPathX86），要么会回退到解释模式执行（DeoptimizationSlowPathX86），要么就和 GC 有关（比如 ReadBarrierForRootSlowPathX86 等）。总之，这些 SlowPath-Code 使得原本编译成机器码以期望加快执行速度的指令还需要额外做些工作，这也不枉称之为 Slow Path 代码了。

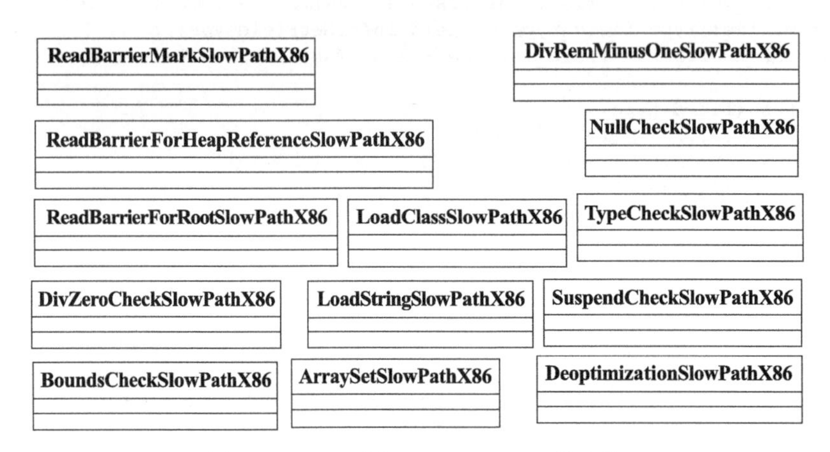

图 6-56　x86 平台 SlowPathCode 类家族

关于 SlowPath 的处理，笔者将以 DivZeroCheckSlowPathX86 为例进行介绍。我们先了解下这个 SlowPathCode 对象在何处被创建的？

6.6.3.1　VisitDivZeroCheck

HDivZeroCheck 代表除零判断，如果被除数为 0，将触发除零异常。来看它的机器码生成是如何处理的，代码如下所示。

[code_generator_x86.cc->InstructionCodeGeneratorX86::VisitDivZeroCheck]

```
void InstructionCodeGeneratorX86::VisitDivZeroCheck(
    HDivZeroCheck* instruction) {
    /*创建一个DivZeroCheckSlowPathX86对象，并将它加到代码生成器对象的slow_paths_数组
      中。SlowPathCode对象的机器码在GenerateSlowPaths里统一生成。GenerateSlowPaths非
      常简单，就是遍历slow_path_数组，调用每一个SlowPathCode对象的EmitNative函数。读者可
      自行阅读此函数。*/
    SlowPathCode* slow_path = new (GetGraph()->GetArena())
                                DivZeroCheckSlowPathX86(instruction);
    codegen_->AddSlowPath(slow_path);

    LocationSummary* locations = instruction->GetLocations();
    Location value = locations->InAt(0);//value代表被除数

    switch (instruction->GetType()) {
        .....
        case Primitive::kPrimInt: {
            if (value.IsRegister()) {.....}
            else if (value.IsStackSlot()) {.....}
            else {//如果被除数为0，跳转到slow_path对应的代码处
                if (value.GetConstant()->AsIntConstant()->GetValue() == 0) {
            __ jmp(slow_path->GetEntryLabel());
```

```
        } }
      break;
    } .....}
```

6.6.3.2 DivZeroCheckSlowPathX86

DivZeroCheckSlowPathX86 类的代码如下所示。

 [code_generator_x86.cc->DivZeroCheckSlowPathX86]

```
class DivZeroCheckSlowPathX86 : public SlowPathCode {
    public: explicit DivZeroCheckSlowPathX86(HDivZeroCheck* instruction)
    : SlowPathCode(instruction) {}
        void EmitNativeCode(CodeGenerator* codegen) OVERRIDE {
            CodeGeneratorX86* x86_codegen = down_cast<CodeGeneratorX86*>(codegen);
            __ Bind(GetEntryLabel());
            if (instruction_->CanThrowIntoCatchBlock()) {
                SaveLiveRegisters(codegen, instruction_->GetLocations());
            }
            //触发抛异常。以后我们单独会介绍Java代码的执行流程
            x86_codegen->InvokeRuntime(QUICK_ENTRY_POINT(pThrowDivZero),
                        instruction_,instruction_->GetDexPc(),this);
            CheckEntrypointTypes<kQuickThrowDivZero, void, void>();
        }
    }
```

6.7 总结

本章对编译技术做了一个大致的介绍。虽然笔者动笔之初已然预计到其难度很大，但整篇文章写下来，其篇幅之长以及笔者在撰写过程中时所碰到的困难也是超乎最初预想的，而且这还是在略过语法、语义分析等编译原理中比较核心内容的情况下。不过，付出终有回报。就笔者个人而言，之前阅读 ART 编译这部分代码几乎处处不懂，现在则已经驾轻就熟，对优化器、机器码生成等这部分编译优化的过程比较清楚。并且，这其中哪些属于细节知识可留待后续进一步研究，哪些内容对本书目标读者而言更具价值等问题也算是有了初步答案。

所以，从学完本章想达到什么目标（如果以笔者要求来看，就是读者应该达到什么目标）的角度来看，本章的总结如下。

- 首先对编译技术不再畏惧。一个复杂的大问题总是能通过分而治之将其拆分成几个难度较小的小问题来解决。显然，编译问题通过三段式的软件架构将此难题分成了前端、优化、后端这三个小问题。
- 对前端而言，无非是词法、语法和语义分析。读者如果不想深究这部分理论细节的话，至少对它们的目的、为了达到这个目的所采取的手段要有所了解。笔者在此利用了 lex、yacc 等工具做了一些尝试。这两个工具在其他方面的开发工作中是否能用上呢？笔者相信这个问题的答案是肯定的。而且，现在还有比 lex 和 yacc 更强大的工具（Antlr，官网地址 http://www.antlr.org/）。好在这些工具所基于的原理是类似的，所以，如果读者能认真看完这部分内容的话，眼界应该能变得更开阔一点。比如，使用 Antlr 开发领域语言也不再是一件看起来遥不可及的事情。

- 对优化器来说，笔者的学习目标很明确，就是为了看懂ART这部分代码。显然，我们会发现这些代码的编写是有理论依据的。要想真正看懂它们，必须先了解CFG、基本块、SSA等方面的知识。本书的内容组织形式就是先讲完理论知识，立即就可以在后续的代码分析中找到理论的影子。这种做法的好处就是即使我们没有纠缠代码里非常复杂的细节，但代码中的关键函数和关键代码段的目标还是会弄得比较清楚。人类学习知识的过程是分阶段、分层次的。笔者觉得这一阶段能学习到基本原理、搞清楚代码流程就已经很不错了。
- 其他优化手段可以仅介绍下它们的目的，而寄存器分配（也包括栈帧等方面的知识）和最终的代码执行、oat文件中存储的信息关联性较大，所以笔者在寄存器分配这部分内容上花费了较多笔墨。
- 剩下的机器码生成相对就比较简单了。之所以使用x86平台来示范，是因为x86平台的资料比较全，而ARM平台在原理上和x86平台没有本质区别。从笔者角度看，如果能掌握x86平台上的相关知识，ARM平台其实就算间接被拿下了。这不光是对读者的要求，这也是笔者对自己的要求。

最后，笔者此处还想着重强调一个非常重要但经常会被忽略的知识点，如图6-57所示。

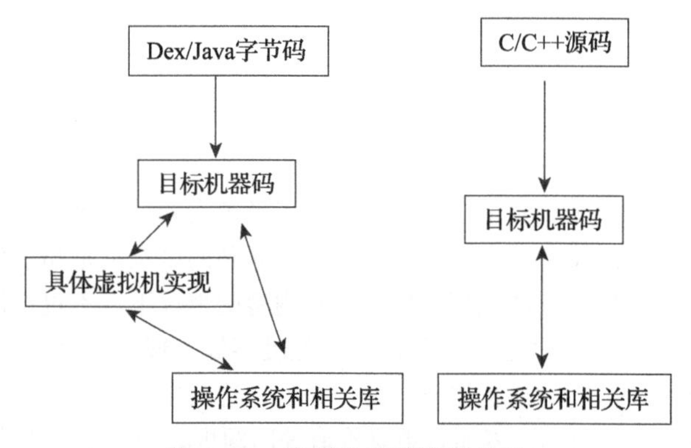

图6-57　目标机器码依赖关系

在图6-57中：

- 右边是C/C++源码编译成目标机器码后，该目标机器码编译，运行时只和目标的操作系统和相关库有关。
- 而Dex/Java字节码虽然也编译成目标机器码，但是它的编译和运行不仅仅依赖操作系统，还依赖具体的虚拟机实现。比如Dex字节码编译成机器码的话就依赖ART虚拟机。

这个道理很容易理解，但是也很容易被忽视。很多人以为Java字节码编译成机器码后就能和那些C/C++编译得到的机器码一样无所羁绊地直接在OS上运行了，殊不知在Java字节码编译为机器码的过程中，虚拟机会添加一些必要和特殊的指令，使得得到的机器码在运行过程中实际上离不开虚拟机的管控。这里不妨举一个例子加以说明。

- Java虚拟机的垃圾回收器做对象标记前，往往会设置一个标志，表示自己要做对象标记了。
- 其他线程运行时要经常检查这个标志，发现这个标志为true时，这些线程就得等待，好让垃圾回收器能安全地做对象标记。否则的话，垃圾回收器一边做对象标记，其他线程同时又去创建对象或更改对象间的引用关系，这将导致对象标记不准确，影响垃圾回收。

显然，程序员在代码中是不会主动加上这个检查标记的动作。实际上，这是由编译器来主动完成的。它会在两个地方添加标记检查指令，一个是在Entry基本块里，另一个是在loop header基本块里。来看代码。

[instruction_builder.cc->Build]

```
....
for (HReversePostOrderIterator block_it(*graph_); !block_it.Done();
        block_it.Advance()) {
    current_block_ = block_it.Current();
    uint32_t block_dex_pc = current_block_->GetDexPc();
    InitializeBlockLocals();
    if (current_block_->IsEntryBlock()) {
        InitializeParameters();
        //在Entry基本块里添加了两个IR对象，分别是HSuspendCheck和HGoto
        AppendInstruction(new (arena_) HSuspendCheck(0u));
        AppendInstruction(new (arena_) HGoto(0u));
        continue;
    } ......
    } else if (current_block_->IsLoopHeader()) {
        //在循环头基本块里也添加了一个HSuspendCheck IR对象
        HSuspendCheck* suspend_check = new (arena_)
            HSuspendCheck(current_block_->GetDexPc());
        current_block_->GetLoopInformation()->SetSuspendCheck(suspend_check);
        InsertInstructionAtTop(suspend_check);
    }
...
```

接着来看code_generator_x86中对HGoto的处理。

[code_generator_x86->InstructionCodeGeneratorX86::HandleGoto]

```
void InstructionCodeGeneratorX86::HandleGoto(HInstruction* got,
        HBasicBlock* successor) {
    HBasicBlock* block = got->GetBlock();//知道该IR对应的基本块对象
    HInstruction* previous = got->GetPrevious();
    HLoopInformation* info = block->GetLoopInformation();
    //如果该Goto对应为循环，则调用GenerateSuspendCheck，创建一个
    //SuspendCheckSlowPathX86类型的SlowPathCode对象。
    if (info != nullptr && info->IsBackEdge(*block) &&
            info->HasSuspendCheck()) {
        GenerateSuspendCheck(info->GetSuspendCheck(), successor);
        return;
    }
    //对Entry基本块的处理
    if (block->IsEntryBlock() && (previous != nullptr) &&
               previous->IsSuspendCheck()) {
```

```
            GenerateSuspendCheck(previous->AsSuspendCheck(), nullptr);
        }
    .....
    }
```

通过上面代码可知，

- GenerateSuspendCheck 内部将创建一个 SuspendCheckSlowPathX86 对象，它将生成检查 suspend check 标志的代码。其详情我们留待第 11 章再来介绍。
- 另外，就 suspend check 的时机来说，每一次循环都会执行 Suspend check 执行。对 GC 来说，这是合理和必要的。因为如果不这么做的话，如果一个线程在一个循环里执行时间过长，将导致对象标记不能开展，从而影响垃圾回收。

上面这个例子充分表明 Java 字节码编译得到的机器码是离不开虚拟机的，它的编译也依赖与具体的虚拟机实现。后续章节中还会多次碰到这种情况，请读者留意。

6.8 参考资料

[1] LLVM 介绍

http://www.aosabook.org/en/llvm.html

一篇关于 LLVM 架构的介绍，其中有对 GCC 一些问题的描述。

[2] LLVM 软件架构介绍

http://llvm.org/pubs/2008-10-04-ACAT-LLVM-Intro.pdf

一篇关于 LLVM 的介绍，其中有 LLVM 搭配 GCC 得到的新编译器和原 GCC 编译器的性能对比。

[3] 编译器设计之路

机械工业出版社出版，作者裘巍。这本书是一本非常不错的、由国人编写的编译技术书，作者不仅理论分析得很透彻易懂，而且还能结合自己设计的 Neo Pascal 编译器实现代码进行讲解。

[4] Engneering a Compiler 2nd Edition

作者是 Keith Cooper 和 Linda Torczon。中文版名为编译器设计第二版。难度比 [3] 大。和“龙书”（Dragon Book）相比，这本书能从编译器的实现角度来讲解相关理论和技术。

[5] lex 工具使用介绍

http://dinosaur.compilertools.net/lex/index.html4

[6] yacc 工具使用介绍

http://dinosaur.compilertools.net/yacc/index.html

[7] 优化相关理论知识

http://www.cs.utexas.edu/~pingali/CS380C/2016-fall/lectureschedule.html

这是美国德克萨斯大学计算机系开的一门和编译、优化有关课程的课件。

http://www2.cs.arizona.edu/~collberg/Teaching/553/2011/Handouts/Handout-31.pdf

Natural Loop 的定义。这是笔者找到的少有的以示意图形式描述了 natural loop 含义的资料。

http://eli.thegreenplace.net/2015/directed-graph-traversal-orderings-and-applications-to-data-flow-analysis/

这是一篇和有向图遍历以及数据流分析有关的文章。它通过伪代码展示了有向图的各种遍历方法，非常有助于理解数据流分析时常用到的 Reverse Post-order 方法。

[8] Advanced Compiler Design and Implementation

该书就是大名鼎鼎的鲸书，ART 里优化器很多算法都来自于本书。它对 back edge 的定义以及 CFG 的 reducibility 有介绍。

[9] data flow analysis

- https://en.wikipedia.org/wiki/Data-flow_analysis
- https://en.wikipedia.org/wiki/Reaching_definition
- https://en.wikipedia.org/wiki/Live_variable_analysis

数据流分析相关参考资料，来自维基百科。

[10] SSA

https://en.wikipedia.org/wiki/Static_single_assignment_form

[11] Modern Compiler Implementation in Java

本书有一个姊妹版，Modern Compiler Implementation in C，大名鼎鼎的虎书是也。中文版名称为《现代编译原理 -Java 语言描述》。

[12] Intrinsic 优化

http://www.slideshare.net/RednaxelaFX/green-teajug-hotspotintrinsics02232013

Oracle 公司介绍 intrinsic recognizer 的 PPT。其中还专门提到阿里淘宝设计的 Taobao JDK，使用 Intrinsic 函数后，性能提升达 40% ~ 180%。

[13] Value Numbering 值编号

https://en.wikipedia.org/wiki/Global_value_numbering

维基百科对全局值编号的介绍。不过只有原理性的，而参考资料 [8]《Advanced Compiler Design and Implementation》在第 12.4 节则有更详细的介绍，包括算法的实现。

[14] Induction Variable Analysis

https://en.wikipedia.org/wiki/Induction_variable

[15] Bounds Check Elimination

http://www.ssw.uni-linz.ac.at/Research/Papers/Wuerthinger07/Wuerthinger07.pdf

论文《Array Bounds Check Elimination for the Java HotSpotTM Client Compiler》介绍了 Bounds Check Elimination 算法的一种实现。

[16] 寄存器分配相关

http://compilers.cs.ucla.edu/fernando/publications/drafts/survey.pdf

一篇通俗易懂的讲解寄存器分配各种算法的文章。

[17] Linear Scan Register Allocation

http://www.cse.iitm.ac.in/~krishna/courses/2014/odd-cs3300/linearscan.pdf
论文《 Linear Scan Register Allocation 》介绍了线性扫描分配方法的详细过程以及和图着色法进行的对比。

[18] Optimized Interval Splitting in a Linear Scan Register Allocator
https://www.usenix.org/events/vee05/full_papers/p132-wimmer.pdf
论文《 Optimized Interval Splitting in a Linear Scan Register Allocator 》改进了 [17] 中线性扫描分配法里关键信息 Live interval 的计算方式，有助于更好地分配寄存器。

[19] Linear Scan Register Allocation on SSA Form
http://www.christianwimmer.at/Publications/Wimmer10a/Wimmer10a.pdf
论文《 Linear Scan Register Allocation on SSA Form 》是对线性扫描分配法的改进，它基于 SSA 形式的 IR。这也是 ART 优化器里使用的方法。[19] 的研究成果基于 [17] 和 [18] 等论文。

[20] Linear Scan Register Allocation for the Java HotSpot™ Client Compiler
http://www.christianwimmer.at/Publications/Wimmer04a/Wimmer04a.pdf
论文 [18] 和 [19] 的作者之一的 Christian Wimmer 与 2004 年写的一篇硕士论文，对 Java 客户端编译有一个全局的介绍，并且详细讲解了和 Linear Scan 相关的内容。强烈建议读者阅读这篇文章。

[21] GC FAQ--Write/Read Barrier
http://www.iecc.com/gclist/GC-algorithms.html
关于 CG 方面的 FAQ。其中有对 Write/Read Barrier 的介绍。

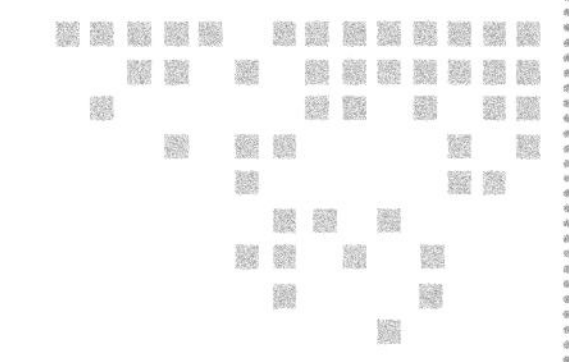

第 7 章 Chapter 7

虚拟机的创建

ART 虚拟机非常复杂，涉及非常多的内容，其代码层面也包含很多自定义数据结构。作为全书正式走入 ART 虚拟机代码世界的开篇，我们将从虚拟机的创建入手。下一章是本章的续篇，讨论虚拟机的启动和类的加载、链接及初始化等流程。本章难度比较大，请读者重点关注整个代码的调用流程并了解本章所讲解的关键类的作用。

本章所涉及的源代码文件名及位置

- app_main.cpp:frameworks/base/cmds/app_process/
- AndroidRuntime.cpp:frameworks/base/core/jni/
- JniInvocation.cpp:libnativehelper/
- jni.h:libnativehelper/include/nativehelper/
- java_vm_ext.cc:art/runtime/
- jni_env_ext.cc:art/runtime/
- jni_internal.cc:art/runtime/
- runtime.cc:art/runtime/
- type_static_if.h:art/runtime/base/
- mem_map.h:art/runtime/
- mem_map.cc:art/runtime/
- oat_file_manager.h:art/runtime/
- oat_file_manager.cc:art/runtime/
- sigchain.cc:art/signalchainlib/
- fault_handler.cc:art/runtime/
- code_generator_x86.cc:art/compiler/optimizing/

- fault_handler_x86.cc:art/runtime/arch/x86/
- thread.h:art/runtime/
- thread.cc:art/runtime/
- thread_x86.cc:art/runtime/arch/x86/
- pthread_create.cpp:bionc/libc/bionic/
- quick_entrypoints_list.h:art/runtime/entrypoints/quick/
- entrypoints_init_x86.cc:art/runtime/arch/x86/
- quick_default_init_entrypoints.h:art/runtime/entrypoints/quick/
- interpreter.cc:art/runtime/interpreter/
- mterp.h:art/runtime/interpreter/mterp/
- mterp.cc:art/runtime/interpreter/mterp/
- mterp_x86.S:art/runtime/interpreter/mterp/out/
- scoped_thread_state_change.h:art/runtime/
- space_bitmap.h:art/runtime/gc/accouting/
- space_bitmap-inl.h:art/runtime/gc/accouting/
- space_bitmap.cc:art/runtime/gc/accouting/
- heap_bitmap-inl.h:art/runtime/gc/accouting/
- image_space.cc:art/runtime/gc/space/
- heap.cc:art/runtime/gc/
- check_jni.cc:art/runtime/
- object_reference.h:art/runtime/mirror/
- gc_root.h:art/runtime/
- handle.h:art/runtime/
- handle_scope.h:art/runtime/
- art_field.cc:art/runtime/
- class_table.h:art/runtime/
- class_table.cc:art/runtime/
- hash_set.h:art/runtime/base/
- class_linker-inl.h:art/runtime/base/
- class_linker.cc:art/runtime/base/
- image-inl.h:art/runtime/base/
- field.cc:art/runtime/mirror/

7.1 概述

ART 虚拟机是一个非常庞大和复杂的系统。学习这样的一个系统，我们必须要多方面、多角度来研究它。本章拟先研究 ART 虚拟机的启动流程。

在 Android 系统中，Java 虚拟机是借由大名鼎鼎的 Zygote 进程来创建的。Zygote 是 Java 世界的创造者——即 Android 中所有 Java 进程都由 Zygote 进程 fork 而来，而 Zygote 进程自己又是 Linux 系统上的 init 进程通过解析配置脚本来启动的。假设目标设备为 32 位 CPU 架构，zygote 进程对应的配置脚本文件是 system/core/rootdir/init.zygote32.rc，该文件描述了 init 该如何启动 zygote 进程，如图 7-1 所示。

```
service zygote /system/bin/app_process -Xzygote /system/bin --zygote --start-system-server
    class main
    socket zygote stream 660 root system
    onrestart write /sys/android_power/request_state wake
    onrestart write /sys/power/state on
    onrestart restart audioserver
    onrestart restart cameraserver
    onrestart restart media
    onrestart restart netd
    writepid /dev/cpuset/foreground/tasks /dev/stune/foreground/tasks
```

图 7-1　zygote32 启动脚本

图 7-1 中使用了 Android init 配置脚本的语法[⊖]，我们只关注第一行的内容。其中，

- service zygote：它告诉 init 进程，现在我们要配置一个名为 zygote 的服务。服务是 init 的内部概念，可以不用管它。
- /system/bin/app_process：指明 zygote 服务对应的二进制文件路径。init 创建服务的处理逻辑很简单，就是 fork 一个子进程来运行指定的程序。对 zygote 服务而言，这个程序就是 /system/bin/app_process。
- -Xzygote /system/bin --zygote --start-system-server：这一串内容是传递给 app_process 的启动参数。

由上文的描述可知，zygote 进程对应的程序实际上是 /system/bin/app_process。

马上来看 app_process 的代码，如下所示。

[app_main.cpp->main]

```
int main(int argc, char* const argv[]){
    ......
    //AppRuntime是一个类，定义在app_main.cpp中。其基类是AndroidRuntime
    AppRuntime runtime(argv[0], computeArgBlockSize(argc, argv));
    ...
    bool zygote = false;
    bool startSystemServer = false;
    bool application = false;
    .....
    //zygote脚本里的启动参数为
    //"-Xzygote /system/bin --zygote --start-system-server"
    while (i < argc) {
        const char* arg = argv[i++];
        if (strcmp(arg, "--zygote") == 0) {
            zygote = true;
            //niceName将被设置为app_process的进程名，32位机对应的进程名为"zygote",
```

⊖ 关于 init 更多的内容，读者可参考笔者编写的《深入理解 Android 卷 1》一书，此处不拟详述。

```
            //而64位机上该进程名为"zygote64"
            niceName = ZYGOTE_NICE_NAME;
        } .....
    }
    ......
    if (zygote) {//调用基类AndroidRuntime的start函数
        runtime.start("com.android.internal.os.ZygoteInit", args, zygote);
    }
    ....
}
```

接着来看AndroidRuntime的start函数。

 [AndroidRuntime.cpp->AndroidRuntime::start]

```
void AndroidRuntime::start(const char* className,
        const Vector<String8>& options, bool zygote)  {
    ......
    //重点关注JniInvocation.Init函数和startVm函数，它们和启动ART虚拟机有关
    JniInvocation jni_invocation;
    jni_invocation.Init(NULL);
    JNIEnv* env;
    startVm(&mJavaVM, &env, zygote) != 0) { ...;}
    //下面的代码和Zygote进程的处理逻辑相关，本书不拟介绍它们。对这部分内容感兴趣的读者
    //可阅读由笔者撰写的《深入理解Android 卷1》一书
    .....
}
```

上述代码中和启动ART虚拟机密切相关的两个重要函数如下所示。

- JniInvocation的Init函数：它将加载ART虚拟机的核心动态库。
- AndroidRuntime的startVm函数：在ART虚拟机对应的核心动态库加载到zyogte进程后，该函数将启动ART虚拟机。

7.1.1 JniInvocation Init函数介绍

先来看JniInvocation的Init函数，代码如下所示。

 [JniInvocation.cpp->JniInvocation::Init]

```
bool JniInvocation::Init(const char* library) {
#ifdef __ANDROID__
    char buffer[PROP_VALUE_MAX];
#else
    char* buffer = NULL;
#endif
    //art核心库是通过动态加载so的方式加载到zygote进程的。GetLibrary根据情况返回
    //目标so的文件名。正常情况下加载的art核心动态库文件名为libart.so
    library = GetLibrary(library, buffer);
    const int kDlopenFlags = RTLD_NOW | RTLD_NODELETE;
    handle_ = dlopen(library, kDlopenFlags);//加载libart.so
    ....
    //从libart.so中找到JNI_GetDefaultJavaVMInitArgs函数的地址（也就是函数指针），
    //将该地址存储到JNI_GetDefaultJavaVMInitArgs_变量中。
    if (!FindSymbol(reinterpret_cast<void**>(&JNI_GetDefaultJavaVMInitArgs_),
```

```
        "JNI_GetDefaultJavaVMInitArgs")) { return false; }
    //从libart.so中找到JNI_CreateJavaVM函数，它就是创建虚拟机的入口函数。该函数的
    //地址保存在JNI_CreateJavaVM_变量中
    if (!FindSymbol(reinterpret_cast<void**>(&JNI_CreateJavaVM_),
                    "JNI_CreateJavaVM")) {return false;}
    //从libart.so中找到JNI_GetCreatedJavaVMs函数
    if (!FindSymbol(reinterpret_cast<void**>(&JNI_GetCreatedJavaVMs_),
                    "JNI_GetCreatedJavaVMs")) { return false; }
    return true;
}
```

由上述代码可知，我们将从 libart.so 里将取出并保存三个函数的函数指针：

- 这三个函数的代码位于 java_vm_ext.cc 中。
- 第二个函数 JNI_CreateJavaVM 用于创建 Java 虚拟机，所以它是最关键的。

7.1.2 AndroidRuntime startVm 函数介绍

接着来看 AndroidRuntime 的 startVm 函数，代码如下所示。

[AndroidRuntime.cpp->AndroidRuntime::startVm]

```
int AndroidRuntime::startVm(JavaVM** pJavaVM, JNIEnv** pEnv, bool zygote)
{
    JavaVMInitArgs initArgs;
    ....//这段省略的代码非常长，其主要功能是为ART虚拟机准备启动参数，本章先不讨论它们
    initArgs.version = JNI_VERSION_1_4;
    initArgs.options = mOptions.editArray();
    initArgs.nOptions = mOptions.size();
    initArgs.ignoreUnrecognized = JNI_FALSE;
    /*调用JNI_CreateJavaVM。注意，该函数和JniInvocation Init从libart.so取出的JNI_
      CreateJavaVM函数同名，但它们是不同的函数。JniInovcation Init取出的那个函数的地址保存
      在JNI_CreateJavaVM_（其名称后多一个下划线）变量中。这一点特别容易混淆，请读者注意*/
    if (JNI_CreateJavaVM(pJavaVM, pEnv, &initArgs) < 0) {...}
    return 0;
}
```

如上述代码中的注释所言，JNI_CreateJavaVM 函数并非是 JniInovcation Init 从 libart.so 获取的那个 JNI_CreateJavaVM 函数。相反，它是直接在 AndroidRuntime.cpp 中定义的，其代码如下所示。

[AndroidRuntime.cpp->JNI_CreateJavaVM]

```
extern "C" jint JNI_CreateJavaVM(JavaVM** p_vm, JNIEnv** p_env,void* vm_args) {
    //调用JniInvocation中的JNI_CreateJavaVM函数，而JniInvocation又会调用
    //libart.so中定义的那个JNI_CreateJavaVM函数。
    return JniInvocation::GetJniInvocation().JNI_CreateJavaVM(p_vm,p_env, vm_args);
}
```

辗转多次，终于和 libart.so 关联上了。马上来看 libart.so 中的这个 JNI_CreateJavaVM 函数，代码如下所示。

[java_vm_ext.cc->JNI_CreateJavaVM]

```
extern "C" jint JNI_CreateJavaVM(JavaVM** p_vm, JNIEnv** p_env,void* vm_args) {
```

```
    ScopedTrace trace(__FUNCTION__);
    const JavaVMInitArgs* args = static_cast<JavaVMInitArgs*>(vm_args);
    .....//为虚拟机准备参数
    bool ignore_unrecognized = args->ignoreUnrecognized;
    //①创建Runtime对象，它就是ART虚拟机的化身
    if (!Runtime::Create(options, ignore_unrecognized)) {...}
    //加载其他关键动态库，它们的文件路径由/etc/public.libraries.txt文件描述
    android::InitializeNativeLoader();

    Runtime* runtime = Runtime::Current();//获取刚创建的Runtime对象
    bool started = runtime->Start();//②启动runtime。注意，这部分内容留待下一章介绍
    ....
    //获取JNI Env和Java VM对象
    *p_env = Thread::Current()->GetJniEnv();
    *p_vm = runtime->GetJavaVM();
    return JNI_OK;
}
```

在上述libart.so的JNI_CreateJavaVM代码中，我们见到了ART虚拟机的化身Runtime（即ART虚拟机在代码中是由Runtime类来表示的）。其中：

- Runtime Create将创建一个Runtime对象。
- Runtime Start函数将启动这个Runtime对象，也就是启动Java虚拟机。这部分内容我们放到下一章再介绍

Runtime的Create和Start函数将是本章和下一章的重点。先来看Runtime对象的创建。

VM和Runtime

虚拟机一词的英文为Virtual Machine（简写为VM）。Runtime则是另外一个在虚拟机技术领域常用于表示虚拟机的单词。Runtime也被翻译为运行时，在本书中，笔者使用虚拟机来表示它。在ART虚拟机Native层代码中，Runtime是一个类。而JDK源码里也有一个Runtime类（位于java.lang包下）。这个Java Runtime类提供了一些针对整个虚拟机层面而言的API，比如exit（退出虚拟机）、gc（触发垃圾回收）、load（加载动态库）等。

7.2 Runtime Create介绍

7.2.1 Create函数介绍

在上述代码中，Runtime对象的创建是通过调用Create函数来完成的，其代码如下所示。

[runtime.cc->Runtime::Create(RuntimeOptions,bool)]

```
bool Runtime::Create(const RuntimeOptions& raw_options,
                     bool ignore_unrecognized) {
    /*虚拟机是一个复杂系统，所以它有很多控制参数。创建Runtime时，调用者将这些参数信息放在本函
      数的入参raw_options对象中，该对象的类型是RuntimeOptions。不过，Runtime内部却使用
      类型为RuntimeArgumentMap的对象来存储参数。下面这段代码中，ParseOptions函数将存储在
      raw_options里的参数信息提取并保存到runtime_options对象里，而runtime_options的类
      型就是RuntimeArgumentMap。*/

    RuntimeArgumentMap runtime_options;
```

```
    return ParseOptions(raw_options, ignore_unrecognized, &runtime_options) &&
           Create(std::move(runtime_options));
}
```

在上述代码中：

- ParseOptions 先将外部调用者传入的参数信息（保存在 raw_options 中）提取并保存到 runtime_options 里。
- 然后再用 runtime_options 作为入参来创建（Create）一个 Runtime 对象。

提示 ParseOptions 函数的目的非常简单，但是所涉及的代码的难度却不小。主要原因是 ART 为了统一管理各种数据类型的参数（虚拟机有很多参数，这些参数的数据类型可以是 int、string、bool、函数指针、枚举，甚至 ART 自定义的类型等），定义了一套比较复杂的 C++ 模板类。ParseOptions 相关的代码充分展示了 ART 开发者对 C++ 模板类的熟悉程度。如果读者感兴趣，可以尝试阅读它。

ART 虚拟机所需的参数信息（包括参数名、参数类型、默认值）都定义在 runtime_options.def 文件中，如图 7-2 所示。

```
RUNTIME_OPTIONS_KEY (Unit,                    Zygote)
RUNTIME_OPTIONS_KEY (Unit,                    Help)
RUNTIME_OPTIONS_KEY (Unit,                    ShowVersion)
RUNTIME_OPTIONS_KEY (std::string,             BootClassPath)
RUNTIME_OPTIONS_KEY (ParseStringList<':'>,BootClassPathLocations)  // std::vector<std::string>
RUNTIME_OPTIONS_KEY (std::string,             ClassPath)
RUNTIME_OPTIONS_KEY (std::string,             Image)
RUNTIME_OPTIONS_KEY (Unit,                    CheckJni)
RUNTIME_OPTIONS_KEY (Unit,                    JniOptsForceCopy)
RUNTIME_OPTIONS_KEY (JDWP::JdwpOptions,       JdwpOptions)
RUNTIME_OPTIONS_KEY (MemoryKiB,               MemoryMaximumSize,              gc::Heap::kDefaultMaximumSize)  // -Xmx
RUNTIME_OPTIONS_KEY (MemoryKiB,               MemoryInitialSize,              gc::Heap::kDefaultInitialSize)  // -Xms
RUNTIME_OPTIONS_KEY (MemoryKiB,               HeapGrowthLimit)                // Default is 0 for unlimited
RUNTIME_OPTIONS_KEY (MemoryKiB,               HeapMinFree,                    gc::Heap::kDefaultMinFree)
RUNTIME_OPTIONS_KEY (MemoryKiB,               HeapMaxFree,                    gc::Heap::kDefaultMaxFree)
RUNTIME_OPTIONS_KEY (MemoryKiB,               NonMovingSpaceCapacity,         gc::Heap::kDefaultNonMovingSpaceCapacity)
RUNTIME_OPTIONS_KEY (double,                  HeapTargetUtilization,          gc::Heap::kDefaultTargetUtilization)
RUNTIME_OPTIONS_KEY (double,                  ForegroundHeapGrowthMultiplier, gc::Heap::kDefaultHeapGrowthMultiplier)
```

图 7-2 runtime_options.def 文件示例

图 7-2 所示为 runtime_options.def 文件的部分内容，图中每一行 RUNTIME_OPTIONS_KEY 宏都定义了一个虚拟机控制参数，该宏的参数解释如下。

- 第一个宏参数表示该控制参数的数据类型，图中的 Unit、MemoryKiB 是 ART 自定义的类类型，std::string 则是 STL 标准库中的 string 类，而 double 则是 C++ 基本数据类型。
- 第二个宏参数为该控制参数的名称。比如，图中第一行 RUNTIME_OPTIONS_KEY 宏定义的控制参数名为 "Zygote"，而第二行则定义来一个名为 "Help" 的控制参数。
- 有一些控制参数会有默认值，这个默认值作为 RUNTIME_OPTIONS_KEY 的第三个宏参数。比如，对 "MemoryMaximumSize" 控制参数而言，其默认值是 gc::Heap::kDefaultMaximumSize（值为 256MB）。

提示 runtime 的控制参数非常多，此处不拟一一介绍。随着后文的分析，其作用将不言自明。

了解 RuntimeOptions 后，接着来看 Create 函数，代码如下所示。

[runtime.cc->Runtime::Create(RuntimeArgumentMap&&)]

```
bool Runtime::Create(RuntimeArgumentMap&& runtime_options) {
    //一个虚拟机进程中只有一个Runtime对象，名为instance_，采用单例方式来创建
    if (Runtime::instance_ != nullptr) { return false; }
    instance_ = new Runtime; //创建Runtime对象
    //用保存了虚拟机控制参数信息的runtime_options来初始化这个runtime对象。
    //重点来看Init函数
    if (!instance_->Init(std::move(runtime_options))) {....}
    return true;
}
```

7.2.2 Init 函数介绍

Init 是 runtime 创建过程中最为核心的函数。在该函数中，ART 虚拟机中大部分重要模块和关键数据结构都将亮相。本节将先浏览一遍 Init 函数，看看其中有哪些关键模块。本书后续章节将逐一介绍它们。

[runtime.cc->Runtime::Init]

```
bool Runtime::Init(RuntimeArgumentMap&& runtime_options_in) {
    RuntimeArgumentMap runtime_options(std::move(runtime_options_in));
    //关键模块之MemMap：用于管理内存映射。ART大量使用了内存映射技术。比如.oat文件
    //就会通过mmap映射到虚拟机进程的虚拟内存中来。
    MemMap::Init();
    using Opt = RuntimeArgumentMap;//C++11里using的用法
    QuasiAtomic::Startup(); //MIPS架构中需要使用它，其他CPU架构可不考虑
    //关键模块之OatFileManager：art虚拟机会打开多个oat文件，通过该模块可统一管理它们
    oat_file_manager_ = new OatFileManager;

    Thread::SetSensitiveThreadHook(runtime_options.GetOrDefault(
        Opt::HookIsSensitiveThread));
    //关键模块之Monitor：和Java中的monitor有关，用于实现线程同步的模块。其详情见
    //本书第12章的内容
    Monitor::Init(runtime_options.GetOrDefault(Opt::LockProfThreshold));
    /*从runtime_options中提取参数。Opt是RuntimeArgumentMap的别名，而BootClassPath是
      runtime_options.def中定义的一个控制参数的名称。该控制参数的数据类型是vector<unique_
      ptr<const DexFile>>。从RuntimeArgumentMap中获取一个控制参数的值的函数有两个：
     （1）GetOrDefault：从指定参数中获取其值，如果外界没有设置该控制参数，则返回参数配置文件
        里的配置的默认值。这里的参数配置文件就是上文提到的runtime_options.def。
     （2）ReleaseOrDefault：功能和GetOrDefault一样，唯一的区别在于如果外界设置了该参数，该
        函数将通过std::move函数将参数的值返回给调用者。std move的含义我们在第5章中已做过介
        绍。使用move的话，外界传入的参数将移动到返回值所在对象里，从而节省了一份内存。比如，
        假设参数值存储在一个string对象中，如果不使用move的话，那么RuntimeArgumentMap内部
        将保留一份string，而调用者拿到作为返回值的另外一份string。显然，不使用move的话，将
        会有两个string对象，内存会浪费一些。所以，ReleaseOrDefault用于获取类类型的控制参
        数的值，而对于int等基础数据类型，使用GetOrDefault即可。*/
    boot_class_path_string_ =
        runtime_options.ReleaseOrDefault(Opt::BootClassPath);
    ......//从runtime_options中获取其他控制参数的值

    /*接下来的关键模块为：
     （1）MointorList：它维护了一组Monitor对象
```

```
  (2) MonitorPool: 用于创建Monitor对象
  (3) ThreadList: 用于管理ART中的线程对象（线程对象的数据类型为Thread）的模块
  (4) InternTable: 该模块和string intern table有关。它其实就是字符串常量池。根据
      Java语言规范（Java Language Specification，简写为JLS）的要求，内容完全相同的
      字符串常量（string literal）应该共享同一份资源。比如，假设String a="hello",
      String b="hello"，那么a==b（直接比较对象a是否等于对象b）应该返回true。intern
      table的目的很好理解，就是减少内存占用。另外，String类中有一个intern方法，它可以将
      某个String对象添加到intern table中。*/
monitor_list_ = new MonitorList;
monitor_pool_ = MonitorPool::Create();
thread_list_ = new ThreadList;
intern_table_ = new InternTable;
.....//从runtime_options中获取控制参数
//关键模块之Heap: heap是art虚拟机中非常重要的模块。详情见下文分析
heap_ = new gc::Heap(......);

....
//和lambda有关，以后碰见它时再来介绍
lambda_box_table_ = MakeUnique<lambda::BoxTable>();
/*关键模块ArenaPool及LinearAlloc: runtime内部也需要创建很多对象或者需要存储一些信息。
  为了更好地管理虚拟机自己的内存使用，runtime设计了:
  (1) 内存池类ArenaPool。ArenaPool可管理多个内存单元（由Arena表示）。
  (2) 对内存使用者而言，使用内存分配器（LinearAlloc）即可在ArenaPool上分配任意大小的内
      存。该模块的代码非常简单，请读者自行阅读。*/
const bool use_malloc = IsAotCompiler();
arena_pool_.reset(new ArenaPool(use_malloc, false));
jit_arena_pool_.reset(new ArenaPool(false, false, "CompilerMetadata"));
linear_alloc_.reset(CreateLinearAlloc());

//接下来的一段代码和信号处理有关。ART虚拟机进程需要截获来自操作系统的某些信号
BlockSignals();//阻塞SIGPIPE、SIGQUIT和SIGUSER1信号
/*为某些信号设置自定义的信号处理函数。该函数在linux和android平台上的处理不尽相同。在
  android（也就是针对设备的编译）平台上，这段代码并未启用。详情可参考该函数在runtime_
  android.cc中的实现*/
InitPlatformSignalHandlers();

if (!no_sig_chain_) {//对在目标设备上运行的art虚拟机来说，该变量取默认值false
    //获取sigaction和sigprocmask两个函数的函数指针。这和linux信号处理
    //函数的调用方法有关。此处不拟讨论它，感兴趣的读者可参考代码中的注释
    InitializeSignalChain();
    /*下面三个变量的介绍如下:
       (1) implicit_null_checks_: 是否启用隐式空指针检查，此处取值为true。
       (2) implict_so_checkes_: 是否启用隐式堆栈溢出（stackoverflow）检查，此处取值
           为true。
       (3) implict_suspend_checks_: 是否启用隐式线程暂停（thread suspension）检
           查，此处取值为false。suspend check相关内容将在第11章做详细介绍。*/
    if (implicit_null_checks_ || implicit_so_checks_ ||
        implicit_suspend_checks_) {
        //关键模块之FaultManager: 该模块用于处理SIGSEV信号
        fault_manager.Init();
        /*下面的SuspensionHandler、StackOverflowHandler和NullPointerHandler有
          共同的基类FaultHandler，笔者将它们归为关键模块FaultManager之中。这部分内容
          留待下文再介绍*/
    if (implicit_suspend_checks_) {
        new SuspensionHandler(&fault_manager);
    }
```

```
        if (implicit_so_checks_) {
            new StackOverflowHandler(&fault_manager);
        }
        if (implicit_null_checks_) {
            new NullPointerHandler(&fault_manager);
        }
        .....    }
    }
    /*关键模块之JavaVmExt：JavaVmExt就是JNI中代表Java虚拟机的对象，其基类为JavaVM，真实
      类型为JavaVmExt。根据JNI规范，一个进程只有唯一的一个JavaVm对象。对art虚拟机来说，这
      个JavaVm对象就是此处的java_vm_。*/
    java_vm_ = new JavaVMExt(this, runtime_options);
    //关键模块之Thread：Thread是虚拟机中代表线程的类，下面两个函数调用Thread类的
    //Startup和Attach以初始化虚拟机主线程
    Thread::Startup();
    Thread* self = Thread::Attach("main", false, nullptr, false);
    self->TransitionFromSuspendedToRunnable();
    //关键模块之ClassLinker：ClassLinker也是非常重要的模块。从其命名可以看出，它处理
    //和Class有关的工作，比如解析某个类、寻找某个类等
    class_linker_ = new ClassLinker(intern_table_);
    if (GetHeap()->HasBootImageSpace()) {
        std::string error_msg;
        //从oat镜像文件中初始化class linker，也就是从oat文件中获取类等信息。
        bool result = class_linker_->InitFromBootImage(&error_msg);
        {
            ScopedTrace trace2("AddImageStringsToTable");
            //处理和intern table有关的初始化
            GetInternTable()->AddImagesStringsToTable(heap_->GetBootImageSpaces());
        }
        {
            ScopedTrace trace2("MoveImageClassesToClassTable");
            //art虚拟机中每一个class loader都有一个class table，它存储了该loader
            //所加载的各种class。下面这个函数将把来自镜像中的类信息添加到boot class loader
            //对应的ClassTable中。这部分内容将在ClassLinker一节中介绍
            GetClassLinker()->AddBootImageClassesToClassTable();
        }
    }
    ......
    //关键模块之MethodVerifier：用于校验Java方法的模块。下一章介绍类校验方面知识时
    //将接触MethodVerifier类。本书不拟对该类做过多介绍。
    verifier::MethodVerifier::Init();
    /*下面这段代码用于创建两个异常对象。注意，此处ThrowNewException将创建异常对象，而
      ClearException将清除异常对象。这样的话，Init函数返回后将不会导致异常投递。这是JNI函
      数中常用的做法。读者可以先不用了解这么多，后续章节介绍JNI及异常投递时还会详细介绍。
      pre_allocated_OutOfMemoryError_和pre_allocated_NoClassDefFoundError_代表
      Java层OutOfMemoryError对象和NoClassDefFoundError对象。*/
    self->ThrowNewException("Ljava/lang/OutOfMemoryError;",....);
    pre_allocated_OutOfMemoryError_ = GcRoot<mirror::Throwable>(self->GetException());
    self->ClearException();

    self->ThrowNewException("Ljava/lang/NoClassDefFoundError;",...);
    pre_allocated_NoClassDefFoundError_ = GcRoot<mirror::Throwable>(self->GetException());
    self->ClearException();
    ......//native bridge library加载，本文不涉及相关内容
    return true;
}
```

上述 Runtime Init 代码里，ART 虚拟机中的主要模块都一一登场。接下来将结合本章的目标——了解虚拟机的启动流程对其中最重要的几个模块进行介绍。

- 首先来认识 MemMap 和 OatFileManager。
- 介绍和信号处理有关的 FaultManager 模块。
- 介绍 Runtime 中代表线程的 Thread 类。Thread 类和虚拟机的运行息息相关，它非常重要。
- 简单介绍 Heap 类，它和虚拟机的内存管理（比如垃圾回收）关系密切。由于本节的主要目标是了解虚拟机的启动流程，所以，关于 Heap 更深入的讨论将留待后续章节再来讲解。
- JavaVmExt：它是 JNI 中 JavaVm 的真实代表。
- ClassLinker：虚拟机中管理 Java 类相关的关键模块。下一章介绍类加载、链接和初始化时还会更深入地介绍 ClassLinker 类的相关函数。

7.3 MemMap 与 OatFileManager

本节介绍 MemMap 和 OatFileManager 这两个模块。

7.3.1 MemMap 介绍

MemMap 是一个辅助工具类，它封装了和内存映射（memory map）有关的操作。

- MemMap 使用 mmap、msync、mprotect 等系统调用来完成具体的内存映射、设置内存读写权限等相关操作。它可创建基于文件的内存映射以及匿名内存映射。
- mmap 系统调用的返回值只是一个代表地址的指针，而 MemMap 则提供了更多的成员变量来辅助我们更好地使用 mmap 得到的这块映射内存。比如，每一个 MemMap 对象都有一个名称。
- 另外，对于非 x86_64 的 64 位平台，如果要想映射内存到进程的低 2G 空间地址的话（即想在非 x86_64 的 64 位平台上使用 mmap 的 MAP_32BIT 标志），MemMap 需要做一些特殊处理。

来看 MemMap 类的声明，请读者重点关注其成员变量和函数的用途。

[mem_map.h->MemMap 类声明]

```
class MemMap {//为了方便讲解，代码的位置有所调整，下文代码均有类似处理。
public://先来看MemMap有哪些成员变量
    //每一个MemMap对象都有一个名字。
    const std::string& GetName() const { return name_;  }
    //针对这块映射内存的保护措施，比如是否可读、可写、可执行等。
    int GetProtect() const {return prot_;}
    /*MemMap类中有两组与内存映射地址与大小相关的成员，它们分别是：
      1: begin_和size_
      2: base_begin_和base_size_
      这两组成员的取值在基于文件的内存映射上可能有所不同。此处举一个例子。比如，我们想把某个文
      件[start,start+length]这段空间映射到内存。根据mmap的要求，start必须按内存页进行对
```

```
      齐（内存页大小一般是4KB），而length也必须是内存页大小的整数倍。所以，为了满足mmap的要
      求，base_begin_是start按内存页大小向下对齐后进行映射得到的映射内存的首地址，而base_
      size_是length按内存页大小向上对齐得到的长度。经过这种向下和向上对齐后处理后，文件的
      start以及length很可能与base_begin_和base_size_不匹配。所以，我们还需要两个变量来指
      明文件start处在映射内存里的起始位置（即base_）以及length（即size_）。所以，对文件映
      射而言，文件的[start,start+length]在映射内存中的真实位置为[base_,base_+size_] */
    uint8_t* Begin() const { return begin_;}
    void* BaseBegin() const { return base_begin_;}
    size_t Size() const { return size_;}
    size_t BaseSize() const {return base_size_;}

    /*ART对内存使用非常计较，很多地方都使用了内存监控技术。比如使用STL标准容器类，ART将
      监控容器里内存分配的情况。当然，监控内存分配是有代价的，所以ART设计了一个编译常量
      （constexpr）来控制是否启用内存监控。这部分内容留待下文统一介绍。下面这行代码中，Maps
      是AllocationTrackingMultiMap类型的别名，AllocationTrackingMultiMap真实类型是
      multimap。AllocationTracking即是TrackAllocation（跟踪分配）之意 */
    typedef AllocationTrackingMultiMap<void*, MemMap*, kAllocatorTagMaps> Maps;
private:
    /*ART对线程安全的问题也是倍加小心。比如，下面这行代码在声明一个名为maps_的静态成员变量之
      后，还使用了一个GUARED_BY宏。宏里有一个参数。从其命名可以看出，mem_maps_lock_应该是
      一个互斥锁。所以，第一次看到这行代码的读者可能会猜测，这是想表达使用maps_时需要先拿到
      mem_maps_lock_锁的意思吧？猜得没错。更多关于GUARDED_BY宏的知识将留待下文介绍*/
    static Maps* maps_ GUARDED_BY(Locks::mem_maps_lock_);

public://现在来看MemMap有哪些重要的成员函数
    /*MapAnonymous：用于映射一块匿名内存。匿名内存映射就是指该内存映射不是针对文件的内存映射
      （详情可参考mmap的用法说明）。关于该函数的一些介绍如下：
      （1）先看返回值：调用成功的话将返回一个MemMap对象。调用失败的话则返回nullptr，
          error_msg用来接收调用失败的原因（字符串描述）。
      （2）输入参数中，name字符串用于设置MemMap对象的name_成员变量，代表该对象的名称。addr
          和byte_count代表所期望得到的内存映射地址以及该段映射内存的大小。简单来说，内存映
          射成功后将返回一个指向该段内存起始位置的内存地址指针，而这段映射内存的大小由byte_
          count指定。注意，内存映射时往往有地址对齐的要求。所以，期望的内存起始地址和真实得
          到的内存起始地址可以不同。prot表示该映射内存的保护方式，reuse表示是否重映射某块内
          存。use_ashmen默认为true，表示将从android系统里特有的ashmem设备（一种用于进程
          间共享内存的虚拟设备。ashmem是anonymous shared memory的简写，表示匿名共享内
          存，是Android系统上常用的进程间共享内存的方法）中分配并映射内存。*/
    static MemMap* MapAnonymous(const char* name, uint8_t* addr,
            size_t byte_count, int prot, bool low_4gb, bool reuse,
            std::string* error_msg, bool use_ashmem = true);

    /* MapFile：将某个文件映射到内存，其中：
      （1）filename代表文件名，它也会用作MemMap的name_成员。
      （2）start和byte_count代表文件中[start,start+byte_count]这部分空间需映射到内存*/
    static MemMap* MapFile(size_t byte_count,int prot, int flags, int fd,off_t
        start, bool low_4gb, const char* filename, std::string* error_msg) {
        return MapFileAtAddress(nullptr,....);//最终调用这个函数完成内存映射
    }
    //也可以直接调用下面这个函数完成对文件的内存映射
    static MemMap* MapFileAtAddress(uint8_t* addr, size_t byte_count,
        .....std::string* error_msg);

    //REQUIRES宏和上文介绍的GUARED_BY类似，详情见下文介绍
    ~MemMap() REQUIRES(!Locks::mem_maps_lock_);
```

```
    static void Init() REQUIRES(!Locks::mem_maps_lock_);
    static void Shutdown() REQUIRES(!Locks::mem_maps_lock_);


private:
    //构造函数
    MemMap(const std::string& name,uint8_t* begin,size_t size,
        void* base_begin,size_t base_size,int prot,
        bool reuse,size_t redzone_size = 0) REQUIRES(!Locks::mem_maps_lock_);
    //该函数内部将调用mmap来完成实际的内存映射操作，读者可自行查看其代码
    static void* MapInternal(void* addr, size_t length,int prot, int flags,int
        fd, off_t offset, bool low_4gb);
    .....;
};
```

MemMap 本身的功能谈不上有多复杂，但它涉及了一些 ART 里比较常用的知识，下面马上来介绍它们。

7.3.1.1　AllocationTrackingMultiMap

上述 MemMap 代码中，我们提到一个展示 ART 对内存使用情况非常值得注意的证据，即 AllocationTrackingMultiMap。为什么这么说呢？来看代码。

[type_static_if.h]

```
/*先看type_static_if.h:
  (1)它定义了一个包含三个模板参数的模板类TypeStaticIf，其第一个模板参数为非数据类型的模板参
     数，名为condition。
  (2)type_static_if.h为condition为false的情况定义了一个偏特化的TypeStaticIf类。偏特化
     的TypeStaticIf类依然是一个模板类(只包含A和B两个模板参数)。
  (3)TypeStaticIf类定义了一个名为type的成员变量。它的数据类型由condition决定。即，
     condition为true时，type的类型为类型A，否则为类型B。*/
//TypeStaticIf类，包含三个模板参数。type为成员变量，类型为A
template <bool condition, typename A, typename B>
struct TypeStaticIf { typedef A type; };
//偏特化condition为false后得到的新的模板类。此时，type的类型为B
template <typename A, typename B>
struct TypeStaticIf<false, A,  B> { typedef B type; };
```

搞清楚 TypeStaticIf 的用法后，再来看 allocator.h 中关于 TrackingAllocator 的定义。

[allocator.h->TrackingAllocator]

```
template<class T, AllocatorTag kTag>
using TrackingAllocator = typename TypeStaticIf<kEnableTrackingAllocator,
    TrackingAllocatorImpl<T, kTag>, std::allocator<T>>::type;
```

由上述代码可知，TrackingAllocator 是一个模板类的别名，看起来是不是很复杂？不过，当我们把 TypeStaticIf<> 左右尖括号里的内容（包括模板参数声明）去掉后，其含义就很简单了。

```
using TrackingAllocator = typename TypeStaticIf<...>::type
```

没错，TrackingAllocator 真正代表的是 TypeStaticIf 的成员变量 type 的类型，让我们结合上文介绍。

- 当kEnableTrackingAllocator为true时，type的类型为TypeStaticIf模板参数A，即上文代码里的TrakcingAllocatorImpl<T,kTag>。
- 当kEnaleTrackingAllocator为false时，type的类型为TypeStaticIf模板参数B，即上文代码里的std::allocator<T>。
- T和kTag则是TrackingAllocator的模板参数，std::allocator只用到T这一个模板参数，而TrackingAllocatorImpl则用到了T和kTag两个模板参数。TrackingAllocatorImpl（派生自allocator）是ART实现的用来跟踪容器类内存分配情况的辅助类（关于allocator更多的信息，读者可回顾5.7.2节的内容）
- 代码中，kEnableTrackingAllocator为constrexpr修饰的bool常量，取值为false，即不使用TrackingAllocatorImpl作为STL容器类的分配器。

接着来看AllocationTrackingMultiMap的定义。

[allocator.h->AllocationTrackingMultiMap]

```
template<class Key, class T, AllocatorTag kTag, class Compare = std::less<Key>>
using AllocationTrackingMultiMap = std::multimap<Key, T, Compare, TrackingAlloc
    ator<std::pair<const Key, T>, kTag>>;
```

由上述代码可知，AllocationTrackingMultiMap其实就是std标准容器类multimap。

最后，我们来看一下Maps的声明。

[mem_map.h->MemMap中Maps的声明]

```
typedef AllocationTrackingMultiMap<void*,MemMap*,kAllocatorTagMaps> Maps
```

结合AllocationTrackingMultiMap的定义可知，在Maps类中：

- Key模板参数取值为void*。
- T模板取值为MemMap*。
- kTag取值为kAllocatorTagMaps。

kAllocatorTagMaps是一个枚举变量，定义在allocator.h的AllocatorTag中。ART为每种类型的对象分配都设计了一个tag值用于跟踪不同类型对象的内存分配情况。

[allocator.h->AllocatorTag]

```
enum AllocatorTag {
    kAllocatorTagHeap, kAllocatorTagMonitorList, kAllocatorTagClassTable,
    kAllocatorTagInternTable, kAllocatorTagLambdaBoxTable,
    kAllocatorTagMaps, kAllocatorTagLOS, kAllocatorTagSafeMap,
    kAllocatorTagLOSMaps, kAllocatorTagReferenceTable,
    kAllocatorTagHeapBitmap, kAllocatorTagHeapBitmapLOS,
    kAllocatorTagMonitorPool, kAllocatorTagLOSFreeList, kAllocatorTagVerifier,
    kAllocatorTagRememberedSet, kAllocatorTagModUnionCardSet,
    kAllocatorTagModUnionReferenceArray, kAllocatorTagJNILibraries,
    kAllocatorTagCompileTimeClassPath, kAllocatorTagOatFile,
    kAllocatorTagDexFileVerifier, kAllocatorTagRosAlloc,
    kAllocatorTagCount,  };
```

AllocatorTag中最后一个枚举kAllocatorTagCount取值为23。这表示ART非常细致地区分了多达23种不同类型的对象以方便监控它们的内存分配情况。

7.3.1.2　线程安全检查工具介绍

除了监控内存外，ART 对线程安全也是非常重视。借助 Google 自己开发并在内部产品大量使用的 Thread Safety Annotations and Analysis（简称为 Annotalysis）工具，ART 在多线程安全上也多了一层保护。

简单而言，Annotalysis 是一个静态分析工具，代码编写者在编写多线程相关的程序时，可以借助该工具里定义的一些宏来表达下面这些同步相关的述求。

- 哪些变量的读写需要哪个互斥锁来保护？
- 哪些函数需要互斥锁保护？或者哪些函数内部将释放某个互斥锁？
- 哪些函数可以独占或共享某个互斥锁？

Annotalysis 工具将分析（再次强调，是编译时的静态分析）代码是否满足要求，如果不满足的话，编译时将输出对应的警告。

提示　更多关于 Annotalysis 的知识请阅读 https://clang.llvm.org/docs/ThreadSafetyAnalysis.html。该功能需要编译器支持，clang 和 gcc 都可以。

下面我们通过 MemMap 的代码来认识 Annotalysis 所支持的宏。

[mem_map.h->MemMap 声明]

```
class MemMap {
/*GUARDED_BY宏，它针对变量，表示操作这个变量（读或写）前需要用某个互斥锁对象来保护。而用来保
  护这个变量的互斥锁对象作为GUARDED_BY宏的参数。注意，下面这行代码只是声明maps_这个变量，而
  它的定义（mem_map.cc中）也就是给maps_赋初值的地方则不受此限制。其余给maps_赋值或者操作它
  的地方则需要用mem_maps_lock_锁来保护*/
    static Maps* maps_ GUARDED_BY(Locks::mem_maps_lock_);
/*RQUIRES宏，它针对函数，表示调用这个函数前需要（或者不需要）某个锁来保护，比如下面DumpMaps
  和DumpMapsLocked函数：
  （1）DumpMaps使用REQUIRES(!Locks::mem_maps_lock_)：表示调用DumpMaps之前不要锁住mem_
       maps_lock_，DumpMaps内部会lock这个对象，并且DumpMaps退出前一定要释放mem_maps_
       lock_。
  （2）DumpMapsLocked使用REQUIRES(Locks::mem_maps_lock_)：表示DumpMapsLocked调用前必
       须拿到（也就是调用者）mem_maps_lock_锁，并且DumpMapsLocked内部不允许释放mem_maps_
       lock_锁
       RQUIRES宏表明某个函数是否需要独占某个互斥对象：
  （1）如果需要，那么函数进来前（on entry）和退出（on exit）后，这个互斥对象都不能释放。注意
       退出后的含义，它是指该函数返回后，这个互斥对象还是被锁住的，即函数内部不会释放同步锁。
  （2）如果不需要，那么函数进来前和退出后，这个锁都不再需要。另外，REQUIRE_SHARED宏用于表示共
       享某个互斥对象*/
static void DumpMaps(std::ostream& os, bool terse = false)
    REQUIRES(!Locks::mem_maps_lock_);
static void DumpMapsLocked(std::ostream& os, bool terse)
    REQUIRES(Locks::mem_maps_lock_);
}
```

我们来看一下 DumpMaps 和 DumpMapsLocked 函数的实现，看看它们的代码是否满足要求。

[mem_map.cc->MemMap::DumpMaps]

```
void MemMap::DumpMaps(std::ostream& os, bool terse) {
    /*MutexLock是ART封装的互斥锁工具类，此处笔者不拟详细介绍，其底层使用的是pthread相关功
      能。由于DumpMaps内部会锁住mem_maps_lock_对象，那么调用者就无须获取该锁了。另外，该锁
```

```
    会在mu对象析构的时候释放，即DumpMaps返回前，该锁会被释放。*/
    MutexLock mu(Thread::Current(), *Locks::mem_maps_lock_);
    //读者可以自行阅读该函数，其内部是不会使用mem_maps_lock_锁的。
    DumpMapsLocked(os, terse);
}
```

接着来看操作 maps_ 的代码段是否满足要求。

[mem_map.cc-> 使用 maps_ 的地方]

```
//定义maps_的地方，这种情况下Annotalysis不会进行检查。与之类似的还有类的构造和
//析构函数
MemMap::Maps* MemMap::maps_ = nullptr;
//其他使用
void MemMap::Init() {
    MutexLock mu(Thread::Current(), *Locks::mem_maps_lock_);
    if (maps_ == nullptr) {//Init中使用了mem_maps_lock_锁
        maps_ = new Maps;
    }
}
```

与线程同步相关的辅助类

ART 提供了 Mutex、ReadWriteMutex、ConditionVariable 等辅助类来实现互斥锁、条件变量等常用的同步操作。它们定义于 mutex.h 中，不同平台的实现略有不同。另外，ART 还借助一种称之为 Lock Hierarchies 的方法来解决线程同步时经常出现的因为使用锁的顺序不一样导致死锁的问题（即线程应该按相同的顺序抢占互斥锁，比如先锁住互斥锁 A，接着再锁住互斥锁 B，否则极易出现死锁的情况）。在 Lock Hierachies 体系下，互斥锁可以设置一个优先级，如果某个资源需要多个锁来保护的话，只有先拿到高优先级的锁之后才能去抢占低优先级的锁。如果顺序反了，运行时可以采取报错或程序退出的方式来处理。注意，Lock Hierachies 只是提供了解决死锁问题的思路，读者可结合 ART 代码以及下文的资料 http://www.drdobbs.com/parallel/use-lock-hierarchies-to-avoid-deadlock/204801163 来加深对它的认识。

7.3.2 OatFileManager 介绍

OatFileManager 用于管理虚拟机加载的 oat 文件。dex 字节码编译成机器码后，相关内容会存储在一个以 .oat 为后缀名的文件里。我们先来简单认识 OAT 文件的格式。

与 OAT 文件格式以及如何创建 OAT 文件相关的知识比较复杂，本章先简单介绍 OAT 文件格式，后续介绍 dex2oat 时再做详细分析。

7.3.2.1 OAT 文件格式简介

图 7-3 所示为 OAT 文件的部分内容。

图 7-3 展示了 OAT 文件的部分内容及格式。

- 一个 OAT 文件包含一个 OatHeader 头结构。注意，这个 OatHeader 信息并不存储在 OAT 文件的头部。OAT 文件其实是一个 ELF 格式的文件，相关信息存储在 ELF 对应的段中（后续章节将详细介绍 OAT 文件格式）。

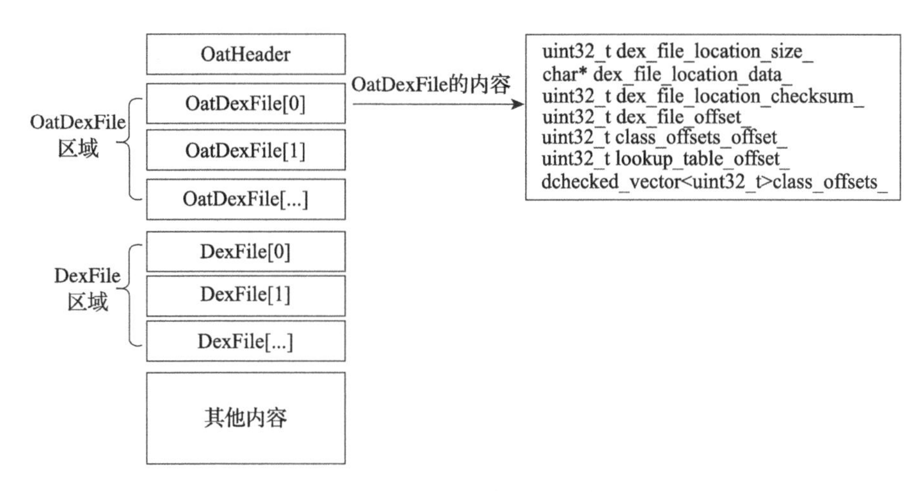

图 7-3 OAT 文件部分内容

- Oat 文件是怎么来的呢？它是对 jar 包或 apk 包中的 dex 项（名为 classes.dex、classes2.dex、classes3.dex 等，其实就是 dex 文件打包到 jar 或 apk 里了。以后我们统称它们为 dex 文件，而不必理会它们是单独的 .dex 文件还是 jar 或 apk 包中的一项）进行编译处理后得到的（该过程借助 dex2oat 来完成，包含第 6 章介绍的 dex 字节码编译成机器码的过程。我们将在后续章节中详细介绍 OAT 文件的来历）。jar 或 apk 中可包含多个 dex 项（即所谓的 multidex），每一个 jar 或 apk 中的所有 dex 文件在 oat 文件中对应都有一个 OatDexFile 项。OatDexFile 项存储了一些信息，比如它所对应的 dex 文件的路径、dex 文件的校验以及其他各种信息在 oat 文件中的位置（offset）等。
- OatDexFile 区域之后的是 DexFile 区域。在生成 oat 文件时，jar 或 apk 中 classes.dex 的（如果有多个话，则包含 classes2.dex、classes3.dex）内容会完整地拷贝到 Oat 文件中对应的 DexFile 区域。简单点说，OAT 文件里的一个 DexFile 项包含一个 .dex 文件的全部内容。通过在 OAT 文件中包含 dex 文件的内容，ART 虚拟机只需要加载 OAT 文件即可获取相关信息，而不需要单独再打开 dex 文件了。当然，这种做法也使得 OAT 文件尺寸较大。
- 现在回过头来看 OatDexFile。每一个 OatDexFile 对应一个 DexFile 项。OatDexFile 中有一个 dex_file_offset_ 成员用于指明与之对应的 DexFile 在 OAT 文件里的偏移量。当然，OatDexFile 还有其他类似的成员（以 offset_ 做后缀）用于指明其他信息在 OAT 文件里的偏移量。

OatFile 及相关信息在 ART 中均有对应的类来表示，如图 7-4 所示。

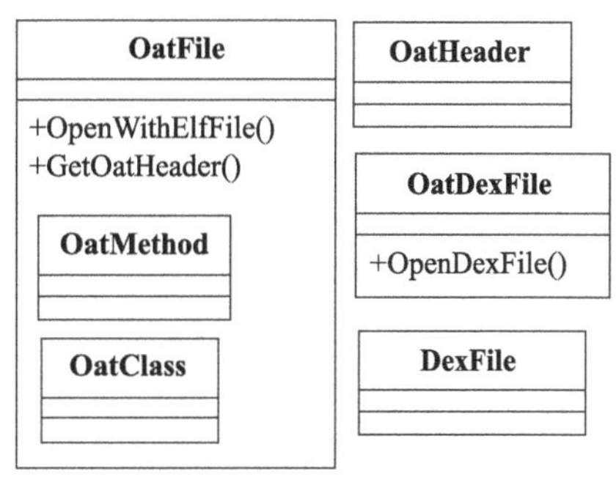

图 7-4 OatFile 及相关类

图 7-4 中展示了 OatFile 及相关类。其中：

- OatMethod和OatClass是声明于OatFile内部的类。注意，C++中没有类似于Java内部类那样的概念，它只是声明在某个区域内的类，和包含它的模块没有直接关系。这两个类的作用我们留待后文再介绍。
- OatHeader及OatDexFile类是Oat文件里的OatHeader和OatDexFile项的代码表示。而DexFile则代表dex文件。

关于OAT文件格式的简单介绍先到此为止，接着来看OatFileManager。

7.3.2.2 OatFileManager介绍

先来看OatFileManager提供的功能，代码如下所示。

[oat_file_manager.h->OatFileManager声明]

```
class OatFileManager {
private: //代码行位置有所调整
    .....
    //OatFile是oat文件在代码中的表示。OatFileManager管理多个oat文件，所以它有一个
    //容器成员。此处使用了std的set容器
    std::set<std::unique_ptr<const OatFile>> oat_files_
    bool have_non_pic_oat_file_;
    static CompilerFilter::Filter filter_;
    //OafFileManager禁止使用拷贝和赋值构造函数，读者还记得这是怎么实现的吗?
    DISALLOW_COPY_AND_ASSIGN(OatFileManager);
public:
    OatFileManager() : have_non_pic_oat_file_(false) {}
    ~OatFileManager();
    //往OatManager中添加一个OatFile对象
    const OatFile* RegisterOatFile(std::unique_ptr<const OatFile> oat_file)
    void UnRegisterAndDeleteOatFile(const OatFile* oat_file)
    ....
    /*ART虚拟机会加载多个OAT文件。其中：
     （1）zygote作为第一个Java进程会首先加载一些基础与核心的oat文件。这些oat文件里包含了
         Android系统中所有Java程序所依赖的基础功能类（比如Java标准类）。这些oat文件称之为
         boot oat文件（与之对应的一个名词叫boot image。下文将详细介绍boot image的相关内
         容）
     （2）APP进程通过zygote fork得到，然后该APP进程将加载APK包经过dex2oat得到的oat文件。
         该APP对应的oat文件叫app image。下面的GetBootOatFiles将返回boot oat文件信息，
         返回的是一个vector数组*/
    std::vector<const OatFile*> GetBootOatFiles() const;
    /*将包含在boot镜像里的oat文件信息注册到OatFileManager中。ImageSpace代表一个由映射内
      存构成的区域（Space）。zygote启动后，会将boot oat文件通过memap映射到内存，从而得到
      一个ImageSpace。下文将详细介绍和ImageSpace相关的内容*/
    std::vector<const OatFile*>
        RegisterImageOatFiles(std::vector<gc::space::ImageSpace*> spaces)
    //从Oat文件中找到指定的dex文件。dex文件由DexFile对象表示
    std::vector<std::unique_ptr<const DexFile>> OpenDexFilesFromOat(
        const char* dex_location,const char* oat_location,
        jobject class_loader, jobjectArray dex_elements,
        /*out*/ const OatFile** out_oat_file,
        /*out*/ std::vector<std::string>* error_msgs)
};
```

往OatFileManager中注册OatFile对象非常简单，其代码如下所示。

[oat_file_manager.cc->OatFileManager::RegisterOatFile]

```
const OatFile* OatFileManager::RegisterOatFile(
        std::unique_ptr<const OatFile> oat_file) {
    WriterMutexLock mu(Thread::Current(), *Locks::oat_file_manager_lock_);
    have_non_pic_oat_file_ = have_non_pic_oat_file_ || !oat_file->IsPic();
    const OatFile* ret = oat_file.get();
    //就是将OatFile对象保存到oat_files_（类型为std set）容器中
    oat_files_.insert(std::move(oat_file));
    return ret;
}
```

最后，笔者简单说一下关于 boot oat 文件里所包含的系统基础类。在 frameworks/base 下有一个 preloaded-classes 文件，其内容是希望加载到 zygote 进程里的类名（按照 JNI 格式定义），这些类包含在不同的 boot oat 文件里。图 7-5 展示了其中的部分内容。

```
preloaded-classes ×
1 [B
2 [C
3 [D
4 [F
5 [I
6 [J
7 [Landroid.accounts.Account;
8 [Landroid.animation.Animator;
9 [Landroid.animation.Keyframe$FloatKeyframe;
10 [Landroid.animation.Keyframe$IntKeyframe;
11 [Landroid.animation.Keyframe$ObjectKeyframe;
12 [Landroid.animation.Keyframe;
13 [Landroid.animation.PropertyValuesHolder;
14 [Landroid.app.LoaderManagerImpl;
15 [Landroid.content.ContentProviderResult;
16 [Landroid.content.ContentValues;
17 [Landroid.content.Intent;
18 ......
19 [Ljava.io.File$PathStatus;
20 [Ljava.io.File;
21 [Ljava.io.FileDescriptor;
22 [Ljava.io.IOException;
23 [Ljava.io.ObjectStreamField;
24 [Ljava.lang.Byte;
25 [Ljava.lang.CharSequence;
26 ......
27 [Ljava.lang.StackTraceElement;
28 [Ljava.lang.String;
29 [Ljava.lang.Thread$State;
30 [Ljava.lang.Thread;
```

图 7-5　preloaded_class 文件部分内容

图 7-5 中 "......" 号是由笔者添加的省略号。由于 zygote 是 Java 世界的第一个进程，其他 APP 进程（包括 system server 进程）均由 zygote 进程 fork 而来。所以：

- 这些加载到 zygote 进程里的类也叫预加载类，即所谓的 preloaded classes。
- 根据 linux 进程 fork 的机制，其他 APP 进程从 zygote fork 后，将继承得到这些预加载的类。

提示　boot oat、boot image 中的 boot 一词常翻译为引导。与之概念类似的词还有 bootstrap。为方便读者阅读，笔者尽量使用英文原词。另外，对于包含在 boot 镜像中的系统基础类，本书统称它们为系统基础类。

7.4 FaultManager 介绍

FaultManager 和与之相关的类共同组成了 ART 虚拟机用于处理来自 Linux 操作系统的某些信号管控模块。图 7-6 为 FaultManager 类家族。

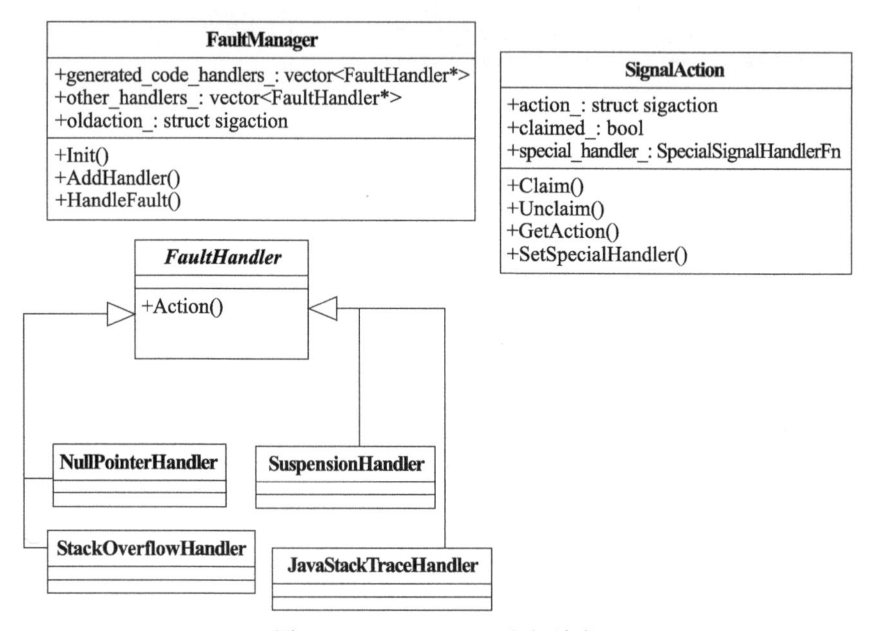

图 7-6　FaultManager 和相关类

在图 7-6 中：

- SignalAction 是对 Linux 层 signal 相关系统调用和信号处理的封装类。
- FaultManager 是 ART 虚拟机整体的信号处理管控类，它管理了一系列的 FaultHandler 对象。当虚拟机收到来自操作系统的信号时，FaultManager 将调用相关 FaultHandler 进行处理。
- FaultHandler 是一个虚基类，它的派生类有用于处理空指针异常的 NullPointerHandler、用于处理堆栈溢出的 StackOverflowHandler、用于处理线程暂停（Thread suspension）的 SuspensionHandler 以及处理 Java 层堆栈跟踪的 JavaStackTraceHandler。

介绍 FaultManager 之前，我们先简单介绍下 Linux 上信号处理方面的知识以及 ART 设计的封装类 SignalAction。

7.4.1 信号处理和 SignalAction 介绍

7.4.1.1 信号处理

Linux 系统中，一个进程可以接收来自操作系统或其他进程发送的信号（Signal）。简单点说，信号就是事件（event），代表某个事件发生了，而接收进程可以对这些事件进行有针对性的处理。

- Linux 系统支持 POSIX 中的标准和实时两大类信号。ART 只处理标准信号。
- 信号由信号 ID（一个正整数）来唯一标示。每一个信号都对应有一个信号处理方法。信号处理方法是指当某个进程接收到一个信号时该如何处理它。进程可以为某些信号设置特定的处理方法。如果不设置的话，操作系统将使用预先规定好的办法来处理这些信号，也就是所谓的默认处理。
- 一个进程可以阻塞某些信号（block signal）。阻塞的意思是指这些信号只要发生的话还是会由操作系统投递到目标进程的信号队列中，只不过 OS 不会通知进程进行处理而已。这些被阻塞的信号（pending signal）将存储在目标进程的信号队列中，一旦进程解除它们的阻塞，OS 就会通知进程进行处理。

提示　有一些信号是不能被进程阻塞的。信号是 Linux 系统编程中非常基础的内容，笔者不拟对它做过多讨论。

表 7-1 列出了一些示例信号的名称、ID、默认处理方法和说明。

表 7-1　信号名、ID、默认处理方法和说明

信号名	ID	默认处理	说明
SIGHUP	1	Term	在官方文档中，信号默认的处理方法一共有五种，分别用 Term（terminate process，即结束进程）、Ign（Ignore，忽略该信号）、Core（terminate process and dump core：结束进程并生成 core dump，将进程的内存信息打印出来）、Stop（进程暂停运行，多用于调试）以及 Cont（恢复运行一个之前被暂停的进程，多用于调试）来表示
SIGKILL	9	Term	常用于杀死目标进程
SIGSEGV	11	Core	当进程访问错误内存时将产生该信号
SIGUSR1	10	Term	用户自定义信号，可以用于两个进程间传递信息

如上文所述，进程可以自定义某些信号的处理方法，这需要借助 sigaction 结构体，其内容如下所示。

[sigaction 结构体介绍]

```
struct sigaction {
    /*Linux可自定义信号处理方法，下面的sa_handler和sa_sigaction是这两种处理方法对应的
      函数指针。观察这两个函数指针的参数可知：sa_handler只有一个代表信号ID的参数，而sa_
      sigaction则多了两个参数（后文再介绍它们是什么）。注意，这两种方法只能选择其中一种作为
      自定义信号处理函数。这是由sa_flags来控制的，当sa_flags设置SA_SIGINFO标记位时，表示使
      用sa_sigaction作为自定义信号处理函数*/
    void    (*sa_handler)(int);
    void    (*sa_sigaction)(int, siginfo_t *, void *);
    /*sa_mask类型是sigset_t。如其名，sigset_t是一个信号容器，借助相关方法可以往这个容器中
      添加或删除某个信号。当我们执行信号自定义处理函数时，想临时阻塞某些信号，那么就可以将这些
      信号的ID添加到sa_mask中。等信号处理函数返回后，系统将解除这些信号的阻塞*/
    sigset_t    sa_mask;
    /*sa_flags可包含多个标志位，如上面提到的SA_SIGINFO。另外还有一个比较常见的标志位是SA_
      ONSTACK。信号处理说白了就是执行一个函数，而函数执行的时候是需要一段内存来做栈。进程可
```

```
    以事先分配一段内存（比如new出来一块内存），然后设置这段内存为信号处理函数的内存栈（通过
    sigaltstack系统调用），否则操作系统将使用默认的内存栈（即使用执行信数号处理函所在线程
    的栈空间）。如果使用自定义的内存栈，则需要设置SA_ONSTACK标志。*/
    int         sa_flags;
    void        (*sa_restorer)(void);//一般不用它
};
```

如果想要为某个信号设置信号处理结构体的话，需要使用系统调用sigaction，其定义如下。

[sigaction 系统调用使用说明]

```
#include <signal.h> //包含signal.h系统文件
/*sigaction有三个参数：
  （1）第一个参数为目标信号。
  （2）第二个参数为该目标信号的信号处理结构体（由act表示）。
  （3）第三个参数用于返回该信号之前所设置的信号处理结构体（返回值存储在oldact中）。
*/
int sigaction(int signum, const struct sigaction *act, struct sigaction *oldact)
```

7.4.1.2 SignalAction类介绍

现在来看看ART基于上述内容所提供的封装类SignalAction。

[sigchain.cc->SignalAction 类]

```
class SignalAction {//代码行位置有所调整
private:
    struct sigaction action_;//自定义的信号处理结构体
    bool claimed_; //表示外界是否设置了action_
    //该变量如果为true，表示将使用sigaction中的sa_handler作为信号处理函数
    bool uses_old_style_;
    //SpecialSignalHandlerFn其实就是sa_sigaction函数指针，外界可单独设置一个信号
    //处理函数，它会在其他信号处理函数之前被调用
    SpecialSignalHandlerFn special_handler_;
public:
    SignalAction() : claimed_(false), uses_old_style_(false), special_handler_
        (nullptr) { }
    //claim用于保存旧的信号处理结构体。使用方法见下文介绍
    void Claim(const struct sigaction& action) {
      action_ = action;
      claimed_ = true;
    }

    void Unclaim(int signal) {
        claimed_ = false;
        sigaction(signal, &action_, nullptr);
    }
    .....
    //设置信号处理结构体
    void SetAction(const struct sigaction& action, bool oldstyle) {
        action_ = action;
        uses_old_style_ = oldstyle;
    }
    //设置特殊的信号处理函数
    void SetSpecialHandler(SpecialSignalHandlerFn fn) {
        special_handler_ = fn;
    }
```

```
};
//_NSIG表示系统中有多少个信号。所以，下面这行代码将为系统中所有信号都创建一个
//SignalAction对象
static SignalAction user_sigactions[_NSIG];
```

由上述代码可知，我们可以为一个 SignalAction 对象：

- 直接设置一个特殊的信号处理函数。该步骤借助 SetSpecialHandler 函数来完成。
- 设置一个信号处理结构体。该步骤借助 SetAction 来完成。

7.4.1.2.1 SetSpecialSignalHandlerFn 介绍

使用第一种方法的话必须调用 SetSpecialSignalHandlerFn 函数，代码如下所示。

[sigchain.cc->SetSpecialSignalHandlerFn]

```
extern "C" void SetSpecialSignalHandlerFn(
                                        int signal,SpecialSignalHandlerFn fn) {
    CheckSignalValid(signal);//检查signal是否在_NSIG之内
    //从数组中找到对应的SignalAction对象
    user_sigactions[signal].SetSpecialHandler(fn);
    //如果该SignalAction对象之前没有声明使用过（代码中由claim单词来描述），
    //则进行if里的处理
    if (!user_sigactions[signal].IsClaimed()) {
        struct sigaction act, old_act;
        //设置一个信号处理函数。注意，这个函数和SignalAction无关，它是ART单独提供的一个
        //信号处理函数总入口。
        act.sa_sigaction = sigchainlib_managed_handler_sigaction;
        //清空信号集合，即在上述信号处理函数执行时，不阻塞任何信号
        sigemptyset(&act.sa_mask);
        act.sa_flags = SA_SIGINFO | SA_ONSTACK;//设置标志位
        ...
        //为该信号设置新的信号处理结构体，并返回之前设置的信号处理结构体
        if (sigaction(signal, &act, &old_act) != -1) {
            user_sigactions[signal].Claim(old_act);//将旧的信号处理结构体保存起来
        }
    }
}
```

在上述代码中，sigchainlib_managed_handler_sigaction 是 ART 里信号处理函数的总入口，它和我们在 SignalAction 对象里设置的特殊信号处理函数（SetSpecialHandler）或信号处理结构体无关（SetAction）。那么，这个总入口函数具体是做什么工作的呢？来看代码。

7.4.1.2.2 sigchainlib_managed_handler_sigaction 介绍

sigchainlib_managed_handler_sigaction 的代码如下所示。

[sigchain.cc->sigchainlib_managed_handler_sigaction]

```
static void sigchainlib_managed_handler_sigaction(int sig, siginfo_t* info,
    void* context) {
    InvokeUserSignalHandler(sig, info, context);//调用InvokeUserSignalHandler
}
//直接来看InvokeUseSignalHandler的代码，先不讨论第二个和第三个参数的含义
extern "C" void InvokeUserSignalHandler(int sig, siginfo_t* info, void* context) {
    CheckSignalValid(sig);
    //该信号对应的SignalAction对象必须声明被占用，否则不会走到这个函数
```

```
        if (!user_sigactions[sig].IsClaimed()) { abort();}

        //如果该SignalAction对象设置过特殊处理函数，则执行它
        SpecialSignalHandlerFn managed = user_sigactions[sig].GetSpecialHandler();
        if (managed != nullptr) {
            sigset_t mask, old_mask;
            sigfillset(&mask);//sigfillset将为mask集合添加所有的信号
        /*sigprocmask：用于设置进程的信号队列。SIG_BLOCK表示要屏蔽哪些信号。它是参数mask和之
          前被屏蔽信号的合集。参数old_mask返回之前设置过的被屏蔽的信号集合*/
            sigprocmask(SIG_BLOCK, &mask, &old_mask);
            if (managed(sig, info, context)) {//执行自定义的信号处理函数
                //SIG_SETMASK标志：更新进程需要被屏蔽的信号队列为old_mask。下面这行代码表示
                //当执行完信号处理函数后，我们需要恢复信号队列的内容。
                sigprocmask(SIG_SETMASK, &old_mask, nullptr);
                return;
            }
            //如果信号处理函数执行失败（managed函数调用返回0），也需要恢复信号队列的内容。
            //然后再执行后面的代码
            sigprocmask(SIG_SETMASK, &old_mask, nullptr);
        }
        //如果没有设置过特殊的信号处理函数或者特殊信号处理函数返回0，则直接使用SignalAction
        //对象里设置的信号处理结构体。
        const struct sigaction& action = user_sigactions[sig].GetAction();
        /*注意，由于我们已经在信号处理函数里了（sigchainlib_managed_handler_sigaction），所
          以此处只能自己来调用信号结构体里的自定义信号处理函数，而不是由操作系统来调用。*/
        if (user_sigactions[sig].OldStyle()) {.....}//以旧方式调用信号处理函数
        else {
            //如果使用新方式调用信号处理函数
            if (action.sa_sigaction != nullptr) {//如果有设置过信号处理函数
                sigset_t old_mask;
                sigprocmask(SIG_BLOCK, &action.sa_mask, &old_mask);
                action.sa_sigaction(sig, info, context);//执行该信号处理函数
                sigprocmask(SIG_SETMASK, &old_mask, nullptr);
        } else {
            //signal是sigaction函数的对应简化版本，它用于给sig信号设置一个信号处理函数。
            //SIG_DFL表示默认处理。下面的代码表示恢复sig信号的信号处理函数为默认处理
                signal(sig, SIG_DFL);
            //raise用于投递一个信号。sig信号将重新被投递，并且交由默认信号处理函数来处理
                raise(sig);
        }
    }
}
```

总结 sigchainlib_managed_handler_sigaction 的调用流程如下。

- 当某个信号发生时，操作系统将调用 sigchainlib_managed_handler_sigaction。
- sigchainlib_managed_handler_sigaction 获取该信号对应的 SignalAction 对象。如果这个对象设置过特殊的信号处理函数，则执行它。
- 如果没有设置特殊的信号处理函数，或者该函数执行失败，则查看它的信号处理结构体。如果信号处理结构体中有信号处理函数，则执行它们。否则就恢复该信号的处理为默认信号处理。
- 执行信号处理函数前后，我们需要保存和恢复旧的屏蔽信号队列。

了解信号处理和 SignalAction 类后，马上来看 FaultManager。

7.4.2　FaultManager 介绍

7.4.2.1　FaultManager 的初始化

FaultManager 的初始化步骤中涉及 FaultManager 的构造函数以及 Init 函数。先来看 FaultManager 的构造函数，代码如下所示。

[fault_handler.cc->FaultManager 构造函数]

```
FaultManager::FaultManager() : initialized_(false) {
    //获取SIGSEGV信号之前设置的信号处理信息，存储在oldaction_对象中
    sigaction(SIGSEGV, nullptr, &oldaction_);//获取SIGSEGV
}
```

接着来看 Init 函数，代码如下所示。

[fault_handler.cc->FaultManager::Init]

```
void FaultManager::Init() {
    //下面几行代码的含义如下:
    //SetUpArtAction: 为action对象设置ART虚拟机指定的信号处理函数
    //然后调用sigaction将这个action对象设置为SIGSEGV信号的信号处理结构体
    struct sigaction action;
    SetUpArtAction(&action);
    int e = sigaction(SIGSEGV, &action, &oldaction_);
    //设置SIGSEGV对应的SignalAction对象，保存oldaction_信息，同时声明该信号被使用
    ClaimSignalChain(SIGSEGV, &oldaction_);
    initialized_ = true;
}
```

接着来看 SetUpArtAction，代码如下所示。

[fault_handler.cc->FaultManager::SetUpArtAction]

```
static void SetUpArtAction(struct sigaction* action) {
    action->sa_sigaction = art_fault_handler;//信号处理函数
    sigemptyset(&action->sa_mask);//不block任何信号
    action->sa_flags = SA_SIGINFO | SA_ONSTACK;
#if !defined(__APPLE__) && !defined(__mips__)
    action->sa_restorer = nullptr;
#endif
}
```

7.4.2.2　添加 FaultHandler 对象

在 FaultManager 中一共定义了四个 FaultHandler 子类。在它们的构造函数中，这些 FaultHandler 都会添加到 FaultManager 中，来看代码。

[fault_handler.cc->SuspensionHandler 等构造函数]

```
SuspensionHandler::SuspensionHandler(FaultManager* manager) :
    FaultHandler(manager) { manager_->AddHandler(this, true); }

StackOverflowHandler::StackOverflowHandler(FaultManager* manager) :
    FaultHandler(manager) { manager_->AddHandler(this, true); }
NullPointerHandler::NullPointerHandler(FaultManager* manager) :
```

```
    FaultHandler(manager) { manager_->AddHandler(this, true); }
//注意，JavaStackTraceHandler类虽然存在，但运行时并未将其添加到FaultManager中
JavaStackTraceHandler::JavaStackTraceHandler(FaultManager* manager) :
    FaultHandler(manager) { manager_->AddHandler(this, false); }
```

[fault_handler.cc->FaultManager::AddHandler]

```
void FaultManager::AddHandler(FaultHandler* handler, bool generated_code) {
    /*结合上面的代码可知：
      (1) SuspensionHandler、StackOverflowHandler、NullPointerHandler都属于
          generated_code类型的FaultHandler，它们保存在FaultManager对象中的generated_
          code_handlers成员中（类型为vector<FaultHandler*>）
      (2) JavaStackTraceHandler属于非generated_code类型，所以保存到FaultManager中的
          other_handlers_数组（类型为vector<FaultHandler*>）
*/
    if (generated_code) {generated_code_handlers_.push_back(handler); }
    else { other_handlers_.push_back(handler); }
}
```

上述代码中的 generated code 是什么意思呢？其实它就是指 dex 字节码编译得到的机器码。当信号是在执行 generated code 产生的，我们肯定需要知道当前执行的是哪个 Java 函数，然后做一些对应的处理。

另外，笔者在 6.7 节中已经有所提及——在 dex 字节码编译成目标机器的机器码过程中，art 会添加一些和虚拟机相关的指令。以 StackOverflowHandler 为例，它就和 art 添加的一条指令有关。关于这一点，笔者下面将对它做一些讲解。

我们先回顾 CodeGeneratorX86 中的 GenerateFrameEntry 函数，它用于为函数调用设置栈帧，其代码如下所示：

[code_generator_x86.cc->CodeGeneratorX86::GenerateFrameEntry]

```
void CodeGeneratorX86::GenerateFrameEntry() {
    __ cfi().SetCurrentCFAOffset(kX86WordSize);  // return address
    __ Bind(&frame_entry_label_);
    bool skip_overflow_check =
        IsLeafMethod() && !FrameNeedsStackCheck(GetFrameSize(), InstructionSet::kX86);
    //skip_overflow_check：是否跳过stackoverflow检查，此处为false，所以下面if内的
    //语句将执行
    if (!skip_overflow_check) {
        /*生成一条test指令码，它的作用是对EAX寄存器的值和位于指定内存地址里的值做and操作。该内
          存地址为ESP减去一个偏移量，该偏移量由GetStackOverflowReservedBytes函数返回。对X86
          平台而言，ESP寄存器指向栈顶，而偏移量则是一个值为8KB的常量。
          为什么要单独执行一条test指令呢？原来：
          (1) ART虚拟机为线程设置的栈空间中，底部（对应栈空间的低地址，内存栈由高地址向低地址
              扩展）有一部分空间被设置为栈溢出检查空间。这部分空间是不能读写的。如果读写，就
              会触发SIGSEGV信号。
          (2) 此处test指令第二个参数所代表的内存地址取值为ESP-偏移量。如果这个内存地址落在栈
              溢出检查空间，就会触发SIGSEGV。关于ART线程栈空间更详细的知识请读者继续阅读。*/
        __ testl(EAX, Address(ESP,
        -static_cast<int32_t>(
        GetStackOverflowReservedBytes(kX86))));
        RecordPcInfo(nullptr, 0);
    }
    .....
```

```
    int adjust = GetFrameSize() - FrameEntrySpillSize();
    __ subl(ESP, Immediate(adjust));//调整栈的大小
    __ cfi().AdjustCFAOffset(adjust);
    //kMethodRegisterArgument就是EAX寄存器。kCurrentMethodStackOffset取值为0
    //下面这行代码的意思是将EAX的值存储到栈ESP[kCurrentMethodStackOffset]处
    __ movl(Address(ESP, kCurrentMethodStackOffset), kMethodRegisterArgument);
}
```

由上述代码可知，ART 额外添加的 test 指令有可能触发 SIGSEGV 信号，从而引发 art_fault_handler 被调用。

上述 test 指令的处理和 ART 对栈空间的处理有关，后文将详细介绍它。

7.4.2.3 art_fault_handler 介绍

现在来看 ART 设置的信号处理函数。根据上述代码，当 SIGSEGV 信号发生时，art_fault_handler 将被调用。

[fault_handler.cc->art_fault_handler]

```
static void art_fault_handler(int sig, siginfo_t* info, void* context) {
    //fault_manager是一个全局对象，调用它的HandleFault函数。
    fault_manager.HandleFault(sig, info, context);
}
```

[fault_handler.cc->FaultManager::HandleFault]

```
void FaultManager::HandleFault(int sig, siginfo_t* info, void* context) {
        /*先判断该信号是否发生在编译时所生成的机器码里。如果是，则通过generated_code_
          handlers_中的成员进行处理。只要有一个成员能成功处理该信号，则该信号就算处理完。注
          意HandleFault函数的三个参数，它是由OS传递过来的，其中：
          sig:代表当前要处理的信号id
          siginfo_t: 结构体，里边有一个名为si_addr成员比较重要，表示访问哪个内存地址时触发了本信号。
          context: 这也是一个结构体，其真实类型在不同CPU平台上有所不同。对x86平台而言，它包
          含了某些关键寄存器的信息。详情见下文介绍。*/
        if (IsInGeneratedCode(info, context, true)) {
            for (const auto& handler : generated_code_handlers_) {
                if (handler->Action(sig, info, context)) { return;  }
        }
        /*如果该信号不是由生成的机器码所触发，则处理逻辑交给other_handlers_里的成员。ART中
          只有JavaStackTraceHandler属于这类型，并且ART并未将其添加到FaultManager中，所
          以下面的HandleFaultByOtherHandlers返回false。注意，这个函数内部非常复杂，感兴
          趣的读者可自行研究它*/
        if (HandleFaultByOtherHandlers(sig, info, context)) {   return; }
    }
    art_sigsegv_fault();//该函数内部只是打印一句提示
    //调用SIGSEGV对应的SignalAction对象进行处理。该函数我们在SignalAction
    //一节中介绍过
    InvokeUserSignalHandler(sig, info, context);
}
```

上述代码展示了 FaultManager 对 SIGSEGV 信号的处理流程。不过，由于 SuspensionHandler、StackOverflowHandler、NullPointerHandler 等涉及很多目前还未讲解的知识，本节先暂时略过对

它们的介绍。

最后，作为对上文在generated code解释时所举的test指令的回应，下面将介绍IsInGenerated Code里的一些代码段。这个函数是用来判断SIGSEGV是否由generated code而触发，代码如下所示。

[fault_handler.cc->FaultManager::IsInGeneratedCode]

```
bool FaultManager::IsInGeneratedCode(siginfo_t* siginfo, void* context, bool
    check_dex_pc) {
    .....//一些判断，本章先不介绍它们

    ArtMethod* method_obj = nullptr;
    uintptr_t return_pc = 0;
    uintptr_t sp = 0;
    //重点来看下面这个函数，它在不同CPU平台上有不同的实现。
    GetMethodAndReturnPcAndSp(siginfo, context, &method_obj, &return_pc, &sp);
    .......//还有一些判断，本章先不介绍它们
}
```

[fault_handler_x86.cc->FaultManager::GetMethodAndReturnPcAndSp]

```
void FaultManager::GetMethodAndReturnPcAndSp(siginfo_t* siginfo, void* context,
    ArtMethod** out_method, uintptr_t* out_return_pc, uintptr_t* out_sp) {
    //对x86平台而言，context参数指向一个类型为ucontext的结构体
    struct ucontext* uc = reinterpret_cast<struct ucontext*>(context);
    /*uc->CTX_ESP中的CTX_ESP是一个宏。本例中，它的定义如下：
      #define CTX_ESP uc_mcontext.gregs[REG_ESP]
      所以，uc->CTX_ESP真正取值为uc->uc_mcontext.gregs[REG_ESP]。其含义为获取ESP寄存
      器的值*/
    *out_sp = static_cast<uintptr_t>(uc->CTX_ESP);
    if (*out_sp == 0) {  return; }
    //si_addr表示因为访问了哪个内存地址而触发了此信号
    uintptr_t* fault_addr = reinterpret_cast<uintptr_t*>(siginfo->si_addr);
    /*注意下面这段代码，它和上文test指令相对应。test指令的第二个参数是ESP-偏移量。
      此处的overflow_addr也是ESP-偏移量。如果overflow_addr和fault_addr相等，则可确信无疑
      这是触发了StackOverflow检查*/
    uintptr_t* overflow_addr = reinterpret_cast<uintptr_t*>(
        reinterpret_cast<uint8_t*>(*out_sp) -
            GetStackOverflowReservedBytes(kX86));
    //如果两个地址相等，则可确定是stackoverflow检查。
    if (overflow_addr == fault_addr) {
        /*uc->CTX_METHOD用于获取寄存器EAX的值。它指向一个内存地址，该地址中存储着一个
          ArtMethod对象。由第6章的介绍可知，编译是以Java函数为单位的，编译的结果在代码中由
          ArtMethod来描述。*/

            *out_method = reinterpret_cast<ArtMethod*>(uc->CTX_METHOD);
        } else {//下面这行代码表示从栈顶位置获取ArtMethod对象
            *out_method = *reinterpret_cast<ArtMethod**>(*out_sp);
        }
    //EIP指向信号处理函数返回后该执行的指令。
    uint8_t* pc = reinterpret_cast<uint8_t*>(uc->CTX_EIP);
    ......
}
```

上述代码看似简单，其隐含的知识却非常深。

- 如果信号是发生在 generated code 的话，GetMethodAndReturnPcAndSp 函数的目的就是获取 Java 函数的信息。上述代码的注释中已经说过，ArtMethod 是 Java 函数经编译得到的机器码的代表。那么 ArtMethod 就是 generated code 和 Java 函数之间的纽带。所以我们要找到 ArtMethod 对象。
- 如果是栈溢出检查导致 SIGSEGV 错误的话，ArtMethod 对象在内存中的地址存储在 EAX 寄存器中。如果不是栈溢出检查，则 ArtMethod 对象在内存中的地址保存在 ESP[0] 中。

为什么会这样呢？读者需要回顾上节最后提到的 GenerateFrameEntry 函数。

- 假设 funcA 调用 funcB。那么，funcA 将通过 call 指令跳转到 funcB 的入口位置。入口处的指令首先是为 funcB 创建它所需要的栈帧空间。而 funcB 所需要的参数有一些会通过寄存器来传输。这些参数就包括 funcB 对应的 ArtMethod 对象，这个对象的地址由 funcA 放在 EAX 寄存器里。
- funcB 在建立自己的栈帧时，test 指令先执行，如果它触发了 stackoverflow 检查的话，我们只能从 EAX 寄存器里获取 funcB 对应的 ArtMethod 对象。因为 funcB 的栈帧还没有建立完就触发 SIGSEGV 信号了。
- 而 GenerateFrameEntry 函数最后几行代码是将 EAX 的值（指向一个 ArtMethod）存储到 ESP[0] 处。GenerateFrameEntry 成功返回后，开始执行 funcB 的代码，而 funcB 内部很有可能会修改 EAX 的值。所以，如果 funcB 执行过程中（栈帧建立完毕）因为某种原因触发了 SIGSEGV，这个时候要获取 ArtMethod 对象的话就只能从 ESP[0] 来得到了。

到此，关于 FaultManager 的介绍先告一段落。

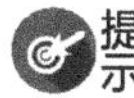

提示　本节有些内容涉及后文才会介绍的一些知识。读者在学习后文时，建议结合本节内容以加深理解。

7.5 Thread 介绍

本节将介绍和 ART 虚拟机执行密切相关的 Thread 类。在 Runtime Init 中，涉及 Thread 类的有如下两个关键函数，我们先来回顾它们。

[runtime.cc->Runtime::Init]

```
....
java_vm_ = new JavaVMExt(this, runtime_options);
Thread::Startup();
Thread* self = Thread::Attach("main", false, nullptr, false);
....
```

下面将分别介绍 Thread 的 Startup 和 Attach 函数。其中，Attach 的内容非常重要。

7.5.1 Startup 函数介绍

来看 Thread Startup，代码如下所示。

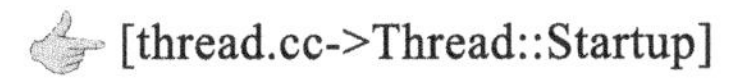

[thread.cc->Thread::Startup]

```
void Thread::Startup() {
```

```
    is_started_ = true;
    {
        MutexLock mu(nullptr, *Locks::thread_suspend_count_lock_);
        //创建一个条件变量。这部分内容属于POSIX多线程方面的知识，本书不拟讨论它们
        resume_cond_ = new ConditionVariable
                        ("Thread resumption condition variable",
                        *Locks::thread_suspend_count_lock_);
    }
    /*CHECK_PTHREAD_CALL是一个宏，它用来检查pthread相关函数调用的返回值。如果调用返回失
      败，则打印一些警告信息。读者只需要关注这个宏所调用的函数即可。
      对本例而言，pthread_key_create将被调用，该函数将创建一块调用线程特有的数据区域，
      即所谓的Thread Local Storage（简写为TLS）。这块区域由一个key值（该值的数据类型为
      pthread_key_t）来索引：
     （1）Thread::pthread_key_self_：是Thread类的静态成员变量，代表所创建TLS区域的key。
          通过这个key可获取存取该TLS区域。比如，调用pthread_set_specific函数往该区域存入数
          据，调用pthread_get_specific函数读取该数据等。
     （2）当线程退出时，这块区域需要被回收，调用者可以指定一个特殊的回收函数，如下面的ThreadExit
          Callback   */
    CHECK_PTHREAD_CALL(pthread_key_create, (&Thread::pthread_key_self_, Thread::
        ThreadExitCallback), "self key");
        //检查pthread_Key_self_对应的TLS区域里是否有数据。如果是第一次创建，该区域是不能
        //有数据的。
    if (pthread_getspecific(pthread_key_self_) != nullptr) {
        LOG(FATAL) << "Newly-created pthread TLS slot is not nullptr";
    }
}
```

7.5.2 Attach函数介绍

接着来看Attach的代码，如下所示。

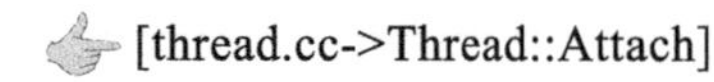
[thread.cc->Thread::Attach]

```
Thread* Thread::Attach(const char* thread_name, bool as_daemon, jobject thread_
    group, bool create_peer) {
    Runtime* runtime = Runtime::Current();
    Thread* self;
    {
        MutexLock mu(nullptr, *Locks::runtime_shutdown_lock_);
        if (runtime->IsShuttingDownLocked()) {....}
        else {
            Runtime::Current()->StartThreadBirth();
            self = new Thread(as_daemon);// ①关键函数之一构造函数
            //②关键函数之二
            bool init_success = self->Init(runtime->GetThreadList(), runtime-
                >GetJavaVM());
            Runtime::Current()->EndThreadBirth();
            ...
        }
    }

    self->InitStringEntryPoints();//③关键函数之三
    self->SetState(kNative);
    .....
    return self;
}
```

Attach 内部又包含三个关键函数，先来看第一个，即 Thread 的构造函数。

7.5.2.1　Thread 构造函数

Thread 的构造函数并不复杂，主要是完成对某些成员变量的初始化，来看代码。

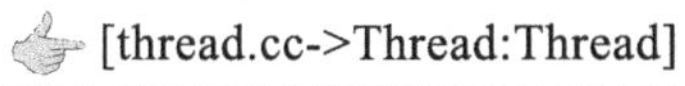

[thread.cc->Thread:Thread]

```
Thread::Thread(bool daemon) : tls32_(daemon), wait_monitor_(nullptr), interrupted_
    (false) {
    //创建Mutex和ConditionVariable对象
    wait_mutex_ = new Mutex("a thread wait mutex");
    wait_cond_ = new ConditionVariable(..., *wait_mutex_);
    /*tlsPtr_是Thread类内部定义的一个结构体，其数据类型名为
      struct tls_ptr_sized_values。该结构体非常核心，涉及调用、堆栈等一些关键信息均存储在
      此结构体中。从tlsPtr_中的tls（Thread Local Storage的简写）一词可以看出，该结构体的
      对象实例是和具体某个线程所关联的。下面的代码全部是初始化tlsPtr_里的一些成员变量。这些成
      员变量的作用将在使用它们的时候再做介绍。*/
    tlsPtr_.instrumentation_stack = new std::deque<instrumentation::Instrumenta
        tionStackFrame>;
    tlsPtr_.name = new std::string(kThreadNameDuringStartup);
    ......
    //注意，下面这行fill代码将留待第13章介绍RosAlloc的时候再解释
    std::fill(tlsPtr_.rosalloc_runs,
        tlsPtr_.rosalloc_runs + kNumRosAllocThreadLocalSizeBracketsInThread,
            gc::allocator::RosAlloc::GetDedicatedFullRun());
    for (uint32_t i = 0; i < kMaxCheckpoints; ++i) {
        tlsPtr_.checkpoint_functions[i] = nullptr;
    }
    ......
}
```

如上述代码的注释可知，tlsPtr_ 是 Thread 类中非常关键的结构体，下面是它的几个主要成员变量的说明。

[thread.h->Thread::tls_ptr_sized_values]

```
struct PACKED(sizeof(void*)) tls_ptr_sized_values {
            .....//本章先介绍其中一部分成员变量
    /*描述本线程所对应的栈的安全高地址。随着函数的调用，线程栈的栈顶（Top）会逐渐向下拓展，一
      旦栈顶地址低于此变量，将触发上文提到的Implicit Stackoverflow check。
      注意，stack_end一词很有歧义，它其实并不是用来描述栈底地址的。下文将详细介绍ART虚拟机中
      线程栈的设置情况。*/
    uint8_t* stack_end;
    JNIEnvExt* jni_env;//和本线程关联的Jni环境对象
    Thread* self;//指向包含本对象的Thread对象
    //下面两个成员变量也和线程栈有关。详情见下文对线程栈的介绍
    uint8_t* stack_begin;
    size_t stack_size;
    .....
    /*注意下面两个关键成员变量：
     （1）jni_entrypoints：结构体，和JNI调用有关。里边只有一个函数指针成员变量，名为
        pDlsymLookup。当JNI函数未注册时，这个成员变量将被调用以找到目标JNI函数
     （2）quick_entrypoints：结构体，其成员变量全是个函数指针类型，其定义可参考quick_
        entrypoints_list.h。它包含了一些由ART虚拟机提供的某些功能，而我们编译得到的机器码
        可能会用到它们。生成机器码时，我们需要生成对应的调用指令以跳转到这些函数*/
    JniEntryPoints jni_entrypoints;
    QuickEntryPoints quick_entrypoints;
```

```
/*ART虚拟机支持解释方式执行dex字节码。这部分功能从ART源码结构的角度来看，它们被封装在一
  个名为mterp的模块中（相关代码位于runtime/interpreter/mterp中）。mterp是modular
  interpreter的缩写，它在不同CPU平台上，利用对应的汇编指令来编写dex字节码的处理。使用汇
  编来编写代码可大幅提升执行速度。在dalvik虚拟机时代，mterp这个模块也有，但除了几个主流
  CPU平台上了有汇编实现之外，还存在一个用C++实现的代码，其代码很有参考价值⊖。而在ART虚
  拟机的mterp模块里，C++实现的代码被去掉了，只留下不同CPU平台上的汇编实现。下面这三个变
  量指向汇编代码中interpreter处理的入口地址，其含义是：
  mterp_current_ibase：当前正在使用的interpreter处理的入口地址
  mterp_default_ibase：默认的interpreter处理入口地址
  mterp_alt_ibase：可追踪执行情况的interpreter地址。
  代码中根据情况会将mterp_current_ibase指向其他两个变量。比如，如果设置了跟踪每条
  指令解释执行的情况，则mterp_current_ibase指向mterp_alt_ibase，否则使用mterp_
  default_ibase */
void* mterp_current_ibase;
void* mterp_default_ibase;
void* mterp_alt_ibase;
.......
} tlsPtr_;
```

tlsPtr_ 非常关键，后文会关注它更多的细节内容。接着来看 Init 函数。

7.5.2.2 Init 函数介绍

Thread Init 的代码如下所示。

[thread.cc->Thread::Init]

```
bool Thread::Init(ThreadList* thread_list, JavaVMExt* java_vm, JNIEnvExt* jni_env_ext) {
        tlsPtr_.pthread_self = pthread_self();
    SetUpAlternateSignalStack();//此函数在Android平台上不做任何操作
    //设置线程栈，详情见下文分析
    if (!InitStackHwm()) {  return false; }
    InitCpu();//初始化CPU，详情见下文分析
    //设置tlsPtr_里的jni_entrypoints和quick_entrypoints这两个成员变量
    InitTlsEntryPoints();
    RemoveSuspendTrigger();
    InitCardTable();
    InitTid();
    interpreter::InitInterpreterTls(this);

//下面这段代码将当前这个Thread对象设置到本线程的本地存储空间中去
#ifdef __ANDROID__
//__get_tls是bionc里定义的一个函数，属于Android平台特有的，其目的和非Android平台
//所使用的pthread_setspecific一样
    __get_tls()[TLS_SLOT_ART_THREAD_SELF] = this;
#else
    CHECK_PTHREAD_CALL(pthread_setspecific, (Thread::pthread_key_self_, this),
        "attach self");
#endif
#endif
        tls32_.thin_lock_thread_id = thread_list->AllocThreadId(this);
    //每一个线程将关联一个JNIEnvExt对象，它存储在tlsPtr_jni_env变量中。对主线程而言，
    //JNIEnvExt对象由Runtime创建并传给代表主线程的Thread对象，也就是此处分析的
    //Thread对象
    if (jni_env_ext != nullptr) { tlsPtr_.jni_env = jni_env_ext; }
        else {//如果外界不传入JNIEnvExt对象，则自己创建一个
```

⊖ 这部分内容可参考笔者的一篇关于 dalvik 虚拟机的博客 http://blog.csdn.net/innost/article/details/50377905。

```
        tlsPtr_.jni_env = JNIEnvExt::Create(this, java_vm);
    ......
    }
    //Runtime对象中有一个thread_list_成员变量，其类型是ThreadList，用于存储虚拟机
    //所创建的Thread对象。
    thread_list->Register(this);
    return true;
}
```

上述代码中，我们分别来介绍其中的InitStackHwm、InitCpu、InitTlsEntryPoints以及InitInterpreterTls。

7.5.2.2.1 InitStackHwm

本函数用于设置线程的线程栈。我们先回顾下一个线程的栈空间是怎么设置的。在Android平台上，我们可通过调用pthread_create来创建一个线程，来看看pthread_create的函数，重点考察其中对线程栈的处理，代码如下所示。

[pthread_create.cpp->pthread_create]

```
int pthread_create(pthread_t* thread_out, pthread_attr_t const* attr, void*
     (*start_routine)(void*), void* arg) {
    ErrnoRestorer errno_restorer;
    ....
    void* child_stack = NULL;//child_stack的值在下面这个函数中被设置
    int result = __allocate_thread(&thread_attr, &thread, &child_stack);
    ....
    int flags = CLONE_VM | CLONE_FS | CLONE_FILES | CLONE_SIGHAND | ....
    ....
    /*线程的创建是通过clone系统调用来实现的，其中child_stack是这个线程的栈底。因为Linux
      系统上线程栈由高地址往低地址拓展。所以此处的child_stack是某块内存的高地址，也就是它指
      向线程栈的栈底（栈底是不动的，出栈和入栈是在栈顶）。另外，请读者特别注意，分配内存的时
      候，比如malloc或mmap等函数调用返回的是却是某块内存的低地址。下面的clone调用中使用的
      child_stack来自__allocate_thread函数。*/
    int rc = clone(__pthread_start, child_stack, flags, thread, &(thread->tid),
         tls, &(thread->tid));
    .....
    return 0;
}
```

这里再次特别说明，栈只有一个出入口，即栈顶，而栈底是不动的。

线程的栈空间由__allocate_thread分配，其代码如下所示。

[pthread_create.cpp->__allocate_thread]

```
static int __allocate_thread(pthread_attr_t* attr, pthread_internal_t** threadp,
    void** child_stack) {
    size_t mmap_size;
    uint8_t* stack_top;
    //外界可以自行设置线程的栈空间，包括栈的起始地址（内存低地址）以及栈的大小。如果
    //stack_base为空，则由pthread库来创建线程栈，我们重点看它的处理方式
    if (attr->stack_base == NULL) {
        /*在默认情况下，stack_base为空，stack_size为某个固定值（Android中取值为
          PTHREAD_STACK_SIZE_DEFAULT，其值略小于1MB），guard_size取值为PAGE_SIZE
          （32位CPU平台上为4KB）。栈空间对应的内存使用mmap来创建，所以下面先计算mmap所需的
```

```
        空间大小，按内存页大小对齐*/
    mmap_size = BIONIC_ALIGN(attr->stack_size + sizeof(pthread_internal_t),
        PAGE_SIZE);
    attr->guard_size = BIONIC_ALIGN(attr->guard_size, PAGE_SIZE);
    //__create_thread_mapped_space内部调用mmap创建一块内存。其返回值作为
    //stack_base。注意，上文中我们说过，mmap返回的是内存的低地址。
    attr->stack_base = __create_thread_mapped_space(mmap_size, attr->guard_size);
    .....//stack_top为stack_base+mmap_size，所以stack_top为内存的高地址
    stack_top = reinterpret_cast<uint8_t*>(attr->stack_base) + mmap_size;
  } .....
  .....//stack_top对齐处理
  attr->stack_size = stack_top - reinterpret_cast<uint8_t*>(attr->stack_base);

  thread->mmap_size = mmap_size;
  ......
  *child_stack = stack_top;//child_stack指向内存高地址
  return 0;
}
```

接着来看 __create_thread_mapped_space 函数，代码如下所示。

[pthread_create.cpp->__create_thread_mapped_space]

```
static void* __create_thread_mapped_space(size_t mmap_size,
                  size_t stack_guard_size) {
    int prot = PROT_READ | PROT_WRITE;
    int flags = MAP_PRIVATE | MAP_ANONYMOUS | MAP_NORESERVE;
        //构造一块大小为mmap_size的内存，返回值存储到space里。也就是说，线程栈对应的内存大
        //小，其实就是mmap_size
    void* space = mmap(NULL, mmap_size, prot, flags, -1, 0);
    .....
        //设置space到space+stack_guard_size这段内存为不可访问。当栈拓展到这块空间时将
        //触发SIGSEGV信号
    if (mprotect(space, stack_guard_size, PROT_NONE) == -1) {.....}
        ......
    return space;
}
```

通过上面 pthread_create 的代码，我们可知 Android 平台上线程栈的创建过程如下。

- mmap 得到一块内存，其返回值为该内存的低地址（stack_base）。
- 设置该内存从低地址开始的某段区域（由 guard_size）为不可访问。
- 得到该内存段的高地址，将其作为线程栈的栈底位置传递给 clone 系统调用。

了解上述知识后，再来看 InitStackHwm 就非常简单了，其代码如下所示。

[thread.cc->Thread::InitStackHwm]

```
bool Thread::InitStackHwm() {
    void* read_stack_base;
    size_t read_stack_size;
    size_t read_guard_size;
    /*获取本线程的栈顶、栈大小以及保护区域的大小。这是通过调用pthread相关函数来获取的注意，
      虽然给clone传的是栈底（内存高地址）位置，但是存储在线程信息里的还是内存的低地址。read_
      stack_size是栈大小（包含保护区域），read_guard_size是保护区域的大小
    GetThreadStack(tlsPtr_.pthread_self, &read_stack_base, &read_stack_size,
        &read_guard_size);
```

```
    //将原线程栈空间的起始地址存储到tlsPtr_.stack_begin中，大小存储在stack_size里
    tlsPtr_.stack_begin = reinterpret_cast<uint8_t*>(read_stack_base);
    tlsPtr_.stack_size = read_stack_size;
    ......//线程栈至少要有16KB空间，否则本函数直接返回false
    Runtime* runtime = Runtime::Current();
    bool implicit_stack_check = !runtime->ExplicitStackOverflowChecks() &&
        !runtime->IsAotCompiler();
    //设置tlsPtr_.stack_end取值为tlsPtr_.stack_begin +
    //GetStackOverflowReservedBytes(kRuntimeISA)（对X86平台而言，该值为8KB）
    ResetDefaultStackEnd();
    if (implicit_stack_check) {//正常情况下是需要检查栈是否溢出的，上文曾介绍过
        //如果要对栈溢出检查，则调整一些位置
        tlsPtr_.stack_begin += read_guard_size + kStackOverflowProtectedSize;
        tlsPtr_.stack_end += read_guard_size + kStackOverflowProtectedSize;
        tlsPtr_.stack_size -= read_guard_size;
        //原理和pthread的处理一样，通过mprotect保护一段内存
        InstallImplicitProtection();
    }
    ......
    return true;
}
```

针对上述代码中 ART 设计的线程栈空间，笔者绘制了一份示意图，来看图 7-7。

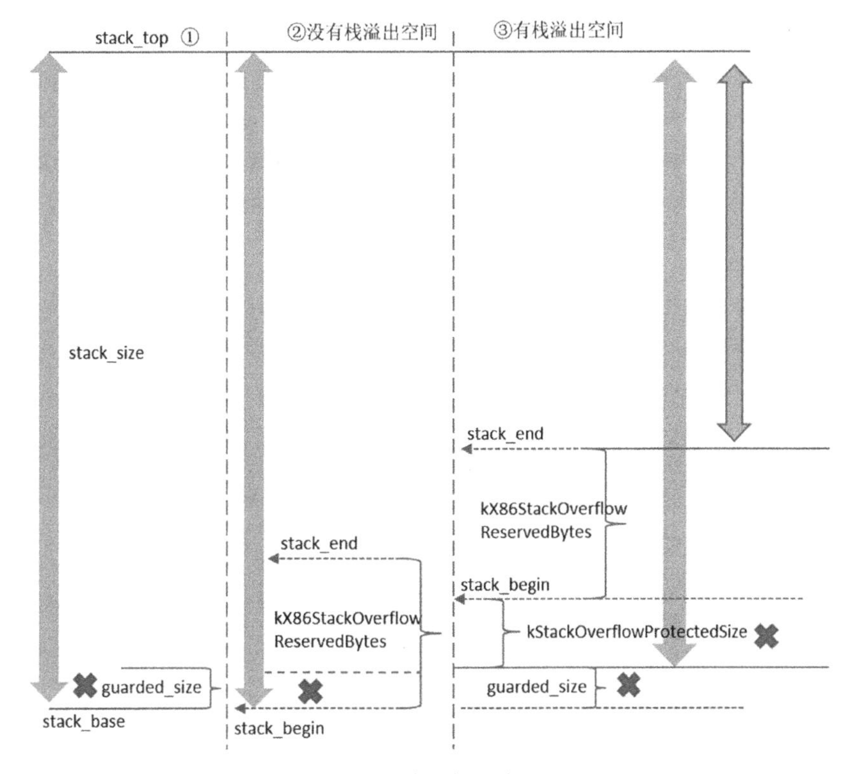

图 7-7　线程栈示意图

图 7-7 包含三种情况下的线程栈，内存地址均由上到下，从高到低。

- 最左边是pthread默认的栈空间布局。内存高地址为stack_top，低地址为stack_base。保护区域从stack_base开始，到stack_base+guarded_size结束，整个栈空间大小为stack_size。
- 中间为不使用隐式栈溢出保护的情况。stack_begin（为tlsPtr_里的成员变量，为节省篇幅，笔者此处将忽略tlsPtr_，下文的处理一样）取值为stack_base，而stack_end取值为stack_begin+kX86StackOverflowReservedBytes。**注意**，guarded_size包含在kX86StackOverflowReservedBytes中。真正被保护的区域还是从stack_begin到stack_begin+guarded_size这一段。所以，栈中可以访问的部分为stack_begin+guarded_size到stack_top。
- 右边为使用隐式栈溢出保护的情况。相比中间的栈布局，stack_begin、stack_end整体向上移动了guarded_size+kStackOverflowProtectedSize。并且，通过InstallImplicitProtection函数将为kStackOverflowProtectedSize这段空间也设置了内存保护。所以，可使用的栈空间由右边的绿色箭头表示。从栈溢出保护来看（结合上文对GenerateFrameEntry的介绍可知），只要ESP落入stack_end以下，ESP减去kX86StackOverflowReserved Bytes的位置就会落入被保护空间，从而也触发SIGSEGV信号。

讨论 隐式栈溢出保护是针对generated code而言的，这部分代码实际上是Java代码经编译得到的机器码。执行generated code的时候，其实可以简单地把它看成是执行Java代码。那么，隐式栈溢出保护就是用来检查Java函数调用时，线程栈是否溢出。

另外，由于Java可通过jni调用native代码，调用native代码时，我们也需要为native函数准备栈空间。所以，ART中额外留了一部分空间（GetStackOverflowReservedBytes的返回值，x86平台该函数返回kX86StackOverflowReservedBytes，8KB）。比如，假设Java函数将栈顶拓展到略高于stack_end的位置，然后进入native代码（通过JNI方式），那么，native层中的函数至少还有kX86StackOverflowReservedBytes大小的栈空间。

7.5.2.2.2 InitCpu

InitCpu的实现和具体CPU平台息息相关，而本节将以x86平台为例进行介绍。介绍其代码之前，我们先来看一段Java字节码经编译转换后得到的机器码（也就是generated code）。

图7-8是来自boot.oat（目标机型为x86平台）文件中的一段generated code，其中最让笔者好奇的是最后一行指令。

```
mov eax, 1
add esp, 64
pop ebp
pop esi
pop edi
ret
mov ebp, eax
mov eax, [esp + 84]
call fs:[0x1e8]  ; pUnlockObject
```

图7-8 generated code示意

- call是x86平台上发起函数调用的汇编指令，其后的参数是目标函数的地址。
- fs是x86平台中的段寄存器（segment register）。fs是一个16位的寄存器，其值由三部分组成。其中，第3位（索引从0算起）到第15位的内容构成GDT（Global Descriptor Table）里的一个索引。GDT是x86平台中的一个概念，读者不用纠结其细节。简单来说，GDT是一个表结构，里边按索引方式存储了一些表项。而fs段寄存器中第3位到第15位所构成的索引在GDT中对应的表项里存储的是一个内存地址。
- 接着看fs:[0x1e8]。根据上面的描述，它描述的是目标函数的地址。该地址以GDT对应表项中的内存地址为基地址，加上 0x1e8 而得到。最后，指令中的分号为注释，表示这个地址对应的函数为 pUnlockObject。

现在我们来倒推一下，为什么知道这个地址的函数是 pUnlockObject 函数。首先，搜索源码，可知 pUnlockObject 是 QuickEntryPoints 结构体里定义的，代码如下所示。

[quick_entrypoints_list.h 和 quick_entrypoints.h->QuickEntryPoints 结构体]

```
//先看quick_entrypoints_list.h。定义了如下的宏
#define QUICK_ENTRYPOINT_LIST(V) \
    ......\
    V(LockObject, void, mirror::Object*) \
    V(UnlockObject, void, mirror::Object*) \
    ...... \
    V(ShrLong, uint64_t, uint64_t, uint32_t) \
    V(UshrLong, uint64_t, uint64_t, uint32_t) \
    ....
//再来看quick_entrypoints.h->QuickEntryPoints
struct PACKED(4) QuickEntryPoints {
//定义一个宏，该宏其实就是声明一个函数指针
#define ENTRYPOINT_ENUM(name, rettype, ...) rettype ( * p ## \ name )( __VA_
    ARGS__ );
#include "quick_entrypoints_list.h" //包含这个头文件。
    QUICK_ENTRYPOINT_LIST(ENTRYPOINT_ENUM)
#undef QUICK_ENTRYPOINT_LIST
#undef ENTRYPOINT_ENUM
};
```

通过宏的替换，QuickEntryPoints 最后的样子如下。

```
struct PACKED(4) QuickEntryPoints {
    .....
    void (*pUnlockObject)( mirror::Object*);
    void (*pUnlockObject)( mirror::Object*);
    .....
}
```

所以，pUnlockObject 是 QuickEntryPoints 中的一个函数指针。如果 fs 段寄存器对应的内存基地址存储的是一个 QuickEntryPoints 对象的话，那么只要找到 pUnlockObject 成员相对于该对象的偏移量即可找到 pUnlockObject 成员。道理是这样的，但是 fs 段寄存器并不关联 QuickEntryPoints 对象的地址，而是关联该线程对应的 Thread 对象的地址。所以，由 call fs:[0x1e8] 这行指令，我们挖掘出的信息可由图 7-9 来表示。

图 7-9 展示了图 7-8 中最后一行指令里 fs:[0x1e8] 的含义。此处笔者再补充一些知识。

- 在 ART 虚拟机中，每一个线程有一个 Thread 对象，该对象的地址会存储到 GDT 某个表项里，然后 initCpu 会把该表项的索引存储到 FS 寄存器里。
- 根据《 Understanding the Linux Kernel, 3rd Edition 》一书里 3.3.3.2 节的介绍[⊖]。进程切换时，比如从进程 A 切换到进程 B，如果 A 使用了 FS 寄存器，则会保存 FS 寄存器的值到 A 进程信息中。如果进程 B 之前也用过 FS，那么会将保存在 B 进程信息中的

⊖ 该书对应的 Linux Kernel 版本为 2.6。从后续某个 Kernel 版本开始，进程切换时对 FS 的处理和此书所述有所不同，但 FS 寄存器仍将在进程切换后保持和目标进程所设置的值一致。另外，x86_64 机器上使用的是 GS 段寄存器，而不再使用 FS。

FS 的值恢复到 FS 寄存器中。也就是说，每个进程都可以设置 FS，而操作系统会保证进程切换后，FS 的内容恢复为目标进程所设置的值。

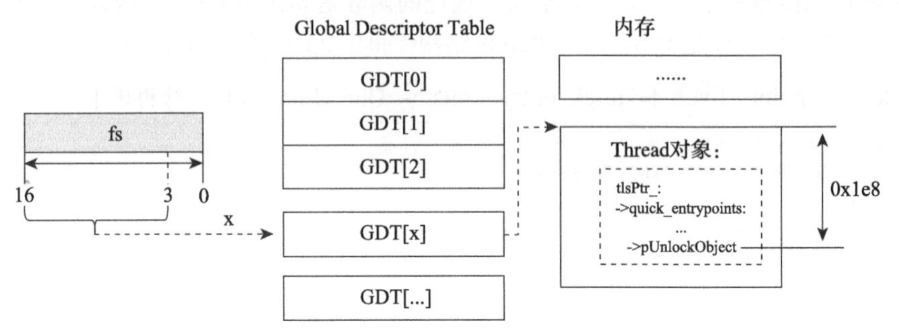

图 7-9　fs:[0x1e8] 背后的故事

总结上述内容可知，

- 在 ART 虚拟机中，每一个 Thread 对象代表一个线程。
- 每个线程在 InitCpu 中都会将代表自己的 Thread 对象的地址设置 GDT 中，并且将关联的 GDT 表项的索引保存到 FS 寄存器里。这么做的目的是当这个线程执行 generated code 的时候，如果需要调用 quick entrypoints 等虚拟机提供的函数时，均可借助图 7-8 所示的流程进行跳转。
- 而要达到这个目的所必需的前提条件是 FS 的内容会随着线程切换而做相应的切换。因为 FS 只有一个，而线程 A 的 Thread 对象和线程 B 的 Thread 对象不会是同一个，所以 FS 的内容应该随着线程的切换而相应进行调整。好在这部分工作由操作系统来完成。

现在再来看 InitCPU 的代码，就很容易理解了。

[thread_x86.cc->Thread::InitCpu]

```
void Thread::InitCpu() {
    MutexLock mu(nullptr, *Locks::modify_ldt_lock_);
    //this指向Thread对象本身
    const uintptr_t base = reinterpret_cast<uintptr_t>(this);
    const size_t limit = sizeof(Thread);
    ......
    int entry_number;//GDT对应表项的索引
    uint16_t table_indicator;

#if defined(__APPLE__)
    ......
#else
    user_desc gdt_entry;
    memset(&gdt_entry, 0, sizeof(gdt_entry));
    static unsigned int gdt_entry_number = -1;
    if (gdt_entry_number == static_cast<unsigned int>(-1)) {
        // 如果取值为-1，则内核会选择一个空闲的表项，并返回该表项的索引
        gdt_entry.entry_number = -1;
    } else {
        gdt_entry.entry_number = gdt_entry_number;
    }
    gdt_entry.base_addr = base;//基地址，它指向Thread对象
```

```
    .....
    //调用系统调用set_thread_area，设置本线程的GDT。gdt_entry中的entry_number即
    //是图7-9中所示的索引号x。
    int rc = syscall(__NR_set_thread_area, &gdt_entry);
    if (rc != -1) {
        entry_number = gdt_entry.entry_number;
        if (gdt_entry_number == static_cast<unsigned int>(-1)) {
            gdt_entry_number = entry_number;
        }
    }
    table_indicator = 0;  // GDT
#endif
    //设置FS段寄存器，值为selector。注意，selector的数据类型为uint16_t，是一个16位
    //的无符号整型，它由三部分内容组成，而GDT表项的索引值左移三位后才放在selector里
    uint16_t rpl = 3;
    uint16_t selector = (entry_number << 3) | table_indicator | rpl;
    //使用汇编指令设置FS寄存器
    __asm__ __volatile__("movw %w0, %%fs"
        :
        : "q"(selector)  // input
        :);
    tlsPtr_.self = this;
    .......
}
```

InitCpu 的介绍就告一段落，这部分内容和 CPU 平台密切相关，不同平台的实现差异非常大。比如 ARM 平台上，InitCpu 仅仅做了一些检查工作，几乎就是一个空函数。

7.5.2.2.3　InitTlsEntryPoints

现在来看 tlsPtr_ 里两个 EntryPoints 的初始化，这是 generated code 和 ART 虚拟机进行交互的重要通道。代码如下所示。

[thread.cc->Thread::InitTlsEntryPoints]

```
void Thread::InitTlsEntryPoints() {
    //下面这段代码将tlsPtr_中的jni_entrypoints和quick_entrypoints里的各个
    //成员都初始化为UnimplementedEntryPoint。注意，这些成员的类型都是函数指针。
    uintptr_t* begin = reinterpret_cast<uintptr_t*>(&tlsPtr_.jni_entrypoints);
    uintptr_t* end = reinterpret_cast<uintptr_t*>(reinterpret_cast<uint8_t*>(
        &tlsPtr_.quick_entrypoints) + sizeof(tlsPtr_.quick_entrypoints));
    for (uintptr_t* it = begin; it != end; ++it) {
        *it = reinterpret_cast<uintptr_t>(UnimplementedEntryPoint);
    }
    //下面这个函数将设置jni_entrypoints和quick_entrypoints的成员为有意义的值。
    //注意，这个函数和InitCpu一样，是和CPU平台密切相关的。所以，并非所有成员都会被设置，
    //而没有设置的成员将使用上面代码里初始化时使用的UnimplementedEntryPoint
    InitEntryPoints(&tlsPtr_.jni_entrypoints, &tlsPtr_.quick_entrypoints);
}
```

来看 x86 平台上的 InitEntryPoints 函数。

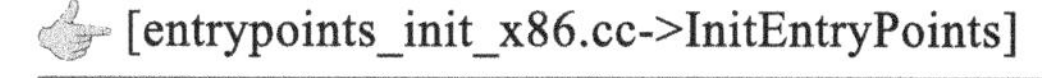
[entrypoints_init_x86.cc->InitEntryPoints]

```
void InitEntryPoints(JniEntryPoints* jpoints, QuickEntryPoints* qpoints) {
    //默认设置，和平台无关
```

```
    DefaultInitEntryPoints(jpoints, qpoints);

    //设置QuickEntryPoints里某些成员，读者只要知道不同平台上对应哪个目标函数即可
    qpoints->pInstanceofNonTrivial = art_quick_is_assignable;
    qpoints->pCheckCast = art_quick_check_cast;
    qpoints->pCos = cos;
    .....
    qpoints->pStringCompareTo = art_quick_string_compareto;
    qpoints->pMemcpy = art_quick_memcpy;
    .....
};
```

[quick_default_init_entrypoints.h->DefaultInitEntryPoints]

```
void DefaultInitEntryPoints(JniEntryPoints* jpoints, QuickEntryPoints* qpoints) {
    //JniEntryPoints只有一个pDlsymLookup成员，此处设置它的值为
    //art_jni_dlsym_lookup_stub
    jpoints->pDlsymLookup = art_jni_dlsym_lookup_stub;

    ResetQuickAllocEntryPoints(qpoints);
    qpoints->pInitializeStaticStorage = art_quick_initialize_static_storage;
    ....//其他成员的设置。我们以后进行代码分析的时候，先看该CPU平台上设置的目标函数
    //是什么，然后再分析它们的实现
    //JNI相关成员的设置
    qpoints->pJniMethodStart = JniMethodStart;
    qpoints->pJniMethodStartSynchronized = JniMethodStartSynchronized;
    qpoints->pJniMethodEnd = JniMethodEnd;
    .....
};
```

7.5.2.2.4 InitInterpreterTls

InitInterpreterTls 将初始化解释执行模块的入口地址，代码如下所示。

[interpreter.cc->InitInterpreterTls]

```
void InitInterpreterTls(Thread* self) {
    InitMterpTls(self);//如前文介绍，Mterp为modular interpreter的缩写
}
```

[mterp.cc->InitMterpTls]

```
void InitMterpTls(Thread* self) {
    //设置Thread对象里tlsPtr_结构体中的mterp_default_ibase、mterp_alt_ibase和
    //mterp_current_ibase三个成员。
    self->SetMterpDefaultIBase(artMterpAsmInstructionStart);
    self->SetMterpAltIBase(artMterpAsmAltInstructionStart);
    self->SetMterpCurrentIBase(TraceExecutionEnabled() ?
                               artMterpAsmAltInstructionStart :
                               artMterpAsmInstructionStart);
}
```

artMterpAsmInstructionStart 和 artMterpAsmAltInstructionStart 的声明如下。

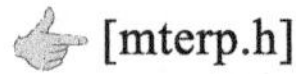
[mterp.h]

```
extern "C" void* artMterpAsmInstructionStart[];
```

```
extern "C" void* artMterpAsmInstructionEnd[];
extern "C" void* artMterpAsmAltInstructionStart[];
extern "C" void* artMterpAsmAltInstructionEnd[];
```

这几个变量的定义则是放在不同平台对应的汇编文件里。我们来看 x86 平台中 artMterpAsmInstructionStart 是什么。

[mterp_x86.S->artMterpAsmInstructionStart]

```
这个文件是由许多个x86汇编文件组合而成，为了和原代码里的注释区别，笔者添加的注释由<-表示
......
.macro ADVANCE_PC_FETCH_AND_GOTO_NEXT _count  <-宏定义，用于获取下一条指令并跳转到
    ADVANCE_PC \_count <-PC代表当前正在处理的指令
    FETCH_INST <-获取该指令的操作码
    GOTO_NEXT <-跳转到该操作码的处理之处
.endm

    .global SYMBOL(artMterpAsmInstructionStart) <-定义此变量
    FUNCTION_TYPE(SYMBOL(artMterpAsmInstructionStart))
SYMBOL(artMterpAsmInstructionStart) = .L_op_nop
    .text

/* ------------------------------ */
    .balign 128
.L_op_nop: /* 0x00 */
/* File: x86/op_nop.S */
    ADVANCE_PC_FETCH_AND_GOTO_NEXT 1

/* ------------------------------ */
    .balign 128
.L_op_move: /* 0x01 */
/* File: x86/op_move.S */ <-这条指令的处理代码来自mterp/x86/op_move.S
    /* for move, move-object, long-to-int */ <-这是本指令的说明
    /* op vA, vB */ <-这是本条指令的格式
    movzbl  rINSTbl, %eax                  # eax <- BA
    andb    $0xf, %al                      # eax <- A
    shrl    $4, rINST                      # rINST <- B
    GET_VREG rINST, rINST
    .if 0
    SET_VREG_OBJECT rINST, %eax            # fp[A] <- fp[B]
    .else
    SET_VREG rINST, %eax                   # fp[A] <- fp[B]
    .endif
    ADVANCE_PC_FETCH_AND_GOTO_NEXT 1  /*本条指令处理完，继续处理下一条指令*/
    ......
```

上述汇编代码本质上是一个巨大的 goto 表，笔者参考 dalvik 虚拟机中用 C 语言写的解释器编写一个简单的伪代码供读者参考，如下所示。

[解释执行的 C 示例代码]

```
....
操作码1的处理label:
    处理操作码1
    获取下一条指令，跳转到它的处理label之处
```

```
操作码2的处理label:
    处理操作码2
    获取下一条指令，跳转到它的处理label之处
.....
```

另外，请读者注意，mterp_x86.S本身是由工具生成的，它将每一个dex指令对应的处理汇编文件汇合而成。图7-10展示了其中的部分文件列表。

如图7-10所示，mterp/x86包含不同的dex指令处理汇编源码以及一些辅助功能对应的汇编源码。在编译ART虚拟机相关二进制时，这些源码会首先被合并，然后生成一个mterp_x86.S（该文件位于mterp/out目录下），再由mterp_x86.S编译到最终的二进制中。

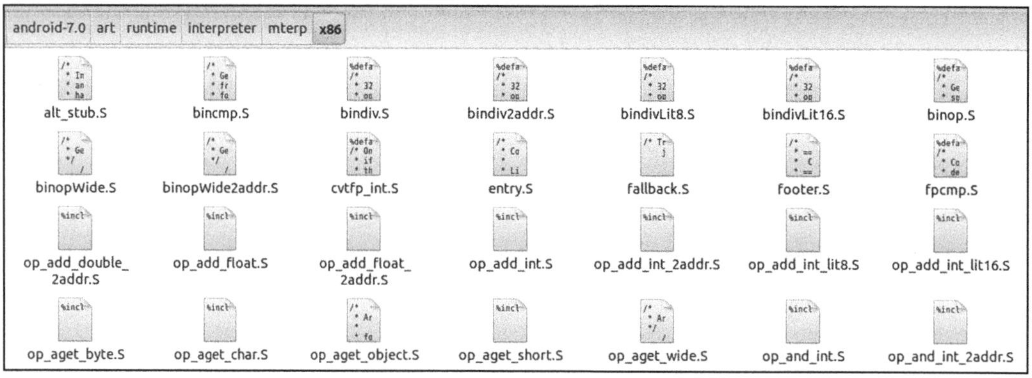

图7-10 mterp/x86所包含的不同指令处理汇编源码

7.5.2.3 InitStringEntryPoints函数介绍

接着来看Thread Attach中的第三个关键函数InitStringEntryPoints。通过函数名我们可判断它也是初始化某些EntryPoints，而且可能是和字符串相关某些函数，来看代码。

[thread.cc->Thread::InitStringEntryPoints]

```
void Thread::InitStringEntryPoints() {
    ScopedObjectAccess soa(this);
    //设置tlsPtr_对象里的quick_entrypoints中的某些成员。不过设置的方法却和前面
    //直接指定目标函数名完全不一样
    QuickEntryPoints* qpoints = &tlsPtr_.quick_entrypoints;
    /*来看pNewEmptyString的赋值，它的值来自：
      (1) WellKnownClasses::java_lang_StringFactory_newEmptyString，这是一个静态
          变量，类型为jmethodID（熟悉JNI的读者可能还记得，在JNI层中，jmethodID用于表示一
          个Java方法，与之类似的是jfieldID，表示一个Java类中的成员）。jmethodID的真实数据
          类型并无标准规定，不同虚拟机实现会使用不同的数据类型。待会我们会看到ART虚拟机里的
          jmethodID到底是什么。此处的jmethodID所表示的Java方法是java.lang.StringFactor.
          newEmptyString函数
      (2) 调用ScopedObjectAccess的DecodeMethod函数，输入参数为jmethodID。
          ScopedObjectAccess是一个辅助类，ART中还有其他与之相关的辅助类。笔者不拟介绍其细
          节。后文碰到使用它的地方，我们再做相关介绍。
      (3) 然后通过reinterpret_case将DecodeMethod的返回值进行类型转换。
    */
    qpoints->pNewEmptyString = reinterpret_cast<void(*)()>(
        soa.DecodeMethod(
```

```
            WellKnownClasses::java_lang_StringFactory_newEmptyString));
    qpoints->pNewStringFromBytes_B = reinterpret_cast<void(*)()>(
        soa.DecodeMethod(
            WellKnownClasses::java_lang_StringFactory_newStringFromBytes_B));
    .......
}
```

先来看 ScopedObjectAccess 的 DecodeMethod 函数，其代码如下。

 [scoped_thread_state_change.h->ScopedObjectAccessAlreadyRunnable::DecodeMethod]

```
ArtMethod* DecodeMethod(jmethodID mid) const {
    Locks::mutator_lock_->AssertSharedHeld(Self());
    DCHECK(IsRunnable());
    //数据类型转换，将输入的jmethodID转换成ArtMethod*。也就是说，一个jmethodID
    //实际上指向的是一个ArtMethod对象。上文介绍FaultManager的时候，我们曾经说过
    //ArtMethod是一个Java函数经过编译后得到的generated code在代码中的表示。
    return reinterpret_cast<ArtMethod*>(mid);
}
```

图 7-11 展示了 java/lang/StringFactor.java 文件中一些成员函数以及它们在 WellknownClass 里对应的 jmethodID 变量。

```
newString
StringFactory
  newStringFromBytes(byte[]) : String
  newStringFromBytes(byte[], int) : String
  newStringFromBytes(byte[], int, int) : String
  newStringFromBytes(byte[], int, int, int) : String
  newStringFromBytes(byte[], int, int, String) : String
  newStringFromBytes(byte[], String) : String
  newStringFromBytes(byte[], int, int, Charset) : String
  newStringFromBytes(byte[], Charset) : String
  newStringFromChars(char[]) : String
  newStringFromChars(char[], int, int) : String
  newStringFromChars(int, int, char[]) : String
```

```
jmethodID WellKnownClasses::java_lang_StringFactory_newStringFromBytes_B;
jmethodID WellKnownClasses::java_lang_StringFactory_newStringFromBytes_BI;
jmethodID WellKnownClasses::java_lang_StringFactory_newStringFromBytes_BII;
jmethodID WellKnownClasses::java_lang_StringFactory_newStringFromBytes_BIII;
jmethodID WellKnownClasses::java_lang_StringFactory_newStringFromBytes_BIIString;
jmethodID WellKnownClasses::java_lang_StringFactory_newStringFromBytes_BString;
jmethodID WellKnownClasses::java_lang_StringFactory_newStringFromBytes_BIICharset;
jmethodID WellKnownClasses::java_lang_StringFactory_newStringFromBytes_BCharset;
jmethodID WellKnownClasses::java_lang_StringFactory_newStringFromChars_C;
jmethodID WellKnownClasses::java_lang_StringFactory_newStringFromChars_CII;
jmethodID WellKnownClasses::java_lang_StringFactory_newStringFromChars_IIC;
```

图 7-11　StringFactory 部分成员函数以及对应的 jmethodID 变量定义

7.6　Heap 学习之一

Heap 及相关知识是 ART 虚拟机里难度相对较大的。针对这样的复杂模块或子系统，笔者的一个比较行之有效的研究方法就是采用剥洋葱式的逐步深入法。该法具体到 Heap 的学习来说就是：

- 本节拟先介绍 Heap 中的一部分关键内容。其余内容我们将在后续章节逐步深入介绍。
- 每次学习的目标比前一次学习要深入一些。本节以先了解大概流程以及某些关键类的作用为主。

> 提示 Heap 很复杂，有很多配置参数，不同的配置参数将导致不同的代码段被执行。为此，笔者将以第 1 章所搭建的 x86 模拟器作为研究环境来跟踪代码的执行过程。该环境下没有执行的代码段将被忽略。读者可先了解 x86 模拟器环境的执行过程，将来再研究别的配置参数情况下的执行过程就会相对简单很多。

现在来学习 Heap。首先是一些关键类。

7.6.1 初识 Heap 中的关键类

从 Heap 类的命名可以猜测，它和内存有些关系。上文我们介绍了 MemMap，而在 Heap 中我们将见到更多的和内存操作相关的类。

7.6.1.1 HeapBitmap 相关类

当我们使用 new 或 malloc 等内存分配方法创建一个对象时，得到的是该对象所在内存的地址，即指针。指针本身的长度根据 CPU 架构的不同导致是 32 位长或者是 64 位长。如果创建 1 万个对象的话，那么这一万个对象的指针本身所占据的内存空间就很可观了。如何减少指针本身所占据的内存空间呢？ ART 采用的办法很简单，就是将对象的指针转换成一个位图里的索引，位图里的每一位指向一个唯一的指针。来看图 7-12 的示例。

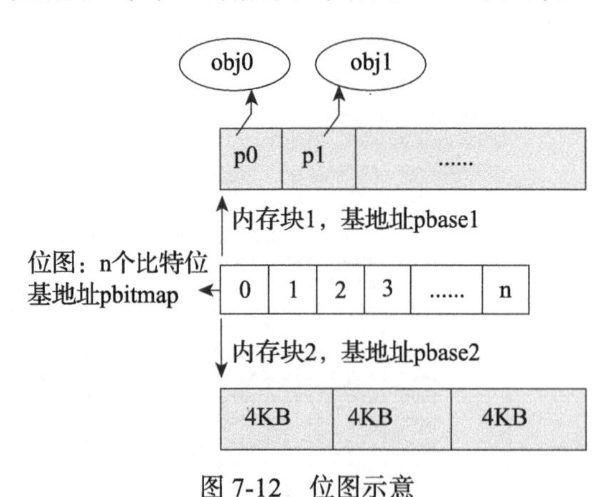

图 7-12 位图示意

在图 7-12 中：

- 中间框是一个有 n 个比特位的位图（如果按字节计算，则该位图长度为 n/8 字节长）。这个位图本身是一块内存，由基地址 pbitmap 表示。其上下还有两个方框，代表两块连续的内存，起始地址分别是 pbase1 和 pbase2。
- 先来看 pbase1 对应的内存块。这块内存中存储的是指针，p0 指向对象 0（object0），p1 指向对象 1（object1）。p0 和 p1 本身占据的内存长度为 sizeof(指针) 字节。显然，如果有很多个对象的话，内存块 1 会占用不小的空间。优化的办法很简单，就是将 p0、p1 的值借助位图索引来计算。比如，第 x 个对象的地址就是 pbase1+x*sizeof（指针）。

- 除了可以保存对象的指针外，还可以用位图存储更大块的空间。比如 pbase2 对应的内存块，其内部又可细分为以 4KB 为单位的空间。那么，第 y 个 4K 内存空间的起始位置就是 pbase2+y*4KB。
- 不管是 pbase1 还是 pbase2 所对应的内存，如果我们想知道第 x 个对象是否存在的话，该怎么处理呢？答案很简单，设置中间那个位图框中第 x 个索引位的值即可。如果第 x 个索引位的值为 1，则表明第 x 个对象存在，比如 pbase1+x*sizeof(指针) 处的内存被占用了，否则表示该对象不存在，即 pbase1+x*sizeof(指针) 处的内存空间空闲。

上面介绍了位图的功能，现在马上来看 HeapBitmap 和相关类，如图 7-13 所示。

HeapBitmap

+continuous_space_bitmaps_: vector<ContinuousSpaceBitmap*>
+large_object_bitmaps_: vector<LargeObjectBitmap*>

+Test()
+Clear()
+Set()
+Walk()
+Visit()

SpaceBitmap<size_t kAligment>

+mem_map_: unique_ptr<MemMap>
+bitmap_begin_: uintprt_t*
+bitmap_size_: size_t
+heap_begin_: const uintptr_t
+name_: string

+Create()
+CreateFromMemMap()
+Set()
+Test()
+Walk()

图 7-13　HeapBitmap 和相关类

图 7-13 展示了 HeapBitmap 和 SpaceBitmap 两个类。

- HeapBitmap：它其实是一个辅助类，它内部包含 continuous_space_bitmaps_ 和 large_object_bitmaps_ 两个成员。这两个成员都是 vector 数组，所存储的元素类型分别是 ContinuousSpaceBitmap 和 LargeObjectBitmap。
- SpaceBitmap 是一个模板类，模板参数表示内存地址对齐长度，取值为 kObjectAlignment（值为 8）表示按对象对齐，其对应的类型别名就是 ContinuousSpaceBitmap。或者取值为 kLargeObjectAlignment（值为 4KB，一个内存页的大小）表示按页对齐，对应的类型别名为 LargeObjectBitmap。
- SpaceBitmap 类才是承载图 7-12 所述位图功能的类。比如，它的 heap_begin_ 成员代表所针对内存的基地址，位图本身的内存基地址由 heap_begin_ 表示，位图的长度（包含多少位）则由 bitmap_size_ 表示。

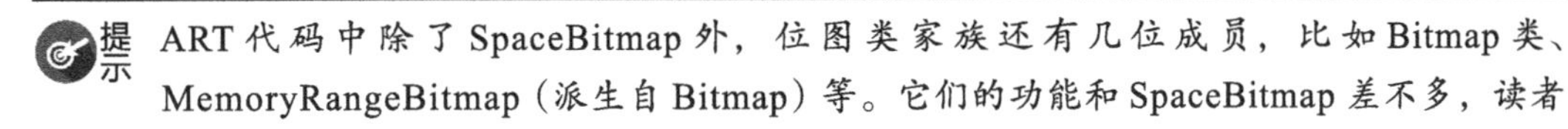

提示　ART 代码中除了 SpaceBitmap 外，位图类家族还有几位成员，比如 Bitmap 类、MemoryRangeBitmap（派生自 Bitmap）等。它们的功能和 SpaceBitmap 差不多，读者可自行研究其代码。

现在我们来看看实际的代码。

7.6.1.1.1 SpaceBitmap 的创建

SpaceBitmap 对象可由其静态的 Create 函数来创建，代码如下所示。

[space_bitmap.cc->SpaceBitmap<kAlignment>::Create]

```
template<size_t kAlignment>
SpaceBitmap<kAlignment>* SpaceBitmap<kAlignment>::Create(
    const std::string& name, uint8_t* heap_begin, size_t heap_capacity) {
    /*heap_begin和heap_capacity代表位图所对应的内存块的基地址以及该内存块的大小（参考
      图7-12中上下两个方框）。ComputeBitmapSize将heap_capacity根据对齐大小（模板参数
      kAlignment表示）进行计算得到位图本身所需的字节数（即图7-12中间方框所需的字节数）。*/
    const size_t bitmap_size = ComputeBitmapSize(heap_capacity);
    std::string error_msg;
    //SpaceBitmap使用MemMap来创建存储位图存储空间所需的内存，bitmap_size为该位图
    //存储空间的长度（以字节计算）
    std::unique_ptr<MemMap> mem_map(MemMap::MapAnonymous(name.c_str(), nullptr,
        bitmap_size,PROT_READ | PROT_WRITE, false, false, &error_msg));
    //根据MemMap对象来构造一个SpaceBitmap对象
    return CreateFromMemMap(name, mem_map.release(), heap_begin, heap_capacity);
}
```

接着看 CreateFromMemMap 函数，非常简单。

[space_bitmap.cc->SpaceBitmap<kAlignment>::Create]

```
template<size_t kAlignment>
SpaceBitmap<kAlignment>* SpaceBitmap<kAlignment>::CreateFromMemMap(
    const std::string& name, MemMap* mem_map, uint8_t* heap_begin, size_t heap_
        capacity) {
    //位图存储空间的起始地址，即图7-12里中间方框的pbitmap
    uintptr_t* bitmap_begin = reinterpret_cast<uintptr_t*>(mem_map->Begin());
    const size_t bitmap_size = ComputeBitmapSize(heap_capacity);
    /*调用SpaceBitmap的构造函数，它保存了位图功能所需的基本信息（如位图存储空间地址、位图存
      储空间长度、对应内存的基地址等），还保存了MemMap对象以及一个名称。*/
    return new SpaceBitmap(name, mem_map, bitmap_begin, bitmap_size, heap_begin);
}
```

SpaceBitmap 实例化了两个支持不同对齐大小的类，如下所示。

[space_bitmap.h]

```
//kObjectAlignment为8个字节，kLargeObjectAlignment为4KB
typedef SpaceBitmap<kObjectAlignment> ContinuousSpaceBitmap;
typedef SpaceBitmap<kLargeObjectAlignment> LargeObjectBitmap;
```

7.6.1.1.2 存储对象的地址值到位图中

现在来看看如何将一个对象的地址存储到位图中，代码如下所示。

[space_bitmap.h->SpaceBitmap::Set]

```
bool Set(const mirror::Object* obj) ALWAYS_INLINE {
    return Modify<true>(obj);//obj是一个内存地址。Modify本身是又是一个模板函数
}
```

[space_bitmap-inl.h->SpaceBitmap::Modify]

```
template<size_t kAlignment> template<bool kSetBit>
```

```
inline bool SpaceBitmap<kAlignment>::Modify(const mirror::Object* obj) {
    uintptr_t addr = reinterpret_cast<uintptr_t>(obj);
    //offset是obj和heap_begin_（内存基地址）的偏移量
    const uintptr_t offset = addr - heap_begin_;
    //先计算这个偏移量落在哪个字节中
    const size_t index = OffsetToIndex(offset);
    //再计算这个偏移量落在字节的哪个比特位上
    const uintptr_t mask = OffsetToMask(offset);
    //用index取出位图对应的字节（注意，位图存储空间是以字节为单位的，而不是以比特位为单位）
    uintptr_t* address = &bitmap_begin_[index];
    uintptr_t old_word = *address;
    if (kSetBit) {//kSetBit为true的话，表示往位图中存储某个地址
        if ((old_word & mask) == 0) {//如果该比特位已经设置了，则不再设置
            *address = old_word | mask;//设置mask比特位
        }
    } else {
        //取消mask比特位，这相当于从位图中去除对应位置所保存的地址
        *address = old_word & ~mask;
    }
    return (old_word & mask) != 0;
}
```

7.6.1.1.3　遍历位图

除了存储和移除信息外，SpaceBitmap 还可以遍历内存，来看代码，如下所示。

[space_bitmap.cc->SpaceBitmap::Walk]

```
template<size_t kAlignment>
void SpaceBitmap<kAlignment>::Walk(ObjectCallback* callback, void* arg) {
    //注意这个函数的参数，callback是回调函数，每次从位图中确定一个对象的地址后将回调它
    uintptr_t end = OffsetToIndex(HeapLimit() - heap_begin_ - 1);
    uintptr_t* bitmap_begin = bitmap_begin_;
    for (uintptr_t i = 0; i <= end; ++i) {
        uintptr_t w = bitmap_begin[i];
        if (w != 0) {
            uintptr_t ptr_base = IndexToOffset(i) + heap_begin_;
            do {
                const size_t shift = CTZ(w);//w中末尾为0的个数，也就是第一个值为1的索引位
                //计算该索引位所存储的对象地址值，注意下面代码行中计算对象地址的公式
                mirror::Object* obj = reinterpret_cast<mirror::Object*>(
                                      ptr_base + shift * kAlignment);
                (*callback)(obj, arg);//回调callback，arg是传入的参数
                w ^= (static_cast<uintptr_t>(1)) << shift;//清除该索引位的1，继续循环
            } while (w != 0);
        }
    }
}
```

7.6.1.1.4　HeapBitmap 介绍

了解 SpaceBitmap 之后，HeapBitmap 就非常简单了。

- 它包含两个 SpaceBimap 数组成员，其中一个数组（成员名为 continuouse_space_bitmaps_）存储的是 ContinuousSpaceBitmap 元素，另一个数组（成员名为 large_object_bitmaps_）存储的是 LargeObjectBitmap 元素。
- HeapBitmap 对外提供的功能也包括存储、移除、遍历对象。

我们简单看一下 HeapBitmap 中移除对象的成员函数 Clear，代码如下所示。

[heap_bitmap-inl.h->HeapBitmap::Clear]

```
inline void HeapBitmap::Clear(const mirror::Object* obj) {
    //通过obj的值找到它可能存在的SpaceBitmap对象
    ContinuousSpaceBitmap* bitmap = GetContinuousSpaceBitmap(obj);
    if (LIKELY(bitmap != nullptr)) {
        bitmap->Clear(obj);//内部调用SpaceBitmap的modify<false>函数
        return;
    }
    //如果obj不属于continuouse_space_bitmaps_数组中的任何一个SpaceBitmap，则
    //遍历large_object_bitmaps_，判断obj是否属于其中的一个SpaceBitmap
    for (const auto& lo_bitmap : large_object_bitmaps_) {
        if (LIKELY(lo_bitmap->HasAddress(obj))) {
            lo_bitmap->Clear(obj);
        }
    }
}
```

提示 **ART 的源文件组织结构**

ART 源文件组织结构有一点特殊。头文件（文件名以 .h 结尾）中声明某个类，比如 heap_bitmap.h，但某些可内联（即用 inline 或 ALWAYS_INLINE 宏修饰）的成员函数的实现单独放在另外一个 .h 文件中，比如上述代码的 heap_bitmap-inl.h。其中，inl 是 incline 的缩写。其他非 inline 的成员函数则放在对应的 .cc 文件中实现，比如 heap_bitmap.cc。

7.6.1.2 ImageSpace 相关类

ImageSpace 是 Space 类大家族中的一员。Space 类家族如图 7-14 所示。

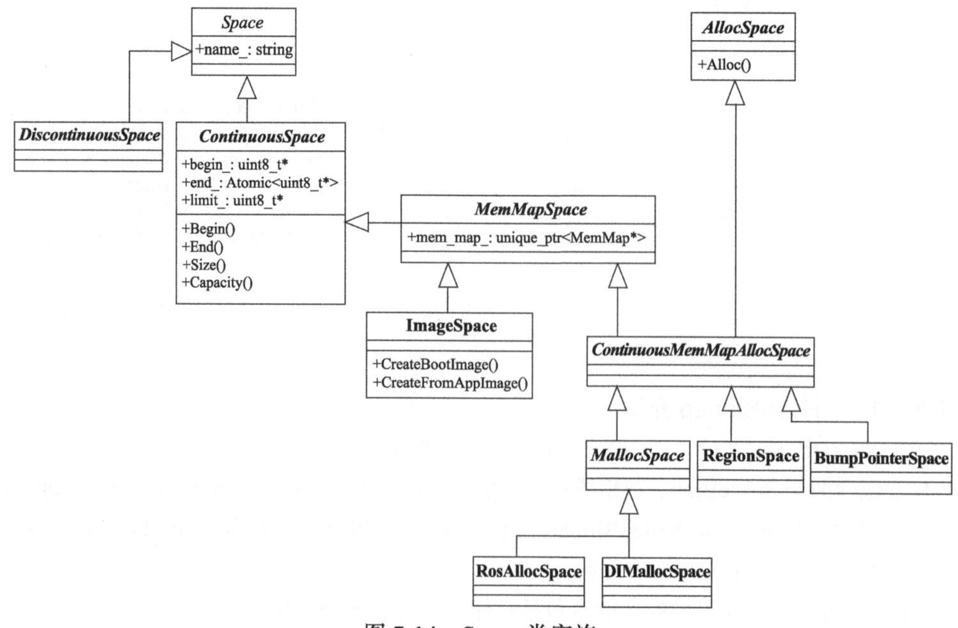

图 7-14　Space 类家族

图 7-14 展示了 Space 类家族中的相关类及派生关系（后续章节还会补充该图）。从图中可以看出，该家族包含两个不同的派生分支——分别是 Space 派生分支和 AllocSpace 派生分支。本节先来看 Space 这条分支。

- Space：Space 其实就是一块内存空间。根据代码注释，这块空间里存储的是所谓的 Managed Object，其实就是 Java 对象在虚拟机里的表示。Space 有两个直接派生类（也是抽象类），分别是 ContinuousSpace 和 DiscontinuousSpace。
- ContinuousSpace 表示该空间所代表的内存块是连续的。不过它也是一个抽象类，其直接的派生类为 MemMapSpace。MemMapSpace 表示该空间所管理的内存来自 MemMap。
- MemMapSpace 有一个派生类 ImageSpace。ImageSpace 是非常重要的类，它将加载编译得到的 art 文件。稍后我们将详细介绍它。

AllocSpace

相比 Space 而言，AllocSpace 多了一些内存分配的接口，比如图 7-14 中所示的 Alloc，它用于分配一个 Object 对象。AllocSpace 的派生类同时还会从 Space 分支里派生。通过类的派生关系，我们可以猜测出其功能，比如 ContinuousMemMapAllocSpace 表示有一块来自 MemMap 的内存，同时还可以在这个 Space 中分配对象。

本节重点来考察 ImageSpace。在此之前，我们将先介绍 .art 文件。

7.6.1.2.1 .art 文件格式介绍

一个包含 classes.dex 项的 jar 或 apk 文件经由 dex2oat 进行编译处理后实际上会生成两个结果文件，一个是 .oat 文件，另外一个是 .art 文件。图 7-15 简单展示了这个过程。

图 7-15 中，当用 dex2oat 对一个 jar 包或 apk 进行编译处理后，其输出文件包含两个文件。

- 一个是 .oat 文件。上文在 7.3.2 节中曾介绍过它。值得再次指出的是，jar 或 apk 中的 classes.dex 内容将被完整拷贝到 oat 文件里。
- 另外一个文件是 .art 文件。它就是 ART 虚拟机代码里常提到的 Image 文件。art 文件的格式在官方文档中没有介绍，相关资料也很少。所以学习 art 文件格式相对会困难一些。art 文件和 oat 文件密切相关。

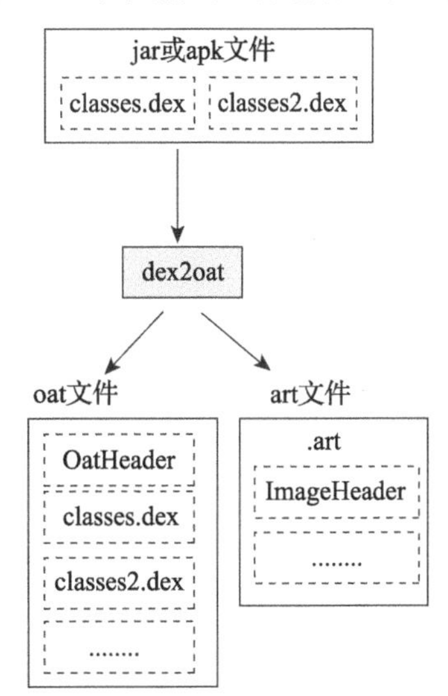

图 7-15 dex2oat 的输入和输出结果示意

根据 art 文件的来源（比如它是从哪个 jar 包或 apk 包编译得来的），Image 分为 boot 镜像（boot image）和 app 镜像（app image）。

- 来源于某个 apk 的 art 文件称为 App 镜像。
- 来自 Android 系统里 /system/framework 下那些核心 jar 包的 art 文件统称为 boot 镜像。这

些核心jar包包含了Android系统最基础和很重要的类（读者可回顾笔者在7.2.3节的最后处所提示的内容，以后本书统称这些类为系统基础类）。注意，系统核心jar包有多个，比如core-oj.jar（oj是open jdk的简称。jdk所包含的类几乎都在其中）、framework.jar、org.apache.http.legacy.jar、okhttp.jar等。由于这些核心类在ART虚拟机启动时就必须加载，所以称它们为boot镜像文件。

为什么叫Image？

笔者在很长一段时间内都非常困惑为什么art文件会被称为Image。随着研究的深入，笔者对这个问题有了一个较为粗浅的认识。首先，art文件加载到虚拟机里都是通过mmap的方式来完成的（接下来的代码分析将看到这一点），加载到内存里的位置在art文件的ImageHeader结构体中有描述。其次，art文件的内容布局是有严格组织的，这些内容将加载到内存里的不同的位置。最后，这些信息从文件中映射到内存后，可以直接转换成对应的对象。就好像我们事先将对象的信息存储到文件中，后续只不过再将其从文件中还原出来一样。

另外，一般而言，针对核心库的编译都会生成boot.art镜像文件，而针对app的编译则通过dex2oat相关选项来控制是否生成对应的art文件。

就本章而言，art文件结构中的ImageHeader最为关键，图7-16展示了它的部分信息。

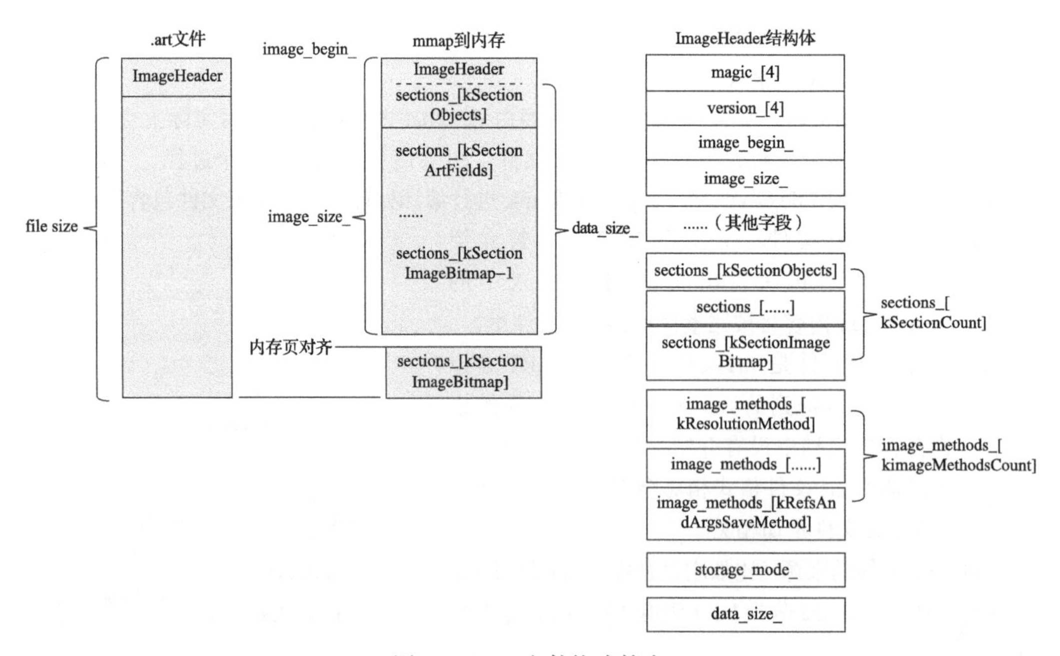

图7-16　art文件格式简介

图7-16展示了art文件格式的部分内容，它分为左中右三个部分。

- 左边是art文件的组成结构，图中只绘制了位于文件头部的关键数据结构ImageHeader。后续章节将介绍art文件格式更为详细的信息。

- 右边是 ImageHeader 结构体的各个成员变量。magic_ 数组存储的是 art 文件格式的魔幻数，取值为 ['a','r','t','\n']，version_ 数组为 art 文件格式的版本号，取值为 ['0','2','9','\0']。image_begin_ 表示该 art 文件期望自己被映射到内存的什么位置，image_size_ 则表示映射多大空间到内存。ImageHeader 中 sections_ 是一个非常重要的成员，它是一个数组，数组大小固定为 kSectionCount（取值为 9），数组成员的数据类型为 ImageSection。art 文件中包含 9 个 section，每个 section 存储了不同的信息。ImageSection 就是用来描述一个 section 在内存里什么位置（基于 image_begin_ 的偏移量）以及该 section 有多大。storage_mode_ 表示文件内容（除 ImageHeader 外）是否为压缩存储。
- 中间是 art 文件加载到内存里的情况。image_begin_ 是这块内存的起始位置。**特别注意**，ImageHeader 的内容被包括在 sections_[kSectionObjects] 中（取值为 0），即该 section 从 image_begin_ 开始）。另外，image_size_ 只覆盖到 sections_[kSectionImageBitmap-1，而 sections_ 的最后一个元素 sections_[kSectionImageBitmap] 则从 image_size_ 之后某个按页大小对齐的位置处开始。结合上文对 HeapBitmap 的介绍，读者可知道 sections_[kSectionImageBitmap] 应该是一个位图空间。

到此，对 art 文件格式的介绍就先告一段落。后文碰到 art 文件的时候还请读者回顾本节的内容。

7.6.1.2.2　创建 ImageSpace 对象

如上节所述，art 文件将被映射到 art 虚拟机进程的内存里，该工作是通过 ImageSpace 的 init 函数来完成的，其返回结果是一个 ImageSpace 对象。代码如下所示。

[image_space.cc->ImageSpace::Init]

```
ImageSpace* ImageSpace::Init(const char* image_filename, const char* image_
    location, bool validate_oat_file, const OatFile* oat_file,std::string*
    error_msg) {
    /*注意Init参数，尤其是和文件路径有关的参数很容易搞混：
      (1) image_filename：指向/data/dalvik-cache下的某个art文件，比如/data/dalvik-
          cache/x86/system@framework@boot.art。
      (2) image_location：取值为诸如/system/framework/boot.art这样的路径。以x86平台和
          boot.art文件为例。首先，编译boot镜像时，core-oj.jar所得到的boot.art文件真实路径
          其实是/system/framework/x86/boot.art。出于简化使用的考虑，凡是要用到这个路径的地
          方只需要使用/system/framework/boot.art即可，程序内部会将CPU平台名（比如x86）插入
          到framework后。所以，这也是上面image_location取值中不含"x86"的原因。其次，art虚
          拟机并不会直接使用framework目录下的boot.art文件，而是会先将该文件拷贝（某些情况下可
          能还会做一些特殊处理以加强安全性）到/data/dalvik-cache对应目录下。dalvik-cache下
          的boot.art文件名将变成system@framework@boot.art，它其实是把输入字符串"system/
          framework/boot.art"中的"/"号换成了"@"号。这种处理的目的是可以追溯dalvik-cache下某
          个art文件的来源。最后，如果framework下的art文件有更新的话（比如系统升级），或者用户
          通过恢复出厂设置清理了dalvik-cache目录的话，dalvik-cache下的art文件都将重新生成。
          总之，请读者牢记两点：
          第一，art虚拟机加载的是dalvik-cache下的art文件。
          第二，dalvik-cache下的art文件和其来源的art文件可能并不完全相同。某些情况下，虚拟
          机直接从frameowrk等源目录下直接拷贝过来，有些情况下虚拟机会对源art文件进行一些处
          理以提升安全性（比如，当源art文件是非Position Independent Code模式的话，虚拟机
          会做重定位处理）。*/
    std::unique_ptr<File> file;
    { ......
```

```
        //打开dalvik-cache下的art文件
        file.reset(OS::OpenFileForReading(image_filename));
        ......
}
ImageHeader temp_image_header;
ImageHeader* image_header = &temp_image_header;
{
    //从该art文件中读取ImageHeader，它位于文件的头部
    bool success = file->ReadFully(image_header, sizeof(*image_header));
    ......
}
//获取该art文件的大小
const uint64_t image_file_size = static_cast<uint64_t>(file->GetLength());

if (oat_file != nullptr) {
    //oat_file为该art文件对应的oat文件。此段代码用于检查oat文件的校验和与
    //art文件ImageHeader里保存的oat文件校验和字段（图7-16中未展示该字段）是否相同。
}
//取出ImageHeader的section_数组中最后一个类型（kSectionImageBitmap）所对应的
//ImageSection对象。这个section里存储的是位图空间的位置和大小。

const auto& bitmap_section = image_header->GetImageSection(ImageHeader::kSectio
    nImageBitmap);
//如图7-16所示，kSectionImageBitmap所在的section的偏移量需要按内存页大小对齐
const size_t image_bitmap_offset = RoundUp(sizeof(ImageHeader) + image_header-
    >GetDataSize(),kPageSize);
//计算image bitmap section的末尾位置
const size_t end_of_bitmap = image_bitmap_offset + bitmap_section.Size();
if (end_of_bitmap != image_file_size) {
    .......//检查bitmap的末尾处是不是等于整个art文件的大小
}
//现在准备将art文件map到内存。addresses是一个数组，第一个元素为ImageHeader
//所期望的map到内存里的地址值
std::vector<uint8_t*> addresses(1, image_header->GetImageBegin());
std::unique_ptr<MemMap> map; //art文件映射到内存后的MemMap对象就是它
std::string temp_error_msg;
//下面是一个循环。某些情况下map到期望的地址可能会失败，这时候会尝试将art文件map到
//一个由系统设定的地址值上（map的时候传入nullptr为期望地址值即可）。
for (uint8_t* address : addresses) {
        //art文件一般都比较大。所以，在生成它的时候可以对其内容进行压缩存储。注意，ImageHeader
          不进行压缩。本章不考虑压缩的情况。
        const ImageHeader::StorageMode storage_mode = image_header-
            >GetStorageMode();
    if (storage_mode == ImageHeader::kStorageModeUncompressed) {
        //将art文件映射到zygote进程的虚拟内存空间。其中，address取值为ImageHeader
        //里的image_begin_，从文件的0处开始映射，映射的大小为image_size_，映射空间
        //支持可读和可写
        map.reset(MemMap::MapFileAtAddress(address,
                        image_header->GetImageSize(),PROT_READ | PROT_WRITE, MAP_PRIVATE,
                            file->Fd(),0, true,false, image_filename, out_error_msg));
    } else {  .....  /*对压缩存储模式的处理 */ }
    if (map != nullptr) { break;}//map不为空，跳出循环
}
//下面的语句将检查art文件映射内存的头部是否为ImageHeader
```

```
DCHECK_EQ(0, memcmp(image_header, map->Begin(), sizeof(ImageHeader)));
/*单独为art文件里image bitmap section所描述的空间进行内存映射。期望的内存映射起始位置
  由系统指定(即指定nullptr)，它在文件里的起始位置为image_bitmap_offset，映射空间有
  section的Size函数返回。同时，请读者注意这段映射内存为只读空间。*/
std::unique_ptr<MemMap> image_bitmap_map(MemMap::MapFileAtAddress(nullptr,
    bitmap_section.Size(),PROT_READ, MAP_PRIVATE, file->Fd(),image_bitmap_
    offset,false,false,image_filename, error_msg));
/*上述代码中，我们得到了两个MemMap对象，一个是art文件里除最后一个Section之外其余部分所
  映射得到的MemMap对象，另外一个是最后一个image bitmap section部分映射得到的MemMap对
  象。下面的代码中将把这两个MemMap对象整合到一起*/
image_header = reinterpret_cast<ImageHeader*>(map->Begin());
const uint32_t bitmap_index = bitmap_index_.FetchAndAddSequentiallyConsistent(1);
std::string bitmap_name(StringPrintf("imagespace %s live-bitmap %u", image_filename,
    bitmap_index));
//获取art文件里第一个section（即kSectionObjects）的ImageSection对象
const ImageSection& image_objects = image_header->GetImageSection(ImageHeader::kSec
    tionObjects);
//该section所覆盖的位置。
uint8_t* const image_end = map->Begin() + image_objects.End();
/*创建一个ContinuousSpaceBitmap对象。上文曾介绍过ContinuousSpaceBitmap,它其
  实是SpaceBitmap按8字节进行实例化得到的类。其本质是一个SpaceBitmap。回顾我们对
  HeapBitmap的介绍可知，它包括的信息有:
 （1）位图对象本身所占据的内容：根据下面的代码，这段内存就放在image_bitmap_map中
 （2）位图所对应的那块内存空间：起始地址由map的Begin返回（也就是art文件所映射得到的第一
     个Memap对象的基地址，对应为ImageHeader的image_begin_），大小为该section的大小
     （End函数将计算offset+size）。
     注意，当bitmap对象被创建后，因为image_bitmap_map的release函数被调用，所以
     image_bitmap_map所指向的MemMap对象将由bitmap来管理()*/
std::unique_ptr<accounting::ContinuousSpaceBitmap> bitmap;
{......
 bitmap.reset(
     accounting::ContinuousSpaceBitmap::CreateFromMemMap(bitmap_name,image_
         bitmap_map.release(), reinterpret_cast<uint8_t*>(map->Begin()),
         image_objects.End()));
 .......
}
{
    TimingLogger::ScopedTiming timing("RelocateImage", &logger);
    //如果这个art镜像文件支持pic，则可能需要对其内容进行重定位处理（也就是将原本放在a处
      的内容搬移到b处）。我们略过对它的讨论，建议感兴趣的读者阅读完本章和相关章节之后再来
      研究它。
    if (!RelocateInPlace(*image_header, map->Begin(),bitmap.get(),
        oat_file, error_msg)) { return nullptr; }
}
/*创建一个ImageSpace对象，其构造参数如下:
  map: 代表art文件加载到内存里的MemMap对象。
  bimap: 代表art文件中最后一个section对应的位图对象。
  image_end: map所在的内存空间并未全部囊括，只包括sections_[kSectionObject]的部分。
  image_end取值就是map->Begin()+sections_[kSectionObject]的大小。
std::unique_ptr<ImageSpace> space(new ImageSpace(image_filename, image_
    location, map.release(),bitmap.release(), image_end));
//其他一些处理，包括打开该art文件对应的oat文件。这部分代码比较简单，读者可自行阅读
......
```

```
    Runtime* runtime = Runtime::Current();
    if (image_header->IsAppImage()) {
        ......//如果是APP镜像，则做对应处理
    } else if (!runtime->HasResolutionMethod()) {
    //根据ImageHeader的信息设置一些参数，这部分内容我们留待后续章节再介绍
    runtime->SetInstructionSet(space->oat_file_non_owned_->GetOatHeader().
        GetInstructionSet());
    runtime->SetResolutionMethod(image_header->GetImageMethod(ImageHeader::kRes
        olutionMethod));
    ..../
    }
    ......
    return space.release();//返回所创建的space对象
}
```

图 7-17 展示了上述代码执行后一个 ImageSpace 对象中几个重要成员变量（包括从基类派生得来的成员变量）的取值情况。

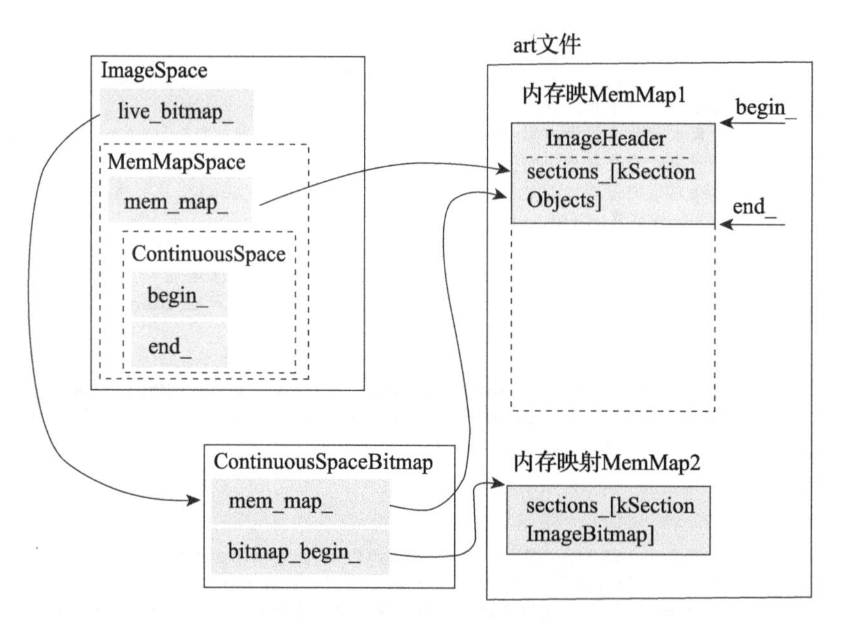

图 7-17　ImageSpace 对象和 art 文件内存映射之间的关系

图 7-17 中包含三个大框：

- 左边第一个框是 ImageSpace 各成员的取值。其中，第一个虚线框 MemMapSpace 是 ImageSpace 基类的成员，第二个虚线框 ContinuousSpace 又是 MemMapSpace 基类的成员。mem_map_ 指向代表整个 art 文件映射到内存后的 MemMap 对象（由右边框中的 MemMap1 表示）。
- 左下角的框是 ContinuouseSpaceBitmap 位图对象的取值情况。该对象又由 ImageSpace 的 live_bitmap_ 指向。

- 真正的信息都来源于右边的 art 文件。art 文件的内容将映射为两个 MemMap 对象。第二个 MemMap 对象（图 7-17 中所示为 MemMap2）将被用作位图对象内部的存储空间，它的起始位置由 ContinuousSpaceBitmap 的 bitmap_begin_ 成员指出。该位图对象所对应的内存空间（也就是这块位图里每个位所针对的对象）保存在第一个 MemMap 对象中（图 7-17 中所示为 MemMap1）。

注意 ImageSpace 只关注 art 文件里的 kSectionObjects 部分，所以它的 begin_ 和 end_ 成员变量只覆盖了这部分内容。但是，结合图 7-16 可知，mem_map_ 其实是包括除 art 文件最后 kSectionImageBitmap 部分之外所有其他 art 文件内容的。

7.6.1.3 总结

上面几小节对 Heap 代码中将要碰到的一些关键类做了介绍。这些类的种类很多（后面还有更多的类将一一登场），功能各异、派生关系也比较复杂。此处总结它们的相关内容如下。

- ART 虚拟机的一个重要的特点就是大量使用映射内存。回顾图 7-13 Space 类家族图谱可知，几乎所有的实现类都会和一块映射内存相关联。
- 一个 .art 文件加载到虚拟机进程的内存空间后对应一个 ImageSpace 对象。借助位图（Bitmap）辅助类，我们可以高效管理分配在某块内存上的对象。

提示 除了本节所介绍的关键类外，Heap 中还涉及很多其他关键类。笔者拟留到后续有需要时再对它们进行讲解。

7.6.2 Heap 构造函数第一部分

Heap 构造函数相当复杂，代码长达 400 多行，if/else 等分支情况非常多。更有甚者，其调用流程中甚至可能会启动 dex2oat 或 patchoat 等其他进程来做一些更为复杂的工作，这导致 Heap 构造函数不仅代码复杂，而且执行时间也可能很长。笔者将 Heap 构造函数划分为三个部分，本章先学习第一部分的内容。

注意 此处仅展示笔者所搭建的测试环境中 zygote 进程运行时所覆盖的相关代码。

[heap.cc->Heap::Heap 构造函数第一部分]

```
Heap::Heap(size_t initial_size,size_t growth_limit, size_t min_free,
    ....../*非常多的参数*/)  :....../*初始化列表也很长*/ {
    /*Heap之所以复杂的重要原因是它负责管理ART虚拟机中各种内存资源（不同的Space）、GC
      （Garbage Collect，垃圾回收）模块、.art文件加载、Java指令编译后得到的机器码和虚拟机
      内存相关模块交互等重要功能*/

    Runtime* const runtime = Runtime::Current();
    const bool is_zygote = runtime->IsZygote();
    .....
```

```
/*ART通过枚举值CollectorType定义了多种类型的收集器（即Garbage Collector，简称
  Collector）。并且，ART虚拟机会根据使用场景来切换使用不同类型的收集器。比如，APP进程处于前
  台（有界面显示）时，会使用一种停顿时间（pause time）较小的收集器，而当APP退到后台则可以使用
  力度更大的收集器。我们后续章节会详细介绍GC，所以此处仅介绍笔者测试时所传入参数的取值情况。
  对本例而言，desired_colloctor_type_取值为kCollectorTypeCMS。CMS是ConcurrentMark
  Sweep的缩写，即并发标记清除。CMS的基本思想还是MS，只不过在某些阶段，该收集器（英文为
  Collector）所在的线程可以和应用程序的线程并发执行。在如今的手机硬件配置情况下，CMS可以充
  分利用CPU的多核资源，所以有较小的停顿时间（pause time）。
  下面这个ChangeCollector函数将：
  （1）设置Heap的成员变量collector_type_为此处传入的输入参数
  （2）当Java代码中分配内存时，如果当前可用内存不足，GC会尝试先回收垃圾以释放一些内存资
       源。注意，GC进行回收的时候，也是有一些策略的，不会一上来就使用力度大的回收方法，
       而是采用逐步加大收集力度。回收的策略由Heap的gc_plan_数组保存，gc_plan_的类型是
       vector<collector::GcType>，其元素的数据类型为枚举类型GCType。对CMS而言，回收
       力度由轻到重分别是kGcTypeSticky（表示仅扫描和回收上次GC到本次GC这个时间段内所创
       建的对象）、kGcTypePartial（仅扫描和回收应用进程自己的内存空间，不处理zygote进
       程的空间。这种方式和Android中Java应用程序的创建方式有关。在Android中，应用进程是
       zygote进程fork出来的）、最后一种则是力度最重的类型——kGcTypeFull，它将扫描APP
       自己以及它从父进程zygote继承得到的堆。所以，GC回收时将依次尝试kGCTypeSticky，如
       果还没有空闲内存，则继续尝试kGCTypePartial，以此类推。
  （3）不同的收集器需要配合使用不同的内存分配器。Heap的成员变量current_allocator_用于
       表示当前使用的内存分配器类型（由枚举类型AllocatorType表示）。对CMS收集器而言，
       kAllocatorTypeRosAlloc（即上文介绍的RosAlloc）和kAllocatorTypeDlMalloc
       （即上文介绍的DlMalloc）都可以。ART默认使用kAllocatorTypeRosAlloc。另外，由
       于Java编译后得到的机器码需要调用虚拟机的内存分配入口函数，这些入口函数也和锁使用的
       内存分配器有关。所以，更改内存分配器时，入口函数也需要修改（读者可回顾7.5.2节的内
       容）。详情可参考Heap的ChangeAllocator函数。第13章和第14章将详细介绍ART中的内存
       分配和垃圾回收。*/
ChangeCollector(desired_collector_type_);
//创建两个HeapBitmap对象
live_bitmap_.reset(new accounting::HeapBitmap(this));
mark_bitmap_.reset(new accounting::HeapBitmap(this));

uint8_t* requested_alloc_space_begin = nullptr;
......
//在本例中，变量image_file_name取值为/system/framework/boot.art
if (!image_file_name.empty()) {
    std::vector<std::string> image_file_names;//这是一个数组，最开始只有一个元素
    image_file_names.push_back(image_file_name);
    std::vector<space::Space*> added_image_spaces;
    uint8_t* const original_requested_alloc_space_begin = requested_alloc_
        space_begin;
    /*遍历数组各个元素，加载每一个art文件。不过，该数组最开始只有一个元素。所以下面的for循环
      中将添加其他的art文件。注意，这只是针对boot镜像而言的。读者可回顾7.6.1.2节的内容*/
    for (size_t index = 0; index < image_file_names.size(); ++index) {
        std::string& image_name = image_file_names[index];
        std::string error_msg;
        /*加载art文件，返回为一个ImageSpace对象。CreateBootImage的内容非常复杂。比
          如，如果art文件不存在，则会fork一个子进程以执行dex2oat进行编译，这部分内容我
          们留待后文再来介绍。假设本例所需的art文件已经就绪。那么，CreatBootImage内部
          将调用ImageSpace的Init函数以创建ImageSpace对象。读者可参考7.6.1.2节。*/
        space::ImageSpace* boot_image_space =
                              space::ImageSpace::CreateBootImage(
                                                 image_name.c_str(),.....);
```

```
            if (boot_image_space != nullptr) {
                AddSpace(boot_image_space);//见下文介绍
                added_image_spaces.push_back(boot_image_space);
                uint8_t* oat_file_end_addr = boot_image_space->GetImageHeader().
                    GetOatFileEnd();
                requested_alloc_space_begin = AlignUp(oat_file_end_addr, kPageSize);
                boot_image_spaces_.push_back(boot_image_space);
                //index=0代表boot.art文件。现在要判断是否有别的art文件要处理。
                if (index == 0) {
                    const OatFile* boot_oat_file = boot_image_space->GetOatFile();
                    const OatHeader& boot_oat_header = boot_oat_file->GetOatHeader();
                    /*oat文件的文件头中将包含boot class关键jar包的路径。也就是说，boot
                      镜像所需要的jar包（编译得到的结果就是对应的oat和art文件）信息在oat
                      文件的OatHeader信息中。我们后续会详细介绍oat文件格式。*/
                    const char* boot_classpath = boot_oat_header.GetStoreValueByKey
                        (OatHeader::kBootClassPathKey);
                    ......
                    /*boot_classpath是一个以":"号隔开的字符串，下面这个函数将拆分这个
                      字符串以得到每个文件的路径，经过一些处理后，该文件路径信息将添加到
                      image_file_names数组中。如此，整个for循环就能继续运行。*/
                    space::ImageSpace::CreateMultiImageLocations(image_file_
                        name, boot_classpath, &image_file_names);
                }
            } else {......}
        }
    }
}
```

笔者所搭建的测试环境里，boot 镜像里包含如图 7-18 所示一共 13 个 art 文件需要加载。

```
 1  /system/framework/boot.art
 2  /system/framework/boot-core-libart.art
 3  /system/framework/boot-conscrypt.art
 4  /system/framework/boot-okhttp.art
 5  /system/framework/boot-core-junit.art
 6  /system/framework/boot-bouncycastle.art
 7  /system/framework/boot-ext.art
 8  /system/framework/boot-framework.art
 9  /system/framework/boot-telephony-common.art
10  /system/framework/boot-voip-common.art
11  /system/framework/boot-ims-common.art
12  /system/framework/boot-apache-xml.art
13  /system/framework/boot-org.apache.http.legacy.boot.art
```

图 7-18 boot 镜像包括的文件

另外，上述代码中有一个 AddSpace 函数，其内容并不复杂，但是其中涉及 Heap 中的几个用于管理 Space 对象的成员变量。

[heap.cc->Heap::AddSpace]

```
void Heap::AddSpace(space::Space* space) {
    WriterMutexLock mu(Thread::Current(), *Locks::heap_bitmap_lock_);
    //读者可回顾图7-13 Space类家族
    if (space->IsContinuousSpace()) {
```

```
        space::ContinuousSpace* continuous_space = space->AsContinuousSpace();
        accounting::ContinuousSpaceBitmap* live_bitmap = continuous_space-
            >GetLiveBitmap();
        accounting::ContinuousSpaceBitmap* mark_bitmap = continuous_space-
            >GetMarkBitmap();
        if (live_bitmap != nullptr) {
            //将这个space中的两个HeapBitmap分别加到live_bitmap_和mark_bitmap_对象中
            //live_bitmap_和mark_bitmap_是在上文的构造函数中创建的
            live_bitmap_->AddContinuousSpaceBitmap(live_bitmap);
            mark_bitmap_->AddContinuousSpaceBitmap(mark_bitmap);
        }
        //Heap中管理连续Space对象的成员变量为continuous_spaces_（vector数组）
        continuous_spaces_.push_back(continuous_space);
        //利用sort对space进行排序，space起始地址小的排在前面
        std::sort(continuous_spaces_.begin(), continuous_spaces_.end(), [](const
            space::ContinuousSpace* a, const space::ContinuousSpace* b) {
            return a->Begin() < b->Begin();  });
        } else {//处理非连续Space对象
            space::DiscontinuousSpace* discontinuous_space = space->AsDiscontinuousSpace
            ();
        live_bitmap_->AddLargeObjectBitmap(discontinuous_space->GetLiveBitmap());
        mark_bitmap_->AddLargeObjectBitmap(discontinuous_space->GetMarkBitmap());
        discontinuous_spaces_.push_back(discontinuous_space);
    }
    //如果该Space同时实现了Alloc接口类，则将其添加到alloc_spaces数组中
    if (space->IsAllocSpace()) {
        alloc_spaces_.push_back(space->AsAllocSpace());
    }
}
```

回顾 Heap 构造函数第一部分，它主要完成了 boot 镜像所需 art 文件的加载，然后得到一系列的 ImageSpace 对象，最后再保存到 Heap 对应的成员变量中。

7.7 JavaVMExt 和 JNIEnvExt

本节讨论 JNI 中最常见的两个类 JavaVM 和 JNIEnv。根据笔者在《深入理解 Android 卷 1》一书中对 JNI 知识的介绍可知：

- JavaVM 在 JNI 层中表示 Java 虚拟机。它的作用有点像 Runtime。只不过 JNI 作为一种规范，它必须设定一个统一的结构，即此处的 JavaVM。不同的虚拟机实现里，真实的虚拟机对象可以完全不一样，比如 art 虚拟机中的 Runtime 才是当之无愧的虚拟机。另外，一个 Java 进程只有一个 JavaVM 实例。在 ART 虚拟机中，JavaVM 实际代表的是 JavaVMExt 类。
- JNIEnv 代表 JNI 环境，每一个需要和 Java 交互（不管是 Java 层进入 Native 层，还是 Native 层进入 Java 层）的线程都有一个独立的 JNIEnv 对象。同理，JNIEnv 是 JNI 规范里指定的数据结构，不同虚拟机有不同的实现。在 ART 虚拟机中，JNIEnv 实际代表的是 JNIEnvExt 类。

7.7.1 JavaVMExt

现在来看 JavaVMExt 对象的创建，先回顾它在 Runtime Init 中的代码。

[runtime.cc->Runtime::Init]

```
.....
java_vm_ = new JavaVMExt(this, runtime_options);// 非常简单
```

JavaVMExt 的类关系如图 7-19 所示。

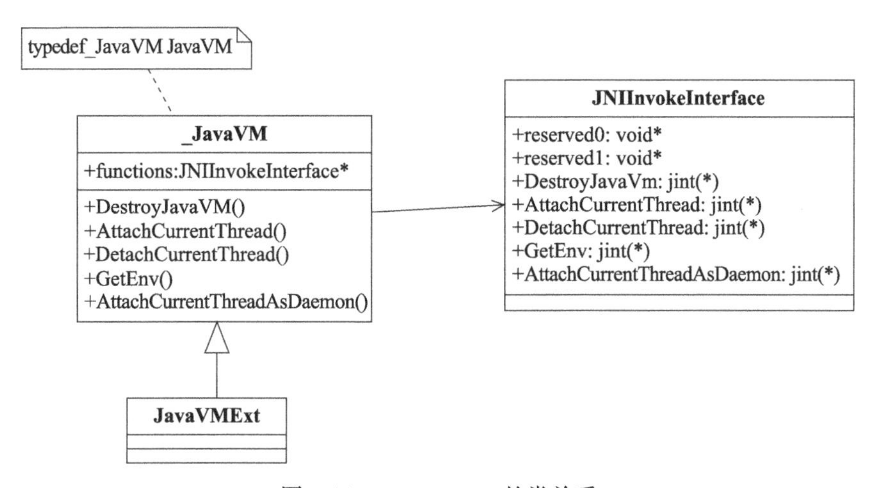

图 7-19　JavaVMExt 的类关系

在图 7-19 中：

- _JavaVM 是一个结构体（当然，在 C++ 中，结构体也是一种类的类型）。当定义了 _CPLUSPLUS 宏时（按 C++ 来编译），_JavaVM 还有一个类型别名，即 JavaVM。所以，JavaVM 的真实数据类型是 _JavaVM。
- JNIInvokeInterface 也是结构体。其中，JNIInvokeInterface 的 AttachCurrentThread、GetEnv 等成员变量的数据类型都是函数指针（为方便书写，图 7-19 中没有展示它们的参数）。
- _JavaVM 结构体的第一个成员变量指向一个 JNIInvokeInterface 对象。
- JavaVMExt 是一个类，它从 _JavaVM 中派生。

提示　JNI 或 runtime 模块里往往通过一个 JavaVM* 类型的指针来引用一个 JavaVM 对象。通过上面的介绍可知，ART 中 JavaVM 对象的真正数据类型是 JavaVMExt。

本节要介绍的 JavaVMExt 的内容比较简单，先看一下它的构造函数。

[java_vm_ext.cc->JavaVMExt]

```
JavaVMExt::JavaVMExt(Runtime* runtime, const RuntimeArgumentMap& runtime_options)
        : runtime_(runtime),check_jni_abort_hook_(nullptr),
        ......
```

```
        libraries_(new Libraries),
        unchecked_functions_(&gJniInvokeInterface),
        ......{
    /*functions是JavaVMExt基类JavaVM第一个成员变量，类型为JNIInvokeInterface*，而
      unchecked_functions_是JavaVMExt的成员变量，数据类型也是JNIInvokeInterface*。二
      者的作用略有区别。
      (1)如果不启用jni检查的话，他们指向同一个JNIInvokeInterface对象。
      (2)如果启用jni检查的话，这两个成员变量将指向不同的JNIInvokeInterface对象。其中，
         unchecked_functions_代表无需jni检查的对象，而functions_代表需要jni检查的对
         象。当functions_做完jni检查完后，它会调用unchecked_functions_对应的函数。
         不过，此时这两个成员变量初始都会指向一个全局的JNIInovkeInterface对象，即上面初始
         化列表中的gJniInvokeInterface   */
    functions = unchecked_functions_;
    //判断是否启用checkJni功能
    SetCheckJniEnabled(runtime_options.Exists(RuntimeArgumentMap::CheckJni));
}
```

gJniInvokeInterface 代表无需 jni 检查的 JNIInovkeInterface 对象，其成员变量的取值情况如下面的代码所示。

[java_vm_ext.cc->gJniInvokeInterface]

```
const JNIInvokeInterface gJniInvokeInterface = {
    nullptr,  nullptr, nullptr,
    //下面这些函数是JII类的静态成员函数，所以前面有"JIT::"修饰
    JII::DestroyJavaVM,JII::AttachCurrentThread,
    JII::DetachCurrentThread,JII::GetEnv,
    JII::AttachCurrentThreadAsDaemon
};
```

如果 JavaVMExt 构造函数中在最后调用的 SetCheckJniEnabled 里启用 checkJni 的话，会是什么情况呢？来看代码。

```
[java_vm_ext.cc->JavaVMExt::SetCheckJniEnabled]
bool JavaVMExt::SetCheckJniEnabled(bool enabled) {
    bool old_check_jni = check_jni_;
    check_jni_ = enabled;
    //如果启用了checkJni，则functions将被设置为gCheckInvokeInterface
    functions = enabled ? GetCheckJniInvokeInterface() : unchecked_functions_;
    MutexLock mu(Thread::Current(), *Locks::thread_list_lock_);
    //设置runtime中所有线程，启动或关闭checkJni的功能
    runtime_->GetThreadList()->ForEach(ThreadEnableCheckJni, &check_jni_);
    return old_check_jni;
}
```

GetCheckJniInvokeInterface 函数返回的是 gCheckInvokeInterface 对象。

[java_vm_ext.cc->gCheckInvokeInterface]

```
const JNIInvokeInterface gCheckInvokeInterface = {
    nullptr, nullptr,nullptr,
    CheckJII::DestroyJavaVM, CheckJII::AttachCurrentThread,
    CheckJII::DetachCurrentThread, CheckJII::GetEnv,
    CheckJII::AttachCurrentThreadAsDaemon
};
```

我们简单看其中的 CheckJII::AttachCurrentThread 函数，代码非常简单。

[check_jni.cc->AttachCurrentThread]

```
static jint AttachCurrentThread(JavaVM* vm, JNIEnv** p_env, void* thr_args) {
        ScopedCheck sc(kFlag_Invocation, __FUNCTION__);
        JniValueType args[3] = {{.v = vm}, {.p = p_env}, {.p = thr_args}};
        //jni检查的一项，本章不介绍
        sc.CheckNonHeap(reinterpret_cast<JavaVMExt*>(vm), true, "vpp", args);
        JniValueType result;
        //BaseVm将获取JavaVMExt的unchecked_functions对象，然后调用的它的
        //AttachCurrentThread函数
        result.i = BaseVm(vm)->AttachCurrentThread(vm, p_env, thr_args);
        //对调用结果进行检查
        sc.CheckNonHeap(reinterpret_cast<JavaVMExt*>(vm), false, "i", &result);
        return result.i;
}
```

JavaVMExt 的内容相对比较简单，此处点到即止。

7.7.2 JNIEnvExt

JNIEnvExt 的思路和 JavaVMExt 类似，我们直接来看代码。

[jni.h->JNIEnv 声明]

```
typedef _JNIEnv JNIEnv; //JNIEnv是_JNIEnv类的别名
//_JNIENv类的声明
struct _JNIEnv {
    const struct JNINativeInterface* functions;
#if defined(__cplusplus) //JNIEnv提供了非常多的功能函数
    jint GetVersion()
    { return functions->GetVersion(this); }//调用functions类的对应函数
    jclass DefineClass(const char *name, jobject loader, const jbyte* buf, jsize bufLen)
    { return functions->DefineClass(this, name, loader, buf, bufLen); }
    jclass FindClass(const char* name)
    { return functions->FindClass(this, name); }
    ......//非常多的函数，实现方法和上面的类似，都是调用functions中同名的函数
}
```

JNINativeInterface 和上节中提到的 JNIInvokeInterface 有些类似，都是包含了很多函数指针的结构体。

[jni.h->JNINativeInterface]

```
struct JNINativeInterface {
    void*        reserved0;  void*        reserved1;
    void*        reserved2;  void*        reserved3;
    jint         (*GetVersion)(JNIEnv *);
    jclass       (*DefineClass)(JNIEnv*, const char*, jobject, const jbyte*,  jsize);
    jclass       (*FindClass)(JNIEnv*, const char*);
    jmethodID    (*FromReflectedMethod)(JNIEnv*, jobject);
    jfieldID     (*FromReflectedField)(JNIEnv*, jobject);
    jobject      (*ToReflectedMethod)(JNIEnv*, jclass, jmethodID, jboolean);
    ......
}
```

现在来看 JNIEnvExt，它是 JNIEnv 的派生类。其创建是通过 Create 函数来完成的。

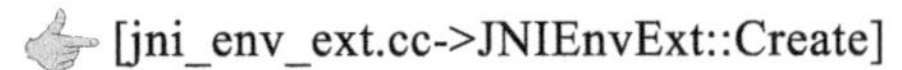

[jni_env_ext.cc->JNIEnvExt::Create]

```
JNIEnvExt* JNIEnvExt::Create(Thread* self_in, JavaVMExt* vm_in) {
    std::unique_ptr<JNIEnvExt> ret(new JNIEnvExt(self_in, vm_in));
    if (CheckLocalsValid(ret.get())) {//检查该JNIEnvExt对象，细节以后再讨论
        return ret.release();
    }
    return nullptr;
}
```

[jni_env_ext.cc->JNIEnvExt::JNIEnvExt]

```
JNIEnvExt::JNIEnvExt(Thread* self_in, JavaVMExt* vm_in)
        : self(self_in),vm(vm_in),local_ref_cookie(IRT_FIRST_SEGMENT), locals
             (kLocals Initial, kLocalsMax, kLocal, false), check_jni(false), runtime_
             deleted(false),critical(0), monitors("monitors", kMonitorsInitial,
             kMonitorsMax) {
    /*functions成员变量是JNIEnv类的成员变量，unchecked_functions是JNIEnvExt的成员这部分
      代码和JavaVMExt非常类似。GetJniNativeInterface返回全局静态对象gJniNativeInterface*/
    functions = unchecked_functions = GetJniNativeInterface();
    //如果启用checkJni的话，将设置functions的内容为全局静态对象
    //gCheckNativeInterface
    if (vm->IsCheckJniEnabled()) {SetCheckJniEnabled(true); }
}
```

我们重点了解下 gJniNativeInterface 的内容。

[jni_internal.cc->gJniNativeInterface]

```
const JNINativeInterface gJniNativeInterface = {
    nullptr,  nullptr,  nullptr, nullptr,
    //下面这些函数为JNI类的静态成员变量，也定义在jni_internal.cc中
    JNI::GetVersion,JNI::DefineClass,JNI::FindClass,
    .....
}
```

7.7.3 总结

了解上述 JavaVMExt 和 JNIEnvExt 代码后，外界如果通过它们的基类 JavaVM 和 JNIEnv 来操作 JNI 相关接口时，我们就可以很方便地找到真实的函数实现在哪了。笔者总结如下：

- 操作 JavaVM 相关接口时，其实现在 java_vm_ext.cc 文件的 JIT 类中。如果需要检查 JNI 的话，则先通过 check_jni.cc 的 CheckJIT 类对应函数处理。最终还是会调用 JIT 类的相关函数。
- 操作 JNIEnv 相关接口时，其实现在 jni_internal.cc 的 JNI 类中。同理，如果需要检查 JNI 的话，也通过 check_jni.cc 的 CheckJNI 类对应函数先处理。

提示　以后我们碰到 JNI 相关调用时将直接进入实际的函数中去分析。所以请读者记住此处所介绍的 JavaVM、JavaVMExt、JNIEnv 和 JNIEnvExt 之间的关系。

7.8 ClassLinker

在 Java 中，Class 是最为重要的信息组织单元。所以，本节的主角 ClassLinker 也是 ART 中当仁不让的核心类。正如其类名所示——ClassLinker——类的连接器，即将类关联和管理起来。

Runtime Init 函数中和 ClassLinker 的关键代码，如下所示。

[runtime.cc->Runtime::Init]

```
......
//class_linker_是runtime的成员变量，其类型是ClassLinker，本节的主角
class_linker_ = new ClassLinker(intern_table_);
//根据boot镜像的内容初始化这个ClassLinker对象
class_linker_->InitFromBootImage(&error_msg);
......
GetInternTable()->AddImagesStringsToTable(heap_->GetBootImageSpaces());
//下面这个函数读者可在阅读完本节内容后自行研究
GetClassLinker()->AddBootImageClassesToClassTable();
......
```

马上来介绍 ClassLinker。首先是它所涉及的关键类。

7.8.1 关键类介绍

ClassLinker 中涉及常多的关键类，认识它们将极大帮助后续的代码理解。

先来看 Mirror Object 家族。

7.8.1.1 Mirror Object 家族

ART 源码文件夹中有一个子文件夹叫 mirror。这个 mirror 子文件夹下代码所定义的类都位于 mirror 命名空间中。mirror 的中文含义是镜子，那么，这面镜子里外都是什么呢？

原来，在 ART 虚拟机的实现中，Java 的某些类在虚拟机层也有对应的 C++ 类，比如图 7-20 所示的 Mirror Object 类家族图谱。

图 7-20 展示了 Mirror Object 家族中几个主要的类。其中：

- Object 对应 Java 的 Object 类，Class 对应 Java 的 Class 类。以此类推，DexCache、String、Throwable、StackTraceElement 等与同名 Java 类相对应。
- Array 对应 Java Array 类。对基础数据类型的数组，比如 int[]，long[] 这样的 Java 类则对应图中的 PrimitiveArray<int> 以及 PrimitiveArray<long>。图 7-20 中的 PointArray 则可与 Java 层中的 IntArray 或 LongArray 对应。对于其他类型的数组，则可用 ObjectArray<T> 模板类来描述。

注意　在这个阶段，读者只需要了解 mirror 中的这些类是什么就行了。所以图 7-20 中并未展示类的成员变量和成员函数。注意，IfTable 在 Java 层中没有对应类。

7.8.1.2 ObjectReference、GcRoot、HandleScope 等

ART 虚拟机运行时需要操作 mirror 对象（mirror 对象就是指图 7-20 中那些类的实例。为了书写方便，笔者统称虚拟机层中的这些 Java 对应类的实例为 mirror 对象），但由于垃圾回收

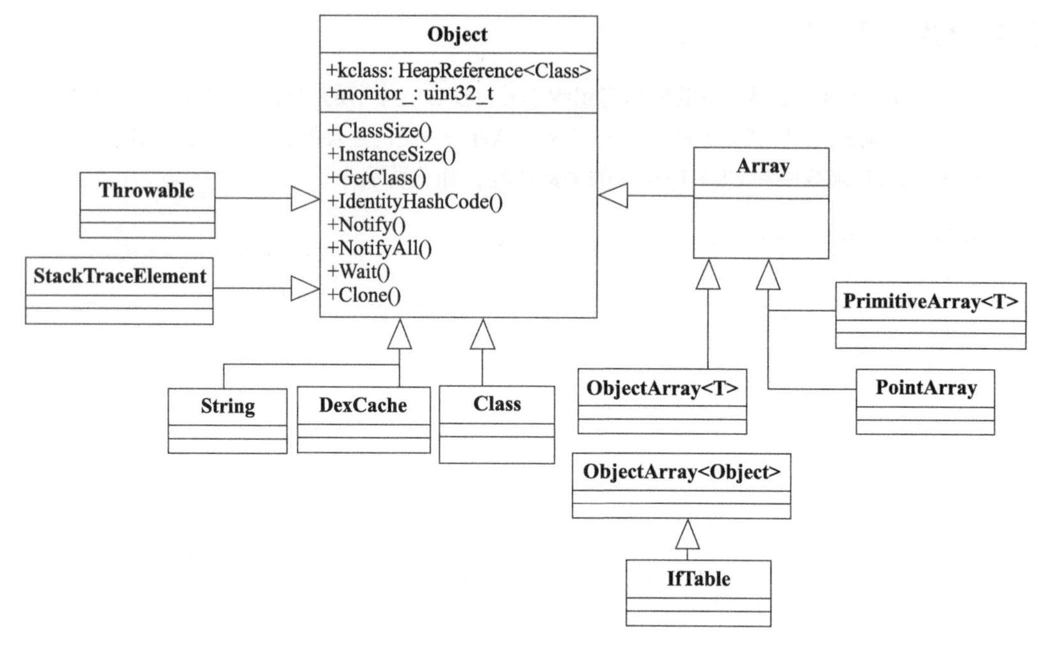

图7-20　Mirror Object家族

的存在，虚拟机内部不能像普通对象那样通过指针（或引用）等方式直接持有一个mirror对象。比如，ART虚拟机某处通过Mirror::Object* pObject直接指向一个Object对象。那么：

- 这个Object对象当前是有使用者的，这个使用关系没办法表达。
- 当这个Object对象在别处被回收的话，使用者没有办法知道。

而C++提供的智能指针类也不能解决虚拟机所面临的问题，所以ART中定义了很多个辅助类来帮助使用者操作mirror对象。注意，这些辅助类往往需要配合使用。

7.8.1.2.1　ObjectReference

首先来认识ObjectReference类，只要看它的类声明相关代码即可。

[object_reference.h->ObjectReference]

```
template<bool kPoisonReferences, class MirrorType>
class  ObjectReference {
    /*ObjectReference是模板类。模板参数中的kPoisonReferences是bool变量，而MirrorType
      则是代表数据类型的模板参数，比如图7-20中的那些类。*/
public:
    friend class Object;//声明友元类
    //代表一个引用，指向一个mirror对象，但具体如何解析这个reference_，则和
    //kPoisionReferences的取值有关
    uint32_t reference_;
    //将reference_还原成对象
    MirrorType* AsMirrorPtr() const {  return UnCompress();  }
    //保存一个mirror对象，传入的参数是一个指向mirror对象的指针。
    //Assgien内部将这个指针转换成reference_
    void Assign(MirrorType* other) { reference_ = Compress(other); }
    //清除自己所保存的mirror对象
```

```
    void Clear() {      reference_ = 0;    }
    //判断是否持有一个非空的mirror对象
    bool IsNull() const { return reference_ == 0;  }

    uint32_t AsVRegValue() const { return reference_;  }

protected:
    ObjectReference<kPoisonReferences, MirrorType>(MirrorType* mirror_ptr)
        : reference_(Compress(mirror_ptr)) { }
    //指针转换成reference_的方法，很简单
    static uint32_t Compress(MirrorType* mirror_ptr) {
        uintptr_t as_bits = reinterpret_cast<uintptr_t>(mirror_ptr);
        //kPoisonReferences为true的话，存的是负数
        return static_cast<uint32_t>(kPoisonReferences ? -as_bits : as_bits);
    }
    //从reference_还原为mirror对象的指针
    MirrorType* UnCompress() const {
        uintptr_t as_bits = kPoisonReferences ? -reference_ : reference_;
        return reinterpret_cast<MirrorType*>(as_bits);
    }
}
```

由上述代码可知，一个 ObjectReference 对象可关联一个 mirror 对象。关联方法如下：

- mirror 对象本身以内存地址（指针）的方式存储到这个 ObjectReference 对象中。
- ObjectReference 将这个地址经过一些转换（代码中的 Compress 函数），对外提供的是该对象的标示（即 reference_ 成员变量）。外界只能通过 AsMirrorPtr 函数获取这个 mirror 对象（其内部会由 UnCompress 函数进行解码处理）。

地址转换方式有两种，所以 ObjectReference 又派生出两个模板类，来看代码。

[object_reference.h->HeapReference 和 CompressedReference]

```
//kPoisonHeapReferences是一个编译常量，默认为false
template<class MirrorType>
class HeapReference : public ObjectReference<kPoisonHeapReferences,MirrorType>

template<class MirrorType>
class CompressedReference : public mirror::ObjectReference<false,MirrorType>
```

HeapReference 和 CompressedReference 都是由 ObjectReference 派生，并且第一个模板参数 kPoisonReferences 的取值都是 false。在后续代码中我们将看到使用它们的地方。

7.8.1.2.2　GcRoot

除了 ObjectReference 外，ART 中还有一个 GcRoot，其相关类的信息如图 7-21 所示。

GcRoot<MirrorType>	RootVisitor
+root_: CompressedReference<Object>	
+Read() +VisitRoot()	+VisitRoot() +VisitRootIfNonNull() +VisitRoots()

图 7-21　GcRoot 及相关类

图 7-21 中展示了 GcRoot 及 RootVisitor 类。

- 一个 GcRoot 对象通过它的 root_ 成员变量包含一个 mirror 对象。当然，这个 mirror 对象不是直接引用的，而是借助了上述的 CompressedReference 对象。当我们要从这个 GcRoot 对象中读取这个 mirror 对象的时候，就需要使用 GcRoot 的 Read 函数。这个函数比较复杂，下文将简单介绍它，但本节不会分析其实现。
- RootVisitor 是一个类，配合 GcRoot 的 VisitRoot 函数使用。见下文 VisitRoot 的函数声明。

来看看 GcRoot 的类声明，代码如下所示。

[gc_root.h->GcRoot]

```
template<class MirrorType>
class GcRoot {
public:
    //Read是模板类的模板函数，实现比较复杂。先不考虑其实现，该函数的返回是一个mirror对象
    template<ReadBarrierOption kReadBarrierOption = kWithReadBarrier>
    MirrorType* Read(GcRootSource* gc_root_source = nullptr) const;
    //使用外界传入的visitor来访问root_
    void VisitRoot(RootVisitor* visitor, const RootInfo& info) const{
        mirror::CompressedReference<mirror::Object>* roots[1] = { &root_ };
        visitor->VisitRoots(roots, 1u, info);
    }
    ......
private:
    //GcRoot借助CompressedReference对象来间接持有一个mirror对象
    mutable mirror::CompressedReference<mirror::Object> root_;
};
```

7.8.1.2.3 HandleScope 等

接着介绍下一组辅助类，如图 7-22 所示。

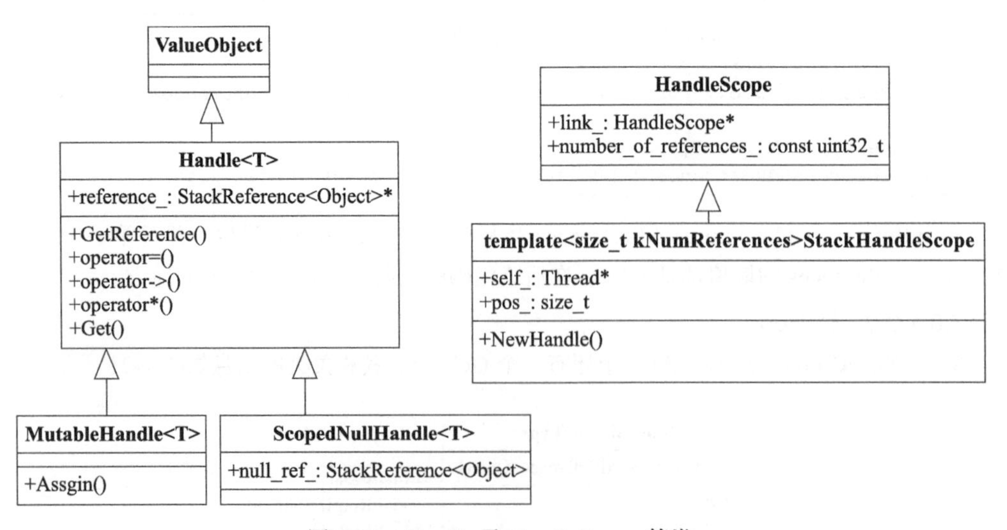

图 7-22 Handle 及 HandleScope 等类

图 7-22 中所示的 Handle 和 MutbaleHandle 等也是 ART 中和操作 mirror 对象有关的辅助类。

- ValueObject 是一个空实现的类，即它没有任何成员变量和成员函数，也不允许分配实例（有点类似 Java 的抽象类，但这个类没有任何功能）。
- Handle 为模板类。它的成员变量 reference_ 指向一个类型为 StackReference<Object> 的对象。Handle 有点像智能指针类，它重载了 =、-> 及 * 等操作符。
- MutableHandle 从 Handle 派生，相比 Handle，它多了一个赋值函数 Assgin，所以其类名中使用 "Mutable" 作为前缀，表示可更改之意。
- ScopedNullHandle 也从 Handle 派生。Scoped 是作用域的意思，Null 表示它代表一个空的 Object。ScopedNullHandle 表示一个空的 Handle，即内部持有一个空的 mirror 对象。其主要作用是为了统一代码，外界不需要单独对 nullptr 进行判断。这一点我们在后续的代码分析中可以见到。
- HandleScope 代表这样的一个对象，这个对象在构造的时候保存一些资源，在析构的时候释放这些资源。显然，它充分利用了 C++ 的构造和析构函数的特点。比如，当类的对象在离开定义它的作用域时，析构函数将被调用。这也是为什么类名中有 "Scope" 一词的含义。不过，我们常用的是 HandleScope 的派生类 StackHandleScope。

先看下 Handle 的代码，非常简单。

 [handle.h->Handle 的声明]

```
class Handle : public ValueObject {
public:
    //通过reference_间接持有一个mirror对象
    StackReference<mirror::Object>* reference_;

    Handle() : reference_(nullptr) {  }

    Handle(const Handle<T>& handle) : reference_(handle.reference_) { }
    Handle<T>& operator=(const Handle<T>& handle) {
        reference_ = handle.reference_;
        return *this;
    }
    //重载了几个操作符，关键实现是Get函数
    T& operator*() const {return *Get();}
    T* operator->() const {return Get();}
    //Get函数非常简单，通过AsMirrorPtr直接得到mirror对象的指针
    T* Get() const { return down_cast<T*>(reference_->AsMirrorPtr()); }
```

Handle 比较简单，其实是对 StackReference 类的进一步包装。

接着来了解下 StackHandleScope 类，其类声明的代码如下所示。

[handle_scope.h->StackHandleScope 类声明]

```
template<size_t kNumReferences>
class PACKED(4) StackHandleScope FINAL : public HandleScope {
    //StackHandleScope是一个模板类，Stack表示这个对象及它所创建的Handle对象都位于
    //内存栈上。模板参数kNumReferences表示这个StackHandleScope能创建多少个Handle
    //对象。注意，它的第一个参数为Thread对象，这表明StackHandleScope是和调用线程有关的
public:
    explicit StackHandleScope(Thread* self, mirror::Object* fill_value = nullptr);
```

```
    template<class T>
    MutableHandle<T> NewHandle(T* object);//创建一个MutableHandle对象
    ......
    //为第i个Handle对象设置一个mirror对象
    void SetReference(size_t i, mirror::Object* object);
    Thread* Self() const { return self_; }
private:
    //StackReference数组，可存储kNumReferences个元素
    StackReference<mirror::Object> storage_[kNumReferences];
    Thread* const self_;
    size_t pos_;//storage_数组中当前有多少个元素，pos_不能超过kNumReferences
};
```

现在通过一段示例点看看如何使用 StackHandleScope。

[StackHandleScope 参考示例 - 来自 class_linker.cc]

```
//创建一个StackHandleScope，模板参数为2，表示这个封装类可以容纳两个对象
StackHandleScope<2> hs(Thread::Current());
//调用hs的NewHandle，创建一个对象
Handle<mirror::DexCache> dex_cache(hs.NewHandle(referrer->GetDexCache()));
//创建第二个对象
Handle<mirror::ClassLoader> class_loader(hs.NewHandle(referrer->GetClassLoader()));
```

外界使用 StackHandleScope 的方法大致就是如此。当然 StackHandleScope 内部还是有很多操作的，这一部分内容本节先不讨论。

7.8.1.3 ArtField,ArtMethod 等

我们知道，Java 源码中的 class 可以包含成员变量和成员函数。当 class 经过 dex2oat 编译转换后，一个类的成员变量和成员函数的信息将转换为对应的 C++ 类，即 ArtField 和 ArtMethod，如图 7-23 所示。

图 7-23 展示了 ArtField 和 ArtMethod 类，它们用于描述类的成员变量和成员函数的信息。其中：

- declaring_class_ 成员变量指向声明该成员的类是谁。
- access_flags_ 成员变量描述该成员的访问权限，比如是 public 还是 private 等。
- ArtField 的 field_dex_idx_ 为该成员在 dex 文件中 field_ids 数组里的索引。读者可回顾第 3 章，在那里，field_ids 数组的元素的类型可由 field_id_item 来描述。

ArtField
+declaring_class_: GcRoot<Class> +access_flags_: uint32_t +field_dex_idx_: uint32_t +offset_t_: uint32_t

ArtMethod
+declaring_class_: GcRoot<Class> +access_flags_: uint32_t +dex_code_item_offset_: uint32_t +dex_method_index_: uint32_t +method_index_: uint32_t +hotness_count_: uint32_t

图 7-23　ArtField 和 ArtMethod 类

同理，ArtMethod 的几个成员变量也和 dex 文件格式密切相关，如 dex_code_item_offset_ 为该函数对应字节码在 dex 文件里的偏移量，dex_method_idx_ 为该成员在 dex 文件中 method_ids 数组里的索引，该数组的元素的数据类型为 method_id_item。

提示　在ART代码中，field_id_item对应C++的FieldId类以及Java的FieldIdItem类。method_id_item则对应C++的MethodId类以及Java的MethodIdItem类。其他dex文件里的数据结构均在C++以及Java中存在对应的类。所以，对读者而言，这些类所描述的信息才是最需要关心的，至于它采用什么方式来描述则根据使用情况来决定。比如，如果C++中要使用这些信息，则在C++中定义相关的类。另外，第8章将介绍关于ArtField和ArtMethod更为详细的知识。

来看下ArtField的GetName函数，如果了解Dex文件格式的话，这段代码几乎没有难度。

[art_field.cc->ArtField::GetName]

```
inline const char* ArtField::GetName(){
    uint32_t field_index = GetDexFieldIndex();//返回field_dex_idx_
    ......
    //通过declaring_calss_找到定义这个类的DexFile文件
    const DexFile* dex_file = GetDexFile();
    //解析这个DexFile，先找到field_id_item，然后根据它的name_idx成员再从
    //string_ids数组中取出这个成员变量的名字，返回值是一个const char*字符串
    return dex_file->GetFieldName(dex_file->GetFieldId(field_index));
}
```

7.8.1.4　ClassTable和ClassSet

ClassTable是一个容器类，它被ClassLoader用于管理该ClassLoader所加载的类。马上来看下它的声明。

[class_table.h]

```
class ClassTable {
public:
    /*内部类，它重载了()函数调用运算符，如果返回值为bool变量，则用于比较两个mirror class的
      类描述符是否相同如果返回值为uint32_t，则用于计算描述符的hash值*/
    class ClassDescriptorHashEquals {
        public:
            uint32_t operator()(const GcRoot<mirror::Class>& root) const;
            bool operator()(const GcRoot<mirror::Class>& a, const
                GcRoot<mirror::Class>& b) const ;
            bool operator()(const GcRoot<mirror::Class>& a, const char*
                descriptor) const;
            uint32_t operator()(const char* descriptor) const;
    };
    //内部类，用于清空某个位置上的元素。
    class GcRootEmptyFn {
    public:
        void MakeEmpty(GcRoot<mirror::Class>& item) const {
            item = GcRoot<mirror::Class>();
        }
        bool IsEmpty(const GcRoot<mirror::Class>& item) const {
            return item.IsNull();
        }
    };
    /*创建类型别名ClassSet。其真实类型是HashSet，它是ART自定义的容器类，有5个模板参数，从
      左至右分别为容器中元素的数据类型，元素从容器中被移除时所调用的处理类，生成hash值的辅助
      类，比较两个hash值是否相等的辅助类，以及Allocator类*/
```

```
    typedef HashSet<GcRoot<mirror::Class>, GcRootEmptyFn, ClassDescriptorHashE
        quals,ClassDescriptorHashEquals, TrackingAllocator<GcRoot<mirror::Cla
        ss>, kAllocatorTagClassTable> >
            ClassSet;

    ClassTable();

    // 判断此ClassTable是否包含某个class对象
    bool Contains(mirror::Class* klass);
    ......
    //查找该ClassTable中是否包含有指定类描述符或hash值的mirror class对象
    mirror::Class* Lookup(const char* descriptor, size_t hash);
    mirror::Class* LookupByDescriptor(mirror::Class* klass);
    void Insert(mirror::Class* klass);//保存一个class对象
    bool Remove(const char* descriptor);//移除指定描述符的class对象
    void AddClassSet(ClassSet&& set);//将set容器里的内容保存到自己的容器中
private:
    mutable ReaderWriterMutex lock_;
    //ClassTable内部使用两个vector来作为实际的元素存储容器，classes_的元素类型
    //为ClassSet
    std::vector<ClassSet> classes_ GUARDED_BY(lock_);
    std::vector<GcRoot<mirror::Object>> strong_roots_;
};
```

本节简单了解一下ClassTable中Insert函数的实现，代码如下所示。

[class_table.cc->ClassTable::Insert]

```
void ClassTable::Insert(mirror::Class* klass) {
    WriterMutexLock mu(Thread::Current(), lock_);
    //classes_的类型为vector，其back()返回vector中最后一个ClassSet元素，
    //然后调用ClassSet的Insert函数，其实就是HashSet的Insert函数
    classes_.back().Insert(GcRoot<mirror::Class>(klass));
}
```

[hash_set.h->HashSet::Insert]

```
void Insert(const T& element) {
    /*hashfn_为ClassSet类型别名定义时传入的第三个模板参数。此处将调用ClassDescriptorHashEquals
      的operator()(const GcRoot<mirror::Class>& root)操作符重载函数，返回的是一个
      uint32_t类型的hash值。此处不讨论InsertWithHash的实现，它与ART自定义容器类HashSet的
      实现有关，感兴趣的读者可自行阅读。*/
    InsertWithHash(element, hashfn_(element));
}
```

7.8.2 ClassLinker构造函数

了解完上述关键类后，现在可以正式来看ClassLinker的知识点了。本节先介绍它的构造函数，非常简单。

[class_linker.cc->ClassLinker::ClassLinker]

```
ClassLinker::ClassLinker(InternTable* intern_table)
     : dex_lock_("ClassLinker dex lock", kDefaultMutexLevel),
         dex_cache_boot_image_class_lookup_required_(false),
```

```
        failed_dex_cache_class_lookups_(0),
        class_roots_(nullptr), array_iftable_(nullptr),
        find_array_class_cache_next_victim_(0), init_done_(false),log_new_
            class_table_roots_(false),
intern_table_(intern_table), quick_resolution_trampoline_(nullptr),
.....{
    std::fill_n(find_array_class_cache_, kFindArrayCacheSize, GcRoot<mirror::
        Class>(nullptr));
}
```

在上述代码中：

- kFindArrayCacheSize 取值为 16。find_array_class_cache_ 为定长数组，长度为 kFindArrayCacheSize，其元素的数据类型为 GcRoot<mirror::Class>。这个数组用来缓存 16 种数组类型的类信息（也就是缓存 16 个 Class 类的对象）。
- ClassTable 中有几个命名诸如 quick_xxxx_trampoline_ 这样的成员变量，它们是函数指针。从其命名中的 "trampoline" 一词可知（"trampline code" 的含义可参考 4.2.4.3 节的介绍），这些函数功能跳转。这部分内容我们以后再详细讨论。
- class_roots_ 成员变量的类型是 GcRoot<mirror::ObjectArray<mirror::Class>>，借助 GcRoot 的封装，它实际保存的信息应该是一个 ObjectArray，这个数组中的元素的数据类型是 Class（即 mirror Class 类）。

马上来看 ClassLinker 的 InitFromBootImage 函数。

7.8.3 InitFromBootImage

这个函数比较复杂，我们分成两个部分来介绍。

7.8.3.1 InitFromBootImage 第一部分

先看 InitFromBootImage 第一部分的内容。

[class_linker.cc->ClassLinker::InitFromBootImage 第一部分]

```
bool ClassLinker::InitFromBootImage(std::string* error_msg) {

    Runtime* const runtime = Runtime::Current();
    Thread* const self = Thread::Current();
    gc::Heap* const heap = runtime->GetHeap();
    //每一个ImageSpace对应一个art文件，所以返回的是一个ImageSpace数组
    std::vector<gc::space::ImageSpace*> spaces = heap->GetBootImageSpaces();
    image_pointer_size_ = spaces[0]->GetImageHeader().GetPointerSize();
    .....
    dex_cache_boot_image_class_lookup_required_ = true;
    /*runtime的GetOatFileManager返回runtime的成员变量oat_file_manager_，它指向一个
      OatFileManager对象。我们在7.3.2节中介绍过OatFileManager类，读者可回顾这部分内容。*/
    std::vector<const OatFile*> oat_files = runtime->GetOatFileManager().
        RegisterImageOatFiles(spaces);
    //回顾7.3.2.1节可知，OAT文件有一个文件头信息，代码中由
    //OatHeader类来描述。下面将取出oat_files数组中第一个元素（对应文件为boot.oat）
    //的OatHeader信息。OatHeader的内容我们后续章节再介绍
    const OatHeader& default_oat_header = oat_files[0]->GetOatHeader();
    const char* image_file_location = oat_files[0]->GetOatHeader().
        GetStoreValueByKey(OatHeader::kImageLocationKey);
```

```
        //获取各个trampoline函数的地址，这部分内容以后再介绍
        quick_resolution_trampoline_ = default_oat_header.GetQuickResolutionTrampoline();
        ......
        /*仔细看下面的关键代码，其执行顺序为：
          (1) GetImageRoot：返回值的类型为mirror:Object*，代码见下文介绍
          (2) 然后通过down_cast宏，将返回值转换为ObjectArray<Class>*类型
          (3) 然后再根据这个返回值构造一个CcRoot对象，类型参数是ObjectArray<Class> */
    class_roots_ = GcRoot<mirror::ObjectArray<mirror::Class>>(down_cast<mirror::
        ObjectArray<mirror::Class>*>(spaces[0]->GetImageHeader().GetImageRoot(
        ImageHeader::kClassRoots)));
```

class_roots_ 是 ClassLinker 的成员变量，其类型是 GcRoot<mirror::ObjectArray<mirror::Class>>。根据前面对 ClassLinker 里 GcRoot 的介绍可知：

- 该成员变量包含的信息其实是其中的 ObjectArray。
- 而这个 ObjectArray 中各个元素的类型是 Class。

那么，这些 Class 信息来自什么地方呢？代码中所示为 spaces[0]（也就是 boot.art）的 Image Header 所指向的地方。追根溯源，现在我们回到 ImageHeader 去看看到底什么地方存储了这些 class 的信息。

[image-inl.h->ImageHeader::GetImageRoot]

```
    //注意，该函数的返回值的类型为mirror::Object
    template <ReadBarrierOption kReadBarrierOption>
    inline mirror::Object* ImageHeader::GetImageRoot(
            ImageRoot image_root) const {
        /*GetImageRoots是ImageHeader定义的成员函数，它将返回ImageHeader中的image_roots_成
          员变量，其类型为uint32_t，代表某个信息在art文件中的位置。如笔者上文所说，这个uint32_
          t的值将变成一个ObjectArray<Object>数组对象，GetImageRoots内部通过reinterpret_
          cast进行数据类型转换，从而得到下面的image_roots变量。*/
        mirror::ObjectArray<mirror::Object>* image_roots = GetImageRoots<
            kReadBarrierOption>();
        /*ImageRoot是枚举变量，包含两个有用的值，一个是kDexCaches，值为0，另外一个是
          kClassRoots，值为1。下面的Get函数（模板函数，先不考虑其模板参数）为ObjectArray的成员
          函数，用于其中获取指定索引的元素。*/
        return image_roots->Get<kVerifyNone, kReadBarrierOption>(static_cast<int32_
            t>(image_root));
    }
```

总结上面的代码可知：

- ImageHeader 的 GetImageRoot 返回的是 mirror::Object* 指针，但它实际上是一个 Object Array<mirror::Class> 对象。所以，InitFromBootImage 第一部分的最后通过 down_cast 宏将其向下转换成了子类类型的对象。最后再构造一个 GcRoot 对象赋值给 class_roots_。
- 而这个数组的内容又是来自于 art 文件的 image_roots_ 所在的地方。也就说，class_roots_ 的内容保存在 art 文件的 image_roots_ 所在的区域。

图 7-24 进一步展示了上述内容。

在图 7-24 中：

- 左边是一个 art 文件，它会被映射到虚拟机进程，相关信息都是从这块内存中读取的。ImageHeader 是 art 文件的头部信息。image_roots_ 是 ImageHeader 中的成员变量。在代码中，它的数据类型是 uint32_t，其含义有两种解读方法：对映射到内存里的 art 文件来说，image_roots_ 指向某个内存地址；对文件来说，它指向 art 文件中的某个位置。
- 我们更需要关注这块位置中存储的信息是什么。由上面代码内容可知，image_roots_ 所指向的那块区域存储的是一个 ObjectArray<Object> 数组。这个数组里有两个元素，其索引位置由 ImageRoot 枚举来描述，其中 kDexCaches 取值为 0，kImageRoots 取值为 1。
- 继续来看这个 ObjectArray<Object>。虽然其模板参数的类型是 Object。但对 kImageRoots 而言，这个 Object 其实又是一个 ObjectArray<Class> 数组。即 kImageRoots 元素本身又是一个数组，这个数组里元素的类型是 Class。

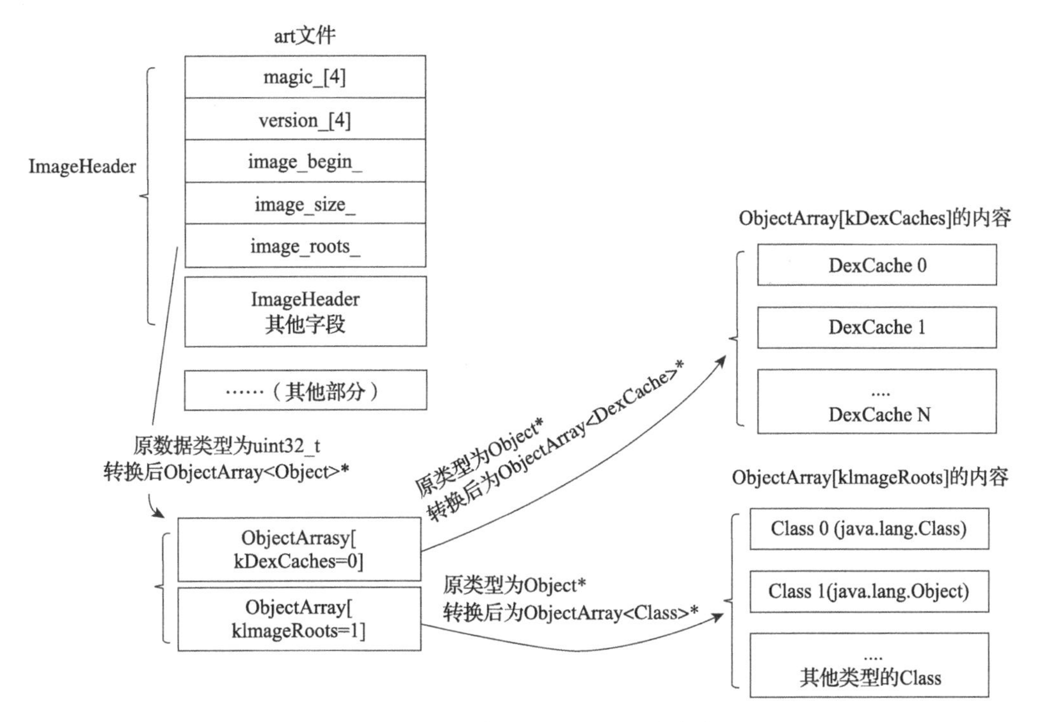

图 7-24　art 文件 image_roots_ 的内容

所以，简单来说，ImageHeader 的 image_roots_ 所指向的那块区域包含两组信息：

- 第一个是 ObjectArray<DexCache> 数组。
- 第二个是 ObjectArray<Class> 数组。

接着看 InitFromBootImage 第一部分的内容。

[class_linker.cc->ClassLinker::InitFromBootImage 第一部分继续]

```
/*上文说过，class_roots_是一个ObjectArray<Class>数组，里边的元素类型为Class。也就是说，
  class_roots_保存的是一组Class对象，而这些Class对象就是Java语言中一些基本类（比如java.
  lang.Class、java.lang.String）信息的代表。读者想必知道，每一个Java类有一个代表它的
```

```
    class对象，该类的所有实例的getClass返回的将是同一个代表该类的Class对象。所以，对虚拟机而
    言，它需要准备好这些基本类的类信息，比如下面这行代码就是从class_roots_数组中找到代表java.
    lang.Class的Class对象，然后将它设置为Class类的静态成员java_lang_Class_*/
mirror::Class::SetClassClass(class_roots_.Read()->Get(kJavaLangClass));
//kJavaLangClass、kJavaLangString等都是对应class对象在class_roots_中的索引，
//它们是ClassRoot的枚举变量，包括37个基础类的枚举定义。
mirror::String::SetClass(GetClassRoot(kJavaLangString));
mirror::Class* java_lang_Object = GetClassRoot(kJavaLangObject);
java_lang_Object->SetObjectSize(sizeof(mirror::Object));
......//设置其他mirror类的class信息
mirror::DoubleArray::SetArrayClass(GetClassRoot(kDoubleArrayClass));
......
```

我们简单看一下 java.lang.reflect.Field 在 mirror 层的对应类 Field 的 SetClass 函数。

 [field.cc->Field::SetClass]

```
void Field::SetClass(Class* klass) {//Field是java.lang.reflect.Field类
    //static_class_是Field类的静态成员变量，类型是GcRoot<Class>
    static_class_ = GcRoot<Class>(klass);
}
```

7.8.3.2 InitFromBootImage 第二部分

接着看 InitFromBootImage 第二部分代码。

 [class_linker.cc->ClassLinker::InitFromBootImage 第二部分]

```
for (gc::space::ImageSpace* image_space : spaces) {
        // Boot class loader, use a null handle.
        std::vector<std::unique_ptr<const DexFile>> dex_files;
        if (!AddImageSpace(image_space,
                    ScopedNullHandle<mirror::ClassLoader>(), /*dex_elements*/nullptr,
                        /*dex_location*/nullptr, /*out*/&dex_files,error_msg)) {
                    return false;
        }
        boot_dex_files_.insert(boot_dex_files_.end(), std::make_move_iterator(dex_
            files.begin()), std::make_move_iterator(dex_files.end()));
    }
    FinishInit(self);
    return true;
}
```

在上述代码中：

- 针对所有 boot 镜像文件，调用 AddImageSpace 函数。此处有用到 ScopedNullHandle，模板参数为 ClassLoader。根据前面对 ScopedNullHandle 的介绍，它表示传入一个空值 ClassLoader 对象（等同于 nullptr）。
- 最后调用 FinishInit 完成 ClassLinker 的初始化。

我们分别介绍这两个函数。

7.8.3.2.1 AddImageSpace

AddImageSpace 内容比较多，针对 app image 和 boot image 还有不同的处理。本节仅先考虑 boot image 的情况。

 [class_linker.cc->ClassLinker::AddImageSpace]

```
bool ClassLinker::AddImageSpace(gc::space::ImageSpace* space,
    Handle<mirror::ClassLoader> class_loader,jobjectArray dex_elements,
    const char* dex_location,vector<unique_ptr<const DexFile>>* out_dex_files,
    string* error_msg) {
    /*注意调用时传入的参数:
     (1) class_loader为一个ScopedNullHandler对象。显然，它等于与nullptr
     (2) dex_elements和dex_location都为nullptr */
    //下面的判断也是和nullptr来做比较，此处的app_image将为false
    const bool app_image = class_loader.Get() != nullptr;
    const ImageHeader& header = space->GetImageHeader();
    //参考图7-3可知，ImageHeader::kDexCaches保存的是dex_caches_object数组
    //注意它的返回值类型为mirror::Object*
    mirror::Object* dex_caches_object = header.GetImageRoot(ImageHeader::kDexCaches);
    .......//略过部分代码
    for (int32_t i = 0; i < dex_caches->GetLength(); i++) {
        ......
        //打开该art文件对应的oat文件。读者可回顾图7-3，oat文件中包含对应的dex文件，
        //所以下面这个OpenOatDexFile打开的就是这个dex文件
        std::unique_ptr<const DexFile> dex_file = OpenOatDexFile(oat_file, dex_
            file_location.c_str(),error_msg);
        ......
        if (app_image) {......}
        else {/*虚拟机保存boot class path相关信息，包括:
                (1) dex文件信息保存到ClassLinker对象的boot_class_path_成员中，其数据
                    类型为vector<const DexFile*>
                (2) 根据DexFile信息构造DeCache对象，然后将其添加到dex_caches_成员中，
                    其数据类型为list<DexCacheData>。DexCacheData为DexCache的辅助包
                    装，定义于ClassLinker内部。DexCache在Java中也有对应类，用于存储从某
                    个dex文件里提取出来的各种信息。这部分内容我们以后碰到再详述    */
           AppendToBootClassPath(*dex_file.get(), h_dex_cache);  }
        //将dex_file保存到out_dex_files数组中
        out_dex_files->push_back(std::move(dex_file));
    }
    ......
    ClassTable* class_table = nullptr;
    {
        WriterMutexLock mu(self, *Locks::classlinker_classes_lock_);
        /*上文曾说过，每一个ClassLoader对象对应有一个class_table_成员。下面将判断
          ClassLoader的这个ClassTable对象是否存在，如果不存在，则创建一个ClassTable
          对象并将其与ClassLoader对象关联。不过，如果下面这个函数的参数为空(对本例而言，
          class_loader.Get就是返回nullptr)，则返回的class_table就是ClassLinker的
          boot_class_table_成员，它用于保存boot class相关的Class对象。不过此次还没有往
          这个table中添加数据。*/
        class_table = InsertClassTableForClassLoader(class_loader.Get());
    }

    //从art文件中的kSectionClassTable区域提取信息
    ClassTable::ClassSet temp_set;
    const ImageSection& class_table_section = header.GetImageSection(ImageHeader::
        kSectionClassTable);
    //如果这个区域有保存信息，则将它添加到tem_set(数据类型为ClassSet)中
    const bool added_class_table = class_table_section.Size() > 0u;
    if (added_class_table) {
        const uint64_t start_time2 = NanoTime();
        size_t read_count = 0;
        //注意下面这行代码
        temp_set = ClassTable::ClassSet(space->Begin() + class_table_section.
```

```
            Offset(),false,    &read_count);
        if (!app_image) {
            dex_cache_boot_image_class_lookup_required_ = false;
        }

    ......
if (added_class_table) {
        WriterMutexLock mu(self, *Locks::classlinker_classes_lock_);
        //最终，来自art文件里kSectionClassTable中的Class信息都保存到class_table中了。
        class_table->AddClassSet(std::move(temp_set));
    }
.....
}
```

上述代码比较多，但核心内容其实只有两点：

- art文件头结构ImageHeader里的image_roots_是一个数组，该数组的第二个元素又是一个数组（ObjectArray<Class>）。它包含了37个基本类（由枚举值kJavaLangClass、kJavaLangString等标示）的类信息（由对应的mirror::Class对象描述）。
- 但是Java基础类（严格意义上来说，是ART虚拟机boot class，包括jdk相关类以及android所需要的基础类。读者可回顾图7-15）肯定不止37个（下文有笔者测试时得到的信息），这些其他的类信息则存储在ImageHeader的kSectionClassTable区域里，它包含了所有boot镜像文件里所加载的类信息。

最后，我们介绍下从art文件的kSectionClassTable这块区域是如何构造出对应的ClassSet对象的。

[hash_set.h::HashSet构造函数]

```
//如前节的介绍可知，ClassSet是HashSet的类型别名
HashSet(const uint8_t* ptr, bool make_copy_of_data, size_t* read_count) {
        //注意参数，ptr是kSectionClassTable区域的起始位置
        uint64_t temp;
        size_t offset = 0;
        offset = ReadFromBytes(ptr, offset, &temp);//
        num_elements_ = static_cast<uint64_t>(temp);//此次插入多少个元素
        offset = ReadFromBytes(ptr, offset, &temp);
        num_buckets_ = static_cast<uint64_t>(temp);//最大可能有多少个元素
        offset = ReadFromBytes(ptr, offset, &temp);
        elements_until_expand_ = static_cast<uint64_t>(temp);
        offset = ReadFromBytes(ptr, offset, &min_load_factor_);
        offset = ReadFromBytes(ptr, offset, &max_load_factor_);
        if (!make_copy_of_data) {
            owns_data_ = false;
            //对ClassSet而言，T的类型为mirror::Class。data_的类型是T*，代表一个数组
            data_ = const_cast<T*>(reinterpret_cast<const T*>(ptr + offset));
            offset += sizeof(*data_) * num_buckets_;
        } else {......}
        *read_count = offset;
}
```

上面这段代码其实描述了kSectionClassTable区域内容的组织方式，

- 前面几个字节描述诸如当前插入多少个元素（由HashSet成员变量num_elements_表示）、最大有多少个元素（对应num_buckets_成员变量）之类等信息。

- 后面就是各个元素的内容。注意，元素必须为定长大小。

笔者在模拟环境上做了一些测试，art 中通过 kSectionClassTable 加载的类超过 4000 多个。并且 ClassSet num_buckets_ 的值往往大于 num_elements_。这块和 HashSet 的实现有关，笔者不拟详述其细节，读者只要知道 ClassSet 里包含的是 Class 信息即可。

7.8.3.2.2 FinishInit

接下来看 ClassLinker 初始化阶段的最后一个函数，代码如下所示。

 [class_linker.cc->ClassLinker::FinishInit]

```
void ClassLinker::FinishInit(Thread* self) {
    //GetClassRoot功能读者应该不再陌生了，它用于从class_roots_数组中找到指定的Class
    //对象。下面返回的是java.lang.reference类的Class对象
    mirror::Class* java_lang_ref_Reference = GetClassRoot(kJavaLangRefReference);
    //class_roots_只保存了37个基础类的class对象，其他boot class则需要通过
    //FindSystemClass函数来寻找。这个函数也是非常重要的函数，下文将简单介绍它。
    mirror::Class* java_lang_ref_FinalizerReference = FindSystemClass(self,
        "Ljava/lang/ref/FinalizerReference;");

    //从类信息里取出代表成员变量信息的ArtField对象。
    ArtField* pendingNext = java_lang_ref_Reference->GetInstanceField(0);
    ArtField* queue = java_lang_ref_Reference->GetInstanceField(1);
    ArtField* queueNext = java_lang_ref_Reference->GetInstanceField(2);
    //做一些校验检查，比如函数名是否一样、数据类型是否匹配等
    CHECK_STREQ(queueNext->GetName(), "queueNext");
    CHECK_STREQ(queueNext->GetTypeDescriptor(), "Ljava/lang/ref/Reference;");
    ......
    init_done_ = true; //设置init_done_为true，表示ClassLinker对象初始化完毕
}
```

FindSystemClass 是非常常用的操作，本节先简单看下其代码，之后还会详细讨论它。

 [class_linker-inl.h->ClassLinker::FindSystemClass]

```
inline mirror::Class* ClassLinker::FindSystemClass(Thread* self, const char*
    descriptor) {
    /*descripter是这个类的描述名。由于是寻找system class（系统类，其实就是boot class），
      所以下面的函数没有指定Class Loader */
    return FindClass(self, descriptor, ScopedNullHandle<mirror::ClassLoader>());
}
```

 [class_linker-inl.h->ClassLinker::FindClass]

```
mirror::Class* ClassLinker::FindClass(Thread* self, const char* descriptor,
    Handle<mirror::ClassLoader> class_loader) {
    .....
    if (descriptor[1] == '\0') {
    /*只有基础数据类型（如int、short）的类名描述才为1个字符。FindPrimitiveClass内部调用
      GetClassRoot，传入枚举值kPrimitiveByte、kPrimitiveInt即可获取如byte、int等基础
      数据类型的类信息*/
        return FindPrimitiveClass(descriptor[0]);
    }
    //如果是非基础类，则先根据描述名计算hash值
```

```
    const size_t hash = ComputeModifiedUtf8Hash(descriptor);
    //从class_loader对应的ClassTable中查找指定Class。如果class_loader为空，
    //则从boot_class_table_中寻找。
    mirror::Class* klass  = LookupClass(self, descriptor, hash, class_loader.
        Get());
    if (klass != nullptr) {//确保这个类已经完成解析等相关工作
        return EnsureResolved(self, descriptor, klass);
    }
    ......//其他更为复杂的情况，后续章节再详述
}
```

FindClass 是一个较为复杂的函数，涉及虚拟机加载类等很多基本功能。这部分内容我们留待下一章再详细介绍。

7.8.4 ClassLinker 总结

7.8.4.1 ClassLinker 主要成员变量介绍

ClassLinker 是我们以后会经常接触的模块。根据上面几节的介绍，读者应该大致清楚它的功能了——所有类的信息都集中由 ClassLinker 来管控。图 7-25 总结了本节所述 ClassLinker 几个关键成员变量所保存的信息。

通过上节所述 FindSystemClass 函数，读者已经了解 class_roots_ 及 boot_class_table_ 的使用。接下来我们再考察几个 ClassLinker 里的一些功能函数。

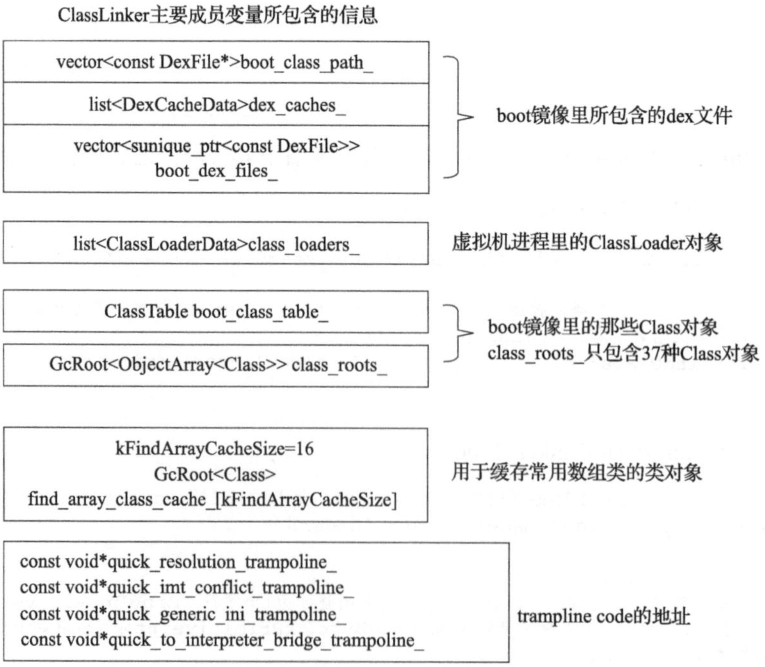

ClassLinker主要成员变量所包含的信息

vector<const DexFile*>boot_class_path_
list<DexCacheData>dex_caches_
vector<sunique_ptr<const DexFile>> boot_dex_files_
boot镜像里所包含的dex文件

list<ClassLoaderData>class_loaders_
虚拟机进程里的ClassLoader对象

ClassTable boot_class_table_
GcRoot<ObjectArray<Class>> class_roots_
boot镜像里的那些Class对象
class_roots_只包含37种Class对象

kFindArrayCacheSize=16
GcRoot<Class>
find_array_class_cache_[kFindArrayCacheSize]
用于缓存常用数组类的类对象

const void*quick_resolution_trampoline_
const void*quick_imt_conflict_trampoline_
const void*quick_generic_ini_trampoline_
const void*quick_to_interpreter_bridge_trampoline_
trampline code的地址

图 7-25 ClassLinker 主要成员变量所包含的信息

7.8.4.2 ClassLinker部分功能函数介绍

7.8.4.2.1 RegisterClassLoader

当我们创建一个新的ClassLoader对象的时候，需要注册到ClassLinker对象中，代码如下所示。

 [class_linker.cc->ClassLinker::RegisterClassLoader]

```
void ClassLinker::RegisterClassLoader(mirror::ClassLoader* class_loader) {
    Thread* const self = Thread::Current();
    ClassLoaderData data;//构造一个ClassLoaderData对象，它是一个简单包装类
    //创建一个Weak Gloabl Reference对象。这部分和JNI有关，我们后续再介绍
    data.weak_root = self->GetJniEnv()->vm->AddWeakGlobalRef(self, class_loader);
    data.class_table = new ClassTable; //创建一个ClassTable对象
    //给这个ClassLoader对象设置一个ClassTable对象，用于保存这个ClassLoader所加载
    //的类
    class_loader->SetClassTable(data.class_table);
    //设置一个内存资源分配器
    data.allocator = Runtime::Current()->CreateLinearAlloc();
    class_loader->SetAllocator(data.allocator);
    //这个ClassLoaderData对象保存到ClassLinker的class_loaders_容器中
    class_loaders_.push_back(data);
}
```

7.8.4.2.2 FindArrayClass

搜索某个数组类对应的Class对象时，将调用下面这个函数。

[class_linker-inl.h->ClassLinker::FindArrayClass]

```
inline mirror::Class* ClassLinker::FindArrayClass(Thread* self, mirror::Class**
    element_class) {
    //先判断ClassLinker是否缓存过这个数组类的类信息
    for (size_t i = 0; i < kFindArrayCacheSize; ++i) {
        mirror::Class* array_class = find_array_class_cache_[i].Read();
        if (array_class != nullptr && array_class->GetComponentType() ==
            *element_class) { return array_class;  }//找到符合要求的类了
    }
    //如果缓存中没有这个数组类的类信息，则通过FindClass进行搜索
    std::string descriptor = "[";
    std::string temp;
    descriptor += (*element_class)->GetDescriptor(&temp);
    StackHandleScope<2> hs(Thread::Current());
    Handle<mirror::ClassLoader> class_loader(hs.NewHandle((*element_class)-
        >GetClassLoader()));
    HandleWrapper<mirror::Class> h_element_class(hs.NewHandleWrapper(element_class));
    mirror::Class* array_class = FindClass(self, descriptor.c_str(), class_loader);
    //如果搜索到目标数组类的信息，则将其缓存起来。
    if (array_class != nullptr) {
        size_t victim_index = find_array_class_cache_next_victim_;
        //保存到find_array_class_cache_数组中，由于它最多只能保存16个数组类类信息，
        //所以，之前保存的类信息将被替代。find_array_class_cache_next_victim_成员指示
        //下一个要存入缓存数组里的索引，原索引位置上的类信息将被新的类信息替代
        find_array_class_cache_[victim_index] = GcRoot<mirror::Class>(array_class);
        find_array_class_cache_next_victim_ = (victim_index + 1) % kFindArrayCacheSize;
    } else {......}
    return array_class;
}
```

7.9 总结和阅读指导

本章围绕Runtime对象的创建过程，介绍了ART虚拟机代码中一些关键模块、关键类和它们的功能。

- Runtime对象是虚拟机的化身。整个虚拟机包含很多模块，这些模块对应的对象都可以通过Runtime相关接口获取。
- Thread类代表虚拟机内部的执行线程，它和线程堆栈的设置、代码的执行等息息相关。
- Heap类封装了加载到虚拟机进程里的各种内存映射对象，包括加载镜像文件的ImageSpace、用于内存分配的MallocSpace。Heap还包含GC相关的很多功能。由于篇幅关系，本章只展示了Heap第一部分内容。后续章节将更深入介绍它。
- ClassLinker用于管理虚拟机所加载的各种Class信息。
- JavaVMExt是JavaVM的派生类，是ART虚拟机JNI层中Java虚拟机的化身。
- 还有其他一些辅助类，比如MemMap、OatFileManager、Space家族、HeapBitmap、GcRoot等。
- 最后但也是非常重要的知识点就是oat和art的文件格式。我们后文分析dex2oat时还会再次碰见它们。正如代码中对镜像（Image）一词的解释，虚拟机中的很多信息都是从art或oat文件里读取的。

本章不仅内容繁杂，所涉及的模块、类非常多，而且实际代码中的流程也相当复杂，if/else分支非常多。读者阅读这部分代码时，建议遵循本章所列的代码逻辑，先大致了解各个模块的功能，以及主要函数的实现。另外，掌握一些辅助类和关键类的作用也非常关键。

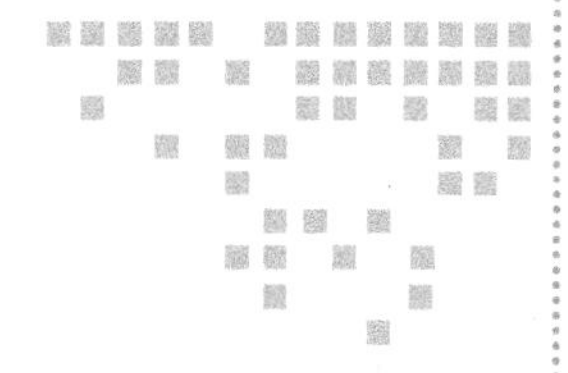

第8章 Chapter 8 虚拟机的启动

本章承接第7章的内容，围绕虚拟机的启动流程展开介绍。请读者注意本章的内容安排。我们先接着第7章的内容介绍Runtime Start的相关代码，这部分内容主要集中在ART Native层。然后详细介绍类的加载、链接与初始化等对于理解ART虚拟机实现而言极其重要的内容。最后，我们将总结第7章和本章所介绍的关键知识。

本章所涉及的源代码文件名及位置

- jni.h:libnativehelper/include/nativehelper/
- scoped_thread_state_change.h:art/runtime/
- java_lang_Class.cc:art/runtime/native/
- jni_internal.cc:art/runtime/
- java_vm_ext.cc:art/runtime/
- jit.cc:art/runtime/jit/
- JniConstants.cpp:libnativehelper/
- dalvik_system_VMStack.cc:art/runtime/native/
- well_known_classes.cc:art/runtime/
- thread.cc:art/runtime/
- class_linker.cc:art/runtime/
- Daemons.java:libcore/libart/src/main/java/java/lang/
- ClassLoader.java:libcore/ojluni/src/main/java/java/lang/
- art_field.h:art/runtime/
- art_method.h:art/runtime/

- ❑ dex_cache.h:art/runtime/mirror/
- ❑ class.h:art/runtime/mirror/
- ❑ class_linker.h:art/runtime/
- ❑ class-inl.h:art/runtime/mirror/
- ❑ class.cc:art/runtime/mirror/
- ❑ object-inl.h:art/runtime/mirror/
- ❑ method_verifier.cc:art/runtime/verifier/
- ❑ BaseDexClassLoader.java:libcore/dalvik/src/main/java/dalvik/system/
- ❑ DexPathList.java:libcore/dalvik/src/main/java/dalvik/system/
- ❑ am:frameworks/base/cmds/am/
- ❑ ZygoteInit.java:frameworks/base/core/java/com/android/internal/os/

8.1 Runtime Start

本章围绕 Runtime Start 函数展开介绍。

提示 再次请读者注意本章的讲解顺序。8.1 节到 8.6 节将围绕 Runtime Start 相关代码里遇到的一些关键函数 、关键类进行介绍。这部分内容主要集中在 ART Native 层。在这个阶段，读者应以了解调用流程、关键类的大概作用为主。然后我们将详细介绍类的加载、链接与初始化等重要知识。到此，我们将掌握较为全面的知识，此时就可以重新回顾虚拟机启动流程。这一次将重点关注 Java 层中和虚拟机启动有关的模块以及相关处理流程。正如笔者反复提到的，对于 ART 虚拟机这种复杂系统，整个学习过程将是螺旋上升式的。

先来看该函数的代码。

 [runtime.cc->Runtime::Start]

```
bool Runtime::Start() {
    Thread* self = Thread::Current();
    self->TransitionFromRunnableToSuspended(kNative);
    //刚进入这个函数就设置started_成员变量为true，表示虚拟机已经启动了
    started_ = true;
    /*对笔者所搭建的测试环境而言，下面两个函数的返回值都为true:
        UseJitCompilation: 是否启用JIT编译
        GetSaveProfilingInfo: 是否保存profiling信息。   */
    if (jit_options_->UseJitCompilation() ||
            jit_options_->GetSaveProfilingInfo()) {
        std::string error_msg;
        if (!IsZygote()) { ......}
        else if (jit_options_->UseJitCompilation()) {
                // ①加载JIT编译模块所对应的so库
            if (!jit::Jit::LoadCompilerLibrary(&error_msg)) {......}
        }
    }
```

```
    ......
    {
        ScopedTrace trace2("InitNativeMethods");
        InitNativeMethods();// ②初始化JNI层相关内容
    }
    // ③完成和Thread类初始化相关的工作
    InitThreadGroups(self);
    Thread::FinishStartup();
    // ④创建系统类加载器（system class loader），返回值存储到成员变量
    // system_class_loader_里
    system_class_loader_ = CreateSystemClassLoader(this);

    if (is_zygote_) {
        // 下面这个函数用于设置zygote进程和存储位置相关的内容，和虚拟机关系不大。
        if (!InitZygote()) {  return false;    }
    } else {......}
    // 启动虚拟机里的daemon线程，本章将它与第③个关键点一起介绍
    StartDaemonThreads();
    ......
    finished_starting_ = true;
    ......
    return true;
}
```

上述 Runtime Start 代码里包含 5 个关键调用，本章将围绕它们进行介绍。

由于 runtime 内部相关模块大量使用 JavaVM 和 JNIEnv 中的功能，所以我们先简单了解下 JNI。

8.2　初识 JNI

JNI 是 Java Native Interface 的缩写。它提供两个关键数据结构 JavaVM 和 JNIEnv 以及一组 API。借助这些东西，Java 代码可以调用 Native 语言实现的函数，而 Native 语言也能调用 Java 语言编写的函数。

提示　关于 JNI 基础知识，读者可参考笔者编写《深入理解 Android 卷 1》一书的第 2 章。

8.2.1　JNI 中的数据类型

JNI 作为 Java 和 Native 层的纽带，它定义了一组数据类型。对 JNI 的使用者而言，只要会用它们就行，不用关心其背后的内容。而对虚拟机的研究来说，就有必要搞清楚它们的真实情况。比如，第 7 章中我们介绍的 JavaVM 和 JNIEnv 中：

- JavaVM 和 JNIEnv 是 JNI 层定义的类类型（仅考虑 C++ 的情况），分别代表虚拟机和 JNI 执行环境。使用者包含 jni.h 即可得到它们。
- 但在 ART 虚拟机实现里，JavaVM 和 JNIEnv 的真实对象其实是二者的派生类 JavaVM-Ext 和 JNIEnvExt。

JNI 里相关的数据结构和 API 都定义在头文件 jni.h 中，来看其中的内容。

[jni.h]

```
#ifndef JNI_H_
#define JNI_H_

#include <stdarg.h>
#include <stdint.h>

 /* 基础数据类型映射。比如，Java中的boolean在jni对应为jboolean，而它在Native层中的数据类型
    就是uint8_t。另外，jni所定义的基础数据类型的位长（即sizeof的结果）和Java中的基础数据类型
    一致。比如，Java中的long为64位长，所以jni的jlong也是64位长。 */
typedef uint8_t  jboolean; /* unsigned 8 bits */
typedef int8_t   jbyte;    /* signed 8 bits */
typedef uint16_t jchar;    /* unsigned 16 bits */
typedef int16_t  jshort;   /* signed 16 bits */
typedef int32_t  jint;     /* signed 32 bits */
typedef int64_t  jlong;    /* signed 64 bits */
typedef float    jfloat;   /* 32-bit IEEE 754 */
typedef double   jdouble;  /* 64-bit IEEE 754 */

typedef jint     jsize;

#ifdef __cplusplus //本章只考虑C++的情况
//下面是Java引用类型在jni中的对应类型。
//先定义_jobject类，它没有任何成员。它是Java层中Object类在JNI层中的代表
class _jobject {};
class _jclass : public _jobject {}; //定义_jclass，代表Java层里的Class类
//下面这些类的定义都很容易理解
class _jstring : public _jobject {};
class _jarray : public _jobject {};
class _jobjectArray : public _jarray {};
......;
//通过typedef定义新的类型别名。JNI的使用者将使用不带下划线的类型。所以，JNI层中所使用的，job-
//ject、jclass等引用类型其实都是指针类型。
typedef _jobject*       jobject;
typedef _jclass*        jclass;
typedef _jstring*       jstring;
typedef _jarray*        jarray;
.......
typedef _jobject*       jweak;

/* 因为native层可能需要使用某个类的成员变量或者调用它的成员函数。所以JNI定义了jfieldID和
   jmethodID两种结构体，它们对应的变量分别代表Java某个类中的成员变量和成员函数。同_jobject一
   样，JNI的使用者只使用它们的指针类型jfieldID和jmethodID。注意，和_jobject不一样的是，_jfieldID
   和_jmethodID这两个结构体并没有实际的定义。不过，由于我们只使用它们的指针类型，所以编译不会
   报错  */
struct _jfieldID; //注意，_jfieldID没有具体的定义。
//由于我们只使用它的指针类型jfieldID，所以编译不会报错
//如其名所示，它是Java类成员的ID。
typedef struct _jfieldID* jfieldID;

struct _jmethodID;
typedef struct _jmethodID* jmethodID; // 如其名所示，它是 java 类方法的 ID
```

总结上述的代码可知：

- Java 中基础数据类型在 JNI 层中都对应为 native 层中的某种基础数据类型。
- Java 中引用类型在 JNI 层中对应为 _jobject（注意，带下划线）及派生类。但是 JNI 的使用者只能通过 _jobject 和它的派生类的指针类型（即 JNI 使用者只能使用 jobject、jclass、jstring 等不带下划线的数据类型）来间接引用这些对象的实例。不过，鉴于上述代码明确地将 _jobject 定义为一个没有任何成员变量和成员函数的类。可想而知，jobject、jclass 等的作用和 void* 差不多。
- Java 类中的成员变量或成员函数在 JNI 中也有对应的类型。对比 _jobject，读者可发现 _jfieldID 和 _jmethodID 甚至都没有实际的定义。不过，由于 JNI 使用者只能通过指针类型（jfieldID 和 jmethodID 都是指针）来操作，所以编译不会报错。不过这也说明 jfieldID、jmethodID 的作用和 void* 一样

那么，这些"void*"背后到底是谁？Java 虚拟机规范（笔者参考的是《Java Virtual Machine Specification》第 7 版）把这个问题的答案留给了各种虚拟机的实现。那么，ART 虚拟机是如何处理的呢？笔者不拟直接回答这个问题，而是先来看另外一组 ART 里常用的辅助类。

8.2.2 ScopedObjectAccess 等辅助类

图 8-1 所示为 ScopedObjectAccess 辅助类家族。

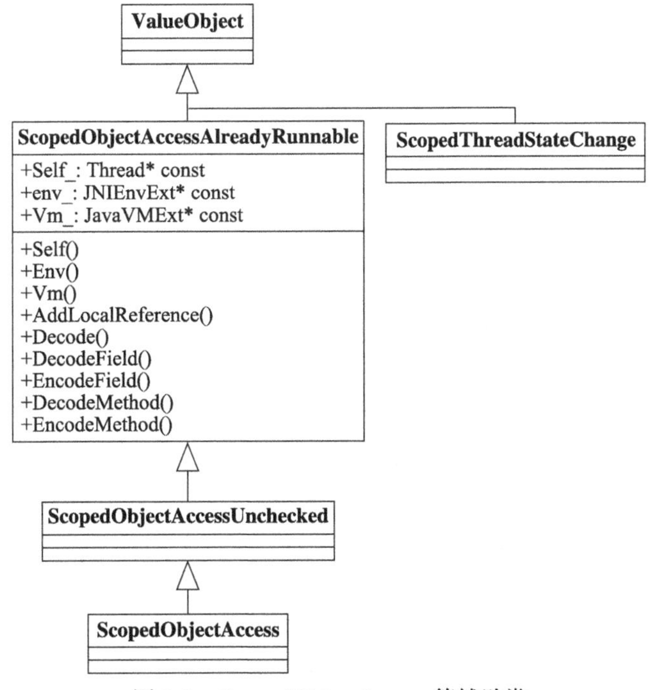

图 8-1 ScopedObjectAccess 等辅助类

在图 8-1 所示类家族中：

- ObjectValue 是一个没有任何成员，也不允许编译器自动创建构造函数的类。
- ScopedObjectAccessAlreadyRunnable 是关键类。它包含三个重要成员变量，Self_ 指向当前调用线程的线程对象（类型为 Thread），env_ 指向当前线程的 JNIEnvExt 对象，而 vm_ 则指向代表虚拟机的 JavaVMExt 对象。

我们只要看一下 ScopedObjectAccessAlreadyRunnable 的代码，上节遗留下的问题将迎刃而解。

[scoped_thread_state_change.h->ScopedObjectAccessAlreadyRunnable]

```
class ScopedObjectAccessAlreadyRunnable : public ValueObject {
protected://为方便读者理解，此处代码位置有所移动并去掉线程安全检查方面的代码
        Thread* const self_;
        JNIEnvExt* const env_;
        JavaVMExt* const vm_;
        //构造函数1，入参为JNIEnv
        explicit ScopedObjectAccessAlreadyRunnable(JNIEnv* env)
            : self_(ThreadForEnv(env)), env_(down_cast<JNIEnvExt*>(env)),
                vm_(env_->vm) {  /*ThreadForEnv函数先将env向下转换（down_cast）为一
                个JNIEnvExt对象，然后取其中的self成员，它代表该自己所绑定的线程对象*/  }
        explicit ScopedObjectAccessAlreadyRunnable(Thread* self)
            : self_(self), env_(down_cast<JNIEnvExt*>(self->GetJniEnv())),
                vm_(env_ != nullptr ? env_->vm : nullptr) {  }
        explicit ScopedObjectAccessAlreadyRunnable(JavaVM* vm)
            : self_(nullptr), env_(nullptr), vm_(down_cast<JavaVMExt*>(vm)) {}
        ......
    public:
        //下面这三个函数用于返回对应的成员变量
        Thread* Self() const {  return self_;  }
        JNIEnvExt* Env() const { return env_;}
        JavaVMExt* Vm() const { return vm_; }
        ......
        /*下面四个函数明确回答了jfieldID和jmethodID在ART虚拟机中到底是什么的问题。其中，Decode-
          Field和DecodeMethod用于将输入的jfieldID和jmethodID还原成它们本来的面目。*/
        ArtField* DecodeField(jfieldID fid) const {
            //mutator_lock_是一个全局的线程同步锁对象。下面第一行代码是检查调用线程（由Self()
            //函数返回）是否持有同步锁。该函数只在调试同步锁时才生效，读者可忽略它
              Locks::mutator_lock_->AssertSharedHeld(Self());
            //原来，jfieldID就是ArtField*
            return reinterpret_cast<ArtField*>(fid);
        }
        ArtMethod* DecodeMethod(jmethodID mid) const {
            //原来，jmethodID就是ArtMethod*
            return reinterpret_cast<ArtMethod*>(mid);
        }
        //EncodeField和EncodeMethod用于将ArtField和ArtMethod对象的地址值转换为对应的
        //jfieldID和jmethodID值。
        jfieldID EncodeField(ArtField* field) const {
            return reinterpret_cast<jfieldID>(field);
        }
        jmethodID EncodeMethod(ArtMethod* method) const {
            return reinterpret_cast<jmethodID>(method);
        }
        /*Decode：用于将jobject的值转换成对应的类型。Decode是一个模板函数，返回值的类型板
          为模参数T。使用时传的是mirror命名空间中的各种数据类型（读者可参考第7章的图7-20）*/
        template<typename T>  T Decode(jobject obj) const {
```

```
        /*注意下面这行代码，DecodeJObject是Thread中的函数，其原型为mirror::Object*
          Thread::DecodeJObject(jobject obj)。从这可以很明显看出，jobject将被转换成
          mirror::Object。至于mirror Object*到底是什么，则会向下转换成类型T。总之，
          jobject在JNI层代表一个Java Object，与mirror Object在虚拟机中代表一个Java
          Object的作用是一致的。Thread DecodeJObject 函数比较复杂，我们留待第11章介
          绍JNI的时候再来回顾它  */
        return down_cast<T>(Self()->DecodeJObject(obj));
    }
    //此函数是上述Decode函数的逆向函数，即将输入的mirror Object转换成对应的JNI
    //引用类型。详情见下文
    template<typename T> T AddLocalReference(mirror::Object* obj) const {
        //调用JNIEnvExt的AddLocalReference函数，输入是一个mirror Object对象，返回值的类
        //型由模板参数T决定。使用时，T取值为jobject、jclass等JNI定义的类型。
        //下文将介绍AddLocalReference相关函数。
        return obj == nullptr ? nullptr : Env()->AddLocalReference<T>(obj);
    }
};
```

上述代码非常清晰得展示了jfieldID、jmethodID以及jobject在ART虚拟机实现里所对应的具体数据类型。

- jfieldID其实就是ArtField*。
- jmethodID其实就是ArtMethod*。
- jobject指向一个mirror Object对象，但其具体是什么，需要再由mirror Object*向下转换为指定的类型。

最后，我们来看一个使用AddLocalReference的代码段，代码如下所示。

[java_lang_Class.cc->Class_getNameNative]

```
//下面这个函数用于返回java class的类名，读者只要关注AddLocalReference的用法即可
static jstring Class_getNameNative(JNIEnv* env, jobject javaThis) {
    ScopedFastNativeObjectAccess soa(env);
    StackHandleScope<1> hs(soa.Self());
    mirror::Class* const c = DecodeClass(soa, javaThis);
    //Class::ComputeName函数返回值的类型是mirror::String。然后经过AddLocalReference转
    //转换成jstring返回
    return soa.AddLocalReference<jstring>(
                    mirror::Class::ComputeName(hs.NewHandle(c)));
}
```

接下来继续认识JNI中的几个常用函数。

8.2.3 常用JNI函数介绍

8.2.3.1 FindClass

FindClass是JNIEnv中的API，用于查找指定类名的类信息。由7.7.2节的介绍可知，该函数的真正实现（不考虑checkJni的情况）位于jni_internal.cc中，代码如下所示。

[jni_internal.cc->JNI::FindClass]

```
static jclass FindClass(JNIEnv* env, const char* name) {
    /*本函数为JNI类的静态成员函数，用于查找指定类名对应的类信息：
```

```
第一个参数为JNIEnv对象，第二个参数为目标类类名。注意，name中的"."号需要换成"/"号。
比如，想查找"java.lang.System"类的话，传入的name参数可以是"Ljava/lang/System;"或
"java.lang.System"。"Ljava/lang/System;"为JNI规范的要求，见下面的介绍。 */
Runtime* runtime = Runtime::Current();      //获取runtime对象
  //获取ClassLinker对象
  ClassLinker* class_linker = runtime->GetClassLinker();
  /*JNI规范要求的类名和name传的不太一样。比如类名为"java.lang.System"的JNI类名是"Ljava/
  //lang/System;"。多了一个"L"前缀和";"后缀。下面这个函数将完成这种转换
      std::string descriptor(NormalizeJniClassDescriptor(name));
      ScopedObjectAccess soa(env);
      mirror::Class* c = nullptr; //注意，这里定义了一个mirror Class对象
  /*IsStarted返回runtime的started_成员变量。我们在本章最开始介绍Runtime Start
    函数时就见过它了。不管虚拟机有没有启动，目标类的搜索工作都将由ClassLinker来完成，
    而返回的就是一个mirror Class对象。ClassLinker的FindClass和
    FindSystemClass我们在7.8.3节简单介绍过，更细节的内容我们留待后文再述 */
  if (runtime->IsStarted()) {
      StackHandleScope<1> hs(soa.Self());
      Handle<mirror::ClassLoader> class_loader(hs.NewHandle(
                                  GetClassLoader(soa)));
      c = class_linker->FindClass(soa.Self(), descriptor.c_str(),
                             class_loader);
  } else {
      c = class_linker->FindSystemClass(soa.Self(), descriptor.c_str());
  }
  //通过ScopedObjectAccess的AddLocalReference函数，将输入的mirror Class对象
  //转换成一个jclass的值然后返回
  return soa.AddLocalReference<jclass>(c);
}
```

注意，上述代码中 ScopedObjectAccess AddLocalReference 函数除了将 mirror 对象的数据类型转换成对应的 JNI 中引用类型外，还对 JNI 中所谓本地引用（Local Reference）的问题进行了处理。这部分内容我们下文再介绍。

8.2.3.2 RegisterNativeMethods

RegisterNativeMethods 用于将 native 层的函数与 Java 层中标记为 native 的函数关联起来，该函数是每一个 JNI 库（Linux 平台上以 so 文件的方式提供）使用前必须调用的。

[jni_internal.cc->JNI::FindMethod]

```
static jint RegisterNatives(JNIEnv* env, jclass java_class,
            const JNINativeMethod* methods, jint method_count) {
        //内部调用另外一个同名函数，直接来看它
        return RegisterNativeMethods(env, java_class, methods,
        method_count, true);
}
/*输入参数的解释:
   (1) java_class: 代表目标java class
   (2) methods: 是一个数组。每一个元素对应的类型为结构体JNINativeMethod，它包含name（java
       native函数的函数名）、signature（java native函数的签名信息，符合JNI规范，由返回值
       类型和参数类型共同构成）、fnPtr（JNI库中对应函数的函数地址）这三个成员
   (3) method_count: methods数组中元素的个数     */
static jint RegisterNativeMethods(JNIEnv* env, jclass java_class,
        const JNINativeMethod* methods,jint method_count, bool return_errors) {
```

```
ScopedObjectAccess soa(env);
mirror::Class* c = soa.Decode<mirror::Class*>(java_class);
for (jint i = 0; i < method_count; ++i) {     //遍历methods数组
    const char* name = methods[i].name;      //java native函数的函数名
    const char* sig = methods[i].signature; //函数签名
    const void* fnPtr = methods[i].fnPtr;    //JNI层函数地址
    ......
    bool is_fast = false;                    //fast jni模式，见下文解释
    if (*sig == '!') {
        is_fast = true;
        ++sig;
    }
    ArtMethod* m = nullptr;
    bool warn_on_going_to_parent =
            down_cast<JNIEnvExt*>(env)->vm->IsCheckJniEnabled();
    //搜索目标类及它的父类
    for (mirror::Class* current_class = c;
        current_class != nullptr;
        current_class = current_class->GetSuperClass()) {
    //从current_class中找到函数名为name，且签名信息与sig相同的函数，返回值指向一个Art-
    //Method对象。FindMethod是模板函数，当模板参数取值为true的时候，表示只搜索类中标记
    //为native的函数。
        m = FindMethod<true>(current_class, name, sig);
        if (m != nullptr) { break; }
    //如果上面的FindMethod<true>没有找到匹配的ArtMethod对象，则尝试搜索非native标记的
    //函数。不过我们就是要处理标记为native的函数，这里找出非native的函数有什么用？请接着
    //看下文
        m = FindMethod<false>(current_class, name, sig);
        if (m != nullptr) {   break;   }
        ......
    }
    if (m == nullptr) { return JNI_ERR;}
    else if (!m->IsNative()) {
    //原来，如果找到的ArtMethod并不是一个native标记的函数，则此处打印一条错误信息并返回
    //错误
    ......
    return JNI_ERR;
    }
    //调用ArtMethod的RegisterNative函数。我们先不讨论其内部代码
      m->RegisterNative(fnPtr, is_fast);
    }
    return JNI_OK;
}
```

上面代码内容比较简单，不过有一个小地方需要解释，即 fast jni 模式。

- 从函数调用 Java 层进入 JNI 层时，虚拟机会将执行线程的状态从 Runnable 转换为 Native（具体细节我们以后再说）。如果 JNI 层里又调用 Java 层相关函数时，执行线程的状态又得从 Native 转为 Runnable。
- 线程状态的切换会浪费一点执行时间。所以，对于某些特别强调执行速度的 JNI 函数可以设置为 fast jni 模式。这种模式下执行这个 native 函数时将不会进行状态切换，即执行线程的状态始终为 Runnable。当然，这种模式的使用对 GC 有一些影响，所以最好在那些本身执行时间短，又不会阻塞的情况下使用。另外，这种模式目前在 ART 虚

拟机内部很多java native函数有使用。为了和其他native函数进行区分，使用fast jni模式的函数的签名信息字符串必须以"!"（感叹号）开头。

8.2.3.3 LocalRef、GlobalRef和WeakGlobalRef相关函数

JNI层的代码虽然是用native语言（C++或C）开发的，但Java中和GC相关的一些特性在JNI中依然有所体现。

- JNI层中创建的jobject对象默认是局部引用（Local Reference）。当函数从JNI层返回后，Local reference的对象很可能被回收。所以，不能在JNI层中永久保存一个Local Reference的对象。
- 有时候JNI层确实需要长期保存一个jobject对象。但如上条规则所言，JNI函数返回后，相关的jobject对象都可能被回收。该如何保存一个需要长期使用的jobject对象呢？答案很简单，就是将这个Local Reference对象转换成Global Reference（全局引用）对象。而全局引用对象不会被GC回收，而是需要使用者主动释放它。当然，为了减少内存占用，进程能持有的全局引用对象的总个数有所限制。
- 如果觉得Global Reference对象用起来不方便（比如，需要主动释放它们），则可将局部引用对象变成所谓的弱全局引用对象。弱全局引用对象有可能被回收，所以使用前需要调用JNIEnv提供的IsSameObject函数，将一个弱引用对象与nullptr进行比较。

下面是JNI提供的操作这三种引用类型的三组API。

[jni_internal.cc]

```
//将jobject对象转换成全局引用对象和删除
static jobject NewGlobalRef(JNIEnv* env, jobject obj);
static void DeleteGlobalRef(JNIEnv* env, jobject obj);
//创建和删除弱全局引用
static jweak NewWeakGlobalRef(JNIEnv* env, jobject obj);
static void DeleteWeakGlobalRef(JNIEnv* env, jweak obj);
//创建和删除弱引用对象
static jobject NewLocalRef(JNIEnv* env, jobject obj);
static void DeleteLocalRef(JNIEnv* env, jobject obj);
```

我们重点研究NewGlobalRef的代码，如下所示。

[jni_internal.cc->JNI::NewGlobalRef]

```
static jobject NewGlobalRef(JNIEnv* env, jobject obj) {
    ScopedObjectAccess soa(env);
    //先解析出这个jobject对应的mirror Object对象
    mirror::Object* decoded_obj = soa.Decode<mirror::Object*>(obj);
    //调用JavaVMExt的AddGlobalRef函数
    return soa.Vm()->AddGlobalRef(soa.Self(), decoded_obj);
}
```

[java_vm_ext.cc->JavaVMExt::AddGlobalRef]

```
jobject JavaVMExt::AddGlobalRef(Thread* self, mirror::Object* obj) {
    if (obj == nullptr) { return nullptr;}
    WriterMutexLock mu(self, globals_lock_);
```

```
    /*globals_是JavaVMExt的成员变量，其类型是IndirectReferenceTable。如其名所示，它是一
      个容器，可以通过Add往里边添加元素。返回值的类型是IndirectRef。
        （1） IndirectRef定义为typedef void* IndirectRef。所以，它其实就是void*。
        （2）IRT_FIRST_SEGMENT是一个int变量，取值为0，其具体含义和IndirectReferenceTable
        的实现有关。*/
    IndirectRef ref = globals_.Add(IRT_FIRST_SEGMENT, obj);
    return reinterpret_cast<jobject>(ref);
}
```

结合 JavaVMExt 的 AddGlobalRef 代码可知：

- 一个 Java 进程中只有一个 JavaVMExt 对象，代表虚拟机本身。
- 一个 JavaVMExt 对象中有一个 globals_ 成员变量，这个变量是一个容器，可存储进程中所创建的全局引用对象。
- 每个全局引用对象添加到 globals_ 容器后都会得到一个 IndirectRef 值。这个值的类型虽然是指针类型（void*），但它的值和要保存的 mirror Object 对象的地址以及 IndirectReferenceTable 内部对元素管理的方法有关。外界需通过 IndirectReferenceTable 的 Get 函数将一个 IndirectRef 值还原为对应的 mirror Object 对象。

上述代码是全局引用对象的创建，它是借助 JavaVMExt 对象的 AddGlobalRef 来完成的。与之相似：

- 如果是创建局部引用对象的话，将会使用 JNIEnvExt 对象的 AddLocalRef 函数来完成。
- 每一个 JNIEnvExt 对象都包含一个 locals_ 成员变量，用于存储在这个 JNIEnvExt 环境里创建的局部引用对象。

本书后续章节将详细讨论 IndirecetReferenceTable 的实现。

到此，我们对 JNI 的介绍先告一段落。接下来将介绍 Runtime Start 中的几个关键函数。

8.3　Jit LoadCompilerLibrary

首先来看 Jit 动态库的加载，非常简单。

[jit.cc->Jit::LoadCompilerLibrary]

```
bool Jit::LoadCompilerLibrary(std::string* error_msg) {
    jit_library_handle_ = dlopen(kIsDebugBuild ? "libartd-compiler.so" :
            "libart-compiler.so", RTLD_NOW);
    .....
    jit_load_ = reinterpret_cast<void* (*)(bool*)>(dlsym(jit_library_handle_,
                    "jit_load"));
    jit_unload_ = reinterpret_cast<void (*)(void*)>(dlsym(jit_library_handle_,
                    "jit_unload"));
    jit_compile_method_ = reinterpret_cast<bool (*)(void*, ArtMethod*,
          Thread*, bool)>(dlsym(jit_library_handle_, "jit_compile_method"));
    jit_types_loaded_ = reinterpret_cast<void (*)(void*, mirror::Class**,
        size_t)>(dlsym(jit_library_handle_, "jit_types_loaded"));
```

```
    return true;
}
```

Jit LoadCompilerLibrary 将加载 libart-compiler.so，然后保存其中几个关键函数的函数指针。这些函数的作用以后我们再介绍。

8.4 Runtime InitNativeMethods

本节介绍 Runtime 的 InitNativeMethods。代码如下所示。

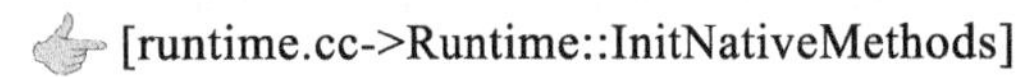
[runtime.cc->Runtime::InitNativeMethods]

```
void Runtime::InitNativeMethods() {
    Thread* self = Thread::Current();
    JNIEnv* env = self->GetJniEnv();
    //很多个初始化函数，其实就是缓存一些信息以及注册一些native函数
    JniConstants::init(env);
    RegisterRuntimeNativeMethods(env);
    WellKnownClasses::Init(env);
    {
        std::string error_msg;
        //加载libjavacore.so，LoadNativeLibrary函数我们后续章节再来介绍
        if (!java_vm_->LoadNativeLibrary(env, "libjavacore.so",
                nullptr, nullptr, &error_msg)) {......}
    }
    {
        constexpr const char* kOpenJdkLibrary =
                kIsDebugBuild? "libopenjdkd.so" : "libopenjdk.so";
        std::string error_msg;
        if (!java_vm_->LoadNativeLibrary(env, kOpenJdkLibrary, nullptr,
                  nullptr, &error_msg)) {......}
    }
    WellKnownClasses::LateInit(env);
}
```

我们来一一分析上述代码里重点标记的函数。

8.4.1 JniConstants Init

JniConstants Init 将缓存一些基本的 Java 类信息，来看代码。

[JniConstants.cpp->JniConstants::Init]

```
void JniConstants::init(JNIEnv* env) {
        if (g_constants_initialized) { return; }
        std::lock_guard<std::mutex> guard(g_constants_mutex);
        ......
    //findClass见下文介绍，不过读者也可以猜测其实现，应该是先通过JNIEnv的FindClass找到对应
    //的jclass对象，然后再将其转换成一个全局引用对象。
    //下面的代码一共保存了55个类的信息
      bigDecimalClass = findClass(env, "java/math/BigDecimal");
      booleanClass = findClass(env, "java/lang/Boolean");
```

```
        byteClass = findClass(env, "java/lang/Byte");
        byteArrayClass = findClass(env, "[B");
    ......
    g_constants_initialized = true;
}
```

简单看一下 findClass 的实现。

 [JniConstants.cpp->JniConstants::findClass]

```
static jclass findClass(JNIEnv* env, const char* name) {
        ScopedLocalRef<jclass> localClass(env, env->FindClass(name));
        jclass result =
            reinterpret_cast<jclass>(env->NewGlobalRef(localClass.get()));
    ......
    return result;
}
```

8.4.2 RegisterRuntimeNativeMethods

RegisterRuntimeNativeMethods 将把一些系统 Java 类里的 native 函数关联到 JNI 层中对应的函数指针。

[runtime.cc->Runtime::RegisterRuntimeNativeMethods]

```
void Runtime::RegisterRuntimeNativeMethods(JNIEnv* env) {
    //注册一些Java类的native函数，内部就是调用JNIEnv的RegisterNativeMethods函数进行处理。
    //下面的注册函数一共涉及27个类。
    register_dalvik_system_DexFile(env);
    ....
}
```

我们来其中一个类对应的 JNI 注册函数，代码如下所示。

 [dalvik_system_VMStack.cc->register_dalvik_system_VMStack]

```
static JNINativeMethod gMethods[] = {
    //native函数签名信息前使用了"!"，表示调用的时候将使用fast jni模式
    NATIVE_METHOD(VMStack, fillStackTraceElements,
            "!(Ljava/lang/Thread;[Ljava/lang/StackTraceElement;)I"),
    NATIVE_METHOD(VMStack, getCallingClassLoader,
                "!()Ljava/lang/ClassLoader;"),
    NATIVE_METHOD(VMStack, getClosestUserClassLoader,
                "!()Ljava/lang/ClassLoader;"),
    .....
};
//注册函数是register_dalvik_system_VMStack
void register_dalvik_system_VMStack(JNIEnv* env) {
    //下面的REGISTER_NATIVE_METHODS是一个宏
    REGISTER_NATIVE_METHODS("dalvik/system/VMStack");
}
/*这个宏定义在jni_internal.h中，注意它的gMethods。在每个需要注册的文件里，比如上面的dalvik_
  system_VMStack.cc中将定义这个gMethods变量  */
#define REGISTER_NATIVE_METHODS(jni_class_name) \
    RegisterNativeMethods(env, jni_class_name, gMethods, arraysize(gMethods))
```

RegisterRuntimeNativeMethods 比较简单，此处不再详述。

8.4.3 WellKnownClasses Init 和 LastInit

这两个函数也比较简单，直接看代码。

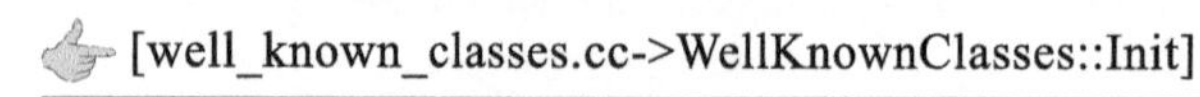
[well_known_classes.cc->WellKnownClasses::Init]

```
void WellKnownClasses::Init(JNIEnv* env) {
    //CacheClass函数内容与JniConstants的findClass几乎一样。下面代码一共缓存了41个知名类
    //(Well Known Class之意)
    com_android_dex_Dex = CacheClass(env, "com/android/dex/Dex");
    ......
    //缓存一些Java方法，返回值的类型是jmethodId，其实就是指向一个ArtMethod对象，一共50个左右
    dalvik_system_VMRuntime_runFinalization = CacheMethod(env,
            dalvik_system_VMRuntime, true, "runFinalization", "(J)V");
    ...... //缓存一些成员变量的信息
    dalvik_system_DexFile_cookie = CacheField(env, dalvik_system_DexFile,
              false, "mCookie", "Ljava/lang/Object;");
    ......
    //缓存对应类的ValueOf函数
    java_lang_Boolean_valueOf = CachePrimitiveBoxingMethod(env, 'Z',
                  "java/lang/Boolean");
    ...... //缓存Java String类中的某些函数，请读者自行阅读。
    Thread::Current()->InitStringEntryPoints();
}
```

最后来看看 LateInit 函数。

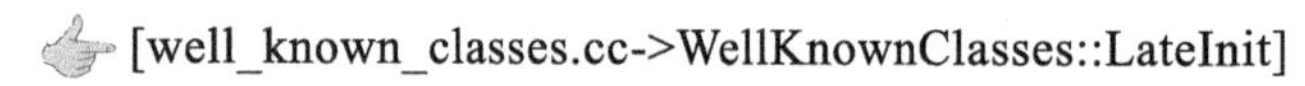
[well_known_classes.cc->WellKnownClasses::LateInit]

```
void WellKnownClasses::LateInit(JNIEnv* env) {
    ScopedLocalRef<jclass> java_lang_Runtime(env,
                       env->FindClass("java/lang/Runtime"));
    //缓存java.lang.Runtime类的nativeLoad成员函数
    java_lang_Runtime_nativeLoad =
      CacheMethod(env, java_lang_Runtime.get(), true, "nativeLoad",
              "(Ljava/lang/String;Ljava/lang/ClassLoader;Ljava/lang/String;)"
              "Ljava/lang/String;");
}
```

Runtime InitNativeMethods 主要功能是：

- 缓存一些常用或知名类的类对象，方法是创建该类对应的全局引用对象。
- 缓存一些类的常用成员函数的 ID，方法是找到并保存它的 jmethodID。
- 缓存一些类的常用成员变量的 ID，方法找到并保存它的 jfieldID。
- 以及为一些类中 native 成员方法注册它们在 JNI 层的实现函数。

8.5 Thread 相关

Runtime Start 函数中涉及 Thread 相关的有如下三个函数。

- Runtime 的 InitThreadGroups：缓存知名类（well known class）java.lang.ThreadGroup 中的 mainThreadGroup 和 systemThreadGroup 这两个成员变量。
- Thread 的 FinishStartup 函数：完成 Thread 类的启动工作。
- Runtime 的 StartDaemonThreads，启动虚拟机里的 daemon 线程。

我们分别来看上述三个函数。

8.5.1 Runtime InitThreadGroups

InitThreadGroups 比较简单，直接来看代码。

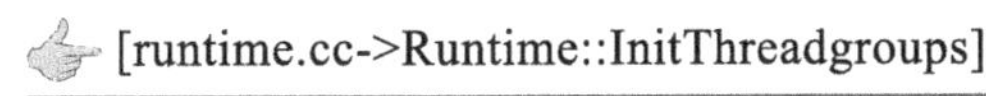
[runtime.cc->Runtime::InitThreadgroups]

```
void Runtime::InitThreadGroups(Thread* self) {
    JNIEnvExt* env = self->GetJniEnv();
    ScopedJniEnvLocalRefState env_state(env);
    //main_thread_group_为jobject，保存了java/lang/ThreadGroup类中的mainThreadGroup成员
    main_thread_group_ = env->NewGlobalRef(env->GetStaticObjectField(
            WellKnownClasses::java_lang_ThreadGroup,     //目标类
            //成员的ID
            WellKnownClasses::java_lang_ThreadGroup_mainThreadGroup));
    system_thread_group_ = env->NewGlobalRef(env->GetStaticObjectField(
            WellKnownClasses::java_lang_ThreadGroup,
            WellKnownClasses::java_lang_ThreadGroup_systemThreadGroup));
}
```

图 8-2 展示了 ThreadGroup 的 Java 源码。

```
ThreadGroup.java
57 public
58 class ThreadGroup implements Thread.UncaughtExceptionHandler {
59     /* the runtime uses these directly; do not rename */
60     static final ThreadGroup systemThreadGroup = new ThreadGroup();
61
62     static final ThreadGroup mainThreadGroup = new ThreadGroup(systemThreadGroup, "main");
63
64     private final ThreadGroup parent;
```

图 8-2　ThreadGroup 源码片段

图 8-2 为 ThreadGroup 类 Java 源码片段。其中，systemThreadGroup 和 mainThreadGroup 是该类的两个静态成员。而 InitThreadGroups 函数就是为了得到这两个成员。

8.5.2 Thread FinishSetup

接着来看 Thread FinishSetup 函数，代码如下所示。

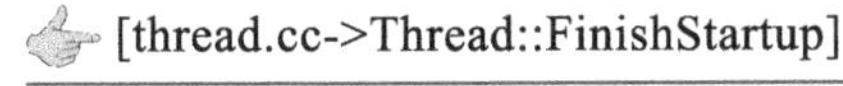
[thread.cc->Thread::FinishStartup]

```
void Thread::FinishStartup() {
    Runtime* runtime = Runtime::Current();
    ScopedObjectAccess soa(Thread::Current());
    //GetMainThreadGroup函数返回上节InitThreadGroups中所获取的main_threa_group_，注意，
    //第一个参数代表线程名，取值为"main"
```

```
    Thread::Current()->CreatePeer("main", false,
                          runtime->GetMainThreadGroup());
    Thread::Current()->AssertNoPendingException();
    //调用ClassLinker的RunRootClinits，即执行class root里相关类的初始化函数，也就是执行它
    //们的"<clinit>"函数（如果有的话）。
    Runtime::Current()->GetClassLinker()->RunRootClinits();
}
```

FinishStartup有两个关键函数，我们逐一来分析它们。

8.5.2.1 Thread CreatePeer

研究代码之前，笔者先简单介绍下和Java Thread有关的一些背景知识。

- 我们知道，在Java世界里，线程的概念包装在Thread类里。创建一个Thread实例，并start它，则会启动一个操作系统概念中的线程。
- 通过上面的描述可知，一个Java Thread实例是需要和操作系统中的某个线程关联到一起的。光有一个JavaThread实例，而没有操作系统里对应的线程来支持它，那这个Thread对象充其量也就是一块内存罢了。

在Java Thread类中有一个名为nativePeer的成员变量，这个变量就是该Thread实例所关联的操作系统的线程。当然，出于管理需要，nativePeer并不会直接对应到操作系统里线程ID这样的信息，而是根据不同虚拟机的实现被设置成不同的信息。

下面的CreatePeer的功能包括两个部分：

- 创建一个Java Thread实例。
- 把调用线程（操作系统意义的线程，即此处的art Thread对象）关联到上述Java Thread实例的nativePeer成员。

简单点说，ART虚拟机执行到这个地方的时候，代表主线程的操作系统线程已经创建好了，但Java层里的主线程Thread示例还未准备好。而这个准备工作就由CreatePeer来完成。

[thread.cc->Thread::CreatePeer]

```
void Thread::CreatePeer(const char* name, bool as_daemon,
                  jobject thread_group) {
    //注意，本例中，name的取值为"main"，代表主线程
    Runtime* runtime = Runtime::Current();
    //tlsPtr_是Thread类的关键，读者可回顾为7.5.2.1节的内容
    JNIEnv* env = tlsPtr_.jni_env;
    if (thread_group == nullptr) {
        thread_group = runtime->GetMainThreadGroup();
    }
    //创建一个Java String对象，其内容为线程的名称，比如此例的"main"
    ScopedLocalRef<jobject> thread_name(env, env->NewStringUTF(name));
    jint thread_priority = GetNativePriority();
    jboolean thread_is_daemon = as_daemon;
    //创建一个Java Thread对象
    ScopedLocalRef<jobject> peer(env,
            env->AllocObject(WellKnownClasses::java_lang_Thread));
    ......
    {
        ScopedObjectAccess soa(this);
```

```
        //tlsPtr_的opeer成员保存了Java层Thread实例
        tlsPtr_.opeer = soa.Decode<mirror::Object*>(peer.get());
    }
    //调用该Java Thread的init函数，进行一些初始化工作，比如设置函数名
    env->CallNonvirtualVoidMethod(peer.get(),
                                  WellKnownClasses::java_lang_Thread,
                                  WellKnownClasses::java_lang_Thread_init,
                                  thread_group, thread_name.get(), thread_priority,
                                  thread_is_daemon);
    ......
    Thread* self = this;
    //把调用线程（指此处的art Thread对象）对象的地址设置到peer（Java Thread对象）的native-
    //Peer成员。这样，art Thread对象就和一个Java Thread对象关联了起来
    env->SetLongField(peer.get(),
                      WellKnownClasses::java_lang_Thread_nativePeer,
                      reinterpret_cast<jlong>(self));
    ......
}
```

上述代码执行后，我们总结相关信息于图 8-3。

在图 8-3 中：

- Java Thread 的 nativePeer 成员（括号中的为该成员的数据类型）指向一个 ART Thread 对象。
- ART Thread 对象中的 tlsPtr.opeer 和 tlsPtr.jpeer 都指向同一个 Java Thread 实例。opeer 的类型为 mirror Object*，jpeer 的类型为 jobject。以后我们将看到，这两个成员变量只是使用场景不同。

提示 后续章节我们还会介绍 ART 虚拟机中多线程方面的知识。

图 8-3 Java Thread 和 ART Thread 的关系

8.5.2.2 ClassLinker RunRootClinits

接着来看 RunRootClinits 函数，从其名称可以看出，ClassLinker 中在之前获取的 root class 将被初始化。

[class_linker.cc->ClassLinker::RunRootClinits]

```
void ClassLinker::RunRootClinits() {
    Thread* self = Thread::Current();
    //关于Root class，读者可回顾7.8.3节的内容
    for (size_t i = 0; i < ClassLinker::kClassRootsMax; ++i) {
        mirror::Class* c = GetClassRoot(ClassRoot(i));
        //初始化root classes中的那些非数组类及引用类型的class
        if (!c->IsArrayClass() && !c->IsPrimitive()) {
            StackHandleScope<1> hs(self);
            Handle<mirror::Class>
                    h_class(hs.NewHandle(GetClassRoot(ClassRoot(i))));
        //确保该class初始化。该函数我们将在下一节详细介绍
        EnsureInitialized(self, h_class, true, true);
        self->AssertNoPendingException();
        }
    }
}
```

8.5.3 Runtime StartDaemonThreads

StartDaemonThreads 函数本身非常简单，代码如下所示。

[runtime.cc->Runtime::StartDaemonThreads]

```
void Runtime::StartDaemonThreads() {
    ScopedTrace trace(__FUNCTION__);
    ......
    Thread* self = Thread::Current();
    JNIEnv* env = self->GetJniEnv();
    //其实就是调用Java Daemons类的start函数
    env->CallStaticVoidMethod(WellKnownClasses::java_lang_Daemons,
                              WellKnownClasses::java_lang_Daemons_start);
    ......
}
```

Daemons 是 Java 类，和它相关的类关系如图 8-4 所示。

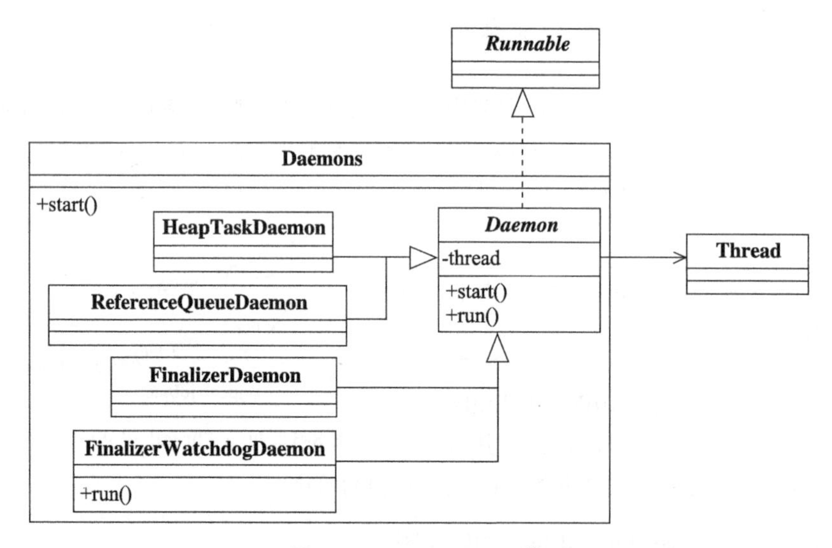

图 8-4　Java Daemons 类

图 8-4 中的 Daemons 类里定义了 5 个内部类。其中：

- Daemon 是抽象类，它继承了 Runnable 接口（但没有实现 run 函数）。同时它还有一个名为 thread 的成员变量，指向一个 Java Thread 对象。
- Daemon 有 4 个派生类，分别是 HeapTaskDaemon、ReferenceQueueDaemon、FinalizerDaemon 和 FinalizerWatchdogDaemon。这四个派生类实现了 run 函数，而且都和 GC 有关。

根据图 8-4 所示 Daemons 类的关系，我们不难猜测出 Daemons start 函数的功能，它将启动（start）HeapTaskDaemon 等四个派生类的实例。当然，每个实例都单独运行在一个线程中。马上来看代码以验证我们的推测。

 [Daemons.java->Daemons::start]

```
public static void start() {
        ReferenceQueueDaemon.INSTANCE.start();
        FinalizerDaemon.INSTANCE.start();
        FinalizerWatchdogDaemon.INSTANCE.start();
        HeapTaskDaemon.INSTANCE.start();
    }
```

这四个 Daemon 的作用我们留待后续章节再来讨论。

8.6　Runtime CreateSystemClassLoader

本节来看 Runtime Start 中的最后一个关键函数——CreateSystemClassLoader，代码非常简单。

[runtime.cc->Runtime::CreateSystemClassLoader]

```
static jobject CreateSystemClassLoader(Runtime* runtime) {
    ......
    ScopedObjectAccess soa(Thread::Current());
    ClassLinker* cl = Runtime::Current()->GetClassLinker();
    auto pointer_size = cl->GetImagePointerSize();

    StackHandleScope<2> hs(soa.Self());
    //获取java/lang/ClassLoader对应的Class对象
    Handle<mirror::Class> class_loader_class(
        hs.NewHandle(soa.Decode<mirror::Class*>(
                WellKnownClasses::java_lang_ClassLoader)));
    //找到ClassLoader类的getSystemClassLoader函数
    ArtMethod* getSystemClassLoader = class_loader_class->FindDirectMethod(
            "getSystemClassLoader", "()Ljava/lang/ClassLoader;",
                pointer_size);
    //调用上面的getSystemClassLoader方法。具体调用过程我们后文会介绍
    JValue result = InvokeWithJValues(soa, nullptr,
                soa.EncodeMethod(getSystemClassLoader), nullptr);
    JNIEnv* env = soa.Self()->GetJniEnv();
    //调用的结果是一个jobject对象，待会我们看完getSystemClassLoader这个Java函数的代码后，
    //就知道这个jobject到底是什么了
    ScopedLocalRef<jobject> system_class_loader(env,
                soa.AddLocalReference<jobject>(result.GetL()));
    //下面这个函数将把获取得到的jobject对象存储到Thread tlsPtr_的class_loader_override
    //成员变量中，其作用以后我们遇见再说。
    soa.Self()->SetClassLoaderOverride(system_class_loader.get());
    //获取java/lang/Thread对应的Class对象
    Handle<mirror::Class> thread_class(
        hs.NewHandle(soa.Decode<mirror::Class*>(
                    WellKnownClasses::java_lang_Thread)));
    //获取该类的contextClassLoader成员变量
    ArtField* contextClassLoader =
        thread_class->FindDeclaredInstanceField("contextClassLoader",
                    "Ljava/lang/ClassLoader;");
    //设置这个成员变量的值为刚才获取得到的那个system_class_loader对象
    contextClassLoader->SetObject<false>(soa.Self()->GetPeer(),
```

```
            soa.Decode<mirror::ClassLoader*>(system_class_loader.get()));
    //创建该对象的一个全局引用
    return env->NewGlobalRef(system_class_loader.get());
}
```

要看懂上述代码，最好结合 Java 层对应的部分。先来看 ClassLoader Java 类里的那个 getSystemClassLoader 函数。

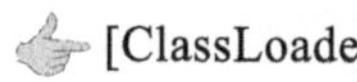 [ClassLoader.java->ClassLoader::getSystemClassLoader]

```
public static ClassLoader getSystemClassLoader() {
        //loader是SystemClassLoader类的静态成员。此函数返回的数据类型是ClassLoader
        return SystemClassLoader.loader;
}
//SystemClassLoader是ClassLoader的静态内部类
public class ClassLoader{
static private class SystemClassLoader {
        //loader成员变量的值来自于createSytemClassLoader。这部分先不介绍
        public static ClassLoader loader =
                ClassLoader.createSystemClassLoader();
        }
}
```

接着来看 createSystemClassLoader，它和 8.7.9 节的关系非常密切。

[ClassLoader.java->ClassLoader:: createSystemClassLoader]

```
private static ClassLoader createSystemClassLoader() {
    //读取系统属性"java.class.path"的值，默认取值为"."。
        String classPath = System.getProperty("java.class.path", ".");
        String librarySearchPath = System.getProperty("java.library.path", "");
    //SystemClassLoader的数据类型是PathClassLoader，并且使用BootClassLoader作为它的委
    //托对象。
    return new PathClassLoader(classPath, librarySearchPath,
                BootClassLoader.getInstance());
}
```

所以，当 CreateSystemClassLoader 执行完后：

- ClassLoader java 类里中的 SystemClassLoader.loader 成员分别存储到了 Thread 里的 tlsPtr_.class_loader_override 成员中以及 Thread Java 类的 contextClassLoader 成员变量里。
- 该函数的返回值同时存储在 runtime.system_class_loader_ 变量中（读者可回顾 8.1 节所示代码中关键函数④）。

提示 后续章节碰到此处代码中涉及的一些关键类成员变量的使用（如 SystemClassLoader.loader 以及 Thread tlsPtr_.class_loader_override）时再开展相关介绍。笔者希望读者先集中精力在本章所讨论的主题——虚拟机的启动流程上。另外，8.7.9 节还将讨论和 Java ClassLoader createSystemClassLoader 相关的知识。

8.7 类的加载、链接和初始化

根据《Java Language Specification Java SE 7 Edition》第 12 章的内容可知，虚拟机调用某个 Java 类的成员函数时，如果这个类还没有加载（load）到虚拟机进程中的话，虚拟机会先加载这个类，然后要对这个类做一些处理。直到所有信息都准备好后，这个类才能被使用。图 8-5 展示了整个过程。

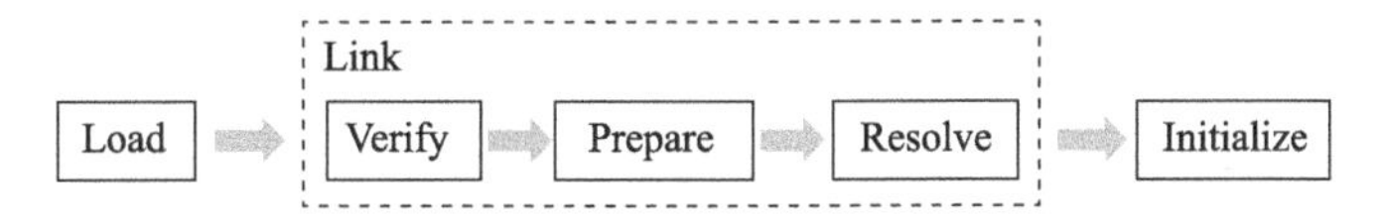

图 8-5 Class 的加载、链接和初始化过程

图 8-5 展示了虚拟机中一个 Class 加载的过程。其中：

- 虚拟机首先要从文件里加载（Load）这个 class 的相关信息。所谓的加载，其实就是把这个类的信息从 class 文件或其他格式的文件（比如 dalvik 中的 dex 文件、art 中的 oat 文件）里提取到虚拟机内部。
- 目标类加载后的下一步工作就是链接。具体来说，Link 工作还可细分为校验（Verify，用于校验类的相关信息是否合法，比如类的格式是否正确，类中方法的字节码是否合法等）、准备（Prepare，是指为这个类和相关信息的存储分配一块存储空间）和解析（Resolve，如果该类的成员中如果有引用其他类的话，可能还需要把其他类也加载到虚拟机）三个小任务。
- 链接成功后，虚拟机需要初始化这个类，也就是初始化静态成员变量的值，执行 static 语句块等。

注意 JLS（java language specification）以及 JVM（java virtual machine）等规范定义了类加载、链接和初始化所要做的工作。另外，规范中某些要求允许不同的虚拟机实现采取不同的方法来灵活处理，而某些要求则有非常详细的说明。

ART 虚拟机遵守了相关规范，而其实现上也有自己的特殊性。本节将对这部分内容做详细介绍。

- 先介绍本节所涉及的关键类，比如 mirror Class、ArtField、ArtMethod 等。
- 然后介绍和类加载链接相关的关键函数，比如 SetupClass、LinkClass 以及入口函数 DefineClass。
- 接着介绍和类 Verify 以及初始化有关的函数
- 然后将介绍 ClassLinker 中一些常用的函数，如 Resolve 相关函数、FindClass 等。
- 最后我们将介绍 ART 中 ClassLoader 方面的知识。

8.7.1 关键类介绍

图 8-6 展示了和 mirror::Class 相关的重要类的结构图。

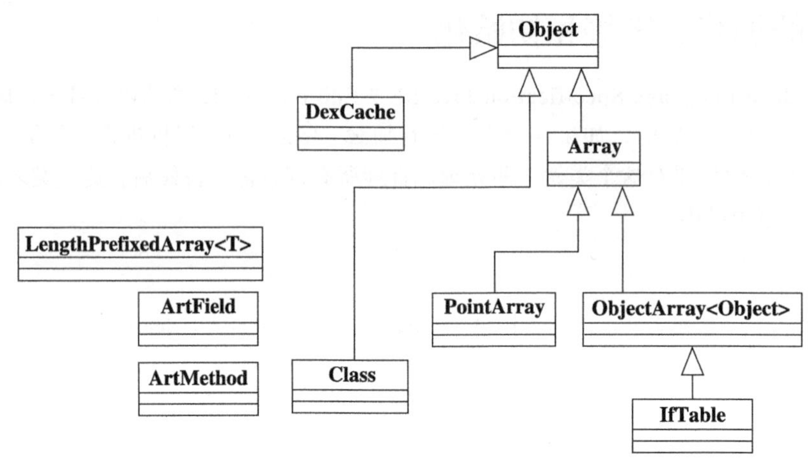

图 8-6　mirror Class 相关重要类

在图 8-6 中：

- DexCache、PointArray、IfTable 和 Class 都是 mirror Object 家族的。这里要特别注意 IfTable，它在 Java 层中没有对应类。
- LengthPrefixedArray 是模板数组容器类，其数组元素的个数以及每个元素的大小（即 SizeOf 的值）在创建之初就必须确定。使用过程中不允许修改总的元素个数。该类的实现相当简单，笔者不拟介绍它。
- ArtField 和 ArtMethod 在 ART 虚拟机代码中分别用于描述一个类的成员变量和成员函数。

现在我们回顾下 dex 文件里，类相关信息是如何组织的，来看图 8-7。

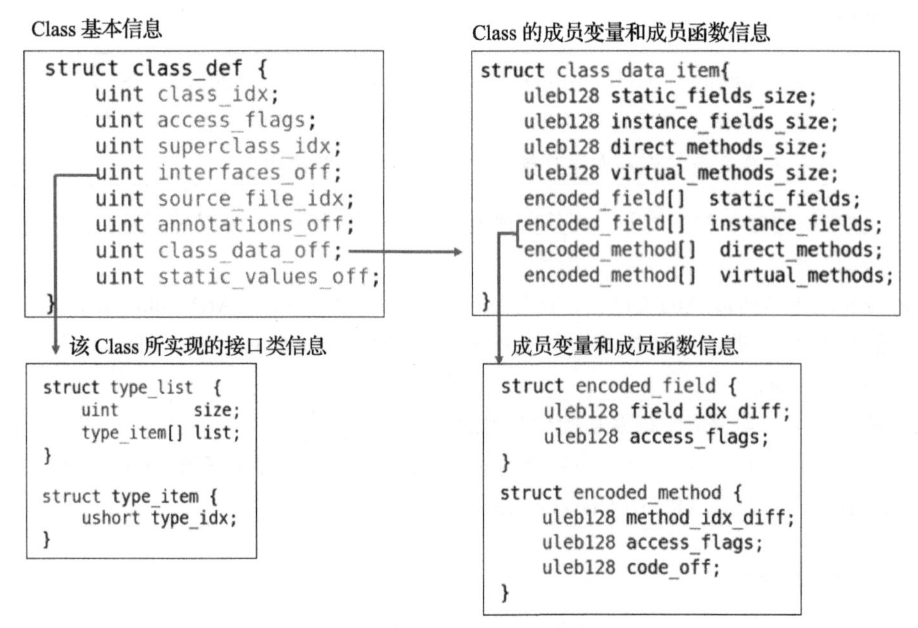

图 8-7　dex 文件里 class_def 相关信息的组织

图 8-7 展示了四个关键信息的数据组织结构，首先是代表类的基本信息的 class_def 结构体，其中的关键内容如下所示。

- class_idx：实际上是一个索引值，通过它可找到代表类类名的字符串。在某些书籍的术语中，它们也叫符号引用（Symbol Reference）。与之类似，superclass_idx 代表该类的父类的类名。
- interfaces_off：它指向的数据结构由 type_list 表示。type_list 里包含一个 type_item 数组。该数组的每一个成员对应描述了该类实现的一个接口类的类名（通过 type_item 的 type_idx 可找到类名）。
- class_data_off：它指向的数据结构由 class_data_item 表示，里边包含了这个类的成员变量和成员函数的信息。

接着看 class_data_item 结构体。其中：

- direct_methods 数组和 virtual_methods 数组代表该类所定义的方法以及它继承或实现的方法。根据 dex 文件格式的说明，direct_methods 包含该类中所有 static、private 函数以及**构造函数**，而 virtual_methods 包含该类中除 static、final 以及构造函数之外的函数，并且**不**包括从父类继承的函数（如果本类没有重载它的话）。
- static_fields 和 instance_fields 代表该类的静态成员以及非静态成员。

最后是代表类成员的 encoded_field 和 encoded_method 结构体。其中：

- field_idx_diff 是索引值的偏移量，通过它能找到这个成员变量的变量名，数据类型，以及它所在类的类名。
- method_idx_diff 和 field_idx_diff 类似，通过它能找到这个成员函数的函数名、函数签名信息（由参数类型和返回值类型组成）以及它所在类的类名。
- encoded_method 中的 code_off 指向该成员方法对应的 dex 指令码内容。

> 注意　读者可回顾第 3 章所述 dex 文件格式的相关内容。如果有些细节内容还不清楚的话，可参考第 3 章最后列出的谷歌官方文档。

8.7.1.1　初识 ArtField 和 ArtMethod

接下来先介绍 ArtField 和 ArtMethod 这两个分别代表类的成员变量和成员方法的数据结构。

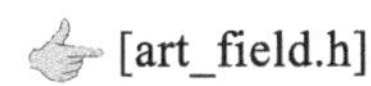

```
class ArtField { //此处只列举和本章内容相关的成员信息
    .....
    private:
        GcRoot<mirror::Class> declaring_class_; //该成员变量在哪个类中被定义
        uint32_t access_flags_;                 //该成员变量的访问标记
        //该成员变量在dex文件中field_ids数组中的索引，注意，它是由图8-7中encoded_field结
        //构体中field_idx_diff计算而来
        uint32_t field_dex_idx_;
        //offset_和Class如何管理它的成员变量有关，详情见下文对Class类中成员变量的介绍。
        uint32_t offset_;
};
```

如上所述，一个 ArtField 对象代表类中的一个成员变量。比如，一个 Java 类 A 中有一个名为 a 的 long 型变量。那么，在 ART 虚拟机中就有一个 ArtField 对象表示这个 a。不过，**请读者务必注意**，a 这个变量需要的用来存储一个 long 型数据（在 Java 中，long 型数据占据 8 个字节）的空间在哪里？上面展示的 ArtField 的成员变量也没有看出来哪里有地方存储这 8 个字节。是的，一个 ArtField 对象仅仅是代表一个 Java 类的成员变量，但它自己并不提供空间来存储这个 Java 成员变量的内容。

下文介绍 Class LinkFields 时我们将看到这个 Java 成员变量所需的存储空间在什么地方。

接着来看 ArtMethod 的成员变量。

[art_method.h]

```
class ArtMethod { //此处只列举和本章内容相关的成员信息
    ......
    protected:
    //下面这四个成员变量的解释可参考图8-7
    GcRoot<mirror::Class> declaring_class_; //本函数在哪个类中声明
    uint32_t access_flags_;
    uint32_t dex_code_item_offset_;
    uint32_t dex_method_index_;
    //与ArtField的field_index_类似，下面这个成员变量和Class类如何管理它的成员函数有关。
    //详情见下文对Class的相关介绍。
    uint16_t method_index_;
    //热度。函数每被调用一次，该值递增1。一旦超过某个阈值，该函数可能就需要被编译成本地方法以加
    //快执行速度了。
    uint16_t hotness_count_;
    struct PACKED(4) PtrSizedFields {
        //指向declaring_class_->dex_cache_的resolved_methods_成员，详情需结合下文对Dex-
        //Cache的介绍。
        ArtMethod** dex_cache_resolved_methods_;
        //指针的指针，指向declaring_class_->dex_cache_的dex_cache_resolved_types_成员，
        //详情需结合下文对DexCache的介绍
        GcRoot<mirror::Class>* dex_cache_resolved_types_;

        //下面两个变量是函数指针，它们是一个ArtMethod对象代表的Java方法的入口函数地址。
        //我们后续章节介绍Java代码执行的时候再来讨论它
        void* entry_point_from_jni_;
        void* entry_point_from_quick_compiled_code_;
    } ptr_sized_fields_;
}
```

一个 ArtMethod 代表一个 Java 类中的成员方法。对一个方法而言（也就是一个函数），它的入口函数地址是最核心的信息。所以，ArtMethod 通过成员 ptr_size_fields_ 结构体里相关变量直接就能存储这个信息。

8.7.1.2 认识 DexCache

上一章曾接触过 mirror::DexCache，其主要功能可通过它的名字猜测出一二。

- Dex：表明 DexCache 和 Dex 文件有关。

- Cache：表明 DexCache 缓存了（Cache）Dex 文件里的信息。

现在来看 DexCache 的代码，主要观察它的成员变量。

[dex_cache.h->DexCache]

```
class DexCache: public Object{ //此处只列举和本章内容相关的成员信息
    ......
    private:
    HeapReference<Object> dex_;
    //dex文件对应的路径
    HeapReference<String> location_;
    //实际为DexFile*，指向所关联的那个Dex文件。
    uint64_t dex_file_;
    /*实际为ArtField**，指向ArtField*数组，成员的数据类型为ArtField*。该数组存储了一个Dex
      文件中定义的所有类的成员变量。另外，只有那些经解析后得到的ArtField对象才会存到这个数组里。
      该字段和Dex文件里的field_ids数组有关。    */
    uint64_t resolved_fields_;
    /*实际为ArtMethod**，指向ArtMethod*数组，成员的数据类型为ArtMethod*。该数组存储了一个
      Dex文件中定义的所有类的成员函数。另外，只有那些经解析后得到的ArtMethod对象才会存到这
      个数组里。该字段和Dex文件里的method_ids数组有关。    */
    uint64_t resolved_methods_;
    /*实际为GCRoot<Class>*，指向GcRoot<Class>数组，成员的数据类型为GcRoot<Class>（本质
      质上就是mirror::Class*）。它存储该dex文件里使用的数据类型信息数组。该字段和Dex文件里的
      type_ids数组有关。  */
    uint64_t resolved_types_;
    /*实际为GCRoot<String>*，指向GcRoot<String>数组，包括该dex文件里使用的字符串信息数组。
      注意，GcRoot<String>本质上就是mirror::String*。该字段和Dex文件的string_ids数组有
      关   */
    uint64_t strings_;
    //下面四个变量分别表示上述四个数组的长度
    uint32_t num_resolved_fields_;
    uint32_t num_resolved_methods_;
    uint32_t num_resolved_types_;
    uint32_t num_strings_;
};
```

对比第 3 章 Dex 文件格式的内容，读者会发现：

- Dex 文件按照自己的格式存储将不同的信息分别存储，比如 type_ids、string_ids、field_ids 和 method_ids 等。
- Dex 文件里大部分都是借助 symbol reference 来间接获取目标信息。相反，DexCache 则是直接包含最终的信息。比如，dex 文件的 type_ids 数组里保存的实际上是该 dex 文件里用到的或自定义的数据类型所对应名称在 string_ids 数组里的索引，而 DexCache resolved_types 包含的则是一个 GcRoot<Class>* 数组，它存储的内容直接指向 dex 文件里用到的或自定义数据类型所对应的 Class 对象。由于从 symbol reference 到最终的信息需要经过一个解析的过程，所以上面 DexCache 的那几个成员变量命名中都有 resolved_ 的前缀。

8.7.1.3 初识 Class

接着来看 Class 类，先关注它的成员变量。

[class.h]

```
class Class : public Object {
    ......    //先略过和本节内容无关的信息
  public:
    /*下面这个枚举变量用于描述类的状态。上文曾介绍过，一个类从dex文件里被加载到最终能被使
      用将经历很多个操作步骤。这些操作并不是连续执行的，而是可能被分散在不同的地方以不同的时
      机来执行不同的操作。所以，需要过类的状态来描述某个类当前处于什么阶段，这样便可知道下一
      步需要做什么工作。Class对象创建之初，其状态为kStatusNotReady，最终可正常使用的状
      态为kStatusInitialized。下文分析类加载的相关代码时，读者可看到状态是如何转变的。 */
    enum Status {
        kStatusRetired = -2, kStatusError = -1, kStatusNotReady = 0,
        kStatusIdx = 1, kStatusLoaded = 2, kStatusResolving = 3,
        kStatusResolved = 4, kStatusVerifying = 5,
        kStatusRetryVerificationAtRuntime = 6,
        kStatusVerifyingAtRuntime = 7, kStatusVerified = 8,
        kStatusInitializing = 9, kStatusInitialized = 10,
        kStatusMax = 11,
    };
    //加载本类的ClassLoader对象，如果为空，则为bootstrap system loader
    HeapReference<ClassLoader> class_loader_;

    //下面这个成员变量对数组类才有意义，用于表示数组元素的类型。比如，对String[][][]类而
    //言，component_type_代表String[][]。本章后文介绍数组类的时候还会讨论它。
    HeapReference<Class> component_type_;

    //该类缓存在哪个DexCahce对象中。注意，有些类是由虚拟机直接创建的，而不是从Dex文件里
    //读取的。比如基础数据类型。这种情况下dex_cache_取值为空。
    HeapReference<DexCache> dex_cache_;
    /*结合图8-6可知，IfTable从ObjectArray<Object>派生，所以它实际上是一个数组容器。
      为什么不直接使用它的父类ObjectArray<Object>呢？根据ART虚拟机的设计，IfTable中
      的一个索引位置其实包含两项内容，第一项是该类所实现的接口类的Class对象，第二项则是
      和第一项接口类有关的接口函数信息。笔者先用伪代码来描述IfTable中索引x对应的内容：
      第一项内容：具体位置为iftable_内部数组[x+0]，元素类型为Class*，代表某个接口类
      第二项内容：具体位置为iftable_内部数组[x+1]，元素类型为PointArray*。如图8-6可知，
      PointArray也是一个数组。其具体内容我们下文再详述。
      另外，对类A而言，它的iftable_所包含的信息来自于如下三个方面：
      （1）类A自己所实现的接口类。
      （2）类A从父类（direct superclass）那里获取的信息。
      （3）类A从接口父类（direct super interface）那里获取的信息。
      笔者先不介绍上面所谓的信息具体是什么，下文将对IfTable的元素构成做详细代码分析。 */
    HeapReference<IfTable> iftable_;
    //本类的类名
    HeapReference<String> name_;

    //代表父类。如果本类代表Object或基础数据类型，则该成员变量为空
    HeapReference<Class> super_class_;
    /*virtual methods table。它指向一个PointArray数组，元素的类型为ArtMethod*。
      这个vtable_的内容很丰富，下面的章节会详细介绍它。   */
    HeapReference<PointerArray> vtable_;
    //类的访问标志。该字段的低16位可虚拟机自行定义使用
    uint32_t access_flags_;
    uint64_t dex_cache_strings_;
    //指向DexCache的strings_成员变量实际为LengthPrefixedArray<ArtField>，代表本
    //类声明的非静态成员变量。注意，这个LengthPrefixedArray的元素类型是ArtField，不
    //是ArtField*。
    uint64_t ifields_;
```

```
    /*下面这三个变量需配合使用。其中，methods_实际为LengthPrefixedArray<ArtMethod>,
      代表该类自己定义的成员函数。它包括类里定义的virtual和direct的成员函数，也包括从接
      口类中继承得到的默认函数以及所谓的miranda函数（下文将介绍接口类的默认实现函数以及
      miranda函数）。methods_中元素排列如下:
       (1) [0,virtual_methods_offset_)为本类包含的direct成员函数
       (2) [virtual_methods_offset_,copied_methods_offset_)为本类包含的virtual
      成员函数
       (3) [copied_methods_offset_,...)为剩下的诸如miranda函数等内容    */
    uint64_t methods_;
    uint16_t copied_methods_offset_;
    uint16_t virtual_methods_offset_;

    uint64_t sfields_;          //同ifields_类似，只不过保存的是本类的静态成员变量
    uint32_t class_flags_;      //虚拟机内部使用
    uint32_t class_size_;       //当分配一个类对象时，用于说明这个类对象所需的内存大小
    pid_t clinit_thread_id_;    //代表执行该类初始化函数的线程ID
    int32_t dex_class_def_idx_; //本类在dex文件中class_defs数组对应元素的索引
    int32_t dex_type_idx_;      //本类在dex文件里type_ids中的索引
    //下面两个成员变量表示本类定义的引用类型的非静态和静态成员变量的个数
    uint32_t num_reference_instance_fields_;
    uint32_t num_reference_static_fields_;
    //该类的实例所占据的内存大小。也就是我们在Java层new一个该类的实例时，这个实例所需的
    //内存大小
    uint32_t object_size_;
    /*下面这个变量的低16位存储的是Primitive::Type枚举值，其定义如下:
    enum Type { kPrimNot = 0, kPrimBoolean, kPrimByte, kPrimChar, kPrimShort,
        kPrimInt, kPrimLong, kPrimFloat, kPrimDouble, kPrimVoid,
        kPrimLast = kPrimVoid  }; 其中，kPrimNot表示非基础数据类型，即它代表引用类型。
    primitive_type_的高16位另有作用，后文碰到再述  */
    uint32_t primitive_type_;
    //下面这个变量指向一个内存地址，该地址中存储的是一个位图，它和Class中用于表示引用类型
    //的非静态成员变量的信息（ifields）有关。
    uint32_t reference_instance_offsets_;
    Status status_;            //类的状态
    /*特别注意。虽然下面三个成员变量定义在注释语句中，但实际的Class对象内存空间可能包含
      对应的内容，笔者称之为Class的隐含成员变量。它们的取值情况我们下文会详细介绍*/
    /*Embedded Imtable（内嵌Interface Method Table）,是一个固定大小的数组。数组元素
      的类型为ImTableEntry，但代码中并不存在这样的数据类型。实际上，下面这个隐含成员变量
      的声明可用 ArtMethod* embedded_imtable_[0]来表示   */
    //ImTableEntry embedded_imtable_[0];
    /*Embedded Vtable（内嵌Virtual Table），是一个非固定大小的数组。数组元素为VTable-
      Entry，但代码中也不存在这样的数据类型。和上面的embedded_imtable_类似，它的声明
      也可用ArtMethod* embedded_vtable_[0]来表示    */。
    //VTableEntry embedded_vtable_[0];
    //下面这个数组存储Class中的静态成员变量的信息
    //uint32_t fields_[0];
    //再次请读者注意，以上三个隐含成员变量的内容将在下文介绍。
    //指向代表java/lang/Class的类对象。注意，它是static类型，它不是隐含成员变量
    static GcRoot<Class> java_lang_Class_;
};
```

上述 Class 的成员变量较多，如下几个成员变量尤其值得读者关注。我们先介绍它们的情况，下文将详细分析它们的来历和作用。

- iftable_：保存了该类所**直接实现**或**间接实现**的接口信息。直接实现是指该类自己 implements 的某个接口。间接实现是指它的继承关系树上有某个祖父类 implements 了

某个接口。另外，一条接口信息包含两个部分，第一部分是接口类所对应的Class对象，第二部分则是该接口类中的接口方法。

- vtable_：和iftable_类似，它保存了该类所有直接定义或间接定义的virtual方法信息。比如，Object类中有耳熟能详的wait、notify、toString等的11个virtual方法。所以，任意一个派生类（除interface类之外）中都将包含这11个方法。
- methods_：methods_只包含本类**直接**定义的direct方法、virtual方法和那些拷贝过来的诸如Miranda这样的方法（下文将介绍它）。一般而言，vtable_包含的内容要远多于methods_。
- embedded_imtable_、embedded_vtable_和fields_为隐含成员变量。其中，前两个变量只在能实例化的类中才存在。实例化是指该类在Java层的对应类可以通过new来创建一个对象。举个反例，基础数据类、抽象类、接口类就属于不能实例化的类。

提示 下文介绍LinkClass的时候将以实际案例来展示上述成员变量的内容。

接下来我们介绍三个小知识点。

8.7.1.3.1 Interface default method

从Java 1.8开始，interface接口类中可以定义接口函数的默认实现了（其英文描述为Java interface default method）。来看一段示例代码。

[Java 1.8 interface 接口类默认方法]

```
public interface DefaultTestInf{  // DefaultTestInf是一个接口
    public void function_a();     //这是一个接口函数，没有函数实现，需要实现类来处理
    //从Java1.8开始，function_b()可提供默认实现。函数前必须有default关键词来标示
        default public void function_b(){
            ..... //完成相关处理
        return;
        }
    //除了默认实现外，接口类也可以定义静态成员函数。
    static public void function_c(){return; }
}
```

注意，以上所说的interface default/static method等只在Java 1.8上支持。

8.7.1.3.2 Miranda Methods

接着来认识Miranda methods。这是什么东西呢？原来，Miranda方法和美国的Miranda rights（中文译为米兰达权利或米兰达规则）有关。米兰达规则中说，如果你负担不起请律师的费用的话，法院将为你提供一个律师。放到Java世界中来，米兰达规则则变成了如果有个类没有定义某个函数的话，编译器将为你提供这个函数。为什么需要Miranda方法呢？这和Java VM早期版本中的一个缺陷有关。我们通过一个例子来认识。

提示 米兰达规则中的另外一条内容可能更为大家所熟知，即“你有权保持沉默。如果你不保持沉默，那么你所说的一切都将作为你的呈堂证供”。

[Miranda 方法示例]

```
//MirandaInterface是一个接口类，包含一个接口函数inInterface
public interface MirandaInterface {
    public boolean inInterface();
}
//MirandaAbstract是抽象类，虽然它实现了MirandaInterface接口，但是没有实现inInterface函数
public abstract class MirandaAbstract implements MirandaInterface{
    //注意，MirandaAbstract没有提供inInterface的实现
    public boolean inAbstract() { return true; }
}
//MirandaClass继承了MirandaAbstract，并提供了inInterface的实现
public class MirandaClass extends MirandaAbstract {
    public MirandaClass() {}
    public boolean inInterface() { return true; }
}
```

在上述代码中：

- MirandaInterface 是接口类，包含一个成员函数 inInterface。
- MirandaAbstract 是抽象类，实现了 MirandaInterface，但是没有实现 inInterface 函数。
- MirandaClass 继承了 MirandaAbstract 类，并实现了 inInterface 函数。

假设我们执行下面这样的代码。

```
MirandaClass mir = new MirandaClass();    //创建mir对象，类型为MirandaClass
//调用mir的inInterface函数，由于MirandaClass实现了它，所以调用正确，返回truemir.inInterface();
//mira是mir的基类对象
MirandaAbstract mira = mir;
mira.inInterface();                       //注意这个函数调用
```

在上述代码中：

- mira 的类型为 MirandaAbstract 抽象类，而这个类并没有声明 inInterface 函数，但其实这个 inInterface 函数定义在 MirandaAbstract 所实现的接口类 MirandaInterface 中。由于 Java VM 早期实现中存在一个 bug，这个 bug 导致 MirandaInterface 接口类中的 inInterface 函数不能被正确搜索到，所以代码中最后一行执行的时候将抛出比如 NoSuchMethodException 的错误。注意，代码编写者并没有错，此错误是由于 Java VM 早期实现的 bug 导致。
- 为了解决这个问题，**编译器**会自动为 MirandaAbstract 类添加一个 inInterface 函数，这就得到了所谓的 miranda 方法。

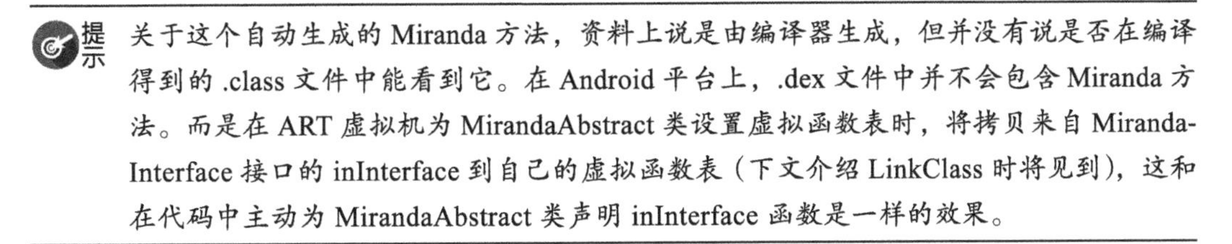
提示　关于这个自动生成的 Miranda 方法，资料上说是由编译器生成，但并没有说是否在编译得到的 .class 文件中能看到它。在 Android 平台上，.dex 文件中并不会包含 Miranda 方法。而是在 ART 虚拟机为 MirandaAbstract 类设置虚拟函数表时，将拷贝来自 MirandaInterface 接口的 inInterface 到自己的虚拟函数表（下文介绍 LinkClass 时将见到），这和在代码中主动为 MirandaAbstract 类声明 inInterface 函数是一样的效果。

8.7.1.3.3 Marker Interface

一般而言，Interface 中会定义相关功能函数的，然后由实现类来实现。不过，Java 库中也存在一类没有提供任何功能函数的接口类。这些接口类大家想必还很熟悉，比如下面列出的两个非常常见的接口类。

[Java Cloneable 和 Serializable 接口]

```
public interface Cloneable { }
public interface Serializable {}
```

Cloneable 和 Serializable 接口类中就没有定义任何函数。这样的接口也叫 Marker Interface，即起标记作用的接口。它只是说明实现者支持 Cloneable 或 Serializable，而实际的 Clone 或 Serialize 功能则是由其他函数来完成，比如下面的代码。

[Object.java->Object::clone]

```
protected Object clone() throws CloneNotSupportedException {
    //Object clone函数先检查自己是否实现了Cloneable接口类。如果没有，则抛异常。
        if (!(this instanceof Cloneable)) {
            throw new CloneNotSupportedException("Class " +
                getClass().getName() + " doesn't implement Cloneable");
        }
        return internalClone();
    }
```

从 Object clone 函数可知，Marker Interface 确实只是个标记罢了。

接下来将按 ART 虚拟机里类加载的执行顺序来介绍几个关键函数。注意，我们会先介绍具体的函数，最后再来看整个流程。

8.7.2 SetupClass

本节先看 ClassLinker 的 SetupClass，这个函数将把类的状态从 kStatusNotReady 切换为 kStatusIdx。先看该函数的原型。

[class_linker.h->ClassLinker::SetupClass]

```
void SetupClass(const DexFile& dex_file,
            const DexFile::ClassDef& dex_class_def,
            Handle<mirror::Class> klass, mirror::ClassLoader* class_loader)
```

该函数的输入参数中，

- dex_class_def：来自 Dex 文件（由 dex_file 变量表示）里目标类的信息。
- klass：mirror Class 对象。这个对象在调用 SetupClass 前就会创建好。当然，此时的 klass 对象还没有和目标类信息关联起来。

来看实际的代码。

 [class_linker.cc->ClassLinker::SetupClass]

```
void ClassLinker::SetupClass(const DexFile& dex_file,
```

```
            const DexFile::ClassDef& dex_class_def,
            Handle<mirror::Class> klass, mirror::ClassLoader* class_loader) {
    const char* descriptor = dex_file.GetClassDescriptor(dex_class_def);
    //SetClass是Class的基类mirror Object中的函数。Class也是一种Object，所以此处设置它的
    //类类型为"java/lang/Class"对应的那个Class对象
    klass->SetClass(GetClassRoot(kJavaLangClass));
    uint32_t access_flags = dex_class_def.GetJavaAccessFlags();
    //设置访问标志及该类的加载器对象
    klass->SetAccessFlags(access_flags);
    klass->SetClassLoader(class_loader);
    //设置klass的状态为kStatusIdx。
    mirror::Class::SetStatus(klass, mirror::Class::kStatusIdx, nullptr);
    //设置klass的dex_class_def_idx_和dex_type_idx_成员变量。
    klass->SetDexClassDefIndex(dex_file.GetIndexForClassDef(dex_class_def));
    klass->SetDexTypeIndex(dex_class_def.class_idx_);
}
```

SetupClass本身很简单，它将为传入的klass对象设置一些最基本信息。

注意　笔者不拟对Class的状态做详细描述。相比具体的状态值，我们更关注加载Class所需要的工作，状态只是这些工作做完后对应的结果罢了。

8.7.3　LoadClass相关函数

接下来我们为目标类加载更多的信息，它包含两个部分，

- 先加载来自dex文件中目标类里的相关信息。该功能的入口函数是ClassLinker的LoadClass。
- 如果该类有父类或实现了其他接口类的话，我们也要把它们"找到"。该功能的入口函数是ClassLinker的LoadSuperAndInterfaces。

注意　目标类中那些可能包含来自父类和接口类信息的成员变量，比如methods_、iftable_、vtable_等在这个阶段还不会被更新。

先来看LoadClass。

8.7.3.1　LoadClass

代码非常简单，如下所示。

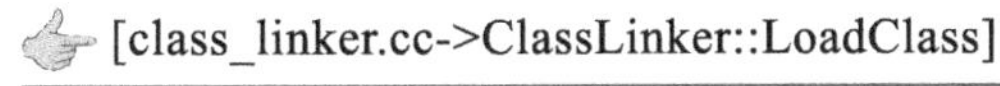
[class_linker.cc->ClassLinker::LoadClass]

```
void ClassLinker::LoadClass(Thread* self, const DexFile& dex_file,
                            const DexFile::ClassDef& dex_class_def,
                            Handle<mirror::Class> klass) {
    //class_data的内容就是图8-7中的class_data_item
    const uint8_t* class_data = dex_file.GetClassData(dex_class_def);
    if (class_data == nullptr) { return;    }
    bool has_oat_class = false;
    if (Runtime::Current()->IsStarted() &&
                !Runtime::Current()->IsAotCompiler()) {
        //如果不是编译虚拟机的话，则先尝试找到该类经dex2oat编译得到的OatClass信息
```

```
            OatFile::OatClass oat_class = FindOatClass(dex_file,
                        klass->GetDexClassDefIndex(),   &has_oat_class);
            if (has_oat_class) {
                LoadClassMembers(self, dex_file, class_data, klass, &oat_class);
            }
        }
        //不管有没有OatClass信息，最终调用的函数都是LoadClassMembers。
        if (!has_oat_class) {
            LoadClassMembers(self, dex_file, class_data, klass, nullptr);
        }
    }
```

8.7.3.1.1 LoadClassMembers

如其名所示，LoadClassMembers 将为目标 Class 对象加载类的成员，代码如下所示。

[class_linker.cc->ClassLinker::LoadClassMembers]

```
void ClassLinker::LoadClassMembers(Thread* self,
            const DexFile& dex_file,const uint8_t* class_data,
            Handle<mirror::Class> klass,const OatFile::OatClass* oat_class) {
    //注意这个函数的参数，class_data为dex文件里的代表该类的class_data_item信息，
    //而oat_class描述的是Oat文件里针对这个类提供的一些信息
    {
        LinearAlloc* const allocator =
                GetAllocatorForClassLoader(klass->GetClassLoader());
        //创建class_data_item迭代器
        ClassDataItemIterator it(dex_file, class_data);
        //分配用于存储目标类静态成员变量的固定长度数组sfields
        LengthPrefixedArray<ArtField>* sfields = AllocArtFieldArray(
                            self,allocator,it.NumStaticFields());
        size_t num_sfields = 0;
        uint32_t last_field_idx = 0u;
        //遍历class_data_item中的静态成员变量数组，然后填充信息到sfields数组里
        for (; it.HasNextStaticField(); it.Next()) {
            uint32_t field_idx = it.GetMemberIndex();
                if (num_sfields == 0 || LIKELY(field_idx > last_field_idx)) {
                    //加载这个ArtField的内容。下文将单独介绍此函数
                    LoadField(it, klass, &sfields->At(num_sfields));
                ++num_sfields;
                last_field_idx = field_idx;
            }
        }
        // 同理，分配代表该类非静态成员变量的数组
        LengthPrefixedArray<ArtField>* ifields = AllocArtFieldArray(self,
                        allocator, it.NumInstanceFields());
        size_t num_ifields = 0u;
        last_field_idx = 0u;
        for (; it.HasNextInstanceField(); it.Next()) {
            uint32_t field_idx = it.GetMemberIndex();
            if (num_ifields == 0 || LIKELY(field_idx > last_field_idx)) {
                    LoadField(it, klass, &ifields->At(num_ifields)); //类似的处理
                ++num_ifields;
                last_field_idx = field_idx;
            }
        }
```

```
            //设置Class类的sfields_和ifields_成员变量
            klass->SetSFieldsPtr(sfields);
            klass->SetIFieldsPtr(ifields);
            /*设置Class类的methods_成员变量。读者可回顾笔者对该成员变量的解释，它是一个Length-
            PrefixedArray<ArtMethod>数组，其元素布局为
             (1) [0,virtual_methods_offset_)为本类包含的direct成员函数
             (2) [virtual_methods_offset_,copied_methods_offset_)为本类包含的virtual
                成员函数
             (3) [copied_methods_offset_,...)为剩下的诸如miranda函数等内容。下面代码中，
                先分配1和2所需要的元素空间，然后设置klass对应的成员变量，其中：
                klass->methods_为AllocArtMethodArray的返回值，
                klass->copied_methods_offset_为类direct和virtual方法个数之和
                klass->virtual_methods_offset_为类direct方法个数   */
            klass->SetMethodsPtr(
                      AllocArtMethodArray(self, allocator,
                              it.NumDirectMethods() +it.NumVirtualMethods()),
                      it.NumDirectMethods(), it.NumVirtualMethods());
            size_t class_def_method_index = 0;
            uint32_t last_dex_method_index = DexFile::kDexNoIndex;
            size_t last_class_def_method_index = 0;
            //遍历direct方法数组，加载它们然后关联字节码
            for (size_t i = 0; it.HasNextDirectMethod(); i++, it.Next()) {
                ArtMethod* method = klass->GetDirectMethodUnchecked(i,
                            image_pointer_size_);
                //加载ArtMethod对象，并将其和字节码关联起来。
                LoadMethod(self, dex_file, it, klass, method);
                //注意，oat_class信息只在LinkCode中用到。LinkCode留待10.1节介绍
                LinkCode(method, oat_class, class_def_method_index);
                uint32_t it_method_index = it.GetMemberIndex();
                if (last_dex_method_index == it_method_index) {
                    method->SetMethodIndex(last_class_def_method_index);
                } else {       //设置ArtMethod的method_index_，该值其实就是这个ArtMethod
                               //位于上面klass methods_数组中的位置
                    method->SetMethodIndex(class_def_method_index);
                    last_dex_method_index = it_method_index;
                    last_class_def_method_index = class_def_method_index;
                }
                class_def_method_index++;
            }
            //处理virtual方法。注意，对表示virtual方法的ArtMethod对象而言，它们的method_index_
            //和klass methods_数组没有关系，也不在下面的循环中设置。
            for (size_t i = 0; it.HasNextVirtualMethod(); i++, it.Next()) {
                ...... //和direct方法处理一样，唯一不同的是，此处不调用ArtMethod的SetMethod-
                //Index函数，即不设置它的method_index_成员
            }
        }
}
```

结合上文对 Class 成员变量的介绍以及 LoadClassMembers 的代码可知：

- 该函数设置 Class 对应的成员变量。核心是三个数组，分别是存储静态成员变量、非静态成员变量和成员函数遍历。其中，成员变量对应的数组类型为 LengthPrefixed-Array<ArtField>。而该类所有成员函数对应数组的类型为 LengthPrefixedArray <Art-Method>。

❑ 然后调用LoadFields和LoadMethod等相关函数来设置这些ArtField及ArtMethod对象。

现在再来考察ArtField和ArtMethod对象是如何设置的。

8.7.3.1.2 LoadFields

成员变量的信息加载比较简单，入口函数的代码如下所示。

 [class_linker.cc->ClassLinker::LoadField]

```
void ClassLinker::LoadField(const ClassDataItemIterator& it,
                            Handle<mirror::Class> klass, ArtField* dst) {
    const uint32_t field_idx = it.GetMemberIndex();
    dst->SetDexFieldIndex(field_idx);
                            //设置对应于dex文件里的那个field_idx
    dst->SetDeclaringClass(klass.Get());
                            //设置本成员变量由哪个Class对象定义
    dst->SetAccessFlags(it.GetFieldAccessFlags());
                            //设置访问标记
}
```

注意，成员变量上是有名称的，只不过ArtField本身并不由成员变量来存储这个字符串名称。而是将该名称存储在对应DexCache的resolved_string_数组中。读者可回顾8.7.1节关于DexCache的介绍。

提示 回顾第3章Dex文件格式可知，dex文件里所有字符串信息都统一存储在string_ids数组里，这是为了简化存储空间而设计的。同样，这种设计思路也反映在Art虚拟机中。比如，ArtField代表一个类的成员变量，但该变量的名称并不存储在ArtField里，而是放在该Dex文件所对应的DexCache里。

8.7.3.1.3 LoadMethod

接着来看成员方法的加载，代码如下所示。

 [class_linker.cc->ClassLinker::LoadMethod]

```
void ClassLinker::LoadMethod(Thread* self,
                  const DexFile& dex_file,const ClassDataItemIterator& it,
                  Handle<mirror::Class> klass,  ArtMethod* dst) {
    uint32_t dex_method_idx = it.GetMemberIndex();
    const DexFile::MethodId& method_id = dex_file.GetMethodId(dex_method_idx);
    const char* method_name = dex_file.StringDataByIdx(method_id.name_idx_);
    //设置ArtMethod declaring_class_和dex_method_index_和成员变量
    dst->SetDexMethodIndex(dex_method_idx);
    dst->SetDeclaringClass(klass.Get());
    //设置dex_code_item_offset_成员变量
    dst->SetCodeItemOffset(it.GetMethodCodeItemOffset());
    //设置ArtMethod ptr_sized_fields_结构体中的dex_cache_resolved_methods_和dex_cache_
    //resolved_types_成员。读者可回顾上文对ArtMethod成员变量的介绍
    dst->SetDexCacheResolvedMethods(klass->GetDexCache()->GetResolvedMethods(),
                            image_pointer_size_);
    dst->SetDexCacheResolvedTypes(klass->GetDexCache()->GetResolvedTypes(),
                            image_pointer_size_);
```

```
        uint32_t access_flags = it.GetMethodAccessFlags();
        //处理访问标志。比如，如果函数名为"finalize"的话，设置该类为finalizable
        if (UNLIKELY(strcmp("finalize", method_name) == 0)) {
            if (strcmp("V", dex_file.GetShorty(method_id.proto_idx_)) == 0) {
                //该类的class loader如果不为空，则表示不是boot class，也就是系统所必需的那些
                //基础类
                if (klass->GetClassLoader() != nullptr){
                    //设置类的访问标记，增加kAccClassIsFinalizable。表示该类重载了finalize函数
                    klass->SetFinalizable();
                } else {......        }
            }
        } else if (method_name[0] == '<') {
            ......//如果函数名为"<init>"或"<clinit>"，则设置访问标志位kAccConstructor
        }
        dst->SetAccessFlags(access_flags);
    }
```

8.7.3.2 LoadSuperAndInterfaces

上一节的LoadClass中，目标类在dex文件对应的class_def里相关的信息已经提取并分别保存到代表目标类的Class对象、相应的ArtField和ArtMethod成员中了。接下来，如果目标类有基类或实现了接口类的话，我们相应地需要把它们“找到”。“找到”是一个很模糊的词，它到底包含什么工作呢？来看代码。

[class_linker.cc->ClassLinker::LoadSuperAndInterfaces]

```
    bool ClassLinker::LoadSuperAndInterfaces(Handle<mirror::Class> klass,
                        const DexFile& dex_file) {
        const DexFile::ClassDef& class_def =
                dex_file.GetClassDef(klass->GetDexClassDefIndex());
        //找到基类的id
        uint16_t super_class_idx = class_def.superclass_idx_;
        //根据基类的id来解析它，返回值是代表基类的Class实例。
        //ResolveType函数的内容将在8.7.8节中介绍
        mirror::Class* super_class = ResolveType(dex_file, super_class_idx,
                            klass.Get());
        if (super_class == nullptr) { return false;  }
        //做一些简单校验。比如，基类如果不允许派生，则返回失败
        if (!klass->CanAccess(super_class)) { return false; }
        klass->SetSuperClass(super_class);
                        //设置super_class_成员变量的值
        //下面这个检查和编译有关系，笔者不拟讨论它，代码中的注释非常详细
        if (!CheckSuperClassChange(klass, dex_file, class_def, super_class)) {
                return false;
        }
        //从dex文件里找到目标类实现了哪些接口类。参考图8-7所示class_def结构体中
        //interfaces_off的含义
        const DexFile::TypeList* interfaces =
                            dex_file.GetInterfacesList(class_def);
        if (interfaces != nullptr) {
            for (size_t i = 0; i < interfaces->Size(); i++) {
                uint16_t idx = interfaces->GetTypeItem(i).type_idx_;
              //解析这个接口类。下文将介绍ResolveType函数
              mirror::Class* interface = ResolveType(dex_file, idx, klass.Get());
```

```
            ......      //如果接口类找不到或者接口类不允许继承，则返回错误
        }
    }
    //设置klass的状态为kStatusLoaded
    mirror::Class::SetStatus(klass, mirror::Class::kStatusLoaded, nullptr);
    return true;
}
```

8.7.4 LinkClass 相关函数

进入 LinkClass 之前，先回顾上文 SetupClass 和 LoadClass 的结果。此时：

- 目标类的信息从 dex 文件里对应的 class_def 结构体及其他相关结构体已经提取并转换为一个 mirror Class 对象。
- 同时，该 Class 对象中代表本类的成员变量和成员函数信息也相应创建为对应的 ArtField 和 ArtMethod 的对象，并做好了相关设置。从 Class 类成员来说，它的 methods_、sfields_、ifields_ 都设置好了。

一眼看去，似乎这个类的信息已经完全就绪。但结合上文对 Class 的类成员介绍可知，我们还有很多信息并不清楚，比如下面这些 Class 类的成员。

- iftable_：代表该类所实现或从父类那继承得到的接口类里相关的函数。它具体包含什么信息？
- vtable_：来自父类及本类的 virtual 函数。它具体包含什么信息？
- methods_：虽然在 LoadClass 时已经设置了该变量，但却没有包含 Miranda 方法（读者可回顾 Miranda Methods 一节最后说的提示的内容。在 Android 虚拟机中，Miranda 方法并不是在 dex 文件里包含的，而是在 LinkClass 阶段动态拷贝而来）。那么，完整的 methods_ 应该包含什么？
- 其他一些变量的作用，比如 object_size_（如果在 Java 层为这个类创建一个实例对象，则这个实例对象的内存大小）、reference_instance_offsets_ 表示什么？
- Class 的最后有三个隐含成员变量，embedded_imtable_、embedded_vtable_ 和 fields_ 分别是什么？

以上这些问题都将在 LinkClass 相关函数中得以解决。我们马上来看它。

了解 Class 中各成员变量的作用是理解 ART 虚拟机实现原理的一个关键所在。

在介绍 LinkClass 之前，我们先来看后续代码中常用的几个函数。

[class.h->Class::IsInstantiable]

```
//该函数（实际为模板函数，此处先去掉模板参数）用于判断某个类是否可实例化。对Java来说，就是可否创建
//该类的实例。显然，我们不能new一个基础数据类、接口类或抽象类（数组除外）的实例。
bool IsInstantiable(){
    return (!IsPrimitive() && !IsInterface() && !IsAbstract()) ||
        (IsAbstract() && IsArrayClass<kVerifyFlags, kReadBarrierOption>());
}
```

[class.h->Class::ShouldHaveEmbeddedImtAndVTable]

```
/*该函数（实际为模板函数，此处先去掉模板参数）用于判断某个类是否应该包含Class的隐含成员变量
  embedded_imtable_或embedded_vtable_。从该函数的实现可知，如果一个类是可实例化的，则这两
  个隐含成员变量将存在。这里也再次强调一下为什么要将它们定义成Class的隐含成员变量。原因就是为了
  节省内存。Java代码中往往包含有大量抽象类、接口类。根据下面这个函数的点可知，这些类对应的Mirror
  Class是不需要这两个成员的。所以，代表抽象类或接口类的mirror Class对象就可以节省这部分空间所
  占据的内存  */
bool ShouldHaveEmbeddedImtAndVTable(){
        return IsInstantiable<kVerifyFlags, kReadBarrierOption>();
}
```

[class.h->Class::ShouldHaveEmbeddedImtAndVTable]

```
/*判断某个类是否为临时构造的类。根据该函数的实现可知，临时类的状态处于kStatusResolving之前，说
  明它还还在解析的过程中。另外，该类必须是可实例化的。*/
bool IsTemp(){
    Status s = GetStatus();
    return s < Status::kStatusResolving && ShouldHaveEmbeddedImtAndVTable();
}
```

现在来看 LinkClass 的代码，如下所示。

[class_linker.cc->ClassLinker::LinkClass]

```
bool ClassLinker::LinkClass(Thread* self,const char* descriptor,
                Handle<mirror::Class> klass, //待link的目标class
                Handle<mirror::ObjectArray<mirror::Class>> interfaces,
                MutableHandle<mirror::Class>* h_new_class_out) {
    /*注意本函数的参数：
     (1) klass代表输入的目标类，其状态是kStatusLoaded。
     (2) h_new_class_out为输出参数，代表LinkClass执行成功后所返回给调用者的、类状态切升级为
        kStatusResolved的目标类。所以，这个变量才是LinkClass执行成功后的结果。
    */
    //Link基类，此函数比较简单，建议读者阅读完本节后再自行研究它。
    if (!LinkSuperClass(klass)) { return false;  }
    /*下面将创建一个ArtMethod*数组。数组大小为kImtSize。它是一个编译时常量，由编译参数ART_
      IMT_SIZE指定，默认是64。IMT是Interface Method Table的缩写。如其名所示，它和接口所
      实现的函数有关。其作用我们后文再介绍  */
    ArtMethod* imt[mirror::Class::kImtSize];
    std::fill_n(imt, arraysize(imt),                          //填充这个数组的内容为默认值
                Runtime::Current()->GetImtUnimplementedMethod());
    //对该类所包含的方法（包括它实现的接口方法、继承自父类的方法等）进行处理
    if (!LinkMethods(self, klass, interfaces, imt)) { return false;}
        //下面两个函数分别对类的成员进行处理。
    if (!LinkInstanceFields(self, klass)) { return false;}
    size_t class_size;
        //尤其注意LinkStaticFields函数，它的返回值包括class_size，代表该类所需内存大小。
    if (!LinkStaticFields(self, klass, &class_size)) { return false; }

    //处理Class的reference_instance_offsets_成员变量
    CreateReferenceInstanceOffsets(klass);
    //当目标类是基础数据类、抽象类（不包括数组）、接口类时，下面的if条件满足
    if (!klass->IsTemp() || .....)) {
        .....
```

```
        //对于非Temp的类，不需要额外的操作，所以klass的状态被置为kStatusResolved，然后再赋
        //值给h_new_class_out。到此，目标类就算解析完了
        mirror::Class::SetStatus(klass, mirror::Class::kStatusResolved, self);
        h_new_class_out->Assign(klass.Get());
    } else {//如果目标类是可实例化的，则需要做额外的处理
        StackHandleScope<1> hs(self);
        //CopyOf很关键，它先创建一个大小为class_size的Class对象，然后，klass的信息将拷贝
        //到这个新创建的Class对象中。在这个处理过程汇总，Class对象的类状态将被设置为kStatus-
        //Resolving。读者可自行研究此函数。
        auto h_new_class = hs.NewHandle(klass->CopyOf(self, class_size,
                               imt, image_pointer_size_));
        klass->SetMethodsPtrUnchecked(nullptr, 0, 0);   //清理klass的内容
        ...... //清理klass的其他内容;
        {
            ......
            //更新ClassTable中对应的信息
            mirror::Class* existing = table->UpdateClass(descriptor,
                   h_new_class.Get(), ComputeModifiedUtf8Hash(descriptor));
            ......
            }
        //设置klass的状态为kStatusRetired，表示该类已经被废弃
        mirror::Class::SetStatus(klass, mirror::Class::kStatusRetired, self);
        //设置新类的状态为kStatusResolved，表示该类解析完毕。
        mirror::Class::SetStatus(
                h_new_class, mirror::Class::kStatusResolved,self);
        h_new_class_out->Assign(h_new_class.Get());     //赋值给输出参数
    }
    return true;
}
```

上面LinkClass的代码逻辑总结如下。

- LinkClass的输入是代表目标类的klass对象，其类的状态为kStatusLoaded。输出的目标类对象保存在h_new_class_out中，类状态为kStatusResolved。
- LinkClass内部调用的几个主要函数分别是LinkSuperClass（该函数非常简单，主要根据父类的信息做一些处理。请读者自行阅读）、LinkMethods（更新目标类的iftable_、vtable_、相关隐含成员emedded_imf等信息）、LinkInstanceFields和LinkStaticFields（更新目标类和代表类成员变量等有关的信息）、CreateReferenceInstanceOffsets（设置目标类的reference_instance_offsets_）。
- 最后，如果目标类是不可实例化的（这说明该类不需要隐含成员Embedded Imtable和Embedded Vtable），则直接更新类的状态为kStatusResolved，然后赋值klass给h_new_class_out。否则，将拷贝klass的内容给一个新创建的Class对象，原klass对象将被废弃（类状态为kStatusRetired）。

接下来我们重点分析LinkMethods、LinkFields（LinkInstanceFields和LinkStaticFields内部都会调用的核心函数）、CreateReferenceInstanceOffsets。

8.7.4.1 LinkMethods探讨

LinkMethod函数本身的内容非常简单，代码如下所示。

[class_linker.cc->ClassLinker::LinkMethods]

```
bool ClassLinker::LinkMethods(Thread* self,
            Handle<mirror::Class> klass,
            Handle<mirror::ObjectArray<mirror::Class>> interfaces,
            ArtMethod** out_imt) {
    ......
    std::unordered_map<size_t, ClassLinker::MethodTranslation>
                default_translations;
    //下面三个函数很复杂
    return  SetupInterfaceLookupTable(self, klass, interfaces)
            && LinkVirtualMethods(self, klass, &default_translations)
            && LinkInterfaceMethods(self, klass, default_translations, out_imt);
}
```

LinkMethods 内部调用的三个函数很复杂。尤其是 LinkInterfaceMethods，长达 500 多行。笔者研究这三个函数的代码花了很长时间，但感觉要通过讲解代码的方式来让读者搞清楚 LinkMethods 的功能是一件极为困难的事情。为此，笔者设计了一个示例，其中包含几个类。接下来我们将观察 LinkMethods 执行完后这些类相关成员都包含了什么信息即可。

提示 谷歌自己应该也觉得这部分代码写得太复杂。比如，LinkVirtualMethods 函数声明前有一段注释是这样的 "TODO This whole default_translations thing is very dirty. There should be a better way"。而在 LinkInterfaceMethods 定义前也有一段注释 "TODO This method needs to be split up into several smaller methods "。注释里都有 TODO 字样，表明这部分代码在后续版本中会很可能会得到改善。

马上来看这个示例，如图 8-8 所示。

在图 8-8 中，接口类、抽象类以及接口函数和抽象函数的名称都用斜体表示。

- Object 是 Java 世界中万物的源头。图 8-8 中展示了可以被派生类重载的 11 个方法。
- If0 和 If1 是接口类，If1 继承了（代码中使用 extends）If0。If0 包含 doInterfaceWork0、doInterfaceWork1 两个接口方法，而 If1 包含 doInterfaceWork2 和 doInterfaceWork3 两个接口方法。
- AbsClass0 是抽象类，它继承自 Object 类，同时实现了 If1 接口。但 AbsClass0 只实现了 doInterfaceWork0 和 doInterfaceWork3 这两个接口方法。另外，它定义了一个抽象方法 doAbsWork0 以及一个实体方法 doRealWork0。
- ConcreteClass 派生自 AbsClass0，它实现了所有接口方法和抽象方法，同时定义了自己的 doRealWork1 方法。
- ConcreteChildClass 派生自 ConcreteClass，它额外定义了一个 doRealWork2 方法。

此示例对应的代码如下所示。

[示例代码 -If0.java]

```
public interface If0{ //注意，接口类的父类都是java.lang.Object
    public void doInterfaceWork0();
    public void doInterfaceWork1();
}
```

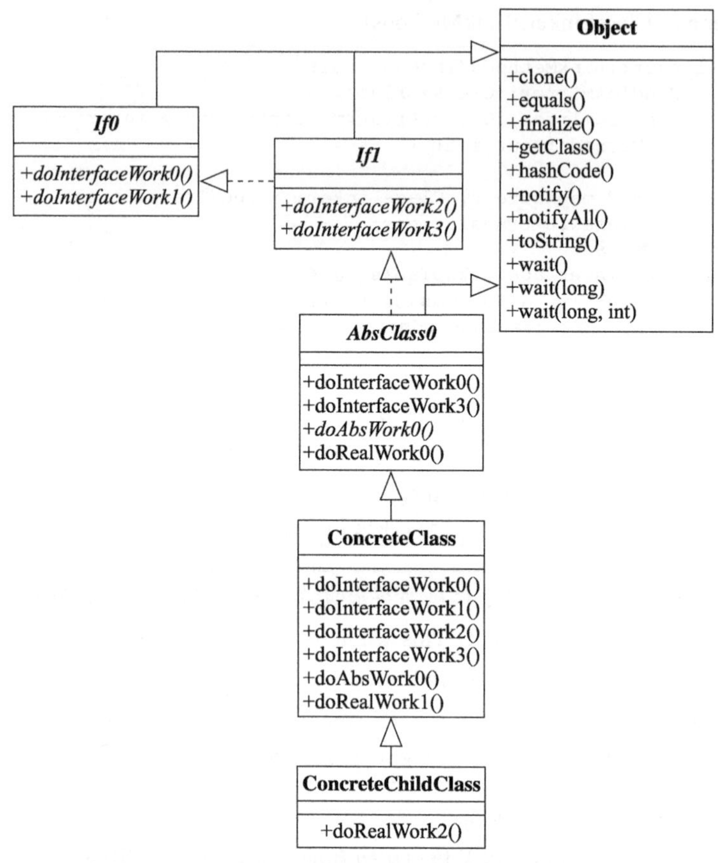

图 8-8 LinkMethods 示例类

[示例代码 -If1.java]

```
//注意：If1使用extends来继承If0。但由于If1是interface，所以它实际上是implements了If0。Java
//语言中，只有接口类可以extends多个父接口类（Super Interface）
public static interface If1 extends If0{
    public void doInterfaceWork2();
    public void doInterfaceWork3();
}
```

[示例代码 -AbsClass0.java]

```
public static abstract class AbsClass0 implements If1{
    public void doInterfaceWork0(){ return; }
    public void doInterfaceWork3(){ return; }
    abstract public void doAbsWork0();
    public void doRealWork0(){return;}
}
```

[示例代码 -ConcreteClass.java]

```
public static class ConcreteClass extends AbsClass0{
```

```
    public void doInterfaceWork0(){ return; }
    public void doInterfaceWork1(){ return; }
    public void doInterfaceWork2(){ return; }
    public void doInterfaceWork3(){ return; }
    public void doAbsWork0(){ return; }
    public void doRealWork1(){ return; }
}
```

[示例代码 -ConcreteChildClass.java]

```
    public static class ConcreteChildClass extends ConcreteClass{
        public void doRealWork2(){ return;  }
}
```

接下来我们观察发生了什么。先考虑 If0 和 If1 的结果，如图 8-9 所示。

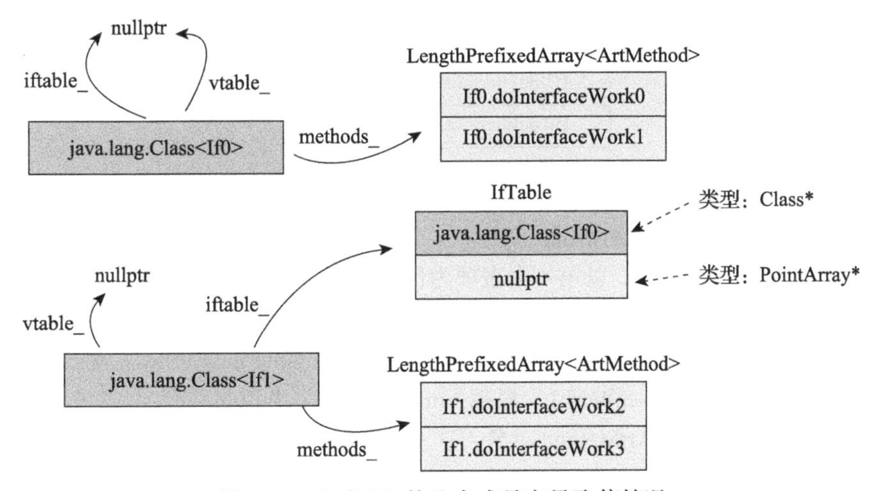

图 8-9　If0 和 If1 的几个成员变量取值情况

图 8-9 展示了 If0 和 If1 中几个成员变量的取值情况。

- If0：图 8-9 中由 java.lang.Class<If0> 来表示对应的 mirror Class 对象，其成员变量 methods_ 的类型为 LengthPrefixedArray<ArtMethod>，这是一个定长数组，长度为 2，包含代表 doInterfaceWork0 和 doInterfaceWork1 这两个接口函数的 ArtMethod 对象。此外，vtable_ 和 iftable_ 均为 nullptr。
- If1：iftable_ 的类型为 IfTable。该表中只有一个表项。不过，IfTable 中每个表项又包含两个部分，第一部分是代表 If1 所实现的那些接口类的对象（类型为 Class*，所以此处是 If0）。第二部分是对应接口类对象里所包含的接口方法（此处不考虑 default 的方法），类型为 PointArray*。由于 If1 自己也是接口，所以 If0 对应的第二部分内容为 nullptr。methods_ 包含 If1 自己定义的方法，即 doInterfaceWork2 和 doInterface-Work3。vtable_ 为 nullptr。

接着来看 AbsClass0 的情况，如图 8-10 所示。

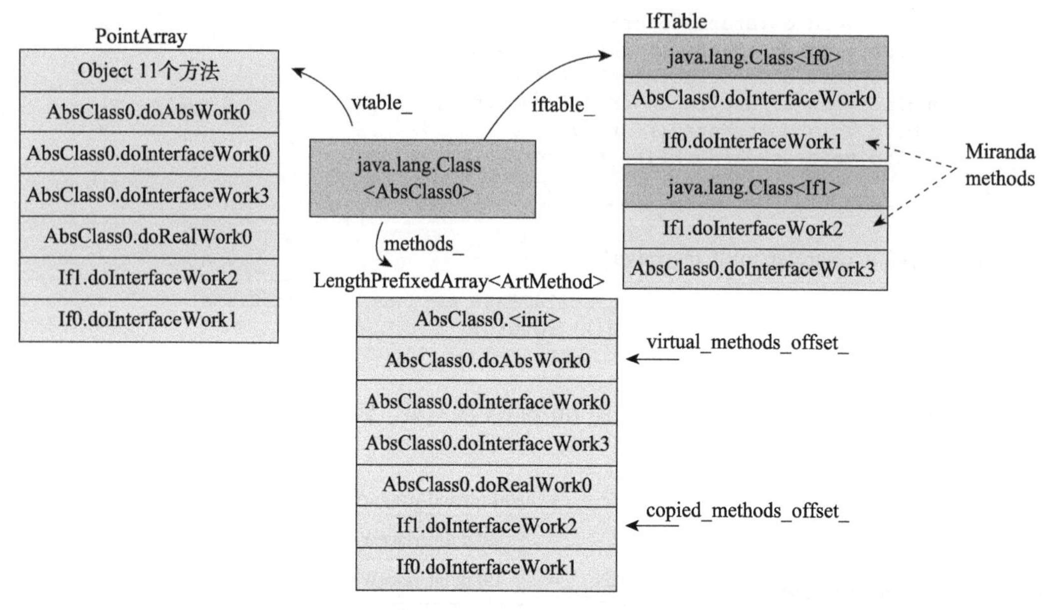

图 8-10 AbsClass0 的情况

图 8-10 所示为 AbsClass0 的情况。其中，

- iftable_ 包含两个表项。以第一个表项为例，第一部分为所实现的接口类，此处为 If0。第二部分为 If0 中得到的方法。注意，由于 AbsClass0 实现了 doInterfaceWork0 方法，所以 If0 的 doInterfaceWork0 被替换为 AbsClass0 的 doInterfaceWork0。另外，AbsClass0 中没有实现 doInterfaceWork1。根据 Miranda 法则，虚拟机主动生成了一个代表 If0.doInterfaceWork1 的 ArtMethod 对象。这个对象的内容拷贝自代表 If0.doInterfaceWork1 的 ArtMethod 对象。
- vtable_ 首先包含来自父类 Object 的 11 个方法，然后是本类自己声明或继承的可以 virtual 方法。
- methods_ 包含本类所有方法，"<init>" 代表构造函数。virtual_methods_offset_ 之前的为本类 direct 的方法。virtual_methods_offset_ 到 copied_methods_offset_ 为本类所有 virtual 方法。其后则是所谓拷贝过来的方法。

ArtMethod 对象地址

图 8-9 和图 8-10 中出现了一些相同的 Java 方法。那么，这些相同的 Java 方法所对应的 ArtMethod 对象是否相同呢？以图 8-10 为例，位于 methods_ 中的 AbsClass0.doAbsWork0 是否和位于 vtable_ 中的 AbsClass0.doAbsWork0 指向同一个 ArtMethod 对象呢？答案是肯定的，即在图 8-9、图 8-10 中出现的同一个 Java 方法都由一个 ArtMethod 对象来表示。唯一的例外就是拷贝生成的 ArtMethod 对象和原 ArtMethod 对象。虽然它们代表同一个 Java 方法，但却是两个不同的对象（即内存地址不同）。比如，图 8-10 中的 If0.doInterfaceWork1 和图 8-9 中的 If0.doInterfaceWork1 分别由两个 ArtMethod 对象来表示。

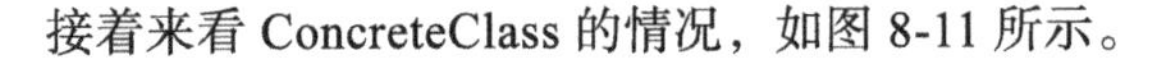

接着来看 ConcreteClass 的情况，如图 8-11 所示。

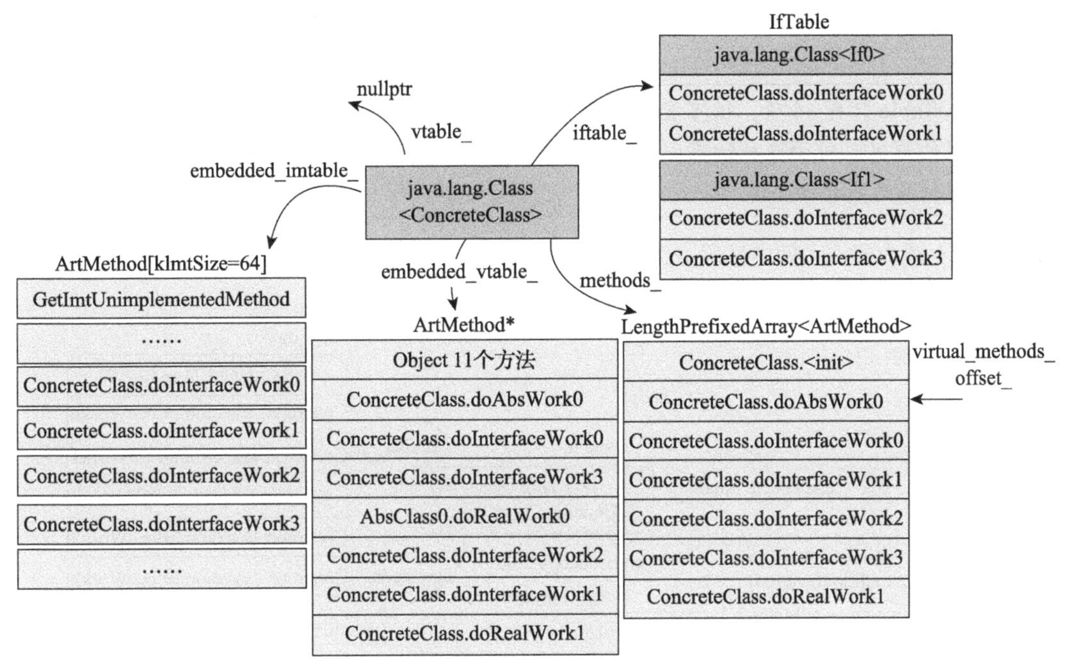

图 8-11　ConcreteClass 的情况

在图 8-11 中：

- 特别注意，ConcreteClass 的 vtable_ 将为 nullptr。所有 virtual 的 Java 方法转移到隐含变量 embedded_vtable_ 中了。回顾上文对 Class ShouldHaveEmbeddedImtAndVTable 代码的介绍可知，如果一个类是可以实例化的，则它的 embedded_imtable_ 和 embedded_vtable_ 隐含成员变量将存在。
- 实际上，不管是 embedded_vtable_ 还是 vtable_，二者保存的内容（即这个类所有的 virtual 方法）都是一样的。这里的“所有”包括该类自己定义的 virtual 方法，也包括来自父类、祖父类等通过继承或实现接口而得到的所有 virtual 方法。
- embedded_imtable_ 一共包含 64 个元素，默认值来自 Runtime 的 GetImtUnImplementedMethod 的返回值。embedded_imtable_ 作用很明确，它只存储这个类所有 virtual 方法里那些属于接口的方法。显然，embedded_imtable_ 提供了类似快查表那样的功能。当调用某个接口方法时，可以先到 embedded_imtable_ 里搜索该方法是否存在。由于 embedded_imtable_ 只能存 64 个元素，编译时可扩大它的容量，但这会增加 Class 类所占据的内存。

那么，如何确定某个接口方法在该表中的索引呢？来看代码。

 [class_linker.cc->ClassLinker::GetIMTIndex]

```
static inline uint32_t GetIMTIndex(ArtMethod* interface_method){
    /*GetDexMethodIndex返回ArtMethod dex_method_index_成员变量，代表该方法在dex中的索
```

```
    引号。然后对kImtSize求模，返回值即是embedded_imtable_中的索引号。*/
    return interface_method->GetDexMethodIndex() % mirror::Class::kImtSize;
}
```

注意 IMTable 只有 64 项，很可能出现两个归属不同实现类的同一个接口方法却有相同的索引的情况。对于这种情况，需要借助 IMTConflictTable 来解决问题。这部分内容我们留待后文再详细介绍。

了解上述内容，示例中最后一个 ConcreteChildClass 的几个成员变量的内容就很容易推测出来了。如图 8-12 所示。

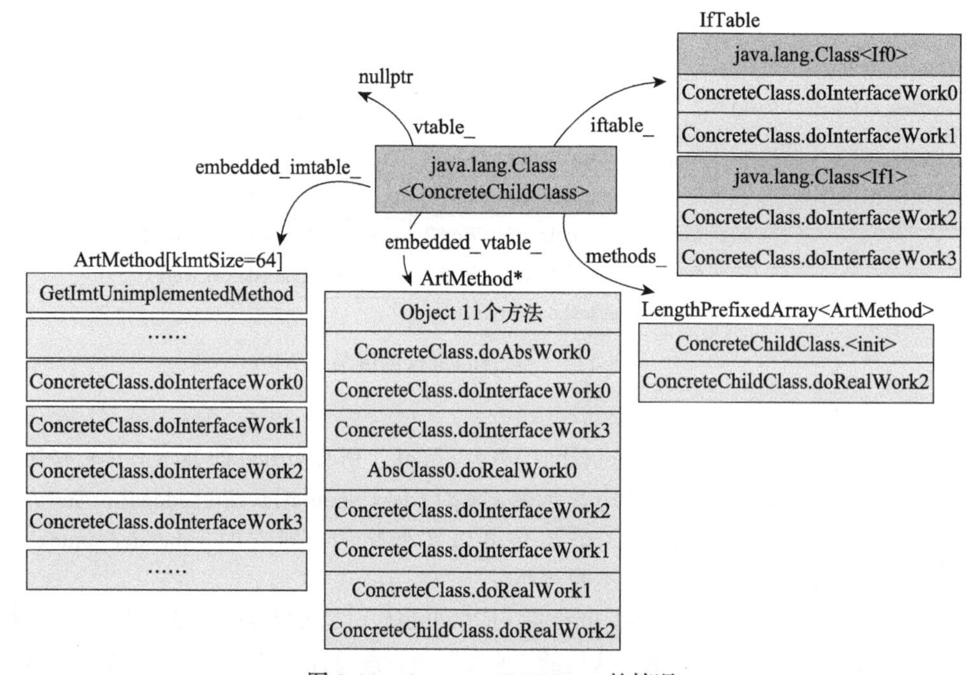

图 8-12　ConcreteChildClass 的情况

图 8-12 展示了 ConcreteChildClass 的情况。在此，笔者仅总结下 Class 中这几个成员变量的作用。请读者尝试自行推导图 8-12 的结果。

- methods_：仅保存在本类中定义的 direct、virtual 以及拷贝过来的方法。
- vtable_ 或 embedded_vtable_：如果一个类是可实例化的，则只存在 embedded_vtable_ 变量，否则只存在 vtable_。这两个变量保存的信息是一样的，即这个类所有的 virtual 方法。这个表内容可能会非常多，因为它包含了来自整个继承和实现关系上的所有类的 virtual 方法。
- embedded_imtable_：如果一个类是可实例化的，则存在这个变量。它存储了接口类方法。embedded_imtable_ 本身起到快查表的作用，方便快速找到接口方法。
- iftable_：存储了该类在接口实现（可能是父类的接口实现关系）实现关系上的信息，

包括继承了哪些接口类，实际的接口方法。

到此为止，Class 中和方法有关的几个变量我们都见识过了。读者可能觉得 vtable_ 和 embedded_vtable_ 比较麻烦，二者还需要区别开来。不过，由于这两个变量描述的都是 virtual table，所以 Class 类对外提供了统一的函数。

[class-inl.h->Class::HasVTable/GetVTableLength/GetVTableEntry]

```
//判断有没有virtual Table，不区分是vtable_还是embedded_vtable_
//以后我们也统一用VTable来表示
inline bool Class::HasVTable() {
    return GetVTable() != nullptr || ShouldHaveEmbeddedImtAndVTable();
}
inline int32_t Class::GetVTableLength() {        //获取VTable的元素个数
    if (ShouldHaveEmbeddedImtAndVTable()) {
        return GetEmbeddedVTableLength();
    }
    //注意，GetVTable将返回vtable_成员变量
    return GetVTable() != nullptr ? GetVTable()->GetLength() : 0;
}
//获取VTable中的某个元素
inline ArtMethod* Class::GetVTableEntry(uint32_t i, size_t pointer_size) {
    if (ShouldHaveEmbeddedImtAndVTable()) {      //从embedded_vtable_中取元素
        return GetEmbeddedVTableEntry(i, pointer_size);
    }
    auto* vtable = GetVTable();                  //从vtable_中取元素
    return vtable->GetElementPtrSize<ArtMethod*>(i, pointer_size);
}
```

另外，读者会好奇为什么 ART 不遗余力地要把类的所有 virtual 方法都组织到 VTable 中呢？要知道，这可是 LinkMethods 中所调用的 LinkVirtualMethods 函数的一个很主要的工作。这个问题我们可以反过来问，如果 Class 中没有保存这个 VTable，会出现什么情况？举个例子：

- 假设我们要调用类 A 的 wait 方法（也就是 Object 11 个 virtual 方法中的某个 wait 方法）。搜索类 A 的 methods_ 数组（读者还记得它吗？它保存了本类明确定义的所有方法），其中是没有 wait 方法。是的，因为类 A 不会直接定义这个方法，所以在类 A 中找不到它。
- 那么，我们就该沿着类 A 的派生关系或实现关系一路向上搜索它们的 methods_ 数组了。显然，这个过程非常耗时，难以接受。

最后，回顾上文对 ArtMethod 成员变量的介绍可知，它有一个名为 method_index_ 的成员变量，该参数非常重要，此处先简单总结它的取值如下：

- 如果这个 ArtMethod 对应的是一个 static 或 direct 函数，则 method_index_ 是指向定义它的类的 methods_ 中的索引。
- 如果这个 ArtMethod 是 virtual 函数，则 method_index_ 是指向它的 VTable 中的索引。注意，可能多个类的 VTable 都包含该 ArtMethod 对象（比如 Object 的那 11 个方法），所以要保证这个 method_index_ 在不同 VTable 中都有相同的值——这也是 LinkMethods 中那三个函数比较复杂的原因。

提示 即使 ArtMethod 位于 VTable 表中，如果调用方式是 invoke-interface，则相关处理也不太一样。后续章节介绍 Java 方法的执行流程时还会详细讨论。

处理完类的方法后，来看如何处理它的变量。

8.7.4.2 LinkFields 探讨

在介绍 LinkFields 之前，我们先来看如何计算一个 mirror Class 对象所需的内存空间大小。

8.7.4.2.1 ComputeClassSize

细致读者可能会想到，难道一个 Class 对象的大小不应该等于 sizeof(Class) 吗？确实，不过某些 Class 还会包括隐含的成员变量，而这部分内容无法通过 sizeof 运算得到。

马上来看 ComputeClassSize 函数，代码如下所示。

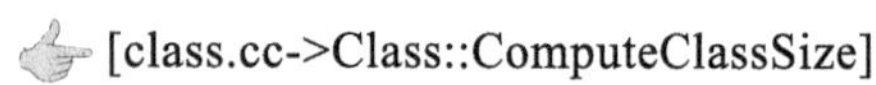

[class.cc->Class::ComputeClassSize]

```
inline uint32_t Class::ComputeClassSize(bool has_embedded_tables,
        uint32_t num_vtable_entries, uint32_t num_8bit_static_fields,
        uint32_t num_16bit_static_fields, uint32_t num_32bit_static_fields,
        uint32_t num_64bit_static_fields,uint32_t num_ref_static_fields,
        size_t pointer_size) {
    /*注意输入参数，num_8bit_static_fields等代表某个Java类中所定义的占据1个字节（比如boolean）、
     2个字节（比如char、short）直到8个字节长度的数据类型及引用类型的静态成员变量的个数。 */
    //首先计算Class类本身所占据的内存大小，方法就是使用SizeOf(Class)，值为128。
    uint32_t size = sizeof(Class);
    if (has_embedded_tables) {    //计算隐含成员变量IMTable和VTable所需空间大小
        //其中，IMTable固定为64项
        const uint32_t embedded_imt_size = kImtSize *
                                 ImTableEntrySize(pointer_size);
        //计算VTable所需大小，非固定值
        const uint32_t embedded_vtable_size = num_vtable_entries *
                        VTableEntrySize(pointer_size);
        //汇总两个Table所需的容量总和。另外，还需加上一个4字节空间，这里存储了VTable的表项个数
        size = RoundUp(size + sizeof(uint32_t), pointer_size) +
                   embedded_imt_size + embedded_vtable_size;
    }
    /*VTable之后是类的静态成员所需空间。读者回顾本章在介绍ArtField那一节中最后的说明可知，Art-
      Field不为它所代表的变量提供存储空间。这个存储空间有一部分交给了Class来承担。即，类的静
      态成员变量所需要的存储空间紧接在IMTable和VTable之后。 */

    //首先存储的是引用类型变量所需的空间。HeapReference<Object>其实就是所引用对象的地址，也
    //就是一个指针。
    size += num_ref_static_fields * sizeof(HeapReference<Object>);
    /*接下来按数据类型所占大小由高到低分别存储各种类型静态变量所需的空间。不过，下面的代码会做
      一些优化  */
    if (!IsAligned<8>(size) && num_64bit_static_fields > 0) {
        /*先判断是否满足优化条件。如果上述计算得到的size值不能按8字节对齐（即不是8的整数倍），
          并且8字节长的静态变量个数不为0，则可以做一些优化。优化的目标也就是先计算size按8对齐
          后能留下来多少空间，然后用它来尽量多存储一些内容。笔者不拟介绍这部分代码。读者可自行
          阅读。*/
        }
    //最终计算得到的size大小
    size += num_8bit_static_fields * sizeof(uint8_t) +
```

```
            num_16bit_static_fields * sizeof(uint16_t) +
            num_32bit_static_fields * sizeof(uint32_t) +
            num_64bit_static_fields * sizeof(uint64_t);
    return size;
}
```

如上所述，Class 的大小除了包含 sizeof(Class) 之外，还包括 IMTable、VTable（如果该类是可实例化的话）所需空间以及静态变量的空间。如果要想知道一个 Class 中存储用于存储静态变量的位置时，可利用下面这个函数获取。

[class-inl.h->Class::GetFirstReferenceStaticFieldOffsetDuringLinking]

```
inline MemberOffset Class::GetFirstReferenceStaticFieldOffsetDuringLinking(
            size_t pointer_size) {
    //返回Class中用于存储静态成员变量的值的空间起始位置
    uint32_t base = sizeof(mirror::Class);
    if (ShouldHaveEmbeddedImtAndVTable()) {
        base = mirror::Class::ComputeClassSize(true,
                        GetVTableDuringLinking()->GetLength(),
                         0, 0, 0, 0, 0, pointer_size);
    }
    return MemberOffset(base);
}
```

代码很简单，笔者此处不拟赘述。

8.7.4.2.2 LinkFields 代码介绍

先来看 ART 虚拟机实现中，一个 Java 类以及这个类的实例分别需要多大的内存。如图 8-13 所示。

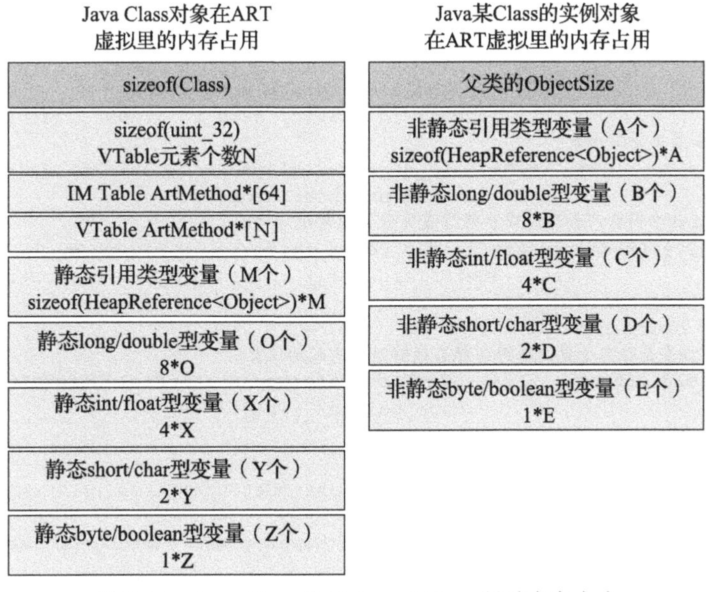

图 8-13 Java Class 以及 Java Object 所需内存大小

图 8-13 展示了一个 Java Class 类对象以及这个类对应实例所需的内存大小。

- 左边是 Java Class 类对象所需内存大小。它由三部分组成，首先是 sizeof(Class)。然后是（如果有的话）IMTable 和 VTable 所需空间，最后是该类静态变量所需空间。注意，引用类型排在最前面，然后是 long/double 类型、int/float 类型、short/char 类型，最后是 byte/boolean 类型变量所需空间。
- 右边是某个 Java 类对应实例对象所需空间。它包含两部分，首先是父类对象的大小，紧接其后的是非静态成员变量所需空间。内存布局与静态成员变量在 Class 中的一样。

提示　在 OOP 中，我们经常会提及的一个知识点是类的成员函数和静态成员变量是类属性的，即它们归属于类的财产。而类中定义的非静态成员变量则属于该类对应实例对象的。这个知识点在图 8-13 所示的 Java Class 和 Java Object 的内存布局中得到了印证。

接着我们再回顾 ArtField 的一个重要成员变量，它的含义现在就可以解释清楚了。

[art_field.h]

```
class ArtField {
    private
    //如果ArtField所代表的成员变量是类的静态成员变量，则下面的offset_代表是该变量实际的存储
    //空间在图8-13里Class内存布局中的起始位置。如果是非静态成员变量，则offset_指向图8-13中
    //Object内存布局里对应的位置。
    uint32_t offset_;
};
```

现在可以来看 LinkFields 的代码了，虽然行数不少，但内容就不难了。

[class_linker.cc->ClassLinker::LinkFields]

```
bool ClassLinker::LinkFields(Thread* self,
                             Handle<mirror::Class> klass,
                             bool is_static, size_t* class_size) {
    //确定成员变量的个数
    const size_t num_fields = is_static ? klass->NumStaticFields() :
                        klass->NumInstanceFields();
    //从Class中得到代表静态或非静态成员变量的数组
    LengthPrefixedArray<ArtField>* const fields = is_static ?
                    klass->GetSFieldsPtr() :  klass->GetIFieldsPtr();
    MemberOffset field_offset(0);
    if (is_static) {
        //如果是静态变量，则得到静态存储空间的起始位置。
        field_offset = klass->GetFirstReferenceStaticFieldOffsetDuringLinking(
                                image_pointer_size_);
    } else {
        //获取基类的ObjectSize
        mirror::Class* super_class = klass->GetSuperClass();
        if (super_class != nullptr) {
            field_offset = MemberOffset(super_class->GetObjectSize());
        }
    }
```

```
    //排序，引用类型放最前面，然后是long/double、int/float等。符合图8-13中的布局要求
    std::deque<ArtField*> grouped_and_sorted_fields;
    for (size_t i = 0; i < num_fields; i++) {
        grouped_and_sorted_fields.push_back(&fields->At(i));
    }
    std::sort(grouped_and_sorted_fields.begin(),
              grouped_and_sorted_fields.end(),LinkFieldsComparator());
    size_t current_field = 0;
    size_t num_reference_fields = 0;
    FieldGaps gaps;
    //先处理引用类型的变量
    for (; current_field < num_fields; current_field++) {
        ArtField* field = grouped_and_sorted_fields.front();
        Primitive::Type type = field->GetTypeAsPrimitiveType();
        bool isPrimitive = type != Primitive::kPrimNot;
        if (isPrimitive) { break; }
        ......
        grouped_and_sorted_fields.pop_front();
        num_reference_fields++;
        field->SetOffset(field_offset);  //设置ArtField的offset_变量
        field_offset = MemberOffset(field_offset.Uint32Value() +
                                sizeof(mirror::HeapReference<mirror::Object>));
    }
    //我们在ComputeClassSize中曾提到说内存布局可以优化，下面的ShuffleForward就是处理这种优
    //化。ShuffleForward是一个模板函数，内部会设置ArtField的offset_。
    ShuffleForward<8>(&current_field, &field_offset,
              &grouped_and_sorted_fields, &gaps);
    ...... //处理4字节、2字节基础数据类型变量
    ShuffleForward<1>(&current_field, &field_offset,
                 &grouped_and_sorted_fields, &gaps);
    ......
    //特殊处理java.lang.ref.Reference类。将它的非静态引用类型变量的个数减去一个。减去的这个
    //变量是java Reference类中的referent成员，它和GC有关，需要特殊对待。后续章节会详细介绍GC。
    if (!is_static && klass->DescriptorEquals("Ljava/lang/ref/Reference;")) {
        --num_reference_fields;
    }

    size_t size = field_offset.Uint32Value();
    if (is_static) {
        klass->SetNumReferenceStaticFields(num_reference_fields);
        *class_size = size; //设置Class最终所需内存大小
    } else {
        klass->SetNumReferenceInstanceFields(num_reference_fields);
        ......
        //如果类的对象是固定大小（像数组、String则属于非固定大小），则设置Object所需内存大小
        if (!klass->IsVariableSize()) {
        ......
            klass->SetObjectSize(size);
        }
    }
    return true;
}
```

8.7.4.3　CreateReferenceInstanceOffsets

最后，我们来看一下CreateReferenceInstanceOffsets函数，它用于设置Class类中的成员

变量 reference_instance_offsets_。这个成员变量提供了一种快速访问类非静态、引用类型变量的方法。我们先看示意图 8-14。

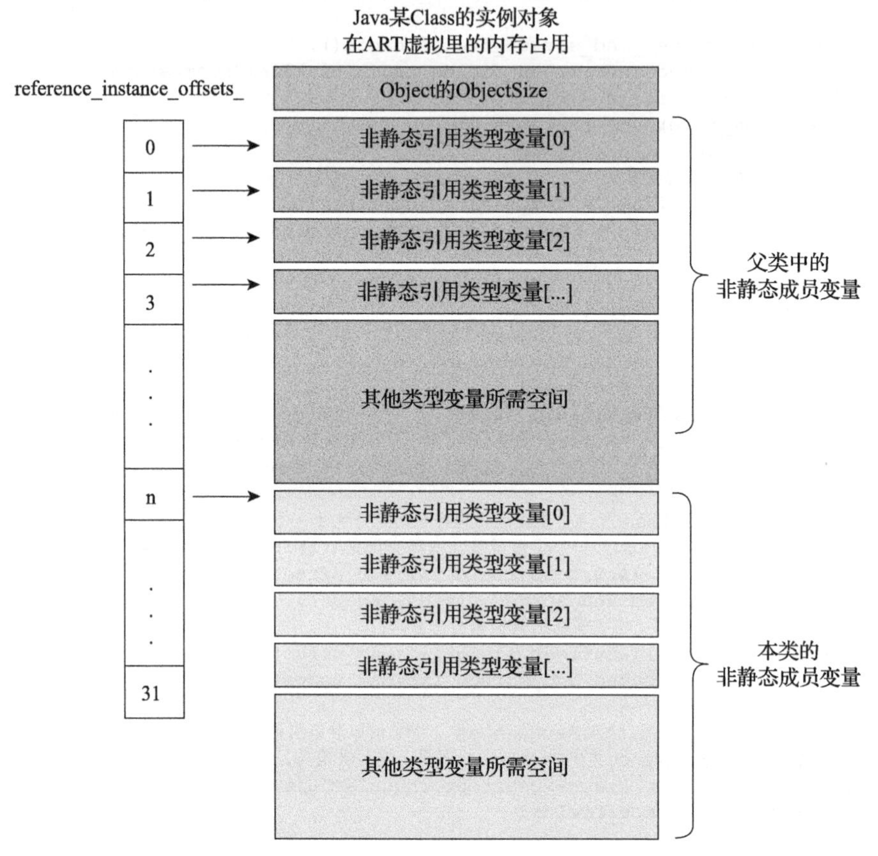

图 8-14　reference_instance_offsets_ 说明

图 8-14 右边为某个类的实例对象的内存布局。

- 这个类的派生关系比较简单，它有一个基类，而基类的父则是 Object。
- 结合图 8-13 可知，类的实例对象的内存布局从该类的非静态引用类型变量开始。

图 8-14 左边为 reference_instance_offsets_ 变量。

- 它包含 32 个比特位。如果某个位上的值为 1，则表明该位对应的**位置**上有一个非静态引用类型的变量。否则该位的位置为 0。
- 上文介绍 ArtField 的 offset_ 含义时，我们说它代表一个成员变量在内存布局中的**位置**。如何从 reference_instance_offsets_ 的位置推导出 ArtField 的 offset_ 呢？答案很简单，即第 N 个比特位（N 从 0 开始计算）对应的 offset_ 为 sizeof(HeapReference<Object>)*N。

不过，由于 reference_instance_offsets_ 一共只有 32 个比特位，所以这种方法最多能找到 32 个非静态引用对象。超过 32 个话则需要老老实实地沿着派生关系向上对引用型变量进行查找。马上来看代码。

[class_linker.cc->ClassLinker::CreateReferenceInstanceOffsets]

```
void ClassLinker::CreateReferenceInstanceOffsets(
                    Handle<mirror::Class> klass) {
    uint32_t reference_offsets = 0;
    mirror::Class* super_class = klass->GetSuperClass();
    if (super_class != nullptr) {
        reference_offsets = super_class->GetReferenceInstanceOffsets();
        //kClassWalkSuper是一个特殊值，如果非静态的引用类型的变量个数超过32，则不能使用借助
        //reference_offset_这种优化方法。
        if (reference_offsets != mirror::Class::kClassWalkSuper) {
            //本类包含的非静态的引用类型的变量个数
            size_t num_reference_fields =
                    klass->NumReferenceInstanceFieldsDuringLinking();
            if (num_reference_fields != 0u) {
                //计算起始位置
                uint32_t start_offset = RoundUp(super_class->GetObjectSize(),
                        sizeof(mirror::HeapReference<mirror::Object>));
                uint32_t start_bit = (start_offset - mirror::kObjectHeaderSize) /
                    sizeof(mirror::HeapReference<mirror::Object>);
                //如果剩余的比特位置不足，则放弃使用优化方法
            if (start_bit + num_reference_fields > 32) {
                reference_offsets = mirror::Class::kClassWalkSuper;
            } else {
                //reference_offsets初值为父类的比特位，现在要或上本类引用类型变量的关系
                reference_offsets |= (0xffffffffu << start_bit) &
                                     (0xffffffffu >> (32 - (start_bit +
                                              num_reference_fields)));
            } // if (start_bit + num_reference_fields > 32)结束
          } //if (num_reference_fields != 0u)结束
        } //if (reference_offsets != mirror::Class::kClassWalkSuper)结束
    } // if (super_class != nullptr)结束
   //对Java Object而言，由于它没有基类，所以reference_offsets为0
  klass->SetReferenceInstanceOffsets(reference_offsets);
}
```

接着看一段使用 reference_instance_offsets_ 的代码——VisitFieldsReferences 函数，它用于遍历某个实例对象中的引用类型的变量。我们仅关注其中遍历非静态类型引用类型变量部分。代码如下所示。

[object-inl.h->Object::VisitFieldsReferences]

```
template<bool kIsStatic,VerifyObjectFlags kVerifyFlags,
        ReadBarrierOption kReadBarrierOption,typename Visitor>
inline void Object::VisitFieldsReferences(uint32_t ref_offsets,
                        const Visitor& visitor) {
    //if条件满足则表示可以使用优化方法
    if (!kIsStatic && (ref_offsets != mirror::Class::kClassWalkSuper)) {
        //field_offset初值为kObjectHeaderSize。这是Object对象的大小
        uint32_t field_offset = mirror::kObjectHeaderSize;
        while (ref_offsets != 0) {
            if ((ref_offsets & 1) != 0) {
                //如果某位置的比特位值为1，则它指向一个引用类型的变量
                visitor(this, MemberOffset(field_offset), kIsStatic);
            }
```

```
                ref_offsets >>= 1;
                //调整field_offset的位置
                field_offset += sizeof(mirror::HeapReference<mirror::Object>);
            }
        } else {
            //如果不能使用优化方法，则需访问派生关系。请读者观察加粗标记的代码。kIstatic为true时
            //的代码已经去掉。下面这个循环将先获取类自己的引用变量的存储空间，遍历其中的变量，然后
            //再向上找到基类的引用变量的存储空间，再接着遍历它其中的引用变量。以此类推，直到整个派
            //生关系上的类全部访问一遍。显然，这比上面的优化方法慢很多。
            for (mirror::Class* klass = kIsStatic
                    ? .....: GetClass<kVerifyFlags, kReadBarrierOption>();
                klass != nullptr;
                klass = kIsStatic ? nullptr :
                        klass->GetSuperClass<kVerifyFlags, kReadBarrierOption>()) {
                const size_t num_reference_fields =
                    kIsStatic ? .... :   klass->NumReferenceInstanceFields();
                if (num_reference_fields == 0u) {  continue;  }
                MemberOffset field_offset = kIsStatic
                    ?  ......
                    : klass->GetFirstReferenceInstanceFieldOffset<kVerifyFlags,
                                    kReadBarrierOption>();
                for (size_t i = 0u; i < num_reference_fields; ++i) {
                    if (field_offset.Uint32Value() != ClassOffset().Uint32Value()) {
                        visitor(this, field_offset, kIsStatic);
                    }
                    field_offset = MemberOffset(field_offset.Uint32Value() +
                            sizeof(mirror::HeapReference<mirror::Object>));
            }
        }
    }
```

8.7.4.4 LinkClass总结

到此LinkClass相关函数就全部介绍完毕了。LinkClass是类的加载、链接和初始化部分中最关键以及难度相对较大的内容。笔者建议读者务必掌握如下两个知识点。

- 图8-8到图8-12中所涉及的一个mirror Class里包含了哪些成员方法。这和ART虚拟机中Java函数的执行息息相关。从ArtMethod角度来看，就是它的method_index_的含义。
- 图8-13所涉及的成员变量在mirror Class或mirror Object里的布局位置。从ArtField角度来看，这就是它的offset_的含义。

8.7.5 DefineClass

接下来我们看看ClassLinker中的关键函数DefineClass，它是从dex文件中加载某个类的入口函数。

[class_linker.cc->ClassLinker::DefineClass]

```
mirror::Class* ClassLinker::DefineClass(Thread* self,
            const char* descriptor,size_t hash,
            Handle<mirror::ClassLoader> class_loader,
            const DexFile& dex_file, const DexFile::ClassDef& dex_class_def) {
```

```
    /*注意这个函数的参数和返回值，其中，输入参数：
    descriptor：目标类的字符串描述。这里请读者注意，在JLS规范中，类名描述规则和我们日常
    编码时所看到的诸如"java.lang.Class"这样的类名一样。而在JVM规范中，则使用诸如"Ljava/
    lang/Class;"这样的类名描述。从JLS类名到JVM类名的转换可由runtime/utils.cc的DotTo-
    Descriptor(const char* class_name)函数来完成。
    ART虚拟机内部使用JVM类名居多。
    dex_file：该类所在的dex文件对象。
    def：目标类在dex文件中对应的ClassDef信息。
    该函数的输出参数为代表目标类的Class对象    */
    StackHandleScope<3> hs(self);
    auto klass = hs.NewHandle<mirror::Class>(nullptr);
/*如果是下面这些基础类，则直接从class_roots_中获取对应的类信息。注意，这种情况只在初始化未
  完成阶段存在（init_done_为false）。读者可回顾7.8.2节对class_roots_变量的介绍。  */
if (UNLIKELY(!init_done_)) {
    if (strcmp(descriptor, "Ljava/lang/Object;") == 0) {
        klass.Assign(GetClassRoot(kJavaLangObject));
    } else if (strcmp(descriptor, "Ljava/lang/Class;") == 0) {
        klass.Assign(GetClassRoot(kJavaLangClass));
    } ......
}
//分配一个class对象，注意SizeOfClassWithoutEmbeddedTables函数返回所需内存大小。现在
//所分配的这个Class对象还不包含IMTable、VTable。
if (klass.Get() == nullptr) {
    klass.Assign(AllocClass(self,
            SizeOfClassWithoutEmbeddedTables(dex_file, dex_class_def)));
}
......
//注册DexFile对象
mirror::DexCache* dex_cache = RegisterDexFile(dex_file,
            class_loader.Get());
......
klass->SetDexCache(dex_cache);
//调用SetupClass
SetupClass(dex_file, dex_class_def, klass, class_loader.Get());
......

ObjectLock<mirror::Class> lock(self, klass);
klass->SetClinitThreadId(self->GetTid());
//插入ClassLoader对应的ClassTable中。注意，不同的线程可以同时调用DefineClass来加载同一
//个类。这种线程同步直接的关系要处理好。
mirror::Class* existing = InsertClass(descriptor, klass.Get(), hash);
if (existing != nullptr) {
    //existing不为空，则表示有别的线程已经在加载目标类了，下面的EnsureResolved
    //函数将进入等待状态，直到该目标类状态变为超过kStatusResolved或出错。
    return EnsureResolved(self, descriptor, existing);
}
//没有其他线程在处理目标类，接下来将由本线程处理。上文已经介绍过下面这些重要函数了
LoadClass(self, dex_file, dex_class_def, klass);
......
if (!LoadSuperAndInterfaces(klass, dex_file)) { return nullptr; }
auto interfaces =
    hs.NewHandle<mirror::ObjectArray<mirror::Class>>(nullptr);
MutableHandle<mirror::Class> h_new_class =
        hs.NewHandle<mirror::Class>(nullptr);
if (!LinkClass(self, descriptor, klass, interfaces, &h_new_class)) {...}
```

```
    //LinkClass成功后，返回的h_new_class的状态为kStatusResolved。
    Dbg::PostClassPrepare(h_new_class.Get());
    jit::Jit::NewTypeLoadedIfUsingJit(h_new_class.Get());
    return h_new_class.Get();
}
```

从前几节的代码可知，DefineClass执行完后，类的信息从Dex文件中转换为对应的mirror Class对象。并且它的状态为kStatusResolved。回顾代表Class状态的枚举变量Status可知，此时离代表目标类最终可用的状态kStatusInitialized还差如下两项工作。

- 类校验相关工作。与之相关的状态为从kStatusVerifying到代表校验完毕的状态kStatusVerified。
- 初始化相关工作。从kStatusInitializing到kStatusInitialized为止。

讨论 虽然图8-5 Class的加载、链接和初始化过程分为Load、Link和Initialize三个阶段，但ART代码中相关函数的调用顺序却不能（也没必要）完全与上述三个阶段相对应。比如，图8-5所示的Load阶段应该包含DefineClass中所涉及的SetupClass、LoadClass以及LinkClass几个函数。而图8-5所示Link阶段里的子步骤之一Prepare的工作实际上在LinkClass时就已经完成了。另外，在ART虚拟机实现中，类的加载、链接及初始化过程可以很容易地从代表类状态Status枚举变量的定义里推导出来的。整个过程可分为Load（对应终态为kStatusLoaded）、Resolve（对应终态为kStatusResolved）、Verify（对应终态为kStatusVerified）和Initialized（对应终态为kStatusInitialized）四个步骤。

8.7.6 Verify相关函数

Verify的目的是什么呢？笔者直接摘抄一段来自JLS（《Java languange Specification 7》12.3.1节）规范原文的内容："Verification ensures that the binary representation of a class or interface is structurally correct. For example, it checks that every instruction has a valid operation code; that every branch instruction branches to the start of some other instruction, rather than into the middle of an instruction; that every method is provided with a structurally correct signature; and that every instruction obeys the type discipline of the Java Virtual Machine language."

提示 从JLS对verify的描述可知，它主要是针对Java成员方法的，成员变量则无校验之说。

马上来看ART中和类校验有关的函数。

8.7.6.1 MethodVerifier VerifyMethods

首先是对Java成员方法的校验。入口函数是VerifyMethods，代码如下所示。

 [method_verifier.cc->MethodVerifier::VerifyMethods]

```
template <bool kDirect>
MethodVerifier::FailureData MethodVerifier::VerifyMethods(Thread* self,
```

```
    ClassLinker* linker,const DexFile* dex_file,
    const DexFile::ClassDef* class_def,ClassDataItemIterator* it,...) {
/* 注意这个函数的参数和返回值：
   （1）该函数为模板函数。结合图8-7，如果模板参数kDirect为true，则校验的将是目标类中
    direct_methods的内容，否则为virtual_methods的内容。
   （2）class_def的类型为DexFile::ClassDef。它是Dex文件里的一部分，class_def中最重
   要的信息存储在class_data_item中，而class_data_item的内容可借助迭代器it来获取。
   （3）self代表当前调用的线程对象。dex_file是目标类所在的Dex文件。
   （4）返回值的类型为FailureData。它是MethodVeifier定义的内部类，其内部有一个名为kind
    的成员变量，类型为枚举FailureKind，取值有如下三种情况：
    a) kNoFailure，表示校验无错。
    b) kSoftFailure，表示校验软错误，该错误发生在从dex字节码转换为机器码时所做的校验过程
       中。编译过程由dex2oat进程完成。dex2oat是一个简单的，仅用于编译的虚拟机进程，它包
       含了前文提到的诸如heap、runtime等重要模块，但编译过程不会将所有相关类都加载到虚拟
       机里，所以可能会出现编译过程中校验失败的情况。kSoftFailure失败并没有关系，这个类
       在后续真正使用之时，虚拟机还会再次进行校验。
    c) kHardFailure，表示校验错误，该错误表明校验失败。
*/
MethodVerifier::FailureData failure_data;
int64_t previous_method_idx = -1;
/*同上，如果kDirect为true，则遍历class_data_item信息里的direct_methods数组，
  否则遍历其中的virtual_methods数组（代表虚成员函数）。*/
while (HasNextMethod<kDirect>(it)) {
    self->AllowThreadSuspension();
    uint32_t method_idx = it->GetMemberIndex();
    ......
    previous_method_idx = method_idx;
    /*InvokeType是枚举变量，和dex指令码里函数调用的方式有关：取值包括：
     （1）kStatic：对应invoke-static相关指令，调用类的静态方法。
     （2）kDirect：对应invoke-direct相关指令，指调用那些非静态方法。包括两类，一类是
     private修饰的成员函数，另外一类则是指类的构造函数。符合kStatic和kDirect调用类型
     函数属于上文所述的direct methods（位于类的direct_methods数组中）。
     （3）kVirtual：对应invoke-virtual相关指令，指调用非private、static或final修饰
     的成员函数（注意，不包括调用构造函数）。
     （4）kSuper：对应invoke-super相关指令，指在子类的函数中通过super来调用直接父类的
     函数。注意，dex官方文档只是说invoke-super用于调用直接父类的virtual函数。但笔者测试
     发现，必须写成"super.父类函数"的形式才能生成invoke-super指令。
     （5）kInterface：对应invoke-interface相关指令，指调用接口中定义的函数。
     以上枚举变量的解释可参考第3章最后所列举的谷歌官方文档。
     下面代码中的GetMethodInvokeType是迭代器ClassDataItemIterator的成员函数，它将
     返回当前所遍历的成员函数的调用方式（InvokeType）。注意，该函数返回kSuper的逻辑和官
     方文档对kSuper的描述并不一致。按照该函数的逻辑，它永远也不可能返回kSuper。笔者在模拟
     器上验证过这个问题，此处从未有返回过kSuper的情况。感兴趣的读者不妨做一番调研 */
     InvokeType type = it->GetMethodInvokeType(*class_def);
     //调用ClassLinker的ResolveMethod进行解析，下文将介绍此函数。
     ArtMethod* method =
            linker->ResolveMethod<ClassLinker::kNoICCECheckForCache>(
                  *dex_file, method_idx, dex_cache,
                  class_loader, nullptr, type);
    ......
//调用另外一个VerifyMethod函数，其代码见下文
MethodVerifier::FailureData result = VerifyMethod(self,method_idx,...);
......
return failure_data;
}
```

接着来看另外一个VerifyMethod函数，代码如下所示。

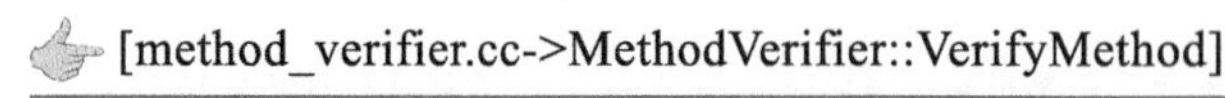
[method_verifier.cc->MethodVerifier::VerifyMethod]

```
MethodVerifier::FailureData MethodVerifier::VerifyMethod(Thread* self,
        ......) {
    MethodVerifier::FailureData result;
    /*创建一个MethodVerifier对象，然后调用它的Verify方法。其内部将校验method（类型为Art-
      Method*）所代表的Java方法。该方法对应的字节码在code_item（对应dex文件格式里的code_
      item）中。  */
    MethodVerifier verifier(self,dex_file, dex_cache, class_loader,
                        ......);
    //Verify返回成功，表示校验通过。即使出现kSoftFailure的情况，该函数也会返回true
    if (verifier.Verify()) {
        ......
        //failures_的类型为vector<VerifyError>。VerifyError为枚举变量，定义了校验中可能
        //出现的错误情况
        if (verifier.failures_.size() != 0) { result.kind = kSoftFailure; }
        if (method != nullptr) {.....}
    } else {
        /*Verify返回失败，但若错误原因是一些试验性指令导致的，则也属于软错误，Dex指令码中有
          一些属于试验性质的指令，比如invokelambda。搜索dex_instruction.h文件里带kExperi-
          mental标记的指令码，即是ART虚拟机所支持的试验性指令  */
        if (UNLIKELY(verifier.have_pending_experimental_failure_)) {
            result.kind = kSoftFailure;
        } else { result.kind = kHardFailure;}
    }
    ......
    return result;
}
```

校验的关键在MethodVeifier类的Verify函数中，马上来看它。

[method_verifier.cc->MethodVerifier::Verify]

```
bool MethodVerifier::Verify() {
    //从dex文件里取出该方法对应的method_id_item信息
    const DexFile::MethodId& method_id =
                        dex_file_->GetMethodId(dex_method_idx_);
    //取出该函数的函数名
    const char* method_name = dex_file_->StringDataByIdx(method_id.name_idx_);
    /*根据函数名判断其是类实例的构造函数还是类的静态构造函数。代码中，"<init>"叫类实例构造函数
      (instance constructor)，而"<clinit>"叫类的静态构造函数（static constructor）。 */
    bool instance_constructor_by_name = strcmp("<init>", method_name) == 0;
    bool static_constructor_by_name = strcmp("<clinit>", method_name) == 0;
    //上述条件有一个为true，则该函数被认为是构造函数
    bool constructor_by_name = instance_constructor_by_name ||
                            static_constructor_by_name;
    /*如果该函数的访问标记（access flags，可参考第3章表3-1自己为构造函数，而函数名又不符合要
      求，则设置校验的结果为VERIFY_ERROR_BAD_CLASS_HARD（VerifyError枚举值中的一种）。Fail
      函数内部会处理VerifyError里定义的不同错误类型。其中以HARD结尾的枚举变量表示为硬错误  */
    if ((method_access_flags_ & kAccConstructor) != 0) {
        if (!constructor_by_name) {
            Fail(VERIFY_ERROR_BAD_CLASS_HARD)
                << "method is marked as constructor, but not named accordingly";
            return false;
```

```
        }
        is_constructor_ = true;
    } else if (constructor_by_name) { is_constructor_ = true; }
    //code_item_代表该函数的内容，如果为nullptr，则表示这个函数为抽象函数或native函数
    if (code_item_ == nullptr) {
        //既不是抽象函数，也不是native函数，但又没有函数内容，校验肯定会失败
        if ((method_access_flags_ & (kAccNative | kAccAbstract)) == 0) {
            Fail(VERIFY_ERROR_BAD_CLASS_HARD) << ......; //错误原因;
            return false;
        }
        return true;
    }
    /*参考3.2.4节可知，ins_size_表示输入参数所占虚拟寄存器的个数，而registers_size_表示该
      函数所需虚拟寄存器的总个数。显然，下面这个if条件为true的话，这个函数肯定会校验失败  */
    if (code_item_->ins_size_ > code_item_->registers_size_) {
        Fail(VERIFY_ERROR_BAD_CLASS_HARD) << ......;
        return false;
    }
    //insn_flags_将保存该方法里的指令码内容
    insn_flags_.reset(arena_.AllocArray<InstructionFlags>(
                              code_item_->insns_size_in_code_units_));
    std::uninitialized_fill_n(insn_flags_.get(),
                        code_item_->insns_size_in_code_units_,
                        InstructionFlags());
    //下面四个函数将对指令码的内容进行校验。读者不拟介绍它们，感兴趣的读者不妨自行研究。
    bool result = ComputeWidthsAndCountOps();
    result = result && ScanTryCatchBlocks();
    result = result && VerifyInstructions();
    result = result && VerifyCodeFlow();
    return result;
}
```

对Java成员方法中指令码校验的工作由上面代码中最后列出的4个函数完成。这部分内容留给读者自行研究。

dex2oat和Full Runtime

在上述代码的注释中我们提到了dex2oat。它是一个简单的、仅用于编译的虚拟机进程，它将包含诸如heap、runtime等主要模块，但并不会像一个真正用于运行Java程序的虚拟机那样包含全部的模块。在ART代码中，我们常说的，用于运行Java程序的虚拟机也叫Full Runtime。在本章及后续章节中，笔者用完整虚拟机一词来表达Full Runtime的含义。

8.7.6.2　MethodVerifier VerifyClass

现在来看类的校验，代码位于VerifyClass中，如下所示。

[method_verifier.cc->MethodVerifier::VerifyClass]

```
MethodVerifier::FailureKind MethodVerifier::VerifyClass(Thread* self,
                     mirror::Class* klass,......) { //待校验的类由kclass表示
    //如果该类已经被校验过，则直接返回校验成功
    if (klass->IsVerified()) {  return kNoFailure; }
    bool early_failure = false;
```

```
    std::string failure_message;
    //获取该class所在的Dex文件信息及该类在Dex文件里的class_def信息
    const DexFile& dex_file = klass->GetDexFile();
    const DexFile::ClassDef* class_def = klass->GetClassDef();
    //获取该类的基类对象
    mirror::Class* super = klass->GetSuperClass();
    std::string temp;
    //下面这个判断语句表示kclass没有基类，而它又不是Java Object类。显然，这是违背Java语言规范
    //的——Java中，只有Object类才没有基类
    if (super == nullptr && strcmp("Ljava/lang/Object;",
                            klass->GetDescriptor(&temp)) != 0) {
        early_failure = true;
        failure_message = " that has no super class";
    } else if (super != nullptr && super->IsFinal()) {
        //如果基类有派生类的话，基类不能为final
        early_failure = true;
    } else if (class_def == nullptr) { //该类在Dex文件里没有class_def信息
        early_failure = true;
    }
    if (early_failure) {
        ......
        if (callbacks != nullptr) {
        //callbacks的类型是CompilerCallbacks，dex字节码转机器码的时候会用上它
            ClassReference ref(&dex_file, klass->GetDexClassDefIndex());
            callbacks->ClassRejected(ref);
        }
        return kHardFailure; //返回校验错误
    }
    StackHandleScope<2> hs(self);
    Handle<mirror::DexCache> dex_cache(hs.NewHandle(klass->GetDexCache()));
    Handle<mirror::ClassLoader> class_loader(hs.NewHandle(
                                    klass->GetClassLoader()));
    //进一步校验
    return VerifyClass(self,&dex_file,dex_cache,......);
}
```

接着来看另外一个VerifyClass函数，代码如下所示。

[method_verifier.cc->MethodVerifier::VerifyClass]

```
MethodVerifier::FailureKind MethodVerifier::VerifyClass(Thread* self,
                        ......) {
    if ((class_def->access_flags_ & (kAccAbstract | kAccFinal))
                    == (kAccAbstract | kAccFinal)) {
        return kHardFailure; //类不能同时是final又是abstract
    }

    const uint8_t* class_data = dex_file->GetClassData(*class_def);
    if (class_data == nullptr) { return kNoFailure; }
    //创建ClassDataItemIterator迭代器对象，通过它可以获取目标类的class_data_item里的内容
    ClassDataItemIterator it(*dex_file, class_data);
    //不校验类的成员变量
    while (it.HasNextStaticField() || it.HasNextInstanceField()) {
        it.Next();
    }
    ClassLinker* linker = Runtime::Current()->GetClassLinker();
```

```
    //对本类所定义的Java方法进行校验。VerifyMethods在上一节已经介绍过了
    MethodVerifier::FailureData data1 = VerifyMethods<true>(self,
                linker, dex_file, ......);
    //校验本类中的virtual_methods数组
    MethodVerifier::FailureData data2 = VerifyMethods<false>(self,
                linker, dex_file,......);
    //将校验结果合并到data1的结果中
    data1.Merge(data2);
    //校验结果通过合并后的data1的成员来判断
    if (data1.kind == kNoFailure) { return kNoFailure; }
    else { return data1.kind;
    }
}
```

上述代码都在MethodVerifier类中，在ART虚拟机中，该类负责具体处理类和成员函数相关校验工作。不过，与类Verify有关的内容其实还远不止这些。下面我们先来看ClassLinker中用于校验类的入口函数VerifyClass。

8.7.6.3 ClassLinker VerifyClass

我们来看ClassLinker中校验类的入口函数VerifyClass。代码比较长，请读者耐心阅读。

[class_linker.cc->ClassLinker::VerifyClass]

```
void ClassLinker::VerifyClass(Thread* self, Handle<mirror::Class> klass,
                LogSeverity log_level) {
        ...... //可能有另外一个线程正在处理类的校验，此处省略的代码将处理这种情况判断该类是否
        //已经通过校验（类状态大于或等于kStatusVerified）
        if (klass->IsVerified()) {
            /* Verify一个类是需要代价的（比如执行上两节代码所示MethodVerifier的相关函数是
               需要花费时间），但付出这个代价会带来一定好处。在ART虚拟机中，如果某个类校验通
               过的话，后续执行该类的方法时将跳过所谓的访问检查（Access Check）。Access Check
               的具体内容将在后续章节介绍。此处举一个简单例子，比如访问检查将判断外部调用者是
               否调用了某个类的私有函数。显然，Access Check将影响函数执行的时间。
               下面的这个EnsureSkipAccessChecksMethods将做两件事情：
               （1）为klass methods_数组里的ArtMethod对象设置kAccSkipAccessChecks标志位
               （2）为klass设置kAccVerificationAttempted标志位。这个标记位表示该类已经尝试过
                校验了，无须再次校验。
                这些标志位的作用我们以后碰见具体代码时再讲解。   */
            EnsureSkipAccessChecksMethods(klass);
            return;
            }
        //如果类状态大于等于kStatusRetryVerificationAtRuntime并且当前进程是dex2oat(Is-
        //AotCompiler用于判断当前进程是否为编译进程)，则直接返回。类的校验将留待真实的虚拟机
        //进程来完成。
        if (klass->IsCompileTimeVerified() &&
            Runtime::Current()->IsAotCompiler()) {  return;  }

        if (klass->GetStatus() == mirror::Class::kStatusResolved) {
            //设置类状态为kStatusVerifying，表明klass正处于类校验阶段。
            mirror::Class::SetStatus(klass, mirror::Class::kStatusVerifying, self);
        } else { //如果类的当前状态不是kStatusResolved，则表明该类在dex2oat时已经做过校
                //验，但校验结果是kStatusRetryVerificationAtRuntime。所以此处需要在完
                //整虚拟机环境下再做校验。
            mirror::Class::SetStatus(klass,
```

```
                mirror::Class::kStatusVerifyingAtRuntime, self);
    }
/*IsVerificationEnabled用于返回虚拟机是否开启了类校验的功能，它和verify_mode.h中定义
  的枚举变量VerifyMode有关。该枚举变量有三种取值：
  （1）kNone：不做校验。
  （2）kEnable：标准校验流程。其中，在dex2oat过程中会尝试做预校验（preverifying）。
  （3）kSoftFail：强制为软校验失败。这种情况下，指令码在解释执行的时候会进行access
      check。这部分内容在dex2oat一章中有所体现，以后我们会提到。
  从上述内容可知，在ART里，类校验的相关知识绝不仅仅只包含JLS规范中提到的那些诸如检查
  字节码是否合法之类的部分，它还和dex2oat编译与Java方法如何执行等内容密切相关。*/
if (!Runtime::Current()->IsVerificationEnabled()) {
    mirror::Class::SetStatus(klass, mirror::Class::kStatusVerified, self);
    EnsureSkipAccessChecksMethods(klass);
    return;
}
//先校验父类。AttemptSuperTypeVerification内部也会调用VerifyClass。
......
//请读者自行阅读它
MutableHandle<mirror::Class> supertype(hs.NewHandle(
                    klass->GetSuperClass()));
if (supertype.Get() != nullptr && !AttemptSupertypeVerification(self,
            klass, supertype)) {     return;    }

//如果父类校验通过，并且klass不是接口类的话，我们还要对klass所实现的接口类进行校验。校验
//接口类是从Java 1.8开始，接口类支持定义有默认实现的接口函数，默认函数包含实际的内容，所以
//需要校验。
if ((supertype.Get() == nullptr || supertype->IsVerified())
                && !klass->IsInterface()) {
    int32_t iftable_count = klass->GetIfTableCount();
    MutableHandle<mirror::Class> iface(hs.NewHandle<mirror::Class>(nullptr));
    //遍历IfTable，获取其中的接口类。
    for (int32_t i = 0; i < iftable_count; i++) {
        iface.Assign(klass->GetIfTable()->GetInterface(i));
        //接口类没有默认接口函数，或者已经校验通过，则略过
        if (LIKELY(!iface->HasDefaultMethods() || iface->IsVerified())) {
            continue;
    } else if (UNLIKELY(!AttemptSupertypeVerification(self,
                klass, iface))) {
                return;        //接口类校验失败。直接返回
        } else if (UNLIKELY(!iface->IsVerified())) {
            //如果接口类校验后得到的状态为kStatusVerifyingAtRuntime，则跳出循环
            supertype.Assign(iface.Get());
            break;
        }
    }
    const DexFile& dex_file = *klass->GetDexCache()->GetDexFile();
    mirror::Class::Status oat_file_class_status(
                            mirror::Class::kStatusNotReady);
/*下面这个函数其实只是用来判断klass是否已经在dex2oat阶段做过预校验了。这需要结合该类编译
  结果来决定（包含在OatFile中的类状态）。除此之外，如果我们正在编译系统镜像时（即在dex2oat
  进程中编译包含在Boot Image的类），则该函数也返回false。preverified如果为false，则将
  调用MethodVerifier VerifyClass来做具体的校验工作。VerifyClassUsingOatFile还包含其
  他几种返回false的情况，请读者自行阅读。*/
bool preverified = VerifyClassUsingOatFile(dex_file, klass.Get(),
                oat_file_class_status);
verifier::MethodVerifier::FailureKind verifier_failure =
```

```
                             verifier::MethodVerifier::kNoFailure;
    if (!preverified) {           //没有预校验的处理
        Runtime* runtime = Runtime::Current();
        //调用MethodVerifier VerifyClass来完成具体的校验工作
        verifier_failure = verifier::MethodVerifier::VerifyClass(self,
                   klass.Get(), runtime->GetCompilerCallbacks(),,...);
    }
    ......
    if (preverified || verifier_failure !=
            verifier::MethodVerifier::kHardFailure) {
    ......
        if (verifier_failure == verifier::MethodVerifier::kNoFailure) {
            //自己和基类(或者接口类)的校验结果都正常,则类状态设置为kStatusVerified
            if (supertype.Get() == nullptr || supertype->IsVerified()) {
            mirror::Class::SetStatus(klass,
                mirror::Class::kStatusVerified, self);
        } else {......}
    } else {                      //对应校验结果为kSoftFail的情况
        if (Runtime::Current()->IsAotCompiler()) {
                                  //如果是dex2oat中出现这种情况,
        //则设置类的状态为kStatusRetryVerificationAtRuntime
        mirror::Class::SetStatus(klass,
                mirror::Class::kStatusRetryVerificationAtRuntime, self);
        } else {
        /*设置类状态为kStatusVerified,并且设置类标记位kAccVerificationAttempted。
          注意,我们在上面代码中介绍过EnsureSkipAccessChecksMethods函数。这个函数将
         (1)为klass methods_数组里的ArtMethod对象设置kAccSkipAccessChecks标志位
         (2)为klass设置kAccVerificationAttempted标志位。
          而下面的代码只设置了(2),没有设置(1)。所以,虽然类状态为kStatusVerified,
          但在执行其方法时可能还要做Access Check   */
        mirror::Class::SetStatus(klass, mirror::Class::kStatusVerified, self);
        klass->SetVerificationAttempted();
        }
        }
    } else {......  }
        ....... //其他处理,略过
}
```

ClassLinker VerifyClass 的代码看起来非常啰嗦。其实,读者只需要了解如下内容即可。

- 类的 Verify 可以在 dex2oat 阶段进行,这叫预校验。如果出现校验软错误,则类的状态将被更新为 kStatusRetryVerificationAtRuntime。此后。这个类还将在完整虚拟机运行时再做校验。如果 dex2oat 时类校验成功的话,则类状态设为 kStatusVerified。
- 完整虚拟机运行时,如果类的初始状态为 kStatusVerified,则将为该类中 methods_ 数组里所有 ArtMethod 对象设置 kAccSkipAccessChecks 标志,同时也为类设置 kAccVerification-Attempted 标记(该标记表示类已经校验过了,不需要再做校验)。
- 完整虚拟机运行时,如果类的初始状态为 kStatusRetryVerificationAtRuntime,则将触发 MethodVerifier 对该类进行校验(还有其他情况也会触发该工作,此处不表,读者以后有需要了解这部分内容的时候可自行研究)。如果校验还是返回 kSoftFailure,则仅设置类的 kAccVerificationAttempted 标记位,而该类 methods_ 里的 ArtMethod 对象却**不会设置** kAccSkipAccessChecks。

注意 Verify 相关知识和后续章节与要介绍的 dex2oat 有非常密切的关系。以后我们碰见它时还会回顾这部分内容。

8.7.7 Initialize 相关函数

ClassLinker InitializeClass 函数是类初始化工作的主要承担者，其代码逻辑需符合 JLS 规范中对类初始化顺序（比如先确保基类初始化完毕）等方面的要求。该函数代码虽然比较长，但如果读者掌握了前面几节所述的知识的话，学习 InitializeClass 的难度就相对小很多了。

提示 JLS 规范对类初始化的流程有比较详细的介绍（在 JLS 1.7 规范里，这部分内容位于第 12 节中）。感兴趣的读者可以了解下。

马上来看它。

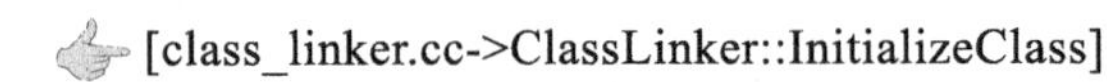

[class_linker.cc->ClassLinker::InitializeClass]

```
bool ClassLinker::InitializeClass(Thread* self, Handle<mirror::Class> klass,
        bool can_init_statics, bool can_init_parents) {
    ...... //多个线程也可能同时触发目标类的初始化工作，如果这个类已经初始化了，则直接返回

    //判断是否能初始化目标类。因为该函数可以在dex2oat编译进程中调用，在编译进程中，某些情况下
    //无须初始化类。这部分内容我们不关注，读者以后碰到相关代码时可回顾此处的处理。
    if (!CanWeInitializeClass(klass.Get(), can_init_statics,
                can_init_parents)) { return false; }
    { //
        .....
        if (!klass->IsVerified()) {       //如果类还没有校验，则校验它
            VerifyClass(self, klass);
            ......
          }
        ......
        /*下面这个函数将对klass做一些检查，大体功能包括：
          （1）如果klass是接口类，则直接返回，不做任何检查。
          （2）如果klass和它的基类superclass是由两个不同的ClassLoader加载的，则需要对比检
             查klass VTable和superclass VTable中对应项的两个ArtMethod是否有相同的签名
             信息，即两个成员方法的返回值类型、输入参数的个数以及类型是否一致。
          （3）如果klass有Iftable，则还需要检查klass IfTable中所实现的接口类的函数与对应
             接口类里定义的接口函数是否有一样的签名信息。是否开展检查的前提条件也是klass和接
             口类由不同的ClassLoader加载。如果检查失败，则会创建java.lang.LinkageError
             错误信息。  */
        if (!ValidateSuperClassDescriptors(klass)) {.....}
        ......
        //设置执行类初始化操作的线程ID以及类状态为kStatusInitializing
        klass->SetClinitThreadId(self->GetTid());
        mirror::Class::SetStatus(klass,
                mirror::Class::kStatusInitializing, self);
    }
    //根据JLS规范，klass如果是接口类的话，则不需要初始化接口类的基类（其实就是Object）
    if (!klass->IsInterface() && klass->HasSuperClass()) {
        mirror::Class* super_class = klass->GetSuperClass();
        if (!super_class->IsInitialized()) {
            ......
```

```
        Handle<mirror::Class> handle_scope_super(hs.NewHandle(super_class));
        bool super_initialized = InitializeClass(self, handle_scope_super,
                can_init_statics, true);
    ......    //基类初始化失败的处理
    }
}
//初始化klass所实现的那些接口类
if (!klass->IsInterface()) {
    size_t num_direct_interfaces = klass->NumDirectInterfaces();
    if (UNLIKELY(num_direct_interfaces > 0)) {
        MutableHandle<mirror::Class> handle_scope_iface(....);
        for (size_t i = 0; i < num_direct_interfaces; i++) {
            //handle_scope_iface代表一个接口类对象
            handle_scope_iface.Assign(mirror::Class::GetDirectInterface(
                        self, klass, i));
            //检查接口类对象是否设置了kAccRecursivelyInitialized标记位。这个标记位表示
            //这个接口类已初始化过了。该标志位是ART虚拟机内部处理类初始化时的一种优化手段
            if (handle_scope_iface->HasBeenRecursivelyInitialized()) {continue; }
            //初始化接口类，并递归初始化接口类的父接口类
            bool iface_initialized = InitializeDefaultInterfaceRecursive(self,
                            handle_scope_iface,......);
            if (!iface_initialized) {  return false;  }
        }
    }
}
/*到此，klass的父类及接口类都已经初始化了。接下来要初始化klass中的静态成员变量。读者可回
  顾图8-7 class_def结构体，其最后一个成员变量为static_values_off，它代表该类静态成员
  变量初始值存储的位置。找到这个位置，即可取出对应静态成员变量的初值。 */
const size_t num_static_fields = klass->NumStaticFields();
if (num_static_fields > 0) {
    //找到klass对应的ClassDef信息以及对应的DexFile对象
    const DexFile::ClassDef* dex_class_def = klass->GetClassDef();
    const DexFile& dex_file = klass->GetDexFile();
    StackHandleScope<3> hs(self);
    Handle<mirror::ClassLoader> class_loader(hs.NewHandle(
                klass->GetClassLoader()));
    //找到对应的DexCache对象
    Handle<mirror::DexCache> dex_cache(hs.NewHandle(klass->GetDexCache()));
    .....
    //遍历ClassDef中代表static_values_off的区域
    EncodedStaticFieldValueIterator value_it(dex_file, &dex_cache,
                    &class_loader, this, *dex_class_def);
    const uint8_t* class_data = dex_file.GetClassData(*dex_class_def);
    ClassDataItemIterator field_it(dex_file, class_data);
    if (value_it.HasNext()) {
        for ( ; value_it.HasNext(); value_it.Next(), field_it.Next()) {
            //找到对应的ArtField成员。下文会介绍ResolveField函数
            ArtField* field = ResolveField(dex_file, field_it.GetMemberIndex(),
                    dex_cache, class_loader, true);
            //设置该ArtField的初值，内部将调用Class的SetFieldXXX相关函数，它会在Class
            //对象中存储对应静态成员变量内容的位置（其值为ArtField的offset_）上设置初值。
            value_it.ReadValueToField<...>(field);
        }
    }
}
//找到类的"<clinit>"函数，并执行它
```

```
    ArtMethod* clinit = klass->FindClassInitializer(image_pointer_size_);
    if (clinit != nullptr) {
        JValue result;
        clinit->Invoke(self, nullptr, 0, &result, "V");
    }
    bool success = true;
    {
        if (.....) {......}
        else {      //初始化正常
            .....
            //设置类状态为kStatusInitialized
            mirror::Class::SetStatus(klass, mirror::Class::kStatusInitialized,self);
                //下面这个函数设置klass静态成员方法ArtMethod的trampoline入口地址。它和
                //Java方法的执行有关，这部分内容我们留待后文再来介绍。
                FixupStaticTrampolines(klass.Get());
            }
    }
    return success;
}
```

InitializeClass 执行完后，类的状态将变成 kStatusInitialized。至此，类已经完全准备好，可以使用了。

ClassLinker 中另外一个常用于初始化类的函数为 EnsureInitialized，它的代码非常简单。

[class_linker.cc->ClassLinker:: EnsureInitialized]

```
bool ClassLinker::EnsureInitialized(Thread* self, Handle<mirror::Class> c,
                    bool can_init_fields, bool can_init_parents) {
    if (c->IsInitialized()) {
        EnsureSkipAccessChecksMethods(c);
        return true;
    }
    const bool success = InitializeClass(self, c, can_init_fields,
                    can_init_parents);
    .....
    return success;
}
```

注意 上面我们介绍了 ART 中处理类的加载和链接工作的入口函数 DefineClass。下文将看到这个函数在很多地方都可能被触发调用。而根据 JLS 相关规范可知，类的初始化函数则只有在创建这个类的对象或者操作这个类的成员方法或成员变量时（或其他情况，请参考 JLS 规范）才会触发。

8.7.8 ClassLinker 中其他常用函数

本节介绍 ClassLinker 中其他一些常见函数。包括：

- Resolve 相关函数。虽然名称叫 Resolve，但在 ART 代码里，它并非是图 8-5 类加载、链接和初始化阶段中提到的 Resolve。相反，它甚至可能触发一个类的加载和链接流程。
- FindClass：根据类的字符串名称搜索一个类。如果没有的话，则可能触发类的加载和

链接流程。

8.7.8.1　Resolve 相关函数

接着来看和类的 Resolve 相关的函数。

8.7.8.1.1　ResolveType

如其名所示，ResolveType 用于数据类型的解析。我们先来看它的函数原型。

 [class_linker.h->ClassLinker::ResolveType]

```
mirror::Class* ClassLinker::ResolveType(const DexFile& dex_file,
                      uint16_t type_idx,Handle<mirror::DexCache> dex_cache,
                             Handle<mirror::ClassLoader> class_loader)
```

ResolveType 到底解析的是什么呢？仔细观察，该函数有一个输入参数是 type_idx，它是 dex 文件里 type_ids 数组中某个元素的索引值。而 type_ids 又存储了该类所用到的各种数据类型的信息。回顾第 3 章的内容可知，通过这个 type_idx 我们可以找到这个类型（type）的字符串描述。然后，再通过字符串描述去找到对应的类，即是本函数的目标。所以，ResolveType 返回的是一个 mirror Class 对象。

马上来看代码。

 [class_linker.cc->ClassLinker::ResolveType]

```
mirror::Class* ClassLinker::ResolveType(const DexFile& dex_file,
                      uint16_t type_idx,......) {
    /*dex_cache的类型为mirror::DexCache，这里直接回顾本章上文对DexCache类的介绍。
      它包含如下几个关键成员变量：
      (1) dex_file_(类型为uint64_t)：实际为DexFile*，指向该对象关联的那个Dex文件。
      (2) resolved_fields_(uint64_t)：实际为ArtField*，指向ArtField数组，成员的数据类
        型为ArtField。该数组存储了一个Dex文件中定义的所有类的成员变量。另外，只有那些经解
        析后得到的ArtField对象才会存到这个数组里。该字段和Dex文件里的field_ids数组有关。
      (3) resolved_methods_(uint64_t)：实际为ArtMethod*，指向ArtMethod数组，成员的
        数据类型为ArtMethod。该数组存储了一个Dex文件中定义的所有类的成员函数。另外，只有
        那些经解析后得到的ArtMethod对象才会存到这个数组里。该字段和Dex文件里的
        method_ids数组有关。
      (4) resolved_string_(uint64_t)：实际为GCRoot<String>*，指向GcRoot<String>数
        组，包括该dex文件里使用的字符串信息数组。String是mirror::String。该字段和Dex
        文件的string_ids数组有关
      (5) resolved_classes_(uint64_t)：实际为GCRoot<Class>*，指向GcRoot<Class>数组，成
        员的数据类型为GcRoot<Class>，存储该dex文件里使用的数据类型信息数组。该字段和Dex
        文件里的type_ids数组有关     */

    //从dex_cache里找到是否已经缓存过type_idx所代表的那个Class信息
    mirror::Class* resolved = dex_cache->GetResolvedType(type_idx);
    if (resolved == nullptr) {           //如果没有缓存过，则需要找到并存起来
            Thread* self = Thread::Current();
        //找到这个type的字符串描述
            const char* descriptor = dex_file.StringByTypeIdx(type_idx);
        //搜索这个字符串对应的类是否存在。FindClass在第7章中曾简单介绍过，后文还会详细讨论它
            resolved = FindClass(self, descriptor, class_loader);
            if (resolved != nullptr) {   //类信息保存到DexCache对象中
                dex_cache->SetResolvedType(type_idx, resolved);
```

```
            } else {
                ...... //抛NoClassDefFoundError异常
                ThrowNoClassDefFoundError("Failed resolution of: %s", descriptor);
        }
        return resolved;
    }
```

总结上述代码可知，ResolveType 用于解析 dex 文件中的 type_ids 中的某个 type 所对应的类是否存在。如果不存在，则会触发目标类的加载和链接。

8.7.8.1.2 ResolveMethod

了解 ResolveType 后，ResolveMethod 的功能也就比较好理解了，先看它的原型。

[class_linker.h->ClassLinker::ResolveMethod]

```
ArtMethod* ClassLinker::ResolveMethod(const DexFile& dex_file,
                    uint32_t method_idx, Handle<mirror::DexCache> dex_cache,
                    Handle<mirror::ClassLoader> class_loader, ArtMethod* referrer,
                    InvokeType type)
```

method_idx 是 dex 文件里 method_ids 数组的索引。在 dex 文件格式中，method_ids 保存了该 dex 文件所对应源码中调用到的任何一个函数。type 是该函数的调用类型，也就是上文介绍的 kSuper、kDirect 这样的枚举值。

提示 谷歌官方文档对 method_ids 的描述原文是“(method_ids is a) method identifiers list. These are identifiers for all methods referred to by this file, whether defined in the file or not.”。

马上来看代码。

[class_linker.cc->ClassLinker::ResolveMethod]

```
template <ClassLinker::ResolveMode kResolveMode>
ArtMethod* ClassLinker::ResolveMethod(const DexFile& dex_file,
                uint32_t method_idx, ......) {
        //和ResolveType类似，首先判断dex_cache中是否已经解析过这个方法了。
    ArtMethod* resolved = dex_cache->GetResolvedMethod(method_idx,
                image_pointer_size_);
    if (resolved != nullptr && !resolved->IsRuntimeMethod()) {
        if (kResolveMode == ClassLinker::kForceICCECheck) {
        //Java有诸如1.5、1.6这样的版本，在早期Java版本里，有些信息和现在的版本有差异，
        //此处将检查是否有信息不兼容的地方（即check incompatible class change），
        //如果检查失败，则会设置一个IncompatibleClassChangeError异常，笔者此处不拟讨论。
        if (resolved->CheckIncompatibleClassChange(type)) {
                ......    //设置异常
            return nullptr;
        }
      }
    return resolved;
    }
    // 如果dex_cache里并未缓存，则先解析该方法所在类的类型（由method_id.class_idx表示）。
    const DexFile::MethodId& method_id = dex_file.GetMethodId(method_idx);
```

```
    mirror::Class* klass = ResolveType(dex_file, method_id.class_idx_,
                        dex_cache, class_loader);
    ......
    switch (type) { //type是指该函数的调用类型
        case kDirect:
        case kStatic:
        /*FindDirectMethod是mirror Class的成员函数，有三个同名函数。在此处调用的函数中，
          将沿着klass向上（即搜索klass的父类、祖父类等）搜索类所声明的direct方法，然后比较
          这些方法的method_idx是否和输入的method_idx一样。如果一样，则认为找到目标函数。注
          意，使用这种方法的时候需要注意比较method_idx是否相等时只有在二者保存在同一个DexCache
          对象时才有意义。显然，这种一种优化搜索方法。    */
        resolved = klass->FindDirectMethod(dex_cache.Get(), method_idx,
                        image_pointer_size_);
        break;
        case kInterface:
            if (UNLIKELY(!klass->IsInterface())) { return nullptr; }
            else { //如果调用方式是kInterface，则搜索klass及祖父类中的virtual方法以及所
                  //实现的接口类里的成员方法。
                resolved = klass->FindInterfaceMethod(dex_cache.Get(),
                        method_idx, image_pointer_size_);
            }
            break;
            ...... //其他处理
            break;
        default: UNREACHABLE();
    }
        //如果通过method_idx未找到对应的ArtMethod对象，则尝试通过函数名及签名信息再次搜索。
        //通过签名信息来查找匹配函数的话就不会受制于同一个DexCache对象的要求，但比较字符串的
        //速度会慢于上面所采用的比较整型变量method_idx的处理方式。
    if (resolved == nullptr) {
        //name是指函数名
            const char* name = dex_file.StringDataByIdx(method_id.name_idx_);
        //signature包含了函数的签名信息，就是函数参数及返回值的类型信息
            const Signature signature = dex_file.GetMethodSignature(method_id);
            switch (type) {
                case kDirect:
                case kStatic:    //调用另外一个FindDirectMethod，主要参数是signature
                    resolved = klass->FindDirectMethod(name, signature,
                                image_pointer_size_);
                break;
                ......
        }
    }
    if (LIKELY(resolved != nullptr
          && !resolved->CheckIncompatibleClassChange(type))) {
        //如果找到这个方法，则将其存到dex_cache对象中，以method_idx为索引，存储在它的
        //resolved_methods_成员中
        dex_cache->SetResolvedMethod(method_idx, resolved, image_pointer_size_);
        return resolved;
    } else { ....../*其他处理 */ }
}
```

8.7.8.1.3 ResolveString

相比 ResolveType 和 ResolveMethod，对字符串类型的 Resolve 工作就非常简单了，来看代码。

[class_linker.cc->ClassLinker::ResolveString]

```
mirror::String* ClassLinker::ResolveString(const DexFile& dex_file,
                    uint32_t string_idx, Handle<mirror::DexCache> dex_cache) {
    //先看看dex_cache是否缓存过了
    mirror::String* resolved = dex_cache->GetResolvedString(string_idx);
    if (resolved != nullptr) {  return resolved; }
    uint32_t utf16_length;
    //解析这个string_idx，得到一个字符串
    const char* utf8_data = dex_file.StringDataAndUtf16LengthByIdx(
                              string_idx, &utf16_length);
    //将其存储到intern_table_中，返回一个mirror String对象
    mirror::String* string = intern_table_->InternStrong(utf16_length,
                                 utf8_data);
    dex_cache->SetResolvedString(string_idx, string);   //存储到dex_cache里
    return string;
}
```

到此，类的Resolve相关函数介绍到此，总而言之，dex文件里使用的type_id、method_id、string_id等都是索引。这些索引所指向的信息需要分别被找到。而解析的目的就是如下所示。

- 根据type_id找到它对应的mirror Class对象。
- 根据method_id找到对应的ArtMethod对象。
- 根据string_id找到对应的mirror String对象。最后，所有解析出来的信息都将存在该dex文件对应的一个DexCache对象中。

其中，解析type id和method id的时候可能触发目标类的加载和链接过程。这是通过下节将介绍的FindClass来完成的。

8.7.8.1.4 ResolveField

最后来看一下ResolveField，它也比较简单。

[class_linker.cc->ClassLinker::ResolveField]

```
ArtField* ClassLinker::ResolveField(const DexFile& dex_file,
                uint32_t field_idx,Handle<mirror::DexCache> dex_cache,
                Handle<mirror::ClassLoader> class_loader,bool is_static) {
    //如果已经解析过该成员变量，则返回
    ArtField* resolved = dex_cache->GetResolvedField(field_idx,
                    image_pointer_size_);
    if (resolved != nullptr) { return resolved; }
    const DexFile::FieldId& field_id = dex_file.GetFieldId(field_idx);
    Thread* const self = Thread::Current();
    StackHandleScope<1> hs(self);
    //先找到该成员变量对应的Class对象
    Handle<mirror::Class> klass(
        hs.NewHandle(ResolveType(dex_file, field_id.class_idx_,
               dex_cache, class_loader)));
    .....
    //下面这段代码用于从Class对象ifields_或sfields_中找到对应成员变量的ArtField对象。注
    //意，在搜索过程中，会向上遍历Class派生关系树上的基类。
    if (is_static) {
        resolved = mirror::Class::FindStaticField(self, klass,
                   dex_cache.Get(), field_idx);
```

```
    } else {
        resolved = klass->FindInstanceField(dex_cache.Get(), field_idx);
    }
    ......
    //保存到DexCache resolved_fields_成员变量中
    dex_cache->SetResolvedField(field_idx, resolved, image_pointer_size_);
    return resolved;
}
```

8.7.8.2 FindClass

在ART中，FindClass是一个非常常用的根据类字符串描述来搜索目标类的函数。当然，它很可能会触发目标类的加载和链接流程。马上来看它的代码，如下所示。

[class_linker.cc->ClassLinker::FindClass]

```
mirror::Class* ClassLinker::FindClass(Thread* self,
          const char* descriptor, Handle<mirror::ClassLoader> class_loader) {
    self->AssertNoPendingException();
    //如果字符串只有一个字符，则将搜索基础数据类对应的Class对象
    if (descriptor[1] == '\0') { return FindPrimitiveClass(descriptor[0]); }
    //搜索引用类型对应的类对象，首先根据字符串名计算hash值
    const size_t hash = ComputeModifiedUtf8Hash(descriptor);
    //从ClassLoader对应的ClassTable中根据hash值搜索目标类
    mirror::Class* klass = LookupClass(self, descriptor, hash,
                                  class_loader.Get());
    //如果目标类已经存在，则确保它的状态大于或等于kStatusResoved。
    //EnsureResolved并不会调用上文提到的实际加载或链接类的函数，它只是等待其他线程完成这个
    //工作
    if (klass != nullptr) {return EnsureResolved(self, descriptor, klass); }
    //如果搜索的是数组类，则创建对应的数组类类对象。下文将介绍这个函数
    if (descriptor[0] == '[') {
        return CreateArrayClass(self, descriptor, hash, class_loader);
    } else if (class_loader.Get() == nullptr) {
        /*对bootstrap类而言，它们是由虚拟机加载的，所以没有对应的ClassLoader。
          下面的FindInClassPath函数返回的ClassPathEntry是类型别名，其定义如下:
          typedef pair<const DexFile*,const DexFile::ClassDef*> ClassPathEntry
          FindInClassPath将从boot class path里对应的文件中找到目标类所在的Dex文件和对应
          的ClassDef信息，然后调用DefineClass来加载目标类  */
            ClassPathEntry pair = FindInClassPath(descriptor, hash,
                                  boot_class_path_);
        if (pair.second != nullptr) {     //DefineClass已经介绍过了
            return DefineClass(self, descriptor,hash,
                         ScopedNullHandle<mirror::ClassLoader>(),
                         *pair.first,  *pair.second);
        } ......
    } else {
        ScopedObjectAccessUnchecked soa(self);
        mirror::Class* cp_klass;
        //如果是非bootstrap类，则需要触发ClassLoader进行类加载。该函数请读者在学完8.7.9节
        //关于ClassLoader的内容后自行研究
        if (FindClassInPathClassLoader(soa, self, descriptor, hash,
                class_loader, &cp_klass)) {
            if (cp_klass != nullptr) { return cp_klass;    }
        }
```

```
    ......
    /*如果通过ClassLoader加载目标类失败，则下面的代码将转入Java层去执行ClassLoader的类
      加载。根据代码中的注释所言，类加载失败需要抛出异常，而上面的FindClassInPathClass-
      Loader并不会添加异常信息，相反，它还会去掉其执行过程中其他函数因处理失败（比如Define-
      Class）而添加的异常信息。所以，接下来的代码将进入Java层去ClassLoader对象的load-
      Class函数，虽然目标类最终也会加载失败，但相关异常信息就能添加，同时整个调用的堆栈信息
      也能正确反映出来。所以，这种处理方式应是ART虚拟机里为提升运行速度所做的优化处理吧  */
    ......
  {
    ......
    result.reset(soa.Env()->CallObjectMethod(class_loader_object.get(),
        WellKnownClasses::java_lang_ClassLoader_loadClass,
                                    class_name_object.get()));
  }
  ...... //相关处理，略过。
}
```

FindClass的逻辑很简单，其中涉及类加载和链接的工作其实都是由DefineClass来承担的。不过，其中还有FindPrimitiveClass、CreateArrayClass需要给读者做一番介绍。

关于ClassLoader

到目前为止，我们介绍了类的具体加载和链接过程，但还没有将其和ClassLoader关联起来。而Java虚拟机中ClassLoader对类加载而言是不可不谈的知识。另外，FindClass代码中所调用的FindClassInPathClassLoader也是比较重要的函数，但它和ART虚拟机中ClassLoader的处理机制有关，所以我们留待后续介绍ClassLoader时再统一讲解。

8.7.8.2.1 FindPrimitiveClass

FindPrimitiveClass用于返回代表基础数据类型的mirror Class对象，代码比较简单。

 [class_linker.cc->ClassLinker::FindPrimitiveClass]

```
mirror::Class* ClassLinker::FindPrimitiveClass(char type) {
    switch (type) {
        case 'B':           //从class_roots_中找到对应的类。7.8.3节曾介绍过它
            return GetClassRoot(kPrimitiveByte);
            ......          //其他基础数据类型的处理
        case 'Z':
            return GetClassRoot(kPrimitiveBoolean);
        case 'V':
            return GetClassRoot(kPrimitiveVoid);
        default:
            break;
    }
    return nullptr;
}
```

从上述代码可知，FindPrimitiveClass只是根据基础数据类型的字符名从class_roots_中找到对应的mirror Class对象。不过，我们知道Java中并没有定义诸如char、int这样的类，那么它们何来的mirror Class对象呢？在虚拟机中，这些基础数据类（包括下节要介绍的数组类）对应的mirror Class对象是由虚拟机自行创建的。

为什么可以这样？我们在上几个小节里详细介绍了 mirror Class 的成员变量和含义。其中比较重要的信息无非就是 Class 对象自己的大小（class_size_）、类实例对象的大小（object_size_）、有哪些成员方法（vtable_、methods_ 等）和成员变量（ifields_、sfields_ 等）。一般而言，这些信息是从 Java 源码里程序员写的类中提取得到的，但也可以在没有对应源码的情况下手动构造这些信息以创建 Class 对象。当然，这些信息我们还是需要知道的，只不过没有 Java 对应类的源码来表示罢了。

马上来看 ART 虚拟机中如何创建代表基础数据类型的 mirror Class 对象的。代码如下所示。

[class_linker.cc->ClassLinker::CreatePrimitiveClass]

```
mirror::Class* ClassLinker::CreatePrimitiveClass(Thread* self,
                    Primitive::Type type) {
    /*创建指定大小的Class对象。对基础数据类型而言，它不包含embedded table，也没有静态成员变
      量。所以，PrimitiveClassSize内部调用的代码就是ComputeClassSize(false, 0, 0, 0,
      0, 0, 0, pointer_size);    */
    mirror::Class* klass = AllocClass(self,
            mirror::Class::PrimitiveClassSize(image_pointer_size_));
    //
    return InitializePrimitiveClass(klass, type);
}
```

InitializePrimitiveClass 的代码很简单，如下所示。

[class_linker.cc->ClassLinker::InitializePrimitiveClass]

```
mirror::Class* ClassLinker::InitializePrimitiveClass(
        mirror::Class* primitive_class, Primitive::Type type) {
    Thread* self = Thread::Current();
    .....
    h_class->SetAccessFlags(kAccPublic | kAccFinal | kAccAbstract);
    h_class->SetPrimitiveType(type);
    //直接设置状态为kStatusInitialized
    mirror::Class::SetStatus(h_class, mirror::Class::kStatusInitialized, self);
    const char* descriptor = Primitive::Descriptor(type);
    //插入对应的ClassTable中
    mirror::Class* existing = InsertClass(descriptor, h_class.Get(),
                        ComputeModifiedUtf8Hash(descriptor));
    return h_class.Get();
}
```

8.7.8.2.2　CreateArrayClass

接着来看数组类的创建，它比上节基础数据类的创建要复杂一些。我们先通过一个例子来介绍。示例的代码和运行结果如下。

[数组类创建示例]

```
//在Java源码中，我们创建一个String类的三维数组
String[][][] test= new String[1][2][3];
//编译后得到的这样一段字节码。
check-cast v0, [[[Ljava/lang/String;
```

在字节码中，String 三维数组对应的类型为 "[[[Ljava/lang/String;"，这种数据类型对应的 Java 源码肯定是不存在的，所以和基础数据类一样，它的 mirror Class 对象将由虚拟机动态创建，其中包含一些规则，解释如下。

- component type：原数组降一维后得到的数据类型。对三维数组 String[][][] 而言，降一维得到的数据类型是就是二维数组 String[][]。
- element type：如果 component type 还是一个数组类型的话，则我们可以继续降维，直到最终得到一个非数组的类型。这个类型就是 element type。比如，上例中的 String[][][]，如果进行三次降维，将分别得到 String[][]、String[]、String。最后的 String 类型就是 element type。
- 数组类必须实现 Cloneable 和 Serializable 接口。根据 8.7.1 节的介绍可知，这两个接口属于 marker interface，内部不包含任何接口函数。
- 数组类的加载必须由它 element type 对应的 ClassLoader 来完成。
- 数组类 Class 的基类是 Object，所以它的类方法成员包含父类 Object 的 11 个 virtual 方法（参考图 8-8）。

了解上述知识后，马上来看代码。

[class_linker.cc->ClassLinker::CreateArrayClass]

```
mirror::Class* ClassLinker::CreateArrayClass(Thread* self,
                const char* descriptor, size_t hash,
                Handle<mirror::ClassLoader> class_loader) {
    StackHandleScope<2> hs(self);
    //先找component type对应的类。假设descriptor为"[[[Ljava/lang/String;",
    //则descriptor + 1将为"[[Ljava/lang/String;"
    MutableHandle<mirror::Class> component_type(
                hs.NewHandle(FindClass(self, descriptor + 1, class_loader)));
    if (component_type.Get() == nullptr) { ......}
    //不允许创建void[]这样的数组
    if (UNLIKELY(component_type->IsPrimitiveVoid())) { return nullptr; }
    //如果传入的class_loader和component type的class loader不相同，则需要使用component
    //type的ClassLoader加载目标数组类。
    if (class_loader.Get() != component_type->GetClassLoader()) {
        mirror::Class* new_class = LookupClass(self, descriptor,
                 hash, component_type->GetClassLoader());
        //如果找到目标类对象了，则返回
        if (new_class != nullptr) { return new_class; }
    }
    //如果目标类对象不存在，则需要手动构造一个
    auto new_class = hs.NewHandle<mirror::Class>(nullptr);
    //对于一些常用数组类，系统提前创建好了。比如Class[]、Object[]、String[]、
    //char[]、int[]、long[]。
    if (UNLIKELY(!init_done_)) {
        if (strcmp(descriptor, "[Ljava/lang/Class;") == 0) {
            new_class.Assign(GetClassRoot(kClassArrayClass));
        } else if (strcmp(descriptor, "[Ljava/lang/Object;") == 0) {
            new_class.Assign(GetClassRoot(kObjectArrayClass));
        } ......
    }
    //手动创建。Array::ClassSize也是调用ComputeClassSize函数，调用方法为：ComputeClass-
```

```
    //Size(true, 11, 0, 0, 0, 0, 0, pointer_size) 即包含IMTable和VTable的内容，但不
    //包括静态成员变量。
    if (new_class.Get() == nullptr) {
        new_class.Assign(AllocClass(self,
                    mirror::Array::ClassSize(image_pointer_size_)));
        ......
        //设置Class的component_type_成员。只有Class代表数组类时，该成员变量才存在
        new_class->SetComponentType(component_type.Get());
    }
    ObjectLock<mirror::Class> lock(self, new_class);
    mirror::Class* java_lang_Object = GetClassRoot(kJavaLangObject);
    //设置Class super_class_成员
    new_class->SetSuperClass(java_lang_Object);
    //设置Class vtable_成员
    new_class->SetVTable(java_lang_Object->GetVTable());
    //其他设置
    new_class->SetPrimitiveType(Primitive::kPrimNot);
    new_class->SetClassLoader(component_type->GetClassLoader());
        //kClassFlagNoReferenceFields标志表示目标类不包含引用类型的变量，更多关于类的标
        //志位的知识留待13.8.3节再详细介绍
    if (component_type->IsPrimitive()) {
        new_class->SetClassFlags(mirror::kClassFlagNoReferenceFields);
    } else { //kClassFlagObjectArray表示数组元素的类型为引用类型
        new_class->SetClassFlags(mirror::kClassFlagObjectArray);
    }
    //设置状态为kStatusLoaded
    mirror::Class::SetStatus(new_class, mirror::Class::kStatusLoaded, self);
    {
        ArtMethod* imt[mirror::Class::kImtSize];
        std::fill_n(imt, arraysize(imt),
                    Runtime::Current()->GetImtUnimplementedMethod());
        //填充Class的embeded_imtable和embeded_vtable_信息，同时vtable_设置为空
        new_class->PopulateEmbeddedImtAndVTable(imt, image_pointer_size_);
    }
    //类状态更新为kStatusInitialized
    mirror::Class::SetStatus(..., mirror::Class::kStatusInitialized,...);
    //array_iftable_为ClassLinker的成员变量，类型为IfTable，它包含Cloneable和Seria-
    //lizable两个接口类信息。下面将设置目标数组类的iftable_成员
    {
        mirror::IfTable* array_iftable = array_iftable_.Read();
        new_class->SetIfTable(array_iftable);
    }
    //设置类访问标记，数组类时抽象的，final、非接口类型。先获取component type的访问标记
    int access_flags = new_class->GetComponentType()->GetAccessFlags();
    access_flags &= kAccJavaFlagsMask;
    access_flags |= kAccAbstract | kAccFinal;
    access_flags &= ~kAccInterface;
    new_class->SetAccessFlags(access_flags);
    //插入component type类的ClassLoader的ClassTable中
    mirror::Class* existing = InsertClass(descriptor, new_class.Get(), hash);
    if (existing == nullptr) {
        jit::Jit::NewTypeLoadedIfUsingJit(new_class.Get());
        return new_class.Get();
    }
    return existing;
}
```

注意，在上述代码中手动创建目标数组类 Class 对象时并未设置它的 object_size_。这是为什么呢？因为数组元素的个数是运行时才知道。所以，数组类实例对象的大小是可变的。

提示 读者可回顾 LinkFields 一节所示代码的最后几行。在那里，只有类实例对象的大小是固定不变时（Class 的 IsVariableSize 返回 false），这样才会设置它的 object_size_。

最后，我们看一下 ClassLinker 中 array_iftable_ 的来历。

[class_linker.cc->ClassLinker::InitWithoutImage]

```
bool ClassLinker::InitWithoutImage(vector<unique_ptr<const DexFile>>
                              boot_class_path,string* error_msg) {
    ...... //
    auto java_lang_Cloneable = hs.NewHandle(FindSystemClass(self,
                    "Ljava/lang/Cloneable;"));
    auto java_io_Serializable = hs.NewHandle(FindSystemClass(self,
                        "Ljava/io/Serializable;"));
    array_iftable_.Read()->SetInterface(0, java_lang_Cloneable.Get());
    array_iftable_.Read()->SetInterface(1, java_io_Serializable.Get());
    ......
}
```

请读者注意，我们在 7.8 节曾介绍过 ClassLinker 的 InitFromBootImage 函数，而上面的函数为 InitWithoutImage。这两个有什么区别呢？

- 上文提过 dex2oat 进程是用于编译字节码到机器码的，它包含虚拟机的相关模块，但不是一个真正可用于运行 Java 程序的完整虚拟机。dex2oat 内部运行时需要诸如上面代码里所示的 class_roots 所包含的诸如 Cloneable、Serializable 等系统基础类的信息。
- 但是，dex2oat 如何编译系统基础类自己呢？为了解决这个鸡生蛋、蛋生鸡的问题。ART 设计了这个 InitWithoutImage 函数。这个函数里将先手动构造所需的系统基础类，然后再编译系统基础类对应的 dex 文件。
- dex2oat 编译其他非系统基础类时，则会先加载 boot 镜像对应的 oat/art 文件，从其中读取系统基础类的信息（此步骤对应为 InitFromBootImage 函数），然后利用这些信息再完成相关的编译工作。

比如，InitFromBootImage 中设置 array_iftable_ 的代码如下所示。

[class_linker.cc->ClassLinker::InitFromBootImage]

```
bool ClassLinker::InitFromBootImage(std::string* error_msg) {
    ......
    //从boot镜像文件里读取相关信息（参考7.8.3节的图7-24），而不是手动创建
    array_iftable_ = GcRoot<mirror::IfTable>(
                GetClassRoot(kObjectArrayClass)->GetIfTable());
    ......
}
```

InitWithoutImage 难度不大，通过它可以了解一些系统基础类包含什么信息。读者有兴趣的话不妨尝试阅读它。

8.7.9　ClassLoader介绍

谈及Java类的加载，必然不能缺少的主角之一便是ClassLoader。JLS和JVM规范对于ClassLoader的作用均有明确定义。笔者归纳相关的知识点如下。

- ClassLoader的工作方式是委托制（delegation）。以Java层的ClassLoader为例，它有一个成员变量叫parent（其类型也是ClassLoader）。当我们通过Java ClassLoader A来加载目标类时，它首先会委托自己的parent去加载。而parent可能还会先委托给parent的parent去加载。如此递进。如果被委托的Java Class对象加载不了目标类的话，则由委托者自己尝试加载。
- 根据上面的描述可知，虽然调用者是通过比如Java ClassLoader A对象来加载目标类，但实际完成类加载工作的可能是A的parent（假设是ClassLoader B对象）。A和B在JLS规范中是有区别的：完成实际类加载（规范中叫创建或定义）工作的ClassLoader叫Defining Loader（定义加载器），而发起加载请求的ClassLoader叫Initiating Loader（初始加载器）。所以，在本例中，A是初始加载器，A的parent B则是定义加载器。
- 类的唯一性不仅仅是由它的全路径类名来决定，还要加上**定义**它的ClassLoder。所以，如果要判断两个类是不是相同，不仅要判断全路径类名是否一样，还要判断加载它们的ClassLoader是不是同一个。这也是为什么ART中每一个ClassLoader对象中都有一个存储自己所加载的类的ClassTable容器。

最后，Android系统中的Java虚拟机有三种不同作用的加载器，它们分别是Bootstrap加载器（Bootstrap ClassLoader）、System加载器（System ClassLoader）以及应用加载器（APP ClassLoader）。

注意　APP加载器是笔者提出的说法，应用进程利用它来加载.apk或.jar文件里的类。而JVM规范中只有Bootstrap加载器（也叫Boot加载器，以后不再区分二者的区别）和用户自定义加载器（User-defined ClassLoader）之分。在Android系统中，此处的用户自定义加载器包括System加载器和APP加载器。读者不用纠结这个用户自定义加载器是什么意思，它只是为了和Boot加载器区分开来罢了。

规范中关于ClassLoader的内容并不算多，但它的用法却非常灵活，不是一个很容易掌握的知识点。本节我们将按如下顺序介绍Android系统中的ClassLoader。

- 首先来看Android Java ClassLoader的类家族，了解其中比较关键的几个类。
- 然后讲解Bootstrap加载器、System加载器和APP加载器的作用以及之间的关系。

8.7.9.1　Java层ClassLoader相关类介绍

图8-15所示为Android中和Java ClassLoader有关的类。

图8-15展示了Android系统中Java ClassLoader的几个主要类。

- ClassLoader是抽象类，包含一个parent成员变量，指向被委托的另外一个ClassLoader对象。Android系统中，ClassLoader有两个比较重要的派生类，分别是BootClassLoader和BaseDexClassLoader。

- BootClassLoader 如其名所示，和 bootstrap 类的加载有关。也就是我们上文提到的 Boot 加载器。下文将介绍它的代码。
- BaseDexClassLoader 是 Android 系统中从 dex 文件中（文件格式可以是 .dex 或者包含 .dex 文件的 jar 包或 apk 文件）加载类的关键类。下文还将对该类做进一步介绍。
- Android 系统中一般不直接使用 BaseDexClassLoader 对，而是构造它的派生类 PathClassLoader 的对象。PathClassLoader 本身很简单，只有两个构造函数，此外再无其他成员变量和函数。PathClassLoader 也就是上文提到的用户自定义加载器。

上述几个类中，需要重点关注的是 BootClassLoader 和 BaseDexClassLoader。不过，我们先来看一下 ClassLoader 的委托关系如何在代码里体现。

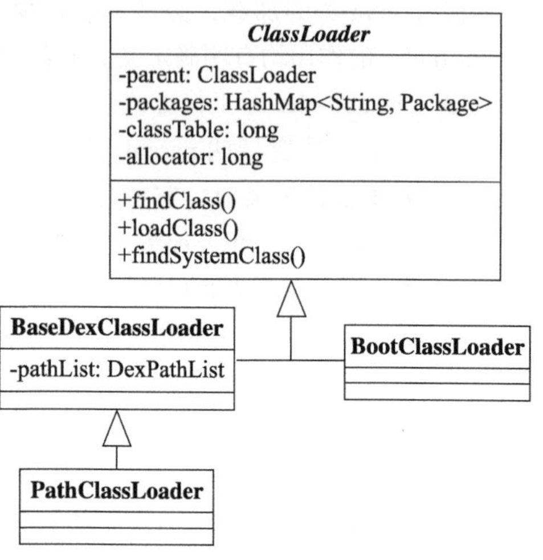

图 8-15 Android Java ClassLoader 相关类

8.7.9.1.1 ClassLoader loadClass

ClassLoader 的委托关系体现在它的 loadClass 函数中，来看代码。

[ClassLoader.java->ClassLoader::loadClass]

```
//这个loadCLass是public的，外界可访问。
public Class<?> loadClass(String name) throws ClassNotFoundException {
    return loadClass(name, false); //这个loadClass是protected，外界不能访问
}
protected Class<?> loadClass(String name, boolean resolve)... {
    //先看虚拟机是否已经加载目标类了
    Class c = findLoadedClass(name);
    if (c == null) { //如果没有，则尝试加载
        long t0 = System.nanoTime();
        try { //如果parent不为空，则委托它去加载。
            if (parent != null) { c = parent.loadClass(name, false);}
            else { c = findBootstrapClassOrNull(name);}
        }
        catch (ClassNotFoundException e) {  .....
        }
        //如果委托者加载不成功，则尝试自己加载
        if (c == null) { c = findClass(name);}
    }
    return c;
}
```

所以，要想知道一个加载器具体是如何工作的，我们只要看它的 findClass 即可。

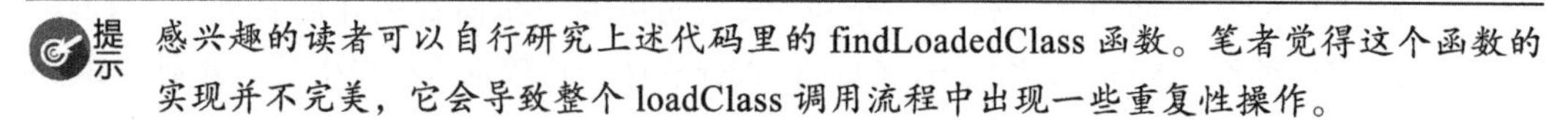

提示 感兴趣的读者可以自行研究上述代码里的 findLoadedClass 函数。笔者觉得这个函数的实现并不完美，它会导致整个 loadClass 调用流程中出现一些重复性操作。

8.7.9.1.2 BootClassLoader介绍

直接来看代码，它位于ClassLoader.java中。

[ClassLoader.java->BootClassLoader]

```
class BootClassLoader extends ClassLoader {
    //BootClassLoader采用了单例构造的方式。所以一个Java进程只存在一个
    //BootClassLoader对象
    private static BootClassLoader instance;
    public static synchronized BootClassLoader getInstance() {
        if (instance == null) {  instance = new BootClassLoader(); }
        return instance;
    }
    //调用父类的构造函数，其参数用于设置parent成员。注意，此处传的是null，这说明BootClass-
    //Loader没有可委托的其他加载器了。
    public BootClassLoader() { super(null); }
    //加载目标类，下文将分析其代码。
    protected Class<?> findClass(String name) ... {
        return Class.classForName(name, false, null);
    }
}
```

通过上面的代码可知：

- BootClassLoader是单例构造。所以，一个Java进程只会有一个BootClassLoader对象。
- BootClassLoader的parent成员为null，所以它没有可委托的对象。也就是说，在Class-Loader委托关系链上**最先**（还记得加载器委托工作机制吗？工作总是先委托给其他人来做，所以作为委托链中的最后一个成员，它也是最先进行处理的）加载目标类的就是这个BootClassLoader对象。

马上来看BootClassLoader的findClass函数，代码如下所示。

[ClassLoader.java->BootClassLoader::findClass]

```
protected Class<?> findClass(String name) throws ClassNotFoundException {
    //classForName是Java Class类的native函数，直接看其JNI层的实现
    return Class.classForName(name, false, null);
}
```

[java_lang_Class.cc->Class_classForName]

```
static jclass Class_classForName(JNIEnv* env, jclass, jstring javaName,
        jboolean initialize,jobject javaLoader) {
    //注意传入的参数，javaName为JLS规范里定义的类名（如java.lang.String），
    //initialize为false，javaLoader为false
    ScopedFastNativeObjectAccess soa(env);
    ScopedUtfChars name(env, javaName);
    ......
    //转成JVM规范使用的类名，如Ljava/lang/String;
    std::string descriptor(DotToDescriptor(name.c_str()));
    StackHandleScope<2> hs(soa.Self());
    //由于javaLoader为空，所以class_loader等同于nullptr
    Handle<mirror::ClassLoader> class_loader(hs.NewHandle(
        soa.Decode<mirror::ClassLoader*>(javaLoader)));
```

```
    ClassLinker* class_linker = Runtime::Current()->GetClassLinker();
    /*调用ClassLinker的FindClass，由于class_loader等于nullptr，根据8.7节对FindClass的
      介绍可知，它将只在ClassLinker的boot_class_table_中搜索目标类 */
    Handle<mirror::Class> c(
        hs.NewHandle(class_linker->FindClass(soa.Self(),
            descriptor.c_str(), class_loader)));
    ......
    if (initialize) {     //initialize为false的话，将只加载和链接目标类，不初始化它
        class_linker->EnsureInitialized(soa.Self(), c, true, true);
    }
    return soa.AddLocalReference<jclass>(c.Get());
}
```

由上述代码可知，BootClassLoader和虚拟机Native层ClassLinker的boot_class_table_相关联，它就是用于加载Bootstrap类的。

8.7.9.1.3 BaseDexClassLoader介绍

对Android系统而言，Java代码中的类最终是以Dex格式存储的。所以，系统提供了BaseDexClassLoader来实现从Dex文件中加载类的功能。这里的Dex文件包括.dex文件，以及携带有classes.dex项的.jar文件以及.apk文件。

来看BaseDexClassLoader的代码。

[BaseDexClassLoader.java]

```
public class BaseDexClassLoader extends ClassLoader {
    //关键成员pathList，类型为DexPathList。该变量存储了路径信息
    private final DexPathList pathList;
    //findClass的代码：
    protected Class<?> findClass(String name) ... {
        List<Throwable> suppressedExceptions = new ArrayList<Throwable>();
        //由DexPathList findClass来完成相关工作。下文会介绍该函数。
        Class c = pathList.findClass(name, suppressedExceptions);
            .......
        return c;
    }
}
```

BaseDexClassLoader中最关键的成员是它的pathList，其类型是DexPathList。由其类名可知，DexPathList可能存储了和一个BaseDexClassLoader对象相关联的Dex文件路径。马上来看DexPathList的代码。

[DexPathList.java::DexPathList]

```
final class DexPathList {
    private static final String DEX_SUFFIX = ".dex";
    private static final String zipSeparator = "!/";
    //definingContext指向包含本DexPathList对象的加载器对象
    private final ClassLoader definingContext;
    //dexElements：描述defingContext ClassLoader所加载的dex文件
    private Element[] dexElements;
    private final Element[] nativeLibraryPathElements;
    //ClassLoader除了加载类之外，加载native动态库的工作也可由它来完成。下面这个变量描述了defin-
```

```
    //ingContext ClassLoader可从哪几个目录中搜索目标动态库
    private final List<File> nativeLibraryDirectories;
    ......
    //这是Element类的定义，读者不用关心其成员的含义
    package*/ static class Element {
        private final File dir;
        private final boolean isDirectory;
        private final File zip;
        private final DexFile dexFile;
        ......
    }
}
```

通过上述代码可知：

- 一个 BaseDexClassLoader 对象和一个 DexPathList 对象互相关联。
- DexPathList 可描述一个或多个 dex 文件信息。这表明 BaseDexClassLoader 应该从 DexPathList 指定的 dex 文件中去搜索和加载目标类。
- DexPathList 同时包含 native 动态库搜索目录列表。

光看代码很难搞清楚 DexPathList 到底包含了什么信息。为此，笔者打印了几个 Java 进程中某些类所对应的加载器的信息，方法很简单。比如，如果要输出 SystemServer 类的加载器的信息时，可用如下的代码实现。

```
Log.e(TAG,"" + SystemServer.class.GetClassLoader());
```

下面是笔者所做实验得到的结果。

[类加载器信息输出结果]

```
/*打印加载SystemServer类的加载器信息，如上文所示，Android系统中一般用PathClassLoader来加载
  dex文件里的类。BaseDexClassLoader和DexPathList均重载了onString函数。下面是输出结果，说
  明如下：
  (1) 加载器的类型是dalvik.system.PathClassLoader。这和上文描述的一致，Android系统中一
   般使用PathClassLoader来加载dex文件。
  (2) 该PathClassLoader对象和哪些文件关联。由于jar包是压缩包，所以输出信息中前面有"zip file"
   标示。该信息来源于DexPathList的dexElements成员。
  (3) 该PathClassLoader可从nativeLibraryDirectories对应目录中搜索目标so文件。
  下面文字中以#号开头的内容为笔者添加的注释 */
dalvik.system.PathClassLoader[#SystemServer类的加载器
    DexPathList[#本加载器所关联的Dex文件
        [zip file "/system/framework/services.jar",
         zip file "/system/framework/ethernet-service.jar",
         zip file "/system/framework/wifi-service.jar"],
    nativeLibraryDirectories= #下面的目录有重复，不过没有什么影响
        [/system/lib, /vendor/lib, /system/lib,/vendor/lib]
    ]
]
//打印加载Am类的PathClassLoader信息.Am类是执行am命令时的入口类
dalvik.system.PathClassLoader[#Am类的加载器
    DexPathList[#关联am.jar文件
            [zip file "/system/framework/am.jar"],
        nativeLibraryDirectories=
            [/system/lib, /vendor/lib, /system/lib, /vendor/lib]
```

```
        ]
]
//执行ApiDemos应用时打印的信息
dalvik.system.PathClassLoader[#ApiDemosApplication类的加载器
    DexPathList[#对一个应用而言，它的相关类都编译在.apk中
        [zip file "/data/app/com.example.android.apis-1/base.apk"],
        nativeLibraryDirectories=[#对应用而言，它有自己的so文件加载目录
            /data/app/com.example.android.apis-1/lib/x86,
            /system/lib, /vendor/lib]
    ]
]
```

DexPathList 为什么要描述一个加载器对象和哪些文件相关联呢？来看 DexPathList 的 findClass 函数即可知道原因，代码如下所示。

[DexPathList.java->DexPathList::findClass]

```
public Class findClass(String name, List<Throwable> suppressed) {
    for (Element element : dexElements) {
        DexFile dex = element.dexFile;
        //遍历所关联的dex文件，然后调用DexFile的loadClassBinaryName函数，定义加载器由
        //definigContext指定。
        if (dex != null) {
            Class clazz = dex.loadClassBinaryName(name,
                                    definingContext, suppressed);
            if (clazz != null) { return clazz;  }
        }
    }
    ......
    return null;
}
```

通过上述示例和代码，相信读者对 Android 系统中的 ClassLoader 有了足够的了解。现在来学习稍微复杂一点的知识。

8.7.9.2 三种 ClassLoader

先回顾 Android 系统中 Java 进程的创建过程，如图 8-16 所示。

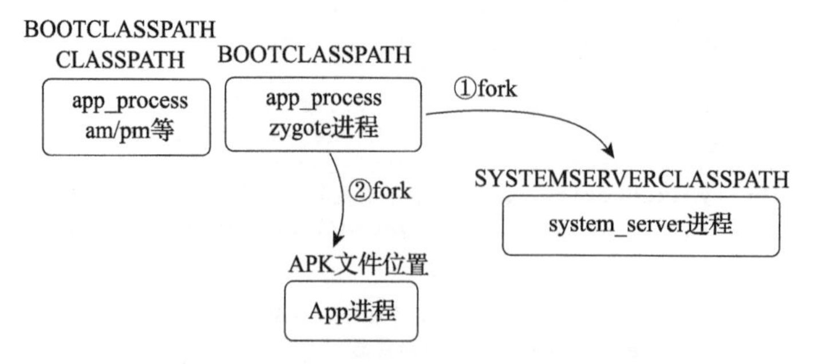

图 8-16 Android Java 进程创建过程示意

图 8-16 展示了 Android Java 进程的创建过程。

- 首先，Android 系统中第一个 Java 进程就是第 7 章介绍过的 app_process 进程。该进程叫作 zygote。
- zygote 进程接着 fork 自己，得到 Android 系统第二个 Java 进程，也是 Android Java Framework 的核心进程 system_server。如果读者对 system_server 进程创建过程不太熟悉的话，可以参考笔者编写的《深入理解 Android 卷 1》第 4 章“深入理解 Zygote”。
- 接着，zygote 进程将 fork 应用进程。
- 除了应用进程外，Android 系统中还有一类 Java 进程，它是通过运行 app_process 程序然后执行指定 Java 类的入口函数来工作的。比如 adb shell 登录设备或模拟器的终端后，我们可以通过 am、pm 这样脚本来启动这样的 Java 进程。

来认识下 am 脚本，内容如下所示。

[am 脚本]

```
#!/system/bin/sh
base=/system
#输出CLASSPATH环境变量
export CLASSPATH=$base/framework/am.jar
#执行app_process，然后调用com.android.commands.am.Am类的main函数
exec app_process $base/bin com.android.commands.am.Am "$@"
```

进一步来观察图 8-16，它还特别标注了不同 Java 进程所加载的类来自于什么地方。

- zygote 将加载 bootstrap 类，对应的加载器对象是 BootClassLoader。bootstrap 类所在的文件路径由环境变量 BOOTCLASSPATH 来描述，取值为 /system/framework/core-oj.jar:/system/framework/core-libart.jar 等（读者可参考第 7 章的图 7-18 展示的 boot 镜像包括的文件）。也就是说，包含在这些 jar 包里的类将由 BootClassLoader 对象负责加载。
- system_server fork 自 zygote，所以它天然就继承了 BootClassLoader，但是 system_server 有自己独特的功能，需要加载它所对应的 dex 文件。为此，system_server 会创建一个 PathClassLoader 对象，加载定义在 SYSTEMSERVERCLASSPATH 环境变量中的 dex 文件。该环境变量的取值在上一节做的 PathClassLoader 打印信息的实验里已经见过了。笔者测试环境下，该环境变量包含三个 dex 文件，分别是 services.jar、ethernet-service.jar 和 wifi-service.jar。
- zygote fork APP 进程时，APP 进程将创建一个 PathClassLoader 来加载指定的 Apk 文件。显然，APP 进程将继承来自 Zygote 的 BootClassLoader，同时还有一个用来加载指定 APK 的 PathClassLoader 对象。

上述内容中：

- bootstrap 类由 Bootstrap 加载器加载。
- system_server 和 APP 进程的内容由 APP 加载器加载。注意，system_server 其实也是一个应用程序，只不过是一个核心应用程序罢了。

那么，三种加载器里只剩 System 加载器没有介绍了。其实，本章早在 8.6 节介绍 CreateSystemClassLoader 函数时就已经提到过这个 System ClassLoader 了。我们先回顾它的 Java 层代码，非常简单。

[ClassLoader.java->ClassLoader::createSystemClassLoader]

```
private static ClassLoader createSystemClassLoader() {
    //读取系统属性"java.class.path"的值，默认取值为"."。
    String classPath = System.getProperty("java.class.path", ".");
    String librarySearchPath = System.getProperty("java.library.path", "");
    //SystemClassLoader的数据类型是PathClassLoader，并且使用BootClassLoader
    //作为它的委托对象。
    return new PathClassLoader(classPath, librarySearchPath,
                    BootClassLoader.getInstance());
}
```

原来，

- System 加载器的数据类型依然是 PathClassLoader。这一点和应用加载器一样。
- System 加载器的委托对象是 Boot 加载器。
- System 加载器所关联的文件来源于 java.class.path 属性的值。这个属性值又是来自哪里呢？就是上文我们看到 am 脚本内容里中的 CLASSPATH 环境变量。

java.class.path 属性值的来历

读者可查看 System.java 里的 initUnchangeableSystemProperties 函数，java.class.path 的属性值来源于 VMRuntime.classpath。VMRuntime.classpath 是一个 native 函数，它将返回 ART Runtime 中的 class_path_string_ 字符串。而这个字符串又是 app_process 启动后通过读取 CLASSPATH 属性来获取的。

另外，在 8.6 节 Runtime CreateSystemClassLoader 函数中我们会发现 System 加载器是在 app_process 进程里创建的。所以，Android 系统中所有 Java 进程都有这个系统加载器对象。只不过：

- zygote 进程、system_server 进程、应用进程没有定义 CLASSPATH 属性，所以在这些进程中，System 加载器不能加载类（因为它关联的文件路径是 "."）。
- am、pm 这样的 Java 进程由于它们的启动脚本里定义了 CLASSPATH 属性，所以其对应进程里的 System 加载器可以搜索目标类。

现在我们来总结下 Android 系统中 Java 进程所包含的 ClassLoader 以及之间的关系，如图 8-17 所示。

在图 8-17 中，请读者注意 system_server 和 APP 中的加载器的委托关系。

- 在 APP 进程中，APK 加载器的委托对象是 Boot 加载器。
- system_server 加载 dex 文件的 APP ClassLoader 委托对象是 System 加载器。

这里简单看一下 system_server 是如何创建 APP ClassLoader 的，代码如下所示。

[ZygoteInit.java->ZygoteInit::handleSystemServerProcess]

```
private static void handleSystemServerProcess(
        ZygoteConnection.Arguments parsedArgs) ...... {

    closeServerSocket();
    //获取SYSTEMSERVERCLASSPATH属性值
    final String systemServerClasspath =
```

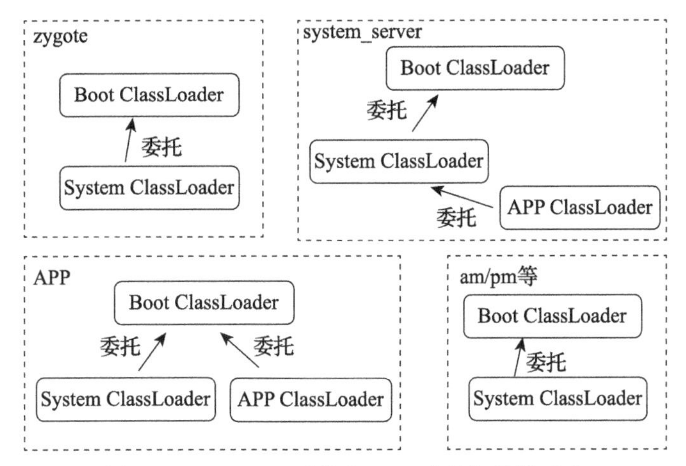

图 8-17　Android 系统中 Java 进程加载器示意

```
                Os.getenv("SYSTEMSERVERCLASSPATH");

    if (parsedArgs.invokeWith != null) { ......}
    else {
        ClassLoader cl = null;
        if (systemServerClasspath != null) {
            cl = createSystemServerClassLoader(systemServerClasspath,
                                    parsedArgs.targetSdkVersion);
            Thread.currentThread().setContextClassLoader(cl);
            ......
            RuntimeInit.zygoteInit(parsedArgs.targetSdkVersion,
                        parsedArgs.remainingArgs, cl);
    }
}
```

而 createSystemServerClassLoader 的代码如下所示。

 [ZygoteInit.java->ZygoteInit::createSystemServerClassLoader]

```
private static PathClassLoader createSystemServerClassLoader(
                String systemServerClasspath, int targetSdkVersion) {
    String librarySearchPath = System.getProperty("java.library.path");
    //创建APP加载器，委托对象是System加载器
    return PathClassLoaderFactory.createClassLoader(systemServerClasspath,
                librarySearchPath, null,ClassLoader.getSystemClassLoader(),
                targetSdkVersion, true);
}
```

到此，关于 ClassLoader 的介绍就告一段落。系统中和 ClassLoader 有关的内容还比较多。建议读者在掌握本节所述内容后自行研究它们。

8.8　虚拟机创建和启动关键内容梳理

首先，恭喜各位读者能坚持阅读到这一节。在继续征程前，笔者有必要回顾第 7 章和本章

的关键内容，帮助大家理清思路。

首先，请读者了解这两章的逻辑主线。由于ART虚拟机的内容非常多，作为介绍虚拟机的开篇之作，笔者选取的研究突破口是虚拟机创建和启动，对应的几个函数是Runtime的Init和Start。

在Runtime Init和Start函数中，读者见到了ART虚拟机中很多关键模块和对应的关键类。笔者在这两章中分别对其中的一些关键类和作用做了或简明或详细的介绍。对于这些内容，读者应该有所了解，在脑海中留下些印象，将来若有必要则需要常回来看看。其中：

- 第7章关于MemMap、HeapBitmap、ImageSpace、Heap等内容对后续介绍dex2oat、内存分配和管理有用。
- 第7章和第8章中关于Thread、FaultManager等类的知识和后续Java指令码的执行有关。
- 这两章中关于JavaVMExt、JNIEnvExt、和初识JNI等内容为后续介绍JNI做了基础知识铺垫。
- 这两章中关于ClassLinker、类的加载、链接和初始化以及ClassLoader介绍得比较多。其中类的加载、链接和初始化部分中详细介绍了mirror Class、ArtMethod、ArtField中几个主要成员变量的作用。这部分内容非常重要，需要读者认真阅读。

围绕上述关键类，我们还接触了和oat、art文件格式有关的知识。包括：

- 第7章图7-3所介绍的oat文件格式。
- 第7章图7-15展示的关于dex2oat输入和输出。
- 第7章图7-16和7-24所介绍的art文件格式部分内容。

这部分内容后续介绍dex2oat时还会详细讨论。

除了这些关键内容外，笔者还对一些内容相对独立的知识做了介绍。这部分内容主要是ART提供的一些辅助类。比如GcRoot、ObjectReference、ScopedObjectAccess、HandleScope等。

如果后续没有特殊需要，笔者将不拟再花费笔墨单独介绍它们。

最后，笔者恳请读者务必要认真阅读这两章。虽然内容多，但它们是后续深入学习ART虚拟机的基础知识。

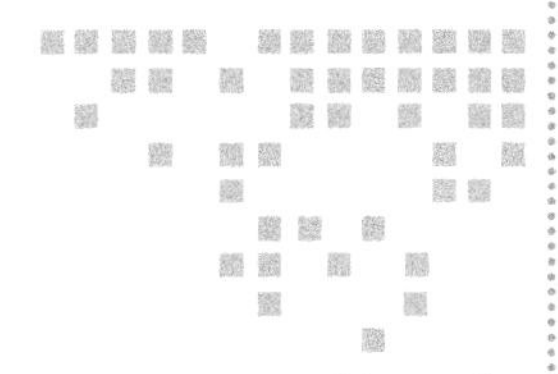

第 9 章 Chapter 9

深入理解 dex2oat

dex 字节码编译成机器码后，相关内容会存储在一个以 .oat 为后缀名的文件里。除了 .oat 文件外，还有一个以 .art 为后缀的文件，这两个文件是什么？包含什么内容？它们是如何得来的？这些问题的答案都和本章要介绍的 dex2oat 有关。

本章所涉及的源代码文件名及位置

- dex2oat.cc:art/dex2oat/
- compiler_options.cc:art/compiler/driver/
- os.h:art/runtime/
- verified_method.h:art/compiler/dex/
- verified_method.cc:art/compiler/dex/
- quick_compiler_callbacks.cc:art/compiler/dex/
- verification_results.cc:art/compiler/dex/
- elf_writer_quick.cc:art/compiler/
- elf_builder.h:art/compiler/
- oat_writer.cc:art/compiler/
- oat.h:art/runtime/
- compiler_driver.h:art/compiler/driver/
- compiler_driver.cc:art/compiler/driver/
- compiled_method.h:art/compiler/
- dex_to_dex_compiler.cc:art/compiler/dex
- calling_convention.h:art/compiler/jni/quick/

- calling_convention.cc:art/compiler/jni/quick/
- calling_convention_x86.h:art/compiler/jni/quick/x86/
- calling_convention_x86.cc:art/compiler/jni/quick/x86/
- jni_compiler.cc:art/compiler/jni/quick/
- assembler_x86.cc:art/compiler/utils/x86/
- quick_jni_entrypoints.cc:art/runtime/entrypoints/quick/
- nodes.h:art/compiler/optimizing/
- dex_cache_arrays_layout-inl.h:art/runtime/utils/
- instruction_builder.cc:art/compiler/optimizing/
- sharpening.cc:art/compiler/optimizing/
- code_generator.cc:art/compiler/optimizing/
- code_generator_x86.cc:art/compiler/optimizing/
- quick_entrypoints_list.h:art/runtime/entrypoints/quick/
- quick_entrypoints_enum.h:art/runtime/entrypoints/quick/
- quick_entrypoints.h:art/runtime/entrypoints/
- quick_default_init_entrypoints.h:art/runtime/entrypoints/quick/
- quick_entrypoints_x86.S:art/runtime/arch/x86/
- quick_trampoline_entrypoints.cc:art/runtime/entrypoints/quick/
- trampoline_compiler.cc: art/compiler/trampolines/

9.1 概述

dex2oat 是 ART 虚拟机里非常重要的一个模块，它用于将 dex 字节码编译成本地机器码（或者做其他一些编译优化方面的工作）。一般而言，dex2oat 会生成两个文件，其中一个以 .art 为后缀，另一个以 .oat 为后缀。本章会对这两个文件的生成方法和其内容做详细介绍。

在前面两章的内容中我们曾提到过，ART 编译目标可分为两大类。

- 针对系统核心库 jar 文件的编译，得到所谓的 boot image。系统核心库位于设备的 /system/framework 目录下，包含整个系统里最基本和关键的 jar 包，比如提供 Java 语言核心功能的 core-oj.jar（oj 是 open jdk 的缩写）。
- 针对应用程序 apk 或相关 jar 包（比如 system_server 进程用到的 jar 包，读者可回顾第 8 章介绍 ClassLoader 时提到的 SYSTEMSERVERCLASSPATH 环境变量中包含的三个 jar 包）的编译将得到 app image。app 镜像就是对 apk 或 jar 包中的 classes.dex 进行编译处理的结果。

> 提示 由于应用程序的代码肯定会使用系统核心库——对 Java 来说这是必然的事情。比如，每个 Java 类都是 Object 的子类，而 Object 就是在核心库里定义的，所以，编译 app 镜像必须用到 boot 镜像文件。

dex2oat 支持两种编译模式，一种是 host 编译，另一种是 target 编译。

- host 编译是指在编译主机（也就是我们的 PC 机或编译服务器）上将系统中的 jar 包、相关 apk 文件里的 dex 编译成目标设备的机器码。这种方式一般用于设备生产商，比如三星、华为这样的手机制造商。host 编译往往是交叉编译，因为编译主机大部分运行在 Intel x86 CPU 芯片上，而目标设备普遍用 ARM CPU 芯片。
- target 编译是指目标设备运行中执行 dex2oat 以将设备上的 jar 包、相关 apk 文件转换成机器码。这种情况对消费者而言比较常见。比如，当给手机安装应用时，系统就可以执行 dex2oat 进行编译。

简而言之，设备生产商在编译 Android 系统时，会使用 host 编译方式生成 boot 镜像以及一些系统级应用的 app 镜像。如此，消费者拿到设备后就无须再进行耗时较长的编译了。而消费者自行安装的应用则会由 Android 系统来调用 dex2oat 进行 target 编译。

我们在第 6 章开篇时曾提到过说 Android 7.0 之前，app 安装时会强制进行机器码编译，导致应用安装时间较长，严重影响用户体验。7.0 之后，系统会针对不同应用场景设置不同的编译过滤器（Compiler Filter）用于控制 dex2oat 的“工作力度”。笔者所搭建的测试系统中定义了如图 9-1 所示的几个和编译过滤器有关的属性。

```
./default.prop:9:pm.dexopt.first-boot=interpret-only
./default.prop:10:pm.dexopt.boot=verify-profile
./default.prop:11:pm.dexopt.install=interpret-only
./default.prop:12:pm.dexopt.bg-dexopt=speed-profile
./default.prop:13:pm.dexopt.ab-ota=speed-profile
./default.prop:14:pm.dexopt.nsys-library=speed
./default.prop:15:pm.dexopt.shared-apk=speed
./default.prop:16:pm.dexopt.forced-dexopt=speed
./default.prop:17:pm.dexopt.core-app=speed
```

图 9-1　Android dex2oat 编译过滤器

图 9-1 展示了 Android 系统中用于控制 dex2oat“工作力度”的编译过滤器。图中等号右边为 dex2oat 支持的编译过滤器类型，其力度由低到高如下所示。

- verify-profile 表示只对包含在性能采集文件里的类进行校验（即 8.7.6 节的内容），并且只编译其中的 jni 函数。profile 是指程序运行时将对函数的调用次数进行统计。达到一定阈值后，这些函数将被当作热点函数。此后就可以将这些热点函数编译成本地机器码以提升后续运行它们时的速度。
- interpret-only 表示只对 dex 文件进行校验，并且只编译 jni 函数。
- speed-profile：对包含在性能采集文件里的类进行检验和编译。
- speed：对 dex 文件进行校验和编译以最大能力提升代码的执行速度。

提示　在 dex2oat 中，比 speed 力度更大的编译过滤器还有 everything-profile 和 everything。不过，这两种过滤器用得较少。

图 9-1 中等号左边代表不同的应用场景。从 7.0 开始，不同应用场景将使用不同的编译过滤器，笔者此处仅介绍其中的三种应用场景。

- pm.dexopt.install 是指应用程序安装的场景。这种情况下 dex2oat 的编译过滤器被设置为 interpret-only，工作力度较轻，有效减少了用户等待程序安装的时间。
- pm.dexopt.bg-dexopt：当应用程序安装并运行一段时间后，系统将根据该应用的性能采集文件对其中的热点函数进行编译。如此，该应用后续的运行速度会大有提升。这个工作将在设备空闲状态（JobSchedule Device Idle 状态）时由系统默默（用户无感知）

完成，所以叫bg，即background之意。笔者不拟对这个机制进行讲解，其详情可阅读关键源码文件BackgroundDexOptService.java。

- pm.dexopt.core-app：针对系统关键应用启动或安装的处理。比如system_server、Settings-Provider等关键进程和应用。由于它们属于核心应用，所以运行前（或安装时）会尽力编译成机器码。

本章将以笔者搭建的模拟器环境中执行target编译为例，讲解dex2oat是如何编译boot image的。本例中，编译过滤器取默认值speed、模拟器为x86 CPU。图9-2展示了本例在编译boot镜像时，dex2oat对应的输入选项。

```
dex2oat: option[0]=--image=/data/dalvik-cache/x86/system@framework@boot.art
dex2oat: option[1]=--dex-file=/system/framework/core-oj.jar
dex2oat: option[2]=--dex-file=/system/framework/core-libart.jar
dex2oat: option[3]=--dex-file=/system/framework/conscrypt.jar
dex2oat: option[4]=--dex-file=/system/framework/okhttp.jar
dex2oat: option[5]=--dex-file=/system/framework/core-junit.jar
dex2oat: option[6]=--dex-file=/system/framework/bouncycastle.jar
dex2oat: option[7]=--dex-file=/system/framework/ext.jar
dex2oat: option[8]=--dex-file=/system/framework/framework.jar
dex2oat: option[9]=--dex-file=/system/framework/telephony-common.jar
dex2oat: option[10]=--dex-file=/system/framework/voip-common.jar
dex2oat: option[11]=--dex-file=/system/framework/ims-common.jar
dex2oat: option[12]=--dex-file=/system/framework/apache-xml.jar
dex2oat: option[13]=--dex-file=/system/framework/org.apache.http.legacy.boot.jar
dex2oat: option[14]=--oat-file=/data/dalvik-cache/x86/system@framework@boot.oat
dex2oat: option[15]=--instruction-set=x86
dex2oat: option[16]=--instruction-set-features=smp,ssse3,-sse4.1,-sse4.2,-avx,-avx2,-lock_add,-popcnt
dex2oat: option[17]=--base=0x70942000
dex2oat: option[18]=--runtime-arg
 dex2oat: option[19]=-Xms64m
dex2oat: option[20]=--runtime-arg
 dex2oat: option[21]=-Xmx64m
dex2oat: option[22]=--image-classes=/system/etc/preloaded-classes
dex2oat: option[23]=--compiled-classes=/system/etc/compiled-classes
dex2oat: option[24]=--instruction-set-variant=x86
Unexpected CPU variant for X86 using defaults: x86
dex2oat: option[25]=--instruction-set-features=default
Mismatch between dex2oat instruction set features (ISA: X86 Feature string: smp,-ssse3,-sse4.1,-sse4.2,-
```

图9-2 dex2oat编译boot image时的输入参数

图9-2展示了本例中dex2oat编译boot image时所使用的输入选项。

- --dex-file选项指定待编译的jar包。图中有13个输入jar包。
- --image选项指定编译输出的.art文件的位置。--oat-file选项则指定编译输出的.oat文件的位置。对本例所做的target编译——x86模拟器而言，这两个文件都位于/data/dalvik-cache/x86目录下。
- --image-classes指定一个文件，这个文件里包含了需要包含到boot镜像中的类的类名。本例所使用的preloaded-classes包含4000多个类。--compiled-classes作用和--image-classes选项类似，它也指定了一个文件。该文件包含了需要编译到boot镜像中的类的类名。本例所使用的compiled-classes包含8000多个类，其中有些类和preloaded-classes文件中的类重复。
- --base选项用于指定一个内存基地址。它是在ART_BASE_ADDRESS（编译dex2oat时指定的一个宏。对运行在目标设备的dex2oat而言，该宏取值为0x70000000）基础上添加了一个随机偏移量（此例中的随机偏移量的值为0x942000）而得到。

- --instruction-set 和 --instruction-set-features 选项指定机器码运行的 CPU 架构名和 CPU 支持的特性。
- --runtime-args 选项及紧接其后的参数为创建 runtime 对象时使用的参数。
- dex2oat 命令行选项中，用于设置编译过滤器的选项为 --compiler-filter，如果不设置它的话，编译过滤器将默认取值为 speed。

提示 请读者注意，图 9-2 所示的例子中，boot image 编译结果最终仅为两个文件，一个是 system@framework@boot.art，另外一个是 system@framework@boot.oat。而我们在第 7 章图 7-18 中却看到 boot image 编译结果却包含多个文件。在那里，每一个 --dex-file 输入文件都对应输出一个 art 和 oat 文件。在 dex2oat 中，这种生成多个输出文件的方式是由 --multi-image 选项来控制的，表示针对每一个 --dex-file 输入文件都生成对应的 art 和 oat 文件。该选项在 host 编译时会用到。本例不使用该选项，读者阅读代码时注意略过对它的处理。另外，为了书写方便，本章以后用 boot.art 和 boot.oat 来表示两个文件。

请读者注意，核心库编译一般都会生成 boot.art 镜像文件，而针对 App（包括 System-Server）的编译则不一定会生成对应的 art 文件。是否生成 art 文件是由 dex2oat 相关参数来控制。

接着来看 dex2oat 的代码，笔者将列举其中的关键函数。

[dex2oat.cc->main]

```
int main(int argc, char** argv) {
    int result = art::dex2oat(argc, argv); //调用dex2oat函数
    return result;
}
```

[dex2oat.cc->dex2oat]

```
static int dex2oat(int argc, char** argv) {
        TimingLogger timings("compiler", false, false);
    //MakeUnique: art中的辅助函数，用来创建一个由unique_ptr智能指针包裹的目标对象
    std::unique_ptr<Dex2Oat> dex2oat = MakeUnique<Dex2Oat>(&timings);
    //①解析参数
    dex2oat->ParseArgs(argc, argv);
    .... //是否基于profile文件对热点函数进行编译。本书不讨论与之相关的内容
    dex2oat->OpenFile(); //②打开输入文件
    dex2oat->Setup(); //③准备环境

    bool result;
    //镜像有boot image和app image两大类，镜像文件是指.art文件
    if (dex2oat->IsImage()) {
        result = CompileImage(*dex2oat); //④编译boot镜像或app镜像
    } else {
        //编译app，但不生成art文件（即镜像文件）。其内容和CompileImage差不多，只是少了
        //生成.art文件的步骤。
        result = CompileApp(*dex2oat);
    }
```

```
    dex2oat->Shutdown(); //清理工作
    return result;
}
```

上述代码列出了dex2oat里4个需要重点关注的函数。下面将以编译boot镜像为例对它们一一进行介绍。

9.2 ParseArgs介绍

现在来看ParseArgs的代码，如下所示。

[dex2oat.cc->ParseArgs]

```
void ParseArgs(int argc, char** argv) {
    ....
    std::unique_ptr<ParserOptions> parser_options(new ParserOptions());
    //compiler_options_是dex2oat的成员变量，指向一个ComilerOptions对象，它用于存储和编译
    //相关的选项。下文将介绍CompilerOptions。
    compiler_options_.reset(new CompilerOptions());
    for (int i = 0; i < argc; i++) {
        const StringPiece option(argv[i]);
    if (option.starts_with("--dex-file=")) { //处理--dex-file选项
        dex_filenames_.push_back(option.substr(strlen("--dex-file=")).data());
    }  else if ....  //其他选项
    else if (option == "--runtime-arg") {
        runtime_args_.push_back(argv[i]);
    } else if (option.starts_with("--image=")) {
        image_filenames_.push_back(option.substr(strlen("--image=")).data());
    } else if ......  //其他选项
        else if (option.starts_with("--compiled-classes=")) {
        compiled_classes_filename_ = option.substr(
                           strlen("--compiled-classes=")).data();
    } else if .......  //其他选项
        else if (!compiler_options_->ParseCompilerOption(option, Usage)) {
            ......
        }
    }
    ProcessOptions(parser_options.get()); //见下文介绍
    InsertCompileOptions(argc, argv); //见下文介绍
    }
```

正如笔者在本节开篇所说的那样，Dex2Oat有很多输入选项，这些选项又和dex2oat的成员变量关系密切。为此，笔者总结了表9-1，列举了上述代码里输入选项和对应成员变量的关系。

表9-1 Dex2Oat输入选项与对应成员变量之一

Dex2Oat成员变量名	类　型	输入选项	说　明
compiler_options_	unique_ptr<CompilerOptions>	无	保存dex2oat编译时所需的一些编译选项，比如CompilerFilter的取值等

（续）

Dex2Oat 成员变量名	类　型	输入选项	说　明
dex_filenames_	vector<const char*>	--dex-file	vector<const char*> 表示字符串数组。回顾图 9-2 可知，编译 boot 镜像时该选项有 13 个
image_filenames_	vector<const char*>	--image	指定编译输出的 .art 镜像文件名
oat_filenames_	vector<const char*>	--oat-file	指定编译输出的 oat 文件名
image_classes_filename_	const char*	--image-classes	取值为 /system/etc/preloaded-classes
compiled_classes_filename_	const char*	--compiled-classes	取值为 /system/etc/compiled-classes-phone
image_base_	uintptr_t	--base	取值为 0x70aba000
instruction_set_	InstructionSet	--instruction-set	InstructionSet 是一个枚举变量，输入选项为 x86，所以该成员变量取值为 kX86
instruction_set_features_	unique_ptr<const InstructionSetFeatures>	--instruction-set-features	InstructionSetFeatures 是一个虚基类，不同 CPU 平台有不同的实现子类。x86 平台为 X86InstructionSetFeatures
runtime_args_	vector<const char*>	--runtime-arg	存储紧接 --runtime-arg 后面的那个字符串，比如 --runtime-arg -Xms64m 时，就会存储 -Xms64m
key_value_store_	unique_ptr<SafeMap <string, string> >	存储参数和值对	SafeMap 是 ART 自定义的容器类，功能和 STL map 类似。key_value_store_ 存储键值对信息，下文将见到其用法

提示　笔者在研究 dex2oat 时发现其相关代码中有一个非常让人困扰的地方，就是 dex2oat 的输入选项比较多，并且每一个输入选项都有一个对应的成员变量。在阅读源码过程中会经常忘记哪个选项对应哪个成员变量，也就是搞不清楚成员变量取值是什么。所以，在下文分析代码时，笔者会把一些关键输入选项和对应的成员变量总结在表格中。读者若不记得成员变量的取值，可随时回顾和查阅这些表。

接着来认识 CompilerOptions 类。

9.2.1 CompilerOptions 类介绍

CompilerOptions 是一个类，内部定义了一些成员变量用于描述编译相关的控制选项。下文展示的是 CompilerOptions 的默认构造函数，其中一些成员变量将等后文碰到它们时再介绍。

[compiler_options.cc->CompilerOptions 默认构造函数]

```
CompilerOptions::CompilerOptions()
```

```
    : /*compiler_filter_类型为Filter（枚举变量），和图9-1所示的编译过滤器对应。
    kDefaultCompilerFilter是默认设置，值为CompilerFilter::kSpeed。 */
    compiler_filter_(kDefaultCompilerFilter),
    /*根据一个Java方法对应dex字节码数量的多少（由第3章图3-8 code_item中insns_size描述），
      可将其分为huge、large、small和tiny四类。其中，huge方法包含10000（kDefaultHuge-
      MethodThreshold）个dex字节码、large方法对应为6000（kDefaultLargeMethodThre-
      shold）、small方法为60（kDefaultSmallMethodThreshold）、tiny方法为20（kDefault-
      TinyMethodThreshold）。编译时，huge方法和large方法可能会被略过。*/
      huge_method_threshold_(kDefaultHugeMethodThreshold),
      large_method_threshold_(kDefaultLargeMethodThreshold),
      small_method_threshold_(kDefaultSmallMethodThreshold),
      tiny_method_threshold_(kDefaultTinyMethodThreshold),
      ......
      //下面两个成员变量和编译内联方法有关，默认值都是-1
      inline_depth_limit_(kUnsetInlineDepthLimit),
      inline_max_code_units_(kUnsetInlineMaxCodeUnits),
      //下面这个成员变量默认值为false
      include_patch_information_(kDefaultIncludePatchInformation),
     ......
      //下面这三个成员变量和7.2.2节中提到的隐式空指针检查、堆栈溢出检查、隐式线程挂起检查有
      //关。注意，除隐式线程挂起检查的参数默认为false外，其他两种检查的参数默认都是true。
      implicit_null_checks_(true), implicit_so_checks_(true),
      implicit_suspend_checks_(false),
      /*编译为PIC（Position Indepent Code）。读者可回顾4.2.4.5节的内容。  */
      compile_pic_(false),
      ......
      force_determinism_(false) {
}
```

上面展示了 CompilerOptions 构造函数的代码，其中有很多控制编译的选项。不过，它们的作用将在后续的代码分析时才能了解。

ParseArgs 里调用了 CompilerOptions 的 ParseCompilerOption 函数，它用于解析 dex2oat 命令行里和编译相关的选项，然后设置对应的成员变量，其内容比较简单，此处略过不表。

接着来看 ParseArgs 函数代码中最后调用的两个函数，首先是 ProcessOptions。

9.2.2 ProcessOptions 函数介绍

ProcessOptions 代码如下所示。

 [dex2oat.cc->ProcessOptions]

```
void ProcessOptions(ParserOptions* parser_options) {
    //image_filenames_不为空，所以boot_image_为true，表示此次是boot image的编译
    boot_image_ = !image_filenames_.empty();
    app_image_ = app_image_fd_ != -1 || !app_image_file_name_.empty();
    if (IsBootImage()) { //编译boot image时，编译选项需要设置debuggable_为true
            compiler_options_->debuggable_ = true;
    }
    ..... //对dex2oat命令行选项进行检查
    /* dex_locations_是dex2oat的成员变量，类型为vector<const char*>。可通过命令行选项
       --dex-location指定。本例中没有使用该选项，所以它的值来源于dex_file_names_（选项由
```

```
    --dex-file选项指定) */
    if (dex_locations_.empty()) { //本例没有传入--dex-location命令行选项，所以，dex_loca-
                                  //tions_的取值和dex_file_names_一样。
        for (const char* dex_file_name : dex_filenames_) {
            dex_locations_.push_back(dex_file_name);
        }
    }
    ......

    switch (instruction_set_) {
        ...
        case kX86:
        .....
        //设置compiler_options_的成员变量，主要和隐式检查有关
        compiler_options_->implicit_null_checks_ = true;
        compiler_options_->implicit_so_checks_ = true;
        break;
        default:          break;
    }
    ....
    /*表9-1的最后介绍过key_value_store_，它也是Dex2Oat的成员变量，类型为SafeMap。SafeMap
      是和STL map类似的容器类。ART源码中有大量自定义的容器类。笔者建议读者暂时不要研究ART里
      这些自定义容器类，先将其当作STL里对应容器来看待。下面这行代码将初始化key_value_store_
      容器，其内容将在后续代码中逐步填入。*/
    key_value_store_.reset(new SafeMap<std::string, std::string>());
    ......
}
```

接着来看 ParseArgs 代码结尾处所调用的 InsertCompileOptions 函数。

9.2.3 InsertCompileOptions 函数介绍

上文的 ProcessOptions 函数最后曾提到过 key_value_store_ 成员变量，它是一个键值对容器，其大部分内容将在 InsertCompileOptions 函数中被填充，来看代码。

[dex2oat.cc->Dex2Oat::InsertCompileOptions]

```
void InsertCompileOptions(int argc, char** argv) {
    std::ostringstream oss;
    for (int i = 0; i < argc; ++i) {
        if (i > 0) { oss << ' '; }
        oss << argv[i];
    }
    /*填充key_value_store_的内容，OatHeader代表Oat文件头结构。下文将详细介绍它，kDex2Oat-
      CmdLineKey为键名，取值为"dex2oat-cmdline"。  */
    key_value_store_->Put(OatHeader::kDex2OatCmdLineKey, oss.str());
    oss.str(""); // Reset.
    oss << kRuntimeISA;
    //设置host编译时键值对的内容，对本例而言，该值不存在
    key_value_store_->Put(OatHeader::kDex2OatHostKey, oss.str());
    //设置pic键值对的内容
    key_value_store_->Put(OatHeader::kPicKey,
        compiler_options_->compile_pic_ ? OatHeader::kTrueValue :
                        OatHeader::kFalseValue);
```

```
    .... //设置其他键值对内容;
}
```

key_value_store_ 容器的内容最后会被写入目标 .oat 文件里。具体来说，是作为 OatHeader 的一部分写入到 Oat 文件里。此处，我们不妨提前打开 boot.oat 文件，看一下其 OatHeader 中所包含的 key_value_store_ 都有哪些信息，来看图 9-3。

```
KEY VALUE STORE:
compiler-filter = speed
debuggable = true
dex2oat-cmdline = --image=/data/dalvik-cache/x86/system@framework@boot.art --dex-file=/system/fr
amework/core-oj.jar --dex-file=/system/framework/core-libart.jar --dex-file=/system/framework/co
nscrypt.jar --dex-file=/system/framework/okhttp.jar --dex-file=/system/framework/core-junit.jar
--dex-file=/system/framework/bouncycastle.jar --dex-file=/system/framework/ext.jar --dex-file=/s
ystem/framework/framework.jar --dex-file=/system/framework/telephony-common.jar --dex-file=/syst
em/framework/voip-common.jar --dex-file=/system/framework/ims-common.jar --dex-file=/system/fram
ework/apache-xml.jar --dex-file=/system/framework/org.apache.http.legacy.boot.jar --oat-file=/da
ta/dalvik-cache/x86/system@framework@boot.oat --instruction-set=x86 --instruction-set-features=s
mp,ssse3,-sse4.1,-sse4.2,-avx,-avx2,-lock_add,-popcnt --base=0x71000000 --runtime-arg -Xms64m --
runtime-arg -Xmx64m --image-classes=/system/etc/preloaded-classes --compiled-classes=/system/etc
/compiled-classes --instruction-set-variant=x86 --instruction-set-features=default
dex2oat-host = X86
has-patch-info = false
native-debuggable = false
pic = false
```

图 9-3　boot.oat Oat 文件头里存储的 key_value_store_ 值

图 9-3 是笔者使用 AOSP 源码里的 oatdump 工具输出 boot.oat 文件中 OatHeader 信息的结果。其中展示的 "KEY VALUE STORE" 部分就是 key_value_store_ 容器的内容。后文将介绍更多关于 oat 文件格式的知识。

9.3 OpenFile 介绍

相关输入选项解析完后，下一个要介绍的关键函数就是 OpenFile。OpenFile 的目的比较简单，就是创建输出的 .oat 文件。来看代码。

[dex2oat.cc->Dex2Oat::OpenFile]

```
bool OpenFile() {
    /* 检查dex_filenames_数组中那些通过--dex-file传入的输入文件是否存在，如果不存在，则将
       其从dex_filenames_数组中去掉    */
    PruneNonExistentDexFiles();
    //本例不使用multi_image_。
    if (IsBootImage() && multi_image_) {
        ExpandOatAndImageFilenames();
    }
    bool create_file = oat_fd_ == -1;      //本例中create_file为true
    if (create_file) {                     //下面将创建目标oat文件
        /*回顾表9-1可知，oat_filenames_是dex2oat的成员变量，类型为vector<constchar*>，它
          通过--oat-file选项设置。对本例而言，oat_filenames_只包含一个元素，其值为"/data
          /dalvik-cache/x86/system@framework@boot.oat"，即boot.oat文件。 */
        for (const char* oat_filename : oat_filenames_) {
        //CreateEmptyFile将创建对应路径的文件对象，由File保存。File是art封装的、用于对文件
```

```
            //进行读、写等操作的类。
            std::unique_ptr<File> oat_file(OS::CreateEmptyFile(oat_filename));
            .....
            //oat_files_类型为vector<unique_ptr<File>>，此处将File对象存入oat_files_里oat_
            files_.push_back(std::move(oat_file));
        }
    } .... //其他情况的处理，和本例无关
    return true;
}
```

上述代码出现了多个和文件有关的成员变量，很容易混淆。笔者总结上述代码中有关的成员变量信息如表 9-2 所示。

表 9-2　Dex2Oat 输入选项与对应成员变量之二

Dex2Oat 成员变量名	类　型	输入选项	说　明
dex_locations_	vector<const char*>	--dex-location	注意，本例并未使用 --dex-location 选项，所以 dex_locations_ 的内容与 dex_filenames_ 完全一样（参考 9.2.2 节的代码）
oat_filenames_	vector<const char*>	--oat-file	字符串数组，存储了以 *.oat 结尾的输出文件的路径。读者可以忽略具体的文件路径，只需关注文件名即可
image_filenames_	vector<const char*>	--image	存储以 *.art 结尾的输出文件的路径
oat_files_	vector<unique_ptr<File>>	无	文件对象（File）数组，存储了以 oat_filenames_ 数组里各项内容作为文件路径的文件对象，通过 File 类的相关接口，我们可以对这些文件进行读写等操作

对本例而言，表 9-2 中最后所列的三个数组均只包含一个元素。其中：

- oat_filenames_ 和 oat_files_ 保存了 boot.oat 的文件路径以及对应的 File 对象。
- 而 image_filenames_ 则保存了 boot.art 的文件路径。

下面简单介绍下 File 类，它是 ART 封装的用于文件操作的类。首先来看它的定义。

[os.h->File 类型定义]

```
/*unix_file是一个命名空间，它包括了unix系统（包括linux）上和文
  件相关的内容Fd是文件描述符（File Descriptor）的意思。    */
typedef ::unix_file::FdFile File //这行代码表示File是FdFile
                                   的别名
```

原来，File 是 unix_file::FdFile 的类型别名，图 9-4 展示 FdFile 类的派生关系。

图 9-4 所示为 FdFile 的派生关系：

- 基类为 RandomAccessFile。它是一个纯虚类，只定义了读、写、关闭文件等操作，并未实现具体功能。
- FdFile 是 RandomAccessFile 在 unix 平台上的实现子类。

FdFile 比较简单，熟悉 Linux 系统编程的读者可直接阅读其源码。

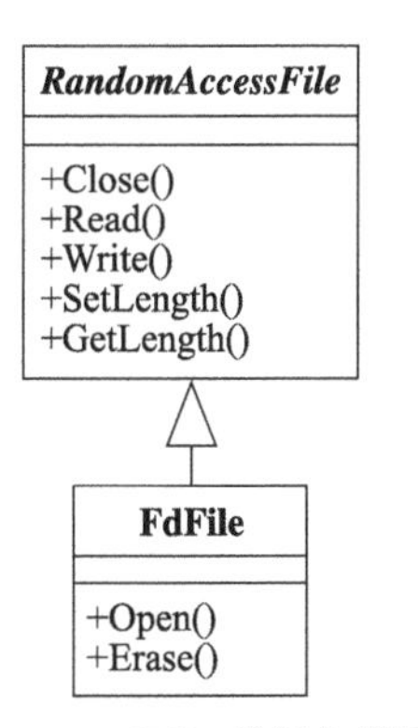

图 9-4　FdFile 的派生关系

9.4 Setup 介绍

接着来看 dex2oat 的第三个关键函数 Setup，它涉及的内容比较多，需要分段来研究。

9.4.1 Setup 代码分析之一

先来看 Setup 第一段代码。

[dex2oat.cc->Dex2Oat::Setup 第一段]

```
bool Setup() {
    TimingLogger::ScopedTiming t("dex2oat Setup", timings_);
    //MemMap我们在7.3.1节中见过了
    art::MemMap::Init();
    /* 下面这几个函数的功能：
     (1) PrepareImageClasses：读取--image-classes选项指定的文件，本例是/system/etc/pre-
        loaded-classes，该文件的内容将存储到image_classes_成员变量，其数据类型是unique_
        ptr<unordered_set<string>>。
     (2) PrepareCompiledClasses：读取--compiled-classes选项指定的文件，本例是/system/
        etc/compiled-classes，其内容将存储到compiled_classes_成员变量，其数据类型也是unique_
        ptr<unordered_set<string>>。
     (3) PrepareCompiledMethods：和--compiled-methods选项有关，对应的成员变量是compiled_
        methods_。本例并未使用这个选项。   */
    if (!PrepareImageClasses() ||
        !PrepareCompiledClasses()  || !PrepareCompiledMethods()) {
            return false;  }
    // verification_results_：指向一个VerificationResults对象，下文将介绍它。
    verification_results_.reset(new
            VerificationResults(compiler_options_.get()));
    //callbacks_：指向一个QuickCompilerCallbacks对象。详情见下文介绍
    callbacks_.reset(new QuickCompilerCallbacks(
        verification_results_.get(),&method_inliner_map_,
        IsBootImage() ?   //本例是针对boot镜像的编译
            CompilerCallbacks::CallbackMode::kCompileBootImage :
            CompilerCallbacks::CallbackMode::kCompileApp));
```

上述代码的调用流程并不复杂，但其中涉及几个比较重要的数据类型，笔者将先介绍它们。

9.4.1.1 ClassReference 等

[class_reference.h->ClassReference 类型别名定义]

```
typedef std::pair<const DexFile*, uint32_t> ClassReference;
```

ClassReference 是类型别名，在 pair 的两个模板参数中，第一个模板参数代表 DexFile 对象（标示一个 Dex 文件），第二个模板参数为 uint_32_t，它用于表示某个类的信息在该 Dex 文件中类信息表（class_defs，读者可回顾第 3 章的图 3-3）里的索引（即第 3 章图 3-6 中 ClassDef 数据结构中的 class_idx）。

与 ClassReference 作用类似的一个数据类型还有 MethodReference，其定义如下。

[method_reference.h->MethodReference]

```
struct MethodReference {
    ....... //构造函数
```

```
    const DexFile* dex_file; //代表一个Dex文件。
    //一个Java方法在Dex文件里method_ids中的索引，请读者参考第3章图3-3。
    uint32_t dex_method_index;
};
```

ART中还有一个DexFileReference，其代码如下所示。值得指出的是，它的index成员变量的含义与MethodReference dex_method_index的含义一样，代表某个Java方法在dex文件里method_ids中的索引。

[dex_file.h->DexFileReference]

```
struct DexFileReference {
    ..... //构造函数
    const DexFile* dex_file;
    uint32_t index; //该成员变量的含义与MethodReference dex_method_index一样
};
```

代码中并未说明DexFileReference index成员到底表示什么，但通过创建DexFileReference对象的代码我们发现其index的含义和MethodReference dex_method_index一样。

[verified_method.cc->VerifiedMethod::GenerateDequickenMap中创建DexFileReference示例]

```
....
ArtMethod* method = ......
//ArtMethod GetDexMethodIndex函数返回的就是该Java方法在对应dex文件method_ids数组中的索引。
dequicken_map_.Put(dex_pc, DexFileReference(method->GetDexFile(),
                                            method->GetDexMethodIndex()));
....
```

9.4.1.2 VerifiedMethod

本节来认识VerifiedMethod类，它代表一个校验通过的Java方法，其类声明如下所示。

[verified_method.h->VerifiedMethod]

```
class VerifiedMethod {
        public:
        typedef std::vector<uint32_t> SafeCastSet;
        //SafeMap是ART提供的类似STL map的容器类。
        typedef SafeMap<uint32_t, MethodReference> DevirtualizationMap;
        //处理dex中quick指令，下文介绍dex到dex指令优化时将见相关处理过程
        typedef SafeMap<uint32_t, DexFileReference> DequickenMap;
        //创建一个VerifiedMethod对象。下文将重点介绍该函数
        static const VerifiedMethod* Create(
                    verifier::MethodVerifier* method_verifier, bool compile)
        const MethodReference* GetDevirtTarget(uint32_t dex_pc) const;

        private:
        ......
        void GenerateDevirtMap(verifier::MethodVerifier* method_verifier)
        ......
        DevirtualizationMap devirt_map_;
        DequickenMap dequicken_map_;
        SafeCastSet safe_cast_set_;
        ......
```

```
};
```

VerifiedMethod 类包含好几个成员变量，本章只介绍其中的 devirt_map_，它和函数调用的去虚拟化有关。我们先介绍如何创建一个 VerifiedMethod，然后再介绍函数调用的去虚拟化。

8.7.6.1 节中我们曾介绍过 ART 里校验 Java 方法的知识。在那里，每校验一个 Java 方法时，都会先创建一个 MethodVerifier 对象。如果该 Java 方法校验通过，dex2oat 里就会调用 VerifiedMethod Create 函数以创建一个 VerifiedMethod 对象（这部分代码见下文对 QuickCompilationCallback 的介绍）。本节先看 VerifiedMethod Create 的代码，如下所示。

[verified_method.cc->VerifiedMethod::Create]

```
const VerifiedMethod* VerifiedMethod::Create(
                    verifier::MethodVerifier* method_verifier, bool compile) {
    //创建一个VerifiedMethod对象，调用VerifiedMethod的构造函数。这部分内容比较简单，请读者
    //自行阅读
    std::unique_ptr<VerifiedMethod> verified_method(
        new VerifiedMethod(method_verifier->GetEncounteredFailureTypes(),
                    method_verifier->HasInstructionThatWillThrow()));

    if (compile) {//compile为true时表示这个方法将会被编译。
        //如果这个Java方法中有invoke-virtual或invoke-interface相关的指令，则下面if的条
        //件满足
        if (method_verifier->HasVirtualOrInterfaceInvokes()) {
            //去虚拟化。下面将介绍这个函数
            verified_method->GenerateDevirtMap(method_verifier);
        }
        ......
    return verified_method.release();
}
```

VerifiedMethod 构造函数比较简单，如果对应的 Java 方法中包含有 invoke-virtual 或 invoke-interface 指令的话，VerifiedMethod 还需要进行函数调用去虚拟化的工作，这是由它的 GenerateDevirtMap 函数来完成的。介绍该函数之前，我们先看一段示例，如下所示。

[OatTest 示例]

```
public class OatTest {
    public String toString() { return "nihao"; } //重载toString函数
    public static void main(String[] args) {
        Object object = new OatTest();
        object.toString(); //通过基类类型来调用该函数
    }
}
```

上述示例代码非常简单：

- OatTest 是一个类，它重载了 toString 函数。
- 在 main 函数中，我们构造了一个 OatTest 对象，用该对象的基类类型 Object 来调用 toString 函数。显然，OatTest 的 toString 函数才是真正被调用的函数，而不是 Object 的 toString 函数。

编译上述代码，笔者在 GenerateDevirtMap 函数中加了一些日志，输出结果如图 9-5 所示。

```
|[000138] com.test.OatTest.main:([Ljava/lang/String;)V
|0000: new-instance v0, Lcom/test/OatTest; // type@0000
|0002: invoke-direct {v0}, Lcom/test/OatTest;.<init>:()V // method@0000
|0005: invoke-virtual {v0}, Ljava/lang/Object;.toString:()Ljava/lang/String; // method@0004
|0008: return-void

195] origin method:java.lang.String java.lang.Object.toString()
196] real method:java.lang.String com.test.OatTest.toString()
cc:95] 0% of types known to be in dex cache for 1 cases
```

图 9-5　GenerateDevirtMap 示例

图 9-5 中，上半部分为 dexdump 工具输出 main 函数的内容。在 dex 指令官方文档中，对应虚函数调用的指令格式为 "invoke-virtual {C} meth@BBBB"。C 是虚拟寄存器，meth@BBBB 表示目标函数。其中 BBBB 为目标函数在 dex 文件 method_ids 的索引号。所以在图 9-5 里，toString 函数调用的指令 "invoke-virtual {V0},Ljava/lang/Object;toString:()Ljava/lang/String;"。其意思是：

- V0 代表实际调用的目标对象。
- "Ljava/lang/Object;toString:()Ljava/lang/String;" 代表目标函数的信息。该函数所在的类为 Object，toString 是函数名，返回值的类型是 String。

显然，上述指令里调用的 toString 函数是 Object 类的 toString 函数，而实际运行时却会调用目标对象 V0 所属的类——OatTest 的 toString 函数。这正是面向对象编程三个特性之一的多态的特点。程序运行时，从指令里的 Object toString 调用定位到实际的 OatTest toString 是借助虚拟函数表来实现的，不过这个过程会有些损耗。如果我们提前知道要调用的实际上是 OatTest toString 的话，就可以避免使用虚函数表。这就是去虚拟化的思路。

VerifiedMethod GenerateDevirtMap 就可以实现去虚拟化。笔者在该函数中加了一些日志，执行 dex2oat，该函数输出的结果如图 9-5 的下半部分所示。

- GenerateDevirtMap 找到 main 函数里的 toString 函数调用指令，发现可以针对它做去虚拟化。
- 找到该指令实际所调用的 OatTest toString 函数。此后就可以进行“替换”（详情见下文代码）。

马上来看代码，如下所示。

[verified_method.cc->VerifiedMethod::GenerateDevirtMap]

```
void VerifiedMethod::GenerateDevirtMap(
                verifier::MethodVerifier* method_verifier) {
    if (method_verifier->HasFailures()) { return; }
    /*method_verifier类型为MethodVerifier，它包含了已经校验通过的Java方法的信息。CodeItem
      函数返回这个Java方法对应的dex字节码。CodeItem类对应第3章图3-8中的code_item伪数据结构。*/
    const DexFile::CodeItem* code_item = method_verifier->CodeItem();
    //insns为存储dex字节码的数组
    const uint16_t* insns = code_item->insns_;
    const Instruction* inst = Instruction::At(insns);
    const Instruction* end = Instruction::At(insns +
                            code_item->insns_size_in_code_units_);
    //遍历dex字节码数组
    for (; inst < end; inst = inst->Next()) {
```

```
        //如果该指令的操作码是invoke-virtual，则说明该Java方法中包含虚拟函数调用
        const bool is_virtual = inst->Opcode() == Instruction::INVOKE_VIRTUAL ||
                inst->Opcode() == Instruction::INVOKE_VIRTUAL_RANGE;
        const bool is_interface = ......;          //判断Java方法里是否有调用接口函数
        //略过非invoke-virtual和invoke-interface相关的指令
        if (!is_interface && !is_virtual) { continue; }
            uint32_t dex_pc = inst->GetDexPc(insns);
        //获取这条函数调用指令里用到的操作数。
        verifier::RegisterLine* line = method_verifier->GetRegLine(dex_pc);
        const bool is_range = .....;
        //VRregC_35c是ART提供的获取指令中指定虚拟寄存器值的辅助函数。reg_type存储了该虚拟
        //寄存器的值。对invoke-virtual/interface调用指令来说，它代表在哪个对象上发起了函
        //数调用
        const verifier::RegType&
            reg_type(line->GetRegisterType(method_verifier,
                        is_range ? inst->VRegC_3rc() :inst->VRegC_35c()));
        if (!reg_type.HasClass()) { continue; }
        // reg_class代表发起函数调用的对象所属类的类型
        mirror::Class* reg_class = reg_type.GetClass();
        //如果reg_class类是一个接口类，则无法做去虚拟化优化
        if (reg_class->IsInterface()) { continue; }
        ......
        //可结合图9-5的示例来理解下面的代码
        auto* cl = Runtime::Current()->GetClassLinker();
        size_t pointer_size = cl->GetImagePointerSize();
        //获取所调用的目标函数的ArtMethod对象，以图9-5中OatTest为例，这里得到的是Object的
        //toString函数
        ArtMethod* abstract_method =
                    method_verifier->GetDexCache()->GetResolvedMethod(
            is_range ? inst->VRegB_3rc() : inst->VRegB_35c(), pointer_size);
        if (abstract_method == nullptr) { continue; }
        ArtMethod* concrete_method = nullptr;
        if (is_interface) {......}
        //reg_type所属类为OatTest，我们搜索该类中重载了toString的函数，所以，
        //concrete_method返回的是OatTest toString函数
        if (is_virtual) {
            concrete_method = reg_type.GetClass()->FindVirtualMethodForVirtual(
                abstract_method, pointer_size);
        }
        ......
        if (reg_type.IsPreciseReference() || concrete_method->IsFinal() ||
            concrete_method->GetDeclaringClass()->IsFinal()) {
            //将函数调用指令的位置（dex_pc）和具体方法的信息保存到devirt_map_中，后续编译
            //为机器码时将做相关替换。
            devirt_map_.Put(dex_pc, concrete_method->ToMethodReference());
        }
    }
}
```

读者可结合图9-5来加深对上述GenerateDevirtMap代码的介绍。

9.4.1.3 QuickCompilationCallback

读者回顾8.7.6.3节的代码可知，在做类校验时，外界可以传递一个回调接口对象。

- 当类校验失败时，该接口对象的ClassRejected函数将被调用。
- 当类的Java方法校验通过时，该接口对象的MethodVerified函数将被调用。

这个校验时用到的回调对象的类信息如图9-6所示。

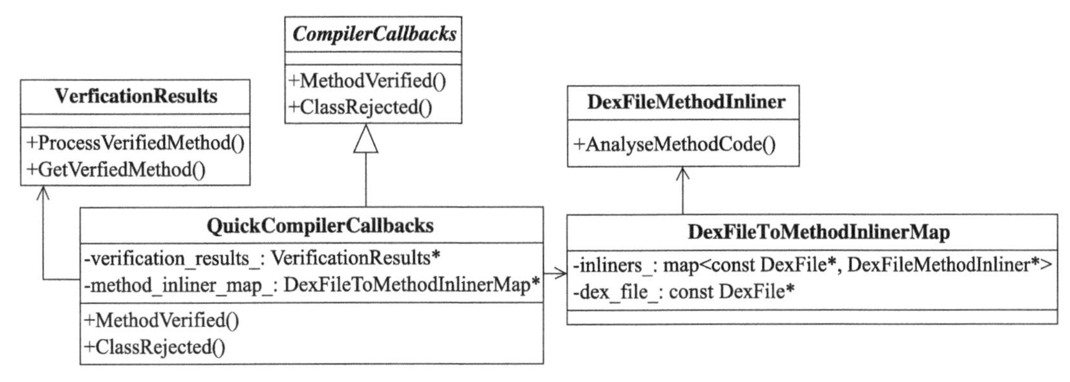

图 9-6　CompilerCallbacks 类家族

图 9-6 中 CompilerCallbacks 就是上文提到的类校验时的回调接口类。它是一个虚基类，而 dex2oat 中用到的是 QuickCompilerCallbacks。QuickCompilerCallbacks 内部有两个成员变量，分别是：

- verification_results_，数据类型为 VerificationResults，它保存了类校验的相关信息。
- method_inliner_map_，数据类型为 DexFileToMethodInlinerMap。它和 dex2oat 中对 Java 方法进行内联优化有关。这部分内容比较简单，读者可自行阅读。

对 QuickCompilerCallbacks 类而言，只需要关注它的 MethodVerified 函数即可，来看代码。

[quick_compiler_callbacks.cc->QuickCompilerCallbacks::MethodVerified]

```
void QuickCompilerCallbacks::MethodVerified(
                    verifier::MethodVerifier* verifier) {
    //调用VerificationResults的ProcessVeifiedMethod函数。如上文所述,
    //VerificationResults用来保存和Java方法校验相关的信息，详情见下文代码分析。
    verification_results_->ProcessVerifiedMethod(verifier);
    MethodReference ref = verifier->GetMethodReference();
    /*method_inliner_map_的类型为DexFileToMethodInlinerMap, GetMethodInliner函数返
      回值的类型为DexFileMethodInliner。它和编译器做内联优化有关。目前dex2oat只能优化包含
      最多两个操作指令的方法。请读者自行阅读相关代码。*/
    method_inliner_map_->GetMethodInliner(ref.dex_file)->
                      AnalyseMethodCode(verifier);
}
```

接着来看 VerificationResults 的 ProcessVeifiedMethod 函数，代码如下所示。

[verification_results.cc->VerificationResults::ProcessVerifiedMethod]

```
void VerificationResults::ProcessVerifiedMethod(
                verifier::MethodVerifier* method_verifier) {
    //获取当前所校验的Java方法信息，保存在ref对象中
    MethodReference ref = method_verifier->GetMethodReference();
    /*IsCandidateForCompilation函数将判断该Java方法是否需要编译处理，如果dex2oat设置的编
      译过滤器为kVerifyNone、kVerifyAtRuntime、kVerifyProfile和kInterpretOnly,则函数
      返回false。而对本例的kSpeed而言，如果Java方法是类初始化函数（即"<clinit>"），则该函数
      也返回false，其余情况返回true */
    bool compile = IsCandidateForCompilation(ref,
                            method_verifier->GetAccessFlags());
    //创建对应的VerifiedMethod对象。compile作为VerifiedMethod Create的参数，如果compile
    //为true，则Create函数中将尝试去虚拟化处理。读者可回顾上文对Create函数的代码分析
```

```
    const VerifiedMethod* verified_method =
                  VerifiedMethod::Create(method_verifier, compile);
    ......
    /*如上文所述，VerificationResults将保存编译过程中Java方法校验的信息。verified_methods_
      是它的成员变量，类型为VerifiedMethodMap，是一个SafeMap容器，key值为MethodReference，
      value值为VerfiedMethod   */
    verified_methods_.Put(ref, verified_method);
}
```

9.4.2 Setup 代码分析之二

接着来看 Setup 代码第二段，如下所示。

[dex2oat.cc->Dex2Oat::Setup 第二段]

```
.... //第二段代码
RuntimeArgumentMap runtime_options;
/*为创建编译时使用的Runtime对象准备参数。由上节内容可知，dex2oat用得不是完整虚拟机。另外，
  dex2oat中的这个runtime只有Init会被调用，而它的Start函数不会被调用。所以，dex2oat里
  用到的这个虚拟机也叫unstarted runtime  */
if (!PrepareRuntimeOptions(&runtime_options)) { return false; }

CreateOatWriters();    //①关键函数，见下文介绍
AddDexFileSources();  //②关键函数，见下文介绍
if (IsBootImage() && image_filenames_.size() > 1) {
    ...... //multi_image_情况的处理
}
..... //app image 的处理，本例不讨论
```

上述代码段中有两个关键函数，下面将分别介绍它们。首先来认识一些关键类。

9.4.2.1 关键类介绍

9.4.2.1.1 ElfWriter 和 ElfBuilder

ElfWriter 是 ART 里用于往 ELF 文件中写入相关信息的工具类，其类家族如图 9-7 所示。

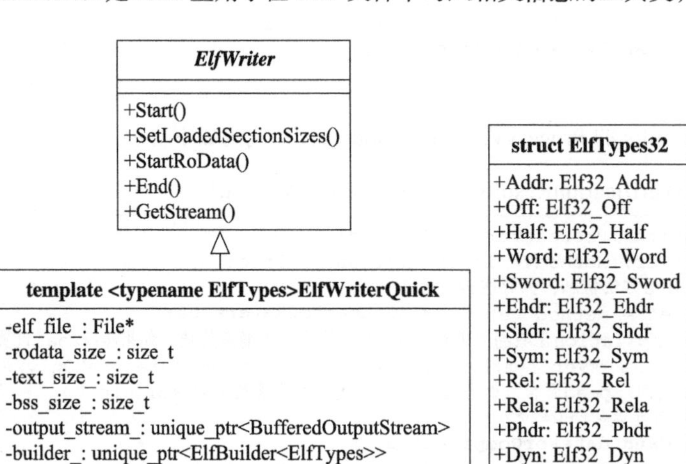

图 9-7　ElfWriter 相关类

图 9-7 所示为 ElfWriter 的类家族。其中：

- ElfWriter 本身是一个虚基类，定义了一些用于操作 ELF 文件（主要是往 ELF 文件里写入数据）的函数。
- ART 里 ElfWriter 的实现类是 ElfWriterQuick。注意，它是一个模板类。对于 32 位 ELF 文件，它将使用 ElfType32 作为模板参数，而 64 位 ELF 文件则使用 ElfType64 作为模板参数。
- ElfTypes32 和 ElfTypes64 是针对 32 位 ELF 文件和 64 位 ELF 文件的数据结构。其成员变量来自 ELF 规范，读者可回顾第 4 章的内容。

另外，请读者注意图 9-7 中 ElfWriterQuick 类的几个成员变量。

- elf_file_：类型为 File*，指向一个代表 oat 文件的 File 对象。
- out_put_stream_：类型为 unique_ptr<BufferedOuputStream>，它指向一个 BufferedOutputStream 对象。Java 中也有一个同名的 BufferdOutputStream 类。ART 在此处借用了 Java 里的这套 OutputStream 设计。
- builder_：类型为 unique_ptr<ElfBuilder<ElfTypes>>，指向一个 ElfBuilder 对象。ElfBuilder 也是一个模板类，其模板参数和 ElfWriter 模板参数相同。

在 dex2oat 中，ElfWriterQuick 对象是由 CreateElfWriterQuick 函数创建的，代码如下所示。

[elf_writer_quick.cc->CreateElfWriterQuick]

```
std::unique_ptr<ElfWriter> CreateElfWriterQuick(
            InstructionSet instruction_set,
            const InstructionSetFeatures* features,
            const CompilerOptions* compiler_options, File* elf_file) {
    if (Is64BitInstructionSet(instruction_set)) {
        //64位的情况
        return MakeUnique<ElfWriterQuick<ElfTypes64>>(instruction_set,
                        features, compiler_options, elf_file);
    } else { //本例对应为x86 32位平台，所以模板参数取值为ElfTypes32
    //MakeUnique将构造一个ElfWriterQuick<ElfTypes32>类型的对象
    return MakeUnique<ElfWriterQuick<ElfTypes32>>(instruction_set,
                  features, compiler_options, elf_file);
    }
}
```

接着来看 ElfWriterQuick 的构造函数，代码如下所示。

[elf_writer_quick.cc->ElfWriterQuick<ElfTypes>::ElfWriterQuick]

```
template <typename ElfTypes>ElfWriterQuick<ElfTypes>::
        ElfWriterQuick(InstructionSet instruction_set,
                const InstructionSetFeatures* features,
        const CompilerOptions* compiler_options,File* elf_file)
    : ElfWriter(), //调用基类构造函数
        instruction_set_features_(features),
        compiler_options_(compiler_options),
        elf_file_(elf_file),rodata_size_(0u), text_size_(0u), bss_size_(0u),
        //先构造一个FileOutputStream对象，然后在其基础上再构造一个
        //BufferedOutputStream对象
```

```
output_stream_(MakeUnique<BufferedOutputStream>(
    MakeUnique<FileOutputStream>(elf_file))),
//创建一个ElfBuilder对象
builder_(new ElfBuilder<ElfTypes>(instruction_set,
            features, output_stream_.get())) {}
```

ElfWriterQuick中有几个比较重要的成员变量，一个是output_stream_，类型为OutputStream，另一个是builder_，类型为ElfBuilder。这两个类及之间的关系比较复杂，来看图9-8。

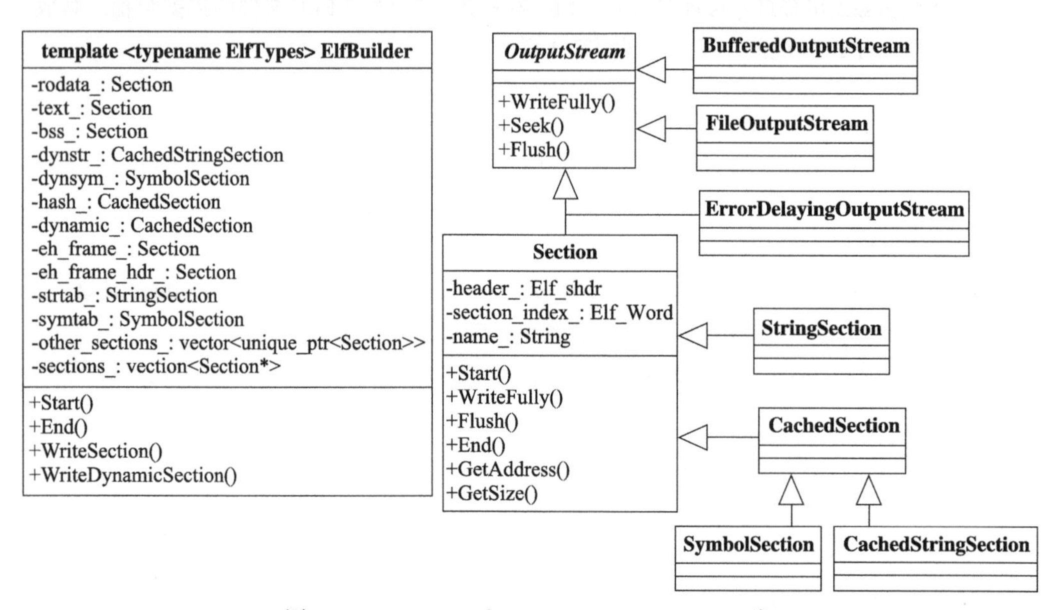

图9-8 ElfBuilder和OutputStream、Section类

图9-8展示了ElfBuilder、OutputStream等相关类和它们之间的关系。我们一一来介绍它们。首先来看左边的ElfBuilder类，它是ART里用来构造ELF文件各个section的辅助类。

- 从ELF Linking视图角度来看，一个ELF文件包含多个section。所以，ElfBuilder类中有许多成员变量，这些成员变量对应不同的Section。
- 回顾图9-7中ElfWriterQuick类的内容可知，其builder_成员变量的类型就是ElfBuilder。实际上，ElfWriterQuick内部是借助ElfBuilder来构造ELF文件的。

接着来看图9-8中和Section相关的类。

- OutputStream：它是ART定义的和输出流相关类的基类。OutputStream有一系列的派生类，包括FileOutputStream、BufferedOutputStream（内带8KB缓冲内存，数据先写到该内存中，缓冲内存写满后再写到另一个输出对象中，比如，写到代表文件的FileOutputStream）、ErrorDelayingOutputStream（写入的时候不报错，只有flush的时候才报错）等。这些类实例之间可以很灵活地搭配使用。比如，一个FileOutputStream对象可搭配一个BufferedOutputStream对象。
- Section：为OutputStream的子类，它实现了对ELF某个Section内容进行写入的操作。

Section 类和 ELF Section 概念紧密联系。每个 Section 对象还有一个描述其名字的 name_ 成员变量，此外，还有 header_ 成员变量用于描述 ELF Section 头结构（对应代码中的数据类型为 Elf_shdr）所包含的信息。

- Section 有几个子类，其中 CachedStringSection 用于输出 .dynstr，StringSection 用于输出 .strtab 和 .shstrtab，SymbolSection 用于输出 .dynsym 和 .symtab。

来看 ElfBuilder 的构造函数，代码如下所示。

[elf_builder.h->ElfBuilder 的构造函数]

```
ElfBuilder(InstructionSet isa, const InstructionSetFeatures* features,
                   OutputStream* output)
        : isa_(isa), features_(features), stream_(output),
    /*rodata_的类型为Section，对应ELF的.rodata section。rodata_除了包含输出信息外，还包
      含了ELF Section的相关标志。   */
    rodata_(this, ".rodata",SHT_PROGBITS,SHF_ALLOC,nullptr,0,kPageSize, 0),
    text_(this, ".text", SHT_PROGBITS, SHF_ALLOC | SHF_EXECINSTR,.....),
    ......
    dynsym_(this, ".dynsym", SHT_DYNSYM, SHF_ALLOC, &dynstr_),
    ..... {
    /*从Execution View来观察ELF文件时，我们将看到segment以及描述它的Program Header（代码
     中简写为phdr）。下面的phdr_flags_为Section类的成员变量，用于标示该segment的标志。而
     phdr_type_则描述segment的类型。这些标记的详情请读者回顾第4章的内容。  */
    text_.phdr_flags_ = PF_R | PF_X;
    .....
    dynamic_.phdr_type_ = PT_DYNAMIC;
    ......
}
```

下面我们以填充 .rodata section 为例来了解如何使用上述类。相关代码如下所示。

[填写 .rodata section 示例代码]

```
//首先，调用ElfWriter的StartRoData函数。返回值的类型是一个OutputStream对象
OutputStream* rodata = elf_writer->StartRoData();
//调用OutputStream的WriteFully，写入数据
rodata->WriteFully(.rodata section的数据)
//然后调用ElfWriter的EndRoData结束对.rodata section的数据写入。EndRoData的参数
//是要结束输入的OutputStream对象
elf_writer->EndRoData(rodata)
```

相比如何输出 ELF 文件，我们更关注 ELF 文件里各个 section 的内容。所以，本章后续不拟对 ElfWriter 和 ElfBuilder 做更详细的代码分析，感兴趣的读者可自行研究。

9.4.2.1.2 OatWriter

和 ElfWriter 类似，OatWriter 是用于输出 Oat 相关信息的工具类。OatWriter 也比较复杂，包含许多内部类，来看图 9-9。

图 9-9 中展示了 OatWriter 相关类。其中，除 OatWriter 自己外，其他所有类均为 OatWriter 的内部类。和 ElfBuilder 中的 Section 类似，OatWriter 中的这些内部类将帮助 OatWriter 输出 Oat 文件的不同信息。

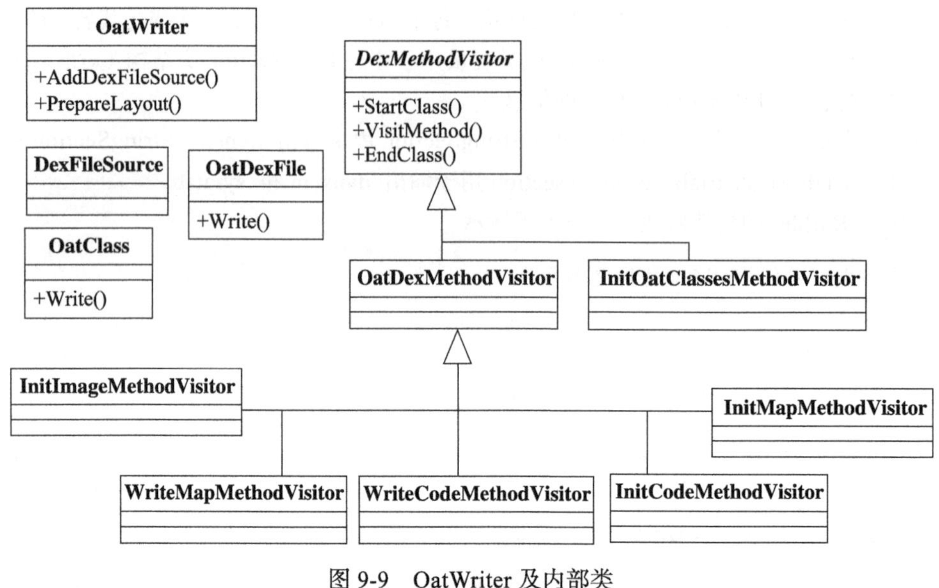

图 9-9　OatWriter 及内部类

特别注意

OatWriter 的代码需要请读者注意。以 OatDexFile 类为例，在 art 里还存在一个同名的类，位于 oat_file.h 里，其完整的类名是 art::OatDexFile。但图 9-9 中的 OatDexFile 为 OatWriter 的内部类，它的完整类名应该是 art::OatWriter::OatDexFile。再比如图 9-9 里有一个 OatClass 类（OatWriter::OatClass），但在 oat_file.h 中的 OatFile 类里也存在一个同名的内部类（OatFile::OatClass）。定义于 OatWriter 中的这些类将被 OatWriter 用于往 Oat 文件中输出对应的信息。当从 oat 文件中读取这些信息时，它们将转换为 oat_file.h 中定义的那些类的实例对象。比如，OatWriter 通过 OatWriter::OatClass 往 oat 文件中输出信息。而读取 oat 文件时，这些信息将转换为 OatFile::OatClass 类的实例。

9.4.2.2　OAT 和 ELF 的关系

看到这里，读者可能会觉得奇怪，dex2oat 编译输出的不是 .oat 和 .art 文件吗？为何还涉及 ELF 文件呢？答案很简单，.oat 文件其实是经过谷歌定制的 ELF 文件，所以 .oat 文件其实就是 ELF 文件。现在，我们用 ELF 工具来观察 boot.oat 文件，结果如图 9-10 所示。

图 9-10 是笔者利用 readelf -hl 命令查询 boot.oat 文件的输出结果。其中：

- -h 选项用于输出 ELF 文件头结果。
- -l 选项用于输出 ELF Program Header Table 的结果。

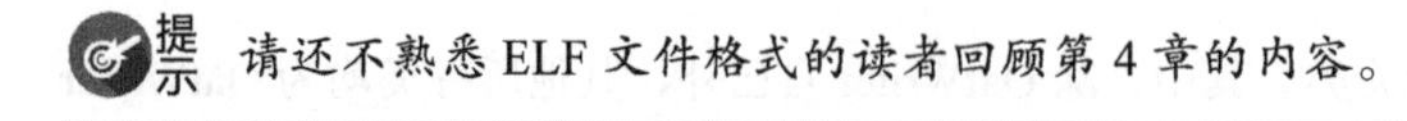
提示　请还不熟悉 ELF 文件格式的读者回顾第 4 章的内容。

图 9-10 说明 oat 文件确实是一个 ELF 文件无疑。不过，oat 文件有什么特殊之处呢？接着来看图 9-11。

```
ELF Header:
  Magic:   7f 45 4c 46 01 01 01 03 00 00 00 00 00 00 00 00
  Class:                             ELF32
  Data:                              2's complement, little endian
  Version:                           1 (current)
  OS/ABI:                            UNIX - GNU
  ABI Version:                       0
  Type:                              DYN (Shared object file)
  Machine:                           Intel 80386
  Version:                           0x1
  Entry point address:               0x0
  Start of program headers:          52 (bytes into file)
  Start of section headers:          67035192 (bytes into file)
  Flags:                             0x0
  Size of this header:               52 (bytes)
  Size of program headers:           32 (bytes)
  Number of program headers:         6
  Size of section headers:           40 (bytes)
  Number of section headers:         8
  Section header string table index: 7

Program Headers:
  Type           Offset   VirtAddr   PhysAddr   FileSiz MemSiz  Flg Align
  PHDR           0x000034 0x713b6034 0x713b6034 0x000c0 0x000c0 R   0x4
  LOAD           0x000000 0x713b6000 0x713b6000 0x273f000 0x273f000 R   0x1000
  LOAD           0x273f000 0x73af5000 0x73af5000 0x18ace5f 0x18ace5f R E 0x1000
  LOAD           0x3fec000 0x753a2000 0x753a2000 0x00094 0x00094 R   0x1000
  LOAD           0x3fed000 0x753a3000 0x753a3000 0x00038 0x00038 RW  0x1000
  DYNAMIC        0x3fed000 0x753a3000 0x753a3000 0x00038 0x00038 RW  0x1000

 Section to Segment mapping:
  Segment Sections...
   00
   01     .rodata
   02     .text
   03     .dynstr .dynsym .hash
   04     .dynamic
   05     .dynamic
```

图 9-10　boot.oat 文件里 ELF 文件信息

```
Section Headers:
  [Nr] Name              Type            Addr     Off    Size   ES Flg Lk Inf Al
  [ 0]                   NULL            00000000 000000 000000 00      0   0  0
  [ 1] .rodata           PROGBITS        713b7000 001000 273e000 00   A  0   0 4096
  [ 2] .text             PROGBITS        73af5000 273f000 18ace5f 00  AX  0   0 4096
  [ 3] .dynstr           STRTAB          753a2000 3fec000 000037 00   A  0   0 4096
  [ 4] .dynsym           DYNSYM          753a2038 3fec038 000040 10   A  3   0  4
  [ 5] .hash             HASH            753a2078 3fec078 00001c 04   A  4   0  4
  [ 6] .dynamic          DYNAMIC         753a3000 3fed000 000038 08   A  3   0 4096
  [ 7] .shstrtab         STRTAB          00000000 3fee000 000038 00       0   0 4096


Symbol table '.dynsym' contains 4 entries:
   Num:    Value  Size Type    Bind   Vis      Ndx Name
     0: 00000000     0 NOTYPE  LOCAL  DEFAULT  UND
     1: 713b7000 0x273e000 OBJECT  GLOBAL DEFAULT    1 oatdata
     2: 73af5000 0x18ace5f OBJECT  GLOBAL DEFAULT    2 oatexec
     3: 753a1e5b     4 OBJECT  GLOBAL DEFAULT    2 oatlastword
```

图 9-11　boot.oat section headers 和 .dynsym section 内容示意

在图 9-11 里，上半部分展示的内容是 ELF Linking View 视图中的 Section headers。读者暂时只需关注 .rodata、.text 和 .dynsym 三个 section。先来看前两个 section。

- .rodata 代表 ELF 文件中的只读数据。它加载到内存时对应的虚拟地址应该是 0x713b7000，该 section 在内存中的大小为 0x273e000。
- .text 代表 ELF 文件中的可执行指令。它加载到内存时对应的虚拟地址是 0x73af5000。该 section 在内存中的大小为 0x18ace5f。

提示 做一个简单的计算可知，.text 紧接 .rodata 之后，即 .text（起始位置为 0x73af5000）= .rodata 起始位置（0x713b7000）+ .rodata size（0x273e000）。

图 9-11 中的下半部分为 .dynsym 的内容。.dynsym 是 dynamic symbol 的含义，存储的是符号位置。oat 文件的 .dynsym 包含三个特殊的 symbol。

- 一个命名为 oatdata 的 symbol。参考 4.2.2.3 节的介绍可知，该符号的 value 字段标记一个虚拟内存的地址，它恰好是 .rodata 的起始位置。而该符号的 size 取值也正好与 .rodata 的 size 相等。
- 一个命名为 oatexec 的 symbol，它的 value 恰好是 .text section 在虚拟内存的起始位置。同样，oatexec symbol 的 size 也与 .text sectio 的 size 相等。
- 一个命名为 oatlastword 的 symbol，它是 ELF 文件中 oat 内容结束的位置。注意，由于 oatlastword symbol 本身还占据了四个字节，所以它的起始位置为 oatexec 起始位置 +oatexec size–4 个字节。

简单点说，oatdata 符号对应 .rodata section，而 oatexec 符号对应为 .text section。我们直接使用 .rodata 和 .text section 就可以了，为何需要用到符号呢？原来，ELF 文件以 Execution View 加载的时候，我们就得按照 Execution View 的格式来读取 ELF 里的内容。图 9-12 所示为 boot.oat 文件里 .dynamic Segment 的信息。

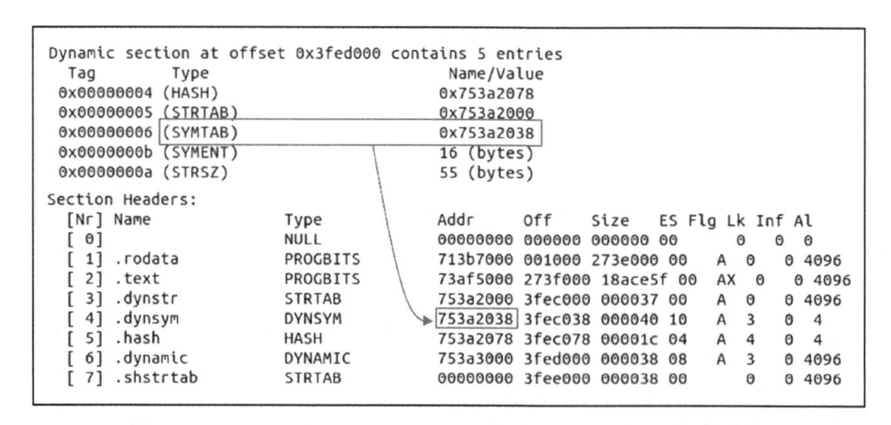

图 9-12　boot.art dynamic segment 和 section headers 内容示意

图 9-12 中的上半部分为 dynamic segment 的信息。它是一个表结构，其中索引为 2 的项对应为 .dynamic section。当以 Execution View 视图加载 oat 文件后，获取 .text 和 .rodata 相关信息的过程如下。

- 使用者先通过 dynamic segment 定位 .dynsym 符号项的位置。图中，.dynsym 符号的位置为 0x753a2038。
- 解析 .dynsym 符号表，找到其中的 oatdata 以及 oatexec 两个符号。
- 根据 oatdata 符号的信息定位 .rodata section，根据 oatexec 符号的信息定位 .text section。

结合 ElfWriter 和 OatWriter，总结得到下述知识点。

- oat 文件是一种经过定制的 ELF 文件。
- ElfWriter 用于生成 ELF 相关的信息，而 OatWriter 用于往一个 ELF 文件里输出 oat 相关的信息。

显然，对我们而言，最需要关注的内容在于 OAT，而不是 ELF。下面继续来看代码。

9.4.2.3　CreateOatWriters

CreateOatWriters 将创建 ElfWriter 和 OatWriter 对象，来看代码。

 [dex2oat.cc->Dex2Oat::CreateOatWriters]

```
void CreateOatWriters() {
    ......
    //elf_writers_类型为vector<unique_ptr<ElfWriter>>，它是一个包含ElfWriter对象的数组。
    //oat_files_的内容为代表输出.oat文件的File对象（读者可回顾表9-2）
    elf_writers_.reserve(oat_files_.size());
    //oat_writers_类型为vector<unique_ptr<OatWriter>>
    oat_writers_.reserve(oat_files_.size());
    //oat_files_每一个元素代表一个新创建的Oat文件File对象。下面的for循环将为它们创建对应的
    //Writers
    for (const std::unique_ptr<File>& oat_file : oat_files_) {
        //创建一个和oat_file对应的ElfWriter对象。
        elf_writers_.emplace_back(CreateElfWriterQuick(instruction_set_,
            instruction_set_features_.get(),compiler_options_.get(),
            oat_file.get()));
        //启动刚创建的ElfWriter对象。读者可自行研究ElfWriter相关代码
        elf_writers_.back()->Start();
        //构造一个OatWriter对象，添加到oat_writers_数组里。
        oat_writers_.emplace_back(new OatWriter(IsBootImage(), timings_));
    }
}
```

CreateOatWriters 函数中创建了用于输出 Elf 文件的 ElfWriter 以及用于输出 Oat 信息的 OatWriter。注意，一个 ElfWriter 对象并未和一个 OatWriter 对象有直接关系，二者是通过在 elf_writers_ 以及 oat_writers_ 数组中的索引来关联的。以本章中的 boot.oat 为例。

- 输出 boot.oat 的 ElfWriter 位于 elf_writers_ 数组的 0 号位置。
- 往 boot.oat 文件里输出 Oat 信息的 OatWriter 位于 oat_writers_ 数组的 0 号位置。

vector emplace_back 说明

emplace_back 是 std vector 的 API，表示在数组的末尾位置创建一个对象。它和 push_back 略有不同。push_back 是在末尾后再增加一个元素，而 emplace_back 是在末尾的位置上直接构造一个元素，使用这种方法前需要先设定 vector 的大小。这也是 CreateOatWriters 函数中调用 elf_writers_ 和 oat_writers_ reserve 函数的原因。

9.4.2.4　AddDexFileSources

接着来看 Setup 第二段代码中的第二个关键函数 AddDexFileSources。代码如下所示。

 [dex2oat.cc->Dex2Oat::AddDexFileSources]

```
bool AddDexFileSources() {
```

```
    TimingLogger::ScopedTiming t2("AddDexFileSources", timings_);
    if (zip_fd_ != -1) {......}
    else if (oat_writers_.size() > 1u) {......}
    else {
        /*对本例而言，dex_filenames_是数组，其元素来源于dex2oat的--dex-file选项指定那些jar
          文件路径名，dex_locations_内容和dex_filenames_一样。oat_writers_数组只包含一个
          元素，就是用于往boot.oat里输出oat信息的OatWriter对象。下面这个循环的含义就是将所
          有的输入dex文件和代表boot.oat的OatWriter对象关联起来，具体的关联方式见下文Oat-
          Wrtier的AddDexFileSource函数的代码分析。 */
        for (size_t i = 0; i != dex_filenames_.size(); ++i) {
            if (!oat_writers_[0]->AddDexFileSource(dex_filenames_[i],
                        dex_locations_[i])) { return false; }
        }
    }
    return true;
}
```

9.4.2.4.1 OatWriter AddDexFileSource

AddDexFileSource代码如下所示。

[oat_writer.cc->OatWriter::AddDexFileSource]

```
bool OatWriter::AddDexFileSource(const char* filename,const char* location,
                        CreateTypeLookupTable create_type_lookup_table) {
    /*为了从一个Dex文件中根据类名（字符串表示）快速找到类在dex文件中class_defs数组中的索引
      （即class_def_idx），ART设计了一个名为TypeLookupTable的类来实现该功能。其实现类似Hash-
      Map。笔者不拟介绍它。AddDexFileSource第三个参数为CreateTypeLookupTable枚举变量，代
      代表是否创建类型查找表。默认为kCreate，即创建类型查找表    */
    uint32_t magic;
    std::string error_msg;
    /* OpenAndReadMagic函数将打开filename指定的文件。如果成功的话，输入的jar包文件将被打开，
       返回的是该文件对应的文件描述符。ScopedFd是辅助类，它的实例在析构时会关闭构造时传入的文
       件描述符。简单点说，ScopedFd会在实例对象生命结束时自动关闭文件。 */
    ScopedFd fd(OpenAndReadMagic(filename, &magic, &error_msg));
    if (fd.get() == -1) {.....
    } else if (IsDexMagic(magic)) {.....}
        else if (IsZipMagic(magic)) { //jar包实际为zip压缩文件
        if (!AddZippedDexFilesSource(std::move(fd), location,
                    create_type_lookup_table)) { return false; }
    } ....
    return true;
}
```

打开jar包文件的真实目的是想拿到其中的classes.dex项。不过，有些jar包中包含多个dex项，比如framework.jar就含classes.dex和classes2.dex。所以，这两项我们都需要从framework.jar包中提取出来。

9.4.2.4.2 OatWriter AddZippedDexFilesSource

马上来看AddZippedDexFilesSource，代码如下所示。

[oat_writer.cc->OatWriter::AddZippedDexFilesSource]

```
bool OatWriter::AddZippedDexFilesSource(ScopedFd&& zip_fd,
        const char* location, CreateTypeLookupTable create_type_lookup_table) {
    /*输入参数zif_fd代表被打开的jar文件。下面的ZipArchive::OpenFromFd函数用于处理这个文件。
```

```
    zip_archives_类型为vector<unique_ptr<ZipArchive>>，其元素的类型为ZipArchive，代
    表一个Zip归档对象。通过ZipArchive相关函数可以读取zip文件中的内容。   */
  zip_archives_.emplace_back(ZipArchive::OpenFromFd(zip_fd.release(),
              location, &error_msg));
  //下面的zip_archive代表上面打开的jar包文件
  ZipArchive* zip_archive = zip_archives_.back().get();
  ......
  //读取其中的dex项
  for (size_t i = 0; ; ++i) {
      //如果jar包中含多个dex项，则第一个dex项名为classes.dex，其后的dex项名为classes2.
      //dex，以此类推
      std::string entry_name = DexFile::GetMultiDexClassesDexName(i);
      //从ZipArchive中搜索指定名称的压缩项，返回值的类型为ZipEntry
      std::unique_ptr<ZipEntry> entry(zip_archive->Find(entry_name.c_str(),
              &error_msg));
      if (entry == nullptr) {  break;}
      //zipped_dex_files_成员变量存储jar包中对应的dex项
      zipped_dex_files_.push_back(std::move(entry));
      /* zipped_dex_file_locations_用于存储dex项的路径信息。注意，dex项位于jar包中，它
         的路径信息由jar包路径信息处理而来，以framework.jar为例，它的两个dex项路径信息如
         下所示：
         (1) classes.dex项路径信息为/system/framework/framework.jar
         (2) classes2.dex项路径信息为/system/framework/framework.jar:classes2.dex */
         zipped_dex_file_locations_.push_back(DexFile::GetMultiDexLocation(i,
                                             location));
         //full_location就是dex路径名
             const char* full_location = zipped_dex_file_locations_.back().c_str();
         /* oat_dex_files_是vector数组，元素类型为OatDexFile，它是OatWriter的内部类，
            读者可回顾图9-9。注意下面的emplace_back函数的参数：
            (1) 首先，DexFileSource构造一个临时对象，假设是temp，
            (2) full_location、temp、create_type_lookup_table三个参数一起构造一个Oat-
                DexFile临时对象，假设为temp1
            (3) temp1通过emplace_back加入oat_dex_files_数组的末尾 。 */
                oat_dex_files_.emplace_back(full_location,
                                     DexFileSource(zipped_dex_files_.back().get()),
                                     create_type_lookup_table);

  }
  return true;
}
```

上述代码又冒出一些和文件路径有关的成员变量，这些东西很容易把读者搞糊涂，笔者总结其中几个关键成员变量的信息如表9-3所示。

表9-3 OatWriter成员变量的含义

OatWriter成员名	类　型	说　明
zip_archives_	vector<unique_ptr<ZipArchive>>	对应一个已经打开的jar文件。jar文件的位置由dex2oat的--dex-file选项指明
zipped_dex_files	vector<unique_ptr<ZipEntry>>	存储的是jar中代表dex项的内容
zipped_dex_file_locations_	list<string>	代表dex项的路径名，假设jar文件名为xxx，包含两个dex项，这两个dex项路径名分别为/system/framework/xxx.jar, /system/framework/xxx.jar:classes2.dex

（续）

OatWriter 成员名	类　型	说　明
oat_dex_files_	dchecked_vector<OatDexFile>，dchecked_vector 是 vector 的派生类，但是 debug 编译会针对某些成员函数会进行检查（dcheck，即 debug check）	该数组的元素类型为 OatDexFile，它是 OatWriter 定义的内部类。一个 OatDexFile 对象保存了一个 dex 项的路径名和该 dex 项的源（类型为 DexFileSource）

请读者注意，构造 OatDexFile 对象时传入了两个和文件有关的参数，一个代表 dex 项的路径信息，另外一个代表 dex 项来源的 DexFileSource 对象。

提示　dex2oat 既可以处理包含在 jar 文件中的 dex 项，也可以直接处理 .dex 文件。在不引起混淆的情况下，笔者统称 dex 项、.dex 文件都为 dex 文件。

9.4.2.5　代码总结

回顾本节，我们可得如下结论。

- oat_writers_ 数组中只包含一个 OatWriter 对象，用于输出 boot.oat 文件。
- 这个唯一的 OatWriter 对象将打开 dex2oat 运行时通过 --dex-file 选项指定的 13 个 jar 包。
- OatWriter 中的 oat_dex_files_ 数组保存了这些 jar 包中的 dex 项。注意，一个 jar 包可以包含多个 dex 项（也就是 multi-dex 特性）。

9.4.3　Setup 代码分析之三

继续看 Setup 代码第三段。

[dex2oat.cc->Dex2Oat::Setup 第三段]

```
{....
/* rodata_为Dex2Oat的成员变量，类型为vector<OutputStream*>。上文代码中涉及OutputStream的地
   方是在ElfWriter处。每一个输出ElF文件都有一个ElfWriter对象，此处的rodata_就和待创建的
   ELF的.rodata section有关。由于本例中只会创建一个ELF文件——即boot.oat，所以rodata_数
   组的长度为1。 */
rodata_.reserve(oat_writers_.size());
//遍历oat_writers_数组
for (size_t i = 0, size = oat_writers_.size(); i != size; ++i) {
    //ElfWriter的StartRoData返回ElfBuilder里的.rodata Section对象。回顾图9-8可知，Section
    //类是OutputStream的子类。
    rodata_.push_back(elf_writers_[i]->StartRoData());
    //两个临时变量，用于存储OatWriter WriteAndOpenDexFiles的结果。
    std::unique_ptr<MemMap> opened_dex_files_map;
    std::vector<std::unique_ptr<const DexFile>> opened_dex_files;
    /* WriteAndOpenDexFiles比较关键。下文将详细介绍它。此处先了解它的几个参数：
      （1）rodata_.back()，对应一个ELF文件的rodata section。在本例中，这个ELF文件就是
      boot.oat。
      （2）oat_files_[i]就是代表boot.oat的File对象。注意，它是输出文件。
      （3）opened_dex_files_map和opened_dex_files为输出参数。其作用见下文代码分析。
      注意，一个OatWriter对象对应哪些输入dex项是在上一节AddDexFileSource函数中加进去的。
      所以WriteAndOpenDexFiles一方面要打开输入的dex项（对应函数名中的OpenDexFiles），另一方面
      要将这些dex项的信息写入到oat文件中（对应函数名中的Write）。     */
```

```
    if (!oat_writers_[i]->WriteAndOpenDexFiles(rodata_.back(),
                oat_files_[i].get(),instruction_set_,
                instruction_set_features_.get(),key_value_store_.get(),
                true,      //注意，这个参数为true
                &opened_dex_files_map,&opened_dex_files)) {..... }
    //又冒出几个和文件有关的成员变量，下文将介绍它们的含义。
    dex_files_per_oat_file_.push_back(
                MakeNonOwningPointerVector(opened_dex_files));
    if (opened_dex_files_map != nullptr) {
        opened_dex_files_maps_.push_back(std::move(opened_dex_files_map));
        for (std::unique_ptr<const DexFile>& dex_file : opened_dex_files) {
            /* dex_file_oat_index_map_类型为unordered_map<const DexFile*,size_
               t>，key值为一个DexFile对象，value为对应的OatWriter索引。对本例编译boot.
               oat而言，i取值为0。*/
            dex_file_oat_index_map_.emplace(dex_file.get(), i);
            opened_dex_files_.push_back(std::move(dex_file));
    }     }     }
} //for循环结束
//赋值opened_dex_files_的内容给dex_files_数组。
dex_files_ = MakeNonOwningPointerVector(opened_dex_files_);
```

上述代码中，比较关键的地方有：

- OatWriter 的 WriteAndOpenDexFiles。下文将分析该函数的代码。
- 新出现的和文件有关的 Dex2Oat 类的成员变量 dex_files_per_oat_file_、dex_file_oat_index_map_、dex_file_oat_index_map_ 等。下文将介绍它们的含义。

继续代码分析之前，我们先进一步了解 OAT 文件格式。

9.4.3.1　OAT 文件格式详解之一

根据上文介绍的知识，oat 文件是一种定制化的 ELF 文件。oat 文件定制的部分在于将 oat 的信息存储在 .rodata 和 .text section 中。读者可以认为 oat 文件实际上是以 ELF 文件格式的形式封装了 oat 的信息，而 oat 信息又以 oat 格式来组织的。所以，本章及后续章节提到 oat 文件格式时，是指剥离 ELF 的封装，oat 文件所含 oat 信息的组织方式。现在，我们来看一下 oat 文件格式，如图 9-13 所示。

图 9-13 所示为 Oat 文件格式的概貌，从上至下它分为如下几个部分。

- 和 class 文件、dex 文件一样，oat 文件格式的第一部分就是它的头结构。在源码中它由 OatHeader 类表示，右边箭头指向的是 OatHeader 的内容。下文将详细介绍它。
- 第二部分是 OatDexFile 区域。上文代码中已经见过它在源码中对应的类了。OatDexFile 区域可以存储多个 OatDexFile 项，每一个 OatDexFile 项存储的内容由右边箭头所指的部分表示。结合 7.4.2.5 节对 Setup 代码段二的代码总结可知，一个 OatWriter 对象（对应一个 oat 文件）可打开多个 jar 文件，每一个 jar 包中的每一个 dex 项对应一个 OatDexFile 对象。如此，每一个 OatDexFile 对象在 OatDexFile 区域都有一个 OatDexFile 项。对 boot.oat 来说，它的 OatDexFile 区域存储的信息和输入的 13 个 jar 包里的 dex 项一一对应。
- OatDexFile 区域之后是 DexFile 区域，该区域包含一到多个 DexFile 项（一个 OatDexFile 项对应有一个 DexFile 项），一个 DexFile 项包含了 jar 包中对应 dex 项的全部内容。是的，读者没有看错，jar包中dex项的内容将原封不动的存储在DexFile区域里。DexFile区域的相对于OatHeader的位置由OatDexFile项的dex_file_offset_指明。对boot.oat来说，它的DexFile区域由13个jar包里的dex项组成。

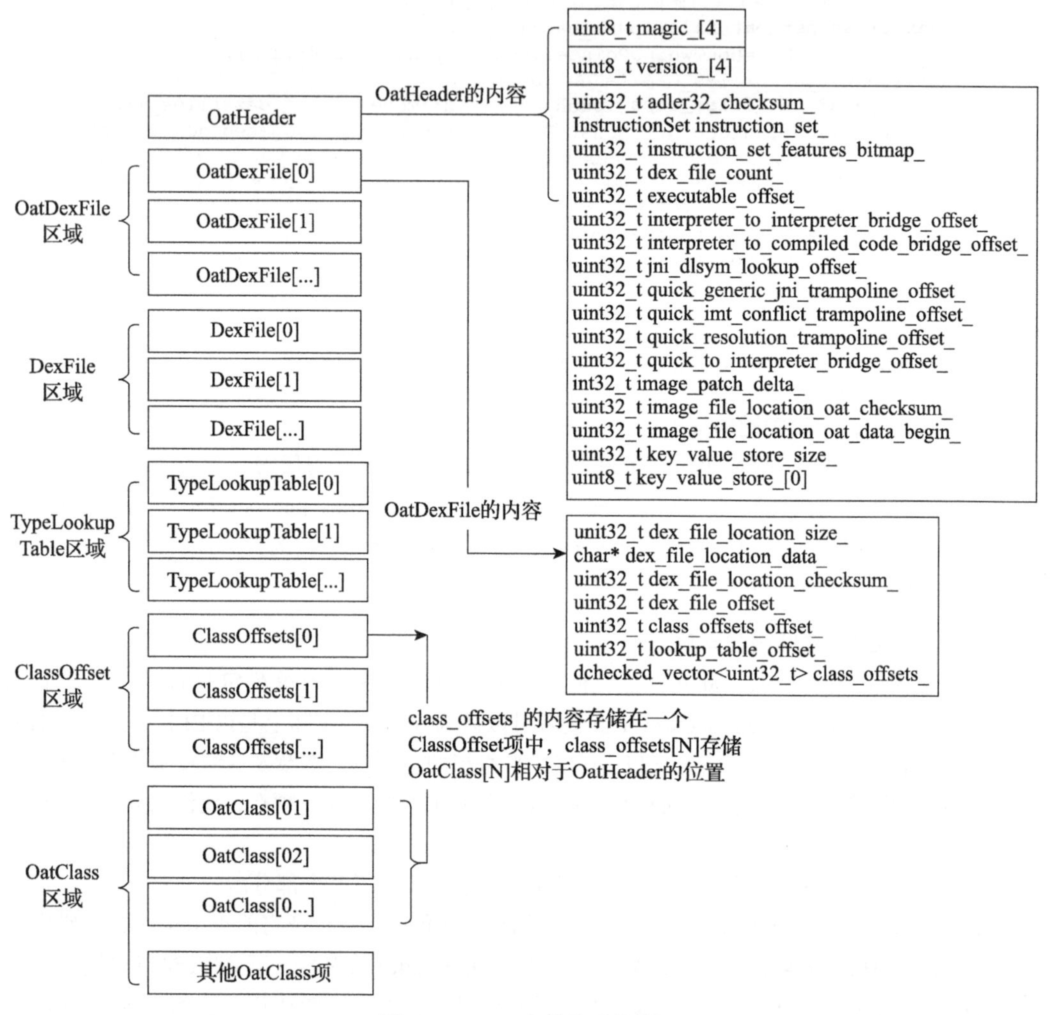

图9-13 Oat文件格式概貌

- DexFile区域之后是TypeLookupTable区域，该区域可能包含一到多个TypeLookupTable。TypeLookupTable在oat文件中相对OatHeader的位置由OatDexFile的lookup_table_offset_指明。由于一个dex项（或文件，以后我们统称为dex文件）对应一个TypeLookupTable。所以，boot.oat包含多少个dex项，则TypeLookupTable区域就有多少个TypeLookupTable元素。
- TypeLookupTable区域之后是ClassOffsets区域，每一个Dex文件（该dex文件的class_defs数组不为空）对应有一个ClassOffsets表，每一个ClassOffsets表包含了该Dex项

里所有OatClass项（这里的OatClass是图9-9所示OatWriter的内部类，下文将详细介绍它）在oat文件里相对OatHeader的位置信息。

- OatDexFile的class_offset_offset_指向对应ClassOffsets项相对于OatHeader的位置，而OatDexFile的class_offset_数组就是ClassOffsets项的内容。class_offsets数组的每一个元素代表一个OatClass项相对于OatHeader的位置。
- ClassOffset区域之后是OatClass区域。这部分内容将在本章的后续部分再介绍。

提示　（1）由于oat文件对其内容有字节对齐的要求，所以笔者在绘制图9-13中代表各项内容的方框时有意没有让它们上下紧接起来。

（2）注意各项的对应关系，OatDexFile[N]项对应DexFile[N]项，也对应TypeLookup-Table[N]项，还对应ClassOffsets[N]项，对应一到多个OatClass项。

（3）在上面的介绍中，大量出现了offset，它其实就是用来标示某个信息在oat文件中的位置的。

（4）图9-13中的信息不是可执行指令，所以它们存储在ELF的.rodata section中。

下面来认识Oat文件格式中的几个主要数据类型。

9.4.3.1.1　OatHeader介绍

现在来看OatHeader类，代码如下。

[oat.h->OatHeader]

```
//PACKED(4)表示OatHeader内存布局按4字节对齐。有些成员变量的含义将在后续章节中介绍
class PACKED(4) OatHeader {
public:
    static constexpr uint8_t kOatMagic[] = { 'o', 'a', 't', '\n' };
    static constexpr uint8_t kOatVersion[] = { '0', '7', '9', '\0' };
    uint8_t magic_[4]; //oat文件对应的魔幻数，取值为kOatMagic
    uint8_t version_[4]; //oat文件的版本号，取值为kOatVersion
    uint32_t adler32_checksum_; //oat文件的校验和

    InstructionSet instruction_set_; //该oat文件对应的CPU架构
    uint32_t instruction_set_features_bitmap_; //CPU特性描述
    uint32_t dex_file_count_; //oat文件包含多少个dex文件
    uint32_t executable_offset_;
    //下面的成员变量描述的是虚拟机中几个trampoline函数的入口地址，它和Java虚拟机如何
    //执行Java代码（不论是解释执行还是编译成机器码后的执行）有关，我们留待后续章节再来介绍。
    uint32_t interpreter_to_interpreter_bridge_offset_;
    uint32_t interpreter_to_compiled_code_bridge_offset_;
    uint32_t jni_dlsym_lookup_offset_;
    uint32_t quick_generic_jni_trampoline_offset_;
    uint32_t quick_imt_conflict_trampoline_offset_;
    uint32_t quick_resolution_trampoline_offset_;
    uint32_t quick_to_interpreter_bridge_offset_;
    ......
    uint32_t key_value_store_size_;       //指明key_value_store_数组的真实长度
    uint8_t key_value_store_[0];          //上文介绍过它，请参考图9-3
}
```

9.4.3.1.2 OatDexFile 介绍

接着来看 OatDexFile 项，它在代码中对应为 OatDexFile 类。图 9-13 所示 Oat 文件中包含的 OatDexFile 信息由该类的成员变量组成。

[oat_writer.cc->OatDexFile 类]

```
class OatWriter::OatDexFile { //此处只列出写入OatDexFile项的成员变量
    //描述dex_file_location_data_成员变量的长度
    uint32_t dex_file_location_size_;
    //dex项的路径信息，比如/system/framework/framework.jar::classes2.dex
    const char* dex_file_location_data_;
    uint32_t dex_file_location_checksum_; //校验和信息
    uint32_t dex_file_offset_; //DexFile项相对于OatHeader的位置
    uint32_t class_offsets_offset_; //ClassOffsets项相对于OatHeader的位置
    uint32_t lookup_table_offset_; //TypeLooupTable项相对于OatHeader的位置
    //下面这个数组存储的是每一个OatClass项相对于OatHeader的位置。数组的长度为Dex文件中所定
    //义的类的个数
    dchecked_vector<uint32_t> class_offsets_;
};
```

再次请读者注意，一个 OatDexFile 对象对应一个 dex 文件。

9.4.3.1.3 OatClass 介绍

OatClass 代表 dex 文件中的一个类，它包含的内容如图 9-14 所示。

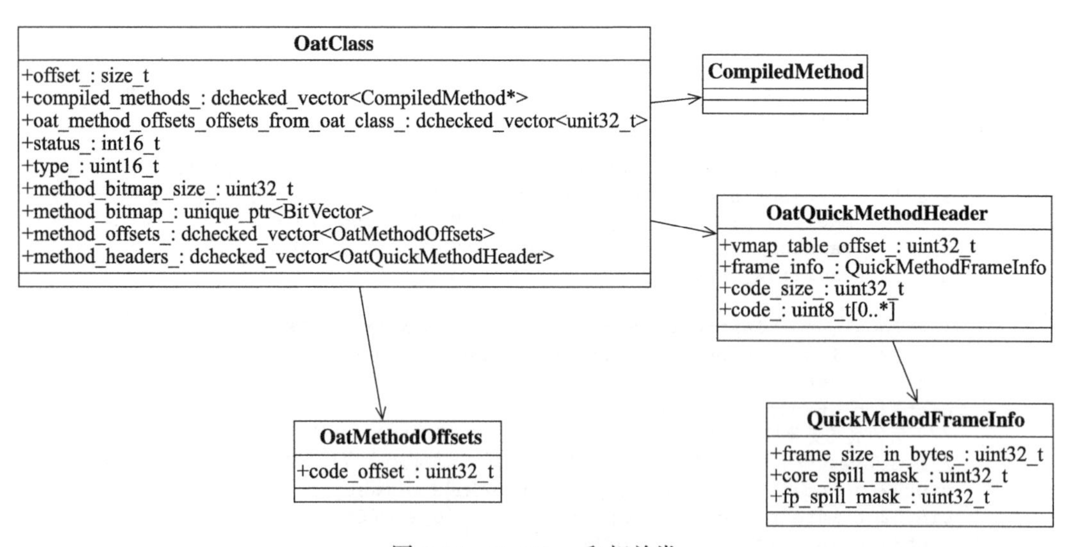

图 9-14 OatClass 和相关类

图 9-14 展示了 OatClass 的成员变量及相关的类。我们先来认识 OatClass 各个成员变量。

- offset_：在 Oat 文件中，OatClass 区域中某个 OatClass 信息相对于 OatHeader 的位置偏移量。
- compiled_methods_：它是一个数组（读者将 dchecked_vector 看做 STL vector 即可），数组元素为 CompiledMethod。CompiledMethod 代表一个 Java 方法经 dex2oat 编译处

理后得到的结果。

- oat_method_offsets_offsets_from_oat_class_：是一个数组，数组元素代表一个偏移量。
- status_：代表类的状态，其取值来自 Class::Status 枚举变量，如 kStatusVerified。
- type_：枚举变量，来自 oat.h 中的 OatClassType。有三种取值，kOatClassAllCompiled 表示 class 中的所有 Java 方法都编译处理了，kOatClassSomeCompiled 表示部分 Java 方法编译处理了，kOatClassNoneCompiled 表示没有 Java 方法经过编译处理。
- method_bitmap_size_ 和 method_bitmap_ 代表一个位图。其作用见下文代码分析。
- method_offsets_ 和 method_headers_ 都是数组。method_offsets_ 数组的元素类型为 OatMethodOffsets，该类仅包含一个代表偏移量的成员变量。method_headers_ 数组的元素类型为 OatQuickMethodHeader，其作用我们后续再介绍。

现在结合 OatClass 的构造函数进一步了解其成员变量的含义，代码如下所示。

 [oat_writer.cc->OatWriter::OatClass::OatClass]

```
OatWriter::OatClass::OatClass(size_t offset,
                const dchecked_vector<CompiledMethod*>& compiled_methods,
                uint32_t num_non_null_compiled_methods,
                mirror::Class::Status status)
        : compiled_methods_(compiled_methods) {  //保存compiled_method_数组
    /*注意构造函数的参数:
    offset: 代表该OatClass对象相对于OatHeader的位置。
    compiled_methods: 该类经过dex2oat编译处理的方法。
    num_non_null_compiled_methods: 由于并不是所有方法都会经过编译，所以这个变量表示经过编译
    处理的方法的个数。
    status: 类的状态。   */
    uint32_t num_methods = compiled_methods.size();
    offset_ = offset;
    oat_method_offsets_offsets_from_oat_class_.resize(num_methods);
    //如果没有方法被编译处理过，则type_为kOatClassNoneCompiled。
    if (num_non_null_compiled_methods == 0) {
        type_ = kOatClassNoneCompiled;
    } else if (num_non_null_compiled_methods == num_methods) {
        type_ = kOatClassAllCompiled;            //所有方法都被编译处理过了
    } else { type_ = kOatClassSomeCompiled;  }

    status_ = status;
    //method_offsets_和method_headers_数组的长度与被编译处理过的方法的格个数相等
    method_offsets_.resize(num_non_null_compiled_methods);
    method_headers_.resize(num_non_null_compiled_methods);

    uint32_t oat_method_offsets_offset_from_oat_class = sizeof(type_) +
                    sizeof(status_);
    /*如果只有部分Java方法经过编译处理，则需要一种方式记录是哪些Java方法经过处理了。这里借助了
      位图的方法。比如，假设一共有三个Java方法，其中第0和第2个Java方法是编译处理过的，则可以
      设计一个三比特的位图，将其第0和第2位的值设为1即可   */
    if (type_ == kOatClassSomeCompiled) {
        //位图的大小应能包含所有Java方法的个数
        method_bitmap_.reset(new BitVector(num_methods, false,
                        Allocator::GetMallocAllocator()));
        method_bitmap_size_ = method_bitmap_->GetSizeOf();
        oat_method_offsets_offset_from_oat_class += sizeof(method_bitmap_size_);
```

```
        oat_method_offsets_offset_from_oat_class += method_bitmap_size_;
    } else { //如果所有Java方法或者没有Java方法被编译，则无需位图
        method_bitmap_ = nullptr;
        method_bitmap_size_ = 0;
    }
    //遍历compiled_methods_数组
    for (size_t i = 0; i < num_methods; i++) {
        CompiledMethod* compiled_method = compiled_methods_[i];
        if (compiled_method == nullptr) { //为空，表示该Java方法没有编译处理过，所以将
            //设置oat_method_offsets_offsets_from_oat_class_[i]的值为0
            oat_method_offsets_offsets_from_oat_class_[i] = 0;
        } else { //else分支表示这个Java方法已经编译处理过
        //oat_method_offsets_offsets_from_oat_class_[i]描述了OatMethodOffsets
        //相比OatClass的位置
        oat_method_offsets_offsets_from_oat_class_[i] =
            oat_method_offsets_offset_from_oat_class;
        oat_method_offsets_offset_from_oat_class += sizeof(OatMethodOffsets);
        if (type_ == kOatClassSomeCompiled) {
            method_bitmap_->SetBit(i);   //设置位图对应比特位的值为1
        }
    }  } }
```

仔细观察上面的代码，细心的读者可能会发现，OatClass在计算oat_method_offsets_offsets_from_oat_class_数组里各元素取值时并未考虑compiled_methods_所占的空间。这是因为图9-13中oat文件里OatClass区域中的OatClass信息仅包含了OatClass类部分成员变量的信息。我们不妨提前看一下OatWriter往oat文件中输出一个OatClass对象的哪些信息，代码如下所示。

[oat_writer.cc->OatWriter::OatClass::Write]

```
bool OatWriter::OatClass::Write(OatWriter* oat_writer,
                    OutputStream* out,  const size_t file_offset) const {
    //输出status_
    if (!out->WriteFully(&status_, sizeof(status_))) {... }
    //OatWriter内部还有相关成员变量用于记录对应信息所需的空间，详情我们后续再介绍
    oat_writer->size_oat_class_status_ += sizeof(status_);
    //输出type_
    if (!out->WriteFully(&type_, sizeof(type_))) {....}
    oat_writer->size_oat_class_type_ += sizeof(type_);
    //如果有位图，则输出位图
    if (method_bitmap_size_ != 0) {
        if (!out->WriteFully(&method_bitmap_size_,
                    sizeof(method_bitmap_size_))) {.....}
            oat_writer->size_oat_class_method_bitmaps_ +=
                        sizeof(method_bitmap_size_);

        if (!out->WriteFully(method_bitmap_->GetRawStorage(),
                method_bitmap_size_)) {......}
        oat_writer->size_oat_class_method_bitmaps_ += method_bitmap_size_;
    }
    //输出method_offsets_。
    if (!out->WriteFully(method_offsets_.data(), GetMethodOffsetsRawSize()))
    {......}
    oat_writer->size_oat_class_method_offsets_ += GetMethodOffsetsRawSize();
    return true;
}
```

注意，ART 源码中有两个 OatClass 类。

- 定义于 oat_file.h 中作为 OatFile 内部类的 OatClass 类。
- 定义于 oat_writer.cc 中作为 OatWriter 内部类的 OatClass。该类被 OatWriter 用于维护写入 oat 文件中 OatClass 区域一个 OatClass 对象的信息和状态。
- 读取 oat 文件时，OatClass 区域中的内容将转换成 OatFile 的 OatClass 对象。

9.4.3.2　WriteAndOpenDexFiles

现在来看 Setup 代码段三中的 WriteAndOpenDexFiles 函数，代码如下所示。

[oat_writer.cc->OatWriter::WriteAndOpenDexFiles]

```
bool OatWriter::WriteAndOpenDexFiles( OutputStream* rodata, File* file,
        InstructionSet instruction_set,
        const InstructionSetFeatures* instruction_set_features,
        SafeMap<std::string, std::string>* key_value_store,
        bool verify,
        /*out*/ std::unique_ptr<MemMap>* opened_dex_files_map,
        /*out*/ std::vector<std::unique_ptr<const DexFile>>* opened_dex_files) {
        //InitOatHeader创建OatHeader结构体并设置其中的内容。返回值代表OatHeader之后的内容
        //应该从文件什么位置开始。该函数比较简单，请读者自行阅读。
        size_t offset = InitOatHeader(instruction_set,
                    instruction_set_features,
                    dchecked_integral_cast<uint32_t>(oat_dex_files_.size()),
                            key_value_store);
    //InitOatDexFiles用于计算各个OatDexFile的大小及它们在oat文件里的偏移量。
    //offset作为输入时指明OatDexFile开始的位置，作为返回值时表示后续内容应该从文件什么位置开
    //始。该函数非常简单，请读者自行阅读。
    offset = InitOatDexFiles(offset);
    size_ = offset;
    std::unique_ptr<MemMap> dex_files_map;
    std::vector<std::unique_ptr<const DexFile>> dex_files;
    //写入Dex文件信息。请读者自行阅读此函数。
    if (!WriteDexFiles(rodata, file)) { return false; }
    for (OatDexFile& oat_dex_file : oat_dex_files_) {
        //计算类型查找表所需空间。
        oat_dex_file.ReserveTypeLookupTable(this);
    }
    size_t size_after_type_lookup_tables = size_;
    for (OatDexFile& oat_dex_file : oat_dex_files_) {
        //计算ClassOffsets所需空间。
        oat_dex_file.ReserveClassOffsets(this);
    }
    ChecksumUpdatingOutputStream checksum_updating_rodata(rodata,
                oat_header_.get());
    /*WriteOatDexFiles：将OatDexFile信息写入oat文件的OatDexFile区域。ExtendForType-
      LookupTables：扩充输出文件的长度，使之能覆盖类型查找表所需空间。这两个函数比较简单，读者
      可自行阅读。下文将介绍OpenDexFiles和WriteTypeLookupTables两个函数。   */
    if (!WriteOatDexFiles(&checksum_updating_rodata) ||
        !ExtendForTypeLookupTables(rodata, file,
                            size_after_type_lookup_tables) ||
        !OpenDexFiles(file, verify, &dex_files_map, &dex_files) ||
        !WriteTypeLookupTables(dex_files_map.get(), dex_files)){......}
    ......
```

```
    *opened_dex_files_map = std::move(dex_files_map);
    *opened_dex_files = std::move(dex_files);
    write_state_ = WriteState::kPrepareLayout;
    return true;
}
```

上述代码中涉及多个函数。它们都比较简单。笔者仅介绍其中的OpenDexFiles和WriteType-LookupTables。其余函数请读者自行阅读。

9.4.3.2.1 OpenDexFiles

OpenDexFile是本节的重点函数，马上来看它。

[oat_writer.cc->OatWriter::OpenDexFiles]

```
bool OatWriter::OpenDexFiles(File* file, bool verify,
            std::unique_ptr<MemMap>* opened_dex_files_map,
            std::vector<std::unique_ptr<const DexFile>>* opened_dex_files) {
    /*注意参数：
    file：代表需要创建的oat文件，对本例而言就是boot.oat文件
    verify：取值为true
    opened_dex_files_map和opened_dex_files为输出参数，详情见下面的代码  */
    size_t map_offset = oat_dex_files_[0].dex_file_offset_;
    size_t length = size_ - map_offset;
    std::string error_msg;
    /*创建一个基于文件的MemMap对象。这个文件是boot.oat。注意，我们map boot.oat的位置是从图9-13
      中DexFile区域开始的，长度覆盖了DexFile区域和TypeLoopupTable区域。另外，提醒读者，调
      用到这个函数的时候，来自jar里的dex项已经写入oat文件对应区域了。代码中有很多计算偏移量的
      地方，读者不必纠结，只需关注各个区域都包含什么内容即可。*/
    std::unique_ptr<MemMap> dex_files_map(MemMap::MapFile(length,
                PROT_READ | PROT_WRITE, MAP_SHARED,file->Fd(),
                oat_data_offset_ + map_offset,false,
                file->GetPath().c_str(),&error_msg));
    .....
    std::vector<std::unique_ptr<const DexFile>> dex_files;
    for (OatDexFile& oat_dex_file : oat_dex_files_) {
        //获取oat DexFile区域中的每一个dex文件的内容
        const uint8_t* raw_dex_file =
            dex_files_map->Begin() + oat_dex_file.dex_file_offset_ - map_offset;
        ......
        //先调用DexFile Open函数打开这些Dex文件，返回值的类型为DexFile*，将其存储在dex_
        //files_数组中
        dex_files.emplace_back(DexFile::Open(raw_dex_file,
                oat_dex_file.dex_file_size_,oat_dex_file.GetLocation(),
                oat_dex_file.dex_file_location_checksum_,nullptr, verify,
                &error_msg));
    }
    //更新输入参数。
    *opened_dex_files_map = std::move(dex_files_map);
    *opened_dex_files = std::move(dex_files);
    return true;
}
```

9.4.3.2.2 WriteTypeLookupTables

接着来看WriteTypeLookupTables函数，代码如下所示。

[oat_writer.cc-> OatWriter::WriteTypeLookupTables]

```
bool OatWriter::WriteTypeLookupTables(
        MemMap* opened_dex_files_map,
        const std::vector<std::unique_ptr<const DexFile>>& opened_dex_files) {
    ......
    for (size_t i = 0, size = opened_dex_files.size(); i != size; ++i) {
        OatDexFile* oat_dex_file = &oat_dex_files_[i];
        if (oat_dex_file->lookup_table_offset_ != 0u) {
            size_t map_offset = oat_dex_files_[0].dex_file_offset_;
            size_t lookup_table_offset = oat_dex_file->lookup_table_offset_;
            //找到每个Dex文件对应的TypeLookupTable的位置
            uint8_t* lookup_table = opened_dex_files_map->Begin() +
                    (lookup_table_offset - map_offset);
            //在这个位置上创建该Dex文件的TypeLookupTable。
            //读者可自行阅读CreateTypeLookup函数
            opened_dex_files[i]->CreateTypeLookupTable(lookup_table);
        }
    }
    .....
    return true;
}
```

9.4.3.3　代码总结

Setup 代码段之三主要工作用一句话即可总结——它为 boot.oat 文件对应的 OatWriter 准备数据。不过，这个准备工作相当复杂，大体包括如下几项，请读者结合图 9-13 Oat 文件格式来体会。

- 首先是准备好 OatHeader 结构和该 oat 文件所包含的 OatDexFile 信息。
- 将 jar 包中的 dex 项写入 boot.oat 对应的 DexFile 区域。
- 接着填充 oat 文件里的 OatDexFile 区域。
- 接着将 oat 文件从 DexFile 区域开始建立一个内存映射对象。该映射对象最终将保存在 Dex2Oat 的 opened_dex_files_maps_ 数组中。
- OatWriter 将通过内存映射对象打开每一个 dex 项，从而得到对应的 DexFile 对象。最终，这些 DexFile 对象将保存在 Dex2Oat 的 opened_dex_files_ 数组中。同时，Dex2Oat 的 dex_files_ 也会更新为 opened_dex_files_ 的值。

dex2oat 比较复杂，其中的一个重要原因是其相关代码里有很多和文件相关的成员变量。笔者总结这些信息如图 9-15 所示。

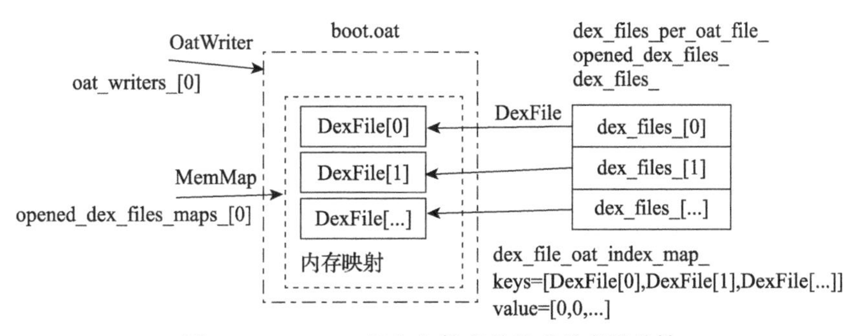

图 9-15　dex2oat 里和文件有关的成员变量总结

图 9-15 展示了 boot.oat 中 Dex2Oat 里几个核心成员变量的取值情况。

- oat_wirters[0] 用于往 boot.oat 文件输出 oat 信息。
- dex_files_ 数组中每个元素对应为包含在 boot.oat 中 dex 文件。与 dex_files_ 取值相同的还有 opened_dex_files_、dex_files_per_oat_file_。
- opened_dex_files_maps_[0] 为 boot.oat 从 DexFile 区域开始的内存映射。
- dex_file_oat_index_map_ 类型为 unordered_map<const DexFile*, size_t>，其 key 值为 dex 文件对象，而 value 值在本例中取值都为 0，对应 oat_writers_ 数组中的 0 号元素。

提示 **dex2oat 代码中有很多和文件及位置偏移量有关的成员变量，非常容易混淆。笔者建议读者先不要纠结于这些细节，而应把注意力放在 oat 文件各个区域所包含的大体内容里。**

9.4.4 Setup 代码分析之四

接着来看 Setup 函数最后一部分内容。代码不多，如下所示。

[dex2oat.cc->Dex2Oat::Setup 第四段]

```
    if (IsBootImage()) {//本例满足此条件，代表编译boot镜像
        //下面这行代码将为创建的Runtime对象设置boot类的来源
        runtime_options.Set(RuntimeArgumentMap::BootClassPathDexList,
                    &opened_dex_files_);
        /*创建art runtime对象。CreateRuntime是Dex2Oat的成员函数，比较简单，读者可自行阅
          读。注意，CreateRuntime函数所创建的runtime对象只是做了Init操作，没有执行它的Start
          函数。所以，该runtime对象也叫unstarted runtime。    */
        if (!CreateRuntime(std::move(runtime_options))) {return false;}
    }
    //初始化其他关键模块
    Thread* self = Thread::Current();
    WellKnownClasses::Init(self->GetJniEnv());
    ClassLinker* const class_linker = Runtime::Current()->GetClassLinker();
    .....
    for (const auto& dex_file : dex_files_) {
        ScopedObjectAccess soa(self);
        //往class_linker中注册dex文件对象和对应的class_loader_。对本例而言，class_loader_
        //为空，代表boot类加载器。
        dex_caches_.push_back(soa.AddLocalReference<jobject>(
            class_linker->RegisterDexFile(*dex_file,
                soa.Decode<mirror::ClassLoader*>(class_loader_))));
    }
    return true;
}
```

Setup 第四段将创建一个 Unstarted runtime 对象，实际上就是创建了一个虚拟机。但这个虚拟机并不完整，它只是用于编译的。上述代码中的几个重要函数我们在第 8 章中均介绍过了，此处不拟赘述。

9.5 CompileImage

接着来看 Dex2oat 中第 4 个关键函数——CompileImage，代码如下所示。

[dex2oat.cc->Dex2Oat::CompileImage]

```
static int CompileImage(Dex2Oat& dex2oat) {
    //加载profile文件，对基于profile文件的编译有效，本例不涉及它
    dex2oat.LoadClassProfileDescriptors();
    dex2oat.Compile(); //①编译
    if(!dex2oat.WriteOatFiles()){......}; //②输出.oat文件
    .....
    //③处理.art文件
    if (!dex2oat.HandleImage()) {......}
    ..... //其他处理，内容非常简单。感兴趣的读者可自行阅读
    return EXIT_SUCCESS;
}
```

上述代码中有三个关键函数，分别是 Compile、WriteOatFiles 和 HandleImage。其中，

- Compile 用于编译 dex 字节码。
- WriteOatFiles 和 HandleImage 将生成最终的 .oat 和 .art 文件。

本节我们重点介绍 Compile 函数。而出于篇幅和难度的考虑，笔者将直接介绍 WriteOatFiles 和 HandleImage 处理的结果——OAT 和 ART 文件格式。

9.5.1 Compile

读者应该可以想到，Compile 函数的目标就是编译上文所打开的那些 Dex 文件中的 Java 方法。虽然我们在第 6 章中介绍过具体的编译技术，但 Compile 函数里仍然还涉及了大量之前没有涉及的内容，其难度比较大。在 dex2oat 中，一个 Java 方法根据其具体情况有三种编译处理模式。

- 一种是 dex 到 dex 的编译（源码中叫 Dex To Dex Compilation）。以 "iget vA, vB, field@CCCC" 指令为例，它用于从对象 (存储在虚拟寄存器 vB 中) 中获取其成员变量 (field@CCCC 表示该成员在 dex 文件中 field_ids 的索引为 CCCC) 的值并保存到 vA 中。进行 dex 到 dex 的编译优化后，我们会替换 field@CCCC 为该成员变量对应 ArtField 对象的 offset_。同时，修改 iget 指令为 iget-quick。读者可回顾 8.7.4 节中的图 8-13 以了解 ArtField offset_ 的含义。显然，从 iget 变换为 iget-quick 的这种处理是根据 art 虚拟机中 java class/object 内存布局的实现方式而做出的一种优化。
- jni 方法的编译。该种编译处理专门针对 jni 方法。它将为 jni 方法的调用创建一段汇编代码。在这段汇编代码中将建立相应的栈帧、拷贝调用参数。另外，根据虚拟机的实现，调用 jni 函数前后，这段汇编代码中还需要调用 art 虚拟机 JniMethodStart、JniMethodEnd 方法。最后，如果 jni 方法中有异常产生的话，还需要调用 art 虚拟机里投递异常的函数。
- dex 字节码到机器码的编译。我们曾在第 6 章中介绍过它。这部分内容相当复杂。

下面，笔者将：

- 首先从流程上来了解 Compile 的调用流程。
- 然后分几个小节来分别介绍三种编译处理模式。

先看 Compile 函数。

[dex2oat.cc->Dex2Oat::Compile]

```
void Compile() {
    .... //略去次要内容
    //创建一个CompilerDriver对象
    driver_.reset(new CompilerDriver(compiler_options_.get(),
                        ......));
    driver_->SetDexFilesForOatFile(dex_files_);
    //调用CompileAll进行编译
    driver_->CompileAll(class_loader_, dex_files_, timings_);
}
```

Compile 代码不多，但内容却很丰富，首先来认识一些关键类。

9.5.1.1 关键类和函数介绍

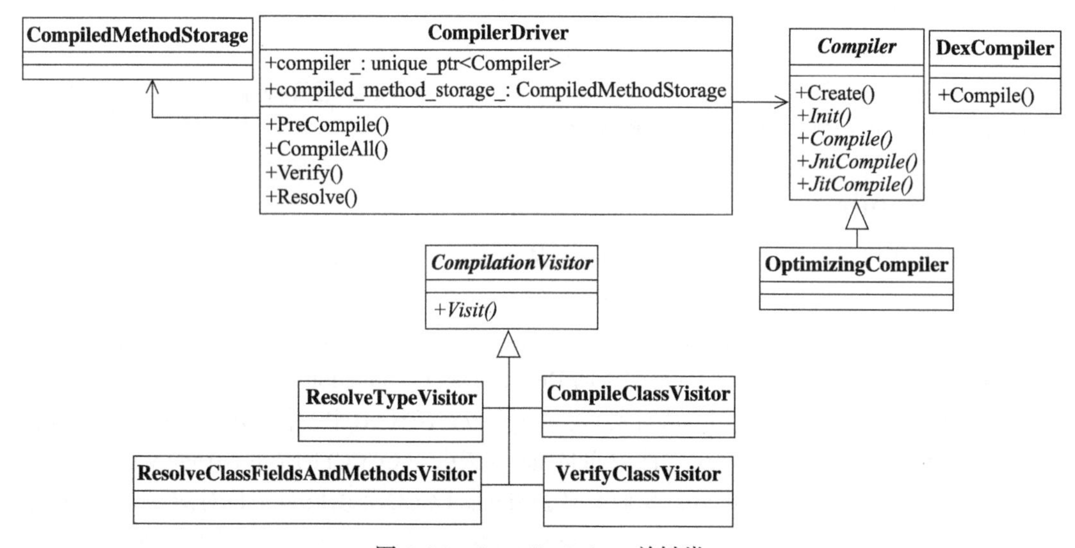

图 9-16 CompilerDriver 关键类

图 9-16 所示为 CompilerDriver 和相关的一些类。其中：

- CompilerDriver 是 dex2oat 中负责编译相关工作的总管。
- 具体的编译工作由 Compiler 类来完成。Compiler 本身是虚基类，ART 中仅有一个实现子类 OptimizingCompiler。Compiler 类右边为 DexCompiler 类，它是专门用于 Dex 到 Dex 编译的。注意，DexCompiler 和 Compiler 没有派生关系。
- 由于 CompilerDriver 工作时需要遍历类，所以设计了 CompilationVisitor 虚基类来实现这个功能。它有四个子类，分别用来完成不同的功能，比如 VerifyClassVisitor 在遍历类的同时对类进行校验。这部分内容将不做单独分析，下文代码分析时如果有需要再介绍。
- CompiledMethodStorage 用于管理存储 Java 方法编译得结果。其细节我们后面碰到时再说。

下面先来看 CompilerDriver 的构造函数。代码如下所示。

 [compiler_driver.h->CompilerDriver::CompilerDriver]

```
CompilerDriver::CompilerDriver(                    //输入参数比较多
        const CompilerOptions* compiler_options,
        VerificationResults* verification_results,
        DexFileToMethodInlinerMap* method_inliner_map,
        Compiler::Kind compiler_kind,InstructionSet instruction_set,
        const InstructionSetFeatures* instruction_set_features,
        bool boot_image,bool app_image,
        std::unordered_set<std::string>* image_classes,
        std::unordered_set<std::string>* compiled_classes,
        std::unordered_set<std::string>* compiled_methods,
        size_t thread_count,......)
        : compiler_options_(compiler_options),  //编译选项
        //存储校验结果，读者可回顾图9-6
        verification_results_(verification_results),
        method_inliner_map_(method_inliner_map),
        //创建一个OptimizingCompiler对象
        compiler_(Compiler::Create(this, compiler_kind)),
        //枚举变量，本例取默认值kOptimizing
        compiler_kind_(compiler_kind),
        instruction_set_(instruction_set),
        instruction_set_features_(instruction_set_features),
        .......
        /*compiled_methods_类型为MethodTable，它是数据类型的别名，其真实类型为SafeMap
          <const MethodReference, CompiledMethod*, MethodReferenceComparator>,
          代表一个map容器，key为MethodReference（代表一个Java方法），value指向Java方
          法编译的结果对象。MethodReferenceComparator为map容器用到的比较器，读者可不
          用理会它 */
        compiled_methods_(MethodTable::key_compare()),
        non_relative_linker_patch_count_(0u),
        //在本例中，boot_image_为true
        boot_image_(boot_image),app_image_(app_image),
        //字符串集合，在本例中，其内容来自/system/etc/preloaded-classes
        image_classes_(image_classes),
        //字符串集合，在本例中，其内容来自/system/etc/compiled-classes-phone
        classes_to_compile_(compiled_classes),
        //字符串集合，保存需要编译的Java方法名，在本例中，该变量取值为nullptr
        methods_to_compile_(compiled_methods),
        ......
        support_boot_image_fixup_(instruction_set != kMips &&
                        instruction_set != kMips64),
                                                   //在本例中，该变量取值为true
        //指向一个vector<const DexFile*>数组，存储dex文件对象
        dex_files_for_oat_file_(nullptr),
        //类型为CompiledMethodStrorage。在本例中，swap_fd取值为-1。
        compiled_method_storage_(swap_fd),
        ......
        /*类型为vector<DexFileMethodSet>，DexFileMethodSet类型见下文介绍*/
        dex_to_dex_references_(),
        //指向一个BitVector对象，位图。其作用见下文分析
        current_dex_to_dex_methods_(nullptr) {
    compiler_->Init(); //Init函数很简单，请读者自行阅读
    ......
}
```

上述代码中有一个 DexFileMethodSet 类，我们简单了解下。

 [compiler_driver.cc->CompilerDriver::DexFileMethodSet]

```
class CompilerDriver::DexFileMethodSet {
    public:
        ...... //略过成员函数
    private:
        const DexFile& dex_file_; //指向一个Dex文件对象
        //位图对象，其第n位对应dex_file_里method_ids的第n个元素
        BitVector method_indexes_;
};
```

9.5.1.2 CompileAll

本节来看 CompileAll 函数，代码如下所示。

 [compiler_driver.cc->CompilerDriver::CompileAll]

```
void CompilerDriver::CompileAll(jobject class_loader,
        const std::vector<const DexFile*>& dex_files, TimingLogger* timings) {
    //创建线程池。这部分内容非常简单，笔者不拟介绍它们
    InitializeThreadPools();
    //重点来看PreCompile和Compile两个关键函数
    PreCompile(class_loader, dex_files, timings);
    if (!GetCompilerOptions().VerifyAtRuntime()) {
        Compile(class_loader, dex_files, timings);
    }
    .....
    FreeThreadPools();
}
```

ComipleAll 中有 PreCompile 和 Compile 两个关键函数，我们分别来介绍它们。

9.5.1.2.1 PreCompile

PreCompile 的代码如下所示：

 [compiler_driver.cc->CompilerDriver::PreCompile]

```
void CompilerDriver::PreCompile(jobject class_loader,
                    const std::vector<const DexFile*>& dex_files,....) {
    /*注意参数。本例中，class_loader为nullptr，dex_files为13个jar包所包含的dex项。下面的
      LoadImageClasses函数的主要工作是遍历image_classes_中的类，然后通过ClassLinker的
      FindSystemClass进行加载。另外，还要检查Java方法所抛出的异常（如果有抛出异常的话）对应
      的类型是否存在  */
    LoadImageClasses(timings);

    const bool verification_enabled =
              compiler_options_->IsVerificationEnabled();
    const bool never_verify = ...;
    const bool verify_only_profile = ...;
    //本例中，if条件满足
    if ((never_verify || verification_enabled) && !verify_only_profile) {
        /*下面的Resolve函数主要工作为遍历dex文件，然后：
          (1)解析其中的类型，即遍历dex文件里的type_ids数组。内部将调用ClassLinker的Re-
          solveType函数。
```

```
        (2)解析dex里的类、成员变量、成员函数。内部将调用ClassLinker的ResolveType、Re-
        solveField和ResolveMethod等函数。
        读者可回顾8.7.8.1节的内容。 */
      Resolve(class_loader, dex_files, timings);
   }
   .....
   /*下面三个函数的作用:
     (1)Verify: 遍历dex文件,校验其中的类。校验结果通过QuickCompilationCallback存储在
     CompilerDriver的verification_results_中。
     (2)InitializeClasses: 遍历dex文件,确保类的初始化。
     (3)UpdateImageClasses: 遍历image_classes_中的类,检查类的引用型成员变量,将这些
     变量对应的Class对象也加到image_classes_容器中。 */
   Verify(class_loader, dex_files, timings);
   InitializeClasses(class_loader, dex_files, timings);
   UpdateImageClasses(timings);
}
```

PreCompile干得工作比较多,但它所涉及的大部分知识我们在第8章都介绍过了,所以此处不拟详细介绍。

9.5.1.2.2 Compile

接着来看Compile函数,代码如下所示。

[compiler_driver.cc->CompilerDriver::Compile]

```
void CompilerDriver::Compile(jobject class_loader,
            const std::vector<const DexFile*>& dex_files, TimingLogger* timings) {
   //遍历dex文件,调用CompileDexFile进行编译
   for (const DexFile* dex_file : dex_files) {
      CompileDexFile(class_loader,*dex_file,dex_files,......);
      ......
   }
   /*有一些Java方法不能编译成机器码,只能做dex到dex的优化。下面将针对这些Java方法进行优化。
     dex_to_dex_references变量的类型是ArrayRef<DexFileMethodSet>。ArrayRef是一个数
     组,而DexFileMethodSet的内容我们在上文已经见过了。它的method_indexes_位图对象保存了
     一个Dex文件里需要进行dex到dex优化的Java方法的method_id。  */
   ArrayRef<DexFileMethodSet> dex_to_dex_references;
   {
      MutexLock lock(Thread::Current(), dex_to_dex_references_lock_);
      //将CompilerDriver的dex_to_dex_references_成员变量赋值给dex_to_dex_references
      dex_to_dex_references =
              ArrayRef<DexFileMethodSet>(dex_to_dex_references_);
   }
   //遍历dex_to_dex_references里的对象
   for (const auto& method_set : dex_to_dex_references) {
      current_dex_to_dex_methods_ = &method_set.GetMethodIndexes();
      //调用CompileDexFile函数
      CompileDexFile(class_loader,  method_set.GetDexFile(),
                     dex_files,......);
   }
   current_dex_to_dex_methods_ = nullptr;
}
```

注意上述代码里有两处对CompileDexFile的调用。

- 进入 Compile 函数后，首先遍历需要编译的 Dex 文件对象。针对每一个 Dex 文件对象，调用 CompileDexFile。在这一轮的 CompileDexFile 中，那些只能做 dex 到 dex 优化的 Java 方法以及对应的 Dex 文件对象将保存到 CompilerDriver 的 dex_to_dex_references_ 容器中。在下文代码中，我们将了解什么情况下一个 Java 方法只能做 dex 到 dex 的优化。
- 接下来遍历 dex_to_dex_references_ 容器，再次调用 CompileDexFile 方法，对其中所包含的 Java 方法进行 dex 到 dex 优化。

如上所述，Compile 内部主要工作是由 CompileDexFile 来处理的，该函数的代码如下所示。

[compiler_driver.cc->CompilerDriver::CompileDexFile]

```
void CompilerDriver::CompileDexFile(jobject class_loader,
        const DexFile& dex_file, const std::vector<const DexFile*>& dex_files,
        ThreadPool* thread_pool, size_t thread_count, TimingLogger* timings) {
    TimingLogger::ScopedTiming t("Compile Dex File", timings);
    /*ParallelCompilationManager为并行编译管理器，它通过往线程池（由thread_pool表示）添加
      多个编译任务来实现。具体的编译任务将由线程池中的线程来执行。 */
    ParallelCompilationManager context(Runtime::Current()->GetClassLinker(),
                class_loader, this, &dex_file, dex_files, thread_pool);
    //我们需要重点关注CompileClassVisitor
    CompileClassVisitor visitor(&context);
    /*context.ForAll将触发线程池进行编译工作。注意，编译是以类为单位进行处理的，每一个待编译
      的类都会交由CompileClassVisitor的Visit函数进行处理。*/
    context.ForAll(0, dex_file.NumClassDefs(), &visitor, thread_count);
}
```

在上述代码中，最重要的是 CompileClassVisitor，来看它的代码。

[compiler_driver.cc->CompileClassVisitor 类]

```
class CompileClassVisitor : public CompilationVisitor {
    public:
        explicit CompileClassVisitor(const ParallelCompilationManager* manager) :
                manager_(manager) {}
        //编译时，编译线程将调用下面的这个Visit函数，参数为待处理类在dex文件里class_ids数组
        //中的索引
        virtual void Visit(size_t class_def_index) ..... {
        //找到dex文件对象
        const DexFile& dex_file = *manager_->GetDexFile();
        //根据class_def_index索引号找到目标类对应的ClassDef信息
        const DexFile::ClassDef& class_def =
                dex_file.GetClassDef(class_def_index);
        ......
        /*DexToDexCompilationLevel是一个枚举变量，详情见下文对GetDexToDexCompilation-
          Level函数的介绍   */
        optimizer::DexToDexCompilationLevel dex_to_dex_compilation_level =
                GetDexToDexCompilationLevel(soa.Self(), *driver,
                    jclass_loader, dex_file, class_def);
        //迭代器，用于遍历类中的信息
        ClassDataItemIterator it(dex_file, class_data);
        .... //略过成员变量
        /*检查类名是否包含在CompileDriver的classes_to_compile_容器中，如果不在，则设置
          compilation_enabled为false，否则为true */
        bool compilation_enabled = driver->IsClassToCompile(
                dex_file.StringByTypeIdx(class_def.class_idx_));
```

```
        //遍历direct的Java方法
        int64_t previous_direct_method_idx = -1;
        while (it.HasNextDirectMethod()) {
            uint32_t method_idx = it.GetMemberIndex();
        .....
            previous_direct_method_idx = method_idx;
            CompileMethod(soa.Self(), driver, it.GetMethodCodeItem(),
                    it.GetMethodAccessFlags(),it.GetMethodInvokeType(class_def),
                    class_def_index, method_idx, jclass_loader, dex_file,
                    dex_to_dex_compilation_level,compilation_enabled,
                    dex_cache);
            it.Next();
        }
        //编译虚函数，也是调用CompileMethod函数
        .......
    }...
};
```

CompileClassVisitor Visitor 是编译类中 Java 方法的入口函数，我们仅需要关注其中的 GetDexToDexCompilationLevel 和 CompileMethod 两个函数。

9.5.1.2.3 GetDexToDexCompilationLevel

GetDexToDexCompilationLevel 函数的返回值为枚举变量 DexToDexCompilationLevel，其定义如下。

[dex_to_dex_compiler.h->DexToDexCompilationLevel]

```
enum class DexToDexCompilationLevel {
    kDontDexToDexCompile,        //不做编译优化
    kRequired,                   //进行dex到dex的编译优化
    kOptimize                    //做dex到本地机器码的编译优化
};
```

compiler_driver.cc 中有两个 GetDexToDexCompilationLevel 函数，我们直接看最关键的那个，代码如下所示。

[compiler_driver.cc->GetDexToDexCompilationLevel]

```
static optimizer::DexToDexCompilationLevel GetDexToDexCompilationLevel(
        Thread* self, const CompilerDriver& driver,
        Handle<mirror::ClassLoader> class_loader,
        const DexFile& dex_file, const DexFile::ClassDef& class_def) {
    //注意参数：dex_file代表一个Dex文件对象，class_def代表待处理的类
    auto* const runtime = Runtime::Current();
    //如果runtime使用jit编译或者编译选项为kVerifyAtRuntime，则返回
    //kDontDexToDexCompile。即无需编译
    if (runtime->UseJitCompilation() ||
            driver.GetCompilerOptions().VerifyAtRuntime()) {
        return optimizer::DexToDexCompilationLevel::kDontDexToDexCompile;
    }
    const char* descriptor = dex_file.GetClassDescriptor(class_def);
    ClassLinker* class_linker = runtime->GetClassLinker();
    mirror::Class* klass = class_linker->FindClass(self, descriptor,
                        class_loader);
    if (klass == nullptr) { //如果ClassLinker中无法找到目标类，也无需编译
```

```
        ......
        return optimizer::DexToDexCompilationLevel::kDontDexToDexCompile;
    }
    if (klass->IsVerified()) { //如果这个类已经校验通过，则可以做dex到机器码的优化
        return optimizer::DexToDexCompilationLevel::kOptimize;
    } else if (klass->IsCompileTimeVerified()) {
        //如果编译时校验失败，但可以在运行时再次校验，则可以做dex到dex的优化
        return optimizer::DexToDexCompilationLevel::kRequired;
    } else { //其他情况下，将不允许做编译优化
        return optimizer::DexToDexCompilationLevel::kDontDexToDexCompile;
    }
}
```

接着来看CompileMethod函数。

9.5.1.2.4 CompileMethod

CompileMethod的代码如下所示：

[compiler_driver.cc->CompileMethod]

```
static void CompileMethod(Thread* self, CompilerDriver* driver,
            const DexFile::CodeItem* code_item,.......) {
    //存储编译的结果，类型为CompiledMethod
    CompiledMethod* compiled_method = nullptr;
    MethodReference method_ref(&dex_file, method_idx);
    //针对dex到dex的编译优化
    if (driver->GetCurrentDexToDexMethods() != nullptr) {
        //如果该方法被标记为只能做dex到dex的编译优化，则进行下面的处理。
        if (driver->GetCurrentDexToDexMethods()->IsBitSet(method_idx)) {
            const VerifiedMethod* verified_method =
                driver->GetVerificationResults()->GetVerifiedMethod(method_ref);
            //dex到dex优化的入口函数为ArtCompileDEX。下文将介绍它
            compiled_method = optimizer::ArtCompileDEX(
                driver,code_item,access_flags,invoke_type,class_def_idx,method_idx,
                class_loader,dex_file,(verified_method != nullptr)
                    ? dex_to_dex_compilation_level
                    : optimizer::DexToDexCompilationLevel::kRequired);
        }
    } else if ((access_flags & kAccNative) != 0) {
        //针对jni函数的编译
        if (!driver->GetCompilerOptions().IsJniCompilationEnabled() &&
            InstructionSetHasGenericJniStub(driver->GetInstructionSet())) {
        } else {//对本例而言，native标记的函数将调用JniCompile进行编译
            /*jni函数的编译入口函数为JniCompile。GetCompiler将返回OptimizingCompiler。
              所以，对dex2oat来说，OptimizingCompiler的JniCompile函数将被调用。下文将
              单独用一节来介绍它  */
            compiled_method = driver->GetCompiler()->JniCompile(access_flags,
                    method_idx, dex_file);
        }
    } else if ((access_flags & kAccAbstract) != 0) {
        //abstract函数无需编译
    } else {
        const VerifiedMethod* verified_method =
            driver->GetVerificationResults()->GetVerifiedMethod(method_ref);
        ....
        if (compile) {
            /*dex到机器码的编译优化将由Optimizing的Compile来完成。该函数返回一个Compiled-
```

```
        Method对象。注意，如果一个Java方法不能做dex到机器码优化的话，该函数将返回
        nullptr。   */
      compiled_method = driver->GetCompiler()->Compile(code_item,
                  access_flags, invoke_type,class_def_idx, method_idx,
                  class_loader,dex_file, dex_cache);
    }
    /*如果Compile返回nullptr，并且前面调用GetDexToDexCompilationLevel返回结果不为
      kDontDexToDexCompile，则需要对该方法进行标记以在后续尝试Dex到Dex优化。 */
    if (compiled_method == nullptr &&
        dex_to_dex_compilation_level !=
            optimizer::DexToDexCompilationLevel::kDontDexToDexCompile) {
        driver->MarkForDexToDexCompilation(self, method_ref);
    }
  }
  /*注意，不管最终进行的是dex到dex编译、jni编译还是dex到机器码的编译，其返回结果都由一个Com-
    piledMethod对象表示。下面将对这个编译结果进行处理。如果该结果不为空，则将其存储到driver
    中去以做后续的处理。*/
  if (compiled_method != nullptr) {
    size_t non_relative_linker_patch_count = 0u;
    for (const LinkerPatch& patch : compiled_method->GetPatches()) {
        if (!patch.IsPcRelative()) {
            ++non_relative_linker_patch_count;
        }  }
    bool compile_pic = driver->GetCompilerOptions().GetCompilePic();
    driver->AddCompiledMethod(method_ref, compiled_method,
                  non_relative_linker_patch_count);
  } ......
}
```

在继续介绍新知识前，我们先来总结下Dex2Oat里Compile的调用流程，如图9-17所示。

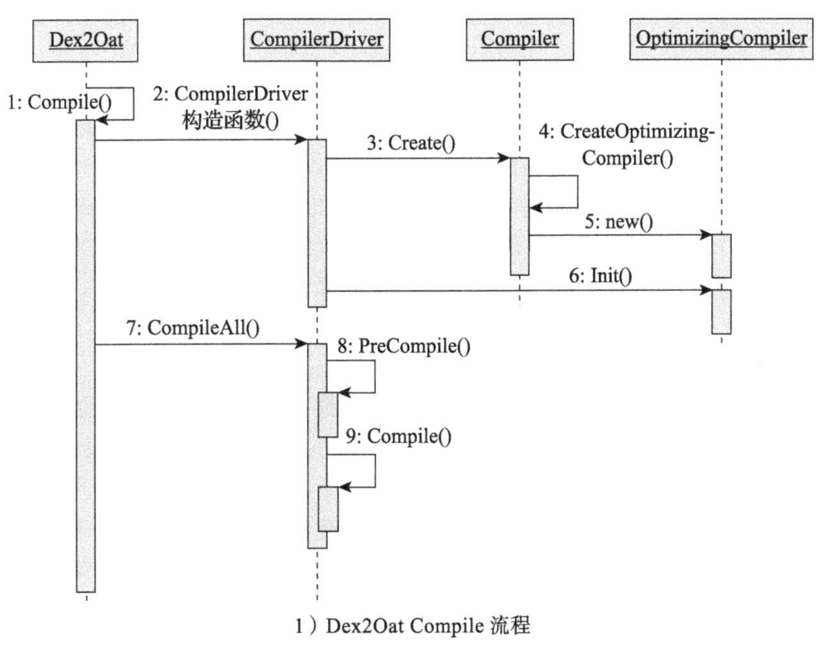

1）Dex2Oat Compile流程

图9-17　Dex2Oat Compile流程

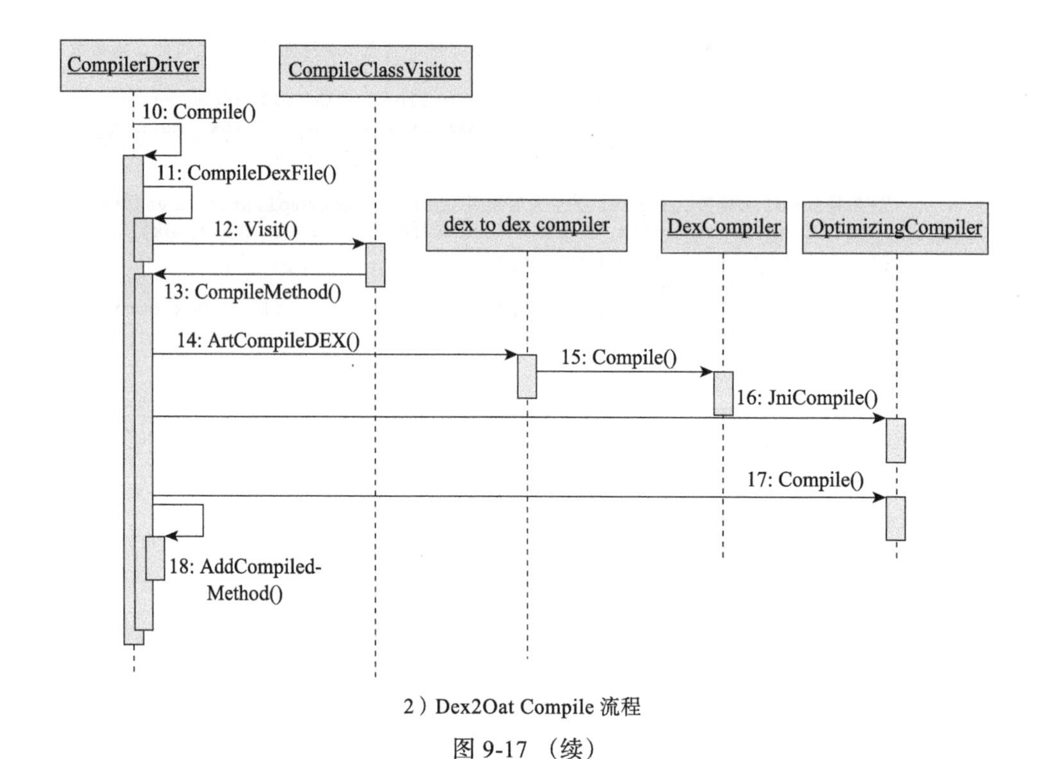

2）Dex2Oat Compile 流程

图 9-17 （续）

图 9-17 展示了 Dex2Oat Compile 函数的调用流程。为了更清晰地展示调用流程，笔者以 CompilerDriver Compile 为边界，将调用流程分为 1）和 2）两部分。1）中的第 9 个函数调用（CompilerDriver Compile）就是 2）中的第 10 步。在图中所示的流程中：

- CompilerDriver Compile 包含两次循环。第一次循环将遍历所有目标 dex 文件，然后依次调用 CompileDexFile 进行处理。第二次循环则遍历那些包含了需要进行 dex 到 dex 编译优化方法的 dex 文件，仍将调用 CompileDexFile 进行处理。
- 第 13 步的 CompileMethod 将对某个 Java 方法进行编译。如果是 dex 到 dex 的优化编译，则调用 ArtCompileDEX 函数（这里请读者注意，ArtCompileDEX 只是一个普通函数，不是某个类的成员。其函数定义所在的源码文件为 dex_to_dex_compiler.cc 中）。如果是 jni 方法，则调用 OptimizingCompiler 的 JniCompile 函数。对其他非抽象 Java 方法的编译则调用 OptimizingCompiler 的 Compile 函数。
- 上述三个具体编译处理函数的返回值的类型都可由代表编译结果的 CompiledMethod 类来描述。如果 CompiledMethod 对象不为空，则将这个编译结果存储到 Compiler-Driver 中以做后续处理。

下面，我们先介绍代表一个 Java 方法进行编译优化后的结果的 CompiledMethod 类，然后再分别介绍 ArtCompileDEX、OptimizingCompiler 的 JniCompile 和 Compile 函数。

9.5.1.3 CompiledMethod 介绍

CompiledMethod 及相关类的关系如图 9-18 所示。

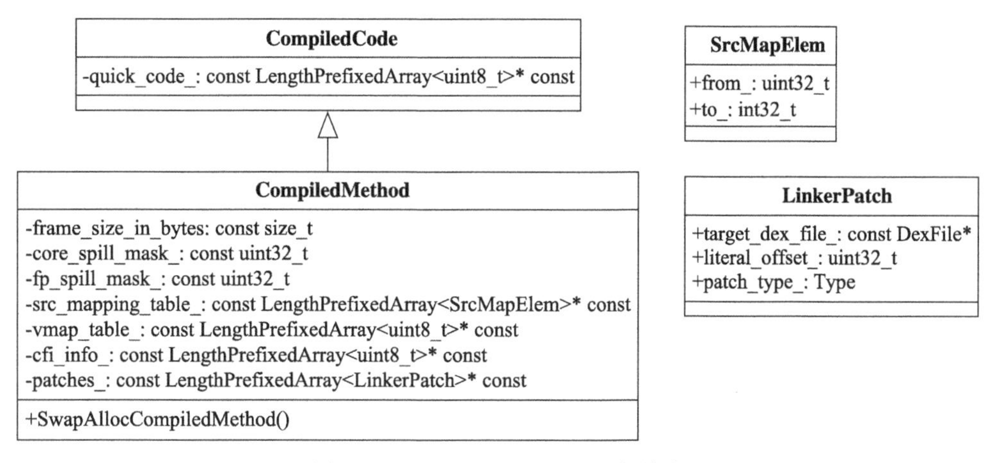

图 9-18 CompiledMethod 及相关类

在图 9-18 中，

- CompiledCode 为基类，它有一个成员变量 quick_code_，指向一个定长数组（LengthPrefixedArray），元素的类型为 uint8_t。该数组存储的就是编译得到的机器码。
- CompiledMethod 是 CompiledCode 的子类，它包含几个重要的成员变量。
  - frame_size_in_bytes_：栈帧大小。
  - core_spill_mask_：32 位长（uint32_t），每一位对应一个核心寄存器，值为 1 表示对应寄存器的内容可能会存储在栈上。分配栈时，需要预留相应的空间。
  - fp_spill_mask_：作用和 core_spill_mask_ 一样，每一位代表一个浮点寄存器。
  - src_mapping_table_：指向一个定长数组，元素类型为 SrcMapElem。ScrMapElem 是一个结构体，它建立了从机器码到 dex 指令码的映射关系。其中，ScrMapElem 的 from_ 是机器码的 pc，而 ScrMapElem to_ 是 dex 指令码的 pc。
  - vmap_table_：指向一个定长数组，元素的数据类型名义上是 uint8_t，但实际上是一个映射表结构，反映了机器码中用到的物理寄存器到 dex 指令里虚拟寄存器的映射关系。
  - cfi_info_：指向一个定长数组，存储的是和机器码相关的调试信息。本文不讨论这部分知识。
  - patches_：指向一个定长数组，元素类型为 LinkerPatch。LinkerPatch 的内容见下文介绍。

LinkerPatch 和描述机器码中指令跳转的目标地址有密切关系。我们曾经在第 4 章中介绍过 PIC（Position Indepent Code）。在 art 中，有一些函数调用使用绝对地址，有一些使用的是相对地址。这些信息可由 LinkerPatch 来描述。其类定义如下。

[compiled_method.h->LinkerPatch 类]

```
class LinkerPatch {
    public:
        enum class Type : uint8_t { //枚举变量，定义了目标地址计算方式的种类
```

```
        kRecordPosition, //用于记录，不和目标地址绑定，用于patchoat程序
        kMethod, //绝对地址，但只在arm cpu上使用
        kCall, //绝对地址
        kCallRelative, //相对地址
        /*下面两种方式和调用Java String类提供的函数有关。其中，kString为函数的绝对地址，
          而kStringRelative为函数的相对地址。 */
        kString, kStringRelative,
        //相对地址，需结合DexCache里resolved_methods_数组里的信息计算最终地址
        kDexCacheArray,
    };
    .....
    private:
    const DexFile* target_dex_file_; //目标Dex文件
    /*目标地址的偏移量，结合下面patch_type_的情况可计算出最终的地址值。注意，literal_offset_和
      patch_type_两个成员变量一共占据32个比特位，literal_offset_使用前24位，patch_type_
      使用后8位。      */
    uint32_t literal_offset_:24;
    Type patch_type_:8; //跳转类型
};
```

以上是对 LinkerPatch 做的简单介绍。由于篇幅和难度的原因，本章后续不拟对链接相关的内容展开介绍。

9.5.2 ArtCompileDEX

现在来看 dex 到 dex 的编译优化函数 ArtCompileDEX，代码如下所示。

[dex_to_dex_compiler.cc->ArtCompileDEX]

```
CompiledMethod* ArtCompileDEX(CompilerDriver* driver,
        const DexFile::CodeItem* code_item,uint32_t access_flags,
        InvokeType invoke_type ATTRIBUTE_UNUSED,uint16_t class_def_idx,
        uint32_t method_idx, jobject class_loader, const DexFile& dex_file,
        DexToDexCompilationLevel dex_to_dex_compilation_level) {
    if (dex_to_dex_compilation_level !=
                DexToDexCompilationLevel::kDontDexToDexCompile) {
        .....
        /*下面这段代码首先构造一个DexCompilationUnit对象。构造函数中的最后一个参数来自于
          CompilerDriver的GetVerifedMethod函数。GetVerifedMethod将返回目标Java方法经
          校验后的结果（数据类型为VerifiedMethod）。读者可回顾9.4.1.2节。接着创建DexCompiler
          对象，然后调用它的Compile函数进行优化。      */
        art::DexCompilationUnit unit(class_loader,....,
                driver->GetVerifiedMethod(&dex_file, method_idx),
        art::optimizer::DexCompiler dex_compiler(*driver, unit,
                    dex_to_dex_compilation_level);
        dex_compiler.Compile(); //下文将详细介绍它
        ......
        /*上文我们曾说过，dex到dex只是优化，优化的结果是将某些指令和操作数换成对应的快速操作指
          令和对应的操作数。在Dex2Oat中，优化信息由QuickenedInfo结构体表示，它仅包含两个成
          员变量：
          （1）dex_pc：发生替换的dex的指令位置。
          （2）dex_member_index：优化后的操作数取值。其真实含义根据指令的不同，指向代表类的
              成员变量的field_id或成员函数的method_id。
         DexCompiler执行Compile过程中，这些优化的信息将保存起来，然后可通过下面的GetQuick-
         enedInfo函数返回。返回值的类型是vector<QuickenedInfo>。
          下面代码中的builder用于将信息以LEB格式存储。   */
```

```
        Leb128EncodingVector<> builder;
        for (QuickenedInfo info : dex_compiler.GetQuickenedInfo()) {
            builder.PushBackUnsigned(info.dex_pc);
            builder.PushBackUnsigned(info.dex_member_index);
        }
            InstructionSet instruction_set = driver->GetInstructionSet();
            //创建一个CompiledMethod对象,请读者注意传入的参数:
            return CompiledMethod::SwapAllocCompiledMethod(
                driver, instruction_set,
                ArrayRef<const uint8_t>(), //设置quick_code_, dex到dex优化时不存在
                0, 0, 0,
                ArrayRef<const SrcMapElem>(), //设置src_mapping_table_, 也不存在
                ArrayRef<const uint8_t>(builder.GetData()), //存在vmap_table
                ArrayRef<const uint8_t>(), //cfi_info_为空
                ArrayRef<const LinkerPatch>()); //patches_为空
    }
    return nullptr;
}
```

如上述代码最后所示，一个 Java 方法经对 dex 到 dex 的优化后，其处理结果对应的 CompiledMethod 对象中：

- quick_code_、src_mapping_table_、patches_、cfi_info_ 均为空数组。
- 而 vmap_table_ 的内容对应为一组 QuickendedInfo 信息，存储格式为 LEB。

下面来看 DexCompiler 的 Compile 函数，代码如下所示。

[dex_to_dex_compiler.cc->DexCompiler::Compile]

```
void DexCompiler::Compile() {
    //unit_为DexCompiler的成员函数,它存储了要编译的Java方法的指令等相关信息
    const DexFile::CodeItem* code_item = unit_.GetCodeItem();
    const uint16_t* insns = code_item->insns_;
    const uint32_t insns_size = code_item->insns_size_in_code_units_;
    Instruction* inst = const_cast<Instruction*>(Instruction::At(insns));
    /*遍历并处理Java方法对应的dex指令码。注意,只有少部分dex指令可以做优化。下面代码中的switch
      包含18种case,也就是只有18条指令可以尝试做优化。笔者下文将介绍其中对iget指令的处理   */
    for (uint32_t dex_pc = 0; dex_pc < insns_size;
        inst = const_cast<Instruction*>(inst->Next()),
                dex_pc = inst->GetDexPc(insns)) {
        switch (inst->Opcode()) {
            ....
            case Instruction::IGET:
                //处理iget指令,IGET_QUICK为优化后的新指令,名为"iget-quick"。
                CompileInstanceFieldAccess(inst, dex_pc,
                                Instruction::IGET_QUICK, false);
                break;
                .....
        }
    }
}
```

下面以 iget 指令的优化处理为例展开介绍。

根据 dex 指令的官方文档，iget 指令用于获取目标对象某成员变量的值，其指令格式为："iget vA, vB, field@CCCC"。其中：

- vA 和 vB 是虚拟寄存器。vA 用于存储结果，vB 指向目标对象。
- field@CCCC 描述的是目标对象成员变量的信息。field 表示 dex 文件里 field_ids 数组，而 CCCC 则是成员变量在 field_ids 中的索引值。
- 另外，根据 3.3 节的内容可知，CCCC 这个操作数包含的比特位个数为 16（一个字符占 4 位长度）。

简而言之，iget 指令通过 vB 找到目标对象，然后通过索引值 CCCC 在 dex 文件里 field_ids 数组中找到对应成员变量，二者综合起来得到目标对象指定成员变量的取值并存储到 vA 中。对于 iget 指令，有什么可以优化的地方呢？马上来看代码。

[dex_to_dex_compiler.cc->DexCompiler::CompileInstanceFieldAccess]

```
void DexCompiler::CompileInstanceFieldAccess(Instruction* inst,
               uint32_t dex_pc, Instruction::Code new_opcode,bool is_put) {
    .....
    //根据上文对iget指令的介绍，下面代码中的field_idx即是目标成员变量位于dex文件
    //field_ids数组里的索引。
    uint32_t field_idx = inst->VRegC_22c();
    MemberOffset field_offset(0u);
    bool is_volatile;
    /*调用CompilerDriver的ComputeInstanceFieldInfo对field_idx所表示的成员变量进行解析。
      注意这个函数的参数：
     （1）field_offset：输出参数。代表这个成员变量在类或对象的内存布局的位置，其值来源于Art-
        Field的offset_成员变量。读者可回顾8.7.4.2节的内容，尤其是其中的图9-13。
     （2）is_volatile：输出参数，表示该成员变量是否为volatile定义的。
     （3）fast_path：函数的返回值。若值为true，则表示可以进行优化（所以叫fast path）下文将
        分析这个ComputeInstanceFieldInfo函数    */
    bool fast_path = driver_.ComputeInstanceFieldInfo(field_idx,
                  &unit_, is_put,&field_offset, &is_volatile);
    /*如果if条件满足，则替换原来的代码。注意，由于iget原来的CCCC操作数最多为16比特，所以field_
      offset的值不能超过16比特，否则不能进行替换。IsUnit<16>函数用来判断参数是否满足这16比
      特的要求。另外，成员变量为volatile的话也不能进行优化  */
    if (fast_path && !is_volatile && IsUint<16>(field_offset.Int32Value())) {
        //替换原来的指令码。对"iget"而言，新指令码是"iget-quick"。
        inst->SetOpcode(new_opcode);
        //修改原来的参数CCCC为field_offset
        inst->SetVRegC_22c(static_cast<uint16_t>(field_offset.Int32Value()));
        //创建一个QuickenedInfo对象，并保存到quickened_info_数组
           quickened_info_.push_back(QuickenedInfo(dex_pc, field_idx));
    }
}
```

现在来看 CompilerDriver 的 ComputeInstanceFieldInfo 函数。

[compiler_driver.cc->CompilerDriver::ComputeInstanceFieldInfo]

```
bool CompilerDriver::ComputeInstanceFieldInfo(uint32_t field_idx,
               const DexCompilationUnit* mUnit,bool is_put,
               MemberOffset* field_offset, bool* is_volatile) {
    ScopedObjectAccess soa(Thread::Current());
    /* 重点函数是下面的ComputeInstanceFieldInfo，笔者这里仅介绍其逻辑，读者可自行阅读
      其代码，里边大部分知识我们都介绍过：
      （1）首先，通过ClassLinker的ResolveField来找到代表这个成员变量的ArtField对象。
      （2）通过ClassLinker的ResovleType等函数获取这个iget指令所在的Java方法的Class对象。
      （3）检查这个Class对象是否有权限访问这个成员，即检查该Java方法所在的类能否访问目标对象
```

```
        的成员变量。
    上述三个步骤，有任何一个失败，ComputeInstanceFieldInfo都将返回nullptr */
    ArtField* resolved_field = ComputeInstanceFieldInfo(field_idx, mUnit,
                                 is_put, soa);
    if (resolved_field == nullptr) {
        *is_volatile = true;
        *field_offset = MemberOffset(static_cast<size_t>(-1));
        return false;
    } else {
        *is_volatile = resolved_field->IsVolatile();
        *field_offset = resolved_field->GetOffset();    //返回ArtField的offset_
        return true;
    }
}
```

9.5.3 OptimizingCompiler JniCompile

本节介绍 dex2oat 是如何编译处理 jni 函数。在此之前，读者需要先了解以下两点知识。

- 首先，jni 函数是在 Java 源码中以 native 关键词修饰的函数。和其他普通函数不一样的是，jni 函数在 Java 层中只有声明，没有实现。
- jni 函数的真正实现是由指定动态库（Linux 平台就是 so 文件）的指定函数来完成的。所以，在 Java 层中调用一个 jni 函数时，最终会进入 native 层对应的函数。

提示 在不引起混淆的情况下，笔者将称 Java 层 native 关键词声明的函数为 jni 函数，而它们在 native 层对应的实现为 native 函数

对本节所要讨论的编译 jni 函数来说，读者需特别注意 jni 函数和对应 native 函数的参数。来看两个代码片段。

[java 层 jni 函数声明]

```
class JniTest{ //JniTest类，其中声明了两个jni函数
    #这是一个静态的jni函数声明
    public static native int nativeCallTest(Object x, int y);
    #这是一个非静态的jni函数声明
    public native int nativeCallTestNonStatic(Object x, int y);
}
```

上述代码定义了 JniTest 类，它包括 nativeCallTest 和 nativeCallNonStatic 两个 jni 成员函数。它们的参数类型、返回值类型都一样。只不过 nativeCallTest 为静态函数。根据 JNI 规范，和这两个 jni 函数对应的 native 函数的原型应该是下面这样的。

[对应 native 函数的原型]

```
jint for_nativeCallTest(JNIEnv* env, jclass clz, jObject jx, jint jy);
jint for_nativeCallTestNonStatic(JNIEnv* env, jobject thiz, jObject jx,
    jint jy);
```

上述代码为示例 jni 函数对应 native 函数的原型。其中：

- for_nativeCallTest 比 nativeCallTest 多了两个参数。第一个参数必须是 JNIEnv*，代表

调用线程的 JNIEnv 环境对象。第二个参数是代表类的 jclass 对象。

- for_nativeCallTestNonStatic 比 nativeCallTestNonStatic 只多了一个 JNIEnv* 参数。由于 Java 非静态成员函数本来就有一个隐含的 this 参数，所以 for_nativeCallTestNonStatic 的 jobject thiz 参数并不算多出来的参数。

OptimizingCompiler JniCompile 对 jni 函数进行编译处理后，将得到一些机器码，这些机器码的一个重要功能就是建立栈帧、准备 native 函数的参数以及调用 native 函数。这部分知识将在本节中得以详细介绍。此处，笔者将先介绍一些铺垫性内容。

假设有下面这样的一段代码。

[调用 jni 函数]

```
class CallJniTest{//CallJniTest是一个Java类
    public void callJniFunc(){
        .... //准备参数以调用nativeCallTest函数
        JniTest.nativeCallTest(x, 100);
    }
}
```

那么，nativeCallTest 编译得到的机器码就需要从调用者（此处是 callJniFunc）的栈帧中拷贝参数到自己的栈帧，整个过程大致如图 9-19 所示。

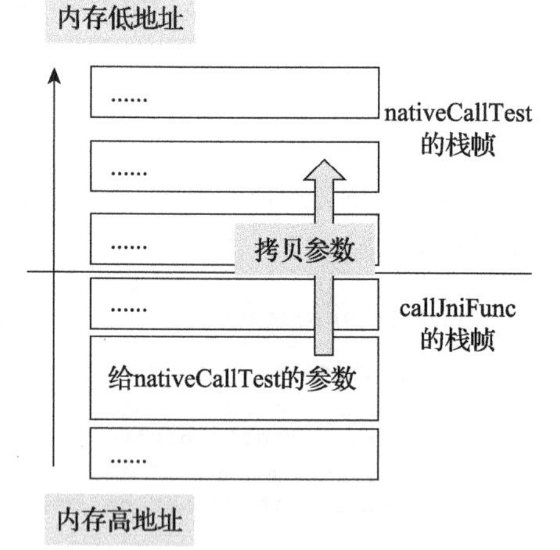

图 9-19 jni 函数参数拷贝示意

图 9-19 展示了 x86 平台上调用一个 jni 函数时所需做的工作，即从调用者栈帧中把参数拷贝到 jni 函数的展示。图 9-19 仅是一个简单的示意，下文我们将通过代码了解相关的细节。

9.5.3.1 关键类和函数

在 6.5.2.2.4 节中，我们曾提到过调用约定（calling convention）。简单来说，调用约定回答了诸如函数的栈帧有多大，哪些寄存器需要调用者保存，哪些寄存器由被调用者保存，函数参数保存在栈上还是寄存器，函数的返回值保存在什么地方等这样的问题。图 9-20 展示了 art 中和调用约定有关的类。

图 9-20 分为三个部分，左边为 CallingConvention 类家族，右上部分为 Offset 类家族，右下部分为 ManagedRegister 相关类。先看左边的 CallingConvention 类家族。

- CallingConvention 是代表调用约定的抽象类，其中定义了一些成员变量和函数。
- CallingConvention 有两个派生抽象类，分别是用于描述 jni 函数调用约定的 JniCallingConvention 抽象类和用于描述非 jni 函数调用的 ManagedRuntimeCallingConvention 抽象类。注意，Managed 一词背后有一个比较深刻的含义，即 Java 指令的执行——无论是解释执行还是以执行编译后得到的机器码，都离不开虚拟机的管控（读者可回顾 6.7 节的讨论）。

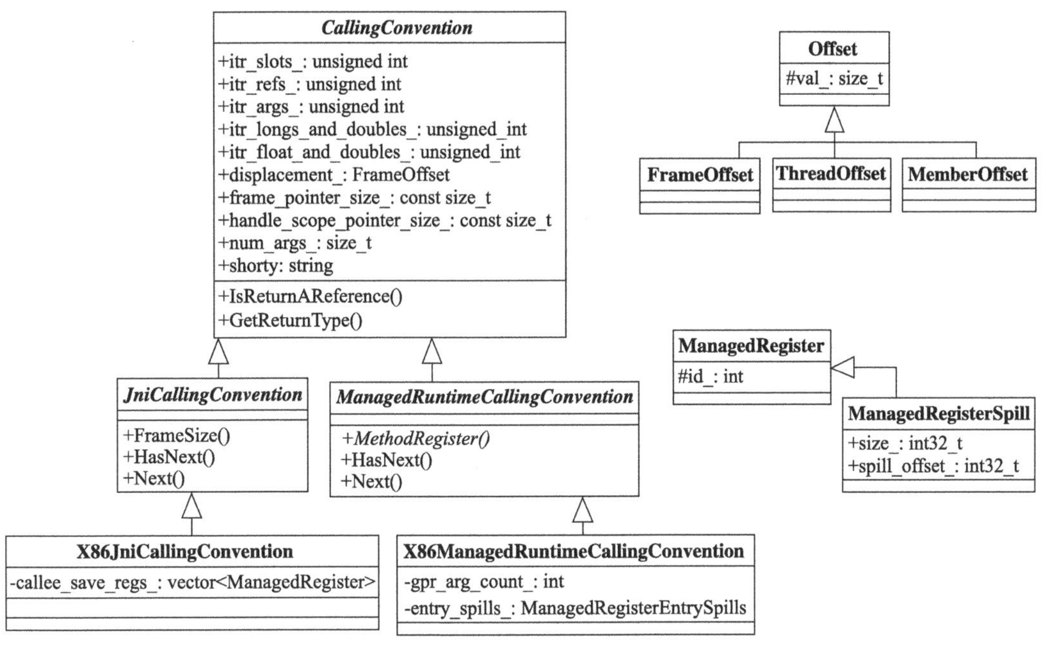

图 9-20　CallingConvention 相关类

- 在 x86 平台上，X86JniCallingConvention 是 JniCallingConvention 的实现类，X86ManagedRuntimeCallingConvention 则为 ManagedRuntimeCallingConvention 的实现类。

再来看图 9-20 右上部分的 Offset 类家族。

- Offset 含义非常简单，就是代表偏移量，所以它只有一个 value_ 成员变量。
- 为了更清晰地表达不同类的偏移量，Offset 派生出三个子类。其中：
  - FrameOffset 代表栈空间的偏移量。
  - ThreadOffset 代表 ART Thread 类中某个成员变量在内存中相对该类一个对象基地址的偏移量。比如，Thread 类中有一个 x 成员变量，假设它的 ThreadOffset 取值为 4。此时，Thread 类有一个实例对象 threadObject，其地址为 0x10000000。那么，threadObject 中 x 成员变量的位置就是 0x10000000+4。
  - MemberOffset 则代表其他类中某个成员变量的偏移量。
- FrameOffset、ThreadOffset、MemberOffset 并未定义额外的成员变量，所以偏移量的值还是由基类 Offset 的 value_ 来表示。只不过在不同场景下使用对应的子类。

最后来了解图 9-20 右下部分的 ManagedRegister 类。

- 我们可以将 ManagedResigter 类当成一个辅助类，其内部只有一个名为 id_ 的成员变量，其取值为物理寄存器的编号（不同 CPU 平台上，不同的寄存器分配有不同的整型值，比如 x86 平台上，EAX 寄存器的编号是 0，ECX 寄存器的编号是 1）。
- ManagedRegisterSpill 代表一个溢出到栈上的寄存器信息。成员变量 size_ 表示需占用栈空间的大小，成员变量 spill_offset_ 代表溢出到栈上的起始位置。后续章节将了解它的具体用法。

9.5.3.1.1 CallingConvention

接下将通过几段代码来加深对上述关键类的理解。首先是 CallingConvention 的构造函数。

 [calling_convention.h->CallingConvention]

```
/*注意构造函数的参数:
  is_static: 所调用的函数是否为static
  is_synchronized: 所调用的函数是否为synchronized
  shorty: 字符串，函数签名的简短描述，只包含返回值和参数类型。比如Object xxx(int x,int y)
          的简短描述为"LII"。第一个字符代表返回值的类型，引用类型统一用字符L表示，其余字符为
          输入参数的类型描述。读者可回顾3.1.1.4.2节的内容"。
    frame_pointer_size: 指针型变量的长度，单位为字节。对本例的x86 32位平台而言，该变量取值为4)*/
CallingConvention(bool is_static, bool is_synchronized, const char* shorty,
                size_t frame_pointer_size)
        :/*itr为iterator(迭代器)一词的缩写。CallingConvention定义了几个迭代器变量用于遍
           历不同类型的参数。下文我们将看到它们的用法。      */
          itr_slots_(0), itr_refs_(0), itr_args_(0), itr_longs_and_doubles_(0),
          itr_float_and_doubles_(0),
        /*displacement_的类型为FrameOffset，它代表栈帧里的偏移位置。它用于计算参数在栈帧中
          的位置。读者可不必纠结它的含义，而应直接关注最终计算得到的参数的位置。下文将详细介绍
          相关内容。*/
        displacement_(0),
        frame_pointer_size_(frame_pointer_size),
        //下面这个变量和art虚拟机如何在栈上保存引用型参数有关，详情见下文介绍
        handle_scope_pointer_size_(sizeof(StackReference<mirror::Object>)),
        is_static_(is_static), is_synchronized_(is_synchronized),
        shorty_(shorty) {
    /*num_args_表示调用本函数所需要的参数，对非静态函数而言，它的第一个参数为隐含的this参数。
      由于shorty字符串中第一个字符为返回值的类型，所以计算num_args_时要减去1。*/
    num_args_ = (is_static ? 0 : 1) + strlen(shorty) - 1;
    /*num_ref_args_表示引用类型的参数个数，对非静态函数而言，它肯定存在一个this参数，所以该成员
      对非静态函数而言，默认值从1开始计算。后续解析shorty时，碰到一个引用类型的参数，该值递增1。*/
    num_ref_args_ = is_static ? 0 : 1;
    num_float_or_double_args_ = 0;        //float或double类型参数的个数
    num_long_or_double_args_ = 0;         //long或double型参数的个数
    //解析shorty中的参数类型，注意，要略过第一个字符。
    for (size_t i = 1; i < strlen(shorty); i++) {
        char ch = shorty_[i];
        switch (ch) {
            //L代表引用类型的参数，num_ref_args递增
            case 'L': num_ref_args_++;  break;
            //J代表long型参数
            case 'J': num_long_or_double_args_++;  break;
            case 'D': //D代表double型参数
            num_long_or_double_args_++;
            num_float_or_double_args_++;
            break;
            //F代表float型参数
            case 'F': num_float_or_double_args_++; break;
            }
    }
}
```

CallingConvention 构造函数中的这些成员变量和 art 虚拟机里栈帧的布局密切相关。这部分内容的介绍将随着下文的代码分析逐步展开。

接着来了解 X86JniCallingConvention 和 X86ManagedRuntimeCallingConvention。

9.5.3.1.2 X86ManagedRuntimeCallingConvention

直接看代码。首先是构造函数，非常简单：

[calling_convention_x86.h->X86ManagedRuntimeCallingConvention]

```
X86ManagedRuntimeCallingConvention(bool is_static, bool is_synchronized,
            const char* shorty)
    : ManagedRuntimeCallingConvention(is_static, is_synchronized, shorty,
                kFramePointerSize),
        gpr_arg_count_(0) {}
```

接着来看X86ManagedRuntimeCallingConvention类中的几个成员函数。

[calling_convention_x86.cc->X86ManagedRuntimeCallingConvention几个成员函数]

```
//MethodRegister函数用于返回ArtMethod对象存储在哪个寄存器中。对x86平台而言，art规定EAX寄存
//器用于存储ArtMethod对象的地址。这部分内容我们后续还会详细介绍
ManagedRegister X86ManagedRuntimeCallingConvention::MethodRegister() {
    return X86ManagedRegister::FromCpuRegister(EAX);
}
/*对x86平台而言，函数调用时，参数只能通过栈来传递。下面这个函数用于判断当前参数是否在寄存器中。
  细心的读者可能会问，什么是当前呢？上文介绍CallingConvention构造函数时曾提到itr_xxx这样的
  迭代器成员变量，这些变量是用来遍历函数参数的。所以，“当前”就是指迭代器所指向位置的参数。下文
  我们还将介绍如何遍历函数参数。  */
bool X86ManagedRuntimeCallingConvention::IsCurrentParamInRegister() {
    return false; //在x86平台调用约定中，参数只能通过栈来传递，所以这个函数永远返回false
}
//x86平台上，函数调用时的参数只能通过栈来传递，所以，下面的函数永远返回true
bool X86ManagedRuntimeCallingConvention::IsCurrentParamOnStack() {
    return true;
}
//在x86平台上，被调函数的返回值通过寄存器返回给调用者。下面这个函数用于确定对应的寄存器
static ManagedRegister ReturnRegisterForShorty(const char* shorty, bool jni) {
    //如果返回值是float或double型参数
    if (shorty[0] == 'F' || shorty[0] == 'D') {
        if (jni) { //被调函数是jni函数，则通过x87 ST0寄存器存储返回值
            return X86ManagedRegister::FromX87Register(ST0);
        } else { //否则，通过XMM0寄存器存储返回值
            return X86ManagedRegister::FromXmmRegister(XMM0);
        }
    } else if (shorty[0] == 'J') { //long型返回值存储在EAX和EDX寄存器中
        return X86ManagedRegister::FromRegisterPair(EAX_EDX);
    } else if (shorty[0] == 'V') { //函数无返回值，则不需要使用寄存器
        return ManagedRegister::NoRegister();
    } else { //int、short、引用类型的返回值均通过EAX寄存器返回
        return X86ManagedRegister::FromCpuRegister(EAX);
    }
}
/*x86平台的调用约定中，ECX寄存器作为Scratch寄存器来使用。所谓的scratch寄存器，其实就是我们在
  第6章介绍的volatile寄存器。微软的MSDN文档对它的介绍为"Volatile registers are scratch
  registers presumed by the caller to be destroyed across a call"⊖。也就是说，调用
  函数要保存好ECX，而被调用函数可以随意使用ECX。  */
ManagedRegister X86ManagedRuntimeCallingConvention::
                            InterproceduralScratchRegister() {
```

⊖ https://msdn.microsoft.com/en-us/library/9z1stfyw.aspx 以x86 64平台为例解释了scratch register的含义。

```
        return X86ManagedRegister::FromCpuRegister(ECX);
    }
```

CallingConvention最重要的功能是遍历函数的输入参数。遍历过程涉及调用Next和HasNext两个函数。请读者注意，这两个函数定义在JniCallingConvention和ManagedRuntimeCallingConvention类中，而不是定义在CallingConvention中。

> 提示 CallingConvention代表调用约定，其职责就是管理函数调用时的输入参数、返回值如何返回等。所以，遍历输入参数是CallingConvention必备的功能。不过在art中，Next和HasNext函数定义在JniCallingConvention和ManagedRuntimeCallingConvention类中。

接着看一下如何遍历输入参数。

首先，调用HasNext函数判断是否还有未遍历的参数。

[calling_convention.cc->ManagedRuntimeCallingConvention::HasNext]

```
bool ManagedRuntimeCallingConvention::HasNext() {
    //itr_args_是输入参数遍历迭代器，初始值为0，指向第一个输入参数，
    //而NumArgs返回参数的个数（num_args_）
    return itr_args_ < NumArgs();
}
```

然后，更新迭代器以遍历参数。此时需调用Next函数。

[calling_convention.cc->ManagedRuntimeCallingConvention::Next]

```
void ManagedRuntimeCallingConvention::Next() {
    //IsCurrentArgExplicit：略过隐式参数，即非静态函数的this对象
    /*itr_slots_代表栈上存储空间位置迭代器。对32位平台而言，栈空间以4字节为单位，如果一个参数
      占8个字节，则遍历该参数后，itr_slots_要递增2。    */
    if (IsCurrentArgExplicit() &&
            IsParamALongOrDouble(itr_args_)) {
        itr_longs_and_doubles_++;
        itr_slots_++; //64位参数，先递增1
    }
    //itr_args_处的参数类型是否为float或double型
    if (IsParamAFloatOrDouble(itr_args_)) {
        itr_float_and_doubles_++;
    }
    if (IsCurrentParamAReference()) { //当前位置的参数的数据类型是否为引用
        itr_refs_++;
    }
    itr_args_++; //参数迭代器加1
    itr_slots_++; //递增1，如果是64位参数，则itr_slots_递增2次
}
```

如果需要获取当前迭代器所指位置的参数时，可以使用下面一些函数。比如，判断当前迭代器所指参数是否为引用型参数可调用IsCurrentParamAReference函数。

[calling_convention.cc->ManagedRuntimeCallingConvention::IsCurrentParamAReference]

```
//判断当前参数的数据类型是否为引用
bool ManagedRuntimeCallingConvention::IsCurrentParamAReference() {
```

```
    //输入itr_args_的值，它指向当前参数
    return IsParamAReference(itr_args_);
}
bool IsParamAReference(unsigned int param) const {
        //返回shorty_中对应位置的字符，如果是'L'，则表明这个参数是引用类型。注意，我们只是判
        //断参数的类型，所以shorty_字符串中第一个字符（代表返回值的类型）要略过
        if (IsStatic()) { param++; }
        else if (param == 0) { return true;}
        return shorty_[param] == 'L';
}
```

9.5.3.1.3　X86JniCallingConvention

本节来看 X86JniCallingConvention 类。先看构造函数。

[calling_convention_x86.cc->X86JniCallingConvention::X86JniCallingConvention]

```
X86JniCallingConvention::X86JniCallingConvention(bool is_static,
                    bool is_synchronized, const char* shorty)
        : JniCallingConvention(is_static, is_synchronized, shorty,
                        kFramePointerSize) {
    /*callee_save_regs_是X86JniCallingConvention的成员变量，类型为vector<Managed-
      Register>。它用于存储被调用者保存的寄存器。x86平台上，EBP、ESI和EDI属于被调用者保存的
      寄存器   */
    callee_save_regs_.push_back(X86ManagedRegister::FromCpuRegister(EBP));
    callee_save_regs_.push_back(X86ManagedRegister::FromCpuRegister(ESI));
    callee_save_regs_.push_back(X86ManagedRegister::FromCpuRegister(EDI));
}
```

上文曾说过，jni 对应的 native 函数多了几个参数（见下文代码里的注释）。所以，JniCalling-Convention 的 Next 函数需要额外考虑这些多出来的参数，来看代码。

[calling_convention.cc->JniCallingConvention::Next]

```
void JniCallingConvention::Next() {
    /*kObjectOrClass的值为1，代表jclass或jobject参数，它位于kJniEnv（值为0代表JNIEnv*）
      之后   */
    if (itr_args_ > kObjectOrClass) {
        /*NumberOfExtraArgumentsForJni：相比jni函数，native函数额外多了几个参数
          （1）如果是static jni函数，该函数返回2。一个代表JNIEnv*，一个代表jclass。
          （2）如果是非static jni函数，该函数返回1。代表JNIEnv*。       */
           int arg_pos = itr_args_ - NumberOfExtraArgumentsForJni();
        if (IsParamALongOrDouble(arg_pos)) {
            itr_longs_and_doubles_++;
            itr_slots_++;
        }
    }
    if (IsCurrentParamAFloatOrDouble()) {itr_float_and_doubles_++; }
    if (IsCurrentParamAReference()) { itr_refs_++; }
    itr_args_++;
    itr_slots_++;
}
```

JniCallingConvention Next 和 ManagedRuntimeCallingConvention Next 函数的区别在于在 jni 情况下需要考虑 jni 调用时多出来的那几个参数。

接着来看 JniCallingConvention IsCurrentParamAReference 函数。

[calling_convention.cc->JniCallingConvention::IsCurrentParamAReference]

```
bool JniCallingConvention::IsCurrentParamAReference() {
    switch (itr_args_) {
        case kJniEnv: //第0个参数为kJniEnv*
            return false; // JNIEnv*
        case kObjectOrClass: //第1个参数为jobject或jclass
            return true; // jobject or jclass
        default: {
            int arg_pos = itr_args_ - NumberOfExtraArgumentsForJni();
            return IsParamAReference(arg_pos);
        }
    }
}
```

IsCurrentParamJniEnv 则用于判断当前所遍历的参数是否为 JNIEnv。

[calling_convention.cc->JniCallingConvention::IsCurrentParamJniEnv]

```
bool JniCallingConvention::IsCurrentParamJniEnv() {
    return (itr_args_ == kJniEnv);
}
```

9.5.3.1.4 HandleScope

本节将讨论这样一个问题，即引用型参数在栈上是如何存储的？回顾前面两节的内容可知，对 art 虚拟机实现而言，Java 层中的一个 Java 对象对应为虚拟机里的一个 mirror Object 对象。所以，一种最简单的实现方式就是直接将这个 mirror Object 对象的指针存储在栈上。不过，这种方法有一个很严重的问题，即使用者没有办法知道栈上所存储的值到底是某个 mirror Object 对象的地址还是别的什么整数。比如，假设一个 mirror Object 对象的地址是 0x12345678。将这个值存到栈上。使用者读取栈中的这个参数，取出来的值是 0x12345678。那么，它到底是一个 mirror Object 对象的地址，还是一个整数呢？

显然，直接使用 mirror Object 对象的地址是不可取的。而 art 使用了另外一种方案。它和我们在 7.8.1.2 节讲述的内容有关。先回顾 HandleScope 类，其代码如下所示。

[handle_scope->HandleScope]

```
class HandleScope {
.... //略过其他内容
private:
    HandleScope* const link_; //一个Thread里用到的HandleScope对象将被链接起来
    //一个HandleScope可以保护多个mirror Object对象，其个数由下面的参数指明
    const uint32_t number_of_references_;
    /*注意，下面这个被注释的变量是HandleScope的隐含成员变量，它是一个StackReference数组，
      数组元素的类型为StackReference<mirror::Object>，它其实就是mirror Object对象的地
      址。这个数组的长度为number_of_references_。    */
    //StackReference<mirror::Object> references_[number_of_references_]
};
```

图 9-21 更直观地展示了上述 HandleScope 里三个成员变量的含义。

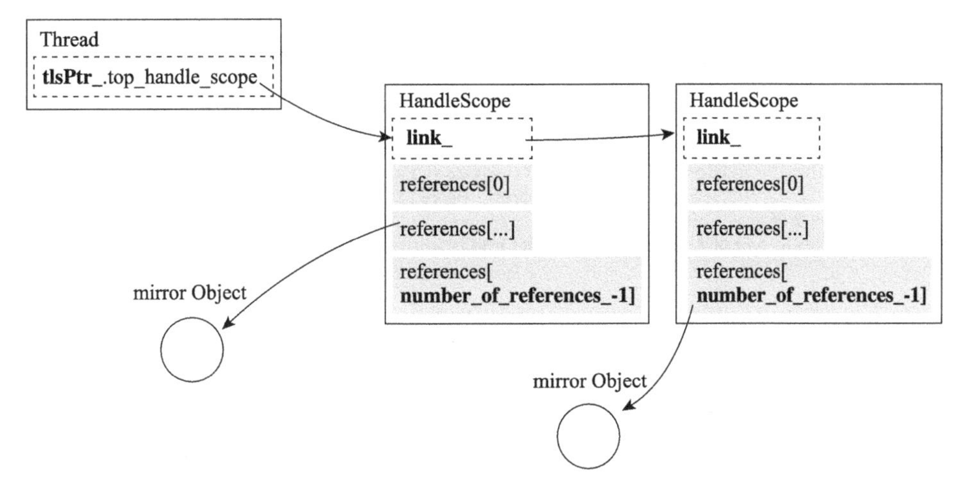

图 9-21 HandleScope 的作用

由图 9-21 可知：

- Thread 对象的成员 tlsPtr_ 内有一个成员变量为 top_handle_scope，它是 HandleScope 链条的根。每一个 HandleScope 对象都会链接到所在线程对应的 Thread 对象的这条 HandleScope 链条上。读者可回顾 7.5.2.1 节的内容以了解 tlsPtr_。
- 每一个 HandleScope 对象包含了 number_of_references_ 个 mirror Object 对象的地址。上文代码里的 StackReference<mirror Object> 实际上包含的就是 mirror Object 对象的地址。

现在我们可以回答“引用类型的参数是如何存储到栈上”的这个问题了。答案很简单，把一个 HandleScope 对象存储在栈上，而引用型参数的地址则存储在 HandleScope 对象里即可。使用者如果要操作这个引用型参数则必须先找到包含它的 HandleScope 对象。

图 9-22 展示了一个 HandleScope 对象在内存栈里的存储方式。

图 9-22 展示了一个 HandleScope 对象在栈上所存储的内容。接下来的代码中我们将看到这些成员变量的用法。

特别注意

HandleScope 和 art 虚拟机垃圾回收实现机制也有很重要的关系。对 GC 的标记步骤来说，首先就是要从根对象开始进行标记。那么，根对象在哪呢？显然，保存在栈上的对象就是根对象。所以，在 art 虚拟机里，Java 层中的每一个线程对应为 art 的一个 Thread 对象，而每一个 Thread 对象保存了一条 HandleScope 对象链，这条链上的 HandleScope 对象又保存了栈上的 mirror Object 对象，这样就很能方便地确定根对象。

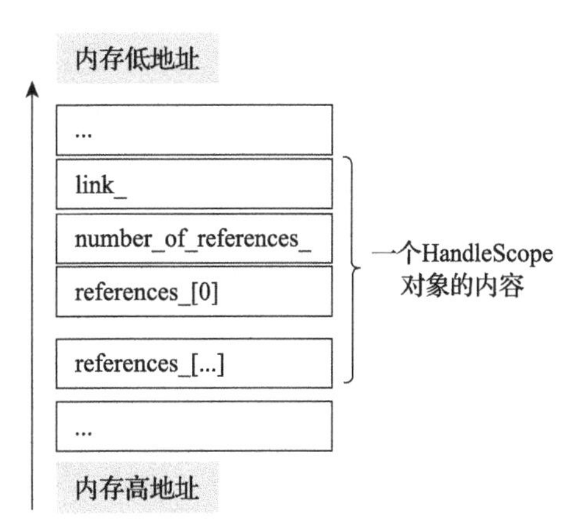

图 9-22 HandleScope 对象在栈上存储的格式

9.5.3.2 JniCompile 第一部分

本节来看 JniCompile 的实现。代码如下所示。

[optimizing_compiler.cc->JniCompile]

```
CompiledMethod* JniCompile(uint32_t access_flags,uint32_t method_idx,
                                 const DexFile& dex_file) const OVERRIDE {
        //内部调用ArtJniCompileMethodInternal，我们直接来看它
        return ArtQuickJniCompileMethod(GetCompilerDriver(), access_flags,
                                   method_idx, dex_file);
}
CompiledMethod* ArtQuickJniCompileMethod(CompilerDriver* compiler,
            uint32_t access_flags, uint32_t method_idx, const DexFile& dex_file) {
    //核心功能由ArtJniCompileMethodInternal完成，下文将详细分析其代码
    return ArtJniCompileMethodInternal(compiler, access_flags, method_idx,
                   dex_file);
}
```

接下来我们将进入 ArtJniCompileMethodInternal 函数，其内容比较复杂，我们需要分段来看。笔者将以本节开头所介绍的那个 jni 函数 nativeCall 为例，分析它的编译结果。该函数的原型如下。

[jni 示例函数原型]

```
class JniTest{
    public static native int nativeCallTest(Object x,int y);
    .....
}
//其对应的native函数原型如下：
jint for_nativeCallTest(JniEnv* env, jclass cls, jobject jx, jint jy)
```

图 9-23 所示为 nativeCallTest 函数经 OptimizingComplierJniCompile 编译优化后得到的机器码（x86 平台）。

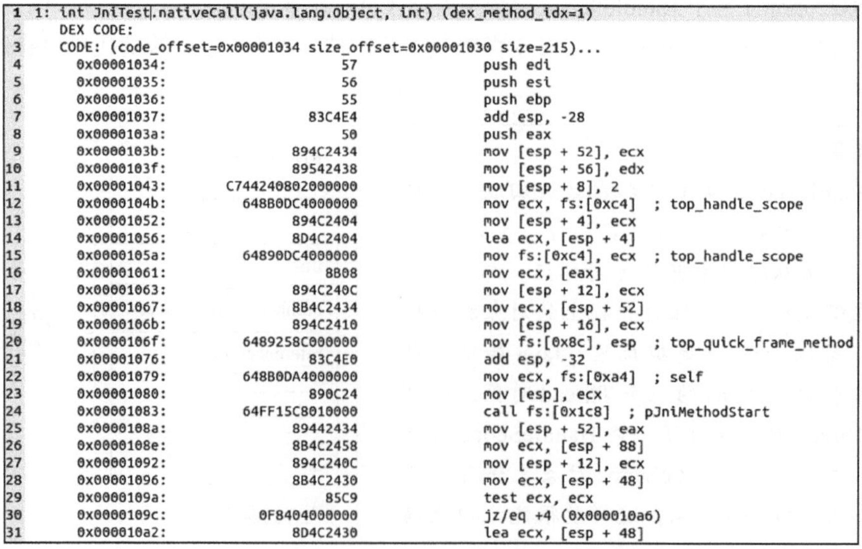

```
1  1: int JniTest.nativeCall(java.lang.Object, int) (dex_method_idx=1)
2     DEX CODE:
3     CODE: (code_offset=0x00001034 size_offset=0x00001030 size=215)...
4       0x00001034:                 57          push edi
5       0x00001035:                 56          push esi
6       0x00001036:                 55          push ebp
7       0x00001037:             83C4E4          add esp, -28
8       0x0000103a:                 50          push eax
9       0x0000103b:           894C2434          mov [esp + 52], ecx
10      0x0000103f:           89542438          mov [esp + 56], edx
11      0x00001043:   C744240802000000          mov [esp + 8], 2
12      0x0000104b:     648B0DC4000000          mov ecx, fs:[0xc4]  ; top_handle_scope
13      0x00001052:           894C2404          mov [esp + 4], ecx
14      0x00001056:           8D4C2404          lea ecx, [esp + 4]
15      0x0000105a:     64890DC4000000          mov fs:[0xc4], ecx  ; top_handle_scope
16      0x00001061:               8B08          mov ecx, [eax]
17      0x00001063:           894C240C          mov [esp + 12], ecx
18      0x00001067:           8B4C2434          mov ecx, [esp + 52]
19      0x0000106b:           894C2410          mov [esp + 16], ecx
20      0x0000106f:     6489258C000000          mov fs:[0x8c], esp  ; top_quick_frame_method
21      0x00001076:             83C4E0          add esp, -32
22      0x00001079:     648B0DA4000000          mov ecx, fs:[0xa4]  ; self
23      0x00001080:             890C24          mov [esp], ecx
24      0x00001083:     64FF15C8010000          call fs:[0x1c8]  ; pJniMethodStart
25      0x0000108a:           89442434          mov [esp + 52], eax
26      0x0000108e:           8B4C2458          mov ecx, [esp + 88]
27      0x00001092:           894C240C          mov [esp + 12], ecx
28      0x00001096:           8B4C2430          mov ecx, [esp + 48]
29      0x0000109a:               85C9          test ecx, ecx
30      0x0000109c:       0F8404000000          jz/eq +4 (0x000010a6)
31      0x000010a2:           8D4C2430          lea ecx, [esp + 48]
```

图 9-23 nativeCallTest 编译得到的机器码

```
32    0x000010a6:          894C2408    mov [esp + 8], ecx
33    0x000010aa:          8D4C242C    lea ecx, [esp + 44]
34    0x000010ae:          894C2404    mov [esp + 4], ecx
35    0x000010b2:      648B0D9C000000  mov ecx, fs:[0x9c]  ; jni_env
36    0x000010b9:            890C24    mov [esp], ecx
37    0x000010bc:          8B4C2420    mov ecx, [esp + 32]
38    0x000010c0:            FF511C    call [ecx + 28]
39    0x000010c3:          89442438    mov [esp + 56], eax
40    0x000010c7:          8B4C2434    mov ecx, [esp + 52]
41    0x000010cb:            890C24    mov [esp], ecx
42    0x000010ce:      648B0DA4000000  mov ecx, fs:[0xa4]  ; self
43    0x000010d5:          894C2404    mov [esp + 4], ecx
44    0x000010d9:      64FF15D0010000  call fs:[0x1d0]  ; pJniMethodEnd
45    0x000010e0:          8B442438    mov eax, [esp + 56]
46    0x000010e4:            83C420    add esp, 32
47    0x000010e7:    64833D8400000000  cmp fs:[0x84], 0  ; exception
48    0x000010ef:        0F8507000000  jnz/ne +7 (0x000010fc)
49    0x000010f5:            83C420    add esp, 32
50    0x000010f8:                5D    pop ebp
51    0x000010f9:                5E    pop esi
52    0x000010fa:                5F    pop edi
53    0x000010fb:                C3    ret
54    0x000010fc:      648B0584000000  mov eax, fs:[0x84]  ; exception
55    0x00001103:      64FF15AC020000  call fs:[0x2ac]  ; pDeliverException
56    0x0000110a:                CC    int 3
```

图 9-23 （续）

下文的代码分析将详细介绍图 9-23 中所示机器码的含义。

先看 ArtJniCompileMethodInternal 第一段内容。

 [jni_compiler.cc->ArtJniCompileMethodInternal]

```
CompiledMethod* ArtJniCompileMethodInternal(CompilerDriver* driver,
        uint32_t access_flags, uint32_t method_idx, const DexFile& dex_file) {
    //一些基本信息。
    const bool is_native = (access_flags & kAccNative) != 0;
    const bool is_static = (access_flags & kAccStatic) != 0;
    const bool is_synchronized = (access_flags & kAccSynchronized) != 0;
    const char* shorty =
                dex_file.GetMethodShorty(dex_file.GetMethodId(method_idx));
    InstructionSet instruction_set = driver->GetInstructionSet();
    const InstructionSetFeatures* instruction_set_features =
                driver->GetInstructionSetFeatures();
    const bool is_64_bit_target = Is64BitInstructionSet(instruction_set);

    ArenaPool pool;
    ArenaAllocator arena(&pool);
    /*创建两个调用约定对象：
      一个是代表nativeCallTest函数本身的JniCallingConvention对象main_jni_conv。
      在x86平台上，main_jni_conv的真实类型为x86JniCallingConvention。
      另外一个是代表调用nativeCallTest函数的ManagedRuntimeCallingConvention对象mr_conv，
      其真实类型为x86ManagedRuntimeCallingConvention。
      大家可能会感到奇怪，为什么需要mr_conv呢？笔者曾在本节一开头的图9-19中说过，我们需要从jni
      函数调用者的栈帧中拷贝参数到jni函数自己的栈帧。所以，这个mr_conv就是调用jni函数的调用
      者栈帧。  */
    std::unique_ptr<JniCallingConvention> main_jni_conv(
        JniCallingConvention::Create(&arena, is_static, is_synchronized,
                shorty, instruction_set));
    //IsReturnAReference：返回值是否为引用类型。在本例中，返回值是int，所以下面的变量
    //取值为false
    bool reference_return = main_jni_conv->IsReturnAReference();
    //创建mr_conv对象
    std::unique_ptr<ManagedRuntimeCallingConvention> mr_conv(
```

```
    ManagedRuntimeCallingConvention::Create(
        &arena, is_static, is_synchronized, shorty, instruction_set));

/*第三个CallingConvention对象。当jni函数从它的native层实现函数中返回后，还将进入Java
  层，这其中有一些和栈相关的操作要指向。所以又创建了一个JniCallingConvention对象。注意
  这个JniCallingConvention对象所针对的简短描述是根据返回值的类型等信息来构造的。它和原
  nativeCallTest的简短描述不同。  */
const char* jni_end_shorty;
if (reference_return && is_synchronized) {
    jni_end_shorty = "ILL";
} else if (reference_return) {
    jni_end_shorty = "IL";
} else if (is_synchronized) {
    jni_end_shorty = "VL";
} else {
    jni_end_shorty = "V";
}
std::unique_ptr<JniCallingConvention>
        end_jni_conv(JniCallingConvention::Create(&arena, is_static,
                    is_synchronized, jni_end_shorty, instruction_set));

/*创建用于输出机器码的Assembler对象，对x86平台而言，jni_asm的真实类型为X86Assembler。
  另外，代码中定义了一个宏"#define __ jni_asm->"，所以，通过jni_asm调用它的函数时，我们
  会看到__ function这样的写法。这种做法和6.6.1节中提到的做法完全一样。  */
std::unique_ptr<Assembler> jni_asm(
    Assembler::Create(&arena, instruction_set, instruction_set_features));
......
//获取JNIEnvExt类中成员变量functions偏移量。下面三个变量和synchronized标记的jni函数有
//关，本章不拟讨论它。读者可在掌握本节基础后自行研究。
const Offset functions(OFFSETOF_MEMBER(JNIEnvExt, functions));
const Offset monitor_enter(OFFSETOF_MEMBER(JNINativeInterface,
                MonitorEnter));
const Offset monitor_exit(OFFSETOF_MEMBER(JNINativeInterface,
                    MonitorExit));

/* 重要函数：
   (1) JniCallingConvention的FrameSize：确定jni函数栈帧的大小。
   (2) ManagedRuntimeCallingConvention的MethodRegister，用于存储代表调用函数（本例
       中是callJniFunc）的ArtMethod对象的地址的寄存器。x86平台上统一为EAX寄存器。
   (3) ManagedRuntimeCallingConvention的EntrySpills：在ART中，调用jni函数的参数全
       部通过栈的方式来传递，所以EntrySpill用于确认调用者哪些用于存储输入参数的寄存器需要将
       其内容转移到栈上。
   (4) Assembler的BuildFrame：构造建立栈帧的机器码。  */
const size_t frame_size(main_jni_conv->FrameSize());
const std::vector<ManagedRegister>& callee_save_regs =
            main_jni_conv->CalleeSaveRegisters();
BuildFrame(frame_size, mr_conv->MethodRegister(), callee_save_regs,
            mr_conv->EntrySpills());
```

我们分别来了解上述代码中的几个关键函数，首先是FrameSize。

9.5.3.2.1 FrameSize

来看FrameSize函数，代码如下所示。

 [calling_convention_x86.cc->X86JniCallingConvention::FrameSize]

```
size_t X86JniCallingConvention::FrameSize() {
  /*笔者将按顺序一一介绍各个计算项的含义:
   (1) kX86PointerSize: 4字节,存储jni方法对应的ArtMethod对象的指针
   (2) 括号中的2: 1个是存储返回值,另外一个是与jni中的local reference有关。这部分内容
     我们下文分析时再看。
   (3) CalleeSaveRegisters函数:返回被调用者保存的寄存器数组。注意,此处的被调用者是
     jni函数本身(以本例而言,就是nativeCallTest函数),因为我们现在是在为它准备栈帧。
     在x86平台上,这个数组包含EBP、ESI、EDI三个寄存器(读者可回顾上文对
    X86ManagedRuntimeCallingConvention构造函数代码的介绍)。所以,
    CalleeSaveRegisters().size()返回值为3。
    (4) 括号中的值为5(2+3)。表示需要占用5个栈单位。每一个栈单位的大小为
      kFramePointerSize(对32位平台而言,该值为4)。
   综上,frame_data_size的取值为4+5*4 = 24字节。    */
  size_t frame_data_size = kX86PointerSize +
      (2 + CalleeSaveRegisters().size()) * kFramePointerSize;
  /*下面将计算存储引用类型的参数所需要占据的空间。上文我们说过,引用型参数是保存在一个
     HandleScope对象的。一个HandleScope对象所占据的空间包括:
    (1) 其成员变量link_: 它是一个指针,占据4字节。
    (2) 其成员变量number_of_references_: 类型为uint32_t,占据4个字节。
    (3) 隐含成员变量references数组,其个数由本调用约定对象的ReferenceCount函数返回,
      对natieCallTest函数而言,它有一个引用型参数。另外,由于它是静态函数,所以还需要
      额外加上一个代表class的引用型参数。每一个引用型参数的大小又是4字节。读者可回顾
      图9-21和图9-22。
      综上,handle_scope_size的值为4+4+2*4,共16字节。 */
  size_t handle_scope_size = HandleScope::SizeOf(kFramePointerSize,
                      ReferenceCount());
  /* SizeOfReturnValue: 返回值所需空间,在本例中,返回值类型为int,所以它需要4个字节。
     kStackAlignment为16。栈帧需要按16字节对齐。所以,在RoundUp函数中,
     第一个参数取值为24+16+4,共44字节,按第二个参数16对齐后,FrameSize函数的
     最终返回值为48。其中4个字节为对齐字节。    */
  return RoundUp(frame_data_size + handle_scope_size + SizeOfReturnValue(),
                        kStackAlignment);
}
```

9.5.3.2.2 EntrySpills

EntrySpills函数的返回值的类型是ManagedRegisterEntrySpills,它是一个数组,元素类型为图9-20中的ManagedRegisterSpill。来看代码。

[calling_convention_x86.cc->x86ManagedRuntimeCallingConvention::EntrySpills]

```
const ManagedRegisterEntrySpills& X86ManagedRuntimeCallingConvention::
                           EntrySpills() {
   /*代码逻辑比较简单,就是遍历调用约定对象,确定哪些参数是存储在寄存器里,然后为它们创建一个
     ManagedRegisterSpill对象,该参数需要从寄存器转移到栈上。这里请读者注意:此处被调用函
     数是nativeCallTest,它有两个参数,第一个是Object x,第二个是int y。这两个参数由调用
     它的函数准备好,要么放在寄存器中,要么放在栈上。根据art在x86平台上的调用约定,第一个参数
     存储在ECX中,第二个参数存储在EDX中。在调用nativeCallTest前,这两个参数要从寄存器里转
     移到栈上(因为在x86平台上,参数通过栈传递)。EntrySpills的具体处理方式还和参数的类型有
     关系,读者可自行研究下面的CurrentParamRegister函数,笔者不拟再讨论它。*/
   if (entry_spills_.size() == 0) {
      //重设迭代器位置。
```

```
            ResetIterator(FrameOffset(0));
            while (HasNext()) {
            //CurrentParamRegister：当前遍历的参数存储在哪个寄存器里，如果不放在寄存器中，则返回
            //值为NoRegister
            ManagedRegister in_reg = CurrentParamRegister();
            bool is_long = IsCurrentParamALong();
            if (!in_reg.IsNoRegister()) {
                int32_t size = IsParamADouble(itr_args_) ? 8 : 4;
                /* CurrentParamStackOffset返回当前所遍历的参数在栈上的位置。其计算方法为：
                   displacement_（代表本栈帧整体偏移量，在上面的ResetIterator中已经置为0
                   了）+ kFramePointerSize（存储ArtMethod对象地址）+ itr_slots_ * kFrame-
                   PointerSize。itr_slots_为栈单元位置迭代器。当前迭代到第一个参数时，itr_
                   slots_取值为0，迭代到第二个时，取值为1。注意，如果参数是8字节的话，itr_
                   slots_每次递增2。*/
                int32_t spill_offset = CurrentParamStackOffset().Uint32Value();
                ManagedRegisterSpill spill(in_reg, size, spill_offset);
                entry_spills_.push_back(spill);
                if (is_long) {..... }
                ......
                }
            } else if (is_long) {......}
            Next();
        }
    }
    return entry_spills_;
}
```

现在我们结合nativeCallTest这个例子来看EntrySpills函数的执行结果。

nativeCallTest有两个参数，第一个是Object x，第二个是int y。所以，EntrySpills返回的ManagedRegisterSpill数组包含两个ManagedRegisterSpill对象（请读者回顾图9-20中的ManagedRegisterSpill类结构）。

- 第一个ManagedRegisterSpill对象成员变量id_取值为ECX，size_值为4，spill_offset_（代表溢出到栈上的位置）为0+4+0*4 = 4。它表示调用Object x应该放在栈上的位置。
- 第二个ManagedRegisterSpill对象的id_取值为EDX，size_为4，spill_offset_位0+4+1*4 = 8。它表示int y应该放在栈上的位置。

下文将看到这两个变量在栈上的具体位置。

9.5.3.2.3 BuildFrame

现在来看Assembler如何构造栈帧。

[assembler_x86.cc->X86Assembler::BuildFrame]

```
void X86Assembler::BuildFrame(size_t frame_size, ManagedRegister method_reg,
                              const std::vector<ManagedRegister>& spill_regs,
                              const ManagedRegisterEntrySpills& entry_spills) {
    /*注意参数：
      (1) frame_size：jni函数的栈帧大小。在上文的FrameSize已经计算出来，值为48。
      (2) method_reg：存储ArtMethod对象地址的寄存器，为EAX。
      (3) spill_regs：被调用者存储的寄存器，为EBP、ESI、EDI。
      (4) entry_spills：调用者传入的需要转移到栈上的信息。一共两组，为
```

```
    (id_=ECX,size_=4,spill_offset_=4)和(id_=EDX, size_=4, spill_offset_8) */

  int gpr_count = 0;
  /*先将被调用者保持的寄存器压栈。注意顺序，从数组末尾开始遍历。下面这段代码执行完后，将生成
    三条指令，对应图9-23中的4-6行指令
    push edi
    push esi
    push ebp    */
  for (int i = spill_regs.size() - 1; i >= 0; --i) {
      Register spill = spill_regs.at(i).AsX86().AsCpuRegister();
      pushl(spill);
      gpr_count++;
      ......
  }

  /*下面的代码将调整栈顶的位置，即调整ESP寄存器的值。不熟悉这部分内容的读者请先回顾6.5.2.2.4
    节的内容。注意，在上面的代码中，我们已经压栈了三个寄存器，它们占据了12个字节。下面调整栈
    帧位置时需排除这三个寄存器、ArtMethod对象地址以及函数返回值的空间。所以，adjust取值为
    28（具体计算方式为48 - 3*4 - 4 - 4）
  int32_t adjust = frame_size - gpr_count * kFramePointerSize -
      kFramePointerSize /*method*/ - kFramePointerSize /*return address*/;
  //生成指令 add esp, -28。对应图9-23的第7行。
  addl(ESP, Immediate(-adjust));

  //压栈代表ArtMethod对象地址的寄存器，生成指令push EAX，对应图9-23的第8行
  pushl(method_reg.AsX86().AsCpuRegister());
  ......
  /*下面的循环将处理entry_spills数组，从数组头开始。将寄存器的内容拷贝到栈上。
    所以，这段代码将生成如下两条指令，对应图9-23的第9、10行。
    mov [esp+48 +4],ecx   #将ecx的内容拷贝到esp+52处的栈上
    mov [esp+48+8],edx   #将edx的内容拷贝到esp+56处的栈上
    注意，偏移量中的48是frame_size。因为我们要将参数放到调用者的栈上，所以它的栈帧位置比被
    调用者的栈帧位置要高。这个步骤和EntrySpills的处理对应（用于将参数转移到栈上）*/
  for (size_t i = 0; i < entry_spills.size(); ++i) {
      ManagedRegisterSpill spill = entry_spills.at(i);
      if (spill.AsX86().IsCpuRegister()) {
          int offset = frame_size + spill.getSpillOffset();
          movl(Address(ESP, offset), spill.AsX86().AsCpuRegister());
      } else {...... }
  }
}
```

图 9-24 展示了 BuildFrame 生成的机器码执行过程中栈帧的变化情况。其中，ESP 指向栈顶。

提示 JniCompile 只是生成 jni 函数对应的机器码，而本节所绘制的示意图展示的是这些机器码执行过程中栈的变化，并不是 JniCompile 的执行过程。

图 9-24 展示了 BuildFrame 生成的机器指令执行过程中的栈帧变化。栈帧由底向上，内存地址由高到低。其中：

- 每一个方框代表一个栈单元，大小为 4 字节。

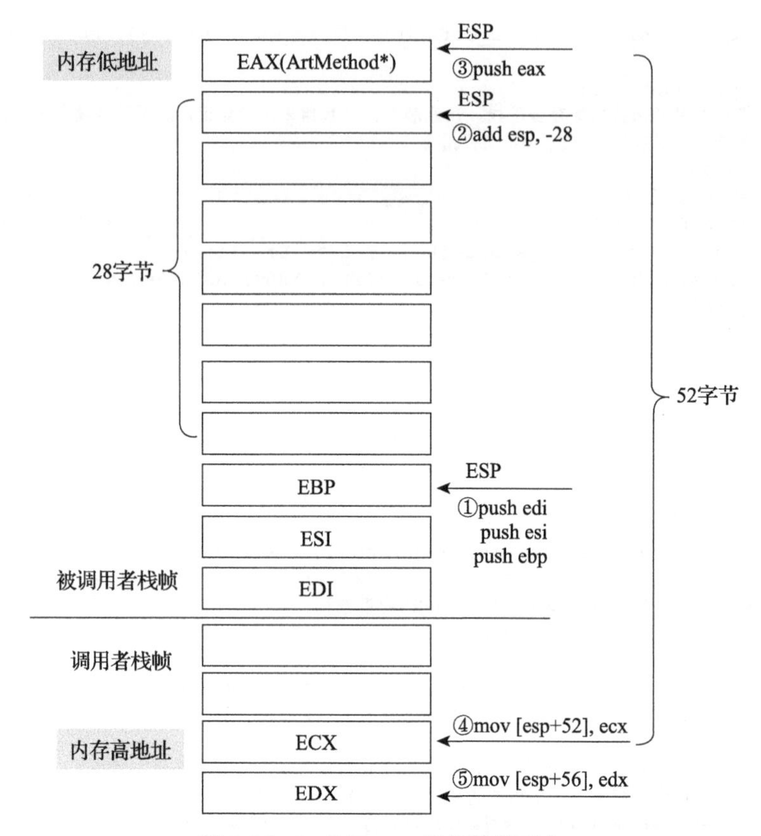

图 9-24　BuildFrame 里栈帧的变化

- 方框中为栈单元的内容，如果为空白，表示现在还不介绍其中所存储的内容。
- 机器码执行的过程由数字序号①②③等表示。同时还展示了对应的机器指令。

提示　注意，EAX 寄存器保存的是代表被调用方法的 ArtMethod 对象指针。

9.5.3.3　JniCompile 第二部分

接着看 JniCompile 第二部分代码。

 [jni_compiler.cc->ArtJniCompileMethodInternal]

```
/*ResetIterator函数用于重置调用约定对象内的各位置迭代器。它的唯一一个参数是用来设定代表栈
  帧偏移量的displacement_。在下面这行代码中，mr_conv的栈帧偏移量为frame_size。读者可参
  考图9-24，mr_conv是调用者的调用约定对象，它的栈帧地址比被调用者高。  */
mr_conv->ResetIterator(FrameOffset(frame_size));
/*重置main_jni_conv内各迭代器位置。其中，栈帧帧位置迭代器位置设为0。
  结合上面对mr_conv迭代器位置重置的代码可知：
   (1)main_jni_conv指向nativeCallTest的栈帧。
   (2)mr_conv用于遍历指向调用者的栈帧。根据图9-24可知，代表栈顶位置的ESP位于main_jni_
      conv的起始位置，该位置里存储了EAX寄存器的值。而mv_conv的栈帧位置被设置为ESP+48字
```

```
        节（frame_size）。为什么这两个调用约定对象要分开处理呢？因为我们需要从mr_conv中将
        输入参数拷贝到main_jni_conv对应的栈上。接下来的几段代码均是在处理这个事情。 */
    main_jni_conv->ResetIterator(FrameOffset(0));
    /*调用Assembler的StoreImmediateToFrame函数，它的含义是将立即数存储到栈帧的指定位置。
      在下面的代码中：
      （1）立即数的值由main_jni_conv ReferenceCount函数返回。它的取值为引用类型参数个数。
          如果是静态jni函数，还需要加上1。所以，对nativeCallTest而言，该函数返回2。
      （2）存储到栈帧的位置由main_jni_conv的HandleScopeNumRefsOffset确定。它用于确定
          HandleScope的number_of_references_在栈帧中的偏移量。art规定，HandleScope
          对象位于ArtMethod地址值之上，所以，HandleScopeNumRefsOffset返回值为displacment_
          (值为0)+ArtMethod地址的空间（值为4） + HandleScope.link_所需空间（值为4）的和
          （最终值为8）。
      （3）有些平台上需要借助寄存器来往栈上存储立即数，所以StoreImmeidateToFrame第三个参数
          就是这个寄存器的值。对x86而言，不需要使用它。
      下面的代码将生成如下一条指令，如图9-23所示的第11行。
      mov [esp+8],2    */
      StoreImmediateToFrame(main_jni_conv->HandleScopeNumRefsOffset(),
                            main_jni_conv->ReferenceCount(),
                            mr_conv->InterproceduralScratchRegister());
  if (is_64_bit_target) {......}
  else {
    /*CopyRawPtrFromThread32用于将Thread对象中的top_handle_scope的值拷贝到栈上指定位置。
      请读者务必回顾图9-21。
      HandleScopeLinkOffset：返回值为4。代表HandleScope link_的在栈上的偏移量，它比上面
      代码中HandleScopeNumRefsOffset的位置少4个字节。
      Thread::TopHandleScopeOffset：表示top_handle_scope在Thread对象中的偏移量。
      由于代表调用线程的Thread对象的地址需要通过FS寄存器来获取（详情请读者回顾7.5.2.2节的内
      容），所以top_handle_scope的值需要借助一个临时寄存器做中转。这个临时寄存器就是Inter-
      proceduralScratchRegister的返回值ECX。
      综上，CopyRawPtrFromThread32函数将生成两条指令，对应图9-23的12和13
     mov ecx,fs:[0xc4]     #拷贝Thread.tlsPtr_top_handle_scope的值到ecx寄存器
     mov [esp+4],ecx       #拷贝ecx的内容到esp+4位置的栈上。 */
     CopyRawPtrFromThread32(main_jni_conv->HandleScopeLinkOffset(),
                            Thread::TopHandleScopeOffset<4>(),
                            mr_conv->InterproceduralScratchRegister());

    /*读者如果回顾图9-21的话，会发现HandleScope对象是需要链接成一个链条的。上一步我们将这条
      链接的根（来自Thread.tlsPtr_top_handle_scope）存储到栈上。那么，现在就需要更新这个
      根，即将栈上的HandleScope对象的位置存储为新的根。下面这个函数调用将生成如下两条指令，对
      应图9-23的14和15。
      lea ecx,[esp + 4]    #lea是取地址的意思，即把esp+4这个栈单元的地址取出来放到ecx
      mov fs:[0xc4],ecx    #将esp+4栈单元的地址存储到Thread.tlsPtr.
                              top_handle_scope中。
    */
    StoreStackOffsetToThread32(Thread::TopHandleScopeOffset<4>(),
                               main_jni_conv->HandleScopeOffset(),
                               mr_conv->InterproceduralScratchRegister());
  }
```

图9-25展示了上述代码生成的机器指令执行过程的情况。

由图9-25可知，代码段二生成的机器码主要是建立一条新的HandleScope对象链条。另外，在jni函数的栈帧中，HandleScope对象的位置紧接着存储EAX寄存器内容的栈单元。

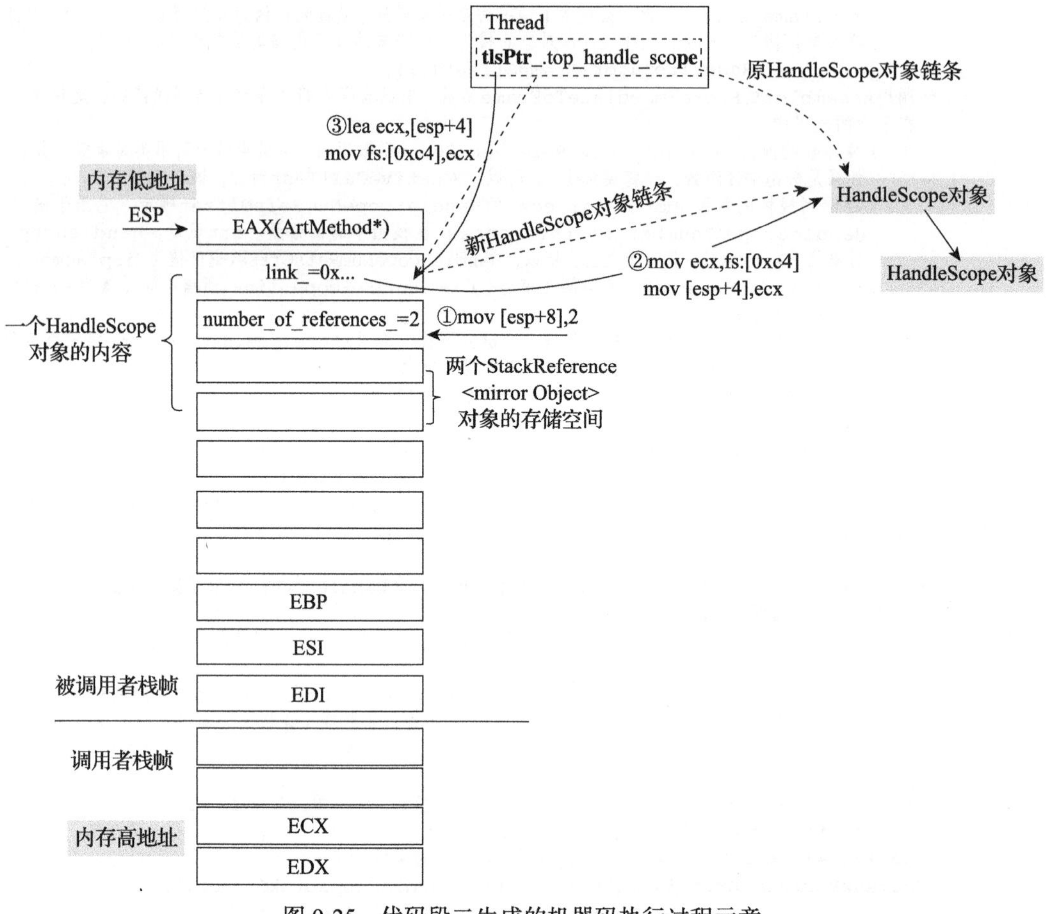

图 9-25 代码段二生成的机器码执行过程示意

9.5.3.4 JniCompile 第三部分

接着看 JniCompile 第三部分代码。

[jni_compiler.cc->ArtJniCompileMethodInternal]

```
/*main_jni_conv类型是JniCallingConvention。Next将更新参数迭代器到下一个位置。上文介绍
  JniCallingConvention时可知，JniCallingConvention的第一个参数是JniEnv对象，此处
  通过Next先略过它。  */
main_jni_conv->Next();
//nativeCallTest是静态函数，所以它对应的native函数的第二个参数是jclass。
if (is_static) {
    /*CurrentParamHandleScopeEntryOffset函数返回当前引用型参数位于栈上的位置。由图9-25
      可知，引用型参数是包裹在一个HandleScope对象里的。所以它的位置在图中number_of_references_
      下方，取值为12。  */
    FrameOffset handle_scope_offset =
        main_jni_conv->CurrentParamHandleScopeEntryOffset();
    /*LoadRef用于加载一个引用型参数（在native层，实际上它是一个mirror Object对象）到
      指定寄存器。该函数前3个参数很重要，分别是:
     （1）第一个参数代表加载目的寄存器。此处由InterproceduralScratchRegister函数返回，
```

```
           取值为ECX。
       (2)第二个参数为源寄存器，存储一个基地址。此处使用的是EAX。上文反复提到过，EAX寄存器
           存储的是一个ArtMethod对象的地址。由于我们现在是要调用nativeCallTest，那么EAX
           应该存储的是代表nativeCallTest的ArtMethod对象的地址。
       (3)第三个参数为偏移量。由第二个参数的基地址结合第三个参数的偏移量即可得到源参数。读
           者可回顾8.7.1.1节的内容，ArtMethod类中有一个名为declaring_class_的成员变量，
           代表该Java方法所属的类（本例是JniTest）的Class对象（其数据类型为GcRoot<mirror::
           Class>）。ArtMethod::DeclaringCallsOffset函数将返回这个成员变量的偏移位
           置。综上，下面这行代码其实就是将nativeCallTest所属的类对象的地址加载到ECX寄存
           器。生成的机器码如下，对应图9-23的16行。
           mov ecx,[eax + 0]     #DeclaringCallsOffset返回值为0  */
        __ LoadRef(main_jni_conv->InterproceduralScratchRegister(),
                mr_conv->MethodRegister(),ArtMethod::DeclaringClassOffset(),
                false);
        //x86平台中，下面这个函数没有作用
        __ VerifyObject(main_jni_conv->InterproceduralScratchRegister(), false);
        /*显然，我们现在需要将LoadRef中得到的JniTest类的Class对象存储到栈上HandleScope的
          指定位置。StoreRef生成的机器码如下，对应图9-23的17行。
          move [esp+12],ecx        #ESP+12的位置恰好是HandleScope references_数组的
                                    第一个成员。 */
        __ StoreRef(handle_scope_offset,
                main_jni_conv->InterproceduralScratchRegister());
        main_jni_conv->Next();
    }
    /*下面这个循环用于拷贝引用型参数到HandleScope的对应位置。笔者不再介绍它，读者可自行阅读这
      部分代码。该循环执行后，将生成如下的机器指令，对应图9-23的18行和19行
      mov ecx,[esp+52]          #esp+52位于调用者的栈帧，里边保存了代表Object x的参数。
      mov [esp+16],ecx          #拷贝Object x的地址到HandleScope references[1]位置处。*/
    while (mr_conv->HasNext()) {
        bool ref_param = main_jni_conv->IsCurrentParamAReference();
        if (ref_param) {
            FrameOffset handle_scope_offset =
                    main_jni_conv->CurrentParamHandleScopeEntryOffset();
        bool input_in_reg = mr_conv->IsCurrentParamInRegister();
        bool input_on_stack = mr_conv->IsCurrentParamOnStack();
        if (input_in_reg) {......}
        else if (input_on_stack) {
            FrameOffset in_off  = mr_conv->CurrentParamStackOffset();
            __ VerifyObject(in_off, mr_conv->IsCurrentArgPossiblyNull());
            __ CopyRef(handle_scope_offset, in_off,
                    mr_conv->InterproceduralScratchRegister());
            }
        }
        mr_conv->Next();
        main_jni_conv->Next();
    }
```

上述代码主要是准备引用型参数。而对static声明的nativeCallTest而言，我们还需要准备代表它的类的Class对象。图9-26展示了代码段三所生成的机器码执行过程的情况。

由图9-26可知，代码段三主要是准备nativeCallTest的引用型参数。

- 由于nativeCallTest是static函数，所以需要获取代表JniTest类的Class对象，将其地址存储到HandScope references第0号索引。

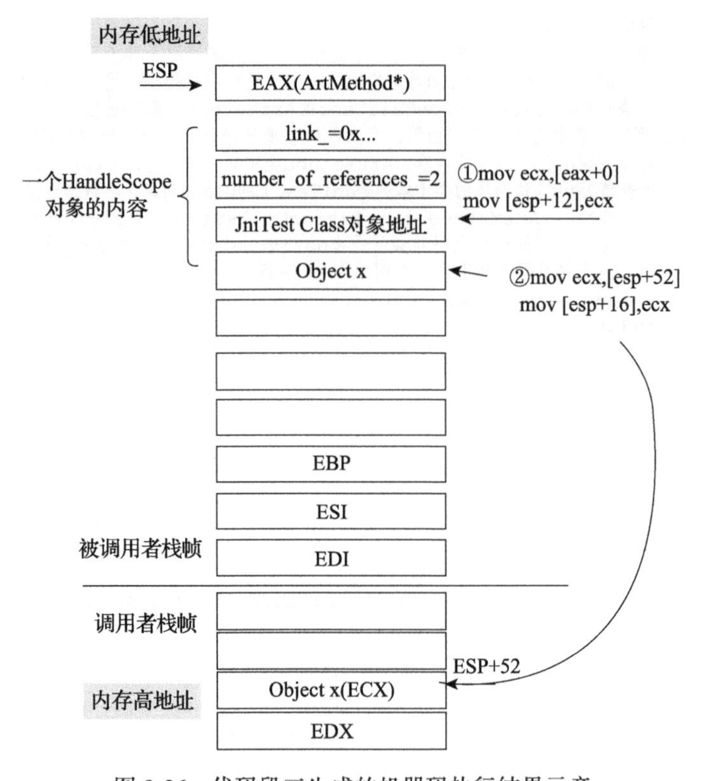

图9-26　代码段三生成的机器码执行结果示意

- 第二个参数为Object x。来自调用者的栈帧ESP+52处。注意，图中ESP+52处单元的内容为Object x(ECX)。括号中的ECX表示Object x之前是存储在ECX寄存器中的，在BuildFrame过程中，由ECX拷贝到ESP+52处。

ESP+12栈单元内容说明

HandScope references数组中元素的类型为StackReference<mirror::Object>。而ArtMethod declaring_class_成员变量的类型是GcRoot<mirror::Class>。这两种数据类型其实都只包含了一个代表某个mirror Object对象地址的成员变量。为了简化说明，笔者在图中直接用JniTest Class对象地址来说明该栈单元中的内容。

9.5.3.5　JniCompile第四部分

接着看JniCompile第四部分代码。

[jni_compiler.cc->ArtJniCompileMethodInternal]

```
    if (is_64_bit_target) {......}
    else {
        /*下面这个函数将ESP的值存储到Thread对象tlsPtr.managed_stack
          top_quick_frame_成员变量。其中：
         （1）managed_stack：类型为ManagedStack。它的作用以后我们再介绍。
         （2）top_quick_frame_：类型为ArtMethod**。top_quick_frame_在Thread对象中的偏
```

```
        移量由TopOfManagedStackOffset返回，值为0x8c。下面的函数将生成如下机器指令：
         mov fs:[0x8c],esp #对应图9-23中第20行。
         注意，ESP指向当前的栈顶位置，该位置的栈单元存储的是来自EAX寄存器的内容。根据art
         的设计，EAX寄存器存储的又是一个ArtMethod对象的地址（类型为ArtMethod*）。所以，
         [ESP]栈位置的内容是ArtMethod*，那么ESP的值就是ArtMethod**，故可以直接将
         ESP的值赋值给top_quick_frame_（类型是ArtMethod**）。  */
    __ StoreStackPointerToThread32(Thread::TopOfManagedStackOffset<4>());
}
/*OutArgs函数返回jni对应的native函数输入参数及返回值占据栈空间的大小。对本例而言，
  nativeCallTest的native实现函数的格式为：
  jint for_nativeCallTest(JniEnv*,jclass,jobject,jint)。它所需要的栈单元个数为4个
  输入参数+1个返回值。共5个单元，大小为5*4=20个字节。按16字节对齐后，OutArgSize将返回32。*/
const size_t main_out_arg_size = main_jni_conv->OutArgSize();
size_t current_out_arg_size = main_out_arg_size;
//IncreaseFrameSize将拓展栈空间，生成如下的机器指令：
//add esp,-32                #对应图9-23的21行
__ IncreaseFrameSize(main_out_arg_size);
......
/*获取Thread tlsPtr_ quick_entrypoints中pJniMethodStart成员的偏移量。
  pJniMethodStart是一个函数地址，对应的函数为：
  uint32_t JniMethodStart(Thread* self)。输入参数是Thread对象，返回值是整型。
  下面将调用这个函数，所以需要准备好Thread对象的参数  */
ThreadOffset<4> jni_start32 = is_synchronized ?
        QUICK_ENTRYPOINT_OFFSET(4, pJniMethodStartSynchronized)
        : QUICK_ENTRYPOINT_OFFSET(4, pJniMethodStart);
ThreadOffset<8> jni_start64 = ......;
//ESP位置向低地址空间延伸了32字节，main_jni_conv暂时还需要从之前的栈空间中取信息。
//所以，下面的代码将重设main_jni_conv的迭代器，但将栈位置偏移量更新为32。
main_jni_conv->ResetIterator(FrameOffset(main_out_arg_size));
FrameOffset locked_object_handle_scope_offset(0);
if (is_synchronized) {......}
if (main_jni_conv->IsCurrentParamInRegister()) {......}
    else {
    /*GetCurrentThread函数将把调用线程的Thread对象取出来，存放到栈的指定位置。
      其间需要借助临时寄存器。在这个操作中：
      （1）Thread对象是通过fs寄存器加上tlsPtr_结构体中self_变量的偏移量来得到的。
      （2）栈的目标位置由CurrentParamStackOffset返回。注意，我们调用的是
         X86JniCallingConvention的CurrentParamStackOffset。该函数的计算方法如下：
         displacement_.Int32Value() - OutArgSize() +
         itr_slots_ * kFramePointerSize
         其中，上面代码中设置的displacement_（值为32）要减去OutArgSize（返回值
         也是32），而itr_slots_为栈单元遍历位置，此时取值为0。为什么要减去OutArgSize呢？
         请读者先继续阅读，等看到这段代码生成的机器码执行示意图后就会明白。
         综上，下面的代码将生成如下机器指令，对应图9-23的行22,23。
         mov ecx, fs:[0xa4]  #Thread对象地址存储到ecx寄存器
         mov [esp],ecx       #存储到栈顶单元    */
    __ GetCurrentThread(main_jni_conv->CurrentParamStackOffset(),
                main_jni_conv->InterproceduralScratchRegister());
    if (is_64_bit_target) {......}
    else {
    //调用pJniMethodStart所指向的函数。下面的代码将生成如下机器码，对应图9-23的行24
    //call fs:[0x1c8]
    __ CallFromThread32(jni_start32,
            main_jni_conv->InterproceduralScratchRegister());
    }
}
```

```
......
/*在上面的代码中我们调用了JniMethodStart函数，它的返回值是一个uint32_t类型的整型。
  我们需要将这个值存储在栈的某个位置上。其中：
  （1）JniMethodStart返回值寄存器返给调用者，寄存器是IntReturnRegister，x86平台上为
      EAX。
  （2）栈的存储位置位于图9-26中HandleScope对象之下的空间。 下面的Store函数将生成如下机
      器指令，对应图9-23的行25。
    mov [esp+52],eax   #下文的示意图将展示ESP+52的具体指向的位置*/
FrameOffset saved_cookie_offset =
    main_jni_conv->SavedLocalReferenceCookieOffset();
__ Store(saved_cookie_offset, main_jni_conv->IntReturnRegister(), 4);
```

上述代码的主要功能就是为调用JniMethodStart做准备，但涉及栈顶位置的调整，导致直接看机器码很难明白其具体处理过程。为此，笔者绘制了图9-27以帮助读者加深理解。

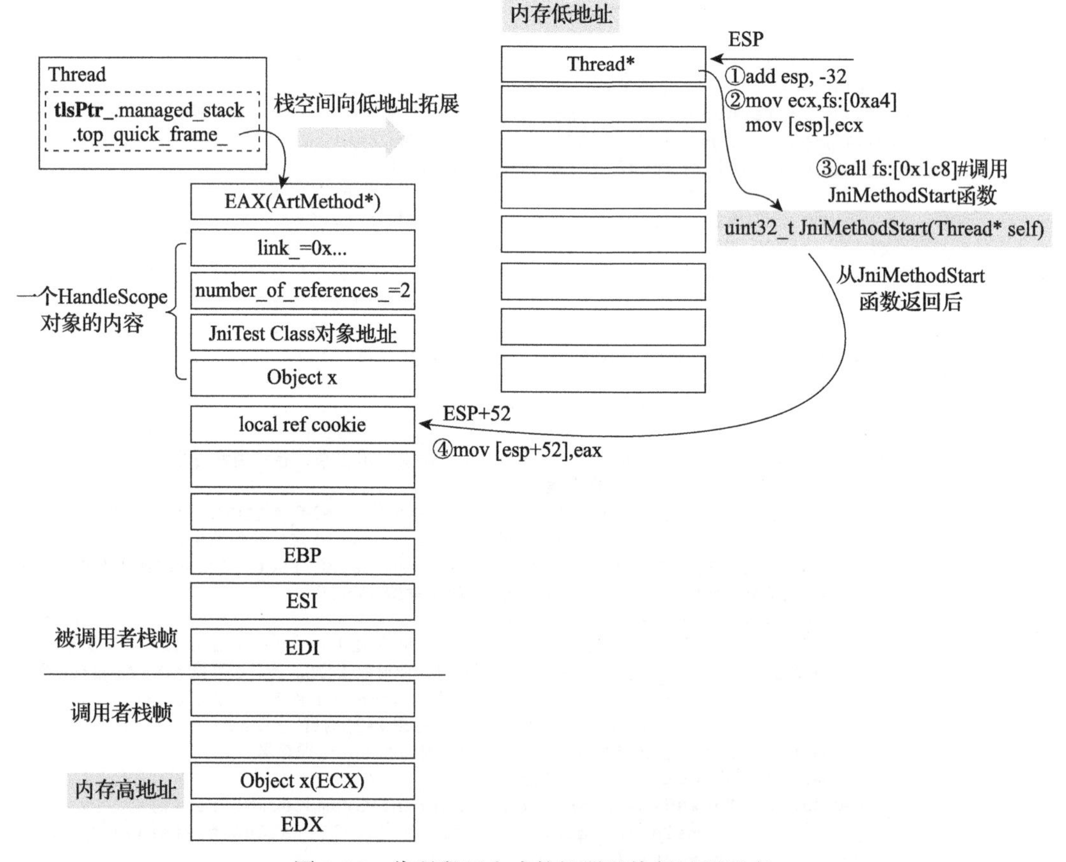

图9-27 代码段四生成的机器码执行过程示意

图9-27中由于篇幅关系，笔者将栈向低地址拓展32字节得到的栈空间放在右边。代码段四主要是为了调用JniMethodStart做准备。

- ❑ JniMethodStart有一个参数Thread*，所以代码段四先取出Thread对象的地址，将其存储在栈顶。

- 然后调用 JniMethodStart 函数。下文将看到该函数的代码。JniMethodStart 返回一个整型值，其作用和 JNI 中的 local reference 有关。代码中叫 Local Reference cookie，实际上就是一个整型值，其具体含义以后再介绍。
- 该返回值通过 EAX 寄存器返回给调用者，在代码段四中，该返回值存储到紧接 HandleScope 对象的那个栈空间。

现在来看看 JniMethod 函数，代码如下所示。

[quick_jni_entrypoints.cc->JniMethodStart]

```
extern uint32_t JniMethodStart(Thread* self) {
    JNIEnvExt* env = self->GetJniEnv();
    //和Jni对Local Reference对象的处理有关，后续介绍JNI的时候再来介绍它们先从Thread对象的
    //JniEnv中获取local_ref_cookie作为本函数的返回值。
    uint32_t saved_local_ref_cookie = env->local_ref_cookie;
    env->local_ref_cookie = env->locals.GetSegmentState();
    //获取JNI函数对应的ArtMethod对象。它是从Thread tlsPtr_ managedStack top_quick_frame_
    //成员变量中取到的
    ArtMethod* native_method = *self->GetManagedStack()->GetTopQuickFrame();
    /*Fast jni。读者可回顾8.2.3.2节对fast jni的介绍。简单来说，如果jni对应的native函数满足
      fast jni模式，则Thread对象将不会切换为suspended状态。如此可加快jni函数的执行。 */
    if (!native_method->IsFastNative()) {
        self->TransitionFromRunnableToSuspended(kNative);
    }
    //返回一个整型参数。本章暂不讨论jni的知识，暂且以local ref cookie来称呼它
    return saved_local_ref_cookie;
}
```

9.5.3.6　JniCompile 第五部分

JniCompile 第五部分代码相当复杂，但其主要工作无非如下三点。

- 为 native 函数准备参数，步骤是先准备 jobject 和 jint，然后准备 jclass 参数，最后才是 JNIEnv。
- 调用 native 函数。
- 保存 native 函数的返回值到栈上。

第五部分代码如下所示。

[jni_compiler.cc->ArtJniCompileMethodInternal]

```
......
for (uint32_t i = 0; i < args_count; ++i) {
        ......//
    //从mr_conv对应的栈空间中拷贝参数到main_jni_conv对应栈空间中去
    CopyParameter(jni_asm.get(), mr_conv.get(), main_jni_conv.get(),
                frame_size, main_out_arg_size);
}
if (is_static) { //拷贝jclass对应的参数到栈空间
    mr_conv->ResetIterator(FrameOffset(frame_size + main_out_arg_size));
    main_jni_conv->ResetIterator(FrameOffset(main_out_arg_size));
    main_jni_conv->Next();  // Skip JNIEnv*
    FrameOffset handle_scope_offset =
            main_jni_conv->CurrentParamHandleScopeEntryOffset();
```

```
    if (main_jni_conv->IsCurrentParamOnStack()) {
        FrameOffset out_off = main_jni_conv->CurrentParamStackOffset();
        __ CreateHandleScopeEntry(out_off, handle_scope_offset,
                        mr_conv->InterproceduralScratchRegister(),
                        false);
    } else {......}
}

// 拷贝JNIEnv对象的地址到栈空间指定位置
main_jni_conv->ResetIterator(FrameOffset(main_out_arg_size));
if (main_jni_conv->IsCurrentParamInRegister()) {......}
    else {
        FrameOffset jni_env = main_jni_conv->CurrentParamStackOffset();
        if (is_64_bit_target) {.....}
        else {
            __ CopyRawPtrFromThread32(jni_env, Thread::JniEnvOffset<4>(),
                        main_jni_conv->InterproceduralScratchRegister());
    }
}
//jni对应的native函数的地址保存在ArtMethod对象ptr_sized_fields_
//entry_point_from_jni_成员变量中。
MemberOffset jni_entrypoint_offset = ArtMethod::EntryPointFromJniOffset(
        InstructionSetPointerSize(instruction_set));
__ Call(main_jni_conv->MethodStackOffset(), jni_entrypoint_offset,
            mr_conv->InterproceduralScratchRegister());
//保存native函数的返回值到栈上
FrameOffset return_save_location =
            main_jni_conv->ReturnValueSaveLocation();
if (main_jni_conv->SizeOfReturnValue() != 0 && !reference_return) {
    ......
    __ Store(return_save_location, main_jni_conv->ReturnRegister(),
            main_jni_conv->SizeOfReturnValue());
}
```

读者可通过图 9-28 了解对应的机器码执行过程。

图 9-28 所示的机器码执行过程如下。

- 先为调用的 native 函数准备参数。这里请读者注意 ESP+4 和 ESP+8 栈单元的内容。它们取值分别为 ESP+44 和 ESP+48 栈单元的地址，并不是 ESP+44 和 ESP+48 的内容。
- 调用 native 函数。该函数地址由 ArtMethod ptr_sized_fields_ 成员变量中的 entry_point_from_jni_ 指定。
- 存储 native 函数的返回值到栈上指定位置。

9.5.3.7 JniCompile 第六部分

本节将介绍 JniCompiler 最后一部分内容，这部分内容包括三个部分。

- 调用 JniMethodEnd。
- 检查 native 函数执行过程中是否有异常发生。如果有，则需要跳转到异常处理函数去处理异常。
- 清理栈空间，准备回退到调用者函数。

下面，笔者略去 JniCompile 源代码的展示，而直接用图来介绍对应的机器码执行过程。

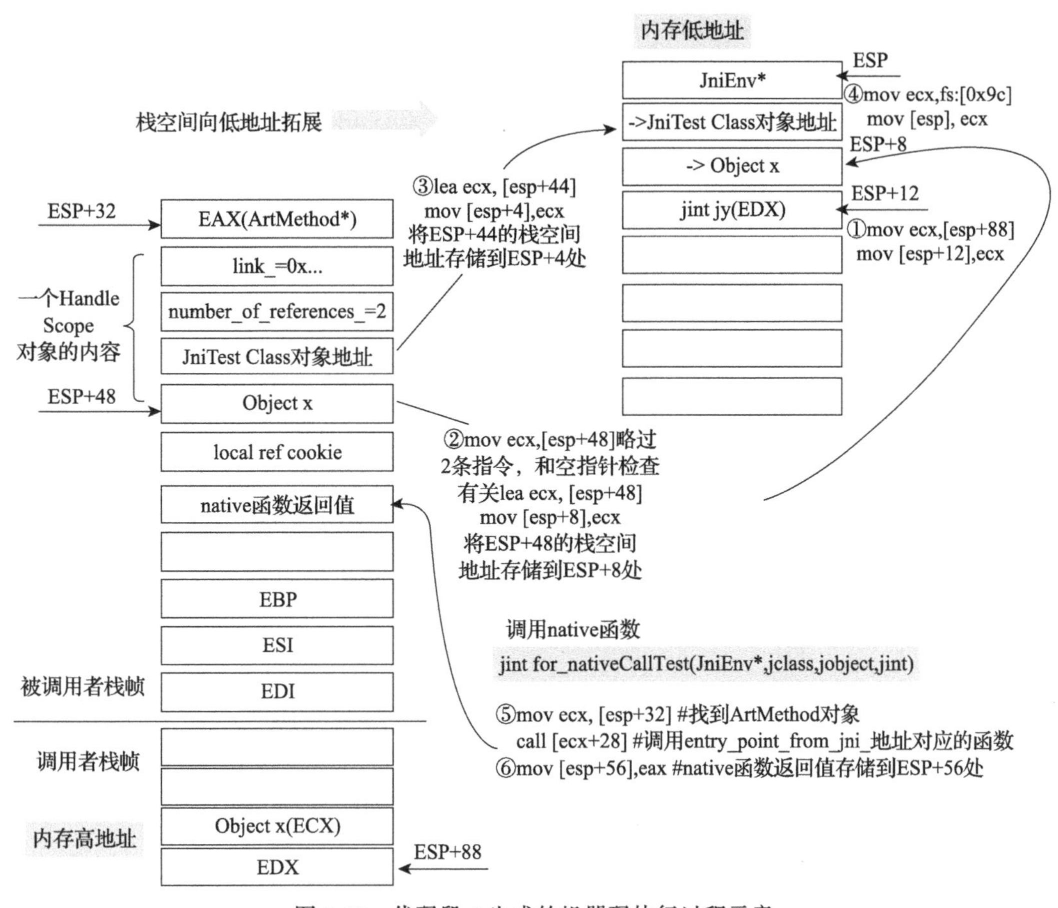

图 9-28　代码段 5 生成的机器码执行过程示意

9.5.3.7.1　调用 JniMethodEnd

在这部分中，我们会调用 JniMethodEnd 函数，先看该函数的代码。

[quick_jni_entrypoints.cc->JniMethodEnd]

```
//注意该函数的两个参数。图9-29所示的栈空间示意将展示它们在栈中的位置
void JniMethodEnd(uint32_t saved_local_ref_cookie, Thread* self){
    //注意该函数的参数
    GoToRunnable(self);
    PopLocalReferences(saved_local_ref_cookie, self);
}
//直接来看PopLocalReferences函数
static void PopLocalReferences(uint32_t saved_local_ref_cookie,
                Thread* self) {
    JNIEnvExt* env = self->GetJniEnv();
    env->locals.SetSegmentState(env->local_ref_cookie);
    env->local_ref_cookie = saved_local_ref_cookie;
    //修改Thread对应的HandleScope对象链，使之恢复为图9-25中的原HandleScope对象链条
    self->PopHandleScope();
}
```

图 9-29 展示了相关机器码执行过程。

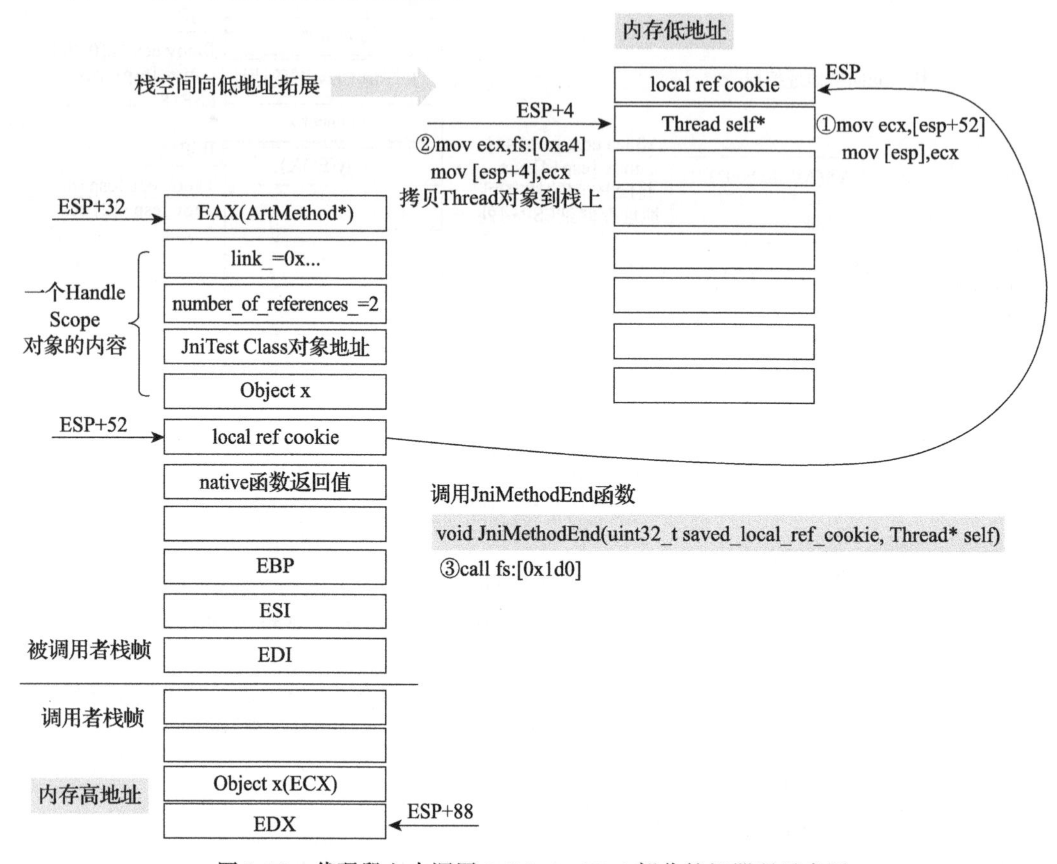

图 9-29　代码段六中调用 JniMethodEnd 部分的机器码示意图

9.5.3.7.2　检查异常

调用完 JniMethodEnd 后，接下来将检查 native 函数在执行过程中是否有异常发生，如果有，则需要转到虚拟机里相关的处理函数。来看图 9-30。

图 9-30 展示了这部分机器码的执行过程。首先：

- 调整栈顶的位置。右上角的灰色部分表示这部分栈空间已经释放。新的栈顶位置为原 ESP+32。
- 检查 Thread tlsPtr_.exception 成员变量是否为空。不为空的话则表示 native 函数执行过程中发生了异常，此时需要跳转到 art_quick_deliver_exception 函数去执行。否则继续执行后续的代码。

如果检查发现没有异常的话，则继续执行。

9.5.3.7.3　栈清理以及返回到调用者

JniCompile 生成的机器码的最后一部分功能就是清理栈并返回到调用函数。图 9-31 展示了这部分机器码的处理过程。

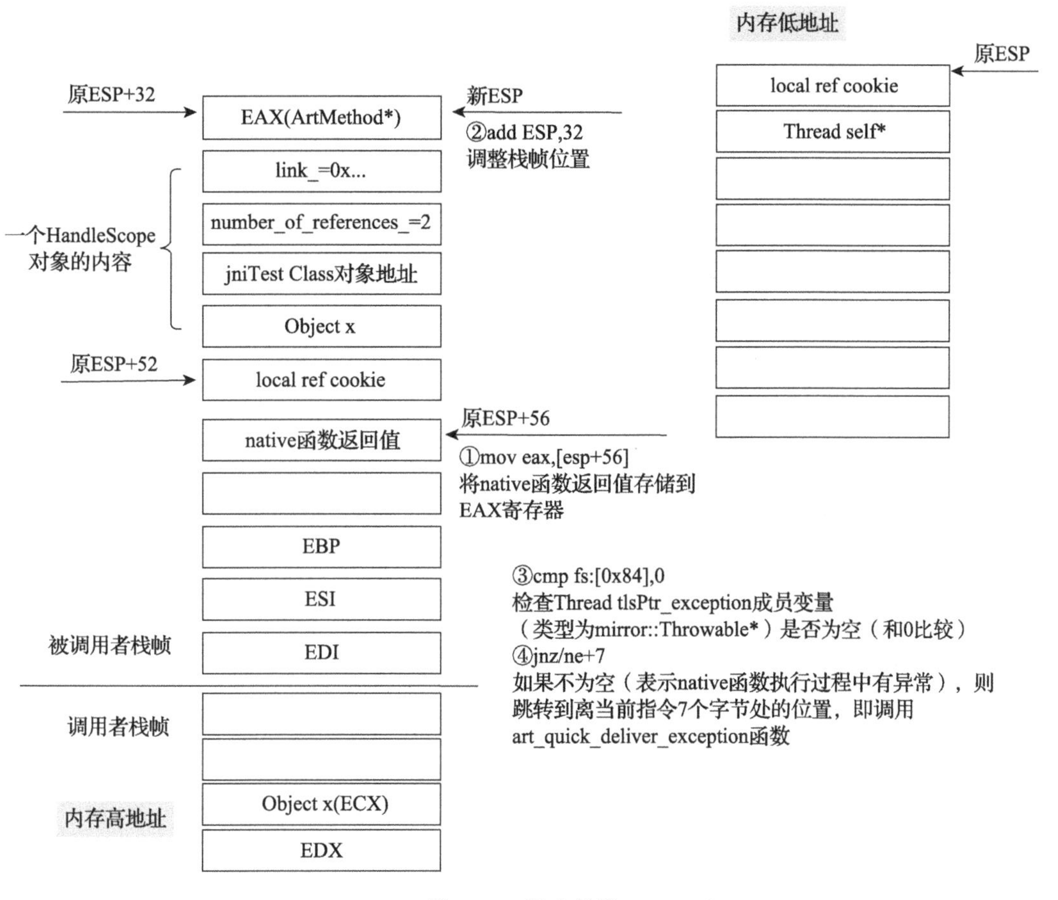

图 9-30 检查异常

图 9-31 为清理栈并返回到调用者这部分机器码的执行过程。到此，JniCompile 得到的机器码就介绍完毕。

9.5.3.8 JniCompile 总结

我们通过解析 JniCompile 编译得到的机器码向读者展示了 art 虚拟机中执行一个 jni 函数时需要做的工作。机器码相对比较复杂，但实际所涉及的调用流程并不复杂。图 9-32 展示了 jni 函数调用时涉及的调用流程。

图 9-32 展示了 JniCompile 得到的机器码涉及的调用流程。当我们在 Java 层调用一个 jni 函数时，实际上将产生三到四个函数调用。

- 首先调用 JniMethodStart。
- 调用 native 函数的实现 entry_point_from_jni_。native 函数内部执行时，可能会发生异常。但是异常并不会像 Java 层里的异常那样直接抛出来，而是会先存储到调用线程 Thread 对象的 tlsPtr_ exception 成员变量中。
- 从 native 函数返回后将调用 JniMethodStart。

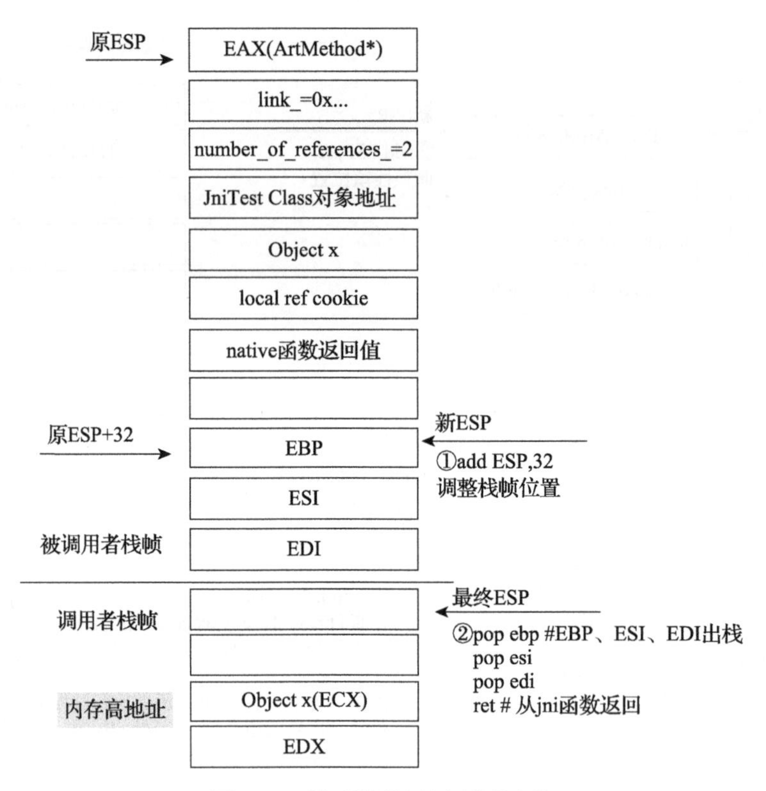

图 9-31　清理栈并返回到调用者

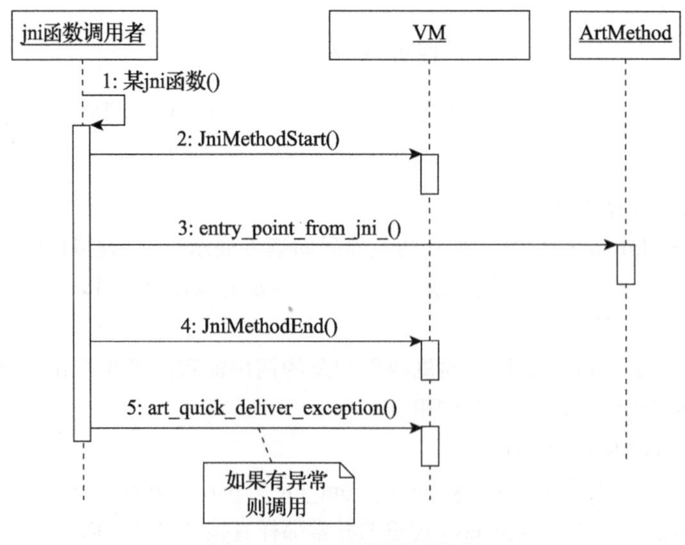

图 9-32　jni 函数调用流程

❑ 最后，我们将检查 Thread 对象的 tlsPtr_ exception 是否为空。如果不为空，则表示 native

函数执行时产生了异常。这时将调用 art_quick_deliver_exception 进行异常处理。

到此，Jni 函数的编译就告一段落，后续章节还将对 JNI 进行更深度的介绍。

9.5.4 OptimizingCompiler Compile

本节将介绍非 jni java 函数的编译处理过程。出于篇幅和难度的考虑，笔者不拟像上一节对 jni 函数编译那样细化到每一行机器码，而是从如下两个方面入手展开介绍。

- OptimizingCompiler Compile 函数的整体流程。
- Compile 对 invoke 相关的涉及函数调用指令的处理。

提示 第 6 章涵盖了非 jni java 函数编译处理过程涉及的大部分知识。但其中仍然还有很多细节、难点留待读者自行研究。

9.5.4.1 Compile 介绍

马上来看 OptimizingCompiler Compile 函数，只需关注其内部的两个关键函数。

[optimizing_compiler.cc->OptimizingCompiler::Compile]

```
CompiledMethod* OptimizingCompiler::Compile(const DexFile::CodeItem*
        code_item,.....) const {
    CompilerDriver* compiler_driver = GetCompilerDriver();
    //代表Java方法编译结果的CompiledMethod对象
    CompiledMethod* method = nullptr;
    ....
    //method_idx为待编译java方法在dex_file中method_ids数组中的索引。
    //假设该方法通过了前面的校验（参考9.5.1.2.1节）。
    if (compiler_driver->IsMethodVerifiedWithoutFailures(method_idx,
                class_def_idx, dex_file)|| ......) {
        ArenaAllocator arena(Runtime::Current()->GetArenaPool());
        CodeVectorAllocator code_allocator(&arena);
        /*TryCompile的内容大部分在第6章中见过，包含构造CFG、执行优化任务（RunOptimizations）、
          编译ART IR、分配寄存器等  */
        std::unique_ptr<CodeGenerator> codegen(
            TryCompile(&arena,&code_allocator,code_item,.... false));
        if (codegen.get() != nullptr) {
            //创建CompiledMethod对象
            method = Emit(&arena, &code_allocator, codegen.get(),
                        compiler_driver, code_item);
        .....
    } .....
    return method;
}
```

Compile 函数内部的关键函数只有两个。

- TryCompile：编译 dex 字节码到机器码。TryCompile 内部将构造 CFG，执行优化任务、分配寄存器、生成机器码等工作。读者如果想深入了解该函数的话，请阅读第 6 章的内容。
- Emit：Emit 将对 TryCompile 的结果进行一些处理。最终返回代表编译结果的 CompiledMethod 对象。

来看Emit函数。

[optimizing_compiler.cc->OptimizingCompiler::Emit]

```
CompiledMethod* OptimizingCompiler::Emit(ArenaAllocator* arena,
            CodeVectorAllocator* code_allocator, CodeGenerator* codegen,
            CompilerDriver* compiler_driver, const DexFile::CodeItem* code_item)
        const {
    /*EmitAndSortLinkerPatches：该函数和dex2oat对invoke相关指令——也就是函数调用——的
      处理有关。编译时，所调用的目标函数的位置并不能确定，所以会先对应生成一个LinkerPatch对
      象。后续在链接处理时（该步骤也在dex2oat中完成），dex2oat将根据LinkerPatch对象的内容
      来确定目标函数的地址。笔者不拟讨论这部分内容。*/
    ArenaVector<LinkerPatch> linker_patches =
                EmitAndSortLinkerPatches(codegen);
    ArenaVector<uint8_t> stack_map(arena->Adapter(kArenaAllocStackMaps));
    stack_map.resize(codegen->ComputeStackMapsSize());
    /*下面这个函数和CompiledMethod vmap_table_成员变量的设置有关。vmap_table_描述的信息有：
      （1）机器码中的物理寄存器和字节码中的虚拟寄存器的应对关系。
      （2）哪个寄存器里包含的是对象。栈空间里哪个位置存储的也是对象？
      （3）内联（inline）函数的信息等
      BuildStackMaps所涉及的内容比较复杂，笔者不拟介绍与之相关的内容。*/
    codegen->BuildStackMaps(MemoryRegion(stack_map.data(), stack_map.size()),
                        *code_item);
    /*返回代表编译结果的CompiledMethod对象。读者可回顾9.5.1.3节的内容以了解它的成员变量。*/
    CompiledMethod* compiled_method =
        CompiledMethod::SwapAllocCompiledMethod(
            compiler_driver, codegen->GetInstructionSet(),
            //设置quick_code_成员变量，包含编译得到的机器码
            ArrayRef<const uint8_t>(code_allocator->GetMemory()),
            codegen->HasEmptyFrame() ? 0 : codegen->GetFrameSize(),
            codegen->GetCoreSpillMask(),codegen->GetFpuSpillMask(),
            ArrayRef<const SrcMapElem>(),
            //设置vmap_table_成员变量
            ArrayRef<const uint8_t>(stack_map),
            ArrayRef<const uint8_t>(*codegen->GetAssembler()->cfi().data()),
            //设置patches_成员变量
            ArrayRef<const LinkerPatch>(linker_patches));

    return compiled_method;
}
```

接下来我们重点考察OptimizingCompiler如何处理invoke相关指令。在dex指令集中，invoke主要有如下几条指令。

- invoke-static：调用类的静态方法。
- invoke-virtual：调用类中的virtual方法。virtual方法是指非private、static或final修饰的成员函数。另外，类的构造函数**不是**virtual方法。
- invoke-direct：调用类中的非静态方法。包括两类，一类是private修饰的成员函数，另外一类就是类的构造函数。
- invoke-super：指在子类的函数中通过super来调用直接父类的函数。
- invoke-interface：调用接口类中定义的函数。

根据dex指令官方文档，invoke-xxxx指令的格式可描述为：

```
invoke-kind {vC, vD, vE, vF, vG}, meth@BBBB
#在dex文件中，inovke-kind指令与它的参数的存储格式为:
[A] op {vC, vD, vE, vF, vG}, meth@BBBB
```

其中：

- BBBB 是目标函数在 dex method_ids 中的索引，长度为 16 位。
- vC、vD 到 vG 均为虚拟寄存器，用于存储相关调用参数。
- 虚拟寄存器 vA 存储了参数的个数。注意，对非静态函数而言，参数个数不包含隐含的 this 变量。

我们在 8.7.6.1 节中曾提到过 InvokeType 枚举变量。上述不同的调用指令在 InvokeType 均有对应的枚举变量。比如，InvokeType.kDirect 代表 inovke-direct 调用。

如果目标函数有多于 5 个参数的话，则使用 invoke-xxx-range 指令进行调用。

另外，官方文档中对 invoke-super 指令的解释比较模糊。笔者测试发现通过 super 方式调用父类函数是可以生成 invoke-super 指令的。

下面来看笔者设计的一段示例代码，编译它们可以生成对应的 invoke-xxxx 指令。

[invoke 指令生成示例代码]

```
public class OatTest implements Runnable{ //OatTest实现Runnable接口
    private void callDirect() {} //private方法
    public void run() {} //实现了Runnable接口类中的run方法
    public static void callStatic() {} //static方法

    //定义一个静态内部类OatTestBase
    public static class OatTestBase {
        public void doTest() {} //定义一个public方法
    }
    //静态内部类DerivedTest派生自OatTestBase类
    public static class DerivedTest extends OatTestBase{
        public void callSuper() {
            super.doTest(); //这条语句将生成invoke-super指令
            return;
        }
    }
    //main方法
    public void main(String[] args) {
        callStatic(); //生成invoke-static指令
        OatTest oatTest = new OatTest(); //构造函数，将生成invoke-direct指令
        oatTest.callDirect(); //调用private函数，将生成invoke-direct指令
        oatTest.run(); //调用run函数，将生成invoke-virtual指令
        //转成接口类型的对象
        Runnable runnable = oatTest;
        runnable.run(); //这时将生成invoke-interface
    }
}
```

图 9-33 和图 9-34 分别展示了上述示例代码中 callSuper 和 main 函数编译得到的 dex 指令。

```
|[000220] com.test.OatTest.DerivedTest.callSuper:()V
|0000: invoke-super {v0}, Lcom/test/OatTest$OatTestBase;.doTest:()V // method@0003
|0003: return-void
```

图 9-33　callSuper 函数的 dex 指令码

```
|[000284] com.test.OatTest.main:([Ljava/lang/String;)V
|0000: invoke-static {}, Lcom/test/OatTest;.callStatic:()V // method@0006
|0003: new-instance v0, Lcom/test/OatTest; // type@0002
|0005: invoke-direct {v0}, Lcom/test/OatTest;.<init>:()V // method@0004
|0008: invoke-direct {v0}, Lcom/test/OatTest;.callDirect:()V // method@0005
|000b: invoke-virtual {v0}, Lcom/test/OatTest;.run:()V // method@0008
|000e: invoke-interface {v0}, Ljava/lang/Runnable;.run:()V // method@000a
|0011: return-void
```

图 9-34　main 函数的 dex 指令码

回顾第 6 章的内容可知，OptimizingCompiler Compile 处理 dex 指令的步骤大致为：

- 首先将 dex 指令转成对应的 ART IR 对象——即 HInstruction 类家族的实例。读者可参考 6.4 节。
- 对 ART IR 进行优化。对 invoke 相关的 IR 对象而言，Sharpening 优化比较重要。经过 Sharpening 优化后，那些调用基类或接口类对象的虚函数可变更为实际类的目标函数。
- 最后，OptimizingCompiler 将为 ART IR 生成机器码。

在上述三步中，我们不讨论与寄存器分配相关的内容。

下面我们分别介绍上述三个步骤。

9.5.4.2　生成 ART IR

先来认识 ART IR 中的几个关键类。

9.5.4.2.1　关键类介绍

图 9-35 展示了 HInvoke 家族中和 invoke-xxx 指令相关的几个 HInvoke 之类。

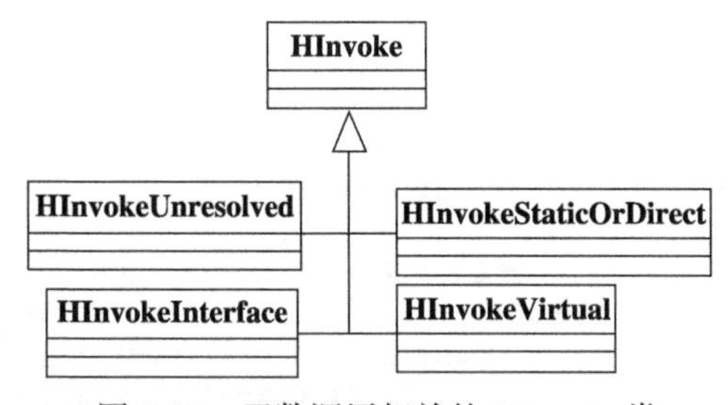

图 9-35　函数调用相关的 HInvoke 类

在图 9-35 中：

- HInvokeStaticOrDirect 类对应 invoke-static/direct/super 指令。
- HInvokeInterface 类对应 invoke-interface 指令。
- HInvokeVirtual 类对应 invoke-virtual 指令。
- 不论哪种 invoke 指令，如果编译时（目标函数对应的 ArtMethod 对象不能解析，则 invoke 指令将转换为一个 HInvokeUnresolved 对象。其对应的机器码将跳转到 runtime 中的相关函数进行处理。

下面来看一下 HInvokeStaticOrDirect 类的代码，其中有一些知识比较重要。

[nodes.h->HInvokeStaticOrDirect]

```
class HInvokeStaticOrDirect : public HInvoke {
  public:
    /*ClinitCheckRequirement枚举变量，它用于检查目标函数所在类是否已经完成了类的初始化。
```

```
   在代码中，类初始化检查叫clinit check。该变量有如下三个取值：
   (1) kNone：目标函数所在类已经初始化。在代码中，类初始化检查叫clinit check。
   (2) kExplicit：调用目标函数前必须要做所在类的clinit check。
   (3) kImplicit：如果有必要，则进行clinit check。一般情况下，只有目标函数为类的静
       态函数时才需要clinit check。   */
  enum class ClinitCheckRequirement {
      kNone, kExplicit, kImplicit,
      kLast = kImplicit
  };

  /*下面定义了两个枚举变量，MethodLoadKind、CodePtrLocation以及一个DispatchInfo
    结构体。其中：
   (1) MethodLoadKind表示目标函数对应的ArtMethod对象的加载形式。详情见下文的代码
       分析。
   (2) CodePtrLocation：目标函数对应的机器码所在地址。详情见下文。
   (3) DispatchInfo：描述目标函数调用的跳转方式。详情见下文。 */
  enum class MethodLoadKind {
  /*表示目标函数是String类的构造函数。对应的ArtMethod对象借助Thread类中的相关成员找
    到。由于String构造函数是代码中非常常见的调用，所以ART对此进行了优化，即所谓的Intrinsics
    优化，读者可参考6.3.4.3节的内容。下文将介绍String构造函数调用的处理详情。*/
  kStringInit,
  //表示是递归调用。在这种情况下，目标函数对应的ArtMethod对象地址存储在寄存器中
  kRecursive,
  /*目标函数对应ArtMethod对象位于固定地址。这种情况用于从app代码中调用位于Boot镜像里
    的函数（比如调用Java核心库中的方法）。注意，由于目标函数的地址固定，所以Boot镜像不
    支持可重定位的功能。*/
  kDirectAddress,
  /目标函数的地址在链接阶段能确定。用于app代码调用可重定位Boot镜像里的方法，或者Boot镜
   像里某个方法调用Boot镜像里的另外一个方法。
  kDirectAddressWithFixup,
  //下面两种情况留待下文代码分析时再来介绍
  kDexCachePcRelative,kDexCacheViaMethod,
};
enum class CodePtrLocation { //下文代码分析时再来介绍它们
    kCallSelf,kCallPCRelative,kCallDirect,
    kCallDirectWithFixup, kCallArtMethod,
};

struct DispatchInfo { //函数调用信息
    MethodLoadKind method_load_kind;
    CodePtrLocation code_ptr_location;
    uint64_t method_load_data; //其取值含义由method_load_kind决定
    uint64_t direct_code_ptr; //其取值含义由code_ptr_location决定
};
//下面是HInvokeStaticOrDirect类的构造函数，注意其中的参数
HInvokeStaticOrDirect(ArenaAllocator* arena,
                   uint32_t number_of_arguments,Primitive::Type return_type,
                   uint32_t dex_pc, uint32_t method_index,
                   //target_method：目标函数信息，dispatch_info为调用分发方式信息
                   MethodReference target_method,DispatchInfo dispatch_info,
                  //dex指令里使用的调用方式，比如是InvokeStatic还是InvokeVirtual
                  InvokeType original_invoke_type,
                  //经过优化后的调用方式。初始值一般等于original_invoke_type
                  InvokeType optimized_invoke_type,
                  ClinitCheckRequirement clinit_check_requirement)
      : HInvoke(....), target_method_(target_method),
```

```
        dispatch_info_(dispatch_info)  {...}

    //构造HInvokeStaticOrDirect IR对象时是否需要将当前所在的函数ArtMethod对象
    //作为输入参数传给待调用的函数。对kRecursive（递归调用）和kDexCacheViaMethod
    //类型的方法加载方式而言，该函数返回true。
    static bool NeedsCurrentMethodInput(MethodLoadKind kind) {
        return kind == MethodLoadKind::kRecursive ||
                        kind == MethodLoadKind::kDexCacheViaMethod;
    }
```

接下来我们看一下和 kDexCachePcRelative 有关的知识。当 DispatchInfo 的 method_load_kind 取值为 kDexCachePcRelative 时，它的 method_load_data 成员变量和一个名为 DexCacheArraysLayout 的类有关。先来看它的代码，首先是它的构造函数。

[dex_cache_arrays_layout-inl.h->DexCacheArraysLayout]

```
/* DexCacheArraysLayout有五个成员变量:
    (1) 常量pointer_size_: 取值为指针的长度，对32平台而言，其值为4字节
    (2) 常量types_offset_: 取值固定为0，从types_offset_到下面的methods_offset_之间，存储
       的是GcRoot<Class>数组
    (3) methods_offset_: DexCache中存储ArtMethod*数组的起始位置
    (4) strings_offset_: DexCache中存储GcRoot<String>数组的起始位置
    (5) fields_offset_: DexCache中存储ArtField*数组的起始位置
    (6) size_: 总共所占内存大小
   来看下面的代码*/
inline DexCacheArraysLayout::DexCacheArraysLayout(size_t pointer_size,
                    const DexFile::Header& header)
    : pointer_size_(pointer_size),
    //types区域之后为methods区域。TypeSize返回types区域的大小，methods区域
    //存储的是ArtMethod*数组
    methods_offset_(
        RoundUp(types_offset_ + TypesSize(header.type_ids_size_),
                MethodsAlignment())),
    //methods区域之后为strings区域，MethodsSize返回methods区域大小。strings
    //区域存储的是GcRoot<String>数组
        strings_offset_(
            RoundUp(methods_offset_ + MethodsSize(header.method_ids_size_),
                    StringsAlignment())),
        //fields区域排最后，存储的是ArtField*数组
        fields_offset_(
            RoundUp(strings_offset_ + StringsSize(header.string_ids_size_),
                    FieldsAlignment())),
        size_(//总大小
            RoundUp(fields_offset_ + FieldsSize(header.field_ids_size_),
                    Alignment())) {
}
```

如果一个 Java 方法在 dex 文件里 method_ids 数组中的索引为 method_idx，则该方法对应的 ArtMethod 对象地址由下面的函数可获取。

[dex_cache_arrays_layout-inl.h->DexCacheArraysLayout::MethodOffset]

```
inline size_t DexCacheArraysLayout::MethodOffset(uint32_t method_idx) const {
//计算公式为: method_offset_+ pointer_size_*method_idx
```

```
    return methods_offset_ + ElementOffset(pointer_size_, method_idx);
}
```

最后，我们再来介绍 ART 中 Java String 类构造函数 Intrinsics 优化方面的知识。

- Java String 类中一共定义了 16 个构造函数。
- Thread 类 tlsPtr_.quick_entrypoints 包含了一组函数指针，其中也有 16 个函数指针变量和 Java String 类的 16 个构造函数一一对应。其中，pNewEmptyString 是与 String() 默认构造函数对应的。
- 在 7.5.2.3 节中，quick_entrypoints 中这 16 个代表 String 构造函数的指针进行了初始化，pNewEmptyString 与 Java StringFactory newEmptyString 函数相关联。

所以，如果我们调用的目标函数是 String 类的构造函数，则目标函数的地址只要设置为 Thread tlsPtr_.quick_entrypoints 中对应的函数指针即可。下文将看到对应的处理。

9.5.4.2.2 ProcessDexInstruction

OptimizingCompiler 中，将 dex 中的指令转成和 ART IR 对象的函数在 instruction_builder.cc 的 ProcessDexInstruction 函数。其中和 invoke-xxx 相关的处理如下所示。

[instruction_builder.cc->HInstructionBuilder::ProcessDexInstruction]

```
bool HInstructionBuilder::ProcessDexInstruction(
                const Instruction& instruction, uint32_t dex_pc) {
switch (instruction.Opcode()) {
    ......
    case Instruction::INVOKE_DIRECT:
    case Instruction::INVOKE_INTERFACE:
    case Instruction::INVOKE_STATIC:
    case Instruction::INVOKE_SUPER:
    case Instruction::INVOKE_VIRTUAL:
    case Instruction::INVOKE_VIRTUAL_QUICK: {
        uint16_t method_idx;
        if (instruction.Opcode() == Instruction::INVOKE_VIRTUAL_QUICK) {
            ...... //不考虑invoke-virtual-quick的情况。
        } else {
        //VRegB_35c表示取vB寄存器的值。结合上文对invoke指令格式的介绍可知，其值代表目标函数
        //在dex文件method_ids数组里的索引
            method_idx = instruction.VRegB_35c();
        }
        //取vA，它代表调用目标函数时传入的参数个数
        uint32_t number_of_vreg_arguments = instruction.VRegA_35c();
        uint32_t args[5]; //最多5个参数
        instruction.GetVarArgs(args); //invoke-xxx指令的参数
        if (!BuildInvoke(instruction, dex_pc, method_idx,
            number_of_vreg_arguments, false, args, -1)) {.... }
    break;
}
......
}
```

接着来看 BuildInvoke 函数。

[instruction_builder.cc->HInstructionBuilder::BuildInvoke]

```
bool HInstructionBuilder::BuildInvoke(const Instruction& instruction,
        uint32_t dex_pc, uint32_t method_idx,
        uint32_t number_of_vreg_arguments,bool is_range,uint32_t* args,
        uint32_t register_index) {
    //将invoke-xxx指令转成对应的枚举变量InvokeType
    InvokeType invoke_type = GetInvokeTypeFromOpCode(instruction.Opcode());
    //目标函数的简短描述
    const char* descriptor = dex_file_->GetMethodShorty(method_idx);
    //返回值的数据类型
    Primitive::Type return_type = Primitive::GetType(descriptor[0]);
    //根据简短描述确定参数个数
    size_t number_of_arguments = strlen(descriptor) - 1;
    //如果不是invoke-static，则参数个数需要加1，即包含隐含的this参数
    if (invoke_type != kStatic) { number_of_arguments++; }
    /*构造一个MethodReference对象，dex_file_为正在进行编译处理的dex文件对象，method_idx
      为目标函数在该dex文件对象中method_ids的索引。注意，目标函数可以是在别dex文件里定义的。
      比如Java核心库里的函数。   */
    MethodReference target_method(dex_file_, method_idx);

    int32_t string_init_offset = 0;
    /*下面的IsStringInit将判断目标函数是否为String的16个构造函数之一，如果是，则返回true，
      同时返回Thread类tlsPtr_.quick_entrypoints里对应函数指针变量相对于Thread类的偏移量
      (ThreadOffset)。比如，假设pNewEmptyString（它是quick_entrypoints对应的数据结构
      QuickEntryPoints结构体里的成员变量）的偏移量如果是0x100的话，那么紧接其后的pNewString-
      FromBytes_B成员——它对应String(bytes[]构造函数——的偏移量就是0x104。偏移量的值存
      储在string_init_offset中*/
    bool is_string_init = compiler_driver_->IsStringInit(method_idx,
                                   dex_file_,&string_init_offset);
    if (is_string_init) { //处理String构造函数调用的逻辑
        /*下面的代码首先构造一个DispatchInfo对象，其中：
          （1）method_load_kind取值为kStringInit，代表调用的是String构造函数。
          （2）code_ptr_location取值为kCallArtMethod，表示目标函数的地址位于某个ArtMethod
               对象里。
          （3）method_load_data取值为string_init_offset。
          （4）direct_code_ptr取值为0  */
        HInvokeStaticOrDirect::DispatchInfo dispatch_info = {
            HInvokeStaticOrDirect::MethodLoadKind::kStringInit,
            HInvokeStaticOrDirect::CodePtrLocation::kCallArtMethod,
            dchecked_integral_cast<uint64_t>(string_init_offset),
            0U};
        //构造一个HInvokeStaticOrDirect对象。
        HInvoke* invoke = new (arena_) HInvokeStaticOrDirect(
            arena_, number_of_arguments - 1,Primitive::kPrimNot,dex_pc,
            method_idx,target_method,dispatch_info,invoke_type,kStatic,
            HInvokeStaticOrDirect::ClinitCheckRequirement::kImplicit);
        //调用HandleStringInit进行相关处理。读者可自行阅读它
        return HandleStringInit(invoke, number_of_vreg_arguments,
                        args, register_index,is_range,  descriptor);
    }
    //处理非String类构造函数的情况
    //首先，解析目标函数以得到对应的ArtMethod对象
    ArtMethod* resolved_method = ResolveMethod(method_idx, invoke_type);

    if (UNLIKELY(resolved_method == nullptr)) {
```

```
        //如果此时解析不了，则构造一个HInvokeUnresolved对象
        HInvoke* invoke = new (arena_) HInvokeUnresolved(arena_,
                        number_of_arguments, return_type,dex_pc,method_idx,
                                                invoke_type);
        return HandleInvoke(invoke,number_of_vreg_arguments,args,register_index,
                        is_range,descriptor, nullptr);
    }
    HClinitCheck* clinit_check = nullptr;
    HInvoke* invoke = nullptr;
    //处理invoke-direct/static/super指令
    if (invoke_type == kDirect || invoke_type == kStatic ||
            invoke_type == kSuper) {
        //设置clinit_check_requirement变量，初始值为kImplicit
        HInvokeStaticOrDirect::ClinitCheckRequirement clinit_check_requirement
            = HInvokeStaticOrDirect::ClinitCheckRequirement::kImplicit;
        ScopedObjectAccess soa(Thread::Current());
            //如果目标函数为类的静态函数，则通过ProcessClinitCheckForInvoke判断是否需要
            //修改clinit_check_requirement。本节先不讨论ProcessClinitCheckForInvoke
        if (invoke_type == kStatic) {
            clinit_check = ProcessClinitCheckForInvoke(
                dex_pc, resolved_method, method_idx, &clinit_check_requirement);
        } else if (invoke_type == kSuper) {......}
        /*构造DispatchInfo对象。其中:
          (1) method_load_kind取值为kDexCacheViaMethod。
          (2) code_ptr_location取值为kCallArtMethod。
          (3) method_load_data和direct_code_ptr取值均为0  */
        HInvokeStaticOrDirect::DispatchInfo dispatch_info = {
            HInvokeStaticOrDirect::MethodLoadKind::kDexCacheViaMethod,
            HInvokeStaticOrDirect::CodePtrLocation::kCallArtMethod,
            0u,0U
        };
        //构造HInvokeStaticOrDirect对象
        invoke = new (arena_) HInvokeStaticOrDirect(arena_,
                number_of_arguments,return_type,dex_pc,method_idx,
                target_method,dispatch_info, invoke_type, invoke_type,
                clinit_check_requirement);
    } else if (invoke_type == kVirtual) { //处理invoke-virtual
        ScopedObjectAccess soa(Thread::Current());
        invoke = new (arena_) HInvokeVirtual(arena_,
                        number_of_arguments,return_type,dex_pc,
                        method_idx,resolved_method->GetMethodIndex());
    } else {//处理invoke-interface
        ScopedObjectAccess soa(Thread::Current());
        invoke = new (arena_) HInvokeInterface(arena_,
                    number_of_arguments,return_type,dex_pc,method_idx,
                        resolved_method->GetDexMethodIndex());
    }
    //为invoke对象设置参数。其中有对clinit check的处理。
    //请读者自行阅读下面这个函数的代码
    return HandleInvoke(invoke,number_of_vreg_arguments,args,register_index,
                    is_range,descriptor,clinit_check);
}
```

总结上文代码的逻辑如下。

- 如果目标函数是 String 类的构造函数，则构造一个 HInvokeStaticOrDirect ART IR 对

象。它使用的 DispatchInfo 信息中，method_load_kind 取值为 kStringInit，code_ptr_location 取值为 kCallArtMethod，method_load_data 取值为对应函数指针相对于 Thread 类对象实例基地址的偏移量。

- 如果目标函数对应的 ArtMethod 对象无法解析，则构造一个 HInvokeUnresolved ART IR 对象。
- 如果是 invoke-static/direct/super 指令，也构造一个 HInvokeStaticOrDirect ART IR 对象，它使用的 DispatchInfo 信息中，method_load_kind 取值为 kDexCacheViaMethod，code_ptr_location 取值为 kCallArtMethod。
- 如果是 invoke-virtual 指令，则构造一个 HInvokeVirtual ART IR 对象。如果是 invoke-interface 指令，则构造一个 HInvokeInterface ART IR 对象。这两种 ART IR 类都不使用 DispatchInfo 信息。

接着来看 Sharpening 优化。

9.5.4.3 Sharpening 优化

来看 SHarpening 优化的代码。

[sharpening.cc->HSharpening::Run]

```
void HSharpening::Run() {
    //遍历基本块
    for (HBasicBlock* block : graph_->GetReversePostOrder()) {
        //遍历基本块中的ART IR对象
        for (HInstructionIterator it(block->GetInstructions());
            !it.Done(); it.Advance()) {
            HInstruction* instruction = it.Current();
            //只处理HInvokeStaticOrDirect指令。
            if (instruction->IsInvokeStaticOrDirect()) {
                ProcessInvokeStaticOrDirect(instruction->AsInvokeStaticOrDirect());
            } else if ......
    }
}
```

细心的读者会发现 sharpening 优化只处理 invoke-static/direct 指令，而没有处理 invoke-virtual/interface 指令。sharpening.h 头文件有这样一段注释："Optimization that tries to improve the way we dispatch methods and access types, fields, etc. Besides actual method sharpening based on receiver type (for example virtual->direct), this includes selecting the best available dispatch for invoke-static/-direct based on code generator support."。目前看来，sharpening 只根据 code generator 对 invoke-static/direct 的调用方式信息进行了优化。

ProcessInvokeStaticOrDirect 比较复杂，笔者不拟讨论其细节，而是在此介绍下 x86 平台上经 sharpening 成功优化后得到的 DispatchInfo 的取值情况。感兴趣的读者可结合 ProcessInvokeStaticOrDirect 以加深理解。其中，DispatchInfo.code_ptr_location：

- 对于递归调用，则取值为 kCallSelf。如此，DispatchInfo.direct_code_ptr 是当前指令与递归函数的指令相对位置（pc relative）。
- 取值为 kCallArtMethod。如此，DispatchInfo.direct_code_ptr 指向目标函数的 ArtMethod

对象。

而 DispatchInfo.method_load_kind 取值情况如下。

- 对于递归调用，取值为 kRecursive，DispatchInfo.method_load_data 取值为 0。
- 取值为 kDirectAddress，则 DispatchInfo.method_load_data 指向 ArtMethod.ptr_sized_fields_ 结构体里的 entry_point_from_quick_compiled_code_ 成员变量——它就是编译得到的机器码的入口。
- 取值为 kDexCachePcRelative，则 DispatchInfo.method_load_data 取值为利用上文 DexCacheArraysLayout MethodOffset 计算得到的偏移量。注意，根据 code_generator_x86.cc GetSupportedInvokeStaticOrDirectDispatch 函数可知，如果 CFG 含不可规约的循环（irreducible loop，参考 6.3.2.1.2 节的内容），则需要修改 method_load_kind 为下面的 kDexCacheViaMethod。
- 取值为 kDexCacheViaMethod，则 DispatchInfo.method_load_data 取值为 0。如果 method_load_kind 是因为 x86 CPU 平台不支持而从 kDexCachePcRelative 修改为 kDexCacheViaMethod，则 DispatchInfo.method_load_data 取值不变。

现在我们来看最后一步。

9.5.4.4 生成机器码

先介绍对 HInvokeUnresolved 的处理。

9.5.4.4.1 VisitInvokeUnresolved

InstructionCodeGeneratorX86 VisitInvokeUnresolved 的代码如下所示。

 [code_generator_x86.cc->InstructionCodeGeneratorX86::VisitInvokeUnresolved]

```
void InstructionCodeGeneratorX86::VisitInvokeUnresolved(
            HInvokeUnresolved* invoke) {
    codegen_->GenerateInvokeUnresolvedRuntimeCall(invoke);
}
```

 [code_generator.cc->CodeGenerator::GenerateInvokeUnresolvedRuntimeCall]

```
void CodeGenerator::GenerateInvokeUnresolvedRuntimeCall(
            HInvokeUnresolved* invoke) {
    MoveConstant(invoke->GetLocations()->GetTemp(0),
                invoke->GetDexMethodIndex());
    //unresolved方法的调用必须要转到虚拟机内部来处理，所以需要先跳转到对应的
    //trampoline code，然后再从trampoline code进入虚拟机。
    QuickEntrypointEnum entrypoint =
            kQuickInvokeStaticTrampolineWithAccessCheck;
    //根据初始调用方式来设置不同的trampoline代码
    switch (invoke->GetOriginalInvokeType()) {
        case kStatic:
            entrypoint = kQuickInvokeStaticTrampolineWithAccessCheck;
            break;
        case kDirect:
            entrypoint = kQuickInvokeDirectTrampolineWithAccessCheck;
            break;
        ......
```

```
    }
    //下面这个函数是纯虚函数，由不同CPU平台对应的CodeGenerator来处理。在x86平台上，将调用code_
    //generator_x86.cc的InvokeRuntime函数。它将生成跳转到Thread中tlsPtr.quick_entry-
    //points指定函数的机器码。
    InvokeRuntime(entrypoint, invoke, invoke->GetDexPc(), nullptr);
}
```

在此，笔者先快速介绍下上面函数中出现的几个 Trampoline code 入口相关的代码（读者也可回顾 7.5.2.2.3 节）。

首先来看诸如 kQuickInvokeStaticTrampolineWithAccessCheck 这样的变量的来历，它们是枚举变量。定义方式借助了下面的代码。

[quick_entrypoints_list.h]

```
#定义了一个宏，QUICK_ENTRYPOINT_LIST
#define QUICK_ENTRYPOINT_LIST(V) \
    ......\
    V(QuickImtConflictTrampoline, void, ArtMethod*) \
    V(QuickResolutionTrampoline, void, ArtMethod*) \
    V(QuickToInterpreterBridge, void, ArtMethod*) \
    V(InvokeDirectTrampolineWithAccessCheck, void, uint32_t, void*) \
    V(InvokeInterfaceTrampolineWithAccessCheck, void, uint32_t, void*) \
    V(InvokeStaticTrampolineWithAccessCheck, void, uint32_t, void*) \
    V(InvokeSuperTrampolineWithAccessCheck, void, uint32_t, void*) \
    V(InvokeVirtualTrampolineWithAccessCheck, void, uint32_t, void*) \
```

有了 quick_entrypoints_list.h 定义了这个 QUICK_ENTRYPOINT_LIST 宏后，下面的代码将利用该宏生成枚举类型 QuickEntrypointEnum。

[quick_entrypoints_enum.h]

```
enum QuickEntrypointEnum{ //枚举类型
//生成kQuickInvokeInterfaceTrampolineWithAccessCheck这样的枚举变量
#define ENTRYPOINT_ENUM(name, rettype, ...) kQuick ## name,
#include "quick_entrypoints_list.h"
    QUICK_ENTRYPOINT_LIST(ENTRYPOINT_ENUM)
#undef QUICK_ENTRYPOINT_LIST
#undef ENTRYPOINT_ENUM
};
```

与 QuickEntrypointEnum 枚举类型对应的一个结构体叫 QuickEntryPoints，代码如下所示。

[quick_entrypoints.h]

```
struct PACKED(4) QuickEntryPoints {//QuickEntryPoints是一个结构体
//生成对应的函数指针变量，比如void (*pInvokeSuperTrampolineWithAccessCheck)\
//(void, uint32_t, void*)
#define ENTRYPOINT_ENUM(name, rettype, ...) rettype ( * p ## \
 name )( __VA_ARGS__ );
#include "quick_entrypoints_list.h"
 QUICK_ENTRYPOINT_LIST(ENTRYPOINT_ENUM)
#undef QUICK_ENTRYPOINT_LIST
#undef ENTRYPOINT_ENUM
```

```
};
```

Thread 类成员 tlsPtr_ 结构体中的 quick_entrypoints 成员变量就是 QuickEntryPoints。quick_entrypoints 里的函数指针变量在 Thread 类初始化逻辑中被设置成对应的函数。来看代码。

[quick_default_init_entrypoints.h->DefaultInitEntryPoints]

```
void DefaultInitEntryPoints(JniEntryPoints* jpoints,
            QuickEntryPoints* qpoints) {
    qpoints->pQuickImtConflictTrampoline = art_quick_imt_conflict_trampoline;
    qpoints->pQuickResolutionTrampoline = art_quick_resolution_trampoline;
    qpoints->pQuickToInterpreterBridge = art_quick_to_interpreter_bridge;
    //我们将介绍kQuickInvokeDirectTrampolineWithAccessCheck的处理
    qpoints->pInvokeDirectTrampolineWithAccessCheck =
        art_quick_invoke_direct_trampoline_with_access_check;
    ......
}
```

下面，我们以 QuickEntryPoints pInvokeDirectTrampolineWithAccessCheck 函数指针为例，介绍其对应的功能实现。

在上面的代码中，pInvokeDirectTrampolineWithAccessCheck 指向了 art_quick_invoke_direct_trampoline_with_access_check 函数。这个函数是在汇编文件里定义的。来看相关源码。

[quick_entrypoints_x86.S]

```
#为方便讲解，下面代码的顺序略有调整。
#INVOKE_TRAMPOLINE是一个宏，它有两个参数，第一个参数是在汇编文件中定义了一个函数，函数名为art_
#quick_invoke_direct_trampoline_with_access_check。第二个参数是该汇编函数内部将调用的用
#C++编写的函数。此处是artInvokeDirectTrampolineWithAccessCheck。也就是说，虽然art_quick_
#invoke_direct_trampoline_with_access_check是汇编编写的函数，但它会跳转到C++编写的art-
#InvokeDirectTrampolineWithAccessCheck中
INVOKE_TRAMPOLINE art_quick_invoke_direct_trampoline_with_access_check,\
    artInvokeDirectTrampolineWithAccessCheck

#下面是INVOKE_TRAMPOLINE宏具体的定义
MACRO2(INVOKE_TRAMPOLINE, c_name, cxx_name)
    DEFINE_FUNCTION VAR(c_name)              #定义c_name函数
    INVOKE_TRAMPOLINE_BODY RAW_VAR(cxx_name)#执行另外一个宏
    END_FUNCTION VAR(c_name)
END_MACRO
#下面是INVOKE_TRAMPOLINE_BODY宏定义。它有一个参数，即cxx_name。该宏的目的是
#生成跳转到cxx_name的机器码
MACRO1(INVOKE_TRAMPOLINE_BODY, cxx_name)
    ...... #我们略过一些汇编代码，只关注最重要的地方
    #下面的汇编指令将为调用cxx_name函数准备参数
    movl %esp, %edx #ESP指向栈顶，将ESP寄存器的值存入EDX寄存器
    PUSH edx #EDX寄存器入栈，
    pushl %fs:THREAD_SELF_OFFSET#获取代表当前调用线程的Thread对象，压入栈中
    PUSH ecx   #参数2入栈
    PUSH eax   #参数1入栈
    call CALLVAR(cxx_name) #调用cxx_name函数，参数为arg1, arg2, Thread*, ESP
    movl %edx, %edi #EDX的值存入EDI寄存器，和返回值的处理有关
    addl MACRO_LITERAL(20), %esp
```

```
    .....
    xchgl %edi, (%esp) #交换EDI和[ESP]的值
    .....
END_MACRO
```

根据上文介绍，art_quick_invoke_direct_trampoline_with_access_check这个Trampoline code就是为了跳转到artInvokeDirectTrampolineWithAccessCheck函数。马上来看它的代码。

[quick_trampoline_entrypoints.cc->artInvokeDirectTrampolineWithAccessCheck]

```
/*artInvokeDirectTrampolineWithAccessCheck用于找到目标函数对应的机器码指令入口地址以及对
  应的ArtMethod对象。我们先观察该函数的参数：
  （1）第一个为invoke指令的目标函数在dex文件method_ids中的索引
  （2）第二个参数为invoke指令里隐含的this对象
  （3）第三个参数为代表调用线程的Thread对象
  （4）第四个参数为ArtMethod**。在汇编代码中，这个参数只是ESP的位置。但在C++代码中，它的类型
      是ArtMethod**。它实际上代表调用invoke指令的Java方法的ArtMethod对象。在函数的执行过
      程中，将根据ESP的值计算得到这个ArtMethod**的值。再观察该函数的返回值，类型是TwoWord-
      Return，它是一个结构体，在32位平台上，它包含两个32位长的成员变量：
  （1）uintptr_t lo：存储的是目标函数机器码指令的入口地址（来自ArtMethod
      ptr_sized_fields_.entry_point_from_quick_compiled_code_成员变量）
  （2）uintptr_t hi：存储的是代表目标函数的ArtMethod对象地址
      在x86平台上，当函数返回值为64位长时，其高32字节内容存储在EDX寄存器中，而低32字节内容存
      储在EAX中。所以，在上面的汇编代码中，先EDX存入EDI，最后用EDI和[ESP]进行了交换。这样，当
      artInvokeDirectTrampolineWithAccessCheck执行完后，[ESP]将出栈成为下一条要执行的
      指令的地址，即进入了真正的目标函数。这也就是HInvokeUnresolved的处理办法。即先进入一段
      trampoline code以找到真正的目标函数，当从trampoline code返回后，就能接着执行目标函数。*/
extern "C" TwoWordReturn artInvokeDirectTrampolineWithAccessCheck(
        uint32_t method_idx, mirror::Object* this_object, Thread* self,
        ArtMethod** sp) {
    //本章暂且不讨论artInvokeCommon函数。其返回值的含义和用途见上文的代码注释
    return artInvokeCommon<kDirect, true>(method_idx, this_object, self, sp);
}
```

9.5.4.4.2 VisitInvokeInterface

本节来介绍HInvokeInterface编译为机器码的处理逻辑。代码如下所示。

[code_generator_x86.cc->InstructionCodeGeneratorX86::VisitInvokeInterface]

```
void InstructionCodeGeneratorX86::VisitInvokeInterface(
                HInvokeInterface* invoke) {
    /*代码中有很多和寄存器、参数存储位置有关的处理（如LocationSummary之类的）。这部分内容和
      第6章介绍的寄存器分配有密切关系。笔者不拟介绍它们。*/
    LocationSummary* locations = invoke->GetLocations();
    Register temp = locations->GetTemp(0).AsRegister<Register>();
    XmmRegister hidden_reg =
        locations->GetTemp(1).AsFpuRegister<XmmRegister>();
    //GetImtIndex返回类IMTable中的索引号，根据这个索引号，获取对应方法的偏移量。
    //读者可参考第8章的图8-13
    uint32_t method_offset = mirror::Class::EmbeddedImTableEntryOffset(
            invoke->GetImtIndex() % mirror::Class::kImtSize,
                kX86PointerSize).Uint32Value();
    //receiver代表在哪个对象上发起的函数调用，即目标函数中隐含的this参数
```

```
    Location receiver = locations->InAt(0);
    uint32_t class_offset = mirror::Object::ClassOffset().Int32Value();
    __ movl(temp, Immediate(invoke->GetDexMethodIndex()));
    __ movd(hidden_reg, temp);
    //下面这段代码用于获取目标对象所在的类，类型为HeapReference<Class>，实际就是一个Class*
    //指针
    if (receiver.IsStackSlot()) { //如果目标对象位于栈上
        __ movl(temp, Address(ESP, receiver.GetStackIndex()));
        //伪代码为：HeapReference<Class> temp = temp->klass_
        __ movl(temp, Address(temp, class_offset));
    } else { //如果目标对象存储在寄存器中
        //伪代码为 HeapReference<Class>  temp = receiver->klass_
        __ movl(temp, Address(receiver.AsRegister<Register>(), class_offset));
    }
    ......
    //根据method_offset从目标类IMTable中找到目标函数的ArtMethod对象
    __ movl(temp, Address(temp, method_offset));
    //跳转至ArtMethod.ptr_sized_fields_ entry_point_from_quick_compiled_code_
    __ call(Address(temp, ArtMethod::EntryPointFromQuickCompiledCodeOffset(
                kX86WordSize).Int32Value()));
    ......
```

通过上述代码，我们可总结invoke-interface的处理流程如下。

- 首先要找到目标方法ArtMethod对象地址相对于Class基地址的偏移量。这是根据方法在IMTable中的索引位置来确定的。
- 然后通过目标对象来获取所在类的类对象。
- 结合上述两个信息就可确定目标方法对应的ArtMethod对象的地址。
- 跳转到该ArtMethod对象ptr_sized_fields_ entry_point_from_quick_compiled_code_处去执行。

下一节介绍的VisitInvokeVirtual有着类似的处理逻辑。

9.5.4.4.3　VisitInvokeVirtual

[code_generator_x86.cc->InstructionCodeGeneratorX86::VisitInvokeVirtual]

```
void InstructionCodeGeneratorX86::VisitInvokeVirtual(
            HInvokeVirtual* invoke) {
    //判断目标函数是否属于intrinsic优化列表中的函数。如果是，则只要生成跳转到对应处理函数处的
    //机器码即可。读者可阅读intrinsics_x86.cc中VisitXXXX相关函数
    if (TryGenerateIntrinsicCode(invoke, codegen_)) { return; }
    //来看下面函数
    codegen_->GenerateVirtualCall(invoke, invoke->GetLocations()->GetTemp(0));
    ......
}
```

[code_generator_x86.cc->InstructionCodeGeneratorX86::GenerateVirtualCall]

```
void CodeGeneratorX86::GenerateVirtualCall(HInvokeVirtual* invoke,
            Location temp_in) {
    Register temp = temp_in.AsRegister<Register>();
    //获取VTable中对应索引处的偏移量
    uint32_t method_offset = mirror::Class::EmbeddedVTableEntryOffset(
```

```
        invoke->GetVTableIndex(), kX86PointerSize).Uint32Value();

    InvokeDexCallingConvention calling_convention;
    Register receiver = calling_convention.GetRegisterAt(0);
    uint32_t class_offset = mirror::Object::ClassOffset().Int32Value();
    //下面这行机器码对应伪代码为 HeapReference<Class>  temp = receiver->klass_
    __ movl(temp, Address(receiver, class_offset));
    MaybeRecordImplicitNullCheck(invoke);
    ......
    //根据method_offset从目标类VTable中找到目标函数的ArtMethod对象
    __ movl(temp, Address(temp, method_offset));
    //跳转至ArtMethod.ptr_sized_fields_ entry_point_from_quick_compiled_code_
    __ call(Address(
        temp, ArtMethod::EntryPointFromQuickCompiledCodeOffset(
                kX86WordSize).Int32Value()));
}
```

9.5.4.4.4 VisitInvokeStaticOrDirect

接下来看 HInvokeStaticOrDirect 的处理，代码如下所示。

[code_generator_x86.cc->InstructionCodeGeneratorX86::VisitInvokeStaticOrDirect]

```
void InstructionCodeGeneratorX86::VisitInvokeStaticOrDirect(
            HInvokeStaticOrDirect* invoke) {
    //上一节分析VisitInvokeVirtual代码时我们已经见过下面的函数了
    if (TryGenerateIntrinsicCode(invoke, codegen_)) { return; }

    LocationSummary* locations = invoke->GetLocations();
    codegen_->GenerateStaticOrDirectCall( //重点看这个函数
        invoke, locations->HasTemps() ? locations->GetTemp(0) :
            Location::NoLocation());
    ......
}
```

GenerateStaticOrDirectCall 是关键函数，它的代码比较复杂。但通过上文对 HInvoke-Interface 和 HInvokeVirtual 的处理分析可知，这些处理函数无论步骤多么复杂，最终可简化为两个关键步骤。

- 先获取代表目标函数的 ArtMethod 对象。
- 确定入口地址，然后跳转到该地址。上文所述代码中，该入口地址都指向 ArtMethod 对象 ptr_sized_fields_entry_point_from_quick_compiled_code_。

现在来看 GenerateStaticOrDirectCall 的代码，它的处理逻辑也符合上面的总结。

[code_generator_x86.cc->InstructionCodeGeneratorX86::GenerateStaticOrDirectCall]

```
void CodeGeneratorX86::GenerateStaticOrDirectCall(
            HInvokeStaticOrDirect* invoke, Location temp) {
    Location callee_method = temp;
    //根据目标ArtMethod对象的加载类型
    switch (invoke->GetMethodLoadKind()) {
        case HInvokeStaticOrDirect::MethodLoadKind::kStringInit:
            //如果目标方法是Java String类的构造函数，则将对应处理函数相对于Thread类的偏移量
            //存储到temp寄存器中。关于这个偏移量的含义，请读者回顾9.5.4.2.1节
```

```
        __ fs()->movl(temp.AsRegister<Register>(),
          Address::Absolute(invoke->GetStringInitOffset()));
        break;
    case HInvokeStaticOrDirect::MethodLoadKind::kRecursive:
        //如果是递归调用，则从指令中获取目标ArtMethod对象地址
        callee_method = invoke->GetLocations()->InAt(
                invoke->GetSpecialInputIndex());
        break;
    case HInvokeStaticOrDirect::MethodLoadKind::kDirectAddress:
        //如果ArtMethod对象地址已经确定，则直接从指令中得到它的值，并存储到temp寄存器中
        __ movl(temp.AsRegister<Register>(),
                    Immediate(invoke->GetMethodAddress()));
        break;
    case HInvokeStaticOrDirect::MethodLoadKind::kDirectAddressWithFixup:
        //此处还不能确定目标ArtMethod对象的地址，所以先临时用0作为占位符，后续在链接阶段
        //将修改为正确的ArtMethod对象地址。
        __ movl(temp.AsRegister<Register>(), Immediate(0));
        method_patches_.emplace_back(invoke->GetTargetMethod());
        __ Bind(&method_patches_.back().label);
        break;
    case HInvokeStaticOrDirect::MethodLoadKind::kDexCachePcRelative: {
        //kDexCachePcRelative也是需要链接阶段才能确定最终的ArtMethod对象地址，但它的
        //逻辑更为复杂，笔者不拟介绍它。
        ......
        break;
    }
    case HInvokeStaticOrDirect::MethodLoadKind::kDexCacheViaMethod: {
        /*kDexCacheViaMethod的处理逻辑如下:
          (1)先获取当前调用函数的ArtMethod对象。也就是发起invoke指令的函数。
          (2)获取ArtMethod.ptr_sized_fields_.dex_cache_resolved_methods_数
              组，该成员的数据类型是ArtMethod**，所以其成员的数据类型为ArtMethod*，代
              表DexCache中已经解析出来的一个ArtMethod对象。读者可回顾8.7.3.1.3节的
              内容。
          (3)目标ArtMethod对象的地址也存储在这个数组中，其索引存储在HInvokeStatic-
              OrDirect指令中。
         如此，我们即得到了目标ArtMethod对象。    */
        ......
        break;
    }
}
//现在来确定入口地址。HInvokeStaticOrDirect比其他两个指令要稍微复杂点
switch (invoke->GetCodePtrLocation()) {
    case HInvokeStaticOrDirect::CodePtrLocation::kCallSelf:
        //递归调用，直接跳到本函数的起始位置
        __ call(GetFrameEntryLabel());
        break;
    case HInvokeStaticOrDirect::CodePtrLocation::kCallPCRelative: {
        //相对位置，跳到某个标签处，后续在linker阶段将被处理
        relative_call_patches_.emplace_back(invoke->GetTargetMethod());
        Label* label = &relative_call_patches_.back().label;
        __ call(label);
        __ Bind(label);
        break;
    }
```

```
        ......
        case HInvokeStaticOrDirect::CodePtrLocation::kCallArtMethod:
            //和上文一样，跳转到ArtMethod ptr_sized_fields_
            //entry_point_from_quick_compiled_code_入口地址
            __ call(Address(callee_method.AsRegister<Register>(),
                        ArtMethod::EntryPointFromQuickCompiledCodeOffset(
                            kX86WordSize).Int32Value()));
        break;
    }
}
```

9.5.4.5 Compile 总结

到此，我们对 dex2oat 中 dex 字节码的编译过程进行了介绍。编译是以一个 Java 方法为基本单位来处理的，该 Java 方法所包含的 dex 字节码编译分三种情况。

- 一种是 dex 到 dex 字节码的编译。这种编译实际上是一种优化处理。该处理的入口函数是 dex_to_dex_compiler.cc 中的 ArtCompileDEX 函数。
- 一种是针对 jni 函数的编译。jni 函数是连通 Java 层和 native 层的接口，它的处理有些特殊。本节以 OptimizingCompiler JniCompile 函数的代码为主线，详细介绍了得到的机器码的执行过程。请读者注意，JniCompile 编译的结果只不过是一串机器码罢了，而我们实际上要讨论的是这串机器码执行的过程，这也就是 Jni 函数执行的过程。
- 最后一种是 dex 字节码到机器码的编译，这部分难度相当大。读者若想完全掌握它，需结合第 6 章的内容及相关参考资料。处于篇幅和难度的考虑，笔者从函数调用的角度出发，重点讨论了 invoke-direct/static/super/interface/virtual 等指令的编译处理过程。即便如此，这部分内容的难度也不小。在此，笔者建议先关注这些指令最终所调用的是什么，而忽略其编译、链接处理等过程。另外，本书后续章节介绍虚拟机如何执行 Java 程序时还会再次接触这部分内容。

dex2oat 将如何保存编译的结果呢？答案就在下一节要介绍的 .oat 和 .art 文件格式中。

9.6 OAT 和 ART 文件格式介绍

前面的章节中也曾陆续介绍了和 oat 和 art 文件格式相关的内容。不过直到本节，我们才能对这两个文件的格式做一次更全面和详细的解释。先来看 oat 文件格式。

9.6.1 OAT 文件格式

如 9.4.2.2 节所述，oat 文件本质上是一个 ELF 文件，它将 OAT 文件格式内嵌在 ELF 文件里。所以，本节介绍 OAT 文件格式时会去除 ELF 的封装，直接观察 oat 文件格式本身。

9.6.1.1 oat 文件格式概貌

图 9-36 所示为 OAT 文件格式的概貌。

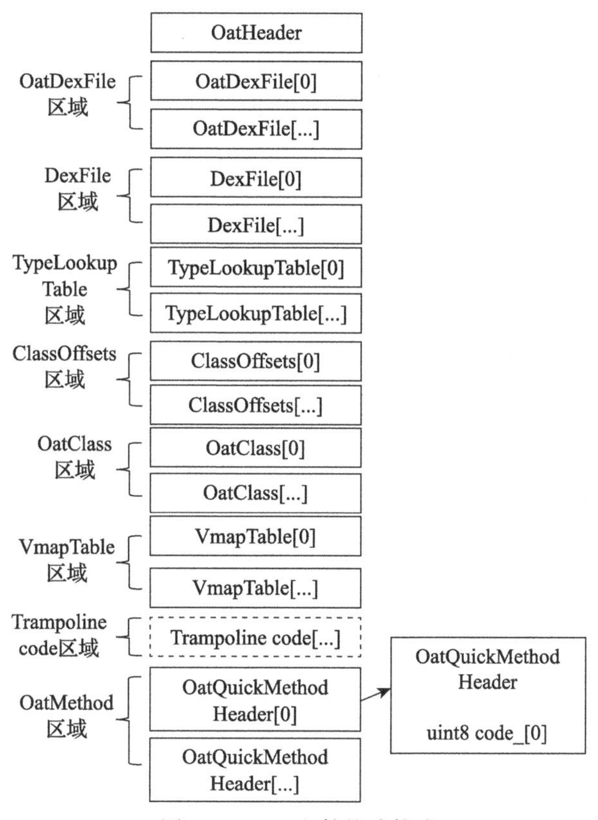

图 9-36　oat 文件格式构成

图 9-36 所示为 oat 文件格式。它分为如下几个区域。

- 首先是 Oat 文件头结构 OatHeader，代码中由 OatHeader.h 中的 OatHeader 类表示。
- 第二部分是 OatDexFile 区域，包含一到多个 OatDexFile 元素。在代码中，写入这些信息的时候将借助 oat_writer.cc OatWriter::OatDexFile 类，而读取它们之后可转换为 oat_file.h 中定义的 OatDexFile 类的实例。dex2oat 编译时，jar 包中的每一个 dex 项对应一个 OatDexFile 对象。对 boot.oat 来说，输入的 jar 包有 13 个，但其中 framework.jar 包含两个 dex 项。所以，OatDexFile 区域包含 14 个元素。
- OatDexFile 区域之后是 DexFile 区域，该区域包含一到多个 DexFile 项（一个 OatDexFile 项对应有一个 DexFile 项）。一个 DexFile 项包含了 jar 包中对应 dex 项的全部内容。对 boot.oat 来说，它的 DexFile 区域有 14 项。
- DexFile 区域之后是 TypeLookupTable 区域，该区域可能包含一到多个 TypeLookupTable。由于一个 dex 项（或文件，以后我们统称为 dex 文件）对应一个 TypeLookupTable。TypeLookupTable 本质是一个 Hash 表，它可根据类名快速找到该类在 dex 文件里 class_defs 数组中的索引（读者可回顾 9.4.2.4.1 节代码中的注释）。对 boot.oat 而言，TypeLookupTable 区域包含 14 个元素。
- TypeLookupTable 区域之后是 ClassOffsets 区域，每一个 Dex 文件（该 dex 文件的 class_

defs 数组不为空）对应有一个 ClassOffsets 表。

- ClassOffsets 区域：可将其看为一个数组。对 boot oat 而言，该数组包含 14 个元素，和输入的 14 个 dex 文件一一对应。ClassOffsets 每一个元素本身又是一个数组。比如，假设 ClassOffsets[x] 代表第 x 个 dex 文件。那么，ClassOffsets[x][y] 则代表第 x 个 dex 文件中第 y 个类（该 dex 文件 class_defs 数组中的索引）的信息。
- ClassOffsets 区域之后为 OatClass 区域。每一个经过 dex2oat 编译的类都有对应的一个 OatClass 项。在代码中，写入这些信息的时候将借助 oat_writer.cc OatWriter::OatClass 类，而读取它们之后可转换为 OatFile::OatClass 类的实例。
- VmapTable 区域：它由 Java 方法编译的结果 CompiledMethod 的 vmap_table_ 项构成。每一个包含 vmap_table_ 内容的 CompiledMethod 对象在该区域中都有对应的存储空间，其内容就是该 CompiledMethod 对象的 vmap_table_ 的内容。
- Trampoline code 区域：该区域只在 boot oat 文件中存在，所以为虚线标记。该区域中包含一组机器码，用于跳转到指定的函数。
- OatMethod 区域：OatMethod 区域包含一个到多个 OatQucikMethodHeader 元素。对应的数据结构为 oat_quick_method_header.h OatQuickMethodHeader 类。OatQuickMethodHeader 类中的最后一个成员变量为 code_，它是一个数组，存储的是一个 Java 方法经过编译得到的机器码指令。注意，读取这块区域的内容时，代码中会借助 OatFile::OatMethod 类和相关成员函数。

9.6.1.2 细观 oat 文件

下面，我们来看 oat 文件这些区域的详细内容，来看图 9-37。

图 9-37 展示了 oat 文件格式内各区域的详细内容。笔者在图中标记了①②③④四个部分以及一些实线箭头和虚线箭头。其中，实线箭头从 oat 文件内各区域指向与之对应的数据结构，而虚线箭头从数据结构中的成员变量指向 oat 文件中的对应部分。

- OatHeader 指向 OatHeader 类。①所示为 OatHeader 类中写入 Oat 文件的内容。注意，代码中这些类有多个成员变量，但实际存储到 oat 文件里可能只是其中部分成员变量。图中列出的类的成员变量均是写入 oat 文件的。OatHeader 中包含一组代表 trampoline 函数偏移量的成员，这组成员指向 trampoline code 区域对应的位置。
- ②所示为 OatDexFile 类的写入 Oat 文件内容的成员。最后三个成员变量代表偏移量，分别指向图中的 DexFile、ClassOffsets 和 TypeLookupTable 区域中的元素，图中以 a 表示某个元素的索引。
- ClassOffset[a] 代表 DexFile[a] 中类信息偏移量数组，其中，ClassOffset[a][b] 表示 DexFile[a] 中第 b 个 class_def 信息存储在 Oat 文件中的区域。
- OatClass 区域为 oat 文件中存储的代表类的信息。其数据结构由实线箭头③指向。它包含如下几个成员变量：
  - status_ 取值为对应类的状态信息（Class Status 枚举定义，比如 kStatusVerified、kStatusInitialized 等）。

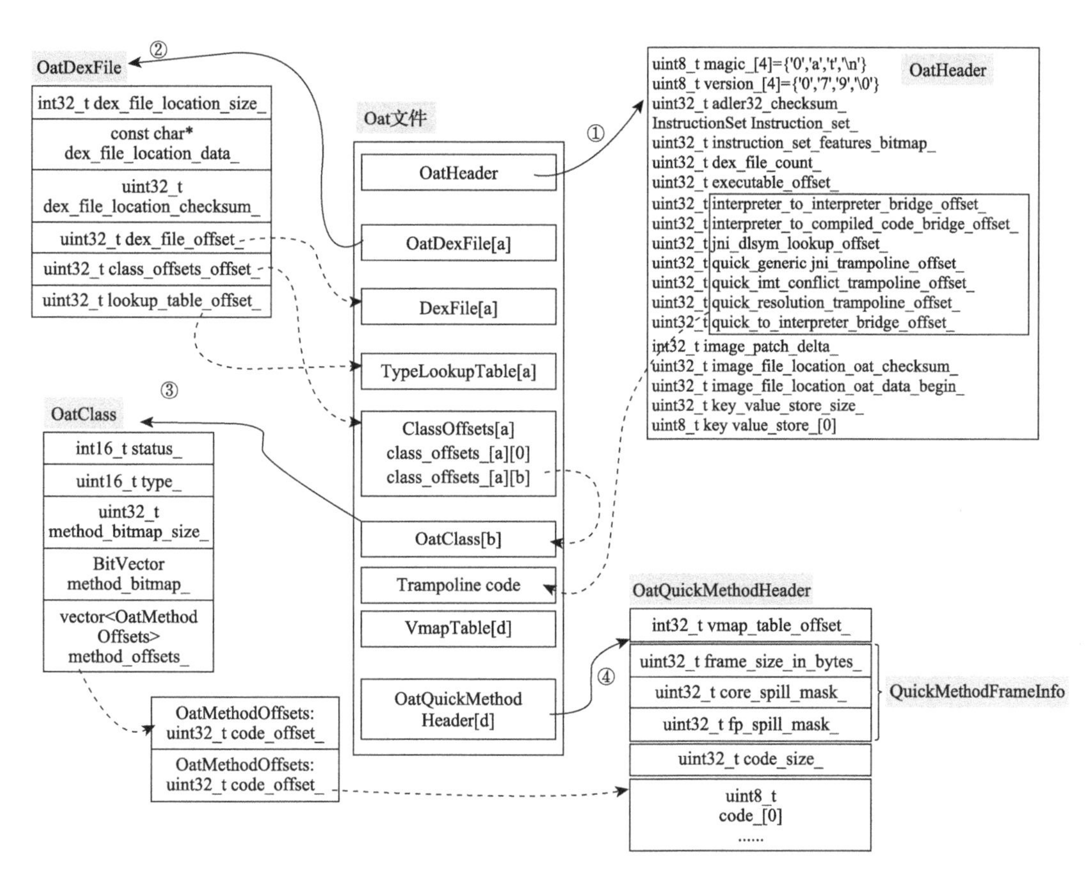

图 9-37　Oat 文件格式各区域详细内容

- type_ 取值为枚举类型 OatClassType 中的三个值。其中，kOatClassAllCompiled 为 0，表示该类中所有定义的方法都编译了；kOatClassSomeCompiled 为 1，表示该类中部分方法编译了；kOatClassNoneCompiled 为 2，表示该类中没有方法经过编译。
- method_bitmap_ 和 method_bitmap_size_：位图对象及它的大小。method_bitmap_ 位图中的每一位代表该类中所定义的方法。该位的取值为 1 表示该方法经过编译了，否则表示该方法没有编译。注意，如果 type_ 取值不是 kOatClassSomeCompiled，则存储到 Oat 文件里的信息将不包括 method_bitmap_ 和 method_bitmap_size_ 两个成员。
- method_offset_ 是一个数组，数组元素为 OatMethodOffset，其内部只有一个成员变量 code_offset_。**注意**，这个成员变量指向 OatQuickMethodHeader 区域中某个 OatQuick-MethodHeader 的 code_ 数组。

❑ OatQuickMethodHeader 区域存储的是 OatQuickMethodHeader 元素，其成员变量由实线箭头④指向。它内部也包含一些成员变量，其中最重要的是 code_ 数组。该数组中存储的是 Java 方法经过编译后得到的机器码。另外，frame_size_bytes_、core_spill_mask_ 和 fp_spill_mask_ 是封装在类 QuickMethodFrameInfo 中并嵌入到 OatQuickMethodHeader

类中的。

此处需要特别注意的一个情况是OatQuickMethodHeader中的vmap_table_offset_成员变量并不直接指向对应的VmapTable内容，它需要通过下面的函数计算得到vmapTable所处位置。

[oat_quick_method_header.h->OatQuickMethodHeader::GetVmapTable]

```
const uint8_t* GetVmapTable() const {
        //code_的位置减去vmap_table_offset_即得到该方法VmapTable在oat文件中的位置
        return (vmap_table_offset_ == 0) ? nullptr : code_ - vmap_table_offset_;
    }
```

另外，OatMethodOffsets中的code_offset_指向的是OatQuickMethodHeader code_的位置，所以，代码中还提供了从code_得到对应OatQuickMethodHeader对象的函数。

[oat_quick_method_header.h->OatQuickMethodHeader::FromEntryPoint]

```
static OatQuickMethodHeader* FromEntryPoint(const void* entry_point) {
    //注意，entry_point就是code_的位置。
    return FromCodePointer(EntryPointToCodePointer(entry_point));
}
static OatQuickMethodHeader* FromCodePointer(const void* code_ptr) {
    uintptr_t code = reinterpret_cast<uintptr_t>(code_ptr);
    //减去code_在OatQuickMethodHeader中的偏移量，即可得到Header的位置
    uintptr_t header = code - OFFSETOF_MEMBER(OatQuickMethodHeader, code_);
    return reinterpret_cast<OatQuickMethodHeader*>(header);
}
```

图9-37中OatHeader中有七个代表trampoline code偏移量位置的成员。它们在OatWriter InitOatCode函数中被设置，代码如下所示。

[oat_writer.cc->OatWriter::InitOatCode]

```
size_t OatWriter::InitOatCode(size_t offset) {
    size_t old_offset = offset;
    size_t adjusted_offset = offset;
    offset = RoundUp(offset, kPageSize);
    oat_header_->SetExecutableOffset(offset);
    size_executable_offset_alignment_ = offset - old_offset;
    //只有boot oat文件中的OatHeader才会真正创建trampoline函数
    if (compiler_driver_->IsBootImage()) {
        InstructionSet instruction_set = compiler_driver_->GetInstructionSet();
        /*DO_TRAMPOLINE是一个宏，它先：
        (1)调用CompilerDriver CreateXXX函数生成trampoline的机器码
        (2)将机器码的位置存储在OatHeader对应的trampoline 偏移量成员中。*/
        #define DO_TRAMPOLINE(field, fn_name) \
            offset = CompiledCode::AlignCode(offset, instruction_set); \
            adjusted_offset = offset + CompiledCode::CodeDelta(instruction_set); \
            oat_header_->Set ## fn_name ## Offset(adjusted_offset); \
            field = compiler_driver_->Create ## fn_name(); \
            offset += field->size();
        //注意，这里只设置了五个trampoline code偏移量。宏的第一个参数为OatHeader中对应的成
        //员名
        DO_TRAMPOLINE(jni_dlsym_lookup_, JniDlsymLookup);
        DO_TRAMPOLINE(quick_generic_jni_trampoline_, QuickGenericJniTrampoline);
```

```
        DO_TRAMPOLINE(quick_imt_conflict_trampoline_,
                    QuickImtConflictTrampoline);
        DO_TRAMPOLINE(quick_resolution_trampoline_, QuickResolutionTrampoline);
        DO_TRAMPOLINE(quick_to_interpreter_bridge_, QuickToInterpreterBridge);
        #undef DO_TRAMPOLINE
    } else { //对非boot镜像而言，它们的OatHeader中trampoline code偏移量均设置为0
        oat_header_->SetInterpreterToInterpreterBridgeOffset(0);
        ......
        oat_header_->SetQuickToInterpreterBridgeOffset(0);
    }
    return offset;
}
```

通过上述代码可知，只有 boot oat 文件才会设置 trampoline code 区域。值得注意的是，boot oat 只设置了其中的五个成员变量，没有被设置的两个成员变量是 interpreter_to_interpreter_bridge_offset_ 和 interpreter_to_compiled_code_bridge_offset_，这两个成员变量的值均为 0。

那么，什么是 trampoline code 呢？它就是一段跳转到指定函数的代码。所以，对于 trampoline code 而言，我们应关注跳转的目标。下面以 CreateJniDlsymLookup 函数为例，来看对应的 trampoline code 都是什么。

[compiler_driver.cc->CREATE_TRAMPOLINE]

```
std::unique_ptr<const std::vector<uint8_t>>
        CompilerDriver::CreateJniDlsymLookup() const {
    //调用CREATE_TRAMPOLINE宏
    CREATE_TRAMPOLINE(JNI, kJniAbi, pDlsymLookup)
}
/*CREATE_TRAMPOLINE用于生成跳转到Thread tlsPtr_ quick_entrypoints或jni_entrypoints
  里对应函数的机器码。简单点说，trampoline code的跳转目标实际上就是quick_entrypoints和jni_
  entrypoints里相关的函数。宏的第一个参数type取值为JNI或QUICK。JNI表示跳转到jni_entrypoints
  里的函数。QUICK表示跳转到quick_entrypoints里的函数。  */
#define CREATE_TRAMPOLINE(type, abi, offset) \
        if (Is64BitInstructionSet(instruction_set_)) { \
            ......
        } else { \
            //不同平台有对应的实现。
            return CreateTrampoline32(instruction_set_, abi, \
                                type ## _ENTRYPOINT_OFFSET(4, offset)); \
        }
    ......
}
```

在 x86 平台上，trampoline code 其实非常简单，来看它生成的机器码。

[trampoline_compiler.cc->CreateTrampoline]

```
static std::unique_ptr<const std::vector<uint8_t>>
CreateTrampoline(ArenaAllocator* arena, ThreadOffset<4> offset) {
    X86Assembler assembler(arena);
    //生成一条jump到Thread对象指定偏移位置（也就是目标函数）的指令
    __ fs()->jmp(Address::Absolute(offset));
    __ int3();//生成一条int3中断指令
    __ FinalizeCode();
```

```
    size_t cs = __ CodeSize();
......
    __ FinalizeInstructions(code);
    return std::move(entry_stub);
}
```

笔者总结了 OatHeader 中 trampoline code 五个偏移量和 Thread tlsPtr_ 中 jni_entrypoints_ 或 quick_entrypoints_ 相关成员的对应关系。

- OatHeader jni_dlsym_lookup_offset_ 跳转到 jni_entrypoints_pDlsymLookup 所指向的函数。
- OatHeader quick_generic_jni_trampoline_offset_ 跳转到 quick_entrypoints_ 里 pQuickGenericJniTrampoline 所指向的函数。
- OatHeader quick_imt_conflict_trampoline_offset_ 跳转到 quick_entrypoints_ 里 pQuickImtConflictTrampoline 所指向的函数。
- OatHeader quick_resolution_trampoline_offset_ 跳转到 quick_entrypoints_ 里 pQuickResolutionTrampoline 所指向的函数。
- OatHeader quick_to_interpreter_bridge_offset_ 跳转到 quick_entrypoints_ 里 pQuickToInterpreterBridge_ 所指向的函数。

提示 后续章节将介绍这些目标函数的功能。

9.6.2 ART 文件格式

9.6.2.1 art 文件格式概貌

接下来认识一下 art 文件格式。此处以 boot.art 为例在图 9-38 中展示了它的组成。

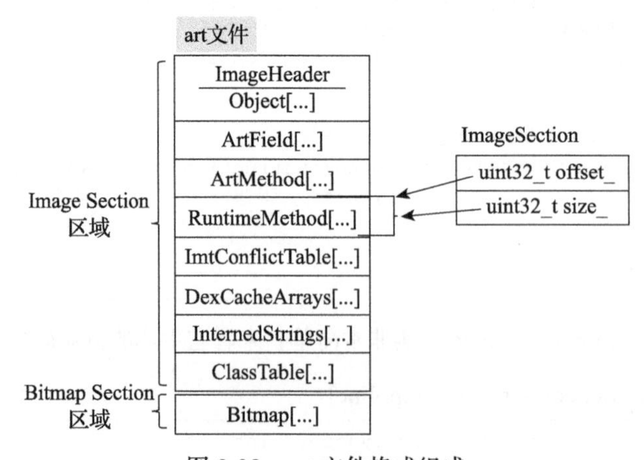

图 9-38 art 文件格式组成

图 9-38 所示为 art 文件格式的组成。art 文件格式相对简单一些，它分为 Image Section 区域和 Bitmap Section 区域。我们先看 Image Section 区域，它包含八个 Section。每个 Section 在文件中的偏移量和大小由图中右边的 ImageSection 类来描述。这八个 Section 的内容分别如下所示。

- Object Section：存储的是一个个的 mirror Object 对象。这些个 Object 的内容存储在 art 文件中（有点类似 Java 里将对象序列化存储到文件中一样）。当我们需要这个 Object 对象时，只要从文件里读出来（反序列化）即可。值得指出的是，Object Section 前 200 个字节保存的是 art 文件头机构 ImageHeader 的内容。200 个字节后才是 mirror Object 对象的内容。
- ArtField 和 ArtMethod Section：存储的是 ArtField 对象和 ArtMethod 对象的内容。
- RuntimeMethod Section：存储的也是 ArtMethod 对象的内容。但该区域中的 ArtMethod 代表虚拟机本身提供的一些方法，而不是来自 Java 类中定义的方法。另外，Runtime 一共定义了六种 runtime 方法，所以该区域元素个数为六。
- ImtConflictTable Section：存储的是 ImtConflictTable 对象。我们在 8.7.4.1 节中曾简单介绍过 ImtConflictTable。它和调用接口方法的处理有关。读者此时只要知道 ImtConflictTable Section 存储的是 ImtConflictTable 对象即可。
- DexCacheArrays Section：该区域存储的内容和 DexCache 有关，但并不是简单地将 DexCache 类的几个成员变量放进去，而是通过 DexCacheArraysLayout（参考 9.5.4.2.1 节）将一个 DexCache 对象所关联的 GcRoot<Class> 数组（元素类型为 GcRoot<Class>，其实就是 Class*）、ArtMethod* 数组（元素类型为 ArtMethod*）ArtField* 数组（元素类型为 ArtField*）、GcRoot<String> 数组（元素类型为 GcRoot<Class>，其实就是 String*）按顺序存储在该 Section 中。简单点说，DexCacheArrays Section 包含了一个到多个 DexCache 元素。每一个 DexCache 元素的内容就是几组不同类型的指针。
- InternedStrings Section：存储的是一个 InternTable 对象的内容。它和 ART 虚拟机对 Interned String 处理有关。本章不讨论它。
- ClassTable Section：存储的是一个 ClassTable 对象的内容。读者可参考 7.8.1.4 节的内容以了解 ClassTable 类。

接着来看 Bitmap 区域，它是一个位图，用于描述 Object Section 里各个 Object 的地址。图 9-39 为 Bitmap 区域和 Object Section 里各个 Object 的关系。

图 9-39 中有上下两个部分。上半部分是 Object Section。其中：

- 前 200 个字节是 ImageHeader。
- 紧接 ImageHeader 的是一个个的 Object。Object 是指 art 中的 mirror::Object。实际存储的可能是各种 Object 派生类实例。所以，Object 的大小是不固定的，但是 Oat 文件格式要求每一个 Object 在区域中的大小按 8 字节向上对齐。注意，32 位机器上依然是以 8 字节进行对齐，这可能是考虑对 64 位设备兼容的情况。
- 当 Oat 文件通过 mmap 方式加载到内存时，一个 Object 在文件中的位置其实就

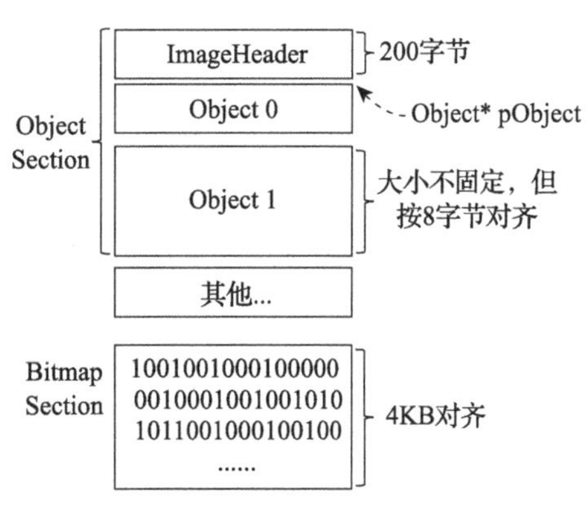

图 9-39　Bitmap Section 和 Object Section 的关系

是一个指针地址。如图 9-39 中所示的 Object *pObject。

图 9-39 中的下半部分是 Bitmap Section 区域。我们曾在 7.6.1 节中介绍过位图的概念。在 Bitmap Section 区域中：

- 一个比特位的值如果为 1，则它指向 Object Section 中的一个 Object 对象。
- 一个比特位对应 8 字节。

此处举个例子，假设 Object 存储的基地址是 0x70000000。假设位图里第 N 个比特位的值为 1。那么，这个比特位指向的 Object 对象地址为基地址（0x70000000）+N*8（偏移量）。

9.6.2.2 ImageHeader

art 文件格式的头结构 ImageHeader 非常关键。马上来看它，如图 9-40 所示。

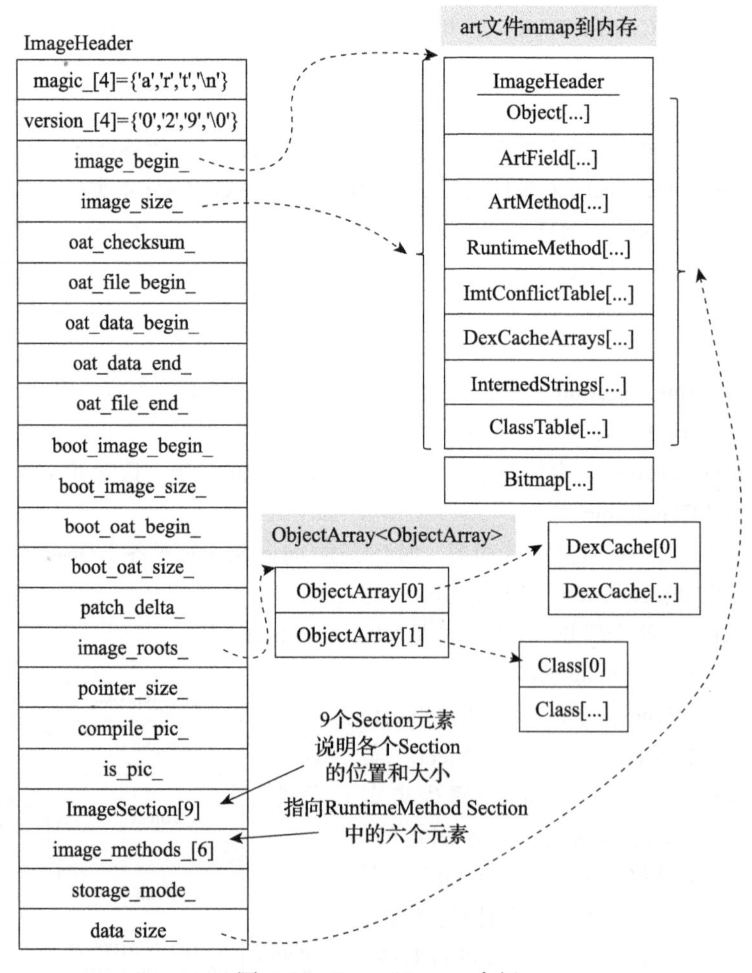

图 9-40 ImageHeader 介绍

ImageHeader 的内容比较多，图 9-40 展示了其中部分成员变量的取值含义。

- image_begin_ 为 art 文件通过 mmap 加载到内存中的基地址。

- image_size_ 为不包含 Bitmap Section 的大小。
- storage_mode_ 用于描述 art 文件的格式。因为 art 文件较大，厂商可以选择压缩。本例使用的数据未经压缩，这也是默认的模式。
- data_size_ 取值为 art 文件中不包括 ImageHeader 和 Bitmap Section 之外的其他区域的大小。
- ImageSection[9] 是一个有九个元素的数组。数组元素的类型为 ImageSection，描述了图 9-38 里 art 文件中各个 Section 在文件中的偏移量和大小。
- image_methods_[6] 是一个有六个元素的数组，元素的类型是 uint64_t，是一个指针。它指向 RuntimeMethod section 中某个 ArtMethod 对象。这几个 ArtMethod 对象的作用留待第 10 章再介绍。
- image_roots_ 我们在 7.8.3 节中介绍过它。它其实也是一个指针，指向只有两个元素的 ObjectArray 数组。其元素的类型也是 ObjectArray。图 9-40 中展示了 image_roots_ 所关联的信息。

从 art 里的 C++ 代码来掌握 image_roots_ 所关联的信息是一件比较困难的事情。但如果用 Java 代码来表示 image_roots_ 的构造过程，则非常有助于理解它的作用。笔者编制了下面一段 Java 伪代码供读者参考。

[Java 伪代码设置 image_roots_]

```
image_roots_ = new Array<Array>[2];
image_roots_[0] = new Array<DexCache>[x]; //x个元素
//用DexCache对象填充image_roots_[0]数组
image_roots_[1] = new Array<Class>[y]; //y个元素
// 用 Class 对象填充 image_roots_[1] 数组
```

请读者特别注意，正如 Java 语言的特性一样，数组中的元素更像是一个指针，而不是将对应内容直接存储在数组中。所以，上述的 image_roots_、image_methods_ 等都是指针，它们所指向的内容存储在 Object Section 和 RuntimeMethod Section 中。

9.6.2.3　oat 文件和 art 文件的关系

最后，我们来了解下 oat 和 art 文件的关系。如图 9-41 所示。

图 9-41 展示了 art 和 oat 文件的关系。其中：

- ImageHeader 中有几个成员变量关联到 oat 文件里的信息。其中，oat_file_begin_ 指向 oat 文件加载到内存的虚拟地址（图中是 0x700ec000），oat_data_begin_ 指向符号 oatdata 的值（图中为 0x700ed000），oat_data_end_ 指向符号 oatlastword 的值（图中为 0x740d7e5b）。
- art 文件里的 ArtMethod 对象的成员变量 ptr_sized_fields_ 结构体的 entry_point_from_quick_compiled_code_ 指向位于 oat 文件里对应的 code_ 数组。

通过本节对 art 文件格式构成以及它和 oat 文件关系的介绍可知：

- 简单来说，可以将 art 文件看作是很多对象通过类似序列化的方法保存到文件里而得来的。当 art 文件通过 mmap 加载到内存时，这些文件里的信息就能转换成对象直接使用。

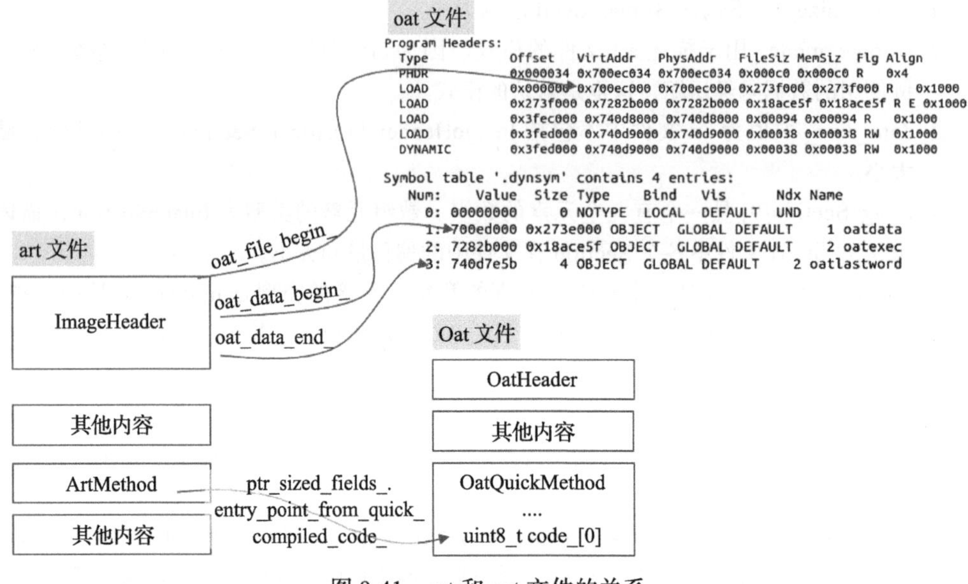

图 9-41 art 和 oat 文件的关系

- art 文件里保存的对象有几类，包括 mirror Object 及派生类的实例，比如 Class、String、enum、DexCache 等。除此之外还有 ArtMethod、ArtField、ImtConflictTable 等对象。下文介绍 oatdump 时我们将看到更详细的内容。
- 如果在 dex2oat 时不生成 art 文件的话，那么上述这些对象只能等到程序运行时才创建，如此将耗费一定的运行时间。考虑到 boot 包含的内容非常多（13 个 jar 包，14 个 dex 文件），所以在 Android 7.0 中，boot 镜像必须生成 art 文件。而对 app 来说，默认只生成 oat 文件。其 art 文件会根据 profile 的情况由系统的后台服务择机生成。这样能减少安装的时间，提升用户体验。

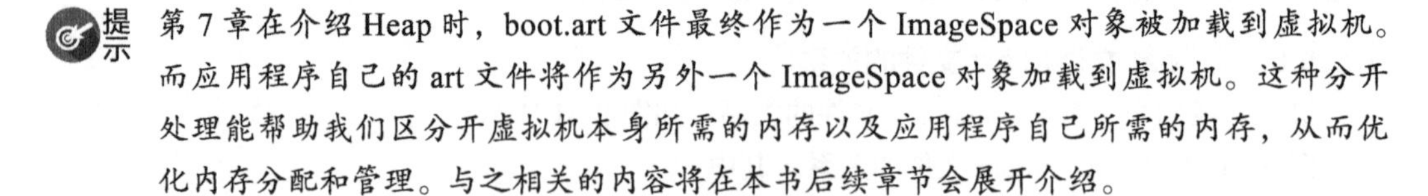
提示 第 7 章在介绍 Heap 时，boot.art 文件最终作为一个 ImageSpace 对象被加载到虚拟机。而应用程序自己的 art 文件将作为另外一个 ImageSpace 对象加载到虚拟机。这种分开处理能帮助我们区分开虚拟机本身所需的内存以及应用程序自己所需的内存，从而优化内存分配和管理。与之相关的内容将在本书后续章节会展开介绍。

9.6.3 oatdump 介绍

oatdump 是 Android 系统提供的用来查看 oat 和 art 文件信息的优质工具。oatdump 有很多参数，笔者使用如下的命令用来查看设备上 boot.art 的内容。

```
adb shell oatdump --image=/system/framework/boot.art --header-only
```

其中：

- --image 指定 boot.art 文件。注意，不需要指定 cpu arch 对应的文件夹名称（比如 x86）。oatdump 会自动进行拓展。

- --header-only 表示只展示头信息。该参数比较关键，否则 oatdump 输出的信息将非常多，即有可能超过 1GB。

oatdump 输出的内容很多，我们按其输出顺序分段来看。首先是 boot.art 里 ImageHeader 的信息，如图 9-42 所示。

```
MAGIC: art
029

IMAGE LOCATION: /system/framework/boot.art

IMAGE BEGIN: 0x70e72000

IMAGE SIZE: 10959624

IMAGE SECTION SectionObjects: size=5117432 range=0-5117432

IMAGE SECTION SectionArtFields: size=619656 range=5117432-5737088

IMAGE SECTION SectionArtMethods: size=2303328 range=5737088-8040416

IMAGE SECTION SectionRuntimeMethods: size=42912 range=8072232-8115144

IMAGE SECTION SectionIMTConflictTables: size=31816 range=8040416-8072232

IMAGE SECTION SectionDexCacheArrays: size=2455340 range=8115144-10570484

IMAGE SECTION SectionInternedStrings: size=351608 range=10570488-10922096

IMAGE SECTION SectionClassTable: size=37528 range=10922096-10959624

IMAGE SECTION SectionImageBitmap: size=81920 range=10960896-11042816

OAT CHECKSUM: 0xf2d12b4a

OAT FILE BEGIN:0x718e6000

OAT DATA BEGIN:0x718e7000

OAT DATA END:0x758d1e5f

OAT FILE END:0x758d4000

PATCH DELTA:0

COMPILE PIC: no
```

1）boot.art ImageHeader 的内容

```
ROOTS: 0x70e8fa40
  kDexCaches: 0x70e8f8d0
    0: 0x70e720c8    java.lang.DexCache
    1: 0x70e72110    java.lang.DexCache
    ......
    12: 0x70e72428    java.lang.DexCache
    13: 0x70e72470    java.lang.DexCache
  kClassRoots: 0x70e8fa58
    0: 0x70f61db8    Class: java.lang.Class
    1: 0x70f62588    Class: java.lang.Object
    2: 0x70f62c68    Class: java.lang.Class[]
    ......
    29: 0x70f64c38    Class: byte[]
    30: 0x70f64de8    Class: char[]
    31: 0x70f64f98    Class: double[]
    32: 0x70f65148    Class: float[]
    33: 0x70f62738    Class: int[]
    34: 0x70f652f8    Class: long[]
    35: 0x70f654a8    Class: short[]
    36: 0x70f65658    Class: java.lang.StackTraceElement[]
METHOD ROOTS
  kResolutionMethod: 0x71624c28
  kImtConflictMethod: 0x71624c4c
```

图 9-42　boot.art ImageHeader 的内容

```
  kImtUnimplementedMethod: 0x71624c70
  kCalleeSaveMethod: 0x71624c94
  kRefsOnlySaveMethod: 0x71624cb8
  kRefsAndArgsSaveMethod: 0x71624cdc

OAT LOCATION: /data/dalvik-cache/x86/system@framework@boot.oat
```

2）boot.art ImageHeader 的内容

图 9-42 （续）

图 9-42 展示了 boot.art ImageHeader 的部分信息：

- 1）中展示了九个 ImageSection 的偏移量和大小以及一些和 oat 文件里相关信息的成员取值。
- 2）中展示了 image_roots_ 所指向的内容。image_roots_ 本身是一个数组。image_roots_[0] 还是是一个数组，个数为 14，对应输入 13 个 jar 包所包含的 14 个 dex 项。其元素的类型为 DexCache。同样，image_roots_[1] 也是一个数组，包含 37 个元素，类型为 Class。那么，image_roots_ 关联了多少个对象呢？此处一共有三个数组——image_roots_、image_roots_[0]、image_roots_[1] 以及 14 个 DexCache 元素，37 个 Class 元素，共计 54 个元素。读者仔细观察的话将发现这 54 个元素在 art 文件中的位置（由它们左边的 0x 开头的数字减去 Image Begin）正位于 Object ImageSection 区域。
- 2）还展示了 image_methods_ 的内容，它是一个指针数组。读者按上述计算方法计算后将发现这几个元素指向的位置位于 RuntimeMethod Section 中。

继续来看 oatdump 的输出，如图 9-43 所示。

图 9-43 展示了 oatdump 输出的来自 Object Section 中各 Object 的信息。

- 第一部分是 DexCache 的内容。包括其成员变量的取值，对应的 ArtMethod 信息等都打印了出来。注意，图中展示的 DexCache 关联的 ArtMethod 信息时，其第 1 行到第 19 行对应的 ArtMethod 对象不在 ArtMethod 区域（输出信息为 <not in method section>）。有两种原因可能造成这种情况。一种原因是这 19 个方法属于 RuntimeMethod 对象，而 oatdump 不检查 RuntimeMethod 区域。还有一种原因是这些方法是定义于其他 jar 包里的方法，而它们在此次编译处理时没有包含进来。这些问题在程序运行时会得以处理，并不一定是错误。
- 第二部分是其他 Object 的信息。包括 Class 的实例和 String 实例等。对 Class 实例而言，oatdump 还输出了它们的校验结果。而对 String 实例来说，它的取值也被打印了出来。

提示 读者有没有想过，程序都还没有运行，为什么会有 Object 被创建呢？我们换个角度来看这个问题，即 Object Section 会包含哪些 Object？从图 9-43 可知，编译时所处理的 Class、代表输入 Dex 文件的 DexCache、源码中的字符串（转成 String）。除此之外，枚举变量中的枚举值以及类中的 final static 引用成员都会被提前创建为对应的 Object 对象。

图 9-44 展示了 oatdump 输出的来自 ArtMethod、RuntimeMethod 和 ImtConflictTable 各区域的内容。

```
OBJECTS:
  0x70e720c8: java.lang.DexCache
    shadow$_klass_: 0x70f620a0   Class: java.lang.DexCache
    shadow$_monitor_: 0 (0x0)
    dex: null   com.android.dex.Dex
    dexFile: 2905370704 (0xad2c7050)
    location: 0x710f8480   String: "/system/framework/core-oj.jar"
    numResolvedFields: 10937 (0x2ab9)
    numResolvedMethods: 28299 (0x6e8b)
    numResolvedTypes: 3259 (0xcbb)
    numStrings: 33776 (0x83f0)
    resolvedFields: 1902571680 (0x7166f0a0)
    resolvedMethods: 1902323380 (0x716326b4)
    resolvedTypes: 1902310344 (0x7162f3c8)
    strings: 1902436576 (0x7164e0e0)
    Methods (size=28299):0: 0x71527790   java.math.BigDecimal android.icu.math.BigDecimal.toBigDecimal()
      1 to 19: 0x71624c28   <not in method section>
      20: 0x71475868   java.lang.Object android.icu.text.BreakIterator.clone()
      21: 0x7147588c   int android.icu.text.BreakIterator.current()
      ......

  0x70e724b8: java.lang.Object
    shadow$_klass_: 0x70f62588   Class: java.lang.Object
    shadow$_monitor_: 0 (0x0)
  0x70e724c0: java.lang.Object
    shadow$_klass_: 0x70f62588   Class: java.lang.Object
    shadow$_monitor_: 0 (0x0)
  ......
  0x70e726b8: java.lang.Class "java.lang.System" (StatusVerified)
    shadow$_klass_: 0x70f61db8   Class: java.lang.Class
    shadow$_monitor_: 0 (0x0)
  .......
  0x70f69030: java.lang.Class "java.util.Spliterators$EmptySpliterator" (StatusInitialized)
    shadow$_klass_: 0x70f61db8   Class: java.lang.Class
    shadow$_monitor_: 0 (0x0)
    accessFlags: 525312 (0x80400)

  ......
  0x710fae60: java.lang.String "android.icu.text.RBBIDataWrapper$IsAcceptable"
    shadow$_klass_: 0x70f62268   Class: java.lang.String
    shadow$_monitor_: 0 (0x0)
```

图 9-43　Object Section 内容

```
0x7161bbd8  ArtMethod: java.lang.Object android.media.AudioRecord.-get2(android.media.AudioRecord)
OAT CODE: 0x74cc7034-0x74cc7041
SIZE: Dex Instructions=6 StackMaps=0 AccessFlags=0x81008

0x7161bbfc  ArtMethod: void android.media.AudioRecord.-wrap0(java.lang.String)
OAT CODE: 0x74cc7064-0x74cc70a1
SIZE: Dex Instructions=8 StackMaps=0 AccessFlags=0x81008

0x7161bc20  ArtMethod: void android.media.AudioRecord.<init>(int, int, int, int, int)
OAT CODE: 0x74cc70c4-0x74cc7212
SIZE: Dex Instructions=88 StackMaps=0 AccessFlags=0x90001

0x71624c28  ArtMethod: <runtime method>.<runtime internal resolution method><no signature>

0x71624c4c  ArtMethod: <runtime method>.<runtime internal imt conflict method><no signature>
IMT conflict table 0x7161cfe0 method:
0x71624c70  ArtMethod: <runtime method>.<unknown runtime internal method><no signature>
IMT conflict table 0x7161cfe8 method:
0x71624c94  ArtMethod: <runtime method>.<runtime internal callee-save all registers method><no signature>
```

图 9-44　ArtMethod、RuntimeMethod 和 ImtConflictTable 区域的内容

```
0x71624cb8  ArtMethod: <runtime method>.<runtime internal callee-save reference registers method><no signature>

0x71624cdc  ArtMethod: <runtime method>.<runtime internal callee-save reference and argument registers method><no

0x71624d00  ArtMethod: <runtime method>.<unknown runtime internal method><no signature>
IMT conflict table 0x7161cff0 method: void java.util.Collections$EmptySet.forEach(java.util.function.Consumer) ja
0x71624d24  ArtMethod: <runtime method>.<unknown runtime internal method><no signature>
IMT conflict table 0x7161d008 method: java.util.Spliterator java.util.Collections$EmptySet.spliterator() boolean
0x71624d48  ArtMethod: <runtime method>.<unknown runtime internal method><no signature>
IMT conflict table 0x7161d020 method: void libcore.io.Posix.chown(java.lang.String, int, int) int libcore.io.Posi
0x71624d6c  ArtMethod: <runtime method>.<unknown runtime internal method><no signature>
IMT conflict table 0x7161d038 method: void libcore.io.Posix.close(java.io.FileDescriptor) int libcore.io.Posix.pr
```

图 9-44 （续）

接下来，oatdump 对 art 文件中各种数据占用内存的情况进行了统计，如图 9-45 所示。

```
STATS:
art_file_bytes = 10MB

art_file_bytes = header_bytes + object_bytes + alignment_bytes
  header_bytes           =       200 ( 0% of art file bytes)
  object_bytes           =   5070453 (46% of art file bytes)
  art_field_bytes        =    619656 ( 6% of art file bytes)
  art_method_bytes       =   2303328 (21% of art file bytes)
  dex_cache_arrays_bytes =   2455340 (22% of art file bytes)
  interned_string_bytes  =    351608 ( 3% of art file bytes)
  class_table_bytes      =     37528 ( 0% of art file bytes)
  bitmap_bytes           =     81920 ( 1% of art file bytes)
  alignment_bytes        =    122783 ( 1% of art file bytes)

object_bytes breakdown:
    Landroid/accounts/Account$1;        8 bytes      1 instances (   8 bytes/instance)  0% of object_bytes
Landroid/animation/ArgbEvaluator;        8 bytes      1 instances (   8 bytes/instance)  0% of object_bytes
Landroid/animation/FloatEvaluator;        8 bytes      1 instances (   8 bytes/instance)  0% of object_bytes
Landroid/animation/IntEvaluator;        8 bytes      1 instances (   8 bytes/instance)  0% of object_bytes
Landroid/animation/RectEvaluator;       12 bytes      1 instances (  12 bytes/instance)  0% of object_bytes
Landroid/app/ActivityManager$MemoryInfo$1;        8 bytes      1 instances (   8 bytes/instance)  0% of object_bytes
Landroid/app/ActivityManager$RunningAppProcessInfo$1;        8 bytes      1 instances (   8 bytes/instance)  0% of object_bytes
Landroid/app/ActivityManager$TaskDescription$1;        8 bytes      1 instances (   8 bytes/instance)  0% of object_bytes
Landroid/app/ActivityManagerNative$1;       12 bytes      1 instances (  12 bytes/instance)  0% of object_bytes
Landroid/app/ApplicationErrorReport$1;        8 bytes      1 instances (   8 bytes/instance)  0% of object_bytes
Landroid/app/ApplicationLoaders;       12 bytes      1 instances (  12 bytes/instance)  0% of object_bytes
Landroid/app/IActivityManager$ContentProviderHolder$1;        8 bytes      1 instances (   8 bytes/instance)  0% of object_bytes
    Landroid/app/Notification$1;        8 bytes      1 instances (   8 bytes/instance)  0% of object_bytes
Landroid/app/Notification$Action$1;        8 bytes      1 instances (   8 bytes/instance)  0% of object_bytes
   Landroid/app/PendingIntent$1;        8 bytes      1 instances (   8 bytes/instance)  0% of object_bytes
Landroid/app/ResourcesManager$1;        8 bytes      1 instances (   8 bytes/instance)  0% of object_bytes
      Landroid/app/ResultInfo$1;        8 bytes      1 instances (   8 bytes/instance)  0% of object_bytes
```

图 9-45　art 文件内存使用情况

由图 9-45 可知：

- object_bytes 占据了 46% 的空间。
- 所以，oatdump 还专门输出了各种 Object 的情况。包括创建了多少个实例，每种 Object 所需内存大小等信息。

以上是 oatdump 对 art 文件的信息展示。虽然我们在 oatdump 输入参数中只指定了 art 文件，但它内部会尝试打开对应的 oat 文件。所以，oatdump 接着对这个 oat 文件也进行了一些统计和信息输出，如图 9-46 所示。

由图 9-46 可知：

- boot.oat 文件包含了 13 个 jar 包，共计 14 个 dex 项的内容。其中，framework.jar 中包含了两个 classes.dex 文件。

```
oat_file_bytes              = 67022431
managed_code_bytes          = 12105765 (18% of oat file bytes)
managed_to_native_code_bytes =        0 ( 0% of oat file bytes)
native_to_managed_code_bytes =   867141 ( 1% of oat file bytes)

class_initializer_code_bytes =        0 ( 0% of oat file bytes)
large_initializer_code_bytes =   106064 ( 0% of oat file bytes)
large_method_code_bytes      =        0 ( 0% of oat file bytes)

DexFile sizes:
/system/framework/core-oj.jar = 4330628 ( 6% of oat file bytes)
/system/framework/core-libart.jar = 3557108 ( 5% of oat file bytes)
/system/framework/conscrypt.jar = 324276 ( 0% of oat file bytes)
/system/framework/okhttp.jar = 397584 ( 1% of oat file bytes)
/system/framework/core-junit.jar = 24752 ( 0% of oat file bytes)
/system/framework/bouncycastle.jar = 1317976 ( 2% of oat file bytes)
/system/framework/ext.jar = 979816 ( 1% of oat file bytes)
/system/framework/framework.jar = 10118232 (15% of oat file bytes)
/system/framework/framework.jar:classes2.dex = 5889292 ( 9% of oat file bytes)
/system/framework/telephony-common.jar = 1787708 ( 3% of oat file bytes)
/system/framework/voip-common.jar = 154224 ( 0% of oat file bytes)
/system/framework/ims-common.jar = 115280 ( 0% of oat file bytes)
/system/framework/apache-xml.jar = 1254120 ( 2% of oat file bytes)
/system/framework/org.apache.http.legacy.boot.jar = 500284 ( 1% of oat file bytes)

vmap_table_bytes       =       0 ( 0% of oat file bytes)

dex_instruction_bytes = 3511798
managed_code_bytes expansion = 3.45 (ignoring deduplication 3.45)

Big methods (size > 100 standard deviations the norm):
void android.view.View.<init>(android.content.Context, android.util.AttributeSet, int, int) requires storage of 48KB
boolean com.android.internal.telephony.ITelephony$Stub.onTransact(int, android.os.Parcel, android.os.Parcel, int) requ
void org.ccil.cowan.tagsoup.HTMLSchema.<init>() requires storage of 49KB
boolean android.content.pm.IPackageManager$Stub.onTransact(int, android.os.Parcel, android.os.Parcel, int) requires st
boolean android.app.ActivityManagerNative.onTransact(int, android.os.Parcel, android.os.Parcel, int) requires storage

Large expansion methods (size > 5 standard deviations the norm):
java.security.Permission java.net.URLConnection.getPermission() expanded code by 20.3333
android.icu.util.ULocale android.icu.text.Collator.getLocale(android.icu.util.ULocale$Type) expanded code by 21.3333
void android.transition.ChangeTransform.-wrap1(android.view.View, float, float, float, float, float, float, float, fl
```

图9-46 oat文件各种信息占据的大小

- dex文件占据整个oat文件较多的空间，其中core-oj.ar、framework.jar、core-libart.jar所包含的dex项共占据了多达35%的空间，而单framework.jar一项就占据了24%的空间。由此可见，Android framework真是越来越庞大了。
- 图中最后还展示了Big Methods和Large Methods的情况。这里涉及一些统计学的概念，如标准差等（standard deviation），笔者不拟详述。

最后，oatdump将输出oat文件头部信息，如图9-47所示。

```
MAGIC:
oat
079
LOCATION:
/data/dalvik-cache/x86/system@framework@boot.oat

CHECKSUM:
0xf2d12b4a

INSTRUCTION SET:
X86
```

图9-47 OatHeader信息

```
INSTRUCTION SET FEATURES:
smp,-ssse3,-sse4.1,-sse4.2,-avx,-avx2,-lock_add,-popcnt

DEX FILE COUNT:
14

EXECUTABLE OFFSET:
0x0273e000 (0x74025000)

INTERPRETER TO INTERPRETER BRIDGE OFFSET:
0x00000000

INTERPRETER TO COMPILED CODE BRIDGE OFFSET:
0x00000000

JNI DLSYM LOOKUP OFFSET:
0x0273e000 (0x74025000)

QUICK GENERIC JNI TRAMPOLINE OFFSET:
0x0273e010 (0x74025010)

QUICK IMT CONFLICT TRAMPOLINE OFFSET:
0x0273e020 (0x74025020)

QUICK RESOLUTION TRAMPOLINE OFFSET:
0x0273e030 (0x74025030)

QUICK TO INTERPRETER BRIDGE OFFSET:
0x0273e040 (0x74025040)
```

1）OatHeader信息

```
IMAGE PATCH DELTA:
0 (0x00000000)

IMAGE FILE LOCATION OAT CHECKSUM:
0x00000000

IMAGE FILE LOCATION OAT BEGIN:
0x00000000

KEY VALUE STORE:
compiler-filter = speed
debuggable = true
dex2oat-cmdline = --image=/data/dalvik-cache/x86/system@framework@boot.art
--dex-file=/system/framework/core-oj.jar --dex-file=/system/framework/core-libart.jar
--dex-file=/system/framework/conscrypt.jar --dex-file=/system/framework/okhttp.jar
--dex-file=/system/framework/core-junit.jar --dex-file=/system/framework/bouncycastle.jar
--dex-file=/system/framework/ext.jar --dex-file=/system/framework/framework.jar
--dex-file=/system/framework/telephony-common.jar
--dex-file=/system/framework/voip-common.jar --dex-file=/system/framework/ims-common.jar
--dex-file=/system/framework/apache-xml.jar
--dex-file=/system/framework/org.apache.http.legacy.boot.jar
--oat-file=/data/dalvik-cache/x86/system@framework@boot.oat --instruction-set=x86
--instruction-set-features=smp,ssse3,-sse4.1,-sse4.2,-avx,-avx2,-lock_add,-popcnt
--base=0x70e72000 --runtime-arg -Xms64m --runtime-arg -Xmx64m
--image-classes=/system/etc/preloaded-classes
--compiled-classes=/system/etc/compiled-classes --instruction-set-variant=x86
--instruction-set-features=default
dex2oat-host = X86
has-patch-info = false
```

图9-47（续）

```
native-debuggable = false
pic = false

BEGIN:
0x718e7000

END:
0x758d1e5f

SIZE:
67022431
```

2）OatHeader 信息

图 9-47 （续）

图 9-47 展示了 oat 文件头结构的信息。笔者对这一块内容介绍得较多，此处不拟赘述。

9.7　总结

从第 6 章开始，我们对 Runtime、dex2oat 等 ART 虚拟机里一些较基础的模块做了一定广度和深度的介绍。正如笔者在 7.6 节所述的那样，对于 ART 这种复杂系统，最好的学习方式是剥洋葱似的逐渐了解整个系统。实际上，笔者最开始的内容编排是第 6 章介绍 dex2oat，接下来才是 Runtime 等知识。显然，在没有了解 Runtime、ClassLinker、编译原理等技术的基础上，读者几乎是无法看懂 dex2oat 的。而讲解 Runtime 等内容又不可避免地涉及 oat、art 文件格式。所以，笔者在第 7 章和第 8 章只能先介绍 oat 和 art 文件格式的一小部分内容，直到本章最后才得以完整地介绍它们。

从本书整体内容来看，本章是 ART 虚拟机相关知识的一个终点，同时也是后续内容的起点。建议不熟悉的读者反复阅读第 7～9 章的内容。第 6 章则和机器码编译的技术关系更为密切，对编译感兴趣的读者（尤其是现在一些大公司致力于提高 webkit 执行 JavaScript 速度，这其中也涉及编译机器码的知识）可重点关注它。

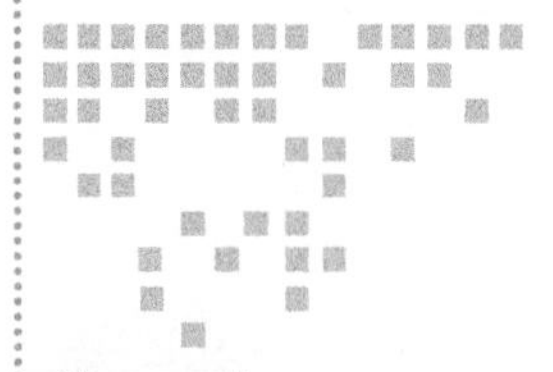

Chapter 10 第10章

解释执行和JIT

掌握前面几章内容的基础后，我们终于可以研究ART虚拟机是如何执行Java指令的了。本章先介绍最基础的解释执行，然后对ART里的JIT机制进行讲解。

本章所涉及的源代码文件名及位置

- class_linker.cc:art/runtime/
- runtime.h:art/runtime/
- thread.h:art/runtime/
- asm_support.h:art/runtime/
- quick_entrypoints_x86.S:art/runtime/arch/x86/
- stack.h:art/runtime/
- quick_trampoline_entrypoints.cc:art/runtime/entrypoints/quick/
- interpreter.h:art/runtime/interpreter/
- interpreter.cc:art/runtime/interpreter/
- interpreter_switch_impl.cc:art/runtime/interpreter/
- interpreter_common.h:art/runtime/interpreter/
- interpreter_common.cc:art/runtime/interpreter/
- art_method.cc:art/runtime/
- stack.cc:art/runtime/
- jit.h:art/runtime/jit/
- jit.cc:art/runtime/jit/
- jit_compiler.cc:art/compiler/jit/

- jit_code_cache.cc:art/runtime/jit/
- code_generator_x86.cc:art/compiler/optimizing/
- quick_deoptimization_entrypoints.cc:art/runtime/entrypoints/quick/
- quick_exception_handler.cc:art/runtime/
- context_x86.cc:art/runtime/arch/x86/
- common_throws.cc:art/runtime/
- Throwable.java:libcore/ojluni/src/main/java/java/lang/
- AndroidRuntime.cpp: frameworks/base/core/jni/

从本章开始，我们的关注点将放在 ART 虚拟机的运行机制上。先来研究它是如何执行 Java 指令的。注意，严格来说，ART 虚拟机所执行的应该是 dex 指令或对应的机器码。在不引起混淆的情况下，笔者统称之为 Java 指令。

笼统而言，ART 虚拟机中 Java 指令的执行只有如下两种方式：

- 解释执行。
- 执行编译后得到的机器码。

必须说明的是，上述两种执行方式并不是泾渭分明，独立行动。普遍情况下，它们将穿插运行。

- 一个方法以解释方式执行，但其内部调用的某个方法却存在机器码。所以，执行到调用这个内部方法的指令时，原来的解释运行模式将切换为以机器码方式运行。与之相仿，一个正以机器码执行的方法可能因其内部调用了某个没有对应机器码的函数后又将以解释方式执行这个被调用的方法。
- 即使某个方法在 dex2oat 阶段不会被编译，但随着后续多次运行，该方法可能会因满足 JIT 的处理条件而编译得到对应的机器码。如此，该方法在 JIT 编译处理之前会以解释方式执行，编译后又可以机器码方式执行。
- 还有一种更有意思的情况。我们在 6.3.5.11 节中曾提到过 HBoundsCheckElimination 优化，即取消数组越界的检查。如果 Optimizing Compiler（也就是将 dex 字节码转成机器码的编译器，详情见第 6 章和第 9 章的内容）发现不能取消 BoundsCheck 的话，它将添加 HDeoptimize IR 指令。而 HDeoptimize IR 最终将生成一些机器码，这些机器码将从机器码执行模式跳转到解释执行模式。也就是说，包含 HDeoptimize IR 对应机器码的 Java 方法在其执行过程中，有一部分指令以机器码方式运行，当执行到 HDeoptimize IR 对应的机器码后，后续的指令将切换到解释模式执行。

本章将以 ART 虚拟机解释执行 Java 指令为核心对如下内容展开介绍。

- 首先将详细介绍一些基础知识，包括 ArtMethod 中某些关键成员变量的设置、函数调用时参数如何传递等内容。
- 接下将介绍 ART 虚拟机中解释执行的入口函数以及解释执行的流程。
- 接着将讲解 ART 中的 JIT。其中还会介绍 JIT 中一个比较有意思的叫 OSR（On Stack Replacement）的技术。
- 接着将介绍与 HDeoptimize IR 处理相关的流程。

❑ 最后，我们将介绍Instrumentation、异常投递和处理方面的知识。

10.1 基础知识

本节先来回顾ArtMethod。

10.1.1 LinkCode

根据前面章节的内容可知，Java源码中定义的一个方法将转换为ART虚拟机中的一个ArtMethod对象。该Java方法究竟以何种方式执行与其对应的ArtMethod对象里保存的某些信息密切相关。

提示 请读者回顾8.7.1.1节的内容以了解ArtMethod类中的成员变量及含义。

我们在8.7.3.1.1节里曾跳过了一个不起眼但实际却比较重要的函数——LinkCode，马上来看它，代码如下所示。

[class_linker.cc->ClassLinker::LinkCode]

```
void ClassLinker::LinkCode(ArtMethod* method,
          const OatFile::OatClass* oat_class,uint32_t class_def_method_index) {
    Runtime* const runtime = Runtime::Current();
    ......
    /*在下面的代码中：
      (1) oat_class的类型为OatFile::OatClass，其内容由oat文件中OatClass区域相应位置处的
         信息构成。
      (2) oat_method的类型为OatFile::OatMethod，其内容由oat文件中OatMethod区域对应的Oat-
         QuickMethodHeader信息构成。*/
    if (oat_class != nullptr) {
        /*获取该Java方法对应的OatMethod信息。如果它没有被编译过，则返回的OatMethod对象的code_
          offset_取值为0。OatMethod.code_offst_指向对应机器码在oat文件中的位置。其值为0
          就表示该方法不存在机器码。  */
            const OatFile::OatMethod oat_method =
                    oat_class->GetOatMethod(class_def_method_index);
        /*设置ArtMethod ptr_sized_fields_entry_point_from_quick_compiled_code_为
          Oat文件区域OatQuickMethodHeader的code_。读者可回顾第9章图9-41“oat和art文件
          的关系”。code_处存储的就是该方法编译得到的机器码。注意，为节省篇幅，笔者以后用机器
          码入口地址来指代entry_point_from_quick_compiled_code_成员变量。*/
        oat_method.LinkMethod(method);
    }
    //获取ArtMethod对象的机器码入口地址
    const void* quick_code = method->GetEntryPointFromQuickCompiledCode();
    /*在ShouldUseInterpreterEntrypoint函数中，如果机器码入口地址为空（该方法没有经过编译），
      或者虚拟机进入了调试状态，则必须使用解释执行的模式。这种情况下，该函数返回值enter_inter-
      preter为true。 */
    bool enter_interpreter = ShouldUseInterpreterEntrypoint(method,
                        quick_code);

    if (method->IsStatic() && !method->IsConstructor()) {
```

```
    /*如果method为静态且不是类初始化"<clinit>"（它是类的静态构造方法）方法，则设置机器码入口
      地址为art_quick_resolution_trampoline。根据9.5.4.4.1节的介绍可知。该地址对应的是
      一段跳转代码，跳转的目标是artQuickResolutionTrampoline函数。它是一个特殊的函数，和
      类的解析有关。注意，虽然在LinkCode中（该函数是在类初始化之前被调用的）设置的跳转目标为
      artQuickResolutionTrampoline，但ClassLinker在初始化类的InitializeClass函数的最
      后会通过调用FixupStaticTrampolines来尝试更新此处所设置的跳转地址为正确的地址。*/
        method->SetEntryPointFromQuickCompiledCode(GetQuickResolutionStub());
    } else if (quick_code == nullptr && method->IsNative()) {
        /*如果method为jni方法，并且不存在机器码，则设置机器码入口地址为跳转代码art_quick_
          generic_jni_trampoline，它的跳转目标为artQuickGenericJniTrampoline函数。*/
        method->SetEntryPointFromQuickCompiledCode(GetQuickGenericJniStub());
    } else if (enter_interpreter) {
        /*enter_interpreter的取值来自ShouldUseInterpreterEntrypoint，一般而言，如果该
          方法没有对应的机器码，或者在调试运行模式下，则enter_interpreter为true。对应的机
          器码入口地址为art_quick_to_interpreter_bridge跳转代码，其跳转的目标
        //为artQuickToInterpreterBridge函数。
        method->SetEntryPointFromQuickCompiledCode(
                                GetQuickToInterpreterBridge());
    }
    if (method->IsNative()) {
        /*如果为jni方法，则调用ArtMethod的UnregisterNative函数，其内部主要设置ArtMethod
          tls_ptr_sized_.entry_point_from_jni_成员变量为跳转代码art_jni_dlsym_look-
          up_stub，跳转目标为artFindNativeMethod函数。为简单起见，笔者以后用jni机器码入口
          地址指代entry_point_from_jni_成员变量。这部分内容和JNI有关，我们以后再讨论它。*/
        method->UnregisterNative();
        ......
    }
}
```

根据上面代码所述，ArtMethod 中有两个和机器入口地址相关的成员变量，它们分别是：

- tls_ptr_sized_entry_point_from_quick_compiled_code_。用于非 jni 方法，指向对应的机器码入口，笔者后文用**机器码入口地址**来称呼这个成员变量。
- tls_ptr_sized_entry_point_from_jni_。用于 jni 方法，指向 jni 方法对应的机器码入口地址。笔者以后用 **jni 机器码入口地址**来称呼它。注意，对 jni 方法而言，它的机器码入口地址（即 entry_point_from_quick_compiled_code_）也会被设置。

结合 LinkCode 及其他一些相关函数，笔者总结了 ArtMethod 入口地址的取值情况如表 10-1 所示。

表 10-1 ArtMethod 入口地址取值

方法类型	机器码入口	jni 机器码入口
jni 方法	art_quick_generic_jni_trampoline 或对应机器码	art_jni_dlsym_lookup_stub
非 jni 方法	art_quick_to_interpreter_bridge 或对应机器码	其他用途

请读者注意：

- 对 jni 方法而言，它的机器码入口地址和 jni 机器码入口地址都会被设置。我们后续介绍 jni 时再详细介绍这两个入口地址的作用。
- 对非 jni 方法而言，它的 jni 机器码入口地址将有其他用途。

注意 表 10-1 的内容除了参考 LinkCode 代码逻辑之外还需要参考 ClassLinker FixupStatic-Trampolines 函数的逻辑。

10.1.2 Runtime ArtMethod

由 9.6.2.1 节的图 9-40 可知，art 文件格式头 ImageHeader 中有一个 RuntimeMethod Section 区域，里边包含六个 Runtime ArtMethod。那么，什么是 Runtime ArtMethod 呢？

如上文所述，一个 ArtMethod 对象代表源码中的一个 Java 方法。而实际上 ART 虚拟机也可以创建一个和源码里 Java 方法无关的 ArtMethod 对象。这类 ArtMethod 对象被称为 Runtime ArtMethod（代码中称之为 Runtime Method）。Runtime Method 的创建方法如下。

[class_linker.cc->ClassLinker::CreateRuntimeMethod]

```
ArtMethod* ClassLinker::CreateRuntimeMethod(LinearAlloc* linear_alloc) {
    const size_t method_alignment = ArtMethod::Alignment(image_pointer_size_);
    const size_t method_size = ArtMethod::Size(image_pointer_size_);
    //从linear_alloc中分配一块内存以构造一个ArtMethod数组，数组个数为1。
    LengthPrefixedArray<ArtMethod>* method_array = AllocArtMethodArray(
        Thread::Current(), linear_alloc,  1);
    ArtMethod* method = &method_array->At(0, method_size, method_alignment);
    /*由于Runtime Method和源码无关，所以其dex_method_index_成员变量（表示某个方法在dex文
      件method_ids数组中的索引）取值为kDexNoIndex（0xFFFFFFFF）。*/
    method->SetDexMethodIndex(DexFile::kDexNoIndex);
    return method;
}
```

由上述代码可知，如果一个 ArtMethod 为 Runtime Method 的方法，那么它的 dex_method_index_ 取值为 kDexNoIndex。

那么，Runtime Method 有什么用呢？先来了解 ART 虚拟机所定义的那六个 Runtime Art-Method 对象。

[runtime.h]

```
class Runtime{
    ......
    public:
        /*下面是CalleeSaveType枚举变量定义，它用于描述函数调用时，被调用函数需要保存哪些信息
          到栈上。其具体情况我们下文再介绍。*/
        enum CalleeSaveType {
            kSaveAll, kRefsOnly, kRefsAndArgs,
            kLastCalleeSaveType
        };
    private:
    /* callee_save_methods_是一个数组，包含三个元素，分别对应三种CalleeSaveType类型。注意，
       该数组元素类型为uint64_t，但实际上它是一个Runtime ArtMethod对象的地址。此处为了兼容
       32位和64位平台，所以使用了64位长的类型。这三个Runtime Method主要用于跳转代码，为目标
       函数的参数做准备。*/
    uint64_t callee_save_methods_[kLastCalleeSaveType];
    ......
    /*下面是另外三个Runtime Method对象和它们的作用介绍：
```

```
    resolution_method_: 类似于类的解析，该函数用于解析被调用的函数到底是谁。
    imt_conflict_method_: 参考8.7.4.1节及图8-11的内容可知，接口方法对应的ArtMethod对
    象将保存在一个默认长度为kImtSize（默认值为64）的IMTable中，其存储的索引位由ArtMethod
    dex_method_index_对kImtSize取模而得到。由于两个不同的接口方法很可能计算得到相同的索
    引位，对于这种有冲突的情况，ART虚拟机将把这个imt_conflict_method_对象放在有冲突的索引
    位上。
    imt_unimplemented_method_: 用于处理一个未解析的接口方法。  */
  ArtMethod* resolution_method_;
  ArtMethod* imt_conflict_method_;
  ArtMethod* imt_unimplemented_method_;
}
```

我们先来了解上述代码中最后所列的三个 Runtime Method 对象。它们的设置都在 ClassLinker 的 InitWithoutImage 函数中，代码如下所示。

[class_linker.cc->ClassLinker::InitWithoutImage]

```
bool ClassLinker::InitWithoutImage(
        std::vector<std::unique_ptr<const DexFile>> boot_class_path,
        std::string* error_msg) {
    ......
    //创建对应的Runtime Method对象，并赋值给runtime对应的成员变量。注意，
    //在下面的代码中，后两个函数调用的参数都是CreateImtConflictMethod函数的返回值。
    runtime->SetResolutionMethod(runtime->CreateResolutionMethod());
    runtime->SetImtConflictMethod(runtime->CreateImtConflictMethod(
                                  linear_alloc));
    runtime->SetImtUnimplementedMethod(runtime->CreateImtConflictMethod(
                                  linear_alloc));
    ......
}
```

接下来了解上面代码中创建对应 Runtime Method 对象的函数。

> 注意 InitWithoutImage 由 dex2oat 在生成 boot 镜像时使用。这几个 Runtime Method 对象的内容和地址将写入 boot.art 文件中。待到 zygote 进程启动完整虚拟机时，它们又会被读取并设置到 Runtime 对象中。从全流程来看，最初的设置就是在 InitWithoutImage 中完成的。

10.1.2.1 CreateResolutionMethod

resolution_method_ 由 Runtime CreateResolutionMethod 函数创建，代码如下所示。

[runtime.cc->Runtime::CreateResolutionMethod]

```
ArtMethod* Runtime::CreateResolutionMethod() {
    auto* method = GetClassLinker()->CreateRuntimeMethod(GetLinearAlloc());
    //If分支用于dex2oat的情况。
    if (IsAotCompiler()) {......}
    else {
        // resolution_method_的机器码入口地址为art_quick_resolution_trampoline，它对
        // 应的跳转目标为artQuickResolutionTrampoline函数。
        method->SetEntryPointFromQuickCompiledCode(GetQuickResolutionStub());
    }
```

```
        return method;
    }
```

由上述代码可知，对 resolution_method_ 这个 Runtime Method 对象而言，它将用于跳转到 artQuickResolutionTrampoline 函数。

10.1.2.2 ImtConflictMethod 和 ImtUnimplementedMethod

接着来看 imt_conflict_method_ 和 imt_unimplemented_method_，它们都由 Runtime Create-ImtConflictMethod 来设置。代码如下所示。

[runtime.cc->Runtime::CreateImtConflictMethod]

```
ArtMethod* Runtime::CreateImtConflictMethod(LinearAlloc* linear_alloc) {
    ClassLinker* const class_linker = GetClassLinker();
    //先创建一个Runtime Method对象
    ArtMethod* method = class_linker->CreateRuntimeMethod(linear_alloc);
    const size_t pointer_size = GetInstructionSetPointerSize(instruction_set_);
    if (IsAotCompiler()) {......}
    else {
        /*设置机器码入口为跳转代码art_quick_imt_conflict_trampoline，这个跳转代码的目标需
          联合ImtConflictTable来确认。  */
        method->SetEntryPointFromQuickCompiledCode(GetQuickImtConflictStub());
    }
    //创建一个ImtConflictTable对象，并将这个对象的地址赋值给method的jni机器码入口
    method->SetImtConflictTable(class_linker->CreateImtConflictTable(
                0u, linear_alloc), pointer_size);
    return method;
}
```

也就是说，对 imt_conflict_method_ 和 imt_unimplemented_method_ 这两个 Runtime Method 对象而言：

- ❑ 它们的机器码入口地址都是 art_quick_imt_conflict_trampoline。
- ❑ 它们的 jni 机器码入口地址实际上是一个 ImtConflictTable 对象。

提示 后续章节我们再介绍上述三个 Runtime Method 对象的具体功能。

10.1.2.3 CalleeSavedMethod

接下来了解 Runtime 类中另外三个 Runtime Method，它们和 CalleeSaveType 有关。创建它们的代码如下。

[runtime.cc->Runtime::CreateCalleeSaveMethod]

```
ArtMethod* Runtime::CreateCalleeSaveMethod() {
    auto* method = GetClassLinker()->CreateRuntimeMethod(GetLinearAlloc());
    size_t pointer_size = GetInstructionSetPointerSize(instruction_set_);
    method->SetEntryPointFromQuickCompiledCodePtrSize(nullptr, pointer_size);
    return method;
}
```

CalleeSaveType 相关的三个 Runtime Method 对象的机器码入口地址为 nullptr，说明这三个对象并不关联任何跳转代码或跳转目标。那它们的作用是什么呢？原来，这三个 Runtime Method 对象主要用于其他跳转代码针对不同情况的参数传递、栈回溯等工作。这部分内容将在 10.1.3 节中会做详细介绍。

10.1.2.4　Trampoline code 汇总

ART 虚拟机中有很多 Trampoline code，主要有两大类。

- 一类是针对 jni 方法的 Trampoline code，它们封装在 JniEntryPoints 结构体中，只包含一个 pDlsymLookup 函数指针。
- 一类是针对非 jni 方法的 Trampoline code，它们封装在 QuickEntryPoints 结构体中，一共包含 132 个函数指针。

10.1.2.4.1　Thread 类里的相关成员变量

以上两组 Trampoline code（代码中对应为函数指针）包含在 Thread 类的 tlsPtr_ 相关的成员变量中，代码如下所示。

[thread.h->Thread]

```
class Thread{
    ......
    struct PACKED(sizeof(void*)) tls_ptr_sized_values {
        ......
        JniEntryPoints jni_entrypoints;
        QuickEntryPoints quick_entrypoints;
        ......
    } tlsPtr_;
}
```

这两组 Trampoline code 都由汇编代码实现，对 x86 平台而言：

- JniEntryPoints 对应的 Trampoline code 在 jni_entrypoints_x86.S 里实现。
- QuickEntryPoints 对应的 Trampoline code 在 quick_entrypoints_x86.S 里实现。

所有 Trampoline code 都是一段汇编代码编写的函数，这段汇编代码函数内部一般会跳转到一个由更高级的编程语言（C++）实现的函数。

读者可回顾 7.5.2.2.3 节的内容来了解上述两个结构体和它们的初始化设置过程。

10.1.2.4.2　oat 文件里的 Trampoline code

回顾 9.6.1 节中的图 9-36 和图 9-37 可知：

- 对 boot.oat 文件而言，它包含一个 Trampoline code 区域。该区域包含五段 Trampoline code。
- oat 文件头结构中有七个描述 trampoline code 所在文件位置的变量。但这七个 Trampoline code 中只有五个变量——也就是包含在 boot.oat 里那五个 Trampoline code 对应的变量会被设置。读者可回顾 9.6.3 节的图 9-46，会发现其中有两个变量的取值为 0。

由 9.6.1 节介绍的 InitOatCode 函数可知，boot.oat 中 Trampoline code 区域所包含的跳转代

码并不是上面提到的包含在 JniEntryPoints 和 QuickEntryPoints 结构体里对应的成员变量，而是一段跳转到 JniEntryPoints 和 QuickEntryPoints 对应成员变量的跳转代码。下面是这五个变量的总结。

- jni_dlsym_lookup_offset_：包含一段跳转到 JniEntryPoints pDlsymLookup 函数指针所指向的函数。而这个 pDlsymLookup 函数指针正好指向 art_jni_dlsym_lookup_stub 跳转代码。
- quick_generic_jni_trampoline_offset_：包含一段跳转到 QuickEntryPoints pQuickGenericJniTrampoline 函数指针所指向的函数，也就是 art_quick_generic_jni_trampoline 跳转代码。
- quick_imt_conflict_trampoline_offset_：包含一段跳转到 QuickEntryPoints pQuickImtConflictTrampoline 函数指针所指向的函数，也就是 art_quick_imt_conflict_trampoline 跳转代码。
- quick_resolution_trampoline_offset_：包含一段跳转到 QuickEntryPoints pQuickResolutionTrampoline 函数指针所指向的函数，也就是 art_quick_resolution_trampoline 跳转代码。
- quick_to_interpreter_bridge_offset_：包含一段跳转到 QuickEntryPoints pQuickToInterpreterBridge 函数指针所指向的函数，也就是 art_quick_to_interpreter_bridge 跳转代码。

为了区分两种不同的跳转代码，笔者称：

- JniEntryPoints 和 QuickEntryPoints 成员变量所指向的跳转代码为**直接跳转代码**。
- 而 oat 文件里的 Trampoline code 为**间接跳转代码**。间接跳转代码的目标是跳转到直接跳转代码。

那么，oat 文件里的间接跳转代码在哪里被使用呢？来看下文。

提示 *在不引起混淆的情况下，笔者用跳转代码来表示直接跳转代码。*

10.1.2.4.3 ClassLinker 类里的相关成员变量

除了 Thread 类外，Runtime 类和 ClassLinker 类中也有几个成员变量指向上文的直接跳转代码或间接跳转代码。

- 由上文对 Runtime 类中 Runtime Method 对象介绍可知，Runtime 的 resolution_method_、imt_conflict_method_、imt_unimplemented_method_ 这三个 ArtMethod 对象的机器码入口地址指向直接跳转代码。上文已经介绍过它们了，此处不拟赘述。
- ClassLinker 中也有四个和 trampoline cod 有关的成员变量。它们分别是 quick_resolution_trampoline_、quick_imt_conflict_trampoline_、quick_generic_jni_trampoline_、quick_to_interpreter_bridge_trampoline_。这四个变量指向间接跳转代码。下文将详细介绍它们。

ClassLinker 中这四个成员变量来自 oat 文件头结构，相关代码如下所示。

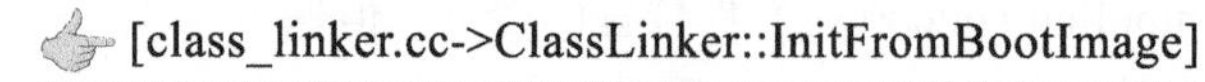

[class_linker.cc->ClassLinker::InitFromBootImage]

```
bool ClassLinker::InitFromBootImage(std::string* error_msg) {
    ......
    //Oat文件头结构
    const OatHeader& default_oat_header = oat_files[0]->GetOatHeader();
```

```
    const char* image_file_location = oat_files[0]->GetOatHeader().
        GetStoreValueByKey(OatHeader::kImageLocationKey);
    quick_resolution_trampoline_ =
            default_oat_header.GetQuickResolutionTrampoline();
    quick_imt_conflict_trampoline_ =
                default_oat_header.GetQuickImtConflictTrampoline();
    quick_generic_jni_trampoline_ =
                    default_oat_header.GetQuickGenericJniTrampoline();
    quick_to_interpreter_bridge_trampoline_ =
                default_oat_header.GetQuickToInterpreterBridge();
    ......
}
```

也就说，oat 文件里的间接跳转代码中有四段代码由 ClassLinker 对应的成员变量所持有。

注意　值得指出的是，笔者仅在调试相关的代码中发现了有使用 oat 文件里间接跳转代码的地方。而 x86 平台上的这些间接跳转代码中都包含一条 int3 指令。读者如果对它们有更详细的了解，恳请不吝相告。

图 10-1 汇总了相关跳转代码的引用关系。

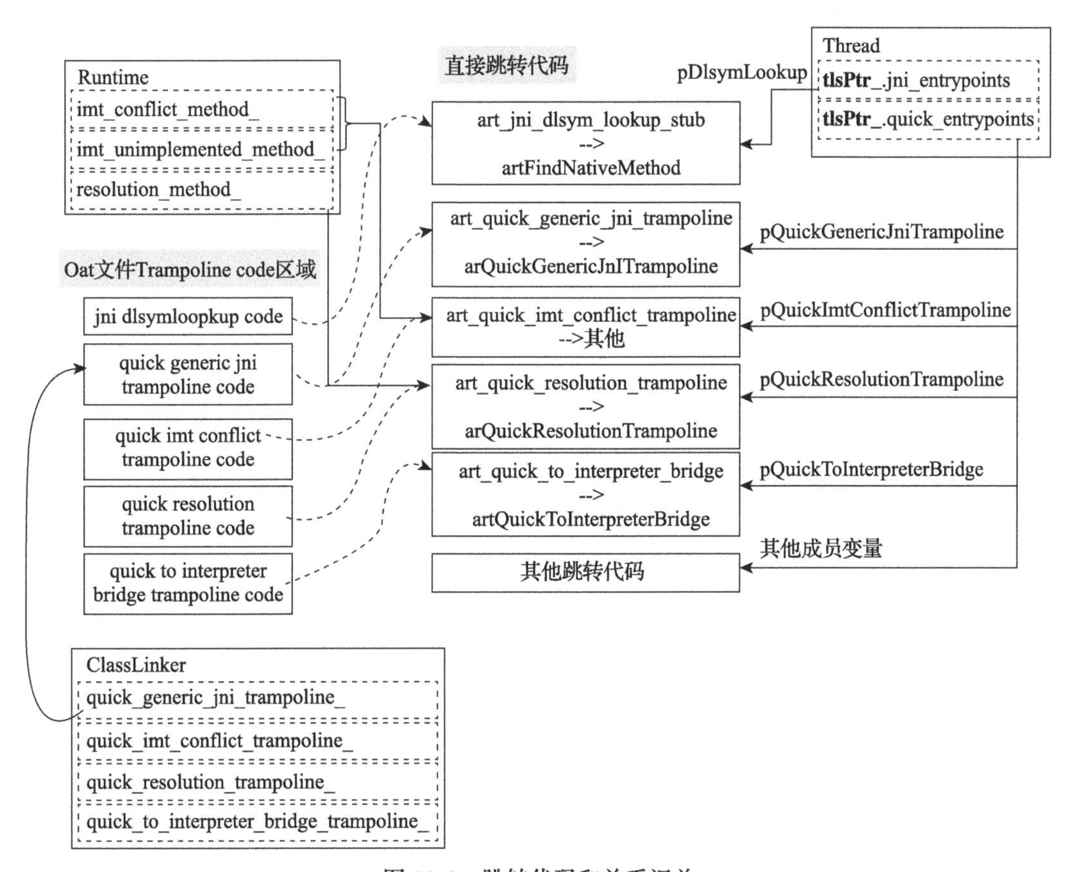

图 10-1　跳转代码和关系汇总

图10-1展示了ART虚拟机里跳转代码和对应关系的情况。

- 中间区域为直接跳转代码，方框中的箭头符号指向跳转的C++层目标函数。
- 右上角的Thread类及左上角的Runtime类展示了其对应成员变量名和它们所指向的跳转代码。
- 左边中间为Oat文件里的跳转代码区域，也就是间接跳转代码。它们的跳转目标为直接跳转代码，由虚线箭头表示指向关系。
- 左边下部为ClassLinker类对应的成员变量和它们的指向关系。为清晰起见，此处仅绘制了quick_generic_jni_trampoline_和它所指向的间接跳转代码。

10.1.3 栈和参数传递

对函数调用而言，我们有两个基本问题要考虑。

- 第一个问题是目标函数是什么。从源代码分析的角度来看，就是要确定目标函数的代码在哪。这个关注点往往是最重要的，并且大部分情况下我们只考虑这一个问题即可。
- 第二个问题就是函数的参数如何传递，以及它的含义等。这个问题对我们搞清楚ART虚拟机而言是比较关键的。

本节将以x86平台为例，对上面的第二个问题进行介绍。

10.1.3.1 kSaveAll、kRefsOnly和kRefsAndArgs

上文介绍Runtime ArtMethod时，曾提到过Runtime类中有一个数组成员变量callee_save_methods_。该数组实际上包含了三个ArtMethod对象。但这三个ArtMethod对象却都没有设置入口地址。那么，这三个ArtMethod对象有何用呢？让我们通过代码来揭开这个问题的答案。

首先，代码中定义了该数组的三个成员变量相对于数组基地址的偏移量，如下所示。

[asm_support.h]

```
//callee_save_methods_[kSaveAll]是0号元素，它相对于数组基地址的偏移量是0
#define RUNTIME_SAVE_ALL_CALLEE_SAVE_FRAME_OFFSET 0
//callee_save_methods_[kRefsOnly]是1号元素，它相对于数组基地址的偏移量是8。
//因为该数组元素的数据类型为uint64_t。
#define RUNTIME_REFS_ONLY_CALLEE_SAVE_FRAME_OFFSET 8
//callee_save_methods_[kRefsAndArgs]是二号元素，它相对于数组基地址的偏移量是16。
#define RUNTIME_REFS_AND_ARGS_CALLEE_SAVE_FRAME_OFFSET (2 * 8)
```

这三个宏定义有什么用呢？原来，它们三个将用于quick_entrypoints_x86.S汇编代码。下面将分别介绍它们。

10.1.3.1.1 kSaveAll相关

本节先介绍kSaveAll的情况，它对应为callee_save_methods_[kSaveAll]所指向的那个Runtime ArtMethod对象。quick_entrypoints_x86.S有几个宏与之相关，我们先看其中的一个，代码如下所示。

[quick_entrypoints_x86.S->SETUP_SAVE_ALL_CALLEE_SAVE_FRAME宏定义]

```
#下面是汇编中的宏定义。宏名称为SETUP_SAVE_ALL_CALLEE_SAVE_FRAME，有两个代表寄存器的参数——
#got_reg和temp_reg。从宏命名来看，它的功能和建立栈帧有关
```

```
MACRO2(SETUP_SAVE_ALL_CALLEE_SAVE_FRAME, got_reg, temp_reg)
    PUSH edi       #接下来的四条指令属于寄存器入栈，并拓展栈空间
    PUSH esi
    PUSH ebp
    subl MACRO_LITERAL(12), %esp
    #下面三行代码（其中第一条SETUP_GOT_NOSAVE为宏）用于将Runtime类的instance_对象的地址存
    #储到temp_reg寄存中。注意，这个instance_即是ART虚拟机进程中唯一的一个Runtime对象。在C++
    #代码中，Runtime::Current函数返回的就是这个instance_。
    SETUP_GOT_NOSAVE RAW_VAR(got_reg)
    movl SYMBOL(_ZN3art7Runtime9instance_E)@GOT(REG_VAR(got_reg)),\
                REG_VAR(temp_reg)
    movl (REG_VAR(temp_reg)), REG_VAR(temp_reg)
   #下面这行指令将instance_-> callee_save_methods_[kSaveAll]的地址压入栈中
    pushl RUNTIME_SAVE_ALL_CALLEE_SAVE_FRAME_OFFSET(REG_VAR(temp_reg))
   #将ESP寄存器的值保存到Thread对象的指定成员变量中。详情见下文介绍。
    movl %esp, %fs:THREAD_TOP_QUICK_FRAME_OFFSET
#下面的几行代码是编译时做校验的。判断FRAME_SIZE_SAVE_ALL_CALLEE_SAVE变量的大小是否为32。
#该变量定义在asm_support_x86.h文件中。详情见下文。
#if (FRAME_SIZE_SAVE_ALL_CALLEE_SAVE != 3*4 + 16 + 4)
#error "SAVE_ALL_CALLEE_SAVE_FRAME(X86) size not as expected."
#endif
END_MACRO
```

上面的汇编代码定义了一个名为 SETUP_SAVE_ALL_CALLEE_SAVE_FRAME 的宏。它到底有什么用呢？原来，这段宏主要功能是参数入栈，拓展栈的空间。图 10-2 对这段宏的效果做了更直观的展示。

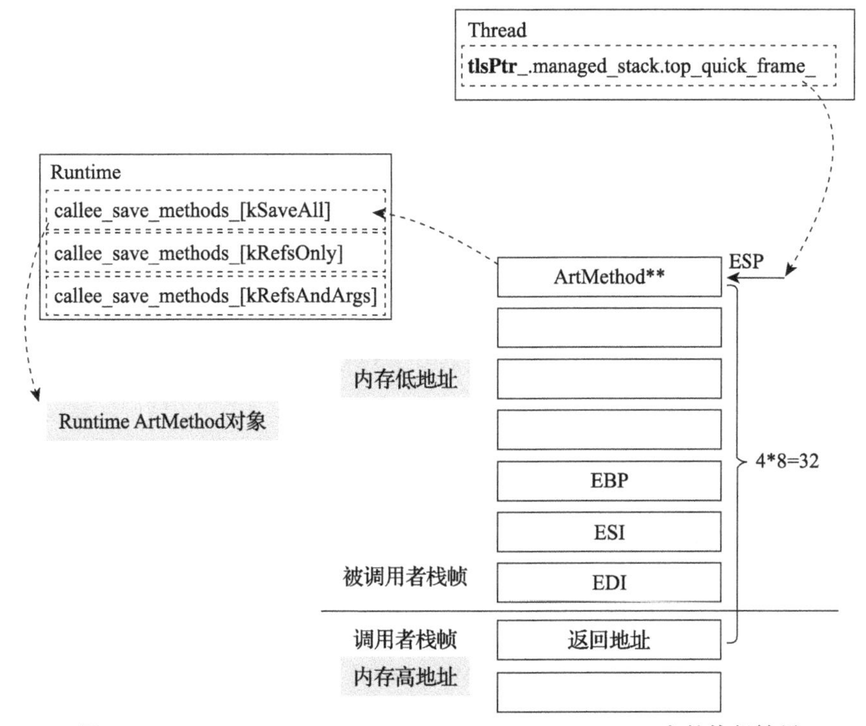

图 10-2　SETUP_SAVE_ALL_CALLEE_SAVE_FRAME 宏的执行结果

图 10-2 展示的是栈的情况。栈的地址由下到上，由高到低。下方是调用者栈帧。其中：

- 返回地址最先入栈。这是由 call 指令自动执行的——即先将返回地址压入栈中，然后跳转到目标指令处去执行。**请读者务必注意**，虽然图中将返回地址的栈单元放在调用者栈帧中，但 ART 代码中却将它归于被调用者的栈帧。这个并不影响代码分析，所以笔者仍将返回地址归为调用者栈帧。
- 接着入栈的是寄存器 EDI、ESI 和 EBP。
- 栈空间向低地址空间拓展三个栈单元，即 12 个字节。
- 将 Runtime 的 callee_save_methods_[kSaveAll] 的地址压入栈中。注意，callee_save_methods_[kSaveAll] 元素实际的数据类型为 ArtMethod*，那么它的地址对应的数据类型就是 ArtMethod**。而这个 ArtMethod** 间接指向对应的 Runtime ArtMethod 对象。
- 此时寄存器 ESP 指向栈顶空间，这时将 ESP 的值赋值给 Thread top_quick_frame_（为书写方便，此处略过中间的成员变量）变量存储起来。另外，top_quick_frame_ 和本章后续介绍的遍历调用栈的知识有关。读者到时候可回顾此处的内容。
- 算上返回值地址，SETUP_SAVE_ALL_CALLEE_SAVE_FRAME 对应的栈空间刚好为 8 个栈单元，共 32 字节。

10.1.3.1.2 kRefsOnly 相关

接着来看 callee_save_methods_[kRefsOnly]，汇编代码中和它相关的有几个宏，我们先研究其中的两个。代码如下所示。

[quick_entrypoints_x86.S]

```
# SETUP_REFS_ONLY_CALLEE_SAVE_FRAME用于处理callee_save_methods_[kRefsOnly]
MACRO2(SETUP_REFS_ONLY_CALLEE_SAVE_FRAME, got_reg, temp_reg)
#相比上面的宏，下面的SETUP_REFS_ONLY_CALLEE_SAVE_FRAME_PRESERVE_GOT_REG执行完后将恢复
#got_reg寄存器的值。
MACRO2(SETUP_REFS_ONLY_CALLEE_SAVE_FRAME_PRESERVE_GOT_REG, got_reg,temp_reg)
```

图 10-3 展示了上述两个宏的执行结果。

图 10-3 为两个宏的执行结果。

- 整体情况和图 10-2 类似。
- 对 SETUP_REFS_ONLY_CALLEE_SAVE_FRAME_PRESERVE_GOT_REG 而言，它多了图中的①②两个步骤。即先将 got_reg 寄存器里的旧值压入栈中，最后将旧值还原到 got_reg 寄存器。所以，got_reg 寄存器的值在执行 SETUP_REFS_ONLY_CALLEE_SAVE_FRAME_PRESERVE_GOT_REG 前后保持不变。

10.1.3.1.3 kRefsAndArgs 相关

最后来看 callee_save_methods_[kRefsAndArgs]，我们来看汇编代码中与之相关的一个宏。

[quick_entrypoints_x86.S]

```
MACRO2(SETUP_REFS_AND_ARGS_CALLEE_SAVE_FRAME, got_reg, temp_reg)
```

图 10-4 为该宏的执行结果。

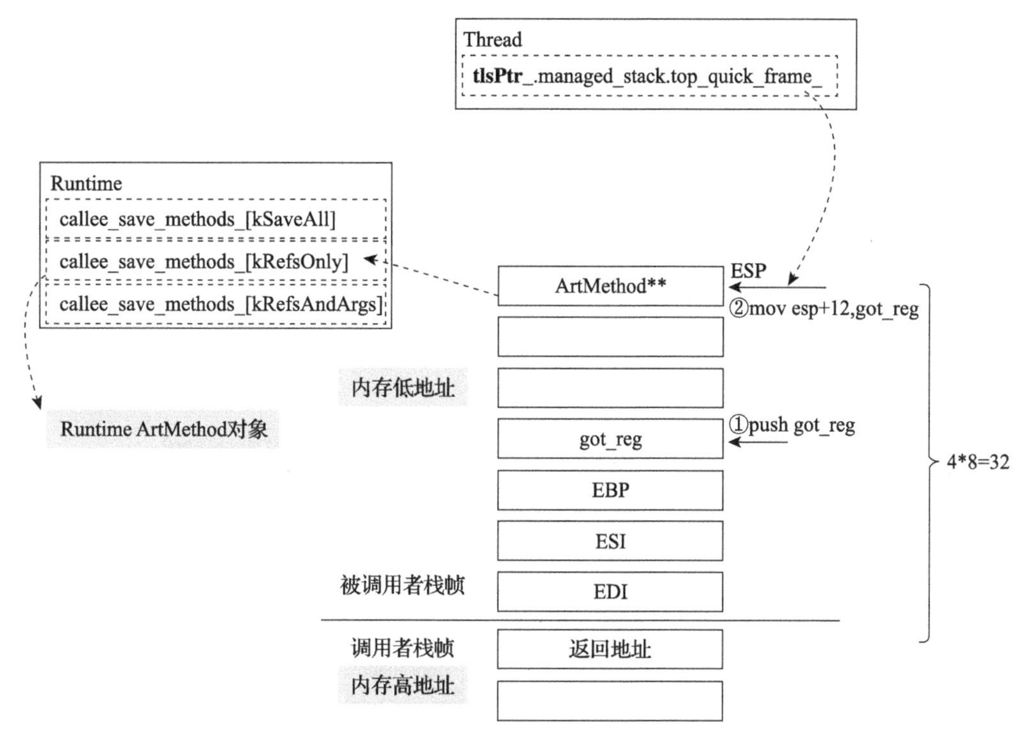

图 10-3　SETUP_REFS_ONLY_CALLEE_SAVE_FRAME 相关宏的执行结果

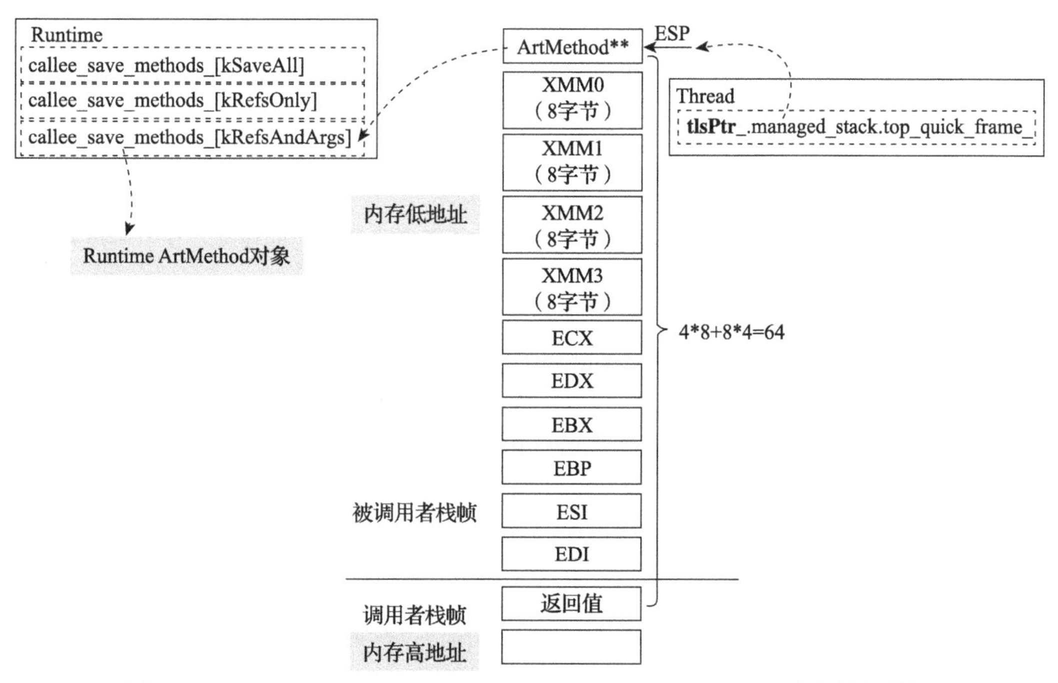

图 10-4　SETUP_REFS_AND_ARGS_CALLEE_SAVE_FRAME 宏的执行结果

在图 10-4 中：

❑ SETUP_REFS_AND_ARGS_CALLEE_SAVE_FRAME 压入了更多的寄存器。其中 XMM 为浮点寄存器，长度为 8 字节，占据两个栈单元。

❑ 算上返回值，该宏对应的栈空间为 64 字节。在计算公式中，4*8 表示栈单元大小为 4，共 8 个单元。8*4 表示浮点寄存器占据两个栈单元（共 8 个字节），共 4 个浮点寄存器。

关于这几个宏的作用的介绍先到此为止。接下来看看参数是如何传递的。

10.1.3.2 遍历栈中的参数

ART 虚拟机代码中有几个关键类和解释执行模式下的栈帧以及为函数调用准备参数的工作相关。来看图 10-5。

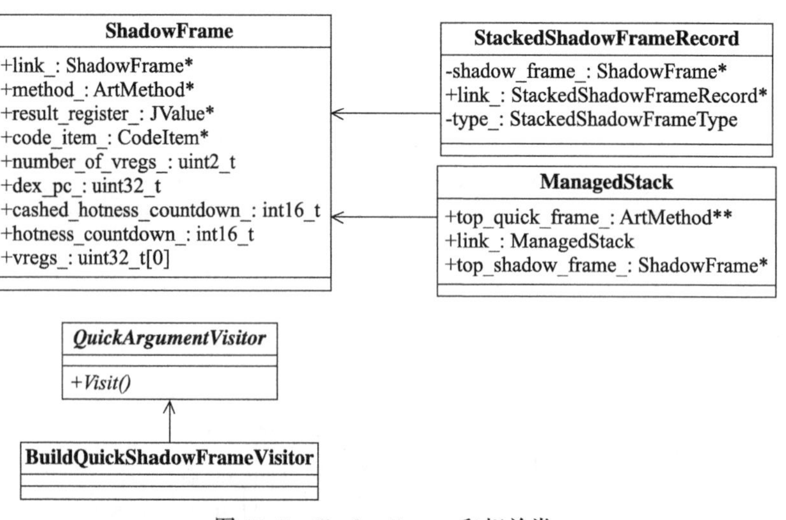

图 10-5 ShadowFrame 和相关类

图 10-5 分为上下两个部分，先来看上半部分的内容。

❑ ShadowFrame：该类用于描述解释执行模式下某个函数对应的栈帧。其中一些关键成员变量的含义或作用如下所示。

  ■ method_：ShadowFrame 对象所关联的、代表某 Java 方法的 ArtMethod 对象。

  ■ code_item_：该 Java 方法对应的、来自 dex 文件的 dex 指令码。

  ■ dex_pc_：从 dex 指令码 dex_pc_ 指定的位置处执行。该变量往往为 0，表示从函数的第一条指令开始执行。但正如本章开头所说，如果一个方法因 HDeoptimization 而从机器码执行模式进入解释执行模式的话，dex_pc_ 取值为需要解释执行的指令码的位置。

  ■ link_：函数 A 有一个 ShadowFrame 对象，而函数 A 进入其内部调用的某个函数 B 时，B 对应也有一个 ShadowFrame 对象。B 的 ShadowFrame 对象通过 link_ 成员变量指向 A 的 ShadowFrame 对象。从 B 返回后，它的 ShadowFrame 对象将被回收。

  ■ vregs_：代表该函数所需的参数。详情见下文代码介绍。

- StackedShadowFrameRecord：提供辅助的功能类。后续代码分析中碰到它时再来分析。
- ManagedStack：不管是解释执行还是机器码方式执行，ART 虚拟机设计了一个 ManagedStack 类以方便统一管理。后续代码分析中碰到它时我们再开展介绍。

接着来看图 10-5 的下半部分。

- QuickArgumentVisitor：辅助类，用于访问 kRefsAndArgs 对应的栈帧中的参数。kRefsAndArgs 对应的栈帧布局可参考图 10-4。下文将在此基础上展开介绍。
- BuildQuickShadowFrameVisitor：派生自 QuickArgumentVisitor。用于访问解释执行模式下栈帧中的参数——解释执行模式下，函数对应的栈帧使用 ShadowFrame 来描述，所以该类的类名中包含 ShadowFrame 一词。

下面接着来看 ShadowFrame 和 QuickArgumentVisitor 相关的代码。

提示　在 JNI 的调用中也会用到 ShadowFrame，相关知识留待后续介绍 JNI 时我们再介绍。

10.1.3.2.1　ShadowFrame

ShadowFrame 类的代码如下所示。

[stack.h->ShadowFrame 类声明]

```
class ShadowFrame { //为方便展示，此处对成员变量和成员函数的位置有所调整
    private:
        ...... /*ShadowFrame成员变量定义，我们重点关注下面两个成员变量*/
        /*
        number_of_vregs_：取值为code_item中的register_size，表示本方法用到的虚拟寄存器的
        个数。读者可回顾3.2.4节中的图3-8。
        vregs_[0]：这是一个数组，实际长度为number_of_vregs_*2。该数组的内容分为前后两个部
        分，分别是：
        （1）[0,number_of_vregs_)：前半部分位置存储各个虚拟寄存器的值。
        （2）[number_of_vregs_, number_of_vregs_*2)：后半部分位置存储的是引用类型参数的
        值。举个例子，假设一个方法用到了4个虚拟寄存器v0、v1、v2和v3，则number_of_vregs_为
        4，vregs_数组的实际长度为8。如果虚拟寄存器v2里：
        （1）保存的是一个整数，值为10，那么vregs_[2]存储的值是10，而vregs_[4+2]的值是nullptr。
        （2）保存的是一个引用型参数，那么vregs_[2]和vregs_[6]存储的是这个引用型参数的地址。
        下文代码分析时还会介绍相关的函数。 */
        const uint32_t number_of_vregs_;
        uint32_t vregs_[0];
    public:
        //根据num_vregs计算对应的ShadowFrame实例需要多大的空间。
        static size_t ComputeSize(uint32_t num_vregs) {
                return sizeof(ShadowFrame) + (sizeof(uint32_t) * num_vregs) +
                    (sizeof(StackReference<mirror::Object>) * num_vregs);
        }
};
```

在代码中，ShadowFrame 的实例并不是在进程的堆空间中创建，而是利用 alloca 在调用函数的栈中先分配一块空间，然后利用 placement new 在这块空间中创建 ShadowFrame 实例。来看代码。

 [stack.h->CREATE_SHADOW_FRAME]

```
#define CREATE_SHADOW_FRAME(num_vregs, link, method, dex_pc) \
    ({ \
        //先根据num_vregs计算需要多大的空间
        size_t frame_size = ShadowFrame::ComputeSize(num_vregs);  \
        //alloca在调用这个宏的函数的栈空间上分配对应的内存
        void* alloca_mem = alloca(frame_size);  \
        //CreateShadowFrameImpl是一个函数，内部通过placement new在alloca_mem内存
        //空间上构造一个ShadowFrame实例。
        ShadowFrameAllocaUniquePtr(  \
            ShadowFrame::CreateShadowFrameImpl((num_vregs), (link), (method), \
                (dex_pc),(alloca_mem)));                                        \
    })
```

ShadowFrameAllocaUniquePtr是std unique_ptr智能指针模板类特例化后的类型别名，其定义如下所示。

 [stack.h->ShadowFrameAllocaUniquePtr]

```
struct ShadowFrameDeleter;
using ShadowFrameAllocaUniquePtr = std::unique_ptr<ShadowFrame,
                ShadowFrameDeleter>;
//如上文所述，ShadowFrame类的实例是创建在栈上的，所以它的对象需要主动去析构。这是由unique_ptr
//实例在析构时主动调用ShadowFrameDeleter类的函数调用运算符来完成的。
//不熟悉这部分C++的读者可阅读第5章的相关内容。
struct ShadowFrameDeleter {
    inline void operator()(ShadowFrame* frame) {
        if (frame != nullptr) {
            frame->~ShadowFrame();
        }
    }
};
```

现在我们来看看如何往ShadowFrame vregs_数组中存取参数。下面的代码展示了整型参数的设置和存取。

 [stack.h->ShadowFrame SetVReg和GetVRegArgs]

```
void SetVReg(size_t i, int32_t val) {
    //调试用语句，i必须小于number_of_vregs_
    DCHECK_LT(i, NumberOfVRegs());
    //取值索引位置为i的元素的地址
    uint32_t* vreg = &vregs_[i];
    //对该元素赋值。
    *reinterpret_cast<int32_t*>(vreg) = val;
    //kMovingCollector是编译常量，默认为true，它和GC有关
    //HasReferenceArray是ShadowFrame的成员函数，返回值固定为true
    if (kMovingCollector && HasReferenceArray()) {
        References()[i].Clear();
    }
}
//取值索引位置为i的元素的地址。
uint32_t* GetVRegArgs(size_t i) {
    return &vregs_[i];
}
```

现在来看引用型参数的设置。如上文所述，引用型参数在 vregs_ 数组中两个部分均需要设置。下面的函数用于返回 vregs_ 后半部分。

[stack.h->ShadowFrame::References]

```
const StackReference<mirror::Object>* References() const {
    /*直接将vregs_后半部分的空间作为一个StackReference<Object>数组返回。这段代码同时表明引
      用型参数的数据类型是StackReference<Object>，简单点说，就是Object*。
      注意，此处为行文简便，省略了Object类型前的命名空间mirror。 */
    const uint32_t* vreg_end = &vregs_[NumberOfVRegs()];
    return reinterpret_cast<const StackReference<mirror::Object>*>(vreg_end);
}
```

下面两个 ShadowFrame 的成员函数用于设置和获取引用型参数。

[stack.h-> ShadowFrame::SetVRegReference 和 GetVRegReference]

```
template<VerifyObjectFlags kVerifyFlags = kDefaultVerifyFlags>
void SetVRegReference(size_t i, mirror::Object* val) {
    ...... //注意，输入参数val的类型是Object*，代表一个引用型参数。
    uint32_t* vreg = &vregs_[i];
    //先存储在vregs_前半部分对应的索引位置上
    reinterpret_cast<StackReference<mirror::Object>*>(vreg)->Assign(val);
    //接下来设置vregs_后半部分对应的索引
    if (HasReferenceArray()) {  //HasReferenceArray永远返回true
        References()[i].Assign(val);
    }
}
template<VerifyObjectFlags kVerifyFlags = kDefaultVerifyFlags>
mirror::Object* GetVRegReference(size_t i) const {
    //注意，该函数返回值的类型是Object*。
    mirror::Object* ref;
    if (HasReferenceArray()) {
        ref = References()[i].AsMirrorPtr();
    } else {.....}
    ......
    return ref;
    }
```

了解了代表栈帧的数据结构 ShadowFrame 后，马上来看参数是如何填充到其中的。

10.1.3.2.2 BuildQuickShadowFrameVisitor

BuildQuickShadowFrameVisitor 用于将参数填充到一个 ShadowFrame 对象中。先来看它的构造函数。

[quick_trampoline_entrypoints.cc->BuildQuickShadowFrameVisitor]

```
class BuildQuickShadowFrameVisitor FINAL : public QuickArgumentVisitor {
    public:
        BuildQuickShadowFrameVisitor(ArtMethod** sp, bool is_static,
                const char* shorty,uint32_t shorty_len, ShadowFrame* sf,
                size_t first_arg_reg) :
            //调用基类QuickArgumentVisitor的构造函数。
            QuickArgumentVisitor(sp, is_static, shorty, shorty_len),
            sf_(sf), //sf_指向要处理的ShadowFrame对象
```

```
        cur_reg_(first_arg_reg) //遍历时用于记录当前位置的成员变量
        {}
    //调用下面这个函数即可实现参数遍历
    void Visit() SHARED_REQUIRES(Locks::mutator_lock_) OVERRIDE;
    ......
};
```

在 x86 平台上，函数调用时的输入参数是通过栈来传递的。假设当前在函数 A 中，其内部将调用函数 B。那么，如何将栈上 B 的参数存储到它的 ShadowFrame 对象中呢？来看 QuickArgumentVisitor 构造函数。

[quick_trampoline_entrypoints.cc->QuickArgumentVisitor]

```
QuickArgumentVisitor(ArtMethod** sp, bool is_static, const char* shorty,
                uint32_t shorty_len) :
    /*注意QuickArgumentVisitor构造函数的第一个参数，它的类型是ArtMethod**。读者还记得本章
      “KSaveAll、kRefs和kRefsAndArgs”一节的内容吗？其中的图10-2、图10-3和图10-4中
     栈单元的顶部空间存储的都数据的类型就是ArtMethod**。 */
    is_static_(is_static), shorty_(shorty), shorty_len_(shorty_len),
    //gpr_args_指向栈中存储通用寄存器位置的地方
    gpr_args_(reinterpret_cast<uint8_t*>(sp) +
            kQuickCalleeSaveFrame_RefAndArgs_Gpr1Offset),
    //fpr_args_指向栈中存储浮点寄存器位置的地方
    fpr_args_(reinterpret_cast<uint8_t*>(sp) +
            kQuickCalleeSaveFrame_RefAndArgs_Fpr1Offset),
    //stack_args_指向栈中存储输入参数的地方
    stack_args_(reinterpret_cast<uint8_t*>(sp) +
            kQuickCalleeSaveFrame_RefAndArgs_FrameSize + sizeof(ArtMethod*)),
    gpr_index_(0), fpr_index_(0), fpr_double_index_(0), stack_index_(0),
    cur_type_(Primitive::kPrimVoid), is_split_long_or_double_(false) {
    .......
}
```

简单点说，QuickArgumentVisitor 将帮助我们遍历针对 kRefsAndArgs 这种类型的栈帧。图 10-6 展示了 QuickArgumentVisitor 构造函数执行完后，其各个成员变量所指向的栈位置。

图 10-6 清晰地展示了 QuickArgumentVisitor 构造后其主要成员变量和对应栈位置的关系。借助它们，就可以很轻松地遍历栈上的信息，并将其存储到 ShadowFrame 对象中了。具体代码可参考 BuildQuickShadowFrameVisitor 的 Visitor 函数，它比较简单，笔者不拟多说。

10.2 解释执行

如上文所述，一个方法如果采取解释执行的话，其 ArtMethod 对象的机器码入口将指向一段跳转代码——art_quick_to_interpreter_bridge。马上来认识它。

10.2.1 art_quick_to_interpreter_bridge

art_quick_to_interpreter_bridge 是一段由汇编语言写的函数，我们以 x86 平台为例来研究它，代码如下所示。

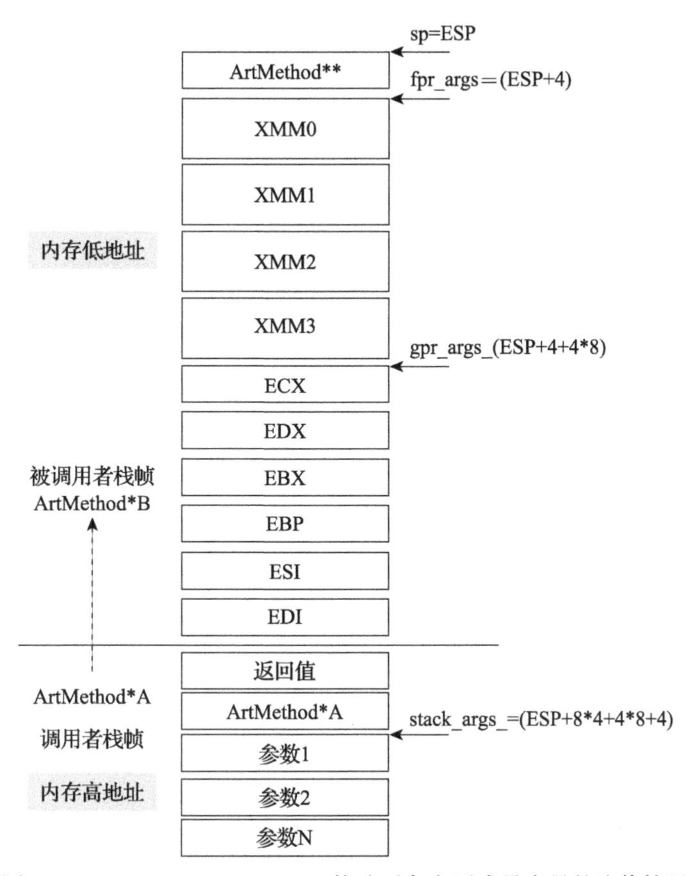

图 10-6　QuickArgumentVisitor 构造后各主要成员变量的取值情况

[quick_entrypoints_x86.S->art_quick_to_interpreter_bridge]

```
#DEFINE_FUNCTION是一个宏，用于定义一个函数。下面将定义
#art_quick_to_interpreter_bridge函数
DEFINE_FUNCTION art_quick_to_interpreter_bridge
    #下面这个宏在10.1.3.1.3节介绍过了，执行其中的汇编指令后，栈的布局将变成如图10-4所示的样子。
    SETUP_REFS_AND_ARGS_CALLEE_SAVE_FRAME  ebx, ebx
    mov %esp, %edx                  #将ESP保存到EDX中
    PUSH eax                        #EAX入栈，EAX寄存器的值代表被调用方法的ArtMethod对象。
    PUSH edx                        #EDX入栈，
    pushl %fs:THREAD_SELF_OFFSET    #获取当前线程的Thread对象，并压入栈中
    PUSH eax                        #EAX入栈。
    call SYMBOL(artQuickToInterpreterBridge)
                                    #调用目标函数
    #参数出栈，恢复到SETUP_REFS_AND_ARGS_CALLEE_SAVE_FRAME执行后的栈状态
    addl LITERAL(16), %esp
    ......
    #下面三行代码用于处理返回值，xmm为浮点寄存，64位长，而eax，edx为32位长。
    #下面这三行代码执行往后，xmm0的低32位的值来自EAX，高32位的值来自EDX。
    movd %eax, %xmm0
    movd %edx, %xmm1
```

```
    punpckldq %xmm1, %xmm0                #将xmm1和xmm0低32位的值组合起来存储到xmm0中。
    #调整栈顶位置
    addl LITERAL(48), %esp
    POP ebp
    POP esi
    POP edi
    RETURN_OR_DELIVER_PENDING_EXCEPTION  //函数返回或抛异常（10.6节将介绍它）
END_FUNCTION art_quick_to_interpreter_bridge
```

art_quick_to_interpreter_bridge 的跳转目标是函数 artQuickToInterpreterBridge。结合图 10-4 以及上面的汇编代码，我们很容易绘制出进入 artQuickToInterpreterBridge 时栈的布局情况，如图 10-7 所示。

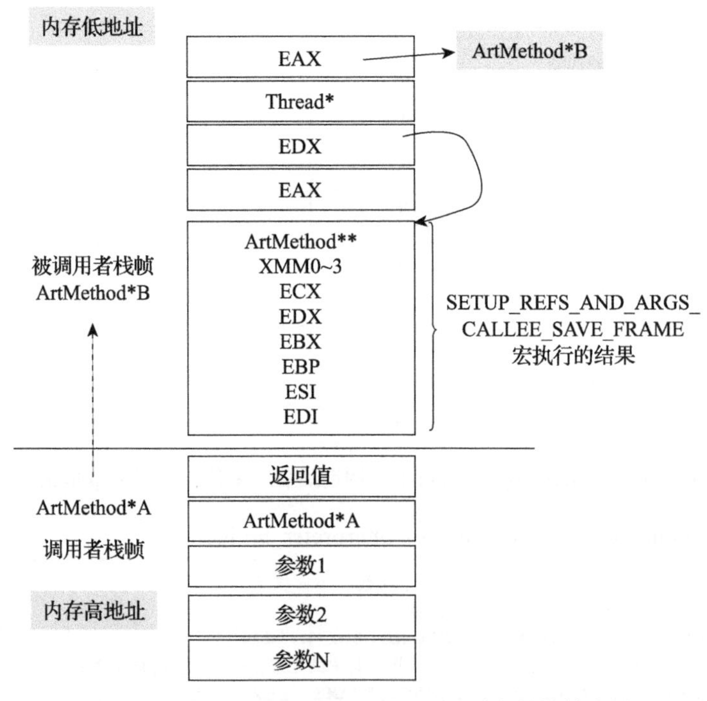

图 10-7　artQuickToInterpreterBridge 对应的栈帧布局

假设被调用的 Java 方法为 B，它对应的 ArtMethod 对象为 ArtMethod* B。那么进入 artQuickToInterpreterBridge 时，栈帧布局就如图 10-7 所示。

10.2.2　artQuickToInterpreterBridge

现在我们来看 artQuickToInterpreterBridge 函数，代码如下所示。

注意　请读者注意，本节先关注解释执行的整体执行流程，其中涉及栈管理、HDeoptimize 的相关知识将留待后续部分再做详细介绍。

[quick_trampoline_entrypoints.cc->artQuickToInterpreterBridge]

```
extern "C" uint64_t artQuickToInterpreterBridge(ArtMethod* method,
                    Thread* self, ArtMethod** sp) {
    //参数method代表当前被调用的Java方法，我们用图10-7中的ArtMethod* B表示它
    ScopedQuickEntrypointChecks sqec(self);
    JValue tmp_value;
    /*PopStackedShadowFrame和Thread对栈的管理有关。此处假设是从机器码跳转到解释执行模式，
      并且不是HDeoptimize的情况，那么，该函数返回值deopt_frame为nullptr。 */
    ShadowFrame* deopt_frame = self->PopStackedShadowFrame(
        StackedShadowFrameType::kSingleFrameDeoptimizationShadowFrame, false);

    ManagedStack fragment; //重要：构造一个ManagedStack对象。
    uint32_t shorty_len = 0;
    //如果不是代理方法的话，non_proxy_method就是ArtMethod* B本身。
    ArtMethod* non_proxy_method =
              method->GetInterfaceMethodIfProxy(sizeof(void*));
    const DexFile::CodeItem* code_item = non_proxy_method->GetCodeItem();
    const char* shorty = non_proxy_method->GetShorty(&shorty_len);

    JValue result; //存储方法调用的返回值
    if (deopt_frame != nullptr) {
        ..... //和HDeoptimize有关，后续章节再介绍它
    } else {
        const char* old_cause = ......;
        uint16_t num_regs = code_item->registers_size_;
        //创建代表ArtMethod B的栈帧对象ShawFrame。注意，它的link_取值为nullptr,
        //dex_pc_取值为0
        ShadowFrameAllocaUniquePtr shadow_frame_unique_ptr =
            CREATE_SHADOW_FRAME(num_regs, /* link */ nullptr, method,
                        /* dex pc */ 0);
        ShadowFrame* shadow_frame = shadow_frame_unique_ptr.get();
        size_t first_arg_reg = code_item->registers_size_ - code_item->ins_size_;
        //借助BuildQuickShadowFrameVisitor将调用参数放到shadow_frame对象中
        BuildQuickShadowFrameVisitor shadow_frame_builder(sp,
                    method->IsStatic(), shorty, shorty_len,
                    shadow_frame, first_arg_reg);
        shadow_frame_builder.VisitArguments();
        //判断ArtMethod* B所属的类是否已经初始化
        const bool needs_initialization =
            method->IsStatic() && !method->GetDeclaringClass()->IsInitialized();
        //重要：下面两行代码将fragment和shadow_frame放到Thread类对应的成员变量中去处理
        //我们后续再讨论这部分内容
        self->PushManagedStackFragment(&fragment);
        self->PushShadowFrame(shadow_frame);
        ......
        //如果ArtMethod B所属类没有初始化，则先初始化它。类初始化就是调用ClassLinker的Ensure-
        //Initialized函数
        if (needs_initialization) {
              StackHandleScope<1> hs(self);
            Handle<mirror::Class> h_class(hs.NewHandle(
                    shadow_frame->GetMethod()->GetDeclaringClass()));
            if (!Runtime::Current()->GetClassLinker()->EnsureInitialized(
                        self, h_class, true, true)) {......}
        }
        //解释执行的入口函数
```

```
        result = interpreter::EnterInterpreterFromEntryPoint(self,
                        code_item, shadow_frame);
        }
        //和Thread对栈的管理有关
        self->PopManagedStackFragment(fragment);
        //根据sp的位置找到本方法的调用者，以图10-7为例，即找到ArtMethod* A，是它调用了本方
        //法（对应为ArtMethod* B）。
        ArtMethod* caller = QuickArgumentVisitor::GetCallingMethod(sp);
        if (UNLIKELY(Dbg::IsForcedInterpreterNeededForUpcall(self, caller))) {
            //和HDeoptimize有关
            self->PushDeoptimizationContext(result, shorty[0] == 'L',
                    /* from_code */ false, self->GetException());
            self->SetException(Thread::GetDeoptimizationException());
        }
        return result.GetJ();    //artQuickToInterpreterBridge返回
    }
}
```

上述 artQuickToInterpreterBridge 代码中，暂时不考虑 HDeoptimize 及 Thread 对栈管理的处理逻辑，它的主要功能就是：

- 构造 ShadowFrame 对象，并借助 BuildQuickShadowFrameVisitor 将该方法所需的参数存储到这个 ShadowFrame 对象中。
- 进入 EnterInterpreterFromEntryPoint，这就是解释执行模式的核心处理函数。马上来看它。

10.2.3 EnterInterpreterFromEntryPoint

我们先观察 EnterInterpreterFromEntryPoint 函数的声明。如下所示。

提示 参考图 10-7，我们依然称所调用的 Java 方法为 B，其 ArtMethod 对象为 ArtMethod* B。

[interpreter.h->EnterInterpreterFromEntryPoint]

```
extern JValue EnterInterpreterFromEntryPoint(
        Thread* self,                       //代表调用线程的Thread对象
    const DexFile::CodeItem* code_item,     //方法B的dex指令码内容
    ShadowFrame* shadow_frame               //方法B所需的参数
);
```

现在来看其定义。

[interpreter.cc->EnterInterpreterFromEntryPoint]

```
JValue EnterInterpreterFromEntryPoint(Thread* self,
            const DexFile::CodeItem* code_item, ShadowFrame* shadow_frame) {
    ......
    //下面这段代码和JIT有关，相关知识见本章后续对JIT的介绍
    jit::Jit* jit = Runtime::Current()->GetJit();
    if (jit != nullptr) {
        jit->NotifyCompiledCodeToInterpreterTransition(self,
                    shadow_frame->GetMethod());
    }
```

```
    //关键函数
    return Execute(self, code_item, *shadow_frame, JValue());
}
```

来看 Execute 函数，代码如下所示。

 [interpreter.cc->Execute]

```
static inline JValue Execute(Thread* self,
        const DexFile::CodeItem* code_item,
        ShadowFrame& shadow_frame,JValue result_register,
        bool stay_in_interpreter = false) {
    /*注意stay_in_interpreter参数，它表示是否强制使用解释执行模式。默认为false，它表示如果
      方法B存在jit编译得到的机器码，则转到jit去执行。  */
    /*下面这个if条件的判断很有深意。我们在本章解释图10-5里ShadowFrame成员变量时曾说过，如果
      是HDeoptimize的情况，ShadowFrame的dex_pc_不是0（这表示有一部分指令以机器码方式执
      行）。如果dex_pc_为0的话，则表示该方法从一开始就将以解释方式执行。我们称这种情况为纯解
      释执行的方法，此时，我们就需要检查它是否存在JIT的情况。  */
    if (LIKELY(shadow_frame.GetDexPC() == 0)) {
        instrumentation::Instrumentation* instrumentation =
                    Runtime::Current()->GetInstrumentation();
        ArtMethod *method = shadow_frame.GetMethod();
        if (UNLIKELY(instrumentation->HasMethodEntryListeners())) {
            instrumentation->MethodEnterEvent(self,
                shadow_frame.GetThisObject(code_item->ins_size_),
                method, 0);
        }
        //判断这个需要纯解释执行的方法是否经过JIT编译了
        if (!stay_in_interpreter) {
            jit::Jit* jit = Runtime::Current()->GetJit();
            if (jit != nullptr) {
                jit->MethodEntered(self, shadow_frame.GetMethod());
                if (jit->CanInvokeCompiledCode(method)) {
                    ...... //转入jit编译的机器码去执行并返回结果
                }
        } }
    } //dex_pc_是否为0判断结束

    ...... //下面是解释执行的处理逻辑
    ArtMethod* method = shadow_frame.GetMethod();
    //transaction_active和dex2oat编译逻辑有关，完整虚拟机运行时候返回false
    bool transaction_active = Runtime::Current()->IsActiveTransaction();
    //是否略过Access检查，即判断是否有权限执行本方法。大部分情况下该if条件是满足的
    if (LIKELY(method->SkipAccessChecks())) {
        /*在ART虚拟机中，解释执行的实现方式有三种，由kInterpreterImplKind取值来控制：
          （1）kMterpImplKind：根据不同CPU平台，采用对应汇编语言编写的，基于goto逻辑的实现。
              这也是kInterpreterImplKind的默认取值。
          （2）kSwitchImplKind：由C++编写，基于switch/case逻辑实现。
          （3）kComputedGotoImplKind：由C++编写，基于goto逻辑实现。根据代码中的注释所述，
              这种实现的代码不支持使用clang编译器。
         这三种实现的思路大同小异，首选自然是速度更快的汇编处理kMterpImplKind模式。
         为了展示一些dex指令的处理逻辑，笔者拟讨论kSwtichImplKind模式的相关代码。 */
    if (kInterpreterImplKind == kMterpImplKind) {
        if (transaction_active) {.....}
        else if (UNLIKELY(!Runtime::Current()->IsStarted())) {
            ...... //针对dex2oat的情况
```

```
        } else {
            ......
            //ExecuteMterpImpl函数的定义由汇编代码实现
            bool returned = ExecuteMterpImpl(self, code_item, &shadow_frame,
                                 &result_register);
            }
        } else if (kInterpreterImplKind == kSwitchImplKind) {
            if (transaction_active) {......
            } else {
                //kSwitchImplKind的入口函数。注意，最后一个参数的值为false。
                return ExecuteSwitchImpl<false, false>(self, code_item, shadow_frame,
                                 result_register, false);
            }
        } else {  //kInterpreterImplKind取值为kComputedGotoImplKind的情况
            if (transaction_active) {......}
        else {
                return ExecuteGotoImpl<false, false>(self, code_item, shadow_frame,
                         result_register);
            }
        }
    }
    ......
}
```

通过上述代码可知，ART 虚拟机中一共有三种解释执行的实现方式。

- ExecuteMterpImpl：使用汇编代码编写，基于 goto 逻辑的实现。对 x86 平台来说，该函数的代码在 runtime/interpreter/mterp/out/mterp_x86.S 文件中。
- ExecuteSwitchImpl：C++ 编写，基于 switch/case 逻辑实现。下文将重点介绍它。
- ExecuteGotoImpl：C++ 编写，基于 goto 逻辑实现。但它不支持 clang 编译。

解释执行的三种实现方式没有本质差别。笔者将以 ExecuteSwitchImpl 为例进行介绍，:

- 先讲解 ExecuteSwitchImpl 的执行流程。
- 然后介绍 invoke-xxx 相关指令的处理步骤。

10.2.3.1 ExecuteSwitchImpl

ExecuteSwitchImpl 的代码如下所示。

结合上文，当前所执行的 Java 方法为 B，其 ArtMethod 对象为 ArtMethod* B。

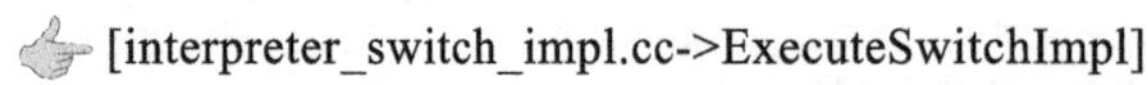

[interpreter_switch_impl.cc->ExecuteSwitchImpl]

```
template<bool do_access_check, bool transaction_active>
JValue ExecuteSwitchImpl(Thread* self, const DexFile::CodeItem* code_item,
                    ShadowFrame& shadow_frame, JValue result_register,
                    bool interpret_one_instruction) {
    //注意上文Execute代码中调用ExeucteSwitchImpl时设置的最后一个参数为false，所以此处inter-
    //pret_one_instruction为false。
    constexpr bool do_assignability_check = do_access_check;
    ......
    //dex_pc指向要执行的dex指令
```

```
    uint32_t dex_pc = shadow_frame.GetDexPC();
    const auto* const instrumentation =
                Runtime::Current()->GetInstrumentation();
    //insns代表方法B的dex指令码数组
    const uint16_t* const insns = code_item->insns_;
    const Instruction* inst = Instruction::At(insns + dex_pc);
    uint16_t inst_data;
    //方法B对应的ArtMethod对象
    ArtMethod* method = shadow_frame.GetMethod();
    jit::Jit* jit = Runtime::Current()->GetJit();
    ......
    do { //遍历方法B的dex指令码数组,
        dex_pc = inst->GetDexPc(insns);
        shadow_frame.SetDexPC(dex_pc);
        ......
        inst_data = inst->Fetch16(0);
        /*借助switch/case，针对每一种dex指令进行处理。注意，处理每种dex指令前，都有一个PREAMBLE
          宏，该宏就是调用instrumentation的DexPcMovedEvent函数。10.5节将单独介绍和instru-
          mentation相关的内容。   */
        switch (inst->Opcode(inst_data)) {
            case Instruction::NOP: //处理NOP指令
                PREAMBLE();
                //Next_1xx是Instruction类的成员函数，用于跳过本指令的参数，使之指向下一条
                //指令的开头。1xx是dex指令码存储格式的一种。读者可不用管它。
                inst = inst->Next_1xx();
                break;
            ...... //其他dex指令码的处理
        case Instruction::INVOKE_DIRECT: { //invoke-direct指令码的处理
            PREAMBLE();
            //DoInvoke的分析见下文。
            bool success = DoInvoke<kDirect, false, do_access_check>(
                self, shadow_frame, inst, inst_data, &result_register);
            /*Next_3xx也是Instruction类的成员函数。下面的POSSIBLY_HANDLE_PENDING_EXCEPTION
              是一个宏，如果有异常发生，则进入异常处理，否则将调用Next_3xx函数使得inst指向
              下一条指令。整个解释执行的流程就这样循环直到所有指令码处理完毕。    */
              POSSIBLY_HANDLE_PENDING_EXCEPTION(!success, Next_3xx);
              break;
                }
            ......
        }
    } while (!interpret_one_instruction); //循环
    //记录dex指令执行的位置并更新到shadow_frame中
    shadow_frame.SetDexPC(inst->GetDexPc(insns));
    return result_register;
}
```

观察上述代码可知，ExecuteSwitchImpl 的处理逻辑非常工整，一种 dex 指令对应为 switch 逻辑中的一种 case。下面我们将对函数调用相关指令的处理函数 DoInvoke 进行介绍。

10.2.3.2　DoInvoke

DoInvoke 是一个模板函数，能处理 invoke-direct/static/super/virtual/interface 等指令。介绍其代码前，我们先回顾调用情况。

- 根据图 10-7，当前我们正以解释执行的模式执行方法 B 中的指令码。

- 方法 B 中有一条 invoke 指令，用于调用方法 C。现在我们就来考察方法 B 是如何处理这条 invoke 指令以调用方法 C 的。我们称方法 C 对应的 ArtMethod 对象为 ArtMethod *C。

> 注意 请读者注意，在执行调用方法 C 的 invoke-xxx 指令之前，方法 C 所需的参数已经通过对应的指令存储到方法 B 的 ShadowFrame 对象中了。笔者此处仅展示了 invoke-xxx 指令的处理过程。

马上来看 DoInvoke 的代码。

[interpreter_common.h->DoInvoke]

```
template<InvokeType type, bool is_range, bool do_access_check>
static inline bool DoInvoke(Thread* self, ShadowFrame& shadow_frame,
            const Instruction* inst, uint16_t inst_data, JValue* result) {
    /*先观察DoInvoke的参数：
      （1）模板参数type：指明调用类型，比如kStatic、kDirect等。
      （2）模板参数is_range：如果该方法有多于五个参数的话，则需要使用invoke-xxx-range这样
          的指令。
      （3）模板参数do_access_check：是否需要访问检查。即检查是否有权限调用invoke指令的目标
          方法C。
      （4）shadow_frame：方法B对应的ShadowFrame对象。
      （5）inst：invoke指令对应的Instruction对象。
      （6）inst_data：invoke指令对应的参数。
      （7）result：用于存储方法C执行的结果。 */
    //method_idx为方法C在dex文件里method_ids数组中的索引
    const uint32_t method_idx = (is_range) ? inst->VRegB_3rc() :
                inst->VRegB_35c();
    //找到方法C对应的对象。它作为参数存储在方法B的ShawdowFrame对象中。
    const uint32_t vregC = (is_range) ? inst->VRegC_3rc() : inst->VRegC_35c();
    Object* receiver = (type == kStatic) ? nullptr :
                shadow_frame.GetVRegReference(vregC);
    //sf_method代表ArtMethod* B。
    ArtMethod* sf_method = shadow_frame.GetMethod();
    /*FindMethodFromCode用于查找代表目标方法C对应的ArtMethod对象，即ArtMethod* C。其内
      部会根据do_access_check的情况检查方法B是否有权限调用方法C。
      注意，FindMethodFromCode函数是根据不同调用类型（kStatic、kDirect、kVirtual、kSuper、
      kInterface）以找到对应的ArtMethod对象的关键代码。这部分内容请读者自行阅读。*/
    ArtMethod* const called_method = FindMethodFromCode<type,
            do_access_check>( method_idx, &receiver, sf_method, self);
    //假设方法C对应的ArtMethod对象找到了，所以，called_method不为空。
    if (UNLIKELY(called_method == nullptr)) {.......}
    else if (UNLIKELY(!called_method->IsInvokable())) {......}
    else {
        //下面这段代码和JIT有关，我们留待后续章节再来介绍。
        jit::Jit* jit = Runtime::Current()->GetJit();
        if (jit != nullptr) {......}
        ......              //instrumentation的处理
        return DoCall<is_range, do_access_check>(called_method, self,
                    shadow_frame, inst, inst_data,result);
    }
}
```

注意　如上文代码中的注释所言，FindMethodFromCode 函数是了解 invoke-direct/static/super/interface/virutal 等指令是如何找到目标 ArtMethod 对象的绝佳场景。如果读者掌握了 8.7.4.1 节的知识，该函数就相对容易理解多了。

来看 DoCall 函数，代码如下所示。

 [interpreter_common.cc->DoCall]

```
template<bool is_range, bool do_assignability_check>
bool DoCall(ArtMethod* called_method, Thread* self,
        ShadowFrame& shadow_frame,const Instruction* inst,
        uint16_t inst_data, JValue* result) {
    const uint16_t number_of_inputs =
        (is_range) ? inst->VRegA_3rc(inst_data) : inst->VRegA_35c(inst_data);
    //kMaxVarArgsRegs为编译常量，值为5
    uint32_t arg[Instruction::kMaxVarArgRegs] = {};
    uint32_t vregC = 0;
    if (is_range) {......}
        else {
            vregC = inst->VRegC_35c();
            inst->GetVarArgs(arg, inst_data); //将调用方法C的参数存储到arg数组中
    }
    //调用DoCallCommon，我们接着看这个函数
    return DoCallCommon<is_range, do_assignability_check>( called_method,
            self, shadow_frame,result, number_of_inputs, arg, vregC);
}
```

[interpreter_common.cc->DoCallCommon]

```
template <bool is_range, bool do_assignability_check, size_t kVarArgMax>
static inline bool DoCallCommon(ArtMethod* called_method,
        Thread* self, ShadowFrame& shadow_frame, JValue* result,
        uint16_t number_of_inputs,uint32_t (&arg)[kVarArgMax],uint32_t vregC) {
    bool string_init = false;
    //和String类的构造函数有关。此处不拟讨论。
    if (UNLIKELY(called_method->GetDeclaringClass()->IsStringClass()
                && called_method->IsConstructor())) {.....}

    const DexFile::CodeItem* code_item = called_method->GetCodeItem();
    uint16_t num_regs;
    if (LIKELY(code_item != nullptr)) {
        num_regs = code_item->registers_size_;
    } else {
        num_regs = number_of_inputs;
    }
    uint32_t string_init_vreg_this = is_range ? vregC : arg[0];
    if (UNLIKELY(string_init)) {......}

    size_t first_dest_reg = num_regs - number_of_inputs;
    ......
    //创建方法C所需的ShadowFrame对象。
    ShadowFrameAllocaUniquePtr shadow_frame_unique_ptr =
            CREATE_SHADOW_FRAME(num_regs, &shadow_frame, called_method, 0);
    ShadowFrame* new_shadow_frame = shadow_frame_unique_ptr.get();
```

```
    if (do_assignability_check) {
        ...... //不考虑这种情况，读者可自行阅读
    } else {
        size_t arg_index = 0;
        if (is_range) {......}
        else {
        //从调用方法B的ShadowFrame对象中拷贝方法C所需的参数到C的ShadowFrame对象里
        for (; arg_index < number_of_inputs; ++arg_index) {
            AssignRegister(new_shadow_frame, shadow_frame,
                        first_dest_reg + arg_index, arg[arg_index]);
            }
        }
        ......
    }
    //准备方法C对应的ShadowFrame对象后，现在将考虑如何跳转到目标方法C。
    if (LIKELY(Runtime::Current()->IsStarted())) {
        ArtMethod* target = new_shadow_frame->GetMethod();
        //如果处于调试模式，或者方法C不存在机器码，则调用
        //ArtInterpreterToInterpreterBridge函数，显然，它是解释执行的继续。
        if (ClassLinker::ShouldUseInterpreterEntrypoint(
                target, target->GetEntryPointFromQuickCompiledCode())) {
            ArtInterpreterToInterpreterBridge(self, code_item,
                                new_shadow_frame,result);
        } else {
            //如果可以用机器码方式执行方法C，则调用ArtInterpreterToCompiledCodeBridge,
            //它将从解释执行模式进入机器码执行模式。
            ArtInterpreterToCompiledCodeBridge(
                self, shadow_frame.GetMethod(), code_item,
                new_shadow_frame, result);
        }
    } else { //dex2oat中的处理。因为dex2oat要执行诸如类的初始化方法"<clinit>"，这些方法都
            //采用解释执行模式来处理的。
        UnstartedRuntime::Invoke(self, code_item, new_shadow_frame, result,
                                first_dest_reg);
    }
    ......
    return !self->IsExceptionPending();
}
```

10.2.3.2.1 ArtInterpreterToInterpreterBridge

ArtInterpreterToInterpreterBridge 的代码如下所示。

[interpreter.cc->ArtInterpreterToInterpreterBridge]

```
void ArtInterpreterToInterpreterBridge(Thread* self,
                const DexFile::CodeItem* code_item,
                ShadowFrame* shadow_frame, JValue* result) {
    ......
    self->PushShadowFrame(shadow_frame); //方法C对应的ShadowFrame对象入栈
    ArtMethod* method = shadow_frame->GetMethod();
    const bool is_static = method->IsStatic();
    if (is_static) {
        //如果方法C为静态方法，则判断该方法所属的类是否初始化过了，如果没有，则先初始化这个类。
        mirror::Class* declaring_class = method->GetDeclaringClass();
        if (UNLIKELY(!declaring_class->IsInitialized())) {
```

```
            StackHandleScope<1> hs(self);
            HandleWrapper<Class> h_declaring_class(hs.NewHandleWrapper(
                                 &declaring_class));
            if (UNLIKELY(!Runtime::Current()->GetClassLinker()->EnsureInitialized(
                self, h_declaring_class, true, true))) {......}
        }
    }
    //如果不是JNI方法，则调用Execute执行该方法。Execute函数我们在10.2.3节介绍过它了。
    if (LIKELY(!shadow_frame->GetMethod()->IsNative())) {
        result->SetJ(Execute(self, code_item, *shadow_frame,
            JValue()).GetJ());
    } else {......               /*dex2oat中的处理*/ }
    self->PopShadowFrame();       //方法C对应的ShadowFrame出栈
}
```

ArtInterpreterToInterpreterBridge非常简单，笔者不拟多说。代码中涉及Thread类对ShadowFrame的出入栈管理，我们下文单独讨论它。

10.2.3.2.2 ArtInterpreterToCompiledCodeBridge

如果方法C存在机器码，则需要从解释执行模式转入机器码执行模式。我们来看其中的关键函数ArtInterpreterToCompiledCodeBridge。

[interpreter_common.cc->ArtInterpreterToCompiledCodeBridge]

```
void ArtInterpreterToCompiledCodeBridge(Thread* self,
            ArtMethod* caller, const DexFile::CodeItem* code_item,
                ShadowFrame* shadow_frame, JValue* result) {
    ArtMethod* method = shadow_frame->GetMethod();
    if (method->IsStatic()) {
        //检查方法C所属类是否完成了初始化，如果没有，则先初始化该类。
        ......
    }
    uint16_t arg_offset = (code_item == nullptr) ? 0 :
                    code_item->registers_size_ - code_item->ins_size_;
    jit::Jit* jit = Runtime::Current()->GetJit();
    ...... //JIT相关，此处先略过
    //调用ArtMethod* C的Invoke函数。直接来看这个函数的代码。
    method->Invoke(self, shadow_frame->GetVRegArgs(arg_offset),
            (shadow_frame->NumberOfVRegs() - arg_offset) * sizeof(uint32_t),
            result,
            method->GetInterfaceMethodIfProxy(sizeof(void*))->GetShorty());
}
```

[art_method.cc->ArtMethod::Invoke]

```
void ArtMethod::Invoke(Thread* self, uint32_t* args, uint32_t args_size,
                JValue* result,const char* shorty) {
    /* 注意参数
       (1) args: 方法C所需的参数。它是一个数组，元素个数为args_size。
       (2) result: 存储方法C调用结果的对象。
       (3) shorty: 方法C的简短描述。    */
    //栈操作，详情见下文分析
    ManagedStack fragment;
    self->PushManagedStackFragment(&fragment);//
```

```
    Runtime* runtime = Runtime::Current();
    if (UNLIKELY(!runtime->IsStarted() ||
        Dbg::IsForcedInterpreterNeededForCalling(self, this))) {......}
    else {
        //再次判断方法C是否存在机器码
        bool have_quick_code = GetEntryPointFromQuickCompiledCode() != nullptr;
        if (LIKELY(have_quick_code)) {
            //如果是非静态函数，则调用art_quick_invoke_stub函数，否则调用
            //art_quick_invoke_static_stub函数。这两个函数也是由汇编代码编写。我们看
            //其中的art_quick_invoke_stub函数。
            if (!IsStatic()) {
            (*art_quick_invoke_stub)(this, args, args_size, self, result, shorty);
            } else {
                (*art_quick_invoke_static_stub)(this, args, args_size, self,
                    result, shorty);
            }
            //和HDeoptimize有关。详情见下文。
            if (UNLIKELY(self->GetException() ==
                        Thread::GetDeoptimizationException())) {
                self->DeoptimizeWithDeoptimizationException(result);
            }
        }
    ......
    self->PopManagedStackFragment(fragment);
}
```

[quick_entrypoints_x86.S->art_quick_invoke_stub]

```
/*这段注释来自于源码，它展示了调用art_quick_invoke_stub函数时，相关参数在栈中的布局
    * Quick invocation stub (non-static).
    * On entry:
    *  [sp] = return address 返回值地址，这是由函数调用指令自动压入栈的
    *  [sp + 4] = method pointer 代表方法C的ArtMethod对象
    *  [sp + 8] = argument array or null for no argument methods
    *  [sp + 12] = size of argument array in bytes
    *  [sp + 16] = (managed) thread pointer 这是代表调用线程的Thread对象
    *  [sp + 20] = JValue* result
    *  [sp + 24] = shorty
    */
DEFINE_FUNCTION art_quick_invoke_stub       #定义art_quick_invoke_stub函数
    PUSH ebp                                // save ebp
    PUSH ebx                                // save ebx
    PUSH esi                                // save esi
    PUSH edi                                // save edi
    ......                                  //处理浮点寄存器、扩展栈空间等
    //下面的循环用于从args中拷贝参数到栈上。此处保留代码中原有的注释
    movl 28(%ebp), %ecx                     // ECX = size of args
    movl 24(%ebp), %esi                     // ESI = argument array
    leal 4(%esp), %edi                      // EDI = just after Method* in stack arguments
    rep movsb                               // while (ecx--) { *edi++ = *esi++ }

    ......                                  //略过其他代码
.Lgpr_setup_finished:                       #至此，参数已经准备好。下面将进入ArtMethod对
                                             象的机器码入口
    mov 20(%ebp), %eax                      //EBP+20处保存着ArtMethod* C对象，将其拷贝
```

```
                                                  到EAX中
    //跳转到这个ArtMethod对象机器码入口对应的地方。
    call *ART_METHOD_QUICK_CODE_OFFSET_32(%eax)
    .....                                     //恢复栈，设置返回值到result中
    ret
END_FUNCTION art_quick_invoke_stub
```

art_quick_invoke_stub 虽然是由汇编代码编写，但其内容相对比较容易简单。从上面展示的代码可知，在 x86 平台上，art_quick_invoke_stub 将：

- 首先准备好栈空间，尤其是将机器码函数所需的参数拷贝到栈上。在相关参数中，EAX 寄存器存储着目标方法对应的 ArtMethod 对象。
- 然后通过 call 指令跳转到该 ArtMethod 对象的机器码入口。如此这般，我们就将以机器码方式执行这个方法。
- 该方法的机器码执行完后将返回到 art_quick_invoke_stub 执行。此时，art_quick_invoke_stub 将把执行结果存储到 result 位置。
- 当调用流程从 art_quick_invoke_stub 返回后，解释执行的处理逻辑就得到了方法 C 机器码执行的结果。

10.2.4 调用栈的管理和遍历

前几节对解释执行的流程进行了详细介绍，但并未介绍 Thread 如何管理诸如 ShadowFrame、ManagedStack 等知识。本节就来介绍它们。

10.2.4.1 ManagedStack 的管理

仔细观察的话，读者会发现 ART 虚拟机一共有三个不同的执行层。

- 虚拟机自身代码逻辑的运行：比如 artQuickToInterpreterBridge 函数。该函数运行的是虚拟机自己的代码，笔者称之为虚拟机执行层。
- Java 方法的解释执行：当 artQuickToInterpreterBridge 准备好一个代表调用栈的 ShadowFrame 对象，然后进入 EnterInterpreterFromEntryPoint 后，目标 Java 方法就将以解释方式运行在解释执行层。
- Java 方法的机器码执行：在这种情况下，Java 方法将被编译成机器码，该方法以机器码的方式运行。对应为机器码执行层。

这三个执行层是穿插进行的，例如，虚拟机最开始一定是运行在虚拟机执行层，然后根据目标 Java 方法的情况，要么进入机器码执行层，要么进入解释执行层。另外，机器码执行层不能直接转入解释执行层，必须借助虚拟机执行层，反之亦然。图 10-8 所示为三个执行层之间的关系。

图 10-8 展示了 ART 虚拟机运行目标方法 A 时发生的函数调用情况。

- 虚拟机启动，调用方法 A。A 内部调用方法 B。A 和 B 均以机器码方式运行。
- 方法 B 内部调用方法 C，方法 C 内部又调用方法 D。C 和 D 以解释模式执行。
- 方法 D 内部又调用方法 E，方法 E 以机器码方式运行。

在 ART 虚拟机中，从虚拟机执行层进入机器码执行层，或者从虚拟机执行层进入解释执行层的过程叫 transition（过渡或转变）。另外，**请读者注意**，当我们在方法 E 中进行栈回溯（比

如打印调用栈的信息）时，输出的应该是 Java 方法 A、B、C、D 的信息，而不能包含虚拟机执行层自身所调用的函数。

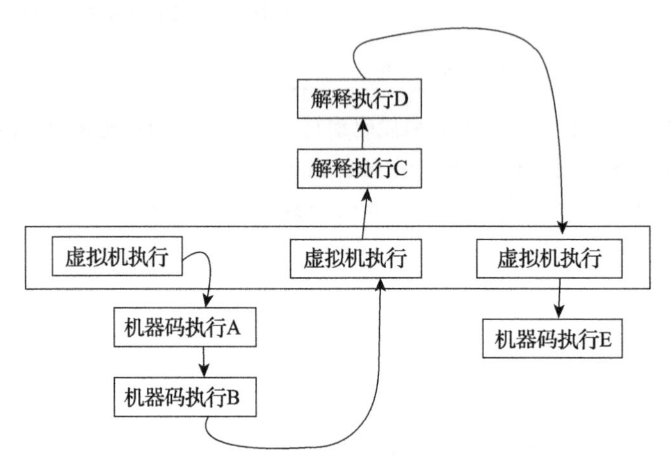

图 10-8　三个执行层面交互示意

由于这三个执行层的存在以及运行过程中的交织，ART 虚拟机代码中提供了一个 ManagedStack 类以及一个形如栈的组织结构来开展相关管理工作。外部操作这个 ManagedStack 对象栈的入口函数在 Thread 类中，它们是：

- PushManagedStackFramgnet 和 PopManagedStackFragment。这两个函数成对出现。当从虚拟机执行层进入机器码执行层或者解释执行层时，虚拟机会创建一个 ManagedStack 对象，并调用 Thread PushManagedStackFragment 函数。当目标方法返回后，Thread PopManagedStackFragment 会被调用。
- PushShadowFrame 和 PopShadowFrame。这两个函数专供解释执行层使用，代表某个被调用的 Java 方法所用的栈帧。
- 机器码执行层和虚拟机执行层本身不需要单独的栈管理对象。

马上来看 Thread 类中相关的成员变量和函数。

[thread.h->Thread]

```
/*每一个Thread对象有一个唯一的tlsPtr_对象，其中包含一个managed_stack成员变量。如上文所述，
  Thread将按照栈的方式（先入后出）来管理ManagedStack对象。tlsPtr_managed_stack代表栈顶的
  那个ManagedStack对象。  */
struct tls_ptr_sized_values {
    ManagedStack managed_stack;   //这是一个对象，不是指针
}tlsPtr_;
//ManagedStack的Push和Pop处理
void PushManagedStackFragment(ManagedStack* fragment) {
    //fragment入栈，详情见下文代码分析
    tlsPtr_.managed_stack.PushManagedStackFragment(fragment);
}
void PopManagedStackFragment(const ManagedStack& fragment) {
    tlsPtr_.managed_stack.PopManagedStackFragment(fragment);
}
```

```
//ShadowFrame的Push和Pop处理
ShadowFrame* PushShadowFrame(ShadowFrame* new_top_frame) {
    return tlsPtr_.managed_stack.PushShadowFrame(new_top_frame);
}
ShadowFrame* PopShadowFrame() {
    return tlsPtr_.managed_stack.PopShadowFrame();
}
```

上述几个成员函数中均调用了 ManagedStack 对应的成员函数，它们的代码如下所示。

[stack.h->ManagedStack]

```
void PushManagedStackFragment(ManagedStack* fragment) {
    //先拷贝this的内容到fragment中。此后，fragment将保存this的内容
    memcpy(fragment, this, sizeof(ManagedStack));
    //清空this。注意，this以前的内容通过上行代码已存储到fragment里了。
    memset(this, 0, sizeof(ManagedStack));
    //设置link_为新的fragment。
    link_ = fragment;
}

void PopManagedStackFragment(const ManagedStack& fragment) {
    //复制fragment的内容到this
    memcpy(this, &fragment, sizeof(ManagedStack));
}
//处理ShadowFrame
ShadowFrame* PushShadowFrame(ShadowFrame* new_top_frame) {
    ShadowFrame* old_frame = top_shadow_frame_;
    top_shadow_frame_ = new_top_frame;
    new_top_frame->SetLink(old_frame);
    return old_frame;
}

ShadowFrame* PopShadowFrame() {
    ShadowFrame* frame = top_shadow_frame_;
    top_shadow_frame_ = frame->GetLink();
    return frame;
}
```

图 10-9 给出了一次 PushManagedStackFragment 和一次 PushShadowFrame 操作的结果。在图 10-9 中，PushManagedStack 和 PushShadowFrame 的过程顺序由左至右。

- 首先，调用线程内部维护了一个 ManagedStack 栈，它是用 link_ 成员变量组织的一个单链表结构。最左边是 ManagedStack 栈的初始状态，栈顶只有一个 tlsPtr_managed_stack 元素，其各项成员变量取值都为 0。
- 接着，构造了一个 stack1 ManagedStack 对象。根据 ManagedStack 的构造函数可知，stack1 各项成员变量取值均为 0。然后，调用 Thread PushManagedStack 函数，将 stack1 压入 ManagedStack 栈中。注意，根据上面的代码可知，PushManagedStack 并非直接将 stack1 放在栈顶，而是将 tlsPtr_managed_stack 对象的内容先拷贝到 stack1。最后，清空 tlsPtr_managed_stack 对象，并设置其 link_ 指向 stack1。从这里也可以看出，tlsPtr_managed_stack 代表 ManageStack 栈的栈顶。

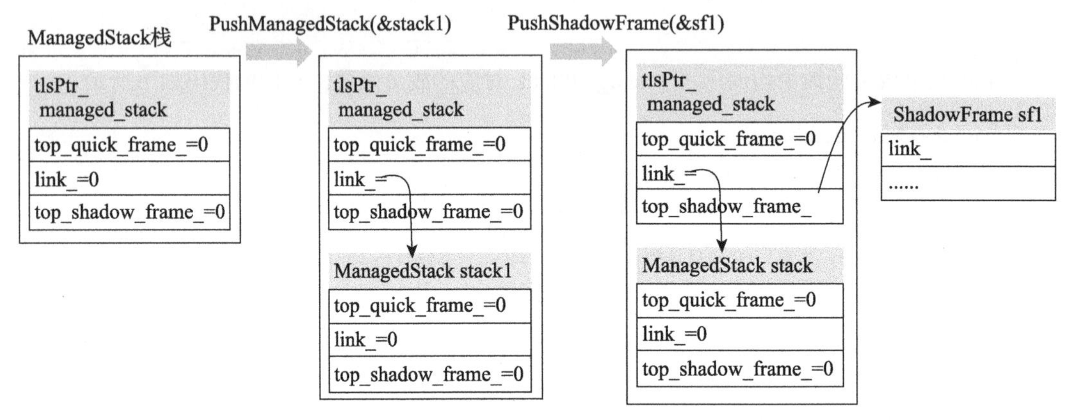

图 10-9 PushManagedStack 和 PushShadowFrame 示意

- 最右边表示需要解释执行一个方法。所以会先构造一个 ShadowFrame 对象 sf1，然后调用 Thread PushShadowFrame 函数将其压入 ShadowFrame 的栈中。此时，tlsPtr_managed_stack top_shadow_frame_ 指向 sf1。注意，top_shadow_frame_ 也是指向 Shadow-Frame 栈的栈顶，即代表最内层被调用的函数栈。
- 后续解释执行某个方法调用时，只要拓展 ShadowFrame 的栈就可以了，不需要操作 ManagedStack 栈。

如上文所述，机器码执行层中，其栈空间没有类似 ShadowFrame 这样的数据结构，而是按照 CPU 平台上本身的函数调用栈进行管理。但是，如果一旦机器码执行层需要转入虚拟机执行层，比如，要通过解释方式执行某个方法，就会利用对应的跳转代码先进入虚拟机执行层。读者可回顾 art_quick_to_interpreter_bridge 的汇编代码，其中用到了 SETUP_REFS_AND_ARGS_CALLEE_SAVE_FRAME 宏，而这个宏内部有一处代码就是设置 Thread tlsPtr_managed_stack top_quick_frame_ 成员变量。来看图 10-10。

在图 10-10 中：

- 左边是 PushManagedStackFragment stack1 的结果。
- 右边是以机器码执行方法 A 的栈空间。其中，A 调用 B，B 调用 C。
- 由于 C 需要解释执行，所以将通过 art_quick_to_interpreter_bridge 先进入虚拟机执行层。在这个过程中，tlsPtr_managed_stack top_quick_frame_ 将指向如图所示的 Runtime ArtMethod 对象。

下面我们结合 ART 虚拟机中遍历栈空间的相关代码加深对上述知识的理解。

10.2.4.2 回溯调用栈

ART 虚拟机中有一个 StackVisitor 类，其中的一个名为 WalkStack 的成员函数就可以用来向上回溯调用栈，来看它的代码。

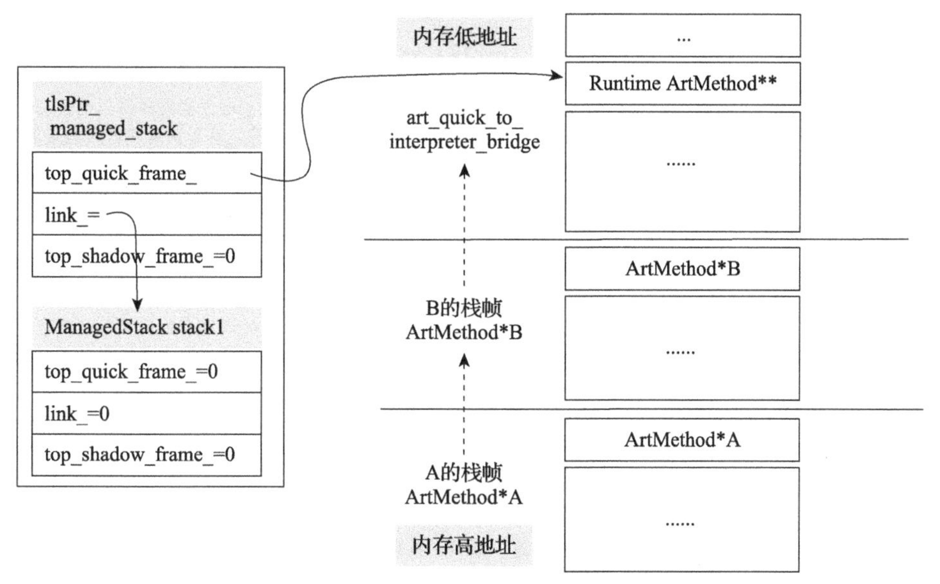

图 10-10　ManagedStack 和机器码执行的栈管理示意

[stack.cc->StackVisitor::WalkStack]

```
void StackVisitor::WalkStack(bool include_transitions) {
    /*注意参数：include_transitions表示是否要遍历transition对应的ManagedStack如上文所
      述，当进行Java栈回溯时，一般不需要展示虚拟机执行层自己的函数调用。这时需设置include_transi-
      tions为false。但在异常处理过程中，我们却需要设置它为true。WalkStack函数中，该参数的
      默认值为false。 */
    ......
    uint32_t instrumentation_stack_depth = 0;
    size_t inlined_frames_count = 0;
    //如上文所述，tlsPtr_managed_stack_表示ManagedStack栈的栈顶。通过它可回溯ManagedStack
    //栈中的对象
    for (const ManagedStack* current_fragment = thread_->GetManagedStack();
            current_fragment != nullptr;
                current_fragment = current_fragment->GetLink()) {
        /*结合图10-8、图10-9、图10-10可知，一个ManagedStack对象有三种含义：
          (1) cur_shadow_frame_不为空，则可用来回溯解释执行层中的函数调用。
          (2) cur_quick_frame_不为空，则可用来回溯机器码执行层中的函数调用。
          (3) 如果上述两个变量均为空，则表示该对象位于虚拟机执行层。*/
         cur_shadow_frame_ = current_fragment->GetTopShadowFrame();
         cur_quick_frame_ = current_fragment->GetTopQuickFrame();
         cur_quick_frame_pc_ = 0;
         cur_oat_quick_method_header_ = nullptr;
         if (cur_quick_frame_ != nullptr) { //回溯机器码执行层中的函数调用
        ArtMethod* method = *cur_quick_frame_;
        while (method != nullptr) { //注意，这是一个while循环
            /*获取该方法对应的QuickOatMethodHeader信息。读者可回顾9.6.1.2节的图9-37。
              注意，如果method是Runtime Method，则返回为nullptr。  */
            cur_oat_quick_method_header_ =
```

```
                        method->GetOatQuickMethodHeader(cur_quick_frame_pc_);
            if ((walk_kind_ == StackWalkKind::kIncludeInlinedFrames ||
                walk_kind_ == StackWalkKind::kIncludeInlinedFramesNoResolve)
                ......) {
                ...... //这部分代码和内联函数有关。一个Java方法编译得到的机器码后可能
                           以内联的方式嵌入到它的调用函数里。遍历调用栈时，需要处理内联
                           的这部分代码，将其当作非内联的方式来处理。
            }
            /*VisitFrame是StackVisitor类的虚成员函数，由其派生类实现。调用这个函数时，表
              示已经解析得到一个栈帧。VisitFrame的返回值表示是否继续向上遍历调用栈 */
            bool should_continue = VisitFrame();
            if (UNLIKELY(!should_continue)) { return; }
            /*到此，一个函数的栈帧访问完毕，接下来要定位它的调用者的栈帧。计算方法非常简
              单，在当前栈帧顶部位置上加上一个该栈帧的大小即可定位到调用者的栈帧顶部位
              置。相关代码如下所示。*/
                QuickMethodFrameInfo frame_info = GetCurrentQuickFrameInfo();
            if (context_ != nullptr) { //保存上下文信息，在做异常处理时可用到
                context_->FillCalleeSaves(reinterpret_cast<uint8_t*>(
                                    cur_quick_frame_), frame_info);
            }
            /*下面这段代码值得注意，假设函数调用栈为方法A调用方法B。此时刚访问完方法B。
              现在要确定方法A的栈帧位置，以及方法B函数调用的返回地址（位于方法A的栈帧中）。
              所以，下面代码执行完的结果是：
                cur_quick_frame_pc_：代表方法A的栈空间中，B函数返回后的pc值。
                cur_quick_frame_：指向方法A的栈空间。   */
            size_t frame_size = frame_info.FrameSizeInBytes();
            size_t return_pc_offset = frame_size - sizeof(void*);
            uint8_t* return_pc_addr = reinterpret_cast<uint8_t*>(
                                cur_quick_frame_) + return_pc_offset;
            uintptr_t return_pc = *reinterpret_cast<uintptr_t*>(return_pc_addr);
            cur_quick_frame_pc_ = return_pc;
            uint8_t* next_frame = reinterpret_cast<uint8_t*>(cur_quick_frame_) +
                                    frame_size;
            cur_quick_frame_ = reinterpret_cast<ArtMethod**>(next_frame);
            cur_depth_++; //栈帧深度加1
            method = *cur_quick_frame_; //找到方法A对应的ArtMethod对象
        } //如果method不为空，则继续上面的while循环
    } else if (cur_shadow_frame_ != nullptr) { //解释执行层的栈回溯
        do { //也是一个循环。调用VisitFrame虚函数
            bool should_continue = VisitFrame();
            if (UNLIKELY(!should_continue)) { return; }
            cur_depth_++; //栈帧深度加1
            //回溯解释执行层的函数调用
            cur_shadow_frame_ = cur_shadow_frame_->GetLink();
        } while (cur_shadow_frame_ != nullptr);
}
//当机器码执行层栈帧或解释执行栈帧遍历完后，将进入虚拟机执行层。注意，只有下面的include_
//transitions为true，才会调用VisitFrame
if (include_transitions) {
        bool should_continue = VisitFrame();
        if (!should_continue) { return; }
}
cur_depth_++; //栈帧深度加1
```

```
        }
        ......
    }
```

到此，关于 ART 虚拟机中 ManagedStack 的栈知识的介绍先告一段路，10.6 节中介绍异常处理的逻辑中还会再次碰到它们。

10.3 ART 中的 JIT

JIT 是 Just-In-Time 的缩写，它和虚拟机解释执行模式的关系非常紧密。

- 虚拟机会对方法的执行次数进行统计，当某个方法的执行次数达到一定阈值后（ART 虚拟机称之为 hot method），虚拟机会将这些 hot method 编译成本地机器码。这样，这些方法后续将以机器码的方式来执行。这是 JIT 最常见的形式。
- 还有一种类型的方法，执行次数可能不多（甚至很少），但方法内部却包含了一个循环次数特别多的循环。当循环执行到一定次数后，JIT 会被触发，该方法也会被编译成机器码。但这个机器码并不会等到该方法的下一次调用才执行，而是作为后续指令执行。比如，假设某个方法包含一个循环次数为 10 万的循环，循环次数为 1 万之前该方法还是以解释方式执行，循环次数 1 万之后就切换为机器码方式执行。这种处理方式需要将机器码执行所需的栈信息替换之前以解释执行的栈，所以也叫 On Stack Replacement（简称 OSR）技术。

> 提示　读者稍后将体会到，如果掌握了本书前述章节中关于 dex2oat 等编译相关知识的话，ART JIT 就简单很多了。其最难的部分其实还是编译相关的部分。好在和 dex2oat 一样，JIT 编译也是使用 OptimizingCompiler 的，而相关知识我们在前文都介绍过了。

图 10-11 展示了 ART 虚拟机中和 JIT 模块相关的类。

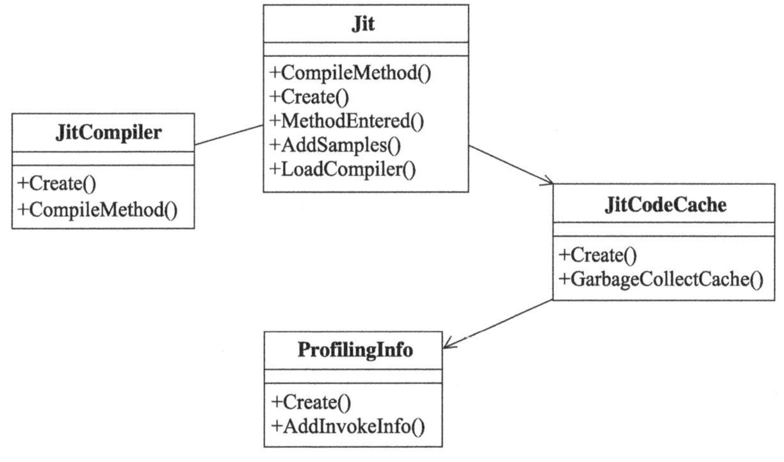

图 10-11　JIT 模块相关类

图10-11展示了ART虚拟机中JIT模块包含的几个重要类。其中：

- Jit类是ART JIT模块的门户。JIT模块提供的主要功能将借助该类的相关成员函数对外输出。
- JitCodeCache管理用来存储JIT编译结果的一段内存空间。当内存不够用时，这部分内存空间可以被回收。
- JitCompiler用于处理JIT相关的编译。其内部用到的编译模块和dex2oat里AOT（Ahead-Of-Time，和JIT相对的编译）编译用到的编译模块同为OptimizingCompiler。可以这么说，从编译角度来看，ART中的JIT和AOT用到的技术没有区别。只不过编译的时机不同而已。
- ProfilingInfo类用于管理一个方法的性能统计信息。

马上来看Jit类，其类声明如下所示。

[jit.h->Jit 类]

```
class Jit { //为方便讲解，代码行的位置有所调整
    public:
        //①Create用于创建Jit对象
        static Jit* Create(JitOptions* options, std::string* error_msg);

        //②下面这个成员函数用于对某个方法进行性能统计
        void AddSamples(Thread* self, ArtMethod* method, uint16_t samples,
                bool with_backedges);
        //③对方法method进行JIT编译
        bool CompileMethod(ArtMethod* method, Thread* self, bool osr);
        ......
        //④判断是否可以进行OSR，后续将转入机器码执行模式
        static bool MaybeDoOnStackReplacement(Thread* thread,
                     ArtMethod* method, uint32_t dex_pc, int32_t dex_pc_offset,
                     JValue* result);
    private:
        ......
        //code_cache_指向一个JitCodeCache对象，它用于管理JIT所需的内存空间
        std::unique_ptr<jit::JitCodeCache> code_cache_;
        ......
        //线程池对象，内部通过工作线程来处理和JIT相关的工作，如编译等。
        std::unique_ptr<ThreadPool> thread_pool_;
        ......
};
```

上述Jit类的声明代码中，笔者重点展示了4处关键函数，下面分别来介绍它们。

10.3.1 Jit、JitCodeCache等

首先是创建Jit对象的Jit Create函数，代码如下所示。

[jit.cc->Jit::Create]

```
Jit* Jit::Create(JitOptions* options, std::string* error_msg) {
    //参数options为创建JIT运行相关的控制参数
    std::unique_ptr<Jit> jit(new Jit);
```

```
    jit->dump_info_on_shutdown_ = options->DumpJitInfoOnShutdown();
    //LoadCompiler用于加载编译相关的模块。详情见下文代码分析。
    if (jit_compiler_handle_ == nullptr && !LoadCompiler(error_msg)) {....}
    //创建JitCodeCache对象。其详情见下文代码分析。
    jit->code_cache_.reset(JitCodeCache::Create(
            options->GetCodeCacheInitialCapacity(),
            options->GetCodeCacheMaxCapacity(),
            jit->generate_debug_info_,  error_msg));
    ......
    /*设置Jit的几个成员变量，它们的含义分别是：
      （1）hot_method_threshold_：hot method阈值，默认为10000。当一个方法执行的次数超过
         该阈值后，JIT将对该方法进行编译。
      （2）warm_method_threshold_：warm method阈值，默认为5000。当一个方法执行的次数超过
         该阈值后，JIT将为该方法生成性能统计文件并进行性能统计。
      （3）osr_method_threshold_：osr method阈值，默认为20000。和OSR有关，详情见下文代
         码分析。
      （4）priority_thread_weight_：线程的阈值权重。某些线程比较重要，Java方法在这些线程中
         执行时，其最终统计的执行次数等于实际运行次数乘以这个线程阈值权重，默认值为5。比如，
         某个方法在这种线程上执行一次，其最终计算的执行次数将变成为1*5。
      （5）invoke_transition_weight_：如果被调用的方法为解释执行，而它的调用者却以机器码
         执行，这种运行模式的切换将极大影响速度。所以JIT模块针对这种情况也设置了阈值控制。
         invoke_transition_weight_默认值为10。    */
    jit->hot_method_threshold_ = options->GetCompileThreshold();
    jit->warm_method_threshold_ = options->GetWarmupThreshold();
    jit->osr_method_threshold_ = options->GetOsrThreshold();
    jit->priority_thread_weight_ = options->GetPriorityThreadWeight();
    jit->invoke_transition_weight_ = options->GetInvokeTransitionWeight();
    jit->CreateThreadPool();
    ......
    return jit.release();
}
```

下面来看 LoadCompiler 函数

10.3.1.1 LoadCompiler

LoadCompiler 函数的代码如下所示。

 [jit.cc->Jit::LoadCompiler]

```
bool Jit::LoadCompiler(std::string* error_msg) {
    /*LoadCompilerLibrary通过dlopen的方式加载libart.so，并从其中取出
      jit_load、jit_compile_method等函数并赋值给Jit对应的成员变量。*/
    if (jit_library_handle_ == nullptr && !LoadCompilerLibrary(error_msg)) {
        return false;
    }
    ......
    //jit_load_为Jit的成员函数，是一个函数指针，执行jit_load函数
    jit_compiler_handle_ = (jit_load_)(&will_generate_debug_symbols);
    ......
    return true;
}
```

下面，我们直接介绍和 JIT 编译相关的代码及相关类 JitCompiler。

10.3.1.1.1 jit_load

jit_load 的代码如下所示。

[jit_compiler.cc->jit_load 等]

```
extern "C" void* jit_load(bool* generate_debug_info) {
    //创建JitCompiler对象
    auto* const jit_compiler = JitCompiler::Create();
    ......
    return jit_compiler;
}
```

[jit_compiler.cc->JitCompiler 构造函数]

```
JitCompiler::JitCompiler() {
    compiler_options_.reset(new CompilerOptions(
        ......));
    ......;
    //CompilerDriver在第6章和第9章均有介绍。其内部将创建OptimizingCompiler对象
    //用于完成具体的编译工作。
    compiler_driver_.reset(new CompilerDriver(
        compiler_options_.get(),......));
    ......
}
```

我们接着了解一下 jit_compile_method 函数，它将对某个 Java 方法进行编译。

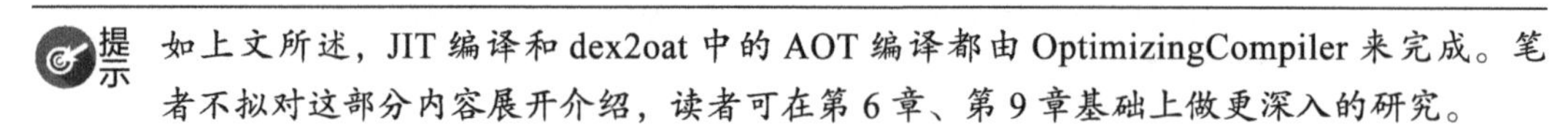
提示 如上文所述，JIT 编译和 dex2oat 中的 AOT 编译都由 OptimizingCompiler 来完成。笔者不拟对这部分内容展开介绍，读者可在第 6 章、第 9 章基础上做更深入的研究。

10.3.1.1.2 jit_compile_method

jit_compile_method 的代码如下所示。

[jit_compiler.cc->jit_compile_method]

```
extern "C" bool jit_compile_method(
        void* handle, ArtMethod* method, Thread* self, bool osr) {
    auto* jit_compiler = reinterpret_cast<JitCompiler*>(handle);
    return jit_compiler->CompileMethod(self, method, osr);
}
```

[jit_compiler.cc->JitCompiler::CompileMethod]

```
bool JitCompiler::CompileMethod(Thread* self, ArtMethod* method, bool osr) {
    //method为待编译的方法，osr表示是否为针对OSR的编译
    StackHandleScope<2> hs(self);
    Runtime* runtime = Runtime::Current();
    //先确保该方法所属的类完成了初始化工
    Handle<mirror::Class> h_class(hs.NewHandle(method->GetDeclaringClass()));
    if (!runtime->GetClassLinker()->EnsureInitialized(self, h_class, true,
        true)) { ......}
    bool success = false;
    {
        JitCodeCache* const code_cache = runtime->GetJit()->GetCodeCache();
        /*GetCompiler返回的是OptimizingCompiler，然后调用它的JitCompile函数。
          编译得到的结果（机器码、StackMap等信息）将通过调用JitCodeCache的CommitCode函数
```

```
            存储在code_cache提供的空间里。  */
        success = compiler_driver_->GetCompiler()->JitCompile(self, code_cache,
                    method, osr);
        if (success && (perf_file_ != nullptr)) {
            ......//perf_file_是一个文件对象，如果JIT设置了生成调试信息的选项，则会生成一
                  //个/data/misc/trace/perf-进程pid号.map文件。该文件里的信息很简单，
                  //感兴趣的读者阅读此处略去的代码即可了解。
        }
    }
    ......
    return success;
}
```

以上对 JitCompiler 做了一些介绍，这部分内容比较简单。

10.3.1.2 JitCodeCache

如上文所述，JitCodeCache 提供了一个存储空间，用来存放 JIT 编译的结果。当内存不足时，该部分空间可以被释放。

我们先了解下 JitCodeCache 的创建。代码如下所示。

[jit_code_cache.cc->JitCodeCache::Create]

```
JitCodeCache* JitCodeCache::Create(size_t initial_capacity,
            size_t max_capacity,bool generate_debug_info,std::string* error_msg) {
    /*本函数在Jit::Create中创建Jit对象时被调用，其参数的含义如下:
      initial_capacity和max_capacity表示JitCodeCache初始存储空间大小以及最大能拓展到多
      大的空间。这两个参数默认值为64KB和64MB。
      generate_debug_info: JIT编译时是否生成调试信息。JitCodeCache并不直接使用它。
      假设generate_debug_info为false，那么下面两个变量的取值就为true。*/
    bool use_ashmem = !generate_debug_info;
    bool garbage_collect_code = !generate_debug_info;
    ......
    /*创建一个匿名内存映射对象，其名称"data-code-cache"，大小为64MB（此处我们假设max_capacity
      取默认值），该内存有读写和可执行权限。  */
    MemMap* data_map = MemMap::MapAnonymous(
        "data-code-cache", nullptr, max_capacity, kProtAll, false, false,
                &error_str, use_ashmem);
    ......
    /*下面这段代码对64MB的内存映射对象进行拆分:
       (1)前32MB对应一个内存映射对象，由data_map指向
       (2)后32MB对应一个新的内存映射对象，由code_map指向  */
    initial_capacity = RoundDown(initial_capacity, 2 * kPageSize);
    max_capacity = RoundDown(max_capacity, 2 * kPageSize);
    size_t data_size = max_capacity / 2;
    size_t code_size = max_capacity - data_size;
    uint8_t* divider = data_map->Begin() + data_size;
    /*分拆原data_map所指向的64MB空间，前32MB空间还由code_map指向，后32MB空间则放到一个新的
      名为"jit-code-cache"，权限也为读、写、可执行的内存映射对象中，由code_map指向。 */
    MemMap* code_map =
        data_map->RemapAtEnd(divider, "jit-code-cache", kProtAll,
                &error_str, use_ashmem);
    data_size = initial_capacity / 2;
    code_size = initial_capacity - data_size;
    //创建JitCodeCache对象
    return new JitCodeCache(
```

```
        code_map, data_map, code_size, data_size, max_capacity,
                garbage_collect_code);
}
```

JitCodeCache 构造函数的代码如下所示。

 [jit_code_cache.cc->JitCodeCache::JitCodeCache]

```
JitCodeCache::JitCodeCache(MemMap* code_map, MemMap* data_map,
                size_t initial_code_capacity, size_t initial_data_capacity,
                size_t max_capacity, bool garbage_collect_code)
        :......
        code_map_(code_map),data_map_(data_map),...... {
    /*JitCodeCache中:
      code_map_和data_map_用来保存两个内存映射对象。另外，内存分配将使用dlmalloc，第13章将
      详细介绍dlmalloc。此处，读者简单将其当作一块内存空间即可。
      create_mspace_with_base函数即是利用dlmalloc来进行内存的分配和管理。
      其中：data_mspace_空间用来存储方法的性能统计方面的信息。而code_mspace_空间用来存储方
      法编译的结果。我们重点考察和代码相关的存储空间的用法。*/
    code_mspace_ = create_mspace_with_base(code_map_->Begin(), code_end_,
            false);
    data_mspace_ = create_mspace_with_base(data_map_->Begin(), data_end_,
                false);
    ....
}
```

10.3.1.2.1 CommitCode

当 JIT 模块编译完一个方法后，该方法的编译结果将通过调用 JitCodeCache 的 Commit-Code 函数以存放到对应的存储空间里。马上来认识这个 CommitCode。

[jit_code_cache.cc->JitCodeCache::CommitCode]

```
uint8_t* JitCodeCache::CommitCode(Thread* self, ArtMethod* method,
                const uint8_t* vmap_table, size_t frame_size_in_bytes,
                size_t core_spill_mask, size_t fp_spill_mask,
                const uint8_t* code, size_t code_size, bool osr) {
    /*需要存储的内容包括vmap_table、代表机器码内容的code数组。*/
    uint8_t* result = CommitCodeInternal(self, method, vmap_table,
                    frame_size_in_bytes, core_spill_mask, fp_spill_mask,
                                code, code_size, osr);
    if (result == nullptr) {
        //如果提交的内容不能保存，则需要先尝试回收一部分内容，然后再次提交。我们先研究Commit-
        //CodeInternal。JitCodeCache的回收放到下一节再介绍。
        GarbageCollectCache(self);
        result = CommitCodeInternal(......);
    }
    return result;
}
```

先继续看 CommitCodeInternal 函数，比较简单。

 [jit_code_cache.cc->JitCodeCache::CommitCodeInternal]

```
uint8_t* JitCodeCache::CommitCodeInternal(Thread* self,......) {
```

```
    //该函数的参数同CommitCode
    size_t alignment = GetInstructionSetAlignment(kRuntimeISA);
    //其实和dex2oat里保存的信息一样，也需要借助OatQuickMethodHeader来处理
    size_t header_size = RoundUp(sizeof(OatQuickMethodHeader), alignment);
    //总的存储空间大小为code_size加上OatQuickMethodHeader的大小
    size_t total_size = header_size + code_size;

    OatQuickMethodHeader* method_header = nullptr;
    uint8_t* code_ptr = nullptr;
    uint8_t* memory = nullptr;
    {
        ScopedThreadSuspension sts(self, kSuspended);
        MutexLock mu(self, lock_);
        //如果其他线程正在JIT GC，则等待其他线程处理完毕
        WaitForPotentialCollectionToComplete(self);
        {
            ScopedCodeCacheWrite scc(code_map_.get());
            //从code_mspace_空间中分配内存
            memory = AllocateCode(total_size);
            ......
            code_ptr = memory + header_size;
            //拷贝机器码的内容到code_ptr部分。
            std::copy(code, code + code_size, code_ptr);
            method_header = OatQuickMethodHeader::FromCodePointer(code_ptr);
            //借助placement new来构造一个OatQuickMethodHeader对象
            new (method_header) OatQuickMethodHeader(
               (vmap_table == nullptr) ? 0 : code_ptr - vmap_table,
               frame_size_in_bytes, core_spill_mask, fp_spill_mask,
               code_size);
        }
        ......
        number_of_compilations_++;
    }
    {
        MutexLock mu(self, lock_);
        /*存储的结果和对应的method信息需要保存到JitCache对应的成员变量中
          method_code_map_: 类型为SafeMap<onst void*, ArtMethod*>，保存了机器码入口
          地址以及对应的ArtMethod对象。
          osr_code_map_: 类型为SafeMap<ArtMethod*,const void*>，如果是osr的处理，则
          再保存一份ArtMethod对象及对应机器码入口地址的信息。下文代码分析中将见到这两个容器
          的用处。*/
    method_code_map_.Put(code_ptr, method);
    //注意下面的if代码。如果不为osr，则设置ArtMethod对象的机器码入口地址
    //如果是osr，则不做此设置
    if (osr) {
        number_of_osr_compilations_++;
        osr_code_map_.Put(method, code_ptr);
    } else {
        //设置ArtMethod的机器码入口地址为对应的地址值。
        Runtime::Current()->GetInstrumentation()->UpdateMethodsCode(
            method, method_header->GetEntryPoint());
        }
        ......
    }
    return reinterpret_cast<uint8_t*>(method_header);
}
```

10.3.1.2.2 GarbageCollectCache

GarbageCollectCache函数用于从JitCodeCache中回收内存。来看它的代码。

GarbageCollectCache是本书到目前为止第一次介绍和GC有关的内容。请读者重点考虑它的调用流程。其和GC有关的细节知识我们会到后续章节再详细介绍。

[jit_code_cache.cc->JitCodeCache::GarbageCollectCache]

```
void JitCodeCache::GarbageCollectCache(Thread* self) {
    ScopedTrace trace(__FUNCTION__);
    if (!garbage_collect_code_){
        //如果不能回收相关内存空间的话，那么就只能增加内存大小了。但是也不能超过所设置的最大空
        //间大小。
        MutexLock mu(self, lock_);
        IncreaseCodeCacheCapacity();
        return;
    }
    {
        ScopedThreadSuspension sts(self, kSuspended);
        MutexLock mu(self, lock_);
            //如果有别的线程正在做JIT模块的GC，则只要等待其他线程的处理完即可，
        if (WaitForPotentialCollectionToComplete(self)) {
            return;
        } else {
            number_of_collections_++;
            //注意live_bitmap_成员变量，它是一个位图对象。其作用见下文代码分析
            live_bitmap_.reset(CodeCacheBitmap::Create(
                "code-cache-bitmap",......));
            //设置JIT GC标志位，其他要做JIT GC的线程要先检查这个变量
            collection_in_progress_ = true;
        }
    }
    {
        ......
        {
            MutexLock mu(self, lock_);
            /*ShouldDoFullCollection的返回值表示是否需要做Full GC。该函数判断的条件非常
              简单，如果当前内存使用量达到最大允许值，或者上一次使用了Partial GC，则返回
              true。其他情况则返回false。注意，对JIT GC来说，Full GC是指回收data_mspace_
              和code_mspace的空间，而Partial GC则专指回收code_mspace_的空间。    */
            do_full_collection = ShouldDoFullCollection();
        }

        DoCollection(self, do_full_collection);
        ...... //其他处理
}
```

DoCollection将完成最终的GC任务。对JIT的GC而言，其算法就是Mark-Sweep，即标记－清除法。来看代码。

[jit_code_cache.cc->JitCodeCache::DoCollection]

```
void JitCodeCache::DoCollection(Thread* self, bool collect_profiling_info) {
```

```
    ScopedTrace trace(__FUNCTION__);
    {
        MutexLock mu(self, lock_);
        if (collect_profiling_info) {
            ......//回收data_mspace_空间，笔者不拟讨论
        }
        /*在下面这段for循环代码里：
          （1）GetLiveBitmap返回上面函数里提到的live_bitmap_成员变量。
          （2）遍历method_code_map_，然后设置live_bitmap_对应位的值为1，表示该位对应的
             code_mspace_空间上存储着一个方法的编译结果。  */
        for (const auto& it : method_code_map_) {
            ArtMethod* method = it.second;
            const void* code_ptr = it.first;
            const OatQuickMethodHeader* method_header =
                OatQuickMethodHeader::FromCodePointer(code_ptr);
            /*下面的if判断需结合CommitCodeInternal中设置ArtMethod机器码入口值的逻辑来
              解释。对osr处理的方法来说，其ArtMethod对象机器码入口地址并不会被设置为对应的
              机器码地址。所以，下面的if逻辑实际上并未标记osr处理的方法。*/
            if (method_header->GetEntryPoint() ==
                    method->GetEntryPointFromQuickCompiledCode()) {
                GetLiveBitmap()->AtomicTestAndSet(FromCodeToAllocation(code_ptr));
            }
        }
        osr_code_map_.clear();   //清空osr_code_map_容器
    }
    //下面两个函数分别对应Mark和Sweep的处理。
    MarkCompiledCodeOnThreadStacks(self);
    RemoveUnmarkedCode(self);

    if (collect_profiling_info) { ......}
}
```

MarkCompiledCodeOnThreadStacks和RemoveUnmarkedCode分别完成JIT GC里的Mark和Sweep两个操作。先来看Mark的操作。

[jit_code_cache.cc->JitCodeCache::MarkCompiledCodeOnThreadStacks]

```
void JitCodeCache::MarkCompiledCodeOnThreadStacks(Thread* self) {
    Barrier barrier(0);
    size_t threads_running_checkpoint = 0;
    /*JIT GC里Mark的实现思想很简单，就是设置一个闭包对象（即此处的MarkCodeClosure），然后要
      求虚拟机进程里其他线程在某个时刻来执行它。这个时刻在虚拟机术语中叫check point。如前面
      章节所述，不论方法是否以机器码方式运行，它都不能脱离虚拟机的管控。这里提到的check point
      即是管控的一种方式。它要求线程在忙自己工作的时候还要检查一下虚拟机里发生的事情。此处，
      JIT GC将设置一个标志位，当其他线程运行到check point时将发现这个标志位，既而会执行Mark-
      CodeClosure。*/
    MarkCodeClosure closure(this, &barrier);
    threads_running_checkpoint =
            Runtime::Current()->GetThreadList()->RunCheckpoint(&closure);
    //接下来，本线程将等待其他线程处理完Mark的操作。
    ScopedThreadSuspension sts(self, kSuspended);
    if (threads_running_checkpoint != 0) {
        barrier.Increment(self, threads_running_checkpoint);
    }
}
```

MarkCodeClosure 将遍历 live_bitmap_，判断其中是否有方法包含在调用线程的栈中（其实就是判断 Jit Code Cache 里有哪些方法正在被使用）。来看它的代码。

[jit_code_cache.cc->MarkCodeClosure 类]

```
//基类为Closure，它是一个纯虚类，子类要实现其中的Run函数
class MarkCodeClosure FINAL : public Closure {
    public:
        MarkCodeClosure(JitCodeCache* code_cache, Barrier* barrier)
                    : code_cache_(code_cache), barrier_(barrier) {}
        //关键函数，其他线程会调用它
        void Run(Thread* thread) ...... {
            //MarkCodeVisitor派生自StackVisitor。详情见10.2.4.2节
            //请读者自行阅读MarkCodeVisitor的代码。
                MarkCodeVisitor visitor(thread, code_cache_);
                visitor.WalkStack();
                barrier_->Pass(Thread::Current());
        }
    private:
        JitCodeCache* const code_cache_;
        Barrier* const barrier_;
};
```

接着来看 RemoveUnmarkedCode 函数，它就比较简单了。

[jit_code_cache.cc->JitCodeCache::RemoveUnmarkedCode]

```
void JitCodeCache::RemoveUnmarkedCode(Thread* self) {
    ScopedTrace trace(__FUNCTION__);
    MutexLock mu(self, lock_);
    ScopedCodeCacheWrite scc(code_map_.get());
    //遍历method_code_map_
    for (auto it = method_code_map_.begin(); it != method_code_map_.end();) {
        const void* code_ptr = it->first;
        ArtMethod* method = it->second;
        uintptr_t allocation = FromCodeToAllocation(code_ptr);
            //如果live_bitmap_对应位有值，则表明该位对应的方法正在被使用
        if (GetLiveBitmap()->Test(allocation)) {
            ++it;
        } else {
            FreeCode(code_ptr, method);  //调用dlmalloc相关函数回收method对应的空间
            it = method_code_map_.erase(it);
        }
    }
}
```

10.3.1.2.3 Jit CanInvokeCompiledCode

如何判断一个方法是否存在 JIT 的编译结果呢？这需要调用 Jit 了的 CanInvokeCompiledCode 函数，代码如下所示。

提示 在 JitCodeCache CommitInternal 函数中，一个非 osr 的 JIT 编译的结果才会和 ArtMethod 对象的机器码入口地址关联起来。

[jit.cc->Jit::CanInvokeCompiledCode]

```
bool Jit::CanInvokeCompiledCode(ArtMethod* method) {
    //调用JitCodeCache的ContainsPc函数，输入参数为ArtMethod的机器码入口地址
    return code_cache_->ContainsPc(
            method->GetEntryPointFromQuickCompiledCode());
}
```

[jit_code_cache.cc->JitCodeCache::ContainsPc]

```
bool JitCodeCache::ContainsPc(const void* ptr) const {
    //ContainsPc的逻辑非常简单，就是判断ptr是否位于code_map_所覆盖的内存区域
    return code_map_->Begin() <= ptr && ptr < code_map_->End();
}
```

10.3.2 JIT 阈值控制与处理

JIT 阈值控制与处理包含两个部分。

- 性能统计埋点：解释执行某个 Java 方法时，在一些 JIT 关注的地方埋点以更新统计信息。所谓的“埋点”，就是指在一些关键地方调用 JIT 模块的性能统计相关的成员函数。在 ART JIT 模块中，最终的性能统计和处理函数是 Jit 类的 AddSamples。
- Jit AddSamples 检查当前所执行方法的性能统计信息，根据不同阈值的设置进行不同的处理。

接下来，我们先介绍解释执行过程中 JIT 的埋点位置，然后介绍 Jit AddSamples 函数。

10.3.2.1 性能统计埋点

在上文介绍的解释执行流程中，JIT 的性能统计埋点一共有如下几处地方。

10.3.2.1.1 EnterInterpreterFromEntryPoint

EnterInterpreterFromEntryPoint 的代码如下所示。

[interpreter.cc->EnterInterpreterFromEntryPoint]

```
JValue EnterInterpreterFromEntryPoint(......) {
    //该函数的详细内容见10.2.3节
    ......
    jit::Jit* jit = Runtime::Current()->GetJit();
    if (jit != nullptr) {
        //通知JIT模块，表示本次调用是一个从机器码到解释执行的转换。其内部将调用AddSamples最
        //终的计算的执行次数为1*Jit invoke_transition_weight_（默认为10）
        jit->NotifyCompiledCodeToInterpreterTransition(self,
                                shadow_frame->GetMethod());
    }
    return Execute(self, code_item, *shadow_frame, JValue());
}
```

10.3.2.1.2 Execute

Execute 的代码如下所示。

[interpreter.cc->Execute]

```
static inline JValue Execute(......) {
```

```
    //本函数的详情见10.2.3节
    ......
    if (!stay_in_interpreter) {
        jit::Jit* jit = Runtime::Current()->GetJit();
        if (jit != nullptr) {
            //内部调用AddSamples，性能统计次数增加1。该函数还有其他处理，此处不拟讨论
            jit->MethodEntered(self, shadow_frame.GetMethod());
            ......
        }
    }
    .......
}
```

10.3.2.1.3 ArtInterpreterToCompiledCodeBridge

ArtInterpreterToCompiledCodeBridge的代码比较简单，如下所示。

 [interpreter_common.cc->ArtInterpreterToCompiledCodeBridge]

```
void ArtInterpreterToCompiledCodeBridge(......)
    //本函数详情见10.2.3.2.2节
    ......
    jit::Jit* jit = Runtime::Current()->GetJit();
    if (jit != nullptr && caller != nullptr) {
        //内部调用AddSamples，对caller所在的方法（也就是正在解释执行的方法）进行性能统计，
        //每调用一次，性能计数增加Jit invoke_transition_weight_（默认为10）次。
        jit->NotifyInterpreterToCompiledCodeTransition(self, caller);
    }
    ......
}
```

10.3.2.1.4 ExecuteSwitchImpl

ExecuteSwitchImpl是switch/case方式实现dex指令解释执行的核心函数。在某些指令的执行过程中也将进行性能计数。

[interpreter_switch_impl.cc->ExecuteSwitchImpl]

```
template<bool do_access_check, bool transaction_active>
JValue ExecuteSwitchImpl(......) {
//本函数详情见10.2.3.1节
    do {
        ......
        switch (inst->Opcode(inst_data)) {
            case Instruction::GOTO: {
                PREAMBLE();
                int8_t offset = inst->VRegA_10t(inst_data);
            //BRANCH_INSTRUMENTATION是一个宏，和OSR有关。
                BRANCH_INSTRUMENTATION(offset);
                if (IsBackwardBranch(offset)) {
                    //HOTNESS_UPDATE是一个宏。如果跳转的目标是往回跳，则进行性能统计，次
                      数加1。
                    HOTNESS_UPDATE();
                    self->AllowThreadSuspension();
                }
                inst = inst->RelativeAt(offset);
```

```
                break;
            }
        /*还有GOTO_16、GOTO_32、PACKED_SWITCH、SPARSE_SWITCH、IF_EQ、IF_NE、IF_LT、
          IF_GE、IF_GT、IF_LE、IF_EQZ、IF_NEZ、IF_LTZ、IF_GEZ、IF_GTZ、IF_LEZ的
          指令包含和上面GOTO指令类似的处理   */

        ......
        }
    } while (!interpret_one_instruction); //循环
    ......
}
```

上述代码中有两个非常关键的宏，我们先看 HOTNESS_UPDATE。

[interpreter_switch_impl.cc->ExecuteSwitchImpl]

```
#define HOTNESS_UPDATE()                  \
    do                                        \
        if (jit != nullptr)                 \
            /*调用AddSamples，性能统计加1。和上文前几处埋点所调用AddSamples不一样的地方
              是，此处调用AddSamples的最后一个参数为true，表示是往回跳转（back edge），
              简单点说，就是存在循环。*/
            jit->AddSamples(self, method, 1, /*with_backedges*/ true);    \
    } while (false)
```

接着来看 BRANCH_INSTRUMENTATION 宏。

[interpreter_switch_impl.cc->ExecuteSwitchImpl]

```
#define BRANCH_INSTRUMENTATION(offset)    \
    do                                                       \
            ......                                                     \
        JValue result;                                                 \
        /*判断是否达到OSR执行的条件，如果达到，就以机器码方式执行剩下的内容。注意，
          if条件满足后，宏中直接return，这表明整个ExecuteSwitchImpl函数就返回了。*/
        if (jit::Jit::MaybeDoOnStackReplacement(self, method, dex_pc, offset,\
                    \&result)) {              \
            if (interpret_one_instruction)    {             \
                shadow_frame.SetDexPC(DexFile::kDexNoIndex);     \
            }      \
            return result;                \
        }                                                  \
    } while (false)
```

我们先介绍 AddSamples，OSR 部分单独用一节来讲解。

10.3.2.2　AddSamples

Jit AddSamples 的代码如下所示。

[jit.cc->Jit::AddSamples]

```
void Jit::AddSamples(Thread* self, ArtMethod* method, uint16_t count,
                bool with_backedges) {
    /*注意参数：method代表需要进行性能统计的方法，count代表此次统计应增加的次数，
      with_backedges表示是否针对循环，它在HOTNESS_COUNT处理中被设置为true。   */
```

```
    if (method->IsClassInitializer() || method->IsNative()
                || !method->IsCompilable()) {return;}
    //GetCounter返回ArtMethod hotness_count_成员变量
    int32_t starting_count = method->GetCounter();
    /*下面这个函数很有意思，它有两个判断
      (1) 检查进程的状态是否为kProcessStateJankPerceptible。当应用处于前台时，它的进程状
          态会被设置为这个值。如果应用发生卡顿，用户是能感受到的。通过调用VMRuntime update-
          ProcessState函数可设置虚拟机进程的状态。
      (2) 判断调用线程是否为敏感线程（sensitive Thread。通过调用VMRuntime registerSen-
          sitiveThread可将一个线程设置为敏感线程。
     这两个条件都为true的时候，ShouldUsePriorityThreadWeight返回true。    */
    if (Jit::ShouldUsePriorityThreadWeight()) {
        count *= priority_thread_weight_;
    }
    //new_count为计算后的统计次数
    int32_t new_count = starting_count + count;
    //如果进入warm方法阈值区域，则先为该方法创建ProfilingInfo信息。后续编译时可利用这个信息
    if (starting_count < warm_method_threshold_) {
        if ((new_count >= warm_method_threshold_) &&
                (method->GetProfilingInfo(sizeof(void*)) == nullptr)) {
            bool success = ProfilingInfo::Create(self, method, false);
            ......
        }
        new_count = std::min(new_count, hot_method_threshold_ - 1);
    } else if (use_jit_compilation_) {
    //如果进入hot方法阈值区域，并且该方法不存在机器码
        if (starting_count < hot_method_threshold_) {
            if ((new_count >= hot_method_threshold_) &&
                !code_cache_->ContainsPc(
                    method->GetEntryPointFromQuickCompiledCode())) {
                //给线程池添加一个JitCompileTask任务，任务类型为编译（kCompile）
                thread_pool_->AddTask(self, new JitCompileTask(method,
                                    JitCompileTask::kCompile));
            }
            new_count = std::min(new_count, osr_method_threshold_ - 1);
        } else if (starting_count < osr_method_threshold_) {
            if (!with_backedges) {return;}
            //如果进入osr阈值区域，并且属于循环类处理，则添加一个JitCompileTask任务，类型
            //为kCompileOsr。
            if ((new_count >= osr_method_threshold_)
                    && !code_cache_->IsOsrCompiled(method)) {
                thread_pool_->AddTask(self, new JitCompileTask(method,
                            JitCompileTask::kCompileOsr));
            }
        }
    }
    method->SetCounter(new_count);        //更新方法的hotness_count_
}
```

JitCompileTask比较简单，而相关的编译在上文jit_compile_method部分中也已介绍。

10.3.3 OSR的处理

OSR是On Stack Replacement的缩写。在JIT中，它是方法执行半道过程中，从解释执行

模式切换到机器码执行模式的关键技术。来看代码。

[jit.cc->Jit::MaybeDoOnStackReplacement]

```
bool Jit::MaybeDoOnStackReplacement(Thread* thread, ArtMethod* method,
                    uint32_t dex_pc,int32_t dex_pc_offset,JValue* result) {
    /*注意参数，dex_pc表示当前执行的dex指令位置，dex_pc_offset表示goto等指令的跳转目标位
      置相对dex_pc的偏移量（读者可回顾上文对BRANCH_INSTRUMENTATION的介绍）。*/
    ......
    Jit* jit = Runtime::Current()->GetJit();
    ......
    method = method->GetInterfaceMethodIfProxy(sizeof(void*));
    ......
    /*下面这段代码比较复杂，但目标很简单，就是为机器码执行准备对应的参数*/
    const size_t number_of_vregs = method->GetCodeItem()->registers_size_;
    const char* shorty = method->GetShorty();
    std::string method_name(VLOG_IS_ON(jit) ? PrettyMethod(method) : "");
    void** memory = nullptr;
    size_t frame_size = 0;
    ShadowFrame* shadow_frame = nullptr;
    const uint8_t* native_pc = nullptr;

    {
        ScopedAssertNoThreadSuspension sts(thread, "Holding OSR method");
        //检查JitCodeCache osr_code_map_中是否已经存在本方法的编译结果
        const OatQuickMethodHeader* osr_method =
                jit->GetCodeCache()->LookupOsrMethodHeader(method);
        ......

        CodeInfo code_info = osr_method->GetOptimizedCodeInfo();
        CodeInfoEncoding encoding = code_info.ExtractEncoding();
        //从机器码编译信息里找到目标dex指令（dex_pc+dex_pc_offset）对应的StackMap信息
        StackMap stack_map = code_info.GetOsrStackMapForDexPc(dex_pc +
                    dex_pc_offset, encoding);
        ......
        DexRegisterMap vreg_map =
            code_info.GetDexRegisterMapOf(stack_map, encoding, number_of_vregs);

        frame_size = osr_method->GetFrameSizeInBytes();
        //分配一块内存，它将存储机器码执行时所需的参数等信息
        memory = reinterpret_cast<void**>(malloc(frame_size));
        memset(memory, 0, frame_size);
        memory[0] = method; //栈顶位置存储ArtMethod对象

        shadow_frame = thread->PopShadowFrame(); //ShadowFrame出栈
        if (!vreg_map.IsValid()) {
        } else {
            //下面的循环将从dex指令及虚拟寄存器中拷贝参数到memory指定位置
            for (uint16_t vreg = 0; vreg < number_of_vregs; ++vreg) {
                DexRegisterLocation::Kind location =
                    vreg_map.GetLocationKind(vreg, number_of_vregs, code_info,
                                encoding);
                if (location == DexRegisterLocation::Kind::kNone)  continue;
                if (location == DexRegisterLocation::Kind::kConstant) continue;

                int32_t vreg_value = shadow_frame->GetVReg(vreg);
```

```
                int32_t slot_offset = vreg_map.GetStackOffsetInBytes(vreg,
                        number_of_vregs,code_info, encoding);
                (reinterpret_cast<int32_t*>(memory))[
                        slot_offset / sizeof(int32_t)] = vreg_value;
            }
        }
        //native_pc处为目标dex指令对应的机器码
        native_pc = stack_map.GetNativePcOffset(encoding.stack_map_encoding) +
                osr_method->GetEntryPoint();
    }

    {
        ManagedStack fragment; //压入一个代表机器码执行的ManagedStack对象
        thread->PushManagedStackFragment(&fragment);
        /*art_quick_osr_stub是一个汇编trampoline code。注意如下三个参数:
          (1) memory: 存储着对应机器码执行时所需的参数。注意，memory并不是栈，相反，它是由
              malloc从堆上分配的。art_quick_osr_stub会从memory中将参数拷贝到栈上
          (2) frame_size: 机器码对应的栈大小
          (3) native_pc: 目标机器码的位置。art_quick_osr_stub会利用jmp指令跳转到这个位
              置去执行。  */
        (*art_quick_osr_stub)(memory,frame_size,native_pc,result,shorty,thread);
        ......
        thread->PopManagedStackFragment(fragment); //执行完毕，ManagedStack出栈
    }
    free(memory);
    thread->PushShadowFrame(shadow_frame);       //原ShadowFrame在此入栈
    return true;
}
```

通过上述代码可知：

- 在OSR之前，方法以解释模式执行。
- 在OSR之后，方法以机器码方式执行，直到方法返回。
- 方法返回后，执行逻辑依然处于解释执行的处理流程中。

OSR处理的秘密在于art_quick_osr_stub，它也不难，来看代码。

[quick_entrypoints_x86.s]

```
/* 下面这段注释说明了art_quick_osr_stub参数的含义
    * On stack replacement stub.
    * On entry:
    *   [sp] = return address
    *   [sp + 4] = stack to copy
    *   [sp + 8] = size of stack
    *   [sp + 12] = pc to call
    *   [sp + 16] = JValue* result
    *   [sp + 20] = shorty
    *   [sp + 24] = thread
    */
DEFINE_FUNCTION art_quick_osr_stub                //art_quick_osr_stub本身是一个函数
    PUSH ebp
    PUSH ebx
    PUSH esi
    PUSH edi
```

```
    mov 4+16(%esp), %esi                          // ESI = argument array
    mov 8+16(%esp), %ecx                          // ECX = size of args
    mov 12+16(%esp), %ebx                         // ebx寄存器保存了目标指令的位置
    mov %esp, %ebp                                // Save stack pointer
    andl LITERAL(0xFFFFFFF0), %esp                // Align stack
    PUSH ebp
    subl LITERAL(12), %esp
    movl LITERAL(0), (%esp)
    call .Losr_entry                              //通过call指令跳转到标记处的地方去执行
    //下面的指令为call返回后执行，处理返回值
    ......
    ret
.Losr_entry:
    subl LITERAL(4), %ecx
    subl %ecx, %esp
    mov %esp, %edi                                // EDI = beginning of stack
    rep movsb                                     //拷贝参数到栈上
    jmp *%ebx                                     //跳转到目标位置去执行
END_FUNCTION art_quick_osr_stub
```

本节对 ART 里的 OSR 技术做了简单介绍。读者要真正搞清楚 OSR 的话，还需要对 OptimizingCompiler 中和 OSR 有关的处理做更深入的研究。另外，对编译生成的 StackMap 等信息也需要加强了解。

10.4　HDeoptimize 的处理

HDeoptimize 是 ART HInstruction IR 中的一种。它将导致指令从机器码执行模式切换进入解释执行模式。相比将指令编译优化为机器码后再执行的做法而言，它是一种反优化的手段，所以叫 Deoptimize。什么情况下会从机器码执行模式强制跳转到解释执行模式呢？来看一段代码。

[HDeoptimize 示例]

```
class Am{ //注意，笔者对Am.java进行了修改。
    static int[] arrays = null;   //静态数组
    //main函数，它会编译成机器码。所以，下面讨论main函数的执行时，它是以机器码方式来执行的
    public static void main(String[] args) {
        //arrays数组的大小由执行时的第一个参数决定
        arrays = new int[Integer.parseInt(args[0])];
        /*给arrays的前3个成员赋值。会出现两种情况:
          (1) 如果arrays的长度大于3，则一切正常。代码依然以机器码方式执行。
          (2) 如果arrays的长度小于3，则整个循环会以解释模式执行。 */
        for(int i = 0; i < 3;i++) { arrays[i] = i; }
        return;
    }
}
```

在上述代码中，如果数组的长度小于 3，则整个循环会退回到解释模式执行。这就是借助 HDeoptimize IR 的处理来实现的。HDeoptimize 使用的一种场景和 HBoundsCheckElimination

优化有关。我们在 6.3.5.11 节中曾介绍过 BCE（BoundsCheckElimination），它用于消除对数组元素操作时的索引越界检查。根据 Java 语法的要求，当索引越界后需要抛出 ArrayIndex-OutOfBounds 异常，而上述代码里又没有截获异常的处理，所以 ART 虚拟机的处理方式是将 for 循环及后续代码整个转入解释执行模式来处理。

提示 for 循环内部将在某个时候抛出异常，所以后续代码也无法执行。另外，如果代码中加上 try/catch 的话，也不会触发 HDeoptimize 的处理。所以，HDeoptimize 虽然是一个反优化的手段，但实际上触发它运行的几率并不大。

图 10-12 为上述 HDeoptimize 示例代码对应的 dex 指令码。

```
|[000184] com.android.commands.am.Am.main:([Ljava/lang/String;)V
|0000: const/4 v1, #int 0 // #0
|0001: aget-object v1, v2, v1
|0003: invoke-static {v1}, Ljava/lang/Integer;.parseInt:(Ljava/lang/String;)I // method@0003
|0006: move-result v1
|0007: new-array v1, v1, [I // type@0006
|0009: sput-object v1, Lcom/android/commands/am/Am;.arrays:[I // field@0000
|000b: const/4 v0, #int 0 // #0
|000c: const/4 v1, #int 3 // #3
|000d: if-ge v0, v1, 0016 // +0009
|000f: sget-object v1, Lcom/android/commands/am/Am;.arrays:[I // field@0000
|0011: aput v0, v1, v0
|0013: add-int/lit8 v0, v0, #int 1 // #01
|0015: goto 000c // -0009
|0016: return-void
```

图 10-12　HDeoptimize 示例函数的 dex 指令码

在图 10-12 中，for 循环对应的指令范围为 000d 到 0015 处。而解释执行将从 000c 处的指令开始。接下来我们从 HDeoptimize IR 的处理开始。

注意 笔者不拟介绍 HDeoptimize IR 对象在何种场景下被创建以及指明从何处指令开始转入解释执行的相关知识，这部分内容请读者自行阅读 HBoundsCheckElimination 优化的处理。

10.4.1 VisitDeoptimize 相关

在 x86 平台上，CodeGenerator 针对 HDeoptimize IR 的处理如下。

[code_generator_x86.cc->InstructionCodeGeneratorX86::VisitDeoptimize]

```
void InstructionCodeGeneratorX86::VisitDeoptimize(HDeoptimize* deoptimize) {
    //创建一个DeoptimiztionSlowPathX86对象
    SlowPathCode* slow_path = deopt_slow_paths_.
                    NewSlowPath<DeoptimizationSlowPathX86>(deoptimize);
    //生成一些机器码，这些机器码在执行时会判断是否转入上面的Deoptimiztion处理流程。
    GenerateTestAndBranch<Label>(deoptimize,
                        0,slow_path->GetEntryLabel(), nullptr);
}
```

我们直接来看 DeoptimizationSlowPathX86，它也会生成一些机器码，来看代码。

 [code_generator_x86.cc->DeoptimizationSlowPathX86]

```
class DeoptimizationSlowPathX86 : public SlowPathCode {
    public:
        explicit DeoptimizationSlowPathX86(HDeoptimize* instruction)
            : SlowPathCode(instruction) {}

        void EmitNativeCode(CodeGenerator* codegen) OVERRIDE {
            CodeGeneratorX86* x86_codegen = down_cast<CodeGeneratorX86*>(codegen);
            __ Bind(GetEntryLabel());
            SaveLiveRegisters(codegen, instruction_->GetLocations());
            /*下面这段代码将生成调用art_quick_deoptimize_from_compiled_code的机器码。
              art_quick_deoptimize_from_compiled_code是由汇编代码编写的跳转函数。另外，
              GetDexPc函数返回解释执行的dex指令位置，对笔者展示的示例而言，其值为0xC，即图10-11
              中if-ge指令的前一条指令。   */
            x86_codegen->InvokeRuntime(QUICK_ENTRY_POINT(pDeoptimize),
                                    instruction_, instruction_->GetDexPc(),
                                    this);
            CheckEntrypointTypes<kQuickDeoptimize, void, void>();
    }
```

来看 art_quick_deoptimize_from_compiled_code 的代码，非常简单。

 [quick_entrypoints_x86.s->art_quick_deoptimize_from_compiled_code]

```
DEFINE_FUNCTION art_quick_deoptimize_from_compiled_code
    SETUP_SAVE_ALL_CALLEE_SAVE_FRAME ebx, ebx
    subl LITERAL(12), %esp
    CFI_ADJUST_CFA_OFFSET(12)
    pushl %fs:THREAD_SELF_OFFSET //唯一的参数，当前调用线程的线程对象Thread
    CFI_ADJUST_CFA_OFFSET(4)
    //转入artDeoptimizeCompiledCode函数，该函数只有一个参数
    call SYMBOL(artDeoptimizeFromCompiledCode)
    UNREACHABLE
END_FUNCTION art_quick_deoptimize_from_compiled_code
```

直接来看 artDeoptimizeCompiledCode 的代码，如下所示。

 [quick_deoptimization_entrypoints.cc->artDeoptimizeFromCompiledCode]

```
extern "C" NO_RETURN void artDeoptimizeFromCompiledCode(Thread* self){
    ScopedQuickEntrypointChecks sqec(self);
    JValue return_value;
    return_value.SetJ(0);
    /*下面的Thread PushDeoptimizationContext函数将:
      (1)构造一个DeoptimizationContextRecord对象。
      (2)设置Thread tlsPtr_的deoptimization_context_stack指向这个对象。
     注意，虽然函数名里有Push字样，但它和10.2.4节中Thread里的栈管理没有关系。*/
    self->PushDeoptimizationContext(return_value, false, true,
                                    self->GetException());
    //下文将重点介绍QuickExceptionHandler的三个主要函数，分别是构造函数，
    //DeoptimizeSingleFrame和DoLongJump
    QuickExceptionHandler exception_handler(self, true);
    exception_handler.DeoptimizeSingleFrame();
    exception_handler.UpdateInstrumentationStack();
    exception_handler.DeoptimizeSingleFrameArchDependentFixup();
```

```
        exception_handler.DoLongJump(false);
    }
```

HDeoptimize 的处理用到了 QuickExceptionHandler 类，该类的主要用途与异常投递有关。的模块，其中最核心的就是 QuickExceptionHandler。马上来认识它。

10.4.2 QuickExceptionHandler 相关

先来看 QuickExceptionHandler 的构造函数，代码如下所示。

10.4.2.1 QuickExceptionHandler 构造函数

[quick_exception_handler.cc->QuickExceptionHandler 构造函数]

```
QuickExceptionHandler::QuickExceptionHandler(Thread* self,
            bool is_deoptimization)  //请读者注意下面重点介绍的成员变量及含义
    : self_(self),
      /*调用Thread GetLongJumpContext函数，它将创建一个Context对象。和CodeGenerator
        类似，在不同平台上，Context有对应的子类实现。在x86中，context_的真实类型为X86Context。
        Context也用于生成机器码，只不过它是通过在C++代码中内嵌汇编代码的方式来生成。笔者不
        拟展开介绍Context，下文将见到X86Context中的一些函数的详细代码。  */
      context_(self->GetLongJumpContext()),
      is_deoptimization_(is_deoptimization),
      //在本例中，is_deoptimzation为true
      ......,
      //执行栈中的某个位置，解释执行的参数将放在该位置上
      handler_quick_frame_(nullptr),
      //该变量描述异常处理的跳转目标，简单点说，就是跳转地址。待会将看到它的用途
      handler_quick_frame_pc_(0),
      handler_method_header_(nullptr),
      handler_quick_arg0_(0), //其设置见下文代码
      handler_method_(nullptr),
      handler_dex_pc_(0),
      clear_exception_(false),
      handler_frame_depth_(kInvalidFrameDepth) {}
```

10.4.2.2 DeoptimizeSingleFrame

DeoptimizeSingleFrame 用于从机器码执行的栈帧中提取参数到一个 ShadowFrame 对象里。这个 ShadowFrame 对象将作为后续解释执行的栈。

[quick_exception_handler.cc->QuickExceptionHandler::DeoptimizeSingleFrame]

```
void QuickExceptionHandler::DeoptimizeSingleFrame() {
    ......
    //遍历调用栈。详情见下文对DeoptimizeStackVisitor VisitFrame函数的分析
    DeoptimizeStackVisitor visitor(self_, context_, this, true);
    visitor.WalkStack(true);
    //deopt_method返回被反优化的方法，也就是本例中的main函数
    ArtMethod* deopt_method = visitor.GetSingleFrameDeoptMethod();
    if (Runtime::Current()->UseJitCompilation()) {
        //如果该方法存在JIT编译结果，则将它从JitCodeCache中清除，并设置deopt_method对象的机
        //器码入口地址为art_quick_to_interpreter_bridge——即上文介绍的解释执行的跳转代码
        Runtime::Current()->GetJit()->GetCodeCache()->
```

```
            InvalidateCompiledCodeFor(deopt_method,
                visitor.GetSingleFrameDeoptQuickMethodHeader());
    } else {
        //更新deopt_method的入口地址为art_quick_to_interpreter_bridge
        Runtime::Current()->GetInstrumentation()->UpdateMethodsCode(
            deopt_method, GetQuickToInterpreterBridge());
    }

    int32_t offset;
    #ifdef __LP64__
        ...... //64位平台的处理
    #else
        offset = GetThreadOffset<4>(kQuickQuickToInterpreterBridge).
                Int32Value();
    #endif
    //设置handler_quick_frame_pc_的值，它指向art_quick_to_interpreter_bridge
    handler_quick_frame_pc_ = *reinterpret_cast<uintptr_t*>(
                reinterpret_cast<uint8_t*>(self_) + offset);
}
```

来看 DeoptimizeStackVisitor 的 VisitFrame 函数。

[quick_exception_handler.cc->QuickExceptionHandler::VisitFrame]

```
bool VisitFrame()  {
    exception_handler_->SetHandlerFrameDepth(GetFrameDepth());
    ArtMethod* method = GetMethod();
    //single_frame_done_为true，表示Deoptimize的ShadowFrame已经处理好，
    //VisitFrame刚进来时，该变量取值为false
    if (method == nullptr || single_frame_done_) {
        ......
        //设置QuickExceptionHandler的handler_quick_frame_成员，它指向反优化方法的调用
        //者对应的栈帧
        exception_handler_->SetHandlerQuickFrame(GetCurrentQuickFrame());
            ......
            return false;        // End stack walk.
    }  else if (method->IsRuntimeMethod()) {......}
    else if (method->IsNative()) {......}
        else {
        const size_t frame_id = GetFrameId();
        ShadowFrame* new_frame =
            GetThread()->FindDebuggerShadowFrame(frame_id);
        const bool* updated_vregs;
        const size_t num_regs = method->GetCodeItem()->registers_size_;
        /*本例是从机器码进来的，所以不存在ShadowFrame，此时，需要创建一个ShadowFrame
          对象。GetDexPc将根据当前机器码指令的位置转换为dex指令码的位置，也就是0xc，并
          将该值设置到ShadowFrame对象的dex_pc_成员变量中。回顾上文可知，解释执行时，
          第一条dex指令就是ShadowFrame dex_pc_所指向的那条指令。   */
        if (new_frame == nullptr) {
            new_frame = ShadowFrame::CreateDeoptimizedFrame(num_regs, nullptr,
                            method, GetDexPc());
            updated_vregs = nullptr;
        } else {..... }
        //下面这个函数用于拷贝参数到ShadowFrame中，笔者不拟展开介绍
        HandleOptimizingDeoptimization(method, new_frame, updated_vregs);
```

```
        ......
        if (prev_shadow_frame_ != nullptr) {
            prev_shadow_frame_->SetLink(new_frame);
        } else {
            stacked_shadow_frame_pushed_ = true;
        //将new_frame压入Thread的栈管理相关结构中。注意，Deoptimize有两种情况，一种
        //是所谓的Single Deoptimize，即本例的从机器码进入解释执行模式。另外一种是普通
        //的Deoptimize情况，它和调试有关，本书不拟介绍它。
        GetThread()->PushStackedShadowFrame(
            new_frame, single_frame_deopt_
                ? StackedShadowFrameType::kSingleFrameDeoptimizationShadowFrame
                : StackedShadowFrameType::kDeoptimizationShadowFrame);
        }
        prev_shadow_frame_ = new_frame;
        //在本例中，single_frame_deopt_取值为true，由构造时传入
        if (single_frame_deopt_ && !IsInInlinedFrame()) {
        //设置QuickExceptionHandler handler_quick_arg0_成员变量为代表反优化的method
        //对象
        exception_handler_->SetHandlerQuickArg0(
                reinterpret_cast<uintptr_t>(method));
        //Deoptimize ShadowFrame处理完毕，设置该变量为true
        single_frame_done_ = true;
            single_frame_deopt_method_ = method;
            single_frame_deopt_quick_method_header_ =
                        GetCurrentOatQuickMethodHeader();
        }
        return true;
    }
}
```

10.4.2.3 DoLongJump

一切准备就绪后，我们就要跳转到目标位置了。和前文不太一样的地方是，这块的处理并未直接使用汇编代码，而是通过内嵌汇编代码的方式来实现。

[quick_exception_handler.cc->QuickExceptionHandler::DoLongJump]

```
void QuickExceptionHandler::DoLongJump(bool smash_caller_saves) {
    self_->ReleaseLongJumpContext(context_);
    //内部调用SetGPR(ESP, new_sp)，其含义是设置ESP寄存器位置为
    //handler_quick_frame_
    context_->SetSP(reinterpret_cast<uintptr_t>(handler_quick_frame_));
    //内部设置成员变量eip_为handler_quick_frame_pc_，x86平台上，EIP寄存器指向要执行的机
    //器码位置
    context_->SetPC(handler_quick_frame_pc_);
    //内部调用SetGPR(EAX, new_arg0_value)，其含义是设置EAX寄存器的值
    context_->SetArg0(handler_quick_arg0_);
    ......
    context_->DoLongJump();
    UNREACHABLE();
}
```

上述SetSP、SetPC和SetArg0并未直接设置寄存器，而是将这些要设置的信息存到对应的成员变量中，真正设置这些寄存器的地方在DoLongJump中，x86平台上该函数的代码如下

所示。

[context_x86.cc->X86Context::DoLongJump()]

```
void X86Context::DoLongJump() {
#if defined(__i386__)
    volatile uintptr_t gprs[kNumberOfCpuRegisters + 1];
    for (size_t i = 0; i < kNumberOfCpuRegisters; ++i) {
        gprs[kNumberOfCpuRegisters - i - 1] = gprs_[i] != nullptr ? *gprs_[i] :
                X86Context::kBadGprBase + i;
    }
    ....../设置浮点寄存器信息
    uintptr_t esp = gprs[kNumberOfCpuRegisters - ESP - 1] - sizeof(intptr_t);
    gprs[kNumberOfCpuRegisters] = esp;
    //eip_变量在上文的SetPc函数中设置
    *(reinterpret_cast<uintptr_t*>(esp)) = eip_;
    //内嵌汇编代码，完成对栈的设置，笔者不拟对其进行介绍。相比纯汇编代码而言，这种内嵌汇编代码
    //反而难度更大
    __asm__ __volatile__(
        "movl %1, %%ebx\n\t"          // Address base of FPRs.
        "movsd 0(%%ebx), %%xmm0\n\t"    //设置浮点寄存器
        "movsd 8(%%ebx), %%xmm1\n\t"
        "movsd 16(%%ebx), %%xmm2\n\t"
        "movsd 24(%%ebx), %%xmm3\n\t"
        "movsd 32(%%ebx), %%xmm4\n\t"
        "movsd 40(%%ebx), %%xmm5\n\t"
        "movsd 48(%%ebx), %%xmm6\n\t"
        "movsd 56(%%ebx), %%xmm7\n\t"
        "movl %0, %%esp\n\t"          // ESP points to gprs.
        "popal\n\t"
        "popl %%esp\n\t"
        "ret\n\t"
        :                             // output.
        : "g"(&gprs[0]), "g"(&fprs[0])  // input.
        :);                           // clobber.
#else
    UNIMPLEMENTED(FATAL);
#endif
    UNREACHABLE();
}
```

DoLongJump 的结果是程序将转入 art_quick_to_interpreter_bridge 处执行，也就是重新进入解释执行模式。

10.4.3　解释执行中关于 Deoptimize 的处理

现在我们重新考虑解释执行模式的处理流程，此时只需关注其中和 Deoptimize 有关的部分。

[quick_trampoline_entrypoints.cc->artQuickToInterpreterBridge]

```
extern "C" uint64_t artQuickToInterpreterBridge(ArtMethod* method,
                    Thread* self, ArtMethod** sp) {
    //该函数我们在10.2.3节介绍过了
    ......
    JValue tmp_value;
```

```
    //对Deoptimize而言，此时是存在deopt_frame的。回顾上文，这个ShadowFrame对象
    //在QuickExceptionHandler DeoptimizeSingleFrame DeoptimizeStackVisitor的
    //VisitFrame函数中push到了Thread的栈管理结构中
    ShadowFrame* deopt_frame = self->PopStackedShadowFrame(
            StackedShadowFrameType::kSingleFrameDeoptimizationShadowFrame, false);
    .... //其他处理，详情见10.2.3节

    if (deopt_frame != nullptr) {
        mirror::Throwable* pending_exception = nullptr;
        bool from_code = false;
        //和artDeoptimizeFromCompiledCode里调用的PushDeoptimizationContext相对应
        self->PopDeoptimizationContext(&result, &pending_exception,
                                    &from_code);
        //压入一个ManagedStack对象
        self->PushManagedStackFragment(&fragment);
        ......
        //调用EnterInterpreterFromDeoptimize函数
        interpreter::EnterInterpreterFromDeoptimize(self, deopt_frame,
                from_code, &result);
    } else {
        //非DeOptimize情况下，调用的是EnterInterpreterFromEntryPoint函数
        .......
    }
    self->PopManagedStackFragment(fragment);
        ......
    return result.GetJ();
}
```

EnterInterpreterFromDeoptimize比较简单，来看代码。

[interpreter.cc->EnterInterpreterFromDeoptimize]

```
void EnterInterpreterFromDeoptimize(Thread* self,
                ShadowFrame* shadow_frame, bool from_code, JValue* ret_val) {
        JValue value;
    value.SetJ(ret_val->GetJ());
    bool first = true;
    /*注意，这里是一个循环，它将沿着调用栈向调用者方向逐个以解释方式执行。对本例而言，它属于
      Single Deoptimization，对应ShadowFrame类型为StackedShadowFrameType::kSingle-
      FrameDeoptimizationShadowFrame。除此之外，还有一种类型为kDeoptimizationShadow-
      Frame，它和调试有关。笔者不拟展开介绍。 */
    while (shadow_frame != nullptr) {
        self->SetTopOfShadowStack(shadow_frame);
        const DexFile::CodeItem* code_item =
                    shadow_frame->GetMethod()->GetCodeItem();
        //对本例而言，我们将从图10-11中的0xC指令处开始解释执行
        const uint32_t dex_pc = shadow_frame->GetDexPC();
        uint32_t new_dex_pc = dex_pc;
        ......
        if (new_dex_pc != DexFile::kDexNoIndex) {
            shadow_frame->SetDexPC(new_dex_pc);
            //解释执行依然是由Execute来处理，其对Deoptimize的处理类似非Deoptimize的处理，
            //详情可参考10.2.3节
            value = Execute(self, code_item, *shadow_frame, value);
            }
```

```
            ShadowFrame* old_frame = shadow_frame;
            //找到调用者对应的ShadowFrame，如果调用者也是解释执行，则存在对应的Shadow-
            //Frame对象，否则返回nullptr
            shadow_frame = shadow_frame->GetLink();
            ShadowFrame::DeleteDeoptimizedFrame(old_frame);
        from_code = false;
        first = false;
    }
    ret_val->SetJ(value.GetJ());
}
```

10.5 Instrumentation 介绍

Instrumentation 是 ART 虚拟机内极其重要的一个工具类，它是 ART 虚拟机提供 Java 代码调试（Debug）、跟踪（Trace），性能采样（Profiling）等功能的核心实现。图 10-13 展示了与 Instrumentation 有的类。

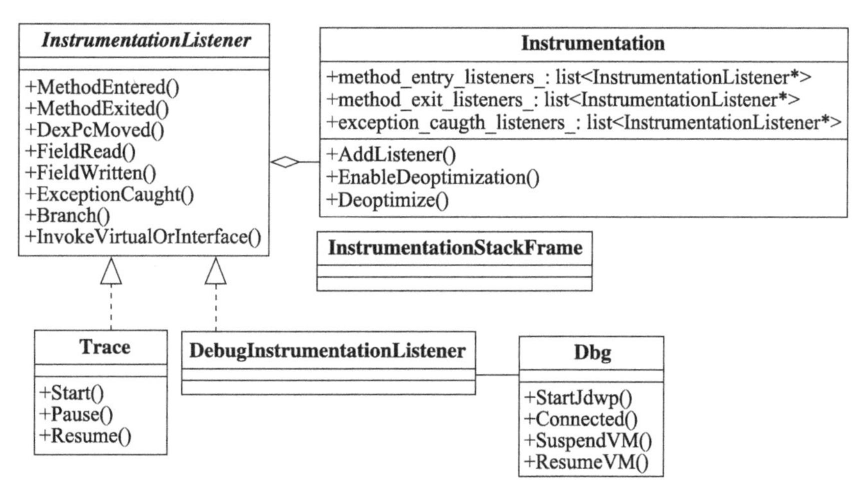

图 10-13　Instrumentation 相关类型

在图 10-13 中：

- InstrumentationListener 是接口类，它定义了很多函数接口用于向外界反馈虚拟机内部的执行情况，比如，MethodEntered 函数将在真正执行一个方法前被调用，DexPcMoved 函数在解释执行一条指令时调用，FieldRead 函数和 FieldWrite 函数在解释执行模式下处理读写成员变量相关的指令时被调用，ExceptionCaught 函数在异常被捕获时被调用，Branch 函数在解释执行和分支跳转相关的指令时被调用，InvokeVirtualOrInterface 在调用 virtual 或 interface 方法时被调用。由此可见，InstrumentationListener 类定义的这些函数覆盖了虚拟机执行的方方面面。只有这样才能做到后续的调试和跟踪。
- Trace 和 Dbg 是 ART 虚拟机里负责跟踪和调试功能的类。其中，Trace 直接实现了 InstrumentationListener。而 Dbg 自身的功能比较独立，其内部借助 DebugInstrumenta-

tionListener 来处理和虚拟机执行有关的信息。

- Instrumentation 是上述功能实现的核心。
- InstrumentationStackFrame 是用于 Instrumentation 的栈帧。Thread tlsPtr_instrumentation_stack 维护了一个 InstrumentationStackFrame 对象的双向队列（数据结构为 std::deque，它是一种可在首尾两端进行入队和出队操作的容器）。

提示 请读者注意，IntrumentationListener 中的很多反馈函数只能在解释执行模式下才能被调用。

Instrumentation 的功能相对比较独立，而且难度并不大，笔者不拟对其展开介绍。此处仅向读者展示一下与 Instrumentation 有关的埋点，这些埋点将触发 Instrumentation 调用 InstrumentationListener 对应的函数。

10.5.1 MethodEnterEvent 和 MethodExitEvent

MethodEnterEvent 在解释执行流程中的 Execute 函数内被调用。请读者注意 Instrumentation 和 InstrumentationListener 相关函数名的对应关系。

- 外界调用 Instrumentation 的比如 MethodEnteredEvent（命名方式为 XXXEvent），向 Instrumentation 报告一个方法进入的事件。
- Instrumentation 内部处理这个事件，然后调用 InstrumentationListener 的 MethodEntered 函数，向监听者通告正要调用某个方法。

来看 Execute 函数。

[interpreter.cc->Execute]

```
static inline JValue Execute(Thread* self,
        const DexFile::CodeItem* code_item, ShadowFrame& shadow_frame,
    JValue result_register, bool stay_in_interpreter = false) {
    //runtime对象中有一个名为instrumentation_的成员变量，其类型为
    //Instrumentation。注意，这个成员变量不是指针，就是一个Instrumentation对象
    instrumentation::Instrumentation* instrumentation =
                    Runtime::Current()->GetInstrumentation();
    ArtMethod *method = shadow_frame.GetMethod();
    if (UNLIKELY(instrumentation->HasMethodEntryListeners())) {
        //内部将调用InstrumentationListener的MethodEntered函数
        instrumentation->MethodEnterEvent(self,
                shadow_frame.GetThisObject(code_item->ins_size_), method, 0);
    }
    ...... //解释执行
}
```

而 MethodExitEvent 的调用和处理 RETURN 相关的 dex 指令有关，相关代码如下所示。

[interpreter_switch_impl.cc->ExecuteSwitchImpl]

```
template<bool do_access_check, bool transaction_active>
JValue ExecuteSwitchImpl(......) {
    ...... //该函数详情见10.2.3.1节
```

```
    do {
        dex_pc = inst->GetDexPc(insns);
        ......
        inst_data = inst->Fetch16(0);
        switch (inst->Opcode(inst_data)) { //switch/case方式执行不同的dex指令
            ......
                case Instruction::RETURN_VOID_NO_BARRIER: {
                    PREAMBLE()
            ......
            if (UNLIKELY(instrumentation->HasMethodExitListeners())) {
                instrumentation->MethodExitEvent(self,
                    shadow_frame.GetThisObject(code_item->ins_size_),
                        shadow_frame.GetMethod(), inst->GetDexPc(insns),  result);
            }
            ......
        }
        //RETURN_VOID, RETURN, RETURN_WIDE, RETURN_OBJECT等指令
    }
    ......
}
```

10.5.2 DexPcMovedEvent

Intrumentation DexPcMovedEvent 函数我们在介绍 ExecuteSwitchImpl 时实际上已经见过了。switch/case 方式解释执行每一条指令前都会执行一段由 PREAMBLE 宏描述的代码。此处回顾这个宏的代码，如下所示。

[interpreter_switch_impl.cc->ExecuteSwitchImpl]

```
define PREAMBLE()                              \
    do {           \
        if (UNLIKELY(instrumentation->HasDexPcListeners())){             \
            //每执行一条指令都会调用DexPcMovedEvent
            instrumentation->DexPcMovedEvent(self, \
                    shadow_frame.GetThisObject(code_item->ins_size_),  \
                    shadow_frame.GetMethod(), dex_pc);                 \
        }                                                              \
    } while (false)
```

除了 DexPcMovedEvent，FieldReadEvent、FieldWriteEvent、Branch 等函数也在处理对应指令的时候被调用。请读者自行阅读与之相关的代码。

10.6　异常投递和处理

掌握了本章前述内容后，ART 虚拟机中关于异常的投递和处理的代码逻辑相对就比较简单了。先来看在解释执行模式下，THROW 指令的处理方法，代码如下所示。

[interpreter_switch_impl.cc->ExecuteSwitchImpl]

```
template<bool do_access_check, bool transaction_active>
```

```
JValue ExecuteSwitchImpl(......) {
    ...... //该函数详情见10.2.3.1节
    do {
        dex_pc = inst->GetDexPc(insns);
        ......
        inst_data = inst->Fetch16(0);
        switch (inst->Opcode(inst_data)) { //switch/case方式执行不同的dex指令
            ......
            case Instruction::THROW: { //抛异常
                PREAMBLE();
                Object* exception = shadow_frame.GetVRegReference(
                            inst->VRegA_11x(inst_data));
                if (UNLIKELY(exception == nullptr)) {
                    //Throw抛出的异常对象为空，则重新抛一个空指针异常
                    ThrowNullPointerException("throw with null exception");
            } else if (.....) {.....}
        else {
            /*注意：Thread tlsPtr_有一个名为exception的成员变量，其类型为Throwable*。
              其他代码逻辑要检查是否有异常发生的话，只要判断tlsPtr_exception是否为nullptr
              即可。如果tlsPtr_ exception不为空指针，则表明有异常发生。
              下面的SetException函数将把抛出的异常对象赋值给tlsPtr_exception*/
                self->SetException(exception->AsThrowable());
            }
            HANDLE_PENDING_EXCEPTION();  //检查是否有异常发生，并做对应处理。
            break;
        }
    .....
}
```

上述代码展示了和异常投递和处理有关的两个关键步骤。

- 抛异常。抛异常实际上包含两个步骤：
  - 构造对应的异常对象。在上述代码中，THROW 指令抛出的异常对象为变量 exception，它是由其他代码逻辑创建好了的异常对象。但代码中也对 exception 进行了判断，如果它为空指针的话，则调用 ThrowNullPointerException 函数以抛出一个空指针异常对象。
  - 抛异常。对于 ART 虚拟机而言，所谓的抛异常其实就是调用 Thread 类的 SetException 函数，它将把异常对象赋值给 tlsPtr_ exception 成员变量。
- 处理异常。处理异常也包括两个步骤：
  - 先检查是否有异常发生。这是通过判断 Thread tlsPtr_exception 是否为空指针来实现的。
  - 然后才是处理异常。这部分代码逻辑见下文分析。

10.6.1 抛异常

我们以上述代码中的 ThrowNullPointerExceptio 函数为例，来看看虚拟机如何抛异常，代码如下所示。

[common_throws.cc->ThrowNullPointerException]

```
void ThrowNullPointerException(const char* msg) {
```

```
        ThrowException("Ljava/lang/NullPointerException;", nullptr, msg);
    }
```

 [common_throws.cc->ThrowException]

```
    static void ThrowException(const char* exception_descriptor,
                mirror::Class* referrer, const char* fmt, va_list* args = nullptr) {
        /*注意参数:
          exception_descriptor为字符串，描述了所抛异常的类名。
          referrer：和抛出此异常有关的类。例如，虚拟机加载某个类的时候出现异常，这个类就会作为
          referrer参数传递进来。
          fmt和args用于构造异常所携带的字符串信息。也就是Java Throwable getMessage函数所返回
          的信息。*/
        std::ostringstream msg;
        if (args != nullptr) {
            std::string vmsg;
            StringAppendV(&vmsg, fmt, *args);
            msg << vmsg;
        } else {
            msg << fmt;
        }
        //提取referrer所属Dex文件的文件路径名到msg中
        AddReferrerLocation(msg, referrer);
        Thread* self = Thread::Current();
        //调用Thread的ThrowNewException函数
        self->ThrowNewException(exception_descriptor, msg.str().c_str());
    }
```

直接来看 Thread ThrowNewException 函数，代码如下所示。

 [thread.cc->Thread::ThrowNewException]

```
    void Thread::ThrowNewException(const char* exception_class_descriptor,
                                   const char* msg) {
        ......
        ThrowNewWrappedException(exception_class_descriptor, msg);
    }
```

请读者注意，上述 ThrowNewException 等函数只是指明了要抛出哪种类型的异常，但并没有构造该类型的异常对象。所以，ThrowNewWrappedException 的一个重要工作就是：

- 构造一个由 exception_class_descriptor 字符串指定类型的异常对象。
- 针对该对象调用其所属类的构造函数。

 [thread.cc->Thread::ThrowNewWrappedException]

```
    void Thread::ThrowNewWrappedException(
                const char* exception_class_descriptor,  const char* msg) {

        ScopedObjectAccessUnchecked soa(this);
        StackHandleScope<3> hs(soa.Self());
        Handle<mirror::ClassLoader> class_loader(hs.NewHandle(
                GetCurrentClassLoader(soa.Self())));
        ScopedLocalRef<jobject> cause(GetJniEnv(),
```

```
                soa.AddLocalReference<jobject>(GetException()));
    ClearException(); //先设置tlsPtr_exception成员变量为空指针

    Runtime* runtime = Runtime::Current();
    auto* cl = runtime->GetClassLinker();
    //找到所抛异常的类对象
    Handle<mirror::Class> exception_class(
        hs.NewHandle(cl->FindClass(this, exception_class_descriptor,
                        class_loader)));

    //创建该类的一个对象，即实际要抛出的异常对象
    Handle<mirror::Throwable> exception(
        hs.NewHandle(down_cast<mirror::Throwable*>(
                        exception_class->AllocObject(this))));

    const char* signature;
    ScopedLocalRef<jstring> msg_string(GetJniEnv(), nullptr);
    //构造Java Throwable成员变量detailMessage要用的jstring对象，以及确定
    //调用哪个构造函数（其信息由signature表示）
    if (msg != nullptr) {
        msg_string.reset( soa.AddLocalReference<jstring>(
                mirror::String::AllocFromModifiedUtf8(this, msg)));
        if (cause.get() == nullptr) {
            signature = "(Ljava/lang/String;)V";
        } else { signature = "(Ljava/lang/String;Ljava/lang/Throwable;)V"; }
    } else {......}
    //找到合适的构造函数
    ArtMethod* exception_init_method =
        exception_class->FindDeclaredDirectMethod("<init>",
                            signature, cl->GetImagePointerSize());

    if (UNLIKELY(!runtime->IsStarted())) {......}
    else {
        ..... //准备参数
        //调用异常类的构造函数
        InvokeWithJValues(soa, ref.get(),
                    soa.EncodeMethod(exception_init_method), jv_args);
        if (LIKELY(!IsExceptionPending())) {
            /*SetException函数只有下面这一行代码:
              tlsPtr_.exception = new_exception;          */
            SetException(exception.Get());
        }
    }
}
```

请读者注意，Java Exception类的基类是Throwable。所以，上述代码中调用的构造函数将触发Throwable的构造函数被调用。Throwable构造函数非常重要。我们来看其中一个构造函数的代码。

[Throwable.java->Throwable::Throwable]

```
public Throwable() {
    fillInStackTrace(); //构造堆栈信息
}
```

```
public synchronized Throwable fillInStackTrace() {
    /*nativeFillInStackTrace将遍历调用栈。这样，我们就能准备打印出调用的信息。
      该函数为jni函数，由java_lang_Throwable.cc的
      Throwable_nativeFillInStackTrace实现，其内部就是调用Thread
      CreateInternalStackTrace来完成调用栈的回溯和信息获取。请读者自行阅读相关代码。*/
    if (stackTrace != null ||
        backtrace != null /* Out of protocol state */ ) {
        backtrace = nativeFillInStackTrace();
        stackTrace = libcore.util.EmptyArray.STACK_TRACE_ELEMENT;
    }
    return this;
}
```

10.6.2 异常处理

10.6.2.1 解释执行层中的异常处理

如上文所述，被抛出的异常对象赋值给 Thread tlsPtr_exception 的成员变量，异常投递的工作就算完成，接下来就是异常处理的过程。以 switch/case 方式来解释执行的代码中，下面这个宏用于判断是否有异常发生并处理它。

[interpreter_switch_impl.cc->HANDLE_PENDING_EXCEPTION 宏]

```
define HANDLE_PENDING_EXCEPTION()                                    \
    do {                                                              \
        self->AllowThreadSuspension();          \
        /*下面这个函数用于从当前正在执行的方法里找到对应的catch处理语句，如果能处理所抛出
          的异常，则返回异常处理对应的dex指令码的位置*/
        uint32_t found_dex_pc = FindNextInstructionFollowingException(self,\
            shadow_frame,    inst->GetDexPc(insns),  instrumentation);      \
        //如果本方法无法处理这个异常，则要退出整个方法的执行
        if (found_dex_pc == DexFile::kDexNoIndex) {             \
                ......\
            }                              \
        return JValue(); /* 退出本方法的执行，调用者将继续检查并处理异常 */    \
        } else  {                                                   \
            //如果本方法catch住了所抛出的异常，则找到对应的处理指令
            int32_t displacement = static_cast<int32_t>(found_dex_pc) - \
                    static_cast<int32_t>(dex_pc); \
            inst = inst->RelativeAt(displacement);              \
        }                          \
    } while (false)
```

HANDLE_PENDING_EXCEPTION 清晰地表达了解释执行模式下异常的处理流程，主要是通过 FindNextInstructionFollowingException 判断本方法自身是否能处理异常。

- 如果可以处理这个异常，则更新下一条待执行的指令为对应 catch 处的 dex 指令。
- 否则将直接退出本方法的执行。该异常由调用者继续处理。

FindNextInstructionFollowingException 的代码如下所示，比较简单。

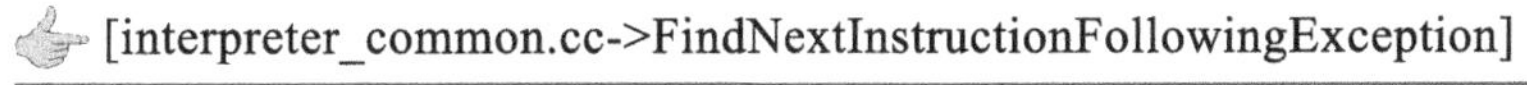

[interpreter_common.cc->FindNextInstructionFollowingException]

```
uint32_t FindNextInstructionFollowingException(
```

```
        Thread* self, ShadowFrame& shadow_frame, uint32_t dex_pc,
        const instrumentation::Instrumentation* instrumentation) {
    self->VerifyStack();
    StackHandleScope<2> hs(self);
    Handle<mirror::Throwable> exception(hs.NewHandle(self->GetException()));
    ......
    bool clear_exception = false;
    //调用ArtMethod的FindCatchBlock，请读者自行阅读此函数。
    uint32_t found_dex_pc = shadow_frame.GetMethod()->FindCatchBlock(
            hs.NewHandle(exception->GetClass()), dex_pc, &clear_exception);
    if (found_dex_pc == DexFile::kDexNoIndex && instrumentation != nullptr) {
        //如果本方法无法处理这个异常，则表示要进行栈回溯。此时将触发Instrumentation的
        //MethodUnwindEvent函数
        instrumentation->MethodUnwindEvent(self, shadow_frame.GetThisObject(),
                                    shadow_frame.GetMethod(), dex_pc);
    } else {......}
    return found_dex_pc;
}
```

如果有一个图10-14所示的调用流程，其异常的处理过程可总结如下。

图10-14为一个异常处理流程示例。

- 方法D执行过程中检测到异常，而方法D自己无法处理。根据上文展示的代码可知，方法D将从Execute函数中返回。
- 此后将进入方法C。方法C通过处理INVOKE指令来调用方法D。方法D返回后，方法C也会通过HANDLE_PENDING_EXCEPTION宏发现有异常存在。由于C依然无法处理此异常，所以C也只能退出自己的执行。

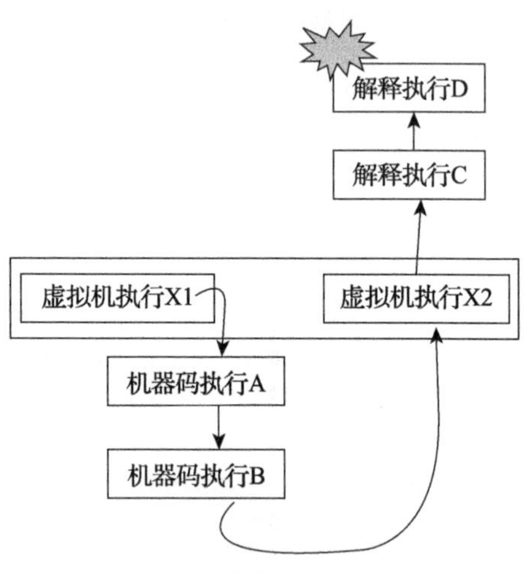

图10-14　异常处理流程示例

沿着调用流程回溯，执行流程将返回到art_quick_to_interpreter_bridge函数。在该函数的最后，读者会发现有一个名为RETURN_ON_DELIVER_PENDING_EXCEPTION的宏，它将检查是否有异常发生并进行对应的处理。来看代码。

[quick_entrypoints_x86.S->RETURN_OR_DELIVER_PENDING_EXCEPTION]

```
MACRO0(RETURN_OR_DELIVER_PENDING_EXCEPTION)
    //检查Thread tlsPtr_ exception变量是否为空，如果不为空，则跳转到
    //DELIVER_PENDING_EXCEPTION宏处
    cmpl MACRO_LITERAL(0),%fs:THREAD_EXCEPTION_OFFSET
    jne 1f
    ret
1:
    DELIVER_PENDING_EXCEPTION              //异常处理宏
END_MACRO
MACRO0(DELIVER_PENDING_EXCEPTION)          //异常处理宏定义
    //该宏内部将设置tlsPtr_ managed_stack top_quick_frame_的值
```

```
        SETUP_SAVE_ALL_CALLEE_SAVE_FRAME ebx, ebx
        subl MACRO_LITERAL(12), %esp
        pushl %fs:THREAD_SELF_OFFSET
        //调用artDeliverPendingExceptionFromCode函数
        call SYMBOL(artDeliverPendingExceptionFromCode)
        UNREACHABLE
    END_MACRO
```

下面单独用一小节来介绍 artDeliverPendingExceptionFromCode 函数。

10.6.2.2　虚拟机执行层中的异常处理

注意，artDeliverPendingExceptionFromCode 位于虚拟机执行层中，所以上述汇编代码中会通过 SETUP_SAVE_ALL_CALLEE_SAVE_FRAME 宏来设置 tlsPtr_ managed_stack top_quick_frame_ 的值。

提示　回顾图 10-10，我们会发现 ManagedStack stack1 和 tlsPtr_managed_stack 之间恰好就是以机器码方式执行的函数调用栈。

[quick_throw_entrypoints.cc->artDeliverPendingExceptionFromCode]

```
    extern "C" NO_RETURN void artDeliverPendingExceptionFromCode(Thread* self) {
        ScopedQuickEntrypointChecks sqec(self);
        self->QuickDeliverException(); //调用Thread QuickDeliverException函数
    }
```

异常的处理最终还是回到 Thread 类。来看它的 QuickDeliverException。

[thread.cc->Thread::QuickDeliverException]

```
    void Thread::QuickDeliverException() {
        mirror::Throwable* exception = GetException();
        //判断是否为Deoptimize相关的异常。此处不讨论Deoptimize的情况，所以
        //is_deoptimization为false
        bool is_deoptimization = (exception == GetDeoptimizationException());
        if (!is_deoptimization) {
                instrumentation::Instrumentation* instrumentation =
                        Runtime::Current()->GetInstrumentation();
            if (instrumentation->HasExceptionCaughtListeners() &&
                            IsExceptionThrownByCurrentMethod(exception)) {
                    StackHandleScope<1> hs(this);
                HandleWrapper<mirror::Throwable> h_exception(hs.NewHandleWrapper(
                                    &exception));
                instrumentation->ExceptionCaughtEvent(this, exception);
            }
            ......
        }
        ClearException();
        QuickExceptionHandler exception_handler(this, is_deoptimization);
        if (is_deoptimization) {
            //DeoptimizeStack函数的详情见10.4.2.2节
            exception_handler.DeoptimizeStack();
        } else {
```

```
        //FindCatch非常关键，它将找到异常处理处的指令位置（pc）
        exception_handler.FindCatch(exception);
    }
    exception_handler.UpdateInstrumentationStack();
    exception_handler.DoLongJump();          //跳转到异常处理对应的地址
}
```

FindCatch是理解虚拟机执行层中异常处理的关键所在，来看代码。

[quick_exception_handler.cc->QuickExceptionHandler::FindCatch]

```
void QuickExceptionHandler::FindCatch(mirror::Throwable* exception) {
    StackHandleScope<1> hs(self_);
    Handle<mirror::Throwable> exception_ref(hs.NewHandle(exception));
    //关键类
    CatchBlockStackVisitor visitor(self_, context_, &exception_ref, this);
    visitor.WalkStack(true);                 //输入参数为true

    if (clear_exception_) {}
    else {
        self_->SetException(exception_ref.Get());
    }
    //如果异常处理的代码位于机器码中，则再补充设置一些信息。这部分内容和机器码编译有一些关系，建
    //议读者暂时不要理会
    if (*handler_quick_frame_ != nullptr &&
        handler_method_header_ != nullptr &&
        handler_method_header_->IsOptimized()) {
        SetCatchEnvironmentForOptimizedHandler(&visitor);
    }
}
```

CatchBlockStackVisitor为StackVisitor的子类，它的VisitFrame函数用于找到对应的异常处理者。

[quick_exception_handler.cc-> CatchBlockStackVisitor::VisitFrame]

```
class CatchBlockStackVisitor FINAL : public StackVisitor {
    ......
    bool VisitFrame() (Locks::mutator_lock_) {
    /*获取当前正在访问的方法。根据图10-14所示，我们依次会访问到Runtime ArtMethod、方法B、方
      法A。最后将进入虚拟机执行X1。 */
    ArtMethod* method = GetMethod();
    exception_handler_->SetHandlerFrameDepth(GetFrameDepth());
    //如果method为空，表示当前所访问的方法为虚拟机执行层
    if (method == nullptr) {
        /*①注意，if中的这段代码见下文解释。*/
        exception_handler_->SetHandlerQuickFramePc(GetCurrentQuickFramePc());
        exception_handler_->SetHandlerQuickFrame(GetCurrentQuickFrame());
        exception_handler_->SetHandlerMethodHeader(
                        GetCurrentOatQuickMethodHeader());
        uint32_t next_dex_pc;
        ArtMethod* next_art_method;
        /*GetNextMethodAndDexPc函数内部也会做WalkStack进行栈回溯操作，找到紧挨着当前
          虚拟机执行层中的上一个方法。在图10-14中，X1往上没有调用者了，所以下面这个函数
          返回false。如果X1之上还有调用者，则返回那个函数的一些信息。  */
```

```
        bool has_next = GetNextMethodAndDexPc(&next_art_method, &next_dex_pc);
        exception_handler_->SetHandlerDexPc(next_dex_pc);
        exception_handler_->SetHandlerMethod(next_art_method);
        ......
        return false; // End stack walk.
    }
    //略过Runtime ArtMethod
    if (method->IsRuntimeMethod()) { return true; }
    /*从method中catch语句中找到是否有能处理该异常的地方。该函数和解释执行层中的FindNext Instruc-
      tionFollowingException函数类似，请读者自行阅读它。假设图10-14中的方法B、方法A均无法
      处理此异常，则HandleTryItems将返回true */
    return HandleTryItems(method);
}
```

请读者重点关注上述代码①处的if判断。如果if条件满足，则表明栈回溯到了虚拟机执行层，这时我们不能再继续回溯虚拟机执行层的函数了，只能先jump回（QuickExceptionHandler的主要功能就是long jump，即长跳转到目标指令位置）X1调用方法A的返回处。上述代码中的GetCurrentQuickFramePc即返回X1中方法A的返回地址（读者可回顾10.2.4节WalkStack函数的介绍）。

为加深理解，笔者简单展示图10-14中整个调用流程的触发代码。

[AndroidRuntime.cpp->AndroidRuntime::start]

```
void AndroidRuntime::start(const char* className,
                const Vector<String8>& options, bool zygote){
    JniInvocation jni_invocation;
    jni_invocation.Init(NULL);
    JNIEnv* env;
    //启动虚拟机
    if (startVm(&mJavaVM, &env, zygote) != 0) { return; }
    ......
    char* slashClassName = toSlashClassName(className);
    jclass startClass = env->FindClass(slashClassName);
    if (startClass == NULL) {.....    }
    else {
        //假设startMeth是图10-14中的方法A
        jmethodID startMeth = env->GetStaticMethodID(startClass, "main",
            "([Ljava/lang/String;)V");
        if (startMeth == NULL) {......}
        else {
            /*下面的CallStaciVoidMethod将触发图10-14的虚拟机执行X1，其内部调用方法
              A。根据上文所述，Thread QuickDeliverException的执行完后，longjmp将跳
              转到X1调用方法A返回后的指令处，就好像方法A执行完了一样（实际上没有）。
              所以，下面的CallStaticVoidMethod将返回。  */
            env->CallStaticVoidMethod(startClass, startMeth, strArray);
        }
    }
    free(slashClassName);
    if (mJavaVM->DetachCurrentThread() != JNI_OK)
    ALOGW("Warning: unable to detach main thread\n");
    if (mJavaVM->DestroyJavaVM() != 0)
    ALOGW("Warning: VM did not shut down cleanly\n");
}
```

线程不是还有一个未捕获异常处理吗？这个异常处理又是在哪执行的呢？答案就在上面的 DetachCurrentThread 中。

[java_vm_ext.cc->DetachCurrentThread]

```
static jint DetachCurrentThread(JavaVM* vm) {
        ......
        JavaVMExt* raw_vm = reinterpret_cast<JavaVMExt*>(vm);
        Runtime* runtime = raw_vm->GetRuntime();
        runtime->DetachCurrentThread();  //内部将调用当前线程的Destroy方法
        return JNI_OK;
}
```

[thread.cc->Thread::Destroy]

```
void Thread::Destroy() {
    Thread* self = this;
    ......
    if (tlsPtr_.opeer != nullptr) {
    ScopedObjectAccess soa(self);
    //调用为该线程设置的UncaughtExceptionHandler对象。感兴趣的读者可自行研究该函数。
    HandleUncaughtExceptions(soa);
    RemoveFromThreadGroup(soa);
    }
    ......
}
```

10.6.2.3 机器码执行层中的异常处理

先回顾下解释执行层和虚拟机执行层中的异常处理流程。

- 异常投递很简单，只要将被抛出的异常对象设置到 Thread tlsPtr_ exception 成员变量中即可。**注意**，构造异常对象时将回溯调用栈，把调用栈的信息保存到这个被抛出的异常对象中。
- 异常处理则比较麻烦，尤其是 ART 虚拟机存在三个执行层面（JNI 算作机器码执行层）。解释执行层和机器码执行层可以捕获异常，但虚拟机执行层不能捕获异常，它只是辅助完成解释执行层和机器码执行层的切换。
- 如果没有捕获异常，栈回溯的结果是将返回到虚拟机执行层，这就好像所有 Java 方法都执行完了一样。此后，虚拟机将退出当前线程。退出过程中会调用 Uncaught-ExceptionHandler 来处理未捕获的异常。

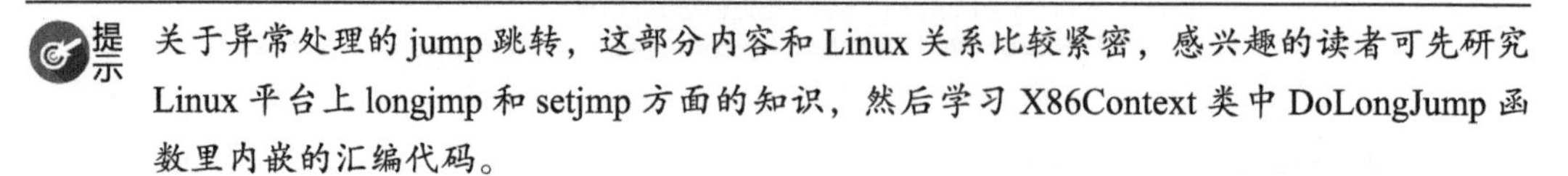
提示 关于异常处理的 jump 跳转，这部分内容和 Linux 关系比较紧密，感兴趣的读者可先研究 Linux 平台上 longjmp 和 setjmp 方面的知识，然后学习 X86Context 类中 DoLongJump 函数里内嵌的汇编代码。

在了解了上述知识后，再来看看机器码中抛异常的处理。Throw 指令对应为 HThrow IR。而在 code_generator_x86 中将把这个 HThrow IR 转化为调用 quick_entrypoints_x86.S 中的 art_quick_deliver_exception 函数。该函数的代码如下所示。

[quick_entrypoints_x86.S->art_quick_deliver_exception]

```
ONE_ARG_RUNTIME_EXCEPTION art_quick_deliver_exception, \
            artDeliverExceptionFromCode  //调用C++层artDeliverExceptionFromCode
//ONE_ARG_RUNTIME_EXCEPTION是一个宏，其内部调用SETUP_SAVE_CALLEE_SAVE_FRAME，
//由于artDeliverExceptionFromCode位于虚拟机执行层，所以需要设置tlsPtr_
//managed_stack top_quick_frame_
MACRO2(ONE_ARG_RUNTIME_EXCEPTION, c_name, cxx_name)
    DEFINE_FUNCTION VAR(c_name)
    SETUP_SAVE_ALL_CALLEE_SAVE_FRAME ebx, ebx     mov %esp, %ecx
    // Outgoing argument set up
    subl MACRO_LITERAL(8), %esp
    pushl %fs:THREAD_SELF_OFFSET
    PUSH eax
    call CALLVAR(cxx_name)
    UNREACHABLE
    END_FUNCTION VAR(c_name)
END_MACRO
```

artDeliverExceptionFromCode 的代码如下所示。

 [quick_throw_entrypoints.cc->artDeliverExceptionFromCode]

```
extern "C" NO_RETURN void artDeliverExceptionFromCode(
            mirror::Throwable* exception, Thread* self){
    ScopedQuickEntrypointChecks sqec(self);
    if (exception == nullptr) {
        self->ThrowNewException("Ljava/lang/NullPointerException;",
            "throw with null exception");
    } else {
        self->SetException(exception); //设置tlsPtr_ exception
    }
    self->QuickDeliverException(); //还是调用Thread类的QuickDeliverException
}
```

到此，我们对 ART 虚拟机里异常的投递和处理都做了统一介绍。感兴趣的读者可在此基础上进一步深入研究相关内容，笔者不拟赘述。

10.7　总结

本章围绕 ART 虚拟机里 Java 指令解释执行的流程及相关核心知识展开了介绍。主要讲解了 ART 虚拟机中解释执行的主要流程、JIT、HDeoptimiztion、OSR、Instrumentation 以及异常投递和处理。这部分内容其实很多，由于篇幅原因，笔者只能选择其中的典型知识进行讲解。另外，本章还有一些和 CPU/Linux 系统底层结合紧密，难度稍大的内容，它们主要是 Runtime ArtMethod 及相关的汇编代码，以及异常处理流程中涉及的 DoLongJump、Context 相关的处理。建议读者先大致了解其作用，后续章节如有需要，笔者还会对相关内容做进一步讨论。

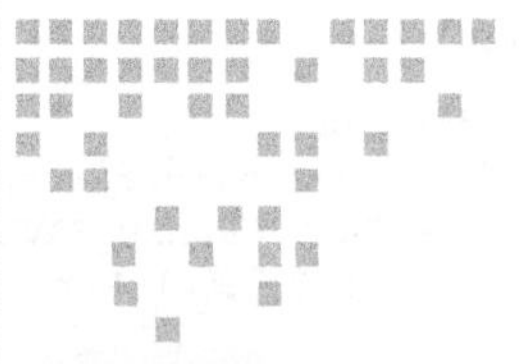

Chapter 11 第11章

ART中的JNI

本章重点介绍JNI在ART虚拟机中的实现。

本章所涉及的源代码文件名及位置

- runtime.cc:art/runtime/
- thread.cc:art/runtime/
- java_vm_ext.h:art/runtime/
- java_vm_ext.cc:art/runtime/
- jni_internal.cc:art/runtime/
- jni_entrypoints_x86.S:art/runtime/arch/x86/
- jni_entrypoints.cc: art/runtime/entrypoints/jni/
- quick_trampoline_entrypoints.cc:art/runtime/entrypoints/quick/
- AndroidRuntime.cpp:frameworks/base/core/jni/
- reflection.cc:art/runtime/
- indirect_reference_table.h:art/runtime/
- indirect_reference_table.cc:art/runtime/

JNI 是 Java Native Interface 的缩写，其中文含义就是 Java 层和 Native 层的接口。借助这个接口，Java 语言编写的代码逻辑可和 Native 语言编写的代码逻辑交互。显然，本书读者对 JNI 的这个功能应该是不会惊奇的，因为虚拟机本身就是用 Native 语言编写的，而 Java 层能和 Native 层交互对 Java 虚拟机而言简直就是理所当然的事情。

提示　本章不拟介绍 JNI 的使用——这部分内容最权威的知识可参考 JNI 规范（Java Native Interface Specification ⊖）。另外，笔者在本书系列书籍的开卷书——《深入理解 Android 卷 1》的第 2 章中曾详细介绍过 JNI 方面的知识。不熟悉的读者也可访问笔者的博客（https://blog.csdn.net/innost/article/details/47204557）以了解它们。

本章将围绕 ART 虚拟机中 JNI 的实现展开介绍，相关内容包括：

- ART 虚拟机中的 JavaVM 以及 JNIEnv 对象。
- Java 层中的 native 方法如何与 Native 层中对应的方法相关联。
- Native 层如何调用 Java 层中的一个方法。
- JNI 中的 Local、Global 和 WeakGlobal Reference 等知识。

11.1　JavaVM 和 JNIEnv

如上文所述，JNI 是帮助 Java 层和 Native 层交互的接口。JNI 中有两个关键数据结构。

- JavaVM：它代表 Java 虚拟机。每一个 Java 进程有一个全局唯一的 JavaVM 对象。
- JNIEnv：它是 JNI 运行环境的含义。每一个 Java 线程都有一个 JNIEnv 对象。Java 线程在执行 JNI 相关操作时，都需要利用该线程对应的 JNIEnv 对象。

JavaVM 和 JNIEnv 是 jni.h 里定义的数据结构，里边包含的都是函数指针成员变量。所以，这两个数据结构有些类似 Java 中的 interface。不同虚拟机实现都会从它们派生出实际的实现类。在 ART 虚拟机中，JavaVM 和 JNIEnv 创建的代码如下所示。

提示　7.7 节对 JavaVM 和 JNIEnv 曾做过详细介绍。不熟悉的读者请先回顾它们。

[runtime.cc->Runtime::Init]

```
bool Runtime::Init(RuntimeArgumentMap&& runtime_options_in) {
    ......
    //java_vm_是Runtime的成员变量，它指向一个JavaVMExt对象。
    //java_vm_对象就是ART虚拟机中全局唯一的虚拟机代表。通过Runtime GetJavaVM函数可返回这
    //个成员
    java_vm_ = new JavaVMExt(this, runtime_options);
    ......
}
```

再来看 ART 中 JNIEnv 的创建。

⊖ https://docs.oracle.com/javase/7/docs/technotes/guides/jni/spec/jniTOC.html。

[thread.cc->Thread::Init]

```
bool Thread::Init(ThreadList* thread_list, JavaVMExt* java_vm,
                  JNIEnvExt* jni_env_ext) {
    ......
    //tlsPtr_是ART虚拟机中每个Thread对象都有的核心成员
    tlsPtr_.pthread_self = pthread_self();
    ......
    if (jni_env_ext != nullptr) {......}
    else {
        //jni_env是tlsPtr_的成员变量，类型为JNIEnvExt*，它就是每个Java线程所携带的JNIEnv
        //对象。
        tlsPtr_.jni_env = JNIEnvExt::Create(this, java_vm);
        ......
    }
    ......
    return true;
}
```

下面我们分别介绍 JavaVMExt 和 JNIEnvExt。

11.1.1 JavaVMExt 相关介绍

先来看 JavaVMExt 类的声明，代码如下所示。

[java_vm_ext.h::JavaVMExt 声明]

```
class JavaVMExt : public JavaVM { //JavaVMExt派生自JavaVM
    public:
        //构造函数
        JavaVMExt(Runtime* runtime, const RuntimeArgumentMap& runtime_options);
        ......
        //Java native的方法往往实现在一个动态库中，下面这个函数用于加载指定的动态库文件
        bool LoadNativeLibrary(JNIEnv* env, const std::string& path,
            jobject class_loader, jstring library_path, std::string* error_msg);
        //ArtMethod m是一个java native方法，下面这个函数将搜索该方法在native层的实现
        void* FindCodeForNativeMethod(ArtMethod* m);
        ......
        //下面这几个函数和JNI对Global与WeakGlobal引用对象的管理有关，详情见下文代码分析
        jobject AddGlobalRef(Thread* self, mirror::Object* obj);
        jweak AddWeakGlobalRef(Thread* self, mirror::Object* obj);
        void DeleteGlobalRef(Thread* self, jobject obj);
        void DeleteWeakGlobalRef(Thread* self, jweak obj));
        ......
    private:
        Runtime* const runtime_;
        ......
        //IndirectReferenceTable是ART JNI实现中用来管理引用的类。下文将详细介绍它。
        //下面的globals_和weak_globals_分别用于保存Global和Weak Global的引用对象
        IndirectReferenceTable globals_;
        IndirectReferenceTable weak_globals_;
        //libraries_：指向一个Libraries对象，该对象用于管理承载jni方法实现的动态库文件
        std::unique_ptr<Libraries> libraries_;
        //JavaVM所定义的函数包含在一个JNIInvokeInterface结构体中
        const JNIInvokeInterface* const unchecked_functions_;
```

```
        ......;
};
```

下面分别来了解上述代码中的几个关键函数和知识点。

11.1.1.1 JavaVMExt 构造函数

JavaVMExt 构造函数的代码如下所示。

 [java_vm_ext.h->JavaVMExt::JavaVMExt]

```
JavaVMExt::JavaVMExt(Runtime* runtime,
                     const RuntimeArgumentMap& runtime_options)
    : runtime_(runtime),
      ......
    /*初始化globals_对应的IndirectReferenceTable(以后简称IRTable)对象。从IRTable的
      命名可以看出，它是一个Table。其构造函数需要如下三个参数:
      gGlobalsInitial：整数，值为512。表示这个IRTable初始能容纳512个元素。
      gGlobalsMax：整数，值为51200，表示这个IRTable最多能容纳51200个元素
      kGlobal是枚举变量，定义为enum IndirectRefKind {
          kHandleScopeOrInvalid = 0,kLocal = 1,
          kGlobal = 2, kWeakGlobal = 3 }。IndirectRefKind表示间接引用类型，其中kLocal、
      kGlobal、kWeakGlobal都是JNI规范中定义的引用类型。而kHandleScopeOrInvalid和ART在
      虚拟机中调用java native方法时，引用型参数会通过一个HandleScope来保存有关(读者可回顾
      9.5.3节的内容。下文还会进行详细分析) */
    globals_(gGlobalsInitial, gGlobalsMax, kGlobal),
    libraries_(new Libraries),
    unchecked_functions_(&gJniInvokeInterface),
    //创建用于管理WeakGlobal引用的weak_globals_ IRT对象，其中，kWeakGlobalsInitial值为
    //16，kWeakGlobalMax值为51200
    weak_globals_(kWeakGlobalsInitial, kWeakGlobalsMax, kWeakGlobal),
    ...... {......}
```

11.1.1.2 LoadNativeLibrary

由于 Java native 方法的真实实现是在 Native 层，而 Native 层的代码逻辑又往往封装在一个动态库文件中，所以，JNI 的一个重要工作就是加载一个包含了 native 方法实现的动态库文件。在 ART 虚拟机中，加载的核心函数就是 JavaVMExt 的 LoadNativeLibrary 函数。

[java_vm_ext.cc->JavaVMExt::LoadNativeLibrary]

```
bool JavaVMExt::LoadNativeLibrary(JNIEnv* env,
                 const std::string& path, jobject class_loader,
                 jstring library_path, std::string* error_msg) {
    /*注意参数。
      path：代表目标动态库的文件名，不包含路径信息。Java层通过System.loadLibrary加载动态
      库时，只需指定动态库的名称(比如libxxx)，不包含路径和后缀名。
      class_loader：根据JNI规范，目标动态库必须和一个ClassLoader对象相关联，同一个目标动
      态库不能由不同的ClassLoader对象加载。
      library_path：动态库文件搜索路径。我们将在这个路径下搜索path对应的动态库文件。 */
    ......

    SharedLibrary* library;
    Thread* self = Thread::Current();
    {
```

```
    MutexLock mu(self, *Locks::jni_libraries_lock_);
    /*可能会有多个线程触发目标动态库加载，所以这里先同步判断一下path对应的动态库是否已经
      加载。libraries_内部包含一个map容器，保存了动态库名和一个动态库（由SharedLibrary
      类描述）的关系    */
    library = libraries_->Get(path);
}
...... //如果library不为空，则需要检查加载它的ClassLoader对象和传入的class_loader是
       //否为同一个

Locks::mutator_lock_->AssertNotHeld(self);
const char* path_str = path.empty() ? nullptr : path.c_str();
/*加载动态库，Linux平台上就是使用dlopen方式加载。但Android系统做了相关定制，主要是出于
  安全方面的考虑。比如，一个应用不能加载另外一个应用携带的动态库。下面这个函数请读者自行阅
  读。总之，OpenNativeLibrary成功返回后，handle代表目标动态库的句柄。*/
void* handle = android::OpenNativeLibrary(env,
                runtime_->GetTargetSdkVersion(),path_str,
                class_loader,library_path);

......
bool created_library = false;
{
    //构造一个SharedLibrary对象，并将其保存到libraries_内部的map容器中
    std::unique_ptr<SharedLibrary> new_library(
        new SharedLibrary(env, self, path, handle, class_loader,
                class_loader_allocator));
    MutexLock mu(self, *Locks::jni_libraries_lock_);
    library = libraries_->Get(path);
    if (library == nullptr) {
        library = new_library.release();
        libraries_->Put(path, library);
        created_library = true;
    }
}
......

bool was_successful = false;
void* sym;
......
/*找到动态库中的JNI_OnLoad函数。如果有该函数，则需要执行它。一般而言，动态库会在JNI_OnLoad
  函数中将Java native方法与Native层对应的实现函数绑定。绑定是利用JNIEnv RegisterNative-
  Methods来完成的，下文将介绍它。  */
sym = library->FindSymbol("JNI_OnLoad", nullptr);
if (sym == nullptr) {
    was_successful = true;
} else {
    ......
    typedef int (*JNI_OnLoadFn)(JavaVM*, void*);
    JNI_OnLoadFn jni_on_load = reinterpret_cast<JNI_OnLoadFn>(sym);
    //执行JNI_OnLoad函数。该函数的返回值需要处理
    int version = (*jni_on_load)(this, nullptr);
    ......
    //version取值为JNI_ERR，表示JNI_Onload处理失败
    if (version == JNI_ERR) {...... }
    else if (IsBadJniVersion(version)) {
    //version取值必须为JNI_VERSION_1_2、JNI_VERSION_1_4和JNI_VERSION_1_6中的一个
    ......
```

```
        } else { was_successful = true; }
    }
    library->SetResult(was_successful);
    return was_successful; //返回该动态库是否加载成功
}
```

此处请读者注意，JNI 的动态库加载包括两个步骤。

- 首先是动态库本身加载到虚拟机进程，这是借助操作系统提供的功能来实现的。如果这一步操作成功，该动态库对应的信息将保存到 libraries_ 中。
- 如果动态库定义了 JNI_OnLoad 函数，则需要执行这个函数。该函数执行成功，则整个动态库加载成功。如果执行失败，则认为动态库加载失败。注意，无论该步骤执行成功与否，动态库都已经在第一步中加载到虚拟机内存了，并不会因为 JNI_OnLoad 执行失败而卸载这个动态库。

11.1.1.3　FindCodeForNativeMethod

如何将一个 Java native 方法与动态中的方法关联起来呢？有一种简单的方法就是根据 Java native 方法的签名信息（由所属类的全路径、返回值类型、参数类型等共同组成）来搜索动态库。来看代码。

[java_vm_ext.cc->JavaVMExt::FindCodeForNativeMethod]

```
void* JavaVMExt::FindCodeForNativeMethod(ArtMethod* m) {
    mirror::Class* c = m->GetDeclaringClass();
    std::string detail;
    void* native_method;
    Thread* self = Thread::Current();
    {
        MutexLock mu(self, *Locks::jni_libraries_lock_);
        //内部将遍历libraries_的map容器，找到符合条件的Native函数，返回值native_method实
        //际上是一个函数指针对象
        native_method = libraries_->FindNativeMethod(m, detail);
    }
    if (native_method == nullptr) {
        self->ThrowNewException("Ljava/lang/UnsatisfiedLinkError;",
                    detail.c_str());
    }
    return native_method;
}
```

[java_vm_ext.cc->Libraris::FindNativeMethod]

```
void* FindNativeMethod(ArtMethod* m, std::string& detail) {
    /*m代表一个Java的native方法，JniShortName和JniLongName将根据这个方法的信息得到Native
      函数的函数名。下文将给出一个示例。*/
    std::string jni_short_name(JniShortName(m));
    std::string jni_long_name(JniLongName(m));
    ......
    ScopedObjectAccessUnchecked soa(Thread::Current());
    //libraries_是Libraries类的map容器，保存已经加载的动态库信息。下面将遍历
    //这个容器，然后调用FindSymbol（Linux平台上，其内部使用dlsym）来搜索目标函数
```

```
    for (const auto& lib : libraries_) {
        SharedLibrary* const library = lib.second;
        ......
        const char* shorty = library->NeedsNativeBridge()
            ? m->GetShorty() : nullptr;
        void* fn = library->FindSymbol(jni_short_name, shorty);
        if (fn == nullptr) {
            fn = library->FindSymbol(jni_long_name, shorty);
        }
        if (fn != nullptr) {
            return fn;
        }
    }
    ......
    return nullptr;
}
```

假设有一个 Java native 方法，其 Java 层定义如下。

```
package pkg;
class Cls {
    native double f(int i, String s);
}
```

那么，JniShortName 和 JniLongName 返回方法 f 在 Native 层对应实现函数的函数名。

- Java_pkg_Cls_f：短命名规则下函数名中不包含 f 的参数信息。
- Java_pkg_Cls_f__ILjava_lang_String_2：长命名规则下函数名将包含 f 的参数信息。

提示 关于上例中函数名的转换规则，请读者参考 Java 官网的说明：https://docs.oracle.com/javase/1.5.0/docs/guide/jni/spec/design.html#wp615。

通过上述代码可知，通过 FindCodeForNativeMethod 来找到一个 java native 方法对应的 Native 函数会比较慢。因为它要遍历和搜索虚拟机所加载的所有和 JNI 有关的动态库。

11.1.2 JNIEnvExt 介绍

先来看 JNIEnvExt 类的声明，代码如下所示。

[jni_env_ext.h->JNIEnvExt 类什么]

```
struct JNIEnvExt : public JNIEnv {
    static JNIEnvExt* Create(Thread* self, JavaVMExt* vm);
    //下面两个函数和JNI层对引用对象的管理有关。详情见下文介绍
    void PushFrame(int capacity);
    void PopFrame();
    /*下面三个函数和Local引用对象的管理有关。在JNI层中，Java层传入的jobject参数，以及JNI层
      内部通过NewObject等函数（类似Java层的new操作符）创建的对象都属于Local引用对象。从JNI
      函数返回到Java层后，这些Local引用对象理论上就属于被回收的对象。如果JNI层想长久保存（比
      如在下一次JNI调用或其他JNI函数内使用的话），则需要通过NewGlobalRef或NewGlobalWeakRef
      将其转换成一个Global或WeakGlobal引用对象。读者回顾上节的代码可知，JavaVMExt保存了
      Global和WeakGlobal的引用对象，而JNIEnvExt管理的是Local引用对象。 */
    template<typename T>
    T AddLocalReference(mirror::Object* obj);
```

```
    jobject NewLocalRef(mirror::Object* obj);
    void DeleteLocalRef(jobject obj);

    Thread* const self;   //一个JNIEnv对象关联一个线程
    JavaVMExt* const vm;  //全局的JavaVM对象

    //local_ref_cookie和locals用于管理Local引用对象，详情见下文代码分析
    uint32_t local_ref_cookie;
    IndirectReferenceTable locals GUARDED_BY(Locks::mutator_lock_);
    std::vector<uint32_t> stacked_local_ref_cookies;
    ReferenceTable monitors;
    ......

    private:
            ......
        std::vector<std::pair<uintptr_t, jobject>> locked_objects_;
};
```

我们先认识JNIEnvExt的构造函数。

[jni_env_ext.cc->JNIEnvExt::JNIEnvExt]

```
JNIEnvExt::JNIEnvExt(Thread* self_in, JavaVMExt* vm_in)
        : self(self_in), vm(vm_in),
            /*IRT_FIRST_SEGMENT为常量，值为0。kLocalsInitial取值为64，kLocalsMax取值
              为512 */
            local_ref_cookie(IRT_FIRST_SEGMENT),
            locals(kLocalsInitial, kLocalsMax, kLocal, false),
            check_jni(false),  runtime_deleted(false),  critical(0),
            monitors("monitors", kMonitorsInitial, kMonitorsMax) {
    functions = unchecked_functions = GetJniNativeInterface();
    ......
}
```

JNI规范中针对JNIEnv定义了两百多个函数，在ART虚拟机中，这些函数对应的实现由Get-JniNativeInterface函数的返回值来指示。

[jni_internal.cc->GetJniNativeInterface]

```
const JNINativeInterface* GetJniNativeInterface() {
    return &gJniNativeInterface;
}
```

[[jni_internal.cc->gJniNativeInterface的定义]

```
const JNINativeInterface gJniNativeInterface = {
        //一共234个函数。下面列出了一些比较常见的函数，详情请读者回顾8.2.3节的内容
    nullptr,  nullptr, nullptr, nullptr,
    JNI::GetVersion, JNI::DefineClass, JNI::FindClass,
    ......
    JNI::AllocObject,JNI::NewObject,
    ......
    JNI::RegisterNatives
    JNI::CallObjectMethod, ......
    JNI::GetFieldID,JNI::GetMethodID,
```

```
    ......
    JNI::NewWeakGlobalRef,JNI::DeleteWeakGlobalRef,
    ......
};
```

11.2 Java native 方法的调用

结合 9.5.3 节和 10.1.1 节的内容可知，一个代表 Java native 方法的 ArtMethod 对象里两个和机器码入口有关的变量取值为：

- dex2oat 编译这个 Java native 方法后将会生成一段机器码。ArtMethod 对象的**机器码入口地址**会指向这段生成的机器码。这段机器码本身会跳转到这个 ArtMethod 对象的 **JNI 机器码入口地址**。如果这个 JNI 方法没有注册过（即这个 native 方法还未和 Native 层对应的函数相关联），这个 JNI 机器码入口地址是 art_jni_dlsym_lookup_stub。否则，**JNI 机器码入口地址**指向 Native 层对应的函数。
- 如果 dex2oat 没有编译过这个 Java native 方法，则 ArtMethod 对象的**机器码入口**地址为跳转代码 art_quick_generic_jni_trampoline。同样，如果这个 JNI 方法没有注册过，则 **JNI 机器码入口地址**为跳转代码 art_jni_dlsym_lookup_stub。否则，**JNI 机器码入口地址**指向 Native 层对应的函数。

本节先介绍 art_jni_dlsym_lookup_stub，然后再介绍 art_quick_generic_jni_trampoline。

11.2.1 art_jni_dlsym_lookup_stub

由上文可知，如果 JNI 方法没有注册，则需要先关联 JNI 方法和它的目标 Native 函数。该工作由 art_jni_dlsym_lookup_stub 来实现。

[jni_entrypoints_x86.S->art_jni_dlsym_lookup_stub]

```
DEFINE_FUNCTION art_jni_dlsym_lookup_stub
    subl LITERAL(8), %esp
    pushl %fs:THREAD_SELF_OFFSET
    //调用artFindNativeMethod，如果找到对应的Native函数，则返回该函数对应的函数指针
    call SYMBOL(artFindNativeMethod)      // (Thread*)
    addl LITERAL(12), %esp
    testl %eax, %eax                      //判断返回值是否为空，如果不为空，则表示找到了
                                            Native对应的函数
    jz .Lno_native_code_found
    jmp *%eax                             //以jmp的方式跳转到Native对应的函数
.Lno_native_code_found:                   //没找到目标函数
    ret
END_FUNCTION art_jni_dlsym_lookup_stub
```

接下来我们将分析 artFindNativeMethod 函数。在此之前，先来回顾上面的代码。

- 假设 artFindNativeMethod 找到并返回了目标函数的函数指针。
- 紧接着就跳转到这个函数去执行，只不过此处的跳转使用了 jmp 指令，而不是 call 指令。为什么不使用 call 指令呢？这里有一处隐含的前提，来看下文。

我们知道，调用一个函数是需要为它准备参数的，而上面的代码显然没有考虑执行 Native 函数所需参数的问题。这说明 art_jni_dlsym_lookup_stub 的调用者一定会先准备好 Native 函数所需的参数。读者可回顾 9.5.3 节所编译得到的机器码。在那里，机器码会在先准备好 Native 函数的参数后，然后才会调用 ArtMethod 对象的 JNI 机器码入口地址。如此，art_jni_dlsym_lookup_stub 的 jmp 才能正确执行目标函数。

马上来看 artFindNativeMethod 的代码，非常简单。

[jni_entrypoints.cc->artFindNativeMethod]

```
extern "C" void* artFindNativeMethod(Thread* self) {
    Locks::mutator_lock_->AssertNotHeld(self);  // We come here as Native.
    ScopedObjectAccess soa(self);

    ArtMethod* method = self->GetCurrentMethod(nullptr);
        //调用JavaVMExt的FindCodeForNativeMethod，搜索目标函数
        void* native_code = soa.Vm()->FindCodeForNativeMethod(method);
    if (native_code == nullptr) { return nullptr;}
    else {
        /*如果存在满足条件的目标函数，则更新ArtMethod对象的JNI机器码入口地址，此后再调用这
          个Java native方法，则无须借助art_jni_dlsym_lookup_stub。  */
        method->RegisterNative(native_code, false);
        return native_code;
    }
}
```

请读者注意，对于一个 Java native 方法的调用来说，调用时进入的是机器码入口，而不是 JNI 机器码入口。这是因为 JNI 函数调用需要准备额外的参数（JNIEnv 等），所以无法直接跳转到 JNI 机器码入口。为此，笔者总结 JNI 方法的调用过程如图 11-1 所示。

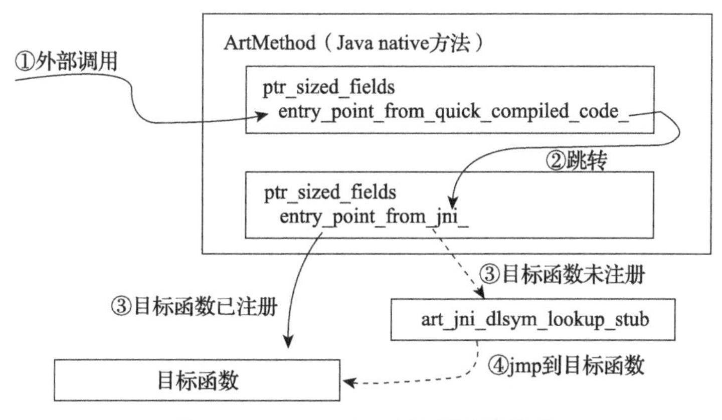

图 11-1　Java native 方法的调用流程

在图 11-1 中，当外界调用一个 Java native 方法时：

- 首先会跳转到它的**机器码入口地址**。执行一段代码逻辑后，再跳转到 **JNI 机器码入口地址**去执行。对应图中步骤①和②。注意，外部调用并不会直接跳转到 **JNI 机器码入口地址**去执行。

- 如果**JNI机器码入口**是art_jni_dlsym_lookup_stub，则stub函数内部会先搜索目标函数，然后jmp到目标函数去执行。对应图中虚线箭头所示步骤③和④。
- 否则，直接跳转到目标函数去执行，对应图中实线箭头所示步骤③。

11.2.2 art_quick_generic_jni_trampoline

根据上文的介绍可知，如果一个Java native方法没有被dex2oat编译过，其ArtMethod对象的机器码入口就是art_quick_generic_jni_trampoline。这个trampoline函数也是由汇编语言编写。从功能角度来说，它和9.5.3节中dex2oat编译Java native方法所得的机器码类似，毕竟，二者都是为调用Native函数而准备的。

来看代码。

[quick_entrypoints_x86.S->art_quick_generic_jni_trampoline]

```
DEFINE_FUNCTION art_quick_generic_jni_trampoline
    /*该宏功能类似SETUP_REFS_AND_ARGS_CALLEE_SAVE_FRAME宏（读者可回顾10.1.3节）。最后
      还会将EAX寄存器的值压入栈中。注意，EAX寄存器里保存的是代表Java native方法的ArtMethod
      对象。  */
    SETUP_REFS_AND_ARGS_CALLEE_SAVE_FRAME_WITH_METHOD_IN_EAX
    /*保存栈顶的位置（由寄存器ESP指明）到EBP寄存器中。结合上面的宏可知，此时栈顶存储的是Art-
      Method对象，所以EBP将指向目标Java native方法对应的ArtMethod对象 */
    movl %esp, %ebp
        ......
    /*下面两条指令用于向低地址拓展栈，一共扩展了5128字节（不考虑对齐的问题）。这部分空间是用来
      准备HandleScope和Native函数所需参数的。注意，此时还不知道实际需要多少栈空间，所以先暂
      时分配5128字节。    */
    subl LITERAL(5120), %esp
    subl LITERAL(8), %esp
    pushl %ebp //为调用下面的artQuickGenericJniTrampoline函数准备参数
    pushl %fs:THREAD_SELF_OFFSET  //获取代表当前调用线程的Thread对象
    //调用artQuickGenericJniTrampoline函数。
    call SYMBOL(artQuickGenericJniTrampoline)
    //artQuickGenericJniTrampoline函数返回值通过EAX和EDX两个寄存器返回
    //如果EAX的值为0，则表示有异常发生
    test %eax, %eax
    jz .Lexception_in_native //有异常发生，转到对应位置去处理
    //如果EAX的值不为0，则EAX的内容就是目标Native函数的地址，而EDX则指向该函数对应参数的栈
    //空间位置。下面的指令将把EDX的值赋给ESP寄存器，此后，ESP所指的栈空间存储的就是Native函
    //数所需的参数
    movl %edx, %esp
    call *%eax //调用Native函数
    //下面的指令将为调用artQuickGenericJniEndTrampoline函数做准备
    subl LITERAL(20), %esp
    fstpl (%esp)
    pushl %edx
    pushl %eax
    pushl %fs:THREAD_SELF_OFFSET
    call SYMBOL(artQuickGenericJniEndTrampoline)
    //再次判断是否有异常发生
    mov %fs:THREAD_EXCEPTION_OFFSET, %ebx
```

```
    testl %ebx, %ebx
    jnz .Lexception_in_native
    movl %ebp, %esp
    addl LITERAL(4 + 4 * 8), %esp

    POP ecx
    ......
    ret //Java native方法返回
.Lexception_in_native: //异常处理
    movl %fs:THREAD_TOP_QUICK_FRAME_OFFSET, %esp
    call .Lexception_call
.Lexception_call:
    DELIVER_PENDING_EXCEPTION //我们在10.6节介绍过这个宏
END_FUNCTION art_quick_generic_jni_trampoline
```

总结 art_quick_generic_jni_trampoline 函数的工作流程如下（不考虑抛异常的情况）。

- 先在栈上分配一块足够大的空间，然后调用 artQuickGenericJniTrampoline。这个函数的功能将为 Native 函数准备参数。注意，这个函数的返回值非常有讲究。
- 然后调用由 EAX 寄存器所指向的 Native 函数的位置去执行这个 Native 函数。
- 从 Native 函数返回后，调用 artQuickGenericJniEndTrampoline。

来看 artQuickGenericJniTrampoline 和 artQuickGenericJniEndTrampoline 这两个函数。

11.2.2.1　artQuickGenericJniTrampoline

artQuickGenericJniTrampoline 的代码如下所示。

 [quick_trampoline_entrypoints.cc->artQuickGenericJniTrampoline]

```
extern "C" TwoWordReturn artQuickGenericJniTrampoline(Thread* self,
                ArtMethod** sp)  {
    /*注意该函数的参数sp，其类型是ArtMethod**。从上面的汇编指令可知，这个位置的栈上放置的是
      EBP寄存器的值，EBP寄存器的值又是之前ESP的栈顶位置，而ESP的栈顶位置保存的又是目标Art-
      Method对象的地址。所以，此处sp的数据类型是ArtMethod**。
      该函数的返回值TwoWordReturn是一个64位长的整数。在x86平台上，当函数返回值为64位长时，
      其高32字节内容存储在EDX寄存器中，而低32字节内容存储在EAX中。*/
    ArtMethod* called = *sp;      //called类型为ArtMethod*。
    uint32_t shorty_len = 0;
    const char* shorty = called->GetShorty(&shorty_len);
    /*下面这四行代码将根据Java native函数的签名信息计算Native函数所需的栈空间以及准备参数。
      注意，如果native方法里包含引用类型参数的话，ART虚拟机将用到HandleScope结构体（这一块
      内容请读者回顾9.5.3.1.4节）。另外，这段代码执行完后，sp的值将发生变化。*/
    BuildGenericJniFrameVisitor visitor(self, called->IsStatic(), shorty,
                     shorty_len, &sp);
    visitor.VisitArguments();
    visitor.FinalizeHandleScope(self);

    //SetTopOfStack内部将调用tlsPtr_.managed_stack.SetTopQuickFrame
    self->SetTopOfStack(sp);
    self->VerifyStack();

    uint32_t cookie;
    if (called->IsSynchronized()) {......}
```

```
    else { //调用JniMethodStart，我们在9.5.3节中也介绍过它。cookie的含义和JNI对Local引
            //用对象的管理有关。
        cookie = JniMethodStart(self);
    }
    //下面这两行代码的含义是将cookie的值存储到栈上。注意，此时sp的取值不再是本函数进来时所传
      递的值。
    uint32_t* sp32 = reinterpret_cast<uint32_t*>(sp);
    *(sp32 - 1) = cookie; //注意cookie所存储的位置。

    /*获取ArtMethod对象的JNI机器码入口。如果机器码入口地址为art_jni_dlsym_lookup_stub，
      则说明该Java native方法还未和目标Native函数绑定。
      这时将调用artFindNativeMethod函数来查找目标Native函数。  */
    void* nativeCode = called->GetEntryPointFromJni();
    if (nativeCode == GetJniDlsymLookupStub()) {
#if defined(__arm__) || defined(__aarch64__)
    ......
#else
    /*这里要特别注意，上文介绍art_jni_dlsym_lookup_stub函数的内容时，我们发现如果调用stub
      函数的话能直接转到对应Native函数去执行（假设存在目标Native函数）。
      但此处并没有调用stub函数，而是判断JNI机器码入口地址是否指向stub函数，如果是，则直接调用
      artFindNativeMethod获取目标Native函数的地址。  */
    nativeCode = artFindNativeMethod(self);
#endif
    }
    /*在art_quick_generic_jni_trampoline汇编代码中，我们分配了一块多达5128字节的栈空间。
      显然，我们不需要这么大的栈空间。所以，visitor.GetBottomOfUsedArea将返回针对此次Native
      函数调用所需栈空间的位置。而nativeCode则为Native函数的地址。
      从artQuickGenericJniTrampoline返回后：
      EDX寄存器保存了栈顶位置。汇编代码中通过mov %ebp,%esp更新ESP
      EAX寄存器保存了Native函数地址，汇编代码中通过call *(%eax)执行Native函数
    */
    return GetTwoWordSuccessValue(reinterpret_cast<uintptr_t>(
                visitor.GetBottomOfUsedArea()),
                reinterpret_cast<uintptr_t>(nativeCode));
```

artQuickGenericJniTrampoline最难的地方在于它对栈的处理。此处以第9章中提到的一个例子来介绍该函数的处理过程和结果。

[java层jni函数声明]

```
class JniTest{ //JniTest类中有一个native方法
    ......
    #这是一个非静态的jni函数声明。我们将研究它是如何被调用的
    public native int nativeCallTestNonStatic(Object x, int y);
}
```

[nativeCallTestNonStatic对应Native函数的原型]

```
jint for_nativeCallTestNonStatic(JNIEnv* env, jobject thiz, jObject jx,
     jint jy);
```

回顾art_quick_generic_jni_trampoline中的汇编代码可知，调用artQuickGenericJniTrampoline函数之前，栈的空间如图11-2所示。

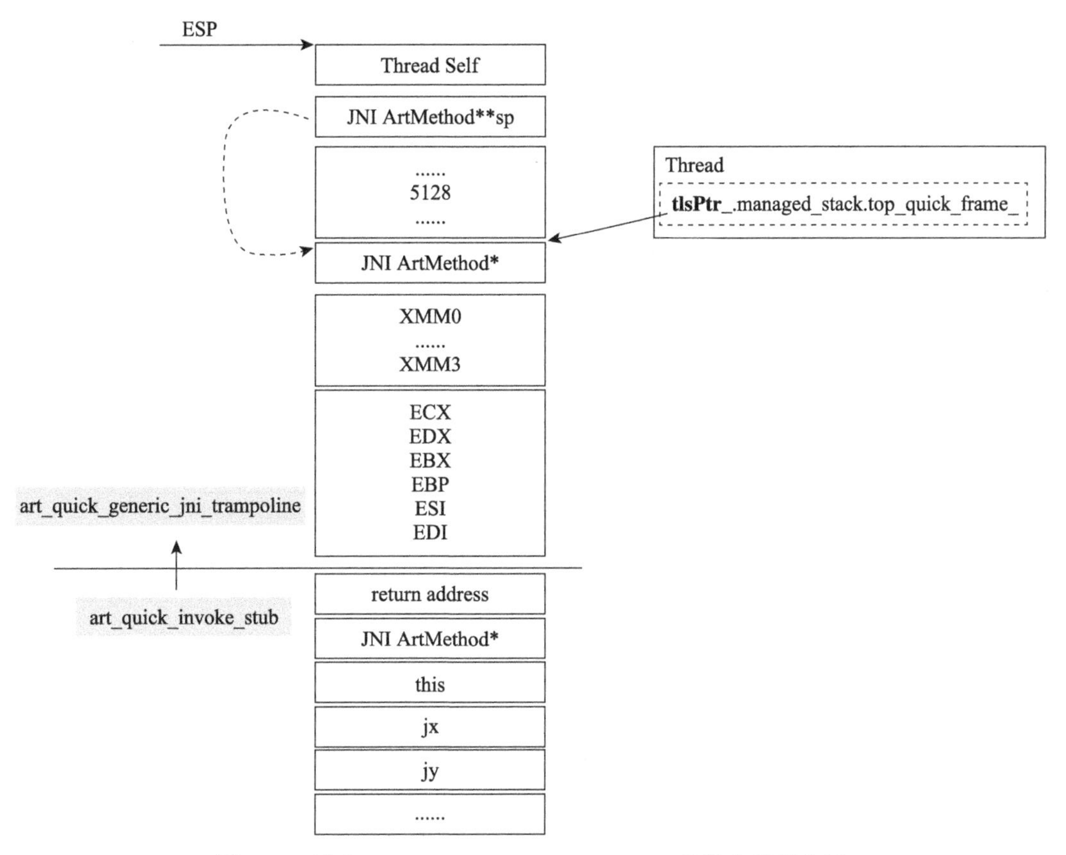

图 11-2　进入 artQuickGenericJniTrampoline 函数之前栈空间

图 11-2 所示为 art_quick_generic_jni_trampoline 调用 artQuickGenericJniTrampoline 之前时栈的情况。此处假设 art_quick_generic_jni_trampoline 的调用者是 art_quick_invoke_stub。

- art_quick_invoke_stub 为调用者，参数包括 JNI ArtMethod 对象的地址、this 对象、jx（代表 Object x 参数）、jy（代表 int y 参数）。
- 栈顶（由图中 ESP 寄存器指向）空间保存了调用线程的 Thread 对象。栈顶 +1 空间保存了一个地址值，而这个地址值指向的内容由图中虚线箭头表示。
- 注意，从 JNI ArtMethod** 到 JNI ArtMethod* 之间保留了 5128 个字节（此处不考虑栈空间对齐所需的额外栈空间大小）。

接下来，我们将通过 call SYMBOL(artQuickGenericJniTrampoline) 指令调用 art_quick_generic_jni_trampoline 函数。从该函数返回后直到通过 call *%eax 调用 Native 函数前，栈空间布局将变成如图 11-3 所示的样子。

图 11-3 为调用 Native 函数前的栈空间布局。

- EAX 寄存器保存了 Native 函数的地址，而 EBX 寄存器为新的栈顶空间位置。将 EBX 赋值给 ESP 后就使得 ESP 指向了这个新的栈顶空间。

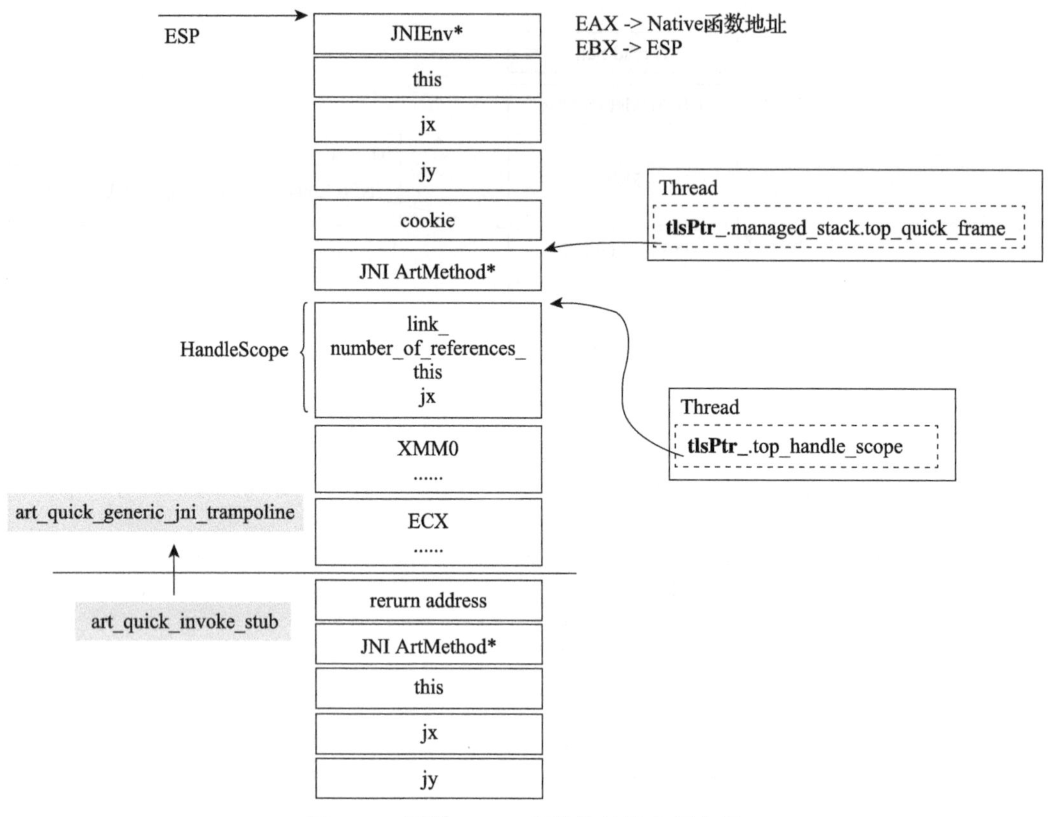

图 11-3　调用 Native 函数前的栈空间布局

- 读者可对比 9.5.3 节生成的机器码，此处的栈空间布局和 JniCompile 生成的栈空间布局类似。和普通函数调用不太一样的是，JNI 调用会用一个 HandleScope 对象来保存 jni 方法中用到的引用型参数。Thread tlsPtr_top_handle_scope_ 指向这个栈上的 HandleScope 对象。

从 Native 函数返回后，根据 art_quick_generic_jni_trampoline 汇编代码可知，假设没有异常发生的话，接下来，artQuickGenericJniEndTrampoline 函数将被调用。

11.2.2.2　artQuickGenericJniEndTrampoline

artQuickGenericJniEndTrampoline 的代码如下所示。

[quick_trampoline_entrypoints.cc->artQuickGenericJniEndTrampoline]

```
extern "C" uint64_t artQuickGenericJniEndTrampoline(Thread* self,
                            jvalue result,  uint64_t result_f) {
    //这段代码中有一些变量的含义需要结合图11-3。比如下面这个sp指针指向的位置。
    ArtMethod** sp = self->GetManagedStack()->GetTopQuickFrame();
    uint32_t* sp32 = reinterpret_cast<uint32_t*>(sp);
    ArtMethod* called = *sp;
    //由图11-3可知，sp32-1的栈地址空间中恰好存储的是cookie
    uint32_t cookie = *(sp32 - 1);
```

```
    //由图11-3可知，sp+sizeof(*sp)的地址空间恰好存储的是一个HandleScope对象
    HandleScope* table = reinterpret_cast<HandleScope*>(
                    reinterpret_cast<uint8_t*>(sp) + sizeof(*sp));
    //GenericMethodEnd和9.5.3.7节提到的JniMethodEnd功能类似，该函数留给读者自行阅读
    return GenericJniMethodEnd(self, cookie, result, result_f, called, table);
}
```

到此，我们对Java中调用一个Java native方法做了比较完整的介绍。那么，JNI中的Native方法如何调用一个Java方法呢？

11.3　CallStaticVoidMethod

很多Java开发者可能很少使用JNI，但JNI其实用得非常普遍。比如，Java程序的入口main函数就是由JNI来调用的。以Android为例，我们回顾一下Java main函数的调用流程。

[AndroidRuntime.cpp->AndroidRuntime::start]

```
void AndroidRuntime::start(const char* className,
                const Vector<String8>& options, bool zygote){
    ......
    JniInvocation jni_invocation;
    jni_invocation.Init(NULL);
    JNIEnv* env;
    //startVm将启动虚拟机
    if (startVm(&mJavaVM, &env, zygote) != 0) { return; }
    onVmCreated(env);
    ......
    jclass stringClass;
    jobjectArray strArray;
    jstring classNameStr;

    ......
    char* slashClassName = toSlashClassName(className);
    //找到目标类对应的mirror Class对象
    jclass startClass = env->FindClass(slashClassName);
    if (startClass == NULL) {}
    else {
        //找到该类中的静态main函数对应的ArtMethod对象
        jmethodID startMeth = env->GetStaticMethodID(startClass, "main",
            "([Ljava/lang/String;)V");
        if (startMeth == NULL) {}
            else {
                //调用这个main函数
                env->CallStaticVoidMethod(startClass, startMeth, strArray);
               ......
        }
    }
    ......
}
```

在上述代码中，CallStaticVoidMethod即是JNI给Native层提供的调用一个Java方法的接

口。我们来看它的代码。

[jni_internal.cc->CallStaticObjectMethod]

```
static jobject CallStaticObjectMethod(JNIEnv* env, jclass,
                jmethodID mid, ...) {
    va_list ap;
    va_start(ap, mid);
    ScopedObjectAccess soa(env);
    //先调用InvokeWithVarArgs，返回值存储在result中
    JValue result(InvokeWithVarArgs(soa, nullptr, mid, ap));
    jobject local_result = soa.AddLocalReference<jobject>(result.GetL());
    va_end(ap);
    return local_result;
}
```

接着来看InvokeWithVarArgs函数，代码如下所示。

[reflection.cc->InvokeWithVarArgs]

```
JValue InvokeWithVarArgs(const ScopedObjectAccessAlreadyRunnable& soa,
                    jobject obj, jmethodID mid,  va_list args)  {
    .....
    ArtMethod* method = soa.DecodeMethod(mid);
    bool is_string_init = .....;
    if (is_string_init) {......}
    mirror::Object* receiver = method->IsStatic() ? nullptr :
                    soa.Decode<mirror::Object*>(obj);
    uint32_t shorty_len = 0;
    const char* shorty = method->GetInterfaceMethodIfProxy(
                        sizeof(void*))->GetShorty(&shorty_len);
    JValue result;
    ArgArray arg_array(shorty, shorty_len);
    arg_array.BuildArgArrayFromVarArgs(soa, receiver, args);
    //调用InvokeWithArgArray
    InvokeWithArgArray(soa, method, &arg_array, &result, shorty);
    .....
    return result;
}
```

[reflection.cc->InvokeWithArgArray]

```
static void InvokeWithArgArray(const ScopedObjectAccessAlreadyRunnable& soa,
                    ArtMethod* method, ArgArray* arg_array, JValue* result,
                    const char* shorty) {
    uint32_t* args = arg_array->GetArray();
    ......
    //调用ArtMethod的Invoke函数
    method->Invoke(soa.Self(), args, arg_array->GetNumBytes(),
                    result, shorty);
}
```

以上展示了Native层借助JNI提供的API来调用一个Java方法的代码实现，其最终会通过目标方法所属ArtMethod对象的Invoke来完成函数调用。除了CallStaticVoidMethod外，

JNI 层还提供了其他类似的 API 以方便 Native 层调用 Java 方法，它们的实现与此处所展示的代码差别不大，感兴趣的读者可自行研究。

11.4 JNI 中引用型对象的管理

在介绍具体知识前，我们先回顾一下 Native 层和 Java 层里对象的创建和销毁的过程。

- 以 C++ 为例，Native 层中要创建一个对象的话需使用 new 操作符以先分配内存，然后构造对象。如果不再使用这个对象，则需要通过 delete 操作符先析构这个对象，然后回收该对象所占的内存。
- Java 层中也通过 new 操作来构造一个对象。如果后续不再使用它，则可以显式地设置持有这个对象的变量的值为 null（也可以不做这一步，而交由垃圾回收来扫描和标记该对象是否有被引用）。该对象所占的内存则在垃圾回收过程中被收回。

JNI 层作为 Java 层和 Native 层之间相交互的中间层，它兼具 Native 层和 Java 层的某些特性，尤其在对引用对象的创建和回收上。

- 和 C++ 里的 new 操作符可以创建一个对象类似，JNI 层可以利用 JNI NewObject 等函数创建一个 Java 意义的对象（引用型对象）。这个被 New 出来的对象是 Local 型的引用对象。
- JNI 层可通过 DeleteLocalRef 释放 Local 型的引用对象（等同于 Java 层中设置持有这个对象的变量的值为 null）。如果不调用 DeleteLocalRef 的话，根据 JNI 规范，Local 型对象在 JNI 函数返回后，也会由虚拟机根据垃圾回收的逻辑进行标记和回收。
- 除了 Local 型对象外，JNI 层借助 JNI Global 相关函数可以将一个 Local 型引用对象转换成一个 Global 型对象。而 Global 型对象的回收只能先由程序显式地调用 Global 相关函数进行删除，然后，虚拟机才能借助垃圾回收机制回收它们。

笔者不拟讨论 WeakGlobal 的情况，请读者在学完本节的基础上自行研究。

所以，JNI 层的代码逻辑除了上面章节介绍的和函数调用与执行有关的部分之外，它还包括一套如何管理引用型对象的逻辑。下面马上来了解它。

11.4.1 关键类介绍

上文介绍 JavaVMExt 和 JNIEnvExt 类和成员变量时曾见过 IndirectReferenceTable（为方便书写，笔者用 IRTable 来表示它）这样的数据结构，它就是 ART 虚拟机 JNI 实现中用来管理 JNI 层中创建的引用型对象的关键数据结构。

- JavaVMExt 内有 globals_ 和 weak_globals_ 两个 IRTable 成员变量来管理 JNI 层中的 Global 型和 WeakGlobal 型引用对象。
- JNIEnvExt 内有 locals 一个 IRTable 成员变量，它用来管理每个 Java 线程因 JNI 调用而创建的 Local 型引用对象。

由上述内容可知，不论 Local 还是 Global 型引用对象，JNI 层都是由 IRTable 来管理的。JNI 层对引用型对象的管理有简单的一面，也有复杂的一面。

- Global 型引用对象比较简单，因为需要调用者显式地去释放。
- 相比 Global 型引用对象而言，Local 型引用对象的管理略显复杂，此处举个例子，如图 11-4 所示。

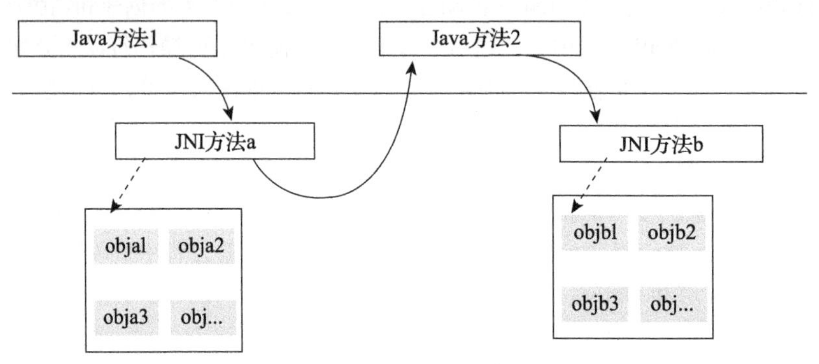

图 11-4　JNI 中 Local 型引用对象的管理示意

图 11-4 中展示的是一次包含四个方法调用的示意。

- Java 方法 1 调用 JNI 方法 a，Java native 方法 a 调用 Java 方法 2。Java 方法 2 又调用另外一个 JNI 方法 b。
- JNI 方法 a 中创建了 obja1、obja2 等 Local 型引用对象。而 JNI 方法 b 中创建了 objb1、objb2 等 Local 型引用对象。

根据 JNI 规范：

- 当我们从 JNI 方法 b 中返回达到 Java 方法 2 时，objb1、objb2 等由 JNI 方法 b 中创建的 Local 型引用对象将被释放（注意，这里说的是释放，而不是回收。回收是由 GC 模块来统一处理的。释放是指设置持有它们的变量的值为 null，也就是 JNI 层中不再有地方引用它们）。而 obja1、obja2 等由 JNI 方法 a 创建的 Local 型引用对象不受影响。
- 只有 JNI 方法 a 返回到 Java 方法 1 时，由 JNI 方法 a 所创建的 Local 型引用对象才能被释放。

所以，Local 型引用对象的管理需要有一种方法，

- 记录哪些对象是在 native 方法 a 中创建的，哪些对象是在 native 方法 b 创建的。这就需要记录状态。在代码中，状态信息存储在一个名为 cookie 的变量中（代码中曾多次见到这个词）。
- 并且，一旦从 Native 函数中返回，该方法所创建的引用型对象需要能快速释放。如果释放逻辑很复杂的话，将影响 JNI 方法的整体执行速度。

提示　从这里也可以看出，JNI 方法的调用远非跳转到目标 Native 函数去执行这么简单。这也难怪 ART JNI 方法的调用流程中包括调用 JniMethodStart 以及 JniMethodEnd 了。

马上来认识 IndirectReferenceTable。

[indirect_reference_table.h->IndirectReferenceTable]

```
class IndirectReferenceTable {
    public:
        //构造函数
        IndirectReferenceTable(size_t initialCount, size_t maxCount,
                        IndirectRefKind kind, bool abort_on_error = true);
        /*往IRTable中添加一个引用型对象，注意，该函数的返回值类型为IndirectRef，它是数据类型
          别名，定义为typedef void* IndirectRef，也就是void*指针。这个指针和输入的obj有
          关系，但并不相同。这也是Indirect Reference的含义（间接引用）。详情见下文代码分析。*/
        IndirectRef Add(uint32_t cookie, mirror::Object* obj)
        //根据iref返回它“间接引用”的那个mirror Object对象
        template<ReadBarrierOption kReadBarrierOption = kWithReadBarrier>
        mirror::Object* Get(IndirectRef iref) const;
        //从IRTable中移除由iref间接引用的对象。
        bool Remove(uint32_t cookie, IndirectRef iref);
        //JNI层中的GC，详情见下文
        void Trim();

    private:
        ......
        IRTSegmentState segment_state_;  //关键数据结构，详情见下文。
        //IRTable本身需要一块存储来保存引用对象的信息，这块存储使用内存映射的方式来提供
        std::unique_ptr<MemMap> table_mem_map_;
        IrtEntry* table_; //IrtEntry是表中元素对应的数据结构
        const IndirectRefKind kind_;
        ......
};
```

在上述代码中，IRTable 有如下几个关键成员。

- table_mem_map_ ：内存映射，代表一块内存空间。这块空间也就是 IRTable 内部用于存储管理引用对象数据结构的地方。
- IrtEntry：它是 IRTable 管理的一个引用对象的数据结构。
- IRTSegmentState：它是一个 32 位长的联合体（数据结构的类型为 union）。上文提到的 cookie 的概念就是由它来表达的。

我们先来看 IrtEntry。

[indirect_reference_table.h->IrtEntry]

```
static const size_t kIRTPrevCount = kIsDebugBuild ? 7 : 3;
class IrtEntry { //为方便讲解，此处代码行的位置有所调整
private:
    uint32_t serial_;
    /*references_是一个数组，要管理的mirror Object保存在这个数组中。其数组长度在非Debug编
      译下默认值为3。为什么会使用数组呢？代码中的注释有说明，“Contains multiple entries
      but only one active one, this helps us detect use after free errors since
      the serial stored in the indirect ref wont match.”意思是这个数组中一次只有一
      个元素的Object是有效的，如果出现重复添加（详情见下面Add函数的注释）的情况，则说明代码
      逻辑有错。*/
```

```
    GcRoot<mirror::Object> references_[kIRTPrevCount];

    public:
        /*保存一个mirror Object对象，其实就是存储到references_[serial_]对应索引处。Add
          函数由IRTable调用，比如table_[index].Add(obj)。而上文说到的重复添加是指多次调
          用table_[index].Add(obj)，并且index的值是一样的。如果出现重复添加，则说明IRTable
          添加引用对象的代码有问题。另外，请读者注意，IrtEntry没有Remove函数。      */
        void Add(mirror::Object* obj) {
            ++serial_;
            //如果serial_达到最大索引值，则又从0开始计算
            if (serial_ == kIRTPrevCount) { serial_ = 0; }
            references_[serial_] = GcRoot<mirror::Object>(obj);
        }
        GcRoot<mirror::Object>* GetReference() {
            return &references_[serial_];
        }
        uint32_t GetSerial() const { return serial_; }
        //保存obj到serial_处的位置
        void SetReference(mirror::Object* obj) {
            references_[serial_] = GcRoot<mirror::Object>(obj);
        }
};
```

IrtEntry其实比较简单，但因为排错需要而设置了一个references_数组，使得它的用法让人有些困惑。

接着来看IRTSegmentState联合体，其代码如下所示。

[indirect_reference_table.h->IRTSegmentState]

```
union IRTSegmentState { //注意，这是一个联合体，其长度为32位
    uint32_t            all;
    struct {
        uint32_t        topIndex:16; //低16位
        uint32_t        numHoles:16; //高16位
    } parts;
};
```

图11-5展示了这个联合体内各成员变量的关系。

图11-5方框中的是IRTSegmentState联合体，它本质上是一个32位长的变量。

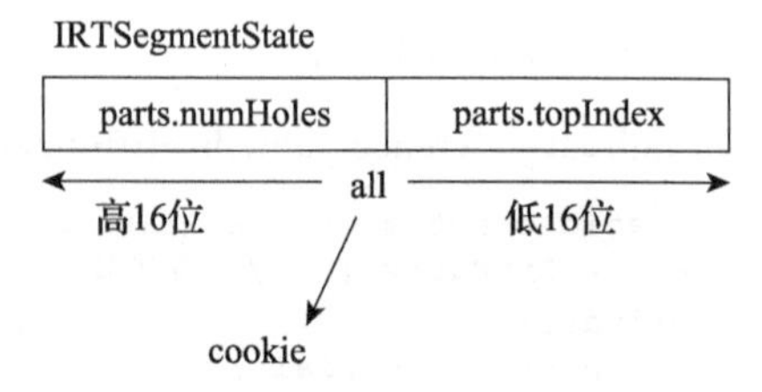

图11-5　cookie和IRTSegmentState的关系

- 如果以16位角度来看待它，IRTSegmentState的低16位由变量parts.topIndex表示，高16位由变量parts.numHoles表示。这两个成员变量保存了IRTable的存储空间的状态，它们的作用见下文分析。
- 如果以32位的角度来看待它，这个联合体用一个all成员变量即可表示。由于IRTable的外部使用者并不关注parts.topIndex和parts.numHoles的具体含义，所以外界就用这个all成员变量将IRTable存储空间的状态一次性保存起来，也就是所谓的cookie。只

有回到 IRTable 内部，这个 cookie 才会被分解成 part.topIndex 和 parts.numHoles 加以区别和使用。

接着来看 IndirectReferenceTable 构造函数。

 [indirect_reference_table.cc->IndirectReferenceTable::IndirectReferenceTable]

```
IndirectReferenceTable::IndirectReferenceTable(size_t initialCount,
                    size_t maxCount, IndirectRefKind desiredKind,
                    bool abort_on_error)
        : kind_(desiredKind), max_entries_(maxCount) {
    std::string error_str;
    /*max_entries_指明这个IRTable能包含多少IrtEntry元素。回顾上文JavaVMExt和JNIEnvExt
      构造函数的代码可知，Global和WeakGlobal类型（由成员变量kind_指明）的IRTable能保存最
      多51200个元素，而Local类型的IRTable只能保存最多512个元素*/
    const size_t table_bytes = maxCount * sizeof(IrtEntry);
    //创建Memap对象，
    table_mem_map_.reset(MemMap::MapAnonymous("indirect ref table",
                        nullptr, table_bytes, PROT_READ | PROT_WRITE,
                            false, false, &error_str));
    ......
    //这块内存被当作一个IrtEntry数组来看待
    table_ = reinterpret_cast<IrtEntry*>(table_mem_map_->Begin());
    //segment_state_成员用于维护table_的存储状态，初值为0
    segment_state_.all = IRT_FIRST_SEGMENT;
}
```

从上面代码可知：

- IRTable 将 IrtEntry 元素按照数组的方式来管理，数组的头由 table_ 成员变量表示。
- 添加或删除一个引用对象就是围绕这个 table_ 数组展开的。所以，我们需要了解 table_ 数组的存储状态。一共有两个状态信息需要知道：
  - 目前 table_ 中被占用的索引的最高位。由 parts.topIndex 表明。topIndex 不能超过 max_entries，比如对 Local 型引用对象而言，不能超过 512。
  - table_[0,topIndex] 这段数组中是否有空洞，由 parts.numHoles 表示。空洞的原因是删除了非尾部的元素。比如在 table_[0,topIndex=4] 中，1 号索引位因 DeleteLocalRef 而被释放，如此，table_[1] 就是一个空洞。新 New 出来的对象可以保存在 1 号索引位。

现在，我们来回顾 JniMethodStart 和 JniMethodEnd，注意观察它对 cookie 的设置。

11.4.2 JniMethodStart 和 JniMethodEnd

JniMethodStart 的代码如下所示。

 [quick_jni_entrypoints.cc->JniMethodStart]

```
extern uint32_t JniMethodStart(Thread* self) {
    JNIEnvExt* env = self->GetJniEnv();
    //先保存旧值为save_local_ref_cookie
    uint32_t saved_local_ref_cookie = env->local_ref_cookie;
```

```
    //保存当前Locals IRTable的存储空间状态为local_ref_cookie
    env->local_ref_cookie = env->locals.GetSegmentState();
    ArtMethod* native_method = *self->GetManagedStack()->GetTopQuickFrame();
    ......
    return saved_local_ref_cookie; //这个值将保存到栈上
}
```

接着来看 JniMethodEnd。

 [quick_jni_entrypoints.cc->JniMethodEnd]

```
extern void JniMethodEnd(uint32_t saved_local_ref_cookie, Thread* self) {
    GoToRunnable(self);
    PopLocalReferences(saved_local_ref_cookie, self);
}
```

[quick_jni_entrypoints.cc->PopLocalReferences]

```
static void PopLocalReferences(uint32_t saved_local_ref_cookie,
        Thread* self)    {
    //参数saved_local_ref_cookie来自JniMethodStart的返回值
    JNIEnvExt* env = self->GetJniEnv();
    //还原IRTable的存储状态。local_ref_cookie在JniMethodStart中取得是Native函数调用前的
    //IRTable存储状态
    env->locals.SetSegmentState(env->local_ref_cookie);
    //还原local_ref_cookie的值为JniMethodStart调用时保存的旧值
    env->local_ref_cookie = saved_local_ref_cookie;
    self->PopHandleScope();
}
```

从上述函数可清晰地看出，JniMethodStart 和 JniMethodEnd 对表达 IRTable 存储状态的 cookie 做了精心的保护和还原。

11.4.3 IndirectReferenceTable 相关函数

要真正搞清楚 IndirectReferenceTable 内部是如何管理引用对象的话，我们需要了解下面几个函数的实现。先来看 Add，它用于往 IRTable 中存储一个引用型对象。

11.4.3.1 IndirectReferenceTable Add

IndirectReferenceTable Add 的代码如下所示。

 [indirect_reference_table.cc->IndirectReferenceTable::Add]

```
IndirectRef IndirectReferenceTable::Add(uint32_t cookie,
                        mirror::Object* obj) {
    /*注意cookie的含义。结合图11-4，假设我们现在位于java native方法b中，那么，cookie则为进
      入java native方法b之前table_的存储空间状态（由JniMethodStart设置）。从b返回后，只要
      将cookie设置到segment_state_.all，即可还原a中的存储空间状态（由JniMethodEnd设置）。*/
    IRTSegmentState prevState;
    prevState.all = cookie; //保存旧值
    //当前存储空间的最高索引位置
    size_t topIndex = segment_state_.parts.topIndex;
    ......
```

```
    if (topIndex == max_entries_) {
        ...... //如果索引位超过最大容量，则报错
    }
    IndirectRef result;
    //判断table_数组中是否存在空洞，如果有，则把obj存在空洞的位置上
    int numHoles = segment_state_.parts.numHoles - prevState.parts.numHoles;
    size_t index;
    if (numHoles > 0) {
        ...... //这部分逻辑很简单，请读者自行研究
    } else { //如果没有空洞的话，则只能添加到数组尾部
        index = topIndex++; //找到当前数组末尾，然后顶部索引位置加1，
        segment_state_.parts.topIndex = topIndex; //新的顶部索引位指向下一个空闲的空间
    }
    table_[index].Add(obj); //调用IrtEntry的Add
    result = ToIndirectRef(index); //将索引位置转换为IndirectRef
    ......
    return result;
}
```

ToIndirectRef函数用于将索引位转换为IndirectRef，其代码如下所示。

 [indirect_reference_table.h->IndirectReferenceTable::ToIndirectRef]

```
IndirectRef ToIndirectRef(uint32_t tableIndex) const {
    //调用IrtEntry的GetSerial,
    uint32_t serialChunk = table_[tableIndex].GetSerial();
    //ref的前两位表示引用对象的类型（kLocal、kGlobal等）。中间10位为存储空间的索引位后20位
    //为serialChunk
    uintptr_t uref = (serialChunk << 20) | (tableIndex << 2) | kind_;
    return reinterpret_cast<IndirectRef>(uref);
}
```

11.4.3.2 IndirectReferenceTable Remove

如果从IRTable中移除一个对象，则需调用Rmove函数，代码如下所示。

 [indirect_reference_table.cc->IndirectReferenceTable::Remove]

```
bool IndirectReferenceTable::Remove(uint32_t cookie, IndirectRef iref) {
    //cookie的含义和Add函数里的解释一样
    IRTSegmentState prevState;
    prevState.all = cookie;
    int topIndex = segment_state_.parts.topIndex;
    //上次Jni native返回里保存的存储空间的最高索引位
    int bottomIndex = prevState.parts.topIndex;
    /*GetIndirectRefKind用于获取iref的类型，对于作为通过Native函数参数传过来的引用型对象，
      它们的kind_取值为0（类型为kHandleScopeOrInvalid），不能移除。
      所以，IRTable只保存通过NewObject函数等创建的引用型对象。  */
    if (GetIndirectRefKind(iref) == kHandleScopeOrInvalid) {
        auto* self = Thread::Current();
        //如果是HandleScope里包含的对象，则无需删除，但需要返回true。因为根据JNI规范作为参
        //数传递进来的引用型对象也算Local型引用对象㊀。
```

㊀ https://docs.oracle.com/javase/7/docs/technotes/guides/jni/spec/design.html#wp1242。

```
        if (self->HandleScopeContains(reinterpret_cast<jobject>(iref))) {
            auto* env = self->GetJniEnv();
            ......
            return true;
        }
    }
    //从iref中提取索引位置，该函数很简单，读者可以反推其实现
    const int idx = ExtractIndex(iref);
    //超过最高和最低位置均表示错误
    if (idx < bottomIndex) {......}
    if (idx >= topIndex) { ......}

    if (idx == topIndex - 1) {
        ......     //如果恰好是末尾，则不会造成空洞
        //设置对应索引位IrtEntry references_[serial_]值为nullptr即可
        *table_[idx].GetReference() = GcRoot<mirror::Object>(nullptr);
        int numHoles = segment_state_.parts.numHoles - prevState.parts.numHoles;
        if (numHoles != 0) {
            ..... //如果空出来的这个索引位的上几个元素也是空洞，则可以合并这些空洞。这段代
                  //码很简单，请读者自行阅读。
        } else {
            //如果没有空洞，则往前移动topIndex一个索引
            segment_state_.parts.topIndex = topIndex-1;
        }
    } else { //如果需要移除的对象不在数组末尾，则必然会造成空洞
        *table_[idx].GetReference() = GcRoot<mirror::Object>(nullptr);
        segment_state_.parts.numHoles++; //空洞数+1
    }

    return true;
}
```

到这一步，相信读者就算完全掌握了 ART 虚拟机中 JNI 层对引用型对象管理的逻辑。接下来的代码就非常简单了。

11.4.4 NewObject 和 jobject 的含义

NewObject 是 JNI 提供的用来构造一个 Java 对象的函数，其内部将调用 NewObjectV。来看代码。

提示 注意，该函数的返回值为 jobject，也就是 Java Object 对象在 JNI 层的表示。我们在 8.2.2 节中曾提到过 jobject，但在那里并未说明 jobject 到底是什么含义。

[jni_internal.cc->NewObjectV]

```
static jobject NewObjectV(JNIEnv* env, jclass java_class, jmethodID mid,
                          va_list args) {
    ScopedObjectAccess soa(env);
    mirror::Class* c = EnsureInitialized(soa.Self(),
                              soa.Decode<mirror::Class*>(java_class));
    ......
    if (c->IsStringClass()) {......}
```

```
        //先创建一个对象。由于这是在JNI层，所以要把它归为kLocal型的引用对象加以管理
        mirror::Object* result = c->AllocObject(soa.Self());
        //该函数内部将调用JNIEnvExt的AddLocalReference。
        jobject local_result = soa.AddLocalReference<jobject>(result);
        CallNonvirtualVoidMethodV(env, local_result, java_class, mid, args);
        ......
        return local_result;
    }
```

直接来看 JNIEnvExt 的 AddLocalReference 函数，非常简单。

 [jni_env_ext-inl.h->JNIEnvExt::AddLocalReference]

```
    template<typename T>
    inline T JNIEnvExt::AddLocalReference(mirror::Object* obj) {
        IndirectRef ref = locals.Add(local_ref_cookie, obj);
        return reinterpret_cast<T>(ref);
    }
```

也就是说，NewObjectV 函数返回值的类型 jobject 其实就是 IndirectRef。IndirectRef，顾名思义就是间接引用。所以，要通过 IndirectRef 来找到它间接引用的 mirror Object 想必并不是一件轻松的事情，这需要借助 Thread 的 DecodeJObject 函数。

[thread.cc->Thread::DecodeJObject]

```
    mirror::Object* Thread::DecodeJObject(jobject obj) const {
        .....
        //将jobject转换为IndirectRef
        IndirectRef ref = reinterpret_cast<IndirectRef>(obj);
        //判断obj的引用类型，一共四种，kHandleScopeOrInvalid、kLocal、kGlobal、kWeakGlobal
        IndirectRefKind kind = GetIndirectRefKind(ref);
        mirror::Object* result;
        bool expect_null = false;
        if (kind == kLocal){  //如果是local型引用，则从local的IRTable中找到对应的对象
            IndirectReferenceTable& locals = tlsPtr_.jni_env->locals;
            result = locals.Get<kWithoutReadBarrier>(ref);
        } else if (kind == kHandleScopeOrInvalid) {
            if (LIKELY(HandleScopeContains(obj))) {
                //如果是栈上传递过来的对象，则可以直接转换成mirror Object对象
                result = reinterpret_cast<
                    StackReference<mirror::Object>*>(obj)->AsMirrorPtr();
                VerifyObject(result);
            } else {......}
        } else if (kind == kGlobal) {
            //对Global型对象的处理，想必是要交给JavaVMExt globals_来处理
            result = tlsPtr_.jni_env->vm->DecodeGlobal(ref);
        } else {        //对WeakGlobal型对象的处理，如果该对象已经回收，则返回nullptr
            result = tlsPtr_.jni_env->vm->DecodeWeakGlobal(
                            const_cast<Thread*>(this), ref);
            if (Runtime::Current()->IsClearedJniWeakGlobal(result)) {
                //对象被回收了，所以返回nullptr
                expect_null = true;
                result = nullptr;
            }
```

```
    }
    ......
    return result;
}
```

总结上述 DecodeJObject 函数可知，jobject 的真实类型其实是 IndirectRef，而 IndirectRef 又有两种取值可能。

- 如果 jobject 来自 HandleScope（Native 函数参数列表里也用 jobject 表示一个来自 Java 层传过来的 Object 对象），则 IndirectRef 的真实类型是 StackReference<mirror::Object>*。
- 如果是 kLocal、kGlobal 或 kWeakGlobal 型对象，则需要借助 IRTable 来解析这个 IndirectRef 以得到一个索引号，然后再从 IRTable table_ 数组对应的位置里取得所保存的 mirror Object 对象。

11.4.5 JNI 中引用对象相关

现在我们可以轻松看懂 JNI 里如下的一些函数了。

11.4.5.1 NewLocalRef 和 DeleteLocalRef

NewLocalRef 的代码如下所示。

[jni_internal.cc->JNI::NewLocalRef]

```
static jobject NewLocalRef(JNIEnv* env, jobject obj) {
    ScopedObjectAccess soa(env);
    mirror::Object* decoded_obj = soa.Decode<mirror::Object*>(obj);
    return soa.AddLocalReference<jobject>(decoded_obj);
}
```

DeleteLocalRef 的代码如下所示。

[jni_internal.cc->JNI::DeleteLocalRef]

```
static void DeleteLocalRef(JNIEnv* env, jobject obj) {
    if (obj == nullptr) {
        return;
    }
    ScopedObjectAccess soa(env);
    auto* ext_env = down_cast<JNIEnvExt*>(env);
    if (!ext_env->locals.Remove(ext_env->local_ref_cookie, obj)) {
    }
}
```

11.4.5.2 NewGlobalRef 和 DeleteGloabRef

NewGlobalRef 的代码如下所示。

[jni_internal.cc->JNI::NewGlobalRef]

```
static jobject NewGlobalRef(JNIEnv* env, jobject obj) {
    ScopedObjectAccess soa(env);
    mirror::Object* decoded_obj = soa.Decode<mirror::Object*>(obj);
```

```
    return soa.Vm()->AddGlobalRef(soa.Self(), decoded_obj);
}
```

DeleteGlobalRef 的代码如下所示。

 [jni_internal.cc->JNI::DeleteGlobalRef]

```
static void DeleteGlobalRef(JNIEnv* env, jobject obj) {
    JavaVMExt* vm = down_cast<JNIEnvExt*>(env)->vm;
    Thread* self = down_cast<JNIEnvExt*>(env)->self;
    vm->DeleteGlobalRef(self, obj);
}
```

11.4.6 PushLocalFrame 和 PopLocalFrame

如上文所述，JNIENvExt 的 locals IRTable 只能存储 512 个 Local 型引用对象。在某些场景下，这个容量比较小。为了解决这个问题，JNI 提供了 PushLocalFrame 和 PopLocalFrame 两个函数。

- PushLocalFrame：本意是压入一个栈帧，后续的 NewObject 将在这个栈帧对应的资源中分配。
- PopLocalFrame：退出一个栈帧，这个栈帧上分配的资源将被释放。

Android 源码中使用 PushLocalFrame 和 PopLocalFrame 的地方并不多，来看一个例子。

[AndroidRuntime.cc->AndroidRuntime::startReg]

```
int AndroidRuntime::startReg(JNIEnv* env){
    ......
    /*startReg函数用于注册JNI函数，其中会创建大量的local型引用。但此时虚拟机还未正式启动。
      如果这个时候就把IRTable的存储空间占用了，后续能使用的空间将减少。
      为了解决这个问题，startReg使用了PushLocalFrame和PopLocalFrame。
      PushLocalFrame其实就是新构造了一个SegmentState，IRTable按这个SegmentState进行对
      象创建和管理。而PopLocalFrame则还原IRTable的状态为之前的SegmentState。下面这段英文
      是原有的注释，读者不妨一看:
      Every "register" function calls one or more things that return
      a local reference (e.g. FindClass).  Because we haven't really
      started the VM yet, they're all getting stored in the base frame
      and never released.  Use Push/Pop to manage the storage.
     */
    env->PushLocalFrame(200);
    if (register_jni_procs(gRegJNI, NELEM(gRegJNI), env) < 0) {
        env->PopLocalFrame(NULL);
        return -1;
    }
    env->PopLocalFrame(NULL);
    return 0;
}
```

上面的代码展示了 PushLocalFrame 和 PopLocalFrame 的用法，笔者在代码的注释中也揭示了 ART 虚拟机中这两个函数的实现机制。我们不妨通过代码再加深对它们的了解。

11.4.6.1 PushLocalFrame

PushLocalFrame 的代码如下所示。

[jni_internal.cc->JNI::PushLocalFrame]

```
static jint PushLocalFrame(JNIEnv* env, jint capacity) {
    ScopedObjectAccess soa(env);
    //capacity不能超过locals IRTable的容量(也就是512)
    if (EnsureLocalCapacityInternal(soa, capacity,
                "PushLocalFrame") != JNI_OK) {
        return JNI_ERR;
    }
    //调用JNIEnvExt的PushFrame函数
    down_cast<JNIEnvExt*>(env)->PushFrame(capacity);
    return JNI_OK;
}
```

[jni_env_ext.cc->JNIEnvExt::PushFrame]

```
void JNIEnvExt::PushFrame(int capacity ATTRIBUTE_UNUSED) {
    //先保存当前的cookie到数组stacked_local_ref_cookies中
    stacked_local_ref_cookies.push_back(local_ref_cookie);
    //重置local_ref_cookie为locals表当前的情况。后续Add和Remove操作将影响locals的segment_
    //state_。
    local_ref_cookie = locals.GetSegmentState();
}
```

11.4.6.2 PopLocalFrame

PopLocalFrame 的代码如下所示。

[jni_internal.cc->JNI::PopLocalFrame]

```
static jobject PopLocalFrame(JNIEnv* env, jobject java_survivor) {
    ScopedObjectAccess soa(env);
    mirror::Object* survivor = soa.Decode<mirror::Object*>(java_survivor);
    //调用JNIEnvExt的PopFrame
    soa.Env()->PopFrame();
    return soa.AddLocalReference<jobject>(survivor);
}
```

[jni_env_ext.cc->JNIEnvExt::PopFrame]

```
void JNIEnvExt::PopFrame() {
    //将PushFrame中保存的cookie值重新设置到locals中。这样，locals将恢复PushFrame前的状态
    locals.SetSegmentState(local_ref_cookie);
    //恢复local_ref_cookie自己
    local_ref_cookie = stacked_local_ref_cookies.back();
    stacked_local_ref_cookies.pop_back();
}
```

11.4.7 回收引用对象

上文介绍了不少知识，但是 IRTable 中保存的引用型对象除了显示通过 Remove 方式释放

外，JNI 函数返回后也需要能够释放。但上述代码中我们只看到 Remove 的处理，而 JNI 函数返回后并未见到释放的逻辑。这和我们前文提到的"JNI 从 Native 函数返回后的释放逻辑不能太复杂，否则会影响 JNI 函数调用的速度"有关。为了不拖累 JNI 函数的执行速度，ART 虚拟机对 Local 型引用对象释放的处理方法是：

- 当 JNI 函数返回后，只要在 JniMethodEnd 里还原之前的 IRTable 状态即可。
- 真正的释放是在 GC 阶段做的。这其中就会调用下面这个函数（注意，该函数是在 GC 模块调用）。

[heap.cc->Heap::TrimIndirectReferenceTable]

```
void Heap::TrimIndirectReferenceTables(Thread* self) {
    ScopedObjectAccess soa(self);
    ScopedTrace trace(__PRETTY_FUNCTION__);
    JavaVMExt* vm = soa.Vm();
    //释放JavaVMExt globals_ IRTable的资源.
    //内部代码很简单，最关键的就是执行globals_.Trim();
    vm->TrimGlobals();
    Barrier barrier(0);
    TrimIndirectReferenceTableClosure closure(&barrier);
    ScopedThreadStateChange tsc(self, kWaitingForCheckPointsToRun);
    /*所有Java线程在checkpoint处将运行闭包以释放各线程的Local型引用对象。checkpoint的含
      义见10.3.2.2节。总之，每个Java线程都在某个时候会运行这个closure  */
    size_t barrier_count = Runtime::Current()->GetThreadList()
                            ->RunCheckpoint(&closure);
    ......
}
```

TrimIndirectReferenceTableClosure 的内容如下所示。

[heap.cc->Heap::TrimIndirectReferenceTableClosure]

```
class TrimIndirectReferenceTableClosure : public Closure {
    public:
        explicit TrimIndirectReferenceTableClosure(Barrier* barrier) :
                            barrier_(barrier) {  }
        virtual void Run(Thread* thread) OVERRIDE NO_THREAD_SAFETY_ANALYSIS {
                //其核心还是调用IRTable的Trim函数
                thread->GetJniEnv()->locals.Trim();
                barrier_->Pass(Thread::Current());
        }
    private:
        Barrier* const barrier_;
};
```

Trim 的含义就是释放不再需要的引用对象，其代码如下所示。

[indirect_reference_table.cc->IndirectReferenceTable::Trim]

```
void IndirectReferenceTable::Trim() {
    ScopedTrace trace(__PRETTY_FUNCTION__);
    //找到当前存储的最高索引位置
    const size_t top_index = Capacity();
    //确认该位置对应到内存的起始位置
```

```
    auto* release_start =
            AlignUp(reinterpret_cast<uint8_t*>(&table_[top_index]),
            kPageSize);
    //table_mem_map_映射内存的尾部
    uint8_t* release_end = table_mem_map_->End();
    /*madvise通知内核释放（通过MADV_DONTNEED表明）从release_start开始指定长度的内存。注
      意，这里的释放和C++里的delete并不相同。C++中一块内存被delete后就不允许使用（否则会崩
      溃）。而下面这行代码释放这段内存后，应用程序后续如果再访问的话，操作系统会重新分配一块全
      0值的内存提供给应用程序使用。读者可以简单认为madvise配合MADV_DONTNEED标志位的作用
      就好比通过memset函数将[release_start, release_end]这块内存清零。*/
    madvise(release_start, release_end - release_start, MADV_DONTNEED);
}
```

图 11-6 展示了上述代码的含义。

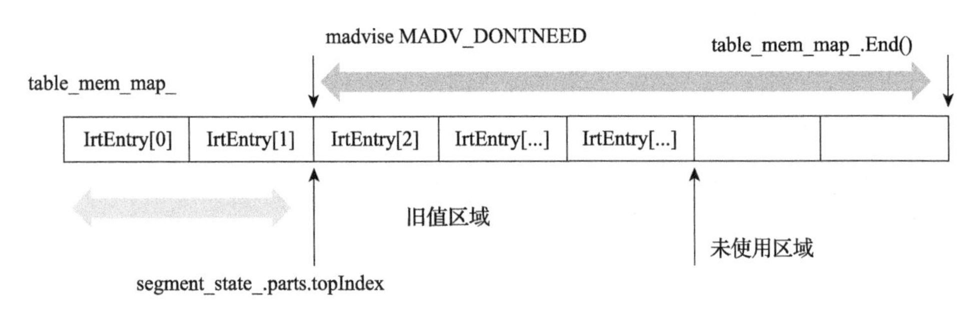

图 11-6　Trim 的解释

在图 11-6 中，table_mem_map_ 是一块映射的内存空间，其内容按 IrtEntry 数组来组织。这个内存空间的末尾由 table_mem_map_.End() 函数指定。这个 IrtEntry 数组可分为最多三个区域：

- 最左边为当前正在使用的区域，由图中左下方的双向箭头表示。区域的终点位置可由 parts.topIndex 对应的 IrtEntry 对象确定。
- 中间为曾经使用过的区域。这个区域中的 IrtEntry 元素虽然还有值（如果没有被主动 Remove 的话），但不能使用。读者将其看作某种无效的引用对象即可。注意，该区域并不一定存在。
- 最右边为未使用区域，这个区域中还没有分配 IrTEntry。

Trim 的逻辑中就是释放中间和最右边的区域。正如代码中的注释所言，madvise 和 DONT_NEED 标志位的作用就好比通过 memset 将后两块区域的值清零。

11.5 总结

本书对 ART 虚拟机中 JNI 实现的介绍主要有四处。

- 7.7 节对 ART 虚拟机里 JavaVM 和 JNIEnv 相关的数据结构做了介绍。
- 8.2 节介绍了 JNI 的数据类型、常用 JNI 函数等。这一节是 JNI 的基础知识。
- 9.5.3 节对 Java native 方法编译的结果进行了详细介绍。在这一节中，我们了解到调用一次 native 方法将包含三个函数的调用。它们分别是 JniMethodStart、目标 Native 函

数和 JniMethodEnd。

- 本章则对 JNI 的实现做了更为详细的介绍。主要内容包括如何找到目标 Native 函数、目标 Native 函数如何主动注册、jni 调用相关的 trampoline 函数以及 JNI 中引用对象的管理等内容。

在掌握本章前述知识的基础上，JNI 作为一个相对独立的知识点而言其内容并不复杂。JNI 中还有其他一些内容，笔者打算将它们留给读者自行研究，这些知识包括：

- Native 函数通过 JavaVM AttachCurrentThread 以变成一个 Java 函数。
- synchronized Java native 方法里对线程同步有关的处理逻辑。
- JNI 对异常的处理。

Chapter 12 第 12 章

CheckPoints、线程同步及信号处理

本章将集中介绍 ART 虚拟机里其他和运行有关的重要知识，包括 Safe Point、线程同步、Java 反射等。

本章所涉及的源代码文件名及位置

- thread.h:art/runtime/
- interpreter_switch_impl.cc:art/runtime/interpreter/
- thread-inl.h:art/runtime/
- instruction_builder.cc:art/compiler/optimizing/
- code_generator_x86.cc:art/compiler/optimizing/
- quick_entrypoints_x86.S:art/runtime/arch/x86/
- quick_thread_entrypoints.cc:art/runtime/entrypoints/quick/
- scoped_thread_state_change.h:art/runtime/
- thread_list.h:art/runtime/
- utils.cc:art/runtime/
- thread_list.cc:art/runtime/
- thread_state.h:art/runtime/
- lock_word.h:art/runtime/
- monitor.cc:art/runtime/
- interpreter_common.h:art/runtime/interpreter/
- object-inl.h:art/runtime/mirror/
- quick_default_externs.h:art/runtime/entrypoints/quick/

- java_lang_Object.cc:art/runtime/native/
- java_lang_Thread.cc:art/runtime/native/
- object.h:art/runtime/mirror/
- object-inl.h:art/runtime/mirror/
- atomic.h:art/runtime/
- runtime.cc:art/runtime/
- dalvik_system_ZygoteHooks.cc:art/runtime/native/
- fault_handler_x86.cc:art/runtime/arch/x86/
- signal_catcher.cc:art/runtime/

作为执行篇的最后一章，本章将重点介绍 CheckPoint、线程管理与同步、volatile 成员变量的读写、虚拟机内部对信号的处理等内容。我们先来看 CheckPoint。

12.1 CheckPoints 介绍

Check Point 也叫 Safe Point，意为检查点。Check Point 代表了一种机制，而使用这种机制的场景在日常生活中很常见。比如，你和同事们正在工作，每个人都有各自的任务要完成。不久，听见领导说“开会了”，于是大家都会停下手头的工作，然后去开会。下面我们以这个场景为类比，来了解 ART 虚拟机中 Check Point 机制。

- 首先，你和其他同事们就好比虚拟机中的线程，各个线程都在处理自己的任务。
- 领导说“开会了”则代表一个标志位被设置。并且，你和同事们是需要根据这个标志位进行相关处理的——也就是停下当前自己在干的活，转而去开会。在 ART 虚拟机中，领导说“开会了”这个动作就是设置一个标志位变量。而线程看到这个标志位变量的值有变化后，将转而去执行相关动作。
- 如何让你和同事们知道要开会呢？在上面这个场景中，是因为有人说“开会了”并且大家都听见了。当然，如果有同事正戴着耳机听音乐的话，则可能会没有听见。所以，另外一种传达“要开会”这个信息的方式就是在公告板上写下比如“请大家来会议室开会”。显然，使用这种方法的话，就需要大家时不时从埋头苦干中抬起头来查看这个公告板。ART 虚拟机采用的就是这种通过公告板来传达“要开会”的方法——它要求所有线程在**某些时候**主动去检查标志位是否发生变化。这里的**某些时候**就是所谓的 Check Point。

综上，我们可总结 Check Point 机制包括主要三个部分。

- 有一个标志位控制变量，外界可以设置它。
- Java 线程在执行 Java 指令（不论是解释执行还是机器码执行）过程中，时常会检查这个标志位是否有变化。检查标志位的地方就是 Check Points。
- 如果标志位有变化，Java 线程将转而去执行**其他操作**。

此处所说的**其他操作**包括执行垃圾回收（读者可回顾 10.3.1.2.2 节），遍历调用栈等任务。另外，由于这些线程在 Check Point 处将脱离原来的工作任务转而去干别的事情，这很容易造成程序出现卡顿、无响应等比较影响用户体验的现象——这也就是所谓的 Stop-The-World 的情况。所以 Check Point 的使用应该是越少越好，并且，Check Point 中要执行的其他操作应该越快越好。

提示 所以，Stop the world 并不是说线程们都停工了，它们只是暂时去执行别的任务罢了。

马上来了解 ART 虚拟机是如何实现 Check Point 机制的。

12.1.1 设置 Check Point 标志位

首先，每一个 Java 线程都需要一个存储标志位的变量。由于一个 Java 线程在 ART 虚拟机中都对应有一个 mirror Thread 对象，所以，这个标志位变量也定义在 mirror Thread 类中。来看代码。

[thread.h->Thread 类声明]

```
/*ThreadFlag为枚举变量，它定义了ART虚拟机使用Check Point机制的三种场景：
    (1) kSuspendRequest：该标志如果被设置，则表示要求线程暂停运行。
    (2) kCheckpointRequest：如果该标志位被设置，则表示要求线程执行其他操作。
    (3) kActiveSuspendBarrier：如果该标志位被设置，则要求线程对一个原子类型的整数进行递减
    操作。其处理逻辑位于kSuspendRequest的处理逻辑之中。下文将见到这部分内容。
    请读者注意，笔者前文所说的Check Point是一种机制。而ThreadFlag中的kCheckpointRequest
    是运用这种机制的一种场景。在不引起混淆的情况下，笔者所说的CheckPoint均是指机制，而非专指
    kCheckpointRequest这种场景。*/
enum ThreadFlag {
    kSuspendRequest    = 1, kCheckpointRequest = 2, kActiveSuspendBarrier = 4
};

class Thread {
......
/*下面这个数据结构StateAndFlags是一个联合体，长度为32位，有三个身份：
    (1) as_struct：内部包含两个长度各16位的成员：
        a) 低16位为flags，它就是上文提到的和Check Point有关的状态变量，其取值来自枚举变量
           enum ThreadFlag。
        b) 高16位为state，代表线程的状态。我们后文再分析它的作用。
    (2) as_atomic_int和as_int这两个身份主要用于总体设置as_struct的内容。其中，
        as_atomic_int用于原子操作，而as_int用于非原子操作。
        AtomicInteger为数据类型别名，真实类型为Atomic<int32_t>，而Atomic为模板类，它从
            std::atomic类中派生。本章后文会介绍与之有关的内容。*/
union PACKED(4) StateAndFlags {
    ......
    struct PACKED(4) {
        volatile uint16_t flags;
        volatile uint16_t state;
    } as_struct;
    AtomicInteger as_atomic_int;
    volatile int32_t as_int;
    ......
};
......
/*tls32_是Thread类中另外一个比较重要的成员变量。注意，Thread类中一共有三个以tls命名开头的变
量(tls代表Thread Local Storage)：
(1) tlsPtr_：类型为struct tls_ptr_sized_values。我们前面接触最多的就是这个结构体。
```

```
    其长度在64位平台上按8字节对齐，在32位平台上则按4字节对齐。
(2) tls32_：类型为tls_32bit_sized_values，长度按4字节对齐。
(3) tls64_：类型为tls_64bit_sized_values，长度按8字节对齐。该结构体只包含2个成员变量，
    其作用在后文碰到时再介绍。
    tls32_包含数个成员变量，其中的state_and_flags用于描述线程状态和标志位。我们设置标志位
        的话也就是设置Thread tls32_ state_and_flags成员。
*/
struct PACKED(4) tls_32bit_sized_values {
    ......
    union StateAndFlags state_and_flags;
    ......
    int suspend_count;//和线程的暂停运行有关，详情见下文分析
    bool32_t suspended_at_suspend_check;//详情见下文分析
    ......
    /*这两个成员变量表示线程id，其中tid是常规意义上的线程id，即来自操作系统的id，而
        thin_lock_thread_id是由虚拟机自己维护的用于线程同步的id。详情见下文。*/
    uint32_t thin_lock_thread_id;
    uint32_t tid;
    } tls32_;
    ......
}
```

Thread 类中提供了如下几个函数用于操作 tls32_ state_and_flags 成员变量。

[thread.h->Thread::TestAllFlags]

```
//TestAllFlags判断标志位是否被设置
bool TestAllFlags() const {
    return (tls32_.state_and_flags.as_struct.flags != 0);
}
```

[thread.h->Thread::ReadFlag]

```
//ReadFlag用于检查线程是否设置了指定的标志位（由输入参数flag表示）
bool ReadFlag(ThreadFlag flag) const {
    return (tls32_.state_and_flags.as_struct.flags & flag) != 0;
}
```

[thread.h->Thread::AtomicSetFlag 和 AtomicClearFlag]

```
//AtomicSetFlag和AtomicClearFlag为原子操作中的设置和清除指定标志位
//as_atomic_int类型为AtomicInt
void AtomicSetFlag(ThreadFlag flag) {
    tls32_.state_and_flags.as_atomic_int.
        FetchAndOrSequentiallyConsistent(flag);
}
void AtomicClearFlag(ThreadFlag flag) {
    tls32_.state_and_flags.as_atomic_int.
        FetchAndAndSequentiallyConsistent(-1 ^ flag);
}
```

state_and_flags 相对于某个 Thread 对象的偏移量则通过下面这个函数计算得到。

[thread.h->Thread::ThreadFlagsOffset]

```
template<size_t pointer_size>
```

```
static ThreadOffset<pointer_size>ThreadFlagsOffset() {
    /*计算方法很简单:
    (1) 先计算tls32_的偏移量
    (2) 然后加上state_and_flags相对于tls_32bit_sized_values的偏移量  */
    return ThreadOffset<pointer_size>(
        OFFSETOF_MEMBER(Thread, tls32_) +
        OFFSETOF_MEMBER(tls_32bit_sized_values, state_and_flags));
}
```

12.1.2 Check Points 的设置

ART 虚拟机中由于 Java 指令的执行存在解释执行和机器码执行两种模式，所以这两种执行模式均需要设置检查点。并且，检查点既不能太多，也不能太少。

- 如果检查点太多，将导致线程经常开展检查工作，这将拖慢原有工作的执行速度。
- 如果检查点太少，则会导致线程长时间不能响应标志位。毕竟，外界如果设置标志位的话，就是希望线程能尽快看到并处理。

12.1.2.1 解释执行中的检查点

先来看解释执行模式下 Check Points 的设置，我们以 switch/case 逻辑实现为参考，来看代码。

[interpreter_switch_impl.cc->ExecuteSwitchImpl]

```
/*先来看HANDLE_PENDING_EXCEPTION宏，其中包含一行代码用于调用Thread的AllowThreadSuspension
  函数，而该内部就会检查标志位并执行相关任务。所以，凡是调用AllowThreadSuspension函数的地方
  就是一个Check Point。 */
#define HANDLE_PENDING_EXCEPTION()              \
do                \
    self->AllowThreadSuspension();     \
    ......\
} while (false)
//下面这个函数我们见过很多次了。此处重点关注Check Point的设置
JValue ExecuteSwitchImpl(Thread* self, const DexFile::CodeItem* code_item,
    ......) {

    ......
    uint32_t dex_pc = shadow_frame.GetDexPC();
    .......
    do {
    dex_pc = inst->GetDexPc(insns);
    shadow_frame.SetDexPC(dex_pc);

    inst_data = inst->Fetch16(0);
    switch (inst->Opcode(inst_data)) {
    ......
    //RETURN相关指令中将部署Check Point
    case Instruction::RETURN: {
        PREAMBLE();
        ......
        self->AllowThreadSuspension();
        HANDLE_MONITOR_CHECKS();
        ......
        }
```

```
        /*GOTO、PACKED_SWITCH等、IF相关指令的处理中，如果存在往回跳转的情况，则均会部署一个
          Check Point。因为Java中的循环可以用GOTO指令来实现，而循环由于执行时间可能较长，所
          以在每次往回跳之前都设置一个Check Point。*/
        case Instruction::GOTO: {
            PREAMBLE();
            int8_t offset = inst->VRegA_10t(inst_data);
            ......
            if (IsBackwardBranch(offset)) {//往回跳，往往是一个循环
                ......
                //此处是一个CheckPoint
                self->AllowThreadSuspension();
            }
            ......
            break;
            }
        //其他直接或间接使用HANDLE_PENDING_EXCEPTION宏的指令处理之处均会设置
        //Check Point
        ......
        }
    }
}
```

最后，我们来看看看 Thread AllowThreadSuspension 的代码。

[thread-inl.h->Thread::AllowThreadSuspension]

```
inline void Thread::AllowThreadSuspension() {
    if (UNLIKELY(TestAllFlags())) {//检查标志位是否被设置
        CheckSuspend();//如果标志位被设置，则执行相关操作。我们下文再介绍该函数的内容
    }
}
```

总结上文代码可知，解释执行模式下，检查点将安置在：

- 凡是可能抛出异常的指令处理之处。
- RETURN 等和函数返回有关的指令处理之处。
- GOTO、IF、SWITCH 等指令中往回跳转之处。从 Java 层代码角度看，这种情况往往对应为一次循环结束，下次循环开始前。

12.1.2.2 机器码执行中的检查点

机器码中的检查点和解释执行模式稍有不同。

- 每个函数调用进来前会设置一个检查点。
- 循环头（Loop Header）设置一个检查点。
- HGotoIR 处理中，如果存在往回跳转的情况，也会设置一个检查点。

[instruction_builder.cc->HInstructionBuilder::Build]

```
bool HInstructionBuilder::Build() {
    ......
    for (HReversePostOrderIterator block_it(*graph_);
        !block_it.Done(); block_it.Advance()) {
        ......
        if (current_block_->IsEntryBlock()) {
        InitializeParameters();
```

```
            //Entry Block中设置一个检查点。HSuspendCheck是用于生成检查点机器码对应的IR
            AppendInstruction(new (arena_) HSuspendCheck(0u));
            AppendInstruction(new (arena_) HGoto(0u));
            continue;
        } else if (current_block_->IsExitBlock()) {......}
        else if (current_block_->IsLoopHeader()) {
            //Loop Header Block中设置一个HSuspendCheck
            HSuspendCheck* suspend_check = new (arena_)
                HSuspendCheck(current_block_->GetDexPc());
            current_block_->GetLoopInformation()->SetSuspendCheck(suspend_check);
            ......
        }
        ......
    }
    return true;
}
```

CodeGenerator 针对 HSupendCheck 和 HGoto IR 均会生成检查点相关的机器码，来看代码。

[code_generator_x86.cc->InstructionCodeGeneratorX86::VisitSuspendCheck]

```
void InstructionCodeGeneratorX86::VisitSuspendCheck(
        HSuspendCheck* instruction) {
    HBasicBlock* block = instruction->GetBlock();
    //如果是因为循环而设置的HSuspendCheckIR，则统一放到HGotoIR的处理流程中来操作
    if (block->GetLoopInformation() != nullptr) {
        return;
    }
    /*回顾上文的InstructionBuilder Build函数可知，在Entry Block的处理中，先添加一个
      HSsupendCheck IR，而后又添加了一个HGoto IR。由于HGoto中也会处理检查点，所以，
      Entry Block中的检查点也统一放到HGoto IR来处理 */
    if (block->IsEntryBlock() && instruction->GetNext()->IsGoto()) {
        return;
    }
    //生成检查点相关的机器码。稍后我们会介绍它
    GenerateSuspendCheck(instruction, nullptr);
}
```

来看 HGoto IR 的处理。

[code_generator_x86.cc->InstructionCodeGeneratorX86::VisitGoto]

```
void InstructionCodeGeneratorX86::VisitGoto(HGoto* got) {
    HandleGoto(got, got->GetSuccessor());
}
```

[code_generator_x86.cc->InstructionCodeGeneratorX86::HandleGoto]

```
void InstructionCodeGeneratorX86::HandleGoto(HInstruction* got,
        HBasicBlock* successor) {
    HBasicBlock* block = got->GetBlock();
    HInstruction* previous = got->GetPrevious();

    HLoopInformation* info = block->GetLoopInformation();
    //针对循环回跳，设置一个检查点
    if (info != nullptr && info->IsBackEdge(*block) &&
```

```
        info->HasSuspendCheck()) {
    GenerateSuspendCheck(info->GetSuspendCheck(), successor);
    return;
}
//针对Entry Block设置一个检查点
if (block->IsEntryBlock() && (previous != nullptr) &&
        previous->IsSuspendCheck()) {
    GenerateSuspendCheck(previous->AsSuspendCheck(), nullptr);
}
......
}
```

来看 GenerateSuspendCheck 函数。

[code_generator_x86.cc->InstructionCodeGeneratorX86::GenerateSuspendCheck]

```
void InstructionCodeGeneratorX86::GenerateSuspendCheck(
            HSuspendCheck* instruction,  HBasicBlock* successor) {
    SuspendCheckSlowPathX86* slow_path =
        down_cast<SuspendCheckSlowPathX86*>(instruction->GetSlowPath());
    if (slow_path == nullptr) {
        //创建一个SuspendCheckSlowPathX86对象
        slow_path = new (GetGraph()->GetArena())
            SuspendCheckSlowPathX86(instruction,  successor);
        instruction->SetSlowPath(slow_path);
        codegen_->AddSlowPath(slow_path);
        .....
    } ......
    //检查Thread tls32_ state_and_flags是否被设置，如果是，则跳转到
    //SuspendCheckSlowPathX86对应的机器码去执行
    __ fs()->cmpw(Address::Absolute(
        Thread::ThreadFlagsOffset<kX86WordSize>().Int32Value()),
            Immediate(0));
    //不管下面的if条件是否成立，当标志位被设置后，均会跳转到检查点相关的机器码处
    if (successor == nullptr) {
        __ j(kNotEqual, slow_path->GetEntryLabel());
        __ Bind(slow_path->GetReturnLabel());
    } else {
        __ j(kEqual, codegen_->GetLabelOf(successor));
        __ jmp(slow_path->GetEntryLabel());
    }
}
```

SuspendCheckSlowPathX86 的代码如下所示。

[code_generator_x86.cc->SuspendCheckSlowPathX86]

```
class SuspendCheckSlowPathX86 : public SlowPathCode {
public:
    SuspendCheckSlowPathX86(HSuspendCheck* instruction, HBasicBlock* successor)
        : SlowPathCode(instruction), successor_(successor) {}
    //检查点对应的机器码由EmitNativeCode函数生成
    void EmitNativeCode(CodeGenerator* codegen) OVERRIDE {
        CodeGeneratorX86* x86_codegen = down_cast<CodeGeneratorX86*>(codegen);
        __ Bind(GetEntryLabel());
        SaveLiveRegisters(codegen, instruction_->GetLocations());
        //调用art_quick_test_suspend函数
        x86_codegen->InvokeRuntime(QUICK_ENTRY_POINT(pTestSuspend),
```

```
            instruction_, instruction_->GetDexPc(), this);
        CheckEntrypointTypes<kQuickTestSuspend, void, void>();
        RestoreLiveRegisters(codegen, instruction_->GetLocations());
        if (successor_ == nullptr) {
            __ jmp(GetReturnLabel());
        } else {
            __ jmp(x86_codegen->GetLabelOf(successor_));
        }
    }
    .....
}
```

由 SuspendCheckSlowPathX86 EmitNativeCode 的实现可知，检查点最重要的工作就是调用 art_quick_test_suspend 函数。该函数是一个汇编语言实现的函数。来看代码。

[quick_entrypoints_x86.S->art_quick_test_suspend]

```
/*art_quick_test_suspend函数由NO_ARG_DOWNCALL宏来定义，其内部将调用artTestSuspendFromCode。
  请读者自行研究NO_ARG_DOWNCALL宏的实现
*/
NO_ARG_DOWNCALL art_quick_test_suspend, artTestSuspendFromCode, ret
```

而 artTestSuspendFromCode 函数就更简单了。

[quick_thread_entrypoints.cc->artTestSuspendFromCode]

```
extern "C" void artTestSuspendFromCode(Thread* self) {
    ScopedQuickEntrypointChecks sqec(self);
    //调用Thread CheckSuspend函数，而解释执行模式里检查点AllowThreadSuspension
    //内也是调用这个函数
    self->CheckSuspend();
}
```

到此，我们已经见过如何设置标志位以及解释执行和机器码执行模式中如何设置检查点这两个关键部分了。那么，在检查点之处，线程该做什么工作呢？来看最后一部分内容。

12.1.3 执行检查点处的任务

不论解释执行还是机器码执行，线程进入检查点后最终都会进入 Thread CheckSuspend 函数，其代码如下所示。

[thread-inl.h->Thread::CheckSuspend]

```
inline void Thread::CheckSuspend() {
    for (;;) {//注意，这里是一个无限循环
        if (ReadFlag(kCheckpointRequest)) {
          RunCheckpointFunction();//执行kCheckpointRequest标志位所设置的请求
        } else if (ReadFlag(kSuspendRequest)) {
          FullSuspendCheck();//执行kSuspendRequest标志位对应的请求
        } else {
          break;
        }
    }
}
```

在上述代码中，CheckSuspend 包含一个无限循环。这个循环将不断检查标志位的设置情况，然后执行对应的任务。

提示 为什么会使用循环呢？这是因为在执行对应任务的同时，外界仍然可以设置标志位。就好比大家开完会后，发现公告板上又写了新的内容，比如“请大家到楼下集合”。

接着来看针对 kCheckpointRequest 标志位以及 kSuspendRequest 标志位的具体处理逻辑。

提示 kSuspendRequest 的处理中包括对 kActiveSuspendBarrier 的处理。详情见下文。

12.1.3.1 RunCheckpointFunction

来看 RunCheckpointFunction 的代码。

[thread.cc->Thread::RunCheckpointFunction]

```
void Thread::RunCheckpointFunction() {
    /*Closure是一个非常简单的纯虚类，内部仅包含一个构造函数以及一个纯虚函数Run，它是线程要执
     行的任务的代表。在一个检查点中，最多执行三个Closure任务。所以，下面的kMaxCheckpoints
     常量取值为3。 */
    Closure *checkpoints[kMaxCheckpoints];
    {/*这段代码将tlsPtr_ checkpoint_functions数组的内容拷贝到checkpoints数组中，然后清空
       tlsPtr_ checkpoint_functions的内容。同时会去掉kCheckpointInRequest标志位*/
        MutexLock mu(this, *Locks::thread_suspend_count_lock_);
        for (uint32_t i = 0; i < kMaxCheckpoints; ++i) {
            checkpoints[i] = tlsPtr_.checkpoint_functions[i];
            tlsPtr_.checkpoint_functions[i] = nullptr;
        }
        AtomicClearFlag(kCheckpointRequest);
    }

    bool found_checkpoint = false;
    //执行Closure任务
    for (uint32_t i = 0; i < kMaxCheckpoints; ++i) {
        if (checkpoints[i] != nullptr) {
            ......
            checkpoints[i]->Run(this);
            found_checkpoint = true;
        }
    }
}
```

RunCheckpointFunction 非常简单。在此，我们不妨看一下外界如何设置 Closure。这需要借助 Thread RequestCheckpoint 函数，代码如下所示。

[thread.cc->Thread::RequestCheckpoint]

```
bool Thread::RequestCheckpoint(Closure* function) {
    //注意该函数的参数，function的类型为Closure，代表一个需要在检查点处执行的任务
    union StateAndFlags old_state_and_flags;
    old_state_and_flags.as_int = tls32_.state_and_flags.as_int;
    //kRunnable是线程状态中的一种，代表线程正在运行。只有这种状态的线程才允许设置
```

```
    //kCheckpointRequest标志位
    if (old_state_and_flags.as_struct.state != kRunnable) {
        return false;
    }
    //如上文所述，一个检查点最多设置三个任务，下面将检查任务数是否超过最大值
    uint32_t available_checkpoint = kMaxCheckpoints;
    for (uint32_t i = 0 ; i < kMaxCheckpoints; ++i) {
        if (tlsPtr_.checkpoint_functions[i] == nullptr) {
            available_checkpoint = i;
            break;
        }
    }
    if (available_checkpoint == kMaxCheckpoints) { return false; }
    //保存任务到tlsPtr_ checkpoint_functions数组对应的索引处
    tlsPtr_.checkpoint_functions[available_checkpoint] = function;
    //以原子操作的方式增加kCheckpointRequest标志位。
    union StateAndFlags new_state_and_flags;
    new_state_and_flags.as_int = old_state_and_flags.as_int;
    new_state_and_flags.as_struct.flags |= kCheckpointRequest;
    bool success = tls32_.state_and_flags.as_atomic_int.
            CompareExchangeStrongSequentiallyConsistent(
        old_state_and_flags.as_int, new_state_and_flags.as_int);
    if (UNLIKELY(!success)) {
        tlsPtr_.checkpoint_functions[available_checkpoint] = nullptr;
    } else {
        /*下面这个函数只包含一行代码，如下所示:
            tlsPtr_.suspend_trigger = nullptr;
            这行代码和7.2.2节中提到的Implicit Suspend Check检查有关。值得指出的是，笔者
            并未在代码中找到使用Implicit Suspend Check的地方。*/
        TriggerSuspend();
    }
    return success;
}
```

12.1.3.2 FullSuspendCheck

最后，我们来看一下对 kSuspendRequest 标志位的处理，代码在 FullSuspendCheck 函数中，非常简单。

[thread.cc->Thread::FullSuspendCheck]

```
void Thread::FullSuspendCheck() {
    ScopedTrace trace(__FUNCTION__);
    //先设置tls32_ suspended_at_suspend_check变量的值为true。这表示线程因
    //kSuspendCheckRequest标志位而需进入kSuspended状态
    tls32_.suspended_at_suspend_check = true;
    /*构造一个ScopedThreadSuspension对象。该对象在构造函数中将修改线程状态从
      kRunnable进入kSuspended（也是线程状态的一种。我们下一节将详细介绍这部分内容。而析构
      函数中将线程状态从kSuspended修改为kRunnable。请读者注意，析构函数可能导致线程进入等
      待状态。详情见下文的代码介绍。*/
    ScopedThreadSuspension(this, kSuspended);
    //最后设置suspended_at_suspend_check为false
    tls32_.suspended_at_suspend_check = false;
}
```

ScopedThreadSuspension 类的代码非常简单。

[scoped_thread_state_change.h->ScopedThreadSuspension]

```
class ScopedThreadSuspension : public ValueObject {
    public:
    //构造函数
    explicit ScopedThreadSuspension(Thread* self, ThreadState suspended_state)
            : self_(self), suspended_state_(suspended_state) {
        //调用Thread TransitionFromRunnableTOSuspended函数以修改线程状态
        self_->TransitionFromRunnableToSuspended(suspended_state);
    }
    //析构函数：调用Thread TransitionFromSuspendedToRunnable函数修改线程状态
    ~ScopedThreadSuspension(){
        //注意，这个函数内部可能会等待。比如，我们要求一个线程暂停运行的话，那么在下面这个
        //TranistionFromSuspendedToRunnable中它就会等待。直到外界调用相关函数恢复
        //该线程的运行。
        self_->TransitionFromSuspendedToRunnable();
    }
    private:
        Thread* const self_;
        const ThreadState suspended_state_;
        ......
};
```

RunSuspendCheck 本身并不复杂，其中涉及和线程状态切换有关的内容将留待下一节介绍。

kSuspendRequest 的作用

我们在调试的时候，可以要求一个或所有线程进入 suspend 状态。在 ART 虚拟机中，这是通过设置 kSuspendRequest 标志位来实现的。线程在检查点的时候，如果发现 kSuspendRequest 标志位被设置，则会执行 FullSuspendCheck 函数。在这个函数里会构造一个 ScopedThreadSuspension 对象，而这个对象在析构时会导致线程进入等待的状态（详情见本章后续小节对 TransitionFromSuspendedToRunnable 函数的分析），直到我们要求线程恢复（Resume）运行后，它才会返回。

那么，什么时候会设置 kSuspendRequest 标志位呢？我们来看一个例子。

[thread.cc->Thread::ModifySuspendCount]

```
bool Thread::ModifySuspendCount(Thread* self, int delta,
            AtomicInteger* suspend_barrier, bool for_debugger) {
    /*ModifySuspendCount函数目标主要有两个：
    (1) 修改线程对象self tls32_ suspend_count的值，在原值基础上增加delta
    (2) 如果delta值大于0并且suspend_barrier不为nullptr的话，则会设置
    kActiveSuspendBarrier标志位。这个标志位的作用是希望线程在检查点的时候处理这个suspend_
    barrier。suspend_barrier代表一个整型变量，而整型变量的操作无非是进行算术运算。下文我们
    会看到这部分的处理逻辑。而什么场景下会使用suspend_barrier将放到本章后续小节介绍。*/
    ......

    uint16_t flags = kSuspendRequest;
    //如果delta大于0，并且suspend_barrier不为nullptr
    if (delta > 0 && suspend_barrier != nullptr) {
        //kMaxSuspendBarriers为常量，值为3
        uint32_t available_barrier = kMaxSuspendBarriers;
```

```
        for (uint32_t i = 0; i <kMaxSuspendBarriers; ++i) {
            //tlsPtr_ active_suspend_barriers类型为AtomicInteger*数组，元素个数为3
            if (tlsPtr_.active_suspend_barriers[i] == nullptr) {
                available_barrier = i;
                break;
            }
        }
        if (available_barrier == kMaxSuspendBarriers) { return false; }
        //将suspend_barrier存储到tlsPtr_ active_suspend_barriers数组指定索引位
        tlsPtr_.active_suspend_barriers[available_barrier] = suspend_barrier;
        //设置kActiveSuspendBarrier标志位
        flags |= kActiveSuspendBarrier;
    }

    tls32_.suspend_count += delta;//修改tls32_ suspend_count的值
    ......
    //如果tls32_ suspend_count为0，则表示不需要暂停线程，所以将清除
    //kSuspendRequest标志位
    if (tls32_.suspend_count == 0) {
        AtomicClearFlag(kSuspendRequest);
    } else {
        //设置tls32_.state_and_flags的标记位
        tls32_.state_and_flags.as_atomic_int.
            FetchAndOrSequentiallyConsistent(flags);
        TriggerSuspend();
    }
    return true;
}
```

ModifySuspendCount 的用法其实很好理解。

- 如果需要暂停线程，那么就设置 delta 为 1，这样将设置 kSuspendRequest 标志位。
- 如果需要恢复线程，那么就设置 delta 为 -1。如果 tls32_ suspend_count+delta 变为为 0 的话，就会清除 kSuspendRequest 标志位。

那么，suspend_barrier 有什么作用呢？笔者先提前介绍下：

- 如果要暂停所有 Java 线程的话，我们就会先设置一个 suspend_barrier 变量，其初值为当前所有 Java 线程的个数，比如 5。然后，我们调用每个线程对象的 Modify-SuspendCount 函数，delta 取值为 1，suspend_barrier 作为参数也传进去。
- 每一个线程运行到检查点的时候，都会对 suspend_barrier 进行操作，使其值减一。
- 如何确保那五个 Java 线程都进入 suspend 状态呢？很简单，我们只要等到 suspend_barrier 的值变为 0 即可。

下文介绍线程状态时我们将看到和暂停所有线程相关的代码。现在先来看看 kActiveSuspend-Barrier 标志位的处理函数 PassActiveSuspendBarriers。

[thread-inl.h->Thread::PassActiveSuspendBarriers]

```
inline void Thread::PassActiveSuspendBarriers() {
    while (true) {
        uint16_t current_flags = tls32_.state_and_flags.as_struct.flags;
        if (LIKELY((current_flags & (kCheckpointRequest |
            kActiveSuspendBarrier)) == 0)) {  break; }
        else if ((current_flags &kActiveSuspendBarrier) != 0) {
```

```
            PassActiveSuspendBarriers(this);
        } else {......}
    }
}
```

[thread.cc->Thread::PassActiveSuspendBarriers]

```
bool Thread::PassActiveSuspendBarriers(Thread* self) {
    //下面这段代码将tlsPtr_ active_suspend_barriers数组的内部保存到局部变量
    //pass_barriers数组中
    AtomicInteger* pass_barriers[kMaxSuspendBarriers];
    {
        MutexLock mu(self, *Locks::thread_suspend_count_lock_);
        ......
        for (uint32_t i = 0; i < kMaxSuspendBarriers; ++i) {
            pass_barriers[i] = tlsPtr_.active_suspend_barriers[i];
            tlsPtr_.active_suspend_barriers[i] = nullptr;
        }
        AtomicClearFlag(kActiveSuspendBarrier);
    }

    uint32_t barrier_count = 0;
    for (uint32_t i = 0; i < kMaxSuspendBarriers; i++) {
        //操作一个AtomicInteger（简单来说，就是一个整型变）变量
        AtomicInteger* pending_threads = pass_barriers[i];
        if (pending_threads != nullptr) {
            bool done = false;
            /*下面这个循环的内容看起来很复杂，其目的却很简单，就是递减pending_threads的
              值。如果变为0，则通过futex系统调用唤醒等待pending_threads的线程。之所以代码看
              起来很复杂，是因为使用了多线程同步处理中比较高级的无锁编程方法。如果使用诸如
              mutex的话，代码就会非常简单，但这样对性能影响较大。无锁编程的核心就是利用原子操
              作，其代码中往往会添加一个循环来保证最终的结果。  */
            do {
                int32_t cur_val = pending_threads->LoadRelaxed();
                done = pending_threads->CompareExchangeWeakRelaxed(cur_val,
                    cur_val - 1);
#if ART_USE_FUTEXES  //在Android系统中定义了这个ART_USE_FUTEXES宏
                //注意if条件满足的话，则pending_threads就是0
                if (done && (cur_val - 1) == 0) {
                    //唤醒外部等待pending_threads的线程
                    futex(pending_threads->Address(),
                        FUTEX_WAKE, -1, nullptr, nullptr, 0);
                }
#endif
            } while (!done);
            ++barrier_count;
        }
    }
    ......
    return true;
}
```

12.2　ThreadList 和 ThreadState

Java 虚拟机中往往运行了多个 Java 线程。为了方便管理，ART 设计了一个 ThreadList 类

来统一管理这些Java线程。这里请读者注意：

- 每一个Java线程都对应为ART虚拟机中的一个Thread对象。
- Native线程可通过JavaVM AttachCurrentThread接口将自己变成一个Java线程。而这就会创建对应的一个Thread对象。

ThreadList类包含很多成员，我们来了解下其中比较重要的。

[thread_list.h->ThreadList类声明]

```
class ThreadList {//为方便讲解，笔者调整了某些代码行的位置
    public:
        static const uint32_t kMaxThreadId = 0xFFFF;//十进制值为65535
        .......
    private:
        //bitset是std位图容器，ThreadList用它来给线程对象分配ID，最大不超过65535
        std::bitset<kMaxThreadId>allocated_ids_;
        std::list<Thread*>list_;//通过list容器来管理所有的Thread对象

    public:
    ......
    /*每诞生一个新的Java线程都需通过Register函数将其加入到ThreadList中来，而每一个离去的
      Java线程（离去包括线程退出，或通过JavaVMDetachCurrentThread脱离和Java层的关系）则
      需调用Unregister。这两个函数非常简单，请读者自行阅读。*/
    void Register(Thread* self);
    void Unregister(Thread* self);

    /*RunCheckpoint：要求所有Java线程在检查点处运行checkpoint_function所代表的任务
      Dump：内部调用上面的RunCheckpoint以运行一个DumpCheckpoint任务，这个任务将打印每个
      线程的调用栈信息。*/
    size_t RunCheckpoint(Closure* checkpoint_function);
    void Dump(std::ostream& os, bool dump_native_stack = true)

    /*SuspendAll用于暂停除调用该函数的线程外其他所有Java线程的运行，而ResumeAll则用于那些
      被暂停的Java线程的运行。*/
    void SuspendAll(const char* cause, bool long_suspend = false);
    void ResumeAll();

    //下面这个函数和GC中的concurrent copying collector有关，后续章节如果碰到，
    //我们再介绍它
    size_t FlipThreadRoots(Closure* thread_flip_visitor,
            Closure* flip_callback,
            gc::collector::GarbageCollector* collector);
    ......
    private:
    //分配和释放线程ID。注意，这里的线程ID将赋值给tls32_ thin_lock_thread_id
    uint32_t AllocThreadId(Thread* self);
    void ReleaseThreadId(Thread* self, uint32_t id);
};
```

thread_list.h中还定义了一个ScopedSuspendAll类用于帮助暂停或恢复所有线程的运行。我们简单看一下这个类的代码。

[thread_list.h->ScopedSuspendAll]

```
class ScopedSuspendAll : public ValueObject {
    public:
```

```
    //ScopedSuspendAll非常简单，就是在构造含中调用ThreadList SuspendAll，而在
    //析构函数中调用ThreadList ResumeAll
    ScopedSuspendAll(const char* cause, bool long_suspend = false);
    ~ScopedSuspendAll();
}
```

下面将介绍 ThreadList 中一些比较重要的知识。

12.2.1　线程 ID

我们先回顾本章开头对 tls32_ 结构的介绍，代码如下所示。

[thread.h->Thread::tls_32_bit_sized_values]

```
struct PACKED(4) tls_32bit_sized_values {
    ......
    /*这两个成员变量表示线程id，其中tid是常规意义上的线程id，即来自操作系统的id，而
      thin_lock_thread_id是由虚拟机自己维护的用于线程同步的id。*/
    uint32_t thin_lock_thread_id;
    uint32_t tid;
    } tls32_;
    ......
}
```

有上述代码可知，一个线程对象有两个线程 Id。

- tls32_ tid：这是来自操作系统的线程 id，也是我们常规意义上所说的线程 Id。这个 Id 由 Thread InitTid 来分配。
- tls32_ thin_lock_thread_id：这个 id 是 ART 虚拟机为线程同步机制而提供的 Id。这个 Id 的管理就是由 ThreadList AllocThreadId 和 ReleaseThreadId 两个成员函数来实施。

马上来了解这些函数的实现，它们都比较简单。首先，tid 由 Thread InitTid 函数分配。

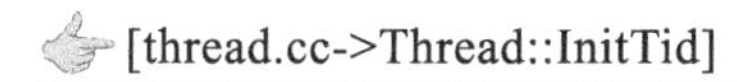

[thread.cc->Thread::InitTid]

```
void Thread::InitTid() {
  tls32_.tid = ::art::GetTid();
}
```

[utils.cc->GetTid]

```
pid_t GetTid() {
#if defined(__APPLE__)
    ......
#elif defined(__BIONIC__)
    //Android平台上有一些特殊的实现，笔者不拟详细介绍它。其中也是用到了gettid系统调用
    return gettid();
#else
    return syscall(__NR_gettid);//系统调用gettid
#endif
}
```

> 提示　根据 Linux 系统对 gettid 的说明可知，gettid 的返回值和 pthread_self 返回的 POSIX Thread ID 不是一回事。gettid 返回的线程 Id 来自内核里的相关信息。

再来了解下 ThreadList 提供的 AllocThreadId 以及 ReleaseThreadId。代码如下所示。

[thread_list.cc->ThreadList::AllocThreadId]

```
uint32_t ThreadList::AllocThreadId(Thread* self) {
    MutexLock mu(self, *Locks::allocated_thread_ids_lock_);
    //allocated_ids_的类型为std bitset，其功能类似一个位图对象。下面的循环将遍历
    //这个bitset容器以找到一个还未分配的索引号
    for (size_t i = 0; i <allocated_ids_.size(); ++i) {
        if (!allocated_ids_[i]) {
            allocated_ids_.set(i);
            //注意，返回值为索引号+1。所以，tls32_ thin_lock_thread_id最小值为1
            return i + 1;
        }
    }
    return 0;
}
//释放索引号
void ThreadList::ReleaseThreadId(Thread* self, uint32_t id) {
    MutexLock mu(self, *Locks::allocated_thread_ids_lock_);
    --id;
    allocated_ids_.reset(id);
}
```

提示 后续小节将介绍 tls32_ thin_lock_thread_id 的作用。

12.2.2 RunCheckpoint 和 Dump

RunCheckpoint 可要求所有 Java 线程执行指定的任务，而 Dump 则是使用 RunCheckpoint 来打印线程的调用栈信息。我们马上来了解这两个函数的实现。

12.2.2.1 RunCheckPoint

ThreadList RunCheckpoint 的代码如下所示。

[thread_list.cc->ThreadList::RunCheckpoint]

```
size_t ThreadList::RunCheckpoint(Closure* checkpoint_function) {
    //获取调用这个函数对应的Java线程对象
    Thread* self = Thread::Current();
    ......
    std::vector<Thread*> suspended_count_modified_threads;
    size_t count = 0;
    {
        MutexLock mu(self, *Locks::thread_list_lock_);
        MutexLock mu2(self, *Locks::thread_suspend_count_lock_);
        //list_容器保存了当前所有Java线程对应的Thread对象
        count = list_.size();
        for (const auto& thread : list_) {
            //遍历所有Java线程的Thread对象，然后要求它们到检查点去执行对应的任务。注意，
            //自己所处的线程(self)不需要在这里控制
            if (thread != self) {//先不处理自己所在的Java线程
                while (true) {
                    if (thread->RequestCheckpoint(checkpoint_function)) {
```

```
                break;
            } else {//
            /*如果Thread RequestCheckpoint返回失败则需要做一些特殊处理。回顾上文对
              RequestCheckpoint代码的分析可知，当线程状态不为kRunnable状态时，
              RequestCheckpoint将返回失败（还有其他返回失败的情况）。
              在下面这段代码中，如果线程状态为kRunnable，则重新循环。否则，我们先设置线
              程状态为kSuspended。然后将这个thread对象保存到suspended_count_modified_
              threads容器中。 */

            if (thread->GetState() == kRunnable) { continue; }
            //通过下面的ModifySuspendCount设置线程状态为kSuspended
            thread->ModifySuspendCount(self, +1, nullptr, false);
            suspended_count_modified_threads.push_back(thread);
            break;
            }
        }
    } }
    }
    //self代表调用ThreadList RunCheckpoint的线程对象，它直接执行这个任务即可
    checkpoint_function->Run(self);
    /*遍历suspended_count_modified_threads中的线程对象。在上面的代码中，我们已经通过
      ModifySuspendCount要求它们进入kSuspended状态了。但由于多线程的原因，此处可能还需要
      等待并确保thread确实进入了kSuspended状态。*/
    for (const auto& thread : suspended_count_modified_threads) {
        //如果线程状态不是kSuspended，则需要等待它们进入kSuspended状态
        if (!thread->IsSuspended()) {
            const uint64_t start_time = NanoTime();
            do {
                ThreadSuspendSleep(kThreadSuspendInitialSleepUs);
            } while (!thread->IsSuspended());
            const uint64_t total_delay = NanoTime() - start_time;
            constexpr uint64_t kLongWaitThreshold = MsToNs(1);
        }

        /*到此处，thread必然处于kSuspended状态。此时，我们可针对这个线程执行任务。注意，这个
          任务的执行者实际上是self线程。但是传入的线程对象却是目标线程thread。如果checkpoint_
          function用于打印调用栈信息的话，那么它也只会打印输入参数thread线程的调用栈信息，
          而不是self的调用栈信息。通过这种由Run函数的输入参数来决定对哪个线程进行操作的控制
          方式，我们就没有必要要求Closure任务一定是针对调用者线程。这种处理方式有什么好处呢？
          请读者接着看。*/
        checkpoint_function->Run(thread);
        { //恢复ModifySuspendCount
            MutexLock mu2(self, *Locks::thread_suspend_count_lock_);
            thread->ModifySuspendCount(self, -1, nullptr, false);
            }
    }
    ......
    return count;//返回Java线程的个数
}
```

由 RunCheckpoint 函数可知，它会**强**要求所有 Java 线程都执行指定的 Closure 任务。并且，即使某些个 Java 线程已经处于 kSuspended 状态（说明这些 Java 线程没有办法自己来执行这些任务），也会由调用者来**代表**这些线程执行任务（即在调用者线程里直接调用 Run 函数，并

传入真正的目标线程对象）。

读者可能会好奇，什么时候会用到这种强操作呢？举个例子，应用程序的某些重要线程阻塞了，而我们又需要打印所有线程的调用栈信息以帮助排查问题。显然，让已阻塞的线程从阻塞处返回并进入检查点以执行打印调用栈的任务是不现实的。这个时候，RunCheckpoint 的这种处理方式就派上大用场了。

12.2.2.2 Dump

ThreadList Dump 函数正是利用 RunCheckpoint 来实现打印所有 Java 线程调用栈的功能，来看代码。

[thread_list.cc->ThreadList::Dump]

```
void ThreadList::Dump(std::ostream& os, bool dump_native_stack) {
    //DumpCheckpoint是一个Closure任务，dump_native_stack如果为true，则
    //线程Native层调用的栈信息也会打印
    DumpCheckpoint checkpoint(&os, dump_native_stack);
    size_t threads_running_checkpoint = RunCheckpoint(&checkpoint);
    if (threads_running_checkpoint != 0) {
        //等待所有线程执行完任务
        checkpoint.WaitForThreadsToRunThroughCheckpoint(
            threads_running_checkpoint);
    }
}
```

我们重点看看 DumpCheckpoint 的 Run 函数和 WaitForThreadsToRunThroughCheckpoint 函数。它们直接实现在 DumpCheckpoint 类中，来看代码。

[thread_list.cc->DumpCheckpoint]

```
class DumpCheckpoint FINAL : public Closure {//为方便讲解，代码行的位置略有调整
    private:
    ......
    /*Barrier这个词本意是栅栏。在ART中它作为一种多线程同步计数器来使用。比如，一共六个线程，
      其中一个线程要等待另外五个线程干完某些事情后才能返回。要实现这个场景的话就可利用Barrier，
      用法如下：
      (1) 创建一个Barrier对象，设置其初值为5，然后把这个Barrier对象交给另外五个线程。
      (2) 这五个线程操作完后都会调用Barrier的Pass函数，该函数内部对计数器减一。
      (3) 第六个线程将等待这个Barrier对象，直到其计数器的值变为0。
      注意，类似Barrier的用法我们在上文PassActiveSuspendBarriers函数中也见过，但
      Barrier使用了同步锁，而没有采用无锁编程，所以它的实现就简单很多。读者不妨自行查看
      其实现代码。  */
    Barrier barrier_;
    ......
    public:
        //barrier_初值为0
        DumpCheckpoint(std::ostream* os, bool dump_native_stack)
            : os_(os),  barrier_(0),..... {}

    void Run(Thread* thread) OVERRIDE {
        Thread* self = Thread::Current();
        {
            ScopedObjectAccess soa(self);
            //调用Thread Dump函数以打印thread的调用栈信息
```

```
        thread->Dump(local_os, dump_native_stack_, backtrace_map_.get());
    }
    ......
    //调用Pass，计数器减一。注意，由于barrier_计数器的初值为0，调用Pass后，
    //计数器变成负数
        barrier_.Pass(self);
    }

    //等待Barrier的值变成0。threads_running_checkpoint为线程个数，比如5。
    void WaitForThreadsToRunThroughCheckpoint(
            size_t threads_running_checkpoint) {
        Thread* self = Thread::Current();
        ScopedThreadStateChange tsc(self, kWaitingForCheckPointsToRun);
        //Barrier Increment将计数器的值增加threads_running_checkpoint，其内部会
        //等待，直到超时或者计数器变为0。
        bool timed_out = barrier_.Increment(self,
                        threads_running_checkpoint, kDumpWaitTimeout);
        ......
    }
    ......
};
```

12.2.3 SuspendAll 和 ResumeAll

SuspendAll 用于暂停所有 Java 线程的执行，而 ResumeAll 用于恢复所有 Java 线程的执行。这两个函数和 ART 虚拟机中线程的状态有关。我们先了解下线程都有哪些状态。

[thread_state.h->ThreadState]

```
//ThreadState枚举定义了ART虚拟机中线程可能拥有的状态。
enum ThreadState {
    kTerminated = 66,
    kRunnable,      //线程正常运行
    kTimedWaiting, //调用Object wait并设置了超时时间则会进入这个状态
    kSleeping,      //调用Thread sleep会进入这个状态
    kBlocked,       //被monitor阻塞了，比如进入synchronized时发现锁被其他线程占用
    kWaiting,                       //调用Object wait（并且没有超时时间）
    kWaitingForGcToComplete,        //等待GC完毕
    kWaitingForCheckPointsToRun,    //GC时等待检查点完成任务
    kWaitingPerformingGc,           //正在执行GC
    kWaitingForDebuggerSend,
    kWaitingForDebuggerToAttach,
    kWaitingInMainDebuggerLoop,     //主线程等待调试器
    kWaitingForDebuggerSuspension,
    kWaitingForJniOnLoad,           //等待JNI so库的加载
    kWaitingForSignalCatcherOutput,
    kWaitingInMainSignalCatcherLoop,
    kWaitingForDeoptimization,      //和HDeoptimization有关
    kWaitingForMethodTracingStart,
    kWaitingForVisitObjects,
    kWaitingForGetObjectsAllocated,
    kWaitingWeakGcRootRead,
    kWaitingForGcThreadFlip,
    kStarting,
```

```
    kNative,        //线程正在JNI层里工作
    kSuspended,     //暂停状态
};
```

接下来，我们来看看 SuspendAll 和 ResumeAll 函数的实现。

12.2.3.1 SuspendAll

ThreadList SuspendAll 的代码如下所示。

[thread_list.cc->ThreadList::SuspendAll]

```
void ThreadList::SuspendAll(const char* cause, bool long_suspend) {
    Thread* self = Thread::Current();
    ......
    {
        ScopedTrace trace("Suspending mutator threads");
        const uint64_t start_time = NanoTime();
        //关键是下面这个函数
        SuspendAllInternal(self, self);

#if HAVE_TIMED_RWLOCK  //只有APPLE平台上才定义了这个宏
        ......
#else
        Locks::mutator_lock_->ExclusiveLock(self);
#endif
        ......
    }
}
```

来看 SupsendAllInternal。

[thread_list.cc->ThreadList::SuspendAllInternal]

```
void ThreadList::SuspendAllInternal(Thread* self, Thread* ignore1,
                Thread* ignore2, bool debug_suspend) {
    /*注意SuspendAllInternal的参数，ignore1和ignore2表示不需要暂停的线程。
      ignore2有默认值，为nullptr。/debug_suspend表示是否因调试而触发的暂停，默认为
      false  */
    ......
    //pending_threads用于记录要暂停线程的个数
    AtomicInteger pending_threads;
    //num_ignored用于记录不需要暂停线程的个数
    uint32_t num_ignored = 0;
    if (ignore1 != nullptr) {  ++num_ignored; }
    if (ignore2 != nullptr && ignore1 != ignore2) { ++num_ignored; }

    {
        MutexLock mu(self, *Locks::thread_list_lock_);
        MutexLock mu2(self, *Locks::thread_suspend_count_lock_);

        ++suspend_all_count_;
        ......
        //设置pending_threads的值，代表要暂停的线程的个数（需排除不需要暂停线程的个数）
        pending_threads.StoreRelaxed(list_.size() - num_ignored);
        //遍历list_里所有线程对象
        for (const auto& thread : list_) {
```

```
            //略过不需要暂停的线程
            if (thread == ignore1 || thread == ignore2) { continue; }

            while (true) {
            //调用该线程的ModifySuspendCount函数，并且将pending_threads传进去，这
            //将触发kActiveSuspendBarrier标志。ModifySuspendCount函数我们在上文
            //已经介绍过了。
            if (LIKELY(thread->ModifySuspendCount(self, +1, &pending_threads,
                debug_suspend))) { break; }
            else { ...... }
        }
        ......
        }
    }
#if ART_USE_FUTEXES
    timespec wait_timeout;
    InitTimeSpec(true, CLOCK_MONOTONIC, 10000, 0, &wait_timeout);
#endif
    //等待pending_threads的值变为0。
    while (true) {
        int32_t cur_val = pending_threads.LoadRelaxed();
        if (LIKELY(cur_val > 0)) {
#if ART_USE_FUTEXES
        if (futex(pending_threads.Address(), FUTEX_WAIT, cur_val,
                &wait_timeout, nullptr, 0) != 0) { ...... }
        else {
            cur_val = pending_threads.LoadRelaxed();
            break;
        }
#else
    ......
#endif
        }
    ......
    }
}
```

12.2.3.2 ResumeAll

ResumeAll 用于恢复所有暂停线程的运行，由于它不用等待暂停线程的状态改变，所以它的代码非常简单。

[thread_list.cc->ThreadList::ResumeAll]

```
oid ThreadList::ResumeAll() {
    Thread* self = Thread::Current();
    .....
    ScopedTrace trace("Resuming mutator threads");
    ......
    Locks::mutator_lock_->ExclusiveUnlock(self);
    {
        MutexLock mu(self, *Locks::thread_list_lock_);
        MutexLock mu2(self, *Locks::thread_suspend_count_lock_);
        --suspend_all_count_;
        //遍历list_数组，然后调用ModifySuspendCount
```

```
        for (const auto& thread : list_) {
            if (thread == self) {
                continue;
            }
            //设置delta参数为-1。
            thread->ModifySuspendCount(self, -1, nullptr, false);
        }
        ......
        Thread::resume_cond_->Broadcast(self);
    }
    ......
}
```

12.2.4 Thread 状态切换

在上文的代码中，我们曾接触过 Thread 从 kRunnable 到 kSuspended 状态的相互切换，其中涉及 Thread 类的两个成员函数。

- TransitionFromRunnableToSuspended：从 kRunnable 状态切换为 kSuspended 状态。
- TransitionFromSuspendedToRunnable：从 kSuspended 状态切换为 kRunnable 状态。

本节来了解这两个函数的代码：

12.2.4.1 TransitionFromRunnableToSuspended

TransitionFromRunnableToSuspended 内容相对简单，其代码如下所示。

[thread-inl.h->Thread::TransitionFromRunnableToSuspended]

```
inline void Thread::TransitionFromRunnableToSuspended(
            ThreadState new_state) {
    ......
    //进入new_state（取值为kSuspended）前我们也要检查下是否设置了kCheckpointRequest
    //标志位并执行相关的任务
    TransitionToSuspendedAndRunCheckpoints(new_state);
    Locks::mutator_lock_->TransitionFromRunnableToSuspended(this);
    //处理kActiveSuspendBarrier标志位相关的任务。该函数的分析见12.1.3.2节
    PassActiveSuspendBarriers();
}
```

12.2.4.2 TransitionFromSuspendedToRunnable

TransitionFromSuspendedToRunnable 用于将线程从 kSuspended 状态恢复至 kRunnable 的状态。一旦该函数返回，则线程将恢复运行（读者可回顾上文 FullSuspendCheck 函数的代码）。所以，这个函数内部将判断线程是否达到恢复运行的条件，否则它会等待该条件的满足。来看代码。

[thread-inl.h->Thread::TransitionFromSuspendedToRunnable]

```
inline ThreadState Thread::TransitionFromSuspendedToRunnable() {
    union StateAndFlags old_state_and_flags;
    //保存当前的状态和标志位
    old_state_and_flags.as_int = tls32_.state_and_flags.as_int;
    int16_t old_state = old_state_and_flags.as_struct.state;
    //下面是一个无限循环。如上文所述，无锁编程里经常会使用循环来保证数据操作的一致
```

```
    do {
        ......
        //保存当前的状态和标志位
        old_state_and_flags.as_int = tls32_.state_and_flags.as_int;
        //如果当前线程标志位没有设置，则线程可恢复运行
        if (LIKELY(old_state_and_flags.as_struct.flags == 0)) {
            union StateAndFlags new_state_and_flags;
            new_state_and_flags.as_int = old_state_and_flags.as_int;
            new_state_and_flags.as_struct.state = kRunnable;
            //设置线程的状态为kRunnable
            if (LIKELY(tls32_.state_and_flags.as_atomic_int.
                    CompareExchangeWeakAcquire(old_state_and_flags.as_int,
                        new_state_and_flags.as_int))) {
                Locks::mutator_lock_->TransitionFromSuspendedToRunnable(this);
            break;//设置状态成功，跳出循环
        }
    } else if ((old_state_and_flags.as_struct.flags &
                    kActiveSuspendBarrier) != 0) {
            //如果设置了kActiveSuspendBarrier标志位，则处理它们
            PassActiveSuspendBarriers(this);
        } else if ((old_state_and_flags.as_struct.flags & kCheckpointRequest)
            != 0) {......//这种情况不存在，否则认为是错误
        } else if (//如果标志位依然有kSuspendRequest，则需要等待
                (old_state_and_flags.as_struct.flags &kSuspendRequest) != 0) {
            MutexLock mu(this, *Locks::thread_suspend_count_lock_);
            old_state_and_flags.as_int = tls32_.state_and_flags.as_int;
            //只要线程标志位还有kSuspendRequest，则会一直等待
            while ((old_state_and_flags.as_struct.flags & kSuspendRequest) != 0) {
                Thread::resume_cond_->Wait(this);
                old_state_and_flags.as_int = tls32_.state_and_flags.as_int;
            }
        }
    } while (true);
    //到这里，线程已经恢复运行。下面将执行所谓的Flip任务。它和GC有关，以后我们碰到
    //它们时再来介绍
    Closure* flip_func = GetFlipFunction();
    if (flip_func != nullptr) {
        flip_func->Run(this);
    }
    return static_cast<ThreadState>(old_state);
}
```

提示 TransitionFromSuspendedToRunnable 看起来很复杂，其实里边很多内容只不过是因为使用了无锁编程而不得不引入的“套路”代码。

12.3 线程同步相关知识

本节将介绍 ART 虚拟机中和线程同步有关的知识，主要为如下两方面的内容。

- 使用 synchronized 关键字的代码段在进入该代码段时将生成一条 MONITOR_ENTER 指令，而离开该代码段时将生成一条 MONITOR_EXIT 指令。本节将介绍 ART 虚拟中

这两条指令的处理流程。

- ❑ Object wait、notifyAll 以及 Thread sleep 函数的实现。

我们先来认识和上述内容有关的几个关键类。

12.3.1 关键类介绍

12.3.1.1 LockWord

在 ART 虚拟机中和线程同步机制实现有关的几个关键类如图 12-1 所示。

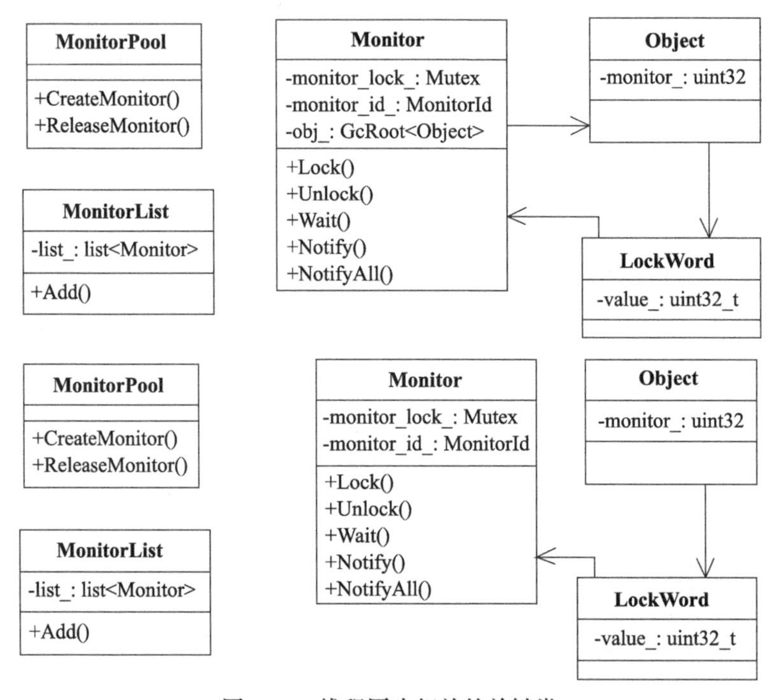

图 12-1 线程同步相关的关键类

图 12-1 中展示了 ART 虚拟机中和线程同步机制实现有关的关键类。其中，真正实现线程同步功能的为 Monitor 类。

- ❑ 它包含一个名为 monitor_lock_ 的成员变量。该变量的数据类型为 Mutex。Mutex 是 ART 在操作系统提供的同步机制上所实现的封装与辅助类。以 Android 系统所基于的 Linux 平台为例，操作系统提供的同步机制可以是 futex 相关系统调用，也可以使用 pthread 中的与 pthread_mutex_t 有关的函数。具体使用哪种机制通过 ART_USE_FUTEXES 宏来控制。
- ❑ 在虚拟机中，每一个 Monitor 对象都有一个 Id（类型为 MonitorId，其实就是一个 32 位的无符号整型）。该 Id 由成员变量 monitor_id_ 保存。
- ❑ 每一个 Monitor 对象都会关联一个 Object 对象，该对象由 object_ 成员指向。
- ❑ Monitor 提供了 Lock、Unlock、Wait、Notify 和 NotifyAll 等线程同步相关的成员函数。

> 提示 除了 Mutex 外，ART 还封装了 ConditionVariable（基于 fuxtex 机制或 pthread 中的 pthread_cond_t）等一些比较通用的线程同步辅助类。这部分内容和 Java 虚拟机本身的关系并不大，故请感兴趣的读者自行研究 futex 或 pthread 相关知识。

再来看图 12-1 中其他几个类。

- Monitor 和操作系统关联紧密，它属于比较**重要的资源**。所以，ART 虚拟机提供了 MonitorPool 来管理 Monitor 对象的内存分配和回收。除了 MonitorPool 之外，ART 虚拟机中还提供了 MonitorList 来管理虚拟机进程所分配的 Monitor 对象。其内部使用了 std list 作为存储容器。注意，MonitorPool 和 MonitorList 比较简单，而且不参与线程同步的工作。故笔者不拟对它们展开介绍。
- Object 类中有一个名为 monitor_ 的成员变量。注意，Monitor obj_ 指向一个 Object 对象，但是 Object monitor_ 却不指向对应的 Monitor 对象，而是指向一个 LockWord 的对象。
- 再来观察 LockWord 类，它很简单，仅包含一个 32 位长的 value_ 成员变量。

稍微了解 Javasynchronized 关键字的读者可能都知道，Java 层中每一个对象——包括某个类的实例对象或者类本身，都可以作为同步锁来使用。这种设计思路反映到 ART 虚拟机层而言就是每一个 Mirror Object 对象都包含了一个可用作线程同步的“**锁**”成员变量（也就是 Object 的 monitor_）。但是，正如上文所述，Objectmonitor_ 并不直接与一个 Monitor 对象关联，而是指向一个仅包含 value_ 成员的 LockWord 对象。这是因为：

- Monitor 和操作系统关系紧密，属于重型资源，连它的内存分配和释放都需要单独的 MonitorPool 来控制。并且在虚拟机进程中虽然会存在很多 Object 对象，但只有少部分 Object 对象才会用作线程同步锁。所以，从内存使用的角度来看，不应该每一个 Object 对象都配一个 Monitor 对象。
- synchronized 代码段只在确实有多个线程访问它时才会起到线程同步的作用，而如果该代码段只有一个线程访问的话，其实是无需使用 Monitor 的。然而，当一个 synchronized 代码段在多个线程访问时，就需要使用 Monitor 对象来使用由 OS 提供的线程同步机制。

简而言之，我们对 Object monitor_ 这个用于线程同步的“锁”在设计上有如下三个要求。

- 第一，它要尽可能短小，不要占用太多内存。
- 第二，synchronized 代码段只有单个线程访问时，monitor_ 能起到轻量级保护的作用。在 ART 虚拟机中，这种形态的锁为 Thin Lock（瘦锁）。
- 第三，synchronized 代码段在有多个线程同时访问的时候，monitor_ 能起到真正的线程同步作用。相比 Thin Lock 而言，这种形态的锁由于需要动用操作系统的力量，所以叫 Fat Lock（胖锁）。

综合以上要求，ART 虚拟机特别设计了 LockWord 类，它是 Object 中“锁”的代表。

- 它本身所需内存很小，只有一个 32 位长的成员变量。所以，Object monitor_ 只有 32 位长。
- 如果 synchronized 代码段仅由单个线程来访问，则使用 Thin Lock。如果该代码段被多个线程访问，则 LockWord 会从 Thin Lock 转化为 Fat Lock——其实就是关联一个 Monitor 对象。然后使用这个 Monitor 来同步多个线程。

马上来了解 LockWord 的代码。

[lock_word.h->LockWord 类声明]

```
class LockWord {            //为方便讲解，代码行位置有所调整
    public:
    enum LockState {        //描述锁的状态
        kUnlocked,          //未上锁
        kThinLocked,        //Thin locked。使用Thin Lock保护了一段代码
        kFatLocked,         //使用Fat lock保护了一段代码
        //下面这两种状态我们后文碰到时再介绍
        kHashCode, kForwardingAddress,
    };
    //下面这个枚举变量和value_的取值有关。笔者展示了其中用于描述锁形态的枚举值，
    //详情见下文的介绍
    enum SizeShiftsAndMasks {
        ......
        kStateThinOrUnlocked = 0,
        kStateFat = 1,
        kStateHash = 2,
        kStateForwardingAddress = 3,
        ......
    };
    private:
        uint32_t value_;//32位长，可包含多种信息。详情见下文

    public:
        //下面这些为静态成员函数，用于创建不同形态的锁
        static LockWord FromThinLockId(uint32_t thread_id, uint32_t
            count, uint32_t rb_state) {......}

        static LockWord FromForwardingAddress(size_t target) {.......}
        static LockWord FromHashCode(uint32_t hash_code, uint32_t rb_state) {
            ......}
        //创建一个瘦子锁，默认状态为kUnlocked
        static LockWord FromDefault(uint32_t rb_state) {......}
        //创建一个瘦子锁，状态为kUnloced
        static LockWord Default() { return LockWord(); }
        ......
};
```

LockWord value_ 字段有 32 位长，其中不同范围的比特位用于保存不同的信息。来看表 12-1。

表 12-1 LockWord value_ 保存的信息

锁形态 / 比特位范围	31~30	29~28	27~16	15~0
kStateThinOrUnlocked	00	rb	Lock Count	Thread Id Owner
kStateFat	01	rb	Monitor Id	
kStateHash	10	rb	Hash Code	
kStateForwardingAddress	11	Forwarding Address		

结合代码以及表 12-1 的内容可知：

- kStateThinOrUnlocked、kStateFat 等锁形态的定义来自代码中的枚举变量 SizeShifts-

AndMasks。除了形态外，SizeShiftsAndMasks 还定义了其他一些枚举值来描述不同的比特位范围。

- value_ 的 30 到 31 位用来描述锁的形态。00 为 kStateThinOrUnlocked、01 为 kStateFat、10 为 kStateHash、11 为 kStateForwardingAddress。
- 在 kStateThinOrUnlocked 形态中，28 到 29 位包含一个 Read Barrier（其含义见下文代码分析）；16 到 27 位包含一个计数器（lock count），它用于记录被锁住的次数（比如，一个 synchronized 函数被某个线程递归调用）；0 到 15 位记录了持有这个锁的线程的 Id。
- 在 kStateFat 形态下，28 到 29 位为 Read Barrier，0 到 27 位包含一个 Monitor 对象的 monitor_id_。
- 在 kStateHash 形态下，28 到 29 位为 Read Barrier，0 到 27 位包含一个哈希码。
- 在 kStateForwardingAddress 形态下，0 到 29 位包含了一个地址值，它和 GC 有关。我们后续章节碰到这部分内容时再予以解释。

提示 为了方便讲解，笔者将 SizeShiftsAndMasks 中的 kStateThinLockOrUnloced 等称之为锁的形态。用于说明该锁是瘦锁还是胖锁，而将 LockState 称之为锁的状态，用于说明该锁是锁上了还是没有锁上。另外，SizeShiftsAndMask 中的锁形态和 LockState 有一定的转换关系。比如，kStateThinLockOrUnlocked 形态的锁对应为 kThinLocked 状态。具体的转换关系可参考 LockWordGetState 函数。

12.3.1.2 Monitor Inflat 和 Deflate

如上文所述，LockWord 有胖瘦之分，而在 ART 虚拟机中，胖瘦锁是可以相互转化的。Monitor 类的 Inflate 和 Deflate 函数就是完成胖瘦锁转换的关键。马上来看它们。

12.3.1.2.1 Inflate

Inflate 可将一个瘦锁“膨胀”（Inflate 一词的含义）为一个胖锁。

[monitor.cc->Monitor::Inflate]

```
void Monitor::Inflate(Thread* self, Thread* owner, mirror::Object* obj,
            int32_t hash_code) {
    /*Inflate函数的目标是将输入参数obj_所包含的LockWord对象（由Object成员变量monitor_
      指向）转化为一个胖锁，其实就是将obj_ monitor_和一个Monitor对象关联起来。*/

    //先从MonitorPool中创建一个Monitor对象。obj将赋值给m的obj_成员
    Monitor* m = MonitorPool::CreateMonitor(self, owner, obj, hash_code);
    //调用Monitor的Install函数，详情见下文代码介绍
    if (m->Install(self)) {
        ......
        //加入runtime monitor_list_容器中统一管理
        Runtime::Current()->GetMonitorList()->Add(m);
        CHECK_EQ(obj->GetLockWord(true).GetState(), LockWord::kFatLocked);
    } else {
        MonitorPool::ReleaseMonitor(self, m);
    }
}
```

 [monitor.cc->Monitor::Install]

```
bool Monitor::Install(Thread* self) {
    MutexLock mu(self, monitor_lock_);
    //GetObject返回Monitor obj_成员。而Object GetLockWord函数返回obj_中的
    //monitor_成员（类型为LockWord）。所以，lw代表obj_当前的LockWord信息
    LockWord lw(GetObject()->GetLockWord(false));
    //获取lw的状态。
    switch (lw.GetState()) {
        case LockWord::kThinLocked: {
            /*如果lw状态为kThinLocked，则需要获取该锁被锁上的次数。读者可回顾表12-1。
              请读者注意，kThinLocked表示LockWord仅被一个线程持有，而该线程可能会在一个
              调用流程中（包含多个函数调用）多次拥有该锁，下面的lock_count_即表示锁被某一个
              线程持有的次数。显然，不同的线程不能同时持有一个锁。从瘦锁转换为胖锁的时候，我们需
              要保存原瘦锁的信息。*/
            lock_count_ = lw.ThinLockCount();
            break;
        }
        ......//其他状态要么无须处理，要么为错误的情况
    }
    //构造一个新的LockWord对象。它是一个胖锁，关联了一个Monitor对象
    LockWord fat(this, lw.ReadBarrierState());
    /*将新的LockWord对象更新到obj_ monitor_成员中。
     CasLockWordWeakSequentiallyConsistent是Object类的成员函数。Cas是Compare
     And Switch的缩写。如果有一个变量会被多个线程设置，为了做到同步，我们有两种方法：
     (1) 先将这个变量用锁保护起来，然后更新该变量。
     (2) 不使用锁的话，则需要使用CAS。CAS的过程是先比较变量的当前值是否等于预期值，如果不是，
         则更新该变量为新值。请读者特别注意，CAS的过程本身是同步的（使用C++11的atomic相
         关函数或者直接使用不同CPU平台提供的对应汇编指令，比如x86的lock cmpxchg指令）。
         这种方式比第一种使用锁的方式要轻量许多。
         在ART中，CAS的相关操作大多基于C++11的atomic类。我们下文将介绍它们。此处，读者只
         需知道这些原子操作的目的就是为了更新某个变量。*/
    bool success = GetObject()->CasLockWordWeakSequentiallyConsistent(
        lw, fat);
    ......
    return success;
}
```

12.3.1.2.2 Deflate

Deflate用于给胖锁减肥使之变为一个瘦锁，来看代码。

 [monitor.cc->Monitor::Deflate]

```
bool Monitor::Deflate(Thread* self, mirror::Object* obj) {
    //先获取obj目前的LockWord对象
    LockWord lw(obj->GetLockWord(false));
    //如果lw当前状态为kFatLocked，表明该锁被锁上了。只有这种状态下才能减肥
    if (lw.GetState() == LockWord::kFatLocked) {
        //获取lw所关联的那个Monitor对象
        Monitor* monitor = lw.FatLockMonitor();
        MutexLock mu(self, monitor->monitor_lock_);
        //Monitor num_waiters_表示当前处于等待该锁的线程的个数。显然，如果正有线程
        //等待该锁的话，我们是没有办法给它减肥的
        if (monitor->num_waiters_> 0) {  return false;  }
        //owner_表示当前拥有该锁的线程对象
        Thread* owner = monitor->owner_;
        if (owner != nullptr) {
```

```
        ......
        /*读者回顾表12-1可知，瘦锁的第16到27位包含一个计数器（lock count），它能保存的
          最大值为4096。如果一个线程持有该锁的次数超过4096，则不能减肥为一个瘦锁，因为
          瘦锁没有这么大的存储空间。 */
        if (monitor->lock_count_ > LockWord::kThinLockMaxCount) {
            return false;
        }
        //构造一个瘦锁
        LockWord new_lw = LockWord::FromThinLockId(owner->GetThreadId(),
            monitor->lock_count_,lw.ReadBarrierState());
        //更新obj的monitor_
        obj->SetLockWord(new_lw, false);
    } .......
//减肥之后，原Object对象不再需要Monitor，所以下面的代码将monitor和关联的
//Object对象解绑
monitor->obj_ = GcRoot<mirror::Object>(nullptr);
}
return true;
}
```

12.3.2 synchronized 的处理

Java 对 synchronized 代码段的处理比较简单。

- 进入 synchronized 代码段之前将执行 monitor-enter 指令。
- 离开 synchronized 段之前将执行 monitor-exit 指令。

我们先分别来看在解释执行模式以及机器码执行模式下，这两条指令的处理情况。

12.3.2.1 解释执行模式下的处理

ExecuteSwitchImpl 中的相关代码如下所示。

[interpreter_switch_impl.cc->ExecuteSwitchImpl]

```
template<bool do_access_check, bool transaction_active>
JValue ExecuteSwitchImpl(Thread* self, ......) {
    ......
    do {
        dex_pc = inst->GetDexPc(insns);
        ......
        inst_data = inst->Fetch16(0);
        switch (inst->Opcode(inst_data)) {
        ......
            case Instruction::MONITOR_ENTER: {处理monitor-enter指令
            PREAMBLE();
            //obj代表synchronized所使用的对象
            Object* obj = shadow_frame.GetVRegReference(
                inst->VRegA_11x(inst_data));
            if (UNLIKELY(obj == nullptr)) {......}
            else {//调用DoMonitorEnter
                DoMonitorEnter<do_assignability_check>(self, &shadow_frame, obj);
                ......
            }
            break;
        }
        case Instruction::MONITOR_EXIT: {//处理monitor-exit指令
```

```
            PREAMBLE();
            Object* obj = shadow_frame.GetVRegReference(
                inst->VRegA_11x(inst_data));
            if (UNLIKELY(obj == nullptr)) {......}
            else {//调用DoMonitorExit
                DoMonitorExit<do_assignability_check>(self, &shadow_frame, obj);
                .....;
            }
            break;
        }
    ....
}
```

来看 DoMonitorEnter 和 DoMonitorExit 函数，代码如下所示。

[interpreter_common.h->DoMonitorEnter/DoMonitorExit]

```
template <bool kMonitorCounting>
static inline void DoMonitorEnter(Thread* self,   ShadowFrame* frame,
                                  Object* ref) {
    StackHandleScope<1> hs(self);
    Handle<Object> h_ref(hs.NewHandle(ref));
    h_ref->MonitorEnter(self);
    ......
}

template <bool kMonitorCounting>
static inline void DoMonitorExit(Thread* self, ShadowFrame* frame,
                                  Object* ref) {
    StackHandleScope<1> hs(self);
    Handle<Object> h_ref(hs.NewHandle(ref));
    h_ref->MonitorExit(self);
    .....
}
```

DoMnitorEnter 和 DoMonitorExit 非常简单，就是调用需要被锁住 Object 对象的 MonitorEnter 以及 MonitorExit 函数。这两个函数的代码也很简单。

[object-inl.h->Object::MonitorEnter/MonitorExit]

```
inline mirror::Object* Object::MonitorEnter(Thread* self) {
    return Monitor::MonitorEnter(self, this);
}
inline bool Object::MonitorExit(Thread* self) {
    return Monitor::MonitorExit(self, this);
}
```

Monitor 类提供了 MonitorEnter 和 MonitorExit 两个静态方法。我们马上来看它们。

12.3.2.1.1 Monitor MonitorEnter

Monitor MonitorEnter 的代码如下所示。

[monitor.cc->Monitor::MonitorEnter]

```
mirror::Object* Monitor::MonitorEnter(Thread* self, mirror::Object* obj) {
    ......
```

```
//FakeLock是为了符合多线程检查工具的要求而设置的，该函数内部没有功能，返回值就是输入参数
obj = FakeLock(obj);
uint32_t thread_id = self->GetThreadId();
size_t contention_count = 0;
StackHandleScope<1> hs(self);
Handle<mirror::Object> h_obj(hs.NewHandle(obj));
while (true) {//注意，这里是一个循环
    //获取obj monitor_，其内容保存到lock_word中
    LockWord lock_word = h_obj->GetLockWord(true);
    switch (lock_word.GetState()) {
        case LockWord::kUnlocked: {
            /*如果处于未上锁状态，我们需要锁上它。FromThinLockId函数用于构造一个新的
              LockWord对象，它是一个Thin Lock，由thread_id代表的线程所有，当前被锁的
              次数是0。注意，这个新创建的thin_locked对象的锁的状态为kThinLocked。 */
            LockWord thin_locked(LockWord::FromThinLockId(thread_id, 0,
                        lock_word.ReadBarrierState()));
            //更新obj的monitor_成员为新的thin_locked。
            if (h_obj->CasLockWordWeakSequentiallyConsistent(lock_word,
                            thin_locked)) {
            ......
            return h_obj.Get();
        }
        continue;  // Go again.
    }
    case LockWord::kThinLocked: {
    /*如果lock_word已经处于上锁状态。下面将检查之前拥有该锁的线程是否和当前调用
      MonitorEnter的线程相同。如果相同，则是所谓的递归锁，只需增加lock count即可。*/
    uint32_t owner_thread_id = lock_word.ThinLockOwner();
    if (owner_thread_id == thread_id) {
        //持有该锁的线程再一次获取这个锁。只要递增lock count即可
        uint32_t new_count = lock_word.ThinLockCount() + 1;
        //一个线程持有同一个锁的次数绝大部分情况下不会超过4096。但某些递归调用的情况下
        //是有可能的
        if (LIKELY(new_count <= LockWord::kThinLockMaxCount)) {
            //创建一个新的LockWord状态，只有lock count更新
            LockWord thin_locked(LockWord::FromThinLockId(thread_id,
                    new_count,lock_word.ReadBarrierState()));
            //kUseReadBarrier为编译常量，笔者所使用的模拟器环境下该值为false
            if (!kUseReadBarrier) {
                //将这个新thin_locked对象更新到Object monitor_之中
                h_obj->SetLockWord(thin_locked, true);
                return h_obj.Get();  // Success!
            } ......
        } else {
            //如果一个线程持有某个锁的次数真的超过4096，则需要将这个瘦锁变成胖锁。
            //下文将介绍这个InflateThinLocked函数
            InflateThinLocked(self, h_obj, lock_word, 0);
        }
    } else {//如果当前持有该锁的线程和调用MonitorEnter的线程不是同一个
        contention_count++;
        Runtime* runtime = Runtime::Current();
        /*GetMaxSpinBeforeThinkLockInflation函数返回runtime的
          max_spins_before_thin_lock_inflation_成员，默认值为50，由
          Monitor kDefaultMaxSpinsBeforeThinLockInflation编译常量指定。
          下面这段代码的含义比较简。如上文反复提到的那样，Monitor属于重型资源，一般
```

```
                情况下尽量不使用它。所以，当出现多个线程都试图获取同一个锁之时（也就是代码运
                到此处的情况），ART作了如下优化：
                (1) 先通过sched_yield系统调用主动让出当前调用线程的执行资格。操作系统将在后续
                    某个时间恢复该线程的执行。从调用sched_yield让出CPU资源到后续某个时间又
                    恢复它的执行之间存在一定的时间差，而在这个时间差里，占用该锁的线程可能会释放
                    对锁的占用。所以，调用线程从sched_yield返回后，通过外面的while循环会重新
                    尝试获取锁。如果成功的话，就无须使用Monitor了。这种优化很好，但是最多用50
                    次。因为多核CPU的存在导致虽然调用线程让出了当前CPU核的资源，但CPU的其他
                    核可能会立即运行它。简单点说，就是这个时间差可能会很短，甚至接近于0。在这种
                    情况下，这段代码就变成了所谓的忙等待，反而会影响系统的性能。
                (2) 所以，当让出了50次执行资格后依然无法拿到锁，则通过InflateThinLocked
                    先将瘦锁变成胖锁。 */
                  if (contention_count <=
                      runtime->GetMaxSpinsBeforeThinkLockInflation()) {
                  //调用shced_yield后，调用线程可能会让出CPU资源给其他线程运行。
                  //从表象来看，就是调用线程不再运行
                    sched_yield();
              } else {
                  contention_count = 0;
                  InflateThinLocked(self, h_obj, lock_word, 0);
              }
          }
          continue;  //不管是sched_yield还是转换为胖锁，都需要继续循环
      }
      case LockWord::kFatLocked: {
              //如果是胖锁，则直接借助Monitor Lock函数（内部通过futex实现线程间同步）来
              //获取锁。
              Monitor* mon = lock_word.FatLockMonitor();
              //如果锁被其他线程拥有，此处就会等待，
              mon->Lock(self);
              return h_obj.Get();//一旦Lock函数返回，则锁被本线程拥有
          }
          case LockWord::kHashCode:
              Inflate(self, nullptr, h_obj.Get(), lock_word.GetHashCode());
              continue;
              ......
          }
      }
}
```

总结MonitorEnter可知：

- 如果目标Object的monitor_（指向一个LockWord对象）还没有上锁（状态为kUnlocked），则设置monitor_为一个瘦锁，其状态为kStateThinLocked，并且保存拥有该锁的线程的Id。同时，设置上锁次数为0。
- 如果目标Object的monitor_的锁状态为kStateThinLocked（暂且不考虑上锁次数超过4096的情况，此时，monitor_依然是一个瘦锁）。则检查调用线程和拥有该锁的线程是否为同一个。如果是同一个线程再次上锁，则只需增加上锁次数即可。如果是其他线程试图获取该锁，则先尽量让新的竞争者（也就是当前的调用线程）让出最多50次CPU资源。如果50次后依然无法得到该锁，则需要将瘦锁变成一个胖锁。此时，monitor_的锁状态将变成kFatLocked。
- 如果目标Object的monitor_的锁状态为kFatLocked，则调用对应Monitor对象的

Lock 函数进行抢锁。Lock 函数内部会使用比如 futex 或 pthread_mutex_t 等来实现抢锁。一旦 Lock 函数返回，则调用线程就获得了该锁。

在上述代码逻辑中，从瘦锁变为胖锁的关键函数是 InflateThinLocked。虽然我们前面介绍了 Inflate 函数，但 InflateThinLocked 比 Inflate 要复杂。不知道读者有没有想过这样一个问题，假设线程 A 先抢到了目标 Object 对应的 monitor_ 锁（此时锁的状态为 kThinLocked），而后续因为线程 B 的原因，目标 Object monitor_ 要变胖为 kFatLocked 才能实现同步。此时 A 还在运行过程中（也就是线程 A 还在用目标 Object 的 monitor_），那么我们该如何给目标 Object monitor_ 增肥呢？来看代码。

[monitor.cc->Monitor::InflateThinLocked]

```
void Monitor::InflateThinLocked(Thread* self, Handle<mirror::Object> obj,
              LockWord lock_word, uint32_t hash_code) {
    uint32_t owner_thread_id = lock_word.ThinLockOwner();
    if (owner_thread_id == self->GetThreadId()) {
        //如果是同一个线程，则直接调用Inflate。这种情况往往对应为同一个线程多次获取锁，
        //并且次数太多，瘦锁不得不变胖
        Inflate(self, self, obj.Get(), hash_code);
    } else {
        //如果是多个线程竞争同一个锁导致瘦锁需要增肥（对应上文中所说的线程A和线程B的问题）
        ThreadList* thread_list = Runtime::Current()->GetThreadList();
        //设置Thread tlsPtr_.monitor_enter_object对象为目标obj
        self->SetMonitorEnterObject(obj.Get());
        bool timed_out;
        Thread* owner;
        {
            ScopedThreadSuspension sts(self, kBlocked);
            //要求当前拥有该锁的线程暂停运行。因为我们要给它“动手术”。
            owner = thread_list->SuspendThreadByThreadId(owner_thread_id,
                    false, &timed_out);
        }
        //owner代表被暂停的，并且当前持有锁的线程
        if (owner != nullptr) {
            lock_word = obj->GetLockWord(true);
            //再次检查obj的monitor_，确认为kThinLocked状态，并且被owner_thread_id
            //线程所持有。如果满足条件，则替换obj的monitor_为增肥后的LockWord对象
            if (lock_word.GetState() == LockWord::kThinLocked &&
                lock_word.ThinLockOwner() == owner_thread_id) {
            Inflate(self, owner, obj.Get(), hash_code);
            }
        //恢复原线程的运行
            thread_list->Resume(owner, false);
        }
        self->SetMonitorEnterObject(nullptr);
    }
}
```

原来，如果因为 B 线程导致目标 Object monitor_ 需要增肥的话，InflateThinLocked 居然会暂停当前拥有锁的线程 A 的运行。然后做个增肥手术，替换目标 Object monitor_ 为新的胖锁，最后再恢复线程 A 的运行。对 A 来说，这个手术虽然做得神不知鬼不觉，但依然感觉有点吃亏。因为 A 此时已经是锁的拥有者，而因为其他线程要用锁居然会导致 A 暂停运行一段

时间，笔者感觉对A来说也是不太公平。

12.3.2.1.2 Monitor MonitorExit

MonitorExit将释放锁，来看代码。

[monitor.cc->Monitor::MonitorExit]

```
bool Monitor::MonitorExit(Thread* self, mirror::Object* obj) {
    obj = FakeUnlock(obj);
    StackHandleScope<1> hs(self);
    Handle<mirror::Object> h_obj(hs.NewHandle(obj));
    while (true) {
        LockWord lock_word = obj->GetLockWord(true);
        switch (lock_word.GetState()) {
            case LockWord::kHashCode:
            case LockWord::kUnlocked:
                /*这两个case的情况表明，处理monitor-exit指令时，锁的状态不应该为
                  kHashCode或kUnlocked */
                FailedUnlock(h_obj.Get(), self->GetThreadId(), 0u, nullptr);
                return false;
            case LockWord::kThinLocked: {
                //瘦锁状态，上锁次数递减
                uint32_t thread_id = self->GetThreadId();
                uint32_t owner_thread_id = lock_word.ThinLockOwner();
                if (owner_thread_id != thread_id) {
                    //没有得到锁的线程去释放锁，显然，这是一种错误
                    return false;
                } else {
                    LockWord new_lw = LockWord::Default();
                    if (lock_word.ThinLockCount() != 0) {
                        uint32_t new_count = lock_word.ThinLockCount() - 1;
                        new_lw = LockWord::FromThinLockId(thread_id, new_count,
                            lock_word.ReadBarrierState());
                    } else {
                            new_lw = LockWord::FromDefault(lock_word.ReadBarrierState());
                        }
                        if (!kUseReadBarrier) {//更新mointor_为新的LockWord对象
                            h_obj->SetLockWord(new_lw, true);
                            return true;
                        } ......
                    }
                }
                case LockWord::kFatLocked: {//胖锁，调用Monitor Unlock
                Monitor* mon = lock_word.FatLockMonitor();
                return mon->Unlock(self);
            }
            ......
        }
    }
}
```

MonitorExit比较简单。但细心的读者可能会问，MonitorEnter中瘦锁会转变为胖锁，为什么在MonitorExit中却没有看到胖锁转变为瘦锁的地方（也就是没有调用Monitor deflate函数的代码）。这是因为胖锁转变为瘦锁涉及内存资源的回收，所以ART将这部分内容放到GC部分来处理。以后我们会看到相关的代码。

12.3.2.2　机器码执行模式下的处理

dex2oat 进行编译时，monitor-enter 和 monitor-exit 指令将转换成 HMonitorOperation IR 对象。该 IR 可生成对应的机器码由下面这个函数决定。

[code_generator_x86.cc->InstructionCodeGeneratorX86::VisitMonitorOperation]

```
void InstructionCodeGeneratorX86::VisitMonitorOperation(
            HMonitorOperation* instruction) {
    //如果是monitor-enter，则生成调用art_quick_lock_object函数的机器码
    //如果是monitor-exit，则生成调用art_quick_unlock_object函数的机器码
    codegen_->InvokeRuntime(instruction->IsEnter() ?
        QUICK_ENTRY_POINT(pLockObject)   :
        QUICK_ENTRY_POINT(pUnlockObject),
            instruction, instruction->GetDexPc(), nullptr);
    ......
}
```

在 x86 平台中，pLockObject 和 pUnlockObject 分别指向汇编函数 art_quick_lock_object 和 art_quick_unlock_object。这两个函数的原型为：

[quick_default_externs.h]

```
//这两个函数由汇编代码实现，其参数都为一个Object对象
extern "C" void art_quick_lock_object(art::mirror::Object*);
extern "C" void art_quick_unlock_object(art::mirror::Object*);
```

笔者此处仅介绍 art_quick_lock_object。马上来看它。

> **提示**　请读者自行阅读 art_quick_unlock_object 的代码，它比 art_quick_lock_object 简单许多。

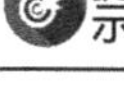[quick_entrypoints_x86.S->art_quick_lock_object]

```
DEFINE_FUNCTION art_quick_lock_object
    testl %eax, %eax   //检查输入参数（代表目标Object对象）是否为空。如果为空，跳转到
    jz    .Lslow_lock   //.Lslow_lock标记的代码行去执行

.Lretry_lock:
    //寄存器eax保存了目标Object的指针，下面这行代码将取出它的monitor_成员变量，
    //并保存到寄存器ecx中
    movl MIRROR_OBJECT_LOCK_WORD_OFFSET(%eax), %ecx
    /*下面这两行代码先取出LockWord的前两位，以判断monitor_锁的形态。如果不为0，表示锁形态
      为kStateFatLock、kStateHashCode、KSateForwardingAddress中的一种。此时我们需转
      到.Lslow_lock中去执行。简单点说，整个art_quick_lock_object汇编函数只能处理kState-
      ThinOrUnlocked形态的锁。   */
    test LITERAL(LOCK_WORD_STATE_MASK), %ecx
    jne  .Lslow_lock
    /*下面这段汇编代码比较长，但其实功能非常简单：
    (1) 检查是否上锁，如果没有，则调用线程锁住。
    (2) 如果已经上锁，检查是否为同一个线程再次获取锁。如果是同一个线程，则递增上锁次数。
        如果不是同一个线程，则转入.Lslow_lock去处理。 */
    movl %ecx, %edx
    andl LITERAL(LOCK_WORD_READ_BARRIER_STATE_MASK_TOGGLED), %ecx
    /*下面两行代码用于检查是否上锁。注意，此时我们已经知道该锁的形态是
      kStateThinOrUnlocked，所以它的各个比特位表示什么含义已经确认（参考表12-1）。这
```

```
    两行汇编代码的作用类似LockWord GetState函数。如果该锁已经被抢占，则跳转到
    .Lalready_thin处去执行。 */
      test %ecx, %ecx
      jnz  .Lalready_thin
  //下面的代码对应于锁未被抢占的情况
  movl %eax, %ecx
      movl %edx, %eax
      movl %fs:THREAD_ID_OFFSET, %edx //保存调用线程的线程id。
      or   %eax, %edx
      /*CPU平台提供的CAS操作。lock表示锁住总线（为了避免其他核访问目标地址）。cmxchg的
        含义是compare and exchange，与CAS一样。下面这行代码用于设置目标Object的monitor_
        成员变量。如果设置失败，则跳转到.Llock_cmpxchg_fail。什么时候会执行失败呢？也就是
        其他线程比本线程先一步设置了Object monitor_。*/
      lock cmpxchg  %edx, MIRROR_OBJECT_LOCK_WORD_OFFSET(%ecx)
      jnz  .Llock_cmpxchg_fail
      ret//如果设置成功，则本线程成功抢到锁
.Lalready_thin: //如果该锁已经被别的线程抢到。则需要判断两个线程是否一样
      movl %fs:THREAD_ID_OFFSET, %ecx
      cmpw %cx, %dx
      jne  .Lslow_lock //调用线程和拥有该锁的线程不一样，转到.Lslow_lock处去执行
      //如果调用线程和拥有该锁的线程一样，则递增上锁次数。此处省略部分代码
      movl %edx, %ecx
      ...... //递增上锁次数。如果超过4096，也需要跳转到.Lslow_lock处去执行
      //更新目标Object monitor_
      lock cmpxchg  %edx, MIRROR_OBJECT_LOCK_WORD_OFFSET(%ecx)
      jnz  .Llock_cmpxchg_fail
      ret
.Llock_cmpxchg_fail:
      movl  %ecx, %eax
      jmp  .Lretry_lock

.Lslow_lock://下面这段逻辑用于调用artLockObjectFromCode函数
    SETUP_REFS_ONLY_CALLEE_SAVE_FRAME  ebx, ebx
    subl LITERAL(8), %esp
    pushl %fs:THREAD_SELF_OFFSET
    PUSH eax
    call SYMBOL(artLockObjectFromCode)
    addl LITERAL(16), %esp
    RESTORE_REFS_ONLY_CALLEE_SAVE_FRAME
    RETURN_IF_EAX_ZERO
END_FUNCTION art_quick_lock_object
```

art_quick_lock_object 这个函数其实比较简单，但是这段汇编代码真正加速的只是 kUnlocked 到 kThinLocked 这部分功能的处理。总体来说，这部分功能的主要内容为：

- 检查是否上锁，如果没有，则调用线程获得该锁。该步骤后，锁状态由 kUnlocked 变为 kThinLocked
- 如果已经上锁，检查是否为同一个线程再次获取锁。如果是同一个线程，则递增上锁次数。锁状态依然是 kThinLocked，只不过上锁次数得以增加。

除此之外，其余所有逻辑都需要进入 .Lslow_lock 处所调用的 artLockObjectFromCode 函数去处理。它的代码很简单，如下所示：

[quick_lock_entrypoints.cc->artLockObjectFromCode]

```
extern "C" int artLockObjectFromCode(mirror::Object* obj, Thread* self) {
    ScopedQuickEntrypointChecks sqec(self);
    if (UNLIKELY(obj == nullptr)) {//如果目标Object对象为空指针，则抛空指针异常
        ThrowNullPointerException("Null reference used for synchronization
            (monitor-enter)");
        return -1;
    } else {
        if (kIsDebugBuild) {......}
            else {
            //调用目标Object的MonitorEnter函数，我们在解释执行模式部分介绍过它了
            obj->MonitorEnter(self);
        }
        return 0;
    }
}
```

12.3.3　Object wait、notifyAll 等

本节来看 Java Object wait、notifyAll 以及 JavaThread sleep 函数的实现。有了上文对 Monitor 的了解，这些函数都比较简单。

12.3.3.1　Object wait

Java Object wait 方法是一个 native 方法，其 JNI 层实现的代码如下所示。

[java_lang_Object.cc->Object_wait]

```
static void Object_wait(JNIEnv* env, jobject java_this) {
    ScopedFastNativeObjectAccess soa(env);
    mirror::Object* o = soa.Decode<mirror::Object*>(java_this);
    //调用mirror Object的Wait函数。其内部调用Monitor Wait函数。我们直接来看它。
    o->Wait(soa.Self());
}
```

[monitor.cc->Monitor::Wait]

```
void Monitor::Wait(Thread* self, mirror::Object *obj, int64_t ms,
              int32_t ns,  bool interruptShouldThrow, ThreadState why) {
    //获取目标obj的monitor_
    LockWord lock_word = obj->GetLockWord(true);
    //判断锁的状态。注意，调用Java Object wait之前必须先获取该Object对应的锁
    //如果锁的状态已经是kFatLocked，则无须执行下面的while代码段
    while (lock_word.GetState() != LockWord::kFatLocked) {
        switch (lock_word.GetState()) {
            case LockWord::kHashCode:
            case LockWord::kUnlocked:
                ThrowIllegalMonitorStateExceptionF("object not locked by
                    thread before wait()");
                return;  //调用线程没有获取该锁，不能等待
            case LockWord::kThinLocked: {
                uint32_t thread_id = self->GetThreadId();
                uint32_t owner_thread_id = lock_word.ThinLockOwner();
            //下面if条件说明：如果锁在别的线程手里，本线程也不能调用Java Object wait
            //在正常情况下，我们需要先拿到锁才能去wait的。
            if (owner_thread_id != thread_id) {
```

```
                ThrowIllegalMonitorStateExceptionF("object not locked by
                    thread before wait()");
                return;
            } else {
                //如果锁就在本线程手里，则需要将锁增肥。因为wait是一个等待操作，它必须借助
                //操作系统的力量。而瘦锁是无法实现等待的。
                Inflate(self, self, obj, 0);
                lock_word = obj->GetLockWord(true);
            }
            break;
        }
        ......//其他情况，均认为是错误。
    }
  }
  /*此时，目标锁已经是胖锁。如上文所述，只有胖锁中的Monitor对象才提供真正的来自操作系统支持
  的线程等待功能。这也是为什么上面的While循环条件是检查锁是否为胖锁。并且，如果是瘦锁的话还
  需要将其变胖。 */
  Monitor* mon = lock_word.FatLockMonitor();
  //Monitor Wait内部实现还比较复杂，但从线程等待的功能上来说，其内部将使用futex或
  //pthread_cond_wait来实现。本节我们不拟介绍这个函数的实现。
  mon->Wait(self, ms, ns, interruptShouldThrow, why);
}
```

12.3.3.2 Object notifyAll

来看 Java Object notifyAll 函数，其 JNI 层的实现如下所示。

[java_lang_Object.cc->Object_wait]

```
static void Object_notifyAll(JNIEnv* env, jobject java_this) {
    ScopedFastNativeObjectAccess soa(env);
    mirror::Object* o = soa.Decode<mirror::Object*>(java_this);
    o->NotifyAll(soa.Self());//内部调用Monitor NotifyAll函数
}
```

[monitor.h->Monitor::NotifyAll]

```
static void NotifyAll(Thread* self, mirror::Object* obj) {
    DoNotify(self, obj, true);
}
```

[monitor.cc->Monitor::DoNotify]

```
oid Monitor::DoNotify(Thread* self, mirror::Object* obj, bool notify_all) {
    LockWord lock_word = obj->GetLockWord(true);
    switch (lock_word.GetState()) {
        case LockWord::kHashCode:
        case LockWord::kUnlocked: //锁的状态不对
            ThrowIllegalMonitorStateExceptionF("object not locked by thread
                before notify()");
            return;  // Failure.
        case LockWord::kThinLocked: {
            uint32_t thread_id = self->GetThreadId();
            uint32_t owner_thread_id = lock_word.ThinLockOwner();
            //持有锁的线程和调用线程不一样，属于错误情况
            if (owner_thread_id != thread_id) {
                ThrowIllegalMonitorStateExceptionF("object not locked by
                    thread before notify()");
```

```
            return;
        } else {
            /*调用线程持有瘦锁，但是没有线程在等待（根据上一节对Object wait函数的介绍
              可知，如果有线程调用Object wait，则瘦锁会变成胖锁），直接返回。*/
            return;
        }
    }
    case LockWord::kFatLocked: {
        Monitor* mon = lock_word.FatLockMonitor();
        /*调用Monitor的NotifyAll或Notify，其内部会借助futex或
            pthread_cond_signal、pthread_cond_broadcast来实现唤醒等待线程的功能 */
        if (notify_all) {
            mon->NotifyAll(self);
        } else {
            mon->Notify(self);
        }
        return;  // Success.
    }
    ......
  }
}
```

12.3.3.3 Thread sleep

最后，我们来了解下 Java Thread sleep 方法，它也是一个常用方法。其 JNI 层的实现如下。

[java_lang_Thread.cc->Thread_sleep]

```
static void Thread_sleep(JNIEnv* env, jclass, jobject java_lock,
        jlong ms, jint ns) {
    ScopedFastNativeObjectAccess soa(env);
    mirror::Object* lock = soa.Decode<mirror::Object*>(java_lock);
    //核心在于Monitor Wait函数，上文我们已经见过它了
    Monitor::Wait(Thread::Current(), lock, ms, ns, true, kSleeping);
}
```

12.4 volatile 成员的读写

12.4.1 基础知识

volatile 这个关键字在 Native 层与 Java 层中有着截然不同的含义。

在 C/C++ 中，由 volatile 关键字修饰的变量并不能用于多线程操作。也就是说，即使一个变量是 volatile 修饰的，如果不加上额外的线程同步保护，多个线程操作该变量将导致不可预知的结果。C/C++ 中 volatile 最常用的一个场景就是访问那些从 I/O 设备映射过来的内存。比如下面这段代码。

```
//foo变量，其所在内存是外围设备通过I/O设备内存映射方式加载到进程空间的。简单点说，
//foo变量的内容保存在外围设备上
static int foo;
void bar(void) {
    foo = 0;//foo初值为0
    /*下面是个循环。只要foo的值不是255，循环就会继续。在编译该段代码时，编译器发现没有地方会
      去修改foo的值，所以，编译器很可能将while循环优化成下面这行代码：
```

```
        while(true);
        即原来带条件的while循环将变成无限循环。 */
    while (foo != 255) ;
}
```

正如示例所描述的场景，foo 是存储在外围设备上的，而外围设备通过别的什么方式——比如外围设备上有个按钮，只要一按就能修改 foo 变量。这样的话，编译器的优化就会造成严重的后果。所以，针对这种情况，我们就必须用 volatile 来修饰 foo。如此，编译器就不会将 "while(foo != 255)" 优化成 "while(true)" 了。

对 Java 而言，volatile 关键字的含义就严格许多。它需要同时在操作的原子性（atomic）以及顺序（order）性上做到一定的保证。什么是 atomic 和 order 呢？我们先来了解多线程读写数据时候三种会导致不可预知行为的错误（以 C++ 为例）。

> **提示** C++11 新引入了对原子类型与原子操作的支持，但这是一个非常精深且需要足够经验才能讲清楚的话题。本节所述的知识主要参考了《C++ 标准库第二版》的 18.4 节以及《深入理解 C++11 C++11 新特性解析与应用》的 6.3 节的内容。建议需要进一步研究的读者可详细阅读这两本书籍。

第一种错误是**未同步化的数据访问**（Unsynchronized Data Access），比如下面的代码。

```
if(val>=0) f(val);          //如果变量val的值大于0，则直接以val为参数调用f
else f(-val);               //如果变量val的值小于0，则以-val为参数调用f
//也就是说，我们希望f函数的入参为正数或0，而不能为负数
```

上述代码如果运行在多线程环境下很可能会出现问题。因为 val 的值可能在 if 或 else 判断之后、f 调用之前被其他线程修改。

第二种错误是**写至半途的数据**（Half-Written Data），比如下面的例子。

```
long long x = 0;            //x变量，long long型，初值为0
//线程A写入x，比如
x = -1;                     //设置x的值为-1
//线程B读取x，比如
std::cout << x;             //打印输出x的值
```

最后一行打印 x 的代码会输出什么值呢？

- 0：在这种情况下，线程 B 先执行完，而 A 还没有来得及给 x 赋值。
- -1：在这种情况下，线程 A 先执行完，x 被设置为 -1。然后线程 B 再打印 x。
- 其他值：出现这种情况的原因是高级语言里即使简单的一条赋值语句都可能转换为多条汇编指令。比如，假如 long long 是 128 位的，而汇编指令一次最多操作 32 位长的数据，那么，x=-1 这条语句将对应四条汇编指令。如果线程 A 在执行这四条汇编指令过程中，线程 B 打印了 x 的值，那么打印的结果就无法确定了。

最后一种错误是**重排序的语句**（Reorded Statement），比如下面的例子。

```
//两个变量
int data;
bool readyFlag = false;
//线程A执行下面的语句
```

```
data = 42;
readyFlag = true;          //设置为true，表示data已经准备就绪
//线程B执行下面的语句
while(!readyFlag){}        //循环等待readFlag，直到数据准备好
foo(data);                 //上面的循环一旦退出，就表明data已经准备好了
```

在上面的代码中，程序员的代码逻辑和顺序并没有错。

- 线程 A 先设置 data 的值为 42，然后设置 readyFlag 为 true。
- 线程 B 先用 while 循环等待 readyFlag 为 true。按程序员的设计初衷，只要 while 循环退出，调用 foo 时，data 的值一定是线程 A 中设置的 42。

程序员虽然没写错代码逻辑，但编译器却可能做一些让人意想不到的优化。根据 C++ 的规则，编译器只要保证在单一线程里代码逻辑的正确即可。仔细观察线程 A，虽然代码中 data 的赋值在前，readyFlag 的赋值在后，但这两个语句毫无关系。所以，编译器很有可能重新排列这两行代码的顺序，比如 readyFlag 赋值先执行，data 赋值后执行。如此，程序运行的结果就和程序员的初衷完全不同了。

强顺序和弱顺序

假设有指令 1、指令 2，依次排列，一直到指令 5。如果 CPU 按照指令书写的顺序（指令 1、指令 2、指令 3、指令 4、指令 5）来执行的话，则称之为强顺序（strong ordered）。但如果指令 1、2、3 和指令 4、5 之间无关联（比如它们使用了不同的内存地址、寄存器），则 CPU 很可能会打乱顺序来执行这 5 条指令。这种情况称之为弱顺序（weak ordered）。强顺序和弱顺序和具体的 CPU 架构有关。对弱顺序模型的 CPU 而言，如果需保证指令执行顺序的话，需要添加一个内存栅（英文为 memory barrier 或 memory fence）。内存栅的目的是保证栅之前的指令都执行完后，才能执行栅后面的指令。在 x86 平台上，内存栅相关的指令为 fence 等。

了解上述三个问题后，我们就能回答 Java volatile 关键字对 atomic 和 order 的保证是什么含义了。

- 保证 atomic：目的是解决未同步访问和写至半途的问题。
- 保证 order：目的是解决第三个问题。

在 C++11 中，atomic 问题可通过 std atmoic 模板类提供的一些方法来解决，而 order 问题则可用到 std atomic 里定义的内存模型来帮助我们解决。比如下面的代码。

```
atomic<int> x{0};          //x变量，atomic<int>型，初值为0
//线程A写入x:
x.store(-1);               //设置x。store是atomic类的函数，用于设置。
//线程B读取x
std::cout << x.load();     //读取x。load是atomic类的函数，用于读取
```

使用 atomic<int>，我们就可以方便得解决第一个和第二个问题。

提示

atomic 问题也可以借助 mutex 来解决。不过，从更抽象的层次来考虑，mutex 是用来同步代码逻辑的，而 atomic 是用来同步数据操作的。用 mutex 来同步数据操作，有些杀鸡用牛刀的感觉。

接着来看对 order 的处理，atomic store 和 load 函数都有一个默认参数，该参数用于指明内存顺序（memoryorder）模型。来看个例子。

```
int data = 0;
atomic<bool> readyFlag{false};
//线程A执行下面的语句
data= 42;
//设置为true，第二个参数memory_order_seq_cst是C++11中定义的内存顺序中的一种
readyFlag.store(true,std::memory_order_seq_cst)
//线程B执行下面的语句
//读取readyFlag的值
while(!readyFlag.load(std::memory_order_seq_cst)){}
foo(data); //上面的循环一旦退出，就表明data已经准备好了
```

在上述代码中，memory_order_seq_cst 是 C++11 中内存顺序的一种。C++11 一共定义了六种内存顺序类型。

- memory_order_seq_cst：seq cst 是 sequential consistent 的缩写，意为顺序一致性。它是内存顺序要求中最严格的。使用它的话就能防止代码重排的问题。它是 atomic store 与 load 函数的默认取值。所以，上面这段代码就不会再有 order 的问题。
- memory_order_relaxed：松散模型。这种模型不对内存 order 有什么限制，编译器会根据目标 CPU 的情况做优化。
- memory_order_acquire：使用它的线程中，后续的所有读操作必须在本条原子操作后执行。
- memory_order_release：使用它的线程中，之前的所有写操作必须在本条原子操作前执行完。
- memory_order_acq_rel：同时包含上面 acquire 和 release 的要求。
- memory_order_consume：使用它的线程中，后续有关的原子操作必须在本原子操作完成后执行。

提示 关于上述内存模型的详细解释，读者可参考 https://en.cppreference.com/w/cpp/atomic/memory_order。内存顺序模型是比较难理解和掌握的，建议感兴趣的读者阅读上文提到的那两本书籍。此外，还有一本专门介绍 C++11 中多线程和并发编程的书——《C++ Concurrency in Action》也非常值得仔细研究。

在这几种内存模型中，memory_order_seq_cst 要求最高，在某些 CPU 平台下会影响性能。所以，上面的代码可以换用其他几种要求稍低同时又能保证执行顺序的模型。

```
int data = 0;
atomic<bool> readyFlag{false};
//线程A执行下面的语句
data= 42;
//memory_order_release：意为所有涉及内存写的操作必须在store前完成
readyFlag.store(true,std::memory_order_release)
//线程B执行下面的语句
//memory_order_acquire：意为所有涉及内存读的操作必须在load之后执行
while(!readyFlag.load(std::memory_order_acquire)){}
foo(data);
```

到此，我们关于 volatile 的基础知识就告一段落。

12.4.2 解释执行模式下的处理

在解释执行模式下，如果要读取或设置某个对象的成员变量，最终会调用 Object 的 GetField 以及 SetField 系列函数。

提示 Java 层中读写成员变量的代码将生成 iget 和 iput 等相关的 Java 指令。请读者自行阅读代码以了解如何从处理 iget、iput 指令到调用 Object GetField 和 SetField 的相关函数。

GetField 和 SetField 的原型如下所示。

[object.h->Object::GetField 和 SetField]

```
template<typename kSize, bool kIsVolatile>
ALWAYS_INLINE kSize GetField(MemberOffset field_offset);

template<typename kSize, bool kIsVolatile>
ALWAYS_INLINE void SetField(MemberOffset field_offset, kSize new_value);
```

GetField 和 SetField 均为模板函数。在模板参数中：

- kSize 表示目标成员变量在虚拟机中对应的数据类型。比如，Java 层中一个 int 类型的成员变量对应的 kSize 就是 int32_t。
- kIsVolatile 表示成员变量是否为 volatile 修饰。

GetField 和 SetField 的实现都比较简单，其代码如下所示。

[object-inl.h->Object::GetField 和 SetField]

```
template<typename kSize, bool kIsVolatile>
inline kSize Object::GetField(MemberOffset field_offset) {
    /*field_offset表示目标成员变量位于在对象的内存的什么位置。不熟悉ART虚拟机
      Object对象内存布局的读者回顾8.7.4.2.2节的内容。
      也就是说，下面的raw_addr内存地址里存储的就是目标成员变量。 */
    const uint8_t* raw_addr = reinterpret_cast<const uint8_t*>(this) +
        field_offset.Int32Value();
    const kSize* addr = reinterpret_cast<const kSize*>(raw_addr);
    if (kIsVolatile) {
    /*如果该成员变量为volatile，则先将addr转换成Atomic<kSize>类型，比如，
      Atmoic<int32_t>。Atmoic是std atomic的派生类。然后调用它的
      LoadSequentiallyConsistent函数。 */
    return reinterpret_cast<const Atomic<kSize>*>(addr)->
        LoadSequentiallyConsistent();
    } else {
        //如果不是volatile类型，则调用Atmoic的LoadJavaData函数
        return reinterpret_cast<const Atomic<kSize>*>(addr)->LoadJavaData();
    }
}
//SetField有着类似的处理
template<typename kSize, bool kIsVolatile>
inline void Object::SetField(MemberOffset field_offset, kSize new_value) {
    uint8_t* raw_addr = reinterpret_cast<uint8_t*>(this) + field_offset.Int32Value();
    kSize* addr = reinterpret_cast<kSize*>(raw_addr);
```

```
    if (kIsVolatile) {
        reinterpret_cast<Atomic<kSize>*>(addr)->
                                StoreSequentiallyConsistent(new_value);
    } else {
        reinterpret_cast<Atomic<kSize>*>(addr)->StoreJavaData(new_value);
    }
}
```

如上面代码里的注释所言，最终我们会借助std atomic来实现volatile变量的读写操作。马上来看ART封装的这个Atomic类以及上面用到的成员函数，代码如下所示。

[atomic.h->Atomic]

```
template<typename T>
class PACKED(sizeof(T)) Atomic : public std::atomic<T> {
    public:
    Atomic<T>() : std::atomic<T>(0) { }
    ......
    T LoadJavaData() const {//读取数据，非volatile时使用
        return this->load(std::memory_order_relaxed);
    }
    //读取volatile型成员变量时调用下面这个函数
    T LoadSequentiallyConsistent() const {
        return this->load(std::memory_order_seq_cst);
    }
    //写入非volatile型成员变量时使用
    void StoreJavaData(T desired) {
        this->store(desired, std::memory_order_relaxed);
    }
    //写入volatile型成员变量时使用
    void StoreSequentiallyConsistent(T desired) {
        this->store(desired, std::memory_order_seq_cst);
    }
    ......
}
```

Atomic中还有其他一些比较常见的函数，它们都是对std atomic类中对应函数的封装。感兴趣的读者可自行了解它们的实现。

提示 结合上面的代码，读者不妨思考下，在解释执行模式中，Java层读写volatile类型的成员变量是如何对应到Atomic的相关操作上的。

12.4.3 机器码执行模式的处理

在机器码执行模式下，iget或iput指令会先编译成对应的汇编指令。根据上文对强弱顺序模型的介绍可知，如果成员变量是volatile修饰的话，x86平台上只要添加一条对应的内存栅指令即可实现内存顺序一致的要求。

由于处理过程类似，本节仅展示x86平台上编译iget指令的核心函数InstructionCodeGeneratorX86 HandleFieldGet，其代码如下所示。

[code_generator_x86.cc->InstructionCodeGeneratorX86::HandleFieldGet]

```
void InstructionCodeGeneratorX86::HandleFieldGet(HInstruction* instruction,
```

```
                                    const FieldInfo& field_info) {

    LocationSummary* locations = instruction->GetLocations();
    Location base_loc = locations->InAt(0);
    Register base = base_loc.AsRegister<Register>();
    Location out = locations->Out();
    //成员变量是否为volatile修饰
    bool is_volatile = field_info.IsVolatile();
    //成员变量的类型
    Primitive::Type field_type = field_info.GetFieldType();
    //成员变量位于对象所处内存中的位置
    uint32_t offset = field_info.GetFieldOffset().Uint32Value();

    switch (field_type) {
        case Primitive::kPrimBoolean: {
        /*生成一条movzxb指令，从对象（位置由base决定）指定位置（由offset决定）读取
          目标成员变量的值到寄存器中。movzxb是x86 mov指令系列中的一条。笔者不拟对具体
          指令的作用展开介绍。读者把它当作mov即可。 */
        __ movzxb(out.AsRegister<Register>(), Address(base, offset));
        break;
    }
    case Primitive::kPrimByte: {
        __ movsxb(out.AsRegister<Register>(), Address(base, offset));
        break;
    }
    ......//其他基础数据类型，生成对应的mov指令
    case Primitive::kPrimNot: {//成员变量的类型是引用类型
        // /* HeapReference<Object> */ out = *(base + offset)
        if (kEmitCompilermoReadBarrier&&kUseBakerReadBarrier) {
            ......//笔者所建模拟器环境中，if条件不满足
        } else {
        //生成mov指令
        __ movl(out.AsRegister<Register>(), Address(base, offset));
        codegen_->MaybeRecordImplicitNullCheck(instruction);
        if (is_volatile) {
                //如果是volatile类型，根据CPU的特性，有可能生成fence指令，或者使用对应的
                //lock指令。笔者不拟讨论CPU架构中关于内存栅的细节。
                codegen_->GenerateMemoryBarrier(MemBarrierKind::kLoadAny);
            }
            ......
        }
            break;
        }
        ......
    }

    ......
    if (is_volatile) {
        if (field_type == Primitive::kPrimNot) {
        } else {
            //对于其他非引用型的成员变量，如果是volatile修饰的话，也需要生成内存栅指令
            codegen_->GenerateMemoryBarrier(MemBarrierKind::kLoadAny);
        }
    }
}
```

12.5 信号处理

ART虚拟机对信号的处理比较简单。我们在7.4.2节中曾介绍过其中部分内容。从整体而言，作为Java世界的创始者zygote和它的子孙进程对待信号的态度截然不同。

- zygote进程屏蔽了SIGPIPE、SIGQUIT、SIGUSR1等三种信号的接收。
- 但zygote的子孙进程（包括system_server进程及其他应用进程）则接收并特殊处理了SIGQUIT和SIGUSR1信号。注意，这些子孙进程因为zygote屏蔽了SIGPIPE信号，所以它们默认也屏蔽了SIGPIPE信号。

下面我们来看看zygote屏蔽信号的代码逻辑以及其他非zygote进程处理SIGQUIT和SIGUSR1信号的逻辑。

12.5.1 zygote进程的处理

在Runtime Init函数的最后，有一个名为BlockSignal的函数，其代码如下所示。

[runtime.cc->Runtime::BlockSignals]

```
void Runtime::BlockSignals() {
    SignalSet signals;
    signals.Add(SIGPIPE);          //SIGPIPE定义为13
    signals.Add(SIGQUIT);          //SIGQUIT定义为3
    signals.Add(SIGUSR1);          // SIGQUIT定义为10
    signals.Block();                       //屏蔽这些信号
}
```

读者可在模拟器上使用kill命令给指定进程发送指定的信号。比如：

```
//假设target_pid为接收信号的进程id
kill -13 target_pid               //发送SIGPIPE信号
kill -3 target_pid                //发送SIGQUIT信号
kill -10 target_pid               //发送SIGUSR1信号
```

读者可尝试给zygote进程发信号，然后通过adb logcat看看zygote进程是否有对应的输出。

我们在7.2.2节和7.4节中还专门介绍过FaultManager。在那里，FaultManager将捕获SIGSEGV信号。触发该信号有两种可能的原因：一个是栈溢出、另一个是访问空指针。对于这两种情况，虚拟机将分别委托StackOverflowHandler和NullPointerHandler来处理。下面我们来认识这两个处理类。

> 提示 严格来说，触发SIGSEGV还有一种情况就是线程暂停标志检查（Thread Suspend Check）。ART虚拟机中没有启用它（由runtime.cc kEnableJavaStackTraceHandler变量控制），所以本书不拟讨论它。

当SIGSEGV信号投递到FaultManger时，它会遍历并调用各个FaultHandler的Action函数。在这个函数中，具体的FaultHandler实现类要判断SIGSEGV发生的原因是不是自己能处理。比如，StackOverflowHandler不能处理空指针导致的SIGSEGV信号。所以，下面介绍的

StackOverflowHandler 和 NullPointerHandler 都包括两个步骤。

- 先判断 SIGSEGV 信号是不是自己能处理。如果自己不能处理，则返回 false。这样，FaultManager 会继续找下一个 FaultHandler 处理。
- 然后才是自己的处理。

提示 关于 FaultManager 以及用于处理异常的 FaultHandler 类的知识，读者请回顾 7.4 节的内容。

12.5.1.1 StackOverflowHandler

StackOverflowHandler 用于处理栈溢出的情况。注意，不同平台上有不同的实现。本书以 x86 平台为例。

[fault_handler_x86.cc->StackOverflowHandler::Action]

```
bool StackOverflowHandler::Action(int, siginfo_t* info, void* context) {
    //信号处理高度依赖所在的CPU平台，参数info以及context均包含一些和CPU有关的信息。
    //本书不拟介绍过多依赖特定CPU的知识，而是把注意力放在如何处理这些信息上。
    struct ucontext *uc = reinterpret_cast<struct ucontext*>(context);
    //获取信号发生时，栈顶位置
    uintptr_t sp = static_cast<uintptr_t>(uc->CTX_ESP);
    //获取发生错误的内存地址
    uintptr_t fault_addr = reinterpret_cast<uintptr_t>(info->si_addr);

#if defined(__x86_64__)
    ......
#else//x86平台的处理
    /*在x86平台上，GetStackOverflowReservedBytes返回8KB。要理解下面if判断条件的含义，
      需要读者回顾7.5.2.2.1节中的图7-7以及6.6.1节的内容。 */
    uintptr_t overflow_addr = sp - GetStackOverflowReservedBytes(kX86);
#endif
    if (fault_addr != overflow_addr) {
        //错误地址匹配不上，不属于栈溢出错误
        return false;
    }
/*设置CTX_EIP为art_quick_throw_stack_overflow函数的地址。SIGSEGV信号处理返回到操作系统
  后，OS将设置CPU用于存储下一条要执行指令的地址的寄存器（x86平台上就是EIP寄存器）为此处所设置
  的CTX_EIP变量的值。简单点说，当StackOverflowHandler处理完栈溢出后，程序将转到art_quick_
  throw_stack_overflow函数去执行。如其名所述，该函数会抛出栈溢出的异常。*/
    uc->CTX_EIP = reinterpret_cast<uintptr_t>(
                EXT_SYM(art_quick_throw_stack_overflow));

    return true;
}
```

12.5.1.2 NullPointerHandler

针对空指针情况的信号处理如下面的代码所示。

[fault_handler_x86.cc->NullPointerHandler::Action]

```
bool NullPointerHandler::Action(int, siginfo_t*, void* context) {
    struct ucontext *uc = reinterpret_cast<struct ucontext*>(context);
```

```
    //CTX_EIP存储了信号发生前CPU正在执行的指令位置
    uint8_t* pc = reinterpret_cast<uint8_t*>(uc->CTX_EIP);
    uint8_t* sp = reinterpret_cast<uint8_t*>(uc->CTX_ESP);
    //获取pc对应的指令的长度。如果为0，表示不是指令。NullPointerHandler不能处理这种
    //情况。GetInstructionSize函数的实现依赖各平台CPU指令的特性，笔者不拟讨论它。
    //建议读者也先不用去研究。
    uint32_t instr_size = GetInstructionSize(pc);
    if (instr_size == 0) {  return false; }

    .....//ESP的处理，比较复杂，我们略过对它的讨论。
    //当信号处理返回到操作系统后，将转入art_quick_throw_null_pointer_exception函数
    //去处理。
    uc->CTX_EIP = reinterpret_cast<uintptr_t>(EXT_SYM(
                        art_quick_throw_null_pointer_exception));
    return true;
}
```

12.5.2 非zygote进程的处理

zygote fork子孙进程后，有一个非常重要的函数会被调用，其代码如下所示。

[dalvik_system_ZygoteHooks.cc->ZygoteHooks_nativePostForkChild]

```
static void ZygoteHooks_nativePostForkChild(JNIEnv* env,
               jclass, ....   jboolean is_system_server,......) {
    //zygote fork得到的子进程将调用ZygoteHooks.java nativePostForkChild方法，
    //该方法的JNI层实现就是此处的ZygoteHooks_nativePostForkChild
    ......
    if (instruction_set != nullptr && !is_system_server) {
        ......
        Runtime::Current()->InitNonZygoteOrPostFork(
            env, is_system_server, action, isa_string.c_str());
    } else {
        Runtime::Current()->InitNonZygoteOrPostFork(
            env, is_system_server, Runtime::NativeBridgeAction::kUnload, nullptr);
    }
}
```

在上述代码中，Runtime InitNonZygoteOrPostFork函数会被调用，该函数代码如下所示。

[runtime.cc->Runtime::InitNonZygoteOrPostFork]

```
void Runtime::InitNonZygoteOrPostFork(
        JNIEnv* env, bool is_system_server, NativeBridgeAction action,
        const char* isa) {
    ......
    StartSignalCatcher();

    Dbg::StartJdwp();//启动jdwp相关线程
}
```

[runtime.cc->StartSignalCatcher]

```
void Runtime::StartSignalCatcher() {
    if (!is_zygote_) {
        //stack_trace_file_是一个std string字符串，其内容来自属性
```

```
        //dalvik.vm.stack-trace-file的值，一般都是"/data/anr/traces.txt"
        signal_catcher_ = new SignalCatcher(stack_trace_file_);
    }
}
```

SignalCatcher 用于捕获并处理感兴趣的信号。其构造函数的代码如下所示。

[signal_catcher.cc->SignalCatcher 构造函数]

```
SignalCatcher::SignalCatcher(const std::string& stack_trace_file)
    : stack_trace_file_(stack_trace_file),
      lock_("SignalCatcher lock"),
      cond_("SignalCatcher::cond_", lock_),
      thread_(nullptr) {
    SetHaltFlag(false);
    //调用pthread_create创建一个线程，线程名为“signal catcher thread”，线程函数
    //的入口为SignalCatcher Run
    CHECK_PTHREAD_CALL(pthread_create, (&pthread_, nullptr, &Run, this),
                "signal catcher thread");
    ......
}
```

"signal catcher thread" 是一个 native 函数，但开发者如果调试过 Android 应用程序的话，会发现进程中也有一个名为“ Signal Catcher”的 Java 线程。其实，这个“ Signal Catcher” Java 线程就是此处创建的 "signal catcher thread" 线程。来看相关代码。

[signal_catcher.cc->SignalCatcher::Run]

```
void* SignalCatcher::Run(void* arg) {
    SignalCatcher* signal_catcher = reinterpret_cast<SignalCatcher*>(arg);
    Runtime* runtime = Runtime::Current();
    //调用AttachCurrentThread，此后，这个纯native线程将转化为一个Java线程，
    //这也是JNI中JavaVM AttachCurrentThread接口函数的实现方式。
    CHECK(runtime->AttachCurrentThread("Signal Catcher", true,
            runtime->GetSystemThreadGroup(),!runtime->IsAotCompiler()));

        Thread* self = Thread::Current();
        ......

        SignalSet signals;
        signals.Add(SIGQUIT);//添加SIGQUIT
        signals.Add(SIGUSR1);//添加SIGUSR1

        while (true) {
            //WaitForSIgnal：内部调用sigwait函数等待信号的发生
            int signal_number = signal_catcher->WaitForSignal(self, signals);
            ......
            switch (signal_number) {
                case SIGQUIT:
                signal_catcher->HandleSigQuit();//处理SIGQUIT信号
                break;
                case SIGUSR1:
                signal_catcher->HandleSigUsr1();//处理SIGUSR1信号
                break;
            default:
            ......
```

```
            }
        }
    }
```

非 zygote 进程可以对 SIGQUIT 和 SIGUSR1 信号做特殊的处理。其中：

- SIGQUIT 信号处理将打印所在 Java 进程非常详细的信息。这些信息会存储在 /data/anr/traces.txt 中。系统开发人员可用这些信息来分析进程的状态。
- SIGUSR1 信号将触发进程做 GC。

我们简单看一下这两个信号对应的处理函数。

[signal_catcher.cc->SignalCatcher::HandleSigQuit]

```
void SignalCatcher::HandleSigQuit() {
    Runtime* runtime = Runtime::Current();
    std::ostringstream os;
    os << "\n"
        << "----- pid " << getpid() << " at " << GetIsoDate() << " -----\n";

    DumpCmdLine(os);
    std::string fingerprint = runtime->GetFingerprint();
    os << "Build fingerprint: '" << (fingerprint.empty() ? "unknown" :
        fingerprint) << "'\n";
    os << "ABI: '" << GetInstructionSetString(runtime->GetInstructionSet())
            << "'\n";

    os << "Build type: " << (kIsDebugBuild ? "debug" : "optimized") << "\n";
    //Runtime DumpForSigQuit，内容非常丰富。
    runtime->DumpForSigQuit(os);

    ......
    os << "----- end " << getpid() << " -----\n";
    Output(os.str());//输出内容到/data/anr/traces.txt文件里
}
```

Runtime DumpForSigQuit 会打印很多信息。我们简单了解下它的代码。

[runtime.cc->Runtime::DumpForSigQuit]

```
void Runtime::DumpForSigQuit(std::ostream& os) {
    ......
    //打印虚拟机内部的一些关键信息。笔者不拟展开讨论。建议读者学完本书后，再来了解
    //此处所打印信息的具体含义
    GetClassLinker()->DumpForSigQuit(os);
    GetInternTable()->DumpForSigQuit(os);
    GetJavaVM()->DumpForSigQuit(os);
    GetHeap()->DumpForSigQuit(os);
    oat_file_manager_->DumpForSigQuit(os);
    if (GetJit() != nullptr) {
        GetJit()->DumpForSigQuit(os);
    } else {
        os << "Running non JIT\n";
    }
    TrackedAllocators::Dump(os);
```

```
    os << "\n";

    thread_list_->DumpForSigQuit(os);
    BaseMutex::DumpAll(os);
}
```

而 HandleSigUsr1 会触发一次垃圾回收。我们直接来看它的代码，而具体的 GC 过程会由本书后续章节再来介绍。

[signal_catcher.cc->SignalCatcher:HandleSigUsr1]

```
void SignalCatcher::HandleSigUsr1() {
    Runtime::Current()->GetHeap()->CollectGarbage(false);
}
```

12.6 总结

本章讨论了 ART 虚拟机执行机制里几个非常重要的内容，比如 CheckPoints、线程状态切换、线程同步等。另外，我们还对 volatile 的含义及实现方式做了比较详细的介绍。

从第 13 章开始，我们将单独介绍 ART 虚拟机的内存管理和回收机制。出于篇幅考虑，笔者不拟再对虚拟机执行机制中其他未涉及的知识，比如调试、性能检测、反射等内容展开介绍。相信读者在掌握已有知识的基础上，完全可自主对这些内容进行研究。

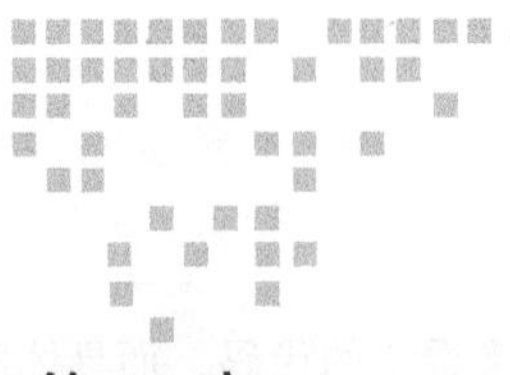

Chapter 13 第13章

内存分配与释放

创建Java对象时，我们要分配它所需的内存。当这个对象不再使用时，这块内存要被释放。对Java虚拟机而言，垃圾回收先找到垃圾对象，然后才释放它们的内存。本章先介绍ART虚拟机中一个Java Object对象所占内存的分配与释放，然后介绍new-instance/array指令的实现，接着介绍Space及其派生类等知识。最后，我们将第二次学习Heap类（7.6节对Heap进行过初次介绍）。

本章所涉及的源代码文件名及位置

- space.h:art/runtime/gc/space/
- zygote_space.cc:art/runtime/gc/space/
- bump_pointer_space.cc:art/runtime/gc/space/
- bump_pointer_space-inl.h:art/runtime/gc/space/
- thread.h:art/runtime/
- thread.cc:art/runtime/
- bump_pointer_space.h:art/runtime/gc/space/
- object_callbacks.h:art/runtime/
- region_space.cc:art/runtime/gc/space/
- region_space.h:art/runtime/gc/space/
- region_space-inl.h:art/runtime/gc/space/
- heap.cc:art/runtime/gc/
- dlmalloc_space.cc:art/runtime/gc/space/
- dlmalloc_space.h:art/runtime/gc/space/

- dlmalloc_space-inl.h:art/runtime/gc/space/
- malloc_space.h:art/runtime/gc/space/
- rosalloc_space.cc:art/runtime/gc/space/
- rosalloc_space.h:art/runtime/gc/space/
- rosalloc_space-inl.h:art/runtime/gc/space/
- rosalloc.h:art/runtime/gc/allocator/
- rosalloc.cc:art/runtime/gc/allocator/
- rosalloc-inl.h:art/runtime/gc/allocator/
- large_object_space.cc:art/runtime/gc/space/
- quick_alloc_entrypoints.cc:art/runtime/entrypoints/quick/
- instrumentation.cc:art/runtime/
- quick_entrypoints.h:art/runtime/entrypoints/quick/
- quick_entrypoints_list.h:art/runtime/entrypoints/quick/
- quick_alloc_entrypoints.S:art/runtime/arch/
- interpreter_switch_impl.cc:art/runtime/interpreter/
- string.h:art/runtime/mirror/
- string-inl.h:art/runtime/mirror/
- entrypoint_utils-inl.h:art/runtime/entrypoints/
- class-inl.h:art/runtime/mirror/
- array.h:art/runtime/mirror/
- array-inl.h:art/runtime/mirror/
- code_generator_x86.cc:art/compiler/optimizing/
- quick_entrypoints_x86.S:art/runtime/arch/x86/
- StringFactory.java:libcore/libart/src/main/java/java/lang/
- java_lang_StringFactory.cc:art/runtime/native/
- heap-inl.h:art/runtime/gc/
- thread-inl.h:art/runtime/
- interpreter_common.cc:art/runtime/interpreter/
- art_field-inl.h:art/runtime/
- object-inl.h:art/runtime/mirror/
- card_table.cc:art/runtime/gc/accounting/
- card_table.h:art/runtime/gc/accounting/
- card_table-inl.h:art/runtime/gc/accounting/
- remembered_set.h:art/runtime/gc/accounting/
- remembered_set.cc:art/runtime/gc/accounting/
- class_flags.h:art/runtime/mirror/
- object.h:art/runtime/mirror/

- ❑ class-inl.h:art/runtime/mirror/
- ❑ object_array-inl.h:art/runtime/mirror/
- ❑ dex_cache-inl.h:art/runtime/mirror/
- ❑ class_loader-inl.h:art/runtime/mirror/

13.1 Space 等关键类介绍

先来认识 ART 虚拟机中和内存分配有关的关键类。如图 13-1 所示。

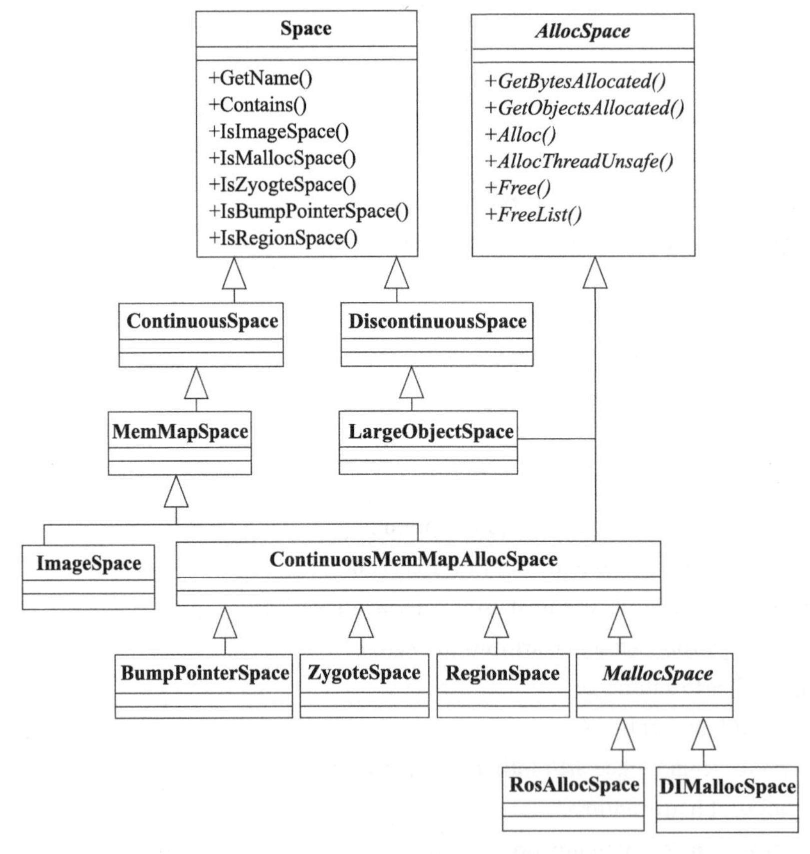

图 13-1　内存分配关键类

图 13-1 展示了 ART 虚拟机中和内存分配有关的关键类。从上到下，它们可分为 6 层。

- ❑ 第一层包含 Space 和 AllocSpace 两个类。Space 代表一块内存空间，而纯虚类 AllocSpace 则代表一块可用于内存分配的空间。AllocSpace 提供了和内存分配及释放有关的虚函数，比如 Alloc、Free 等。
- ❑ 第二层包含 ContinuousSpace 和 DiscontinuousSpace 两个类。它们均派生自 Space 类。如其名所示，ContinuousSpace 表示一块地址连续的内存空间，而 DiscontinuousSpace

则表示一块地址不连续的空间。

- 第三层包含 MemMapSpace 和 LargeObjectSpace 两个类。MemMapSpace 派生自 ContinuousSpace，它表示内存空间里的内存是通过内存映射技术来提供的。LargeObjectSpace 同时派生自 DiscontinuousSpace 和 AllocSpace。该空间里的内存资源可以分配给外部使用。在 ART 虚拟机中，如果一个 Java 对象（注意，该对象的类型必须为 Java String 或基础数据的数组类型，比如 int 数组）所需内存超过 3 个内存页时，将使用 LargeObjectSpace 来提供内存资源。
- 第四层包含 ImageSpace 和 ContinuousMemMapAllocSpace 两个类。ImageSpace 用于 .art 文件的加载。读者可回顾 9.6 节的内容（尤其是图 9-38）。一个 ImageSpace 创建成功后，其对应的 .art 文件里所包含的 mirror Object 对象就算创建完毕并加载到内存里了。ContinuousMemMapAllocSpace 代表一个可对外提供连续内存资源的空间，其内存资源由内存映射技术提供。
- 第五层包含 BumpPointerSpace、ZygoteSpace、RegionSpace 和 MallocSpace 四个类。其中只有 MallocSpace 是虚类，而其他三个类可直接用于分配内存资源，但所使用的内存分配算法各不相同。我们下文将详细介绍它们。
- 第六层包含 DlMallocSpace 和 RosAllocSpace 两个类，它们派生自 MallocSpace。这两个类也用于内存分配，只不过使用了不同的算法而已。

提示　LargeObjectSpace 还有两个派生类，笔者将留待后续章节再来介绍。另外，13.7 节将介绍图 13-1 中几个比较重要的类的细节知识。

总而言之，ART 虚拟机提供了多种内存分配手段，它们分别由 LargeObjectSpace、BumpPointerSpace、ZygoteSpace、RegionSpace、DlMallocSpace 和 RosAllocSpace 六个类来实现，虚拟机内部会根据配置情况来使用不同的内存分配类。另外，代码中定义了一个 SpaceType 枚举变量来描述不同的空间类型。

[space.h]

```
enum SpaceType {
    kSpaceTypeImageSpace,//我们在7.6.1.2节中介绍过它了
    kSpaceTypeMallocSpace,//包括DlMallocSpace和RosAllocSpace两种
    kSpaceTypeZygoteSpace,
    kSpaceTypeBumpPointerSpace,
    kSpaceTypeLargeObjectSpace,
    kSpaceTypeRegionSpace,
};
```

接下来我们将分别介绍 ZygoteSpace、BumpPointerSpace、RegionSpace、DlMallocSpace、RosAllocSpace 以及 LargeObjectSpace 这六个类。

13.2　ZygoteSpace

值得指出的是，虽然 ZygoteSpace 派生自 AllocSpace，但它实际上并不能分配内存。自

然，它也就不能释放内存。我们先看ZygoteSpace的创建，该类提供了一个静态函数Create。

[zygote_space.cc->ZygoteSpace::Create]

```
ZygoteSpace* ZygoteSpace::Create(const std::string& name, MemMap* mem_map,
                accounting::ContinuousSpaceBitmap* live_bitmap,
                accounting::ContinuousSpaceBitmap* mark_bitmap) {
    /*注意参数，name用于给一个Space对象设置名称，mem_map表示该空间对应的内存资源。
      由于ZygoteSpace派生自MemMapSpace，所以它需要一个内存映射空间作为它的内存资源。
      live_bitmap和mark_bitmap是位图对象。我们在7.6.1.1节中介绍过位图对象。*/
    size_t objects_allocated = 0;
    /*下面这段代码里调用live_bitmap的VisitMarkedRange函数，其作用是遍历mem_map这段内存
      中包含的Object对象。该函数的一个简化实现如下面代码所示：
      下面的for将遍历visit_begin到visit_end这段内存区间。
    for (uintptr_t i = visit_begin; i < visit_end; i += kAlignment) {
        //kAligment为8。在ART虚拟机中，一个mirror Object所占内存大小按8字节对齐。
        //将这个内存地址转换为一个mirror Object对象
        mirror::Object* obj = reinterpret_cast<mirror::Object*>(i);
        //Test函数是live_bitmap的成员函数，它用于判断live_bitmap对应的位是否为1,
        //如果为1，则表示该对象存在，否则该对象不存在。
        //visitor是VisitMarkedRange的最后一个参数，为一个函数对象。如果obj存在，则
        //调用这个visititor
        if (Test(obj)) {  visitor(obj); }
    }
    CountObjectsAllocated是一个函数对象，它将计算mem_map这块内存里的对象的个数，
    其值等于上面代码中visitor被调用的次数（每一次调用代表找到一个对象）。*/
    CountObjectsAllocated visitor(&objects_allocated);
    ReaderMutexLock mu(Thread::Current(), *Locks::heap_bitmap_lock_);
    live_bitmap->VisitMarkedRange(reinterpret_cast<uintptr_t>(
        mem_map->Begin()),reinterpret_cast<uintptr_t>(mem_map->End()),visitor);
    //创建一个ZygoteSpace对象
    ZygoteSpace* zygote_space = new ZygoteSpace(name, mem_map,objects_allocated);
    //设置ZygoteSpace live_bitmap_和mark_bitmap_两个成员变量。
    zygote_space->live_bitmap_.reset(live_bitmap);
    zygote_space->mark_bitmap_.reset(mark_bitmap);
    return zygote_space;
}
```

ZygoteSpace构造函数非常简单，如下所示。

[zygote_space.cc->ZygoteSpace::ZygoteSpace]

```
ZygoteSpace::ZygoteSpace(const std::string& name, MemMap* mem_map,
    size_t objects_allocated)
    : ContinuousMemMapAllocSpace(name, mem_map, mem_map->Begin(),
        mem_map->End(), mem_map->End(),
        //kGcRentionPolicyFullCollect和GC有关，我们后续章节再介绍它
        kGcRetentionPolicyFullCollect),
    objects_allocated_(objects_allocated) {
}
```

如上文所说，ZygoteSpace虽然继承了AllocSpace，但它并没有真正提供内存分配和回收的功能。下面是ZygoteSpace所实现的来自AllocSpace定义的用于内存分配和释放的函数Alloc和Free，读者不妨一看。

[zygote_space.cc->ZygoteSpace::Alloc 和 Free]

```
mirror::Object* ZygoteSpace::Alloc(Thread*, size_t, size_t*,
        size_t*,size_t*) {
    UNIMPLEMENTED(FATAL);
    UNREACHABLE();
}
size_t ZygoteSpace::Free(Thread*, mirror::Object*) {
    UNIMPLEMENTED(FATAL);
    UNREACHABLE();
}
```

最后，ZygoteSpace 提供了一个 Dump 函数用于输出自己的一些信息。

[zygote_space.cc->ZygoteSpace::Dump]

```
void ZygoteSpace::Dump(std::ostream& os) const {
    //GetType返回Space的类型，此处是kSpaceTypeZygoteSpace
    //Begin和End函数返回本对象所关联的那块内存映射区域的起始和结束地址
    //Size返回内存映射区域的大小
    //GetName返回本对象的名称。在ZygoteSpace Create函数中传入
    os <<GetType()
        << " begin=" << reinterpret_cast<void*>(Begin())
        << ",end=" << reinterpret_cast<void*>(End())
        << ",size=" << PrettySize(Size())
        << ",name=\"" <<GetName() << "\"]";
}
```

结合图 13-1 和 ZygoteSpace Create 函数，我们发现 ART 虚拟机对内存资源以及内存资源的管理进行了区分。以 MemMapSpace 及其子孙类为例。

- MemMapSpace 本身并不提供内存资源，而是需要先创建好一个 MemMap 内存映射对象作为内存资源。
- MemMapSpace 及其子孙类会基于这块内存资源对外提供相关的内存管理功能。
- 对那些继承了 AllocSpace 的类而言，它们将实现针对这块内存资源分配和释放等功能。也就是说，这些类将实现不同的内存分配的算法。

ZygoteSpace 的内存分配算法不提供内存分配，那它还有什么用呢？我们在后文的代码分析中将回答这个问题，此处暂且不表。

13.3 BumpPointerSpace 和 RegionSpace

相比 ZygoteSpace 完全不提供内存分配的做法而言，BumpPointerSpace 提供了一种极其简单的内存分配算法——顺序分配（英文叫 Sequential Allocation 或 Linear Allocation）。举个例子，假设内存资源一共为 1MB。

- 第一次分配从起点开始，分配了比如 12KB。
- 第二次分配就从上一次分配的终点——也就是 12KB 处开始分配。

也就是说，BumpPointerSpace 内存分配逻辑就是第 N 次内存分配的起始位置为第 N-1 次

内存分配的终点位置。所以，算法中只要有一个变量记住最后一次分配的终点位置即可，这个位置就叫 Bump Pointer。

读者可能会问，该算法对于分配内存是很简单，但内存释放的处理岂不是会很难？确实如此。正因为 BumpPointerSpace 采用了如此简单的内存分配算法，所以它压根就不能释放某一次所分配的内存（和 ZygoteSpace 一样，Free 等函数没有真正的实现），而只支持一次性释放所有已分配的内存（实现了 AllocSpace 的 Clear 函数，详情见下文代码分析）。

提示 如此简单（换一种角度来说就是非常高效）的内存分配和释放算法使得 BumpPointerSpace 非常适合做线程本地内存分配——Thread Local Allocation Blocks，简写为 TLAB，它代表一块专属某个线程的内存资源。下文将介绍相关代码。

13.3.1 BumpPointerSpace

13.3.1.1 Create

先来看 BumpPointerSpace 的创建，它也有一个静态的 Create 函数，如下所示。

[bump_pointer_space.cc->BumpPointerSpace::Create]

```
BumpPointerSpace* BumpPointerSpace::Create(const std::string& name,
            size_t capacity, uint8_t* requested_begin) {
    capacity = RoundUp(capacity, kPageSize);
    std::string error_msg;
    //创建MemMap对象
    std::unique_ptr<MemMap> mem_map(MemMap::MapAnonymous(name.c_str(),
        requested_begin, capacity,...));
    .....
    return new BumpPointerSpace(name, mem_map.release());
}
BumpPointerSpace::BumpPointerSpace(const std::string& name, MemMap* mem_map)
    : ContinuousMemMapAllocSpace(name, mem_map, mem_map->Begin(),
        mem_map->Begin(), mem_map->End(),GcRetentionPolicyAlwaysCollect),
    growth_end_(mem_map->End()),//内存资源的尾部。分配的内存不允许超过该位置
    objects_allocated_(0),//创建了多少个mirror Object对象
    bytes_allocated_(0), //分配了多少字节的内存
    block_lock_("Block lock", kBumpPointerSpaceBlockLock),
    main_block_size_(0),//main_block_size_和num_blocks_的作用见下文代码分析
    num_blocks_(0) {
}
```

13.3.1.2 Alloc 与 AllocNewTlab

BumpPointerSpace 提供了两种内存分配方法。

- ❑ Alloc 用于为某个 mirror Object 对象分配所需的内存。
- ❑ AllocNewTlab：当 ART 虚拟机决定从调用线程的本地存储空间中分配内存时将调用此函数。

下面分别来介绍它们。

13.3.1.2.1　Alloc

Alloc 的代码如下所示。

[bump_pointer_space-inl.h->BumpPointerSpace::Alloc]

```
inline mirror::Object* BumpPointerSpace::Alloc(Thread*, size_t num_bytes,
                         size_t* bytes_allocated, size_t* usable_size,
                         size_t* bytes_tl_bulk_allocated) {
    /* Alloc函数的原型由AllocSpace类定义，其参数的含义为：
       self：第一个参数。代表调用线程的线程对象，由于BumpPointerSpace没有使用这个参数，
       所以上面的参数列表中并没有它（注意，第一个参数有参数类型，但没有参数名）。
       num_bytes:第二个参数。此次内存分配所需的内存大小
       bytes_allocated：实际分配了多少内存。它是一个输出参数。如果内存分配成功的话，该参数
       大于或等于num_bytes。有一些内存分配算法会在实际所需内存大小上额外多分配一些内存用以
       存储该算法所需的特殊信息。
       usable_size：输出参数。如上文所说，实际分配的内存可能比所需内存要多。该变量表示所分配
       的内存资源中可被外界使用的大小。显然，如果内存分配成功的话，该变量大于或等于num_bytes。
       bytes_tl_bulk_allocated：它和thread local内存分配有关，其作用见下文代码分析。
       另外，Alloc函数返回值的类型为mirror Object*。所以，Alloc就是用于为一个
       Java Object对象（虚拟机中对应一个mirror Object对象）分配所需内存的函数。  */

       //num_bytes按8字节向上对齐（kAlignment为8）
       num_bytes = RoundUp(num_bytes, kAlignment);
       //分配内存，返回值的类型为mirror Object*。
       mirror::Object* ret = AllocNonvirtual(num_bytes);
       //设置返回值参数
       if (LIKELY(ret != nullptr)) {
       //BumpPointerSpace内存分配算法无需额外信息。所以实际分配内存大小就是num_bytes
       //当然，num_bytes已经按8字节向上对齐
       *bytes_allocated = num_bytes;
       if (usable_size != nullptr) {
           *usable_size = num_bytes;
       }
       *bytes_tl_bulk_allocated = num_bytes;
       }
    return ret;
}
```

接着来看 AllocNonVirtual 函数。

[bump_pointer_space-inl.h->BumpPointerSpace::AllocNonvirtual]

```
inline mirror::Object* BumpPointerSpace::AllocNonvirtual(size_t num_bytes) {
    //具体的内存分配由下面这个函数完成
    mirror::Object* ret = AllocNonvirtualWithoutAccounting(num_bytes);
    if (ret != nullptr) {
    /*objects_allocated_和bytes_allocated_的类型为AtomicInteger，可在多个线程中
      实现原子操作。其中；
      objects_allocated_：表示当前所分配的Object对象的个数。
      bytes_allocated_：当前所分配的总内存大小。
      下面的FetchAndAddSequentiallyConsistent函数为原子操作，相当于做加法。 */
      objects_allocated_.FetchAndAddSequentiallyConsistent(1);
      bytes_allocated_.FetchAndAddSequentiallyConsistent(num_bytes);
    }
    return ret;
}
```

[bump_pointer_space-inl.h->BumpPointerSpace::AllocNonvirtualWithoutAccounting]

```
inline mirror::Object* BumpPointerSpace::AllocNonvirtualWithoutAccounting(
                    size_t num_bytes) {
    uint8_t* old_end;
    uint8_t* new_end;
    /*end_类型为Atomic<uint8_t*>，它是ContinuousSpace类的成员变量，它表示上一次内
      存分配的末尾位置。也就是Bump Pointer的位置。BumpPointerSpace构造函数中，该成员变
      量取值等于内存的起始位置。由于BumpPointerSpace的分配算法很简单，所以只需使用原子变量
      即可实现多线程并发操作。  */
    do {
        old_end = end_.LoadRelaxed();//获取当前末尾位置
        new_end = old_end + num_bytes;//计算新的末尾位置
        if (UNLIKELY(new_end >growth_end_)) {//如果超过内存资源的大小，则返回空指针
            return nullptr;
        }
    } while (!end_.CompareExchangeWeakSequentiallyConsistent(
            old_end, new_end));
    //while循环退出后，end_将指向最新的末尾位置new_end。此次内存分配得到的内存起始
    //地址为old_end
    return reinterpret_cast<mirror::Object*>(old_end);
}
```

如上就是 BumpPointerSpace 内存分配算法的实现，非常简单。

13.3.1.2.2 AllocNewTlab

直接来看代码，如下所示。

[bump_pointer_space.cc->BumpPointerSpace::AllocNewTlab]

```
bool BumpPointerSpace::AllocNewTlab(Thread* self, size_t bytes) {
    //注意参数，self代表调用线程，bytes代表此次内存分配的大小
    MutexLock mu(Thread::Current(), block_lock_);
    //先释放self线程原来的TLAB（Thread Local Allocation Buffer），TLAB其实就代表
    //一块内存
    RevokeThreadLocalBuffersLocked(self);
    uint8_t* start = AllocBlock(bytes);//详情见下文代码分析
    if (start == nullptr) {
        return false;
    }
    //设置self线程的TLAB，起始位置为start，结束位置为start+bytes。TLAB的详情见
    //下文介绍。
    self->SetTlab(start, start + bytes);
    return true;
}
```

先来了解 Thread 的 TLAB。为此，我们需要再次回顾 Thread tlsPtr_ 这个结构体，来看代码。

[thread.h->Thread::tls_ptr_sized_values]

```
//虽然tlsPtr_是我们的老熟人了，但它还有一些成员变量的含义在前面的章节中没有介绍
struct PACKED(sizeof(void*)) tls_ptr_sized_values {
    ......
    //下面这个变量表示TLAB上分配了多个对象
    size_t thread_local_objects;
```

```
    //指明TLAB的起始位置
    uint8_t* thread_local_start;
    /*指明TLAB当前所分配的内存位置，它位于thread_local_start和thread_local_end
      之间。[thread_local_start,thead_local_pos)这部分空间属于已经分配的内存，
      [thead_local_pos,thread_local_end)这部分为空闲待分配的内存。*/
    uint8_t* thread_local_pos;
    uint8_t* thread_local_end;//指明TLAB的末尾位置
    ......
} tlsPtr_;
```

上面代码中调用的 Thread setTlab 的代码如下所示。

[thread.cc->Thread::SetTlab]

```
void Thread::SetTlab(uint8_t* start, uint8_t* end) {
    tlsPtr_.thread_local_start = start;
    tlsPtr_.thread_local_pos  = tlsPtr_.thread_local_start;
    tlsPtr_.thread_local_end = end;
    tlsPtr_.thread_local_objects = 0;
}
```

而从 Thread TLAB 中分配内存也非常简单，不妨一看。

[thread-inl.h->Thread::AllocTlab]

```
inline mirror::Object* Thread::AllocTlab(size_t bytes) {
    ++tlsPtr_.thread_local_objects;
    mirror::Object* ret =
        reinterpret_cast<mirror::Object*>(tlsPtr_.thread_local_pos);
    tlsPtr_.thread_local_pos += bytes;//更新内存水位线即可
    return ret;
}
```

我们回到 BumpPointerSpace AllocNewTlab。其中会调用一个名为 AllocBlock 的函数。

[bump_pointer_space.cc->BumpPointerSpace::AllocBlock]

```
uint8_t* BumpPointerSpace::AllocBlock(size_t bytes) {
    bytes = RoundUp(bytes, kAlignment);
    /*num_blocks_表示当前分配了多少内存块。每次调用AllocBlock都对应一个内存块。
      BumpPointerSpace中，这样的内存块由BlockHeader数据结构来描述，其内容为：
      struct BlockHeader {
      size_t size_; //内存块总大小
      size_t unused_; //还剩多少空余内存
    }; */
    //如果是第一次分配内存块，则需要设置main_block_size_的值。UpdateMainBlock
    //的实现很简单，就是将当前已经分配的内存大小（由end_减去begin_）赋值给
    //main_block_size_
    if (!num_blocks_) {
        UpdateMainBlock();//内部的代码为：main_block_size_ = Size();
    }
    //分配内存，在原来所需内存大小的基础上加上BlockHeader结构体所需内存
    uint8_t* storage = reinterpret_cast<uint8_t*>(
        AllocNonvirtualWithoutAccounting(bytes + sizeof(BlockHeader)));
    if (LIKELY(storage != nullptr)) {
        BlockHeader* header = reinterpret_cast<BlockHeader*>(storage);
        header->size_ = bytes;//设置BlockHeader的信息。
```

```
        storage += sizeof(BlockHeader);//返回给外部使用者的内存不包括BlockHeader部分
        ++num_blocks_;//num_blocks_递增1
    }
    return storage;
}
```

上面的AllocNewTlab代码间接展示了ART虚拟机里为每个Thread对象分配TLAB的方式，来看图13-2。

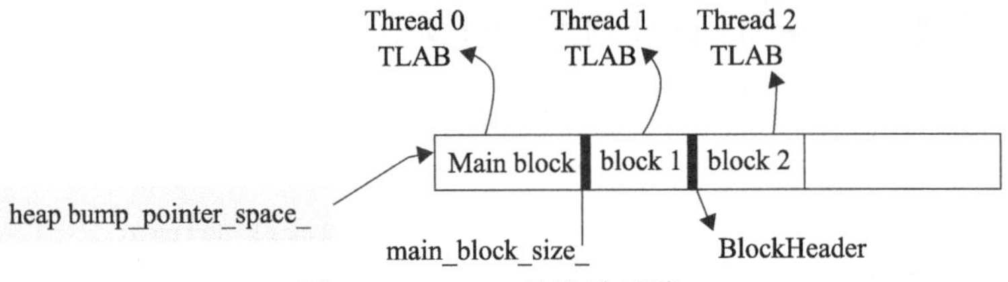

图13-2 TLAB的设计思路

图13-2展示了BumPointerSpace作为TLAB的设计思路。其中：

- ❑ Heap类中有一个名为bump_pointer_space_成员变量，它指向一个BumpPointerSpace对象。而这个BumpPointerSpace对应的内存空间可以被任意一个线程作为TLAB来使用。
- ❑ 第一个分配TLAB的线程将创建一个Main block。Main block位于内存资源的头部。其尾部位置由main_block_size_指明。
- ❑ 后续线程的TLAB都会有一个BlockHeader来描述。

13.3.1.3 Free和Clear

接下来看内存的释放。这是由Free和Clear函数来实现的。其中，Free可释放某个Object所占据的内容，而Clear则释放所有已经分配的内存资源。

先来看Free函数，代码如下所示。

 [bump_pointer_space.h->BumpPointerSpace::Free]

```
size_t Free(Thread*, mirror::Object*) OVERRIDE {
    return 0;//直接返回0，说明BumpPointerSpace不能释放某一个Object所占据的内存
}
```

再来看Clear函数。

 [bump_pointer_space.cc->BumpPointerSpace::Clear]

```
void BumpPointerSpace::Clear() {
    if (!kMadviseZeroes) {//Linux平台上该值为true。
        memset(Begin(), 0, Limit() - Begin());//将对应内存资源的内容清零
    }
    //下面这个函数的作用和上面代码中调用memset清零内存空间的效果类似，我们在
    //11.4.7节中介绍过它
    madvise(Begin(), Limit() - Begin(), MADV_DONTNEED), -1);

    SetEnd(Begin());//设置end_等于begin_。
    //所有相关成员变量恢复为初值
```

```
    objects_allocated_.StoreRelaxed(0);
    bytes_allocated_.StoreRelaxed(0);
    growth_end_ = Limit();
    {
        MutexLock mu(Thread::Current(), block_lock_);
        num_blocks_ = 0;
        main_block_size_ = 0;
    }
}
```

13.3.1.4　其他有用的函数

除了内存分配和释放之外，BumpPointerSpace 中还有一些比较重要的函数。马上来认识它们。

13.3.1.4.1　Walk

Walk 函数用于遍历内存资源中所包含的 mirror Object 对象。每找到一个 Object 对象都会调用一个名为 ObjectCallback 的回调函数，该函数的原型如下。

[object_callbacks.h]

```
typedef void (ObjectCallback)(mirror::Object* obj, void* arg);
```

接着来看 Walk 函数，它会按图 13-2 中 TLAB 的分布方式来遍历内存。

[bump_pointer_space.cc->BumpPointerSpace::Walk]

```
void BumpPointerSpace::Walk(ObjectCallback* callback, void* arg) {
    uint8_t* pos = Begin();
    uint8_t* end = End();
    uint8_t* main_end = pos;
    {
        MutexLock mu(Thread::Current(), block_lock_);

        if (num_blocks_ == 0) {
            UpdateMainBlock();//计算main block的大小。
        }
        main_end = Begin() + main_block_size_;
        if (num_blocks_ == 0) {
            end = main_end;
        }
    }
    //先遍历main block
    while (pos < main_end) {
        mirror::Object* obj = reinterpret_cast<mirror::Object*>(pos);
        /*判断这个obj是不是真实存在。从内存角度来说obj本身是存在的，因为上面代码中obj直
          接由内存地址转换而来。所以obj肯定不为空指针。但obj可能并不是真正的对象。下面的
          GetClass函数将获取该obj对应的klass_（该对象所属的类）。如果为空，说明obj并
          不存在。对BumpPointerSpace使用的内存分配算法而言，也就没必要继续遍历了。
          所以下面的if条件满足后，函数就直接返回了。*/
        if (obj->GetClass<kDefaultVerifyFlags, kWithoutReadBarrier>()
                   == nullptr) { return;}
        else {
            callback(obj, arg);//调用callback
            //获取下一个对象的位置，
            pos = reinterpret_cast<uint8_t*>(GetNextObject(obj));
```

```
        }
        }
        //如果还有其他线程的TLAB的话，则继续遍历。此时就需要考虑BlockHeader的存在了
        while (pos < end) {
            BlockHeader* header = reinterpret_cast<BlockHeader*>(pos);
            size_t block_size = header->size_;
            pos += sizeof(BlockHeader);
            mirror::Object* obj = reinterpret_cast<mirror::Object*>(pos);
            const mirror::Object* end_obj =
                reinterpret_cast<const mirror::Object*>(pos + block_size);

            while (obj < end_obj && obj->GetClass<kDefaultVerifyFlags,
                kWithoutReadBarrier>() != nullptr) {
            callback(obj, arg);
            obj = GetNextObject(obj);
        }
        pos += block_size;
    }
}
```

我们来看看 GetNextObject 函数，它用于返回下一个对象的地址。代码如下所示。

[bump_pointer_space.cc->BumpPointerSpace::GetNextObject]

```
mirror::Object* BumpPointerSpace::GetNextObject(mirror::Object* obj) {
    //obj表示当前所遍历的object对象的地址。那么，下一个对象的地址就是obj+obj的大小。
    const uintptr_t position = reinterpret_cast<uintptr_t>(obj) +
                        obj->SizeOf();
    //按8字节对齐
    return reinterpret_cast<mirror::Object*>(RoundUp(position, kAlignment));
}
```

13.3.1.4.2 GetBytesAllocated

GetBytesAllocated 函数用于返回 BumpPointerSpace 分配了多少内存，来看代码。

[bump_pointer_space.cc->BumpPointerSpace::GetBytesAllocated]

```
uint64_t BumpPointerSpace::GetBytesAllocated() {
    //由图13-2可知，bytes_allocated_表示main block部分所分配的内存大小
    uint64_t total = static_cast<uint64_t>(bytes_allocated_.LoadRelaxed());
    Thread* self = Thread::Current();
    ......
    /*如果有多个线程使用TLAB，则需要计算它们的TLAB大小。
        Thread GetThreadLocalBytesAllocated返回值就是tlsPtr_.thread_local_end减去
        tlsPtr_.thread_local_start的差。    */
    std::list<Thread*>thread_list =
        Runtime::Current()->GetThreadList()->GetList();
    ......
    if (num_blocks_ > 0) {
        for (Thread* thread : thread_list) {
            total += thread->GetThreadLocalBytesAllocated();
        }
    }
    return total;
}
```

13.3.2 RegionSpace

RegionSpace 的内存分配算法比 BumpPointerSpace 稍微高级一点。它先将内存资源划分成一个个固定大小（由 kRegionSize 指定，默认为 1MB）的内存块。每一个内存块由一个 Region 对象表示。进行内存分配时，先找到满足要求的 Region，然后从这个 Region 中分配资源。

先来看 RegionSpace 的创建。

除了最为基础的内存分配与释放功能之外，RegionSpace 的用法还和一种垃圾回收算法有关。这种垃圾回收算法叫 Copying Collection（拷贝垃圾回收）。其原理很简单，先将内存资源分为两个 semispace（半空间，大小是原空间大小的一半）。新对象分配时，它们所需的内存来自其中一个 semispace（该 semispace 叫 tospace），另外一个 semispace 作为空闲空间（也叫 fromspace）。当 tospace 空间不够用时就会进行垃圾回收。回收的步骤包括两个。第一，先 flip 两个空间——其实就是通过变量交换，使得原 fromspace 变成新的 tospace，原 tospace 变成新的 fromspace。然后将新 fromspace（原来是 tospace，对象都在这个 space 中创建）中的存活对象拷贝到新 tospace 中，最后整体释放新 fromspace 的空间。此后，新对象分配将在新的 tospace 中完成，如此往复。RegionSpace 类中有几个成员函数和 toSpace、fromSpace 的操作有关。后续章节将详细介绍与之有关的知识。

13.3.2.1 Create

Create 的代码如下所示。

[region_space.cc->RegionSpace::Create]

```
RegionSpace* RegionSpace::Create(const std::string& name, size_t capacity,
                                 uint8_t* requested_begin) {
    capacity = RoundUp(capacity, kRegionSize);//按1MB大小向上对齐
    std::string error_msg;
    //创建一个MemMap对象
    std::unique_ptr<MemMap> mem_map(MemMap::MapAnonymous(name.c_str(),
        requested_begin, capacity, ...));
    ......
    //创建RegionSpace对象
    return new RegionSpace(name, mem_map.release());
}
```

[region_space.cc->RegionSpace::RegionSpace]

```
RegionSpace::RegionSpace(const std::string& name, MemMap* mem_map)
    : ContinuousMemMapAllocSpace(name, mem_map, mem_map->Begin(),
          mem_map->End(), mem_map->End(),kGcRetentionPolicyAlwaysCollect),
      region_lock_("Region lock", kRegionSpaceRegionLock), time_(1U) {
    size_t mem_map_size = mem_map->Size();
    //计算有多少个Region
    num_regions_ = mem_map_size / kRegionSize;//1MB
    num_non_free_regions_ = 0U;//该成员变量表示已经占有的内存块个数
    //创建Region数组
    regions_.reset(new Region[num_regions_]);
```

```
    uint8_t* region_addr = mem_map->Begin();
    //初始化regions_数组的成员
    for (size_t i = 0; i < num_regions_; ++i, region_addr += kRegionSize) {
        //构造Region对象。region_addr表示该区域的起始地址，region_addr+kRegionSize
        //为该内存区域的尾部地址
        regions_[i] = Region(i, region_addr, region_addr + kRegionSize);
    }
    //full_region_表示一个内存资源不足的内存块，其用法见下文代码分析
    full_region_ = Region();
    //current_region_指向当前正在用的内存块
    current_region_ = &full_region_;
    //evac_region_成员变量的含义需要配合内存回收相关知识才能理解，我们后文碰到时再介绍
    evac_region_ = nullptr;
}
```

下面来认识一下内存块的代表——Region和相关成员变量的定义。

[region_space.h->RegionSpace]

```
class RegionSpace FINAL : public ContinuousMemMapAllocSpace {
    ......
    //枚举变量RegionType用于描述内存块的类型。有些内容需要结合内存回收的相关知识才能理解，
    //此处暂且不表
    enum class RegionType : uint8_t {
      kRegionTypeAll, kRegionTypeFromSpace,
      kRegionTypeUnevacFromSpace,  kRegionTypeToSpace,
      kRegionTypeNone,
    };
    //枚举变量RegionState用于描述内存块的内存分配状态。
    enum class RegionState : uint8_t {
        kRegionStateFree, //内存块还未分配过内存
        kRegionStateAllocated, //内存块分配过一些内存
        /*如果需要分配比如3.5MB空间的话，则需要动用四个内存块。第一个内存块的状态将设置为
          kRegionStateLarge，表示该Region为一个超过kRegionSize大小的内存的起始部分。
          后面三个内存块的状态均为kRegionStateLargeTail。注意，第四个内存块将只用到0.5MB
          的空间，剩下的0.5MB空间不能再用于内存分配。 */
        kRegionStateLarge,
        kRegionStateLargeTail,
    };

class Region {
    public:
        Region()
        //idx_为内存块在RegionSpace regions_数组中的索引
        : idx_(static_cast<size_t>(-1)),
        //begin_和end_代表内存资源的起始位置，top_为内存分配的水位线
        begin_(nullptr), top_(nullptr), end_(nullptr),
        state_(RegionState::kRegionStateAllocated),
        type_(RegionType::kRegionTypeToSpace),
        //objects_allocated_表示创建了多少个Object对象，
        objects_allocated_(0),
        ......
        //is_a_tlab_表示该内存块是否被用作TLAB，thread_表示用它作TLAB的线程
        is_a_tlab_(false), thread_(nullptr) {
        //RegionSpace构造函数中，full_region_成员变量通过这个构造函数来创建
    }
```

```
    //RegionSpace构造函数中，regions_数组中的Region元素通过下面这个构造函数来创建
    Region(size_t idx, uint8_t* begin, uint8_t* end)
        : idx_(idx), begin_(begin), top_(begin), end_(end),
        state_(RegionState::kRegionStateFree),
        type_(RegionType::kRegionTypeNone),
        ...... {
}
```

来看 RegionsSpace 的 Alloc 和 AllocNewTlab 函数。

13.3.2.2　Alloc 和 AllocNewTlab

13.3.2.2.1　Alloc

Alloc 的代码如下所示。

[region_space-inl.h->RegionSpace::Alloc]

```
inline mirror::Object* RegionSpace::Alloc(Thread*, size_t num_bytes,
                  size_t* bytes_allocated, size_t* usable_size,
                  size_t* bytes_tl_bulk_allocated) {
    //按8字节向上对齐
    num_bytes = RoundUp(num_bytes, kAlignment);
    return AllocNonvirtual<false>(num_bytes, bytes_allocated, usable_size,
                              bytes_tl_bulk_allocated);
}
```

[region_space-inl.h->RegionSpace::AllocNonvirtual]

```
template<bool kForEvac>
inline mirror::Object* RegionSpace::AllocNonvirtual(size_t num_bytes,
                         size_t* bytes_allocated, size_t* usable_size,
                         size_t* bytes_tl_bulk_allocated) {
    //AllocNonvirtual函数有一个模板参数kForEvac。该参数和内存回收有关。我们先不讨论它。
    //Alloc调用AllocNonvirtual时，kForEvac取值为false
    mirror::Object* obj;
    //如果所需内存小于kRegionSize，则从当前的region对象中分配
    if (LIKELY(num_bytes <= kRegionSize)) {
        if (!kForEvac) {
        //调用Region的Alloc函数。由RegionSpace的Create函数可知，current_region_
        //最初是指向full_region_的。所以，下面的Alloc肯定返回nullptr
        obj = current_region_->Alloc(num_bytes, bytes_allocated, usable_size,
                              bytes_tl_bulk_allocated);
        } else {//如果kForEvac为true，则从evac_region_指向的Region中分配
        obj = evac_region_->Alloc(num_bytes, bytes_allocated, usable_size,
                              bytes_tl_bulk_allocated);
        }
        //如果obj创建成功，则返回它
        if (LIKELY(obj != nullptr)) {  return obj; }

        //如果执行到这，表明上面的内存分配失败。注意，上面的代码中并未使用锁同步。现在，
        //我们需要重新尝试分配（因为有可能别的线程设置了current_region_，使得它指向
        //一个新的内存块，而这个内存块里说不定就有空闲的内存资源）
        MutexLock mu(Thread::Current(), region_lock_);
        //具体的内存分配代码和上面完全一样
        if (!kForEvac) {
```

```
        obj = current_region_->Alloc(num_bytes, bytes_allocated, usable_size,
                              bytes_tl_bulk_allocated);
    } else {
        obj = evac_region_->Alloc(num_bytes, bytes_allocated, usable_size,
                              bytes_tl_bulk_allocated);
    }
    if (LIKELY(obj != nullptr)) {  return obj; }
    //如果此时内存还分配失败(说明其他线程没有更新current_region_),则我们需要自己
    //来遍历regions_数组以找到一个空闲的内存块
    if (!kForEvac) {
        /*RegionSpace的用法和Copying垃圾回收方法有关,该方法要求预留一半的内存作为
        fromspace。所以,在下面的if条件中,如果已经被占用的内存块个数超过总内存块个数的
        一半,则不再允许内存分配。*/
    if ((num_non_free_regions_ + 1) * 2 >num_regions_) { return nullptr;}

        //遍历内存块,找到一个空闲的内存块
        for (size_t i = 0; i <num_regions_; ++i) {
            Region* r = &regions_[i];
            //Region IsFree返回region state_成员变量的值。regions_数组中各个Region
            //对象的state_初值为kRegionStateFree,表示内存块还未分配过内存
            if (r->IsFree()) {
                //Region Unfree设置state_的值为kRegionStateAllocated,同时设置
                //type_为kRegionTypeToSpace
                r->Unfree(time_);
                r->SetNewlyAllocated();
                ++num_non_free_regions_;
                obj = r->Alloc(num_bytes, bytes_allocated, usable_size,
                            bytes_tl_bulk_allocated);
                current_region_ = r;//更新current_region_
                return obj;
            }
        }
    } else {
        //kForEvac为true的处理
        for (size_t i = 0; i < num_regions_; ++i) {
            Region* r = &regions_[i];
            if (r->IsFree()) {
                ......//代码和上面类似
                evac_region_ = r;//更新evac_region_
                return obj;
            }
        }
    } else {
        //如果所需内存大小超过kRegionSize,则调用AllocLarge函数。该函数非常简单,请读者
        //在掌握Region Alloc函数的知识后自行研究它
        obj = AllocLarge<kForEvac>(num_bytes, bytes_allocated, usable_size,
                            bytes_tl_bulk_allocated);
        if (LIKELY(obj != nullptr)) {
            return obj;
        }
    }
    return nullptr;
}
```

RegionSpace Alloc确认好目标内存块后，真正的内存分配工作就交给了该Region的Alloc函数。而Region的内存分配算法和BumpPointerSpace使用的简单算法完全一样，来看代码。

[region_space-inl.h->RegionSpace::Region::Alloc]

```
inline mirror::Object* RegionSpace::Region::Alloc(size_t num_bytes,
          size_t* bytes_allocated, size_t* usable_size,
            size_t* bytes_tl_bulk_allocated) {
    //atomic_top指向当前内存分配的位置
    Atomic<uint8_t*>* atomic_top = reinterpret_cast<Atomic<uint8_t*>*>(&top_);
    uint8_t* old_top;
    uint8_t* new_top;
    //更新分配后的内存位置
    do {
        old_top = atomic_top->LoadRelaxed();
        new_top = old_top + num_bytes;
        if (UNLIKELY(new_top > end_)) { return nullptr;  }
    } while (!atomic_top->CompareExchangeWeakSequentiallyConsistent(
            old_top, new_top));

    reinterpret_cast<Atomic<uint64_t>*>(&objects_allocated_)->
                 FetchAndAddSequentiallyConsistent(1);
    *bytes_allocated = num_bytes;
    if (usable_size != nullptr) {
        *usable_size = num_bytes;
    }
    *bytes_tl_bulk_allocated = num_bytes;
    return reinterpret_cast<mirror::Object*>(old_top);
}
```

13.3.2.2.2 AllocNewTlab

RegionSpace 也可用作线程的 TLAB。不过，它的 AllocNewTlab 比 BumpPointerSpace 的 AllocNewTlab 要简单得多，因为 RegionSpace 本身就是按一个一个地 Region 来管理的。如此，一个线程需要 TLAB 的话，我们只要找到一个空闲的 Region 给它就好了。来看代码。

[region_space.cc->RegionSpace::AllocNewTlab]

```
bool RegionSpace::AllocNewTlab(Thread* self) {
    MutexLock mu(self, region_lock_);
    RevokeThreadLocalBuffersLocked(self);
    //同Alloc函数里的注释一样，我们要预留一半的空间
    if ((num_non_free_regions_ + 1) * 2 > num_regions_) {
        return false;
    }
    //找到一个空闲的Region对象
    for (size_t i = 0; i < num_regions_; ++i) {
        Region* r = &regions_[i];
        if (r->IsFree()) {
            r->Unfree(time_);
            ++num_non_free_regions_;
            r->SetTop(r->End());
            //将这个Region和对应的线程关联起来
            r->is_a_tlab_ = true;
            r->thread_ = self;
            //对线程而言，它只需要关注TLAB是否存在。如果存在的话，这块内存有多大。线程并不关心
            //内存是由哪个Space以何种方式提供。
            self->SetTlab(r->Begin(), r->End());
```

```
            return true;
        }
    }
    return false;
}
```

13.3.2.3 Free 和 Clear

想必读者已经猜测到了，RegionSpace 如此简单的内存分配算法恐怕也不能释放单个 Object 所占内存。来看代码。

[region_space.h->RegionSpace::Free]

```
size_t Free(Thread*, mirror::Object*) OVERRIDE {
    UNIMPLEMENTED(FATAL);//不能释放单个对象所分配的内存
    return 0;
}
```

再来看 Clear，它也很简单。

[region_space.cc->RegionSpace::Region::Clear]

```
void RegionSpace::Clear() {
    MutexLock mu(Thread::Current(), region_lock_);
    //遍历regions_数组
    for (size_t i = 0; i < num_regions_; ++i) {
        Region* r = &regions_[i];
        if (!r->IsFree()) {
            --num_non_free_regions_;
        }
        r->Clear();//调用Region Clear
    }
    current_region_ = &full_region_;
    evac_region_ = &full_region_;
}
```

Region 的 Clear 代码如下。

[region_space.h->RegionSpace::Clear]

```
void Clear() {
    top_ = begin_;
    state_ = RegionState::kRegionStateFree;
    type_ = RegionType::kRegionTypeNone;
    objects_allocated_ = 0;
    alloc_time_ = 0;
    live_bytes_ = static_cast<size_t>(-1);
    if (!kMadviseZeroes) {memset(begin_, 0, end_ - begin_);}
    madvise(begin_, end_ - begin_, MADV_DONTNEED);
    is_newly_allocated_ = false;
    is_a_tlab_ = false;
    thread_ = nullptr;
}
```

13.3.2.4 其他有用的函数

和 BumpPointerSpace 类似，RegionSpace 中除了内存分配和释放外，还有一些比较重要的函数。马上来认识它们。

13.3.2.4.1　Walk

Walk 用于遍历 RegionSpace 中的 Object 对象。来看代码。

 [region_space.h->RegionSpace::Walke]

```
void Walk(ObjectCallback* callback, void* arg) {
    WalkInternal<false>(callback, arg);
}
```

[region_space-inl.h->RegionSpace::WalkInternal]

```
template<bool kToSpaceOnly>
void RegionSpace::WalkInternal(ObjectCallback* callback, void* arg) {
/*WalkInternal有一个模板参数kToSpaceOnly，也就是上文提到的tospace和fromspace
  中的tospace。 */
    Locks::mutator_lock_->AssertExclusiveHeld(Thread::Current());
    for (size_t i = 0; i < num_regions_; ++i) {
        Region* r = &regions_[i];
        //如果要遍历的是tospace，但是内存块又不属于tospace，则不用访问这个内存块
        if (r->IsFree() || (kToSpaceOnly&& !r->IsInToSpace())) {
            continue;
        }
        //IsLarge：当Region的state_取值为kRegionStateLarge时，该函数返回true
        if (r->IsLarge()) {
            //获取这个尺寸超过1MB的对象。
            mirror::Object* obj = reinterpret_cast<mirror::Object*>(r->Begin());
            if (obj->GetClass() != nullptr) {
                callback(obj, arg);//回调
            }
        } else if (r->IsLargeTail()) {
            //不处理state_为kRegionStateLargeTail的情况。因为它们所包含的那个大内存对象
            //已经在上面的if语句中处理完了。
        } else {
            //其他情况的处理，和BumpPointerSpace里的处理类似
            uint8_t* pos = r->Begin();
            uint8_t* top = r->Top();
            while (pos < top) {
                mirror::Object* obj = reinterpret_cast<mirror::Object*>(pos);
                if (obj->GetClass<kDefaultVerifyFlags, kWithoutReadBarrier>()
                    != nullptr) {
                callback(obj, arg);
                pos = reinterpret_cast<uint8_t*>(GetNextObject(obj));
            } ....
        }//while循环结束
    }//if (r->IsLarge)判断结束
  }//for循环结束
}
```

上面就是RegionSpace里内存遍历的Walk函数，其实也很简单。

13.3.2.4.2　RefToRegion

相比 BumpPointerSpace，RegionSpace 多了 Region 这一层的管理。所以，RegionSpace 提供了一个函数用于返回一个 Object 对象所属的 Region 对象。这个函数就是 RefToRegion。

[region_space.h->RegionSpace::RefToRegion]

```
Region* RefToRegion(mirror::Object* ref) {
    MutexLock mu(Thread::Current(), region_lock_);
    return RefToRegionLocked(ref);
}
```

[region_space.h->RegionSpace::RefToRegionLocked]

```
Region* RefToRegionLocked(mirror::Object* ref) {
    //由ref得到它所属的Region对象的算法如下:
    //先计算它离RegionSpace所在内存映射对象起始地址有多远
    uintptr_t offset = reinterpret_cast<uintptr_t>(ref) -
                      reinterpret_cast<uintptr_t>(Begin());
    //再用偏移量除以kRegionSize就可得到对应内存块在regions_数组里的索引
    size_t reg_idx = offset / kRegionSize;
    Region* reg = &regions_[reg_idx];
    return reg;
}
```

13.4 DlMallocSpace和RosAllocSpace

BumpPointerSpace和RegionSpace使用的内存分配算法较为简单。显然，它们不能满足类似于我们在C语言中用malloc和free那样比较自由地分配和释放内存的要求。为此，ART虚拟机专门设计了一个MallocSpace虚类，并提供了两个具体的实现类来提供类似C语言中malloc/free那样的内存分配和释放功能。这两个具体的实现类就是本节要介绍的DlMallocSpace以及RosAllocSpace。其中：

- DlMallocSpace使用开源的dlmalloc来提供具体的内存分配和释放算法。dlmalloc是历史悠久（起源于1987年）且著名的内存分配管理器（某些平台上它就是C语言中libc库malloc函数的底层实现[⊖]），代码极其精简，仅dlmalloc.h和dlmalloc.c两个文件。其官网地址为http://g.oswego.edu/dl/html/malloc.html。
- RosAllocSpace使用了谷歌开发的rosalloc内存分配管理器。相比而言，rosalloc的用法比dlmalloc要复杂得多。而且还需要ART虚拟机中其他模块进行配合。不过，复杂的结果自然是ART虚拟机里rosalloc分配的效果要比dlmalloc更好。

提示 从代码上看，BumpPointerSpace和RegionSpace这两个类自己就实现了内存分配的算法，而由于DlMallocSpace和RosAllocSpace的算法比较复杂，所以它们的内存分配算法由单独的模块——dlmalloc和rosalloc来提供。其中，dlmalloc是一个开源的、适用范围较广的内存分配器，而rosalloc则由谷歌为ART虚拟机量身定制。

HeapCreateMallocSpaceFromMemMap用于创建一个MallocSpace对象，这个MallocSpace对象到底是DlMallocSpace还是RosAllocSpace呢？来看代码。

⊖ 关于C语言中malloc的实现，可参考https://en.wikipedia.org/wiki/C_dynamic_memory_allocation。

[heap.cc->Heap::CreateMallocSpaceFromMemMap]

```
space::MallocSpace* Heap::CreateMallocSpaceFromMemMap(MemMap* mem_map,
                size_t initial_size, size_t growth_limit, size_t capacity,
                const char* name, bool can_move_objects) {
    /*注意参数，mem_map代表一块内存空间，内存的分配和释放均是在它上面发生的。
      initial_size为内存空间初始分配大小。
      growth_limit为最大的内存可分配位置，而capacity则为实际内存空间的容量。
      growth_limit可以动态调整，但是不能超过capacity。
      can_move_objects参数的含义和一种垃圾回收的算法有关。我们以后碰到相关代码时再
      来介绍它。  */
    space::MallocSpace* malloc_space = nullptr;
    if (kUseRosAlloc) {//编译常量，默认为true，即ART优先使用rosalloc
        //kDefaultStartingSize为编译常量，大小为4K。下面将创建RosAllocSpace对象
        //low_memory_mode_表示是否为低内存模式。只有RosAllocSpace支持该模式
        malloc_space = space::RosAllocSpace::CreateFromMemMap(
                    mem_map, name, kDefaultStartingSize, initial_size,
                    growth_limit,apacity,low_memory_mode_,can_move_objects);
    } else {
        //使用DlMallocSpace。它不支持low memory模式
        malloc_space = space::DlMallocSpace::CreateFromMemMap(mem_map, name,
                         kDefaultStartingSize,initial_size, growth_limit,
                         capacity, can_move_objects);
    }
    //kUseRememberedSet值为true，下面这段if代码的相关知识留待13.8节介绍
    if (collector::SemiSpace::kUseRememberedSet&&
                    non_moving_space_ != main_space_) {
        //创建一个RememberedSet对象。详情见13.8节的内容
        accounting::RememberedSet* rem_set  =
            new accounting::RememberedSet(std::string(name) +
                " remembered set", this, malloc_space);
        AddRememberedSet(rem_set);
    }
    malloc_space->SetFootprintLimit(malloc_space->Capacity());
    return malloc_space;
}
```

由上述代码可知，编译常量 kUseRosAlloc 的取值决定了到底使用 RosAllocSpace 还是使用 DlMallocSpace。在默认情况下，kUseRosAlloc 为 true，这意味着 RosAllocSpace 会优先被选用。我们先介绍 DlMallocSpace，然后再详细介绍 RosAllocSpace。

13.4.1　DlMallocSpace

DlMallocSpace 内部使用 dlmalloc 作为内存分配管理器。dlmalloc 是知名的开源内存分配管理器。笔者不拟对 dlmalloc 展开介绍。本节重点关注 DlMallocSpace 的几个关键函数。

13.4.1.1　Create

先来看 DlMallocSpace 的创建。

[dlmalloc_space.cc->DlMallocSpace::Create]

```
DlMallocSpace* DlMallocSpace::Create(const std::string& name,
        size_t initial_size, size_t growth_limit, size_t capacity,
        uint8_t* requested_begin, bool can_move_objects) {
    uint64_t start_time = 0;
```

```
    size_t starting_size = kPageSize;
    //先创建内存资源
    MemMap* mem_map = CreateMemMap(name, starting_size, &initial_size,
                    &growth_limit, &capacity, requested_begin);
    //再创建DlMallocSpace对象。CreateFromMemMap的代码见下文
    DlMallocSpace* space = CreateFromMemMap(......);
    return space;
}
```

[dlmalloc_space.cc->DlMallocSpace::CreateFromMemMap]

```
DlMallocSpace* DlMallocSpace::CreateFromMemMap(MemMap* mem_map,
                    const std::string& name, size_t starting_size,
                    size_t initial_size, size_t growth_limit, size_t capacity,
                    bool can_move_objects) {
    //内部调用dlmalloc的接口，starting_size为初始大小，initial_size为dlmalloc的
    //limit水位线。CreateMspace返回的mspace为dlmalloc内部使用的结构，外界用void*
    //作为它的数据类型
    void* mspace = CreateMspace(mem_map->Begin(), starting_size, initial_size);
    ....
    uint8_t* end = mem_map->Begin() + starting_size;
    //调用mprotect保护从starting_size水位线到capacity这段内存，后续将根据需要
    //进行调整
    if (capacity - starting_size > 0) {
        CHECK_MEMORY_CALL(mprotect, (end, capacity - starting_size, PROT_NONE),name);
    }

    uint8_t* begin = mem_map->Begin();
    if (Runtime::Current()->IsRunningOnMemoryTool()) {
        ......
    } else {//构造DlMallocSpace对象，它的参数比较多。将mspace传给DlMallocSPace
        return new DlMallocSpace(mem_map, initial_size, name, mspace, begin,
                        end, begin + capacity,growth_limit, can_move_objects,
                        starting_size);
    }
}
```

在上面的代码中，先创建mspace对象，它就是dlmalloc的代表。然后将这个mspace传给DlMallocSpace构造函数。我们看看mspace对象的创建函数CreateMspace。

[dlmalloc_space.cc->DlMallocSpace::CreateMspace]

```
void* DlMallocSpace::CreateMspace(void* begin, size_t morecore_start,
            size_t initial_size) {
    errno = 0;
    //create_mspace_with_base和mspace_set_footprint_limit均是dlmalloc的API
    void* msp = create_mspace_with_base(begin, morecore_start, false);
    if (msp != nullptr) {
        mspace_set_footprint_limit(msp, initial_size);
    }
    ......
    return msp;
}
```

再来看DlMallocSpace的构造函数。

[dlmalloc_space.cc->DlMallocSpace::DlMallocSpace]

```
DlMallocSpace::DlMallocSpace(MemMap* mem_map, size_t initial_size,
             const std::string& name, void* mspace, uint8_t* begin,
             uint8_t* end, uint8_t* limit, size_t growth_limit,
             bool can_move_objects, size_t starting_size)
    : MallocSpace(name, mem_map, begin, end, limit, growth_limit,
                  true, can_move_objects, starting_size, initial_size),
      mspace_(mspace) {
    .....
}
```

13.4.1.2　Alloc、Free、Clear 和 Walk

本节来看 DlMallocSpace 中和内存分配、释放及遍历有关的四个关键函数。

13.4.1.2.1　Alloc

Alloc 的代码如下所示。

[dlmalloc_space.h->DlMallocSpace::Alloc]

```
virtual mirror::Object* Alloc(Thread* self, size_t num_bytes,
                 size_t* bytes_allocated,size_t* usable_size,
                 size_t* bytes_tl_bulk_allocated) {
    //调用AllocNonvirtual
    return AllocNonvirtual(self, num_bytes, bytes_allocated, usable_size,
                  bytes_tl_bulk_allocated);
}
```

[dlmalloc_space-inl.h->DlMallocSpace::AllocNonvirtual]

```
inline mirror::Object* DlMallocSpace::AllocNonvirtual(Thread* self,
                    size_t num_bytes, size_t* bytes_allocated,
                    size_t* usable_size,size_t* bytes_tl_bulk_allocated) {
    mirror::Object* obj;
    {
        MutexLock mu(self, lock_);
        obj = AllocWithoutGrowthLocked(self, num_bytes, bytes_allocated,
                              usable_size, bytes_tl_bulk_allocated);
    }
    if (LIKELY(obj != nullptr)) { memset(obj, 0, num_bytes); }//内存清零
    return obj;
}
```

[dlmalloc_space-inl.h->DlMallocSpace::AllocWithoutGrowthLocked]

```
inline mirror::Object* DlMallocSpace::AllocWithoutGrowthLocked(
        Thread*, size_t num_bytes,size_t* bytes_allocated,
        size_t* usable_size, size_t* bytes_tl_bulk_allocated) {
    /*如上文所述，DlMallocSpace自己并不提供内存分配和释放的算法，而是把工作交给了
     dlmalloc。下面的mspace_malloc就是dlmalloc的API，用于分配指定大小的内存。
     mspace_malloc直接返回的就是可用的内存地址。另外，请读者注意，虽然我们要求分配
     的内存大小是num_bytes，但dlmalloc由于其内部算法的原因，真实分配的内存空间
     比num_bytes要多。此次真实分配了多少字节由AllocationSizeNonvirtual函数返
     回（其内部也是调用dlmalloc的API来获取相关信息）。 */
    mirror::Object* result =
        reinterpret_cast<mirror::Object*>(mspace_malloc(mspace_, num_bytes));
```

```
    if (LIKELY(result != nullptr)) {
        /* AllocationSizeNonvirtual第一个参数为此次分配的内存空间起始地址，第二个
          参数为输出参数，表示这个内存地址中外界可用的空间有多大。而该函数的返回值表示
          此次真实分配的内存空间有多大。 */
        size_t allocation_size = AllocationSizeNonvirtual(result, usable_size);
        *bytes_allocated = allocation_size;
        *bytes_tl_bulk_allocated = allocation_size;
    }
    return result;
}
```

AllocationSizeNonvirtual的代码如下所示。

[dlmalloc_space-inl.h->DlMallocSpace::AllocationSizeNonvirtual]

```
inline size_t DlMallocSpace::AllocationSizeNonvirtual(mirror::Object* obj,
            size_t* usable_size) {
    void* obj_ptr = const_cast<void*>(reinterpret_cast<const void*>(obj));
    //mspace_usable_size返回obj_ptr这块内存空间中可被外界使用的大小
    size_t size = mspace_usable_size(obj_ptr);
    if (usable_size != nullptr) {
        *usable_size = size;
    }
    //计算真正分配的内存大小时，dlmalloc没有相关的API，所以下面会额外加上一个
    //kChunkOverhead，该变量的大小和dlmalloc内部实现有关。
    return size + kChunkOverhead;//kChunkOverhead大小为sizeof(intptr_t )
}
```

13.4.1.2.2 Free

DlMallocSpace的内存释放功能比较容易。

[dlmalloc_space.cc->DlMallocSpace::Free]

```
size_t DlMallocSpace::Free(Thread* self, mirror::Object* ptr) {
    MutexLock mu(self, lock_);
    ......
    const size_t bytes_freed = AllocationSizeNonvirtual(ptr, nullptr);
    ......
    mspace_free(mspace_, ptr);//调用mspace_free释放ptr所对应的内存。
    return bytes_freed;
}
```

13.4.1.2.3 Clear

DlMallocSpace Clear函数代码如下所示。

[dlmalloc_space.cc->DlMallocSpace::Clear]

```
void DlMallocSpace::Clear() {
    size_t footprint_limit = GetFootprintLimit();
    //清零该Space所关联的内存资源
    madvise(GetMemMap()->Begin(), GetMemMap()->Size(), MADV_DONTNEED);
    live_bitmap_->Clear();
    mark_bitmap_->Clear();
    SetEnd(Begin() + starting_size_);
    //重新创建一个dlmalloc对象
```

```
    mspace_ = CreateMspace(mem_map_->Begin(), starting_size_, initial_size_);
    SetFootprintLimit(footprint_limit);
}
```

13.4.1.2.4　Walk

BumpPointerSpace 和 RegionSpace 在 Walk 函数中使用 ObjectCallback 作为回调函数，而 MallocSpace Walk 函数的回调函数为 WalkCallback。它包含的参数比 ObjectCallback 要多。

[malloc_space.h->MallocSpace::WalkCallback]

```
typedef void(*WalkCallback)(void *start, void *end, size_t used_bytes,
                            void* callback_arg)
//作为对比，ObjectCallback定义如下：
typedef void (ObjectCallback)(mirror::Object* obj, void* arg);
```

ObjectCallback 可以告诉你当前正在遍历哪个 mirror Object 对象，而 WalkCallback 只能告诉你当前正在遍历某个内存段的起始和结束地址以及该内存段中可被外界使用的内存大小。

提示　从 start 到 end 这段内存中，有一小部分空间存储的信息是供分配器自己使用，真正可供外部使用的内存空间大小由 used_bytes 表示。

继续来看 Walk 函数。

[dlmalloc_space.cc->DlMallocSpace::Walk]

```
void DlMallocSpace::Walk(void(*callback)(void *start, void *end,
       size_t num_bytes, void* callback_arg), void* arg) {
    //Walk的第一个参数其实就是上面的WalkCallback函数指针
    MutexLock mu(Thread::Current(), lock_);
    //mspace_inspect_all是dlmalloc的API
    mspace_inspect_all(mspace_, callback, arg);
    //最后还要告诉回调函数，内存空间已经遍历完毕
    callback(nullptr, nullptr, 0, arg);
}
```

到此，DlMallocSpace 的介绍就告一段落。通过上面的代码读者会发现 DlMallocSpace 中负责内存分配、释放的核心模块其实是 dlmalloc。

13.4.2　RosAllocSpace

和 DlMallocSpace 的代码逻辑类似，RosAllocSpace 中内存分配和释放的核心工作由 rosalloc 来完成。本节先简单介绍 RosAllocSpace 的几个关键函数，然后单独用一小节来讲解 rosalloc。

首先来看 RosAllocSpace 的创建。

13.4.2.1　Create

Create 的代码如下所示。

[rosalloc_space.cc->RosAllocSpace::Create]

```
RosAllocSpace* RosAllocSpace::Create(const std::string& name,
```

```
            size_t initial_size, size_t growth_limit, size_t capacity,
            uint8_t* requested_begin, bool low_memory_mode,
            bool can_move_objects) {
    uint64_t start_time = 0;
    //kDefaultStartingSize取值为一个内存页的大小，对x86 32位平台而言，其值为4KB
    size_t starting_size = Heap::kDefaultStartingSize;
    //先创建一个MemMap对象
    MemMap* mem_map = CreateMemMap(name, starting_size, &initial_size,
            &growth_limit, &capacity,   requested_begin);
    //再创建RosAllocSpace对象
    RosAllocSpace* space = CreateFromMemMap(......);

    return space;
}
```

[rosalloc_space.cc->RosAllocSpace::CreateFromMemMap]

```
RosAllocSpace* RosAllocSpace::CreateFromMemMap(MemMap* mem_map,
                const std::string& name, size_t starting_size,
                size_t initial_size,size_t growth_limit, size_t capacity,
                bool low_memory_mode, bool can_move_objects) {
    bool running_on_memory_tool = Runtime::Current()->IsRunningOnMemoryTool();
    //CreateRosAlloc将创建rosallc对象
    allocator::RosAlloc* rosalloc = CreateRosAlloc(
                mem_map->Begin(), starting_size, initial_size,
                capacity, low_memory_mode, running_on_memory_tool);
    uint8_t* end = mem_map->Begin() + starting_size;
    uint8_t* begin = mem_map->Begin();
    if (running_on_memory_tool) {
        ......
    } else {//构造一个RosAllocSpace对象。RosAllocSpace构造函数和
    //DlMallocSpace构造函数类似，都很简单，笔者不拟介绍它。
    return new RosAllocSpace(mem_map, initial_size, name, rosalloc,...);
    }
}
```

重点来看 CreateRosAlloc 函数。

[rosalloc_space.cc->RosAllocSpace::CreateRosAlloc]

```
allocator::RosAlloc* RosAllocSpace::CreateRosAlloc(void* begin,
            size_t morecore_start,size_t initial_size,
            size_t maximum_size, bool low_memory_mode,....) {
    errno = 0;
    //new一个RosAlloc对象，它就是rosalloc模块。低内存模式将影响rosalloc
    //内存释放的算法
    allocator::RosAlloc* rosalloc = new art::gc::allocator::RosAlloc(
        begin, morecore_start, maximum_size,
        low_memory_mode ?
            art::gc::allocator::RosAlloc::kPageReleaseModeAll :
            art::gc::allocator::RosAlloc::kPageReleaseModeSizeAndEnd,
            running_on_memory_tool);
    if (rosalloc != nullptr) {
        rosalloc->SetFootprintLimit(initial_size);
    } ......
    return rosalloc;
}
```

13.4.2.2 Alloc、Free、Clear 和 Walk

13.4.2.2.1 Alloc

来看 RosAllocSpace 的内存分配函数 Alloc。

[rosalloc_space.h->RosAllocSpace::Alloc]

```
mirror::Object* Alloc(Thread* self, size_t num_bytes, .....){
    return AllocNonvirtual(self, num_bytes, ......);
}
```

[rosalloc_space.h->RosAllocSpace::AllocNonvirtual]

```
mirror::Object* AllocNonvirtual(Thread* self, size_t num_bytes,.....) {
    return AllocCommon(self, num_bytes,...);
}
```

[rosalloc_space-inl.h->RosAllocSpace::AllocCommon]

```
inline mirror::Object* RosAllocSpace::AllocCommon(Thread* self,
            size_t num_bytes, size_t* bytes_allocated, size_t* usable_size,
            size_t* bytes_tl_bulk_allocated) {
    size_t rosalloc_bytes_allocated = 0;
    size_t rosalloc_usable_size = 0;
    size_t rosalloc_bytes_tl_bulk_allocated = 0;
    ......
    //调用RosAlloc的Alloc函数分配内存。我们下文会详细介绍rosalloc内存分配算法
    mirror::Object* result = reinterpret_cast<mirror::Object*>(
        rosalloc_->Alloc<kThreadSafe>(self, num_bytes,
                    &rosalloc_bytes_allocated, &rosalloc_usable_size,
                    &rosalloc_bytes_tl_bulk_allocated));
    ......
    return result;
}
```

13.4.2.2.2 Free

RosAllocSpace Free 函数就更简单了，代码如下所示。

[rosalloc_space.cc->RosAllocSpace::Free]

```
size_t RosAllocSpace::Free(Thread* self, mirror::Object* ptr) {
    ....
    return rosalloc_->Free(self, ptr);//调用RosAlloc的Free函数释放内存
}
```

13.4.2.2.3 Walk

RosAllocSpace Walk 的代码如下所示。

[rosalloc_space.cc->RosAllocSpace::Walk]

```
void RosAllocSpace::Walk(void(*callback)(void *start, void *end,
                    size_t num_bytes, void* callback_arg),void* arg) {
    InspectAllRosAlloc(callback, arg, true);
}
```

[rosalloc_space.cc->RosAllocSpace::InspectAllRosAlloc]

```
void RosAllocSpace::InspectAllRosAlloc(void (*callback)(.....),
                                void* arg, bool do_null_callback_at_end) {
    //self表示当前的调用线程对象
    Thread* self = Thread::Current();
    /*mutator_lock_是一个全局变量，它指向一个MutatorMutex类型的锁。在虚拟机内存管理
      知识领域中，mutator是和collector相对的一个词汇。我们知道，collector表示内存收
      集或回收者，所以，mutator表示内存创建或修改者，一般而言，mutator就是指应用程序
      本身（除collector那部分功能之外）。mutator创建的内存会通过collector来回收。
      mutator_lock_在ART虚拟机中用于控制和内存创建和回收有关的线程同步操作。
      对RosAllocSpace的内存遍历而言，它只能在所有线程处于Suspended状态下才能开展工作，
      这和虚拟机内部使用RosAllocSpace的场景有关。
      下面的代码中，
      (1) 如果if条件满足，说明虚拟机已经suspended了，所以，可以直接调用RosAlloc
          InspectAll来遍历内存。
      (2) 如果else if条件满足，说明调用线程处于suspended状态，但其他线程没有。所以，
          它会通过构造一个ScopedThreadSuspension对象先释放mutator_lock_锁，然后调用
          InspectAllRosAllocWithSuspendAll函数。
      (3) 如果上述条件都不满足，则直接调用InspectAllRosAllocWithSuspendAll。该函数内部
          会通过ThreadList SuspendAll来暂停除调用线程外其他的Java线程，然后再调用
           RosAlloc InspectAll。
          最后，将调用ThreadList ResumeAll恢复被暂停线程的运行。
          总之， RosAlloc InspectAll提供了内存遍历的功能。但RosAllocSpace Walk的使用
          场景有特殊要求——要先暂停所有线程，然后才能遍历内存。*/
    if (Locks::mutator_lock_->IsExclusiveHeld(self)) {
        rosalloc_->InspectAll(callback, arg);
        if (do_null_callback_at_end) {
            callback(nullptr, nullptr, 0, arg);//告诉外界，内存遍历结束
        }
    } else if (Locks::mutator_lock_->IsSharedHeld(self)) {
        //ScopedThreadSuspension构造函数内部将触发self释放mutator_lock_锁。
        ScopedThreadSuspension sts(self, kSuspended);
        //先通过ThreadList suspendAll暂停其他Java线程，然后遍历内存，最后再恢复线程运行
        InspectAllRosAllocWithSuspendAll(callback, arg, do_null_callback_at_end);
    } else {
        InspectAllRosAllocWithSuspendAll(callback, arg, do_null_callback_at_end);
    }
}
```

以上是RosAllocSpace的大体内容。通过上述代码分析可知，在内存分配和释放等实际工作上，RosAllocSpace依赖下文要介绍的rosalloc模块。

13.4.3 rosalloc介绍

13.4.3.1 关键成员变量

简单来说，rosalloc的本质和dlmalloc一样，它是一种动态内存分配（dynamic memory allocation）的算法。只不过rosalloc不像dlmalloc那么通用（dlmalloc可以作为libc库中malloc函数的实现），它专门服务于Android系统中的ART虚拟机。代码中，rosalloc由RosAlloc类表示，它包含几个内部类。来看图13-3。

图13-3中除了RosAlloc外，其他几个类都是RosAlloc定义的内部类。

提示 rosalloc名称中的ros是run of slot的缩写。由图13-3可知，slot和run都是代码中的类。其具体含义将随着下文的代码分析逐渐揭示。

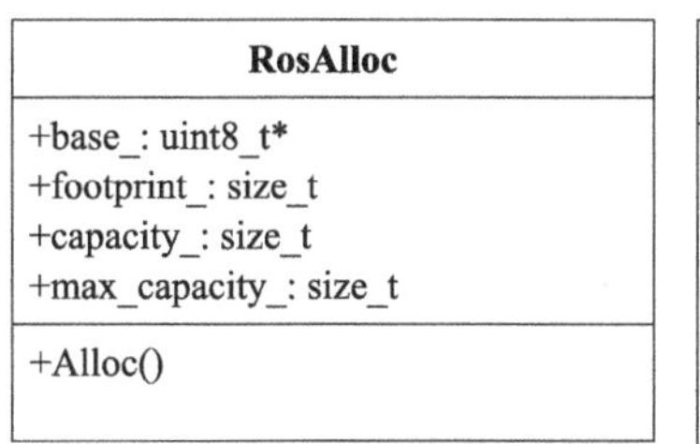

FreePageRun
+IsFree()
+ByteSize()
+SetByteSize()
+Begin()
+End()
+ReleasePages()

Slot
+next_: Slot*
+Next()
+Left()
+Clear()

Run
+magic_num_: uint8_t
+size_bracket_idx_: uint8_t
+is_thread_local_: uint8_t
+to_be_bulk_freed_: uint8_t
+padding_: uint32_t
+free_list: SlotFreeList<false>
+bulk_free_list: SlotFreeList<true>
+thread_local_free_list: SlotFreeList<true>
+InitFreeList()

template<bool kUseTail=true> SlotFreeList
+head_: uint64_t
+tail_: uint64_t
+size_: uint32_t
+padding_: uint32_t
+Head()
+Tail()
+Remove()
+Add()

图 13-3　RosAlloc 类及它的内部类

接下来我们将了解 RosAlloc 类中的几个核心成员变量。

首先是 bracketSize 和 numPages 数组，其代码如下所示。

[rosalloc.h->RosAlloc 成员变量声明]

```
//kNumOfSizeBrackets值为42
    static size_t bracketSizes[kNumOfSizeBrackets];
    static size_t numOfPages[kNumOfSizeBrackets];
```

图 13-4 展示了这两个数组的内容。

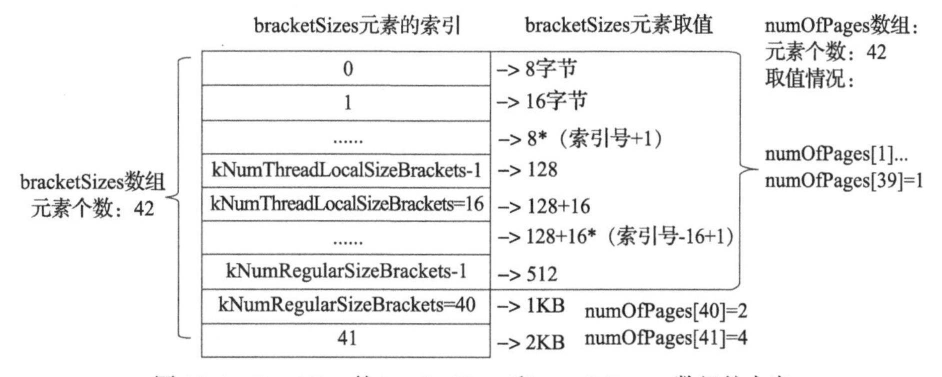

图 13-4　RosAlloc 的 bracketSizes 和 numOfPages 数组的内容

图 13-4 中展示了 RosAlloc 成员变量 bracketSizes 和 numOfPages 数组的内容。

- bracketSizes：rosalloc 设计了 42 种不同粒度的内存分配单元（这些内存单元就叫 slot）。bracketSize 用于描述每种 slot 所支持的内存分配粒度。比如，bracketSizes[0] 为 8，bracketSizes[1] 为 16，bracketSizes[41] 为 2KB。在内存分配时，我们要先选择

一种粒度的 slot。例如，要分配 5 字节内存的话，rosalloc 会选择 bracketSizes[0] 这个粒度的 slot。

- numOfPages：上面的 bracketSizes 只是记录了每种 slot 的内存分配粒度，而 numOfPages 则记录了每种 slot 对应的内存资源有多少（以 4KB 字节为单位）。根据 rosalloc 的设计，粒度为 1KB 的 slot 拥有 2*4KB 内存资源，粒度为 2KB 的 slot 拥有 4*4KB 内存资源，其余粒度的 slot 都只有 1*4KB 内存资源。

提示 numOfPages 的含义直白点说就是比如要分配 8 字节的内存，则我们有 4KB 的内存供使用，要分配 2KB 内存的话，我们有 16KB 内存供使用。

接着来看 RosAlloc 中的 Run 类，如图 13-5 所示。

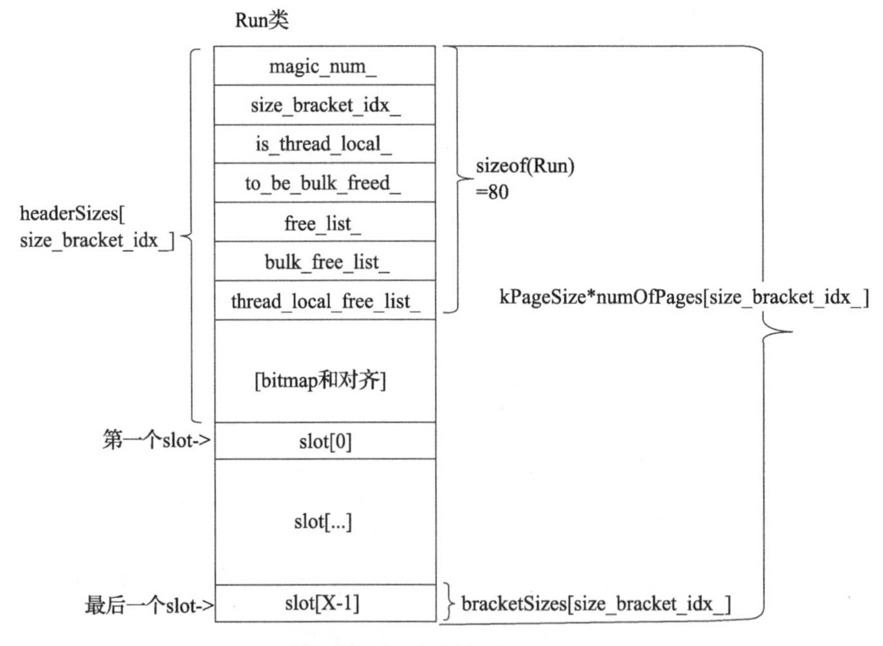

图 13-5 RosAlloc Run 内部类和相关成员

图 13-5 展示了 RosAlloc 的内部类 Run 和它的主要成员变量。

- 图 13-4 中介绍的 slot（不论其内存分配粒度多少）仅是一个基本的内存单元。而 rosalloc 将把多个 slot 组织起来以得到图 13-5 中的 Run。一个 Run 对象代表一个内存分配资源池（一个 Run 包含多个内存分配粒度一样的 slot）。借助 Run 的成员变量 size_bracket_idx_ 可知道这个 Run 里 slot 的内存分配粒度——就是 bracketSizes[size_bracket_idx_]。
- 图中的 numOfPages 表明每种 slot 应该有多少内存资源，但 numOfPages 本身并不提供资源。真正提供内存资源的是 Run。一个 Run 拥有多少内存资源由 kPageSize*numOfPages[size_bracket_idx_] 决定。这块内存资源中，头部是 Run 类本身的大小

（即图中的 SizeOf(Run)，大小固定为 80 个字节），其后是 bitmap 和对齐空间。整个头部空间的大小由 headerSizes[size_bracket_idx_] 决定。其后是可供分配的内存资源，即一个个的 slot。每个 slot 的大小为 bracketSizes[size_bracket_idx_]。一个 Run 所能容纳的 slot 的个数由 numOfSlots[size_bracket_idx_] 决定。

到此，我们就明白 rosalloc 中 Run Of Slot 的含义了。

- slot 是基本的内存分配单元，它有 42 种尺寸。
- Run 则真正提供内存资源。Run 内部是按一个个的 slot 来管理的。同一个 Run 中的 slot 有着相同的内存分配粒度。

假设要分配一个大小为 5 个字节的内存。那么：

- 先根据要分配内存的大小计算要使用哪种分配粒度的内存资源池。本例中就选择 bracket_size_idx_ 为 0 的内存资源池。因为该资源池的分配粒度是 8 字节，能覆盖所需的 5 个字节。
- 找到 bracket_size_idx_ 为 0 的 Run 对象，从其中分配一个空闲的 Slot。

接着来看 RosAlloc 中另外一组重要的成员变量，代码如下。

[rosalloc.h->RosAlloc 成员变量声明]

```
uint8_t* base_;//该变量指向内存映射资源。它就是rosalloc要管理的那块内存
size_t capacity_;//这块内存资源目前的大小，不能超过max_capacity_
size_t max_capacity_;//这块内存资源的最大尺寸

//rosalloc内部还会创建一个内存映射对象。这个内存映射对象对应一块内存，其中保存了
//上面base_中内存资源的分配情况以及一些状态。
std::unique_ptr<MemMap>page_map_mem_map_;
//下面这个变量是上面内存映射对象所对应的内存基地址。
volatile uint8_t* page_map_;
size_t page_map_size_;
size_t max_page_map_size_;
```

来看图 13-6。

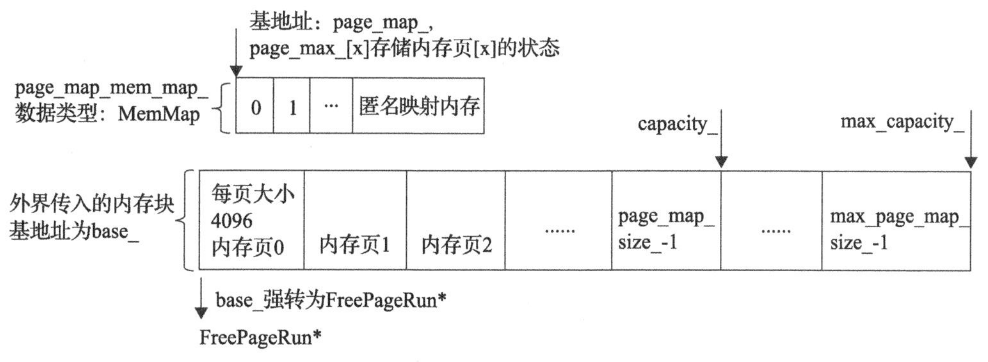

图 13-6　RosAlloc 其他成员变量解释

图 13-6 展示了 RosAlloc 中其他几个成员变量的含义，它包含上下两个部分。

- 先看下半部分，base_ 指向表 rosalloc 所管理的内存资源。rosalloc 以 4KB 为单元

对这块内存资源进行了划分。该内存资源最大为max_capacity_，包含max_page_map_size个内存页（每页4096字节）。初始大小为capacity_，对应内存页个数为page_map_size_。rosalloc分配内存时将借助一个名为FreePageRun的辅助类来处理。FreePageRun本身不包含任何成员变量（不考虑debug编译环境时所使用的成员变量）。下文我们将看到FreePageRun的作用。

- 再来看上半部分。要管理base_中的内存资源，我们需要有一个地方记录内存页的状态。这些状态就保存在page_map_mem_map_所对应的匿名映射内存中，这块用于保存内存状态的内存的基地址为page_map_。我们可以将page_map_看作一个uint8_t数组，该数组的每一个元素保存着base_每一个内存页的信息。

13.4.3.2 RosAlloc构造函数

现在来看RosAlloc的相关代码，首先是它的构造函数。

[rosalloc.cc->RosAlloc::RosAlloc]

```
RosAlloc::RosAlloc(void* base, size_t capacity, size_t max_capacity,
        PageReleaseMode page_release_mode,
        bool running_on_memory_tool, size_t page_release_size_threshold)
    : base_(reinterpret_cast<uint8_t*>(base)), footprint_(capacity),
      capacity_(capacity), max_capacity_(max_capacity),
      ...... {
    ....
    /*图13-4、图13-5中的bracketSizes、headSizes和numOfPages等数组均为RosAlloc态
      的静成员变量。下面的Initialize函数将初始化它们。初始化的结果已经绘制在图13-4、
      图13-5中了。感兴趣的读者可自行研究该函数的代码。*/
    if (!initialized_) { Initialize(); }

    //创建同步锁，一共42个。当从不同粒度的内存资源池中分配内存时将使用不同的同步锁
    //对象进行保护。这样处理的好处是可提高内存分配的并发效率
    for (size_t i = 0; i <kNumOfSizeBrackets; i++) {
        size_bracket_lock_names_[i] =
            StringPrintf("an rosalloc size bracket %d lock", static_cast<int>(i));
        size_bracket_locks_[i] = new Mutex(
                size_bracket_lock_names_[i].c_str(), kRosAllocBracketLock);
        /*current_runs_为Run*定长数组，元素个数为42。下面的代码将设置数组的内容都指向
          dedicated_full_run_。dedicated_full_run_是RosAlloc的静态成员变量，类型为
          Run*。它代表一块没有内存可供分配的资源池。一般而言，可以将current_runs_各个元素
          设置为nullptr。但使用current_runs_的地方就需要判断其元素是否为nullptr。所以，
          此处的做法是将current_runs_各成员指向这个无法分配资源的Run对象。这样就可以消除
          空指针的判断。而代码处理dedicated_full_run_时就和处理其他那些正常的资源分配殆尽的
          Run对象一样即可，后续我们将看到相关的代码。*/
        current_runs_[i] = dedicated_full_run_;
    }
    size_t num_of_pages = footprint_ / kPageSize;
    size_t max_num_of_pages = max_capacity_ / kPageSize;
    std::string error_msg;
    //创建page_map_mem_map_ MemMap对象，参考图13-6
    page_map_mem_map_.reset(MemMap::MapAnonymous("rosalloc page map", nullptr,
                            RoundUp(max_num_of_pages, kPageSize),.....));
    //page_map_mem_map_基地址是page_map_
    page_map_ = page_map_mem_map_->Begin();
```

```
        page_map_size_ = num_of_pages;//该RosAlloc所管理的内存页有多大，参考图13-6
        max_page_map_size_ = max_num_of_pages;//内存最大有多少个内存页
        //free_page_run_size_map_为vector数组，类型为size_t。其作用我们下文再介绍
        free_page_run_size_map_.resize(num_of_pages);
        //将base_强转成一个FreePageRun对象，可参考图13-6
        FreePageRun* free_pages = reinterpret_cast<FreePageRun*>(base_);
        //设置本free_pages对象的大小并释放相关内存页。最开始时base_所对应的内存块全部
        //都是空闲的，所以第一个free_pages的大小为capacity_
        free_pages->SetByteSize(this, capacity_);
        free_pages->ReleasePages(this);//释放本free_pages所包含的内存
        //free_page_runs_为set<FreePageRun*>容器
        free_page_runs_.insert(free_pages);
    }
```

RosAlloc base_ 指向被管理的那块内存，它将该借助一个名为 FreePageRun 的结构体来帮助我们管理 base_ 这块内存。Free Page Run 表示一个 Run 中还有多少空闲的内存页。FreePageRun 本身不包含成员变量，它仅提供所需的成员方法。所以，在 RosAlloc 构造函数中可以直接将 base_ 强转换以得到一个 FreePageRun 对象。

上述 RosAlloc 构造函数除了初始化相关成员变量外，其中所调用的 FreePageRunSet-ByteSize 和 ReleasePages 这两个函数对于理解整个 RosAlloc 的工作机制非常关键。下面马上来了解这两个函数。

13.4.3.2.1　FreePageRunSetByteSize

FreePageRun SetByteSize 用于设置一个 FreePageRun 可管理多少内存，来看代码。

[rosalloc.h->RosAlloc::FreePageRun::SetByteSize]

```
    void SetByteSize(RosAlloc* rosalloc, size_t byte_size) {
        /*下面两行代码的含义如下：
          先得到本FreePageRun的基地址fpr_base。根据上面RosAlloc的构造函数可知，FreePageRun
          对象是将base_内存块上的地址强制转换数据类型得到的。
          ToPageMapIndex函数用于返回fpr_base在page_map_中的索引号。参考图13-6可知，page_map_
          一个元素代表base_中一个内存页。所以，ToPageMapIndex的实现就很容易想到了，即用fpr_base-
          base_，然后除以内存页大小即可算出该FreePageRun对象对应哪个内存页 */
        uint8_t* fpr_base = reinterpret_cast<uint8_t*>(this);
        size_t pm_idx = rosalloc->ToPageMapIndex(fpr_base);
        //free_page_run_size_map_是一个数组，下面将设置对应索引的元素的值，
        //用于表示对应FreePageRun对象所管理的内存空间大小
        rosalloc->free_page_run_size_map_[pm_idx] = byte_size;
    }
```

当 RosAlloc 构造函数中执行 SetByteSize 函数时后，根据上述代码可知，

- fpr_base 取值等于 base_。索引 pm_idx 为 0。
- free_page_run_size_map_[0] 取值为 capacity_。

所以，回顾 RosAlloc 构造函数最后几行代码可知，base_ 处的 FreePageRun 对象管理了全部的内存空间。

13.4.3.2.2　FreePageRun ReleasePages

接着来看 FreePageRunReleasePages 函数。

 [rosalloc.h->RosAlloc::FreePageRun::ReleasePages]

```
void ReleasePages(RosAlloc* rosalloc) {
    uint8_t* start = reinterpret_cast<uint8_t*>(this);
    //ByteSize函数是上文SetByteSize函数的对应，用于返回free_page_run_size_map_
    //对应元素的值。在RosAlloc构造函数调用流程中，byte_size返回为capacity_
    size_t byte_size = ByteSize(rosalloc);
    //ShouldReleasePages判断是否需要释放内存页。我们下文再介绍它
    if (ShouldReleasePages(rosalloc)) {
        //直接看下面这个函数。start表示本FreePageRun对象在base_内存块中的起始位置
        rosalloc->ReleasePageRange(start, start + byte_size);
    }
}
```

RosAlloc ReleasePageRange 函数用于释放指定范围的内存。来看代码。

[rosalloc.cc->RosAlloc::ReleasePageRange]

```
size_t RosAlloc::ReleasePageRange(uint8_t* start, uint8_t* end) {
    //start和end参数用于指明要释放的内存的起始和终点位置
    //清零这段内存
    if (!kMadviseZeroes) { memset(start, 0, end - start);}
    CHECK_EQ(madvise(start, end - start, MADV_DONTNEED), 0);
    //调用者只是指明了内存段的起始和终点位置，我们需要将这个位置转换为RosAlloc内部的
    //内存页位置
    size_t pm_idx = ToPageMapIndex(start);//返回start位置对应的内存页索引号
    size_t reclaimed_bytes = 0;
    //返回end位置对应的内存页索引号
    const size_t max_idx = pm_idx + (end - start) / kPageSize;
    for (; pm_idx < max_idx; ++pm_idx) {
        /*图13-6中曾说过，page_map_保存base_中各内存页的状态，kPageMapEmpty即为其中的
          一种状态。内存页的初始状态为kPageMapReleased，表示内存在系统中还未分配。
          kPageMapEmpty表示内存可以被回收。  */
        if (page_map_[pm_idx] == kPageMapEmpty) {
            reclaimed_bytes += kPageSize;//reclaimed_bytes表示此次回收的内存大小
            page_map_[pm_idx] = kPageMapReleased;//设置对应内存页的状态
        }
    }
    return reclaimed_bytes;
}
```

13.4.3.3 Alloc

接着我们来看看 RosAlloc 是如何分配内存得。

 [rosalloc-inl.h->RosAlloc::Alloc]

```
template<bool kThreadSafe>
inline ALWAYS_INLINE void* RosAlloc::Alloc(Thread* self,
                    size_t size, size_t* bytes_allocated,size_t* usable_size,
                    size_t* bytes_tl_bulk_allocated) {
    //Alloc是一个模板函数，包含模板参数kThreadSafe，默认值为true。ART虚拟机中
    //绝大部分情况下该模板参数都使用这个默认的true。我们重点介绍它的处理情况

    //kLargeSizeThreshold为2KB。如果所需的内存超过2KB，则使用AllocLargeObject
    //来处理。AllocLargeObject将留给读者自行阅读
    if (UNLIKELY(size >kLargeSizeThreshold)) {
        return AllocLargeObject(self, size, bytes_allocated, usable_size,
```

```
                        bytes_tl_bulk_allocated);
    }
    void* m;
    //我们将着重介绍kThreadSafe为true的情况
    if (kThreadSafe) {
        m = AllocFromRun(self, size, bytes_allocated, usable_size,
                    bytes_tl_bulk_allocated);
    } else {
        .....//kThreadSafe为false的情况，读者在学完本节的基础上可自行研究它
    }
    return m;
}
```

由 AllocFromRun 的函数名可知，它表示要从 Run 中分配内存，代码如下所示。

[rosalloc.cc->RosAlloc::AllocFromRun]

```
void* RosAlloc::AllocFromRun(Thread* self, size_t size,
                size_t* bytes_allocated,size_t* usable_size, size_t*
                bytes_tl_bulk_allocated) {
    size_t bracket_size;
    /*SizeToIndexAndBracketSize将根据调用者所期望分配的内存大小来决定使用哪种粒度的资源池
      （idx表示索引号）以及这种资源池中slot的大小（由bracket_size决定）。*/
    size_t idx = SizeToIndexAndBracketSize(size, &bracket_size);
    void* slot_addr;
    //kNumThreadLocalSizeBrackets取值为16。由图13-4可知，idx小于16的话，对应的内
    //存分配粒度最大不超过128字节。所以，下面if条件满足的话，说明所要分配的内存大小小于
    //128字节
    if (LIKELY(idx<kNumThreadLocalSizeBrackets)) {
    /*如果所需内存不超过128字节，我们会尝试从线程本地内存资源池中分配内存。注意，线程本地存储
      内存池并不是前文提到的TLAB。但它和TLAB含义类似。只不过Thread类对rosalloc有单独的支
      持。下面的Thread GetRosAllocRun函数将返回tlsPtr_.rosalloc_runs数组对应索引的元
      素。读者回顾7.5.2.1节可知，tlsPtr_有一个rosalloc_runs数组，包含16个元素，它们初始
      化都指向RosAlloc的dedicated_full_run_对象。
      这段if代码块表示当我们所需要的内存小于128字节时，RosAlloc将尝试从调用线程所拥有的本地
      资源池中分配内存，这样就不需要同步锁的保护了，如此可提高内存分配的速度。
      注意，由于初始值都指向dedicated_full_run_，下面的代码执行时将无须判断thread_local_
      run是否为nullptr。*/
    Run* thread_local_run =
        reinterpret_cast<Run*>(self->GetRosAllocRun(idx));
    //tlsPtr_ rosallc_runs默认取值也是dedicated_full_run_，在这个Run对象中没有可分配内
    //的内存资源。所以，首次调用下面的AllocSlot必然返回nullptr，表明当前这个Run中没有空闲存了
    slot_addr = thread_local_run->AllocSlot();
    if (UNLIKELY(slot_addr == nullptr)) {
        /*如果slot_addr为空指针，说明thread_local_run这个Run中没有空余内存。
          下面我们就需要解决这个问题。此时就需要同步锁的保护了。但我们只需要使用目标索引的同步
          锁就行了。比如，分配8字节内存不够用时，我们就用保护8字节资源的同步锁。如此，它就不会
          和保护其他内存资源的同步锁竞争，从而可提高内存分配速度。*/
        MutexLock mu(self, *size_bracket_locks_[idx]);
        bool is_all_free_after_merge;
        /*参考图13-5，Run中有thread_local_free_list_和free_list_两个用于管理空闲slot
          的SlotFreeList对象。MergeThreadLocalFreeListToFreeList函数将thread_local_
          free_list_里的空闲资源合并到free_list_。
          对于dedicate_full_run_来说，合并它们后，空闲资源并不会增加，所以该函数返回false。
          请读者阅读掌握本章内容后再自行研究下面这个函数。*/
        if (thread_local_run->MergeThreadLocalFreeListToFreeList(
```

```
                    &is_all_free_after_merge)) {......
        }
        else {//MergeThreadLocalFreeListToFreeList返回false的情况
            ......
            //RefillRun是重点，它将给idx所对应的Run对象添加内存资源，所以叫Refill
            thread_local_run = RefillRun(self, idx);
            .....
            //将thread_local_run设置为调用线程的线程本地内存资源池
            thread_local_run->SetIsThreadLocal(true);
            self->SetRosAllocRun(idx, thread_local_run);
        }
        //bytes_tl_bulk_allocated表示本资源池中剩余的内存
        *bytes_tl_bulk_allocated = thread_local_run->NumberOfFreeSlots() *
                    bracket_size;
        //重新分配资源。AllocSlot非常简单，就是从free_list_中返回一个Slot对象。
        slot_addr = thread_local_run->AllocSlot();
    } else {//slot_addr不为nullptr的处理
        *bytes_tl_bulk_allocated = 0;
    }
    *bytes_allocated = bracket_size;
    *usable_size = bracket_size;
    } else {
        /*当所需内存超过128字节时，将从RosAlloc内部的资源池中分配。这个时候也需要
          同步锁来保护了。当然，如上面代码一样，不同大小的资源池会使用不同的同步锁来保护。
          AllocFromCurrentRunUnlocked将从RosAlloc的current_runs_[idx]中进行分配。
          如果current_runs_[idx]对应的资源池，将会调用RefillRun给对应的资源池重新加满
          内存资源。*/
        MutexLock mu(self, *size_bracket_locks_[idx]);
        slot_addr = AllocFromCurrentRunUnlocked(self, idx);
        if (LIKELY(slot_addr != nullptr)) {
            *bytes_allocated = bracket_size;
            *usable_size = bracket_size;
            *bytes_tl_bulk_allocated = bracket_size;
        }
    }
    return slot_addr;
}
```

上面代码中有两个关键函数。

- 不论从线程本地内存资源池中分配还是从 current_runs_ 中分配，如果内存资源不足的话均会调用 RefillRun 来给指定的内存资源池 Run 对象加满内存资源。
- RefillRun 后，所需内存将通过 AllocSlot 获取。

下面将分别介绍 RefillRun 和 AllocSlot 函数。

13.4.3.3.1 RefillRun

RefillRun 的代码如下所示。

[rosalloc.cc->RosAlloc::RefillRun]

```
RosAlloc::Run* RosAlloc::RefillRun(Thread* self, size_t idx) {
 ......//这里还有一段处理，读者以后可自行研究这段代码
  return AllocRun(self, idx);//我们看这个函数
}
```

[rosalloc.cc->RosAllc::AllocRun]

```
RosAlloc::Run* RosAlloc::AllocRun(Thread* self, size_t idx) {
    RosAlloc::Run* new_run = nullptr;
    {
        MutexLock mu(self, lock_);
        /*AllocPages函数将从base_所在的内存中分配一段内存空间。这内存空间对外由一个Run
          对象来管理。该空间的大小（以4KB为单位）由numOfPages[idx]决定。kPageMapRun
          是内存页状态中的一种。 */
        new_run = reinterpret_cast<Run*>(AllocPages(self,
                                    numOfPages[idx], kPageMapRun));
    }
    if (LIKELY(new_run != nullptr)) {
        new_run->size_bracket_idx_ = idx;
        .....//清理这块内存资源池
        //初始化Run对象中的free_list_成员。
        new_run->InitFreeList();
    }
    return new_run;
}
```

AllocPages 用于从 base_ 所指向的内存资源中分配所要求的内存资源，来看代码。

[rosalloc.cc->RosAlloc::AllocPages]

```
void* RosAlloc::AllocPages(Thread* self, size_t num_pages,
                  uint8_t page_map_type) {
    //AllocPages是以内存页为单位进行分配的
    lock_.AssertHeld(self);
    FreePageRun* res = nullptr;//RosAlloc借助FreePageRun来管理内存分配
    //req_bytes_size是以字节为单位的内存大小
    const size_t req_byte_size = num_pages * kPageSize;
    //free_pages_runs_为Set<FreePageRun*>，第一个元素在RosAlloc构造函数中添加，
    //这个元素位于base_，所包含的空闲内存大小为capacity_。
    for (auto it = free_page_runs_.begin(); it != free_page_runs_.end(); ) {
        FreePageRun* fpr = *it;
        size_t fpr_byte_size = fpr->ByteSize(this);
        //如果当前的FreePageRun对象所管理的空闲内存资源比所需内存要多，则对当前fpr对象进行
        //拆分
        if (req_byte_size <= fpr_byte_size) {
            free_page_runs_.erase(it++);//当前fpr对象从容器中移除
            if (req_byte_size < fpr_byte_size) {
                //新的fpr对象为当前fpr对象的起始位置+待分配内存大小
                FreePageRun* remainder =
                    reinterpret_cast<FreePageRun*>(reinterpret_cast<uint8_t*>(fpr)
                          + req_byte_size);
                //新fpr对象所管理的空闲内存资源大小等于原fpr的大小减去此次分配的内存大小
                remainder->SetByteSize(this, fpr_byte_size - req_byte_size);
                free_page_runs_.insert(remainder);//把新的fpr对象加入容器
                //更新原fpr对象所管理的内存资源大小，它将作为返回值返回给调用者
                fpr->SetByteSize(this, req_byte_size);
            }
            res = fpr;
            break;
        } else {  ++it; }
    }
```

```
    /*如果free_page_runs_中没有合适的FreePageRun对象，则考虑是否需要进行扩容。
      base_所在的内存块初始设置的大小是capacity_，当前可用的大小由footprint_
      控制。如果footprint_小于capacity_，则还能继续扩容。这部分代码比较复杂，建议读者
      学完本节后再自行阅读它*/
    ......
    if (LIKELY(res != nullptr)) {
        //更新内存页的状态信息。page_map_idx表示res这块新分配内存所对应的状态信息所在
        //数组的索引
        size_t page_map_idx = ToPageMapIndex(res);
        switch (page_map_type) {
        case kPageMapRun:
            //如上文所述，page_map_保存了base_内存页的状态信息。如果一次分配了多个内存页的话，
            //第一个内存页的状态将设置为kPageMapRun，其余内存页的状态为kPageMapRunPart
            page_map_[page_map_idx] = kPageMapRun;
            for (size_t i = 1; i < num_pages; i++) {
                page_map_[page_map_idx + i] = kPageMapRunPart;
            }
            break;
            ......
        }
    return res;
}
```

图13-7展示了AllocPages的处理逻辑。

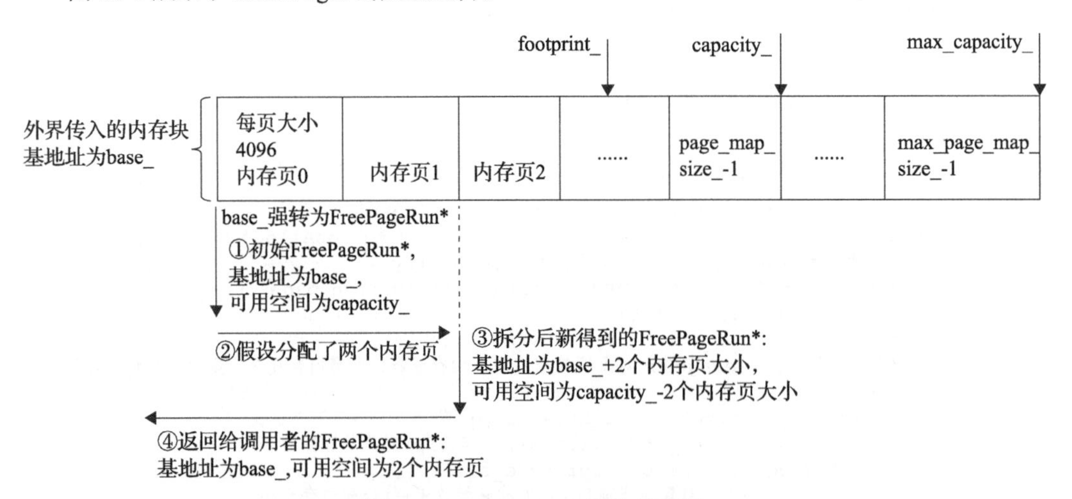

图13-7　AllocPages的处理逻辑

图13-7展示了AllocPages函数的处理逻辑。它分为4个步骤，读者可结合代码进行研究。

AllocPages分配成功后将得到一个加满内存资源的Run对象，然后我们要调用它的InitFreeList来初始化Run内部的slot们。

[rosalloc.h->RosAlloc::Run::InitFreeList]

```
void InitFreeList() {
    const uint8_t idx = size_bracket_idx_;
    const size_t bracket_size = bracketSizes[idx];
    /*结合图13-5可知，FirstSlot函数这个Run中第一个slot的位置。代码中，一个slot由Slot类
      表示。Slot内部有一个next_成员变量，指向下一个Slot对象。所以，一个Run中的Slot对象可
```

```
        构成一个链表来管理。*/
    Slot* first_slot = FirstSlot();
    /*LastSlot返回Run中最后一个Slot的位置。free_list_是Run的成员变量，其数据类型
      为SlotFreeList<false>，它是RosAlloc实现的一个用于管理Slot的容器。下面的for
      循环将把图13-5 Run中的Slot对象通过free_list_管理起来。虽然下面的代码是从末尾
      Slot向前遍历，但最终结果就是free_list_ head_指向第一个Slot对象。而Run中的所有
      Slot对象又通过上面提到的Slot next_成员变量构成一个链表。 */
    for (Slot* slot = LastSlot(); slot >= first_slot; slot =
                slot->Left(bracket_size)) {
        free_list_.Add(slot);
    }
}
```

上面代码中提到的 SlotFreeList、Slot 等代码包含很多内存指针的操作。读者阅读相关代码时一定要先搞清楚它们的作用。

13.4.3.3.2　Run AllocSlot

Run 准备好后，现在就需要从它的内存资源中分配内存了。来看代码。

[rosalloc-inl.h->RosAlloc::Run::AllocSlot]

```
inline void* RosAlloc::Run::AllocSlot() {
    /*Remove将free_list_中移除head_所指向的那个Slot单元。从这一点可以看出，Run对Slot的管
      理是比较简单的。就是通过一个链表把Slot单元管理起来，每次要分配的时候取链表的头部返回给
      外界。*/
    Slot* slot = free_list_.Remove();
    .....
    return slot;
}
```

这里要特别说明，虽然 Run InitFreeList 函数中 Slot 是按它们在 Run 内存布局（参考图 13-5）中的位置由前到后组成了一个链表，但运行过程中，这个顺序可能会被打乱。比如，先按顺序分配了 0 号、1 号 Slot，但释放的时候先释放 1 号 Slot，然后再释放 0 号 Slot。由于释放过程将调用 free_list_Add。所以，Slot 的链表结构就无法保持 InitFreeList 所创建的初始顺序了。不过，这个顺序并不影响内存分配。

13.4.3.3.3　**总结**

回顾本节内容，我们可知道 rosalloc 的内存分配其实包括两个层级。

- 第一层级就是针对 Run 的内存分配，这一层分配以内存页为单位。
- 第二层级则是针对具体 Run 中的 slot 进行内存分配。

在此基础上：

- RosAlloc 对内存分配大小进行了比较细致的划分，有多达 42 种不同的内存分配粒度。不同的内存分配粒度使用不同的同步锁对象进行保护，如此可提升内存分配时的并发效率。
- RosAlloc 为每个线程设置了 16 种本地线程内存分配资源池。本地线程可分配内存大小从 8 字节到 128 字节不等。如果本地线程内存资源足够的话，分配内存时无需同步锁保护，这进一步提高了内存分配效率。
- 对于超过 2KB 的内存分配需求，RosAlloc 还有单独的控制策略。主要实现函数是 AllocLargeObject。这个函数非常简单，内部主要功能也是通过 AllocPages 来完成。

- ❑ 如果对应内存分配粒度的 Run 没有空闲内存的话，就会通过 AllocPages 先构造一个充满内存资源的 Run 对象。AllocPages 难度比较大。
- ❑ 然后再从这个 Run 对象中分配一个空闲的 Slot。从 Run 中分配 Slot 比较简单。

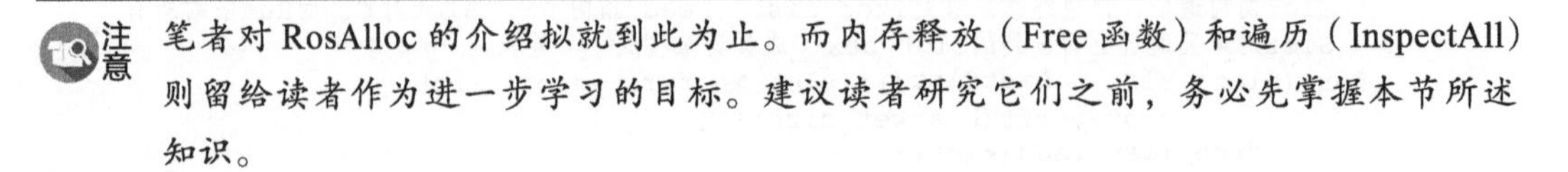

注意　笔者对 RosAlloc 的介绍拟就到此为止。而内存释放（Free 函数）和遍历（InspectAll）则留给读者作为进一步学习的目标。建议读者研究它们之前，务必先掌握本节所述知识。

13.5 LargeObjectMapSpace

本节介绍 ART 虚拟机内存分配管理中专门针对所谓大内存对象的内存分配器——LargeObjectSpace 以及它的两个派生类。来看图 13-8。

什么时候使用 LargeObjectSpace

如果一个对象所需内存大小超过设定的阈值（由 Heap 类的 large_object_threshold_ 成员变量指示），默认值为 kDefaultLargeObjectThreshold（大小为 3 个内存页，即 12KB）。同时，该对象的类型必须是 Java 基础类型的数组（比如 int[]、boolean[]）或当 Java 对象的类型是 java.lang.String 时。

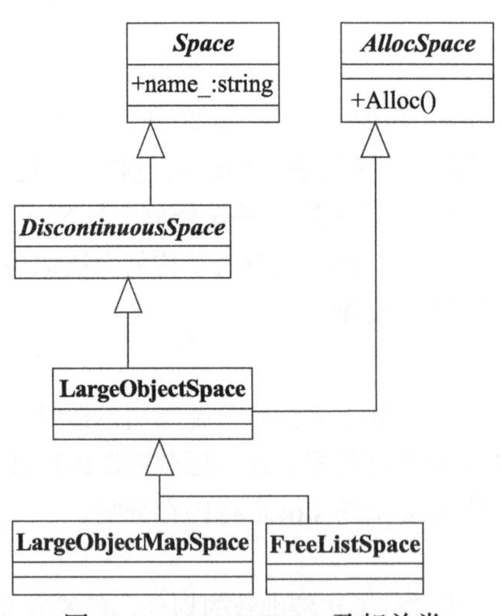

图 13-8　LargeObject 及相关类

在图 13-8 中：

- ❑ LargeObjectSpace 的基类是 DiscontinuousSpace。
- ❑ LargeObjectSpace 有两个派生类，分别是 LargeObjectMapSpace 和 FreeListSpace。

LargeObjectMapSpace 和 FreeListSpace 提供了两种不同的内存分配算法。ART 虚拟机中要么使用 LargeObjectMapSpace，要么使用 FreeListSpace。与此相关的代码如下所示。

 [heap.cc->Heap:: 构造函数]

```
/*large_object_space_为Heap的成员变量。large_object_space_type是Runtime运行
  参数所设定。默认取值根据CPU平台不同而不同。对x86而言，其默认取值为kMap。 */
if (large_object_space_type == space::LargeObjectSpaceType::kFreeList) {
    large_object_space_ = space::FreeListSpace::Create("free list large
                    object space", nullptr, capacity_);
} else if (large_object_space_type == space::LargeObjectSpaceType::kMap) {
    large_object_space_ = space::LargeObjectMapSpace::Create("mem map large
                    object space");
} else {//也可以不使用LargObjectSpace
    large_object_threshold_ = std::numeric_limits<size_t>::max();
    large_object_space_ = nullptr;
}
```

出于篇幅考虑，本节仅介绍 LargeObjectMapSpace 的 Create 以及 Alloc 函数。而 FreeList-Space 则留给读者自行研究。

LargeObjectMapSpace 非常简单，我们直接来看代码。首先是它的创建。

[large_object_space.cc->LargeObjectMapSpace::Create]

```
LargeObjectMapSpace* LargeObjectMapSpace::Create(const std::string& name) {
    if (Runtime::Current()->IsRunningOnMemoryTool()) {......}
    else {//构造一个LargeObjectMapSpace对象。其构造函数非常简单
            return new LargeObjectMapSpace(name);
    }
}
```

LargeObjectMapSpace 如何分配内存呢？答案很出人意料——它会为每一次分配都 mmap 一块内存空间。来看它的 Alloc 代码。

[large_object_space.cc->LargeObjectMapSpace::Alloc]

```
mirror::Object* LargeObjectMapSpace::Alloc(Thread* self, size_t num_bytes,
                size_t* bytes_allocated, size_t* usable_size,
                size_t* bytes_tl_bulk_allocated) {
    std::string error_msg;
    //这就是LargeObjectMapSpace的内存分配算法，直接创建一个MemMap对象
    MemMap* mem_map = MemMap::MapAnonymous("large object space allocation",
                        nullptr, num_bytes, PROT_READ | PROT_WRITE,
                        true, false, &error_msg);
    //将这块内存映射空间的基地址转换为返回值的类型
    mirror::Object* const obj = reinterpret_cast<mirror::Object*>(
                          mem_map->Begin());
    MutexLock mu(self, lock_);
    /*large_objects_是LargeObjectMapSpace的成员变量，类型为
      AllocationTrackingSafeMap<mirror::Object*, LargeObject,
          kAllocatorTagLOSMaps>。读者不要被这个看起来很复杂的数据结构吓到，
      AllocationTrakingSafeMap其实就是一个map，key的类型是Object*，value的类型是
      LargeObject。LargeObject是LargeObjectMapSpace中的内部类，用于保存该内存映射
      空间所对应的MemMap对象。 */
    large_objects_.Put(obj, LargeObject {mem_map, false});
    ......//其他一些处理，略过
    return obj;
}
```

可以这么说，LargeObjectMapSpace 根本就没有什么算法——有需要它就直接从操作系统中映射一块内存空间。所以，它比 BumpPointerSpace 的内存分配算法还要简单。

13.6 new-instance/array 指令的处理

本节来了解 ART 虚拟机中如何处理用于创建单个 Java 对象的 new-instance 指令以及创建数组的 new-array 指令。

提示 结合本章的研究目标，我们仅关注 new-instance/array 指令处理流程中，待创建的对象或数组所需的内存该如何分配。

13.6.1 设置内存分配器

上文介绍了 ART 虚拟机中众多的内存分配器，但什么时候使用哪种内存分配器是由垃圾回收器的类型来决定。代码中，Heap ChangeCollector 函数用于设置垃圾回收器的类型，我们马上来看它是如何根据回收器的类型来选择不同内存分配器的，代码如下所示。

提示 垃圾回收器和内存分配器之间是有一定关联关系的，不同的垃圾回收器有最适合使用的内存分配器。从某种程度来说，垃圾回收器的类型决定了内存分配器的类型。

[heap.cc->Heap::ChangeCollector]

```
void Heap::ChangeCollector(CollectorType collector_type) {
    /*CollectorType是一个枚举变量，用于定义不同的回收器类型。collector_type_是
      Heap类的成员变量，描述当前设定的回收器类型。对笔者所搭建的模拟器而言，虚拟机使用的
      回收器类型为kCollectorTypeCMS。CMS是ConcurrentMarkSweep的缩写。它是标记
      清除垃圾回收算法的一种。本书后续章节会详细介绍它们。此处，读者仅作简单了解即可。 */
    if (collector_type != collector_type_) {
        collector_type_ = collector_type;//设置垃圾回收器类型
        ......
        switch (collector_type_) {
            case kCollectorTypeCC: {//CC是Concurrent Copying的缩写
                .....
                if (use_tlab_) {//是否使用TLAB。本例中不使用它，所以use_tlab_为false
                    //ChangeAllocator函数将设置内存分配器的类型
                    ChangeAllocator(kAllocatorTypeRegionTLAB);
                } else {
                    ChangeAllocator(kAllocatorTypeRegion);
                }
                break;
            }
            case kCollectorTypeMC://MC:Mark Compact
            case kCollectorTypeSS://SS:Semi-space
            //GSS:改进版的SS
            case kCollectorTypeGSS:{
                .....
                if (use_tlab_) {
```

```
                ChangeAllocator(kAllocatorTypeTLAB);
            } else {
                ChangeAllocator(kAllocatorTypeBumpPointer);
            }
            break;
        }
    case kCollectorTypeMS: {//MS: mark-sweep
        ......
        ChangeAllocator(kUseRosAlloc ? kAllocatorTypeRosAlloc :
                        kAllocatorTypeDlMalloc);
    break;
    }
    case kCollectorTypeCMS: {//本例对应这种情况
        .....
        //kUseRosAlloc默认为true
        ChangeAllocator(kUseRosAlloc ? kAllocatorTypeRosAlloc :
                        kAllocatorTypeDlMalloc);
            break;
        }
        .....
    }
    ......
  }
}
```

在笔者所搭建的模拟器环境中，虚拟机使用 CMS 作为垃圾回收器的类型。相对应，它将设置内存分配器为 kAllocatorTypeRosAlloc（也就是 rosalloc 分配器，对应使用 RosAllocSpace 作为提供内存资源的空间）。

接着来看 ChangeAllocator 函数。

[heap.cc->Heap::ChangeAllocator]

```
void Heap::ChangeAllocator(AllocatorType allocator) {
    //current_allocator_为Heap成员变量，表示当前所设定的内存分配器类型
    if (current_allocator_ != allocator) {
        current_allocator_ = allocator;
        MutexLock mu(nullptr, *Locks::runtime_shutdown_lock_);
        //下面这两个函数比较关键，我们来看它们
        SetQuickAllocEntryPointsAllocator(current_allocator_);
        Runtime::Current()->GetInstrumentation()->ResetQuickAllocEntryPoints();
    }
}
```

SetQuickAllocEntryPointsAllocator 的代码如下所示。

[quick_alloc_entrypoints.cc->SetQuickAllocEntryPointsAllocator]

```
/*SetQuickAllocEntryPointsAllocator函数定义在quick_alloc_entrypoints.cc文件中。
  请读者注意这个文件的文件名，它是quickallocentrypoints。ART虚拟机以机器码运行Java程序的
  时候，如果涉及内存分配有关的指令（下文将介绍new  instance/array机器码的处理），则需要跳
  转到和内存分配有关的入口地址去执行。这些内存分配的入口地址都定义在这个quick_alloc_entrypoints.cc
  文件中。
  entry_points_allocator是一个静态变量，默认取值为DlMalloc，表示默认使用dlmalloc作为内存
  分配器。而SetQuickAllocEntryPointsAllocator可以修改它的值。
  下文将见到这个静态变量的作用。 */
static gc::AllocatorType entry_points_allocator =
```

```
                          gc::kAllocatorTypeDlMalloc;
//修改entry_poionts_allocator静态变量的取值
void SetQuickAllocEntryPointsAllocator(gc::AllocatorType allocator) {
    entry_points_allocator = allocator;
}
```

再来看 ResetQuickAllocEntryPoints 函数，代码如下所示。

[instrumentation.cc->Instrumentation::ResetQuickAllocEntryPoints]

```
void Instrumentation::ResetQuickAllocEntryPoints() {
    Runtime* runtime = Runtime::Current();
    if (runtime->IsStarted()) {
        MutexLock mu(Thread::Current(), *Locks::thread_list_lock_);
        //针对每一个线程对象调用ResetQuickAllocEntryPointsForThread函数。其内部将
        //调用Thread的ResetQuickAllocEntryPointsForThread
        runtime->GetThreadList()->ForEach(ResetQuickAllocEntryPointsForThread,
                    nullptr);
    }
}
```

上面的 ResetQuickAllocEntryPoints 代码中将针对每一个 Thread 对象调用 ResetQuickAllocEntryPointsForThread。为何会遍历所有的 Thread 对象呢？我们回顾一下 Thread 类的相关代码即可了解。

[thread.h]

```
class Thread{
    ...
    /*每一个线程对象都包含tlsPtr_成员，而这个成员中有一个quick_entrypoints，它包含了很多入口
      地址，它们在Java指令经编译得到的机器码中大量被调用。其实，它们就是机器码（也就是由Java
      开发人员编写的程序逻辑）和虚拟机交互的入口。相关知识请读者回顾本书前面介绍的与虚拟机执行
      有关的内容。*/
    struct PACKED(sizeof(void*)) tls_ptr_sized_values {
        QuickEntryPointsquick_entrypoints;
    }tlsPtr_;
}
```

而 QuickEntryPoints 中有如下几个专门处理内存分配的成员变量。

[quick_entrypoints.h->QuickEntryPoints 结构体]

```
struct PACKED(4) QuickEntryPoints {
#define ENTRYPOINT_ENUM(name, rettype, ...) rettype ( * p ## \
    name )( __VA_ARGS__ );
//使用宏的方式来定义结构体的成员变量。相关内容我们在前面章节中曾经多次见过
#include "quick_entrypoints_list.h"
    QUICK_ENTRYPOINT_LIST(ENTRYPOINT_ENUM)
#undef QUICK_ENTRYPOINT_LIST
#undef ENTRYPOINT_ENUM
};
```

[quick_entrypoints_list.h->QUICK_ENTRYPOINT_LIST]

```
#define QUICK_ENTRYPOINT_LIST(V) \
    V(AllocArray, void*, uint32_t, int32_t, ArtMethod*) \
```

```
    V(AllocArrayResolved, void*, mirror::Class*, int32_t, ArtMethod*) \
    V(AllocArrayWithAccessCheck, void*, uint32_t, int32_t, ArtMethod*) \
    V(AllocObject, void*, uint32_t, ArtMethod*) \
    V(AllocObjectResolved, void*, mirror::Class*, ArtMethod*) \
    V(AllocObjectInitialized, void*, mirror::Class*, ArtMethod*) \
    V(AllocObjectWithAccessCheck, void*, uint32_t, ArtMethod*) \
    V(CheckAndAllocArray, void*, uint32_t, int32_t, ArtMethod*) \
    V(CheckAndAllocArrayWithAccessCheck,void*,uint32_t, int32_t, ArtMethod*) \
    V(AllocStringFromBytes, void*, void*, int32_t, int32_t, int32_t) \
    V(AllocStringFromChars, void*, int32_t, int32_t, void*) \
    V(AllocStringFromString, void*, void*) \
    ......
```

既然每个 Thread 都包含与内存分配有关的成员变量，如果虚拟机选择新的内存分配器，理所当然就也需要遍历这些线程去更新它们了。那么，这些成员变量到底指向了谁？继续来看代码。

[thread.cc->ResetQuickAllocEntryPointsForThread]

```
void Thread::ResetQuickAllocEntryPointsForThread() {
    //修改tlsPtr_ quick_entrypoins结构体
    ResetQuickAllocEntryPoints(&tlsPtr_.quick_entrypoints);
}
```

[quick_alloc_entrypoints.cc->ResetQuickAllocEntryPoints]

```
void ResetQuickAllocEntryPoints(QuickEntryPoints* qpoints) {
#if !defined(__APPLE__) || !defined(__LP64__)
    //这个变量我们在上文中介绍过了。以笔者所搭建的模拟器为例，它的取值是
    //kAllocatorTypeRosAlloc
    switch (entry_points_allocator) {
        case gc::kAllocatorTypeDlMalloc: {
            SetQuickAllocEntryPoints_dlmalloc(qpoints, entry_points_instrumented);
            return;
        }
        case gc::kAllocatorTypeRosAlloc: {
            //entry_points_instrumented也是一个静态变量，表示是否使用辅助工具
            //(instrumentation的含义)，默认为false。我们不讨论它
            SetQuickAllocEntryPoints_rosalloc(qpoints, entry_points_instrumented);
            return;
        }
        ......
    }
    .....
    UNREACHABLE();
}
```

如上面代码所示，如果使用 rosalloc 内存分配器，则会调用 SetQuickAllocEntryPoints_rosalloc 函数设置对应的入口地址。SetQuickAllocEntryPoints_rosalloc 函数在 quick_alloc_entrypoints.cc 文件中声明。我们直接来看最关键的代码。

[quick_alloc_entrypoints.cc->SetQuickAllocEntryPoints#suffix]

```
//在SetQuickAllocEntryPoints_rosalloc函数中，rosalloc是下面的suffix
//所以，下面代码中pAllocObject的取值就是art_quick_alloc_object_rosalloc
```

```
void SetQuickAllocEntryPoints##suffix(QuickEntryPoints* qpoints,\
            bool instrumented) { \
    if (instrumented) { ......\
    } else { \
        qpoints->pAllocObject = art_quick_alloc_object##suffix; \
        ......
    } \
}
```

而 art_quick_alloc_object_rosalloc 函数又是在汇编代码中定义的。先来看几个由汇编代码编写的宏的定义。

[quick_alloc_entrypoints.S]

```
/*定义一个宏，它有两个参数，c_suffix以及cxx_suffix。
    THREE_ARG_DOWNCALL也是一个宏，用来定义汇编函数的。详情可参考
    quick_entrypoints_x86.S文件。*/
.macro GENERATE_ALLOC_ENTRYPOINTS c_suffix, cxx_suffix
    ......\
TWO_ARG_DOWNCALL art_quick_alloc_object##c_suffix,\
                artAllocObjectFromCode##cxx_suffix, \
                RETURN_IF_RESULT_IS_NON_ZERO_OR_DELIVER

//另外一个宏，_rosalloc对应RosAllc
.macro GENERATE_ALL_ALLOC_ENTRYPOINTS
    ......
GENERATE_ALLOC_ENTRYPOINTS_rosalloc, RosAlloc

//下面这个宏很关键
.macro GENERATE_ALLOC_ENTRYPOINTS_FOR_EACH_ALLOCATOR
.....
//注意，下面这个语句被注释掉了。即art_quick_alloc_object_rosalloc没有定义，
//下文将介绍为什么
//GENERATE_ALLOC_ENTRYPOINTS_ALLOC_OBJECT(_rosalloc, RosAlloc)
GENERATE_ALLOC_ENTRYPOINTS_ALLOC_OBJECT_RESOLVED(_rosalloc, RosAlloc)
.....
GENERATE_ALLOC_ENTRYPOINTS_ALLOC_ARRAY_RESOLVED(_rosalloc, RosAlloc)
....

.endm
```

借助这些宏，ART 虚拟机的开发人员减少了很多重复代码的编写（否则就需要为多个内存分配器编写类似的代码）。就本例的 rosalloc 而言，最终结果是：

- 在 quick_alloc_entrypoints.cc 中，SetQuickAllocEntryPoints_rosalloc 将 QuickEntryPoints 的 pAllocObject 成员变量设置为 art_quick_alloc_object_rosalloc。
- art_quick_alloc_object_rosalloc 是一个由汇编代码实现的函数。这个函数内部将从汇编代码中跳转到一个的 C++ 层函数，即 artAllocObjectFromCodeRosAlloc。

特别注意，quick_alloc_entrypoints.S 汇编文件只是定义了宏，而真正调用这个宏的地方却是在 quick_entrypoints_x86.S 中。我们到机器码执行模式一节再继续介绍这部分内容。

现在，我们马上来看 new-instance 和 new-array 指令的处理过程。

13.6.2　解释执行模式下的处理

我们依然以基于 switch/case 逻辑的解释执行模式为例。其中，new-instance/array 指令的处理代码如下所示。

[interpreter_switch_impl.cc->ExecuteSwitchImpl]

```
template<bool do_access_check, bool transaction_active>
JValue ExecuteSwitchImpl(.....) {
    ......
    case Instruction::NEW_INSTANCE: {
        Object* obj = nullptr;
        Class* c = ResolveVerifyAndClinit(inst->VRegB_21c(),
            shadow_frame.GetMethod(),self, false, do_access_check);
        if (LIKELY(c != nullptr)) {
            if (UNLIKELY(c->IsStringClass())) {
                gc::AllocatorType allocator_type =
                    Runtime::Current()->GetHeap()->GetCurrentAllocator();
                //下面这个函数对象类的代码，请读者自行研究
                mirror::SetStringCountVisitor visitor(0);
                //如果new一个String对象，则调用String Alloc函数
                obj = String::Alloc<true>(self, 0, allocator_type, visitor);
            } else {
                //如果new非String对象，则调用AllocObjectFromCode函数
                obj = AllocObjectFromCode<do_access_check, true>(
                inst->VRegB_21c(), shadow_frame.GetMethod(), self,
                Runtime::Current()->GetHeap()->GetCurrentAllocator());
            }
        }
        ......
        break;
    }
    case Instruction::NEW_ARRAY: {
        int32_t length = shadow_frame.GetVReg(inst->VRegB_22c(inst_data));
        //如果new一个数组，则调用AllocArrayFromCode函数
        Object* obj = AllocArrayFromCode<do_access_check, true>(
            inst->VRegC_22c(), length, shadow_frame.GetMethod(), self,
            Runtime::Current()->GetHeap()->GetCurrentAllocator());
        ......
        break;
        }
    .....
}
```

下面分别来看 String Alloc、AllocObjectFromCode 和 AllocArrayFromCode 函数。

13.6.2.1　String Alloc

在研究 Alloc 函数前，先来看看 ART 虚拟机中 mirror String 对象的声明，代码如下所示。

[string.h->String 声明]

```
class MANAGED String FINAL : public Object {
    .....
    int32_t count_;
```

```
    uint32_t hash_code_;
    uint16_t value_[0]; //value_数组才是真正存储字符串内容的地方。
    .....
};
```

再来看 Alloc 函数。

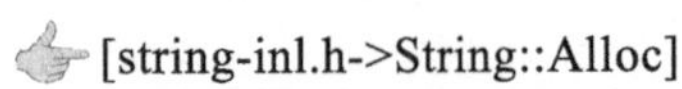

[string-inl.h->String::Alloc]

```
template <bool kIsInstrumented, typename PreFenceVisitor>
inline String* String::Alloc(Thread* self, int32_t utf16_length,
               gc::AllocatorType allocator_type,
               const PreFenceVisitor& pre_fence_visitor) {
    //注意参数，utf16_length代表以UTF-16编码的字符个数。也就是说，一个字符占2个字节
    //sizeof(String)将返回String类的大小（不包括value_数组的内容）
    constexpr size_t header_size = sizeof(String);
    size_t length = static_cast<size_t>(utf16_length);
    size_t data_size = sizeof(uint16_t) * length;//计算字符串内容所需的内存大小
    //计算最终所需分配的内存大小
    size_t size = header_size + data_size;
    //size按8字节向上对齐
    size_t alloc_size = RoundUp(size, kObjectAlignment);
    Class* string_class = GetJavaLangString();
    .....
    gc::Heap* heap = Runtime::Current()->GetHeap();
    //调用Heap AllocObjectWithAllocator函数分配内存
    return down_cast<String*>(
        heap->AllocObjectWithAllocator<kIsInstrumented, true>(self,
            string_class, alloc_size,allocator_type, pre_fence_visitor));
}
```

最终，内存分配的功能交由 Heap AllocObjectWithAllocator 来完成。我们稍后再介绍它。

13.6.2.2 AllocObjectFromCode

如果创建的是一个非 String 类的实例，则调用 AllocObjectFromCode 函数进行内存分配，其代码如下所示。

[entrypoint_utils-inl.h->AllocObjectFromCode]

```
template <bool kAccessCheck, bool kInstrumented>
inline mirror::Object* AllocObjectFromCode(uint32_t type_idx,
        ArtMethod* method, Thread* self, gc::AllocatorType allocator_type) {
    ......//我们仅考察内存分配的调用逻辑
    //klass代表所要创建的对象的类。调用它的Alloc函数
    return klass->Alloc<kInstrumented>(self, allocator_type);
}
```

[class-inl.h->Class::Alloc]

```
template<bool kIsInstrumented, bool kCheckAddFinalizer>
inline Object* Class::Alloc(Thread* self,gc::AllocatorType allocator_type){
    .....//我们仅考察内存分配的调用逻辑
    mirror::Object* obj =
        heap->AllocObjectWithAllocator<kIsInstrumented, false>(self, this,
                        this->object_size_,allocator_type, VoidFunctor());
    ......
```

```
    return obj;
}
```

Class Alloc 中最终也调用 Heap AllocObjectWithAllocator 函数完成内存分配。

13.6.2.3　AllocArrayFromCode

我们先来了解下 ART 虚拟机中，代表数组的 Array 类的声明。

[array.h->Array 类声明]

```
class MANAGED Array : public Object {
    ......

    private:
        int32_t length_;//元素的个数
        /*用于存储数组元素的内容。注意，虽然first_element_元素长度是32位，但它其实只是一
          块存储空间。该数组元素的个数需要根据Java层中对应数组元素所占位长来计算。比如，假设
          Java层中要创建包含4个short元素的数组。那么，first_element_数组的长度就是2。
          因为uint32_t为32位，而Java层short类型的位长是16,。*/
        uint32_t first_element_[0];
};
```

来看 AllocArrayFromCode 函数。

[entrypoint_utils-inl.h->AllocArrayFromCode]

```
template <bool kAccessCheck, bool kInstrumented>
inline mirror::Array* AllocArrayFromCode(uint32_t type_idx,
    int32_t component_count, ArtMethod* method, Thread* self,
        gc::AllocatorType allocator_type) {
    ......
    return mirror::Array::Alloc<kInstrumented>(self, klass, component_count,
                  klass->GetComponentSizeShift(), allocator_type);
}
```

[array-inl.h->Array::Alloc]

```
template <bool kIsInstrumented, bool kFillUsable>
inline Array* Array::Alloc(Thread* self, Class* array_class,
            int32_t component_count, size_t component_size_shift,
            gc::AllocatorType allocator_type) {
    /*下面的ComputeArraySize将根据要创建数组的元素个数（component_count决定）和元素的数据
      类型（由component_size_shift间接决定可参考primitive.hComponentSizeShift函数）
      来计算该数组对象最终所需要的内存大小。    */
    size_t size = ComputeArraySize(component_count, component_size_shift);
    ......
    gc::Heap* heap = Runtime::Current()->GetHeap();
    Array* result;
    if (!kFillUsable) {//kFillUsable默认为false
        SetLengthVisitor visitor(component_count);
        result = down_cast<Array*>(
            heap->AllocObjectWithAllocator<kIsInstrumented, true>(self,
                       array_class, size,allocator_type, visitor));
```

```
    } else { ......}
    ......
    return result;
}
```

最终还是调用 Heap AllocObjectWithAllocator 函数。我们留待 13.6.4 节再专门介绍它。

13.6.3 机器码执行模式下的处理

接着来看机器码执行模式下 new-instance/array 指令的处理。

[code_generator_x86.cc->InstructionCodeGeneratorX86::VisitNewInstance]

```
void InstructionCodeGeneratorX86::VisitNewInstance(
            HNewInstance* instruction) {
    if (instruction->IsStringAlloc()) {//如果是创建String类型的对象
        Register temp = instruction->GetLocations()->GetTemp(0).
                        AsRegister<Register>();
        MemberOffset code_offset =
            ArtMethod::EntryPointFromQuickCompiledCodeOffset(kX86WordSize);
        /*根据thread.cc InitStringEntryPoints函数的设置可知，QuickEntryPoints
          pNewEmptyString指向java lang StringFactory newEmptyString函数的机器码
          入口地址。也就是说，如果创建String类型的对象，则会调用StringFactory类的
          newEmptyString函数。 */
        __ fs()->movl(temp,
                  Address::Absolute(QUICK_ENTRY_POINT(pNewEmptyString)));
        __ call(Address(temp, code_offset.Int32Value()));
        ......
        } else {
        /*参考instruction_builder.ccBuildNewInstance函数可知，下面的GetEntryPoint返回
          kQuickAllocObject或kQuickAllocObjectInitialized，它们分别对应QuickEntryPoints
          结构体里的pQuickAllocObject和pQuickAllocObjectInitialized成员变量。*/
        codegen_->InvokeRuntime(instruction->GetEntrypoint(),....);
        ......
    }
}
```

接着来看 new-array 指令的处理。

[code_generator_x86.cc->InstructionCodeGeneratorX86::VisitNewArray]

```
void InstructionCodeGeneratorX86::VisitNewArray(HNewArray* instruction) {
    InvokeRuntimeCallingConvention calling_convention;
    __ movl(calling_convention.GetRegisterAt(0),
          Immediate(instruction->GetTypeIndex()));
    /*参考instruction_builder.ccProcessDexInstruction函数对NEW_ARRAY的处理，
      GetEntryPoint返回值为kQuickAllocArrayWithAccessCheck或kQuickAllocArray，
      它们分别对应QuickEntryPoints结构体里的pQuickAllocArrayWithAccessCheck和
      pQuickAllocArray成员变量。    */
    codegen_->InvokeRuntime(instruction->GetEntrypoint(),
                        instruction, instruction->GetDexPc(), nullptr);
    ......
}
```

结合 13.6.1 节的内容，以本例的 rosalloc 分配器而言，上面两个函数中提到的 QuickEntry-Points 成员的指向如表 13-1 所示。

表 13-1　QuickEntryPoints 几个成员变量的取值情况

QuickEntryPoints 成员	汇编函数	C++ 函数
pQuickAllocObject	art_quick_alloc_object_rosalloc	artAllocObjectFromCodeRosAlloc
pQuickAllocObjectInitialized	art_quick_alloc_object_initialized_rosalloc	artAllocObjectFromCodeInitializedRosAlloc
pQuickAllocArray	art_quick_alloc_array_rosalloc	artAllocArrayFromCodeRosAlloc
pQuickAllocArrayWithAccessCheck	art_quick_alloc_array_with_access_check_rosalloc	artAllocArrayFromCodeWithAccessCheckRosAlloc

但如 13.6.1 节最后所述，quick_alloc_entrypoints.S 只是定义了宏，真正使用宏的地方在 quick_entrypoints_x86.S 中。我们来看这部分代码。

[quick_entrypoints_x86.S]

```
//使用quick_alloc_entrypoints.S中的宏，也就是真正定义汇编函数的地方
//注意，quick_alloc_entrypoints.S文件里的内容是通用的，不区分平台
GENERATE_ALLOC_ENTRYPOINTS_FOR_EACH_ALLOCATOR

/*读者还记得GENERATE_ALLOC_ENTRYPOINTS_FOR_EACH_ALLOCATOR宏中有一个函数定义被注释掉了
  吗？正是下面这个art_quick_alloc_object_rosalloc函数。原来，对art_quick_alloc_object_xxx
  函数而言，它的实现由具体的CPU平台来处理。以x86平台而言，art_quick_alloc_object_rosalloc
  先是用汇编代码尝试利用调用线程中rosalloc线程本地内存资源进行内存分配（这就是所谓的fast path）。
  如果分配失败（或分配内存大小超过rosalloc线程本地内存资源的最大值128字节），则会调用C++层的
  artAllocObjectFromCodeRosAlloc函数进行内存分配（这就是代码中所说的slow path）。
  art_quick_alloc_object_rosalloc还涉及Thread tlsPtr_中thread_local_alloc_stack_
  top和thread_local_alloc_stack_end两个成员变量的使用。下文将见到这两个成员变量的作用。*/
DEFINE_FUNCTION art_quick_alloc_object_rosalloc
    ......
    PUSH edi
    movl ART_METHOD_DEX_CACHE_TYPES_OFFSET_32(%ecx), %edx
    movl 0(%edx, %eax, COMPRESSED_REFERENCE_SIZE), %edx
    testl %edx, %edx
    jz   .Lart_quick_alloc_object_rosalloc_slow_path//跳转到slow path去执行
    .....
    ret
.Lart_quick_alloc_object_rosalloc_slow_path://slow path的代码逻辑
    .....
    PUSH eax
    //调用artAllocObjectFromCodeRosAlloc函数
    call SYMBOL(artAllocObjectFromCodeRosAlloc)
    ......
END_FUNCTION art_quick_alloc_object_rosalloc
```

从上面的代码中可知，art_quick_alloc_object_rosalloc 在 x86 平台上做了一些优化。

- 如果可由调用线程所包含的 rosalloc 本地内存资源池进行内存分配，则中调用线程本地内存资源池中分配内存。
- 其他所有情况都会转移到执行速度相对较慢的 artAllocObjectFromCodeRosAlloc 函数来处理。这个函数的代码将在下文予以介绍。

笔者不拟对art_quick_alloc_object_rosalloc汇编函数展开介绍，其难度并不大，感兴趣的读者可自行研究。

下面我们先来了解机器码中如何处理String类实例的创建。

13.6.3.1 StringFactory newEmptyString

如上文代码所述，如果机器码中创建的是一个String类实例，则会调用JavaStringFactory的newEmptyString。注意，这是一个Java函数。其代码如下所示。

[StringFactory.java->newEmptyString]

```
public static String newEmptyString() {
    //newStringFromChars最终将调用下面代码所示的native函数
    return newStringFromChars(EmptyArray.CHAR, 0, 0);
}
//最终会调用下面这个native函数
static native String newStringFromChars(int offset, int charCount,
            char[] data);
```

newStringFromChars对应的JNI函数代码如下所示。

[java_lang_StringFactory.cc->StringFactory_newStringFromChars]

```
static jstring StringFactory_newStringFromChars(JNIEnv* env, jclass,
               jint offset,jint char_count, jcharArray java_data) {
    .....
    gc::AllocatorType allocator_type =
                Runtime::Current()->GetHeap()->GetCurrentAllocator();
    //内部调用String Alloc函数。其内容我们在解释执行模式一节中已经介绍过了
    mirror::String* result = mirror::String::AllocFromCharArray<true>(
                        soa.Self(), char_count,char_array, offset,
                        allocator_type);
  return soa.AddLocalReference<jstring>(result);
}
```

13.6.3.2 artAllocObjectFromCodeRosAlloc

再来看创建非String类的对象所调用的artAllocObjectFromCodeRosAlloc。这个函数是采用如下方式来定义的。

[quick_alloc_entrypoints.cc->artAllocObjectFromCode##sufix]

```
//借助suffix，我们可以定义不同内存分配器所对应的artAllocObjectFromCodeXXX函数
extern "C" mirror::Object* artAllocObjectFromCode ##suffix##suffix2( \
        uint32_t type_idx, ArtMethod* method, Thread* self) { \
    ScopedQuickEntrypointChecks sqec(self); \
    .....\略过一些其他情况的处理，感兴趣的读者可自行阅读
    //AllocObjectFromCode我们在解释执行模式中见过了
    return AllocObjectFromCode<false, instrumented_bool>(type_idx, method,
                self, allocator_type); \
} \
```

13.6.3.3 artAllocArrayFromCodeRosAlloc

再来看数组对象的创建。

[quick_alloc_entrypoints.cc->artAllocArrayFromCode##suffix]

```
extern "C" mirror::Array* artAllocArrayFromCode##suffix##suffix2( \
        uint32_t type_idx, int32_t component_count, ArtMethod* method, \
            Thread* self) { \
    ScopedQuickEntrypointChecks sqec(self); \
    //AllocArrayFromCode我们也在上文中介绍过了
    return AllocArrayFromCode<false, instrumented_bool>(type_idx,\
            component_count, method, self, allocator_type); \
} \
```

总结上述机器码执行模式中创建对象（包括 String 类型的对象和非 String 类型的对象）或数组的代码可知，它们和解释执行模式里的处理过程殊途同归——最后都调用了相同的处理函数。而这些相同的处理函数又会集中通过 Heap AllocObjectWithAllocator 函数来处理。下面我们马上来介绍它。

13.6.4　Heap AllocObjectWithAllocator

AllocObjectWithAllocator 函数是 Heap 类提供的用于处理内存分配关键函数。先来看它的函数原型。

[heap.h->Heap::AllocObjectWithAllocator]

```
/*AllocObjectWithAllocator为模板函数，包含三个模板参数：
    kInstrumented：和工具使用有关。我们不讨论它的情况
    kCheckLargeObject：判断要分配的内存大小是否属于大对象的范围
    PreFenceVisitor：一个函数对象，AllocObjectWithAllocator完成工作后会调用它。*/
template <bool kInstrumented, bool kCheckLargeObject,
    typename PreFenceVisitor>
    ALWAYS_INLINE mirror::Object* AllocObjectWithAllocator(Thread* self,
        mirror::Class* klass, size_t byte_count, AllocatorType allocator,
        const PreFenceVisitor& pre_fence_visitor)
//AllocObjectWithAllocator函数参数的含义都很简单，笔者不拟赘述。另外，请读者注意
// 解释执行和机器码模式下调用这个函数时传入的内存器分配类型都是kAllocatorTypeRosAlloc
```

再来看 AllocObjectWithAllocator 函数的实现。

[heap-inl.h->Heap::AllocObjectWithAllocator]

```
template <bool kInstrumented, bool kCheckLargeObject,
            typename PreFenceVisitor>
inline mirror::Object* Heap::AllocObjectWithAllocator(Thread* self,
        mirror::Class* klass, size_t byte_count, AllocatorType allocator,
        const PreFenceVisitor& pre_fence_visitor) {
    mirror::Object* obj;
    /*kCheckLargeObject为true并且ShouldAllocLargeObject返回true时，将转入
      AllocLargeObject函数。ShouldAllocLargeObject判断条件我们在上文介绍
      LargeObjectSpace时已经讲过，如果要分配的内存大于12KB（由Heap成员变量
      large_object_threshhold_控制，默认为12KB），并且所创建对象的类型为基础数据类
      型的数组或String，则属于大对象内存分配的范畴。*/
    if (kCheckLargeObject && UNLIKELY(ShouldAllocLargeObject(klass
                , byte_count))) {
        //AllocLargeObject函数将以kAllocatorTypeLOS为内存分配器的类型再次调用
        //AllocObjectWithAllocator函数
```

```
        obj = AllocLargeObject<kInstrumented, PreFenceVisitor>(self, &klass,
                                    byte_count, pre_fence_visitor);
        /*如果obj不为空，表明内存分配成功，返回obj。如果obj为空指针，则清除可能产生的异常
          但还需要继续尝试分配内存。因为kAllocatorTypeLOS内存分配器没有内存可分配，但其他
          类型的内存分配器（本例是kAllocatorTypeRosAlloc）可能还有内存供分配）。    */
        if (obj != nullptr) {  return obj; }
        else { self->ClearException(); }
    }
    size_t bytes_allocated;
    size_t usable_size;
    size_t new_num_bytes_allocated = 0;

    if (allocator == kAllocatorTypeTLAB || allocator ==
                kAllocatorTypeRegionTLAB) {
        //所需内存大小按8字节向上对齐
        byte_count = RoundUp(byte_count, space::BumpPointerSpace::kAlignment);
    }
    /*如果使用线程本地内存资源（TLAB），则先判断线程对象（self指定）TLAB是否还有足够
      内存。如果有，则直接从线程的TLAB中分配内存。注意，只有BumpPointerSpace和
     RegionSpace支持TLAB。rosalloc也有线程本地内存资源，只不过名字不叫TLAB。 */
    if ((allocator == kAllocatorTypeTLAB || allocator ==
        kAllocatorTypeRegionTLAB) &&  byte_count <= self->TlabSize()) {
    obj = self->AllocTlab(byte_count);
    obj->SetClass(klass);
    ......
    bytes_allocated = byte_count;
    usable_size = bytes_allocated;
    pre_fence_visitor(obj, usable_size);//调用回调对象
    QuasiAtomic::ThreadFenceForConstructor();
    } else if (!kInstrumented && allocator == kAllocatorTypeRosAlloc&&
            (obj = rosalloc_space_->AllocThreadLocal(self, byte_count
                , &bytes_allocated)) && LIKELY(obj != nullptr)) {
        //如果使用rosalloc，则调用RosAllocSpace的AllocThreadLocal在self所属线程
        //对应的内存空间中分配资源。上文已经对rosalloc做了详尽介绍，感兴趣的读者可自行研究
        //这部分代码
        obj->SetClass(klass);
        .....//
        usable_size = bytes_allocated;
        pre_fence_visitor(obj, usable_size);
        QuasiAtomic::ThreadFenceForConstructor();
    } else {
        /*如果前面的if条件均不满足（并不一定说明内存分配失败，有可能是内存分配器不满足if
          的条件），则调用TryToAlloce函数进行内存分配。下文将单独介绍它。   */
        size_t bytes_tl_bulk_allocated = 0;
        obj = TryToAllocate<kInstrumented, false>(self, allocator, byte_count,
                &bytes_allocated, &usable_size, &bytes_tl_bulk_allocated);
        if (UNLIKELY(obj == nullptr)) {
            //TryToAllocate如果返回空指针，说明内存资源有点紧张，下面将调用
            //AllocateInternalWithGc再次进行内存分配尝试，但该函数内部会开展垃圾回收。
            //下文将单独介绍AllocateInternalWithGc函数
            obj = AllocateInternalWithGc(self, allocator,.....);
            if (obj == nullptr) {
            //如果obj依然为空指针，还需要判断是否有异常发生。根据注释所言，如果上面代码执行
            //过程中切换了内存分配器的类型，则obj为空并且没有待投递的异常。
            if (!self->IsExceptionPending()) {
                /*调用AllocObject。注意，这里并没有传入内存分配器类型。如上面所说，此时
```

```
                内存分配器类型已经发生了变化（否则不会满足if的条件）。AllocObject将使用
                新的内存分配器类型重新调用一次AllocObjectWithAllocator。   */
              return AllocObject<true>(self,klass, byte_count,
                                              pre_fence_visitor);
          }
          //返回空指针，说明确实没有内存。此时一定会有一个OutOfMemory的异常等待我们
          return nullptr;
      }
    }
    //如果代码执行到此处，说明内存分配成功
    obj->SetClass(klass);
    ......
    //下面这个if代码块也和垃圾回收有关。我们后续章节再讨论它们
    if (collector::SemiSpace::kUseRememberedSet&& UNLIKELY(
                allocator == kAllocatorTypeNonMoving)) {
          ....
        WriteBarrierField(obj, mirror::Object::ClassOffset(), klass);
    }
    pre_fence_visitor(obj, usable_size);
    QuasiAtomic::ThreadFenceForConstructor();
    //Heap的num_bytes_allocated_成员变量保存了当前所分配的内存大小
    new_num_bytes_allocated = static_cast<size_t>(
        num_bytes_allocated_.FetchAndAddRelaxed(bytes_tl_bulk_allocated)) +
                bytes_tl_bulk_allocated;
    }
    .....
        /*下面的AllocatorHasAllocationStack函数将检查分配器的类型，如果分配器类型不为
          kAllocatorTypeBumpPointer、kAllocatorTypeTLAB、
          kAllocatorTypeRegion、kAllocatorTypeRegionTLAB中时将返回true。
          PushOnAllocationStack的代码将把obj保存到self线程的对应数据结构中。详情见下文
          13.6.4.3节的介绍。*/
        if (AllocatorHasAllocationStack(allocator)) {
            PushOnAllocationStack(self, &obj);
    }
    //下面的if语句和GC有关，我们统一留待后续章节再介绍
    if (AllocatorMayHaveConcurrentGC(allocator) &&IsGcConcurrent()) {
        CheckConcurrentGC(self, new_num_bytes_allocated, &obj);
    }
    .......
    return obj;
}
```

我们重点介绍上面代码中提到的 TryToAllocate 函数和 AllocateInternalWithGc 函数。

13.6.4.1 TryToAllocate

先来认识 TryToAllocate 函数。

 [heap-inl.h->Heap::TryToAllocate]

```
template <const bool kInstrumented, const bool kGrow>
inline mirror::Object* Heap::TryToAllocate(Thread* self,
                                    AllocatorType allocator_type,.....) {
    /*TryToAllocate有一个模板参数kGrow。它的含义和Heap对内存水位线的控制有关。
      后续章节我们再来介绍与之有关的内容。注意，上文AllocObjectWithAllocator调用
      TryToAllocate时，kGrow设置为false    */
```

```
    ......
    mirror::Object* ret;
    //根据内存分配器的类型选择不同的内存分配器
    switch (allocator_type) {
        case kAllocatorTypeBumpPointer: {//使用BumpPointerSpace
            alloc_size = RoundUp(alloc_size, space::BumpPointerSpace::kAlignment);
            ret = bump_pointer_space_->AllocNonvirtual(alloc_size);
            .....
            break;
        }
        case kAllocatorTypeRosAlloc: {//使用RosAllocSpace
        if (kInstrumented && UNLIKELY(is_running_on_memory_tool_)) {
            ......
        } else {
            /*结合上文对rosalloc分配器的介绍可知，rosalloc分配内存时会先确定一个Run，然后
              从这个Run中找到空闲的slot作为最终的内存资源。如果这个Run没有空闲资源，则会先创建
              这个Run（其所包含的slot都需要分配好）。虽然我们此次要分配的内存只有alloc_size
              大小，但它可能会导致一个Run的内存被分配。所以，下面的MaxBytesBulkAllocated-
              ForNonvirtual函数返回能匹配alloc_size的slot所属的Run需要多大内存（一个Run
              包含多个slot。一个slot大于或等于alloc_size）。
              IsOutOfMemoryOnAllocation为Heap的成员函数，它将判断可能需要分配的内存
              大小是否超过水位线。如果超过水位线，则内存分配失败。*/
            size_t max_bytes_tl_bulk_allocated =
                rosalloc_space_->MaxBytesBulkAllocatedForNonvirtual(alloc_size);
            if (UNLIKELY(IsOutOfMemoryOnAllocation<kGrow>(allocator_type,
                                            max_bytes_tl_bulk_allocated))) {
                return nullptr;
            }
            //调用RosAllocSpace AllocNonVirtual分配内存
            ret = rosalloc_space_->AllocNonvirtual(self, alloc_size,...);
            }
            break;
        }
        case kAllocatorTypeDlMalloc: {//dlmalloc的处理
            ......
            break;
        }
        case kAllocatorTypeNonMoving: {
            /*non_moving_space_的类型为MallocSpace*。这说明kAllocatorTypeNonMoving
              并不是一种独立的内存分配算法，它只是MallocSpace的一种使用场景。从内存分配角度来
              说，下面的Alloc要么由RosAllocSpace实现，要么由DlMallocSpace实现。
              kAllocatorTypeNonMoving的真正作用和下一章要介绍的GC有关，我们后续碰到时再介绍
              它们。 */
            ret = non_moving_space_->Alloc(self, alloc_size, bytes_allocated,
                                usable_size, bytes_tl_bulk_allocated);
            break;
        }
        case kAllocatorTypeLOS:....//其他内存分配器类型的处理，笔者不拟赘述
        case kAllocatorTypeTLAB:....
        case kAllocatorTypeRegion:....
        case kAllocatorTypeRegionTLAB:...
        ......
    }
    return ret;
}
```

13.6.4.2 AllocateInternalWithGc

AllocateInternalWithGc的代码比较复杂，但其目的却不难理解，它尽全力分配内存，

- 如果分配失败，则加大垃圾回收力度。然后继续尝试分配内存，直到无计可施。
- 垃圾回收后如果有了足够的空闲内存，则分配成功。

[heap.cc->Heap::AllocateInternalWithGc]

```
mirror::Object* Heap::AllocateInternalWithGc(Thread* self,
    AllocatorType allocator, bool instrumented,....,mirror::Class** klass) {
    ....
    /*WaitForGcToComplete：等待GC完成（如果当前正有GC任务的话）。返回值的类型GcType
      我们在7.6.2节中曾介绍过它。此处回顾如下：
      GcType为枚举变量，它有四种取值，对应垃圾回收力度由轻到重：
      (1) kGcTypeNone：没有做GC。
      (2) kGcTypeSticky：表示仅扫描和回收上次GC到本次GC这个时间段内所创建的对象
      (3) kGcTypePartial：仅扫描和回收应用进程自己的堆，不处理zygote的堆。这种方式和
          Android中Java应用程序的创建方式有关。在Android中，应用进程是zygote进程fork
          出来的。
      (4) kGcTypeFull：它将扫描APP自己以及它从父进程zygote继承得到的堆。
          垃圾回收时会由轻到重开展回收，以本例所设置的垃圾回收器类型kCollectorTypeCMS而言，
          它会由轻到重，分别尝试kGcTypeSticky、kGcTypePartial、kGcTypeFull。
          请读者注意，笔者在第14章中将介绍这几种回收策略的代码实现逻辑。*/
    collector::GcType last_gc = WaitForGcToComplete(kGcCauseForAlloc, self);
    .....
    //last_gc不为kGcTypeNone，表示系统完成了一次GC，再次尝试分配内存。注意，这次GC
    //并不是由AllocateInternalWithGc发起的
    if (last_gc != collector::kGcTypeNone) {
        mirror::Object* ptr = TryToAllocate<true, false>(self,....);
        if (ptr != nullptr) { return ptr; }
    }
    /*next_gc_type_表示我们要发起的GC粒度。它的取值和垃圾回收器类型有关。next_gc_type_
      的类型也是GcType。我们上文介绍过它的取值情况。    */
    collector::GcType tried_type = next_gc_type_;
    //CollectGarbageInternal将发起GC，注意它的最后一个参数表示是否回收
    //Soft Reference对象（详情见GC相关的知识）
    const bool gc_ran =
        CollectGarbageInternal(tried_type, kGcCauseForAlloc, false)
                                                  != collector::kGcTypeNone;
    ......
    if (gc_ran) {//gc_ran为true，表示执行了一次GC。现在，再次尝试分配内存
        mirror::Object* ptr = TryToAllocate<true, false>(self, ......);
        if (ptr != nullptr) { return ptr; }
    }
    //还是没有内存，此时，我们需要根据gc_plan_（数组），以上面代码中注释提到的CMS而言，
    //该数组的内容分别是kGcTypeSticky、kGcTypePartial、kGcTypeFull。下面的for循环将
    //由轻到重开展垃圾回收
    for (collector::GcType gc_type : gc_plan_) {
        if (gc_type == tried_type) { continue; }
        const bool plan_gc_ran =
            CollectGarbageInternal(gc_type, kGcCauseForAlloc, false) !=
                        collector::kGcTypeNone;
        ......
        if (plan_gc_ran) {//每执行一次回收就尝试分配一次内存
            mirror::Object* ptr = TryToAllocate<true, false>(self,.....);
            if (ptr != nullptr) { return ptr; }
        }
```

```
    }
    //再次尝试分配内存，但需要设置TryToAllocate的kGrow模板参数为true。读者可以看看
    //TryToAllocate函数的代码，对rosalloc而言，kGrow为true并没有多大用处
    mirror::Object* ptr = TryToAllocate<true, true>(self, allocator,....);
    if (ptr != nullptr) { return ptr; }

    //还是没有空余内存的话，则以最强力度（gc_plan_数组的末尾元素代表最强力度的GcType），
    //并且不放过soft reference对象（第三个参数为true）再做一次GC
    CollectGarbageInternal(gc_plan_.back(), kGcCauseForAlloc, true);
    .....
    ptr = TryToAllocate<true, true>(self, allocator,.....);
    if (ptr == nullptr) {
        //根据内存分配器的类型尝试做内存压缩（Compact）等操作。操作成功的话还会尝试
        //内存分配。这部分内容也和GC有关，我们后续章节再介绍
        ....
    }
    if (ptr == nullptr) {//设置OOM异常
        ThrowOutOfMemoryError(self, alloc_size, allocator);
    }
    return ptr;
}
```

到此，AllocateInternalWithGc函数就介绍完毕。仅考虑内存分配的话，该函数涉及的知识本章都已讲过。该函数中有很多与GC有关的内容，我们留待后续章节介绍。

13.6.4.3 PushOnAllocationStack

现在来回顾Heap AllocObjectWithAllocator最后几行代码中提到的PushOnAllocationStack函数，它和Thread tlsPtr_中另外两个成员变量关系密切。

[thread.h->Thread::tls_ptr_sized_values]

```
struct PACKED(sizeof(void*)) tls_ptr_sized_values {
    ......
    /*下面这两个成员变量的初始值为nullptr，它们标示了一段内存的起始和结束位置。代码中称
      这段内存为Allocation Stack。Allocation Stack就是一个栈容器，它存储的是一组
      StackReference<Object>元素。读者可以将一个StackReference<Object>实例看成一
      个指向Object的指针。 */
    StackReference<mirror::Object>* thread_local_alloc_stack_top;
    StackReference<mirror::Object>* thread_local_alloc_stack_end;
    ......
} tlsPtr_;
```

来看PushOnAllocationStack的代码。

[heap-inl.h->Heap::PushOnAllocationStack]

```
inline void Heap::PushOnAllocationStack(Thread* self, mirror::Object** obj) {
    //编译常量kUseThreadLocalAllocationStack表示是否使用线程的Allocation Stack,
    //默认取值为true。
    if (kUseThreadLocalAllocationStack) {
        /*调用Thread PushOnThreadLocalAllocationStack函数保存这个obj对象。该obj
          保存在线程的Allocation Stack中。注意，该函数如果返回false，说明Allocation
          Stack内存不足。此时需要调用Heap
      PushOnThreadLocalAllocationStackWithInternalGC函数为线程分配Allocation
          Stack的空间。  */
    if (UNLIKELY(!self->PushOnThreadLocalAllocationStack(*obj))) {
```

```
            PushOnThreadLocalAllocationStackWithInternalGC(self, obj);
        }
    } else if ......
}
```

我们先来看 Thread Allocation Stack 是如何存储数据的，非常简单，代码如下所示。

[thread-inl.h->PushOnThreadLocalAllocationStack]

```
inline bool Thread::PushOnThreadLocalAllocationStack(mirror::Object* obj) {
    if (tlsPtr_.thread_local_alloc_stack_top<
                        tlsPtr_.thread_local_alloc_stack_end) {
        //obj存储到stack_top所指向的位置，此后递增stack_top的值
        tlsPtr_.thread_local_alloc_stack_top->Assign(obj);
        ++tlsPtr_.thread_local_alloc_stack_top;
        return true;
    }
    return false; //返回false，说明Allocation Stack空间不够
}
```

以上展示了 Thread Allocation Stack 的相关代码，而这段空间的创建会在 13.8.2 节介绍。最后，我们来回答"**Allocation Stack 的作用**"这个问题。答案很简单，它和 Heap 中 GC 策略中的 kGcTypeSticky 关系密切。kGcTypeSticky 表示扫描并处理从上一次 GC 完成到本次 GC 这一段时间内所创建的对象。显然，我们需要记住两次 GC 期间所创建的对象。而 Allocation Stack 就是 ART 中记录这些新创建的对象的好地方。这也是为什么在 Heap AllocObjectWithAllocator 中调用 PushOnAllocationStack 的原因。

下文介绍 StickyMarkSweep 时读者将看到 kGcTypeSticky 的处理逻辑。

13.7 细观 Space

上文重点介绍了 Space 家族中那些实现了 AllocSpace 接口的类是如何提供内存分配与释放功能的知识。除此之外，Space 及其派生类中还有很多其他成员变量，它们的含义及作用也很重要。本节将回顾 Space 家族。重点介绍其中的一些关键成员变量。

13.7.1 Space 类

先来看 Space，它包含如下两个重要成员变量。

[space.h->Space]

```
class Space {
    protected:
        std::string name_; //表示一个Space对象的名称
        /*GcRetentionPolicy是一个枚举变量，其定义如下：
          enum GcRetentionPolicy {
        //下面这个枚举值表示本空间无需GC（垃圾回收的缩写，下同）
          kGcRetentionPolicyNeverCollect,
        //每次GC都需要回收本空间的垃圾对象
```

```
            kGcRetentionPolicyAlwaysCollect,
          //只在full GC的时候回收本空间的垃圾对象
            kGcRetentionPolicyFullCollect,
          }
      */
      GcRetentionPolicygc_retention_policy_;
      ......
  };
```

简单点说，GcRetentionPolicy 所定义的三个枚举值的含义如下所示。

- kGcRetentionPolicyNeverCollect：不需要回收某个 Space 所包含的垃圾对象（因为该 Space 可能不存在垃圾对象）。
- kGcRetentionPolicyAlwaysCollect：每次垃圾回收都需要处理某个 Space 空间。
- kGcRetentionPolicyFullCollect：直到最后时刻才回收某个 Space 空间中的垃圾对象。这个最后时刻就是所谓的 full GC。我们下文会详细介绍这部分内容。

我们重点关注 Space 子类是如何设置 Space 类的这两个成员变量的，来看表 13-2。

表 13-2　Space 成员变量初值设置

子类 \ 成员变量	name_	gc_retention_policy_	说明
ImageSpace	"/data/dalvik-cache/x86/system@framework@boot.art" "/data/dalvik-cache/x86/system@framework@boot-framework.art"	kGcRetentionPolicy-NeverCollect	虚拟机进程中可能存在多个 ImageSpace——每一个 art 文件都对应有一个 ImageSpace 对象。dex2oat 的 multi-image 选项可用于控制是否生成多个 art 文件（读者可回顾 9.1 节）。本书所使用的案例将只生成唯一的一个名为 boot.art 的文件。注意，ImageSpace 空间不允许 GC。这部分我们在第 14 章介绍 GC 时还会再碰到
ZygoteSpace	"zygote space"	kGcRetentionPolicy-FullCollect	ZygoteSpace 空间只有在 Full GC 时才允许 GC
BumpPointerSpace	"Bump pointer space 1" "Bump pointer space 2"	kGcRetentionPolicy-AlwaysCollect	ART 虚拟机进程可创建多个 BumpPointerSpace 空间
RegionSpace	"Region space"	kGcRetentionPolicy-AlwaysCollect	
DlMallocSpace	"main dlmalloc space" "main dlmalloc space 1" "zygote / non moving space"	kGcRetentionPolicy-AlwaysCollect	虚拟机可创建多个 DlMalloc-Space 对象。它们的作用可由其名称表达。详情见后续章节的介绍
RosAllocSpace	"main rosalloc space" "main rosalloc space 1"	kGcRetentionPolicy-AlwaysCollect	虚拟机可创建多个 RosAllocSpace 对象
LargeObject-MapSpace	"mem map large object space"	kGcRetentionPolicy-AlwaysCollect	
FreeListSpace	"free list large object space"	kGcRetentionPolicy-AlwaysCollect	

AllocSpace 类未定义任何成员变量。

13.7.2 ContinuousSpace 和 DiscontinuousSpace 类

接着来看 ContinuousSpace 类和 DiscontinuousSpace 类的成员变量。

[space.h->ContinuousSpace 类]

```
class ContinuousSpace : public Space {
    ....
    protected:
        //ContinuousSpace代表一块内存地址连续的空间，begin_为该内存空间的起始地址
        uint8_t* begin_;
        //可以将end_看作水位线。如果一个ContinuousSpace对象可分配内存的话，那么end_表示
        //当前内存分配到哪了。end_最大不能超过下面的limit_成员变量
        Atomic<uint8_t*>end_;
        //limit_是这块内存空间的末尾地址。end_不能超过limit_
        uint8_t* limit_;

    public:
        //Capacity函数返回该空间的容量，值为limit_- begin_
        virtual size_t Capacity() const {
        return Limit() - Begin();
    }
        //Size函数返回该空间当前使用了多少，值为end_- begin_。
        size_t Size() const {
        return End() - Begin();
    }
}
```

表 13-3 展示了 ContinuousSpace 子类对象创建时，上述三个成员变量的初值。

表 13-3 ContinuousSpace 成员变量初值情况

子类 \ 成员变量	begin_	end_	limit_	说明
ImageSpace	MemMap Begin	MemMap End	MemMap End	ImageSpace 关联了一个 MemMap 对象。begin_ 的值来自 MemMap Begin 函数的返回值
ZygoteSpace	MemMap Begin	MemMap End	MemMap End	读者可回顾 7.3.1 节来了解 MemMap Begin 和 End 函数的含义
BumpPointer-Space	MemMap Begin	MemMap Begin	MemMap End	end_ 和 begin_ 初值相同，这和 BumpPointerSpace 内存分配算法的特点有关
RegionSpace	MemMap Begin	MemMap End	MemMap End	
DlMallocSpace	MemMap Begin	begin_ + X	MemMap End	根据空间的作用，X 取值各不相同。详情见下文的相关代码
RosAllocSpace	MemMap Begin	begin_ + X	MemMap End	

接着来看DiscontinuousSpace类。

 [space.h->DiscontinuousSpace]

```
class DiscontinuousSpace : public Space {
    protected:
    /*LargeObjectBitmap为类型别名，其定义如下：
      typedef SpaceBitmap<kLargeObjectAlignment>LargeObjectBitmap;
      kLargeObjectAlignment为常量，值为内存页的大小（4KB）。SpaceBitmap的详情可回顾
      7.6.1.1.1节的内容。简单来说，SpaceBitmap是一个位图数组，该数组以比特位为元素：
      (1) 数组的每一位对应一段内存空间中一个内存单元的位置。内存单元的大小等于模板参数的值。
          比如上面的kLargeObjectAlignment表示以一个内存单元大小为4KB
      (2) 如果位图数组某个元素取值为1，则表明对应的内存单元中有内容。如果为0，则表示对应的
          内存单元没有内容。比如，我们在内存单元中创建了一个对象时，就需要修改位图数组中对应
          比特位元素的值为1。*/
    std::unique_ptr<accounting::LargeObjectBitmap>live_bitmap_;
    std::unique_ptr<accounting::LargeObjectBitmap>mark_bitmap_;
}
```

live_bitmap_和mark_bitmap_成员变量直接由DiscontinuousSpace初始化，代码如下所示。

 [space.cc->DiscontinuousSpace::DiscontinuousSpace]

```
DiscontinuousSpace::DiscontinuousSpace(const std::string& name,
                        GcRetentionPolicy gc_retention_policy) :
        Space(name, gc_retention_policy) {
    const size_t capacity =
            static_cast<size_t>(std::numeric_limits<uint32_t>::max());
    live_bitmap_.reset(accounting::LargeObjectBitmap::Create(
                "large live objects", nullptr, capacity));
    mark_bitmap_.reset(accounting::LargeObjectBitmap::Create(
                "large marked objects", nullptr, capacity));
}
```

13.7.3 MemMapSpace和ContinuousMemMapAllocSpace类

接着来看MemMapSpace和ContinuousMemMapAllocSpace类。

 [space.h->MemMapSpace]

```
class MemMapSpace : public ContinuousSpace {
    protected:
        std::unique_ptr<MemMap>mem_map_;//该成员变量指向所管理的MemMap对象
}
```

ContinuousMemMapAllocSpace比MemMapSpace要复杂一些。

 [space.h->ContinuousMemMapAllocSpace]

```
class ContinuousMemMapAllocSpace : public 2MemMapSpace, public AllocSpace {
    protected:
    /*ContinuousSpaceBitmap为数据类型别名，其定义如下：
      typedef SpaceBitmap<kObjectAlignment> ContinuousSpaceBitmap;
      kObjectAlignment取值为8。下文将解释这三个成员变量的取值情况。*/
      std::unique_ptr<accounting::ContinuousSpaceBitmap>live_bitmap_;
```

```
        std::unique_ptr<accounting::ContinuousSpaceBitmap>mark_bitmap_;
        std::unique_ptr<accounting::ContinuousSpaceBitmap>temp_bitmap_;
}
```

针对 ContinuousMemMapAllocSpace 中的三个位图成员变量，其子类中：

- ZygoteSpace 会设置 live_bitmap_ 和 mark_bitmap_。详情可参考 13.2 节的内容。注意，这两个成员变量的值由外部传入，并非由 ZygoteSpace 自己创建。
- BumpPointerSpace 和 RegionSpace 不设置这三个成员变量。
- DlMallocSpace 和 RosAllocSpace 在它们的基类 MallocSpace 构造函数中初始化 live_bitmap_ 和 mark_bitmap_ 成员变量。

来看 MallocSpace 构造函数。

 [malloc_space.cc->MallocSpace]

```
MallocSpace::MallocSpace(const std::string& name, MemMap* mem_map,
        ....., bool create_bitmaps,.....)
    : ContinuousMemMapAllocSpace(name, mem_map,....
            kGcRetentionPolicyAlwaysCollect),
        ...... {
    //DlMallocSpace和RosAllocSpace创建时均设置create_bitmaps为true
    if (create_bitmaps) {
         //bitmap_index_是一个全局静态变量，用于给位图对象命名
        size_t bitmap_index = bitmap_index_++;
        ......
        /*创建live_bitmap_和mark_bitmap_。我们不关心它们的命名。这两个位图对象覆盖的内存
          范围从MemMap Begin开始，大小是MemMap Size(NonGrowthLimitCapacity函数内部
          调用MemMap Size)。简单点说，live_bitmap_和mark_bitmap_位图对象所包含的位图数
          组恰好覆盖了这个MallocSpace所关联的MemMap内存空间。*/
        live_bitmap_.reset(accounting::ContinuousSpaceBitmap::Create(...,
            Begin(),NonGrowthLimitCapacity()));
        mark_bitmap_.reset(accounting::ContinuousSpaceBitmap::Create(...,
            Begin(), NonGrowthLimitCapacity()));
    }
}
```

MallocSpace 类自身还包含了几个重要成员变量，来看下一节。

13.7.4 MallocSpace 类

MallocSpace 类声明如下所示。

 [malloc_space.h->MallocSpace]

```
class MallocSpace : public ContinuousMemMapAllocSpace {
        ....
    protected:
        .....
        size_t growth_limit_;//内存分配最高水位线
        bool can_move_objects_;//该空间的mirror Object对象是否可移动。和GC有关
        const size_t starting_size_;//它和initial_size_都是描述内存水位线的。详情见下文
        const size_t initial_size_;
        ....
};
```

表 13-4 MallocSpace 成员变量初值情况

子类 \ 成员变量	starting_size_	initial_size_	growth_limit_	can_move_objects_
DlMallocSpace	4KB（由 kPageSize 指定）	4MB（由属性 dalvik.vm.heapstartsize 控制，默认为 4MB，参考 AndroidRuntime.cpp startVm 函数）	384MB（由属性 dalvik.vm.heapsize 控制，笔者搭建的模拟器中，该属性取值为 384MB）	和该空间的用途有关
RosAllocSpace	4KB	4MB	384MB	和该空间的用途有关

表 13-4 所列 MallocSpace 成员变量的初值和 DlMallocSpace 或 RosAllocSpace 具体的应用场景有关。不同的应用场景中，这些变量的取值并不一定和表 13-4 相同。下文将看到相关的代码。

starting_size_、initial_size_ 和 growth_limit_ 是不同的水位线。本章上文介绍 DlMallocSpace 和 RosAllocSpace 时并未展示过这些不同水位线的作用。建议感兴趣的读者自行研究它们。一般情况下，读者仅需了解最大可分配内存不允许超过 growth_limit_ 即可。

13.8 Heap 学习之二

正如笔者在 7.6 节中所说的，Heap 是一个复杂系统，我们需要采用剥洋葱式的逐步深入研究法来学习它。作为全书第二次正式介绍 Heap 的章节，本节将重点考察 Heap 如何创建和管理 Space 空间以及与之相关的一些关键类。

Heap 有很多配置参数，不同的配置参数将执行不同的代码逻辑。笔者拟以所搭建的 x86 模拟器的配置参数为例进行讲解。其他配置参数所执行的代码逻辑将忽略。

13.8.1 Heap 构造函数

先来看 Heap 的构造函数。

 [heap.cc->Heap::Heap]

```
Heap::Heap(size_t initial_size, size_t growth_limit,...
      size_t capacity,size_t non_moving_space_capacity,
      const std::string& image_file_name,.....
      CollectorType foreground_collector_type,
      CollectorType background_collector_type,
      space::LargeObjectSpaceType large_object_space_type,
      size_t large_object_threshold,....){
   /*注意构造函数的参数:
   initial_size: 由ART虚拟机运行参数-Xms指定。Android系统中该参数取值来自
               "dalvik.vm.heapstartsize"属性，默认为4MB。此处initial_size的值就是4MB。
```

```
    capacity：虚拟机运行参数对应为-Xmx。该参数取值来自"dalvik.vm.heapsize"，模拟器
            设置为384MB。
    growth_limit：虚拟机运行参数对应为-XX:HeapGrowthLimit，取值来自属性
            "dalvik.vm.heapgrowthlimit"。如果没有设置该属性的话，growth_limit
            取值与capacity相同。本例中它的值也为384MB
    non_moving_space_capacity：对应runtime_options.def中的
            NonMovingSpaceCapacity参数，默认取值为Heap.h文件中的
            kDefaultNonMovingSpaceCapacity（64MB）。本例中使用默认值64MB
    image_file_name：本例取值为
            "/data/dalvik-cache/x86/system@framework@boot.art"
    foreground_collector_type：当应用程序处于前台（即用户能感知的情况）时GC的类型。
            此处为kCollectorTypeCMS（以后简称CMS）
    background_collector_type：当应用程序位于后台时GC的类型。此处为
            kCollectorTypeHomogeneousSpaceCompact（以后简称HSC）。注意，这是
            一种空间压缩的方法，可减少内存碎片。但需要较长时间暂停程序的运行，所以只能
            在程序位于后台（用户不可见）的时候来执行。
    large_object_space_type：LargeObjectSpace的类型，来自runtime_options.def
            的LargeObjectSpace参数，x86平台上其取值为kMap。
    large_object_threshold：被认定为大对象的标准。来自runtime_options.def的
            LargeObjectThreshold参数，默认取值为Heap.h
            kDefaultLargeObjectThreshold（大小为3个内存页，此处为12KB）。
    其他参数我们下文代码分析时再介绍。  */

Runtime* const runtime = Runtime::Current();
const bool is_zygote = runtime->IsZygote();//is_zygote为true
//desired_collector_type_取值同foreground_collector_type，本例为
//kCollectorTypeCMS
ChangeCollector(desired_collector_type_);
//初始化live_bitmap_和mark_bitmap_成员变量，类型为HeapBitmap，读者可参考
//7.6.1.1节
live_bitmap_.reset(new accounting::HeapBitmap(this));
mark_bitmap_.reset(new accounting::HeapBitmap(this));
//注意下面这个变量
uint8_t* requested_alloc_space_begin = nullptr;
//下面这个If语句将创建ImageSpace对象
    if (!image_file_name.empty()) {
    std::vector<std::string> image_file_names;
    image_file_names.push_back(image_file_name);
    std::vector<space::Space*> added_image_spaces;
    uint8_t* const original_requested_alloc_space_begin =
                        requested_alloc_space_begin;
//在本例中，我们只有一个boot.art文件，所以只会创建一个ImageSpace对象
    for (size_t index = 0; index < image_file_names.size(); ++index) {
        std::string& image_name = image_file_names[index];
        std::string error_msg;
        space::ImageSpace* boot_image_space =
                space::ImageSpace::CreateBootImage(image_name.c_str(),...);
        if (boot_image_space != nullptr) {
            //将boot_image_space保存到Heap对应的管理模块中，下文将介绍AddSpace的代码
              AddSpace(boot_image_space);
            ....
            //oat_file_end_addr取值为art文件ImageHeader结构体中的oat_file_end_
            uint8_t* oat_file_end_addr =
                boot_image_space->GetImageHeader().GetOatFileEnd();
            /*更新requested_alloc_space_begin，使得它指向oat文件末尾位置（按4KB向上
```

```
                对齐）。对本例而言，oat_file_and_addr取值为0x74ba2000。ImageSpace加载到
                内存的起始位置为0x7014000（由art文件ImageHeaderimage_begin_指定）。
                根据image_space.cc GenerateImage函数的代码可知，这个起始位置由编译时传入的
                宏ART_BASE_ADDRESS（值为0x70000000）再加上运行时得到一个随机数共同决定。*/
              requested_alloc_space_begin = AlignUp(oat_file_end_addr, kPageSize);
              //boot_image_spaces_是一个数组，保存art文件对应的ImageSpace对象
              boot_image_spaces_.push_back(boot_image_space);
              ......
              }
          } else {......}
      }
  }//添加ImageSpace结束
  /*support_homogeneous_space_compaction取值为true,
    use_homogeneous_space_compaction_for_oom_取值为true，它来自
    runtime_options.def中的EnableHSpaceCompactForOOM参数，默认为true  */
  bool support_homogeneous_space_compaction =
    background_collector_type_==gc::kCollectorTypeHomogeneousSpaceCompact
    || use_homogeneous_space_compaction_for_oom_;

  //separate_non_moving_space取值为true，表示是否存在独立的non moving space
  //non moving space的作用我们后续章节再介绍
  bool separate_non_moving_space = is_zygote ||
                support_homogeneous_space_compaction ||....;

  //main_mem_map_1和main_mem_map_2为两个MemMap对象，此时还未创建它们。下面几段
  //代码的主要目前就是创建除ImageSpace之外的其他Space空间
  std::unique_ptr<MemMap> main_mem_map_1;
  std::unique_ptr<MemMap> main_mem_map_2;

  //request_begin初值为0x74ba2000（位于art文件对应ImageSpace的末尾），
  //此后的64MB空间预留给non moving space。
  uint8_t* request_begin = requested_alloc_space_begin;
  if (request_begin != nullptr && separate_non_moving_space) {
      request_begin += non_moving_space_capacity;//+64MB
  }
  std::unique_ptr<MemMap> non_moving_space_mem_map;
  //创建non_moving_space_mem_map对象
  if (separate_non_moving_space) {
      //kZygoteSpaceName取值为"zygote space", kNonMovingSpaceName取值为
      //"non moving space"
      const char* space_name = is_zygote ? kZygoteSpaceName:
                              kNonMovingSpaceName;
      //non_moving_space_mem_map内存映射空间从0x74ba2000开始，大小为64MB
      non_moving_space_mem_map.reset(
          MemMap::MapAnonymous(space_name,requested_alloc_space_begin,
                  non_moving_space_capacity, PROT_READ | PROT_WRITE,
                  ....));
      //设置request_begin，值为0x12C00000（300MB）
      request_begin = reinterpret_cast<uint8_t*>(300 * MB);
  }
  if (foreground_collector_type_ != kCollectorTypeCC) {
      if (separate_non_moving_space || !is_zygote) {
      //kMemMapSpaceName[0]取值为"main space"。main_mem_map_1内存映射对象
      //对应的内存范围从0x12C00000开始，大小为384MB（capacity_的取值）
      main_mem_map_1.reset(MapAnonymousPreferredAddress(kMemMapSpaceName[0],
```

```
            request_begin, capacity_,&error_str));
    .....
    } else {
        //如果没有独立的non moving space空间，则main_mem_map_1需要紧挨着
        //ImageSpace（request_begin的初值为requested_alloc_space_begin）
        main_mem_map_1.reset(MemMap::MapAnonymous(kMemMapSpaceName[0],
                        request_begin, capacity_,....));
    }
}
if (support_homogeneous_space_compaction || .....) {
    //kMemMapSpaceName[1]取值为"main space 1"。main_mem_map_2内存映射对象
    //覆盖的内存范围从main_mem_map_1结束的位置开始，大小也是384MB。
    main_mem_map_2.reset(MapAnonymousPreferredAddress(kMemMapSpaceName[1],
                        main_mem_map_1->End(),capacity_, &error_str));
}

if (separate_non_moving_space) {
    //non_moving_space_mem_map内存大小为64MB
    const size_t size = non_moving_space_mem_map->Size();
    //使用这个MemMap对象创建一个DlMallocSpace空间，
    non_moving_space_ = space::DlMallocSpace::CreateFromMemMap(
        non_moving_space_mem_map.release(), "zygote / non moving space",
                kDefaultStartingSize,initial_size, size, size, false);
    non_moving_space_->SetFootprintLimit(non_moving_space_->Capacity());
    AddSpace(non_moving_space_);//non_moving_space_加入Heap Space管理模块中
}
//到此，我们已经创建了一个ImageSpace对象和一个DlMallocSpace对象。

if (foreground_collector_type_ == kCollectorTypeCC) {...}
else if(IsMovingGc(foreground_collector_type_) &&
    foreground_collector_type_ != kCollectorTypeGSS){....}
else{//foreground_collector_type_不满足上面的判断条件
    /*CreateMainMallocSpace将创建Heapmain_space_成员变量。对使用rosalloc而言，
      它就是一个RosAllocSpace对象。另外，其内部还将调用SetSpaceAsDefault函数，
      如果main_space_是RosAllocSpace，则将main_space_赋值给rosalloc_space_，
      即这两个成员变量指向同一个空间。*/
    CreateMainMallocSpace(main_mem_map_1.release(), initial_size,
                growth_limit_, capacity_);
    AddSpace(main_space_);
    ....
    if (foreground_collector_type_ == kCollectorTypeGSS) {..... }
    else if (main_mem_map_2.get() != nullptr) {
        const char* name = kUseRosAlloc ? kRosAllocSpaceName[1] :
                                    kDlMallocSpaceName[1];
        main_space_backup_.reset(CreateMallocSpaceFromMemMap(
                    main_mem_map_2.release(), ....));
        AddSpace(main_space_backup_.get());//main_space_backup_加入管理模块
    }
}

if (large_object_space_type ==
            space::LargeObjectSpaceType::kFreeList) {.....}
else if (large_object_space_type ==
            space::LargeObjectSpaceType::kMap) {
large_object_space_ = space::LargeObjectMapSpace::Create(
```

```
                "mem map large object space");
} else {....}

if (large_object_space_ != nullptr) {
    AddSpace(large_object_space_);
}
.....
/*下面这段代码把main_space_backup_从Heap Space管理模块中移除。
  注意，上面代码中曾经把main_space_backup_加到了Heap Space管理模块。代码中对此处理的
  注释为"Remove the main backup space since it slows down the GC to have unused
  extra spaces."，但同时又说"TODO: Avoid needing to do this."。
  注意，main_space_backup_本身还存在，只不过它不在Heap Space管理模块中（详情见AddSpace
  的代码分析）。下文我们将看到main_space_backup_的作用。*/
if (main_space_backup_.get() != nullptr) {
    RemoveSpace(main_space_backup_.get());
}
//初始化card_table_成员变量，详情见下文介绍
static constexpr size_t kMinHeapAddress = 4 * KB;
card_table_.reset(accounting::CardTable::Create(
            reinterpret_cast<uint8_t*>(kMinHeapAddress),
                                        4 * GB - kMinHeapAddress));
....
if (HasBootImageSpace()) {
    //为每一个ImageSpace对象创建一个ModUnionTable对象。ModUnionTable的情况见
    //下文介绍
    for (space::ImageSpace* image_space : GetBootImageSpaces()) {
        accounting::ModUnionTable* mod_union_table = new
                accounting::ModUnionTableToZygoteAllocspace(
                "Image mod-union table", this, image_space);
        AddModUnionTable(mod_union_table);
    }
}
//kUseRememberedSet取值为true，下面这个if条件满足，所以将创建一个RememberedSet
//对象。
if (collector::SemiSpace::kUseRememberedSet&& non_moving_space_ !=
                main_space_) {
    accounting::RememberedSet* non_moving_space_rem_set =
        new accounting::RememberedSet("Non-moving space remembered set",
                        this, non_moving_space_);
    AddRememberedSet(non_moving_space_rem_set);
}
    num_bytes_allocated_.StoreRelaxed(0);
    /*mark_stack_、allocation_stack_和live_stack_都是Heap的成员变量，类型均为
      unique_ptr<accounting::ObjectStack>，即它们各自指向一个ObjectStack对象。
      ObjectStack是AtomicStack<Object>的类型别名。AtomicStack是ART自定义的容器类，
      其操作方式类似栈（只能在一端进出）。Atomic表示它支持原子操作。ObjectStack容器中所
      存储的元素其实是一个指针，每一个元素指向一个Object对象。
      下面的ObjectStack Create函数用于创建ObjectStack对象。其参数的含义是：
      第一个参数为字符串，用于标示一个ObjectStack对象的名称。
      第二个参数和第三个参数分别表示AtomicStack容器的两个水位线，分别是growth limit
      和capacity。AtomicStack所能容纳的元素个数不能超过growth limit。capacity
      大于或等于growh limit。下面代码中将创建Heap中的三个ObjectStack成员变量：
      mark_stack_：growh limit和capacity取值为kDefaultMarkStackSize，大小为64KB，
      allocation_stack_和live_stack_的growth limit以及capacity取值一样，
      growth limit为2MB，capacity为2MB+1024。
```

```
        这三个成员变量的作用和Allocation Stack有关，用于Heap的相关校验工作。本书不拟
        详细介绍这部分内容，此处仅介绍与之有关的数据结构（ObjectStack的介绍见13.8.2.5
        节），读者后续感兴趣时可以基于这些知识自行研究。 */
    mark_stack_.reset(accounting::ObjectStack::Create("mark stack",
                      kDefaultMarkStackSize, kDefaultMarkStackSize));
    //alloc_stack_capacity取值为8MB/4+1024
    const size_t alloc_stack_capacity = max_allocation_stack_size_ +
                      kAllocationStackReserveSize;
    allocation_stack_.reset(accounting::ObjectStack::Create(
        "allocation stack", max_allocation_stack_size_, alloc_stack_capacity));
    live_stack_.reset(accounting::ObjectStack::Create(
        "live stack", max_allocation_stack_size_, alloc_stack_capacity));
    .....//其他内容
}
```

图 13-9 为上述 Heap 构造函数中所创建的 Space 空间的情况。

提示　Heap 创建的 Space 空间对象和 Heap foreground_collector_type 以及 background_collector_type 这两个变量的取值关系非常密切。本节以它们的默认取值（分布为 CMS 和 HSC）为例向读者展示了 Space 对象创建的相关代码。下文介绍 ART 中的 GC 时，我们将直接展示 foreground_collector_type 以及 background_collector_type 取其他值时创建 Space 对象的结果，而 Heap 构造函数中的这部分代码将不再介绍。

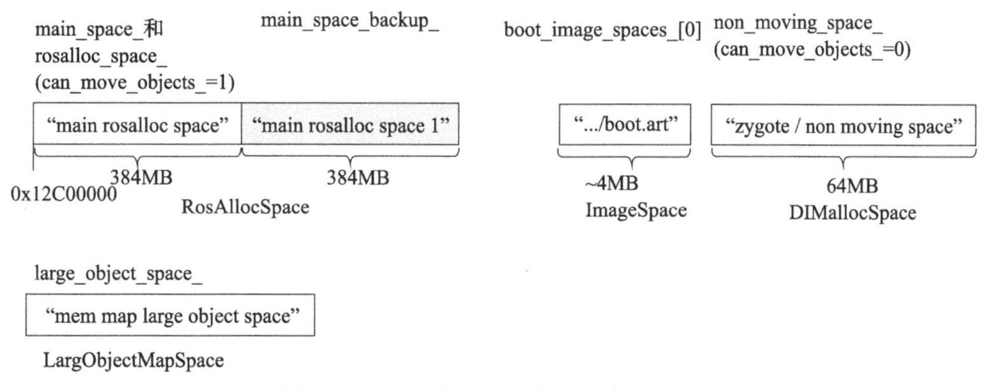

图 13-9　Heap 构造函数中所创建的 Space

在图 13-9 中：

- 每一个方框是一个 Space 对象，方框中双引号的内容为该 Space 对象的名字。注意，考虑图片的尺寸，".../boot.art" 省略了部分字符。
- 方框上面标示了该 Space 对象由 Heap 哪个成员变量所指向。其中，main_space_ 和 rosall_space_ 指向同一个对象。另外，RosAllocSpace 和 DlMallocSpace 类均有一个 can_move_objects_ 成员变量，它和 GC 有关，图中一并展示了不同 Space 对象中该成员变量的取值情况。
- 方框下部标示了各个 Space 的数据类型，比如 RosAllocSpace、ImageSpace 等。

- 部分 Space 对象标明了对应内存的起始地址和大小。
- 对 ImageSpace 对象而言，它真正被映射到内存的只有 art 文件的部分内容。但其后的 non moving space 则从 art 文件 ImageHeader 结构体 oat_file_end_ 处算起。就好像 art 文件整个被加载到内存一样，non moving space 紧接其后。

图 13-9 中上半部分的四个图框为连续内存空间对象的情况。

- 它们按内存起始地址从左到右，由高到低排列。
- 除了 main_space_backup_ 外，其余三个空间对象保存在 continuous_space_ 数组中。

最后，请读者注意。图 13-9 中所示仅为 Heap 构造函数中创建的 Space 对象。而根据 Android 系统的特点：

- 第一个 Java 进程是 Zygote。它会创建很多基础的、关键的对象。当然，这其中不可避免地会产生一些可被 GC 的垃圾对象。
- 其他 Java 进程由 Zygote 进程 fork 而来。为了给子进程更干净的内存空间，Zygote 在 fork 子进程前会调用 Heap PreZygoteFork 函数。该函数内部会进行垃圾回收和一些处理，同时还可能更新 Space 对象。后续章节将介绍 PreZygoteFork 函数。

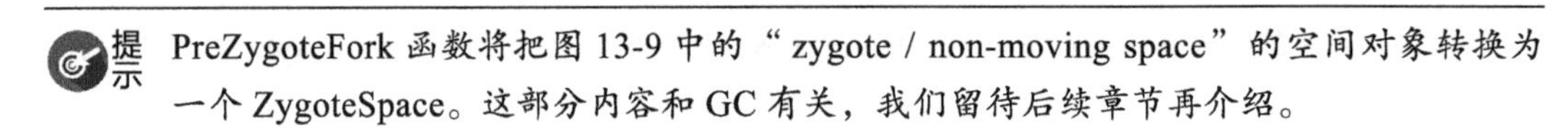

提示 PreZygoteFork 函数将把图 13-9 中的“zygote / non-moving space”的空间对象转换为一个 ZygoteSpace。这部分内容和 GC 有关，我们留待后续章节再介绍。

Heap 构造函数中还涉及一些比较关键的知识，下面来一一介绍它们。

13.8.1.1 AddSpace

Heap 中有几个成员变量用于管理所创建的 Space 对象。来看相关代码。AddSpace 用于向 Heap 的 Space 管理模块中添加一个 Space 对象。

[heap.cc->Heap::AddSpace]

```
void Heap::AddSpace(space::Space* space) {
    WriterMutexLock mu(Thread::Current(), *Locks::heap_bitmap_lock_);
    if (space->IsContinuousSpace()) {
        //根据图13-1，除了LargeObjectSpace外，其他的Space都属于ContinuousSpace
        space::ContinuousSpace* continuous_space = space->AsContinuousSpace();
        /*ContinuousSpace GetLiveBitmap和GetMarkBitmap是虚函数。其实现者为
          ContinuousMemMapAllocSpace。而ContinuousMemMapAllocSpace定义了
          live_bitmap_和mark_bitmap_两个成员变量。根据13.7.3节可知，只有DlMallocSpace
          和RosAllocSpace初始化了这两个成员变量。   */
        accounting::ContinuousSpaceBitmap* live_bitmap =
                        continuous_space->GetLiveBitmap();
        accounting::ContinuousSpaceBitmap* mark_bitmap =
                        continuous_space->GetMarkBitmap();
        if (live_bitmap != nullptr) {
            /*下面的live_bitmap_和mark_bitmap_为Heap的成员变量，类型为HeapBitmap。
              其详细信息可参考7.6.1.1节的内容。简单来说，下面的AddContinuousSpaceBitmap
              函数将把一个位图对象加到HeapBitmap continuous_space_bitmaps_
              （ContinuousSpaceBitmap数组）中去。*/
            live_bitmap_->AddContinuousSpaceBitmap(live_bitmap);
            mark_bitmap_->AddContinuousSpaceBitmap(mark_bitmap);
        }
        //continuous_spaces_为Heap的成员变量，类型为vector<ContinuousSpace*>，即
```

```
        //一个存储ContinuousSpace对象的数组。下面将continuous_space加到这个数组中
        continuous_spaces_.push_back(continuous_space);
        //对continuous_spaces_数组中的元素进行排序，内存空间起始位置小的排在前面。
        //图13-9中Space对象就是按这个顺序排列的（从左到右，内存起始地址由低到高）
        std::sort(continuous_spaces_.begin(), continuous_spaces_.end(),
                  [](const space::ContinuousSpace* a,
                     const space::ContinuousSpace* b) {
              return a->Begin() < b->Begin();
            });
        } else {
        //处理DiscontinuousSpace，也就是唯一的LargeObjectMapSpace
        space::DiscontinuousSpace* discontinuous_space =
            space->AsDiscontinuousSpace();
        //AddLargeObjectBitmap用于将位图对象加入HeapBitmap large_object_bitmaps_
        //数组中
        live_bitmap_->AddLargeObjectBitmap(discontinuous_space->GetLiveBitmap());
        mark_bitmap_->AddLargeObjectBitmap(discontinuous_space->GetMarkBitmap());
        //discontinuous_spaces_为Heap成员变量，类型为vector<DiscontinuousSpace*>
        discontinuous_spaces_.push_back(discontinuous_space);
    }
    //如果Space可分配内存，则还需要将这个AllocSpace对象加到
    //Heap alloc_spaces_数组中保存，其类型为vector<AllocSpace*>
    if (space->IsAllocSpace()) {
        alloc_spaces_.push_back(space->AsAllocSpace());
    }
}
```

通过 AddSpace 的代码可知，Heap 对 Space 的管理可分为：

- 如果是连续内存地址的 Space 对象，则将其加入 continuous_spaces_ 数组中。该数组元素按照内存地址的起始位置由小到大排列。如果这个 Space 对象有 live_bitmap_ 和 mark_bitmap_ 位图对象，则对应将其加入 Heap 的 live_bitmap_ 和 mark_bitmap_ 的管理。
- 如果是内存地址不连续的 Space 对象，则将其加入 discontinuous_spaces_ 数组。没有排序的要求。如果这个 Space 对象内有 live_bitmap_ 和 mark_bitmap_ 位图对象，则对应将其加入 Heap 的 live_bitmap_ 和 mark_bitmap_ 的管理。
- 如果是可分配内存的 Space 对象，则将其加入 alloc_spaces_ 数组。

13.8.1.2 RemoveSpace

RemoveSpace 用于从上述管理模块中移除一个 Space 对象，来看代码。

[heap.cc->Heap::RemoveSpace]

```
void Heap::RemoveSpace(space::Space* space) {
    WriterMutexLock mu(Thread::Current(), *Locks::heap_bitmap_lock_);
    if (space->IsContinuousSpace()) {
        space::ContinuousSpace* continuous_space = space->AsContinuousSpace();
        accounting::ContinuousSpaceBitmap* live_bitmap =
                             continuous_space->GetLiveBitmap();
        accounting::ContinuousSpaceBitmap* mark_bitmap =
                             continuous_space->GetMarkBitmap();
        if (live_bitmap != nullptr) {
            live_bitmap_->RemoveContinuousSpaceBitmap(live_bitmap);
```

```
            mark_bitmap_->RemoveContinuousSpaceBitmap(mark_bitmap);
        }
        auto it = std::find(continuous_spaces_.begin(),
                        continuous_spaces_.end(), continuous_space);
        continuous_spaces_.erase(it);
    } else {
        ....//类似处理，操作discontinuous_spaces_数组
    }
    if (space->IsAllocSpace()) {
        auto it = std::find(alloc_spaces_.begin(), alloc_spaces_.end(),
                    space->AsAllocSpace());
        alloc_spaces_.erase(it);
    }
}
```

13.8.2 关键类介绍

本节来了解Heap中的四个关键类——CardTable、RememberedSet、ModUnionTable和ObjectStack。简单来说，这四个类都属于辅助性质的数据结构，其作用都和GC有关。我们先介绍CardTable，来看图13-10。

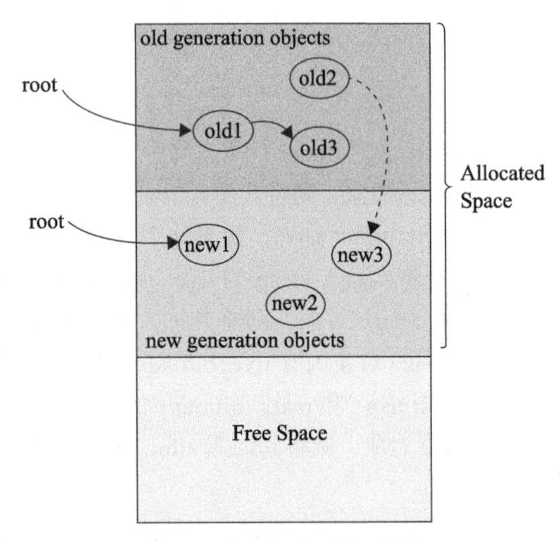

图13-10 分代GC示意

图13-10展示了分代GC的大体概念。图中有三块区域。

- 最下方是空闲的内存空间，其上是两块已经被使用了的内存区域（Allocated Space）。Allocated Space里包含了一个一个的Java Object对象。
- Allocated Space又可细分为两个部分。最上面的部分存储的是老年代对象，中间存储的是新生代对象。从内存分配的角度来看，新老对象并无本质区别。但如果从内存回收角度来看，新对象是更可能被回收的对象，而老对象则是之前几轮垃圾回收过后剩下来的对象。老对象可能是需要长期存在的对象。
- 分代GC的核心思想是通过将Allocated Space分为多个区域（图13-10为了展示方便

只绘制了两个)，针对这些区域做针对性地 GC，从而可以减少 GC 的工作量。比如，最极端的情况就是只对新生代做 GC，而老年代不做 GC。显然，这比对整个 Allocated Space 做 GC 要快。分代 GC 的详细算法我们在后续章节再介绍。

继续来看图 13-10。

- 左边有两个 root（后续章节再详细介绍 root 具体是什么)，中间的 root 指向新生代的 new1 对象。
- 上面的 root 指向老年代的 old1，old1 又引用了 old3。
- 特别注意，old2 也引用了一个对象（new3），但是这个 new3 却位于新生代中。

如果分代 GC 只从新生代对应的 root 进行标记 - 清除的话，new3 这个对象显然会被错误地当成垃圾被回收。但如果扫描老年代，这又丧失了分代 GC 的最大优点。该问题的解决思路比较简单，即虚拟机主动记录哪些老年代对象引用了新生代的对象。所以，分代 GC 不仅要扫描新生代对应的 root，还需要扫描这些纳入记录了的老年代对象。该方法有大致两种实现。

- RememberedSet：简单点说它就是一个容器类的数据结构。每一个引用了新生代对象的老年代对象都保存在 RememberedSet 中。其优点是精确，缺点是需要额外的内存空间来保存这些老年代对象。
- CardTable：ART 虚拟机中，CardTable 可看作是一个元素大小为 1 字节的数组，该数组的每一个元素叫作一个 Card（大小为 1 字节，不同虚拟机有不同的取值)。然后对图 13-10 中的 AllocatedSpace 按 128 字节（不同虚拟机有不同的取值）大小进行划分。每一个 Card 对应为 Space 中的一个 128 字节区域。所以，凡是内存地址位于某一个 128 字节区域的 Object 对象都对应同一个 Card。在这个 128 字节区域内的 Object 对象中，只要有一个引用了新生代的对象，则该区域对应的 Card 元素将被标记为脏 Card（Dirty Card)。简单来说，RememberedSet 是以单个 Object 为管理对象，而 CardTable 是以 128 字节空间为管理对象。这 128 字节的空间中可能存在多个 Object。

以上为 CardTable 和 RememberedSet 最原始的概念。不过，在 ART 虚拟机中，CardTable、RememberedSet 以及 ModUnionTable 的作用就和虚拟机实现密切相关。并且，ART 虚拟机的 RememberedSet 不再管理单个对象，而是以 Card 为单位，管理跨 Space 的 Object 引用关系。另外，ModUnionTable 的作用和 RememberedSet 差不多，只不过它被 ImageSpace 或 ZygoteSpace 使用。而 RememberedSet 被 RosAllocSpace 或 DlMallocSpace 使用。图 13-11 展示了 ART 虚拟机中 Space、CardTable 以及 RememberedSet 的关系。

图 13-11 展示了 ART 虚拟机中 CardTable、Space、RememberedSet 和 ModUnionTable 之间的关系。

- 中间为 CardTable，它是一个数组，元素大小为 1 字节。该数组构造在一个内存映射对象上，起始位置为 4KB，结尾为 4GB。注意，CardTable 前面一段灰色区域用于对齐。Heap 利用这一个 CardTable 对象维护了 Heap 中其他空间所需的 card 信息。
- 上方为一个 ContinuousSpace 对象（严格来说是一个 MallocSpace 对象)。它们按 kCardSize（128 字节）进行划分。每一个 kCardSize 单元可映射到 CardTable 中的一个 Card。作为示意，笔者在 ContinuousSpace 空间的尾部绘制了两个 Object，它说明了一个 128 字节单元内可存在多个 Object。

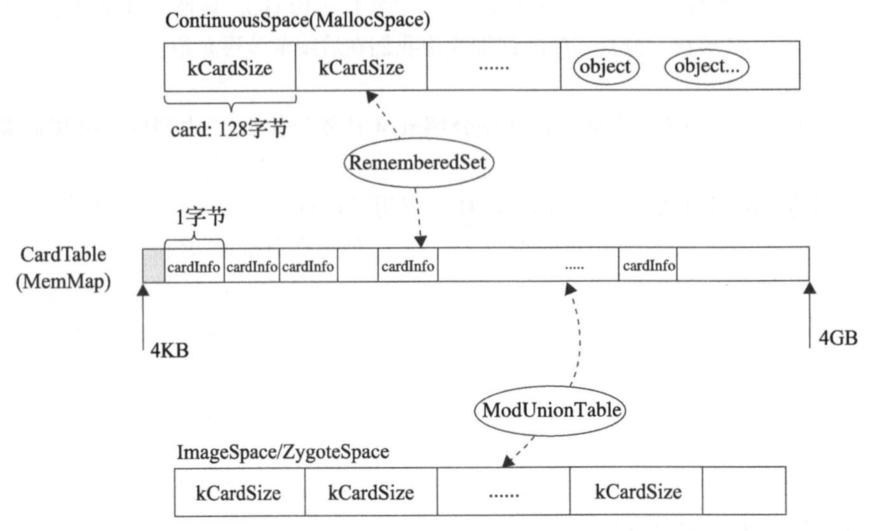

图 13-11　ART 中 CardTable、Space、RememberedSet 和 ModUionTable 的关系

- 一个 RememberedSet 会关联一个 ContinuousSpace，它用于记录该 ContinuousSpace 空间中的 Object 是否引用了其他 Space 空间中的 Object 等信息。**也就是说**，我们要想了解或操作某个 ContinuousSpace 和其他 Space 空间中 Object 引用关系的话，只要通过这个 ContinuousSpace 所关联的 RememberedSet 即可，而无须操作整个 CardTable。另外，代码中只有 DlMallocSpace 或 RosAllocSpace 会关联 RememberedSet。BumpPointerSpace 和 RegionSpace 均没有使用它。
- 下方为一个 ImageSpace 或 ZygoteSpace 对象，它会关联一个 ModUnionTable 对象。在代码中，只有 ImageSpace 或 ZygoteSpace 这两种类型的 Space 对象会使用 ModUnionTable。

提示　在 ART 虚拟机中，RememberedSet 和 ModUnionTable 都和 GC 密切相关。本质上来说，它们内部操作的都是 CardTable。后续章节介绍 GC 时我们会看到它们的作用。

13.8.2.1　Write Barrier

如上文所述，我们需要记录一个老年代对象是否引用了一个新生代对象。要严格意义上实现这个要求非常困难。而 ART 虚拟机采用了一种相对宽泛的概念来描述这种引用关系，然后借助 Write Barrier 手段以记录这种引用关系。具体而言就是：

- 虚拟机每次执行 iput-object 指令——也就是给某个对象的引用型成员变量赋值的时候，就会进行一次记录。
- 这个记录的地方就叫 Write Barrier，表明执行写（也就是修改）动作的时候，需要在这个地方处理一些别的事情。

所以，**ART 虚拟机不再区分老年代对象或新生代对象**，凡是设置了对象的引用型成员变量均会记录——这种处理方式对后续垃圾回收很有帮助（这实际上是 Barrier 另外一种作用，详情可阅读论文《Incremental Parallel Garbage Collection》[1]，后续章节我们也会见到这种用法）。下面我们通过代码来了解 Write Barrier 的实现。

提示　Write Barrier 是指在写操作的时候做记录。同理，我们也可以在执行读动作的时候做一些事情，这就叫 Read Barrier。无论读还是写，Barrier 的存在都会影响程序运行的速度，考虑到一个程序中写操作往往要比读操作少，所以 Write Barrier 用得相对更普遍一些。Read Barrier 的实现有 Baker 和 Brooks 两种比较常见的方式。ART 虚拟机中定义了 kUseBakerOrBrooksReadBarrier 宏用来控制是否使用 Read Barrier，默认为不使用它。

13.8.2.1.1　解释执行模式下的处理

解释执行模式下，iput-object 指令将触发 DoFieldPut 函数被调用，代码如下所示。

[interpreter_common.cc->DoFieldPut]

```
bool DoFieldPut(Thread* self,... uint16_t inst_data){
    ......
    //f是代表目标成员变量的ArtField对象
    ArtField* f =
        FindFieldFromCode<find_type, do_access_check>(field_idx, ....
                            Primitive::ComponentSize(field_type));
    ......
    switch (field_type) {
    case Primitive::kPrimNot: {
        Object* reg = shadow_frame.GetVRegReference(vregA);
        ......
        f->SetObj<transaction_active>(obj, reg);
        break;
    }
    .....
}
```

[art_field-inl.h->ArtField::SetObj]

```
template<bool kTransactionActive>
inline void ArtField::SetObj(mirror::Object* object,
                mirror::Object* new_value) {

    if (UNLIKELY(IsVolatile())) {.....}
    else {
        //调用Object SetFieldObject函数
        object->SetFieldObject<kTransactionActive>(GetOffset(), new_value);
    }
}
```

[object-inl.h->Object::SetFieldObject]

```
inline void Object::SetFieldObject(MemberOffset field_offset,
                Object* new_value) {
```

[1] 该论文链接为 http://www.doc.ic.ac.uk/teaching/distinguished-projects/2010/p.thomas.pdf。

```
    /*设置对应成员变量的值其不使用Write Barrier。其内部就是更新本Object对象
        field_offset内存处的值为new_value。不熟悉Object对象内存布局的读者请阅读8.7.4.2
        节的内容。 */
    SetFieldObjectWithoutWriteBarrier<...>(field_offset, new_value);
    //只要新值不为空，都需要调用Heap WriteBarrierField函数
    if (new_value != nullptr) {
        Runtime::Current()->GetHeap()->WriteBarrierField(this, field_offset,
                                                  new_value);
        ......
    }
}
```

[heap.h->Heap::WriteBarrierField]

```
ALWAYS_INLINE void WriteBarrierField(const mirror::Object* dst,
            MemberOffset offset ATTRIBUTE_UNUSED,
            const mirror::Object* new_value ATTRIBUTE_UNUSED) {
    /*注意，WriteBarrierField只用到第一个参数dst，它就是成员变量被赋值的那个对象，而成员变
      量的新值（new_value表示）并未使用。在下面的代码中，上文Heap构造函数中已经见过card_table_
      了。而MarkCard将标记dst对应的Card标志为kCardDirty。其详情见下文的介绍。  */
    card_table_->MarkCard(dst);
}
```

总结上述代码可知，WriteBarrier 的功能就是如果设置了某个对象的引用型成员变量，则该对象在 CardTable 中对应的 card 值将设置为 kCardDirty。

提示 如果 CardTable 中一个 card 的值为 kCardDirty，则这个 Card 对应的对象（位于某个空间）有一个引用型成员变量的值不为空。

13.8.2.1.2 机器码执行模式下的处理

机器码执行模式下 Write Barrier 的处理逻辑其实和解释执行模式下的差不多。我们直接看生成 iput 指令对应机器码的关键函数 HandleFieldSet。

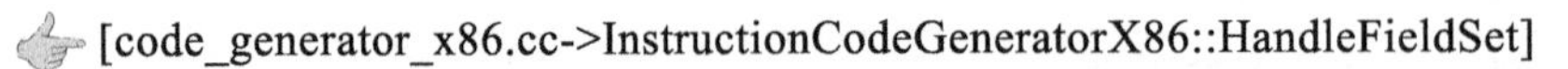

[code_generator_x86.cc->InstructionCodeGeneratorX86::HandleFieldSet]

```
void InstructionCodeGeneratorX86::HandleFieldSet(HInstruction* instruction,
         const FieldInfo& field_info, bool value_can_be_null) {
    ......

    Primitive::Type field_type = field_info.GetFieldType();
    uint32_t offset = field_info.GetFieldOffset().Uint32Value();
    //如果成员变量的数据类型为引用，并且所赋的值不为空，则needs_write_barrier为true
    bool needs_write_barrier =
        CodeGenerator::StoreNeedsWriteBarrier(field_type,
            instruction->InputAt(1));
    ......

    bool maybe_record_implicit_null_check_done = false;
    ....//生成赋值操作相关的机器码

    if (needs_write_barrier) {//生成Write Barrier相关机器码
        Register temp = locations->GetTemp(0).AsRegister<Register>();
        Register card = locations->GetTemp(1).AsRegister<Register>();
```

```
            codegen_->MarkGCCard(temp, card, base, value.AsRegister<Register>(),
                                 value_can_be_null);
        }
        .....
    }
```

[code_generator_x86.cc->CodeGeneratorX86::MarkGCCard]

```
void CodeGeneratorX86::MarkGCCard(Register temp, Register card,
                Register object,Register value, bool value_can_be_null) {
    ......
    //Thread tlsPtr_中有一个card_table（类型为uint8_t*）成员变量，下面的语句
    //用于获取调用线程card_table的内存位置，将其保存在card寄存器中
    __ fs()->movl(card,
                Address::Absolute(
                Thread::CardTableOffset<kX86WordSize>().Int32Value()));
    //以下代码将生成对应的机器码，其功能为计算object对应的Card位置，然后设置该Card的
    //状态。它们的效果与调用解释执行模式中的MarkCard函数一样。
    __ movl(temp, object);
    __ shrl(temp, Immediate(gc::accounting::CardTable::kCardShift));
    __ movb(Address(temp, card, TIMES_1, 0),
      X86ManagedRegister::FromCpuRegister(card).AsByteRegister());
    .....
}
```

最后，每个线程 tlsPtr_ 的 card_table 成员变量由下面这个函数在线程对象初始化时设置。

 [thread.cc->Thread::InitCardTable]

```
void Thread::InitCardTable() {
    //Heap GetCardTable返回Heap card_table_成员变量。这说明所有线程对象共用一个
    //CardTable。CardTable GetBiasedBegin函数返回这个CardTable用于存储记录的内存
    //空间的起始地址。
    tlsPtr_.card_table =
        Runtime::Current()->GetHeap()->GetCardTable()->GetBiasedBegin();
}
```

13.8.2.2 CardTable

现在，我们来了解 CardTable。

13.8.2.2.1 CardTable 的创建

在 Heap 构造函数中，CardTable 创建的代码如下。

[heap.cc->Heap::Heap]

```
.....
static constexpr size_t kMinHeapAddress = 4 * KB;
//CardTable的覆盖范围从4KB开始，到4GB结束。读者可参考图13-11
card_table_.reset(accounting::CardTable::Create(
            reinterpret_cast<uint8_t*>(kMinHeapAddress),
                                        4 * GB - kMinHeapAddress));
....
```

来看 CardTable 的 Create 函数。

[card_table.cc->CardTable::Create]

```
CardTable* CardTable::Create(const uint8_t* heap_begin,
                      size_t heap_capacity) {
    /*CardTable类定义了几个编译常量，如下所示：
    static constexpr size_t kCardShift = 7;
    static constexpr size_t kCardSize = 1 <<kCardShift;//kCardSize值为128
    static constexpr uint8_t kCardClean = 0x0;
    static constexpr uint8_t kCardDirty = 0x70;*/
    //计算需要多少个Card
    size_t capacity = heap_capacity / kCardSize;
    std::string error_msg;
    //创建一个MemMap映射对象，其大小为capacity+256。
    std::unique_ptr<MemMap> mem_map(
        MemMap::MapAnonymous("card table", nullptr, capacity + 256,
                PROT_READ | PROT_WRITE,...));
    //下面省略了一段代码，用于计算图13-11中提到的对齐区域，见下文介绍
    ......
    //创建CardTable对象。biased_begin是第一个card的位置，offset是用于计算偏移量的值
    return new CardTable(mem_map.release(), biased_begin, offset);
}
```

[card_table.cc->CardTable::CardTable]

```
CardTable::CardTable(MemMap* mem_map, uint8_t* biased_begin, size_t offset)
    : mem_map_(mem_map), biased_begin_(biased_begin), offset_(offset) {
}
```

CardTable 有三个成员变量。

- mem_map_：CardTable 对应的用于保存信息的内存空间。
- biased_begin_：CardTable 记录信息并不是从 mem_map_ 起始处开始，而是从 biased_begin_ 处（位于 mem_map_ 内，其值由上面 CardTable Create 函数中最后省略的那段代码计算而来）开始。上文 Thread InitCardTable 中 CardTable GetBiasedBegin 函数返回的就是这个 biased_begin_。
- offset_：这个成员变量的主要作用和计算 biased_begin_ 的计算有关。根据代码中的注释，biased_begin_ 成员变量十六进制值的最后两位需为 0x70（即等于 kCardDirty）。

提示 笔者在所搭建的模拟器做过一次测试，CardTablemem_map_ 的起始位置为 0xA21CF000，经过 Create 函数中省略部分的代码处理后，offset_ 取值为 0x90，而 biased_begin_ 取值为 0x A21CF070。其后两位恰好等于 kCardDirty。

13.8.2.2.2 MarkCard

MarkCard 函数即上文 Write Barrier 中要调用的函数，它会做什么呢？来看代码。

[card_table.h->CardTable::MarkCard]

```
ALWAYS_INLINE void MarkCard(const void *addr) {
    /*CardFromAddr返回addr对应的Card，然后设置其值为kCardDirty。从这里也可以看出，
     ART虚拟机中，一个Card为一个字节（CardFromAddr返回值类型为uint8_t*）。*/
     *CardFromAddr(addr) = kCardDirty;
}
```

CardFromAddr 用于根据某个 Object 对象的地址找到对应的 Card 地址。代码如下所示。

 [card_table-inl.h->CardTable::CardFromAddr]

```
inline uint8_t* CardTable::CardFromAddr(const void *addr) const {
    //由基地址加上addr右移7位（相当于除以128）以得到对应card的位置。而CardTable的基
    //准位置从biased_begin_算起
    uint8_t *card_addr = biased_begin_ +
                (reinterpret_cast<uintptr_t>(addr) >>kCardShift);
    return card_addr;
}
```

13.8.2.2.3　IsDirty

IsDirty 的参数为一个 mirror Object 对象，它用于判断这个对象是否有引用型成员变量被设置（参考上文对 Write Barrier 的介绍）。

 [card_table.h->CardTable::IsDirty 和 GetCard]

```
bool IsDirty(const mirror::Object* obj) const {
    return GetCard(obj) == kCardDirty;
}
uint8_t GetCard(const mirror::Object* obj) const {
    return *CardFromAddr(obj);
}
```

 提示　如果一个 card 的标志为 kCardDirt，该 card 也被称为 dirty card。

13.8.2.2.4　其他重要函数

CardTable 还有两个比较重要的函数。不过，笔者仅介绍它们的作用，而不拟展示其代码。

 [card_table.h->CardTable 声明]

```
/*ModifyCardsAtomic用于修改从scan_begin到scan_end内存范围对应CardTable
  card的值。修改前调用模板参数visitor函数对象，visitor需要返回该Card的新值。
  如果新值和旧值不同，则调用模板参数modified函数对象以通知外界。函数名中的Atomic意
  为原子操作。该函数的代码不短，但难度不大。*/
template <typename Visitor, typename ModifiedVisitor>
void ModifyCardsAtomic(uint8_t* scan_begin, uint8_t* scan_end,
            const Visitor& visitor,
            const ModifiedVisitor& modified);
/*Scan用于扫描从scan_begin到scan_end内存范围对应的CardTable中的card，如果card
  的值大于或等于参数minimum_age，则调用bitmap的VisitMarkedRange函数。相关调用代码
  大致如下所示：
    //先计算scan_begin对应的card位置
    uint8_t* card_cur = CardFromAddr(scan_begin);
    //再根据card_cur计算Object位置
    uintptr_t start = reinterpret_cast<uintptr_t>(AddrFromCard(card_cur));
    //遍历bitmap中包含start到start+128处的空间，回调函数由visitor指定
    bitmap->VisitMarkedRange(start, start + kCardSize, visitor);
    简单点说，Scan先以kCardSize为单位遍历scan_begin到scan_end
    范围对应的card们，然后bitmap再遍历每一个card所覆盖的128字节大小的内存。
    如果kClearCard参数为true，则设置card的值为0。  */
template <bool kClearCard, typename Visitor>
```

```
size_t Scan(SpaceBitmap<kObjectAlignment>* bitmap,
        uint8_t* scan_begin, uint8_t* scan_end,
        const Visitor& visitor,
        const uint8_t minimum_age = kCardDirty) const;
```

ModifyCardsAtomic 和 Scan 的使用场景我们在后续章节碰到时再介绍。

13.8.2.3 RememberedSet

我们先回顾 Heap 构造函数中构造 RememberedSet 的代码。

[heap.cc->Heap::Heap]

```
if (collector::SemiSpace::kUseRememberedSet &&
                    non_moving_space_ != main_space_) {
    accounting::RememberedSet* non_moving_space_rem_set =
        new accounting::RememberedSet("Non-moving space remembered set",
              this, non_moving_space_);
    /*Heap中有一个名为remembered_sets_的成员变量，其数据类型为
    AllocationTrackingSafeMap<space::Space*,accounting::RememberedSet*,...>。
    读者可将AllocationTrackingSafeMap看作std map。下面的AddRememberedSet函数
    将把一个RememberedSet对象和它所关联的space_加入到remembered_sets_容器中。
    AddRememberedSet非常简单，请读者自行阅读。*/
    AddRememberedSet(non_moving_space_rem_set);
}
```

我们直接来看 RememberedSet 类的声明。

[remembered_set.h->RememberedSet]

```
class RememberedSet {//为方便讲解，代码行位置有所调整
    public:
        //CardSet是类型别名，它是一个std set容器，key的类型为uint8_t*。一个元素代表
        //CardTable中的一个Card，也就是该Card的地址保存在CardSet中
        typedef std::set<uint8_t*, std::less<uint8_t*>,....>CardSet;
    private:
        //RememberedSet只有如下四个成员变量
        const std::string name_;//RememberedSet的名称
        Heap* const heap_;
        space::ContinuousSpace* const space_;//关联一个Space，读者可回顾图13-11
        CardSet dirty_cards_;
    public:
        /*RemeberedSet的构造函数。代码中有几处地方会创建RememberedSet对象
        (1) Heap构造函数中为non_moving_space_对象创建一个RememberedSet对象
        (2) CreateMallocSpaceFromMemMap函数，为每一个通过该函数创建的MallocSpace对象
            创建一个RememberedSet对象。
        注意，non_moving_space_虽然是MallocSpace对象，但它是由DlMallocSpace
        CreateFromMemMap函数创建而来，所以并不受上面第2条的影响。*/
        explicit RememberedSet(const std::string& name, Heap* heap,
                    space::ContinuousSpace* space)
            : name_(name), heap_(heap), space_(space) {}
        ....
        //RememberedSet成员函数较少，下面两个是其中最重要的成员函数，详情见下文代码分析
        void ClearCards();
        void UpdateAndMarkReferences(space::ContinuousSpace* target_space,
                    collector::GarbageCollector* collector);
        ......
};
```

RememberedSet 成员函数不多，其中最重要的有两个，我们分别来看它们。

13.8.2.3.1 ClearCards

ClearCards 用于清除 space_ 里 Object 的跨 Space 的引用关系，也就是去除 CardTable 中对应 card 的 kDirtyCard 标志。

 [remembered_set.cc->RememberedSet::ClearCards]

```
void RememberedSet::ClearCards() {
    CardTable* card_table = GetHeap()->GetCardTable();
    RememberedSetCardVisitor card_visitor(&dirty_cards_);
        /*上文介绍了CardTable ModifyCardsAtomic函数的作用。此处的ClearCards函数将用到
          它。其功能为扫描space_对应的card，调用AgeCardVisitor函数获取card的新值，然后
          调用card_visitor函数对象。  */
    card_table->ModifyCardsAtomic(space_->Begin(), space_->End(),
                                  AgeCardVisitor(), card_visitor);
}
```

AgeCardVisitor 用于给一个 Card 设置新值，其代码如下所示。

[remembered_set.cc->AgeCardVisitor]

```
class AgeCardVisitor {
    public:
        uint8_t operator()(uint8_t card) const {
            //参数card就是指CardTable中的一个Card。如果它的值为kCardDirty，则返回
            //0x6E（kCardDirty - 1），否则返回0。总之，card的新值不会是kCardDirty
        return (card == accounting::CardTable::kCardDirty) ? card - 1 : 0;
    }
};
```

根据 CardTable ModifyCardsAtomic 函数，如果 card 的新旧值（新值来自 AgeCardVisitor 函数对象）不同，则调用 RememberedSetCardVisitor 函数对象（也就是上述代码中的 card_visitor）。马上来看 RememberedSetCardVisitor。

[remembered_set.cc->RememberedSetCardVisitor]

```
class RememberedSetCardVisitor {
    public:
        explicit RememberedSetCardVisitor(
                  RememberedSet::CardSet* const dirty_cards)
            : dirty_cards_(dirty_cards) {}
    //expected_value为card的旧值（调用AgeCardVisitor之前的值），而
    //new_value为AgeCardVisitor返回的新值。此处没有用到new_value
    void operator()(uint8_t* card, uint8_t expected_value,
                    uint8_t new_value ATTRIBUTE_UNUSED) const {
        //如果card的值为kCardDirty，将其加入RememberedSet dirty_cards_ set容器中
        if (expected_value == CardTable::kCardDirty) {
            dirty_cards_->insert(card);
        }
    }
    private:
    RememberedSet::CardSet* const dirty_cards_;
};
```

RememberedSetCardVisitor将把之前为kCardDirty的card保存到RememberedSet的dirty_cards_容器中。

总结上述代码，RememberedSet ClearCards函数的功能可归纳为如下两点。

- 清除space_对应card的kDirtyCard标志。
- 将旧值为kDirtyCard的card地址保存到dirty_cards_容器中以留作后用。

注意 代码中，将card的值设置为0的动作叫clear，而将值从kDirtyCard设置为kDirtyCard - 1的动作叫Age（老化）。

13.8.2.3.2 UpdateAndMarkReferences

RemeberedSet另外一个重要的成员函数是UpdateAndMarkReferences，它将遍历space_里所有存在跨Space引用的Object，然后对它们进行标记。来看代码。

提示 标记部分的代码涉及垃圾回收的处理，本节先略过与标记相关的内容。

[remembered_set.cc->RememberedSet::UpdateAndMarkReferences]

```
void RememberedSet::UpdateAndMarkReferences(
                space::ContinuousSpace* target_space,
                collector::GarbageCollector* collector) {
    /*注意target_space的含义：UpdateAndMarkReferences将检查space_中的Object是否
      引用了位于target_space空间中的Object。*/
    CardTable* card_table = heap_->GetCardTable();

    //如果space_中的对象引用了target_space中的对象，则下面这个变量会被设置为true，
    //此时它的值为false
    bool contains_reference_to_target_space = false;
    //创建RememberedSetObjectVisitor函数对象
    RememberedSetObjectVisitor obj_visitor(target_space,
            &contains_reference_to_target_space,  collector);
    //要遍历一个ContinuousSpaceBitmap中所包含的Object，需要借助与之关联的位图对象
    ContinuousSpaceBitmap* bitmap = space_->GetLiveBitmap();
    CardSet remove_card_set;

    //dirty_cards容器已经包含了space_中那些标志为kDirtyCard的card信息。
    //下面的循环将遍历dirty_cards中的card
    for (uint8_t* const card_addr : dirty_cards_) {
        contains_reference_to_target_space = false;
        //将card地址转换为Space中对应的那个128字节单元的基地址。读者可回顾图13-11
        uintptr_t start = reinterpret_cast<uintptr_t>(
                card_table->AddrFromCard(card_addr));
    /*访问这个128字节单元中的Object，调用obj_visitor函数对象。7.6.1.1.3节SpaceBitmap的
      Walk函数。VisitMarkedRange与之类似，它将访问[start, start+128)这部分位图所对应内
      存空间中的Object们，每得到一个Object，就调用一次obj_visitor函数对象。VisitMarkRange
      函数中有一段参考性的实现代码，读者不妨一看（笔者在13.2节中曾展示过这段代码）。 */
    bitmap->VisitMarkedRange(start,
                start + CardTable::kCardSize, obj_visitor);
    //如果这个128字节单元中的Object没有引用target_space中的Object，则对应的
    //card区域需要从dirty_cards容器中移除。先将这个card存到临时容器
    //remove_card_set中，后续将一次性移除它们
```

```
    if (!contains_reference_to_target_space) {
        remove_card_set.insert(card_addr);
    }
    }
    //从dirty_cards_中移除那些不存在跨Space引用的card
    for (uint8_t* const card_addr : remove_card_set) {
        dirty_cards_.erase(card_addr);
    }
}
```

我们重点来看 obj_visitor，其类型是 RememberedSetObjectVisitor，代码如下所示。

[remembered_set.cc->RememberedSetObjectVisitor]

```
class RememberedSetObjectVisitor {
    public:
        ......
        //SpaceBitmap VisitMarkedRange每找到一个Object都会调用下面这个函数
        void operator()(mirror::Object* obj) const {
        /*调用Object VisitReferences函数，传入另外一个函数对象。Object
          VisitReferences用于访问一个Object的引用型成员变量。想必读者已经猜到了，GC中
          常说的标记（Mark）操作肯定会用到这个函数来寻找对象之间的引用关系。13.8.3节将详细
          介绍此函数。 */
        RememberedSetReferenceVisitor visitor(target_space_,
                    contains_reference_to_target_space_,collector_);
        obj->VisitReferences(visitor, visitor);
        }
        ......
};
```

上面代码中，Object VisitReferences 将调用另外一个函数对象，其类型为 Remembered-SetReferenceVisitor。

提示　以上代码中涉及两种函数对象。第一种函数对象供 SpaceBitmapVisitMarkedRange 调用，参数是一个 Object 对象。第二种函数对象供 Object VisitReferences 调用，用于访问该 Object 所包含的引用型成员变量。第二种函数对象比第一种函数对象要复杂。13.8.3 节将详细介绍 Object VisitReferences。读者此处仅需简单了解即可。

[remembered_set.cc->RememberedSetReferenceVisitor]

```
class RememberedSetReferenceVisitor {
    public:
    ......
    /*RememberedSetReferenceVisitor有多个调用函数以及回调函数。它们和Object
      VisitReferences的实现有关。本节仅看下面一个函数，其他几个函数的作用大同小异。 */
      void operator()(mirror::Object* obj, MemberOffset offset, bool is_static
    ATTRIBUTE_UNUSED) const {
    //offset是成员变量位于obj所在内存中的位置。将其转换成对应的Object。即ref_ptr
    //就是这个引用型成员变量所指向的那个Object
    mirror::HeapReference<mirror::Object>* ref_ptr =
        obj->GetFieldObjectReferenceAddr(offset);
    //判断target_space_中是否包含ref_ptr。如果包含，则存在跨Space的引用关系
    if (target_space_->HasAddress(ref_ptr->AsMirrorPtr())) {
            *contains_reference_to_target_space_ = true;
```

```
            //我们后续章节再介绍MarkHeapReference函数
            collector_->MarkHeapReference(ref_ptr);
        }
    }
    //其他几个回调函数，和Object VisitReferences有关
    ......
};
```

13.8.2.4 ModUnionTable

代码中对ModUnionTable的作用描述为"The mod-union table is the union of modified cards. It is used to allow the card table to be cleared between GC phases, reducing the number of dirty cards that need to be scanned."。**注意**（上文也曾提到过），从Heap构造函数中可以看到，ModUnionTable只和ImageSpace与后文要介绍的ZygoteSpace相关联。而RememberedSet只和MallocSpace（DlMallocSpace或RosAllocSpace）关联。

我们先回顾Heap构造函数中构造ModUinonTable的代码。

[heap.cc->Heap::Heap]

```
//每一个ImageSpace对象都会关联一个ModUnionTable对象
for (space::ImageSpace* image_space : GetBootImageSpaces()) {
    /*代码中对ModUnionTable的作用描述为"The mod-union table is the union of
      modified cards. It is used to allow the card table to be
      cleared between GC phases, reducing the number of dirty cards that
      need to be scanned." */
    accounting::ModUnionTable* mod_union_table = new
        accounting::ModUnionTableToZygoteAllocspace(
        "Image mod-union table", this, image_space);
    /*将mod_union_table对象加入Heapmod_union_tables_容器中。该容器的类型为
      AllocationTrackingSafeMap<Space*,ModUnionTable*,...>。 */
      AddModUnionTable(mod_union_table);
}
```

ModUnionTable是Union of Modified Cards的意思。它用于减少GC的工作量。在上面的Heap构造函数的代码中，为每个ImageSpace对象创建了一个ModUnionTableToZygoteAllocspace对象。图13-12为ModUnionTable的类家族。

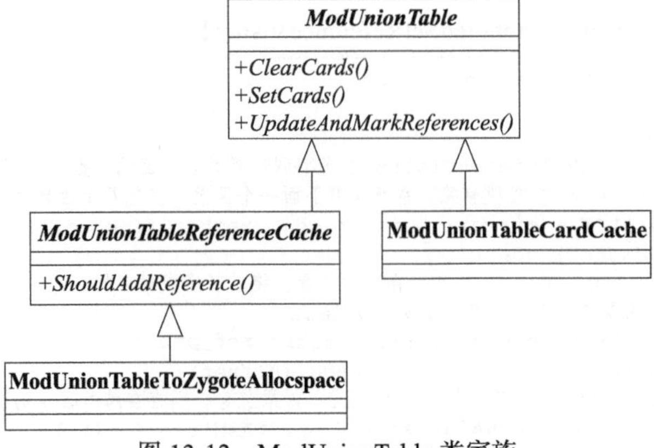

图13-12 ModUnionTable类家族

ModUnionTable 是一个纯虚类，其中定义了几个比较重要的解开函数，本节我们先简单了解下 ModUnionTable 本身的代码。

[mod_union_table.h->ModUnionTable]

```
class ModUnionTable {//为方便讲解，此处代码行位置略有调整
    protected:
        const std::string name_;
        Heap* const heap_;
        space::ContinuousSpace* const space_;//所关联的空间对象

    public:
        //CardSet是std set数据类型别名，它存储的元素为card的地址
        typedef std::set<uint8_t*, std::less<uint8_t*>,....>CardSet;
        /*CardBitmap也是数据类型别名。MemoryRangeBitmap是Bitmap的子类。我们前文并未见
          过Bitmap，而出现较多的是SpaceBitmap（以及HeapBitmap）。其实Bitmap和
          SpaceBitmap功能几乎一样，Bitmap代码中有一段注释"TODO: Use this code to
          implement SpaceBitmap."。所以，读者将Bitmap当作SpaceBitmap就可以了。 */
        typedef MemoryRangeBitmap<CardTable::kCardSize> CardBitmap;

        /*ClearCards的作用为清除ModUnionTable space_在Heap card_table_中对应的
          card的值。如果card旧值为kCardDirty，则设置其新值为kCardDirty - 1，否则设置其
          新值为0。*/
        virtual void ClearCards() = 0;
        //下面这个函数只在Heap PreZygote创建ModUnionTableCardCache时调用过
        //用于设置ModUnionTableCardCache内部的一些信息。
        virtual void SetCards() = 0;
        /*UpdateAndMarkReferences的作用和RememberedSet UpdateAndMarkReferences有些
          类似，它用于扫描space_对覆盖的card，如果是脏card，说明space_中的对象有引用型成员
          变量被设置。如果这个对象的引用型成员变量所指向的对象位于别的空间中，则我们将遍历这个对
          象——即调用Object VisitReferences。针对这个对象的每个引用型成员变量都会调用
          MarkObjectVisitor MarkHeapReference函数进行处理。*/
        virtual void UpdateAndMarkReferences(MarkObjectVisitor* visitor) = 0;
};
```

ModUnionTable 与下文要介绍的 GC 关系密切，我们留待那时再来讨论它的作用。

13.8.2.5　ObjectStack

ObjectStack 是类型别名，其定义为 AtomicStack<Object>。根据上文的介绍可知，ObjectStack 是一个可支持多线程原子同步操作的数据容器，容器所保存的元素的数据类型为 mirror Object*。本节简单介绍下 AtomicStack 类。其功能函数的实现都非常简单。

[atomic_stack.h->AtomicStack]

```
template <typename T>
class AtomicStack {
    private:
        std::string name_;  //AtomicStack实例的名称
        std::unique_ptr<MemMap>mem_map_;//使用内存映射资源来提供存储空间
        .....
        //存储容量，元素个数不允许超过growth_limit_
        size_t growth_limit_;
        //最大存储容量，growth_limit_小于或等于capacity_
        size_t capacity_;
    public:
```

```
    ......
    //静态函数，创建一个AtomicStack实例
    static AtomicStack* Create(const std::string& name, size_t growth_limit,
            size_t capacity) {....}

    void Reset() {......}
    //从尾部压入一个元素，原子操作
    bool AtomicPushBack(T* value) {......}
    //从尾部分配num_slots个数空间。该空间起始位置为start_address，结束位置为
    //end_address
    bool AtomicBumpBack(size_t num_slots, StackReference<T>** start_address,
                StackReference<T>** end_address) {....}
    void PushBack(T* value) {......}
    //AtomicStack只能从尾部添加元素，也就是入栈。但可以从两端出栈
    T* PopBack(){.......}
    T PopFront() {......}
    private:
    .....
};
```

现在我们来回答上文曾提到过的一个问题，即在13.6.4.3节中，Thread对象有一个Allocation Stack空间，这个空间所需的内存来自哪里呢？答案就在下面这个函数的代码中。

[heap.cc->Heap::PushOnThreadLocalAllocationStackWithInternalGC]

```
void Heap::PushOnThreadLocalAllocationStackWithInternalGC(Thread* self,
            mirror::Object** obj) {
    StackReference<mirror::Object>* start_address;
    StackReference<mirror::Object>* end_address;
    /*kThreadLocalAllocationStackSize取值为128，即每个线程有能存128个Object对象
      指针的空间。AtomicBumpBack的功能见上文对AtomicStack的讲解。   */
    while (!allocation_stack_->AtomicBumpBack(kThreadLocalAllocationStackSize,
                    &start_address, &end_address)) {
        .......
        CollectGarbageInternal(collector::kGcTypeSticky, kGcCauseForAlloc,
                false);
    }
    //设置self线程的Allocation Stack
    self->SetThreadLocalAllocationStack(start_address, end_address);
}
```

13.8.3 ObjectVisitReferences

本节来介绍上文代码中用于遍历一个对象的引用型成员变量的关键函数Object VisitReferences。介绍它之前，我们先来了解和Class标志位有关的知识。

13.8.3.1 Class标志位

mirror Class有两个成员变量和标志位有关，它们分别是：

- access_flags_。它用于描述类的访问权限。我们在Java代码中使用的public、protected等信息将转换为对应的访问标志位。例如kAccPublic、kAccProtected等。
- class_flags。它用于描述一个Object所属类的类型。此处所说的“类的类型”是供ART虚拟机内部使用的，用于控制Object VisitReferences函数的行为。

class_flags_ 只有为数不多的几个标志位，马上来认识它们。

[class_flags.h]

```
/* kClassFlagNormal的值为0，它是class_flags_的默认值。在ART代码中，mirror Object
    有一个指向该对象所属类的成员变量klass（数据类型为HeapReference<Class>）。如果某个
    Object除了这个klass外，还有其他的引用型成员变量，则类的标志位取值为
    kClassFlagNormal。  */
static constexpr uint32_t kClassFlagNormal               = 0x00000000;

//不存在除klass外的其他引用型成员变量的类（如String类，基础数据类型的数组类等）
static constexpr uint32_t kClassFlagNoReferenceFields    = 0x00000001;

//代表Java String类。注意，Java String类的标志位同时包括上面的
//kClassFlagNoReferenceFields标志
static constexpr uint32_t kClassFlagString               = 0x00000004;

//类的数据类型为数组。并且，数组元素的数据类型必须为引用
static constexpr uint32_t kClassFlagObjectArray          = 0x00000008;

//类的数据类型为Java Class
static constexpr uint32_t kClassFlagClass                = 0x00000010;

//类的数据类型为ClassLoader或其子类
static constexpr uint32_t kClassFlagClassLoader          = 0x00000020;

//类的数据类型为DexCache
static constexpr uint32_t kClassFlagDexCache             = 0x00000040;

//类的数据类型为Java SoftReference
static constexpr uint32_t kClassFlagSoftReference        = 0x00000080;
//类的数据类型为Java WeakReference
static constexpr uint32_t kClassFlagWeakReference        = 0x00000100;
//类的数据类型为Java FinalizerReference
static constexpr uint32_t kClassFlagFinalizerReference = 0x00000200;
//类的数据类型为Java PhantomReference
static constexpr uint32_t kClassFlagPhantomReference     = 0x00000400;
//kClassFlagReference标志位说明类属于Reference中的一种
static constexpr uint32_t kClassFlagReference =
    kClassFlagSoftReference | kClassFlagWeakReference |
    kClassFlagFinalizerReference | kClassFlagPhantomReference;
```

13.8.3.2 VisitReferences

现在我们来考察 Object VisitReferences 函数。先看其原型。

 [object.h->Object::VisitReferences]

```
template <bool kVisitNativeRoots = true,
          VerifyObjectFlags kVerifyFlags = kDefaultVerifyFlags,
          ReadBarrierOption kReadBarrierOption = kWithReadBarrier,
          typename Visitor,
          typename JavaLangRefVisitor = VoidFunctor>
    void VisitReferences(const Visitor& visitor,
                         const JavaLangRefVisitor& ref_visitor)
```

VisitReferences是一个模板函数。其模板参数大体可分为两大类。

- kVisitNativeRoots、kVerifyFlags和kReadBarrierOption用于描述该如何访问对象的引用型成员变量。本章暂不讨论与之相关的内容。
- Visitor和JavaLangRefVisitor则是用于通知调用者的函数对象。

代码中没有明确定义Visitor和JavaLangRefVisitor的数据类型，但从上文对RememberedSet的介绍可知，它们要定义如下四个函数。

[Visitor和JavaLangRefVisitor示例]

```
class VisitorAndJavaLangRefVisitor {//同时支持Visitor和JavaLangRefVisitor

    /*Visitior需要重载如下所示的函数调用操作符。obj代表目标对象，offset代表目标对象中的
      某个引用型成员变量在内存中的位置（读者可回顾8.7.4.2节的内容以了解Object的内存布
      局），is_static表示该成员变量是否为static类型
    void operator()(mirror::Object* obj, MemberOffset offset,
                bool is_static) const{}
    /*JavaLangRefVisitor需要重载如下所示的函数调用操作符。klass代表目标对象所属的类，ref
      则是目标对象本身。注意，只有类的数据类型属于Java Reference的其中一种时（说明目标对象
      为mirror Reference对象），下面这个函数才会被调用。注意，它并不是用来访问成员变量，而是
      访问目标对象本身（将其从mirror Object转换成mirror Reference后）*/
    void operator()(mirror::Class* klass, mirror::Reference* ref) const{}

    //下面这两个函数是Visitor必须实现的成员函数，其使用场景见下文的介绍
    void VisitRootIfNonNull(mirror::CompressedReference<mirror::Object>* root)
        const {}
    void VisitRoot(mirror::CompressedReference<mirror::Object>* root)
        const { }
    ......
};
```

VisitReferences的代码如下所示（略去模板参数）。

[object-inl.h->Object::VisitReferences]

```
template <.....>
inline void Object::VisitReferences(const Visitor& visitor,
                        const JavaLangRefVisitor& ref_visitor) {
    //klass为Object所属的类（即mirrorObject的成员变量klass）
    mirror::Class* klass = GetClass<kVerifyFlags, kReadBarrierOption>();
    //klass是Object第一个引用型成员变量，调用visitor来访问它
    visitor(this, ClassOffset(), false);
    //获取类的类型
    const uint32_t class_flags = klass->GetClassFlags<kVerifyNone>();
    if (LIKELY(class_flags == kClassFlagNormal)) {
        /*调用VisitInstanceFieldsReferences函数访问其引用型成员变量。这个函数的实现与
          我们在8.7.4.3节介绍的引用型成员变量在Object内存中的布局密切相关。我们在该节中还
          展示了下面这个函数内部将要调用的VisitFieldsReferences的代码。另外，VisitInstances-
          FieldsReferences用于访问对象的非静态引用型成员变量。*/
        VisitInstanceFieldsReferences<.....>(klass,  visitor);
    } else {//其他类标志位的处理。
        if ((class_flags &kClassFlagNoReferenceFields) == 0) {
            if (class_flags == kClassFlagClass) {
            //如果目标对象本身就是一个Java Class对象，则将其转换为Class对象，然后调用
            //mirror Class VisitReferences函数
```

```
            mirror::Class* as_klass = AsClass<...>();
            as_klass->VisitReferences<....>(klass, visitor);
            } else if (class_flags == kClassFlagObjectArray) {
                //如果是一个Object数组，则转换成mirror ObjectArray，调用它的
                //VisitReferences函数
                AsObjectArray<mirror::Object,.....>()->VisitReferences(visitor);
            } else if ((class_flags &kClassFlagReference) != 0) {
            //如果类的类型为Java Reference的一种，则先调用VisitInstanceFieldsReferences
            VisitInstanceFieldsReferences<...>(klass, visitor);
            //然后调用JavaLangRefVisitor。注意，第二个参数将目标对象转换成一个mirror
            //Reference对象
                ref_visitor(klass, AsReference<kVerifyFlags, kReadBarrierOption>());
            } else if (class_flags == kClassFlagDexCache) {
                //将自己转换为DexCache
                mirror::DexCache* const dex_cache = AsDexCache<....>();
                //调用DexCache VisitReference函数
                dex_cache->VisitReferences<...>(klass, visitor);
            } else {
                mirror::ClassLoader* const class_loader = AsClassLoader<...>();
                //将自己转换成ClassLoader，然后调用它的VisitReferences
                class_loader->VisitReferences<...>(klass, visitor);
            }
        }
    }
}
```

上述代码看起来比较复杂，但只要读者了解 mirror Object 和它的几个派生类之间的关系，即可明白其原因。来看图 13-13。

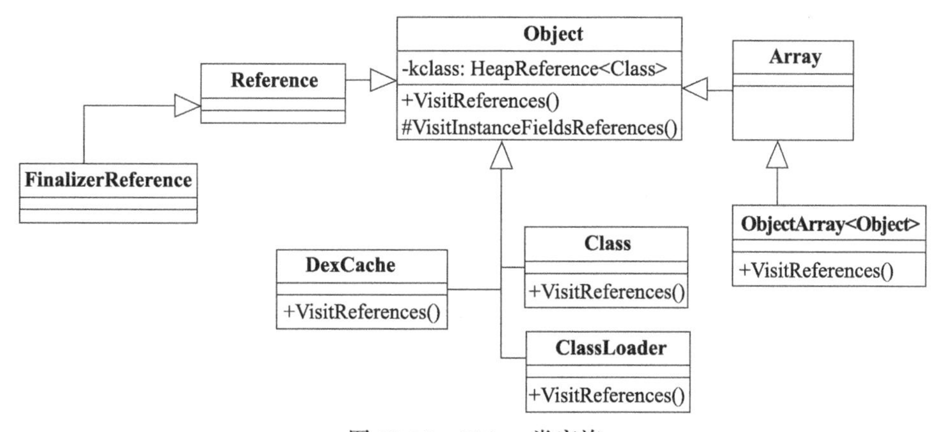

图 13-13 Object 类家族

图 13-13 展示了 Object 类家族中和 Object VisitReferences 代码有关的几个派生类。原来，上面代码中的诸多 if/else 判断只是因为 Object 不同的派生类对 VisitReferences 有不同的实现。所以，代码里的那些 if/else 代码块会先将 mirror Object 转换成真实的数据类型，然后调用对应的 VisitReferences 函数。

接下来将分别介绍 Class、ObjectArray、DexCache 以及 ClassLoader 中 VisitReferences 函数的实现。

13.8.3.2.1 Class VisitReferences

Class VisitReferences代码如下所示。

[class-inl.h->Class::VisitReferences]

```
template <bool kVisitNativeRoots,...,typename Visitor>
inline void Class::VisitReferences(mirror::Class* klass,
            const Visitor& visitor) {
    //调用mirror Object的VisitInstanceFieldsReferences函数以访问非静态的引用型成员
    //变量
    VisitInstanceFieldsReferences<...>(klass, visitor);
    if (IsResolved<kVerifyFlags>()) {
        //访问静态引用型成员变量
        VisitStaticFieldsReferences<....>(this, visitor);
    }
    if (kVisitNativeRoots) {
        //类的成员函数（对应为ArtMethod）、成员变量（对应为ArtField）均定义在mirror
        //Class中。下面的VisitNativeRoots用于访问它们，来看代码
        VisitNativeRoots(visitor,
            Runtime::Current()->GetClassLinker()->GetImagePointerSize());
    }
}
```

[class-inl.h->Class::VisitNativeRoots]

```
template<class Visitor>
void Class::VisitNativeRoots(Visitor& visitor, size_t pointer_size) {
    //访问静态成员变量
    for (ArtField& field : GetSFieldsUnchecked()) {
        field.VisitRoots(visitor);
    }
    //访问非静态成员变量
    for (ArtField& field : GetIFieldsUnchecked()) {
        field.VisitRoots(visitor);
    }
    //GetMethods返回一个Class所定义的所有成员方法（不包括其继承得来的方法）。读者可回顾
    //8.7.4.1节的内容
    for (ArtMethod& method : GetMethods(pointer_size)) {
        method.VisitRoots(visitor, pointer_size);
    }
}
```

VisitNativeRoots原来就是访问成员变量和成员方法。笔者此处仅展示ArtField的VisitRoots函数，而ArtMethod的VisitRoots函数请读者自行阅读。

[art_field-inl.h->ArtField::VisitRoots]

```
template<typename RootVisitorType>
inline void ArtField::VisitRoots(RootVisitorType& visitor) {
    //调用函数对象的VisitRoot函数。declaring_class_是该成员变量所属的类
    visitor.VisitRoot(declaring_class_.AddressWithoutBarrier());
}
```

13.8.3.2.2 ObjectArray VisitReferences

ObjectArray VisitReferences的实现非常简单，就是遍历和访问数组中的元素。来看代码。

 [object_array-inl.h->ObjectArray<T>::VisitReferences]

```
template<class T> template<typename Visitor>
inline void ObjectArray<T>::VisitReferences(const Visitor& visitor) {
    const size_t length = static_cast<size_t>(GetLength());
    for (size_t i = 0; i < length; ++i) {
        visitor(this, OffsetOfElement(i), false);
    }
}
```

13.8.3.2.3 DexCache VisitReferences

接着来看 DexCache VisitReferences 函数，代码如下所示。

 [dex_cache-inl.h->DexCache::VisitReferences]

```
template <bool kVisitNativeRoots,..., typename Visitor>
inline void DexCache::VisitReferences(mirror::Class* klass,
            const Visitor& visitor) {
    VisitInstanceFieldsReferences<...>(klass, visitor);
    if (kVisitNativeRoots) {
        //访问DexCache里的字符串信息。读者可回顾8.7.1.2节的内容
        //GetString返回DexCache strings_成员变量
        GcRoot<mirror::String>* strings = GetStrings();
        for (size_t i = 0, num_strings = NumStrings(); i != num_strings; ++i) {
        //调用Visitor VisitRootIfNonNull函数
        visitor.VisitRootIfNonNull(strings[i].AddressWithoutBarrier());
        }
        //访问DexCache里的类型信息（DexCache resolved_types_成员变量）
        GcRoot<mirror::Class>* resolved_types = GetResolvedTypes();
        for (size_t i = 0, num_types = NumResolvedTypes(); i != num_types; ++i) {
        visitor.VisitRootIfNonNull(resolved_types[i].AddressWithoutBarrier());
        }
    }//if判断结束
}
```

13.8.3.2.4 ClassLoader VisitReferences

ClassLoader VisitReferences 代码如下所示。

 [class_loader-inl.h->ClassLoader::VisitReferences]

```
template <bool kVisitClasses,... typename Visitor>
inline void ClassLoader::VisitReferences(mirror::Class* klass,
                const Visitor& visitor) {
    VisitInstanceFieldsReferences<...>(klass, visitor);
    if (kVisitClasses) {
        ClassTable* const class_table = GetClassTable();
        if (class_table != nullptr) {
            //调用ClassTable的VisitRoots函数，内部将调用visitor的VisitRoots函数
            //请读者自行阅读ClassTable VisitRoots函数的实现，非常简单
            class_table->VisitRoots(visitor);
        }
    }
}
```

13.9 总结

本章的内容比较多，粗看起来各个知识点比较分散，但它们之间的关联其实非常紧密。

- 本章首先讲解了 ART 虚拟机中创建 Java 对象时内存的分配与释放的算法。ART 虚拟机支持多种内存分配算法，这些算法封装在不同的类中。虚拟机根据垃圾回收器的类型来选择匹配的内存分配器。
- 然后介绍了 new-instance/array 指令的实现。这部分内容展示了 ART 虚拟机中如何触发一个 Java 对象所需内存的分配。
- 接着我们细致考察了 Space 及其派生类。在 ART 虚拟机实现中，内存分配和释放的算法是封装在不同的 Space 中来完成的。而外部使用者只能借助 Space 及派生类的接口来完成内存的分配与释放。所以，了解 Space 及派生类的相关知识对后续章节的代码分析至关重要。
- 最后，本章再次介绍了 Heap。在这一次的介绍中，我们重点讲解了 Heap 对 Space 的管理以及其他一些比较重要的关键类。同时，我们还介绍了如何遍历一个对象的引用型成员变量。

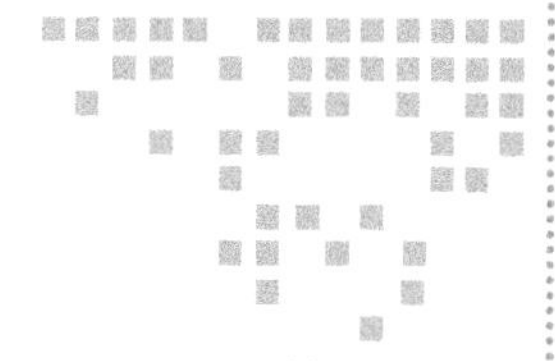

第 14 章 Chapter 14

ART 中的 GC

垃圾回收（Garbage Collection，简写为 GC）或许是虚拟机众多知识点中最为大众所知的一个了。从 1959 年 John McCarthy 首次提出这个概念到现在已过去近 60 年，其魅力一直长盛不衰。与之相关的专著、研究论文、学习文章的数量之多如果不能称之为浩若烟海的话，至少也算得上是汗牛充栋。本章就以 ART 虚拟机中的 GC 相关模块为目标，以理论知识结合实际代码的方式对其进行详细介绍。

本章所涉及的源代码文件名及位置

- gc_root.h:art/runtime/
- runtime.cc:art/runtime/
- thread.cc:art/runtime/
- collector_type.h:art/runtime/gc/
- gc_type.h:art/runtime/gc/collector/
- garbage_collector.cc:art/runtime/gc/collector/
- Android.common_build.mk:art/build/
- cmdline_types.h:art/cmdline/
- AndroidRuntime.cpp:frameworks/base/core/jni/
- parsed_options.cc:art/runtime/
- heap.cc:art/runtime/gc/
- heap-inl.h:art/runtime/gc/
- mark_sweep.cc:art/runtime/gc/collector/
- java_vm_ext.cc:art/runtime/

- jni_internal.cc:art/runtime/
- java_vm_ext.cc:art/runtime/
- space.cc:art/runtime/gc/space/
- malloc_space.cc:art/runtime/gc/space/
- garbage_collector.cc:art/runtime/gc/collector/
- partial_mark_sweep.h:art/runtime/gc/collector/
- partial_mark_sweep.cc:art/runtime/gc/collector/
- sticky_mark_sweep.h:art/runtime/gc/collector/
- sticky_mark_sweep.cc:art/runtime/gc/collector/
- concurrent_copying.h:art/runtime/gc/collector/
- concurrent_copying.cc:art/runtime/gc/collector/
- thread-inl.h:art/runtime/
- region_space.cc:art/runtime/gc/space/
- concurrent_copying-inl.h:art/runtime/gc/collector/
- mark_compact.h:art/runtime/gc/collector/
- mark_compact.cc:art/runtime/gc/collector/
- semi_space.h:art/runtime/gc/collector/
- semi_space.cc:art/runtime/gc/collector/
- semi_space-inl.h:art/runtime/gc/collector/
- Reference.java:libcore/ojluni/src/main/java/java/lang/ref/
- java_lang_ref_Reference.cc:art/runtime/native
- PhantomReference.java:libcore/ojluni/src/main/java/java/lang/ref/
- FileCleaningTracker.java:packages/apps/UnifiedEmail/src/org/apache/commons/io/
- reference_processor.cc:art/runtime/gc/
- reference_queue.cc:art/runtime/gc/
- Daemons.java:libcore/libart/src/main/java/java/lang/
- class_linker.cc:art/runtime/
- class-inl.h:art/runtime/mirror/
- FinalizerReference.java:libcore/luni/src/main/java/java/lang/ref/

14.1 GC 基础知识

GC 属于内存管理的范畴。内存管理最基础的两个功能是第 13 章介绍的内存分配与释放，而 GC 则用于解决释放谁的内存以及何时释放内存这两个问题。

- 对 C/C++ 等语言来说，内存释放完全由程序员控制。程序员一方面需要知道释放哪块内存，同时需要了解什么时候释放它们。这种方式的好处是非常灵活，完全由人控制，可以说是随心所欲（如果你不担心程序出错的话）。但坏处也很明显，程序员需要非常小心内存的释放，稍有不慎即会出错。并且，即使一个经验丰富的程序员也很难写出内存分配 / 释放毫无缺陷的 C/C++ 程序。就此情况而言，笔者认为不能简单地将它的产生归结为程序员的个人技术水平。这些问题的存在更多地像是 C/C++ 等类似语言与生俱来的“幸福的烦恼”。程序员技能的高低只能决定烦恼的多少，但不能彻底消除这种烦恼。

- 对 Java 等语言来说，内存的分配仍由程序员自己控制，但内存的释放则交给虚拟机来处理。从此，程序员再无须为何时释放哪块内存的问题而烦恼。当然，这种方式有利有弊。其最大的弊端在于引入了替程序员处理内存释放问题的 GC 相关功能，所付出的代价就是 GC 往往会影响程序运行的速度。这对某些实时性要求较高的系统来说是无法接受的。

不论怎么说，我们也不得不承认 Java 等语言使用的垃圾回收相比 C/C++ 等语言完全交由程序员处理来说无疑是一个巨大的进步。随着芯片性能的大幅提升以及 GC 相关研究的深入和完善，GC 对程序运行的负面影响也不再是人们口诛笔伐的对象。与此同时，鉴于 GC 所带来的巨大益处，连 C++ 这种老牌语言也在一定程度上引入了 GC——第 5 章介绍的智能指针就是 GC 的一种体现。

经过多年的研究，人们提出了诸多 GC 方法。但总体而言，GC 只有四种基本方法，即 Mark-Sweep Collection、Copying Collection、Mark-Compact Collection 以及 Reference Counting。其余的 GC 法无非是这四种基本方法的改进或者组合使用。

接下来，笔者将先从原理上介绍四种基本方法中的 Mark-Sweep Collection、Copying Collection、Mark-Compact Collector 以及一些比较重要的概念。由于 Reference Counting 并未被 ART 使用，所以笔者不拟讨论它。请读者注意，在本章这个阶段，读者仅需关注大致原理即可。

提示 评价一种 GC 方法有很多指标，比如吞吐量（throughput）、暂停时间（pause time）、空间利用率（英文也叫 space overhead）等。关于这部分内容，读者可阅读本章最后列出的参考资料 [1]、[2] 和 [3]。

14.1.1 Mark-Sweep Collection 原理介绍

Mark-Sweep Collection 中文译为标记 – 清除回收法。从其命名可以看出，它有两个阶段（Phase，其实就是两个步骤）。

- Mark 阶段（标记阶段）：搜索内存中的 Java 对象（对 ART 虚拟机而言，就是遍历 mirror Object 对象），对那些能搜到的对象进行标记。
- Sweep 阶段（清除阶段）：释放那些没有被标记的对象所占据的内存。

图 14-1 所示为 Mark-Sweep Collection 的示意。

图 14-1 为 Mark-Sweep 回收法的示意，它分为 GC 前和 GC 后两部分。我们先看 GC 前的示意。

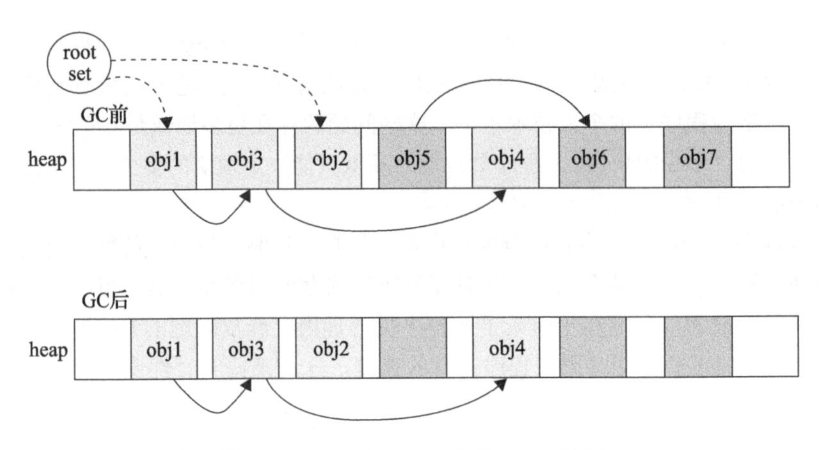

图 14-1　Mark-Sweep Collection 示意

- 在Java虚拟机中，内存根据其用途大体可分为堆内存（可直接称之为堆，英文为heap）和栈内存（可直接称之为栈，英文为stack，栈内存主要用于函数调用）两种。通过new创建的Java对象的内存位于堆中。图中的obj1、obj2等即是创建在堆中的对象。**请读者注意**，heap的本意是堆内存，而ART代码中的heap则是一个类，其作用更像是堆内存的管理器。
- obj1、obj2等对象之间可能存在引用关系，由图中的实线箭头表示。13.8.3节所述的Object VisitReferences函数可用于搜索（或者叫追踪，英文为trace）一个对象所引用的其他对象。
- Mark阶段将从root set出发进行对象遍历。那些从root set出发并能遍历到的对象被标记为活的对象。**请读者注意**，判断一个对象是死是活的关键并不在于它们之间的引用关系，而在于能否从root set出发并能遍历到它们。root set是一个集合，这个集合里保存了一些信息——也就是所谓的root（根）信息。通过root，我们能找到图中的obj1和obj2，而obj5不能通过根找到，所以obj5是垃圾对象。
- root具体是什么和虚拟机的实现密切相关。比如，一个root可以直接是虚拟机中定义的指向某个对象的全局变量，也可以是ART虚拟机JNI kLocal或kGlobal型的IndirectReferenceTable（参考11.4节的内容）中的一个元素。

 提示　从上面描述可知，root set信息并不借助ObjectVisitReferences函数来获取，而是由虚拟机根据自己的实现来确定。简单来说，虚拟机能**直接**找到的Object对象都属于root set。

确定root set是GC中（注意，不限于Mark-Sweep，其他很多GC方法都需要它）非常重要的内容。本章后续会详细介绍其在ART虚拟机中的实现。

接着看图14-1的下半部分，它描述了GC后的结果。

- 垃圾对象obj5、obj6和obj7所占据的空间在Sweep阶段被释放。
- 但新的问题随之浮出水面，这也是Mark-Sweep回收法最大的问题——内存碎片化。

在图 14-1 中，obj5、obj6 和 obj7 所释放的内存不连续，后续想在这三块已释放的内存上分配一个内存大小大于它们三个中任意一个的愿望都无法实现。

以上是 Mark-Sweep GC 法的原理。我们接着看 Copying Collection。

14.1.2 Copying Collection 原理介绍

Copying Collection 于 1970 年被提出，它可以较为完美地解决内存碎片问题。图 14-2 为该方法的原理示意。

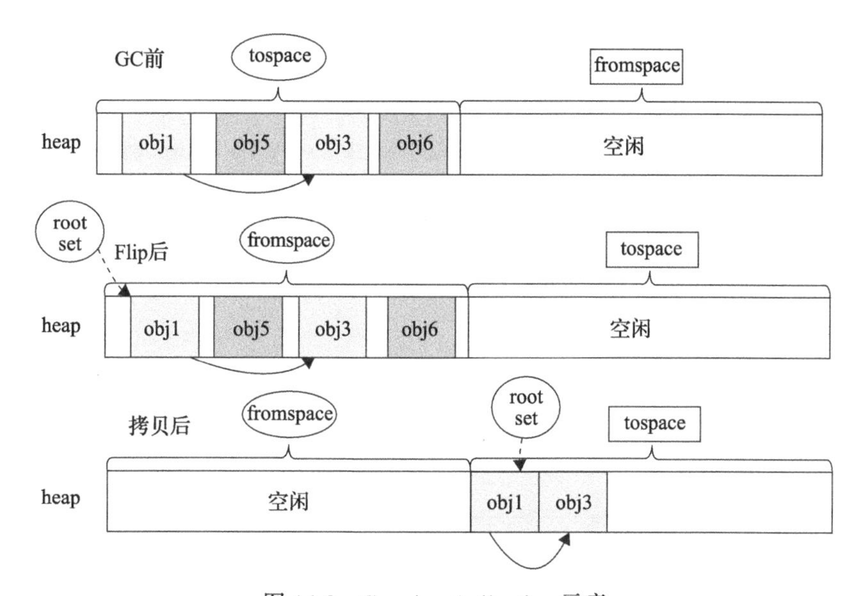

图 14-2　Copying Collection 示意

图 14-2 为 Copying Collection 的工作原理，它包括上中下三个部分。我们从上部开始介绍。

- 首先，Copying Collection 将堆分为大小相同的两个空间——英文为 semispace。其中一个空间叫 fromspace，另一个空间叫 tospace。对象的内存分配只使用 tospace。在虚拟机实现中，一般会有两个不同的变量分别指向这两个空间。图中，笔者用椭圆形和方框表示这两个变量。
- tospace 空间不够用时将触发 GC。GC 的第一个工作是空间 flip——简单来说就是将指向这两个空间的变量进行互换。结果，原来指向 fromspace 的变量现在指向 tospace，而原来指向 tospace 的变量现在指向 fromspace。如图 14-2 中部所示。
- 然后，从 root set 开始遍历，将遍历过程中访问到的对象从 fromspace 拷贝到 tospace 中。注意，这个过程不需要标记。拷贝时我们可以将对象的内存连续排放。比如，obj1 和 obj3 在 fromspace 中并不连续，而拷贝后，可以让 obj1 和 obj3 的内存在新的空间中连续排布。通过这种方式，内存碎片的问题得以解决。
- 当 fromspace 中活对象全部拷贝完后，该空间的内存就可以整体释放。Copying Collection 很好地解决了内存碎片问题。但是它的不足之处也很明显，就是空间利用率太低，只有 50%——只能使用两个 semispace 中的一个用于内存分配。

提示 参考资料 [1] 和参考资料 [2] 对 Copying GC 流程的描述不同。资料 [1] 中，内存分配发生在 tospace，GC 前先 flip 两个空间。如此，原 tospace 变成了新的 fromspace，然后再做存活对象拷贝。而资料 [2] 中，内存分配发生在 fromspace，拷贝完存活对象后再做空间的 flip。据笔者查阅相关资料，参考资料 [1] 的描述与提出 Copying GC 论文的描述相同。[1] 和 [2] 的描述都遵循 Copying Collection 的原理，二者没有本质区别。

Copying Collection 原理比较简单。我们接着看 Mark-Compact Collection。

14.1.3 Mark-Compact Collection 原理介绍

Mark-Compact Collection 从某种意义上来说是 Mark-Sweep Collection 和 Copying Collection 两种 GC 方法的综合体。图 14-3 为该方法的原理示意。

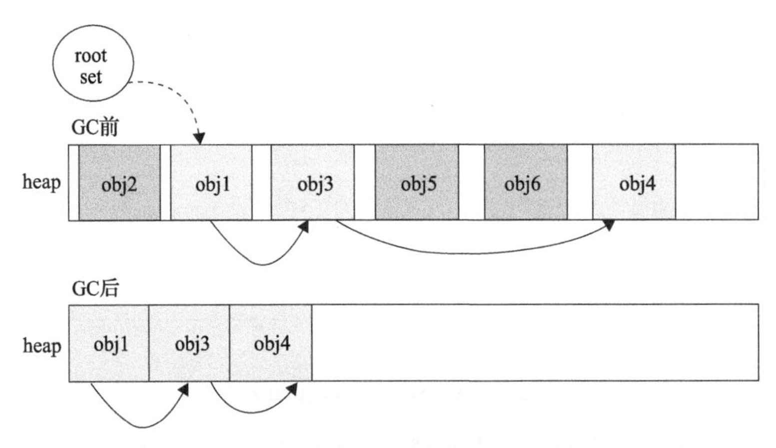

图 14-3 Mark-Compact Collection 示意

图 14-3 展示了 Mark-Compact Collection 的工作原理。

- 首先，Mark-Compact 有一个 Mark 阶段，从 root set 出发遍历对象以标记存活的对象。没有被标记的对象则认为是垃圾对象。
- 标记之后进入 Compact（压缩）阶段。压缩是指内存压缩，其实就是将存活对象挪到一起去。如图所示，GC 后，obj1、obj3 和 obj4 都紧挨着，而垃圾对象所占据的内存空间也被释放。如此，内存释放以及内存碎片问题都得以解决。

Mark-Compact Collection 相比 Mark-Sweep Collection 而言解决了内存碎片的问题，而又比 Copying Collection 极大地提高了内存空间的使用率。它看起来非常“完美”。可惜这种“完美”是以牺牲性能为代价的，因为 Mark-Compact Collection 需要遍历 heap 至少两次，对程序的性能影响非常明显。

提示 本节中，读者只要掌握所述 GC 法的原理即可。

14.1.4 其他概念

GC 相关知识中还有其他一些重要的概念。

- mutator 和 collector：我们在第 13 章中曾提到过它们。这两个词是由已故世界级计算机科学先驱 Edsger W. Dijkstra 于 1976 年左右提出的。简单来说，collector 表示内存回收相关的功能模块。而 mutator 和 collector 相对，一般情况下代表应用程序中除 collector 之外的其他部分。
- Incremental Collection：增量式回收。早期 GC 的实现中，垃圾回收会扫描全部的堆内存，这就需要暂停所有其他非 GC 线程的运行才能执行一次 GC，对程序运行的影响非常大。而增量式回收可以每次只针对 heap 的一部分做 GC，从而可大幅减少停顿时间。请读者注意，分代 GC（generational GC）只是增量式回收的一种实现形式。因为在分代 GC 中，heap 被划分为新生代、老年代等部分，而 GC 往往只针对其中某一代（也就是一部分的内存），符合增量式回收的定义。除了分代 GC，增量式回收还有别的实现方式。
- Parallel Collection：中文称之为并行回收。它是指程序中有多个垃圾回收线程，它们可以同时执行回收工作中的某些任务。比如对 Mark-Sweep 算法而言，可以使用多个线程来做标记工作。
- Concurrent Collection：中文称之为并发回收。它是指程序中垃圾回收线程虽然只有一个，但在回收工作的某个阶段，回收线程可以和其他非回收线程（也就是 mutator）同时运行，这样对程序运行的影响更小。相反，不使用 concurrent collection 的话，回收线程在工作的时候可能就需要暂停 mutator 线程的执行（也就是所谓的 stop-the-world 的情况，对程序影响较大）。

由上文描述可知，parallel collection 和 concurrent collection 的差别很大，但笔者觉得它们对应的中文称呼——并行回收和并发回收并不能反映这种差别。

14.2 Runtime VisitRoots

通过上文的原理介绍，读者会发现确定 root set 都包含哪些 root 其实是隐含在这三种 GC 方法里的一个重要工作。所谓的 root set，说白了就是包含了一些 Java 对象（具体到 ART 虚拟机而言就是 mirror Object 对象。在不引起混淆的情况下，笔者统称之为 Object 对象）。这些 Object 对象并不是通过其他 Object 对象的引用型成员变量来找到，而只能由虚拟机根据其实现的特点来确定。一般而言，root 信息有好几种类型。在 ART 虚拟机代码中，root 的类型可由 RootType 枚举变量来描述。

 [gc_root.h->RootType]

```
enum RootType {
    kRootUnknown = 0,
```

```
        kRootJNIGlobal,kRootJNILocal,
        kRootJavaFrame,  kRootNativeStack,
        kRootStickyClass,  kRootThreadBlock,  kRootMonitorUsed,
        kRootThreadObject, kRootInternedString,

        //下面三种root类型和HPROF(A Heap/CPU Profiling Tool，性能调优工具)以及调试有关，
        //本书不拟介绍它们
        kRootFinalizing, kRootDebugger,kRootReferenceCleanup,

        //最后两种root的类型
        kRootVMInternal,
        kRootJNIMonitor,
    };
```

RootType 描述了 root 的类型。我们下文会看到不同类型的 root 包含的具体信息是什么。

除了 RootType 之外，Runtime 类中有一个 VisitRoots 函数用于访问虚拟机进程中的所有 root。我们马上来看这个函数。

[runtime.cc->Runtime::VisitRoots]

```
void Runtime::VisitRoots(RootVisitor* visitor, VisitRootFlags flags) {
    /*RootVisitor是一个纯虚类，其定义了几个函数，供root访问时调用。参数flags有一个默认
      值，为kVisitRootFlagAllRoots，表示要访问所有的root。*/
    VisitNonConcurrentRoots(visitor);
    VisitConcurrentRoots(visitor, flags);
}
```

我们先展开 VisitNonConcurrentRoots 和 VisitConcurrentRoots 这两个函数，看看它们访问的 root 都是什么。代码如下所示。

[runtime.cc->Runtime::VisitNonConcurrentRoots]

```
void Runtime::VisitNonConcurrentRoots(RootVisitor* visitor) {
    //调用所有Thread对象的VisitRoots函数
    thread_list_->VisitRoots(visitor);
    VisitNonThreadRoots(visitor);//接着看该函数的代码
}
```

[runtime.cc->Runtime::VisitNonThreadRoots]

```
void Runtime::VisitNonThreadRoots(RootVisitor* visitor) {
    //java_vm_类型为JavaVmExt，调用它的VisitRoots函数
    java_vm_->VisitRoots(visitor);
    /*sentinel_是Runtime的成员变量，类型为GcRoot<Object>，它对应一个Java层的java.lang.
      Object对象。其作用我们后续碰到时再介绍。  */
    sentinel_.VisitRootIfNonNull(visitor, RootInfo(kRootVMInternal));
    /*preallocated_OutOfMemoryError_以及pre_allocated_NoClassDefFoundError_是Runtime
      的成员变量，类型为GcRoot<Throwable>。它们属于由虚拟机直接创建的JavaObject对象。创建
      它们的代码可参考7.2.2节所示Runtime Init函数的最后几行。  */
    pre_allocated_OutOfMemoryError_.VisitRootIfNonNull(visitor,
                                    RootInfo(kRootVMInternal));
    pre_allocated_NoClassDefFoundError_.VisitRootIfNonNull(visitor,
                                    RootInfo(kRootVMInternal));
    //调用RegTypeCache的VisitStaticRoots函数
    verifier::MethodVerifier::VisitStaticRoots(visitor);
```

```
    //下面这个函数的内容和dex2oat的编译流程有关，我们不拟介绍它
    VisitTransactionRoots(visitor);
}
```

再来看 VisitConcurrentRoots，代码如下所示。

 [runtime.cc->Runtime::VisitConcurrentRoots]

```
void Runtime::VisitConcurrentRoots(RootVisitor* visitor,
        VisitRootFlags flags) {
    //intern_table_的类型为InternTable，和Intern String有关
    intern_table_->VisitRoots(visitor, flags);
    //调用ClassLinker的VisitRoots函数
    class_linker_->VisitRoots(visitor, flags);
    ....
    if ((flags & kVisitRootFlagNewRoots) == 0) {
        VisitConstantRoots(visitor);
    }
    Dbg::VisitRoots(visitor);//和调试有关，本书不拟介绍它
}
```

总结 Runtime VisitRoots 函数可知，root set 包含的内容大致可从下面几个方面获取。

- 每一个 Thread 对象的 VisitRoots 函数。
- JavaVmExt 的 VisitRoots。
- Runtime 成员变量 sentinel_、pre_allocated_OutOfMemoryError_ 和 pre_allocated_NoClass-DefFoundError_。这三个变量代表 Java 层的三个对象，由虚拟机直接持有，所以它们对应的 root 类型为 kRootVMInternal。
- RegTypeCache VisitStaticRoots 函数。
- InternTable VisitRoots 函数。
- ClassLinker VisitRoots 函数。
- Runtime VisitConstantRoots 函数等。

我们本章仅介绍 Thread VisitRoots 函数，其他几种情况读者可在掌握本节所述内容的基础上自行学习。在此之前，我们先来了解几个关键数据结构。

14.2.1 关键数据结构

图 14-4 展示了和 root 访问有关的几个比较关键的数据结构。它们属于辅助类型的数据结构，本身的功能相对简单。并且，这些类都在 gc_root.h 中声明。

14.2.1.1 RootInfo、GcRoot 和 GcRootSource

先看 RootInfo 的声明。

[gc_root.h->RootInfo]

```
//RootInfo用于描述一个root的信息。具体而言，root信息包括该root的类型以及它所在的
//线程id。
class RootInfo {
    public:
    //由于不是所有root信息都和线程有关系，所有下面这个构造函数中，thread_id默认值为0
```

```
    explicit RootInfo(RootType type, uint32_t thread_id = 0)
        : type_(type), thread_id_(thread_id) {
    }
    ....
    private:
        const RootType type_;//该root的类型
        const uint32_t thread_id_;//该root所在的线程
};
```

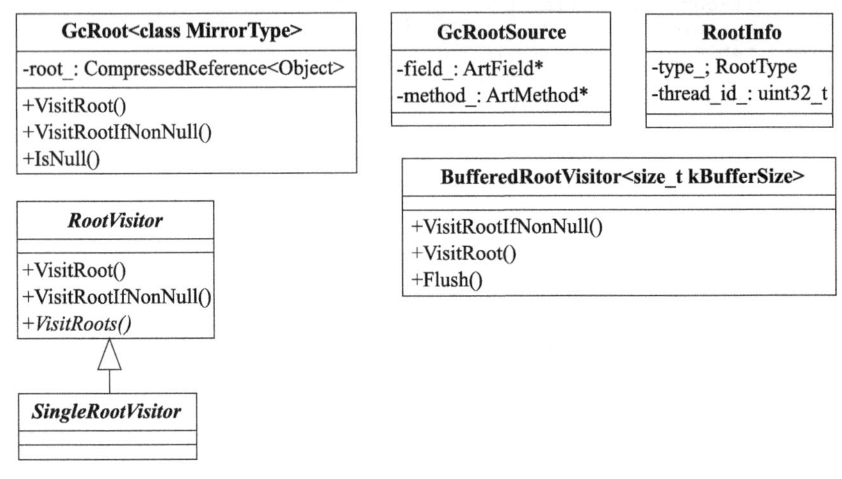

图 14-4 和root访问有关的关键数据结构

接着来看GcRoot。它是一个模板类，模板参数表示mirror Object对象的类型。

[gc_root.h->GcRoot]

```
template<class MirrorType>
class GcRoot {     //一个GcRoot实例就代表一个被认为是根的Object对象
    private:
        /*GcRoot只有下面一个成员变量，其类型为CompressedReference。CompressedReference
          中只有一个reference_（类型为uint32_t）成员。这个成员也就是某个Object对象的内存
          地址。所以，简单来说，root_也就是代表某个Object对象。*/
        mutable mirror::CompressedReference<mirror::Object>root_;
    public:
        /*GcRoot提供了几个成员函数用于很方便地访问root_。如上文所述，一个GcRoot对象代表一个
          被认为是根的Object对象（以后我们称之为root Object或根Object）。所以，下面的几个
          root访问函数其实访问的就是root_的一个对象。*/
    void VisitRoot(RootVisitor* visitor, const RootInfo& info) const{
        mirror::CompressedReference<mirror::Object>* roots[1] = { &root_ };
        visitor->VisitRoots(roots, 1u, info);
    }
    void VisitRootIfNonNull(RootVisitor* visitor,
                            const RootInfo& info) const   {
        if (!IsNull()) {//如果root_不为空指针，则访问它
            VisitRoot(visitor, info);
        }
    }
    bool IsNull() const { return root_.IsNull(); }
    .....
};
```

最后来看 GcRootSource。下文代码中几乎不涉及它，感兴趣的读者可自行学习。

[gc_root.h->GcRootSource]

```
class GcRootSource {//它仅包含两个成员变量。
    .....
private:
    ArtField* const field_;
    ArtMethod* const method_;
};
```

14.2.1.2　RootVisitor 和 BufferedRootVisitor

RootVisitor 是一个虚类，其代码如下所示。

[gc_root.h->RootVisitor]

```
class RootVisitor {
    public:
    virtual ~RootVisitor() { }
    //下面两个VisitRoots为虚函数，由RootVisitor的子类实现。它们用于访问一组root
    //Object对象
    virtual void VisitRoots(mirror::Object*** roots, size_t count,
                const RootInfo& info) = 0;
    virtual void VisitRoots(
        mirror::CompressedReference<mirror::Object>** roots,
        size_t count, const RootInfo& info) = 0;

    //下面两个函数为辅助函数，用于访问单个root Object对象
    void VisitRoot(mirror::Object** root, const RootInfo& info) {
        VisitRoots(&root, 1, info);
    }
    void VisitRootIfNonNull(mirror::Object** root, const RootInfo& info) {
        if (*root != nullptr) {
            VisitRoot(root, info);
        }
    }
    ......
};
```

BufferedRootVisitor 这个类比较有意思，它本身并不是一个 RootVisitor，它用于收集 root Object 然后再一次性访问它们。来看代码。

[gc_root.h->BufferedRootVisitor]

```
template <size_t kBufferSize>
class BufferedRootVisitor {
    private:
        RootVisitor* const visitor_;
        //roots_数组，数组最大容量由模板参数kBufferSize决定。该数组中的root Object对应
        //同一种RootType（由root_info_的type_表示）
        mirror::CompressedReference<mirror::Object>* roots_[kBufferSize];
        RootInfo root_info_;
        size_t buffer_pos_;//roots_数组中元素的个数
    public:
```

```
    template <class MirrorType>
    void VisitRoot(mirror::CompressedReference<MirrorType>* root){
        if (UNLIKELY(buffer_pos_ >= kBufferSize)) {
            Flush();//如果roots_数组已满，则调用Flush
        }
        //如果roots_数组还没有填满，则仅仅是把root存到roots_数组中
        roots_[buffer_pos_++] = root;
    }

    void Flush() {
        //一次性访问roots_数组中的root Object内容
        visitor_->VisitRoots(roots_, buffer_pos_, root_info_);
        buffer_pos_ = 0;
    }
    //其他访问函数
    template <class MirrorType>
    void VisitRootIfNonNull(GcRoot<MirrorType>& root) {
        if (!root.IsNull()) { VisitRoot(root); }
    }
    template <class MirrorType>
    void VisitRootIfNonNull(mirror::CompressedReference<MirrorType>* root) {
        if (!root->IsNull()) { VisitRoot(root); }
    }
    ....
};
```

14.2.2 Thread VisitRoots

本节来看Thread VisitRoots函数。通过该函数，我们将看到和线程对象有关的root Object都有哪些。来看代码。

一个root Object实际就是一个Java层的对象，它和非root的Object没有区别。

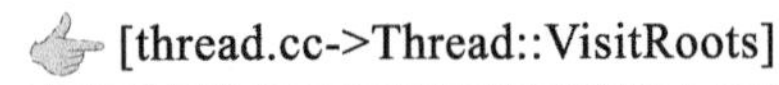

[thread.cc->Thread::VisitRoots]

```
void Thread::VisitRoots(RootVisitor* visitor) {
    /*GetThreadId返回的是Thread tlsPtr_ thin_lock_thread_id thin_lock_id。
      我们在12.2.1节中介绍过它。该id并不是代表操作系统里线程的tid，而是由虚拟机自己维护的用
      于线程同步的id。*/
    const uint32_t thread_id = GetThreadId();
    //tlsPtr_opeer指向一个Java层Thread对象，它是一个mirror Thread对象在Java层
    //的对应物。这类根对象的类型为kRootThreadObject
    visitor->VisitRootIfNonNull(&tlsPtr_.opeer,
                                RootInfo(kRootThreadObject, thread_id));

    /*tlsPtr_ exception指向一个Java异常对象。注意，GetDeoptimizationException返
      回的值非常特殊（为-1）。所以，它并不是一个真正的Java异常对象，只是用-1来表示和
      HDeoptimize有关的处理（详情可参考10.4节的内容） */
    if (tlsPtr_.exception != nullptr && tlsPtr_.exception !=
                                            GetDeoptimizationException()) {
        //使用kRootNativeStack作为tlsPtr_ exception的root类型
```

```
        visitor->VisitRoot(reinterpret_cast<mirror::Object**>(
                          &tlsPtr_.exception), RootInfo(kRootNativeStack,
                                                  thread_id));
    }
    //tlsPtr_ monitor_enter_object指向用于monitor-enter的那个Java对象。详情可参考
    //12.3.2.1.1节的内容
    visitor->VisitRootIfNonNull(&tlsPtr_.monitor_enter_object,
                          RootInfo(kRootNativeStack, thread_id));
    /*tlsPtr_ jni_env locals的类型为IndirectReferenceTable（简写为IRTable），
      而tlsPtr_ jni_env monitors与synchronized修饰的java native函数的调用有关，
      用于同步native函数的调用。本书关于JNI的部分中并未对synchronized修饰的native
      函数做过讲解，读者可结合第11章的内容自行研究它。*/
    tlsPtr_.jni_env->locals.VisitRoots(visitor, RootInfo(kRootJNILocal,
                                             thread_id));
    tlsPtr_.jni_env->monitors.VisitRoots(visitor, RootInfo(kRootJNIMonitor,
                                             thread_id));
    /*HandleScopeVisitRoots也和JNI有关，读者可回顾9.5.3节的内容。调用jni函数时，引用型参
      数会借助一个HandleScope保存在栈上。而HandleScopeVisitRoots函数将遍历tlsPtr_top_
      handle_scope链表，然后访问其中的引用型对象。简单点说，下面这个函数将找到那些传递
      给了native函数的引用型对象。  */
    HandleScopeVisitRoots(visitor, thread_id);

    .....//其他一些情况下root Object的遍历。与之相关的内容建议读者在本书基础上自行研究

    /*下面来看最关键的一个知识。我们先举个例子，假设有这样一段代码，funcA函数中创建一个
      Object对象obj，然后用它作为参数调用funcB：
      void funcA(){
      Object obj= new Object();//创建一个对象
      funcB(obj);//如果屏蔽这行代码，那么obj就是垃圾对象
    }
    在上述代码中，如果没有funcB调用的那行代码，obj就是一个没有人用的垃圾对象，否则，我们就需
    要特殊考虑。因为对funcB调用而言，obj被用到了。但这种被用的方式显然和对象的某个引用型成员
    变量的引用方式不同，它是通过作为函数调用的引用型参数来引用的。从某种意义上说，它和JNI HandleScope
    里的引用型参数一样。对于这种和函数调用有关的对象，就需要遍历线程的调用栈帧，找到其中所有引
    用型的参数，把它们视为根对象。下面几行代码就是干这个工作的，我们重点介绍它们。 */
    Context* context = GetLongJumpContext();
    RootCallbackVisitor visitor_to_callback(visitor, thread_id);
    ReferenceMapVisitor<RootCallbackVisitor> mapper(this, context,
                        visitor_to_callback);
    //ReferenceMapVisitor派生自StackVisitor类。10.2.4节曾详细介绍过StackVisitor。
    mapper.WalkStack();
    ReleaseLongJumpContext(context);
    ......
}
```

对于作为函数调用引用型参数的对象而言，它们也属于 root 的一种，其对应 root 类型为 kRootJavaFrame。我们重点来看 ReferenceMapVisitor 类，它用于遍历调用栈，然后找到其中的引用型参数。

[thread.cc->ReferenceMapVisitor]

```
template <typename RootVisitor>
class ReferenceMapVisitor : public StackVisitor {
   public:
      .....
```

```
    bool VisitFrame(){//每找到一个函数调用的栈帧就会调用这个函数
        ShadowFrame* shadow_frame = GetCurrentShadowFrame();
        if (shadow_frame != nullptr) {
            VisitShadowFrame(shadow_frame);//解释执行模式下的栈帧
        } else {
            VisitQuickFrame();//机器码执行模式下的栈帧
        }
        return true;
    }
    /*在解释执行模式下，每调用一个函数都会创建一个ShadowFrame对象，其中存储了函数调用所需
      的参数。读者可回顾10.1.3.2.1节。  */
    void VisitShadowFrame(ShadowFrame* shadow_frame) {
        ArtMethod* m = shadow_frame->GetMethod();
        //m代表被调用的函数，VisitDeclaringClass访问这个函数所在的类对象（它也是
        //一种root对象）
        VisitDeclaringClass(m);
        //获取栈帧中的参数
        size_t num_regs = shadow_frame->NumberOfVRegs();
        for (size_t reg = 0; reg < num_regs; ++reg) {
            mirror::Object* ref = shadow_frame->GetVRegReference(reg);
            //ref不为空表示它为一个引用型参数
            if (ref != nullptr) {
                mirror::Object* new_ref = ref;
                //此处的visitor_就是Thread VisitRoots中的RootCallbackVisitor函数对象
                visitor_(&new_ref, reg, this);//调用RootVisitor访问这个root对象
                if (new_ref != ref) {//如果root对象被visitor_修改了，则需要更新栈帧中的值
                    shadow_frame->SetVRegReference(reg, new_ref);
                }   }
            }
            ......
        }
private:
    //访问method所属的Class对象。其内容比较简单，请读者自行阅读
    void VisitDeclaringClass(ArtMethod* method) {.... }

    //VisitQuickFrame用于访问机器码执行模式下的函数栈帧
    void VisitQuickFrame(){
        ArtMethod** cur_quick_frame = GetCurrentQuickFrame();
        ArtMethod* m = *cur_quick_frame;
        VisitDeclaringClass(m);//m代表被调用的函数

        if (!m->IsNative() && !m->IsRuntimeMethod() &&
                              (!m->IsProxyMethod() || m->IsConstructor())) {
    /*下面这段代码的功能其实和VisitShadowFrame类似，都是从栈帧中找到引用型参数。
      但机器码执行模式面临的情况要复杂一些：
    (1) 函数调用的参数要么存在内存栈上，要么存在寄存器中。这两种情况都要考虑。
    (2) 不论存储在栈上还是在寄存器，标示一个引用型对象都只是一个内存地址值，比如0x12345678。
        但是，我们怎么知道这个0x12345678一定是一个对象的内存地址，而不是一个其他类型的数
        据呢？在GC领域，这个问题就是GC能否识别指针的问题。如果某种GC不能识别指针和非指针，
        它被称为保守式GC（Conservative GC），否则就叫准确式GC（Exact GC）⊖。ART虚拟
        机采用的是保守式GC，所以它无法仅根据0x12345678这样的数值来判断这个到底是指针数
        据还是非指针数据。这个问题的解决办法也没什么特别之处，就是dex2oat在编译时会为每个
        函数生成StackMap信息。
        代码中，StackMap的注释明确说明通过它可以知道："Knowing which stack entries
        are objects"以及"Knowing which registers hold objects"。本书第6章和第9章
```

⊖ 详细可阅读参考资料 [2] 的第 6 章。

```
        介绍编译技术以及dex2oat的时候并未对StackMap做过相关介绍，这部分内容请感兴趣的
        读者自行研究。*/
    const OatQuickMethodHeader* method_header =
                            GetCurrentOatQuickMethodHeader();
    auto* vreg_base = reinterpret_cast<StackReference<mirror::Object>*>(
        reinterpret_cast<uintptr_t>(cur_quick_frame));
    uintptr_t native_pc_offset = method_header->NativeQuickPcOffset(
                        GetCurrentQuickFramePc());
    CodeInfo code_info = method_header->GetOptimizedCodeInfo();
    CodeInfoEncoding encoding = code_info.ExtractEncoding();
    StackMap map = code_info.GetStackMapForNativePcOffset(
                        native_pc_offset, encoding);
    size_t number_of_bits = map.GetNumberOfStackMaskBits(
                        encoding.stack_map_encoding);
    //获取存储在栈上的参数
    for (size_t i = 0; i < number_of_bits; ++i) {
        if (map.GetStackMaskBit(encoding.stack_map_encoding, i)) {
            auto* ref_addr = vreg_base + i;
            mirror::Object* ref = ref_addr->AsMirrorPtr();
            if (ref != nullptr) {//该参数是一个引用型参数
                mirror::Object* new_ref = ref;
                visitor_(&new_ref, -1, this);
                if (ref != new_ref) { ref_addr->Assign(new_ref); }
            }
        }
    }
    //获取存储在寄存器中的参数信息
    uint32_t register_mask =
            map.GetRegisterMask(encoding.stack_map_encoding);
    for (size_t i = 0; i < BitSizeOf<uint32_t>(); ++i) {
        if (register_mask & (1 << i)) {
            mirror::Object** ref_addr =
                reinterpret_cast<mirror::Object**>(GetGPRAddress(i));
            //ref_addr不为空，表示这是一个引用型参数
            if (*ref_addr != nullptr) { visitor_(ref_addr, -1, this); }
          }// if (register_mask & (1 << i))判断结束
        }//for循环结束
   }
  }
  RootVisitor&visitor_;
};
```

通过 Thread VisitRoots 的代码分析，相信读者对 root 的含义有了更直观的感受。root object 就是 java object，只不过寻找它们的方式和通过引用型成员变量来寻找的方式不同而已。root 对象的寻找和虚拟机实现密切相关。

14.3　ART GC 概览

14.3.1　关键数据结构

接下来，我们将详细了解 ART 虚拟机中的 GC 部分。本节先对 GC 模块做一番整体介绍。图 14-5 展示了 ART GC 模块中的几个关键类。

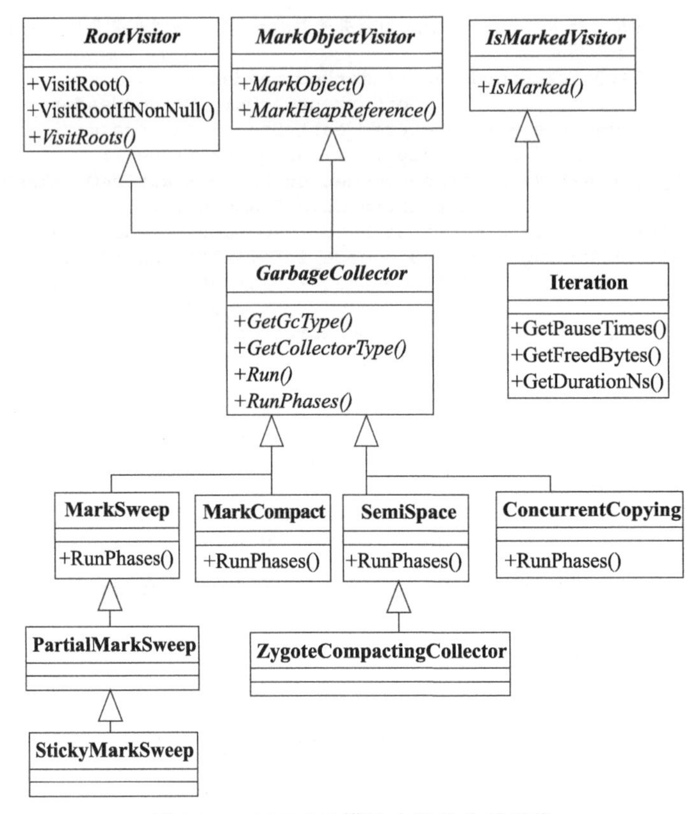

图 14-5 ART GC 模块中的几个关键类

在图 14-5 中：

- GarbageCollector 是虚基类，它是 ART 中垃圾回收器的代表。GC 工作就是从 GarbageCollector 的 Run 函数开始的。Run 函数由 GarbageCollector 类实现，但 GC 的具体工作则由其子类实现的 RunPhases 函数来处理。下文将看到这个 Run 函数的代码。
- GarbageCollector 实现了三个接口类，分别是 RootVisitor、MarkObjectVisitor 以及 IsMarkedVisitor。RootVisitor 在上一节已经介绍过了，而 MarkObjectVisitor 和 IsMarkedVisitor 比较简单，图中已经画出了它们所定义的一共三个接口函数。
- 根据所使用的 GC 方法的不同，ART 定义了四个 GarbageCollector 的直接子类。它们是 MarkSweep、MarkCompact、ConcurrentCopying 和 SemiSpace。代码中有一个 CollectorType 枚举变量用来定义不同的垃圾回收器类型。GarbageCollector 中的虚函数 GetCollectorType 可返回垃圾回收器的类型。
- MarkSweep 还有两个派生类，而 SemiSpace 也有一个派生类。我们后续章节将介绍它们的功能。
- GC 执行的效果是非常需要关注的信息，包括一次 GC 暂停其他线程运行的时间，GC 运行的时间，回收了多少字节的内存等。这些统计信息可由一个 Iteration 对象表示。

我们先来认识 CollectorType 枚举变量，代码如下所示。

[collector_type.h->CollectorType]

```
enum CollectorType {
    kCollectorTypeNone,
    //下面两个枚举值和MarkSweep类有关。详情见本章对应小节的分析
    kCollectorTypeMS,kCollectorTypeCMS,
    //下面两个枚举值和SemiSpace类有关
    kCollectorTypeSS,kCollectorTypeGSS,
    //和MarkCompact类有关
    kCollectorTypeMC,
    //和GarbageCollector类家族无关，其作用见后续代码分析
    kCollectorTypeHeapTrim,
    //和ConcurrentCopying类有关
    kCollectorTypeCC,
    kCollectorTypeInstrumentation,
    //和GarbageCollector类家族无关，其作用见后续代码分析
    kCollectorTypeAddRemoveAppImageSpace,
    //和CMS有关。详情见后续代码分析
    kCollectorTypeHomogeneousSpaceCompact,
    //和GarbageCollector类家族无关，其作用见后续代码分析
    kCollectorTypeClassLinker,
};
```

除了回收器的类型，我们在 7.6.2 节中还提到过一个代表回收策略的 GcType 枚举变量。在图 14-5 中，GarbageCollector 的 GetGcType 函数用于返回回收器所支持的回收策略。

[gc_type.h->GcType]

```
//从某种意义上来说，GcType反应的是回收工作的力度。枚举值越大，力度越高，工作也越“辛苦”
enum GcType {
    kGcTypeNone,
    //表示仅扫描和回收上次GC到本次GC这个时间段内所创建的对象
    kGcTypeSticky,
    /*仅扫描和回收应用进程自己的堆，不处理zygote的堆。这种方式和Android中Java应用程序的创建
      方式有关。在Android中，应用进程是zygote进程fork出来的。*/
    kGcTypePartial,
    //力度最大的一种回收策略，扫描APP自己以及它从父进程zygote继承得到的堆
    kGcTypeFull,
    kGcTypeMax,
};
```

接着来看 GarbageCollector 的 Run 函数。

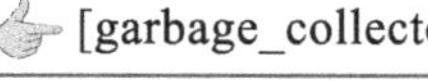

[garbage_collector.cc->GarbageCollector::Run]

```
void GarbageCollector::Run(GcCause gc_cause, bool clear_soft_references) {
    //GcCause为枚举变量，表示触发本次gc的原因。后文介绍相关代码时将了解到不同的Gc原因
    .....
    Thread* self = Thread::Current();
    uint64_t start_time = NanoTime();//本次GC的GC开始时间
    /*GetCurrentIteration返回Heap current_gc_iteration_成员变量。由上文所述可知，
      它用于统计GC的执行效果。Iteration Reset将重新设置相关的统计参数。
    Iteration* current_iteration = GetCurrentIteration();
    current_iteration->Reset(gc_cause, clear_soft_references);
    RunPhases();  // RunPhase由GarbageCollector子类实现，它将完成真正的GC工作
```

```
    //RunPhases之后，本次GC也就算执行完了。下面的代码用于统计此次GC的执行效果
    cumulative_timings_.AddLogger(*GetTimings());
    /*total_freed_objects_和total_freed_bytes_GarbageCollector的成员变量，代表虚拟机
      从运行开始所有GC操作释放的对象总个数以及内存大小总数。Iteration的GetFreedObjects和
      GetFreedLargeObjects、GetFreedBytes和GetFreedLargeObjectBytes返回一次GC
      （也就是调用每次调用Run函数）所释放的对象个数以及内存大小（包括非大内存对象以及大内存对
      象）。   */

    total_freed_objects_ += current_iteration->GetFreedObjects() +
                            current_iteration->GetFreedLargeObjects();
    total_freed_bytes_ += current_iteration->GetFreedBytes() +
             _iteration->GetFreedLargeObjectBytes();

    uint64_t end_time = NanoTime(); //本次GC的结束时间
    //设置本次GC的耗时时间
    current_iteration->SetDurationNs(end_time - start_time);
    //更新暂停时间以及总的GC运行时间等统计信息。这里省略部分代码，建议读者学习完本章后，再
    //来看它。
    .....
    total_time_ns_ += current_iteration->GetDurationNs();
    ......
}
```

14.3.2 ART GC选项

ART虚拟机有多种方式设定回收器类型。最基本的方式是通过mk文件来设定默认的回收器类型。来看代码。

[Android.common_build.mk]

```
#默认回收器的类型，只支持CMS、SS和GSS三种。默认为CMS
ART_DEFAULT_GC_TYPE ?= CMS
art_default_gc_type_cflags := \
    -DART_DEFAULT_GC_TYPE_IS_$(ART_DEFAULT_GC_TYPE)
```

默认回收器类型由静态常量kCollectorTypeDefault表示。

[collector_type.h->kCollectorTypeDefault]

```
static constexpr CollectorType kCollectorTypeDefault =
#if ART_DEFAULT_GC_TYPE_IS_CMS
    kCollectorTypeCMS
#elif ART_DEFAULT_GC_TYPE_IS_SS
    kCollectorTypeSS
#elif ART_DEFAULT_GC_TYPE_IS_GSS
    kCollectorTypeGSS
#else
    kCollectorTypeCMS
#error "ART default GC type must be set"
#endif
```

而kCollectorTypeDefault被使用的地方又在ART虚拟机启动时用于控制GC类型的运行参数XGcOption中。

[cmdline_types.h->XGcOption]

```
struct XGcOption {
    gc::CollectorType collector_type_ =  kUseReadBarrier ?
                            gc::kCollectorTypeCC : gc::kCollectorTypeDefault;
    //下面这些成员变量默认值都是false
    bool verify_pre_gc_heap_ = false;
    bool verify_pre_sweeping_heap_ = kIsDebugBuild;
    bool verify_post_gc_heap_ = false;
    bool verify_pre_gc_rosalloc_ = kIsDebugBuild;
    bool verify_pre_sweeping_rosalloc_ = false;
    bool verify_post_gc_rosalloc_ = false;
    bool gcstress_ = false;
};
```

除了通过 mk 文件在编译时指定默认回收器类型外，还可以通过设置属性的方式来设置回收器类型。相关代码如下所示。

[AndroidRuntime.cpp->AndroidRuntime::startVm]

```
//设置APP位于前台时的回收器类型
parseRuntimeOption("dalvik.vm.gctype", gctypeOptsBuf, "-Xgc:");
//设置APP位于后台时的回收器类型
parseRuntimeOption("dalvik.vm.backgroundgctype", backgroundgcOptsBuf,
                    "-XX:BackgroundGC=");
```

不论是 mk 文件的默认设定还是通过属性设定，ART 虚拟机最终都是通过 XGcOption 选项来获取最终的回收器类型，来看代码。

[parsed_options.cc->ParsedOptions::DoParse]

```
bool ParsedOptions::DoParse(const RuntimeOptions& options,.....) {
    ......
{
    gc::CollectorType background_collector_type_;
    gc::CollectorType collector_type_ = (XGcOption{}).collector_type_;
    //如果设备属性"ro.config.low_ram"为true，则下面这个参数为true。笔者所搭建的模
    //拟器环境中该值为false
    bool low_memory_mode_ = args.Exists(M::LowMemoryMode);
    //BackgroundGc对应"-XX:BackgroundGC="选项
    background_collector_type_ = args.GetOrDefault(M::BackgroundGc);
    { //XGcOption对应"-Xgc:"选项。
        XGcOption* xgc = args.Get(M::GcOption);
        if (xgc != nullptr && xgc->collector_type_ != gc::kCollectorTypeNone) {
            collector_type_ = xgc->collector_type_;
        }
    }

    if (background_collector_type_ == gc::kCollectorTypeNone) {
        if (collector_type_ != gc::kCollectorTypeGSS) {
            background_collector_type_ = low_memory_mode_ ?
                gc::kCollectorTypeSS : gc::kCollectorTypeHomogeneousSpaceCompact;
        } else {
            background_collector_type_ = collector_type_;
        }
    }
    args.Set(M::BackgroundGc,
        BackgroundGcOption { background_collector_type_ });
```

```
    }
    ....
}
```

提示 为简化书写，笔者以后用HSC表示kCollectorTypeHomogeneousSpaceCompact。SS表示kCollectorTypeSS，GSS表示kCollectorTypeGSS。

最后来看Heap构造函数是如何使用这几个选项的。

[runtime.cc->Runtime.cc::Init]

```
bool Runtime::Init(RuntimeArgumentMap&& runtime_options_in) {
    .....
    XGcOption xgc_option = runtime_options.GetOrDefault(Opt::GcOption);
    ......
    heap_ = new gc::Heap(......,
                    /*下面两个参数分别传给Heap foreground_collector_type_和
                      background_collector_type_*/
                      xgc_option.collector_type_,
                      runtime_options.GetOrDefault(Opt::BackgroundGc),
                    ......
    }
    ......
}
```

Heap foreground_collector_type_和background_collector_type_表示进程处于前台（即用户能感知）以及进程处于后台时的回收器类型。结合ParsedOptions DoParse的内容可知，

- 前台回收器为CMS时，后台回收器为HSC。
- 前台回收器为SS时，后台回收器类型为HSC。
- 前台回收器类型为GSS时，后台回收器类型也必须为GSS。

14.3.3 创建回收器和设置回收策略

在ART虚拟机中，回收器对象将在Heap的构造函数中根据使用的回收器类型来创建。

提示 我们在13.6.1节中曾提到过，从某种程度来说，垃圾回收器的类型决定了内存分配器的类型。

[heap.cc->Heap::Heap]

```
Heap::Heap(...
            CollectorType foreground_collector_type,
            CollectorType background_collector_type,
            ...)
    : ...
    foreground_collector_type_(foreground_collector_type),
    background_collector_type_(background_collector_type),
    desired_collector_type_(foreground_collector_type_),
    ...{
    //设置回收器类型和回收策略，详情见下文代码分析
    ChangeCollector(desired_collector_type_);
    //创建Space对象等工作，比较复杂，这也是Heap难度较大的原因之一。Android后续版本
```

```
    //对此处的代码逻辑做了一些优化和调整
    ......
    /*创建回收器。garbage_collectors_是一个数组，元素类型为GarbageCollector*。
      下面的MayUseCollector函数将检查前台回收器类型（foreground_collector_type_）或后台
      回收器类型（background_collector_type_）是否为输入的回收器类型，只要有一个回收器类型
      满足条件，则MayUseCollector返回true。如果回收器类型为CMS或MS，下面这段for循环代码中
      的if代码块只会执行一次，不论哪一次执行都会创建三个垃圾回收器对象，它们分别是MarkSweep、
      PartialMarkSweep和StickyMarkSweep。CMS和MS区别之处在于这三个回收器对象是否用
      concurrent gc功能。*/
    for (size_t i = 0; i < 2; ++i) {
    const bool concurrent = i != 0;
    if ((MayUseCollector(kCollectorTypeCMS) && concurrent) ||
        (MayUseCollector(kCollectorTypeMS) && !concurrent)) {
        garbage_collectors_.push_back(new collector::MarkSweep(this,
                                        concurrent));
        garbage_collectors_.push_back(new collector::PartialMarkSweep(this,
                                        concurrent));
        garbage_collectors_.push_back(new collector::StickyMarkSweep(this,
                                        concurrent));
        }
    }
    if (kMovingCollector) {//kMovingCollector默认为true
        if (MayUseCollector(kCollectorTypeSS) ||
            MayUseCollector(kCollectorTypeGSS) ||
            MayUseCollector(kCollectorTypeHomogeneousSpaceCompact) ||
            use_homogeneous_space_compaction_for_oom_) {
        //前台回收器类型为GSS时，generational才为true
        const bool generational = foreground_collector_type_ ==
                                     kCollectorTypeGSS;
        //如果使用SS、GSSS或HSC，则再创建一个SemiSpace collector对象
        semi_space_collector_ = new collector::SemiSpace(this, generational,
                                   generational ? "generational" : "");
        garbage_collectors_.push_back(semi_space_collector_);
        }
        ......//其他回收器类型的处理，读者可自行阅读
    }
    ......
}
```

总结上述的代码可知：

- 回收器类型为 CMS 时，前台回收器类型为 CMS，后台回收器类型为 HSC。garbage_collectors_ 包含四个回收器对象，分别是 MarkSweep、PartialMarkSweep、StickyMarkSweep 和 SemiSpace。其中，前三个回收器启用 concurrent gc 功能，而 SemiSpace 关闭分代 gc 的功能。
- 回收器类型为 SS 时，前台回收器类型为 SS，后台回收器类型为 HSC，garbage_collectors_ 包含一个 SemiSpace 回收器对象（关闭分代 gc 功能，generational 为 false）。
- 回收器类型为 GSS 时，前后台都使用 GSS 回收器，garbage_collectors_ 包含一个 SemiSpace 回收器对象，启用分代 gc 的功能（generational 为 true）。

接着来看回收策略的设置。我们在 13.6.1 节中曾提到过一个重要函数 ChangeCollector。在这个函数中：

- 为不同的回收器设置不同的内存分配器。
- 为不同的回收器设置不同的回收策略。本节重点学习这部分的功能。

[heap.cc->Heap::ChangeCollector]

```
void Heap::ChangeCollector(CollectorType collector_type) {
    if (collector_type != collector_type_) {
    ......
    //collector_tyoe_和gc_plan_均为Heap成员变量
    collector_type_ = collector_type;//设置回收器类型
    gc_plan_.clear();
    switch (collector_type_) {
        ......
        case kCollectorTypeMC:  // Fall-through.
        case kCollectorTypeSS:  // Fall-through.
        case kCollectorTypeGSS: {
            //gc_plan_为数组，保存了回收策略。ART在GC时将用到它
            gc_plan_.push_back(collector::kGcTypeFull);
            ......//设置内存分配器的类型为kAllocatorTypeBumpPointer
            break;
        }
        ......
        case kCollectorTypeCMS: {
            gc_plan_.push_back(collector::kGcTypeSticky);
            gc_plan_.push_back(collector::kGcTypePartial);
            gc_plan_.push_back(collector::kGcTypeFull);
            .....//设置内存分配器的类型为kAllocatorTypeRosAlloc
            break;
        }
        ......
    }
    // IsGcConcurrent判断collector_type_是否为CMS或CC（kCollectorTypeCC,
    //意为Concurrent Copying）
    if (IsGcConcurrent()) {
        //concurrent_start_bytes_和concurrent gc有关。其用途我们后续代码分析时候
        //将看到。kMinConcurrentRemainingBytes取值为128KB
        concurrent_start_bytes_ =
            std::max(max_allowed_footprint_, kMinConcurrentRemainingBytes) -
                    kMinConcurrentRemainingBytes;
        } else {
            concurrent_start_bytes_ = std::numeric_limits<size_t>::max();
        }
    }
}
```

由 ChangeCollector 函数可知：

- 如果回收器类型为 CMS，则 gc_plan_ 依次为 kGcTypeSticky、kGcTypePartial 和 kGcTypeFull。
- 如果回收器类型为 SS 或 GSS，则 gc_plan_ 只有 kGcTypeFull 一种策略。

接下来笔者将依次介绍 ART 虚拟机中 MarkSweep（包括 PartialMarkSweep、StickMarkSweep）、ConcurrentCopying、MarkCompact 以及 SemiSpace 这四种垃圾回收类。

14.4 MarkSweep

MarkSweep 类提供的 GC 功能基于 Mark-Sweep collection 原理。总体来说，该原理是比较简单易懂的，但如果以 ART 这一特定虚拟机实现来研究 MarkSweep 类的话，需要我们了解的细节知识就比较多了，从而导致阅读这部分代码会感到有一定难度。经过笔者的摸索，在分析 MarkSweep 类之前，我们一定要先了解 Heap 中一些相关成员变量的作用和取值情况。了解它们对看懂 MarkSweep 非常重要。

14.4.1 Heap 相关成员变量取值情况

笔者将 Heap 中和 GC 有关的成员变量分为三部分。

- 第一部分是 Heapcontinuous_spaces_ 数组中的成员以及与之关联的 RememberedSet 或 ModUnionTable 的情况。
- 第二部分是 Heap live_bitmap_ 和 mark_bitmap_ 的情况。**请读者注意**，Heap live_bitmap_ 和 mark_bitmap_ 这两个成员变量的数据类型为 HeapBitmap。有一个非常容易混淆的地方是，ContinuousSpace GetLiveBitmap 和 GetMarkBitmap 这两个接口函数返回值的数据类型是 ContinuousSpaceBitmap（它是 SpaceBitmap<kObjectAlignment> 的数据类型别名）。所以，代码中有 HeapBitmap 和 SpaceBitmap 两种数据类型。它们的关系见下文的解释。
- Heap mark_stack_、live_stack_ 及 allocation_stack_ 的情况。这三个变量的类型都是 ObjectStack。代表线程的 Allocation Stack（读者可回顾 13.8.1 节的知识）。

上述这些变量的含义光看文字是很难理解的。为此，笔者总结了回收器类型为 CMS 时这些变量的取值情况。图 14-6 所示为 Heap 中和 Space 有关的成员变量取值情况。

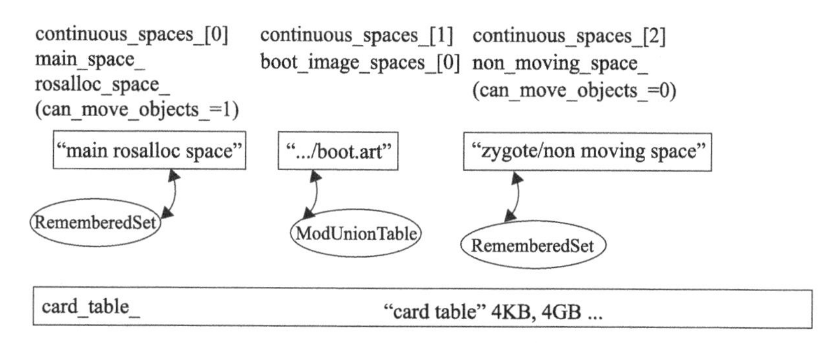

图 14-6　CMS 时 Heap space 相关成员变量取值情况

在图 14-6 中：

- continuous_spaces_ 包含三个成员。图中还展示了 Heap 中其他指向它们的成员变量名。比如 main_space_ 和 rosalloc_space_ 均指向名为 "main rosalloc space" 的空间对象。
- rosalloc_space_ 指向一个 RosAllocSpace 对象，其 can_move_objects_ 成员变量取值为 1。它和一个 RememberedSet 对象关联。

- boot_image_spaces_[0] 指向一个ImageSpace对象，它和一个ModUnionTable对象关联。
- non_moving_space_ 指向一个DlMallocSpace对象，其can_move_objects_ 成员变量取值为0。它和一个RememberedSet对象关联。
- Heap card_table_ 指向一个CardTable对象。其详情见13.8.2.2节的内容。

提示 （1）我们在13.8.2节中曾说过，RememberedSet和DlMallocSpace和RosAllocSpace关联，而ModUnionTable和ImageSpace和ZygoteSpace关联。

（2）Space类家族成员很多，在不引起歧义的情况下笔者用“空间对象”来描述Space类家族某个类的实例。

（3）本节所绘制的Heap成员变量取值情况均为Heap PreZygoteFork调用之前的情况。PreZygoteFork将创建新的空间对象。这部分内容我们会单独介绍。

接着来看Heaplive_bitmap_ 和mark_bitmap_ 的取值情况，如图14-7所示。

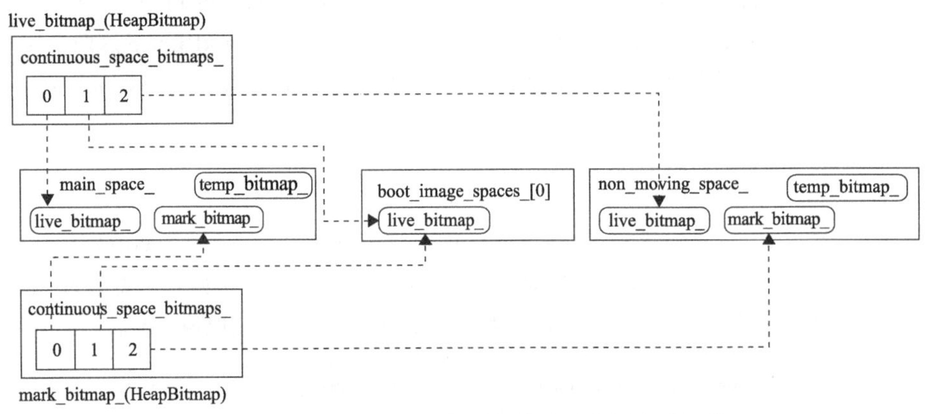

图14-7 CMS时Heap位图相关成员变量取值情况

在图14-7中：

- live_bitmap_ 和mark_bitmap_ 的类型为HeapBitmap。HeapBitmap有一个数组成员变量（continuous_space_bitmap_），其成员为各个ContinuousSpace对象中对应的位图成员。
- main_space_ 和non_moving_space_ 内部包含三个ContinuousSpaceBitmap成员变量，它们分别叫live_bitmap_、mark_bitmap_ 和temp_bitmap。这三个成员变量由ContinuousMemMapAllocSpace类定义。对外使用的主要是前两个成员变量，由ContinuousSpace类声明的GetLiveBitmap和GetMarkBitmap接口函数来获取它们。temp_bitmap_ 为信息中转使用，所以叫temp，意为临时。
- boot_image_spaces_[0] 只有一个live_bitmap_ 成员，其类型也是ContinuousSpaceBitmap。

从代码上看HeapBitmap和ContinuousSpaceBitmap（SpaceBitmap的类型别名）非常容易搞混，尤其是代码中还有同名的成员变量。笔者为此总结了三个知识点以帮助读者理解。

- 一个ContinuousSpaceBitmap位图和一个ContinuousSpace对象关联。该位图就管理这

个空间对象所覆盖的内存范围。

- Heap 管理了多个 ContinuousSpace 对象，所以，HeapBitmap 用于管理这些 ContinuousSpace 对象中的 ContinuousSpaceBitmap 位图。简单来说，一个 HeapBitmap 对象可以管理多个 ContinuousSpace 的某一种位图对象。

特别注意

（1）HeapBitmap 也管理了来自 DiscontinuousSpace 对象中的 LargeObjectBitmap。本章笔者不拟讨论 DiscontinuousSpace 的处理。

（2）boot_image_spaces_ 数组中包含的是 ImageSpace 对象。一个 ImageSpace 对象是由一个 art 文件加载到虚拟机进程所得到的。读者回顾 9.6.2 节的内容可知，art 文件中有一个 Bitmap 区域。这个 Bitmap 区域加载到内存后将得到 ImageSpace 的 live_bitmap_。细心的读者会发现 ImageSpace 中只有 live_bitmap_ 这一个位图对象，而没有 mark_bitmap_ 位图。这是因为生成 art 文件时，dex2oat 会做垃圾回收，留下来的存活对象就标记在 ImageSpacelive_bitmap_ 中。因此，读者可以认为位于 ImageSpace 空间中的对象永远不是垃圾，也无需回收。这一点也可以通过 ImageSpace 的 gc_retention_policy_ 取值为 kGcRetentionPolicyNeverCollect（意为不须回收）来印证。

最后来看 Heap mark_stack_ 等成员变量的情况，如图 14-8 所示。

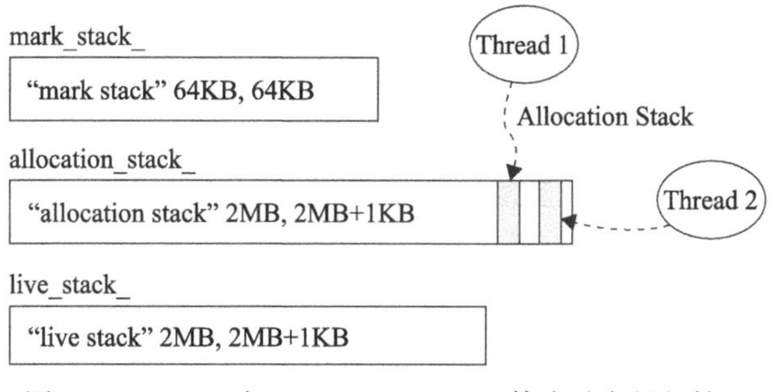

图 14-8　CMS 时 Heap mark_stack_ 等成员变量的情况

图 14-8 展示了 CMS 时 Heap mark_stack_ 等三个成员变量的取值情况。这三个变量分别指向三个 AllocationStack 对象。其中，各个 Thread 对象使用 allocation_stack_ 提供的空间来存储在该线程上所创建的对象。

了解上文所述的关联知识后，马上来看 MarkSweep 类。

14.4.2　MarkSweep 概貌

MarkSweep 家族包含 MarkSweep、PartialMarkSweep 和 StickyMarkSweep 三个类成员。由 14.3.1 节的内容可知：

- MarkSweep 是基类，PartialMarkSweep 是它的子类。
- StickyMarkSweep 又是 PartialMarkSweep 的子类。

在这三个类中，MarkSweep类实现了绝大部分的功能，它是MarkSweep家族最为重要的成员。所以，本节我们先看基类MarkSweep。首先是它的GetCollectorType。

[mark_sweep.h->MarkSweep::GetCollectorType]

```
//PartialMarkSweep和StickyMarkSweep均未重载下面这个函数
    virtual CollectorType GetCollectorType() const OVERRIDE {
        //is_concurrent_为MarkSweep的成员变量，如果为true，则返回kCollectorTypeCMS
        return is_concurrent_ ? kCollectorTypeCMS : kCollectorTypeMS;
}
```

由GetCollectorType函数的代码可知，MarkSweep家族的这三个类都对应同一种回收器类型——要么是CMS，要么是MS。这一点从14.3.3节Heap构造函数中的相关代码也可以看出来。

接着来看MarkSweep GetGcType函数。

[mark_sweep.h->MarkSweep::GetGcType]

```
virtual GcType GetGcType() const OVERRIDE {
    return kGcTypeFull;//MarkSweep支持最强力度的GC策略
}
```

MarkSweep支持的回收策略为kGcTypeFull，而它的两个子类却重载了GetGcType函数。对外界而言，MarkSweep、PartialMarkSweep以及StickyMarkSweep最明显的区别就在于它们所支持的回收策略。笔者对此作了一个汇总，见表14-1。

表14-1 MarkSweep类家族GetGcType取值情况

GetGcType返回值	对应类名	含 义	实现原理
kGcTypeSticky	StickyMarkSweep	只处理两次GC之间这段时间内创建的对象	利用Allocation Stack保存两次GC过程中创建的对象
kGcTypePartial	PartialMarkSweep	只处理除ImageSpace和ZygoteSpace外的其他空间中的对象	我们还未介绍过ZygoteSpace。读者先将其看作Zygote进程用的空间。当Zygote fork出APP进程后，APP所创建的对象则位于APP所用的空间对象中（比如图14-6中"main rosalloc space"）。通过将不同的对象放在不同空间中，我们可以做到部分（partial）回收。所谓的部分，其实就是处理某些空间中的对象
kGcTypeFull	MarkSweep	处理除ImageSpace外其他所有空间中的对象	ImageSpace比较特殊，读者可认为位于该空间中的对象是长久存活的对象

接着看MarkSweep的构造函数。

[mark_sweep.cc->MarkSweep::MarkSweep]

```
MarkSweep::MarkSweep(Heap* heap, bool is_concurrent,
                    const std::string& name_prefix)
        : GarbageCollector(heap,       name_prefix +
                    (is_concurrent ? "concurrent mark sweep": "mark sweep")),
        current_space_bitmap_(nullptr),
        mark_bitmap_(nullptr), mark_stack_(nullptr),
```

```
    .....
    is_concurrent_(is_concurrent),...... {
/*MarkSweep构造函数并不复杂，此处先介绍下它的几个成员变量（其作用留待后续代码分析时
  时再详细讲解）：
current_space_bitmap_：类型为ContinuousSpaceBitmap*。
mark_bitmap_：类型为HeapBitmap*。
mark_stack_：类型为ObjectStack*。  */
.....
/*下面的代码行将创建一个内存映射对象。ART内部大量使用内存映射对象。下面的
  sweep_array_free_buffer_mem_map_的用法需要到介绍StickyMarkSweep
  时才能见到。总之，读者将它看作一块内存即可。*/
MemMap* mem_map = MemMap::MapAnonymous(......);
sweep_array_free_buffer_mem_map_.reset(mem_map);
.....
}
```

接着来看回收器类中最关键的 RunPhases 函数（回顾 14.3.1 节中提到的 GarbageCollector Run 函数可知，具体的回收器类需要实现 RunPhases 函数）。

提示　MarkSweep 家族的三个类中只有 MarkSweep 类重载了 RunPhases 函数。

[mark_sweep.cc->MarkSweep::RunPhases]

```
void MarkSweep::RunPhases() {
    Thread* self = Thread::Current();
    //初始化MarkSweep类的几个成员变量。其中，MarkSweep的mark_bitmap_将设置为Heap的
    //成员变量mark_bitmap_（读者可回顾图14-7）
    InitializePhase();
    if (IsConcurrent()) {//if条件为true，则是CMS的行为
        ......
        { /*CMS和MS的区别：下面代码中ReaderMutexLock为辅助类，真正用于同步的关键对象为
          mutator_lock_。它是一个全局定义的读写互斥锁。即支持多个线程同时进行读操作。但如果
          某个线程要执行写操作的话，必须等待所有执行读操作的线程释放这个锁。同理，执行写操作的
          线程如果先抢到这个锁的话，其他想做读操作或写操作的线程都必须要等待当前拥有这个锁的写
          线程释放该锁。ReaderMutextLock在构造函数中将针对mutator_lock_申请一个读锁，而在
          析构函数中释放读锁。*/
        ReaderMutexLock mu(self, *Locks::mutator_lock_);
        MarkingPhase();//①标记工作，详情见下文代码分析
    }
    /*ScopedPause也是一个辅助类，其构造函数中会暂停除调用线程外其他所有Java线程的运行，其内部
      调用ThreadList的SuspendAll，详情可参考12.2.3节的内容。ScopedPause的析构函数中会恢
      复这些线程的运行。
      简单来说，下面的这段代码运行时，其他Java线程将停止运行。  */
    ScopedPause pause(this);
    ....
    PausePhase();//②PausePhase的详情见下文代码分析
    /*撤销线程对象的TLAB空间。此后Thread TLAB空间为0，TLAB的作用在于加速内存分配的速度。
      TLAB所需的内存资源来自对应的空间对象，例如BumpPointerSpace、RegionSpace等。请读者
      注意，Revoke是撤销的意思，不是Free（释放）。撤销TLAB之前那些创建在TLAB上的对象依然存在。
      这些对象中的垃圾对象将在后续清除阶段回收。*/
        RevokeAllThreadLocalBuffers();
    } else {
        //如果回收器类型为MS，则先暂停其他Java线程的运行，
        ScopedPause pause(this);
```

```
        .....
        MarkingPhase();
        ......
        PausePhase();
        RevokeAllThreadLocalBuffers();
    }
    //标记相关的工作结束，开始准备清除工作
    { //注意，mutator_lock_被用作读锁。这和上面CMS逻辑中调用MarkingPhase函数的处理
      //一样。这说明无论CMS还是MS，清除任务（Reclaim Phase）可以和mutator同时执行
        ReaderMutexLock mu(self, *Locks::mutator_lock_);
        ReclaimPhase();//③回收工作，详情见下文代码分析
    }
    .....
    FinishPhase();//④GC的收尾，详情见下文代码分析
}
```

由上述的 RunPhases 函数可知，不论回收器类型是 CMS 还是 MS，在 MarkSweep 中完成 GC 相关工作的 4 个核心函数是 MarkingPhase、PausePhase、ReclaimPhase 和 FinishPhase。接下来将一一介绍它们。

注意 MarkSweep 功能非常复杂，它既支持 Concurrent Collection，也支持 Parallel Collection。根据由浅入深的学习规律，笔者先讲解不使用 concurrent 和 parallel collection 的代码逻辑。等我们有了足够多的了解后，再来介绍 concurrent 和 parallel collection 的实现方式。

14.4.3 MarkingPhase

标记 – 清除算法中实际上有两个信息共同决定了哪些对象为垃圾对象。

- 第一个信息是进程中当前存在的所有对象，可以用集合 Live 来表示它们。
- 第二个信息是标记时能被扫描到的对象，可以用集合 Mark 表示它们。最终的垃圾对象就是集合 Live 减去集合 Mark。

MarkingSweep 的 MarkingPhase 函数的功能就是确定集合 Mark。来看代码。

[mark_sweep.cc->MarkSweep::MarkingPhase]

```
void MarkSweep::MarkingPhase() {
    TimingLogger::ScopedTiming t(__FUNCTION__, GetTimings());
    Thread* self = Thread::Current();
    //①我们单独介绍下面三个函数调用，笔者将它们归为标记前的准备工作
    BindBitmaps();
    FindDefaultSpaceBitmap();
    /*调用Heap ProcessCards函数，该函数的作用见下文解释。此处请注意最后一个参数的取值:
    (1) MarkSweep GetGcType返回kGcTypeFull，所以最后一个参数取值为false。
    (2) PartialMarkSweep GetGcType返回kGcTypePartial，所以最后一个参数取值为false。
    (3) StickyMarkSweep GetGcType返回值为kGcTypeSticky，所以最后一个参数取值为
        true。 */
    heap_->ProcessCards(GetTimings(), false, true, GetGcType() !=
                                kGcTypeSticky);
    WriterMutexLock mu(self, *Locks::heap_bitmap_lock_);
    //②标记相关函数，下文单独介绍它们
    MarkRoots(self);
```

```
        MarkReachableObjects();

        //③下面这个函数和CMS有关，我们后续统一介绍它
        PreCleanCards();
    }
```

14.4.3.1 准备工作

根据 MarkingPhase 的代码，标记前的准备工作包含三个函数调用，它们分别是 BindBitmaps、FindDefaultSpaceBitmap 和 Heap ProcessCards。

14.4.3.1.1 BindBitmaps

先来看 BindBitmaps。代码如下所示。

 [mark_sweep.cc->MarkSweep::BindBitmaps]

```
void MarkSweep::BindBitmaps() {
    ......
    WriterMutexLock mu(Thread::Current(), *Locks::heap_bitmap_lock_);
    /*搜索Heap continuous_spaces_数组中的空间对象，如果某个空间对象的gc_retention_policy_
      成员变量取值为kGcRetentionPolicyNeverCollect，则将它加入MarkSweep immune_spaces_
      (类型为ImmuneSpace，其内部有一个std set容器）中。回顾13.7.1节的内容可知，只有ImageSpace
      （结合14.3.3节的图14-6可知，它就是boot.art文件映射到内存后得到的空间对象）满足这个条
      件。再次请读者注意，kGcRetentionPolicyNeverCollect表示不用对该空间的对象进行垃圾回收。*/
    for (const auto& space : GetHeap()->GetContinuousSpaces()) {
        if (space->GetGcRetentionPolicy() ==
                        space::kGcRetentionPolicyNeverCollect) {
            immune_spaces_.AddSpace(space);//AddSpace的代码见下文介绍
        }
    }
}
```

BindBitmaps 函数名有绑定位图之意，但只看 BindBitmaps 自身代码的话，它仅把 Heap continuous_spaces_ 中的 ImageSpace 对象加到 MarkSweep immune_spaces_ 中，没有哪行代码与位图有什么关系，更别提绑定了。为何函数名叫 BindBitmaps 呢？这个问题的答案在 ImmuneSpace 的 AddSpace 函数中，来看代码。

[immune_spaces.cc->ImmuneSpaces::AddSpace]

```
void ImmuneSpaces::AddSpace(space::ContinuousSpace* space) {
    //ImageSpace重载了GetLiveBitmap和GetMarkBitmap函数，返回的都是
    //ImageSpace的live_bitmap_成员。所以，下面的if条件对ImageSpace而言并不满足
    if (space->GetLiveBitmap() != space->GetMarkBitmap()) {
        //调用ContinuousMemMapAllocSpace BindLiveToMarkBitmap函数。它的作用我们
        //在StickyMarkSweep类中再来介绍。MarkSweep还用不到它
        space->AsContinuousMemMapAllocSpace()->BindLiveToMarkBitmap();
    }
    //spaces_是ImmuneSpace的成员，为一个std set集合
    spaces_.insert(space);
    //ImmuneSpaces是一个辅助类的数据结构
    CreateLargestImmuneRegion();
}
```

原来，BindBitmaps之所以取这个名字，关键原因在于ImmuneSpaces的AddSpace里调用了ContinuousMemMapAllocSpace BindLiveToMarkBitmap函数。可惜对MarkSweep来说，ImageSpace不支持这个操作。

提示 ContinuousMemMapAllocSpace BindLiveToMarkBitmap在下文介绍的StickyMarkSweep中将发挥重要作用。

14.4.3.1.2 FindDefaultSpaceBitmap

接着来看FindDefaultSpaceBitmap函数。

 [mark_sweep.cc->MarkSweep::FindDefaultSpaceBitmap]

```
void MarkSweep::FindDefaultSpaceBitmap() {
    ......
    //遍历Heap continuous_space_数组，读者可回顾图14-6了解CMS情况下Heap
    //continuous_space_数组的取值情况
    for (const auto& space : GetHeap()->GetContinuousSpaces()) {
        accounting::ContinuousSpaceBitmap* bitmap = space->GetMarkBitmap();
        /*参考13.7.1节的内容可知，DlMallocSpace和RosAllocSpace
          都满足下面的if条件（它们的回收策略为kGcRetentionPolicyAlwaysCollect）。
          if条件满足后，将把空间对象中的mark_bitmap_赋值给MarkSweep的成员变量
        current_space_bitmap_。*/
        if (bitmap != nullptr &&
            space->GetGcRetentionPolicy() ==
                            space::kGcRetentionPolicyAlwaysCollect) {
        //current_space_bitmap_为MarkSweep的成员变量，指向一个
        //ContinuousSpaceBitmap对象
            current_space_bitmap_ = bitmap;
            //从下面这个if条件来看，current_space_bitmap_取值来自Heap main_space_的
            //mark_bitmap_。读者可回顾14.3.3节中的图14-6
            if (space != heap_->GetNonMovingSpace()) { break; }
        }
    }
}
```

FindDefaultSpaceBitmap用于搜索Heap的连续内存空间对象，然后找到其中的某个Space并将它的mark_bitmap_赋值给MarkSweep成员变量current_space_bitmap_。根据上述代码并结合图14-6，FindDefaultSpaceBitmap最终找到的空间对象是main_space_。所以，current_space_bitmap_为main_space_的mark_bitmap_。

提示 读者还记得笔者在14.4.3节开头所说的标记-清除算法中的两个信息吗？第二个信息提到的集合Mark在代码中的体现就是mark_bitmap_所表示的位图对象。

14.4.3.1.3 Heap ProcessCards

最后来看Heap ProcessCards函数。我们先看代码，再介绍它的含义。

[heap.cc->Heap::ProcessCards]

```
void Heap::ProcessCards(..., bool use_rem_sets,
        bool process_alloc_space_cards, bool clear_alloc_space_cards) {
    /*注意参数，MarkSweep 调用它时，所传入的参数值为：
```

```
        use_rem_sets为false。
        process_alloc_space_cards为true。
        clear_alloc_space_cards为true。   */
    //遍历continuous_spaces_数组
    for (const auto& space : continuous_spaces_) {
        //找到和这个space关联的ModUnionTable或者RememberedSet对象
        accounting::ModUnionTable* table = FindModUnionTableFromSpace(space);
        accounting::RememberedSet* rem_set = FindRememberedSetFromSpace(space);
        /*在Heap PreZygoteFork被调用前，Heap中space对象的情况见图14-6。在那里，
          ImageSpace对象关联了一个ModUnionTable对象，其余两个空间对象各关联了
          一个RememberedSet对象。  */
        if (table != nullptr) {
            /*调用ModUnionTable的ClearCards函数，其作用我们在13.8.2.4节中曾介绍过。
              该函数调用的结果是:
            这个ModUnionTable管理的空间对象在Heap CardTable中对应card的值将发生
            如下变化:
            (1) 如果card旧值为kCardDirty，则设置其新值为kCardDirty - 1，
            (2) 否则设置其新值为0。*/
        table->ClearCards();
    } else if (use_rem_sets&& rem_set != nullptr) {
        /*在本例中，use_rem_sets取值为false，if条件不满足。RememberedSet ClearCards
          函数的代码见13.8.2.3.1节。其效果和上面ModUnionTableClearCards一样。 */
        rem_set->ClearCards();
    } else if (process_alloc_space_cards) {//对本例而言，该参数为true
        if (clear_alloc_space_cards) {//满足条件
            /*下面将处理card_table_中覆盖space对象的card信息。ClearCardRange函数
              将设置对应card的值为0。*/
            uint8_t* end = space->End();
            ......
            card_table_->ClearCardRange(space->Begin(), end);
            } else {
                /*如果clear_alloc_space_cards为false，则调用CardTable的
                ModifyCardsAtomic函数修改对应内存范围的card的值。其中:
                (1) 如果card的旧值为kCardDirty，则新值为kCardDirty-1
                (2) card的旧值为非kCardDirty时，新值为0。*/
                card_table_->ModifyCardsAtomic(space->Begin(), space->End(),
                                AgeCardVisitor(),VoidFunctor());
        }
}  } }
```

简单来说，Heap ProcessCards 的目的在于修改连续空间对象在 CardTable 中对应 card 的值。其修改的逻辑如下。

- 遍历 Heap continuous_space_ 中的空间对象。如果该空间关联一个 ModUnionTable 对象，则利用这个 ModUnionTable 对象来更新该空间的 card。原 dirty card 的新值为 kCardDirty-1，而非 dirty card 的新值为 0。根据 13.8.2.4 节的介绍可知，ART 中只有 ImageSpace 或 ZygoteSpace 这两种类型的空间会和 ModUnionTable 相关联。
- 如果函数的参数 use_rem_sets 为 true，并且空间关联了一个 RememberedSet 对象，则利用这个 RememberedSet 对象来更新空间的 card 值。新值的处理和上面一样。
- 其他情况下则直接操作 Heap card_table_ 进行更新。如果参数 clear_alloc_space_cards 为 true，则 card 的新值为 0，否则处理方式和上面一样（原 dirty card 的新值为 kCardDirty - 1，而非 dirty card 的新值为 0）。

以CMS的图14-6所示的空间为例，调用完ProcessCards后，各空间对应card的新值是：

- "main rosalloc space"和"zygote / non-moving space"对应的card的新值为0。
- "boot.art"对应的card的新值为kCardDirty - 1或者0。

提示 无论使用ModUnionTable还是RememberedSet，最终操作的都是Heap card_table_。那么，Heap card_table_到底有什么用呢？此处先给读者一个简单提示。我们在13.8.2.1节中曾说过，ART虚拟机中只要给某个对象的引用型成员变量设置非零值，该对象对应的card将被标记为dirty card。从某种意义上说，dirty card可以作为追踪对象的一种手段。比如，某card的值为0，说明该card对应的对象的引用型成员变量没有被设置过。在标记的时候就不需要遍历这个对象的引用型成员变量（这是Object VisitReferences的主要工作，详见13.8.3节）。我们在下面的代码中将看到这种用法。

14.4.3.2 标记工作

一切准备就绪后，我们来看标记工作，它由MarkRoots和MarkReachableObjects完成。其中：

- MarkRoots用于标记根对象。
- MarkReachableObjects则从根对象出发以标记所有能追踪到的对象。

14.4.3.2.1 MarkRoots

MarkRoots的代码如下所示。

[mark_sweep.cc->MarkSweep::MarkRoots]

```
void MarkSweep::MarkRoots(Thread* self) {
    ......
    if (Locks::mutator_lock_->IsExclusiveHeld(self)) {
        /*如果if条件为true，说明其他Java线程已暂停运行。14.2节中我们已经介绍过Runtime
          VisitRoots函数了。此处，MarkSweep实现了RootVisitor接口。下面将直接介绍MarkSweep
          所实现的RootVisitor VisitRoots接口函数。*/
        Runtime::Current()->VisitRoots(this);
        /*下面这个函数将遍历所有Thread对象，设置它们的tlsPtr_thread_local_alloc_stack_
          end和thread_local_alloc_stack_top为空，即收回线程的Allocation Stack空间。
          注意，结合图14-8的内容和13.6.4.3节的相关知识可知，此处只是将线程的Allocation Stack
          空间大小设置为0，而存储在Allocation Stack中的信息依然存在（因为Heap allocation_
          stack_没有被修改）。*/
        RevokeAllThreadLocalAllocationStacks(self);
    } else {
    ......//和CMS有关，详见14.4.9节
    }
}
```

MarkSweep实现了RootVisit接口类中的两个接口函数。

[mark_sweep.cc->MarkSweep::VisitRoots]

```
void MarkSweep::VisitRoots(mirror::Object*** roots,
                    size_t count,const RootInfo& info) {
    for (size_t i = 0; i < count; ++i) {
        MarkObjectNonNull(*roots[i]);
```

```
    }
}
void MarkSweep::VisitRoots(CompressedReference<Object>** roots,
                        size_t count,const RootInfo& info) {
    for (size_t i = 0; i < count; ++i) {
        MarkObjectNonNull(roots[i]->AsMirrorPtr());
    }
}
```

MarkSweep VisitRoots 调用的都是 MarkObjectNonNull 函数。这个函数就是给对象做标记的核心函数了。其实现代码如下所示。

[mark_sweep.cc->MarkSweep::MarkObjectNonNull]

```
inline void MarkSweep::MarkObjectNonNull(mirror::Object* obj,
                mirror::Object* holder, MemberOffset offset) {
    //MarkObjectNonNull最后两个参数有默认值，分别为nullptr和MemberOffset(0)
    ......
    //如果obj位于immune_spaces_所包含的空间对象中，则无须标记，详情见if中的解释
    if (immune_spaces_.IsInImmuneRegion(obj)) {
        ......
        /*注意下面这句调试时才会执行的代码。MarkSweep成员变量mark_bitmap_类型为HeapBitmap，
          它其实就是Heap的mark_bitmap_成员。回顾本章的图14-6可知，HeapBitmap包含了所有
          连续空间对象的mark_bitmap_成员。不过，对ImageSpace来说，它的live_bitmap_也被
          包含在Heap mark_bitmap_中了。
          在下面这行代码中，Test函数将测试obj在位图中对应的位是否为1。如果Test返回值为0，
          DCHECK会打印一条错误信息（如果打开调试的话）。这说明一个Obj如果位于ImageSpace空
          间的话，它一定是存活的（同时也是早就被标记了的。因为ImageSpaceGetMarkBitmap返回
          的也是live_bitmap_）。但是，请读者注意，尽管位于ImageSpace空间中的对象是长久存
          活的，但是这些对象的引用型成员变量所指向的对象却可能位于其他空间，而这些对象就可能
          是垃圾。*/
        DCHECK(mark_bitmap_->Test(obj));
    } else if (LIKELY(current_space_bitmap_->HasAddress(obj))) {
        /*根据“准备工作”一节FindDefaultSpaceBitmap函数可知，current_space_bitmap_
          为某个空间对象的mark_bitmap_。判断一个Obj是否被标记的标准就是该Obj
          在mark_bitmap_中对应位的值是否为1。所以，本段代码的主要工作可总结为：
          (1) HasAddress检查current_space_bitmap_对应的内存空间是否包含了obj对象
          (2) 如果满足条件，则调用Set函数设置obj对应位的值为1。于是，这个Obj就算被标记了。
          (3) Set函数返回该位的旧值。如果旧值为0，说明这个obj之前没有被标记。调用
          PushOnMarkStack将obj加入到MarkSweep mark_stack_容器中。mark_stack_为
          一个ObjectStack对象。    */
        if (UNLIKELY(!current_space_bitmap_->Set(obj))) {
            PushOnMarkStack(obj);
        }
    } else {
        /*说明obj不在current_space_bitmap_所关联的那个空间对象中，此时就需要搜索Heap
          所有的空间对象，显然这比直接操作current_space_bitmap_要耗时。从这里可以看出，
          使用current_space_bitmap_是一种优化处理。后面我们还会看到类似的这种优化处理。*/
        ......
        /*mark_bitmap_指向一个HeapBitmap对象，它就是Heap中的mark_bitmap_。根据图
          14-8的介绍，HeapBitmap管理了所有空间对象的SpaceBitmap。下面的Set函数将搜索
          所有空间对象，找到包含这个Obj的Space对象，然后设置对应位的值。 */
        if (!mark_bitmap_->Set(obj,...)) {
            PushOnMarkStack(obj);
        }
    }
}
```

通过上述代码可知，MarkObjectNonNull 函数将：

- 对 Obj 进行标记。**标记**就是设置该 Obj 所在空间对象的 mark_bimap_ 位图对应位的值为 1。
- 这个新被标记的 Obj 保存到 MarkSweep mark_sweep_ 容器中。

请读者注意 MarkObjectNonNull 中 immune_spaces_ 的处理。简单来说，immune_spaces_ 空间中的对象不需要标记（从某种意义上来说，读者将 immune_spaces_ 空间中的对象看作 root 对象就好了）。但是，这些对象的引用型成员变量所指向的对象却有可能位于其他空间，它们不能被标记工作所遗漏。

总结上述代码可知，MarkRoots 函数对当前所有根对象进行了标记。接下来的工作就由 MarkReachableObjects 完成，其目标就是遍历根对象，然后沿着它们的引用型成员变量顺藤摸瓜进行追踪，期间所找到的对象都将被标记。

14.4.3.2.2 MarkReachableObjects

马上来看 MarkReachableObjects。代码如下所示。

[mark_sweep.cc->MarkSweep::MarkReachableObjects]

```
void MarkSweep::MarkReachableObjects() {
    //处理immune_spaces_空间中的对象，对理解card table的作用非常关键，请读者注意
    UpdateAndMarkModUnion();
    RecursiveMark();//我们重点介绍这个函数
}
```

MarkReachableObjects 内部将调用两个函数。

- UpdateAndMarkModUnion：在 MarkRoots 函数中，immune_spaces_ 的空间中的对象没有被"标记"（或者说早就被标记好了）。原因就是上文 MarkObjectNonNull 代码注释中所述的那样，这些空间中的对象无须标记——比如 ImageSpace 中的对象可能都是长期存活的，永远不会是垃圾。但是，**请读者注意**，它们的引用型成员变量指向的对象却可能位于其他空间。这些对象需要被找到并且标记。UpdateAndMarkModUnion 会处理这个问题。
- RecursiveMark：执行该函数前，所有根对象都被放在 MarkSweep mark_sweep_ 容器中。该函数将遍历 mark_sweep_，直到所有能追踪到的对象都被处理完为止。

先看 UpdateAndMarkModUnion 函数。

[mark_sweep.cc->MarkSweep::UpdateAndMarkModUnion]

```
void MarkSweep::UpdateAndMarkModUnion() {
    for (const auto&space : immune_spaces_.GetSpaces()) {
        .......
        /*space要么是ImageSpace，要么是ZygoteSpace。如果它们关联了一个ModUnionTable
          对象，则通过ModUnionTable的UpdateAndMarkReference函数来处理。否则通过它们的
          live_bitmap_来处理。其中：
          UpdateAndMarkReference的参数是一个MarkObjectVisitor类型的函数调用对象，MarkSweep
          类实现了它的MarkObject和MarkHeapReference接口函数。
```

```
        而live_bimap_ VisitMarkedRange函数最后一个参数为函数调用对象。最终，不管下面
        代码中的if和else哪个条件满足，MarkSweep的MarkObjectNonNull都将被调用。 */
      accounting::ModUnionTable* mod_union_table =
                heap_->FindModUnionTableFromSpace(space);
      if (mod_union_table != nullptr) {
          mod_union_table->UpdateAndMarkReferences(this);
      } else {
      //如果该空间没有关联ModUnionTable，则只能遍历该空间的所有存活对象了
      space->GetLiveBitmap()->VisitMarkedRange(
                reinterpret_cast<uintptr_t>(space->Begin()),
                reinterpret_cast<uintptr_t>(space->End()),
                ScanObjectVisitor(this));
      }
    }
}
```

我们举个例子来直观解释 UpdateAndMarkModUnion 的逻辑。假设 immnue_spaces_ 中某个空间对象 SpaceA 内含 1 万个对象，这 1 万个对象一共有 10 万个引用型成员变量。根据上文所述，这 1 万个对象可以看作是根对象，所以需要追踪它们所包含的共 10 万个引用型成员变量。

- 如果 SpaceA 关联了一个 ModUnionTable 对象。那么，只有那些引用型成员变量被修改的对象才需要追踪。借助 ModUnionTable，我们可以很容易地知道哪些对象在 Heap card_table_ 中的 card 为 dirty card，而只有 dirty card 对应的对象才需要追踪。使用这种方法可以减少追踪工作的工作量。这就是上述代码中 if 条件为 true 情况的处理。
- 如果 SpaceA 没有关联 ModUnionTable，那就只能老老实实遍历这 1 万个对象的 10 万个引用型成员变量了。对应为上述代码中 else 代码块的逻辑。

UpdateAndMarkModUnion 最终的结果是那些被 immune_spaces_ 里的对象所引用并且位于其他空间中的对象都将被标记。

提示　细心的读者可能会问这样一个问题，UpdateAndMarkModUnion 中 else 的代码能不能优化成也使用 Heap card_table_ 呢？答案是不行。因为在 Heap ProcessCards 中的 card_table_ 已经被清理过了（读者可回顾 14.4.3.1.3 节的内容，此后，card_table_ 中 card 的值要么为 0，要么为 kCardDirty - 1）。而 ModUnionTable（实际工作由它的子类完成）在清理过程中会保存旧值为 kCardDirty 的 card，然后在 UpdateAndMarkModUnion 中使用。总体来说，ModUnionTable 家族的作用稍显复杂，笔者仅点到为止，感兴趣的读者可在掌握相关章节的知识后再自行研究。

UpdateAndMarkModUnion 结束后，我们认为进程中所有的根对象都已经被找到了。接下来将遍历这些根对象所引用的对象。

[mark_sweep.cc->MarkSweep::RecursiveMark]

```
void MarkSweep::RecursiveMark() {
    ......
    if (kUseRecursiveMark) {//kUseRecursiveMark为编译常量，默认值为false
        ....//这部分代码中有和parallel处理有关的内容，感兴趣的读者可自行阅读
    }
```

```
    ProcessMarkStack(false);//此处传递的参数为false
}
```

[mark_sweep.cc->MarkSweep::ProcessMarkStack]

```
void MarkSweep::ProcessMarkStack(bool paused) {
    /*ProcessMarkStack就是遍历mark_stack_中的obj对象，追踪它们的引用型参数。
      注意，追踪根对象的引用型成员变量是一个非常耗时的工作，所以可以利用多线程来处理，这就是
      parallel collection的一个体现。根据下面的if条件判断，是否使用parallel gc需要
      满足一定条件，即：
      (1) kParallelProcessMarkStack：编译常量，默认取值为true.
      (2) GetThreadCount返回值大于1。
      (3) mark_stack_所保存的Obj对象个数大于128（kMinimumParallelMarkStackSize的值）
      GetThreadCount的代码请读者自行阅读。其中会涉及kProcessStateJankPerceptible枚举
      变量。我们在10.3.2.2节中曾介绍过它。当应用处于前台时，它的进程状态会被设置为这个值，表
      示如果应用发生卡顿，用户是能感受到的。*/
    size_t thread_count = GetThreadCount(paused);//
    if (kParallelProcessMarkStack && thread_count > 1 &&
        mark_stack_->Size() >= kMinimumParallelMarkStackSize) {
            ProcessMarkStackParallel(thread_count);//后文再详细介绍这个函数
    } else {
        /*else代码块为不使用parallel collection的处理。处理方式很简单，就是遍历
          mark_stack_中的元素，调用它们的VisitReference函数。每找到一个引用型参数就调用
          MarkSweep MarkObject函数进行标记。如果是新标记的对象，就将其加入mark_stack_
          容器中。如此往复直到mark_stack_中的元素都处理完为止。   */
        static const size_t kFifoSize = 4;
        BoundedFifoPowerOfTwo<mirror::Object*, kFifoSize> prefetch_fifo;
        for (;;) {
        mirror::Object* obj = nullptr;
        if (kUseMarkStackPrefetch) {//kUseMarkStackPrefetch默认为true
            /*这段代码为一种优化实现，利用了GCC的__builtin_prefetch功能加速获取
              mark_stack_中的元素。感兴趣的读者可以自行研究它。*/
            .....
        } else {
            //如果不使用优化实现的话，遍历mark_stack_的代码逻辑就非常简单了
            if (mark_stack_->IsEmpty()) {  break;  }
            obj = mark_stack_->PopBack();
        }
        /*ScanObject将调用Object VisitReferences，所设置的函数调用对象最终会通过MarkSweep
          MarkObject函数来标记所找到的引用型成员变量。我们在13.8.3节中曾介绍过VisitReferences
          函数。注意，对Reference类型的对象有一些特殊处理。我们后文将介绍这部分内容。  */
          ScanObject(obj);
        }
    }
}
```

到此，MarkingPhase 就介绍完毕。进程中当前能被追踪到的对象均已完成标记——注意，标记的信息保存在各个空间的 mark_bitmap_ 中。

14.4.4 PausePhase

接着来看 PausePhase 函数。请读者注意，不论 CMS 还是 MS，在 PausePhase 运行时，其他 Java 线程均暂停运行。所以，PausePhase 的执行时间越短越好。

[mark_sweep.cc->MarkSweep::PausePhase]

```
void MarkSweep::PausePhase() {
    Thread* self = Thread::Current();
    if (IsConcurrent()) {//①如果是CMS，则需要调用下面两个函数
        WriterMutexLock mu(self, *Locks::heap_bitmap_lock_);
        /*回顾MarkSweep RunPhases可知，在CMS情况下gc线程执行MarkingPhase的时候，mutator
          线程可同时运行。也就是说，对CMS而言，MarkingPhase标记的对象可能还不全面，所以在
          PausePhase的时候要重新做一次标记。当然，这次标记不会像MarkingPhase那样耗时，否则
          CMS就没有什么价值了。 */
        ReMarkRoots();
        RecursiveMarkDirtyObjects(true, accounting::CardTable::kCardDirty);
    }
    {
        ......
        //写锁，使用全局静态变量heap_bitmap_lock_同步对象
        WriterMutexLock mu(self, *Locks::heap_bitmap_lock_);
        /*②调用Heap SwapStack函数，内部将执行下面这条语句:
          allocation_stack_.swap(live_stack_)。它将live_stack_和allocation_stack_
          的内容进行交换。      */
        heap_->SwapStacks();
        live_stack_freeze_size_ = heap_->GetLiveStack()->Size();
        /*再次清空Thread的Allocation Stack空间。注意，我们在MarkRoots函数中也
          调用过这个函数。两次执行它的原因是因为在MarkRoots中清空之后直到代码运行到这里时，
          可能有mutator线程又重新分配和使用了Allocation Stack。*/
        RevokeAllThreadLocalAllocationStacks(self);
    }
    //③下文将简单介绍Runtime DisallowNewSystemWeaks的内容
    Runtime::Current()->DisallowNewSystemWeaks();
    //④下面这行代码和Java Reference对象的处理有关，我们后续单独介绍这部分知识
    GetHeap()->GetReferenceProcessor()->EnableSlowPath();
}
```

PausePhase 函数的功能和 ART 虚拟机的实现密切相关。笔者总结了该函数完成的四个主要的功能。

- ①如果回收器类型为 CMS，则需要重新找一遍根对象并搜索新的存活对象。这部分代码逻辑和 Concurrent GC 有关，并且需要结合 MarkingPhase 函数中的第三个关键函数 PreCleanCards 一起来考虑。后文将统一介绍它。
- ②交换 Heap 的 allocation_stack_ 和 live_stack_ 的内容。交换之前，live_stack_ 的内容为空，而 allocation_stack_ 则保存了 mutator 线程创建的对象。交换后，live_stack_ 保存了 mutator 所创建的对象，而 allocation_stack_ 则变为空的容器。请读者注意，本条信息非常重要，后续 StickyMarkSweep 将用到它。
- ③禁止系统其他模块创建或解析新的 "weak" 对象。这是由 Runtime DisallowNew-SystemWeaks 函数来实现的。我们重点介绍这部分内容。
- ④处理和 Java 引用型对象有关的工作，它和 ReferenceProcessor EnableSlowPath 函数有关。后文统一介绍引用型对象的处理逻辑。

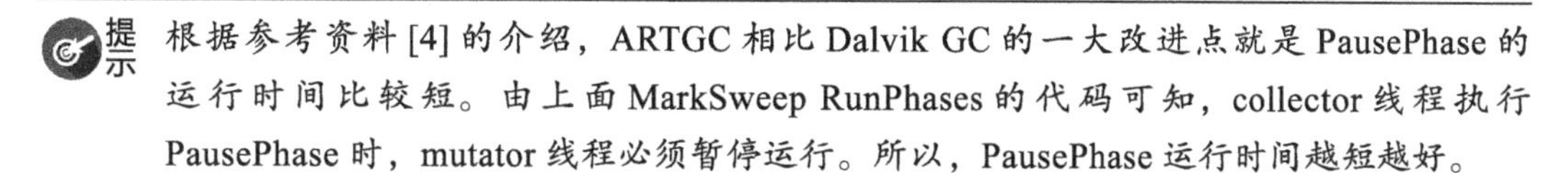

提示 根据参考资料 [4] 的介绍，ARTGC 相比 Dalvik GC 的一大改进点就是 PausePhase 的运行时间比较短。由上面 MarkSweep RunPhases 的代码可知，collector 线程执行 PausePhase 时，mutator 线程必须暂停运行。所以，PausePhase 运行时间越短越好。

Runtime DisallowNewSystemWeaks 的目的是控制虚拟机其他模块禁止创建或解析新的 "Weak" 对象。我们先来看代码。

[runtime.cc->Runtime::DisallowNewSystemWeaks]

```
void Runtime::DisallowNewSystemWeaks() {
    //DisallocwNewSystemWeaks涉及ART虚拟机的很多个模块，比如下面的monitor_list_、
    //intern_table_、java_vm_等。出于篇幅考虑，本节仅介绍java_vm_的情况
    monitor_list_->DisallowNewMonitors();
    intern_table_->ChangeWeakRootState(gc::kWeakRootStateNoReadsOrWrites);
    //禁止JNI层创建新的WeakGlobal对象，或者解析一个WeakGlobal对象。我们简单介绍它对创建
    //WeakGlobal型对象的影响
    java_vm_->DisallowNewWeakGlobals();
    heap_->DisallowNewAllocationRecords();
    lambda_box_table_->DisallowNewWeakBoxedLambdas();
}
```

此处，笔者仅展示 JavaVM 模块（也就是 JNI 相关的部分）中 DisallowNewWeakGlobals 对创建 WeakGlobal 型对象的影响。马上来看 DisallowNewWeakGlobals 的代码。

在 11.4 节中曾介绍了 Local 和 Global 型的对象，而笔者把 WeakGlobal 型对象的相关知识留给读者自行研究。笔者此处简单介绍下 WeakGlobal 型对象的用法。WeakGlobal 型对象类似 Java 层中的 Reference 型对象。一个 WeakGlobal 对象 A 实际上指向一个 Local 型对象 B。GC 时，A 不会被回收，但是 B 可能会被回收。所以，使用 A 时需要调用 JNI IsSameObject 判断 A 是否等于空指针。如果等于空指针，说明 A 指向的 B 对象已经被回收。

[java_vm_ext.cc->JavaVMExt::DisallowNewWeakGlobals]

```
void JavaVMExt::DisallowNewWeakGlobals() {
    Thread* const self = Thread::Current();
    MutexLock mu(self, weak_globals_lock_);
    //下面这个变量的数据类型为Atomic<bool>，设置其值为false
    allow_accessing_weak_globals_.StoreSequentiallyConsistent(false);
}
```

DisallowNewWeakGlobals 的功能特别简单，就是设置 allow_accessing_weak_globals_ 变量的值为 false。该变量的影响主要体现在 JNI 层创建一个 WeakGlobal 对象的地方，来看下面的代码。

[jni_internal.cc->NewWeakGlobalRef]

```
static jweak NewWeakGlobalRef(JNIEnv* env, jobject obj) {
    //JNI层要创建一个WeakGlobal对象的话，将调用NewWeakGlobalRef函数
    ScopedObjectAccess soa(env);
    mirror::Object* decoded_obj = soa.Decode<mirror::Object*>(obj);
    return soa.Vm()->AddWeakGlobalRef(soa.Self(), decoded_obj);
}
```

[java_vm_ext.cc->JavaVMExt::AddWeakGlobalRef]

```
jweak JavaVMExt::AddWeakGlobalRef(Thread* self, mirror::Object* obj) {
```

```
    ......
    MutexLock mu(self, weak_globals_lock_);
    //MayAccessWeakGlobals将检查allow_accessing_weak_globals_的值是否为true,
    //如果不满足条件的话，则需要等待
    while (UNLIKELY(!MayAccessWeakGlobals(self))) {
        weak_globals_add_condition_.WaitHoldingLocks(self);
    }
    //IndirectRef，详情见11.4节
    IndirectRef ref = weak_globals_.Add(IRT_FIRST_SEGMENT, obj);
    return reinterpret_cast<jweak>(ref);
}
```

从JavaVMExt的DisallowNewWeakGlobals函数可知，它将禁止JNI层创建新的WeakGlobal对象（也包括解析一个WeakGlobal对象，对应的函数是JavaVMExt DecodeWeakGlobal，读者不妨一看）。

14.4.5 ReclaimPhase

接下来我们学习一下垃圾对象的内存释放，这项工作由ReclaimPhase完成。根据RunPhases的代码可知，gc线程执行ReclaimPhase时，mutator线程可以同时运行。

从宏观来说，gc线程和mutator线程可以同时运行的确切含义是指gc执行ReclaimPhase的时候不会暂停mutator线程。从微观来看，ReclaimPhase某些代码逻辑还是会使用同步锁来保护。所以，concurrent gc中的concurrent是从宏观角度来表达的。微观角度看到的同步锁的作用更倾向于是对共享资源的保护。

[mark_sweep.cc->MarkSweep::ReclaimPhase]

```
void MarkSweep::ReclaimPhase() {
    Thread* const self = Thread::Current();
    ProcessReferences(self);//①对Java Reference对象的处理，我们后续统一介绍
    //②清除系统中"Weak"型的垃圾对象。我们将介绍JNI WeakGlobal型对象的清除
    SweepSystemWeaks(self);
    Runtime* const runtime = Runtime::Current();
    runtime->AllowNewSystemWeaks();//重新允许"Weak"对象的创建和解析
    //清除不再需要的ClassLoader对象。请感兴趣的读者自行研究
    runtime->GetClassLinker()->CleanupClassLoaders();
    {
        WriterMutexLock mu(self, *Locks::heap_bitmap_lock_);
        GetHeap()->RecordFreeRevoke();
        //③下面的Sweep函数是关键，用于清理之前未被标记的对象
        Sweep(false);//注意，此处调用Sweep的参数为false
        //下面这两个函数用于处理空间对象中的位图
        SwapBitmaps();
        //UnBindBitmaps的处理需结合StickyMarkSweep来介绍
        GetHeap()->UnBindBitmaps();
        }
}
```

本节将介绍ReclaimPhase中SweepSystemWeaks、Sweep和SwapBitmaps三个函数。

Heap UnBindBitmaps的作用将在StickyMarkSweep一节中再介绍。

14.4.5.1 SweepSystemWeaks

SweepSystemWeaks用于清除"weak"型对象，它和PausePhase中调用的DisallowNew-SystemWeaks函数相对应。SweepSystemWeaks函数的代码如下所示。

[mark_sweep.cc->MarkSweep::SweepSystemWeaks]

```
void MarkSweep::SweepSystemWeaks(Thread* self) {
    ReaderMutexLock mu(self, *Locks::heap_bitmap_lock_);
    /*调用Runtime SweepSystemWeaks函数，参数为一个IsMarkedVisitor类型的对象。
      根据14.3.1节的介绍可知，IsMarkedVisitor是一个虚基类，仅定义
      了一个IsMarked虚函数。GarbageCollector类继承了IsMarkedVistior类。而
      IsMarked由GarbageCollector的具体子类来实现。*/
    Runtime::Current()->SweepSystemWeaks(this);
}
```

[runtime.cc->Runtime::SweepSystemWeaks]

```
void Runtime::SweepSystemWeaks(IsMarkedVisitor* visitor) {
    GetInternTable()->SweepInternTableWeaks(visitor);
    GetMonitorList()->SweepMonitorList(visitor);
    //笔者仅介绍JNI层对WeakGlobal型对象的清除过程
    GetJavaVM()->SweepJniWeakGlobals(visitor);
    GetHeap()->SweepAllocationRecords(visitor);
    GetLambdaBoxTable()->SweepWeakBoxedLambdas(visitor);
}
```

马上来看JNI层是如何清除WeakGlobal型对象的，代码如下所示。

[java_vm_ext.cc->JavaVMExt::SweepJniWeakGlobals]

```
void JavaVMExt::SweepJniWeakGlobals(IsMarkedVisitor* visitor) {
    MutexLock mu(Thread::Current(), weak_globals_lock_);
    Runtime* const runtime = Runtime::Current();
    /*weak_globals_的类型为IndirectReferenceTable（笔者简写其为IRTable），
      在下面这段C++11的for each循环中，entry的类型为GcRoot<mirror::Object>*。
      它直接来自IRTable的成员变量table_。如果修改了entry的值，也就是修改了
      weak_globals_的内容。*/
    for (auto* entry : weak_globals_) {
    //遍历weak_globals_中的元素，元素是一个WeakGlobal型的对象
      if (!entry->IsNull()) {
      //调用GcRoot的Read函数，不使用ReadBarrier。GcRoot的Read函数其实很有讲究，
      //主要和Read Barrier的处理有关。本书所使用的例子均不使用Read barrier
      mirror::Object* obj = entry->Read<kWithoutReadBarrier>();
      /*调用IsMarkedVisitor的IsMarked函数。对MS而言，此处调用的是MarkSweep类
        的IsMarked函数，下文将看到它的代码。IsMarked返回值为一个Object对象。如果
        MarkSweep IsMarked返回为空指针，说明输入obj没有被标记——说明该obj是
        垃圾对象。 */
        mirror::Object* new_obj = visitor->IsMarked(obj);
        if (new_obj == nullptr) {
            /*new_obj为空指针，说明这个WeakGlobal型对象指向的那个对象是垃圾，将会被清除。
              这时我们需要修改WeakGlobal型对象的内容，使它指向另外一个有特殊含义的对象——
              即Runtime的sentinel_成员变量（由GetClearedJniWeakGlobal函数返回）。Runtime
              sentinel_就是一个Java Object对象，它在ClassLinker InitFromBootImage
              函数中创建。该对象本身没有什么特别之处，只不过它有特殊用途而已。*/
```

```
            new_obj = runtime->GetClearedJniWeakGlobal();
            }
            //修改WeakGloabl型对象的内容
            *entry = GcRoot<mirror::Object>(new_obj);
        }
    }
}
```

来看 MarkSweep IsMarked 函数，它用于判断输入的 Object 对象是否在标记过程中被标记（也就是它是否为垃圾对象）。

[mark_sweep.cc->MarkSweep::IsMarked]

```
inline mirror::Object* MarkSweep::IsMarked(mirror::Object* object) {
    //先看看这个object是否属于immue_spaces_空间中的对象
    if (immune_spaces_.IsInImmuneRegion(object)) {
        return object;
    }
    //current_space_bitmap_来自某个Space对象的mark_bitmap_，先检查这个object是否
    //属于该空间，然后判断它是否被标记
    if (current_space_bitmap_->HasAddress(object)) {
        return current_space_bitmap_->Test(object) ? object : nullptr;
    }
    //mark_bitmap_就是Heap mark_bitmap_的成员，它将遍历Heap的所有space对象，
    //先判断object属于哪个空间，然后检查是否被标记。
    return mark_bitmap_->Test(object) ? object : nullptr;
}
```

正如读者所熟知的，GC 的工作须越快完成越好。所以，MarkSweep 代码逻辑中有很多优化处理的地方。比如上面的 IsMarked 函数中对 Heapmark_bitmap_ 的检查其实已经能覆盖对 current_space_bitmap_ 的检查。但如果 current_space_bitmap_ 所在空间包含了这个对象的话，就无须遍历 Heap continuous_spaces_ 数组了（读者可回顾 14.4.1 节中的图 14-6）。

> 提示 从上面的描述可以看出，虚拟机的 GC 代码逻辑虽然离不开 GC 的理论知识，但它却和该虚拟机的其他模块有着千丝万缕的联系。这也是 ART GC 相关类较为复杂的重要原因，它需要读者对虚拟机相关模块有一定程度的了解。

14.4.5.2 Sweep

接着来看 Sweep 函数，它用于清除进程中的垃圾对象。

> 提示 笔者在 MarkingPhase 中曾说过，垃圾对象的判断需要两个信息，一个是集合 Live，一个是集合 Mark。垃圾对象就是集合 Live 减去集合 Mark。到目前为止，集合 Mark 已经确定了（保存在空间对象的 mark_bitmap_ 中），而集合 Live 的来历我们还未介绍。

来看代码。

[mark_sweep.cc->MarkSweep::Sweep]

```
void MarkSweep::Sweep(bool swap_bitmaps) {//注意，调用时swap_bitmaps为false
    ......
```

```
    {
    /*GetLiveStack返回Heap的live_stack_。14.4.4节中介绍过Heap live_stack_的内容。它
      保存了mutator线程所创建的对象。从严格意义上来说是从下面的Reset调用后到PausePhase调用
      Heap SwapStacks之前这段时间内mutator创建的对象。为什么这么说呢？原因是在于它们的使用
      步骤：
      (1) mutator只会将创建的对象存储于Heap allocation_stack_中。
      (2) Heap SwapStacks将交换Heap live_stack_和allocation_stack_的内容。此后，
          allocation_stack_容器为空容器（原因在步骤3）。
      (3) Heap MarkAllocStackAsLive后，live_stack_会被Reset，也就是容器会被清空。
          而live_stack_在第2步中会和allocation_stack_交换，所以交换后，
          allocation_stack_就是空容器了。
      简单来说，live_stack_中的对象属于集合Live。但是，请读者注意，live_stack_只是集合
      Live的一部分。因为它只保存了两次GC间创建的对象。*/
      accounting::ObjectStack* live_stack = heap_->GetLiveStack();
      /*调用Heap MarkAllocStackAsLive对live_stack中的元素进行处理。
       (1) 这些元素就是一个个mirror Object对象，它们属于集合Live。
       (2) MarkAllocStackAsLive将找到这些对象所在的空间，然后对这些空间对象的
      live_bitmap_位图进行设置。也就是说，集合Live由空间对象的live_bitmap_表示。*/
        heap_->MarkAllocStackAsLive(live_stack);
        live_stack->Reset();//清空Heap live_stack_的内容
    }
    //遍历HeapContinuous_spaces_的成员，读者可回顾14.4.1节中的图14-6。
    for (const auto& space : GetHeap()->GetContinuousSpaces()) {
        /*结合图14-6以及13.1节的内容可知，只有
          "main rosalloc space"和"zygote / non moving space"这两个空间为
          ContinuousMemMapAllocSpace。而".../boot.art"对应的ImageSpace属于
          ContinuousSpace。 */
        if (space->IsContinuousMemMapAllocSpace()) {
            space::ContinuousMemMapAllocSpace* alloc_space =
                    space->AsContinuousMemMapAllocSpace();
            ......
            //调用ContinuousMemMapAllocSpace的Sweep函数，swap_bitmaps值为false
            RecordFree(alloc_space->Sweep(swap_bitmaps));
        }
    }
    //回收DiscontinuousSpace对象中的垃圾，请读者自行阅读这部分代码
    SweepLargeObjects(swap_bitmaps)
}
```

来看ContinuousMemMapAllocSpace的Sweep函数，代码如下所示。

[space.cc->ContinuousMemMapAllocSpace::Sweep]

```
collector::ObjectBytePair ContinuousMemMapAllocSpace::Sweep(
                bool swap_bitmaps) {
    /*Sweep的返回值类型为ObjectBytePair，它类似std的pair类，包含两个信息，第一个信息
      是回收的垃圾对象的个数，第二个信息是回收的内存的字节数。*/

    //获取空间的live_bitmap_和mark_bitmap_成员，它们分别代表集合Live和集合Mark
    accounting::ContinuousSpaceBitmap* live_bitmap = GetLiveBitmap();
    accounting::ContinuousSpaceBitmap* mark_bitmap = GetMarkBitmap();
    //如果live_bitmap和mark_bitmap是同一个对象，则不需要清除
    if (live_bitmap == mark_bitmap) {
        return collector::ObjectBytePair(0, 0);
    }
    SweepCallbackContext scc(swap_bitmaps, this);
```

```
        //交换live_bitmap和mark_bitmap的值。本次调用if的条件不满足
        if (swap_bitmaps) {
            std::swap(live_bitmap, mark_bitmap);
    }
    /*调用ContinuousSpaceBitmap的SweepWalk函数，它将扫描从Begin()开始，到End()
      结束的这段内存空间。请读者注意SweepWalk的参数：
      live_bitmap：代表集合Live。
      mark_bitmap：代表集合Mark。
      SweepWalk判断一个对象是否为垃圾对象的条件很简单。假设某个对象在两个位图中的索引是i，
      那么，该对象是垃圾的条件是"live_bitmap[i] & ~mark_bitmap[i]"为true，即：
      (1) 如果live_bitmap[i]为1，说明它属于集合Live。
      (2) 如果mark_bitmap[i]为0，说明这个对象不属于集合Mark。
      当条件1和2满足时，这个对象就是垃圾对象。
      GetSweepCallback由子类实现，返回一个处理垃圾对象回调函数。SweepWalk每找到一个垃圾对象
      都会调用这个回调函数进行处理。*/
    accounting::ContinuousSpaceBitmap::SweepWalk(
        *live_bitmap, *mark_bitmap, reinterpret_cast<uintptr_t>(Begin()),
        reinterpret_cast<uintptr_t>(End()), GetSweepCallback(),
        reinterpret_cast<void*>(&scc));
    return scc.freed;
}
```

GetSweepCallback 是 ContinuousMemMapAllocSpace 中定义的虚函数，而 RosAllocSpace 和 DlMallocSpace 的父类 MallocSpace 重载了该函数。下面是 MallocSpace GetSweepCallback 返回的回调函数 SweepCallback。

[malloc_space.cc->MallocSpace::SweepCallback]

```
void MallocSpace::SweepCallback(size_t num_ptrs, mirror::Object** ptrs,
            void* arg) {
    /*ContinuousSpaceBitmap SweepWalk找到垃圾对象后就会回调SweepCallback。
      参数中的num_ptrs代表垃圾对象的个数，而**ptrs代表一个垃圾对象数组的起始地址。*/
    SweepCallbackContext* context = static_cast<SweepCallbackContext*>(arg);
    space::MallocSpace* space = context->space->AsMallocSpace();
    Thread* self = context->self;
    //回调时传入的信息，swap_bitmaps为false
    if (!context->swap_bitmaps) {
        accounting::ContinuousSpaceBitmap* bitmap = space->GetLiveBitmap();
        //既然是垃圾对象，则需要将其从live_bitmap_中去除
        for (size_t i = 0; i < num_ptrs; ++i) {
            bitmap->Clear(ptrs[i]);
        }
    }
    context->freed.objects += num_ptrs;
    //RosAlloc和DlMallocSpace均实现了FreeList函数，用于释放一组对象的内存
    context->freed.bytes += space->FreeList(self, num_ptrs, ptrs);
}
```

DlMallocSpace 和 RosAllocSpace 均重载了 FreeList 函数，其内部调用 msalloc_bulk_free 和 RosAlloc 的 BulkFree 函数来释放垃圾对象所占据的内存。

> 提示 笔者在第 13 章中并未介绍 DlMallocSpace 和 RosAllocSpace 的 FreeList 函数，不过它们并不复杂。感兴趣读者可以自行研究。

总结 Sweep 函数可知：

- 空间对象的 live_bitmap_ 代表集合 Live。它的部分内容由 Heap live_stack_ 提供。这是因为 live_stack_ 只是保存了两次 GC 间所创建的对象。
- 空间对象的 mark_bitmap_ 代表集合 Mark，是这次 GC 在标记相关的任务中所能追踪到的对象。
- Sweep 检查空间的 live_bitmap_ 和 mark_bitmap_。live_bitmap_ 存在而 mark_bitmap_ 不存在的对象被认为是垃圾对象，从而被清除。清除的含义就是释放对象占据的内容。也就是调用 DlMallocSpace 或 RosAllocSpace 的 FreeList 函数。注意，根据第 13 章的内容可知，BumpPointerSpace 和 RegionSpace 无法释放单个内存对象的空间。所以它们不能用于 MarkSweep GC。
- 最后，我们需要更新集合 Live，将那些垃圾对象对应的位清零。

集合 Live 的内容来自两个部分，一部分为两次 GC 间新创建的对象，代码中这部分内容由 Heap live_stack_ 提供，而另外一部分为上次 GC 后剩下的对象。这部分的信息来自何处？请读者继续阅读。

14.4.5.3 SwapBitmaps

Sweep 函数返回后，本次 GC 找到的垃圾对象就算回收完毕。现在我们需要对空间的 live_bitmap_ 和 mark_bitmap_ 做一些处理。

[garbage_collector.cc->GarbageCollector::SwapBitmaps]

```
void GarbageCollector::SwapBitmaps() {
    ......
    const GcType gc_type = GetGcType();
    for (const auto& space : GetHeap()->GetContinuousSpaces()) {
        /*回顾13.7.1节的内容可知，ZygoteSpace的gc_retention_policy_取值为kGcRetention-
          PolicyFullCollect，而BumpPointerSpace、RegionSpace、DlMallocSpace、
          RosAllocSpace的gc_retention_policy_取值为kGcRetentionPolicyAlwaysCollect，
          ImageSpace的gc_retention_policy_取值为kGcRetentionPolicyNeverCollect。
          下面这个if条件中包含两个判断，其中的第二个判断说明只在MarkSweep的时候才处理ZygoteSpace
          空间。而PartialMarkSweep以及StickMarkSweep均不需要处理它。
          这也符合kGcTypeFull等回收策略的要求。  */
        if( space->GetGcRetentionPolicy() ==
                  space::kGcRetentionPolicyAlwaysCollect
            || (gc_type == kGcTypeFull && space->GetGcRetentionPolicy() ==
               space::kGcRetentionPolicyFullCollect)) {
        accounting::ContinuousSpaceBitmap* live_bitmap =
                                    space->GetLiveBitmap();
        accounting::ContinuousSpaceBitmap* mark_bitmap =
                                    space->GetMarkBitmap();
        if (live_bitmap != nullptr && live_bitmap != mark_bitmap) {
            /*更新Heap live_bitmap_和mark_bitmap_数组中的元素，ReplaceBitmap第一个
              参数为旧值，第二个参数为新值。其内部将先找到旧值所在的数组索引，然后将新值存储
              到该索引位置上。下面这两行代码就是交换Heap live_bitmap_和mark_bitmap_
              对应元素的信息。 */
            heap_->GetLiveBitmap()->ReplaceBitmap(live_bitmap, mark_bitmap);
               heap_->GetMarkBitmap()->ReplaceBitmap(mark_bitmap, live_bitmap);
```

```
                //交换space中live_bitmap_和mark_bitmap_。
                space->AsContinuousMemMapAllocSpace()->SwapBitmaps();
            }
        }
    }
    ......//对大内存对象的处理，和上面类似
}
```

SwapBitmaps 的作用其实很简单，就是交换集合 Live 和集合 Mark 在相关数据结构中对应的成员变量。我们以集合 Live 和集合 Mark 为目标来看待交换后的结果。

- 集合 Live 包含了此次 GC 中搜索到的对象。显然，它们构成了集合 Live 第二部分的内容——即**上一次** GC 后剩下的对象。注意，本次 GC 的剩余对象将作为下一次 GC 中集合 Live 的内容。
- 集合 Mark 包含的信息是原集合 Live 去掉本次 GC 中的垃圾对象后的结果。

14.4.6 FinishPhase

接着来看 MarkSweep GC 的最后一个步骤。

 [mark_sweep.cc->MarkSweep::FinishPhase]

```
void MarkSweep::FinishPhase() {
    ......
    mark_stack_->Reset();//清空MarkSweep mark_stack_的内容
    Thread* const self = Thread::Current();
    ReaderMutexLock mu(self, *Locks::mutator_lock_);
    WriterMutexLock mu2(self, *Locks::heap_bitmap_lock_);
    //清空空间对象mark_bitmap_，也就是GC结束后，集合Mark将被清空
    heap_->ClearMarkedObjects();
}
```

到此，我们对 MarkSweep 主要功能都做了比较详细的介绍。现在请读者一鼓作气接着来看 PartialMarkSweep 以及 StickyMarkSweep。

14.4.7 PartialMarkSweep

PartialMarkSweep 派生自 MarkSweep，它非常简单。

[partial_mark_sweep.h->PartialMarkSweep 类声明]

```
class PartialMarkSweep : public MarkSweep {
    public:
        virtual GcType GetGcType() const OVERRIDE {
            return kGcTypePartial; //回收策略
        }
        ......
    protected:
        virtual void BindBitmaps() OVERRIDE;
        ......
};
```

PartialMarkSweep的GC策略为kGcTypePartial。根据上文的介绍可知，kGcTypePartial的含义是不扫描APP进程从zygote进程继承得来的空间对象——也就是ZygoteSpace空间。这是如何实现的呢？答案在BindBitmaps函数中。

[partial_mark_sweep.cc->PartialMarkSweep::BindBitmaps]

```
void PartialMarkSweep::BindBitmaps() {
    //调用父类的BindBitmaps，根据14.4.3.1节的介绍可知，ImageSpace将
    //加入immune_spaces_
    MarkSweep::BindBitmaps();

    WriterMutexLock mu(Thread::Current(), *Locks::heap_bitmap_lock_);
    for (const auto& space : GetHeap()->GetContinuousSpaces()) {
        //根据13.1节的内容可知，只有ZygoteSpace空间的回收策略是
        //kGcRetentionPolicyFullCollect。所以，下面这几行代码就是将ZygoteSpace加入
        //immune_spaces_
        if (space->GetGcRetentionPolicy() ==
                space::kGcRetentionPolicyFullCollect) {
            immune_spaces_.AddSpace(space);
        }
    }
}
```

回顾MarkSweep的GC逻辑可知，位于immune_spaces_中的对象将不会被追踪——除非某些对象的引用型成员变量指向了位于其他空间中的对象。PartialMarkSweep之所以比MarkSweep运行速度快，其根本原因在于要处理的空间对象较少，也就导致要处理的对象个数较少。

14.4.8 StickyMarkSweep

接着来看MarkSweep家族中最后一位成员StickyMarkSweep，它用于扫描和处理从上次GC到本次GC这段时间内所创建的对象。

提示 读者还记得MarkSweep GC代码中哪些成员变量可记录两次GC之间所创建的对象？答案就是Heap的allocation_stack_和live_stack_。

[sticky_mark_sweep.h->StickyMarkSweep类声明]

```
class StickyMarkSweep FINAL : public PartialMarkSweep {
    //StickyMarkSweep派生自PartialMarkSweep
    public:
        GcType GetGcType() const OVERRIDE {
            return kGcTypeSticky;
        }
        ....
    protected:
        void BindBitmaps() OVERRIDE;
        void MarkReachableObjects()  OVERRIDE ;
        void Sweep(bool swap_bitmaps) OVERRIDE;
        ......
};
```

StickyMarkSweep 支持的回收策略为 kGcTypeSticky，其含义是扫描并处理从上次 GC 到本次 GC 这段时间内所创建的对象。它有三个主要函数，分别是 BindBitmaps、MarkReachable-Objects 和 Sweep。分别来看它们。

14.4.8.1 BindBitmaps

StickyMarkSweep BindBitmaps 的代码如下所示。

[sticky_mark_sweep.cc->StickyMarkSweep::BindBitmaps]

```
void StickyMarkSweep::BindBitmaps() {
    //StickyMarkSweep不处理ImageSpace和ZygoteSpace
    PartialMarkSweep::BindBitmaps();
    WriterMutexLock mu(Thread::Current(), *Locks::heap_bitmap_lock_);
    for (const auto& space : GetHeap()->GetContinuousSpaces()) {
        if (space->IsContinuousMemMapAllocSpace() &&
            space->GetGcRetentionPolicy() ==
                    space::kGcRetentionPolicyAlwaysCollect) {
            //调用ContinuousMemMapAllocSpace的BindLiveToMarkBitmap函数，见下文解释
            space->AsContinuousMemMapAllocSpace()->BindLiveToMarkBitmap();
        }
    }
    //处理DiscontinuousSpace的情况，请读者自行阅读
    ......
}
```

来看 ContinuousMemMapAllocSpace BindLiveToMarkBitmap 函数，代码如下所示。

[space.cc->ContinuousMemMapAllocSpace::BindLiveToMarkBitmap]

```
void ContinuousMemMapAllocSpace::BindLiveToMarkBitmap() {
    accounting::ContinuousSpaceBitmap* live_bitmap = GetLiveBitmap();
    if (live_bitmap != mark_bitmap_.get()) {
        accounting::ContinuousSpaceBitmap* mark_bitmap = mark_bitmap_.release();
        /*下面这行代码的意思是更新Heap mark_bitmap_中原mark_bitmap所在的元素。
          更新前,该元素的旧值为mark_bitmap，更新后该元素的新增为live_bitmap。
          要理解这行代码的含义，需要读者明白两点:
          (1) 根据上文对MarkSweep GC代码逻辑的介绍可知，空间对象的live_bitmap_就是本次
              GC的集合Live。
          (2) Heap mark_bitmap_为集合Mark。调用BindBitmaps的时候，标记工作还未开展，
              所以集合Mark为空（集合Mark在上次GC的FinishPhase中被清空）。
            结合1和2，对StickyMarkSweep来说，标记还没有开始做（BindBitmaps函数为GC的
            准备工作），我们就已经把上次GC的幸存对象“标记”好了。所以，上次GC的幸存对象在本
            次GC中将被保留。*/
        Runtime::Current()->GetHeap()->GetMarkBitmap()->ReplaceBitmap(
                                        mark_bitmap, live_bitmap);
        //mark_bitmap的值保存到temp_bitmap_中
        temp_bitmap_.reset(mark_bitmap);
        //原live_bitmap的信息保存到mark_bitmap_中
        mark_bitmap_.reset(live_bitmap);
    }
}
```

我们实际上已经是第二次碰到 ContinuousMemMapAllocSpace BindLiveToMarkBitmap 函数了。第一次碰见它是在 ImmuneSpace AddSpace 函数中。

- 对 MarkSweep 而言，immune_spaces_ 包含 ImageSpace。

- 对PartialMarkSweep而言，immune_spaces_包含了ImageSpace和ZygoteSpace（如果有的话）。
- 对StickyMarkSweep而言，immune_spaces_包含了ImageSpace、ZygoteSpace（如果有的话）和其他符合要求的空间对象。

简单来说，immune_spaces_对MarkSweep GC的意义在于位于其中空间对象的mirror Object对象不会被回收——它们被划归为集合Mark。

14.4.8.2 MarkReachableObjects

接着来看MarkReachableObjects。在此之前，我们必须先回顾MarkSweep MarkingPhase函数。

[mark_sweep.cc->MarkSweep:MarkingPhase]

```
void MarkSweep::MarkingPhase() {
    TimingLogger::ScopedTiming t(__FUNCTION__, GetTimings());
    Thread* self = Thread::Current();
    BindBitmaps();//调用StickyMarkSweep的BindBitmaps
    FindDefaultSpaceBitmap();
    /*对StikcyMarkSweep而言，ProcessCards最后一个参数为false。这意味着除了关联了
      ModUnionTable的空间对象外，其余空间对象对应的card的新值将变成kCardDirty - 1
      （如果旧值为kCardDirty的话）或0。*/
    heap_->ProcessCards(GetTimings(), false, true,
                        GetGcType() != kGcTypeSticky);
    WriterMutexLock mu(self, *Locks::heap_bitmap_lock_);
    MarkRoots(self);
    MarkReachableObjects();//调用StickyMarkSweep的MarkReachableObjects
    PreCleanCards();
}
```

接着来看StickyMarkSweep MarkReachableObjects。

[sticky_mark_sweep.cc->StickyMarkSweep::MarkReachableObjects]

```
void StickyMarkSweep::MarkReachableObjects() {
    //mark_stack_被清空，这表示在MarkRoots中做过标记的对象不再需要。但集合Mark的
    //信息却留了下来
    mark_stack_->Reset();
    //注意下面这个函数最后一个参数的取值为kCardDirty - 1
    RecursiveMarkDirtyObjects(false, accounting::CardTable::kCardDirty - 1);
}
```

[mark_sweep.cc->MarkSweep::RecursiveMarkDirtyObjects]

```
void MarkSweep::RecursiveMarkDirtyObjects(bool paused,
                        uint8_t minimum_age) {
  /*ScanGrayObjects是一个比较复杂的函数，但理解它并不难，笔者仅介绍其功能，感兴趣的
    读者可以自行研究它的代码。
    在StickyMarkSweep MarkReachableObjects中，mark_stack_被清空。这并不是说
    StickyMarkSweep不需要它，而是StickyMarkSweep需要往mark_stack_填充自己的内
    容（MarkRoots往mark_stack_填充的对象算MarkSweep的）——该工作由下面的
    ScanGrayObjects完成。ScanGrayObjects的功能很简单：
    (1) 遍历Heap continuous_spaces_中的空间对象。每找到一个mark_bitmap_不为空指针
        的空间对象，就转到2去执行。
    (2) 调用Heap card_table_的Scan函数。找到那些card值大于或等于minimum_age的card，
        然后根据这个card再到空间对象去找到对应的mirror Object对象。注意，这些对象必须
```

```
        是在空间对象mark_bitmap_所标记过了的。
    (3) 每找到这样的一个mirror Object对象就调用MarkSweep的ScanObject以标记它的
        引用型成员变量。ScanObject内部会调用MarkSweep MarkObject进行标记处理。
    现在我们以某个空间对象A为例来说明和ScanGrayObjects有关的处理逻辑:
    (1) BindBitmaps中，A的mark_bitmap_的内容替换成了live_bitmap_。这表示
        mark_bitmap_保存了上次GC后留存的对象。
    (2) A对应的card在Heap ProcessCards中被修改为kCardDirty - 1或者0。
        值为kCardDirty - 1的card表示对应的对象的引用型成员变量被修改过。
    (3) ScanGrayObject扫描属于A的并且值为kCardDirty -1的card。然后找到这些card
        中被标记了的对象（对象是否被标记由于A的mark_bitmap_决定）。
    (4) 每找到一个这样的对象就调用MarkObject对它们的引用型成员变量进行标记。
        简单来说，ScanGrayObjects就是确定被标记过的对象中有哪些对象的引用型成员变量被
        修改过。*/
    ScanGrayObjects(paused, minimum_age);
    //下面这个函数在14.4.3.2.2节中介绍过
    ProcessMarkStack(paused);//该函数
}
```

如果用一句话来概括 StickyMarkSweep MarkReachableObjects 功能的话，那就是它决定了集合 Mark 的内容。注意，我们还没有确定集合 Live。

> 提示　GC 增量式回收（Incremental Collection）相关理论中有一个三色标记算法（Tri-Color Marking）。对于一个 Object 对象而言，它有三种颜色。如果是白色，说明这个对象还没有被搜索过（或者是不能被搜索到的对象）。如果是灰色，说明它是正在搜索（或待搜索）的对象。如果是黑色，说明它已经被搜索过。最开始所有的对象都是白色，随着搜索的结束，最终留下的白色对象就是垃圾对象。三色标记要做到正确无误就必须借助 Write Barrier（也就是 card table）。这部分内容请读者阅读参考资料 [1] 和 [2]。在 ART 中，mirror Object 并没有单独的成员变量用来保存颜色信息。而三色标记在 MarkSweep 中体现也并不直接。简单来说，位于 mark_stack_ 中的对象都是灰色，而从 mark_stack_ 中移除出来的对象就是黑色（说明这个对象已经被搜索）。剩下的就是白色垃圾了。

14.4.8.3　Sweep

接着来看 Sweep。

[sticky_mark_sweep.cc->StickyMarkSweep::Sweep]

```
void StickyMarkSweep::Sweep(bool swap_bitmaps ATTRIBUTE_UNUSED) {
    /*SweepArray的第一个参数为Heap live_stack_。live_stack_包含了两次GC间所创建的
      对象。它就是StickyMarkSweep中的集合Live。 */
    SweepArray(GetHeap()->GetLiveStack(), false);
}
```

到此，我们就确定了 StickyMarkSweep 的集合 Live 以及集合 Mark 的内容。

- 集合 Live：来自 Heap live_stack_。它保存了两次 GC 间所创建的对象。
- 集合 Mark：上次 GC 所留存的对象均为标记过的对象。另外，它们当中凡是修改了引用型成员变量的对象都会被遍历，并且要被标记。

马上来看 SweepArray 的代码，它由 MarkSweep 类实现。

[mark_sweep.cc->MarkSweep::SweepArray]

```
void MarkSweep::SweepArray(accounting::ObjectStack* allocations,
                        bool swap_bitmaps) {
    Thread* self = Thread::Current();
    /*sweep_array_free_buffer_mem_map_是MarkSweep的成员变量，在构造函数中创建
      读者将它看作一块内存即可。下面这行代码将这块内存转成数组变量以方便后续代码的使用。
      数据变量名为chunk_free_buffer，数组元素的类型为Object*。 */
    mirror::Object** chunk_free_buffer = reinterpret_cast<mirror::Object**>(
        sweep_array_free_buffer_mem_map_->BaseBegin());
    size_t chunk_free_pos = 0;
    ......
    /*allocations为输入参数，指向Heap live_stack_，读者将live_stack_看成一个数组
      容器即可。下面的变量中，objects为这个数组的起始元素，count为数组的元素个数。 */
    StackReference<mirror::Object>* objects = allocations->Begin();
    size_t count = allocations->Size();

    /*sweep_spaces是一个数组，用于保存此次GC所要扫描的空间对象。请读者注意，这段
      代码中包含一个优化处理。根据注释可知，Heapnon_moving_space_中不太可能出现很多垃
      圾对象，所以代码将把non_moving_space_放到sweep_spaces数组的最后。*/
    std::vector<space::ContinuousSpace*>sweep_spaces;
    space::ContinuousSpace* non_moving_space = nullptr;
    for (space::ContinuousSpace* space : heap_->GetContinuousSpaces()) {
        if (space->IsAllocSpace() &&!immune_spaces_.ContainsSpace(space)&&
            space->GetLiveBitmap() != nullptr) {
            if (space == heap_->GetNonMovingSpace()) {
                //如果是Heap non_moving_space_，则先不加到sweep_spaces数组中
                non_moving_space = space;
            } else {
                sweep_spaces.push_back(space);//将space保存到数组中
            }
        }
    }
    //如果存在non_moving_space，则将其加到数组的最后
    if (non_moving_space != nullptr) {
        sweep_spaces.push_back(non_moving_space);
    }
    //接下来开始处理垃圾对象，逐个空间处理
    for (space::ContinuousSpace* space : sweep_spaces) {
        //space和alloc_space指向的是同一个空间对象。只不过后续需要调用AllocSpace的
        //FreeList函数释放内存，所以这里会先定义一个alloc_space变量
        space::AllocSpace* alloc_space = space->AsAllocSpace();
        accounting::ContinuousSpaceBitmap* live_bitmap = space->GetLiveBitmap();
        accounting::ContinuousSpaceBitmap* mark_bitmap = space->GetMarkBitmap();
        ......
        //objects为Heap live_stack_容器的起始元素，count为容器的元素个数
        StackReference<mirror::Object>* out = objects;
        for (size_t i = 0; i <count; ++i) {
            mirror::Object* const obj = objects[i].AsMirrorPtr();
            //kUseThreadLocalAllocationStack为编译常量，默认为true
            if (kUseThreadLocalAllocationStack&& obj == nullptr) {
                continue;
            }
            //先判断space是否包含obj
```

```
            if (space->HasAddress(obj)) {
                //空间对象的mark_bitmap没有设置obj，所以obj是垃圾对象
                if (!mark_bitmap->Test(obj)) {
                    /*kSweepArrayChunkFreeSize的值为0。我们找到一个垃圾对象后并不是马上就
                      清理它，而是先存起来，等攒到一定数量后再一起清理。所以，下面这段代
                      码的含义就很好理解了。kSweepArrayChunkFreeSize值为1024。   */
                    if (chunk_free_pos >= kSweepArrayChunkFreeSize) {
                        freed.objects += chunk_free_pos;
                        //释放一组垃圾对象的内存
                        freed.bytes += alloc_space->FreeList(self, chunk_free_pos,
                                                  chunk_free_buffer);
                        chunk_free_pos = 0;
                    }
                    //如果个数还未超过1024，先存起来
                    chunk_free_buffer[chunk_free_pos++] = obj;
                }
            } else {//对应!mark_bitmap->Test(obj)为false的时候，即obj不是垃圾对象
                /*obj不是垃圾对象的话，则把obj存到Heap live_stack_新的位置上。随着垃圾对象
                  被清除，非垃圾对象将向前移动以填补垃圾对象所占据的位置，这样可减少后续其他空间
                  对象处理的工作量。当然，live_stack_的元素个数也需要相应调整。*/
                (out++)->Assign(obj);
            }
        }
        ......
        count = out - objects;//调整live_stack_的元素个数
    }
    ......//对Discontinuousspaces的处理
    {
        ......
        allocations->Reset();//清空Heap live_stack_的内容
    }
    sweep_array_free_buffer_mem_map_->MadviseDontNeedAndZero();
}
```

14.4.8.4　HeapUnBindBitmaps

如果空间对象调用过 BindLiveToMarkBitmap 的话，在 MarkSweep 的 ReclaimPhase 的最后，Heap UnBindBitmaps 将被调用以复原 live_bitmap_ 以及 mark_bitmap_ 的关系。本节来看 Heap UnBindBitmaps 的内容。

[heap.cc->Heap::UnBindBitmaps]

```
void Heap::UnBindBitmaps() {
    ......
    for (const auto& space : GetContinuousSpaces()) {
        if (space->IsContinuousMemMapAllocSpace()) {
            space::ContinuousMemMapAllocSpace* alloc_space =
                                    space->AsContinuousMemMapAllocSpace();
            //temp_bitmap_不为空，说明之前曾经调用过BindLiveToMarkBitmap
            if (alloc_space->HasBoundBitmaps())
                alloc_space->UnBindBitmaps();
        }
    }
}
```

 [space.cc->ContinuousMemMapAllocSpace::UnBindBitmaps]

```
void ContinuousMemMapAllocSpace::UnBindBitmaps() {
    //temp_bitmap_保存了原mark_bitmap_的内容，而mark_bitmap_保存了原live_bitmap_的内容
    accounting::ContinuousSpaceBitmap* new_bitmap = temp_bitmap_.release();
    //恢复Heap mark_bitmap_对应索引的内容
    Runtime::Current()->GetHeap()->GetMarkBitmap()->ReplaceBitmap(
                            mark_bitmap_.get(), new_bitmap);
    //恢复mark_bitmap_的内容
    mark_bitmap_.reset(new_bitmap);
}
```

到此，我们对 MarkSweep 家族的三个成员都做了一个比较详细的介绍。总体来说，这部分代码逻辑比较复杂，需要了解的细节非常多。为了帮助读者理解，笔者从集合 Live 和集合 Mark 构成的视角总结了这三者的区别，如表 14-2 所示。

表 14-2　MarkSweep 家族三成员 GC 逻辑总结

类名	集合 Live 的构成	集合 Mark 的构成
MarkSweep	（1）上一轮 GC 后剩余的对象（由上一轮 GC 的集合 Mark 构成） （2）两次 GC 间新创建的对象（由 Heap allocation_stack_ 提供）	（1）immune_spaces_ 中的对象（只有 ImageSpace） （2）Runtime VisitRoots 访问到的根对象 （3）从 1 和 2 出发能访问到的对象（作为一种优化，只访问 1 中 card 被修改的对象）
PartialMarkSweep	（1）上一轮 GC 后剩余的对象（由上一轮 GC 的集合 Mark 构成） （2）两次 GC 间新创建的对象（由 Heap allocation_stack_ 提供）	（1）immune_spaces_ 中的对象（ImageSpace、ZygoteSpace） （2）Runtime VisitRoots 访问到的根对象 （3）从 1 和 2 出发能访问到的对象（作为一种优化，只访问 1 中 card 被修改的对象）
StickyMarkSweep	两次 GC 间新创建的对象（由 Heap allocation_stack_ 提供）	（1）immune_spaces_ 中的对象（ImageSpace、Zygote-Space、其他 AllocSpace 对象） （2）Runtime VisitRoots 访问到的根对象 （3）从 1 和 2 出发能访问到的对象（作为一种优化，只访问 1 中 card 被修改的对象）

 集合 Mark 是最不能出错的地方。绝对不能出现该标记的对象未标记的情况。

14.4.9 Concurrent MarkSweep

Concurrent GC 是 GC 的一种改进实现方式，其背后有一整套完整的理论做支撑。读者可重点学习参考资料 [1] 的内容。根据资料 [1] 的说法，Mark-Sweep Collection、Mark-Compact Collection、Copying Collection 这三种基础 GC 算法均有对应的 Concurrent 实现形式。而 Concurrent Mark-Sweep 是其中相对容易实现的一种算法。

通过上文对 ART MarkSweep 类主要代码的分析可知，MarkSweep GC 的几个关键函数是 MarkingPhase、PausePhase 和 ReclaimPhase。其中，

- MarkingPhase：完成对象搜索和标记的工作。对 MS 而言，它必须在 mutator 暂停的时候才能执行。而在 CMS 情况下，它允许和 mutator 同时运行。

- PausePhase：不论 CMS 和 MS，它都必须在 mutator 暂停的情况下运行。
- ReclaimPhase：释放垃圾对象占据的内存。无论 CMS 和 MS，它都可以和 mutator 同时执行。这一点其实很好理解，因为 mutator 无法使用垃圾对象，所以 collector 自然可以放心大胆地去释放它们。

提示　笔者在 14.4.5 节中曾提到过对 concurrent 一词的理解，我们应该从宏观的角度来看待它。

ART CMS 和 MS 最大的差别在于 MarkingPhase——即在对象追踪和标记的处理上。而 PausePhase 在 CMS 的情况下也略有区别。结合参考资料 [4] 和 [5]，笔者先介绍 CMS 大致的处理逻辑。

- CMS 先有一个初始标记工作 Initial Mark。Inital Mark 用于搜索根对象。**请读者注意**，根对象有很多种类型，搜索某些类型的根对象时必须要暂停 mutator。比如要访问位于各个 Java 线程调用栈里的根对象时，mutator 是无论如何都要暂停的。所以，CMS Initial Mark 过程中也存在一个 pause 阶段（也就是 mutator 被暂停的阶段）——参考资料 [5] 称之为 Initial Mark Pause。CMS Initial Mark 只在访问线程相关的根对象（我们称其为线程根对象）时候才会暂停 mutator，这个时间相对会比较短。
- 线程根对象被访问及标记完后，mutator 恢复运行。同时，collector 将从 Initial Mark 中得到根对象出发访问所能追踪到的对象。注意，mutator 运行时很可能会改变对象的引用关系。比如修改某个对象的引用型成员变量等。mutator 和 collector 在同时运行的情况下，我们需要记住 mutator 所做的修改（借助 CardTable 和 Write Barrier 等手段），否则很容易造成一个非垃圾的对象出现未标记的情况。
- * CMS 处理完 Initial Mark 后，将再次暂停 mutator。这次暂停叫 Remark pause。因为 collector 需要再次搜索和标记对象——Remark。Remark 存在的原因正是 mutator 在和 collector 同时运行的时候很可能对内存做了修改。另外，Remark 肯定不会再把所有类型的根对象都访问和追踪一遍。Runtime VisitRoots 函数有一个参数叫 VisitRootFlags，它可以控制所要访问的根对象的范围。
- Remark 结束后，CMS 所有的标记工作都完成，此后就可以释放垃圾对象了。

接下来笔者将分析 MarkSweep 类中和 CMS 有关的代码逻辑。首先是 MarkingPhase。

14.4.9.1　MarkingPhase

MarkingPhase 的代码如下所示。

[mark_sweep.cc->MarkSweep::MarkingPhase]

```
void MarkSweep::MarkingPhase() {
    ......
    Thread* self = Thread::Current();
    BindBitmaps();
    FindDefaultSpaceBitmap();
    heap_->ProcessCards(GetTimings(), false, true, GetGcType() !=
                kGcTypeSticky);
```

```
    WriterMutexLock mu(self, *Locks::heap_bitmap_lock_);
    MarkRoots(self); //CMS和MS的情况不同
    MarkReachableObjects();
    PreCleanCards();//该函数只在CMS的情况下有作用
}
```

在 CMS 情况下，collector 执行 MarkingPhase 的时候，mutator 仍然在执行。和 MS 相比较，只有 MarkRoots 和 PreCleanCards 需要考察。

14.4.9.1.1 MarkRoots

MarkRoots 的代码如下所示。

 [mark_sweep.cc->MarkSweep::MarkRoots]

```
void MarkSweep::MarkRoots(Thread* self) {
    ......
    if (Locks::mutator_lock_->IsExclusiveHeld(self)) {
        //if代码段对应MS的情况，此时mutator被暂停。此时可以做一个比较完整的标记
        Runtime::Current()->VisitRoots(this);
        RevokeAllThreadLocalAllocationStacks(self);
    } else {
        /*else代码段对应CMS的情况。根据上文的介绍，这部分逻辑可看作是Initial Mark。
          下面的MarkRootsCheckpoint将暂停mutator，因为其内部会调用Thread VisitRoots
          函数来访问线程根对象。这段时间就是Initial Mark Pause。
          kRevokeRosAllocThreadLocalBuffersAtCheckpoint取值为true，表示在线程恢复
          运行前会Reovke它们的TLAB。*/
        MarkRootsCheckpoint(self, kRevokeRosAllocThreadLocalBuffersAtCheckpoint);
        //调用Runtime VisitNonThreadRoots。注意，它不支持VisitFlags参数控制
        MarkNonThreadRoots();
        /*调用Runtime VisitConcurrentRoots。注意，第二个参数由标志位
          kVisitRootFlagAllRoots和kVisitRootFlagStartLoggingNewRoots共同构成，
          其中，kVisitRootFlagAllRoots表示访问所有能访问的根对象，而
          kVisitRootFlagStartLoggingNewRoots则用于通知相关模块开启记录功能。即记住
          后续新增加的对象。  */
        MarkConcurrentRoots(
            static_cast<VisitRootFlags>(kVisitRootFlagAllRoots |
                                         kVisitRootFlagStartLoggingNewRoots));
    }
}
```

14.4.9.1.2 PreCleanCards

接着看 PreCleanCards。

 [mark_sweep.cc->MarkSweep::PreCleanCards]

```
void MarkSweep::PreCleanCards() {
    //kPreCleanCard为编译常量，值为true。根据代码中的注释所言，这段代码逻辑疑似为优化
    //手段，可减少后续Remark pause的时间。注意，PreCleanCards可以和mutator同时运行
    if (kPreCleanCards&& IsConcurrent()) {
        /*再次调用Heap ProcessCards，最后一个参数为false。调用的结果是：
          (1) 如果空间对象关联了ModUnionTable对象，则调用ModUnionTable ClearCards，
              如果card旧值为kCardDirty，则新值为kCardDirty - 1，否则新值为0。
          (2) 对于没有关联ModUnionTable的空间对象，则直接更新它们的card。如果旧值为
              kCardDirty，则新值为kCardDirty - 1，否则新值为0。
          注意，在MarkingPhase中，我们先调用过一次ProcessCards。在那次调用中，最后一个
          参数为true（不考虑StickyMarkSweep的情况）。它对上面的第2条处理逻辑有影响，值
```

```
    为true的话，对于没有关联ModUnionTable的空间对象的card的新值都为0。
    那么，card取值为0、kCardDirty、kCardDirty - 1分别是什么含义呢？
    (1) card值为0，表示对应的对象没有触发过Write Barrier，即没有修改引用型成员变量。
        如果这些对象是根的话，我们就完全不需要追踪它们的引用型成员变量。
    (2) card值为kCardDirty：说明card对应的对象被修改了引用型成员变量。我们需要追踪
        这些对象的引用型成员变量。
    (3) card值为kCardDirty - 1：只有在card的旧值为kCardDirty的时候才会得到这个值。
        借助这个特性，我们就能区分两次ProcessCards调用之间新产生的dirty card（write
        barrier只会将card设置为kCardDirty）了。*/
  heap_->ProcessCards(GetTimings(), false, true, false);
  //再次访问线程根对象，依然会暂停mutator
  MarkRootsCheckpoint(self, false);
  MarkNonThreadRoots();//标记根对象
  /*还是标记根对象，kVisitRootFlagNewRoots表示只访问上次启用模块记录功能到此次访
    问这段时间内新创建的对象。
      kVisitRootFlagClearRootLog表示这些新对象访问完后，清空保存它们的容器。
      因为新对象已经都被标记了，相关模块就没有必要再保存它们了。 */
  MarkConcurrentRoots(
      static_cast<VisitRootFlags>(kVisitRootFlagClearRootLog |
                                  kVisitRootFlagNewRoots));
  /*这个函数我们在StickyMarkSweep中介绍过。其内部逻辑是：
    (1) 先根据card table的情况访问card值大于或等于kCardDirty - 1的对象。这其实是上
        次GC结束后到目前为止引用型成员变量发生变化的对象。由于RecursiveMarkDirty-
        Objects第一个参数为false，在这些card访问完后， card的值不会被清零。
    (2) 从这些对象出发进行追踪（也就是处理mark_stack_的内容，直到其中的元素全部处理完）
  */
  RecursiveMarkDirtyObjects(false, accounting::CardTable::kCardDirty - 1);
 }
}
```

在 MarkingPhase 调用 PreCleanCards 函数的地方有一行注释为 "Pre-clean dirtied cards to reduce pauses."，即它可以减少后续 Pause 的时间。因为 PreCleanCards 可以和 mutator 同时运行，所以它能完成一些标记工作的话自然能减少后续 Remark pause 的时间了。

14.4.9.2 PausePhase

接着看 PausePhase。

[mark_sweep.cc->MarkSweep::PausePhase]

```
void MarkSweep::PausePhase() {
    ......
    if (IsConcurrent()) {//CMS的处理
        WriterMutexLock mu(self, *Locks::heap_bitmap_lock_);
        /*ReMarkRoots内部调用Runtime VisitRoots函数，只不过访问标志位变成了
          kVisitRootFlagNewRoots、kVisitRootFlagStopLoggingNewRoots和
          kVisitRootFlagClearRootLog。kVisitRootFlagStopLoggingNewRoots表示
          关闭相关模块记录新创建对象的功能。因为此次GC对根对象的标记已经做完了，不需要再
          启用这个功能。下次GC要用的时候再打开。*/
        ReMarkRoots();
        /*访问kCardDirty card对应的对象，然后设置值为0，最后再处理mark_stack_中的
          元素。到此，CMS的标记工作全部完成。注意，PreCleanCards扫描过一部分对象了，
          所以下面的RecursiveMarkDirtyObjects仅扫描kCardDirty的card。*/
        RecursiveMarkDirtyObjects(true, accounting::CardTable::kCardDirty);
    }
    ......
}
```

到此，Concurrent MarkSweep的主要代码都介绍完毕了。

提示 出于篇幅和精力的原因，笔者仅把MS和CMS的主要流程和几个关键点做了介绍。其中还有很多细节知识值得感兴趣的读者去研究。

14.4.10 Parallel GC

在MarkSweep中，Parallel GC主要体现在标记上，即把标记工作交给多个线程来处理。我们以ProcessStack函数为例进行介绍。

[mark_sweep.cc->MarkSweep::ProcessMarkStack]

```
void MarkSweep::ProcessMarkStack(bool paused) {
    size_t thread_count = GetThreadCount(paused);
    /*kParallelProcessMarkStack为编译常量，值为true,
      kMinimumParallelMarkStackSize取值为128，即mark_stack_中至少要有128个对象才会启用
      多线程。另外，是否开启多线程还和进程的状态有关。如果进程处于用户可感知的状态（比如用户能
      感知界面卡顿），GetThreadCount返回1，这种情况下也不允许使用多线程。这说明使用parallel
      collection是有代价的，即需要付出较多的CPU资源。而GC除了正确回收垃圾对象外，尽量少干扰
      程序的正常运行也是它要考虑的因素。*/
    if (kParallelProcessMarkStack && thread_count > 1 &&
        mark_stack_->Size() >= kMinimumParallelMarkStackSize) {
        ProcessMarkStackParallel(thread_count);
    } else { ......  }
}
```

[mark_sweep.cc->MarkSweep::ProcessMarkStackParallel]

```
void MarkSweep::ProcessMarkStackParallel(size_t thread_count) {
    Thread* self = Thread::Current();
    ThreadPool* thread_pool = GetHeap()->GetThreadPool();
    //根据要标记对象的个数以及线程池中线程的个数进行划分，每个线程最多能处理mark_stack_中1KB
    //（kMaxSize）大小的范围。在32位平台上，1KB能存储1KB/4=256个对象
    const size_t chunk_size = std::min(
        mark_stack_->Size() / thread_count + 1,
        static_cast<size_t>(MarkStackTask<false>::kMaxSize));
    //对mark_stack_进行划分
    for (auto* it = mark_stack_->Begin(), *end = mark_stack_->End();
                it < end; ) {
        const size_t delta = std::min(static_cast<size_t>(end - it), chunk_size);
        //每个MarkStackTask对象将标记自己所负责的那部分空间
        thread_pool->AddTask(self, new MarkStackTask<false>(thread_pool,
                            this, delta, it));
        it += delta;
    }
    thread_pool->SetMaxActiveWorkers(thread_count - 1);
    thread_pool->StartWorkers(self);
    thread_pool->Wait(self, true, true);
    thread_pool->StopWorkers(self);
    mark_stack_->Reset();
}
```

MarkSweep中还有一处使用多线程标记的函数是ScanGrayObjects。读者可自行阅读。

14.4.11 MarkSweep 小结

MarkSweep 或许是很多读者第一次全面接触的一个实际 Java 虚拟机垃圾回收器的代码。它也是 ART 虚拟机默认的垃圾回收器，其回收效果自然是经得起考验的。虽然笔者花了不少篇幅介绍了 MarkSweep 的代码，但其中还是有很多细节不能一一道来。作为后续深入研究的基础，本节拟先好好做一番总结。

首先，MarkSweep 使用了增量式回收的方法。

- 不同的 mirrorObject 对象放在不同的空间中。回收的时候可以只针对性地处理一部分空间。比如，.art 文件会转换为一个 ImageSpace 空间对象，这个空间中的 Object 可以认为是长久存活的，可以不用扫描它。再者，由于 Android App 进程都由 Zygote 进程 fork 而来，ART 将 Zygote 进程运行时创建的对象放在 ZygoteSpace 中（在 Heap PreZygoteFork 中创建，由图 14-6 中的“ zygote / non-moving space”空间转换而来。我们后面会介绍），其他 APP 进程则使用别的空间进行内存分配（如图 14-6 中的 "main rosalloc space"）。APP 进程 GC 时可以不处理 ZygoteSpace 中的对象。
- 只处理两次 GC 间新创建的对象。两次 GC 间新创建的对象由 Heap allocation_stack_ 等容器提供。

MarkSweep 所依赖的 GC 理论为 Mark-Sweep 算法。每次用它回收垃圾的时候最重要事情就是要确认此次回收的两个集合——集合 Live 和集合 Mark。在代码中主要有以下两个变量表示。

- 集合 Mark：使用 mark_bitmap_ 来表示。在 GC 的标记阶段填写。
- 集合 Live：使用 live_bitmap_ 来表示，它包括留存对象和两次 GC 间新创建的对象。留存对象由上一次回收完毕后的 mark_bitmap_ 转换而来。

围绕 mark_bitmap_ 和 live_bitmap_ 的操作有很多，如下所示的几个点比较重要。

- 如果不想扫描某个空间对象，则需要提前设置它的集合 Mark 为集合 Live。
- 回收垃圾前记得把新创建的对象添加到集合 Live 中。
- 垃圾回收后记得把集合 Live 换成集合 Mark。

MarkSweep 中另外一个难点就是 Heapcard_table_ 的使用。它有如下几个知识点比较重要。

- card_table_ 记录了那些引用型成员变量被修改的对象。如果一个对象 objA 位于本次扫描中不需要处理的空间的话，我们就需要特别小心了。读者可回顾 13.8.2 节中的图 13-10。在那里，old2 位于老年代并且它有引用位于年轻代的对象，所以 old2 就需要当作根对象来看待。在 MarkSweep 中，老年代和年轻代其实只是不同的空间对象而已。
- CardTable 中 card 的值有 0、kCardDirty 和 kCardDirty – 1 三种。Write Barrier 将修改 card 值为 kCardDirty，而 GC 将修改 card 值为 0 或 kCardDirty – 1（card 的旧值为 kCardDirty 时）。另外，修改 card 值的函数对象类叫 AgeCardVisitor（定义于 heap.h 中）。
- ImageSpace 和 ZygoteSpace 关联 ModUnionTable，而 DlMallocSpace 和 RosAllocSpace 关联了 RememberedSet。ModUnionTable 和 RememberedSet 都是辅助性数据结构用于

管理和操作 CardTable。但值得指出的是 MarkSweep 没有使用 RememberedSet 来操作 DlMallocSpace 和 RosAllocSpace。

再次提示

CardTable 主要是为了解决对象的跨空间引用问题。而 ModUnionTable 及 RememberedSet 只不过是不同空间用来管理各自空间中跨空间引用对象的辅助用数据结构罢了。

MarkSweep 支持 Concurrent collector 和 parallel collector。其中：

- CMS 的调用流程和 MS 区别并不大，但是想要搞懂它的每一处代码逻辑却相当不容易。建议读者结合参考资料 [1] 中的相关知识一起学习 CMS。
- parallel collection 比较简单，就是用多个线程来做标记工作。

14.5 ConcurrentCopying

本节来看 ART GarbageCollector 家族中的 ConcurrentCopying 类，它是 GC 四大基础方法中 Copying Collection 的实现类。并且，它支持 concurrent 回收。我们先来了解 ConcurrentCopying 类的几个主要函数。

首先是 GetGcType 和 GetCollectorType，它们的代码如下所示。

[concurrent_copying.h->ConcurrentCopying::GetGcType 和 GetCollectorType]

```
virtual GcType GetGcType() const OVERRIDE {
    //ConcurrentCopying仅支持kGcTypePartial，也就是不扫描ImageSpace和
    //ZygoteSpace（除了那些有dirty card的对象）
    return kGcTypePartial;
}
virtual CollectorType GetCollectorType() const OVERRIDE {
    return kCollectorTypeCC;//返回回收器类型
}
```

我们在上文曾说过，垃圾回收器的类型决定了适合的内存分配器。而适合 ConcurrentCopying 的就是 RegionSpace。来看它的 SetRegionSpace 函数。

[concurrent_copying.h->ConcurrentCopying::SetRegionSpace]

```
void SetRegionSpace(space::RegionSpace* region_space) {
    //region_space_是ConcurrentCopying的成员变量
    region_space_ = region_space;
}
```

提示 可以这么认为，ConcurrentCopying 要回收的垃圾对象就在这个 region_space_ 中。

再来看 RunPhases 函数，代码如下所示。

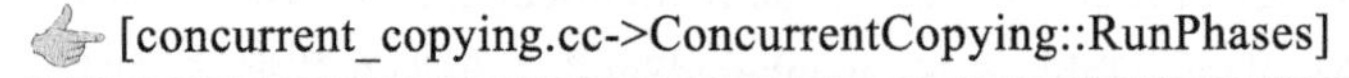

[concurrent_copying.cc->ConcurrentCopying::RunPhases]

```
void ConcurrentCopying::RunPhases() {
```

```
        is_active_ = true;
        Thread* self = Thread::Current();
        thread_running_gc_ = self;
        {
            ReaderMutexLock mu(self, *Locks::mutator_lock_);
            InitializePhase();//①初始化阶段
        }
        FlipThreadRoots();//②完成半空间Flip工作
        {
            ReaderMutexLock mu(self, *Locks::mutator_lock_);
            MarkingPhase();//③标记
        }
        ......
        {
            ReaderMutexLock mu(self, *Locks::mutator_lock_);
            ReclaimPhase();//④回收
        }
        FinishPhase();//收尾工作，非常简单，请读者自行阅读
        is_active_ = false;
        thread_running_gc_ = nullptr;
    }
```

ConcurrentCopying 有四个关键函数，分别是 InitalizePhase、FlipThreadRoots、MarkingPhase、ReclaimPhase。我们逐一来认识它们。

提示 笔者不拟过多讨论 ConcurrentCopying 在 concurrent 方面的处理，而是把注意力放在 copying collector 的实现逻辑上。

14.5.1 InitalizePhase

InitializePhase 的代码如下所示。

 [concurrent_copying.cc->ConcurrentCopying::InitializePhase]

```
    void ConcurrentCopying::InitializePhase() {
        ......
        CheckEmptyMarkStack();//详情见下文代码分析
        //immune_spaces_类型为ImmuneSpace，保存了不需要GC的空间对象
        immune_spaces_.Reset();
        .....
        /*下面的代码逻辑将设置force_evacuate_all_成员变量，它和RegionSpace有关，我们
          后续用到该变量时再介绍其含义。*/
        if (GetCurrentIteration()->GetGcCause() == kGcCauseExplicit ||
            GetCurrentIteration()->GetGcCause() == kGcCauseForNativeAlloc ||
            GetCurrentIteration()->GetClearSoftReferences()) {
            force_evacuate_all_ = true;
        } else {
            force_evacuate_all_ = false;
        }
        BindBitmaps();//详解见下文代码分析
        ......
    }
```

在 ConcurrentCopying InitializePhase 中我们重点介绍 CheckEmptyMarkStack 和 BindBitmaps 两个函数。

14.5.1.1 CheckEmptyMarkStack

来看 CheckEmptyMarkStack。

[concurrent_copying.cc->ConcurrentCopying::CheckEmptyMarkStack]

```
void ConcurrentCopying::CheckEmptyMarkStack() {
    Thread* self = Thread::Current();
    /*Thread tlsPtr_中有一个名为thread_local_mark_stack的成员变量，其定义如下：
      AtomicStack<:Object>* thread_local_mark_stack;
      thread_local_mark_stack是专门配合ConcurrentCopying而使用的，其数据类型就是
      AtomicStack（和上文提到的Heap allocation_stack_、mark_stack_一样）
      tlsPtr_ thread_local_mark_stack的具体用法我们后文碰到时再介绍。
      MarkStackMode是枚举变量，其中定义了4个枚举值（它们的含义们下文碰到时再介绍）：
      enum MarkStackMode {
          kMarkStackModeOff = 0, kMarkStackModeThreadLocal,
          kMarkStackModeShared, kMarkStackModeGcExclusive
      };
      mark_stack_mode_是ConcurrentCopying成员变量，初始值为kMarkStackModeOff。
      GC过程中将修改它。*/
    MarkStackMode mark_stack_mode = mark_stack_mode_.LoadRelaxed();
    //mark_stack_mode取值为kMarkStackModeThreadLocal的处理逻辑
    if (mark_stack_mode == kMarkStackModeThreadLocal) {
        /*RevokeThreadLocalMarkStack将要求各个Java Thread执行一个CheckPoint任务，
          该任务有三个关键处理，笔者列举如下：
        (1) 获取线程对象的tlsPtr_ thread_local_mark_stack对象（通过Thread
            GetThreadLocalMarkStack）。该对象初值为空，ConcurrentCopying GC过程中
            会设置它（详情见后文分析）。
        (2) 如果线程的thread_local_mark_stack不为空，则将它保存到ConcurrentCopying
            revoked_mark_stacks_（类型为vector<ObjectStack*>）成员变量中。
        (3) 调用Thread SetThreadLocalMarkStack，将thread_local_mark_stack设置为空。
        RevokeThreadLocalMarkStacks的调用结果就是将线程对象中不为空的
        thread_local_mark_stack放到revoked_mark_stacks_数组中。  */
        RevokeThreadLocalMarkStacks(false);
        MutexLock mu(Thread::Current(), mark_stack_lock_);
        //如果revoked_mark_stacks_不为空，则需要逐个清除其中所包含的Object对象
        if (!revoked_mark_stacks_.empty()) {
            for (accounting::AtomicStack<mirror::Object>* mark_stack :
                 revoked_mark_stacks_) {
                 while (!mark_stack->IsEmpty()) {
                     mirror::Object* obj = mark_stack->PopBack();
                     ......//打印信息
                 }
            }
        }
    } else {//如果mark_stack_mode取值为其他值
        MutexLock mu(Thread::Current(), mark_stack_lock_);
        //gc_mark_stack_指向一个ObjectStack对象
        CHECK(gc_mark_stack_->IsEmpty());
        CHECK(revoked_mark_stacks_.empty());
    }
}
```

CheckEmptyMarkStack 看起来是一个检查函数，不过其中涉及 ConcurrentCopying 的一些比较重要的成员变量，所以需要读者了解。

14.5.1.2 BindBitmaps

ConcurrentCopying BindBitmaps 比 MarkSweep BindBitmaps 要相对麻烦一点，来看代码。

[concurrent_copying.cc->ConcurrentCopying::BindBitmaps]

```
void ConcurrentCopying::BindBitmaps() {
    Thread* self = Thread::Current();
    WriterMutexLock mu(self, *Locks::heap_bitmap_lock_);
    for (const auto& space : heap_->GetContinuousSpaces()) {
        //ConcurrentCopying只支持kGcTypePartial，所以ImageSpace、ZygoteSpace
        //同样会被加到immune_spaces_中
        if (space->GetGcRetentionPolicy() ==
                    space::kGcRetentionPolicyNeverCollect ||
                space->GetGcRetentionPolicy() ==
                    space::kGcRetentionPolicyFullCollect) {
            CHECK(space->IsZygoteSpace() || space->IsImageSpace());
            immune_spaces_.AddSpace(space);
            /*cc_heap_bitmap_类型为HeapBitmap，cc_bitamps_类型为
              vector< SpaceBitmap<kObjectAlignment>*>。这两个成员变量由
              ConcurrentCopying内部使用。*/
            const char* bitmap_name = space->IsImageSpace() ?
                        "cc image space bitmap" :  "cc zygote space bitmap";
            accounting::ContinuousSpaceBitmap* bitmap =
                accounting::ContinuousSpaceBitmap::Create(bitmap_name,
                                        space->Begin(), space->Capacity());
            cc_heap_bitmap_->AddContinuousSpaceBitmap(bitmap);
            cc_bitmaps_.push_back(bitmap);
        } else if (space == region_space_) {
            accounting::ContinuousSpaceBitmap* bitmap =
                accounting::ContinuousSpaceBitmap::Create(
                                "cc region space bitmap",
                                space->Begin(), space->Capacity());
            cc_heap_bitmap_->AddContinuousSpaceBitmap(bitmap);
            cc_bitmaps_.push_back(bitmap);
            region_space_bitmap_ = bitmap;
        }
    }
}
```

ConcurrentCopying BindBitmaps 主要做了如下三件事。

- 对 ImageSpace 或 ZygoteSpace 空间对象而言，将它们加到 immune_spaces_ 中。
- 针对 ImageSpace、ZygoteSpace 和 RegionSpace 各创建三个 SpaceBitmap 对象。它们的作用我们下文碰到时再介绍。另外，请读者注意，RegionSpace 空间是没有 live_bitmap_ 和 mark_bitmap_ 这两个位图对象的。
- 设置 ConcurrentCopying 相关的成员变量。如 cc_heap_bitmap_、cc_bitmap_ 以及 region_space_bitmap_ 等。

14.5.2 FlipThreadRoots

FlipThreadRoots 用于转换线程的内存分配空间，使之从 from space 转到 to space。FlipThreadRoots 用到了 12.2.4.2 节中的知识，我们先简单回顾它。TransitionFromSuspendedToRunnable 函数的代码如下所示。

[thread-inl.h->Thread::TransitionFromSuspendedToRunnable]

```
/*线程对象从暂停状态恢复运行前将执行下面的flip_func。GetFlipFunction返回线程对象
tlsPtr_ flip_function成员变量。*/
....
//线程恢复运行后执行的第一个任务是外界设置的flip_func
Closure* flip_func = GetFlipFunction();
if (flip_func != nullptr) {
    flip_func->Run(this);
}
......
```

现在我们来看 FlipThreadRoots 函数。

[concurrent_copying.cc->ConcurrentCopying::FlipThreadRoots]

```
void ConcurrentCopying::FlipThreadRoots() {
    ......
    Thread* self = Thread::Current();
    Locks::mutator_lock_->AssertNotHeld(self);
    gc_barrier_->Init(self, 0);
    ThreadFlipVisitor thread_flip_visitor(this, heap_->use_tlab_);
    FlipCallback flip_callback(this);
    heap_->ThreadFlipBegin(self);
    /*Runtime FlipThreadRoots将先暂停线程对象，然后设置它们的flip_function，
      接着再恢复它们的运行。FlipThreadRoots前两个参数分别是两个闭包对象，其中：
      (1) GC线程（也就是当前调用FlipThreadRoots的线程）先执行flip_callback。
      (2) 其他所有Java线程对象再执行thread_flip_visitor。
      根据ThreadList的注释，FlipThreadRoots只由ConcurrentCopying使用。 */
    size_t barrier_count = Runtime::Current()->FlipThreadRoots(
        &thread_flip_visitor, &flip_callback, this);
    heap_->ThreadFlipEnd(self);
    ......
    is_asserting_to_space_invariant_ = true;
    ......
}
```

如上述代码中的注释所言，FlipCallback 先由 GC 线程执行（就是当前调用 FlipThreadRoots 的线程），然后其他所有 Java 线程再执行 ThreadFlipVisitor。我们马上来看看这两个闭包的代码。

14.5.2.1 FlipCallback

首先是 FlipCallback，它只执行一次。

[concurrent_copying.cc->FlipCallback]

```
class FlipCallback : public Closure {
    public:
        ......
        virtual void Run(Thread* thread) OVERRIDE {
            ConcurrentCopying* cc = concurrent_copying_;
            ......
            Thread* self = Thread::Current();
            ......
            /*调用RegionSpace的SetFromSpace。rb_table_为ReadBarrierTable，来自Heap的成员
```

```
      变量rb_table_。ReadBarrieTable的启用需要设置前台回收器类型为
      kCollectorTypeCC，并且定义编译宏kUseTableLookupReadBarrier。*/
    cc->region_space_->SetFromSpace(cc->rb_table_,cc->force_evacuate_all_);
    //内部调用HeapSwapStacks。交换Heap allocation_stack_和live_stack_
    cc->SwapStacks();
    ......
    cc->is_marking_ = true;
    //设置mark_stack_mode_的值为kMarkStackModeThreadLocal
    cc->mark_stack_mode_.StoreRelaxed(
            ConcurrentCopying::kMarkStackModeThreadLocal);
    .......
  }
  ......
};
```

我们来了解下 RegionSpaceSetFromSpace 函数（我们先忽略 ReadBarrierTable 相关的内容）。

 [region_space.cc->RegionSpace::SetFromSpace]

```
void RegionSpace::SetFromSpace(accounting::ReadBarrierTable* rb_table,
               bool force_evacuate_all) {
  /*回顾13.3.2节的内容可知，RegionSpace把内存资源划分成数个块，每一个块由一个Region对象
    描述。num_regions_是Region的个数，而region_数组保存了各个内存块对应的Region信息。*/
  ......
  for (size_t i = 0; i <num_regions_; ++i) {
    Region* r = &regions_[i];
    /*RegionState枚举变量描述了一个Region的状态，我们重点看前两个枚举值的含义：
      (1) kRegionStateFree：表示Region为空闲待使用状态
      (2) kRegionStateAllocated：表示Region已经有一部分内存被分配了。
      RegionType枚举变量描述了一个Region的类型，它有如下五种取值：
      (1) kRegionTypeAll：代码中没有明确使用它的地方，读者可不考虑
      (2) kRegionTypeFromSpace：Region位于From Space中，需要被清除（evacuate）
      (3) kRegionTypeUnevacFromSpace：该Region位于From Space，但是不需要被清除
      (4) kRegionTypeToSpace：Region位于To Space中。
      (5) kRegionTypeNone：Region的默认类型。
    如果一个Region首先被使用，其类型将从kRegionTypeNone转换为
    kRegionTypeToSpace。相关代码见Region Unfree函数。
    */
    RegionState state = r->State();
    RegionType type = r->Type();
    if (!r->IsFree()) {//IsFree返回false，说明该Region已经被使用
      if (LIKELY(num_expected_large_tails == 0U)) {
      /*ShouldBeEvacuated用于判断一个Region是否需要被清除。Region中有两个成员变量
        与之相关：
        (1) is_newly_allocated_：bool型。一个Region从kRegionStateFree到kRegion-
            StateAllocated时，该成员变量被设置为true（通过调用Region SetNewlyAllocated
            函数来完成）。如果is_newly_allocated_为true，ShouldBeEvacuated返回也为true。
        (2) live_bytes_：非垃圾对象所占内存的字节数。如果它和该Region中所分配的总内存字节数
            之比小于75%（kEvaculateLivePercentThreshold），则ShouldBeEvacuated也返
            回true。*/
     bool should_evacuate = force_evacuate_all || r->ShouldBeEvacuated();
     if (should_evacuate) {
        r->SetAsFromSpace();//设置Region的类型为kRegionTypeFromSpace
     } else {
        //设置Region的类型为kRegionTypeUnevacFromSpace
        r->SetAsUnevacFromSpace();
```

```
            }
            ........
            }.......
        } else {
            ......
        }
    }
    current_region_ = &full_region_;
    evac_region_ = &full_region_;
}
```

Region 的 ShouldBeEvacuated 是 SetFromSpace 函数中比较有意思的内容。

- 如果一个 Region 在上次 GC 中被释放（Region Clear 被调用，Regionis_newly_allocated_ 为 false），且在本次 GC 前又被使用（Regionis_newly_allocated_ 为 true），则本次 GC 需要清除它。
- 如果一个 Region 中存活对象的字节数 / 总的内存分配字节数之比小于 75%，则本次 GC 将清除它。

14.5.2.2 ThreadFlipVisitor

接着来看 ThreadFlipVisitor。

[concurrent_copying.cc->ThreadFlipVisitor]

```
class ThreadFlipVisitor : public Closure {
    public:
    ......
    virtual void Run(Thread* thread) OVERRIDE {
        Thread* self = Thread::Current();
        //设置线程对象tls32_is_gc_marking为true
        thread->SetIsGcMarking(true);
        if (use_tlab_ && thread->HasTlab()) {
            if (ConcurrentCopying::kEnableFromSpaceAccountingCheck) {
                ......
            } else {
                //撤销RegionSpace为线程thread分配的TLAB
                concurrent_copying_->region_space_->RevokeThreadLocalBuffers(thread);
            }
        }
        if (kUseThreadLocalAllocationStack) {
            //撤销线程本地Allocation Stack
            thread->RevokeThreadLocalAllocationStack();
        }
        ReaderMutexLock mu(self, *Locks::heap_bitmap_lock_);
        //访问线程根对象。ConcurrentCopying的VisitRoots函数将被调用，其内部调用
        //MarkRoot。我们下文将重点分析MarkRoot函数
        thread->VisitRoots(concurrent_copying_);
        concurrent_copying_->GetBarrier().Pass(self);
    }
    ......
};
```

ThreadFlipVisitor 中将调用 Thread VisitRoots 进行线程根对象的访问。而 ConcurrentCopying 的 MarkRoot 将对线程根对象进行标记。我们单独用一节来介绍 MarkRoot 函数。

14.5.2.3 MarkRoot 和 Mark

MarkRoot 的代码如下所示。

 [concurrent_copying.cc->ConcurrentCopying::MarkRoot]

```
inline void ConcurrentCopying::MarkRoot(CompressedReference<Object>* root) {
    //ref是当前正在被访问的某个线程根对象
    mirror::Object* const ref = root->AsMirrorPtr();
    /*调用ConcurrentCopying Mark，返回一个to_ref对象。to_ref的内容和ref一样，
      但它可能位于其他空间中（这就是拷贝的含义，详情见下文对Mark的分析）。
      如果to_ref和ref不相同，则需要修改存储ref的内存，使得它指向新的to_ref。
      具体的修改方式是先将root转换为一个Atomic<CompressedReference<Object>>*对象，
      然后进行原子操作。总之，在Mark函数后，原线程根对象可能被更新为位于另外一个空间中的对象。*/
    mirror::Object* to_ref = Mark(ref);
    if (to_ref != ref) {
        auto* addr = reinterpret_cast<Atomic<CompressedReference<Object>>*>
                    (root);
        auto expected_ref = CompressedReference<Object>::FromMirrorPtr(ref);
        auto new_ref = CompressedReference<Object>::FromMirrorPtr(to_ref);
        do {
            if (ref != addr->LoadRelaxed().AsMirrorPtr()) {
        break;
        }
        } while (!addr->CompareExchangeWeakRelaxed(expected_ref, new_ref));
    }
}
```

MarkRoot 函数并不复杂，但它却不经意间向读者揭示了 Copying Collection 原理在 ART 虚拟机里实现逻辑的神秘面纱。我们先继续看 Mark 函数。

 提示 ConcurrentCopying 实现 Copying Collection 原理的关键函数就是 Mark。

 [concurrent_copying-inl.h->ConcurrentCopying::Mark]

```
inline mirror::Object* ConcurrentCopying::Mark(mirror::Object* from_ref) {
    ......
    //获取from_ref所在的Region的类型。注意，如果from_ref不是region_space_的对象，
    //则GetRegionType返回kRegionTypeNone
    space::RegionSpace::RegionType rtype =
                region_space_->GetRegionType(from_ref);
    switch (rtype) {
        case space::RegionSpace::RegionType::kRegionTypeToSpace:
            //如果from_ref已经在To Space中，则直接返回它。不需要后续的拷贝
            return from_ref;
        case space::RegionSpace::RegionType::kRegionTypeFromSpace: {
        /*如果from_ref位于From Space中（由Region ShouldEvacuate函数决定），则调用
            GetFwdPtr找到from_ref的拷贝对象。下文将介绍GetFwdPtr函数。*/
            mirror::Object* to_ref = GetFwdPtr(from_ref);
        ......
        if (to_ref == nullptr) {
            //如果from_ref不存在对应的拷贝对象，则调用Copy生成一个拷贝对象
            to_ref = Copy(from_ref);
        }
```

```
            return to_ref;
        }
        case space::RegionSpace::RegionType::kRegionTypeUnevacFromSpace: {
            mirror::Object* to_ref = from_ref;
            //如果from_ref位于from space中不需要清理的Region的话，则对该对象进行标记
            if (region_space_bitmap_->AtomicTestAndSet(from_ref)) {
            } else {
            //如果from_ref是初次标记，则调用PushOntoMarkStack，下文将介绍该函数
            PushOntoMarkStack(to_ref);
            }
            return to_ref;
        }
        case space::RegionSpace::RegionType::kRegionTypeNone:
        /*如果Region类型为kRegionTypeNone，说明from_ref不是region_space_中的
          对象（有可能是ImageSpace或ZygoteSpace中的对象），则调用MarkNonMoving
          函数。这种情况下无须拷贝from_ref。但它的引用型成员变量所指向的对象可能被拷贝
          了，我们需要做对应的处理。读者不妨自行阅读MarkNonMoving函数。  */
        return MarkNonMoving(from_ref);
    default:
        UNREACHABLE();
    }
}
```

14.5.2.3.1 GetFwdPtr

Object 中有一个 monitor_ 成员变量，类型为 uint32。我们在 12.3.1 节中曾提到过它。Object monitor_ 实际上指向一个 LockWord 对象。这个 LockWord 对象可包含一个 Object 的地址信息。它有什么用呢？来看 GetFwdPtr 的代码。

[concurrent_copying-inl.h->ConcurrentCopying::GetFwdPtr]

```
inline mirror::Object* ConcurrentCopying::GetFwdPtr(
                        mirror::Object* from_ref) {
    //先拿到from_ref monitor_对应的LockWord对象
    LockWord lw = from_ref->GetLockWord(false);
    /*如果lw的状态为kForwardingAddress，说明lw包含了一个mirror Object对象的地址
      信息。对Copying Collection而言，这个地址就是from_ref对应的拷贝对象的地址，
      GC理论称之为Forwarding Address。*/
    if (lw.GetState() == LockWord::kForwardingAddress) {
        Object* fwd_ptr = reinterpret_cast<Object*>(lw.ForwardingAddress());
        return fwd_ptr; //fwd_ptr就是from_ref的拷贝对象
    } else {
        return nullptr;
    }
}
```

GetFwdPtr 将获取 from_ref 对应的拷贝对象。在 ART 虚拟机中，这个拷贝对象的内存地址存储在 from_ref monitor_ 对应的 LockWord 中。

14.5.2.3.2 Copy

根据 Mark 函数的代码可知，如果 GetFwdPtr 返回为空，说明 from_ref 还没有被拷贝过，也不存在拷贝对象，这时就需要调用 Copy 对 from_ref 进行拷贝。

[concurrent_copying.cc->ConcurrentCopying::Copy]

```
mirror::Object* ConcurrentCopying::Copy(mirror::Object* from_ref) {
    //获取from_ref对象的内存大小
    size_t obj_size = from_ref->SizeOf<...>();
    //按Region的要求进行对齐
    size_t region_space_alloc_size = RoundUp(obj_size,
                                    space::RegionSpace::kAlignment);
    ......
    //从region_space_中分配一块内存用来存储from_ref的内容。这块内存的起始地址为
    //to_ref
    mirror::Object* to_ref = region_space_->AllocNonvirtual<true>(....);
    ......//region_space_分配失败的处理，这部分逻辑比较复杂，读者可先不关注它
    while (true) {
        //拷贝：将from_ref的信息拷贝到to_ref
        memcpy(to_ref, from_ref, obj_size);
        /*下面这段代码比较复杂，但功能很简单，设置from_ref的monitor_，就是把to_ref的地址
          值设置到from_ref monitor_中。
        LockWord old_lock_word = to_ref->GetLockWord(false);
        ......
        //构造新的LockWord对象
        LockWord new_lock_word = LockWord::FromForwardingAddress(
                                reinterpret_cast<size_t>(to_ref));
        //原子操作，设置到from_ref里去。所以这段逻辑会比较复杂
        bool success = from_ref->CasLockWordWeakSequentiallyConsistent(
                                old_lock_word, new_lock_word);
        if (LIKELY(success)) {
            ......
            PushOntoMarkStack(to_ref);//保存to_ref
            return to_ref;
        }
        .....
    }
}
```

Copy 函数拷贝 from_ref 对象的信息到一个新的对象 to_ref 中，然后将 to_ref 的地址存储到 from_ref monitor_ 成员变量中。在 GC 理论中，这个地址叫 Forwading Address。

提示 to_ref 拷贝了 from_ref 里全部信息。如果 from_ref 中有一个引用型成员变量指向了 From Space 中另外一个对象的话，to_ref 同样也指向了这个对象。显然，我们在后续的处理过程中要记得更新 to_ref 这些引用型成员变量——它们不能再引用位于 From Space 中的对象了，因为 From Space 是要被释放的空间。

14.5.2.3.3 PushOntoMarkStack

PushOntoMarkStack 用于将需要后续继续处理的对象保存起来。来看代码。

提示 作为对比，MarkSweep 有一个类似的 PushOnMarkStack 函数。MarkSweep-PushOnMarkStack 非常简单，而 ConcurrentCopying PushOntoMarkStack 却比较复杂。主要原因在于 MarkSweep PushOnMarkStack 是由 GC 线程调用，而 ConcurrentCopying PushOntoMarkStack 却可以由所有 Java 线程对象调用（也就是运行在不同的 Java 线程里。这是因为 MarkRoot 函数是在 ThreadFlipVisitor Run 中由各个 Java 线程来调用的）

[concurrent_copying.cc->ConcurrentCopying::PushOntoMarkStack]

```
void ConcurrentCopying::PushOntoMarkStack(mirror::Object* to_ref) {
    Thread* self = Thread::Current();
    MarkStackMode mark_stack_mode = mark_stack_mode_.LoadRelaxed();
    //在FlipCallback中，mark_stack_mode_已经设置为kMarkStackModeThreadLocal了
    if (LIKELY(mark_stack_mode == kMarkStackModeThreadLocal)) {
        if (LIKELY(self == thread_running_gc_)) {
            ......
        //根据上文的介绍可知，PushOntoMarkStack可能由不同的Java线程调用。如果
        //调用者是GC线程自己，则把to_ref加到ConcurrentCopying gc_mark_stack_中
        gc_mark_stack_->PushBack(to_ref);
        } else {
        /*如果是非GC线程调用PushOntoMarkStack，则需要使用线程对象tlsPtr_
          thread_local_mark_stack。注意，如果线程对象还没有这个容器或者它已经存满的话，下
          面的代码将从ConcurrentCopying pooled_mark_stacks_容器中取一个空闲的容器给线程。
          pooled_mark_stacks_是一个数组，保存了256个ObjectStack对象，每一个ObjectStack只
          能保存最多4096个Object指针。*/
        accounting::AtomicStack<mirror::Object>* tl_mark_stack =
                        self->GetThreadLocalMarkStack();
        //tl_mark_stack不存在或者tl_mark_stack已满的情况
        if (UNLIKELY(tl_mark_stack == nullptr || tl_mark_stack->IsFull())) {
        MutexLock mu(self, mark_stack_lock_);
        accounting::AtomicStack<mirror::Object>* new_tl_mark_stack;
        if (!pooled_mark_stacks_.empty()) {
            new_tl_mark_stack = pooled_mark_stacks_.back();
            pooled_mark_stacks_.pop_back();
        } else {
            //如果pooled_mark_stacks_被用完，则新建一个ObjectStack
            new_tl_mark_stack =
                accounting::AtomicStack<mirror::Object>::Create(
                    "thread local mark stack", 4 * KB, 4 * KB);
        }
        new_tl_mark_stack->PushBack(to_ref);
        self->SetThreadLocalMarkStack(new_tl_mark_stack);
        if (tl_mark_stack != nullptr) {
            revoked_mark_stacks_.push_back(tl_mark_stack);
      }
        } else {
          tl_mark_stack->PushBack(to_ref);
        }
      }
    }
    /*mark_stack_mode取值为非kMarkStackModeThreadLocal的处理，也是将对象
    存储到ConcurrentCopying gc_mark_stack_中。*/
    ......
}
```

PushOntoMarkStack复杂的原因是为了支持后续的Concurrent处理。

到此，FlipThreadRoots的内容就算介绍完毕。笔者总结其工作内容为如下几点。

- FlipThreadRoots的目标是遍历各个线程的线程根对象。如果某个线程根对象位于ToSpace中则无须拷贝和替换，如果它位于FromSpace中则会进行拷贝和替换。
- 由于拷贝时并未处理引用关系，所以这些被拷贝的对象将存起来供后续处理。

另外，从 MarkRoot 函数可以看出，ConcurrentCopying 的处理和 Copying Collector 原理有些许区别。

- ConcurrentCopying 并未简单地将空间分为两个半空间，而是把处理单位缩小到 RegionSpace 中的 Region。
- Region 除了有 To Space 和 From Space 两种类型外，还有一种 UnEvacFromSpace 的类型，它表示某个 Region 虽然是属于 From Space 的范畴，但它却不需要释放。后面我们将看到，GC 结束后，UnEvacFromSpace 将更新为 To Space。

提示　参考资料 [2] 的 4.6 节提到了一种多空间复制算法。它将内存空间分为比如 10 块，其中 2 块内存分别用作 From Space 和 To Space，使用 Copying collection 处理，另外 8 块内存使用 Mark-Sweep Collection 处理。它相当于混合使用了 Copying collection 和 Mark-Sweep Collection。显然，这和 ConcurrentCopying 的处理不同。

14.5.3　MarkingPhase

ConcurrentCopying MarkingPhase 比较复杂，但正如笔者在上文所述的那样，其复杂的原因在于对 Concurrent collection 的支持。出于篇幅和重要性的考虑，在接下来的分析中，笔者仅介绍 MarkingPhase 涉及的几个主要函数。

提示　代码分析到这个阶段，Copying Collection 原理的实现我们其实已经见识了——读者可回顾上文的 Mark 函数。

[concurrent_copying.cc->ConcurrentCopying::MarkingPhase]

```
void ConcurrentCopying::MarkingPhase() {
    /*MarkingPhase调用前，我们只对线程根对象进行了Mark（注意，此处使用Mark这个词一方
      面代表它是ConcurrentCopying中的一个函数。另一方面，根据上文相关函数的代码分析可
      知，ConcurrentCopying中的Mark除了做标记之外，还会根据需要生成拷贝对象）。*/
    ......
    {
    ......
    /*扫描ImageSpace中的根对象。这里我们要多说几句。在MarkSweep中，对ImageSpace的扫描是
      基于Write Barrier以及CardTable的。但Write Barrier这种技术却不能用于会移动对象的垃圾
      回收算法。比如Copying collection。原因很简单，因为对象被移动后，它在card table中对
      应card的位置也会发生变化。所以，对Copying Collection来说，Read Barrier就派上了用
      场。Read Barrier有好几种比较经典的实现。ART中有三种，如TableLookup RB、Baker RB以
      及Brooks RB。
      笔者简单介绍下RB的大致作用：当mutator读取一个对象A的引用型成员变量a时，如果a所指向的对
      象B携有forwarding address（B的拷贝对象B'），则转去读取B'。因为B有了拷贝对象B'，我们
      自然希望凡是读取B的地方都改成读取B'。*/
    for (space::ContinuousSpace* space : heap_->GetContinuousSpaces()) {
        if (space->IsImageSpace()) {
            gc::space::ImageSpace* image = space->AsImageSpace();
            if (image != nullptr) {
                mirror::ObjectArray<mirror::Object>* image_root =
                        image->GetImageHeader().GetImageRoots();
```

```
                    //ImageSpace中的根对象不会被拷贝，所以marked_image_root等于image_root，
                    //这段代码有些类似校验的作用
                    mirror::Object* marked_image_root = Mark(image_root);
                    ......//一些校验相关的工作
                }
            }
        }
    }
        {//访问其他类型的根对象
        ......
        Runtime::Current()->VisitConcurrentRoots(this, kVisitRootFlagAllRoots);
        }
        {//访问其他类型的根对象
        ......
        Runtime::Current()->VisitNonThreadRoots(this);
        }

    //访问immune_spaces_中的空间
    for (auto& space : immune_spaces_.GetSpaces()) {
        accounting::ContinuousSpaceBitmap* live_bitmap = space->GetLiveBitmap();
        /*ConcurrentCopyingImmuneSpaceObjVisitor内部将在cc_heap_bitmap_中对扫描到
          的对象进行标记，同时调用PushOntoMarkStack*/
        ConcurrentCopyingImmuneSpaceObjVisitor visitor(this);
        live_bitmap->VisitMarkedRange(
                    reinterpret_cast<uintptr_t>(space->Begin()),
                    reinterpret_cast<uintptr_t>(space->Limit()),
                    visitor);
    }
    /*到此，所有根对象（包括immune_space_中的对象）都进行了标记。并且，根对象如果发生了
      拷贝，则原始根对象将被替换为新的拷贝对象。接下来的工作就比较简单了，我们要遍历这些根
      对象，将它们所引用的对象进行Mark（标记、拷贝）。同时，我们还要更新引用值。*/
    Thread* self = Thread::Current();
    {/*下面这段代码中包含三次ProcessMarkStack，这和ConcurrentCopying中的mark_stack_
      mode_有关，它有四种取值。此次调用ProcessMarkStack时，mark_stack_mode_取值为
      kMarkStackModeThreadLocal。*/
        ProcessMarkStack();

        //切换mark_stack_mode_为kMarkStackModeShared
        SwitchToSharedMarkStackMode();
        ProcessMarkStack();

        //切换mark_stack_mode_为kMarkStackModeGcExclusive
        SwitchToGcExclusiveMarkStackMode();
        //对Java Reference对象的处理，各种回收器的处理都一样。我们后续统一介绍
        ProcessReferences(self);
        ......
        ProcessMarkStack();

        ......;
        Runtime::Current()->GetClassLinker()->CleanupClassLoaders();
        DisableMarking();
        ......
    }
    ......
}
```

ProcessMarkStack 内部将遍历通过 PushOntoMarkStack 保存下来的对象（这些对象都是拷贝后得到的对象，代码中用 to_ref 来表示）。其中最关键函数的是 Scan。

[concurrent_copying.cc->ConcurrentCopying::Scan]

```
inline void ConcurrentCopying::Scan(mirror::Object* to_ref) {
    /Scan很简单，就是遍历to_ref的引用型成员变量，内部调用ConcurrentCopying的
    Process函数进行处理。 */
    ConcurrentCopyingRefFieldsVisitor visitor(this);
    to_ref->VisitReferences<...>(visitor, visitor);
}
```

我们直接来看 ConcurrentCopying Process。

[concurrent_copying.cc->ConcurrentCopying::Process]

```
inline void ConcurrentCopying::Process(mirror::Object* obj,
                        MemberOffset offset) {
    //obj是上面Scan中的to_ref，而offset是obj的某个引用型成员变量（由下面的ref表示）
    mirror::Object* ref = obj->GetFieldObject<....>(offset);
    //对ref进行Mark，得到ref的to_ref，如果两个一样，则不需要更新obj offset的内容
    mirror::Object* to_ref = Mark(ref);
    if (to_ref == ref) { return; }
    /*到此，更新obj offset的内容，使得它指向to_ref。由于使用的是原子操作，所以下面的
      代码逻辑中会使用循环。*/
    mirror::Object* expected_ref = ref;
    mirror::Object* new_ref = to_ref;
    do {
        if (expected_ref != obj->GetFieldObject<......>(offset)) {
            break;
        }
    } while (!obj->CasFieldWeakRelaxedObjectWithoutWriteBarrier<...>(
                offset, expected_ref, new_ref));
}
```

14.5.4 ReclaimPhase

最后，我们来看看 ConcurrentCopying ReclaimPhase。

[concurrent_copying.cc->ConcurrentCopying::ReclaimPhase]

```
void ConcurrentCopying::ReclaimPhase() {
    ......
    {
        .....
        ComputeUnevacFromSpaceLiveRatio();//详情见下文代码分析
    }
    {
        .....
        region_space_->ClearFromSpace();//详情见下文代码分析
    }

    {
        WriterMutexLock mu(self, *Locks::heap_bitmap_lock_);
        ......
         /*清空除immune_spaces_、region_space_外的空间中其他的垃圾对象。代码逻辑和
```

```
        MarkSweep Sweep的类似。内部调用ContinuousMemMapAllocSpace的Sweep函数进
        行处理。*/
    Sweep(false);
    //调用GarbageCollector的SwapBitmaps函数，和MarkSweep的处理一样
    SwapBitmaps();
    heap_->UnBindBitmaps();
    ......
}
```

我们重点来看ReclaimPhase中的ComputeUnevacFromSpaceLiveRatio和RegionSpace ClearFromSpace函数。首先是ComputeUnevacFromSpaceLiveRatio。它和14.5.2.1节中提到的Region ShouldBeEvacuated函数有关。如果一个Region中存活对象所占内存字节数/总内存分配数的比例小于75%，则该Region将被设置为kRegionTypeFromSpace类型以表示本次GC需要回收它。所以，每次GC后，ConcurrentCopying需要更新一个Region的存活对象内存字节数。这就是由ComputeUnevacFromSpaceLiveRatio来完成的。

[concurrent_copying.cc->ConcurrentCopying::ComputeUnevacFromSpaceLiveRatio]

```
void ConcurrentCopying::ComputeUnevacFromSpaceLiveRatio() {
    ......
    //对RegionSpace中的标记对象进行统计
    ConcurrentCopyingComputeUnevacFromSpaceLiveRatioVisitor visitor(this);
    region_space_bitmap_->VisitMarkedRange(
                reinterpret_cast<uintptr_t>(region_space_->Begin()),
                reinterpret_cast<uintptr_t>(region_space_->Limit()),
                                    visitor);
}
```

ConcurrentCopyingComputeUnevacFromSpaceLiveRatioVisitor的主要内容如下所示。

[concurrent_copying.cc->ConcurrentCopyingComputeUnevacFromSpaceLiveRatioVisitor]

```
class ConcurrentCopyingComputeUnevacFromSpaceLiveRatioVisitor {
    public:
        ......
        void operator()(mirror::Object* ref) const {
            ......
            //ref是一个本次GC中被标记的对象
            size_t obj_size = ref->SizeOf();
            size_t alloc_size = RoundUp(obj_size, space::RegionSpace::kAlignment);
            //更新ref所在Region的live_bytes_
            collector_->region_space_->AddLiveBytes(ref, alloc_size);
        }
    private:
    ConcurrentCopying* const collector_;
};
```

最后，RegionSpace的kRegionTypeFromSpace类型的Region需要被清空，来看代码。

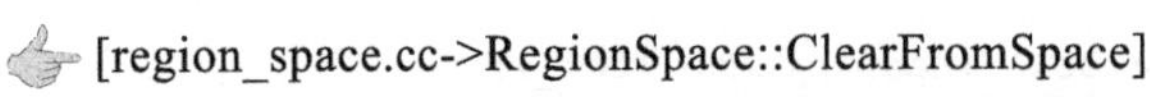
[region_space.cc->RegionSpace::ClearFromSpace]

```
void RegionSpace::ClearFromSpace() {
    MutexLock mu(Thread::Current(), region_lock_);
```

```
    for (size_t i = 0; i < num_regions_; ++i) {
        Region* r = &regions_[i];
        if (r->IsInFromSpace()) {
            r->Clear();
            --num_non_free_regions_;
        } else if (r->IsInUnevacFromSpace()) {
            //如果Region是kRegionTypeUnevacFromSpace，则下面的函数将设置其类型为
            //kRegionTypeToSpace
            r->SetUnevacFromSpaceAsToSpace();
        }
    }
    ......
}
```

14.5.5 ConcurrentCopying 小结

Concurrent Copying 实现了 Copying Collection 原理，并且支持 Concurrent 回收。如果不考虑 Concurrent 回收相关逻辑的话，ConcurrentCopying 并不复杂。笔者总结了几个值得关注的知识点。

- ConcurrentCopying 并非将空间划分为两个半空间，而是以 RegionSpace 中的 Region 为单位进行处理，同时还能根据存活对象所占内存的比例来灵活设置 Region 被划归为 From Space 的条件。学习 ConcurrentCopying 前最好要了解 13.3.2 节中的内容。
- Object 通过 monitor_ 及 LockWord 来保存所谓的 forwarding address 信息。这个信息在下文将要介绍的 MarkCompact 中也会用到。
- FlipThreadRoots 中，线程根对象在被拷贝后，ConcurrentCopying 还会更新栈中的数据。线程根对象的地址保存在调用栈中某个位置，例如 stack[a]，如果根对象被拷贝，那么 stack[a] 的内容应该更新为拷贝后得到的根对象的地址。
- ConcurrentCopying 中有很多 Read Barrier 相关的代码。对 Read Barrier 感兴趣的读者可以结合这部分代码进行研究。

14.6 MarkCompact

本节接着来看 MarkCompact。它可能是 ART GarbageCollector 家族中最简单的回收器了。我们先看它的 GetGcType 和 GetCollectorType 函数。

[mark_compact.h->MarkCompact::GetGcTypeGetCollectorType]

```
virtual GcType GetGcType() const OVERRIDE {
    return kGcTypePartial;//MarkCompact不处理ImageSpace和ZygoteSpace
}
virtual CollectorType GetCollectorType() const OVERRIDE {
    return kCollectorTypeMC;
}
```

和 ConcurrentCopying 类似，MarkCompact 也有适合使用的内存分配器——BumpPointerSpace。来看 SetSpace 函数。

 [mark_compact.cc->MarkCompact::SetSpace]

```
void MarkCompact::SetSpace(space::BumpPointerSpace* space) {
    space_ = space;//space_是MarkCompact成员变量
}
```

可以这么说，MarkCompact 要回收的垃圾对象就在这个 space_ 指向的 BumpPointer-Space 中。

 BumpPointerSpace 是 ART 中最简单的一种内存分配器了，这也是 MarkCompact 较为简单的原因。

再来看 MarkCompact RunPhases 函数。

 [mark_compact.cc->MarkCompact::RunPhases]

```
void MarkCompact::RunPhases() {
    Thread* self = Thread::Current();
    /* InitializePhase非常简单，其中需要注意的是MarkCompact下面两个成员变量的设置：
      (1) mark_stack_ = heap_->GetMarkStack();
      (2) mark_bitmap_ = heap_->GetMarkBitmap();
    */
    InitializePhase();
    {
        ScopedPause pause(this);//MarkCompact是stop-the-world类型的回收器
        ......
        MarkingPhase();//①标记阶段，详情见下文分析
        ReclaimPhase();//②回收阶段，详情见下文分析
    }
    ......
    FinishPhase();//收尾工作，非常简单，读者可自行阅读
}
```

MarkCompact RunPhases 中仅有 MarkingPhase 和 ReclaimPhase 需要介绍，这比 MarkSweep 和 ConcurrentCopying 要简单多了。

14.6.1 MarkingPhase

来看 MarkingPhase 的代码，如下所示。

 [mark_compact.cc->MarkCompact::MarkingPhase]

```
void MarkCompact::MarkingPhase() {
    Thread* self = Thread::Current();
    /*MarkCompact基于Mark-Compact回收原理，所以它也需要标记能搜索到的对象。不过，由于
      BumpPointerSpace空间对象不包含位图对象，所以下面将为space_（指向一个
      BumpPointerSpace空间）创建一个位图对象objects_before_forwarding。它用于记录
      搜索到的对象。*/
    objects_before_forwarding_.reset(
            accounting::ContinuousSpaceBitmap::Create(
        "objects before forwarding", space_->Begin(), space_->Size()));
    //此外还创建了一个位图对象objects_with_lockword_，它和GC没有什么关系，只是用于
    //保存一些信息。下文将见到objects_with_lockword_的作用
    objects_with_lockword_.reset(
```

```
        accounting::ContinuousSpaceBitmap::Create(
    "objects with lock words", space_->Begin(), space_->Size()));

    //将ImageSpace或ZygoteSpace加到MarkCompact immune_space_容器中
    BindBitmaps();
    /*ProcessCards和ClearCardTable用于处理CardTable中对应的card。此处请读者注意，
      虽然MarkCompact也是通过移动对象来实现内存回收，但MarkCompact移动对象的过程是在
      最后的回收阶段。此时，所有的非垃圾对象都已经标记。所以，MarkCompact中可以使用Write
      Barrier来记录跨空间的对象引用。作为对比，ConcurrentCopying在标记阶段可能就会移动
      对象，这时就不方便使用Write Barrier了，而只能使用Read Barrier。  */
    heap_->ProcessCards(GetTimings(), false, false, true);
    heap_->GetCardTable()->ClearCardTable();
    //下面几个函数我们都介绍过
    if (kUseThreadLocalAllocationStack) {
        ......
        heap_->RevokeAllThreadLocalAllocationStacks(self);
    }
    ......
    heap_->SwapStacks();
    {
        WriterMutexLock mu(self, *Locks::heap_bitmap_lock_);
        MarkRoots();//搜索并标记根对象，详情见下文
        //借助CardTable来处理ImageSpace或ZygoteSpace中存在跨空间引用的对象，每找到
        //这样一个对象就对其做标记并压入mark_stack_中。读者可先了解上面的MarkRoots函数
        UpdateAndMarkModUnion();
        MarkReachableObjects();//从根对象出发，扫描它们所引用的对象
    }
    ......//Java Reference对象的处理等
}
```

MarkingPhase 中我们重点研究 MarkRoots 和 MarkReachableObjects 函数。

提示　MarkRoots 和 MarkReachableObjects 都比较简单。

14.6.1.1　MarkRoots

MarkRoots 非常简单，来看代码。

 [mark_compact.cc->MarkCompact::MarkRoots]

```
void MarkCompact::MarkRoots() {
    ......
    Runtime::Current()->VisitRoots(this);
}
```

MarkCompact 实现了 RootVisitor 接口类中的 VisitRoots 函数。其内部就是调用 MarkCompact MarkObject 函数。所以我们直接来看 MarkObject。

[mark_compact.cc->MarkCompact::MarkObject]

```
inline mirror::Object* MarkCompact::MarkObject(mirror::Object* obj) {
    if (obj == nullptr) {
        return nullptr;
    }
    ......
```

```
        //如果obj不在immune_spaces_中
        if (!immune_spaces_.IsInImmuneRegion(obj)) {
            //如果obj位于space_中，则到objects_before_forwading里去标记它
            if (objects_before_forwarding_->HasAddress(obj)) {
                if (!objects_before_forwarding_->Set(obj)) {
                    //如果obj是第一次被标记，将其加入mark_stack_容器中
                    MarkStackPush(obj);
                }
            } else {
                /*如果obj位于immune_space_和space_之外的空间中，则调用mark_bitmap_（来自
                  Heap mark_bitmap_）进行标记。 */
                BitmapSetSlowPathVisitor visitor;
                if (!mark_bitmap_->Set(obj, visitor)) {
                    MarkStackPush(obj);
                }
            }
        }
        return obj;
    }
```

MarkRoots对所有根对象进行了标记并且保存到了mark_stack_容器中。

14.6.1.2 MarkReachableObjects

接着来看MarkReachableObjects。

[mark_compact.cc->MarkCompact::MarkReachableObjects]

```
void MarkCompact::MarkReachableObjects() {
    .....
    //对Heap allocation_stack_中的对象标记为集合Live
    accounting::ObjectStack* live_stack = heap_->GetLiveStack();
    {
        .....
        heap_->MarkAllocStackAsLive(live_stack);
    }
    live_stack->Reset();
    /*调用ProcessMarkStack对mark_stack_中的元素进行处理。该函数的大体内容如下:
        while (!mark_stack_->IsEmpty()) {
        mirror::Object* obj = mark_stack_->PopBack();
    ScanObject(obj);//对mark_stack_中的每一个元素调用ScanObject
    }*/
    ProcessMarkStack();
}
```

最后，来看一下ScanObject函数。

[mark_compact.cc->MarkCompact::ScanObject]

```
void MarkCompact::ScanObject(mirror::Object* obj) {
    /*访问obj所引用的其他对象。MarkCompactMarkObjectVisitor内部调用MarkObject
      对这些被引用的对象进行标记。 */
    MarkCompactMarkObjectVisitor visitor(this);
    obj->VisitReferences(visitor, visitor);
}
```

到此，MarkingPhase 的任务就完成了。MarkCompact 的 MarkingPhase 比 MarkSweep MarkingPhase 要简单得多。

14.6.2　ReclaimPhase

ReclaimPhase 将完成垃圾对象回收的工作。马上来看代码。

提示　ReclaimPhase 里调用的函数不少，但其中真正关键的只有最后一个 Compact 函数。

[mark_compact.cc->MarkCompact::ReclaimPhase]

```
void MarkCompact::ReclaimPhase() {
    ......
    WriterMutexLock mu(Thread::Current(), *Locks::heap_bitmap_lock_);
    /*Sweep将回收除space_、immune_spaces_外其他空间对象中的垃圾。内部代码逻辑非常简单，
      就是调用ContinuousMemMapAllocSpace的Sweep函数进行回收。这些空间的垃圾回收使用
      的是Mark-Sweep方法，不是Mark-Compact。*/
    Sweep(false);
    //调用GarbageCollector SwapBitmaps函数，该函数在MarkSweep类中已经介绍过了
    SwapBitmaps();
    GetHeap()->UnBindBitmaps();//该函数在MarkSweep中已经介绍过了

    //压缩，这才是MarkCompact的精髓
    Compact();
}
```

Compact 才是 MarkCompact 的精髓，马上来看它。

[mark_compact.cc->MarkCompact::Compact]

```
void MarkCompact::Compact() {
    .....
    /*Compact中有三个关键函数，此处先简单介绍它们的作用：
      CalculateObjectForwardingAddresses：计算每个存活对象的forwarding address。
      这个地址也就是这些对象的新的内存地址。
      UpdateReferences：更新对象的引用关系，将所引用的对象修改为对应的forwarding
      address。这个函数没有什么特殊的知识，读者可自行阅读。
      MoveObjects：将对象移动到它的forwarding address处。   */
    CalculateObjectForwardingAddresses();
    UpdateReferences();
    MoveObjects();
    ......
    /*更新space_的末尾位置。经过上面压缩处理后，space_中的垃圾对象被清除，而非垃圾对象们
      又被移动到了一起。这些非垃圾对象在space_中的末尾位置由bump_pointer_标示。   */
    space_->SetEnd(bump_pointer_);
    //清零[bump_Pointer_,bump_pointer_+bytes_freed)这段空间。这段空间就是垃圾对象所
    //占据的内存大小
    memset(bump_pointer_, 0, bytes_freed);
}
```

Compact 中有三个比较重要的函数，我们将介绍其中的 CalculateObjectForwardingAddresses 以及 MoveObjects。

14.6.2.1 CalculateObjectForwardingAddresses

CalculateObjectForwardingAddresses用于计算每个存活对象的forwarding address。计算的方法很简单，来看代码。

[mark_compact.cc->MarkCompact::CalculateObjectForwardingAddresses]

```
void MarkCompact::CalculateObjectForwardingAddresses() {
    ......
    //bump_pointer_初值为space_的起始位置
    bump_pointer_ = reinterpret_cast<uint8_t*>(space_->Begin());
    /*objects_before_forwarding_记录了space_中非垃圾对象的位图信息。下面的代码
      将遍历space_中的非垃圾对象，然后调用函数对象进行处理。
      CalculateObjectForwardingAddressVisitor内部调用MarkCompact ForwardObject
      对每一个非垃圾对象进行处理。我们直接来看ForwardObject。*/
    CalculateObjectForwardingAddressVisitor visitor(this);
    objects_before_forwarding_->VisitMarkedRange(
                    reinterpret_cast<uintptr_t>(space_->Begin()),
                    reinterpret_cast<uintptr_t>(space_->End()),
                    visitor);
}
```

ForwardObject的输入参数指向一个存活对象。其代码如下所示。

[mark_compact.cc->MarkCompact::ForwardObject]

```
void MarkCompact::ForwardObject(mirror::Object* obj) {
    //获取这个对象的所占内存的大小
    const size_t alloc_size = RoundUp(obj->SizeOf(),
                        space::BumpPointerSpace::kAlignment);
    LockWord lock_word = obj->GetLockWord(false);
    /*如果这个obj之前有设置LockWord（可能代表一个用于线程同步的Monitor），下面的if代码将
      把LockWord旧值保存起来。等后续对象移动完毕后，我们需要恢复Obj的LockWord的旧值。  */
    if (!LockWord::IsDefault(lock_word)) {
        //objects_with_lockword_记录哪个对象存在LockWord的旧值
        objects_with_lockword_->Set(obj);
        //lock_words_to_restore_是一个stddqueue（双端队列），用于保存obj的
        //LockWord旧值
        lock_words_to_restore_.push_back(lock_word);
    }
    //设置obj的forwarding address，为bump_pointer_
    obj->SetLockWord(LockWord::FromForwardingAddress(
                    reinterpret_cast<size_t>(bump_pointer_)),false);
    //移动bump_poionter_，使得它指向下一个对象的forwarding address
    bump_pointer_ += alloc_size;
    ++live_objects_in_space_;
}
```

CalculateObjectForwardingAddress展示了MarkCompact中Compact的方法，就是将非垃圾对象一个一个排列起来。显然，要支持这种操作的话非BumpPointerSpace不可。

14.6.2.2 MoveObjects

CalculateObjectForwardingAddress计算完每个对象的新地址后，UpdateReferences也更新了对象的引用关系。接下来就是真正地把对象移动到它的新地址。这个工作由MoveObjects完成。来看代码。

 [mark_compact.cc->MarkCompact::MoveObjects]

```
void MarkCompact::MoveObjects() {
    ......
    /*遍历存活对象，MoveObjectVisitor内部调用MoveObject函数进行处理，下面将直接介绍
      MoveObject的内容。*/
    MoveObjectVisitor visitor(this);//内部调用MoveObject
    objects_before_forwarding_->VisitMarkedRange(
                reinterpret_cast<uintptr_t>(space_->Begin()),
                reinterpret_cast<uintptr_t>(space_->End()),
                visitor);
    ......
}
```

MoveObject 的代码如下所示。

 [mark_compact.cc->MarkCompact::MoveObject]

```
void MarkCompact::MoveObject(mirror::Object* obj, size_t len) {
    //从LockWord中获取obj的目标地址
    uintptr_t dest_addr = obj->GetLockWord(false).ForwardingAddress();
    mirror::Object* dest_obj = reinterpret_cast<mirror::Object*>(dest_addr);
    //使用memmove将obj移动到dest_addr处。
    memmove(reinterpret_cast<void*>(dest_addr),
                         reinterpret_cast<const void*>(obj), len);
    LockWord lock_word = LockWord::Default();
    //如果obj之前有LockWord旧值，则需要从lock_words_to_restore_中拿到旧值
    if (UNLIKELY(objects_with_lockword_->Test(obj))) {
        lock_word = lock_words_to_restore_.front();
        lock_words_to_restore_.pop_front();
    }
    //设置dest_obj的LockWord。
    dest_obj->SetLockWord(lock_word, false);
}
```

14.6.3 MarkCompact 小结

相信读者已经感受到了，MarkCompact 确实是非常简单的一种 GC 方法。总体而言，MarkCompact 包含两个主要工作。

- Mark：它和 MarkSweep 的 Mark 类似，只要对能搜索到的对象进行位图标记即可。但它和 ConcurrentCopying Mark 阶段有所不同。ConcurrentCopying Mark 阶段实际上还完成了对象的拷贝。
- Compact：将存活对象移动到一起。这项工作听起来好像是一件比较困难的事情，但 MarkCompact 使用的是 BumpPointerSpace 这种内存分配算法极为简单的空间。所以 Compact 要做的仅仅就是把存活对象 memmove 到指定的位置即可。

如果不考虑 memmove 对重叠区域的特殊处理的话，memmove 和 ConcurrentCopying 中用到的 memcpy 没什么区别。

14.7 SemiSpace

和之前一样，我们来看 SemiSpace 中几个函数的内容。

> 提示 读者如果掌握了上文介绍的 MarkSweep、ConcurrentCopying 和 MarkCompact 等知识，SemiSpace 就相对比较容易理解了。

[semi_space.h->SemicSpace::GetGcType 和 GetCollectorType]

```
virtual GcType GetGcType() const OVERRIDE {
        return kGcTypePartial; //SemiSpace只支持kGcTypePartial
}
//SemiSpace支持SS和GSS两种类型的回收器，GSS意为generationalSS，分代式SS回收
virtual CollectorType GetCollectorType() const OVERRIDE {
    return generational_ ? kCollectorTypeGSS : kCollectorTypeSS;
}
```

仅从 SemiSpace 类名来看，读者会把它和 GC 四种基础方法中的 Copying Collector 关联起来。实际上，SemiSpace 远比 Copying Collector 要复杂。collector_type.h 文件中关于枚举值 kCollectorTypeSS 有这样一句注释来介绍它："Semi-space / mark-sweep hybrid, enables compaction."。其含义是 SemiSpace 综合了 Semi-space（即 Copying Collector）和 Mark-Sweep 方法，同时还支持压缩。而 kCollectorTypeGSS 则是支持分代回收的 SS 方法。

SemiSpace 还有三个比较特殊的函数。

[semi_space.cc->SemiSpace::SetToSpace/SetFromSpace]

```
void SemiSpace::SetToSpace(space::ContinuousMemMapAllocSpace* to_space) {
    to_space_ = to_space;//设置To Space空间对象
}
void SemiSpace::SetFromSpace(space::ContinuousMemMapAllocSpace* from_space) {
    from_space_ = from_space;//设置From Space空间对象
}
```

to_space_ 和 from_space_ 是 SemiSpace 的成员变量，类型都是 ContinuousMemMapAllocSpace*。它们的含义可回顾 14.1.2 节的内容。

> 提示 在 SemiSpace 中，ToSpace 和 FromSpace 使用了资料 [2] 的定义。即 from_space_ 是待扫描和回收处理的空间，而 to_space_ 则用于保存非垃圾对象。GC 后，from_space_ 将被清空。另外，SemiSpace 并未要求 From Space 和 To space 必须是 BumpPointerSpace 或是 RegionSpace。所以，它的适用性比 MarkCompact 以及 ConcurrentCopying 要广。

虽然 Copying Collection 完成 GC 后要交换（flip）FromSpace 和 ToSpace，但 SemiSpace 并不是纯粹的 Copying Collection，所以它其中有一个成员变量用于控制是否交换半空间。该函数如下所示。

[semi_space.h->SemiSpace::SetSwapSemiSpace]

```
void SetSwapSemiSpaces(bool swap_semi_spaces) {
    //是否交换半空间
```

```
        swap_semi_spaces_ = swap_semi_spaces;
    }
```

再来看 SemiSpace RunPhases 的代码。

 [semi_space.cc->SemiSpace::RunPhases]

```
void SemiSpace::RunPhases() {
    Thread* self = Thread::Current();
    InitializePhase();//①回收器初始化
    //if为true，说明mutator线程已被暂停。这种情况的出现和SemiSpace的用法有关，
    //我们暂且不用考虑这些
    if (Locks::mutator_lock_->IsExclusiveHeld(self)) {
        MarkingPhase();//②标记工作
        ReclaimPhase();//回收工作，非常简单，留给读者自行研究
    } else {
        //如果mutator未暂停，则SemiSpace只有标记阶段需要暂停mutator
        {
            ScopedPause pause(this);//暂停mutator
            MarkingPhase();//标记工作
        }
            {//mutator恢复运行，可同时开展回收工作
            ReaderMutexLock mu(self, *Locks::mutator_lock_);
            ReclaimPhase();
        }
    }
    FinishPhase();
}
```

SemiSpace RunPhase 中只有 InitializePhase 和 MarkingPhase 需要注意，笔者将重点介绍它们。其他几个关键函数并不复杂，读者可自行学习。

14.7.1 InitializePhase

InitializePhase 并不复杂，我们重点关注 SemiSpace 的几个成员变量。

[semi_space.cc->SemiSpace::InitializePhase]

```
void SemiSpace::InitializePhase() {
    .....
    mark_stack_ = heap_->GetMarkStack();
    immune_spaces_.Reset();
    ....
    self_ = Thread::Current();
    //to_space_live_bitmap_为to_space_的集合Live的代表，它存储的是上次GC后
    //to_space_中的存活对象
    to_space_live_bitmap_ = to_space_->GetLiveBitmap();
    {
        ReaderMutexLock mu(Thread::Current(), *Locks::heap_bitmap_lock_);
        //mark_bitmap_指向Heap mark_bitmap_
        mark_bitmap_ = heap_->GetMarkBitmap();
     }
     if (generational_) {//generational_对应为GSS的情况
         /*Heap GetPrimaryFreeListSpace返回Heap中的rosalloc_space_(针对
           kUseRosAlloc为true的情况)。我们常说的分代GC，就是指有一块内存空间存储
           老年代的对象。在GSS中，存储老年代对象的内存空间就是promo_dest_space_。*/
```

```
        promo_dest_space_ = GetHeap()->GetPrimaryFreeListSpace();
    }
    ......//另外几个成员变量，笔者不拟在此做过多讨论
}
```

我们在InitializePhase中见到了SemiSpace中的一些成员变量，其中有一些仅和GSS有关。不过，相信能阅读到此的读者无需笔者再分开介绍GSS和SS的情况。所以，下文将统一介绍SemiSpace的回收处理逻辑。如果读者阅读起来有难度，可以先忽略GSS相关的内容，后续再单独阅读GSS的处理逻辑。

14.7.2 MarkingPhase

接着来看MarkingPhase。代码如下所示。

[semi_space.cc->SemiSpace::MarkingPhase]

```
void SemiSpace::MarkingPhase() {
    ......
    RevokeAllThreadLocalBuffers();//撤销线程TLAB
if (generational_) {
        /*和generational_相关的还有一个成员变量collect_from_space_only_，其含义为
          是否只回收from_space_空间。SemiSpace构造函数中，collect_from_space_only_
          取值和generation_一样。但在GSS的某些情况下，collect_from_space_only_需修
          改为false。读者不必在意这部分的处理*/
           if (GetCurrentIteration()->GetGcCause() == kGcCauseExplicit ||
               GetCurrentIteration()->GetGcCause() == kGcCauseForNativeAlloc ||
               GetCurrentIteration()->GetClearSoftReferences()) {
           collect_from_space_only_ = false;
        }
        ......
    }
    ......
    if (generational_) {
        if (!from_space_->HasAddress(
                reinterpret_cast<mirror::Object*>(last_gc_to_space_end_))) {
            last_gc_to_space_end_ = from_space_->Begin();
        }
        bytes_promoted_ = 0;
    }
    //将ImageSpace或ZygoteSpace加入immune_spaces中，并且将to_space_的集合Live
    //绑定为集合Mark
    BindBitmaps();
    /*调用HeapProcessCards，其参数决定了不同的处理方式：
    (1) SS时，第二个参数为false，第三个参数为false。ProcessCards则只会处理关联了
        ModUnionTable的空间对象的card（card的新值为0或kCardDirty - 1）。
    (2) GSS时，第二个参数为true，ProcessCards将处理关联了ModUnionTable和
        RememberedSet的空间对象的card（新值为0或kCardDirty - 1）。*/
    heap_->ProcessCards(GetTimings(), kUseRememberedSet &&generational_,
                        false, true);
    //Heap card_table_中所有card被清零。而之前的dirty card在上面ProcessCards
    //处理中已保存在空间对象所关联的ModUnionTable或RememberedSet中了。
    heap_->GetCardTable()->ClearCardTable();
    if (kUseThreadLocalAllocationStack) {
        ......
```

```
            heap_->RevokeAllThreadLocalAllocationStacks(self_);
        }
        //交换Heap allocation_stack_和live_stack_
        heap_->SwapStacks();
        {
            WriterMutexLock mu(self_, *Locks::heap_bitmap_lock_);
            //调用Runtime VisitRoots函数，SemiSpace实现了RootVisitor VisitRoots
            //接口函数，其内部将调用SemiSpace的MarkObjectIfNotInToSpace。
            MarkRoots();
            //先处理immune_spaces_中存成跨空间引用的对象，然后调用ProcessMarkStack处理
            //mark_stack_中的元素。下文仅介绍ProcessMarkStack函数
            MarkReachableObjects();
        }
        //和Java Reference对象处理有关，我们后续统一介绍
        ProcessReferences(self_);
        {
            ReaderMutexLock mu(self_, *Locks::heap_bitmap_lock_);
            //调用RuntimeSweepSystemWeaks
            SweepSystemWeaks();
        }
        Runtime::Current()->GetClassLinker()->CleanupClassLoaders();
        RevokeAllThreadLocalBuffers();
        .....
        //清空from_space_。也就是说，我们在MarkingPhase阶段，from_space_就已经被清空了。
        //上文介绍的ConcurrentCopying也是类似的处理
        from_space_->Clear();
        ......
        if (swap_semi_spaces_) {
        /*对SemiSpace来说，下面这个函数的含义是交换to_space_和from_space_。但请读者注意，
          在SemiSpace SetFromSpace和SetToSpace函数中，我们并不知道from_space_和to_
          space_具体指向了Heap中的哪些空间对象。所以,这里直接调用Heap SwapSemiSpaces进行
          处理，其内部将交换Heap bump_pointer_space_和temp_space_这两个成员变量。它们
          各指向一个大小相同的BumpPointerSpace空间。下文我们将看到Heap中使用SemiSpace的
          相关代码。本章后续代码中不会使用SwapSemiSpace，读者可先不管它。 */
        heap_->SwapSemiSpaces();
    }
}
```

MarkingPhase中的很多函数调用我们都比较熟悉。笔者将直接介绍涉及的两个关键函数，一个是MarkObjectIfNotInToSpace，另一个是ProcessMarkStack。

14.7.2.1 MarkObjectIfNotInToSpace

SemiSpace每次遍历一个对象都会调用MarkObjectIfNotInToSpace函数，来看它的代码。

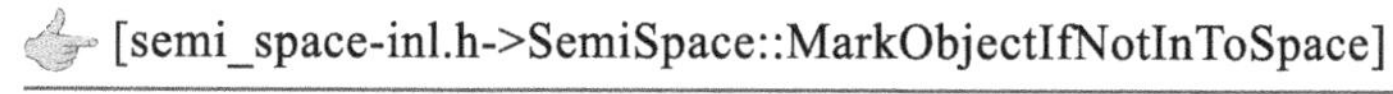
[semi_space-inl.h->SemiSpace::MarkObjectIfNotInToSpace]

```
template<bool kPoisonReferences>
inline void SemiSpace::MarkObjectIfNotInToSpace(
        mirror::ObjectReference<kPoisonReferences, mirror::Object>* obj_ptr) {
        //如果to_space_不包含这个对象，则调用MarkObject
    if (!to_space_->HasAddress(obj_ptr->AsMirrorPtr())) {
        MarkObject(obj_ptr);
    }
}
```

接着看 MarkObject。

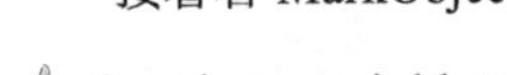
[semi_space-inl.h->SemiSpace::MarkObject]

```
template<bool kPoisonReferences>
inline void SemiSpace::MarkObject(
        mirror::ObjectReference<kPoisonReferences, mirror::Object>* obj_ptr) {
    //注意参数，obj_ptr是指向obj对象的指针
    mirror::Object* obj = obj_ptr->AsMirrorPtr();
    ......
    //如果obj位于from_space_中，我们需要做一些处理。相信读者也能猜测到处理的内容是什么，
    //显然，就是在另外一个空间中创建obj的拷贝对象
    if (from_space_->HasAddress(obj)) {
        //GetForwardingAddressInFromSpace将读取obj的LockWord对象，获取其中的
        //forwarding address
        mirror::Object* forward_address = GetForwardingAddressInFromSpace(obj);
        //如果obj还没有对应的拷贝对象，则调用MarkNonForwardedObject进行处理，该函数
        //的返回值就是obj的对应的拷贝对象的地址
        if (UNLIKELY(forward_address == nullptr)) {
            forward_address = MarkNonForwardedObject(obj);
            //更新obj的LockWord对象
            obj->SetLockWord(
                LockWord::FromForwardingAddress(reinterpret_cast<size_t>(
                        forward_address)), false);
                //将obj的拷贝对象保存到mark_stack_中以备后续处理
                MarkStackPush(forward_address);
            }
        //更新obj_ptr，这将导致原来存储obj对象的地方抛弃obj，转而存储obj的拷贝对象，
        //也就是说，以前指向obj对象的地方将指向obj的拷贝对象
        obj_ptr->Assign(forward_address);
    } else if (!collect_from_space_only_
                && !immune_spaces_.IsInImmuneRegion(obj)) {
        //如果collect_from_space_only_为false，并且obj不在immune_spaces_中，
        //则对obj所在的位图进行标记处理
        BitmapSetSlowPathVisitor visitor(this);
        if (!mark_bitmap_->Set(obj, visitor)) {
            MarkStackPush(obj);
        }
    }
}
```

在 MarkObject 中：

- 如果 obj 属于 from_space_，则需要做一些工作。
- 如果 obj 不属于 from_space_ 并且也不是 immune_spaces_ 中的对象，obj 是否被看作垃圾的关键就在于变量 collect_from_space_only_ 的值。

笔者总结 SemiSpace 对空间的处理可分为三种情况：

- 肯定不会回收理 immune_spacs_ 中的空间。
- to_space_ 也不会被回收，而 from_space_ 会被整体清空。
- collect_from_space_only_ 决定是否扫描和处理其他的空间对象。

提示 SemiSpace 复杂之处就在于它不是纯粹的 Copying Collector，而是混杂了其他的处理。而这些处理只因 ART 虚拟机而存在。

接着来看 MarkNonForwardedObject，代码如下所示。

 [semi_space.cc->SemiSpace::MarkNonForwardedObject]

```
mirror::Object* SemiSpace::MarkNonForwardedObject(mirror::Object* obj) {
    const size_t object_size = obj->SizeOf();
    size_t bytes_allocated, dummy;
    mirror::Object* forward_address = nullptr;
    //GSS的处理。if中有两个条件判断，我们仅考虑generational_的情况
    if (generational_&& ......) {
        /*如果为GSS，则在promo_dest_space_空间中创建一个拷贝对象。根据上文SemiSpace
          InitializePhase的介绍可知，promo_dest_space_就是GSS中的老年代空间。而将
          一个对象从年轻代空间提升到老年代空间的做法其实就是在老年代空间中创建一个年轻对象
          比如obj的拷贝对象。注意，此时我们还只是在老年代空间中分配了一个和obj同样大
          小的内存空间，而obj的内容还没有拷贝过去。不用担心，拷贝工作随后就会进行。*/
        forward_address = promo_dest_space_->AllocThreadUnsafe(
                        self_, object_size, &bytes_allocated, nullptr, &dummy);
        if (UNLIKELY(forward_address == nullptr)) {
            ......//promo_dest_space_空间不足的处理，我们先忽略这些不重要的处理
        } else {
            /*设置forward_address对应的card为dirty card。因为forward_address是obj
              对象在老年代空间里的拷贝。大概率情况下obj会有指向其他对象的引用型成员变量，所以
              obj“提升”到老年代后，将对应的card修改为dirty。*/
            GetHeap()->WriteBarrierEveryFieldOf(forward_address);
            accounting::ContinuousSpaceBitmap* live_bitmap =
                                promo_dest_space_->GetLiveBitmap();
            accounting::ContinuousSpaceBitmap* mark_bitmap =
                                promo_dest_space_->GetMarkBitmap();
            if (collect_from_space_only_) {
                } else {
                //forward_address肯定不是垃圾对象，所以设置对应的位图
                live_bitmap->Set(forward_address);
                mark_bitmap->Set(forward_address);
            }
        }
    } else {//SS的情况，显然，我们需要从to_space_中创建一个obj的拷贝对象
        forward_address = to_space_->AllocThreadUnsafe(self_, object_size,
                            &bytes_allocated, nullptr, &dummy);
        ......
    }

    ......
    /*下面将进行拷贝工作，将obj的内容拷贝到forward_address中，此后，
      forward_address就正式成为obj的拷贝对象。CopyAvoidingDirtyingPages内部就是
      使用memcpy进行内存拷贝。只不过当object_size大于4KB时会做一些特殊考虑。
      笔者不拟展开其细节，感兴趣的读者不妨自行研究。*/

    saved_bytes_ += CopyAvoidingDirtyingPages(
                reinterpret_cast<void*>(forward_address), obj, object_size);
    return forward_address;
}
```

14.7.2.2 ProcessMarkStack

接着来看 ProcessMarkStack，比较简单。

 [semi_space.cc->SemiSpace::ProcessMarkStack]

```
void SemiSpace::ProcessMarkStack() {
    ......
    //遍历mark_stack_中的元素
    while (!mark_stack_->IsEmpty()) {
        Object* obj = mark_stack_->PopBack();
        ......
        ScanObject(obj);//ScanObject很简单，在下面的代码中讲解
    }
}
```

[semi_space.cc->SemiSpace::ScanObject]

```
void SemiSpace::ScanObject(Object* obj) {
    /*SemiSpaceMarkObjectVisitor内部将为obj的每一个引用对象调用SemiSpace的
        MarkObject函数。最终，MarkObjectIfNotInToSpace会被调用进行处理。*/
    SemiSpaceMarkObjectVisitor visitor(this);
    obj->VisitReferences(visitor, visitor);
}
```

到此，MarkingPhase 就介绍完毕，虽然代码量很大，但核心的内容并不复杂。

- 对 GSS 而言，from_space_ 中能搜索到的对象将被“提升”到 promo_dest_space_ 空间中。所谓的提升，其实就是拷贝。
- 对 SS 而言，from_space_ 中能搜索到的对象拷贝到 to_space_ 中。
- 其他空间的处理和 MarkSweep 的类似，处理好集合 Live 和集合 Mark 即可。

参照 ConcurrentCopying，对 SS/GSS 而言，空间中的对象被搜索和处理后，from_space_ 中的非垃圾对象就全部转移到 to_space_ 或 promo_dest_space_ 中了。所以，在 MarkingPhase 函数的最后，from_space_ 就被 Clear 了。而其他空间中的垃圾对象则在 ReclaimPhase 阶段处理。

14.7.3 SemiSpace 小结

笔者在研究 GarbageCollector 类家族的时候，先学习的是 MarkSweep，紧接其后学习的是 SemiSpace。最开始学习它的时候觉得度比较大，即使想要搞清楚笔者在这一节里给读者展示的知识点都困难。经过一段时间的摸索，转折点出现了。当笔者看到代码注释中对 kCollectorTypeSS 的 说 明 —— 即 SemiSpace 是 "Semi-space / mark-sweep hybrid, enables compaction." 时才明白应该先搞清楚 ConcurrentCopying 和 MarkCompact。果不其然，掌握了 ConcurrentCopying 和 MarkCompact 的知识后，SemiSpace 就容易理解多了。

纵观 SemiSpace，它的 GC 逻辑无非就是如下两点。

- 对 GSS 而言，from_space_ 中能搜索到的对象将被“提升”到 promo_dest_space_ 空间中。对 SS 而言，from_space_ 中能搜索到的对象拷贝到 to_space_ 中。GC 之后，from_space_ 的空间被回收。
- 其他空间的处理和 MarkSweep 的类似，按照集合 Live 和集合 Mark 来找到和释放垃圾对象即可。

SemiSpace 在 ART 中的作用很重要，我们下文介绍应用程序退到后台后，虚拟机为减少内存碎片而做的内存压缩时就会用到它。

14.8　Java Reference 对象的处理

14.8.1　基础知识

Java Reference 是很多公司面试 Java 开发者时必问的知识点。从某种角度来看，这说明大家对 Java Reference 的知识是既熟悉又陌生。熟悉它的理由是大部分开发者都能说出几种 Reference 的差别以及各自适合的使用场景，而对它陌生的原因也很简单。毕竟，我们很少有机会能通过虚拟机的源代码来真正了解 Reference。可以这么说，在没有看到源代码之前，我们只是知其然。看完源代码后，我们就能做到知其所以然。

图 14-9 展示了 Java Reference 的类家族。

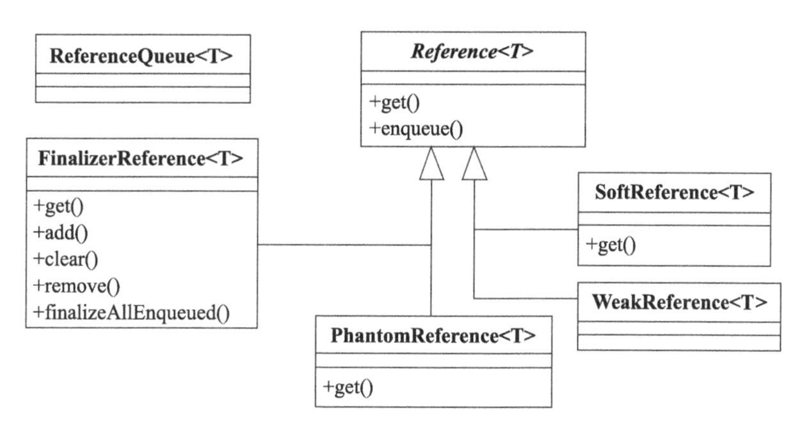

图 14-9　Reference 类家族

图 14-9 中展示了 Java Reference 类家族的成员。

- Reference 是一个抽象模板类。虽然 Reference 是抽象类，但它内部并没有声明任何 abstract 的函数。
- Reference 有四个派生类，分别是 SoftReference、WeakReference、PhantomReference 和 FinalizerReference。FinalizerReference 是隐藏类，一般的 Java 开发者无法使用它。FinalizerReference 由 JDK 内部使用，主要是为了调用对象的 finalize 函数（如果该对象所在的类定义了 finalize 函数）。
- ReferenceQueue 是一个用于管理多个 Reference 对象的管理类。PhantomReference 必须配合 ReferenceQueue 使用。我们后文会了解相关知识。

假设存在一个非 Reference 对象 obj，对 GC 而言有三种可能发生的情况。

- 通过非 Reference 的引用能搜索到 obj。在这种情况下，obj 不会被回收。
- 通过 Reference 的引用搜索到 obj。在这种情况下，obj 是否被释放取决于引用它的那个 Reference 对象的数据类型以及此次 GC 的回收策略。

- 无法搜索到 obj。在这种情况下 obj 会被回收。

我们熟知的是第一种和第三种情况，而第二种情况正是本节要讨论的。假设引用 obj 的那个 Reference 对象叫 refObj，并且，我们以 ART 虚拟机 CMS 回收器为例。那么：

- refObj 的类型如果是 SoftReference，则它引用的 obj 在某次 GC 时不一定会被释放。在 CMS 中，StickyMarkSweep（回收策略为 kGcTypeSticky）不会释放 SoftReference 所引用的对象。而 PartialMarkSweep（回收策略为 kGcTypePartial）和 MarkSweep（回收策略为 kGcTypeFull）均会释放 SoftReference 所引用的对象。
- refObj 的类型如果是 WeakReference，则它引用的 obj 在每次 GC 时都会被释放。也就是不论回收策略是什么，WeakReference 所引用的对象都会被释放。
- refObj 的类型如果是 PhantomReference，我们考虑的问题就和上面完全不一样了。简单来说，从垃圾对象判别的角度看，一个 obj 被 PhantomReference 引用和不被 PhantomReference 引用是毫无差别的。这或许是 PhantomReference 被翻译为虚引用或幽灵引用的原因。PhantomReference 的作用在于它提供了一种手段让使用者知道 obj 被回收了。下文我们会通过一个例子来介绍 PhantomReference 的用法。

SoftReference、WeakReference 会影响它们所引用对象的回收时机，而 PhantomReference 和 finalize 函数则提供了一种机制，使得开发者知道某个对象被回收了。finalize 函数对程序运行性能有一定影响，所以官方文档认为使用 PhantomReference 更优雅。

接着我们来了解 Java Reference 类中的几个关键成员。

[Reference.java->Reference 类]

```
public abstract class Reference<T> {
    //Java Reference在虚拟机中有一个对应的类叫mirror Reference
    ......
    private static boolean slowPathEnabled = false;
    //referent指向所引用的那个实际对象。在mirror Reference referent_成员
    volatile T referent;
    //关联的ReferenceQueue对象
    final ReferenceQueue<? super T>queue;
    //多个Reference对象借助queueNext可组成一个单向链表
    Reference queueNext;
    //pendingNext也用于将多个Reference对象组成一个单向链表。这个链表的用法和GC有关，我们
    //后文将会看到这部分内容
    Reference<?>pendingNext;
    //获取自己所指向的实际对象。如果实际对象被回收，则返回null
    public T get() {
        return getReferent();//调用下面的native函数
    }
    private final native T getReferent();

    public void clear() { //解绑自己和实际对象的关联
        this.referent = null;
    }
}
```

注意，通过上面的代码可知，Reference 中有两个用于构造链表的成员变量，一个是 queueNext，一个是 pendingNext。

Reference get 函数可获取一个 Reference 对象所关联的实际对象。对 SoftReference 和 WeakReference 而言，get 将最终对调用 native 的 getReferent，而 getReferent 的 JNI 实现为

[java_lang_ref_Reference.cc->Reference_getReferent]

```
static jobject Reference_getReferent(JNIEnv* env, jobject javaThis) {
    ScopedFastNativeObjectAccess soa(env);
    mirror::Reference* const ref = soa.Decode<mirror::Reference*>(javaThis);
    /*GetReferenceProcessor返回Heap reference_processor_成员变量，其类型为
      ReferenceProcessor，它是ART虚拟机中专门处理Reference对象的模块。下面将调用
      ReferenceProcessor的GetReferent函数以返回ref引用的那个实际对象。下文将详细
      介绍ReferenceProcessor的功能。*/
    mirror::Object* const referent =
        Runtime::Current()->GetHeap()->GetReferenceProcessor()->
                GetReferent(soa.Self(), ref);
    return soa.AddLocalReference<jobject>(referent);
}
```

但对 PhantomReference 来说，它的 get 函数就很有意思了。

[PhantomReference.java->PhantomReference::get]

```
public T get() {
    return null;
}
```

PhantomReferenceget 函数永远返回 null。这更说明 PhantomReference 的作用和 SoftReference、WeakReference 完全不同。

在实际开发中，SoftReference 和 WeakReference 用得非常普遍，但 PhantomReference 用得极其少。Android 源码 packages 目录下近 90 个 APP 的代码中，只有一个和邮件相关的应用中用到了 PhantomReference。我们通过这个例子来认识 PhantomReference 的用法。

[FileCleaningTracker.java->PhantomReference 的用法示例]

```
/*FileCleaningTracker用于删除一个文件。一旦一个文件对象被回收，该文件对象对应的
  文件将被删除。*/
public class FileCleaningTracker {
    //q是一个ReferenceQueue对象
    ReferenceQueue<Object> q = new ReferenceQueue<Object>();

/*PhantomReference的用处在于它所关联的实际对象被回收后，我们需要知道并做一些处理，
  下面的Tracker类派生自PhantomReference，其中有一些变量记录了一些比较重要的信息，
  实际对象被回收后，Tracker将利用这些信息做一些资源清理工作。*/
    private static final class Tracker extends PhantomReference<Object> {
        private final String path;
        private final FileDeleteStrategy deleteStrategy;
        Tracker(String path, FileDeleteStrategy deleteStrategy,
                Object marker, ReferenceQueue<Object>queue) {
            /*注意参数，marker是实际对象，queue是ReferenceQueue。这两个参数是
              PhantomReference构造函数的必输参数。而path、deleteStrategy则是
```

```
        Tracker要用的参数。*/
        super(marker, queue);
        this.path = path;
        this.deleteStrategy = (deleteStrategy == null ?
                    FileDeleteStrategy.NORMAL : deleteStrategy);
        }
        public boolean delete() {//删除文件
            return deleteStrategy.deleteQuietly(new File(path));
        }
    }

    /*创建Tracker对象（也就是创建PhantomReference对象）。marker是实际对象，path和
      deleteStrategy是和marker相关的信息。Tracker要监控的就是marker对象被回收的情况。*/
    private synchronized void addTracker(String path, Object marker,
                FileDeleteStrategy deleteStrategy) {
        ......
        if (reaper == null) {
            reaper = new Reaper();
            reaper.start();//启动Reaper线程，详情见下面的代码分析
        }
        //trackers是一个Tracker数组。在下面代码中，Tracker用到了q这个
        //ReferenceQueue对象
        trackers.add(new Tracker(path, deleteStrategy, marker, q));
    }

    /*当我们通过上面的addTracker添加一个Tracker对象后，我们需要监控它所关联的marker对象被回
      收的通知。这就用到了下面的Reaper线程，在这个线程中，我们调用ReferenceQueue的remove
      函数来获取一个实际对象被回收的Tracker。*/
    private final class Reaper extends Thread {
        public void run() {
            while (...) {
                Tracker tracker = null;
                    try {
                        //ReferenceQueue remove返回一个实际对象被回收了的Tracker
                        tracker = (Tracker) q.remove();
                } .....
                if (tracker != null) {
                    tracker.delete();//实际对象已经被回收了，tracker做一些清理工作
                    tracker.clear();
                    ...
                }
            }
        }
}
```

通过上面的例子，我们总结PhantomReference的用法为如下两点。

- 先创建一个PhantomReference对象，将其和一个ReferenceQueue以及一个实际对象关联起来。
- 调用ReferenceQueue的remove函数。remove内部会等待，直到有一个PhantomReference对象所关联的实际对象被回收。这时，remove函数将返回这个PhantomReference对象。调用者可据此做一些清理工作。

提示 在上例中，如果不使用 PhantomReference 的话，我们就需要在 marker 对应的类中定义 finalize 函数。某个 marker 被回收前，finalize 将被调用。这种方式也能达到上例的效果。但正如笔者上文所述，Java finalization 的机制对程序运行效率有影响，而且需要修改 marker 类的源码（定义并实现 finalize 函数）。

接下来我们将以 MarkSweep 类为例来学习 ART 虚拟机是如何处理 Reference 对象的。

14.8.2　MarkSweep 中 Reference 对象的处理

MarkSweep 代码中有四个地方涉及 Reference 对象的处理。先看第一个地方——初始化阶段的 InitializePhase 函数，相关代码如下所示。

[mark_sweep.cc->MarkSweep::InitializePhase]

```
void MarkSweep::InitializePhase() {
    ......
    if (!GetCurrentIteration()->GetClearSoftReferences()) {
        /*GetCurrentIteration调用Heap GetCurrentGcIteration，返回一个Iteration对象。
          我们在14.3.1节中曾见过它。它用于控制GC的一些参数，并记录GC的效果（比如释放了多少
          个对象、多少字节的内存等信息）。
            Iteration SetClearSoftReferences将设置Iteration clear_soft_references_
            成员变量。对CMS而言，只有回收策略为kGcTypeSticky的时候，
            clear_soft_references_才为false，其余情况均为true。*/
        GetCurrentIteration()->SetClearSoftReferences(
                            GetGcType() != collector::kGcTypeSticky);
    }
}
```

clear_soft_references_ 为 false 的话，表示此次回收不用处理 SoftReference。从上面代码可以看出，只有 kGcTypeSticky 的时候才会如此处理。

MarkSweep 中第二个和 Reference 有关的处理在 PausePhase 中，来看相关代码。

[mark_sweep.cc->MarkSweep::PausePhase]

```
void MarkSweep::PausePhase() {
    ......
    /*GetReferenceProcessor返回Heapreference_processor_成员变量，其类型为
        ReferenceProcessor，是ART虚拟机中专门处理Reference对象的模块。下面将调用
        ReferenceProcessor的EnableSlowPath函数。  */
    GetHeap()->GetReferenceProcessor()->EnableSlowPath();
}
```

PausePhase 中调用了 ReferenceProcessor 的 EnableSlowPath 函数，它将设置 Reference 类的静态成员变量 slowPathEnabled 为 true（见上文 Reference.java 的代码）。其作用和 Reference get 函数的处理有关。

提示 出于篇幅考虑，笔者请读者在掌握本章基础上自行研究 Reference get 函数的处理逻辑。

MarkSweep 中第三个和 Reference 有关的处理就是对象引用型成员变量的搜索。每找到一个对象，MarkSweep 将调用 ScanObject 来搜索它的引用型成员变量，相关代码如下所示。

[mark_sweep.cc->MarkSweep::ScanObject]

```
void MarkSweep::ScanObject(mirror::Object* obj) {
    MarkVisitor mark_visitor(this);
    /*遍历obj的引用型成员变量，如果obj是一个Java Reference对象，则调用
        DelayReferenceReferentVisitor，其内部调用MarkSweep的
        DelayReferenceReferent函数*/
    DelayReferenceReferentVisitor ref_visitor(this);
    ScanObjectVisit(obj, mark_visitor, ref_visitor);
}
```

如果被扫描的obj是一个Java Reference对象，则MarkSweep DelayReferenceReferent将被调用。其代码如下所示。

[mark_sweep.cc->MarkSweep::DelayReferenceReferent]

```
void MarkSweep::DelayReferenceReferent(mirror::Class* klass,
                    mirror::Reference* ref) {
    //下面将调用ReferenceProcessor的DelayReferent函数进行处理
    heap_->GetReferenceProcessor()->DelayReferenceReferent(klass, ref, this);
}
```

MarkSweep中最后一个处理Reference的地方就是ReclaimPhase，相关代码如下所示。

[mark_sweep.cc->MarkSweep::ReclaimPhase]

```
void MarkSweep::ReclaimPhase() {
    Thread* const self = Thread::Current();
    ProcessReferences(self);
    ......
}
```

ProcessReferences的代码如下所示。

[mark_sweep.cc->MarkSweep::ProcessReferences]

```
void MarkSweep::ProcessReferences(Thread* self) {
    WriterMutexLock mu(self, *Locks::heap_bitmap_lock_);
    //下面将调用ReferenceProcessor ProcessReferences函数。
    GetHeap()->GetReferenceProcessor()->ProcessReferences(
        true,//是否为concurrent。不论MarkSweep是MS还是CMS，此处都传true
        GetTimings(),
        GetCurrentIteration()->GetClearSoftReferences(),//是否清除SoftReferences
        this);
}
```

上面我们展示了MarkSweep中针对Reference对象的处理过程。它们都和ART虚拟机中专门处理Reference对象的模块ReferenceProcessor有关。我们马上来研究它。

14.8.3 ReferenceProcessor

如其类名所示，ReferenceProcessor是Reference的处理者。由于引用对象的处理也属于内存管理的范畴，所以虚拟机中唯一的一个ReferenceProcessor对象在Heap中创建——具体来说，是在Heap的构造函数中创建的，相关代码如下所示。

 [heap.cc->Heap::Heap]

```
Heap::Heap(....){
    ......
    /*Heap内部有些工作需要使用线程池来并行处理。为此，Heap设计了一个TaskProcessor类来实现
      这个功能。task_processor_指向一个TaskProcessor对象。TaskProcessor非常简单，笔者
      不再展开介绍。*/
    task_processor_.reset(new TaskProcessor());
    //创建ReferenceProcessor，由Heap成员变量reference_processor_指向
    reference_processor_.reset(new ReferenceProcessor());
    ......
}
```

ReferenceProcessor 构造函数很简单，我们重点认识它的几个成员变量。

[reference_processor.cc->ReferenceProcessor::ReferenceProcessor]

```
ReferenceProcessor::ReferenceProcessor()
    : collector_(nullptr),......
      soft_reference_queue_(...), weak_reference_queue_(...),
      finalizer_reference_queue_(...), phantom_reference_queue_(...),
      cleared_references_(...) {
    /*soft_reference_queue_、weak_reference_queue_、finalizer_reference_queue_、
      phantom_reference_queue_、cleared_references_为ReferenceProcessor的成员变量，
      类型均为mirror ReferenceQueue（它是Java ReferenceQueue在ART虚拟机的代表）。下面
      我们将结合代码来了解它们的作用。 */
}
```

结合 MarkSweep 中处理 Reference 对象的相关代码可知，ReferenceProcessor 中有如下两个较为关键的函数会被回收器用到。

- 在 MarkSweep 中，每找到一个 Java Reference 类型的对象就会调用 ReferenceProcessor DelayReferenceReferent 函数。
- MarkSweep 在 ReclaimPhase 中调用 ReferenceProcessor ProcessReference 进行处理。

14.8.3.1 DelayReferenceReferent

ReferenceProcessor DelayReferenceReferent 的代码如下所示。

下文中，笔者称一个 Java Reference 对象所引用的那个对象为实际对象。

 [reference_processor.cc->DelayReferenceReferent]

```
void ReferenceProcessor::DelayReferenceReferent(mirror::Class* klass,
        mirror::Reference* ref, collector::GarbageCollector* collector) {
    /*ref代表一个Java Reference对象，GetReferentReferenceAddr返回ref所引用
      的那个实际对象。 */
    mirror::HeapReference<mirror::Object>* referent =
                                    ref->GetReferentReferenceAddr();
    //调用MarkSweep IsMarkedHeapReference检查实际对象是否被标记
    if (referent->AsMirrorPtr() != nullptr
                    && !collector->IsMarkedHeapReference(referent)) {
        Thread* self = Thread::Current();
        /*klass为ref所属的类，下面的代码逻辑很简单，就是根据klass的类型，将ref加到不同的
```

```
            ReferenceQueue中。注意，AtomicEnqueueIfNotEnqueued调用后，ReferenceQueue中
            的ref对象将通过pendingNext成员变量（读者可回顾14.8.1节中Java Reference类的代
            码，它是Java Reference的成员变量，对应mirror Reference pending_next_成员变
            量）串起来以构成一个单向链表。*/
        if (klass->IsSoftReferenceClass()) {
            soft_reference_queue_.AtomicEnqueueIfNotEnqueued(self, ref);
        } else if (klass->IsWeakReferenceClass()) {
            weak_reference_queue_.AtomicEnqueueIfNotEnqueued(self, ref);
        } else if (klass->IsFinalizerReferenceClass()) {
            finalizer_reference_queue_.AtomicEnqueueIfNotEnqueued(self, ref);
        } else if (klass->IsPhantomReferenceClass()) {
            phantom_reference_queue_.AtomicEnqueueIfNotEnqueued(self, ref);
        } ......
    }
}
```

MarkSweep 每找到一个 Java Reference 类型的对象就会调用 ReferenceProcessor DelayReferenceReferent 函数。

- 如果这个 Reference 对象引用的实际对象没有被 MarkSweep 标记，则把 Reference 对象加到 ReferenceProcessor 对应的 ReferenceQueue 中。此后，Reference 对象将通过 pending_next_（对应 Java Reference pendingNext 成员变量，笔者以后不再区别说明这二者的关系）成员变量构成一个单向链表。
- 如果这个 Reference 对象引用的实际对象被 MarkSweep 标记过了，说明这个实际对象不需要处理。

14.8.3.2 ProcessReferences

调用 ProcessReferences 之前，此处 GC 搜索到的引用型对象已经全部保存在 ReferenceProcessor 对应的成员变量中了。接下来就是通过 ProcessReferences 进行处理。代码如下所示。

[process_references.cc->ReferenceProcessor::ProcessReferences]

```
void ReferenceProcessor::ProcessReferences(bool concurrent,
                    TimingLogger* timings, bool clear_soft_references,
                    collector::GarbageCollector* collector) {
    /*MarkSweep调用ProcessReferences时:
    (1) concurrent为true。不过，为了方便读者理解，笔者此处不拟讨论concurrent为true的相关
        代码逻辑。它主要用于collector与mutator同时工作而存在。
    (2) 回收策略为kGcTypeSticky时clear_soft_references为false。
    (3) collector为实际的MarkSweep对象。其数据类型为MarkSweep、PartialMarkSweep或
        StickyMarkSweep。不过，MarkSweep家族中主要由基类MarkSweep完成与Reference相关
        的处理工作。*/
    ......
    Thread* self = Thread::Current();
    {
        MutexLock mu(self, *Locks::reference_processor_lock_);
        collector_ = collector;
        ......
    }
    if (!clear_soft_references) {
        ......
```

```
        /*①如果不处理SoftReference，则调用ReferenceQueue的ForwardSoftReferences，
          下文将介绍该函数的功能。*/
        soft_reference_queue_.ForwardSoftReferences(collector);
        /*以CMS为例，调用MarkSweep的ProcessMarkStack函数。其内部就是搜索和标记对象。*/
        collector->ProcessMarkStack();
        ......
    }
    /*②soft_reference_queue_和weak_reference_queue_分别保存了SoftReference和
      WeakReference对象。下面的代码将调用对应ReferenceQueue对象的
      ClearWhiteReference函数。其中，这两次调用的第一个参数都是cleared_references_。
      我们下文将介绍ClearWhiteReference函数，*/
    soft_reference_queue_.ClearWhiteReferences(&cleared_references_,
                                               collector);
    weak_reference_queue_.ClearWhiteReferences(&cleared_references_,
                                               collector);
    {
        ......
        /*③finalizer_reference_queue_保存的是FinalizerReference对象，下面将调用它的
           EnqueueFinalizerReferences函数。下文将介绍这个函数。*/
        finalizer_reference_queue_.EnqueueFinalizerReferences(
                                  &cleared_references_,collector);
        collector->ProcessMarkStack();
        ......
    }
    /*针对SoftReference、WeakReference和PhantomReference再次调用
      ClearWhiteReferences函数。为什么这里还会再次调用这个函数呢？因为在上面的代码中调用了
      回收器的ProcessMarkStack。而ProcessMarkStack内部会遍历对象的引用型成员变量。这期
      间针对碰到Reference类型的对象又会调用DelayReferenceReferent。
      所以，这里还需要再处理一次。*/
    soft_reference_queue_.ClearWhiteReferences(&cleared_references_,
                                               collector);
    weak_reference_queue_.ClearWhiteReferences(&cleared_references_,
                                               collector);
    phantom_reference_queue_.ClearWhiteReferences(&cleared_references_,
                                               collector);
    ......
}
```

ProcessReferences 中有三处关键调用。它们都和 ReferenceQueue 有关。我们先来认识这三个关键函数。

14.8.3.2.1　ReferenceQueueForwardSoftReferences

如果此次 GC 不用清理 SoftReference 对象的话，我们将针对 ReferenceProcessor 的 soft_reference_queue_ 调用它的 ForwardSoftReferences 函数。

> 提示　读者可以思考一下如何不让 GC 回收 SoftReference 引用的实际对象。答案其实很简单，对 CMS 来说，就是把它们加到集合 Mark。

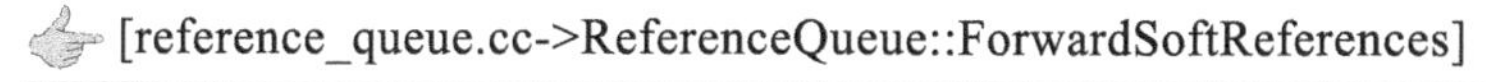

[reference_queue.cc->ReferenceQueue::ForwardSoftReferences]

```
void ReferenceQueue::ForwardSoftReferences(MarkObjectVisitor* visitor) {
```

```
    if (UNLIKELY(IsEmpty())) {
        return;
    }
    mirror::Reference* const head = list_;
    mirror::Reference* ref = head;
    /*在ReferenceProcessor DelayReferenceReferent函数中我们曾说过，每找到一个Reference
      对象就会把它加到对应的ReferenceQueue中。以这种方式加进来的Reference对象通过Reference
      的成员变量pending_next_构成一个单向链表。所以，下面的代码调用Reference GetPendingNext
      来遍历这个链表。*/
        do {
            //referent_addr指向实际的对象，调用MarkSweep MarkHeapReference进行标记
            mirror::HeapReference<mirror::Object>* referent_addr =
                                    ref->GetReferentReferenceAddr();
            if (referent_addr->AsMirrorPtr() != nullptr) {
            /*以CMS为例，下面调用的就是MarkSweep的MarkHeapReference。其内部将标记
              referent_addr对应的对象，并把它加到MarkSweep mark_stack_中，后续
              ProcessMarkStack时将访问该对象的引用型成员变量。*/
            visitor->MarkHeapReference(referent_addr);
        }
        ref = ref->GetPendingNext();
    } while (LIKELY(ref != head));
}
```

正如ForwardSoftReferences代码所示的那样，如果不想回收SoftReference所指向的实际对象的话，只要对它们进行标记即可。

14.8.3.2.2 ReferenceQueue ClearWhiteReferences

先来看ClearWhiteReferences函数的代码。

[reference_queue.cc->ReferenceQueue::ClearWhiteReferences]

```
void ReferenceQueue::ClearWhiteReferences(
                ReferenceQueue* cleared_references,
                collector::GarbageCollector* collector) {
    /*在ProcessReferences中，第一个参数cleared_references总是指向ProcessReference
      的cleared_references_成员变量。下面的while循环将遍历ReferenceQueue中通过pending_
      next_串起来的Reference对象。注意，while循环结束后，这个链表也就清空了。*/
    while (!IsEmpty()) {
    //从Reference pending_next_链表中取出一个元素
        mirror::Reference* ref = DequeuePendingReference();
        mirror::HeapReference<mirror::Object>* referent_addr =
                                ref->GetReferentReferenceAddr();
    /*判断ref指向的实际对象是否被回收器标记过（也就是referent_addr对象是否在集合Mark中）。
      如果不需要回收SoftReference的话，我们在上面的ForwardSoftReference函数中会对实际对象
      进行标记。*/
    if (referent_addr->AsMirrorPtr() != nullptr &&
            !collector->IsMarkedHeapReference(referent_addr)) {
        if (Runtime::Current()->IsActiveTransaction()) {...}
        else {
            //如果referent_addr没有被标记，那么下面的函数将解绑它和ref的关系。即ref
            //不再引用任何实际对象（如此，我们调用Reference get函数将返回null）
            ref->ClearReferent<false>();
        }
        //把ref保存到cleared_references中，也就是保存到ReferenceProcessor的成员变量
```

```
        //cleared_references_中。其内部也是利用Reference pending_next_构建一个单向链表
        cleared_references->EnqueueReference(ref);
        }
    }
}
```

ClearWhiteReferences 的目的很简单。

- 遍历 ReferenceQueue 中的元素（也就是一个 Reference 对象，它们通过 Reference pending_next_ 构建了一个单向链表）。如果这个 Reference 对象所指向的实际对象没有被回收器标记（说明这个实际对象除了被 Reference 引用之外不存在其他的引用关系。显然，它是可以被回收的垃圾对象），我们将解绑这个 Reference 对象和实际对象的引用关系。同时，这个被解绑的 Reference 对象将加入 cleared_references_ pending_next 单向链表。
- ClearWhiteReferences 结束之后，ReferenceQueue pending_next_ 链表将变成空链表（所有元素都被处理了）。而 cleared_references_ 保存的是实际对象被视为垃圾的 Reference 对象。

14.8.3.2.3 ReferenceQueue EnqueueFinalizerReferences

针对保存 FinalizerReference 对象的 finalizer_reference_queue_，ProcessReferences 还会调用它的 EnqueueFinalizerReferences 函数，来看代码。

[reference_queue.cc->ReferenceQueue::EnqueueFinalizerReferences]

```
void ReferenceQueue::EnqueueFinalizerReferences(
                ReferenceQueue* cleared_references,
                collector::GarbageCollector* collector) {
    while (!IsEmpty()) {
        //EnqueueFinalizerReferences只能用于保存了FinalizerReference对象的
        //ReferenceQueue
        mirror::FinalizerReference* ref =
                DequeuePendingReference()->AsFinalizerReference();
        mirror::HeapReference<mirror::Object>* referent_addr =
                ref->GetReferentReferenceAddr();
        /*注意下面的代码段。和SoftWeakReference、WeakReference不同的是，如果一个
          FinalizerReference对象所引用的实际对象没有被标记，下面的代码将主动标记这个实际
          对象。这是因为FinalizerReference对象所关联的对象都是定义了finalize函数的对象。这些
          对象被回收前要调用它们的finalize函数。所以，我们不能在还没有调用finalize函数前就
          回收它们。*/
    if (referent_addr->AsMirrorPtr() != nullptr &&
            !collector->IsMarkedHeapReference(referent_addr)) {
        mirror::Object* forward_address =
                collector->MarkObject(referent_addr->AsMirrorPtr());
        if (Runtime::Current()->IsActiveTransaction()) {...}
        else {
            //ref的类型为FinalizerReference，其中有一个名为zombie_的成员变量，我们把
            //实际对象和zombie_关联起来。下文介绍finalize函数调用的时候将见到它
            ref->SetZombie<false>(forward_address);
            ref->ClearReferent<false>();//解绑ref和实际对象的关联
        }
        //把解绑的ref对象也保存到cleared_references中
```

```
            cleared_references->EnqueueReference(ref);
            }
        }
    }
```

EnqueueFinalizerReferences 向我们展示了 FinalizerReference 的独特处理。

- FinalizerReference 关联的是定义了 finalize 函数的类的实例。由于 Java 规范要求这种对象在回收前必须调用它们的 finalize 函数。所以，这次 GC 时必须主动标记这些实际对象。要不它们在这次 GC 时就会被回收，后续也就无法调用它们的 finalize 函数（如果去调用的话必然会出错）。
- 但是，这次 GC 不会回收定义了 finalize 函数的对象。但下次回收还是需要释放它们。所以，EnqueueFinalizerReferences 将解绑它们和 FinalizeReference 的引用关系。不过，为了调用它们的 finalize 函数，这些对象保存在 FinalizeReference 的 zombie_ 成员变量中。下文我们介绍 finalize 的处理时将看到，一旦 finalize 函数被调用，这个对象将和对应的 FinalizeReference 再无关系。此后，它就可以被下次 GC 回收了。

到此，ReferenceProcessor 已经把所有类型的 Reference 对象都做了处理。处理过程包括：

- 标记不需要在本次 GC 中回收的实际对象。这些实际对象是通过 SoftReference（如果此次无须处理它的话）或 FinalizerReference 引用的。
- 解绑 Reference 和实际对象的引用关系——也就是设置 Reference referent_ 为空。但是 FinalizerReference 稍微特殊，它的 zombie_ 成员变量依然指向了实际对象。
- 所有被解绑的 Reference 对象加入到 ReferenceProcessor cleared_references_ 中。该如何处理它呢？来看下一节。

14.8.3.3 EnqueueClearedReferences

Heap 中 GC 的入口函数是 CollectGarbageInternal（下文将详细介绍它），我们先简单看下它和 ReferenceProcessor 有关的处理逻辑。

[heap.cc->Heap::CollectGarbageInternal]

```
collector::GcType Heap::CollectGarbageInternal(collector::GcType gc_type,
                GcCause gc_cause, bool clear_soft_references) {
    ......
    Thread* self = Thread::Current();
    Runtime* runtime = Runtime::Current();
    ......
    collector::GarbageCollector* collector = nullptr;
    ......
    //执行本次GC，Run返回后，垃圾对象都被回收了
    collector->Run(gc_cause, clear_soft_references || runtime->IsZygote());
    ......
    //调用ReferenceProcessor的EnqueueClearedReferences函数
    reference_processor_->EnqueueClearedReferences(self);
```

Heap CollectGarbageInternal 中，回收器执行完后，Heap 将调用 ReferenceProcessor 的 EnqueueClearedReferences，该函数的代码如下所示。

[reference_processor.cc->ReferenceProcessor::EnqueueClearedReferences]

```
void ReferenceProcessor::EnqueueClearedReferences(Thread* self) {
    Locks::mutator_lock_->AssertNotHeld(self);
    if (!cleared_references_.IsEmpty()) {
        if (LIKELY(Runtime::Current()->IsStarted())) {
            jobject cleared_references;
            {
                ReaderMutexLock mu(self, *Locks::mutator_lock_);
                cleared_references = self->GetJniEnv()->vm->AddGlobalRef(
                    self, cleared_references_.GetList());
            }
            if (kAsyncReferenceQueueAdd) {//kAsyncReferenceQueueAdd默认为false
                /*下面这段代码展示了Heap task_processor_的用法，添加一个任务到
                    TaskProcessor模块，其内部会使用单独一个线程来处理。*/
                Runtime::Current()->GetHeap()->GetTaskProcessor()->AddTask(
                    self, new ClearedReferenceTask(cleared_references));
            } else {
                //不使用TaskProcessor，直接执行任务ClearedReferenceTask
                ClearedReferenceTask task(cleared_references);
                task.Run(self);
            }
        }
        cleared_references_.Clear();//清空cleared_references_的元素
    }
}
```

来看 ClearedReferenceTask 的工作。

[heap.cc->ClearedReferenceTask]

```
class ClearedReferenceTask : public HeapTask {
    public:
        ......
        virtual void Run(Thread* thread) {
            ScopedObjectAccess soa(thread);
            jvalue args[1];
            args[0].l = cleared_references_;
            //调用Java ReferenceQueue的add函数。其内部的处理我们下一节再介绍
            InvokeWithJValues(soa, nullptr,
                WellKnownClasses::java_lang_ref_ReferenceQueue_add, args);
            soa.Env()->DeleteGlobalRef(cleared_references_);
        }
        .......
};
```

原来，ReferenceProcessor EnqueueClearedReferences 仅仅是调用 Java ReferenceQueue 的 add 函数。该函数的参数就是 ReferenceProcessor cleared_references_ 成员变量（保存了此次 GC 中实际对象被解除绑定的 Reference 对象）。

为什么需要把实际对象被解绑的 Reference 对象加到 ReferenceQueue 中呢？这和 ReferenceQueue 的功能有关。下面我们以 PhantomReference 为例来介绍对应的处理。

注意　笔者这里说的是实际对象被解绑，而不是实际对象被回收。因为对 FinalizerReference 而言，它关联的实际对象并没有被回收。

14.8.4 PhantomReference的处理

我们先看看JavaReference add函数的代码。

[Reference.java->Reference::add]

```
static void add(Reference<?> list) {//add是Java Reference的static函数
    /*ReferenceQueue中有一个静态成员变量unenqueued，其类型为Java Reference。
      下面这段代码很简单，就是把list加到unenqueued pending_next所在的链表。*/
    synchronized (ReferenceQueue.class) {
        if (unenqueued == null) {//unenqueued链表还不存在的情况
                unenqueued = list;
            } else {
                ......//把list加到unqneueued pending_next所在的链表中
            }
        ReferenceQueue.class.notifyAll();//唤醒另外一个等待的线程，会是谁呢？
    }
}
```

通过上面的函数可知，Java Reference add把Reference对象加到unenqueued链表中后将唤醒一个线程。谁会等待这个线程呢？答案在8.5.3节中介绍的Java Daemons中。在那里，虚拟机启动后将调用Java Daemons的start函数，其代码如下所示。

[Daemons.java->Daemons::start]

```
public final class Daemons {
    ......
    public static void start() {
        //启动ReferenceQueueDaemon线程
        ReferenceQueueDaemon.INSTANCE.start();
        //启动FinalizerDaemon线程，详情见下节对finalize函数调用的介绍
        FinalizerDaemon.INSTANCE.start();
        FinalizerWatchdogDaemon.INSTANCE.start();
        HeapTaskDaemon.INSTANCE.start();//将在后文介绍
}
```

Daemons start中将启动四个Daemon线程，其中的ReferenceQueueDaemon很关键，马上来看它。

[Daemons.java->ReferenceQueueDaemon]

```
private static class ReferenceQueueDaemon extends Daemon {
    //创建ReferenceQueueDaemon静态实例
        private static final ReferenceQueueDaemon INSTANCE =
                                new ReferenceQueueDaemon();
    @Override public void run() {
        while (isRunning()) {
            Reference<?> list;
                try {
                    synchronized (ReferenceQueue.class) {
                      //等待ReferenceQueue.unenqueued
                      while (ReferenceQueue.unenqueued == null) {
                          ReferenceQueue.class.wait();
                      }
                      list = ReferenceQueue.unenqueued;//保存到list
                      ReferenceQueue.unenqueued = null;
```

```
                }
            } ......
            ReferenceQueue.enqueuePending(list);
        }
    }
}
```

ReferenceQueueDaemon 其实就是针对 ReferenceQueue unenqueued 链表再次调用 ReferenceQueue.enqueuePending 函数。所以，我们还得回到 Reference.java。

[Reference.java->Reference::enqueuePending]

```
public static void enqueuePending(Reference<?> list) {
    Reference<?> start = list;
    do {
        /*list指向一个Reference对象，我们前面曾提到过，一个Reference对象会关联一个
          ReferenceQueue对象。比如，创建一个PhantomReference对象时需要指明一个
          ReferenceQueue。这样，使用者可以在这个ReferenceQueue上等待与之关联的
          PhantomReference。以上面介绍PhantomReference的例子来说，就是调用
          ReferenceQueue remove函数时会返回一个实际对象已经被解绑了的
          PhantomReference对象。这样，调用者可以认为实际对象被垃圾回收了。
          现在，我们需要把这些Reference对象加入到和它们关联的ReferenceQueue对象，
          并唤醒在等待的线程(例如调用ReferenceQueue remove的线程。 */
        ReferenceQueue queue = list.queue;
        //queue为空，说明这个Reference对象没有和ReferenceQueue关联，我们直接
        //转到链表的下一个元素去处理
        if (queue == null) {
            Reference<?> next = list.pendingNext;
            list.pendingNext = list;
            list = next;
        } else {
            //下面这段代码就是遍历list链表，把属于queue的引用加到Reference queueNext
            //构造的链表中(读者可回顾上文对JavaReference类的源码展示)
            synchronized (queue.lock) {
            do {
                Reference<?> next = list.pendingNext;
                list.pendingNext = list;
                queue.enqueueLocked(list);
                list = next;
            } while (list != start && list.queue == queue);
            //唤醒等待在queue上的线程。比如下面将要介绍的FinalizerDaemon
            queue.lock.notifyAll();
        }
    }
    } while (list != start);
}
```

14.8.5　finalize 函数的调用

本节来看看实现了 finalize 函数的类的实例对象在垃圾回收时的处理。

14.8.5.1　kAccClassIsFinalizable 标志位

我们先回顾 ClassLinker 中加载类时用于解析其成员方法的函数 LoadMethod，代码如下所示。

[class_linker.cc->ClassLinker::LoadMethod]

```
void ClassLinker::LoadMethod(Thread* self,......,
                Handle<mirror::Class> klass, ArtMethod* dst) {
    uint32_t dex_method_idx = it.GetMemberIndex();
    const DexFile::MethodId& method_id = dex_file.GetMethodId(dex_method_idx);
    const char* method_name = dex_file.StringDataByIdx(method_id.name_idx_);
    ......
    //如果方法名为finalize，说明这个类实现了finalize函数
    if (UNLIKELY(strcmp("finalize", method_name) == 0)) {
        if (strcmp("V", dex_file.GetShorty(method_id.proto_idx_)) == 0) {
            if (klass->GetClassLoader() != nullptr) {
                //设置类的标志位kAccClassIsFinalizable标志，其作用见下文介绍
                klass->SetFinalizable();
            } else {  .......  }
    } ......
}
```

kAccClassIsFinalizable标志位用于说明一个类实现了finalize函数，也就是该类为finalizable。它有什么影响呢？答案在创建该类的实例对象的处理上。来看Class Alloc函数。

[class-inl.h->Class::Alloc]

```
template<bool kIsInstrumented, bool kCheckAddFinalizer>
inline Object* Class::Alloc(Thread* self,
                gc::AllocatorType allocator_type) {
    //模板参数kCheckAddFinalizer的默认值为true
    ......
    gc::Heap* heap = Runtime::Current()->GetHeap();
    //如果类的标志位包含kAccClassIsFinalizable，则IsFinalizable返回true
    const bool add_finalizer = kCheckAddFinalizer &&IsFinalizable();
    //obj是新创建的实例对象
    mirror::Object* obj =
        heap->AllocObjectWithAllocator<kIsInstrumented, false>(self,...);
    if (add_finalizer && LIKELY(obj != nullptr)) {
        //调用Heap AddFinalizerReference函数，注意，我们传入的是指向obj的地址值，
        //而不是obj
        heap->AddFinalizerReference(self, &obj);
        ......
    }
    return obj;
}
```

如果一个类为finalizable，那么该类的每一个实例对象在创建时都会调用Heap AddFinalizerReference函数。来看这个函数的代码。

[heap.cc->Heap::AddFinalizerReference]

```
void Heap::AddFinalizerReference(Thread* self, mirror::Object** object) {
    ScopedObjectAccess soa(self);
    ScopedLocalRef<jobject> arg(self->GetJniEnv(),
                soa.AddLocalReference<jobject>(*object));
    jvalue args[1];
    args[0].l = arg.get();
    //调用Java FinalizerReference add函数
    InvokeWithJValues(soa, nullptr,
```

```
            WellKnownClasses::java_lang_ref_FinalizerReference_add, args);
    *object = soa.Decode<mirror::Object*>(arg.get());
}
```

Heap AddFinalizerReference 的功能就是调用 Java FinalizerReference add 函数。马上来看 Java FinalizerReference 类。

[FinalizerReference.java]

```
public final class FinalizerReference<T> extends Reference<T> {
    //FinalizerReference有一个静态的ReferenceQueue对象
    public static final ReferenceQueue<Object>queue =
                        new ReferenceQueue<Object>();
    /*FinalizerReference会将多个对象构成一个双向链表，下面这三个成员变量和链表的处理
      有关。*/
    private static FinalizerReference<?> head = null;
    private FinalizerReference<?> prev;
    private FinalizerReference<?> next;
    /*如果实际对象要被回收，FinalizerReference会将实际对象和下面的zombie绑定。
      这部分内容我们在上文ReferenceQueue EnqueueFinalizerReferences函数中已经见过了。*/
    private T zombie;

    //add函数用于添加一个FinalizerReference对象，该对象关联的实际对象为referent
    public static void add(Object referent) {
        /*创建一个FinalizerReference对象reference，并将它和queue进行关联。然后，
          add将把新创建的这个reference对象设置到自己维护的双向链表中。*/
        FinalizerReference<?> reference =
                new FinalizerReference<Object>(referent, queue);
        synchronized (LIST_LOCK) {//这部分代码用于构建双向链表
            reference.prev = null;
            reference.next = head;
            if (head != null) {
                head.prev = reference;
            }
            head = reference;
        }
    }
    ......
}
```

也就是说，每创建一个 finalizable 类实例的对象，ART 虚拟机内部会创建一个关联它的 FinalizerReference 对象。同时，这个 FinalizerReference 对象会和 FinalizerReference 静态成员变量 queue 关联（queue 的类型为 ReferenceQueue）。

14.8.5.2　调用 finalize 函数

上文我们介绍了 ReferenceProcessor 对 FinalizerReference 对象的处理。

- FinalizerReference 对象所关联的实际对象被标记，只有如此处理，实际对象在本次 GC 时才不会被回收。
- FinalizerReference 对象和实际对象解绑，但仍然会通过 Java FinalizerReference zombie 成员变量指向实际对象。
- 解绑的 FinalizerReference 对象将被添加到 Java ReferenceQueue 静态成员 unqneueued

链表中。

- ReferenceQueueDaemon 将把 FinalizerReference 投递到 FinalizerReference 静态成员 queue 对应的链表中，然后唤醒等待这个链表的线程。

那么，谁在等待 FinalizerReference queue 这个链表呢？答案依然在 Daemons 中，具体来说就是其中的 FinalizerDaemon——该对象也在 Daemons start 函数中创建并启动。马上来看它。

[Daemons.java->FinalizerDaemon]

```
private static class FinalizerDaemon extends Daemon {
    private static final FinalizerDaemon INSTANCE = new FinalizerDaemon();
    //获取FinalizerReference的静态成员queue
    private final ReferenceQueue<Object>queue = FinalizerReference.queue;
    ......

    @Override public void run() {
        while (isRunning()) {
            try {
                /*调用ReferenceQueue的poll。poll是非阻塞的。FinalizerDaemon配合
                  Daemons中的另外一个daemon线程对象FinalizerWatchdogDaemon实现线程
                  同步/唤醒等功能。我们不拟讨论这部分内容。*/
                FinalizerReference<?> finalizingReference =
                               (FinalizerReference<?>)queue.poll();
                ......
                doFinalize(finalizingReference);//来看这个函数
            } catch (InterruptedException ignored) {
            } catch (OutOfMemoryError ignored) {
            }
        }//while结束
    ......
}
```

FinalizerDaemon doFinalize 的代码如下。

[Daemons.java->FinalizerDaemon::doFinalize]

```
private void doFinalize(FinalizerReference<?> reference) {
    //从FinalizeReference的双向链表中移除reference
    FinalizerReference.remove(reference);
    //获取实际对象。注意，这里调用的是FinalizerReference的get函数，它返回的是
    //成员变量zombie
    Object object = reference.get();
    //FinalizerReference clear：解除zombie和object的关联关系。
    reference.clear();
    try {
        //调用finalize函数
        object.finalize();
    } catch (Throwable ex) {
        ......
    } ......
}
```

doFinalize 返回后，实际对象 object 如果不能被引用到，那么它所占据的内存在后续 GC 相关的处理中会被释放。

14.8.6 Reference 处理小结

到此，我们对 Java Reference 对象的处理有了一个全面的认识。下面的总结看起来和本节最开始的说明差不多，但相信读者的体会将完全不同。

- SoftReference：不保证每次 GC 都会回收它们所指向的实际对象。具体到 ART 虚拟机来说，回收策略为 kGcTypeSticky 时肯定不会回收。
- WeakReference：每次 GC 都会回收它们所指向的实际对象。
- PhantomReference：它的功能和回收没有关系，只是提供一种手段告诉使用者某个实际对象被回收了。使用者据此可以做一些清理工作。其目的和 finalize 函数类似。
- FinalizerReference：专用于调用垃圾对象的 finalize 函数。注意，finalize 函数调用后，垃圾对象会在下一次 GC 中被回收。

为什么说 PhantomReference 比 finalize 函数要更优雅呢？原因很简单：

- 通过上面 FinalizerDaemon 的代码可知，虚拟机中只有 FinalizerDaemon 这么一个线程来调用对象的 finalize 函数。并且，FinalizerDaemon 是虚拟机提供的，开发者没有办法干预它的工作。
- 如果使用 PhantomReference 的话，开发者就可以根据情况使用多个线程来处理，例如，根据绑定实际对象的类型，通过多个 ReferenceQueue 并使用多个线程来等待它们并处理实际对象被回收后的清理工作。

14.9 Heap 学习之三

Heap 是 ART 虚拟机里非常难的一个模块。本书一共分三次对它展开介绍。前两次介绍的内容如下。

- 7.6 节主要介绍了 Heap 构造函数的一部分以及涉及的几个关键数据结构。
- 13.8 节介绍了 Heap 构造函数中涉及和空间对象有关的内容。

而本节为“Heap 学习之三”，这一次我们重点关注其中与内存回收有关的功能，包括：

- Heap Trim 的作用。
- Heap CollectorGarbageInternal：它是垃圾回收的入口函数。
- PreZygoteFork：前面的章节里经常提到的 ZygoteSpace 空间将在该函数中创建。
- 如何解决 CMS 导致的内存碎片问题。

14.9.1 Heap Trim

在 ART 虚拟机中，内存除了可以回收垃圾对象之外还有一个 Trim 操作。Trim 可翻译为削减。Trim 和 Reclaim（回收）一词的含义略有区别。

- Reclaim 主要是指将垃圾对象的内存还给对应的空间。
- Trim 则是处理某些模块中无须使用的内存。处理的方式可能是把内存资源归还给操作系统，也可以是把当下不需要的内存归还给对应模块的资源池。

Heap中有一个Trim函数，马上来看它。

[heap.cc->Heap::Trim]

```
void Heap::Trim(Thread* self) {
    Runtime* const runtime = Runtime::Current();
    //Runtime InJankPerceptibleProcessState返回false
    if (!CareAboutPauseTimes()) {
        /*if代码段用于将胖锁减肥为瘦锁，读者可回顾12.3.1.2节的内容。简单来说，胖锁占用了一个
          mirror Monitor对象，瘦锁使用一个LockWord对象。胖锁变瘦锁可以释放mirror
          Monitor所需的内存。*/
        ScopedSuspendAll ssa(__FUNCTION__);
        uint64_t start_time = NanoTime();
        size_t count = runtime->GetMonitorList()->DeflateMonitors();
    }
    //Trim各个Java线程JNIEnv的locals（指向一个IndirectReferenceTable对象）。
    TrimIndirectReferenceTables(self);
    TrimSpaces(self);//削减空间对象的空闲内存，我们重点看这个函数
    //削减其他地方用到的内存
    runtime->GetArenaPool()->TrimMaps();
}
```

我们重点来看用于削减空间对象空闲内存资源的TrimSpaces函数，代码如下所示。

[heap.cc->Heap::TrimSpaces]

```
void Heap::TrimSpaces(Thread* self) {
    {
        ScopedThreadStateChange tsc(self, kWaitingForGcToComplete);
        /*发起一次GC请求，触发此次GC的原因为kGcCauseTrim，使用的回收器类型为kCollector-
          TypeHeapTrim。从某种意义上来说，Trim确实可以看作是一种GC。注意，StartGC仅仅是
          发起GC请求，真正的GC并不是在StartGC中实施的。GC处理完后，需要调用FinishGC来标识
          本次GC请求处理完成。*/
        StartGC(self, kGcCauseTrim, kCollectorTypeHeapTrim);
    }
    ......
    {
        ScopedObjectAccess soa(self);
        for (const auto& space : continuous_spaces_) {
            if (space->IsMallocSpace()) {//只能对MallocSpace进行Trim
                gc::space::MallocSpace* malloc_space = space->AsMallocSpace();
                if (malloc_space->IsRosAllocSpace() || !CareAboutPauseTimes()) {
                    //调用RosAllocSpace或DlMallocSpace的Trim。内部通过madvise通知
                    //操作系统哪些内存不再需要
                    managed_reclaimed += malloc_space->Trim();
                }
                total_alloc_space_size += malloc_space->Size();
            }
        }
    }
    ......//更新一些统计变量，笔者不拟展开介绍
    //FinishGC：设置本次GC请求处理完成
    FinishGC(self, collector::kGcTypeNone);
}
```

14.9.2 CollectGarbageInternal

在本章前述的内容中，我们重点关注的是不同垃圾回收器的工作原理。而本节我们将考察Heap是如何使用垃圾回收器的。在此之前，我们先做一些知识回顾。通过14.3.3节的内容可知，如果配置CMS为默认回收器，那么，Heap中几个关键成员变量的取值情况如下。

- ❑ collector_type_为kCollectorTypeCMS。
- ❑ foreground_collector_type_取值为kCollectorTypeCMS。它代表程序位于前台时使用的回收器类型。
- ❑ background_collector_type_的取值为kCollectorTypeHomogeneousSpaceCompact。它代表程序位于后台时使用的回收器类型。
- ❑ garbage_collectors_中有四个回收器对象，它们的数据类型依次是StickyMarkSweep、PartialMarkSweep、MarkSweep以及SemiSpace（回收器的类型为kCollectorTypeSS）。
- ❑ gc_plan_数组存储的是回收策略，其所存元素的值依次为kGcTypeSticky、kGcTypePartial、kGcTypeFull。

SemiSpace支持两种回收器类型，一个是kCollectorTypeSS，另一个是kCollector-TypeGSS。

Heap中具体指挥垃圾回收器干活的关键函数是CollectGarbageInternal，马上来看它。

 [heap.cc->Heap::CollectGarbageInternal]

```
collector::GcType Heap::CollectGarbageInternal(collector::GcType gc_type,
                GcCause gc_cause,  bool clear_soft_references) {
    /*注意本函数的参数和返回值:
      (1) gc_type: 本次回收期望使用的回收策略。
      (2) gc_cause: 触发本次回收的原因。这个参数用于GC相关信息的统计。
      (3) clear_soft_references: 本次回收是否清除SoftReference对象。
     本函数的返回值为本次回收实际使用的回收策略。某些情况下我们不能完全按照输入参数gc_type的
     要求来回收。最极端的例子就是本次调用根本就无法回收。在这种情况下，函数将返回kGcTypeNone。
     调用者通过它可判断CollectGarbageInternal内部是不是真正做了回收。这种处理其实很有价值。
     例如，外界因内存不够而触发本函数来做GC，如果CollectGarbageInternal返回的是kGcTypeNone,
     说明没有真正GC，内存也不会多出来，这时候调用者再尝试去分配内存就毫无意义了。读者回顾
     13.6.4.1节中的代码就能看到这样的处理。*/

    Thread* self = Thread::Current();
    Runtime* runtime = Runtime::Current();

    switch (gc_type) {
        case collector::kGcTypePartial: {
            //如果不存在ZygoteSpace空间，则不允许kGcTypePartial回收
            if (!HasZygoteSpace()) {
                return collector::kGcTypeNone;
            }
            break;
        }
        default: { }
    }
    ScopedThreadStateChange tsc(self, kWaitingPerformingGc);
```

```
......
bool compacting_gc;
{
    ......
    ScopedThreadStateChange tsc2(self, kWaitingForGcToComplete);
    MutexLock mu(self, *gc_complete_lock_);
    /*虚拟机同一时间只能处理一个GC请求。下面的WaitForGcToCompleteLocked用于等待当前
      正在执行的GC请求处理完。如果当前没有正在处理的GC请求，则调用线程处理本次GC请求。*/
    WaitForGcToCompleteLocked(gc_cause, self);
    /*在本例中，collector_type_为CMS。只有SS、GSS、MC、CC和HSC属于会移动对象的回收器。
      所以，下面的IsMovingGc返回false。这里略过其他情况的处理，感兴趣的读者可在掌握本
      章基础上自行学习这部分代码。*/
    compacting_gc = IsMovingGc(collector_type_);
    ......
    collector_type_running_ = collector_type_;
}
......
//记录本次GC前内存使用的字节数
const uint64_t bytes_allocated_before_gc = GetBytesAllocated();

collector::GarbageCollector* collector = nullptr;
if (compacting_gc) {
    ......
} else if (current_allocator_ == kAllocatorTypeRosAlloc ||
    current_allocator_ == kAllocatorTypeDlMalloc) {
    /*下面的FindCollectorByGcType根据gc_type以及collector_type_（本例中它的
      值为kCollectorTypeCMS）的取值返回对应的回收器类型。比如，如果gc_type为
      kGcTypeSticky，FindCollectorByGcType将返回StickyMarkSweep回收器。*/
    collector = FindCollectorByGcType(gc_type);
} else {......}

if (IsGcConcurrent()) {//CMS支持concurrent回收，所以if条件满足
/*concurrent_start_bytes_是控制触发concurrent回收的关键参数，它代表一个水位线，一旦
  内存使用超过这个水位线，我们就可以触发concurrent回收。现在，我们先把这个水位线设置得
  非常高。*/
    concurrent_start_bytes_ = std::numeric_limits<size_t>::max();
}
......
//运行垃圾回收器，具体的回收器对象在Run函数中完成垃圾回收的所有工作
collector->Run(gc_cause, clear_soft_references || runtime->IsZygote());
......
//往task_processor_中添加一个HeapTrimTask，其内部将调用HeapTrim
RequestTrim(self);
//将和实际对象解绑的Reference加到ReferenceQueue中。上文已详细介绍过它了
reference_processor_->EnqueueClearedReferences(self);
......
/*本次GC执行完毕，现在我们要做一些工作。这些工作看起来只是做一些数学计算，但它决定了
  下次GC的力度。下文将详细介绍这个函数。*/
GrowForUtilization(collector, bytes_allocated_before_gc);

FinishGC(self, gc_type);//设置本次GC请求处理完成
......
{
    ScopedObjectAccess soa(self);
    //卸载不再使用的动态库。这部分内容和ClassLoader对象的回收有关，读者可自行研究
```

```
        soa.Vm()->UnloadNativeLibraries();
    }
    return gc_type;
}
```

CollectGarbageInternal 的主要工作是找到合适的垃圾回收器对象并完成垃圾回收。除此之外，它还会做一些统计工作。这些统计工作的结果将决定下次开展垃圾回收的时候，该使用何种回收策略。

14.9.2.1 GrowForUtilization

在 CollectGarbageInternal 中提到的统计工作由 GrowForUtilization 函数完成。代码如下所示。

[heap.cc->Heap::GrowForUtilization]

```
void Heap::GrowForUtilization(collector::GarbageCollector* collector_ran,
                        uint64_t bytes_allocated_before_gc) {
    /*GrowForUtilization的参数比较简单，collector_ran指向执行完垃圾回收工作的
      垃圾回收器，bytes_allocated_before_gc则表示本次回收前已分配内存的字节数*/

    //获取新的已分配内存字节数，理论上它应该小于bytes_allocated_before_gc
    const uint64_t bytes_allocated = GetBytesAllocated();
    uint64_t target_size;
    //获取本次回收使用的回收策略
    collector::GcType gc_type = collector_ran->GetGcType();
    /*HeapGrowthMultiplier将返回一个因子，如果进程状态不是
      kProcessStateJankPerceptible，该因子的值为1.0，否则取值为
      Heapforeground_heap_growth_multiplier_（其值由虚拟机运行参数
      -XX:ForegroundHeapGrowthMultiplier控制，默认为Heap
      kDefaultHeapGrowthMultiplier，大小为2.0）。*/
      const double multiplier = HeapGrowthMultiplier();

    /*min_free_和max_free_来自虚拟机运行参数-XX:HeapMinFree和-XX:HeapMaxFree,
      分别取值为512KB和2MB（都是默认值，由Heap kDefaultMinFree和kDefaultMaxFree
      决定）。下面这几行代码将得到两个经过调整后的值，假设我们当前处于前台，那么下面两个
      变量取值为1MB和4MB。*/
    const uint64_t adjusted_min_free = static_cast<uint64_t>(
                                    min_free_ * multiplier);
    const uint64_t adjusted_max_free = static_cast<uint64_t>(
                                    max_free_ * multiplier);
    //如果本次gc_type不是kGcTypeSticky
    if (gc_type != collector::kGcTypeSticky) {
        /*GetTargetHeapUtilization返回Heap target_utilization_，它由虚拟机运行参数
          -XX:HeapTargetUtilization控制（默认值为HeapkDefaultTargetUtilization,
          大小为0.5）。它表示期望的堆内存利用率。下面的delta反映了实际堆内存*/
            ssize_t delta = bytes_allocated / GetTargetHeapUtilization() -
                        bytes_allocated;
        //下面将计算变量target_size的值，它和触发Concurrent回收有关
        target_size = bytes_allocated + delta * multiplier;
        target_size = std::min(target_size, bytes_allocated + adjusted_max_free);
        target_size = std::max(target_size, bytes_allocated + adjusted_min_free);
        ......
        /*next_gc_type_表示下次GC时期望使用的回收策略。本次GC没有使用kGcTypeSticky的
          话，我们希望下次GC使用。*/
```

```
            next_gc_type_ = collector::kGcTypeSticky;
        } else {//如果本次GC用的回收策略是kGcTypeSticky，我们要考虑下一次用哪种回收策略
            //如果存在ZygoteSpace，则non_sticky_gc_type为kGcTypePartial，否则取值为
            //kGcTypeFull
            collector::GcType non_sticky_gc_type =
            HasZygoteSpace() ? collector::kGcTypePartial : collector::kGcTypeFull;

        collector::GarbageCollector* non_sticky_collector =
                        FindCollectorByGcType(non_sticky_gc_type);
        /*下面这个if判断会根据回收的吞吐量等信息决定下一次GC的策略是什么。笔者不拟讨论
          其具体的判断过程，只介绍一些重要变量的取值：
          (1) kStickyGcThroughputAdjustment的值为1.0。
          (2) Iteration GetEstimatedThrougput计算吞吐量的方式很简单，就是此次回收释放
              的字节数除以耗费时间，单位是字节数/毫秒。
          (3) max_allowed_footprint_初值来自虚拟机运行参数-Xms。Android系统中该参数取
              值来自"dalvik.vm.heapstartsize"属性，默认为4MB。*/
        if (current_gc_iteration_.GetEstimatedThroughput() *
                        kStickyGcThroughputAdjustment>=
            non_sticky_collector->GetEstimatedMeanThroughput() &&
            non_sticky_collector->NumberOfIterations() > 0 &&
            bytes_allocated <= max_allowed_footprint_) {
            //下次回收还可以使用kGcTypeSticky

            next_gc_type_ = collector::kGcTypeSticky;
        } else {//下次回收力度要大，不能再使用kGcTypeSticky了
            next_gc_type_ = non_sticky_gc_type;
        }
        //下面这段代码也用于计算target_size
        if (bytes_allocated + adjusted_max_free < max_allowed_footprint_) {
            target_size = bytes_allocated + adjusted_max_free;
        } else {
            target_size = std::max(bytes_allocated,
                        static_cast<uint64_t>(max_allowed_footprint_));
        }
    }

    /*下面这段代码和Concurrent回收有关。ignore_max_footprint_和虚拟机启动参数
      -XX:IgnoreMaxFootprint有关，如果该参数不存在，则ignore_max_footprint_为false。
      在本例中，我们没有使用IgnoreMaxFootprint参数，所以下面的if条件满足。*/
    if (!ignore_max_footprint_) {
        //设置max_allowed_footprint_的值为target_size
        SetIdealFootprint(target_size);
        if (IsGcConcurrent()) {//CMS满足if条件
            ......//做一些计算
            size_t remaining_bytes = bytes_allocated_during_gc *
                            gc_duration_seconds;
            /*kMaxConcurrentRemainingBytes为512KB，kMinConcurrentRemainingBytes
              为128KB。*/
            remaining_bytes = std::min(remaining_bytes,
                                    kMaxConcurrentRemainingBytes);
            remaining_bytes = std::max(remaining_bytes,
                                    kMinConcurrentRemainingBytes);
            if (UNLIKELY(remaining_bytes > max_allowed_footprint_)) {
                remaining_bytes = kMinConcurrentRemainingBytes;
            }
```

```
            //设置concurrent_start_bytes_的新值
            concurrent_start_bytes_ = std::max(
                        max_allowed_footprint_ - remaining_bytes,
                        static_cast<size_t>(bytes_allocated));
        }
    }
}
```

虚拟机有很多运行参数，GrowForUtilization 仅仅展示了其中一小部分内容。对虚拟机 GC 参数调优感兴趣的读者可以该函数为基础，把所有影响 GC 行为的参数都总结整理出来。

14.9.2.2 ConcurrentGC

GrowForUtilization 的最后设置了一个成员变量 concurrent_start_bytes_。这个变量对 concurrent gc 的触发至关重要。在 ART 虚拟机中，如果某次内存分配的字节数超过这个变量，则虚拟机会主动触发一次 concurrent gc。我们先看内存分配的相关代码。

[heap-inl.h->Heap::AllocObjectWithAllocator]

```
template <...>
inline mirror::Object* Heap::AllocObjectWithAllocator(Thread* self,
        mirror::Class* klass, size_t byte_count, AllocatorType allocator,
        const PreFenceVisitor& pre_fence_visitor) {
    mirror::Object* obj;
        ......//分配内存
        //对CMS来说，下面的if条件满足
        if (AllocatorMayHaveConcurrentGC(allocator) &&IsGcConcurrent()) {
            CheckConcurrentGC(self, new_num_bytes_allocated, &obj);
    }
    .......
return obj;
```

CheckConcurrentGC 的代码如下所示。

[heap-inl.h->Heap::CheckConcurrentGC]

```
inline void Heap::CheckConcurrentGC(Thread* self,
                size_t new_num_bytes_allocated, mirror::Object** obj) {
    //如果新分配的内存字节数大于concurrent_start_bytes_, if条件满足
    if (UNLIKELY(new_num_bytes_allocated>= concurrent_start_bytes_)) {
        /*往task_processor_中添加一个ConcurrentGCTask任务，该任务将调用Heap
          ConcurrentGC函数。马上来看它。*/
        RequestConcurrentGCAndSaveObject(self, false, obj);
    }
}
```

我们直接来看 ConcurrentGC 函数，代码如下所示。

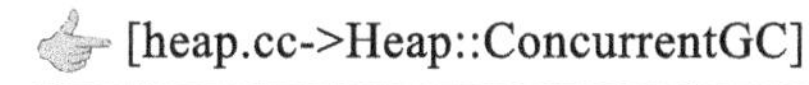
[heap.cc->Heap::ConcurrentGC]

```
void Heap::ConcurrentGC(Thread* self, bool force_full) {
    if (!Runtime::Current()->IsShuttingDown(self)) {
        //等待正在处理的GC请求处理完毕
        if (WaitForGcToComplete(kGcCauseBackground, self) ==
                        collector::kGcTypeNone) {
            //设置本次GC期望使用的回收策略
```

```
            collector::GcType next_gc_type = next_gc_type_;
            //某些情况下我们需要调整回收策略
            if (force_full && next_gc_type == collector::kGcTypeSticky) {
            next_gc_type = HasZygoteSpace() ? collector::kGcTypePartial :
                                collector::kGcTypeFull;
            }
            //触发垃圾回收，如果返回为kGcTypeNone，说明没有开展回收工作
            if (CollectGarbageInternal(next_gc_type, kGcCauseBackground, false)
                == collector::kGcTypeNone) {
                /*好不容易发起一次concurrent回收请求，我们不能就此罢休。所以，下面还将尝试
                  使用力度更大的回收策略进行回收，直到回收成功（CollectGarbageInternal
                  返回值不为kGcTypeNone）。 */
                for (collector::GcType gc_type : gc_plan_) {
                    if (gc_type > next_gc_type &&
                        CollectGarbageInternal(gc_type, ...) != collector::kGcTypeNone) {
                            break;
                        }
                }
            }
        }
    }
}
```

14.9.3 PreZygoteFork

在 Android 世界里，Zyogte 进程是所有 Java 进程的祖先。Zygote 做了很多事情，例如加载资源文件、一些常用的类等。Zygote 做完这些事情后，将 fork 子进程。在此之前，Zygote 会调用 Heap PreZygoteFork 做一些事情。这期间就会见到我们上文经常提到的 ZygoteSpace。马上来看它。

[heap.cc->Heap::PreZygoteFork]

```
void Heap::PreZygoteFork() {
    //判断Heap zygote_space_是否为空。第一次调用的话，if条件满足
    if (!HasZygoteSpace()) {
        //先做一次最高力度的垃圾回收
        CollectGarbageInternal(collector::kGcTypeFull, kGcCauseBackground,
                        false);
        /*non_moving_space_也就是图14-6中的"zygote/ non moving space"。类型为DlMalloc-
          Space。在前面的讲解中，笔者并未介绍non_moving_space_到底包含什么东西。此处简单
          给读者做一些介绍。
        (1) ART虚拟机的VMRuntime.java中有一个newNonMovableArray函数。这个函数用于创建数
            组。创建方式和普通的new没有什么区别，只不过它会从non_moving_space_中分配内存。
        (2) 什么时候使用newNonMovableArray呢？Bitmap、Java NIO DirectByteBuffers将用
            到它。注意，Bitmap和DirectByteBuffers对象本身不在non_moving_space_中，但是
            它们的某些成员变量（如Bitmap mBuffer数组）需要使用non_moving_space_。 */
        non_moving_space_->Trim();
    }
    ......//其他一些操作
    //在本例中，non_moving_space_和main_space_不同，所以下面的same_space为false const
      bool same_space = non_moving_space_ == main_space_;
    if (kCompactZygote) {//kCompactZygote为true
        ScopedDisableRosAllocVerification disable_rosalloc_verif(this);
        /*ZygoteCompactingCollector是SemiSpace的派生类，笔者不拟展开介绍它，请读者自行
          研究。读者先将其看成是SemiSpace即可。*/
```

```
    ZygoteCompactingCollector zygote_collector(this,
                                 is_running_on_memory_tool_);
    zygote_collector.BuildBins(non_moving_space_);
    /*创建一个BumpPointerSpace，它从non_moving_space_的End开始，到Limit结束。也就是
      说，non_moving_space_从Begin到End处存放的是该空间中的存活对象（因为上面的代码
      中刚做过GC），而从End到Limit则是空闲的，我们在这段空闲内存上构造一个BumpPointer-
      Space空间target_space，其作用马上就会见到。 */
    space::BumpPointerSpace target_space("zygote bump space",
                non_moving_space_->End(),non_moving_space_->Limit());
    bool reset_main_space = false;
    if (IsMovingGc(collector_type_)) {
        .......
    } else {
        //zygote_collector是一个SemiSpace回收器，我们设置它的From Space为
        //main_space_。这说明我们要把main_space_中的存活对象拷贝到To Space中
        zygote_collector.SetFromSpace(main_space_);
        reset_main_space = true;//注意这个变量
    }
    //设置To Space为target_space
    zygote_collector.SetToSpace(&target_space);
    zygote_collector.SetSwapSemiSpaces(false);
    //下面这行调用结束后，main_space_中的存活对象全部拷贝到non_moving_space_中
    zygote_collector.Run(kGcCauseCollectorTransition, false);
    if (reset_main_space) {//满足条件
        //main_space_的存活对象都拷贝走了，我们将整体释放这块内存空间
        main_space_->GetMemMap()->Protect(PROT_READ | PROT_WRITE);
        madvise(main_space_->Begin(), main_space_->Capacity(), MADV_DONTNEED);
        MemMap* mem_map = main_space_->ReleaseMemMap();
        RemoveSpace(main_space_);
        space::Space* old_main_space = main_space_;
        //然后再重新创建一个新的main_space_
        CreateMainMallocSpace(mem_map, kDefaultInitialSize,
                std::min(mem_map->Size(), growth_limit_),mem_map->Size());
        delete old_main_space;
        AddSpace(main_space_);
    } else {
        .......
    }
    ......
    non_moving_space_->SetEnd(target_space.End());
    non_moving_space_->SetLimit(target_space.Limit());
}
//设置回收器类型，使用前台回收器类型
ChangeCollector(foreground_collector_type_);
//处理non_moving_space_，我们要把它变成ZygoteSpace
space::MallocSpace* old_alloc_space = non_moving_space_;
RemoveSpace(old_alloc_space);
/*下面的CreateZygoteSpace将创建两个空间对象，
  (1) 函数返回值对应为一个ZygoteSpace空间。它包含原main_space_和原non_moving_space_
      的存活对象。我们可以认为它是Zygote进程在fork第一个子进程前所存的非垃圾对象（不包括
      ImageSpace的内容）。
  (2) 另外一个是第三个参数non_moving_space_。在CreateZygoteSpace中原
      non_moving_space_会被修改。
   笔者不拟讨论该函数的具体处理过程，读者只要知道调用完后得到两个空间对象即可。
   */
```

```
    zygote_space_ = old_alloc_space->CreateZygoteSpace(kNonMovingSpaceName,
                            low_memory_mode_,&non_moving_space_);
    .....
    delete old_alloc_space;
    AddSpace(zygote_space_);
    //non_moving_space_还会继承存在，因为子进程也会使用Bitmap或者DirectByteBuffers
    non_moving_space_->SetFootprintLimit(non_moving_space_->Capacity());
    AddSpace(non_moving_space_);
    ......
}
```

PreZygoteFork是Zygote fork子进程前做的最重要的一份工作了，其工作内容包括：

- 先做一次GC。
- 然后借助ZygoteCompactingCollector GC将main_space_的存活对象拷贝到non_moving_space_中。
- 创建一个新的main_space_空间对象、一个新的ZygoteSpace空间对象以及一个新的non_moving_space_空间对象。

注意，Zygote每次fork子进程都会调用PreZygoteFork。但如果已经存在ZygoteSpace空间的话，该函数将不会做什么工作。

14.9.4 内存碎片的解决

MarkSweep虽然好，但也存在很大的问题，那就是会造成内存碎片。ART在解决这个问题上并没有提出什么新的垃圾回收算法，而是在应用进程退到后台（处于用户不可感知的状态）时触发一次内存回收，这次回收将通过SemiSpace解决内存碎片的问题。来看代码。

[heap.cc->Heap::UpdateProcessState]

```
void Heap::UpdateProcessState(ProcessState old_process_state,
            ProcessState new_process_state) {
    if (old_process_state != new_process_state) {
        const bool jank_perceptible = new_process_state ==
                                    kProcessStateJankPerceptible;
        ......
        if (jank_perceptible) {
            // Transition back to foreground right away to prevent jank.
            RequestCollectorTransition(foreground_collector_type_, 0);
        } else {//如果进程为用户不可感知的状态，则使用后台回收器进行回收，对CMS而言，
            /*background_collector_type_的取值为HSC，而这会导致Heap的
            PerformHomogeneousSpaceCompact函数被调用。*/
            RequestCollectorTransition(background_collector_type_,
                        kIsDebugBuild ? 0 : kCollectorTransitionWait);
        }
    }
}
```

直接来看PerformHomogeneousSpaceCompact函数，代码如下所示。

[heap.cc->Heap::PerformHomogeneousSpaceCompact]

```
HomogeneousSpaceCompactResult Heap::PerformHomogeneousSpaceCompact() {
    Thread* self = Thread::Current();
```

```
    ......
    {
        ......
        collector_type_running_ = kCollectorTypeHomogeneousSpaceCompact;
    }
    ......
    collector::GarbageCollector* collector;
    {
        ......
        /*main_space_backup_和main_space_一样大。13.8.1节中，它和main_space_一同创
          建，但是并没有加入Heap continuous_spaces_中，所以，上文介绍的垃圾回收等内容都不
          会涉及它。看到下面代码中的to_space和from_space，想必读者已经明白内存碎片解决的
          办法其实就是把main_space_的东西拷贝到main_space_backup_中。利用SemiSpace回收
          器，我们既完成了垃圾对象的回收，又消灭了内存碎片。*/
        space::MallocSpace* to_space = main_space_backup_.release();
        space::MallocSpace* from_space = main_space_;
        ......
        AddSpace(to_space);
        //Compact，将from_space的非垃圾对象拷贝到to_space中。代码很简单，下文将介绍它
        collector = Compact(to_space, from_space,
                                kGcCauseHomogeneousSpaceCompact);
        ......
        main_space_ = to_space;//将main_space_指向干净的to_space
        main_space_backup_.reset(from_space);
        RemoveSpace(from_space);
        SetSpaceAsDefault(main_space_);
        ......
    }
    return HomogeneousSpaceCompactResult::kSuccess;
}
```

马上来看 Compact 函数，代码如下所示。

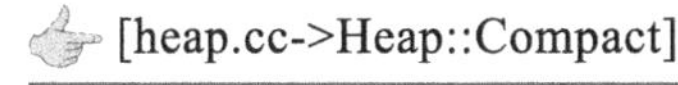
[heap.cc->Heap::Compact]

```
collector::GarbageCollector* Heap::Compact(space::ContinuousMemMapAllocSpace* target_space,
                space::ContinuousMemMapAllocSpace* source_space,
                    GcCause gc_cause) {
    if (target_space != source_space) {
        //使用semi_space_collector_进行内存回收和压缩
        semi_space_collector_->SetSwapSemiSpaces(false);
        semi_space_collector_->SetFromSpace(source_space);
        semi_space_collector_->SetToSpace(target_space);
        semi_space_collector_->Run(gc_cause, false);
        return semi_space_collector_;
    } else {......}
}
```

14.10　总结

本章对 ART 虚拟机中和 GC 有关的知识点做了详细介绍，包括：

- 我们首先介绍了 GC 的理论基础知识。这部分内容非常简单，但却很重要。
- 接着我们围绕 ART 虚拟机中几种垃圾回收器对相关核心代码做了比较细致的分析。请

读者重点关注 MarkSweep 的内容，它是 ART 中主要的垃圾回收器。为了方便读者后续研究，笔者绘制了使用 CMS 为回收器时，Heap 中几个关键成员变量的取值情况。读者后续自行研究时可以参考这部分内容。

- 然后本章介绍了 ART 虚拟机中 Java Reference 的处理。这部分知识的难度不大。
- 最后，我们对 Heap 中和 GC 有关的知识点进行了介绍。

请读者注意，本章的顺序是经过精心设计的。对初学者来说，笔者建议尽量按照本章的顺序来学习。

14.11 参考资料

[1] The Garbage Collection Handbook: The Art of Automatic Memory Management

一本关于 GC 知识的经典书籍，作者是 Richard Jones、Antony Hosking 和 Eliot Moss。目前只有英文版，偏理论。

[2] 垃圾回收的算法与实现

日本人写的书籍，简单易懂。作者是中村成洋和相川光。中文版由人民邮电出版社出版。

[3] Incremental Parallel Garbage Collection

一篇关于增量 Parallel GC 的论文，130 多页。其中有很多总结性的知识，非常有用。该论文链接为 http://www.doc.ic.ac.uk/teaching/distinguished-projects/2010/p.thomas.pdf。

[4] AndroidART GC Overview

Android 官方文档对 ART 虚拟机 GC 部分的概括性介绍，位于其官网地址 https://source.android.google.cn/devices/tech/dalvik/gc-debug?hl=EN 上。

[5] Concurrent Mark Sweep (CMS) Collector

oracle 关于 Java SE 中 CMS 的介绍。地址为 https://docs.oracle.com/javase/8/docs/technotes/guides/vm/gctuning/cms.html。

推荐阅读

深入理解
Android
Java虚拟机ART
Understanding
Android Internals
ART JVM

深入理解Android网络编程
技术详解与最佳实践

深入理解Android
Wi-Fi、NFC和GPS卷

深入理解Android
卷III

深入理解Android
自动化测试

深入理解Android
WebKit卷

深入理解Android
Telephony原理剖析与最佳实践

推荐阅读

Android全埋点解决方案

这是一本实战为导向的、翔实的 Android 全埋点技术与解决方案手册，是国内知名大数据公司神策数据在该领域多年实践经验的总结。由神策数据合肥研发中心负责人亲自执笔，他在 Android 领域有近 10 年研发经验，开发和维护着知名的商用开源 Android & iOS 数据埋点 SDK。

本书详细阐述了 Android 全埋点的 8 种解决方案，涵盖各种场景，从 0 到 1 详解技术原理和实现步骤，并且提供完整的源代码，各级研发工程师均可借此实现全埋点数据采集，为市场揭开全埋点的神秘面纱。

8 种 Android $AppClick全埋点解决方案包括：

$AppClick 全埋点方案1：代理 View.OnClickListener
$AppClick 全埋点方案2：代理 Window.Callback
$AppClick 全埋点方案3：代理 View.AccessibilityDelegate
$AppClick 全埋点方案4：透明层
$AppClick 全埋点方案5：AspectJ
$AppClick 全埋点方案6：ASM
$AppClick 全埋点方案7：Javassist
$AppClick 全埋点方案8：AST